한번에 합격하기

실내건축 기능사

정하정·정효재 지음

필기

최근 출제경향을 반영한 국가기술자격시험 대비서

BM (주)도서출판 성안당

■ 도서 A/S 안내

성안당에서 발행하는 모든 도서는 저자와 출판사, 그리고 독자가 함께 만들어 나갑니다.

좋은 책을 펴내기 위해 많은 노력을 기울이고 있습니다. 혹시라도 내용상의 오류나 오탈자 등이 발견되면 **"좋은 책은 나라의 보배"**로서 우리 모두가 함께 만들어 간다는 마음으로 연락주시기 바랍니다. 수정 보완하여 더 나은 책이 되도록 최선을 다하겠습니다.

성안당은 늘 독자 여러분들의 소중한 의견을 기다리고 있습니다. 좋은 의견을 보내주시는 분께는 성안당 쇼핑몰의 포인트(3,000포인트)를 적립해 드립니다.

잘못 만들어진 책이나 부록 등이 파손된 경우에는 교환해 드립니다.

저자 문의 e-mail : summerchung@hanmail.net(정하정)
본서 기획자 e-mail : coh@cyber.co.kr(최옥현)
홈페이지 : http://www.cyber.co.kr   전화 : 031) 950-6300

머리말

사회 환경의 급격한 변화로 취업이 쉽지 않은 상황에서 국가기술자격증 취득은 최근에는 취업의 필수라고 할 수 있다. 지난 수십 년 동안 교직에 있으면서 실내건축기능사 시험을 대비하는 수험생들을 위해 어떤 교재를 구성하면 좋을지 많은 고민과 시간을 할애하였다. 이에 짧은 시간 동안 효율적으로 공부할 수 있도록 수험생들을 위한 교재를 구성하려고 부단한 노력과 시간을 투자해 저자, 편집자, 영업자 등으로 구성된 협의회를 구성하여 본 교재를 발간하게 됨을 매우 기쁘게 생각한다. 이 책을 충실하게 학습한다면 수험생 여러분들은 합격할 수 있을 것이라고 믿으며 여러분의 앞날에 행운이 함께하기를 기원한다.

본 서적의 특징은 다음과 같다.

첫째, 시험의 방식이 CBT(Computer Based Testing) 방식으로 바뀌면서 과년도 출제 문제의 전반적인 내용이 출제됨에 따라 1998년부터 2025년까지 28여 년간 출제된 문제를 철저히 분석하여 문제 풀이와 부합되는 핵심적인 내용을 중심으로 이론 부분을 구성하였으며 과년도 문제를 과목별, 단원별, 분야별로 분류하여, 출제 빈도가 높은 문제들로만 엄선하였고, 간단하고 명쾌한 해설을 수록하였다. 특히, 내용에 따라 수험자 본인의 의사에 따른 문제의 전체가 아닌 일부를 발췌하여 다시 말하면, 60점이면 합격이니 이에 맞는 분량과 난이도에 따라 학습할 수 있도록 다음 표와 같이 구분하여 놓았으니 참고하기 바란다.

구분	출제 빈도			중요도			문항수		
	상	중	하	상	중	하	상	중	하
	★★★★			★★★★			500		
		★★★			★★★			500	
		★★			★★			500	
			★			★			500

둘째, 본 서적의 내용이 방대한 것은 수험생 여러분들이 참고할 수 있는 자료를 빠짐없이 제공하고자 한 의도임을 밝힌다. 과년도 출제 문제를 기초 문제부터 응용 문제까지 순서대로 나열함과 동시에 명쾌한 해설을 수록하여 짧은 시간 내에 시험을 준비할 수 있도록 만전을 기하였다.

셋째, 과년도 출제 문제를 각 단원마다 엄선하여 동일하고, 유사한 문제를 출제 경향 순서에 맞게 정리함으로써 시험 준비에 효율적으로 대비할 수 있도록 2,000문항을 선정하였다.

필자는 수험행 여러분들이 시험에 효과적으로 대비할 수 있도록 집필에 최선을 다하였으나, 필자의 학문적인 역량이 부족하여 본 서적에 본의 아닌 오류가 발견될지도 모르겠다. 추후 여러분의 조언과 지도를 받아서 완벽을 기할 것을 약속드린다.

끝으로 본 서적의 출판 기회를 마련해 주신 도서출판 성안당의 이종춘 회장님, 이준원 사장님, 최옥현 전무님과 임직원 여러분 그리고 원고 정리에 힘써준 제자들의 노고에 진심으로 감사드린다.

2025년 9월 연구실에서
대표 저자 정하정

NCS 안내

1 국가직무능력표준(NCS)이란?

국가직무능력표준(NCS, National Competency Standards)은 산업현장에서 직무를 수행하기 위해 요구되는 지식·기술·태도 등의 내용을 국가가 산업부문별, 수준별로 체계화한 것이다.

(1) 국가직무능력표준(NCS) 개념도

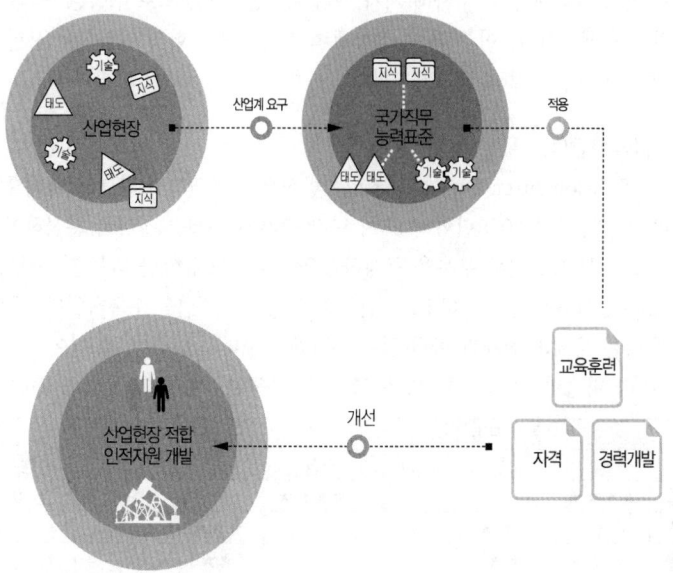

직무능력 : 일을 할 수 있는 On-spec인 능력
① 직업인으로서 기본적으로 갖추어야 할 공통 능력 → 직업기초능력
② 해당 직무를 수행하는 데 필요한 역량(지식, 기술, 태도) → 직무수행능력

보다 효율적이고 현실적인 대안 마련
① 실무 중심의 교육·훈련 과정 개편
② 국가자격의 종목 신설 및 재설계
③ 산업현장 직무에 맞게 자격시험 전면 개편
④ NCS 채용을 통한 기업의 능력 중심 인사관리 및 근로자의 평생경력 개발 관리 지원

(2) 국가직무능력표준(NCS) 학습모듈

국가직무능력표준(NCS)이 현장의 '직무요구서'라고 한다면, NCS 학습모듈은 NCS 능력단위를 교육훈련에서 학습할 수 있도록 구성한 '교수·학습자료'이다.

NCS 학습모듈은 구체적 직무를 학습할 수 있도록 이론 및 실습과 관련된 내용을 상세하게 제시하고 있다.

2 국가직무능력표준(NCS)이 왜 필요한가?

능력 있는 인재를 개발해 핵심 인프라를 구축하고, 나아가 국가경쟁력을 향상시키기 위해 국가직무능력표준이 필요하다.

(1) 국가직무능력표준(NCS) 적용 전/후

지금은
- 직업 교육·훈련 및 자격제도가 산업현장과 불일치
- 인적자원의 비효율적 관리 운용

→ 국가직무능력표준 →

이렇게 바뀝니다.
- 각각 따로 운영되었던 교육·훈련, 국가직무능력표준 중심 시스템으로 전환 (일-교육·훈련-자격 연계)
- 산업현장 직무 중심의 인적자원 개발
- 능력중심사회 구현을 위한 핵심 인프라 구축
- 고용과 평생직업능력개발 연계를 통한 국가경쟁력 향상

(2) 국가직무능력표준(NCS) 활용범위

기업체 Corporation
- 현장 수요 기반의 인력채용 및 인사관리 기준
- 근로자 경력 개발
- 직무기술서

교육훈련기관 Education and training
- 직업교육훈련과정 개발
- 교수계획 및 매체, 교재 개발
- 훈련기준 개발

자격시험기관 Qualification
- 자격종목의 신설·통합·폐지
- 출제기준 개발 및 개정
- 시험문항 및 평가방법

| NCS 안내 |

3 과정평가형 자격취득

(1) 개념
국가직무능력표준(NCS)에 따라 편성·운영되는 교육·훈련과정을 일정수준 이상 이수하고 평가를 거쳐 합격기준을 통과한 사람에게 국가기술자격을 부여하는 제도이다.

(2) 시행대상
「국가기술자격법 제10조 제1항」의 과정평가형 자격 신청자격에 충족한 기관 중 공모를 통하여 지정된 교육·훈련기관의 단위과정별 교육·훈련을 이수하고 내부평가에 합격한 자

(3) 교육·훈련생 평가
① 내부평가(지정 교육·훈련기관)
　㉠ 평가대상 : 능력단위별 교육·훈련과정의 75% 이상 출석한 교육·훈련생
　㉡ 평가방법 : 지정받은 교육·훈련과정의 능력단위별로 평가
　　→ 능력단위별 내부평가 계획에 따라 자체 시설·장비를 활용하여 실시
　㉢ 평가시기 : 해당 능력단위에 대한 교육·훈련이 종료된 시점에서 실시하고 공정성과 투명성이 확보되어야 함
　　→ 내부평가 결과 평가점수가 일정수준(40%) 미만인 경우에는 교육·훈련기관 자체적으로 재교육 후 능력단위별 1회에 한해 재평가 실시
② 외부평가(한국산업인력공단)
　㉠ 평가대상 : 단위과정별 모든 능력단위의 내부평가 합격자
　㉡ 평가방법 : 1차·2차 시험으로 구분 실시
　　• 1차 시험 : 지필평가(주관식 및 객관식 시험)
　　• 2차 시험 : 실무평가(작업형 및 면접 등)

(4) 합격자 결정 및 자격증 교부
① 합격자 결정 기준
　내부평가 및 외부평가 결과를 각각 100점을 만점으로 하여 평균 80점 이상 득점한 자
② 자격증 교부
　기업 등 산업현장에서 필요로 하는 능력보유 여부를 판단할 수 있도록 교육·훈련 기관명·기간·시간 및 NCS 능력단위 등을 기재하여 발급

★ NCS에 대한 자세한 사항은 **N 국가직무능력표준** National Competency Standards 홈페이지(www.ncs.go.kr)에서 확인해주시기 바랍니다. ★

CBT 안내

1 CBT란?

CBT란 Computer Based Test의 약자로, 컴퓨터 기반 시험을 의미한다.
정보기기운용기능사, 정보처리기능사, 굴삭기운전기능사, 지게차운전기능사, 제과기능사, 제빵기능사, 한식조리기능사, 양식조리기능사, 일식조리기능사, 중식조리기능사, 미용사(일반), 미용사(피부) 등 12종목은 이미 오래 전부터 CBT 시험을 시행하고 있으며, '**실내건축기능사**'는 2016년 5회 시험부터 CBT 시험이 시행되고 있다.
CBT 필기시험은 컴퓨터로 보는 만큼 수험자가 답안을 제출함과 동시에 합격 여부를 확인할 수 있다.

2 CBT 시험과정

한국산업인력공단에서 운영하는 홈페이지 **큐넷(Q-net)**에서는 누구나 쉽게 CBT 시험을 볼 수 있도록 실제 자격시험 환경과 동일하게 구성한 **가상 웹 체험 서비스를 제공**하고 있으며, 그 과정을 요약한 내용은 아래와 같다.

(1) 시험시작 전 신분 확인절차

수험자가 자신에게 배정된 좌석에 앉아 있으면 신분 확인절차가 진행된다.
이것은 시험장 감독위원이 컴퓨터에 나온 수험자 정보와 신분증이 일치하는지를 확인하는 단계이다.

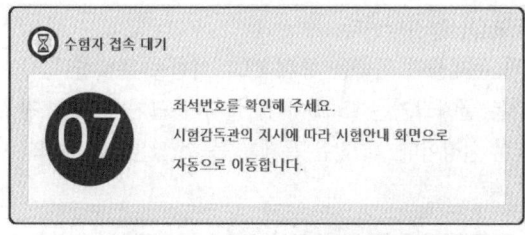

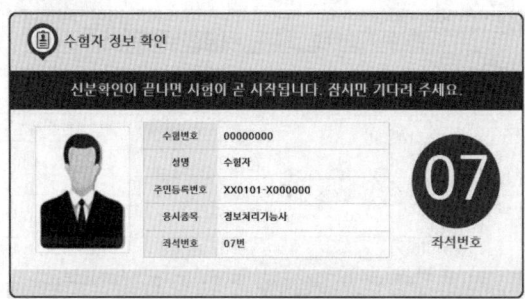

| CBT 안내 |

(2) CBT 시험안내 진행
신분 확인이 끝난 후 시험시작 전 CBT 시험안내가 진행된다.

안내사항 > 유의사항 > 메뉴 설명 > 문제풀이 연습 > 시험준비 완료

① 시험 [**안내사항**]을 확인한다.
- 시험은 총 5문제로 구성되어 있으며, 5분간 진행된다(자격종목별로 시험문제 수와 시험시간은 다를 수 있다(실내건축기능사 필기 – 60문제/1시간)).
- 시험 도중 수험자의 PC에 장애가 발생한 경우 손을 들어 시험감독관에게 알리면 긴급장애조치 또는 자리이동을 할 수 있다.
- 시험이 끝나면 합격 여부를 바로 확인할 수 있다.

② 시험 [**유의사항**]을 확인한다.
시험 중 금지되는 행위 및 저작권 보호에 관한 유의사항이 제시된다.

③ 문제풀이 [**메뉴 설명**]을 확인한다.
문제풀이 기능 설명을 유의해서 읽고 기능을 숙지해야 한다.

④ 자격검정 CBT [**문제풀이 연습**]을 진행한다.
실제 시험과 동일한 방식의 문제풀이 연습을 통해 CBT 시험을 준비한다.
- CBT 시험문제 화면의 기본 글자크기는 150%이다. 글자가 크거나 작을 경우 크기를 변경할 수 있다.
- 화면배치는 1단 배치가 기본 설정이다. 더 많은 문제를 볼 수 있는 2단 배치와 한 문제씩 보기 설정이 가능하다.

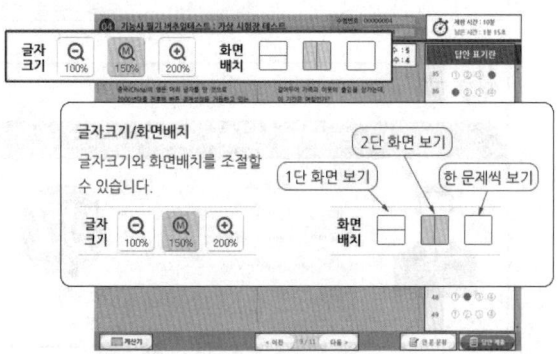

- 답안은 문제의 보기번호를 클릭하거나 답안표기 칸의 번호를 클릭하여 입력할 수 있다.
- 입력된 답안은 문제화면 또는 답안표기 칸의 보기번호를 클릭하여 변경할 수 있다.

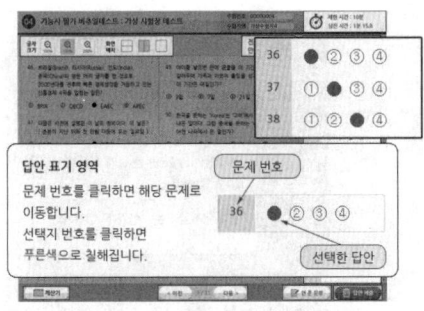

- 페이지 이동은 아래의 페이지 이동 버튼 또는 답안표기 칸의 문제번호를 클릭하여 이동할 수 있다.

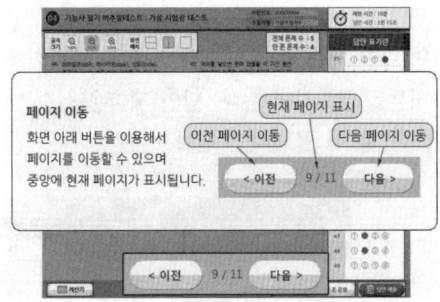

- 응시종목에 계산문제가 있을 경우 좌측 하단의 계산기 기능을 이용할 수 있다.

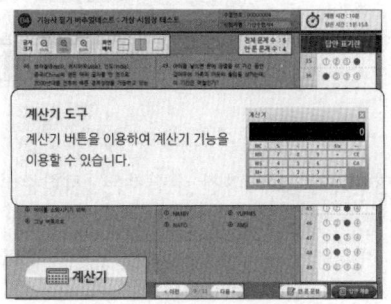

| CBT 안내 |

- 안 푼 문제 확인은 답안 표기란 좌측에 안 푼 문제 수를 확인하거나 답안 표기란 하단 [안 푼 문제] 버튼을 클릭하여 확인할 수 있다. 안 푼 문제번호 보기 팝업창에 안 푼 문제번호가 표시된다. 번호를 클릭하면 해당 문제로 이동한다.

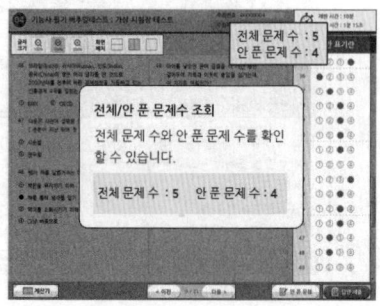

- 시험문제를 다 푼 후 답안 제출을 하거나 시험시간이 모두 경과되었을 경우 시험이 종료되며 시험결과를 바로 확인할 수 있다.
- [답안 제출] 버튼을 클릭하면 답안 제출 승인 알림창이 나온다. 시험을 마치려면 [예] 버튼을 클릭하고 시험을 계속 진행하려면 [아니오] 버튼을 클릭하면 된다. 답안 제출은 실수 방지를 위해 두 번의 확인 과정을 거친다. 이상이 없으면 [예] 버튼을 한 번 더 클릭하면 된다.

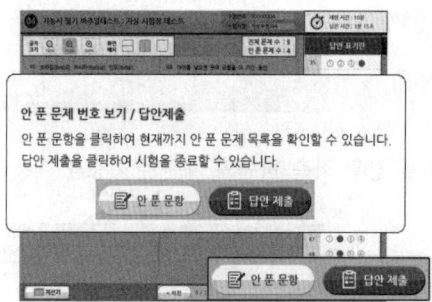

⑤ [시험준비 완료]를 한다.
  시험 안내사항 및 문제풀이 연습까지 모두 마친 수험자는 [시험준비 완료] 버튼을 클릭한 후 잠시 대기한다.

(3) CBT 시험 시행

(4) 답안 제출 및 합격 여부 확인

★ 좀 더 자세한 내용은 Q-Net 홈페이지(www.q-net.or.kr)를 방문하여 참고하시기 바랍니다. ★

문항분석

편	대단원	소단원	출제횟수	16년~23년	24년~25년	계	소단원 비율	전체 비율
실내 디자인	실내디자인	실내디자인 일반	111	6	3	120	10	2.4
		디자인요소	335	8	21	364	30	7.2
		실내디자인 요소	248	29	29	306	25	6
		실내 계획	339	60	44	443	40	8.7
		소계	1033	103	97	1233	100	24.2
실내 환경	실내환경	열 및 습기환경	104	13	9	126	26	2.5
		공기환경	91	8	8	107	22	2.1
		빛환경	151	11	9	171	35	3.4
		음환경	69	8	7	84	17	1.7
		소계	415	40	33	488	100	9.6
건축 재료	건축재료의 발달	건축 재료의 발달	7	1	1	9	6	0.2
		건축 재료의 분류와 요구 성능	52	7	10	69	45	1.4
		건축 재료의 일반적인 성질	62	5	8	75	49	1.5
		소계	121	13	19	153	100	3
	재료의 특성, 용도 및 규격에 관한 사항	목재	192	15	15	222	14	4.4
		석재	149	16	18	183	12	3.6
		점토 재료	114	7	6	127	8	2.5
		시멘트	97	5	12	114	7	2.3
		콘크리트	199	18	15	232	14	4.6
		금속 재료	159	13	14	186	12	3.7
		유리	87	6	8	101	7	2
		합성 수지	91	11	11	113	7	2.2
		미장 재료	70	8	8	86	6	1.7
		도장 재료	58	10	9	77	5	1.5
		역청 재료	61	5	4	70	5	1.4
		기타 재료	31	3	5	39	3	0.8
		소계	1308	117	125	1550	100	30.7
		과목 총계	1429	130	144	1703		
건축 제도	건축제도	제도용구 및 재료	143	20	20	183	28	3.6
		각종 제도 규약	228	29	34	291	43	5.7
		묘사와 표현	104	9	7	120	18	2.4
		건축설계도면	58	10	2	70	11	1.4
		소계	533	68	63	664	100	13
건축 구조	일반 구조	건축구조의 일반사항	134	12	14	160	16	3.2
		목구조	205	19	18	242	24	4.8
		조적조	163	22	8	193	20	3.8
		철근콘크리트조	169	15	16	200	20	3.9
		철골조	134	10	9	153	16	3.1
		기타 구조	30	6	1	37	4	0.8
		소계	835	84	66	985	100	19.5
		총계	4245	425	403	5073		100

본 분석은 2025년 3회분(2025년 7월 1일 시행)까지 분석한 자료입니다.

출제기준

직무 분야	건설	중직무 분야	건축	자격 종목	실내건축기능사	적용 기간	2025.1.1.~2027.12.31.

○ 직무내용 : 기능적, 미적요소를 고려하여 건축 실내공간을 계획하고, 기본 설계도서를 작성하며, 완료된 설계도서에 따라 시공 등의 현장업무를 수행하는 직무이다.

필기검정방법	객관식	문제수	60	시험시간	1시간

필기과목명	문제수	주요항목	세부항목	세세항목
실내 디자인, 실내 환경, 실내 건축 재료, 건축 일반	60	1. 실내 디자인의 이해	1. 실내 디자인 일반	1. 실내 디자인의 개념 2. 실내 디자인의 분류 및 특성
			2. 디자인요소	1. 점, 선 2. 면, 형 3. 균형 4. 리듬 5. 강조 6. 조화와 통일
			3. 실내 디자인의 요소	1. 바닥, 천정, 벽 2. 기둥, 보 3. 개구부, 통로 4. 조명 5. 가구
			4. 실내 계획	1. 주거 공간 2. 상업 공간
		2. 실내 환경	1. 열 및 습기 환경	1. 건물과열, 습기, 실내 환경 2. 복사 및 습기와 결로
			2. 공기 환경	1. 실내 공기의 오염 및 환기
			3. 빛환경	1. 빛환경
			4. 음환경	1. 음의 기초 및 실내 음향
		3. 실내 건축 재료	1. 건축 재료의 개요	1. 재료의 발달 및 분류 2. 구조별 사용재료의 특성
			2. 각종 재료의 특성, 용도, 규격에 관한 지식	1. 목재의 분류 및 성질 2. 목재의 이용 3. 석재의 분류 및 성질 4. 석재의 이용 5. 시멘트의 분류 및 성질 6. 콘크리트 골재 및 혼화재료 7. 콘크리트의 성질 8. 콘크리트의 이용 9. 점토의 성질 10. 점토의 이용 11. 금속재료의 분류 및 성질 12. 금속재료의 이용 13. 유리의 성질 및 이용 14. 미장재료의 성질 및 이용 15. 합성수지의 분류 및 성질 16. 합성수지의 이용 17. 도장재료의 성질 및 이용 18. 방수재료의 성질 및 이용 19. 기타 수장재료의 성질 및 이용

필기과목명	문제수	주요항목	세부항목	세세항목
		4. 실내 건축 제도	1. 건축 제도 용구 및 재료	1. 건축 제도 용구 2. 건축 제도 재료
			2. 각종 제도 규약	1. 건축 제도 통칙(일반사항-도면의 크기, 척도, 표제란 등) 2. 건축 제도 통칙(선, 글자, 치수) 3. 도면의 표시방법
			3. 건축물의 묘사와 표현	1. 건축물의 묘사 2. 건축물의 표현
			4. 건축 설계 도면	1. 설계 도면의 종류 2. 설계 도면의 작도법 3. 도면의 구성 요소
		5. 일반 구조	1. 건축 구조의 일반사항	1. 목 구조 2. 조적 구조 3. 철근콘크리트 구조 4. 철골 구조 5. 조립식 구조 6. 기타 구조

차 례

PART 01 실내 디자인

Chapter 01 실내 디자인론

1-1. 실내 디자인 일반 ··· 2
- 1. 실내 디자인의 목표 / 2
- 2. 실내 디자인의 개념 / 2
- 3. 실내 디자이너의 역할과 영역 / 3
- 4. 실내 디자인의 기본 조건 등 / 4
- 5. 디자인의 단계 / 5
- 6. 환경 디자인의 분야 등 / 7

■ 과년도 출제문제 / 9

1-2. 디자인 요소 ··· 19
- 1. 디자인 요소의 필요성과 정의 등 / 19
- 2. 선, 면 및 형태의 느낌 등 / 20
- 3. 디자인의 구성 원리 중 균형 / 22
- 4. 디자인의 구성 원리 중 리듬 / 23
- 5. 디자인의 구성 원리 중 강조 / 24
- 6. 디자인의 구성 원리 중 조화(하모니) / 24
- 7. 디자인의 구성 원리 중 통일과 변화 / 25
- 8. 디자인의 구성 원리 중 스케일과 패턴 등 / 25
- 9. 색의 3요소와 무게감 등 / 26

■ 과년도 출제문제 / 29

1-3. 실내 디자인의 요소 ··· 54
- 1. 모듈과 휴먼 스케일 / 54
- 2. 실내 공간의 구성 요소 / 54
- 3. 질감 등 / 56
- 4. 공간의 분할 / 57
- 5. 창호의 정의, 역할 및 종류 / 58
- 6. 조명등 및 방식 / 60
- 7. 가구의 분류 / 61

■ 과년도 출제문제 / 64

1-4. 실내 계획 ··· 83
- 1. 주거 공간 계획 / 83
- 2. 공간의 개념 등 / 84
- 3. 주택의 설계 방향과 계획 등 / 84
- 4. 인간의 욕구와 소요실 / 85
- 5. 주택의 거실 / 85
- 6. 주택의 침실 / 86
- 7. 식사실의 형태 / 87
- 8. 실내 계획 시 고려사항 / 89
- 9. 원룸의 설계 / 90
- 10. 공동 주택의 형식 / 91
- 11. 통기관의 설치 / 93
- 12. 백화점의 전시, 계획 등 / 93
- 13. 상점의 외관 / 94
- 14. 상점의 배치법 / 94
- 15. 상업 공간의 계획 / 95
- 16. 상점의 판매 형식 / 96
- 17. 상점의 현휘 현상 / 97
- 18. 쇼핑센터 / 98
- 19. 은행의 설계 방침 / 98
- 20. 극장의 단면도 / 98

21. 호텔의 기능 / **99**
22. 전시 형태 / **99**
📖 과년도 출제문제 / **102**

23. 실내 건축사 / **100**

PART 02 실내 환경

Chapter 01 실내 환경

1-1. 열 및 습기 환경 ······ 122
1. 열복사선의 입사 등 / **122**
2. 열의 이동 등 / **122**
3. 수평면 및 벽의 일사량 / **124**
4. 결로 현상 / **124**

📖 과년도 출제문제 / **126**

1-2. 공기 환경 ······ 134
1. 실내 환기의 목적 등 / **134**
2. 공기 조화의 계획 / **135**
3. 환기 횟수 및 방법 등 / **135**
4. 실내 공기 오염의 직·간접 원인 등 / **136**
5. 온열 요소 등 / **136**

📖 과년도 출제문제 / **138**

1-3. 빛환경 ······ 146
1. 일조 계획 / **146**
2. 태양광선의 효과 / **147**
3. 측창, 천창, 정측창, 채광의 정의 및 장·단점 / **148**
4. 조명 방식의 종류 Ⅰ / **148**
5. 조명 방식의 종류 Ⅱ / **150**
6. 건축화 조명 방식 / **151**

📖 과년도 출제문제 / **153**

1-4. 음환경 ······ 165
1. 음의 성질 등 / **165**
2. 음속과 소음 레벨 / **166**
3. 실내의 음향 계획 등 / **167**
4. 음의 잔향 이론 등 / **167**

📖 과년도 출제문제 / **169**

| 차 례 |

PART 03 실내 건축 재료

Chapter 01 실내 건축 재료

1-1. 건축 재료의 개요 ··· 176
1. 재료의 발달 과정 / 176
2. 재료의 일반적인 성질 / 177
3. 재료의 분류 / 179

■ 과년도 출제문제 / 181

1-2. 재료의 특성, 용도, 규격에 관한 사항 ··· 188

1-2-1. 목재 ··· 188
1. 목재의 특성 / 188
2. 목재의 분류와 세포 등 / 188
3. 심재와 변재, 나이테, 취재율 등 / 189
4. 목재의 강도 등 / 190
5. 목재의 비중과 함수율 / 190
6. 목재의 연소 상태 / 191
7. 목재의 부패 등 / 191
8. 목재의 결점(흠)과 벌목 / 193
9. 목재의 방부제 및 처리법 등 / 194
10. 목재의 일반적인 성질 / 196
11. 목 구조의 보강철물 / 196
12. 합판의 특성과 사용처 등 / 197
13. 파티클보드의 제법과 특성 / 198
14. 집성 목재 / 199
15. 벽, 수장재 등 / 200
16. 바닥재 등 / 200

1-2-2. 석재 ··· 201
1. 석재의 특성 등 / 201
2. 성인에 의한 석재의 분류 / 201
3. 석재의 조직과 사용법 등 / 202
4. 석재의 종류와 특성 / 203
5. 석재의 가공 순서 / 205
6. 석재 제품 등 / 205

1-2-3. 점토 재료 ··· 206
1. 점토의 물리적, 화학적 성질 / 206
2. 점토 제품의 분류와 특성 / 207
3. 벽돌의 규격과 품질 / 208
4. 특수 벽돌의 종류와 특성 / 208
5. 점토 제품 등 / 209

1-2-4. 시멘트 재료 ··· 211
1. 포틀랜드 시멘트의 원료와 종류 / 211
2. 시멘트의 강도, 수화 작용 등 / 211
3. 시멘트의 분말도 등 / 212
4. 각종 시멘트의 특성 / 213
5. 시멘트의 저장 방법 / 216

1-2-5. 콘크리트 재료 ··· 216
1. 콘크리트의 특성 등 / 216
2. 콘크리트용 골재의 구분과 품질 / 217
3. 골재의 함수 상태 / 218
4. 골재 체가름 시험 / 218
5. 콘크리트의 강도와 현상 등 / 218
6. 굳지 않은 콘크리트의 성질 등 / 220
7. 혼화 재료의 종류와 특성 등 / 223
8. 특수 콘크리트의 특성 등 / 224
9. 시멘트 및 콘크리트 제품 / 227

1-2-6. 금속 재료 · 227
- 1. 응력-변형률 곡선과 탄소강의 성질 / 227
- 2. 강의 열처리법 / 228
- 3. 비철금속의 특성 등 / 228
- 4. 금속의 방식법 / 230
- 5. 금속 제품 등 / 231
- 6. 창호와 창호 철물 / 232

1-2-7. 유리 재료 · 233
- 1. 유리의 특성과 종류 등 / 233
- 2. 유리의 구분과 용도 등 / 234
- 3. 안전 유리의 특성 / 234
- 4. 유리의 2차 제품 / 236

1-2-8. 합성수지 재료 · 237
- 1. 합성수지의 특성 / 237
- 2. 합성수지의 분류 / 238
- 3. 합성수지의 종류 및 특성 / 238
- 4. 합성수지 제품 등 / 239

1-2-9. 미장 재료 · 240
- 1. 미장 재료의 정의와 분류 / 240
- 2. 미장 재료의 구분 / 241
- 3. 미장 바름의 종류 / 241

1-2-10. 도장 재료 · 243
- 1. 도료의 원료 / 243
- 2. 수성 페인트 등 / 244
- 3. 유성 페인트 등 / 245
- 4. 바니시, 방청 도료 등 / 245

1-2-11. 역청 재료 · 248
- 1. 아스팔트의 특성과 종류 / 248
- 2. 아스팔트 제품 등 / 249

1-2-12. 기타 재료 · 250
- 1. 접착제의 조건 / 250
- 2. 합성수지계 접착제 / 250
- 3. 단열 재료 / 252
- 4. 벽지의 종류 / 252

■ 과년도 출제문제 / 253

PART 04 건축 일반

Chapter 01 실내 건축 제도

1-1. 건축 제도용구 및 재료 · 350
- 1. 건축 제도 시 유의사항 등 / 350
- 2. 제도판, 용지 및 표제란 등 / 351

■ 과년도 출제문제 / 354

1-2. 각종 제도 규약 ··· 362

1. 도면의 글자와 숫자 / 362
2. 선의 종류, 용도 및 유의사항 / 362
3. 도면의 척도와 치수 / 363
4. 도면 표시 기호 / 364
5. 재료 구조 표시(단면용) 기호 / 365
6. 창호 평면 표시 기호 Ⅰ / 367
7. 창호 표시 기호 Ⅱ / 368

📖 과년도 출제문제 / 369

1-3. 건축물의 묘사와 표현 ··· 381

1. 투시도의 종류, 특성 및 도법 등 / 381
2. 투시도 작도 용어 / 382
3. 투상도의 종류와 도면의 묘사 등 / 383

📖 과년도 출제문제 / 385

1-4. 건축 설계 도면 ·· 392

1. 설계 도면의 종류와 표현 / 392
2. 도면의 분류와 축척 등 / 394
3. 설계 도서 등 / 395

📖 과년도 출제문제 / 397

Chapter 02 일반 구조

2-1. 건축 구조의 일반사항 ·· 401

2-1-1. 건축 구조의 일반사항 ··· 401

1. 건축의 3대 요소 등 / 401
2. 건축물의 주요 구성 요소 등 / 402
3. 건축 구조의 분류 / 403
4. 조립식 구조의 특성 등 / 404

2-1-2. 목 구조 ··· 404

1. 기초의 종류, 말뚝의 배치 등 / 404
2. 목 구조의 특성 / 406
3. 기둥 및 지붕틀의 종류와 양식 / 406
4. 목조 벽체의 구성 등 / 408
5. 마루 구조, 판벽 및 기타 부재 등 / 409
6. 목재의 접합과 쪽매 / 411
7. 이음과 맞춤의 정의와 유의사항 / 412
8. 반자의 구조와 구성 부재 및 종류 / 413
9. 지붕틀의 구성, 특성 및 지붕 평면 등 / 414
10. 접합부의 보강 철물 / 416
11. 창호의 종류와 특성 등 / 417
12. 계단의 종류와 구조, 일반사항 / 420

2-1-3. 조적 구조 ··· 422

1. 벽돌 구조의 특성 / 422
2. 벽돌 쌓기 방식과 줄눈의 종류 / 422
3. 벽돌의 품질, 규격 및 벽돌벽의 두께 / 424
4. 조적조의 규정 등 / 425
5. 벽돌벽의 균열 원인 등 / 427
6. 아치 / 428
7. 블록 구조의 형식 등 / 428
8. 블록의 품질, 종류 및 명칭 / 430
9. 석구조의 특성 등 / 430

2-1-4. 철근 콘크리트 구조 432

1. 철근 콘크리트 구조의 일반사항 등 / 432
2. 철근 콘크리트구조의 보 / 432
3. 철근 콘크리트 기둥 / 433
4. 바닥판의 정의, 두께, 배근 등 / 434
5. 철근 콘크리트 벽 / 437
6. 콘크리트의 이음 위치 / 437
7. 강제 거푸집과 측압의 영향 / 438
8. 철근과 콘크리트의 부착력 / 438
9. 건축 구조법 / 440
10. 특수 콘크리트의 특성 / 440
11. 부재의 응력 등 / 441
12. 철근 콘크리트의 일반사항 / 442

2-1-5. 철골 구조 443

1. 철골 구조의 장·단점 / 443
2. 철골의 표시 및 접합법 / 443
3. 철골보의 일반사항 / 445
4. 철골 구조의 주각부 등 / 448
5. 철골 구조의 일반사항 등 / 449

2-1-6. 기타 구조 450

1. 구조의 구분 / 450
2. 기타 구조의 특성 등 / 450

■ 과년도 출제문제 / 453

부록 Ⅰ 최근 CBT 복원문제

01 실내 디자인 / 518

02 실내 환경 / 528

03 실내 건축 재료 / 532

04 건축 일반 / 543

부록 Ⅱ 최신 기출문제

01 2025년 1월 21일 시행 제1회 CBT 기출복원문제 / 560

02 2025년 4월 7일 시행 제2회 CBT 기출복원문제 / 571

03 2025년 7월 1일 시행 제3회 CBT 기출복원문제 / 582

PART 1　실내 디자인

CRAFTSMAN INTERIOR ARCHITECTURE

CHAPTER 1 실내 디자인론

CHAPTER 01 실내 디자인론

출제 키워드

- 실내 디자인의 목표
  - 효율성
  - 경제성(최소한의 자원을 투입하여 거주자가 최대로 만족할 수 있도록 하는 것)
  - 아름다움
  - 개성

- 실내 디자인의 목표와 관계가 없는 사항
  - 최대의 공사비로 최대의 실내 공간 연출
  - 개성적인 디자인
  - 공익성의 추구
  - 생산성을 최대화

- 실내 디자인의 개념
  - 기능(쾌적한 인간 생활의 환경 조성, 심리적 문제 해결)과 미(미학적, 독자적인 개성 표현의 조화된 표현
  - 건축물의 내부를 각 실의 목적과 용도에 맞게 계획하고, 형태화하며 개성적이고 아름다운 실내 환경을 만드는 종합적인 예술 활동 또는 주거나 주거지 공간을 기능적으로 꾸미는 디자인
  - 실내 디자인의 판단 척도 중 가장 우선해야 할 것은 기능성이고, 가장 낮은 것은 다양성

1-1. 실내 디자인 일반

실내 디자인의 목표

① 실내 디자인이란 실내 공간을 아름답게 만드는 단순한 작업을 의미하는 것이 아니라 공간을 사용할 거주자가 편리하고 쾌적하게 생활할 수 있도록 공간을 효율성이 있고, 개성 있게 창조해내는 활동으로, 궁극적인 목표는 효율성, 경제성(최소한의 자원을 투입하여 거주자가 최대로 만족할 수 있도록 하는 것), 아름다움 및 개성 등이다.

② 실내 디자인의 목표는 기능(쾌적한 인간 생활의 환경 조성, 심리적 문제 해결)과 미(미학적, 독자적인 개성 표현)의 조화이다.

③ 실내 디자인의 목표는 쾌적성의 추구, 욕구(물리적, 환경적, 예술적 및 정서적 욕구)의 해결 등이다.

④ 실내 디자인의 목표와 관계가 없는 사항은 최대의 공사비로 최대의 실내 공간 연출, 개성적인 디자인, 공익성의 추구 및 생산성을 최대화한다.

2 실내 디자인의 개념

① 실내 디자인의 개념

㉮ 실내 디자인은 건물의 내부 공간(건축의 기본 요소인 벽, 바닥 및 천장으로 둘러싸인 공간) 및 외부 공간(외부로의 통로 공간, 내부 공간의 연장으로서 외부 공간)을 계획·설계하는 것, 또는 생활 목적에 따라 쓰기 쉽고 안락한 분위기의 공간이 되도록 설계하는 것 및 아름답고 쾌적하게 만드는 것이다.

㉯ 실내 디자인은 인간 생활의 기능적 해결, 쾌적성 추구, 감상적 충족을 만족시켜야 한다.

㉰ 실내 디자인은 건축 및 환경 관리의 상호성을 고려하여 계획한다.

㉱ 실내 디자인은 미와 기능이 조화된 표현이다.

㉲ 실내 디자인은 건축물의 내부를 각 실의 목적과 용도에 맞게 계획하고, 형태화하며 개성적이고 아름다운 실내 환경을 만드는 종합적인 예술 활동 또는 주거나 주거지 공간을 기능적으로 꾸미는 디자인이다.

② 실내 디자인의 판단 척도 중 가장 우선해야 할 것은 기능성이고, 가장 낮은 것은 다양성이다.
③ 바람직한 디자인의 상태는 형태와 기능 어느 쪽에도 치우치지 않고, 조화롭게 잘 갖추어진 상태를 의미한다.
④ 실내 디자인의 개념과 관계가 없는 사항은 미와 기능의 분리된 표현, 실내 마감을 값이 비싼 재료를 사용하여 무조건 최고의 공간으로 고급스럽게 마감하는 것, 실내를 자연 환경으로 바꾸는 것 등이다.
⑤ **실내 디자인의 영역** : 디자인의 영역은 제품 디자인(product design, 도구 개념으로 물건을 창조하는 영역, 도구나 시설물, 기계시스템 및 교통시스템 등), 시각 디자인(visual communication design, 인간의 의사를 시각화시켜 전달하는 기능) 및 환경 디자인(environment design, 사회와 자연을 맺는 환경적 대상물을 계획하여 인간의 생활 환경을 개선하고 창조적인 삶을 자극하는 영역) 등이 있다. 세 가지 디자인(제품, 시각 및 환경) 영역은 인간의 생활 환경으로서 조형 활동과 창조의 상호 보완 관계로서 보다 사용하기 쉽고, 보기 좋고, 살기 좋은 환경으로 개선하고 창조해 가는 분야라고 할 수 있다. 디자인은 한 과제로서 뿐만 아니라, 시스템을 대상으로 디자인한다. 이때, 시스템은 체계를 의미하지만, 크기와 관계없이 전체 속에 포함된 부분들과도 관계한다.

3 실내 디자이너의 역할과 영역

① **실내 디자이너의 역할** : 실내 디자이너는 주어진 공간의 용도에 적합한 환경에 대하여 책임질 수 있는 재창조적 해결 방안을 모색·제시함으로써 편리한 기능과 질 높은 쾌적한 환경을 조성(생활 공간의 편리한 기능과 쾌적성을 추구)하여 사용자는 물론 사용 예정자에게 보다 인간답게 생활할 수 있도록 그 역할을 충실히 하여야 한다. 또한, 독자적인 개성 표현의 추구, 예술적, 서정적 욕구 충족 및 생활 공간의 쾌적성 추구 등도 고려하여야 한다.
② **실내 디자인의 영역** : 실내 공간뿐만 아니라 외부로의 통로 공간, 그리고 내부 공간의 연장으로서 외부 공간 및 건축물의 전면까지도 실내 디자인의 영역으로 보아야 한다.
③ 실내 디자인은 예술성보다 기능성을 우선하고, 실내 디자이너는 설계 업무뿐만 아니라 시공 업무도 담당한다.
④ **실내 디자이너의 능력** : 실내 디자이너는 건축물과 주변 환경에 대한 기본적인 제반 사항을 이해하여 실내에 미치는 환경의 영향을 고려하고 체계적인 조화가 이루어지도록 다른 관련 전문가들과 협력하여 기술적인 해결 방안을 모색하여야 한다. 즉, 미적인 감각, 문제의 분석 능력, 경영 능력 및 심리적인 안목도 갖추어야 한다.

출제 키워드

■ 실내 디자인의 개념과 관계가 없는 사항
• 미와 기능의 분리된 표현
• 실내 마감을 값이 비싼 재료를 사용하여 무조건 최고의 공간으로 고급스럽게 마감하는 것
• 실내를 자연 환경으로 바꾸는 것

■ 실내 디자이너의 역할
• 편리한 기능과 질 높은 쾌적한 환경을 조성(생활 공간의 편리한 기능과 쾌적성을 추구)
• 예술성보다 기능성을 우선

■ 실내 디자이너의 능력
• 미적인 감각
• 문제의 분석 능력
• 경영 능력
• 심리적인 안목

출제 키워드

- 실내 디자인의 기본 조건
- 기능적 조건(공간 배치 및 동선의 편리성과 가장 관련이 있는 조건) : 가장 우선시
- 정서적 조건
- 물리적·환경적 조건

- 수익 유무에 따른 공간
- 영리 공간(수익을 목적으로 운영) : 상점, 백화점, 호텔 등
- 비영리 공간 : 박물관

- 공간 대상에 따른 분류
- 업무 공간 : 사무실, 은행, 공무원의 작업 공간
- 전시 공간 : 동선을 가장 중요시

4 실내 디자인의 기본 조건 등

(1) 실내 디자인의 기본 조건

① 기능적 조건 : 공간을 사용 목적에 적합하도록 인간 공학, 공간 규모, 배치 및 동선, 사용 빈도 등 제반 사항에 대한 고려로서 공간 배치 및 동선의 편리성과 가장 관련이 있는 조건으로 실내 디자인의 기본 조건 중 가장 우선시 되어야 한다.

② 정서적 조건 : 심미적, 심리적 예술 욕구를 충족하기 위해 사용자의 연령, 취미, 기호, 직업, 학력 등을 고려한다.

③ 물리적·환경적 조건 : 쾌적한 환경을 직·간접적으로 지배하는 공기, 열, 음, 빛, 설비 등의 제반 요소를 고려한다.

(2) 실내 디자인의 분류

실내 디자인의 분류에는 수익 유무에 따른 분류(영리 공간과 비영리 공간), 공간 대상에 따른 분류(상업 공간, 업무 공간, 전시 공간, 주거 공간, 특수 공간 등)가 있다.

① 수익 유무에 따른 공간

㉮ 영리 공간 : 상점, 백화점, 각종 소매점, 전문점 및 호텔 등과 같이 수익을 직접적인 주목적으로 운영하는 공간이다.

㉯ 비영리 공간 : 주택, 아파트, 기념관 및 박물관 등과 같이 수익을 직접적인 주목적으로 운영하지 않는 공간이다.

② 공간 대상에 따른 분류

㉮ 주거 공간 : 주거 공간은 순수한 의·식·주 생활이 실내의 주목적인 공간으로 주택과 아파트 등이 있으며, 호텔의 객실이나 콘도미니엄은 주거 공간으로 보기 어렵다.

㉯ 상업 공간 : 상점, 백화점, 레스토랑, 시장 등과 같이 영리나 수익을 주목적으로 하여 지속적인 매매행위가 이루어지는 공간이다.

㉰ 업무 공간 : 사무실, 공장, 병원, 은행, 인테리어 사무소, 변호사 사무소, 각 공장 및 공무원의 작업 공간 등과 같이 정신적인 업무와 육체적인 업무 양자를 모두 포함하는 작업 공간이다.

㉱ 전시 공간 : 전시 공간은 일반적으로 감상, 교육, 계몽, 판매 및 서비스 등을 목적으로 전시하며, 영리적인 전시(전시자의 명성이나 선전 효과를 이용하여 판매 촉진을 목적으로 하는 쇼룸)와 비영리적인 전시(예술성이 강한 작품의 발표 또는 일반대중의 문화적인 사고 개발과 교육을 목적으로 하는 미술관, 박물관, 기념관, 박람회 등)로 구분되고, 동선을 가장 중요시 하여야 한다.

㉲ 특수 공간 : 자동차, 카라반, 기차, 선박, 비행기, 우주선, 우주 정거장 등과 같이 특수 공간은 앞의 공간(주거, 상업, 업무, 전시 공간 등)을 제외한 특수한 사용 목적을 내용으로 하는 공간이다.

구분	주거	상업	공용	업무	교육
종류	아파트, 주택, 기숙사	호텔, 음식점, 백화점	터미널, 역, 박물관	사무실, 은행	유치원, 학교

(3) 디자인의 분야
① 환경 디자인 : 사회와 자연을 맺는 환경적 대상물을 취급하는 분야이다.
② 시각 디자인 : 인간의 의사를 시각적으로 전달하는 기능을 집약적으로 표현한 실체를 다루는 분야이다.
③ 실내 디자인 : 단순하게 실내를 아름답게 꾸미는 작업을 의미하는 것이 아니라 거주자가 편리하고 안락하게 생활할 수 있도록 개성적이며, 아름다운 실내 환경을 만드는 종합적인 예술 활동으로 전시공간 디자인이 속한다.

5 디자인의 단계

(1) 디자인의 단계
① 실내 디자인의 단계

기획 단계	설계 단계	시공 단계	사용 후 평가 단계
정보 수집 및 분석 등	디자인의 의도 확인, 기본 설계도 제시, 실시 설계도 완성, 프레젠테이션 실시 및 설계 결정 등	공사 진행 및 설계 감리 등	거주자 평가, 문제점 발견 및 해결, 다음 작업의 기초 자료 활용 등

② 실내 디자인의 기획 단계에서 고려하여야 할 사항
 ㉮ 필요로 하는 공간의 종류와 면적에 대한 사항을 파악한다(동선과 순환의 패턴).
 ㉯ 사용자의 경제 능력과 경제적 타당성을 조사한다(적절한 마감재의 선정, 지역이나 대지에 대한 사항).
 ㉰ 필요한 시설(배관, 배선, 냉·난방, 방음, 안전 장치 등, 자연광과 인공조명의 필요 정도)에 대한 사항을 수집한다.
 ㉱ 공간을 사용할 사람의 생활양식, 취향, 가치관 등을 파악한다.
③ 실내 디자인의 프로그래밍 과정
 ㉮ 계획 또는 목표 설정(programing) → 조사(research) → 분석(analysis) → 종합(synthesis, 공식화) → 평가(evaluation), 결정 또는 발전(development)의 단계 순이다.
 ㉯ 기획(실내 디자인 과정에서 일반적으로 건축주의 의사가 가장 많이 반영되는 단계) → 계획 → 설계 → 시공 → 평가의 순이다.
④ 건축 설계의 진행 과정
 ㉮ 기획(실내 디자인 과정에서 일반적으로 건축주의 의사가 가장 많이 반영되는 단계) → 설계(조건 파악 → 기본 계획 → 기본 설계 → 실시 설계) → 시공의 순으로 진행된다.

출제 키워드

■실내 디자인의 기획 단계에서 고려하여야 할 사항
• 동선과 순환의 패턴
• 적절한 마감재의 선정
• 자연광과 인공조명의 필요 정도

■실내 디자인의 프로그래밍 과정
• 계획 또는 목표 설정→조사→분석→ 종합→평가, 결정 또는 발전의 단계
• 기획(실내 디자인 과정에서 일반적으로 건축주의 의사가 가장 많이 반영되는 단계) → 계획 → 설계 → 시공 → 평가

■건축 설계의 진행 과정
• 기획(실내 디자인 과정에서 일반적으로 건축주의 의사가 가장 많이 반영되는 단계) → 설계(조건 파악→기본 계획→기본 설계→실시 설계) → 시공
• 설계자의 요구분석→각종 자료분석→기본설계→대안제시→실시설계의 순

출제 키워드

■ 실내 디자인의 기본적인 측면 중 현실적인 측면
거주인에 대한 이해(가장 중요하게 고려)

■ 실내 디자인의 방법
과거의 설계 사례를 고려

■ 설계의 접근 방법
기능을 강조하여 기능의 이미지를 그리는 것부터 시작

■ 프레젠테이션
고객에게 설계자의 계획을 표현하는 기술을 총괄하는 말로 기본설계 단계에서 설계자가 고객에게 자신의 의견이나 몇 가지 방안을 설명하는 것

■ 블록 플래닝
공간의 영역을 구분하는 방법으로 인간의 활동과 활동 시간, 공간 사용자의 특성 등으로 동질적인 공간을 구성하는 방법

㉯ 설계자의 요구분석 → 각종 자료분석 → 기본설계 → 대안제시 → 실시설계의 순이다.

(2) 실내 디자인의 기본적인 측면

① 현실적인 측면 : 현실적인 의미에는 거주인에 대한 이해(고객의 요구 조건, 거주자에 대한 이해), 주택의 위치(환경) 및 자원 등이 있고, 거주인에 대한 이해가 가장 중요하게 고려되어야 한다.
② 심리적인 측면 : 심리적인 측면에는 효용성(동선과 순환의 패턴, 공간의 이미지 부각), 독립성, 편안함, 소유 및 과밀 등이 있다.

(3) 실내 디자인의 방법

실내 디자인의 방법에서 평면과 단면, 입면을 동시에 고려하고, 과거의 설계 사례를 고려하며, 인간의 행동과 생활 방법에서 발상을 얻는다. 또한, 시선의 움직임과 흐름을 고려한다.

(4) 설계의 접근 방법

설계의 접근 방법에 있어서 디자인은 설계사의 사상이라고 보고, 우선 이념의 정립을 시도하고, 기능을 강조하여 기능의 이미지를 그리는 것부터 시작하며, 시공성과 생산성을 중시하고, 생활과 공간과의 대응 관계를 중시하여 이의 분석으로부터 시작한다.

(5) 프레젠테이션

고객에게 설계자의 계획을 표현하는 기술을 총괄하는 말로 기본설계 단계에서 설계자가 고객에게 자신의 의견이나 몇 가지 방안을 설명하는 것으로 과정은 다음과 같다.
① 정보 수집과 분석을 통한 디자인의 기본 원칙과 의견을 제시
② 활동별 또는 용도별로 공간을 구분
③ 공간의 중요도를 원의 크기로 구분하고, 화살표와 선으로 표기
④ 원칙과 의도에 맞는 기본 계획도(schematic diagram)를 작성
⑤ 평면도를 기본으로 입면도, 단면도, 투시도 완성
⑥ 공간을 구체적으로 제시(스케치, 투시도, 정밀 묘사 등)
⑦ 마감 재료, 가구, 조명 및 색채 계획의 순으로 진행

(6) 계획에 관한 용어

① 블록 플래닝 : 공간의 영역을 구분하는 방법으로 인간의 활동과 활동 시간, 공간 사용자의 특성 등으로 동질적인 공간을 구성하는 방법이고, 각 블록(각 실을 성격이 비슷한 공간별로 묶은 것)을 조합하여 배치하는 계획으로 평면 계획을 구체화하는 데 많이 사용된다.

② 에스키스 : 자료의 분석과 선택에서 비롯되어 설계자의 머릿속에서 이루어진 공간의 구상을 종이에 형상화하여 그린 다음, 시각적으로 확인하는 것이다.
③ 모크업 디자인 : 실물 크기와 같은 모형의 디자인이다.
④ 모델링 : 플라스터 마감으로써 모양을 만들거나, 남의 작품을 그대로 모조해서 모양을 만드는 것, 그림이나 조각에서 대강의 구성이 끝난 후 세세한 것까지도 손질한다.

(7) 색채에 관한 용어
① 색채 관리 : 색채의 종합적인 활용의 결과로서 회사는 물론, 소비자가 충분히 만족할 수 있는 적합한 색을 제품에 활용할 수 있도록 하는 중요한 기술의 일종이다.
② 색채 계획 : 기업이나 상품에 채택되는 색채의 선정은 기업의 이미지와 상품의 좋고, 나쁨에 대한 이미지를 결정하는 중요한 요소로서 실내 디자인이나 시각 디자인, 환경 디자인 등에서 그 디자인의 적응 상황 등을 연구하여 색채를 선정하는 과정을 말한다.
③ 색채 조화 : 같은 성질이나 흡사한 성질의 색이 잘 어울려서 심리적으로 쾌감을 느낄 수 있는 배색을 색채의 조화라고 한다.
④ 색채 조절(기능 배색) : 색을 단순히 개인적인 기호에 의해서 사용하는 것이 아니라, 색 자체가 가지고 있는 여러 가지 성질을 이용하여 인간의 생활이나 작업의 분위기, 또는 환경을 쾌적하고 능률적인 것으로 만들기 위하여 색이 가지고 있는 기능이 발휘되도록 하는 것을 말한다.

■ 색채 계획
실내 디자인이나 시각 디자인, 환경 디자인 등에서 그 디자인의 적응 상황 등을 연구하여 색채를 선정하는 과정

6 환경 디자인의 분야 등

(1) 환경 디자인의 분야
환경 디자인은 생활 환경을 형성하는 데, 직접 관계를 가지고 있는 디자인으로 공간 디자인으로 종류에는 경관(landscape), 도시(urban), 건축(architecture)의 내부와 외부 공간에 대한 디자인 등으로 쇼핑몰 디자인, 타운플래닝(Town planning) 및 조경 디자인 등이 있고, 환경 디자인의 분야는 상업적 공간 계획과 비상업적 공간 계획으로 구분할 수 있으며, 건축의 실내 및 실외 환경, 상업 공간, 특수 계획 공간, 박람회, 도시 환경, 자연 환경(경관), 도시의 재순환과 조화 등이다.

■ 환경 디자인의 분야
• 쇼핑몰 디자인
• 타운플래닝
• 조경 디자인

(2) 슈퍼 그래픽
슈퍼 그래픽(super graphic, 공간(space) 그래픽, 환경 그래픽)이란 그래픽을 공간에 도입하는 새로운 영역의 하나로 디자인의 주제 표현을 직설적으로 묘사하고, 특징 없는 실내에 초점으로 작용시키기 위하여 색과 형을 자유스럽고 대담하게 사용한다. 삭막하고 무미건조한 실내외의 분위기를 명랑한 환경으로 조성함으로써 인간의 생활 환경을 보다 쾌적하고 활발하며, 적극적이게 해준다. 특히, 실내 공간을 아늑하고, 밝게 해주는 대표적인 경우로서, 거리의 예술 또는 랜드마크의 기능이 있다.

■ 슈퍼(공간, 환경) 그래픽
• 거리의 예술
• 랜드마크의 기능

출제 키워드

■ 캐스케이드
계단에 부딪치며 떨어지는 계단식 폭포를 의미

■ 옥상 녹화
인공 경량 토양은 단열 효과가 있으므로 옥상 녹화에 사용

(3) 실내 디자인의 물의 활용법 등

① 캐스케이드 : 계단에 부딪치며 떨어지는 계단식 폭포를 의미하는 것이다.
② 월 워싱 : 비대칭 배광 방식의 조명 기구를 사용하여 수직 벽면에서 빛으로 쓸어 내려주는 듯한 균일한 조도의 빛을 비추는 기법이다.
③ 실루엣 : 물체의 형태만을 강조하는 기법으로 공간의 친근감과 시각적인 분위기를 주며, 개개인의 내향적 행동을 유도하는 기법이다.

(4) 옥상 녹화

옥상 녹화에 있어서, 인공 경량 토양은 단열 효과가 있으므로 옥상 녹화(태양의 직사광선, 바람의 영향이 많은 정원)에 사용하는 것이 바람직하다.

1-1. 실내 디자인 일반
과년도 출제문제

01 | 실내 디자인의 개념
08

실내 디자인의 개념과 가장 관계가 먼 것은?
① 실내 디자인은 건물의 내부 공간을 생활 목적에 따라 쓰기 쉽고 안락한 분위기의 공간이 되도록 설계하는 것이다.
② 실내 디자인은 인간 생활의 기능적 해결, 쾌적성 추구, 감상적 충족을 만족시켜야 한다.
③ 실내 디자인은 건축 및 환경 관리의 상호성을 고려하여 계획한다.
④ 실내 디자인은 미와 기능이 분리된 기계적 표현이다.

해설 실내 디자인의 개념은 건물의 내부 공간을 생활 목적에 따라 쓰기 쉽고 안락한 분위기의 공간이 되도록 설계하는 것으로 인간 생활의 기능적 해결, 쾌적성 추구, 기능적, 정서적, 감상적 충족을 만족시켜야 하며, 건축 및 환경 관리의 상호성을 고려하여 계획한다. 또한, 실내 디자인은 기능과 미의 조화라고 할 수 있다.

02 | 실내 디자인의 개념
09, 03

실내 디자인의 개념과 가장 거리가 먼 것은?
① 인간 생활의 쾌적성을 추구한다.
② 실내 공간을 기능적, 정서적 공간으로 완성한다.
③ 실내 공간을 쾌적한 환경으로 창조한다.
④ 실내를 자연 환경으로 바꾼다.

해설 실내 디자인의 개념은 실내 공간을 아름답고 능률적이며 쾌적한 환경으로 창조하는 것이고, 내부 공간을 사용하고자 하는 목적과 요구 기능을 충족시키는 것이며, 개성있고 아름다운 공간을 연출하는 디자인 행위이다. 또한, 실내를 자연 환경으로 바꾸는 것과는 무관하다.

03 | 실내 디자인의 개념
06

실내 디자인의 개념 설명으로 옳지 않은 것은?
① 실내 공간을 아름답고 쾌적하게 만드는 것을 말한다.
② 실내 마감을 값이 비싼 재료를 사용하여 무조건 최고의 공간으로 고급스럽게 마감하는 것이다.
③ 건축의 기본 요소인 벽, 바닥, 천장으로 둘러싸인 내부 공간을 계획, 설계하는 것이다.
④ 실내 디자인은 주거 공간 디자인과 상업 공간 디자인의 두 분야로 나누는 것이 일반적이다.

해설 실내 디자인의 개념은 실내 공간을 아름답고 능률적이며 쾌적한 환경으로 창조하는 것이고, 내부 공간을 사용하고자 하는 목적과 요구 기능을 충족시키는 것이며, 개성있고 아름다운 공간을 연출하는 디자인 행위이다. 또한, 실내를 경제성을 고려하여 마감하여야 한다.

04 | 실내 디자인의 개념
09

다음 중 실내 디자인의 개념과 가장 거리가 먼 것은?
① 실내 공간을 아름답고 능률적이며 쾌적한 환경으로 창조하는 것이다.
② 내부 공간을 사용하고자 하는 목적과 요구 기능을 충족시키는 것이다.
③ 개성있고 아름다운 공간을 연출하는 디자인 행위이다.
④ 공간과 형태는 고려하지 않고 조명, 텍스처(texture), 색채 등과 같은 요소를 의식적으로 조정하는 것이다.

해설 실내 디자인의 개념은 실내 공간을 아름답고 능률적이며 쾌적한 환경으로 창조하는 것이고, 내부 공간을 사용하고자 하는 목적과 요구 기능을 충족시키는 것이며, 개성있고 아름다운 공간을 연출하는 디자인 행위이다. 또한, 공간과 형태를 고려하고 조명, 텍스처(texture), 색채 등과 같은 요소를 의식적으로 조정하는 것이다.

05 | 실내 디자인의 개념
24, 20, 13, 11, 10②

다음 중 실내 디자인의 개념과 가장 거리가 먼 것은?
① 순수 예술
② 디자인 활동
③ 실행 과정
④ 전문 과정

정답 01.④ 02.④ 03.② 04.④ 05.①

[해설] 실내 디자인의 개념은 쾌적한 환경 조성을 통하여 능률적인 공간이 되도록 인체 공학, 심리학, 물리학, 재료학, 환경학 및 디자인의 기본 원리 등을 고려하여 인간 생활에 필요한 효율성, 아름다움, 경제성, 개성 등을 갖도록 사용자에게 가장 바람직한 생활 공간을 만드는 것으로 응용 예술(기술과 예술) 분야로 볼 수 있다.

06 실내 디자인의 용어
09, 06, 02

주거나 주거지 공간을 기능적으로 꾸미는 디자인은?

① 가구 디자인
② 실내 디자인
③ 공업 디자인
④ 시각 디자인

[해설] 환경 디자인은 사회와 자연을 맺는 환경적 대상물을 취급하는 분야이고, 시각 디자인은 인간의 의사를 시각적으로 전달하는 기능을 집약적으로 표현한 실체를 다루는 분야이며, 공업 디자인은 공업 제품에 관해 재료, 기구, 가공, 기능, 경제성 및 시장성 등의 여러 조건을 조정·통합하여 상품을 조형하는 것이다.

07 실내 디자인의 용어
05, 03, 98

건축물의 내부를 각기의 목적과 용도에 맞게 계획하고, 형태화하는 작업을 무엇이라 하는가?

① 건축 디자인
② 실내장식
③ 실내 디자인
④ 실외 디자인

[해설] 실내 디자인이란 거주자가 실내의 사용 목적과 알맞게 계획하고, 형태화하며 개성적이고 아름다운 실내 환경을 만드는 종합적인 예술 활동을 말한다.

08 실내 디자인의 목적
06

실내 디자인에서 추구하는 궁극적인 목표와 가장 거리가 먼 것은?

① 실내 공간의 효율성을 높인다.
② 아름다움과 개성을 추구한다.
③ 경제성이 추구되어야 한다.
④ 공익성을 추구한다.

[해설] 실내 디자인의 목표는 실내 공간의 효율성을 높이고, 기능적인 조건을 최적화하며, 아름다움과 개성을 추구한다. 또한, 경제성이 추구되어야 하고, 쾌적한 환경을 조성한다.

09 실내 디자인의 목적
22, 14

다음 중 실내 디자인의 목적과 가장 거리가 먼 것은?

① 생산성을 최대화한다.
② 미적인 공간을 구성한다.
③ 쾌적한 환경을 조성한다.
④ 기능적인 조건을 최적화한다.

[해설] 실내 디자인의 목표는 기능(쾌적한 인간 생활의 환경 조성, 심리적 문제의 해결)과 미(미학적, 독자적인 개성 표현)의 조화이고, 욕구(물리적, 환경적, 예술적 및 정서적 욕구)의 해결책이다.

10 실내 디자인의 목표 중 경제성
09

실내 디자인에서 추구하는 목표 중 다음 설명과 가장 관계가 깊은 것은?

> 실내 디자인을 하려면 경비의 지출이 있게 마련이지만, 최소한의 자원을 투입하여 거주자가 최대로 만족할 수 있도록 해야 한다.

① 기능성
② 경제성
③ 개성
④ 심미성

[해설] 실내 디자인에서 추구하는 궁극적인 목표는 효율(기능)성, 아름다움, 경제성(실내 디자인을 하려면 경비의 지출이 있게 마련이지만, 최소한의 자원을 투입하여 거주자가 최대로 만족할 수 있도록 해야 한다.) 및 개성 등이다.

11 실내 디자인의 목표 중 경제성
10, 07

최소한의 자원을 투입하여 거주자가 최대로 만족할 수 있도록 하는 것은 실내 디자인의 목표 중 어디에 해당하는가?

① 기능성
② 경제성
③ 환경성
④ 개성

[해설] 실내 디자인에서 추구하는 궁극적인 목표는 효율(기능)성, 아름다움, 경제성(실내 디자인을 하려면 경비의 지출이 있게 마련이지만, 최소한의 자원을 투입하여 거주자가 최대로 만족할 수 있도록 해야 한다.) 및 개성 등이다.

정답 06. ② 07. ③ 08. ④ 09. ① 10. ② 11. ②

12 | 실내 디자인의 개념
18, 11, 09

실내 디자인의 가장 중요한 목표는 생활 공간을 쾌적하게 하는 것이다. 이를 위해 일반적으로 가장 우선시 되어야 하는 것은?

① 기능　　　　　② 미
③ 개성　　　　　④ 유행

해설 실내 디자인에서 추구하는 궁극적인 목표는 효율(기능)성, 아름다움, 경제성 및 개성 등이 있으나, 효율(기능)성은 일반적으로 가장 우선시 되어야 한다.

13 | 실내 디자인의 목표
08, 04

실내 디자인의 목표와 가장 관계가 먼 것은?

① 쾌적성 추구
② 물리적, 환경적 조건 해결
③ 예술적, 서정적 욕구 해결
④ 개성적인 디자인

해설 실내 디자인의 목표는 기능(쾌적한 인간 생활의 환경 조성, 심리적 문제의 해결)과 미(미학적, 독자적인 개성 표현)의 조화이고, 욕구(물리적, 환경적, 예술적 및 정서적 욕구)의 해결책이다.

14 | 실내 디자인의 목표
04

아래 글의 ( ) 안에 알맞은 용어는?

실내 디자인의 목표는 (㉮)과(와) (㉯)의 조화라 할 수 있고, (㉮)과(와) (㉯)을(를) 조화시킬 수 있는 능력을 갖춘 사람을 실내 디자이너라 할 수 있다.

　　㉮　　㉯　　　　　　㉮　　㉯
① 기능, 미　　　　② 용도, 기능
③ 안정성, 질서　　④ 형태, 미

해설 실내 디자인의 목표는 기능과 미의 조화라고 할 수 있고, 실내 디자인의 목표인 기능과 미를 조화시킬 수 있는 능력을 가진 사람을 실내 디자이너라고 한다.

15 | 실내 디자인의 목표
06, 99, 98

인테리어 디자인의 목표로 거리가 먼 것은?

① 쾌적한 인간 생활의 환경 조성
② 기능적, 미학적, 심리적 문제 해결
③ 독자적인 개성 표현
④ 최대의 공사비로 최대의 실내 공간 연출

해설 실내 디자인에서 추구하는 궁극적인 목표는 효율(기능)성, 아름다움, 경제성(실내 디자인을 하려면 경비의 지출이 있게 마련이지만, 최소한의 자원을 투입하여 거주자가 최대로 만족할 수 있도록 해야 한다.) 및 개성 등이다.

16 | 실내 디자인의 평가
15, 11

다음 중 실내 디자인을 평가하는 기준과 가장 거리가 먼 것은?

① 기능성　　　　② 경제성
③ 주관성　　　　④ 심미성

해설 실내 디자인의 평가 기준에는 합목적성(어떤 물건의 존재가 일정한 목적에 부합되는 것으로 실용성 또는 기능성), 독창성(새로운 가치를 추구하는 것으로 디자이너의 창의적인 감각에 의하여 새롭게 탄생하는 창조성), 경제성(최소의 노력으로 최대의 효과를 얻는 경제 원칙) 및 심미성(기능과 유기적으로 연결된 형태, 색채, 재질의 아름다움 창조) 등이 있다.

17 | 실내 디자인의 평가
13, 10, 08, 99, 98

다음 중 좋은 디자인을 판단하는 척도로서 우선 순위가 가장 낮은 것은?

① 기능성　　　　② 심미성
③ 다양성　　　　④ 경제성

해설 디자인을 판단하는 척도로는 기능성(합목적성), 심미성, 독창성(개성) 및 경제성 등이 있고, 가장 우선하는 것은 기능성(합목적성)이고, 가장 순위가 낮은 것은 주관성, 유행성 및 다양성 등이다.

18 | 실내 디자인
12

실내 디자인에 관한 설명으로 옳지 않은 것은?

① 실내 디자인은 대상 공간의 기능보다는 장식을 우선시한다.
② 디자인의 한 분야로서 인간 생활의 쾌적성을 추구하는 활동이다.
③ 실내 디자인은 목적을 위한 행위로 그 자체가 목적이 아니라 특정한 효과를 얻기 위한 수단이다.
④ 실내 디자인은 과학적 기술과 예술이 종합된 분야로서 주어진 공간을 목적에 맞게 창조하는 작업이다.

정답 12. ① 13. ④ 14. ① 15. ④ 16. ③ 17. ③ 18. ①

해설 디자인을 판단하는 척도로는 기능성(합목적성), 심미성, 독창성(개성) 및 경제성 등이 있고, 가장 우선하는 것은 기능성(합목적성)이므로 실내 디자인은 대상 공간의 장식보다는 기능을 우선시한다.

19 | 실내 디자인
실내 디자인에 관한 설명으로 옳지 않은 것은?
① 미적인 문제가 중요시 되는 순수 예술이다.
② 인간 생활의 쾌적성을 추구하는 디자인 활동이다.
③ 가장 우선시 되어야 하는 것은 기능적인 면의 해결이다.
④ 실내 디자인의 평가 기준은 누구나 공감할 수 있는 객관성이 있어야 한다.

해설 실내 디자인의 개념은 쾌적한 환경 조성을 통하여 능률적인 공간이 되도록 인체 공학, 심리학, 물리학, 재료학, 환경학 및 디자인의 기본 원리 등을 고려하여 인간 생활에 필요한 효율성, 아름다움, 경제성, 개성 등을 갖도록 사용자에게 가장 바람직한 생활 공간을 만드는 것으로, 응용 예술(기술+예술) 분야로 볼 수 있다.

20 | 실내 디자이너의 능력
실내 디자이너가 갖추어야 할 능력과 가장 거리가 먼 것은?
① 인간의 욕구를 지각하는 능력과 분석하여 이해하는 능력을 갖추어야 한다.
② 실내 구조를 강조한 구조 전반에 관한 지식, 건축의 체계, 설비 시설, 구성 요소에 관한 지식을 갖추어야 한다.
③ 기초 디자인 이론, 미학 역사, 계획 대상에 대한 조사 분석, 공간 계획과 프로그래밍에 관해 이해할 수 있어야 한다.
④ 실내 디자이너에게는 미적 감각이 가장 중요하며, 문제 분석 능력이나 경영 능력, 심리학적인 안목은 필요하지 않다.

해설 실내 디자이너는 건축물과 주변 환경에 대한 기본적인 제반 사항을 이해하여 실내에 미치는 환경의 영향을 고려하고 체계적인 조화가 이루어지도록 다른 관련 전문가들과 협력하여 기술적인 해결 방안을 모색하여야 한다. 즉, 미적인 감각, 문제의 분석 능력, 경영 능력 및 심리적인 안목도 갖추어야 한다.

21 | 실내 디자이너의 역할
실내 디자이너의 역할에 대한 설명 중 틀린 것은?
① 실내 공간을 설계하는 디자이너
② 실내 디자인 관련 요소를 계획하는 디자이너
③ 실내 공간에 필요한 그래픽을 제작하는 디자이너
④ 실내를 밀도 있게 장식하는 실내 장식가

해설 실내 공간을 인간의 생활환경에 적합하도록 재창조할 수 있는 기술적이고, 감각적인 안목이 필요하며, 창의적인 작업의 결과까지도 책임질 수 있는 능력 있는 디자이너이어야 한다.

22 | 실내 디자이너의 역할
실내 디자이너의 역할과 가장 거리가 먼 것은?
① 독자적인 개성의 표현을 한다.
② 생활 공간의 쾌적성을 추구하고자 한다.
③ 전체 매스(mass)의 구조 설비를 계획한다.
④ 인간의 예술적, 서정적 요구의 만족을 해결하려 한다.

해설 실내 디자이너의 역할은 편리한 기능과 질 높은 쾌적한 환경을 조성하고, 독자적인 개성 표현을 추구하며, 인간의 예술적, 서정적 욕구를 충족한다. 또한, 생활 공간의 쾌적성을 추구한다.

23 | 실내 디자이너의 역할
실내 디자이너의 역할과 가장 거리가 먼 것은?
① 독자적인 개성 표현의 추구
② 건물의 구조 및 설비 설계
③ 생활 공간의 쾌적성 추구
④ 예술적, 서정적 욕구 충족

해설 실내 디자이너의 역할은 편리한 기능과 질 높은 쾌적한 환경을 조성하고, 독자적인 개성 표현을 추구하며, 인간의 예술적, 서정적 욕구를 충족한다. 또한, 생활 공간의 쾌적성을 추구한다. 또한 실내 디자인의 궁극적인 목표는 효율성, 아름다움, 개성, 경제성 등이다.

24 | 실내 디자인의 영역
다음 실내 디자인 영역을 설명한 내용 중 틀린 것은?
① 실내 디자인의 영역은 도시환경과 가로(街路)에서도 존재하며 건축자체의 영역성에도 존재한다.
② 실내 환경을 구체적으로 창조해내는 실내계획과 과정의 완성이다.
③ 실내 디자이너는 생활공간의 쾌적성을 추구하고자 하는 것이다.
④ 실내 디자이너는 건물 전체의 매스(mass)의 구조와 관계가 보다 깊다.

정답 19.① 20.④ 21.③ 22.③ 23.② 24.④

[해설] 실내 디자인의 영역은 실내 공간 뿐만 아니라 외부로의 통로 공간 그리고, 내부 공간의 연장으로서 외부 공간 및 건축물의 전면까지도 실내 디자인의 영역으로 보아야 하나, 건물 전체의 매스(mass)의 구조와 관계가 없다.

25 | 실내 디자인의 역할과 영역
08

실내 디자이너의 역할 및 영역에 대한 설명으로 옳은 것은?

① 실내 디자이너의 영역은 건축물 내부 공간 구성에 한정된다.
② 생활 공간의 편리한 기능과 쾌적성을 추구한다.
③ 실내 공간의 기능성보다 예술성을 우선으로 한다.
④ 실내 디자이너는 설계 업무만 담당한다.

[해설] 실내 디자인의 영역은 실내 공간 뿐만 아니라 외부로의 통로 공간 그리고, 내부 공간의 연장으로서 외부 공간 및 건축물의 전면까지도 실내 디자인의 영역으로 보아야 하고, 실내 디자인은 예술성보다 기능성을 우선하고, 실내 디자이너는 설계 업무 뿐만 아니라 시공 업무도 담당한다.

26 | 휴먼 스케일 크기 측정의 기준
03

휴먼 스케일에서 실내 크기를 측정하는 기준은?

① 공간의 형태
② 인간
③ 공간의 넓이
④ 가구의 크기

[해설] 휴먼 스케일(생활 속의 실내, 가구, 건축물 등의 물체와 인체와의 관계 및 물체 상호간의 관계의 개념)은 사람의 신체를 기준으로 한 인간 중심으로 결정되어야 한다는 것을 의미한다.

27 | 실내 디자인의 종류
05

실내 디자인의 분류로서 틀린 것은?

① 사무공간 디자인
② 레스토랑 디자인
③ 전시공간 디자인
④ 도시환경 디자인

[해설] 실내 디자인의 분류에는 수익 유무에 따른 분류(영리 공간과 비영리 공간), 공간 대상에 따른 분류(상업 공간, 업무 공간, 전시 공간, 주거 공간, 특수 공간 등)가 있다.

28 | 실내 디자인의 종류
07, 04, 98

다음 중 실내 디자인에 속하는 것은?

① 도시환경 디자인
② 전시공간 디자인
③ 패키지 디자인
④ 조명기구 디자인

[해설] 실내 디자인의 종류에는 수익 유무에 따른 분류(영리 공간과 비영리 공간), 공간 대상에 따른 분류(상업, 업무, 전시, 주거 및 특수 공간)가 있다.

29 | 동선이 중요한 공간
05

실내 디자인을 할 때에 동선을 가장 중요시해야 할 공간은?

① 공공공간
② 상업공간
③ 업무공간
④ 전시공간

[해설] 상업 공간은 상점, 백화점, 레스토랑, 시장 등과 같이 영리나 수익이 주목적으로 지속적인 매매행위가 이루어지는 공간이고, 업무 공간은 사무실, 공장, 병원, 은행, 인테리어 사무소, 변호사 사무소, 각 공장 및 공무원의 작업 공간 등과 같이 정신적인 업무와 육체적인 업무 양자를 모두 포함하는 작업 공간이며, 전시 공간(일반적으로 감상, 교육, 계몽, 판매 및 서비스 등을 목적으로 하는 공간)은 동선을 가장 중요시해야 할 공간이다.

30 | 주거 공간의 종류
02

다음 중 주거 공간에 해당하는 건축물은?

① 오피스텔
② 과학관
③ 소매점
④ 기숙사

[해설] 주거 공간(주거 공간은 순수한 의·식·주 생활이 실내의 주목적인 공간)은 주택, 기숙사 및 아파트 등이 있으며, 호텔의 객실이나 콘도미니엄은 주거공간으로 보기 어렵고, 오피스텔은 업무 공간, 과학관은 공용 공간, 소매점은 상업 공간이다.

31 | 업무 공간의 종류
07, 06, 03

공간 대상에 따른 분류에서 업무 공간에 해당되는 것은?

① 아파트
② 터미널
③ 백화점
④ 은행

[해설] 주거 공간(주거 공간은 순수한 의·식·주 생활이 실내의 주목적인 공간)은 주택, 기숙사 및 아파트 등이 있고, 상업 공간(영리나 수익이 주목적으로 지속적인 매매행위가 이루어지는 공간)에는 상점, 백화점, 레스토랑, 시장 등이 있으며, 공용 공간(많은 사람들이 이용하는 공간)에는 역, 학교, 박물관 등이 있다. 업무 공간(정신적인 업무와 육체적인 업무 양자를 모두 포함하는 작업 공간)에는 사무실, 공장, 병원, 은행, 인테리어 사무소, 변호사 사무소, 각 공장 및 공무원의 작업 공간 등이 있다.

정답 25. ② 26. ② 27. ④ 28. ② 29. ④ 30. ④ 31. ④

32 | 교육 공간의 종류 | 04

실내 디자인의 대상 중 교육 공간에 속하는 것은?

① 독립 주택 ② 호텔
③ 박물관 ④ 유치원

해설 주거 공간은 아파트, 기숙사, 주택 등이고, 상업 공간은 상점, 백화점, 레스토랑, 시장 등이 있으며, 공용 공간은 역, 학교, 박물관 등이 있다. 또한, 업무 공간(정신적인 업무와 육체적인 업무 양자를 모두 포함하는 작업 공간)에는 사무실, 공장, 병원, 은행, 인테리어 사무소, 변호사 사무소, 각 공장 및 공무원의 작업 공간 등이 있다. 교육 공간에는 유치원, 학교 등이 있다.

33 | 영리 공간의 종류 | 11

실내 디자인의 영역을 수익 유무에 따라 분류할 경우, 다음 중 일반적으로 영리 공간으로 볼 수 없는 것은?

① 상점 ② 호텔
③ 박물관 ④ 백화점

해설 수익 유무에 따른 공간에는 영리 공간(수익을 직접적인 주목적으로 운영하는 공간)에는 상점, 백화점, 각종 소매점, 전문점 및 호텔 등이 있고, 비영리 공간(수익을 직접적인 주목적으로 운영하지 않는 공간)에는 주택, 아파트, 기념관 및 박물관 등이 있다.

34 | 영리 공간의 종류 | 10

다음 중 수익 창출을 목적으로 하는 영리 공간과 가장 관계가 먼 것은?

① 백화점 ② 호텔
③ 박물관 ④ 펜션

해설 수익 유무에 따른 공간에는 영리 공간(수익을 직접적인 주목적으로 운영하는 공간)에는 상점, 백화점, 펜션, 각종 소매점, 전문점 및 호텔 등이 있고, 비영리 공간(수익을 직접적인 주목적으로 운영하지 않는 공간)에는 주택, 아파트, 기념관 및 박물관 등이 있다.

35 | 상업 공간의 종류 | 10, 08, 05, 04

실내 디자인의 영역을 분류할 때 상업 공간에 해당되는 것은?

① 사무실 ② 백화점
③ 은행 ④ 관공서

해설 상업 공간(영리나 수익이 주목적으로 지속적인 매매행위가 이루어지는 공간)에는 상점, 백화점, 레스토랑, 시장 등이 있고, 사무실과 은행은 업무 공간, 관공서는 공용 공간에 속한다.

36 | 실내 디자인의 조건 중 최우선 | 23, 13, 11, 03, 00, 99, 98

실내 디자인의 기본 조건 중 가장 우선시 되어야 하는 것은?

① 기능적 조건 ② 정서적 조건
③ 환경적 조건 ④ 경제적 조건

해설 실내 디자인의 조건은 기능적 조건, 정서적 조건 및 환경적 조건 등이 있고, 가장 우선시 되어야 하는 조건은 기능적 조건(공간을 사용 목적에 적합하도록 인간 공학, 공간 규모, 배치 및 동선, 사용 빈도 등 제반 사항을 고려)이다.

37 | 실내 디자인의 조건 | 03, 02, 98

실내 디자인에 관한 조건 중 서로 성격이 다른 것은?

① 심미적 조건 ② 환경적 조건
③ 정서적 조건 ④ 기능적 조건

해설 실내 디자인의 조건은 기능적 조건(공간을 사용 목적에 적합하도록 인간 공학, 공간 규모, 배치 및 동선, 사용 빈도 등 제반 사항을 고려), 정서적 조건(심미적, 심리적 예술 욕구를 충족하기 위해 사용자의 연령, 취미, 기호, 직업, 학력 등을 고려) 및 환경적 조건(쾌적한 환경을 직·간접적으로 지배하는 공기, 열, 음, 빛, 설비 등의 제반 요소를 고려) 등이다.

38 | 실내 디자인의 조건 | 03

실내 디자인의 조건으로 합당하지 않은 것은?

① 물리적·환경적 조건 ② 심리적 조건
③ 기능적 조건 ④ 정서적 조건

해설 실내 디자인의 기본 조건에는 기능적 조건(인간의 척도를 기준으로 한 공간의 규모, 배치, 기능, 동선 등으로 가장 우선시 되는 조건), 물리적, 환경적 조건(기후, 기상 및 외적 이수로부터의 보호를 위함.) 및 정서적 조건(생활의 윤택함을 보이는 예술적이고, 서정적인 생활 환경을 도입) 등이 있다.

39 | 실내 디자인의 기능 | 02

실내 디자인을 통해서 쾌적한 환경을 구성하고 보다 아름다운 공간을 창조한다. 다음 중 실내 디자인이 사람에게 주는 기능이 아닌 것은?

① 미적 기능 ② 경제적 기능
③ 심리적 기능 ④ 물리적 기능

정답 32. ④ 33. ③ 34. ③ 35. ② 36. ① 37. ① 38. ② 39. ②

해설 실내 디자인의 기본 조건에는 기능적 조건(인간의 척도를 기준으로 한 공간의 규모, 배치, 기능, 동선 등으로 가장 우선시되는 조건), 물리적, 환경적 조건(기후, 기상 및 외적 이수로부터의 보호를 위함.) 및 정서적 조건(생활의 윤택함을 보이는 예술적이고, 서정적인 생활 환경을 도입) 등이 있다. 경제적 기능과는 무관하다.

40 | 실내 디자인의 기본 조건
24, 16, 11, 08

공간 배치 및 동선의 편리성과 가장 관련이 있는 실내 디자인의 기본 조건은?

① 경제적 조건 ② 환경적 조건
③ 기능적 조건 ④ 정서적 조건

해설 실내 디자인의 조건에는 기능적 조건(공간을 사용 목적에 적합하도록 인간 공학, 공간 규모, 배치 및 동선, 사용 빈도 등 제반 사항을 고려하여야 하고, 가장 우선시 되는 조건), 정서적 조건(심미적, 심리적 예술 욕구를 충족하기 위해 사용자의 연령, 취미, 기호, 직업, 학력 등을 고려하여야 한다) 및 환경적 조건(쾌적한 환경을 직·간접적으로 지배하는 공기, 열, 음, 빛, 설비 등 제반 요소를 고려하여야 한다) 등이 있다.

41 | 실내 디자인의 기본 조건
05

실내 디자인의 조건으로 가장 거리가 먼 것은?

① 인간생활을 위한 기능적 조건
② 인간의 서정적 욕구 해결을 위한 정서적 조건
③ 시대적 유행을 고려하기 위한 유행적 조건
④ 쾌적한 환경을 추구하기 위한 환경적 조건

해설 실내 디자인의 조건에는 기능적 조건(공간을 사용 목적에 적합하도록 인간 공학, 공간 규모, 배치 및 동선, 사용 빈도 등 제반 사항을 고려하여야 하고, 가장 우선시 되는 조건), 정서적 조건(심미적, 심리적 예술 욕구를 충족하기 위해 사용자의 연령, 취미, 기호, 직업, 학력 등을 고려하여야 한다) 및 환경적 조건(쾌적한 환경을 직·간접적으로 지배하는 공기, 열, 음, 빛, 설비 등 제반 요소를 고려하여야 한다) 등이 있다.

42 | 실내 디자인의 진행 중 최우선
17, 16, 13

다음 중 실내 디자인의 진행 과정에 있어서 가장 먼저 선행되는 작업은?

① 조건 파악 ② 기본 계획
③ 기본 설계 ④ 실시 설계

해설 건축 설계의 진행 과정은 기획 → 설계(조건 파악 → 기본 계획 → 기본 설계 → 실시 설계) → 시공의 순으로 진행된다.

43 | 실내 디자인의 진행 과정
14, 11

실내 디자인의 기본적인 프로세스로 옳은 것은?

① 설계 – 계획 – 기획 – 시공 – 평가
② 설계 – 기획 – 계획 – 시공 – 평가
③ 계획 – 설계 – 기획 – 시공 – 평가
④ 기획 – 계획 – 설계 – 시공 – 평가

해설 건축 설계의 진행 과정은 기획 → 설계(조건 파악 → 기본 계획 → 기본 설계 → 실시 설계) → 시공 → 평가의 순으로 진행된다.

44 | 실내 디자인의 진행 과정
04, 01

다음 중 설계의 진행 과정으로 옳은 것은?

① 설계자의 요구분석 – 각종 자료분석 – 기본설계 – 대안제시 – 실시설계
② 설계자의 요구분석 – 기본설계 – 각종 자료분석 – 기본설계 – 실시설계
③ 설계자의 요구분석 – 기본설계 – 각종 자료분석 – 실시설계 – 대안제시
④ 기본설계 – 설계자의 요구분석 – 각종 자료분석 – 실시설계 – 대안제시

해설 건축 설계의 진행 과정은 기획 → 설계(조건 파악 → 기본 계획 → 기본 설계 → 실시 설계) → 시공 → 평가의 순으로 진행되고, 설계자의 요구분석 → 각종 자료분석 → 기본설계 → 대안제시 → 실시설계의 순으로 진행된다.

45 | 실내 디자인의 진행 과정
07

실내 디자인의 프로그래밍 진행 단계에 대한 배열이 가장 적합한 것은?

① 목표 설정 – 조사 – 분석 – 종합 – 결정
② 조사 – 분석 – 결정 – 종합 – 목표 설정
③ 종합 – 분석 – 조사 – 목표 설정 – 결정
④ 분석 – 종합 – 목표 설정 – 결정 – 조사

해설 실내 디자인의 프로그래밍 과정은 목표 설정 또는 계획(programing) → 조사(research) → 분석(analysis) → 종합(synthesis, 공식화) → 평가(evaluation) 또는 발전(development) 및 평가의 단계 순이다.

정답 40. ③ 41. ③ 42. ① 43. ④ 44. ① 45. ①

46 | 건축주의 의사 반영 단계
14, 09

실내 디자인 과정에서 일반적으로 건축주의 의사가 가장 많이 반영되는 단계는?

① 기획 단계
② 시공 단계
③ 기본 설계 단계
④ 실시 설계 단계

해설 실내 디자인의 단계 중 기획 단계(최초의 단계)에서 건축주의 의사가 가장 많이 반영된다.

47 | 실내 디자인의 최우선 고려
03

실내 디자인에서 가장 먼저 고려해야 할 요인은?

① 환경
② 거주인
③ 자원
④ 구조

해설 실내 디자인의 기본적인 측면은 현실적인 측면과 심리적인 측면의 두 가지 면으로 생각할 수 있으며, 현실적인 의미에는 거주자, 주택의 위치(환경) 및 자원 등이 있고, 심리적인 측면에는 효율성, 독립성, 편안함, 소유 및 과밀 등이 있다. 그러나, 이 중에서 가장 먼저 고려하여야 할 요인은 거주자이다.

48 | 실내 디자인의 최우선 고려
04, 01

실내 디자인에서 가장 중요하게 고려해야 하는 요인은?

① 물적자원 능력
② 외부환경과 기후
③ 거주인에 대한 이해
④ 인적자원과 노동력

해설 실내 디자인이란 거주자가 편리하고 안락하며 쾌적하게 생활할 수 있는 개성적이고 아름다운 실내 공간을 창조하는 활동이다. 이 중에서 가장 먼저 고려하여야 할 요인은 거주자에 대한 이해이다.

49 | 실내 디자인 기획 단계의 고려사항
05

실내 디자인의 기획단계에서 고려해야 할 사항으로 가장 거리가 먼 것은?

① 필요로 하는 공간의 종류와 면적에 대한 사항을 파악한다.
② 사용자의 경제능력과 경제적 타당성을 조사한다.
③ 고객에게 설명할 자료를 준비한다.
④ 공간을 사용할 사람의 생활 양식, 취향, 가치관 등을 파악한다.

해설 실내 디자인의 설계 과정에서 고려하여야 할 사항에는 ①, ② 및 ④ 이외에 필요한 시설(배관, 배선, 냉·난방, 방음, 안전장치 등)에 대한 사항을 수집하고(자연광과 인공광의 필요 정도) 지역이나 대지에 대하여 조사한다.

50 | 실내 디자인 설계 단계
12, 08

실내 디자인의 과정 중 다음과 같은 내용이 이루어지는 단계는?

- 디자인 의도 확인
- 기본 설계도 제시
- 실시 설계도 완성

① 기획 단계
② 시공 단계
③ 설계 단계
④ 사용 후 평가 단계

해설 실내 디자인의 단계

기획 단계	설계 단계	시공 단계	사용 후 평가 단계
정보 수집 및 분석 등	디자인의 의도 확인, 기본 설계도 제시, 실시 설계도 완성, 프레젠테이션 실시 및 설계 결정 등	공사 진행 및 설계 감리 등	거주자 평가, 문제점 발견 및 해결, 다음 작업의 기초자료 활용 등

51 | 실내 디자인 설계의 접근 방법
03

설계의 접근 방법으로 적절하지 않은 것은?

① 디자인은 설계가의 사상이라고 보고, 우선 이념의 정립을 시도한다.
② 시공성이나, 생산성을 중시하여 이의 분석으로부터 시작한다.
③ 형태의 미를 강조하여 형태의 이미지를 그리는 것으로부터 시작한다.
④ 생활과 공간과의 대응 관계를 중시하여 이의 분석으로부터 시작한다.

해설 설계의 접근 방법에 있어서 디자인은 설계사의 사상이라고 보고, 우선 이념의 정립을 시도하고, 기능을 강조하여 기능의 이미지를 그리는 것부터 시작하며, 시공성과 생산성을 중시하고, 생활과 공간과의 대응 관계를 중시하여 이의 분석으로부터 시작한다.

정답 46. ① 47. ② 48. ③ 49. ③ 50. ③ 51. ③

52 | 실내 디자인의 방법 02

실내 디자인의 방법으로 적절하지 못한 것은?
① 평면과 단면, 입면을 동시에 고려한다.
② 과거의 설계 사례는 고려하지 않는다.
③ 인간의 행동과 생활 방법에서 발상을 얻는다.
④ 시선의 움직임과 흐름을 고려한다.

해설 실내 디자인의 방법에는 평면과 단면, 입면을 동시에 고려하면서 과거의 설계 사례를 고려하여 계획하고, 인간의 행동과 생활 방식에서 발상을 얻고 시선의 움직임과 흐름을 고려한다.

53 | 실내 디자인의 설계 시 고려사항 07, 03

실내 디자인의 설계과정에서 고려해야 할 조건과 관계가 없는 것은?
① 동선과 순환의 패턴
② 자연광과 인공조명의 필요 정도
③ 정보 전달 효과
④ 적절한 마감재 선정

해설 실내 디자인의 설계 과정에서 고려하여야 할 사항은 동선과 순환의 패턴, 고객의 요구 조건, 공간의 이미지 부각, 자연광과 인공조명의 필요 정도 및 적절한 마감재의 선정 등이 있다.

54 | 색채 계획의 용어 25, 21, 10, 04, 02

실내 디자인이나 시각 디자인, 환경 디자인 등에서 그 디자인의 적응 상황 등을 연구하여 색채를 선정하는 과정을 무엇이라 하는가?
① 색채 관리
② 색채 계획
③ 색채 조합
④ 색채 조절

해설 색채 관리는 색채의 종합적인 활용의 결과로서 회사는 물론, 소비자가 충분히 만족할 수 있는 적합한 색을 제품에 활용할 수 있도록 하는 중요한 기술의 일종이고, 색채 조화는 같은 성질이나 흡사한 성질의 색이 잘 어울려서 심리적으로 쾌감을 느낄 수 있는 배색을 색채의 조화라고 하며, 색채 조절(기능 배색)는 색을 단순히 개인적인 기호에 의해서 사용하는 것이 아니라, 색 자체가 가지고 있는 여러 가지 성질을 이용하여 인간의 생활이나 작업의 분위기, 또는 환경을 쾌적하고 능률적인 것으로 만들기 위하여 색이 가지고 있는 기능이 발휘되도록 하는 것을 말한다.

55 | 블록 플래닝의 용어 02

공간의 영역을 구분하는 방법으로 인간의 활동과 활동 시간, 공간 사용자의 특성 등으로 동질적인 공간을 구성하는 방법을 무엇이라고 하는가?
① 블록 플래닝(block planning)
② 에스키스(esquisse)
③ 목업 디자인(mock up design)
④ 모델링(modeling)

해설 에스키스는 자료의 분석과 선택에서 비롯되어 설계자의 머릿속에서 이루어진 공간의 구상을 종이에 형상화하여 그린 다음, 시각적으로 확인하는 것이고, 목업 디자인은 실물 크기와 같은 모형의 디자인이며, 모델링은 플라스터 마감으로서 모양을 만들거나, 남의 작품을 그대로 모조해서 모양을 만드는 것. 또는 그림이나 조각에서 대강의 구성이 끝난 후 세세한 것까지도 손질한다.

56 | 프레젠테이션의 용어 02, 01

고객에게 설계자의 계획을 표현하는 기술을 총괄하는 말로 기본 설계 단계에서 설계자가 고객에게 자신의 의견이나 몇 가지 방안을 설명하는 것을 무엇이라 하는가?
① 프레젠테이션(Presentation)
② 레이아웃(Layout)
③ 클라이언트(Client)
④ 시방서(Specification)

해설 디자인 단계란 프로그래밍 단계에서 수집한 모든 정보를 활용하여 고객이 추구하는 방향에 맞추어 대상 공간에 대한 디자인을 도면으로 제시하고, 재료, 가구, 색채 등에 대한 계획을 시각적으로 제시(presentation)하는 구체적인 과정이다.

57 | 캐스케이드의 용어 10

실내 디자인에서 물의 활용 방법 중 계단에 부딪치며 떨어지는 계단식 폭포를 의미하는 것은?
① 캐스케이드
② 캐노피
③ 월 워싱
④ 실루엣

해설 캐노피는 천개, 차양, 현관, 문턱, 창문, 니치, 침대, 제단, 설교단, 능묘 등의 위쪽을 가리는 지붕처럼 돌출된 것이고, 월 워싱은 비대칭 배광 방식의 조명 기구를 사용하여 수직 벽면에서 빛으로 쓸어 내려주는 듯한 균일한 조도의 빛을 비추는 기법이며, 실루엣은 물체의 형태만을 강조하는 기법으로 공간의 친근감과 시각적인 분위기를 주며, 개개인의 내향적 행동을 유도하는 기법이다.

정답 52. ② 53. ③ 54. ② 55. ① 56. ① 57. ①

58 | 슈퍼 그래픽의 용어 | 09

다음의 내용은 무엇에 대한 설명인가?

- 거리의 예술이라 불린다.
- 랜드마크의 기능이 있다.
- 환경 그래픽, 스페이스 그래픽이라고도 한다.

① P.O.P(point of purchase)
② 슈퍼 그래픽(super graphic)
③ 일러스트레이션(Illustration)
④ 레터링(Lettering)

해설 슈퍼 그래픽(Super graphic, 공간 그래픽, 환경 그래픽)이란 그래픽을 공간에 도입하는 새로운 영역의 하나로 디자인의 주제 표현을 직설적으로 묘사하고, 특징없는 실내에 초점으로 작용시키기 위하여 색과 형을 자유스럽고 대담하게 사용한다. 삭막하고 무미건조한 실내·외의 분위기를 명랑한 환경으로 조성함으로써 인간의 생활 환경을 보다 쾌적하고 활발하며, 적극적으로 해준다. 특히, 실내 공간을 아늑하고, 밝게 해주는 대표적인 경우로서, 거리의 예술 또는 랜드마크의 기능이 있다.

59 | 환경 디자인의 목적 | 02

다음 중 환경 디자인의 목적과 관계가 적은 것은?

① 기업의 판매 전략을 촉진시키기 위한 의사전달 활동이다.
② 자연 환경의 보존, 도시 환경의 개발, 옛 건물의 재순환과 조화 등이 실질적인 과제이다.
③ 건축 디자인, 옥외 디자인, 실내 디자인 기타 각 디자인 분야를 하나로 묶는 디자인 개념이다.
④ 사람이 살고 있는 공간을 더욱 아름답고 생기 있게 만드는 활동이다.

해설 기업의 판매 전략을 촉진시키기 위한 의사전달 활동은 광고 디자인의 목적이다.

60 | 환경 디자인 | 06

다음 중 환경 디자인과 관련이 없는 것은?

① 쇼핑몰 디자인
② 타이포그라피(Typography)
③ 타운플래닝(Town planning)
④ 조경 디자인

해설 환경 디자인은 생활 환경을 형성하는 데, 직접 관계를 가지고 있는 디자인으로 공간 디자인으로 종류에는 경관(landscape), 도시(urban), 건축(architecture)의 내부와 외부 공간에 대한 디자인 등으로 쇼핑몰 디자인, 타운플래닝(Town planning) 및 조경 디자인 등이 있고, 타이포그라피(Typography)는 매스 커뮤니케이션의 수단으로서 문자 디자인, 그래픽 디자인의 바탕을 이루는 분야로 문자 조형을 만드는 것이다.

61 | 옥상 녹화 | 08

옥상 녹화에 대한 설명 중 옳지 않은 것은?

① 구조적 안전성에 대한 검토가 필요하다.
② 흙의 피복과 단열에 의해 구조체의 열팽창이 방지된다.
③ 방수층을 아스팔트 방수로 하는 경우 방근층을 설치한다.
④ 인공 경량 토양은 단열 효과가 없으므로 사용하지 않는다.

해설 인공 경량 토양은 단열 효과가 있으므로 옥상 녹화(태양의 직사광선, 바람의 영향이 많은 정원)에 사용하는 것이 바람직하다.

정답 58.② 59.① 60.② 61.④

1-2. 디자인 요소

1 디자인 요소의 필요성과 정의 등

(1) 디자인 요소를 배우는 이유

디자인 요소(점, 선, 면, 색채, 무늬, 질감, 형태 및 공간 등)를 배우는 이유는 디자인 요소의 이해와 활용, 새로운 조형 질서를 확립하기 위함이고, 구성력과 창조력을 구사하여 조형 감각을 기를 수 있게 된다.

(2) 디자인 요소의 정의

계열	동적 정의	정적 정의
점	• 위치만 있고, 방향성과 크기(길이, 폭, 깊이)는 없다. • 면 또는 공간은 점에 의해서 집중되는 느낌이 들므로 공간적 착시 효과를 이끌어 낼 수 있다.	선의 한계 또는 교차
선	• 점의 이동 궤적, 점의 집합체로 실내 디자인의 중요한 요소이다. • 상대적인 존재이고, 길이의 개념은 있으나, 폭, 깊이의 개념은 없다. • 너비가 넓어지면 면이 되고, 면의 절단에 의해 생긴다. • 선의 패턴으로는 운동감, 속도감, 방향 등을 나타낸다. • 선은 점이 일정한 방향으로 이동할 때 직선이 생기고, 점이 끊임없이 변할 때 곡선이 생긴다. • 굵기가 커지면 공간(입체)이 되고, 방향에 따른 감각의 차이가 있으며, 위치와 방향을 가진다. • 길이에 따라 주요한 특성이 있고, 길이가 짧아지면 그 성격을 잃는다.	면의 한계 또는 교차
면	• 선의 이동 궤적, 입체의 절단에 의해 생기고, 공간을 구성하는 기본 단위이다. • 선을 조밀하게 근접시켜 느낄 수 있는 것이다. • 유클리드 기하학에 따르면 모든 방향으로 펼쳐진 무한히 넓은 영역이며 형태가 없는 것으로 정의되고, 깊이는 없으며, 길이와 폭을 갖는다. • 절단에 의해 새로운 선을 얻을 수 있다.	입체의 한계, 공간의 경계
입체	면의 이동 궤적	물체가 점유하는 한정된 공간

출제 키워드

■ 디자인을 배우는 이유
• 디자인 요소의 이해와 활용
• 새로운 조형 질서를 확립
• 구성력과 창조력을 구사하여 조형 감각을 키움

■ 디자인 요소
점, 선, 면, 색채, 무늬, 질감, 형태 및 공간 등

■ 점의 정의
• 위치만 있고, 방향성과 크기(길이, 폭, 깊이)는 없음
• 공간적 착시 효과

■ 선의 정의
• 면의 절단, 한계 또는 교차
• 실내 디자인의 중요한 요소
• 점이 일정한 방향으로 이동할 때 직선이 생기고, 점이 끊임없이 변할 때 곡선이 생김
• 점의 이동 궤적, 점의 집합체, 상대적인 존재 및 방향에 따른 감각의 차이가 존재

■ 면의 정의
• 입체의 한계, 공간의 경계
• 선의 이동 궤적, 입체의 절단에 의해 생기고, 공간을 구성하는 기본 단위
• 선을 조밀하게 근접시켜 느낄 수 있는 것
• 유클리드 기하학에 따르면 모든 방향으로 펼쳐진 무한히 넓은 영역
• 형태가 없는 것으로 정의되고, 깊이는 없으며, 길이와 폭을 갖음

(3) 점의 표현

점의 표현	느낌
	면 또는 공간은 점에 의해서 집중되는 느낌이 든다.
	두 점 사이에는 서로 당기는 힘(장력의 발생)이 있고, 네거티브한 선이 암시된다.
	긴 선 또는 면으로 발전된다.
	대·중·소의 3개의 점들이 나란히 놓인 경우로서 균등감이 생긴다.
	크고 작은 점들이 서로 영향을 작용하여 운동감을 준다.
	점의 크기가 같으면 운동감은 없어지고 그 대신 네거티브한 면을 암시한다.

(4) 선의 정의

① 선은 점이 이동된 궤적으로 무수한 점의 흔적으로 실내 디자인의 중요한 요소이고, 길이가 있으나 폭이 없고 위치와 방향을 가지며, 길이에 따라 주요한 특성이 있고 길이가 축소되면 그 성격을 잃는다. 또한, 직선은 점이 일정한 방향으로 이동할 때 생기고, 곡선은 점이 끊임없이 변할 때 생긴다.

② 선은 점의 이동 궤적, 점의 집합체, 상대적인 존재 및 방향에 따른 감각의 차이가 존재한다.

(5) 실내 공간의 기본적인 요소

실내 공간의 기본적인 요소는 선, 형태, 색채, 질감, 공간, 무늬 등으로 구성되고, 이러한 요소를 구성하는 과정에서 디자인 원리가 적용되어야 한다.

2 선, 면 및 형태의 느낌 등

(1) 선의 느낌

구분	수평선	수직선	사선	기하곡선	자유곡선	호선(원)	호선(타원)	포물선	쌍곡선	와선
느낌	평화, 정지, 안정, 침착	엄숙, 단정, 고결, 상승, 희망, 확신, 긴장, 권위	활동적, 불안감	이지적	자유분방	충실감	유연함	스피드감	균형감	가장 동적, 발전적

① 수직선 : 공간을 실제보다 높아 보이게 하고, 공식적이며, 위엄 있는 분위기 연출, 존엄, 위엄, 절대, 엄숙(기념비적인 커다란 공간과 종교적인 느낌), 단정, 신앙, 고결, 상승, 희망, 확신, 긴장, 권위가 있으며, 수평적인 패턴의 지루함의 제거 및 약화, 힘찬 느낌과 우월성을 나타내고, 건축물의 외부의 수직 기둥이나 천장이 높은 실내 공간에 드리워진 커튼이 좋은 예이다.
② 수평선 : 평화, 평등, 안정, 침착, 고요 등 주로 정적인 느낌, 단조롭고, 편안하며, 안정된 분위기를 가지게 해주는 건축물 구조에 많이 이용되며 낮은 탁자나 소파 등의 가구와 수평 블라인드에서 쉽게 그 예를 볼 수 있다.
③ 사선 : 약동감, 생동감 넘치는 에너지와 운동감, 속도감을 주며 위험, 긴장, 변화 등의 느낌을 받게 되므로 너무 많으면 불안정한 느낌을 줄 수 있고, 수직선이나 수평선에 비해서 많이 활용되는 편은 아니지만 경사진 천장의 들보, 벽면이나 가구에 이용되어 단조로움을 없애 주고 흥미를 유발하며, 활동적인 분위기(가장 동적임)를 만들어 주며, 건축에 강한 표정을 주기도 하는 선이다.
④ 곡선 : 규모, 반복의 정도, 방향 등에 따라 조금씩 다르기는 하지만 일반적으로 직선에 비해서 실내 분위기를 활동적으로 하며, 경직된 분위기를 부드럽고, 우아하게 해주며 또한 유연하고 복잡하며, 동적인 표정을 갖는다. 특히, 시선을 집중시키는 효과가 있다.

(2) 면의 느낌

① 평면 : 수직면은 수직선, 수평면은 수평선, 경사면은 경사선의 느낌(동적이고 불안정한 표정)과 동일하다.
　㉮ 평면의 형태 중 직사각형 : 긴 축을 가지고 있으며 강한 방향성을 갖는 평면 형태이다.
　㉯ 평면의 형태 중 타원형 : 온화하고 부드러운 여성적인 느낌을 주는 도형이다.
② 곡면 : 온화하고 유연하며, 동적인 표정을 갖는다.
　㉮ 기하곡면 : 정연하고 이지적인 표정
　㉯ 자유곡면 : 자유 분방하고 감정이 풍부한 표정으로 자연적인 형태와 가장 밀접한 형태이다.

(3) 형태의 느낌

① 기하학적 형태 : 직사각형, 직육면체 등으로 너무 흔하고 일반적이어서 딱딱하거나 지루한 느낌을 줄 수 있으므로 크기, 색채, 배치 등에 변화를 주는 것이 바람직하다.
② 유기적 형태 : 면의 형태적 특징 중 자연적으로 생긴 형태로, 우아하고 아늑한 느낌을 주는 시각적 특징이 있는 형태로서, 기하학적인 형태는 불규칙한 형태보다 비교적 가볍게 느껴진다. 자유곡면형과 밀접한 관계가 있다.

출제 키워드

■ 수직선의 느낌
- 공간을 실제보다 높아 보임
- 엄숙(기념비적인 커다란 공간과 종교적인 느낌)
- 수평적인 패턴의 지루함의 제거 및 약화

■ 수평선의 느낌
- 평화, 평등, 안정, 침착, 고요 등
- 정적인 느낌
- 안정된 분위기

■ 사선의 느낌
- 약동감, 생동감 넘치는 에너지와 운동감
- 속도감, 위험, 긴장, 변화 등의 불안정한 느낌
- 활동적인 분위기(가장 동적임)
- 건축에 강한 표정 부여

■ 곡선의 느낌
- 실내 분위기를 활동적
- 부드럽고 우아함

■ 경사면의 느낌
경사선의 느낌(동적이고 불안정한 표정)

■ 직사각형의 느낌
긴 축을 가지고 있으며 강한 방향성을 갖는 평면

■ 타원형의 느낌
온화하고 부드러운 여성적인 느낌

■ 유기적 형태
- 자연적으로 생긴 형태
- 우아하고 아늑한 느낌을 주는 시각적 특징
- 기하학적인 형태는 불규칙한 형태보다 비교적 가볍게 느낌
- 자유곡면형과 밀접한 관계

출제 키워드

■ 이념(상징)적 형태
• 인간의 지각(시각, 촉각 등)으로는 직접 느낄 수 없고 개념적으로만 제시될 수 있는 형태
• 기하학적으로 취급한 점, 선, 면 등

■ 추상적 형태
• 구체적 형태를 생략 또는 과장의 과정을 거쳐 재구성한 형태
• 원래의 형태를 알아보기 어려움

■ 디자인의 구성 원리 중 균형
• 실내 공간에 침착함과 평형감을 주기 위해 일반적으로 사용되는 디자인 원리
• 인간의 주의력에 의해 감지되는 시각적 무게의 평형 상태를 의미

■ 균형의 종류
균형(밸런스)에는 대칭, 비대칭, 비례, 주도와 종속 등

■ 대칭적(정적) 균형
• 균형을 얻는 데 가장 확실한 방법
• 기념 건축물, 종교 건축물 등에 많이 이용된 건축물의 형태 조화
• 질서 잡기가 쉽고 통일감을 얻기 쉬움
• 표정이 단정하여 견고한 느낌을 주는 것
• 고요함, 엄숙함, 완벽함, 이지적, 형식적, 소극(수동)적
• 중심선의 좌우에 같은 크기와 형태를 이루고 있는 것
• 신체(사람의 인체)

■ 대칭 균형이 효과
조용하고 엄숙하며 공식적인 분위기

■ 방사형 균형
• 디자인 요소가 모두 중심선으로부터 퍼져나가는 형태의 균형
• 눈의 결정체

(4) 형태의 종류

① **이념(상징)적 형태** : 인간의 지각, 즉 시각과 촉각 등으로는 직접 느낄 수 없고 개념적으로만 제시될 수 있는 형태로서, 기하학적으로 취급한 점, 선, 면 등이 이에 속한다.
② **추상적 형태** : 구체적 형태를 생략 **또는** 과장의 과정을 거쳐 재구성한 형태이고, 대부분의 경우 원래의 형태를 알아보기 어렵다.

3 디자인의 구성 원리 중 균형

균형은 부분과 부분 및 부분과 전체 사이에 시각적인 힘의 균형이 잡히면 쾌적한 형태감정, 실내 공간에 침착함과 평형감을 주기 위해 일반적으로 사용되는 디자인 원리 또는 인간의 주의력에 의해 감지되는 시각적 무게의 평형 상태를 의미한다. 균형의 형식 중에서 가장 중요한 것의 하나로 균형(밸런스)에는 대칭, 비대칭, 비례, 주도와 종속 등이 있다.

(1) 대칭

질서 잡기가 쉽고, 통일감을 얻기 쉽지만, 때로는 표정이 단정하여 견고한 느낌을 주기도 한다. 또한, 대칭성에 의한 안정감은 원시, 고딕, 중세에 있어서 중요시되어, 정적인 안정감(완벽함)과 위엄성(엄숙함) 및 고요함이 있으며 웅대하여 균형을 얻는 데 가장 확실한 방법으로서 기념 건축물, 종교 건축물에 많이 사용하였다. 균형 잡힌 안정감이 있어 만물의 안정의 기초이며, 자연계의 것은 대부분이 이 형태를 취하고 있다.

① **대칭적(정적) 균형** : 균형을 얻는 데 가장 확실한 방법으로 기념 건축물, 종교 건축물 등에 많이 이용된 건축물의 형태 조화 **또는** 질서 잡기가 쉽고 통일감을 얻기 쉽지만, 때로는 표정이 단정하여 견고한 느낌을 주는 것으로 통일감을 얻기 쉽고, 표현 효과가 단순하므로 딱딱한 형태감을 준다. 안정감, 고요함, 엄숙함, 완벽함, 단순함, 종교적, 이지적, 형식적, 소극(수동)적이다. 대칭형 균형(중심선의 좌우에 같은 크기와 형태를 이루고 있는 것)으로 신체(사람의 인체), 장이나 의자, 테이블 등이 있고, 대칭 균형이 효과적인 경우는 다음과 같다.
㉮ 조용하고 엄숙하며 공식적인 분위기가 요구되는 경우
㉯ 실내의 어느 부분에 시선을 집중시키고 싶은 경우
㉰ 아름다운 자연 환경을 감상할 수 있는 전망이 좋은 실내 공간일 경우
② **방사형 균형** : 방사형 균형(디자인 요소가 모두 중심선으로부터 퍼져나가는 형태의 균형 또는 중앙을 중심으로 방사상으로 균형을 이루고 있는 상태)은 개성 있게 보이며, 호기심을 유발하고, 신선한 느낌을 준다. 예로는 스탠드의 갓, 원형 식탁, 나선형 계단 및 눈의 결정체 등이 있다.

③ 비대칭적(동적) 균형 : 하나 또는 둘 이상이 서로 다르거나 대립되는 요소들이 축선을 중심으로 반대측에 놓여 있는 형태이다. 시각적인 힘의 결합에 의해 동적인 안정감과 풍부한 개성 있는 형태를 주고, 감성적, 능동(적극)적, 비형식적인 느낌, 긴장감, 율동감 등의 생명감을 준다.

(2) 비례

비례는 공간을 구성하는 모든 단위의 크기를 정하고, 균형이 잡혀 보는 이에게 즐거움과 직접적으로 호소하는 힘을 주며, 객관적인 질서와 과학적 근거를 명확하게 드러내는 형식으로 각 단위 사이의 상호 관계에 일정한 비율을 정하는 것이다. 자연 형태나 인위적 형태 가운데서도 발견할 수 있다. 인간과 동물의 모습, 수목, 우수한 건축 등에서 볼 수 있다. 비례에는 정수비, 황금비, 루트비, 상가수열비, 등차 및 등비 수열비 등이 있다.

① 황금비(황금분할)는 어떤 길이를 둘로 나누어 작은 부분 : 큰 부분 = 큰 부분 : 전체의 비 = 1 : 1.618의 비를 갖도록 한 비례를 말하며, 르 코르뷔지에(Le Corbusier)가 제시한 모듈러와 고대 그리스에서 널리 보급되어 사용되었고, 균제가 가장 잘 이루어진 비례이다. 황금비는 파르테논 신전과 밀로의 비너스 등에 사용되었다.

② 피보나치 수열(급수)은 0과 1로 시작하고, 다음 항의 피보나치 수는 앞의 두 항의 합이 된다.

(3) 주도와 종속

주도는 공간의 모든 부분을 지배하는 시각적인 힘이며, 종속은 주도적인 부분을 내세우는 상관적인 힘이 되어 전체에 조화를 준다. 주종의 효과는 구체적으로 대비, 비대칭, 억양 등으로 나타나지만 그 표정은 매우 동적이고 개성적이며, 보는 사람에게 명쾌한 감정을 준다.

4 디자인의 구성 원리 중 리듬

① 리듬은 일반적으로 규칙적인 요소(농도, 명암 등)들의 반복으로 디자인에 시각적인 질서 있는(통제된) 운동감의 디자인 구성 원리 또는 음악적 감각이 조형화된 것으로서 청각의 원리가 시각적으로 표현된 것이라 할 수 있는 디자인 원리로서 리듬의 종류에는 반복, 점층(점이, 점진, 계조), 변이, 억양, 방사 및 대비 등이 있다.

② 리듬의 구성 원리 중에서 리듬감을 주는 가장 좋은 디자인의 원리는 반복이다.

③ 리듬은 실내에 공간이나 형태의 구성을 조직하고 반영하여 시각적으로 디자인에 질서를 부여하며, 리듬의 종류는 다음과 같다.

㉮ 반복 : 규칙적인 요소들이 반복될 때 리듬이 나타나고, 동일 단위의 반복은 통일된 질서와 아름다움 가운데 연속감이나 운동감을 표현한다. 반복이 많아지면 한층

출제 키워드

■ 비례의 종류
정수비, 황금비, 루트비, 상가수열비, 등차 및 등비 수열비 등

■ 황금비(황금분할)
• 어떤 길이를 둘로 나누어 작은 부분 : 큰 부분 = 큰 부분 : 전체의 비 = 1 : 1.618의 비를 갖도록 한 비례
• 르 코르뷔지에(Le Corbusier)가 제시한 모듈러
• 파르테논 신전과 밀로의 비너스 등에 사용

■ 피보나치 수열(급수)
0과 1로 시작하고, 다음 항의 피보나치 수는 앞의 두 항의 합이 됨

■ 디자인의 구성 원리 중 리듬
• 일반적으로 규칙적인 요소(농도, 명암 등)들의 반복으로 디자인에 시각적인 질서 있는(통제된) 운동감의 디자인 구성 원리
• 음악적 감각이 조형화된 것으로서 청각의 원리가 시각적으로 표현된 것이라 할 수 있는 디자인 원리

■ 리듬의 종류
반복, 점층(점이, 점진, 계조), 변이 등

■ 반복
리듬감을 주는 가장 좋은 디자인의 원리

출제 키워드

■ 점층(점이, 점진, 계조)
색채, 질감, 형태 등이 어떤 체계를 가지고 점점 커지거나 강해지도록 해서 동적인 리듬감을 만드는 디자인의 구성 원리

■ 대비(대조)
• 질적, 양적으로 전혀 다른 둘 이상의 요소가 동시적 혹은 계속적으로 배열될 때 상호의 특징이 한 층 강하게 느껴지는 현상
• 모든 시각적 요소에 대하여 상반된 성격의 결합에서 이루어지므로 극적인 분위기를 연출하는데 효과적인 디자인 원리

■ 방사
• 디자인의 모든 요소가 중심점으로부터 중심 주변으로 퍼져 나가는 리듬의 일종
• 잔잔한 물에 돌을 던지면 생기는 물결 현상

■ 디자인의 구성 원리 중 강조
• 시각적으로 초점이나 흥미의 중심이 되는 것을 의미
• 충분한 필요성과 한정된 목적을 가질 때에 적용하는 원리
• 평범하고 단순한 실내에 흥미를 부여
• 통일과 질서감을 부여

■ 디자인의 구성 원리 중 조화(하모니)
• 둘 이상의 요소, 선·면·형태·공간 등의 서로 다른 성질이 한 공간 내에서 결합될 때 미적 현상을 발생
• 전체적인 조립 방법이 모순 없이 질서를 잡는 것

■ 유사 조화
개개의 요소 중에서 공통성이 존재하므로 뚜렷하고 선명한 이미지를 주고, 대비보다 통일에 조금 더 치우쳐 있음

균일적인 표현이 되어 질서 있는 아름다움을 발휘하며, 동적인 질서로 활기찬 표정을 나타내고 보는 사람에게 쾌적한 느낌을 준다.

㉯ 점층(점이, 점진, 계조) : 색채, 질감, 형태 등이 어떤 체계를 가지고 점점 커지거나 강해지도록 해서 동적인 리듬감을 만드는 디자인의 구성 원리이고, 어떤 형태가 규칙적으로 변화하거나, 등차·등비급수적으로 점진적인 변화를 하게 되는 경우로서 반복 구성보다 더 동적이고 유동성이 풍부하다.

㉰ 억양 : 시각적인 힘의 강약 단계를 말하며, 각 부분이 강·중·약 또는 주·객·종 등의 변화의 묘미를 가지는 리드미컬한 아름다움을 나타내기도 하고, 억양이 없는 형태는 단조롭고 산만하게 보이기 쉽다.

㉱ 대비(대조) : 질적, 양적으로 전혀 다른 둘 이상의 요소가 동시적 혹은 계속적으로 배열될 때 상호의 특징이 한 층 강하게 느껴지는 현상 또는 모든 시각적 요소에 대하여 상반된 성격의 결합에서 이루어지므로 극적인 분위기를 연출하는데 효과적인 디자인 원리로 그 표정은 극히 개성적이고, 설득력이 있으므로 보는 이에게 강한 인상을 준다.

㉲ 방사 : 디자인의 모든 요소가 중심점으로부터 중심 주변으로 퍼져 나가는 리듬의 일종으로 잔잔한 물에 돌을 던지면 생기는 물결 현상과 같다. 이러한 현상은 화환과 같은 장식품이나 바닥의 패턴 등에서 쉽게 볼 수 있다.

5 디자인의 구성 원리 중 강조

강조란 시각적으로 초점이나 흥미의 중심이 되는 것을 의미하며, 실내 디자인에서 충분한 필요성과 한정된 목적을 가질 때에 적용하는 원리, 평범하고 단순한 실내에 흥미를 부여하려고 하는 경우 가장 적합한 디자인 원리 또는 실내 공간을 디자인할 때 주제를 부여하는 경우의 디자인의 원리로서, 실내에서의 시각적인 관심의 초점이자 흥미의 중심이고, 통일과 질서감을 부여한다. 예를 들면, 벽난로나 응접 세트 등이 포함된다.

6 디자인의 구성 원리 중 조화(하모니)

조화는 둘 이상의 요소, 선·면·형태·공간 등의 서로 다른 성질이 한 공간 내에서 결합될 때 미적 현상을 발생시키고, 부분과 부분, 부분과 전체 사이에 안정된 관련성을 주면 이들 상호간에 공감을 불러일으키는 효과로 동질 부분과 이질 부분의 조합에서 일어나며, 전체적인 조립 방법이 모순 없이 질서를 잡는 것을 의미하는 실내 디자인의 구성 원리이다. 유사 조화는 선, 형태, 소재, 색채 등이 서로 같거나, 비슷한 것끼리 잘 어울리는 현상으로 서로가 가진 공통의 특성에 의해 자연스럽게 조화되는 것이고, 개개의 요소 중에서 공통성이 존재하므로 뚜렷하고 선명한 이미지를 주고, 대비보다 통일에 조금 더 치우쳐 있다고 볼 수 있다.

7 디자인의 구성 원리 중 통일과 변화

① 통일 : 변화와 함께 모든 조형에 대한 미의 근원이 되고, 디자인 대상의 전체에 미적 질서를 주는 기본 원리로 모든 형식의 출발점이다. 디자인 요소의 반복이나 유사성, 동질성에 의해 얻어지는 효과, 즉 이질의 각 구성 요소들이 전체로서 동일한 이미지를 갖게 하는 것으로, 변화와 함께 모든 조형에 대한 미의 근원이 되는 원리 또는 건축물에서 공통되는 요소(같은 크기의 창이 연속되는 것 등)에 의해 전체를 일관되게 보이도록 하는 디자인 원리이다. 건축물의 외관 구조와 실내 분위기에 통일성을 주기 위해서는 색채나 재질 또는 선이나 형태를 비슷하게 계획하거나 같게 하는 방법이 있으나, 지나치게 통일성을 강조하면 미적인 효과가 감소될 수 있고, 지루함과 권태감이 온다. 통일의 종류는 다음과 같다.

㉮ 양식 통일 : 디자인의 원리에 있어서 휴양 목적 공간에 주로 이용되는 통일 형식이다.

㉯ 정적 통일 : 식물과 동물로 나타나고, 능동적이며 살아 있고, 성장하는 형식으로, 유동적이고 서로 상응되며 점점 강해져서 클라이막스를 이룬다. 대수적 나선형 및 차차 강하게 또는 약하게 강조하는 것 등이다.

㉰ 동적 통일 : 규칙적이고 기하학적인 모양과 정삼각형, 원 또는 이러한 형태에서 유도된 구조물들로 나타나고, 눈의 결정, 수정과 같은 자연의 무기적 형태 등이다.

② 변화 : 대단히 중요한 요소이며, 우리에게 생명력을 주고 흥미를 유발하는 효과가 있으나, 전체적인 계획을 고려하지 않은 채 변화를 강조하다 보면 오히려 어수선하고 부담스럽게 느껴진다. 또한, 변화의 요소로는 대비, 강조, 운동감 등이 있다.

8 디자인의 구성 원리 중 스케일과 패턴 등

(1) 스케일과 패턴

① 스케일 : 스케일은 디자인에 적용되는 공간과 공간 내에 배치되는 물체들의 상호간에 유지되어야 할 적정 크기의 관계 또는 디자인이 적용되는 공간에서 인간 및 공간 내의 사물과의 종합적인 연관을 고려하는 공간 관계 형성의 특정 기준으로 실질적 차원의 수리적 관계이다.

② 패턴 : 패턴은 장식으로서의 질서를 나타내는 배열, 규칙성을 갖는 도안에서 그것을 구성하는 단위로 되어 있는 무늬 또는 그 규칙으로, 문양에 있어서 형태에 패턴이 적용될 때, 패턴은 형태를 보완하는 기능을 갖게 되고, 넓은 공간에서는 서로 다른 패턴을 혼용해도 무난하나, 좁은(작은)공간에서는 장식으로써 질서가 깨져 오히려 혼란스럽고 전체적인 조화도 이루지 못한다. 패턴을 선정하는 모티브에는 양식화한 것, 추상적인 것 및 자연적인 것 등이 있다. 패턴(문양)을 선정하는 모티브는 자연적인 것(자연의 영향을 정확하게 묘사한 것), 양식화한 것(자연에서 모방했지만 디자인에 적합하도록 변화시키고 단순화시킨 것), 추상적인 것(자유스러운 형태 또는 기하학적 형태의 복합적인 것) 등이 있다.

(2) 질감과 공간의 표현

① 보이드는 중공의 입체로서 건축물의 내부이고, 솔리드는 충실한 입체로서 건축물의 외관이며, 매스는 덩어리로 된 형태를 의미한다.

② 질감(텍스처, texture) : 촉각 또는 시각으로 지각할 수 있는 어떤 물체 표면상의 특징이나, 사람들이 어떤 물체의 재질에 대하여 느끼는 감각이고, 종류에는 촉각적 질감(손으로 만져 보면 알 수 있는 질감), 시각적(착시적) 질감, 구조적 질감 및 외적 질감으로 나눌 수 있으며 실내 디자인의 요소로서 질감(텍스처)은 일반적으로 촉각적인 질감을 의미하고, 질감 선택 시 고려하여야 할 사항은 촉각, 스케일, 빛의 반사와 흡수 등이 있고, 색조는 무게감과 관계가 깊다. 특히, 매끈한 질감의 유리는 좁은 공간을 시각적으로 넓어보이게 하는 질감이다.

9 색의 3요소와 무게감 등

(1) 색의 3요소

① 색상 : 빨강, 주황, 노랑, 녹색, 파랑, 보라 등으로 구별하는 색의 느낌을 의미하고, 색상을 띠지 않는 무채색과 그 밖의 색깔을 가지고 있는 모든 색을 유채색이라고 한다.

② 채도 : 색의 선명하고 탁한 정도를 의미한다.

③ 명도 : 같은 계통의 색상이라도 색의 밝고, 어두운 정도의 차가 있는데, 이처럼 색의 밝기를 나타내는 성질과 밝음의 감각을 척도화한 것을 의미한다.

(2) 색의 무게감

색의 무게감은 명암(빛에 의해서 나타나는 밝고 어두움)에서 느낄 수 있는 감정은 밝다(어둡다), 빛나다(둔하다), 무겁다(가볍다) 및 흐릿하다(뚜렷하다) 등으로 색의 3요소 중에서는 명도를 의미한다.

(3) 색의 효과

명도가 높은 색의 효과로 실내가 밝고 시원하게 느껴지고, 실제보다 넓어 보이고, 경쾌한 분위기가 조성된다. 또한, 차분하고 아늑한 분위기는 한색계 즉, 명도가 낮은 색을 사용한 경우이다.

(4) 명시

명시란 시 대상이 보기 쉽고 잘 보이는 것 또는 보통 밝기에서 주로 망막의 추상체가 작용하는 시각의 상태로, 명시의 기본적인 조건은 크기, 밝기 및 대비 등이다.

(5) 실내의 색채 계획

① 벽은 가장 넓은 면적이므로 안정되고 명도가 높은 색상을 선택한다.
② 바닥은 벽면보다 약간 어두우며 안정감이 있는 색상을 선택한다.
③ 높은 천장에는 짙은 색의 천장재를 사용하여 무거워 보이게 하고, 낮은 천장에는 밝은 색의 천장재를 사용하여 가벼워 보이게 하여 천장 높이를 시각적으로 교정한다. 또한, 천장은 벽과 같거나, 밝은 색(바닥으로의 반사를 위함)을 선택한다.
④ 대형 가구와 커튼은 바닥, 벽, 천장과 유사색이나 그 반대색을 사용한다.
⑤ 화장실은 전체를 밝은 느낌의 색조로 처리하는 것이 바람직하다.
⑥ 침실은 보통 깊이 있는 중명도의 저채도로 정돈한다.

(6) 색채의 명도와 채도

구분	연두	청록	노랑	주황
명도	10	6	14	12
채도	7	5	9	6

(7) 게슈탈트의 분리의 법칙

① 접근(근접)성의 원리
  ㉮ 한 종류의 형들이 동등한 간격으로 반복되어 있을 경우에는 이를 그룹화하여 평면처럼 지각되고 상하와 좌우의 간격이 다를 경우 수평, 수직으로 지각
  ㉯ 두 개 또는 그 이상의 유사한 시각 요소들이 서로 가까이 있으면 하나의 그룹으로 보려는 경향과 관련된 형태의 지각 심리
  ㉰ 보다 더 가까이 있는 2개 또는 2개 이상의 시각 요소들은 패턴이나 그룹으로 지각될 가능성이 크다는 법칙

② 유사성의 원리
  ㉮ 여러 종류의 형들이 모두 일정한 규모, 색채, 질감, 명암, 윤곽선을 갖고 모양만이 다를 경우에는 모양에 따라 그룹화되어 지각
  ㉯ 비슷한 형태, 규모, 색채, 질감, 명암, 패턴의 그룹을 하나의 그룹으로 지각하려는 경향을 말하는 형태의 지각 심리

③ 연속성의 원리(공동 운명의 법칙)
  ㉮ 유사한 배열로 구성된 형들이 방향성을 지니고 연속되어 보이는 하나의 그룹으로 지각되는 법칙
  ㉯ 형태의 지각 심리에서 공동운명의 법칙이라고도 하며 유사한 배열이 하나의 묶음이 되어 선이나 형으로 지각되는 것

④ 폐쇄성의 원리 : 시각적인 요소들이 어떤 형상을 지각하게 하는 데 있어서 폐쇄된 느낌을 주는 법칙

출제 키워드

■ 형과 배경의 법칙
루빈의 항아리와 가장 관련된 형태의 지각 심리

■ 역리도형의 착시
모순도형, 불가능한형, 펜로즈의 삼각형에서 볼 수 있는 착시

■ 기하학적 착시
• 같은 길이의 수직선이 수평선보다 길어 보임
• 사선이 2개 이상의 평행선으로 중단되면 서로 어긋나 보임

(8) 형과 배경의 법칙

형과 배경의 법칙은 두 개의 영역이 같은 외곽선을 가지고 있을 때, 두 영역이 교대로 지각될 수 있어도 두 형이 동시에 보이는 경우는 없다. 즉, 무엇인가를 볼 때, 인간은 반드시 배경이 있는 상태로 보려는 경향이 있고, 이 때 형으로 보이는 영역을 형(도형, 그림)이라고 하고, 나머지 영역을 배경(바탕)이 되는 법칙으로 루빈의 항아리와 가장 관련된 형태의 지각 심리이다.

(9) 착시의 종류

① **역리도형의 착시** : 모순도형 또는 불가능한형이라고도 하고, 펜로즈의 삼각형에서 볼 수 있는 착시이다.

② **운동의 착시** : 물체의 운동에 의해 일어나는 착시로, 어떤 것이 움직이면 정지하고 있는 것이 움직이는 것처럼 보이는 '유도 운동 착시'와 자극을 공간 내의 다른 위치에 계속적으로 제시하면 그 자극이 처음의 위치에서 움직이는 것처럼 보이는 '가현 운동의 착시' 등이 있다.

③ **다의도형 착시** : 동일 도형이 2종류 이상으로 보이는 도형이다.

④ **역리도형 착시** : 모순도형·불가능도형을 말하고, 펜로즈의 삼각형처럼 2차원적 평면 위에 나타나는 안길이의 특징을 부분적으로 보면 해석이 가능한데 종합적으로 지각되면 전체적인 형태는 3차원적으로 불가능한 것처럼 보이는 도형이다.

⑤ **기하학적 착시** : 같은 길이의 수직선이 수평선보다 길어 보이고, 사선이 2개 이상의 평행선으로 중단되면 서로 어긋나 보이는 착시이다.

1-2. 디자인 요소
과년도 출제문제

01 디자인 요소의 중요성
03

디자인 요소를 배우는 이유를 설명한 것 중 적합하지 않은 것은?
① 자연 환경의 변화와 함께 주변 경관에 대한 새로운 시각을 부여하기 위함이다.
② 디자인의 과정에 영향을 줄 새로운 조형 질서를 확립하기 위함이다.
③ 디자인 요소의 이해와 활용은 디자인의 시작을 의미한다.
④ 디자인 요소의 이해는 구성력과 창조력을 구사하여 조형 감각을 기를 수 있다.

해설 디자인 요소를 배우는 이유는 디자인 과정에 영향을 줄 새로운 조형 질서를 확립하기 위함이고, 구성력과 창조력을 구사하여 조형 감각을 기를 수 있다.

02 디자인 요소의 종류
04

다음 중 디자인의 요소로 거리가 먼 것은?
① 점, 선, 면   ② 형태
③ 공간   ④ 구조

해설 디자인의 요소에는 점, 선, 면, 색채, 무늬, 질감, 형태 및 공간 등이 있다.

03 점의 용어
16, 12, 10②, 09, 02

기하학적인 정의로 볼 때 크기는 없고 위치만 가지고 있는 요소는?
① 선   ② 점
③ 면   ④ 입체

해설 이념적인 형의 정의

계열	점	선	면	입체
동적 정의	위치만 있고, 방향성과 크기(폭, 깊이)는 없다.	점의 이동 궤적	선의 이동 궤적	면의 이동 궤적

계열	점	선	면	입체
정적 정의	선의 한계 또는 교차	면의 한계 또는 교차	입체의 한계	물체가 점유하는 한정된 공간

04 점의 용어
24, 08, 03, 02, 98

방향성과 크기는 없고 위치만 가지고 있는 것은?
① 점   ② 선
③ 면   ④ 입체

해설 선은 점의 이동 궤적이고, 면의 한계와 면의 교차를 의미하며, 면은 선의 이동 궤적이고, 입체의 한계이며, 입체는 면의 이동 궤적이고, 물체가 점유하는 한정된 공간이다.

05 점의 용어
06

실내 디자인 요소에서 위치만 표시할 뿐 길이, 폭, 깊이 등이 없는 요소는 무엇인가?
① 형태   ② 선
③ 면   ④ 점

해설 선은 점의 이동 궤적이고, 면의 한계와 면의 교차를 의미하며, 면은 선의 이동 궤적이고, 입체의 한계이며, 입체는 면의 이동 궤적이고, 물체가 점유하는 한정된 공간이다.

06 두 점간의 느낌
04, 01

디자인 원리에서 가까운 두 점 간에 생기는 느낌은?
① 공간의 연속성   ② 시간의 확대
③ 시각적인 착시   ④ 장력의 발생

해설 점의 표현에서 점이 하나 있는 경우에는 면 또는 공간은 점에 의해서 집중되는 느낌이 들고, 점이 두 개가 있는 경우에는 두 점 사이에는 서로 당기는 힘(장력)이 있고 네거티브한 선이 암시되며, 점이 3개 이상인 경우에는 긴 선 또는 면으로 발전된다.

정답 01.① 02.④ 03.② 04.① 05.④ 06.④

07 점
24, 21, 14

디자인 요소 중 점에 관한 설명으로 옳지 않은 것은?

① 화면상에 있는 두 점의 크기가 같을 때 주의력은 균등하게 작용한다.
② 선과 마찬가지로 형태의 외곽을 시각적으로 설명하는 데 사용될 수 있다.
③ 화면상에 있는 하나의 점은 관찰자의 시선을 화면 안에 특정한 위치로 이끈다.
④ 다수의 점은 2차원에서 면이나 형태로 지각될 수 있으나, 운동을 표현하는 시각적 조형효과는 만들 수 없다.

해설 점의 표현에서 다수의 점은 2차원에서 면이나 형태로 지각될 수 있으나, 운동을 표현하는 시각적 조형 효과도 만들 수 있다.

08 점
08

다음의 점에 대한 설명 중 옳지 않은 것은?

① 면 또는 공간에 하나의 점이 놓여지면 주의력이 집중되는 효과가 있다.
② 점이 많은 경우에는 선이나 면으로 지각된다.
③ 점의 크기가 같은 무리의 점은 동적인 면이 지각된다.
④ 일직선상에 점이 위치하면, 점은 간격에 의하여 집단으로 분리된다.

해설 점의 표현에서 점의 크기가 같으면 운동감은 없어지고 그 대신 네거티브한 면을 암시한다.

09 점의 조형 효과
09

점의 조형 효과로 옳지 않은 것은?

① 한 점이 공간의 중심에 위치하면 집중 효과가 생긴다.
② 두 점의 크기가 같을 때 주의력은 균등하게 작용한다.
③ 근접이 되어 있는 많은 점은 면으로 지각된다.
④ 크기가 다른 점들의 모임은 정적인 느낌을 준다.

해설 점의 표현에서 크고 작은 점들이 서로 영향을 끼쳐 운동감을 준다.

10 점의 조형 효과
09

다음 중 점의 조형 효과가 아닌 것은?

① 점이 연속되면 선의 느낌을 준다.
② 점이 공간의 중앙에 위치하면 시선을 집중시키는 효과가 있다.
③ 공간에 크기가 다른 두 개의 점이 있을 경우 주의력은 균등하게 작용한다.
④ 점이 같은 조건으로 집결되면 평면감을 준다.

해설 점의 표현에서 점이 두 개가 있는 경우에는 두 점 사이에는 서로 당기는 힘(장력)이 있고 네거티브한 선이 암시된다.

11 점의 조형 효과
05

다음 중 점의 조형효과가 아닌 것은?

① 점이 연속되면 선의 느낌을 준다.
② 가까운 거리에 있는 점은 선으로 지각되어 도형을 느끼게 한다.
③ 점에 약간의 선을 가하면 방향감이 생기지 않는다.
④ 점이 같은 조건으로 집결되면 평면감을 준다.

해설 점의 표현에서 점에 약간의 선을 가하면 방향감이 생긴다.

12 선의 용어
06

다음 선에 대한 설명문에서 ( ) 안에 알맞는 말로 짝지어진 것은?

> 점이 일정한 방향으로 진행할 때 (㉮)이 생기며 끊임없이 변할 때에는 (㉯)이 생긴다.

① ㉮ 곡선, ㉯ 직선
② ㉮ 소극적인 선, ㉯ 적극적인 선
③ ㉮ 포물선, ㉯ 곡선
④ ㉮ 직선, ㉯ 곡선

해설 선이란 점이 이동된 궤적으로 직선은 점이 일정한 방향으로 이동할 때 생기고, 곡선은 점이 끊임없이 변할 때 생긴다.

13 선의 용어
02

다음 보기는 형의 구성 요소 중 무엇에 대한 정의인가?

> • 무수한 점의 흔적으로 실내 디자인의 중요한 요소이다.
> • 길이가 있으나 폭이 없고 위치와 방향을 가진다.
> • 길이에 따라 주요한 특성이 있고 길이가 축소되면 그 성격을 잃는다.

① 점   ② 면
③ 입체 ④ 선

정답 07.④ 08.③ 09.④ 10.③ 11.③ 12.④ 13.④

해설 선은 무수한 점들의 흔적으로 이루어지며, 길이는 있으나 폭이 없고 위치와 방향을 가지며, 길이에 따라 주요한 특성이 있고 길이가 축소되면 그 성격을 잃는다. 즉, 점으로 변한다.

14 | 선
04

선의 설명 중 틀린 것은?

① 점의 집합체
② 상대적인 존재
③ 점의 운동 궤적
④ 방향에 따른 감각의 차이가 없음

해설 선은 점의 이동 궤적, 점의 집합체, 상대적인 존재 및 방향에 따른 감각의 차이가 존재하고, 면의 한계와 면의 교차를 의미하며, 면은 선의 이동 궤적이고, 입체의 한계이며, 입체는 면의 이동 궤적이고, 물체가 점유하는 한정된 공간이다.

15 | 선(수평선의 용어)
14

평화, 평등, 침착, 고요 등 주로 정적인 느낌을 주는 선의 종류는?

① 수직선
② 수평선
③ 기하 곡선
④ 자유 곡선

해설 수직선은 엄숙, 단정, 고결, 상승, 희망, 확신, 긴장 및 권위 등의 느낌이 있고, 기하 곡선은 정연하고, 이지적이며, 자유 곡선은 자유 분방하고, 감정이 풍부한 상태의 느낌이다.

16 | 선(수평선의 용어)
16, 04, 98

평화롭고 정지된 모습으로 안정감을 느끼게 하는 선은?

① 수직선
② 수평선
③ 기하 곡선
④ 자유 곡선

해설 수직선은 어떤 물체를 실제보다 더 높아 보이게 하며, 공식적이고 위엄 있는 분위기를 만드는데 효과적이고, 사선은 약동감, 생동감 넘치는 에너지와 운동감, 속도감을 주며 위험, 긴장, 변화 등의 느낌을 받게 되므로 너무 많으면 불안정한 느낌을 주며, 곡선은 직선에 비해서 부드럽고 우아한 느낌을 주며 시선을 집중시키는 효과가 있다. 또한 곡선은 유연하고 복잡하여 동적인 표정을 가지고, 기하 곡선은 이지적인 표정을 가지며, 자유 곡선은 자유분방하고 감정이 풍부한 표정을 가진다.

17 | 선(수평선의 용어)
08

수평선이 주는 느낌과 가장 관계가 먼 것은?

① 안정
② 엄숙
③ 침착
④ 평화

해설
구분	수평선	수직선	사선	기하 곡선
느낌	평화, 정지, 안정	고결, 상승, 희망, 긴장	활동적, 불안감	이지적
구분	자유 곡선	호선(원)	호선(타원)	포물선
느낌	자유분방	충실감	유연함	스피드감
구분	쌍곡선	와선		
느낌	균형감	동적, 발전적		

18 | 선(수직선의 용어)
02, 99, 98

엄숙, 단정, 신앙, 희망 등의 느낌을 갖는 선은?

① 수평선
② 수직선
③ 사선
④ 포물선

해설 수평선은 정적인 느낌(평화, 평등, 침착, 고요 등)을 주고, 평화롭고 정지된 모습으로 안정감을 느끼게 하며, 사선은 약동감, 생동감 넘치는 에너지와 운동감, 속도감을 주며 위험, 긴장, 변화 등의 느낌을 받게 되므로 너무 많으면 불안정한 느낌을 주며, 포물선은 스피드감을 준다.

19 | 선(수직선의 용어)
14, 12

심리적으로 존엄성, 엄숙함, 위엄, 절대 등의 느낌을 주는 선의 종류는?

① 사선
② 수직선
③ 수평선
④ 포물선

해설 수평선은 정적인 느낌(평화, 평등, 침착, 고요 등)을 주고, 평화롭고 정지된 모습으로 안정감을 느끼게 하며, 사선은 약동감, 생동감 넘치는 에너지와 운동감, 속도감을 주며 위험, 긴장, 변화 등의 느낌을 받게 되므로 너무 많으면 불안정한 느낌을 주며, 포물선은 스피드감을 준다.

20 | 선(수직선의 용어)
07, 98

엄숙, 긴장, 상승의 기념비적인 건물, 종교감을 느낄 수 있는 형태의 선은?

① 수직선
② 사선
③ 곡선
④ 수평선

해설 수직선은 심리적으로 존엄성, 엄숙함(기념비적인 스케일에서 느낌), 위엄, 절대, 단정, 신앙, 희망, 긴장, 상승의 기념비적인 건물, 종교감 등의 느낌으로 공간을 실제보다 더 높아 보이게 하며, 공식적이고 위엄있는 분위기, 실내 공간에서 심리적인 엄숙함이나 긴장감, 상승감과 확신감의 효과를 내거나 수평적인 패턴의 지루함을 제거 내지 약화시키는데 사용 및 지각적으로는 구조적 높이감을 준다.

21 | 선(수직선의 용어)
14, 13, 08②, 03

공간을 실제보다 더 높아 보이게 하며, 공식적이고 위엄있는 분위기를 만드는데 효과적인 선의 종류는?
① 수직선 ② 수평선
③ 사선 ④ 곡선

해설 수평선은 정적인 느낌(평화, 평등, 침착, 고요 등)을 주고, 평화롭고 정지된 모습으로 안정감을 느끼게 하며, 사선은 약동감, 생동감 넘치는 에너지와 운동감, 속도감을 주며 위험, 긴장, 변화 등의 느낌을 받게 되므로 너무 많으면 불안정한 느낌을 주며, 곡선은 규모, 반복의 정도, 방향 등에 따라 조금씩 다르기는 하지만 일반적으로 직선에 비해서 부드럽고 우아한 느낌을 주며 시선을 집중시키는 효과가 있다.

22 | 선(수직선의 용어)
08

실내 공간에서 심리적인 엄숙함이나 긴장감, 상승감과 확신감의 효과를 내거나 수평적인 패턴의 지루함을 제거 내지 약화시키는데 사용되는 선의 종류는?
① 곡선 ② 사선
③ 수직선 ④ 수평선

해설 수직선은 공간을 실제보다 더 높아 보이게 하며, 공식적이고 위엄있는 분위기, 실내 공간에서 심리적인 엄숙함이나 긴장감, 상승감과 확신감의 효과를 내거나 수평적인 패턴의 지루함을 제거 내지 약화시키는데 사용 및 지각적으로는 구조적 높이감을 준다.

23 | 선의 느낌(엄숙함)
19, 13, 11, 10

기념비적인 스케일에서 일반적으로 느끼게 되는 감정은?
① 엄숙함 ② 친밀감
③ 안도감 ④ 우아함

해설 수직선은 심리적으로 존엄성, 엄숙함(기념비적인 스케일에서 느낌), 위엄, 절대, 단정, 신앙, 희망, 긴장, 상승의 기념비적인 건물, 종교감 등의 느낌이고, 수평선은 정적인 느낌(평화, 평등, 침착, 고요 등)을 주고, 평화롭고 정지된 모습으로 안정감을 느끼게 한다.

24 | 선의 느낌(수직선)
13, 12

다음 중 수직선이 주는 심리적 느낌과 가장 거리가 먼 것은?
① 위엄 ② 상승감
③ 엄숙함 ④ 안정감

해설 수직선은 심리적으로 존엄성, 엄숙함(기념비적인 스케일에서 느낌), 위엄, 절대, 단정, 신앙, 희망, 긴장, 상승의 기념비적인 건물, 종교감 등의 느낌이고, 수평선은 정적인 느낌(평화, 평등, 침착, 고요 등)을 주고, 평화롭고 정지된 모습으로 안정감을 느끼게 한다.

25 | 선의 느낌(수직선)
25, 11, 10

다음 중 수직선이 주는 조형 효과와 가장 거리가 먼 것은?
① 상승감 ② 약동감
③ 존엄성 ④ 엄숙함

해설 수직선은 심리적으로 존엄성, 엄숙함(기념비적인 스케일에서 느낌), 위엄, 절대, 단정, 신앙, 희망, 긴장, 상승의 기념비적인 건물, 종교감 등의 느낌으로 공간을 실제보다 더 높아 보이게 하며, 공식적이고 위엄있는 분위기, 실내 공간에서 심리적인 엄숙함이나 긴장감, 상승감과 확신감의 효과를 내거나 수평적인 패턴의 지루함을 제거 내지 약화시키는데 사용 및 지각적으로는 구조적 높이감을 준다. 약동감, 생동감 넘치는 에너지와 운동감, 속도감은 사선의 느낌이다.

26 | 선의 느낌(수직선)
05

조형의 요소에서 수직의 상승 표현에 속하지 않는 것은?
① 희망 ② 상승감
③ 긴장감 ④ 평화

해설 수직선은 심리적으로 존엄성, 엄숙함(기념비적인 스케일에서 느낌), 위엄, 절대, 단정, 신앙, 희망, 긴장, 상승의 기념비적인 건물, 종교감 등의 느낌이고, 수평선은 정적인 느낌(평화, 평등, 침착, 고요 등)을 주고, 평화롭고 정지된 모습으로 안정감을 느끼게 한다.

27 | 선(수직선의 용어)
11, 09

지각적으로는 구조적 높이감을 주며 심리적으로는 상승감, 존엄성, 엄숙함, 위엄 및 강한 의지의 느낌을 주는 선의 종류는?
① 쌍곡선 ② 사선
③ 수평선 ④ 수직선

해설 ①의 쌍곡선은 균형감, ②의 사선은 활동적, 불안감, ③의 수평선은 평화, 정지 및 안정의 느낌을 준다.

정답 21.① 22.③ 23.① 24.④ 25.② 26.④ 27.④

28 | 선의 느낌(엄숙함) 07, 03

기념비적인 커다란 공간에서 가장 많이 느껴지는 심리적인 느낌은?

① 압박감 ② 평안감
③ 엄숙함 ④ 안도감

해설 수직선은 심리적으로 존엄성, 엄숙함(기념비적인 스케일에서 느낌), 위엄, 절대, 단정, 신앙, 희망, 긴장, 상승의 기념비적인 건물, 종교감 등의 느낌이고, 수평선은 정적인 느낌(평화, 평등, 침착, 고요 등)을 주고, 평화롭고 정지된 모습으로 안정감을 느끼게 한다.

29 | 선(사선의 용어) 12

다음 설명에 알맞은 선의 종류는?

약동감, 생동감 넘치는 에너지와 운동감, 속도감을 주며 위험, 긴장, 변화 등의 느낌을 받게 되므로 너무 많으면 불안정한 느낌을 줄 수 있다.

① 사선 ② 수평선
③ 수직선 ④ 기하곡선

해설 수평선은 단조롭고 편안하며 평화롭고 정지된 모습의 안정된 분위기를 갖고, 수직선은 공간을 실제보다 높아 보이게 하고, 공식적이며 위엄있는 분위기 연출과 엄숙(기념비적인 커다란 공간과 종교적인 느낌), 단정, 고결, 상승, 확신, 긴장, 권위 등을 나타내며, 기하곡선은 매우 이지적인 느낌을 준다.

30 | 선(사선의 용어) 09, 05, 01

다음 중 선의 조형 효과가 가장 동적(動的)인 것은?

① 사선 ② 수평선
③ 수직선 ④ 포물선

해설 직선 중에서 사선은 약동감, 생동감 넘치는 에너지와 운동감, 속도감을 주며 위험, 긴장, 변화 등의 느낌을 받게 되므로 너무 많으면 불안정한 느낌을 주며, 곡선 중에는 와선이 가장 동적이고 발전적인 곡선이다.

31 | 선(사선의 용어) 11

동적이고, 불안정한 느낌을 주나, 건축에 강한 표정을 주기도 하는 선은?

① 곡선 ② 수직선
③ 수평선 ④ 사선

해설 곡선은 규모, 반복의 정도, 방향 등에 따라 조금씩 다르기는 하지만 일반적으로 직선에 비해서 부드럽고 우아한 느낌을 주며 시선을 집중시키는 효과가 있고, 수직선은 심리적으로 존엄성, 엄숙함(기념비적인 스케일에서 느낌), 위엄, 절대, 단정, 신앙, 희망, 긴장, 상승의 기념비적인 건물, 종교감 등의 느낌이고, 수평선은 정적인 느낌(평화, 평등, 침착, 고요 등)을 주고, 평화롭고 정지된 모습으로 안정감을 느끼게 한다.

32 | 선(사선의 용어) 25, 17, 15, 13

약동감, 생동감 넘치는 에너지와 운동감, 속도감을 주나 너무 많으면 불안정한 느낌을 주는 선의 종류는?

① 사선 ② 곡선
③ 수직선 ④ 수평선

해설 곡선은 규모, 반복의 정도, 방향 등에 따라 조금씩 다르기는 하지만 일반적으로 직선에 비해서 부드럽고 우아한 느낌을 주며 시선을 집중시키는 효과가 있고, 수직선은 심리적으로 존엄성, 엄숙함(기념비적인 스케일에서 느낌), 위엄, 절대, 단정, 신앙, 희망, 긴장, 상승의 기념비적인 건물, 종교감 등의 느낌이고, 수평선은 정적인 느낌(평화, 평등, 침착, 고요 등)을 주고, 평화롭고 정지된 모습으로 안정감을 느끼게 한다.

33 | 선의 느낌(사선) 17, 13, 10

디자인 구성 요소 중 사선이 주는 느낌과 가장 거리가 먼 것은?

① 약동감 ② 안정감
③ 운동감 ④ 생동감

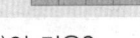

해설 직선 중에서 사선은 약동감, 생동감 넘치는 에너지와 운동감, 속도감을 주며 위험, 긴장, 변화 등의 느낌을 받게 되므로 너무 많으면 불안정한 느낌을 주며, 안정감은 수평선의 의미이다.

34 | 선 04

디자인 요소 중 선의 설명으로 옳지 않은 것은?

① 면 위에 있을 때는 너비를 생각할 수 있다.
② 입체의 절단에 의해서도 만들어진다.
③ 너비가 넓어지면 면이 된다.
④ 굵기가 커지면 공간이 된다.

해설 입체의 절단 또는 교차에 의해서 만들어지는 것은 면이고, 면의 절단 또는 교차에 의해서 만들어지는 것은 선이며, 선의 절단 또는 교차에 의해서 만들어지는 것은 점이다.

35 | 선(곡선의 용어)
10, 05, 04, 03

실내 분위기를 활동적이며, 부드럽고, 우아하게 하려고 할 때에는 어떠한 선을 많이 사용해야 하는가?

① 수직선 ② 곡선
③ 수평선 ④ 사선

해설 수직선은 심리적으로 존엄성, 엄숙함(기념비적인 스케일에서 느낌), 위엄, 절대, 단정, 신앙, 희망, 긴장, 상승의 기념비적인 건물, 종교감 등의 느낌으로 공간을 실제보다 더 높아 보이게 하며, 공식적이고 위엄있는 분위기, 실내 공간에서 심리적인 엄숙함이나 긴장감, 상승감과 확신감의 효과를 내거나 수평적인 패턴의 지루함을 제거 내지 약화시키는데 사용 및 지각적으로는 구조적 높이감을 준다. 수평선은 정적인 느낌(평화, 평등, 침착, 고요 등)을 주고, 평화롭고 정지된 모습으로 안정감을 느끼게 하며, 사선은 약동감, 생동감 넘치는 에너지와 운동감, 속도감을 주며 위험, 긴장, 변화 등의 느낌을 받게 되므로 너무 많으면 불안정한 느낌을 준다.

36 | 선
07

디자인 요소 중 선의 설명으로 옳지 않은 것은?

① 선은 길이의 개념은 있으나 깊이의 개념은 없다.
② 입체의 절단에 의해서도 만들어진다.
③ 너비가 넓어지면 면이 된다.
④ 선의 패턴으로 운동감, 속도감, 방향 등을 나타낸다.

해설 입체의 절단 또는 교차에 의해서 만들어지는 것은 면이고, 면의 절단 또는 교차에 의해서 만들어지는 것은 선이며, 선의 절단 또는 교차에 의해서 만들어지는 것은 점이다.

37 | 선
04

디자인 요소로서 선(線)에 대한 설명으로 틀린 것은?

① 선은 점(點)이 이동한 궤적이다.
② 사선은 단조롭고 정적인 분위기를 준다.
③ 수평선은 편안하고 안정된 분위기를 준다.
④ 선의 굵기나 간격의 변화로 원근감을 표현할 수 있다.

해설 수평선은 정적인 느낌(평화, 평등, 침착, 고요 등)을 주고, 평화롭고 정지된 모습으로 안정감을 느끼게 하며, 사선은 약동감, 생동감 넘치는 에너지와 운동감, 속도감을 주며 위험, 긴장, 변화 등의 느낌을 받게 되므로 너무 많으면 불안정한 느낌을 준다.

38 | 선
11

디자인 요소 중 선에 대한 설명으로 옳지 않은 것은?

① 면의 한계, 면들의 교차에서 나타난다.
② 많은 선의 근접으로 면의 느낌을 표현할 수 있다.
③ 여러 개의 선을 이용하여 움직임, 속도감 등을 시각적으로 표현할 수 있다.
④ 형태의 윤곽을 나타낼 수 있으나 형태가 지니고 있는 특성, 명암, 질감들을 표현할 수 없다.

해설 선은 형태의 윤곽을 나타낼 수 있고, 형태가 지니고 있는 특성, 명암, 질감 등을 표현할 수 있는 특성을 갖고 있다.

39 | 선의 느낌
13

선의 종류별 조형 효과로서 옳지 않은 것은?

① 곡선-명료함, 평등 ② 수평선-안정, 평화
③ 사선-약동감, 생동감 ④ 수직선-존엄성, 위엄

해설 곡선의 의미는 기하 곡선은 이지적, 자유 곡선은 자유분방, 호선은 충실감, 포물선은 스피드감, 쌍곡선은 균형감을 가지며, 평등은 수평선, 명료함은 직선이다.

40 | 선의 느낌
06, 02

선의 설명으로 부적당한 것은?

① 직선 - 단순
② 수직선 - 정적인 표정
③ 수평선 - 평화롭고 정지된 모습
④ 사선 - 동적이고 불안정한 느낌

해설 수직선은 고결함과 희망을 나타내고, 상승감과 긴장감을 주며, 정적인 표현은 수평선에서 볼 수 있다.

41 | 선
20, 16

디자인 요소 중 선에 관한 설명으로 옳지 않은 것은?

① 곡선은 우아하며 흥미로운 느낌을 준다.
② 수평선은 안정감, 차분함, 편안한 느낌을 준다.
③ 수직선은 심리적 엄숙함과 상승감의 효과를 준다.
④ 사선은 경직된 분위기를 부드럽고 유연하게 해준다.

해설 사선은 약동감, 생동감 넘치는 에너지와 운동감, 속도감을 주며 위험, 긴장, 변화 등의 느낌을 받게 되므로 너무 많으면 불안정한 느낌을 주며, 곡선은 경직된 분위기를 부드럽고 유연하게 해주는 선이다.

정답 35. ② 36. ② 37. ② 38. ④ 39. ① 40. ② 41. ④

42 | 선의 느낌 07

다음은 각 선의 느낌을 서술한 것이다. 잘못된 것은?

① 수직선-남성적인 느낌을 주며 긴장감을 유발한다.
② 수평선-서정적인 느낌을 주며 안정감을 준다.
③ 곡선-여성적인 느낌을 주며 유연하다.
④ 사선-힘찬 느낌을 주며 우월성을 나타낸다.

해설 사선은 약동감, 생동감 넘치는 에너지와 운동감, 속도감을 주며 위험, 긴장, 변화 등의 느낌을 받게 되므로 너무 많으면 불안정한 느낌을 주며, 힘찬 느낌을 주며 우월성을 나타내는 선은 수직선이다.

43 | 점과 선 18, 15, 11

점과 선의 조형 효과에 관한 설명으로 옳지 않은 것은?

① 점은 선과 달리 공간적 착시 효과를 이끌어낼 수 없다.
② 선은 여러 개의 선을 이용하여 움직임, 속도감 등을 시각적으로 표현할 수 있다.
③ 배경의 중심에 있는 하나의 점은 점에 시선을 집중시키고 정지의 효과를 느끼게 한다.
④ 반복되는 선의 굵기와 간격, 방향을 변화시키면 2차원에서 부피와 깊이를 느끼게 표현할 수 있다.

해설 점은 위치만 있고, 방향성과 크기(길이, 폭, 깊이 등)는 없고, 면 또는 공간은 점에 의해서 집중되는 느낌이 들므로 공간적 착시 효과를 이끌어 낼 수 있다.

44 | 면의 용어 11

다음 설명에 알맞은 디자인 요소는?

- 유클리드 기하학에 따르면 모든 방향으로 펼쳐진 무한히 넓은 영역이며 형태가 없는 것으로 정의된다.
- 깊이는 없고 길이와 폭을 갖는다.

① 점 ② 선
③ 면 ④ 입체

해설 점은 기하학적으로 크기가 없고 위치만 갖고 있으며, 디자인 상으로는 다양한 모양과 크기가 필요하고, 주변 환경에 따라 상대적으로 지각된다. 선은 점의 궤적이 만들어 내고, 위치와 길이를 갖지만 폭을 갖지 않는 단 하나의 차원으로 된다. 넓이와 깊이의 개념이 없다. 입체는 면들의 조합으로 이루어진다.

45 | 면의 용어 06

공간을 구성하는 기본 단위는?

① 점 ② 선
③ 면 ④ 입체

해설 점은 기하학적으로 크기가 없고 위치만 갖고 있으며, 디자인 상으로는 다양한 모양과 크기가 필요하고, 주변 환경에 따라 상대적으로 지각된다. 선은 점의 궤적이 만들어 내고, 위치와 길이를 갖지만 폭을 갖지 않는 단 하나의 차원으로 된다. 넓이와 깊이의 개념이 없다. 입체는 면의 이동 궤적으로 물체가 점유하는 한정된 공간이다.

46 | 면의 용어 03

같은 모양의 선을 조밀하게 근접시킴으로써 느낄 수 있는 형태는?

① 사선 ② 면
③ 곡선 ④ 수평선

해설 면의 동적 정의는 선의 이동 궤적을 의미하고, 면의 정적 정의는 입체의 한계를 의미하고, 유클리드 기하학에 따르면 모든 방향으로 펼쳐진 무한히 넓은 영역이며 형태가 없는 것으로 정의되며, 깊이는 없고 길이와 폭을 갖는다. 즉, 선을 조밀하게 근접시켜 느낄 수 있는 것은 면이다.

47 | 면 04, 02, 01, 98

다음 중 면에 대하여 바르게 설명한 것은?

① 점의 궤적이다. ② 위치를 나타낸다.
③ 길이와 방향성이 있다. ④ 선이 이동한 궤적이다.

해설 점은 위치만 있고, 방향성과 크기(폭, 깊이)는 없고, 선의 한계 또는 교차이고, 선은 점의 이동 궤적이고, 면의 한계와 면의 교차를 의미하며, 면은 선의 이동 궤적이고, 입체의 한계이며, 입체는 면의 이동 궤적이고, 물체가 점유하는 한정된 공간이다.

48 | 면 24, 09

다음 중 면에 대한 설명으로 가장 알맞은 것은?

① 점의 궤적이다.
② 폭과 부피가 없다.
③ 길이의 1차원만을 가지며 방향성이 있다.
④ 절단에 의해 새로운 선을 얻을 수 있다.

정답 42.④ 43.① 44.③ 45.③ 46.② 47.④ 48.④

해설 면의 동적 정의는 선의 이동 궤적을 의미하고, 면의 정적 정의는 입체의 한계를 의미하고, 유클리드 기하학에 따르면 모든 방향으로 펼쳐진 무한히 넓은 영역이며 형태가 없는 것으로 정의되며, 깊이는 없고 길이와 폭을 갖는다. 즉, 선을 조밀하게 근접시켜 느낄 수 있는 것은 면이다. 또한, 선은 면의 절단에 의해서 얻어진다.

49 | 면
07

면의 의미에 대한 설명 중 맞는 것은?
① 면은 점이 이동한 궤적이다.
② 입체의 한계나 공간의 경계에서 나타난다.
③ 절단된 면에서 또 다른 형의 면이 지각되지 않는다.
④ 점을 확대 또는 집합시킨 경우나 선을 집합시킨 경우 점이나 선으로 지각되지 않으면 면으로도 지각되지 않는다.

해설 면은 선이 이동한 궤적이고, 입체의 절단된 면에서 또 다른 형의 면이 지각되며, 점을 확대 또는 집합시킨 경우나 선을 집합시킨 경우 점이나 선으로 지각되지 않으면 면으로도 지각된다.

50 | 형태(이념적)의 용어
18, 13, 12

다음 설명에 알맞은 형태의 종류는?

- 인간의 지각, 즉 시각과 촉각 등으로는 직접 느낄 수 없고 개념적으로만 제시될 수 있는 형태이다.
- 기하학적으로 취급한 점, 선, 면 등이 이에 속한다.

① 이념적 형태   ② 추상적 형태
③ 인위적 형태   ④ 자연적 형태

해설 추상적 형태는 구체적 형태를 생략 또는 과장의 과정을 거쳐 재구성한 형태이며, 대부분의 경우 원래의 형태를 알아보기 어렵고, 인위적 형태는 휴먼 스케일과 일정한 관계를 갖는 인위적인 형태로 3차원적인 모양, 구조를 갖는 형으로 기하 형태와 자유 형태 등이 있으며, 자연적 형태는 인간의 의지와 관계없이 끊임없이 변화하는 자연적인 문양으로 단순하고, 부정형의 형태를 갖는다.

51 | 형태(상징적)의 용어
15, 12

형태의 의미 구조에 의한 분류에서 인간의 지각, 즉 시각과 촉각 등으로 직접 느낄 수 없고 개념적으로만 제시될 수 있는 형태는?

① 현실적 형태   ② 인위적 형태
③ 상징적 형태   ④ 자연적 형태

해설 현실적 형태는 실제로 존재하는 형태(조각물 등)로 자연적 형태와 인위적 형태 등이 있고, 인위적 형태는 휴먼 스케일과 일정한 관계를 갖는 인위적인 형태로 3차원적인 모양, 구조를 갖는 형으로 기하 형태와 자유 형태 등이 있으며, 자연적 형태는 인간의 의지와 관계없이 끊임없이 변화하는 자연적인 문양으로 단순하고, 부정형의 형태를 갖는다.

52 | 형태(추상적)의 용어
14②, 13

다음 설명에 알맞은 형태의 종류는?

- 구체적 형태를 생략 또는 과장의 과정을 거쳐 재구성한 형태이다.
- 대부분의 경우 원래의 형태를 알아보기 어렵다.

① 자연 형태   ② 인위 형태
③ 이념적 형태   ④ 추상적 형태

해설 자연적 형태는 자연적인 문양으로 인간의 의지와 관계없이 끊임없이 변화하는 형태이고, 인위적 형태는 휴먼 스케일과 일정한 관계를 갖는 인위적인 형태로 3차원적인 모양, 구조를 갖는 형으로 기하 형태와 자유 형태 등이 있으며, 이념적 형태는 인간의 지각, 즉 시각과 촉각 등으로는 직접 느낄 수 없고 개념적으로만 제시될 수 있는 형태이고, 기하학적으로 취급한 점, 선, 면 등이 이에 속한다.

53 | 자연 형태
20, 14

형태의 의미 구조에 의한 분류 중 자연 형태에 관한 설명으로 옳지 않은 것은?
① 자연계에 존재하는 모든 것으로부터 보이는 형태를 말한다.
② 기하학적인 형태는 불규칙한 형태보다 비교적 무겁게 느껴진다.
③ 조형의 원형으로서도 작용하며 기능과 구조의 모델이 되기도 한다.
④ 단순한 부정형의 형태를 취하기도 하지만 경우에 따라서는 체계적인 기하학적 특징을 갖는다.

해설 형태의 의미 구조에 의한 분류에서 자연 형태에 있어서 기하학적인 형태는 불규칙한 형태보다 비교적 가볍게 느껴진다.

정답 49. ② 50. ① 51. ③ 52. ④ 53. ②

54 | 형태(유기적)의 용어
08

면의 형태적 특징 중 자연적으로 생긴 형태로, 우아하고 아늑한 느낌을 주는 시각적 특징이 있는 형태는?

① 기하학적 형태　　② 우연적 형태
③ 유기적 형태　　　④ 불규칙 형태

해설 기하학적 형태는 직사각형, 직육면체 등으로 너무 흔하고 일반적이어서 딱딱하거나 지루한 느낌을 줄 수 있으므로 크기, 색채, 배치 등에 변화를 주는 것이 바람직하고, 유기적 형태는 자연물(꽃, 구름, 나무, 파도 등)이 지니고 있는 구조와 특성을 그대로 변형시킨 형태로 인공적인 실내에 자연에서 느끼는 동적인 움직임과 함께 편안하고, 우아하며, 아늑한 느낌과 친근한 분위기를 연출할 수 있다.

55 | 자유곡면형의 용어
04, 01

자연적인 형태와 가장 밀접한 관련성이 있는 형은?

① 자유곡면형　　② 삼각형
③ 직육면체형　　④ 다각형

해설 자연적 형태는 인간의 의지와 관계없이 끊임없이 변화하는 자연적인 문양으로 단순하고, 부정형의 형태를 가지며, 자연물(꽃, 구름, 나무, 조개 등의 자유 곡면형)의 선을 연상시킴으로써 인공적인 실내에 자연에서 느끼는 편안하고 안정된 분위기를 연출하는 데 효과적이다.

56 | 직사각형의 용어
11

다음 중 긴 축을 가지고 있으며 강한 방향성을 갖는 평면 형태는?

① 원형　　② 정육각형
③ 직사각형　　④ 정삼각형

해설 원형은 단순하고 원만한 느낌이 있고, 정육각형은 풍요로우며, 정삼각형은 다양한 감정의 반응, 냉대감, 안정감, 부동된 느낌 등을 일으키고, 예각은 위로 상승, 둔각은 하강하는 느낌이다.

57 | 타원형의 용어
20, 11

온화하고 부드러운 여성적인 느낌을 주는 도형은?

① 타원형　　② 오각형
③ 사각형　　④ 삼각형

해설 도형의 느낌에서 오각(다각)형은 변의 수가 많을수록 곡선적인 성질에 가깝고, 풍요한 느낌, 사각형은 단정한 느낌으로 정방형은 엄격하고 딱딱함, 삼각형은 안정된 느낌, 부동의 느낌과 냉대감, 정삼각형은 가장 안정된 느낌이다.

58 | 자연적 재료의 질감 느낌
19, 10, 09

자연적 재료가 주는 질감의 느낌으로 가장 알맞은 것은?

① 친근감　　② 차가움
③ 세련됨　　④ 현대적임

해설 자연적 재료의 의미는 편안함, 고전적, 친근감, 따뜻함 등이 있고, 인공적 재료의 느낌은 차가움, 현대적, 세련됨 등이 있다.

59 | 명도와 채도가 높은 색
06, 02

다음 중 명도와 채도가 가장 높은 색은?

① 연두　　② 청록
③ 노랑　　④ 주황

해설 각 색상에 따른 명도와 채도

구분	연두	청록	노랑	주황
채도	7	5	9	6
명도	10	6	14	12

60 | 형태의 지각(근접성의 용어)
12

다음 설명과 가장 관계가 깊은 형태의 지각심리는?

> 한 종류의 형들이 동등한 간격으로 반복되어 있을 경우에는 이를 그룹화하여 평면처럼 지각되고 상하와 좌우의 간격이 다를 경우 수평, 수직으로 지각된다.

① 유사성　　② 폐쇄성
③ 연속성　　④ 근접성

해설 게슈탈트의 4법칙 중 근접(접근)성은 한 종류의 형들이 동등한 간격으로 반복되어 있을 경우에는 이를 그룹화하여 평면처럼 지각되고 상하와 좌우의 간격이 다를 경우 수평, 수직으로 지각되는 법칙이고, 두 개 또는 그 이상의 유사한 시각 요소들이 서로 가까이 있으면 하나의 그룹으로 보려는 경향과 관련된 형태의 지각 심리이며, 유사성은 여러 종류의 형들이 모두 일정한 규모, 색채, 질감, 명암, 윤곽선을 갖고 모양만이 다를 경우에는 모양에 따라 그룹화되어 지각되고, 비슷한 형태, 규모, 색채, 질감, 명암, 패턴의 그룹을 하나의 그룹으로 지각하려는 경향을 말하는 형태의 지각 심리이며, 연속성(공동운명의 법칙)은 유사한 배열로 구성된 형들이 방향성을 지니고 연속되어 보이는 하나의 그룹으로 지각되는 법칙이고, 형태의 지각 심리에서 공동운명의 법칙이라고도 하며 유사한 배열이 하나의 묶음이 되어 선이나 형으로 지각되는 것이다.

61 | 형태의 지각(근접성의 용어)
21, 14

두 개 또는 그 이상의 유사한 시각 요소들이 서로 가까이 있으면 하나의 그룹으로 보려는 경향과 관련된 형태의 지각 심리는?

① 유사성 ② 연속성
③ 폐쇄성 ④ 근접성

해설 게슈탈트의 4법칙 중 근접(접근)성은 한 종류의 형들이 동등한 간격으로 반복되어 있을 경우에는 이를 그룹화하여 평면처럼 지각되고 상하와 좌우의 간격이 다를 경우 수평, 수직으로 지각되는 법칙 또는 두 개 또는 그 이상의 유사한 시각 요소들이 서로 가까이 있으면 하나의 그룹으로 보려는 경향과 관련된 형태의 지각 심리이다.

62 | 형태의 지각(접근성의 용어)
06

게슈탈트(Gestalt) 분리의 법칙 중 접근성을 설명한 것은?

① 2개 이상의 시각요소들이 보다 더 가까이 있을 때 그룹으로 지각될 가능성이 크다.
② 형태, 규모, 색채, 질감 등 서로의 요소가 연관되어 패턴으로 보이는 것이다.
③ 유사한 배열이 하나의 묶음으로 지각되는 것이다.
④ 시각적 요소들이 어떤 형상을 지각하는데 있어서 폐쇄된 느낌을 주는 것이다.

해설 게슈탈트의 4법칙에는 접근성, 유사성, 연속성 및 폐쇄성 등이 있으며, ①의 설명은 접근(근접)성, ② 유사성, ③ 연속성, ④ 폐쇄성에 대한 설명이다.

63 | 형태의 지각(유사성의 용어)
24②, 19, 14

다음 설명에 알맞은 형태의 지각 심리는?

여러 종류의 형들이 모두 일정한 규모, 색채, 질감, 명암, 윤곽선을 갖고 모양만이 다를 경우에는 모양에 따라 그룹화되어 지각된다.

① 근접성 ② 연속성
③ 유사성 ④ 폐쇄성

해설 게슈탈트의 4법칙 중 유사성은 여러 종류의 형들이 모두 일정한 규모, 색채, 질감, 명암, 윤곽선을 갖고 모양만이 다를 경우에는 모양에 따라 그룹화되어 지각되고, 비슷한 형태, 규모, 색채, 질감, 명암, 패턴의 그룹을 하나의 그룹으로 지각하려는 경향을 말하는 형태의 지각 심리이다.

64 | 형태의 지각(유사성의 용어)
17, 13②, 12

비슷한 형태, 규모, 색채, 질감, 명암, 패턴의 그룹을 하나의 그룹으로 지각하려는 경향을 말하는 형태의 지각 심리는?

① 근접성 ② 연속성
③ 폐쇄성 ④ 유사성

해설 게슈탈트의 4법칙 중 유사성은 여러 종류의 형들이 모두 일정한 규모, 색채, 질감, 명암, 윤곽선을 갖고 모양만이 다를 경우에는 모양에 따라 그룹화되어 지각되고, 비슷한 형태, 규모, 색채, 질감, 명암, 패턴의 그룹을 하나의 그룹으로 지각하려는 경향을 말하는 형태의 지각 심리이다.

65 | 형태의 지각(연속성의 용어)
24, 17, 16

다음 설명에 알맞은 형태의 지각 심리는?

유사한 배열로 구성된 형들이 방향성을 지니고 연속되어 보이는 하나의 그룹으로 지각되는 법칙으로 공동 운명의 법칙이라고도 한다.

① 근접성 ② 유사성
③ 연속성 ④ 폐쇄성

해설 게슈탈트의 4법칙 중 연속성(공동운명의 법칙)은 유사한 배열로 구성된 형들이 방향성을 지니고 연속되어 보이는 하나의 그룹으로 지각되는 법칙이고, 형태의 지각 심리에서 공동운명의 법칙이라고도 하며 유사한 배열이 하나의 묶음이 되어 선이나 형으로 지각되는 것이다.

66 | 형태의 지각(연속성의 용어)
13

다음 설명에 알맞은 형태의 지각 심리는?

• 유사한 배열로 구성된 형들이 방향성을 지니고 연속되어 보이는 하나의 그룹으로 지각되는 법칙을 말한다.
• 공동 운명의 법칙이라고도 한다.

① 연속성의 원리 ② 폐쇄성의 원리
③ 유사성의 원리 ④ 근접성의 원리

해설 게슈탈트의 4법칙 중 연속성(공동운명의 법칙)은 유사한 배열로 구성된 형들이 방향성을 지니고 연속되어 보이는 하나의 그룹으로 지각되는 법칙이고, 형태의 지각 심리에서 공동운명의 법칙이라고도 하며 유사한 배열이 하나의 묶음이 되어 선이나 형으로 지각되는 것이다.

정답 61. ④ 62. ① 63. ③ 64. ④ 65. ③ 66. ①

67 | 형태의 지각(연속성의 용어)
22, 10

형태의 지각 심리에서 공동운명의 법칙이라고도 하며 유사한 배열이 하나의 묶음이 되어 선이나 형으로 지각되는 것은?

① 근접성의 원리 ② 유사성의 원리
③ 폐쇄성의 원리 ④ 연속성의 원리

해설 게슈탈트의 4법칙 중 근접성은 한 종류의 형들이 동등한 간격으로 반복되어 있을 경우에는 이를 그룹화하여 평면처럼 지각되고 상하와 좌우의 간격이 다를 경우 수평, 수직으로 지각되는 법칙이고, 두 개 또는 그 이상의 유사한 시각 요소들이 서로 가까이 있으면 하나의 그룹으로 보려는 경향과 관련된 형태의 지각 심리이며, 유사성은 여러 종류의 형들이 모두 일정한 규모, 색채, 질감, 명암, 윤곽선을 갖고 모양만이 다를 경우에는 모양에 따라 그룹화되어 지각되고, 비슷한 형태, 규모, 색채, 질감, 명암, 패턴의 그룹을 하나의 그룹으로 지각하려는 경향을 말하는 형태의 지각 심리이며, 연속성(공동운명의 법칙)은 유사한 배열로 구성된 형들이 방향성을 지니고 연속되어 보이는 하나의 그룹으로 지각되는 법칙이고, 형태의 지각 심리에서 공동운명의 법칙이라고도 하며 유사한 배열이 하나의 묶음이 되어 선이나 형으로 지각되는 것이다. 또한, 폐쇄성의 원리는 시각 요소들이 어떤 형상을 지각하게 하는 데 있어서 폐쇄된 느낌을 주는 법칙이다.

68 | 색의 3요소(명도의 용어)
14

색의 3요소 중 하나로 색깔의 밝고 어두움의 단계를 나타내는 것은?

① 색상 ② 채도
③ 순도 ④ 명도

해설 색상은 빨강, 주황, 노랑, 녹색, 파랑, 보라 등으로 구별하는 색의 느낌을 의미하고, 색상을 띄지 않는 무채색과 그 밖의 색깔을 가지고 있는 모든 색을 유채색이라고 한다. 채도는 색의 선명하고 탁한 정도를 의미하고, 명도는 같은 계통의 색상이라도 색의 밝고, 어두운 정도의 차가 있는데, 이처럼 색의 밝기를 나타내는 성질과 밝음의 감각을 척도화한 것을 의미한다.

69 | 색의 3요소(명도의 용어)
06

다음 중 실내 공간의 색채계획을 할 때 무겁게 느껴지는 것은 무엇의 영향 때문인가?

① 색상 ② 명도
③ 농도 ④ 채도

해설 명암(빛에 의해서 나타나는 밝고 어두움)에서 느낄 수 있는 감정은 밝다(어둡다), 빛나다(둔하다), 무겁다(가볍다) 및 흐릿하다(뚜렷하다) 등으로, 실내 공간의 색채계획을 할 때 무겁게 느껴지는 것은 색의 3요소 중에서는 명도를 의미한다.

70 | 명도가 높은 색의 효과
10, 06

실내 공간에 명도가 높은 색을 사용한 효과로 적절치 않은 것은?

① 실내가 밝고 시원하게 느껴진다.
② 차분하고 아늑한 분위기가 조성된다.
③ 실제보다 넓어 보인다.
④ 경쾌한 분위기가 조성된다.

해설 ①, ③ 및 ④의 설명은 명도가 높은 색을 사용한 경우의 느낌이고, ②의 차분하고 아늑한 분위기는 한색계 즉, 명도가 낮은 색을 사용한 경우이다.

71 | 실내 색채계획
22, 20, 07, 04, 01

실내에 사용되는 색채계획으로 옳지 않은 것은?

① 벽은 가장 넓은 면적이므로 안정되고 명도가 높은 색상을 선택한다.
② 바닥은 벽면보다 약간 어두우며 안정감이 있는 색상을 선택한다.
③ 천장은 벽과 같거나 어두운 색을 선택한다.
④ 대형가구와 커튼은 바닥, 벽, 천장과 유사색이나 그 반대색을 사용한다.

해설 실내의 색채 계획에 있어서 천장은 벽과 같거나, 밝은 색(바닥으로의 반사를 위함)을 선택한다.

72 | 텍스처의 용어
05

실내 디자인에서 텍스처(texture)란?

① 질감 ② 목재의 성질
③ 모델 ④ 균제

해설 사람들이 어떤 물체의 재질에 대하여 느끼는 감각을 질감(texture)이라고 하고, 촉각적 질감, 시각적(착시적) 질감, 구조적 질감 및 외적 질감으로 나눌 수 있으며 실내 디자인의 요소로서 질감(텍스처)은 일반적으로 촉각적인 질감을 의미한다.

정답 67.④ 68.④ 69.② 70.② 71.③ 72.①

73 | 질감(촉각적)의 용어
04

손으로 만져 보면 알 수 있는 질감을 무엇이라 하는가?
① 촉각적 질감　② 시각적 질감
③ 구조적 질감　④ 착시적 질감

해설 시각적(착시적)질감은 실제로는 매끄러운데 명암이나 무늬에 의한 효과로 거칠어 보이는 벽지 등이 가지는 질감을 말하고, 구조적 질감은 벽돌을 쌓아올려서 나타나는 질감처럼 제조 과정이나 조립 과정에서 생기게 되는 질감을 말한다.

74 | 질감의 용어
24, 23, 18, 12

촉각 또는 시각으로 지각할 수 있는 어떤 물체 표면상의 특징을 의미하는 것은?
① 명암　② 착시
③ 질감　④ 패턴

해설 명암은 화면에 표현되는 무수한 명도의 등급으로 광선이 바로 비치는 부분이 가장 밝고, 광선이 미치지 않는 부분이 가장 어두우며, 착시는 지각의 항상성과 반대되는 현상으로 원자극을 왜곡해서 지각하는 것이다. 패턴은 장식에 질서를 부여하는 배열로서 선, 형태, 공간, 조명, 색채의 사용으로 만들어진다.

75 | 질감 선택 시 고려할 사항
21, 13, 11

질감(texture)을 선택할 때 고려하여야 할 사항과 가장 거리가 먼 것은?
① 촉감　② 색조
③ 스케일　④ 빛의 반사와 흡수

해설 질감(만져보거나 눈으로만 보아도 알 수 있는 촉각적, 시각적으로 지각되는 재질감)을 선택할 때 고려하여야 할 사항에는 촉각, 스케일, 빛의 반사와 흡수 등이 있고, 색조는 무게감과 관계가 깊다.

76 | 질감(매끈함)의 용어
21, 12, 08, 06, 03, 01

좁은 공간을 시각적으로 넓어 보이게 하려면 어떤 질감(texture)의 내용을 선택하는 것이 좋은가?
① 털이 긴 카페트　② 굴곡이 많은 석재
③ 거친 표면의 목재　④ 매끈한 질감의 유리

해설 매끈한 질감의 유리는 좁은 공간을 시각적으로 넓어 보이게 하는 질감이다.

77 | 디자인의 원리(균형의 종류)
06

균형에는 좌우가 대칭인 (　)과 좌우가 비대칭인 동적 균형이 있다. 이지적이며, 소극적이고 형식적인 이 균형은 무엇인가?
① 정적 균형　② 비례 균형
③ 공간 균형　④ 색채 균형

해설 대칭적(정적) 균형은 하나 또는 하나 이상의 동일하거나 유사한 요소들이 한 축선을 중심으로 서로 반대쪽에 위치하여 평형을 이루는 것으로 통일감을 얻기 쉽고, 표현 효과가 단순하므로 딱딱한 형태감을 준다. 안정감, 엄숙함, 단순함, 종교적, 이지적, 소극(수동)적이다. 비대칭적(동적) 균형은 하나 또는 둘 이상이 서로 다르거나 대립되는 요소들이 축선을 중심으로 반대측에 놓여 있는 형태이다. 시각적인 힘의 결합에 의해 동적인 안정감과 풍부한 개성있는 형태를 주고, 감성적, 능동(적극)적, 비형식적인 느낌, 긴장감, 율동감 등의 생명감을 준다.

78 | 디자인의 원리(균형의 용어)
22, 18, 13

실내 공간에 침착함과 평형감을 주기 위해 일반적으로 사용되는 디자인 원리는?
① 균형　② 리듬
③ 점이　④ 변화

해설 리듬은 일반적으로 규칙적인 요소들의 반복으로 디자인에 시각적인 질서를 부여하는 통제된 운동 감각을 말하고, 농도, 명암 등이 규칙적으로 반복 배열되었을 때의 느낌이며, 음악적 감각이 조형화된 것으로서 청각의 원리가 시각적으로 표현된 것이라 할 수 있다. 또한, 음악적 감각이 조형화된 것으로서 청각의 원리가 시각적으로 표현된 것이고, 점이(계조)는 어떤 형태가 등차급수적으로 규칙적으로 변화하거나, 등비급수적으로 점진적인 변화를 하게 되는 경우로서 반복 구성보다 더 동적이고 유동성이 풍부하고, 변화는 우리에게 생명력을 주고 흥미를 유발시키는 효과가 있으나, 전체적인 계획을 고려하지 않은 채 변화를 강조하다 보면 오히려 어수선하고 부담스럽게 느껴진다.

79 | 디자인의 원리(균형의 용어)
22, 15, 13, 11②, 09, 07

다음의 디자인 원리 중 인간의 주의력에 의해 감지되는 시각적 무게의 평형 상태를 의미하는 디자인 원리는?
① 균형　② 비례
③ 대립　④ 대비

해설 비례는 공간을 구성하는 모든 단위의 크기를 정하고, 각 단위 사이의 상호 관계에 일정한 비율을 정하는 것으로 자연 형태나 인위적 형태 가운데서도 발견할 수 있으며, 르 코르뷔지에(Le Corbusier)가 제시한 모듈러와 가장 관계가 깊은 원리이고, 대비는 질적, 양적으로 전혀 다른 둘 이상의 요소가 동시적 혹은 계속적으로 배열될 때 상호의 특질이 한 층 강하게 느껴지는 현상 또는 모든 시각적 요소에 대하여 상반된 성격의 결합에서 이루어지므로 극적인 분위기를 연출하는데 효과적인 디자인 원리이다.

80 | 디자인의 원리(균형의 종류)
06

다음 중 건축의 조형에서 균형과 가장 거리가 먼 것은?
① 비례
② 주도와 종속
③ 리듬
④ 대칭

해설 디자인의 원리 중 균형(밸런스)은 인간의 주의력에 의해 감지되는 시각적 무게의 평형 상태를 의미하고, 실내 공간에 침착함과 평형감을 주기 위해 일반적으로 사용된다. 균형의 종류에는 대칭, 비대칭, 비례, 주도와 종속 등이 있고, 리듬은 일반적으로 규칙적인 요소들의 반복으로 디자인에 시각적인 질서를 부여하는 통제된 운동 감각을 말하고, 농도, 명암 등이 규칙적으로 반복 배열되었을 때의 느낌이며, 음악적 감각이 조형화된 것으로서 청각의 원리가 시각적으로 표현된 것이라 할 수 있다.

81 | 디자인의 원리(균형의 종류)
05

디자인 요소 중 균형에 속하지 않는 것은?
① 대칭
② 점층
③ 주도
④ 종속

해설 디자인의 원리 중 균형(밸런스)은 인간의 주의력에 의해 감지되는 시각적 무게의 평형 상태를 의미하고, 실내 공간에 침착함과 평형감을 주기 위해 일반적으로 사용된다. 균형의 종류에는 대칭, 비대칭, 비례, 주도와 종속 등이 있다. 점층(점이, 점층, 계조)은 리듬의 종류이다.

82 | 디자인의 원리 중 균형
23, 16, 13, 12, 11

균형의 원리에 관한 설명으로 옳지 않은 것은?
① 크기가 큰 것은 작은 것보다 시각적 중량감이 크다.
② 색의 중량감은 색의 속성 중 색상에 가장 영향을 받는다.
③ 불규칙적인 형태가 기하학적 형태보다 시각적 중량감이 크다.
④ 복잡하고 거친 질감이 단순하고 부드러운 것보다 시각적 중량감이 크다.

해설 균형의 원리에서 색의 중량감은 색의 속성 중 명도에 가장 영향을 받고, 기하학적인 형태가 불규칙적인 형태보다 시각적으로 중량감이 적으며, 수평선이 수직선보다 시각적 중량감이 크다.

83 | 디자인의 원리 중 실례
19, 16, 13

다음 중 균형의 종류와 그 실례의 연결이 옳지 않은 것은?
① 방사형 균형 – 판테온의 돔
② 대칭적 균형 – 타지마할 궁
③ 비대칭적 균형 – 눈의 결정체
④ 결정학적 균형 – 반복되는 패턴의 카펫

해설 눈의 결정체는 방사형 균형이고, 비대칭적 균형은 형태상으로는 불균형이지만, 시각상의 정돈에 의해 균형 잡힌 것, 즉 시소 놀이 등이 있다.

84 | 디자인의 원리 중 대칭성
05, 98

균형을 얻는 데 가장 확실한 방법으로 기념 건축물, 종교 건축물 등에 많이 이용된 건축물의 형태조화는?
① 균형성
② 반복성
③ 균일성
④ 대칭성

해설 대칭성에 대한 안정감은 균형을 얻는 데 가장 확실한 방법으로 원시, 고딕, 중세에 있어서는 중요시되어 정적인 안정감과 위엄성, 엄숙함, 완벽함 및 고요함이 있으며 웅대하여 기념건축, 종교건축에 많이 사용하였고, 균형잡힌 안정감이 있어 만물의 안정의 기초이며, 자연계의 것은 대부분이 이 형태를 취하고 있다.

85 | 디자인의 원리 중 대칭 균형
02

조용하게 엄숙하며 공직적인 분위기에 어울리는 디자인 요소는?
① 대칭 균형
② 방사 균형
③ 환형 균형
④ 비대칭 균형

해설 방사 균형은 개성 있게 보이며, 호기심을 유발시키고 신선한 느낌을 주고, 비대칭 균형은 좌우가 같은 형태를 이루지는 않으나, 시각적으로 균형 잡힌 듯이 느껴지는 상태로서 실내 분위기를 생동감 있고, 동적으로 만들어 주며, 호기심을 유발시키고, 자유롭고 융통성 있게 보인다.

정답 80.③ 81.② 82.② 83.③ 84.④ 85.①

86 | 디자인의 원리(균형 중 대칭)
07, 02, 01, 98

질서 잡기가 쉽고 통일감을 얻기 쉽지만, 때로는 표정이 단정하여 견고한 느낌을 주는 것은?

① 대칭 ② 리듬
③ 주도와 종속 ④ 점층

해설 리듬은 부분과 부분 사이에 시각적인 강약이 규칙적으로 연속될 때 나타나는 것으로서 이와 같은 동적인 질서는 활기찬 표정을 나타내고 보는 사람에게 쾌적한 느낌을 준다. 리듬에는 반복, 점층(계조), 억양 등이 있고, 주도와 종속은 주도는 공간의 모든 부분을 지배하는 시각적인 힘이며, 종속은 주도적인 부분을 내세우는 상관적인 힘이 되어 전체에 조화를 준다. 주종의 효과는 구체적으로 대비, 비대칭, 억양 등으로 나타나지만 그 표정은 매우 동적이고 개성적이며, 보는 사람에게 명쾌한 감정을 주며, 점층(점이, 점진, 계조)은 각 부분 사이에 점진적인 변화를 주면 반복의 경우보다 한층 동적인 효과를 얻을 수 있고, 강한 형태 감정을 줄 수 있다.

87 | 디자인의 원리(대칭의 느낌)
07

디자인 원리 중 대칭이 갖고 있는 성질이 아닌 것은?

① 완벽함 ② 엄숙함
③ 해방감 ④ 고요함

해설 대칭성에 대한 안정감은 균형을 얻는 데 가장 확실한 방법으로 원시, 고딕, 중세에 있어서는 중요시되어 정적인 안정감과 위엄성, 엄숙함, 완벽함 및 고요함이 있으며 웅대하여 기념건축, 종교건축에 많이 사용하였고, 균형잡힌 안정감이 있어 만물의 안정의 기초이며, 자연계의 것은 대부분이 이 형태를 취하고 있다.

88 | 디자인의 원리(대칭 균형)
09, 07, 03, 98

다음 그림 중 대칭균형인 것은?

① 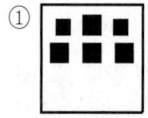 ②

③ 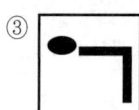 ④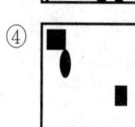

해설 대칭적 균형은 중심선 좌·우에 같은 크기와 형태를 이루고 있는 것으로 안정감이 있고, 편안하게 느껴지나, 단순하고 지루한 느낌이 있다. ①은 Y-Y축에 대하여 대칭이다.

89 | 디자인의 원리(대칭 균형)
04

다음 중 대칭균형의 예로 가장 적당한 것은?

① 원형 식탁 ② 스탠드 갓
③ 사람의 인체 ④ 나선형 계단

해설 대칭적 균형(중심선 좌·우에 같은 크기와 형태를 이루고 있는 것)에는 사람의 인체, 장이나 의자, 테이블 등이 있고, 방사형 대칭에는 스탠드의 갓, 원형 식탁, 나선형 계단 등이 있다.

90 | 디자인의 원리(대칭 균형)
09

대칭적 균형에 대한 설명 중 옳지 않은 것은?

① 가장 완전한 균형의 상태이다.
② 공간에 질서를 주기에 용이하다.
③ 좌우 대칭 및 방사 대칭이 대칭적 균형의 종류에 속한다.
④ 자연스러우며 풍부한 개성을 표현할 수 있어 능동의 균형이라고도 한다.

해설 대칭적 균형(중심선 좌·우에 같은 크기와 형태를 이루고 있는 것)은 가장 완전한 균형의 상태로서 안정감이 있고, 편안하게 느껴지나, 단순하고 지루한 느낌이 있다.

91 | 디자인의 원리(리듬)
24, 17, 12, 11, 10③, 08, 07, 06, 03, 99, 98

다음 설명에 알맞은 디자인의 구성 원리는?

> 일반적으로 규칙적인 요소들의 반복으로 디자인에 시각적인 질서를 부여하는 통제된 운동 감각을 말한다.

① 균형 ② 비례
③ 통일 ④ 리듬

해설 균형(밸런스)은 인간의 주의력에 의해 감지되는 시각적 무게의 평형 상태를 의미하고, 실내 공간에 침착함과 평형감을 주기 위해 일반적으로 사용된다. 비례는 공간을 구성하는 모든 단위의 크기를 정하고, 각 단위 사이의 상호 관계에 일정한 비율을 정하는 것으로 자연 형태나 인위적 형태 가운데서도 발견할 수 있으며, 르 코르뷔지에(Le Corbusier)가 제시한 모듈러와 가장 관계가 깊은 원리이며, 통일은 건축물에서 공통되는 요소에 의해 전체를 일관되게 보이게 하거나, 이질의 각 구성 요소들이 전체로서 동일한 이미지를 갖게 하는 것으로, 변화와 함께 모든 조형에 대한 미의 근원이 되고, 디자인 대상의 전체에 미적 질서를 주는 기본 원리로 모든 형식의 출발점이며, 디자인 요소의 반복이나 유사성, 동질성에서 얻어지는 효과로서 건축물에서 같은 크기의 창이 연속되는 것의 형태 구성이다.

92 | 디자인의 원리(방사성 균형) 03

디자인의 원리 중 디자인 요소가 모두 중심선으로부터 퍼져 나가는 형태의 균형(balance)은?

① 대칭형 균형 ② 비대칭적 균형
③ 방사성 균형 ④ 리듬적 균형

해설 대칭형 균형(중심선의 좌우에 같은 크기와 형태를 이루고 있는 것)으로 사람의 인체, 장이나 의자, 테이블 등이 있고, 비대칭형 균형은 좌우가 같은 형태를 유지하지는 않으나, 시각적으로 균형잡힌 듯이 느껴지는 상태로서 실내 분위기를 생동감있고, 동적으로 만들어 주며, 호기심을 유발시키고, 자유로우며, 융통성이 있으며, 방사형 균형(중앙을 중심으로 방사상으로 균형을 이루고 있는 상태)은 개성 있게 보이며, 호기심을 유발시키고, 신선한 느낌을 주고, 예로는 스탠드의 갓, 원형 식탁, 나선형 계단 등이 있다.

93 | 디자인의 원리(리듬의 용어) 03

농도, 명암 등이 규칙적으로 반복 배열되었을 때의 느낌은?

① 비례 ② 리듬
③ 균형 ④ 통일

해설 비례는 공간을 구성하는 모든 단위의 크기를 정하고, 각 단위 사이의 상호 관계에 일정한 비율을 정하는 것으로 자연 형태나 인위적 형태 가운데서도 발견할 수 있으며, 르 코르뷔지에(Le Corbusier)가 제시한 모듈러와 가장 관계가 깊은 원리이고, 균형(밸런스)은 인간의 주의력에 의해 감지되는 시각적 무게의 평형 상태를 의미하고, 실내 공간에 침착함과 평형감을 주기 위해 일반적으로 사용되며, 통일은 건축물에서 공통되는 요소에 의해 전체를 일관되게 보이게 하거나, 이질의 각 구성 요소들이 전체로서 동일한 이미지를 갖게 하는 것으로, 변화와 함께 모든 조형에 대한 미의 근원이 되고, 디자인 대상의 전체에 미적 질서를 주는 기본 원리로 모든 형식의 출발점이며, 디자인 요소의 반복이나 유사성, 동질성에서 얻어지는 효과로서 건축물에서 같은 크기의 창이 연속되는 것의 형태 구성이다.

94 | 디자인의 원리(리듬의 용어) 09

반복(Repetition), 점층(Gradation), 변이(Transition)와 가장 관계가 깊은 실내 디자인의 구성 원리는?

① 리듬 ② 균형
③ 강조 ④ 통일

해설 리듬의 종류에는 반복, 계조(점층, 점이, 점진), 억양, 변이, 방사 및 대비 등이 있고, 이 중에서 리듬감을 주는 가장 좋은 디자인은 반복(같은 형식의 구성이 반복될 때 리듬이 나타나고, 동일 단위의 반복은 통일된 질서와 아름다움 가운데 연속감이나 운동감을 표현하며, 반복이 많아지면 한층 균일적인 표현이 되어 질서있는 아름다움을 발휘한다.)이다.

95 | 디자인의 원리(리듬의 용어) 11

음악적 감각이 조형화된 것으로서 청각의 원리가 시각적으로 표현된 것이라 할 수 있는 디자인 원리는?

① 균형 ② 강조
③ 대비 ④ 리듬

해설 균형(밸런스)은 인간의 주의력에 의해 감지되는 시각적 무게의 평형 상태를 의미하고, 실내 공간에 침착함과 평형감을 주기 위해 일반적으로 사용되고, 강조는 시각적으로 초점이나 흥미의 중심이 되는 것을 의미하며, 실내 디자인에서 충분한 필요성과 한정된 목적을 가질 때에 적용하는 것 또는 실내 공간을 디자인 할 때 주제를 부여한다면 가장 바람직한 요소로서 평범하고 단순한 실내에 흥미를 부여하며, 대비는 질적, 양적으로 전혀 다른 둘 이상의 요소가 동시적 혹은 계속적으로 배열될 때 상호의 특질이 한 층 강하게 느껴지는 현상 또는 모든 시각적 요소에 대하여 상반된 성격의 결합에서 이루어지므로 극적인 분위기를 연출하는데 효과적인 디자인 원리이다.

96 | 디자인의 원리(리듬의 종류) 24, 15, 14, 12, 09

다음 중 리듬의 원리에 해당하지 않는 것은?

① 반복 ② 점층
③ 변이 ④ 조화

해설 리듬의 종류에는 반복(실내 디자인을 할 때 리듬감을 주는 방법으로 가장 좋은 디자인 구성 원리), 계조(점층, 점이, 점진), 억양, 변이, 방사 및 대비 등이 있다.

97 | 디자인의 원리(리듬의 종류) 23, 20, 15, 14, 13, 10

리듬의 요소에 해당하지 않는 것은?

① 반복 ② 점이
③ 균형 ④ 방사

해설 리듬의 종류에는 반복(실내 디자인을 할 때 리듬감을 주는 방법으로 가장 좋은 디자인 구성 원리), 계조(점층, 점이, 점진), 억양, 변이, 방사 및 대비 등이 있다.

정답 92.③ 93.② 94.① 95.④ 96.④ 97.③

98 | 디자인의 원리(반복의 용어)
08, 02, 01

실내 디자인을 할 때 리듬감을 주는 방법으로 가장 좋은 디자인 구성 원리는?

① 대칭　　　　　　② 반복
③ 유사 조화　　　　④ 악센트(accent)

해설 리듬의 종류에는 반복(실내 디자인을 할 때 리듬감을 주는 방법으로 가장 좋은 디자인 구성 원리), 계조(점층, 점이, 점진), 억양, 변이, 방사 및 대비 등이 있다.

99 | 디자인의 원리(반복의 용어)
24, 08

색채, 질감, 형태 등이 어떤 체계를 가지고 점점 커지거나 강해지도록 해서 동적인 리듬감을 만드는 디자인의 구성 원리는?

① 강조　　　　　　② 균형
③ 대비　　　　　　④ 점이

해설 강조는 시각적으로 초점이나 흥미의 중심이 되는 것을 의미하며, 실내 디자인에서 충분한 필요성과 한정된 목적을 가질 때에 적용하는 것 또는 실내 공간을 디자인 할 때 주제를 부여한다면 가장 바람직한 요소로서 평범하고 단순한 실내에 흥미를 부여하며, 균형(밸런스)은 인간의 주의력에 의해 감지되는 시각적 무게의 평형 상태를 의미하고, 실내 공간에 침착함과 평형감을 주기 위해 일반적으로 사용되며, 대비는 질적, 양적으로 전혀 다른 둘 이상의 요소가 동시적 혹은 계속적으로 배열될 때 상호의 특질이 한 층 강하게 느껴지는 현상 또는 모든 시각적 요소에 대하여 상반된 성격의 결합에서 이루어지므로 극적인 분위기를 연출하는데 효과적인 디자인 원리이다.

100 | 디자인의 원리(대비의 용어)
13

다음 설명에 가장 알맞은 디자인 원리는?

질적, 양적으로 전혀 다른 둘 이상의 요소가 동시적 혹은 계속적으로 배열될 때 상호의 특질이 한 층 강하게 느껴지는 현상을 말한다.

① 리듬　　　　　　② 대비
③ 대칭　　　　　　④ 균형

해설 리듬은 일반적으로 규칙적인 요소들의 반복으로 디자인에 시각적 질서를 부여하는 통제된 운동 감각을 말하고, 농도, 명암 등이 규칙적으로 반복 배열되었을 때의 느낌이며, 음악적 감각이 조형화된 것으로서 청각의 원리가 시각적으로 표현된 것이라 할 수 있다. 또한, 음악적 감각이 조형화된 것으로서 청각의 원리가 시각적으로 표현된 것이고, 대칭은 균형을 얻는 데 가장 확실한 방법으로 원시, 고딕, 중세에 있어서는 중요시되어 정적인 안정감과 위엄성, 엄숙함, 완벽함 및 고요함이 있으며 웅대하여 기념건축, 종교건축에 많이 사용하였고, 균형잡힌 안정감이 있어 만물의 안정의 기초이며, 자연계의 것은 대부분이 이 형태를 취하고 있다. 균형(밸런스)은 인간의 주의력에 의해 감지되는 시각적 무게의 평형 상태를 의미하고, 실내 공간에 침착함과 평형감을 주기 위해 일반적으로 사용된다.

101 | 디자인의 원리(방사의 용어)
13

리듬의 원리 중 잔잔한 물에 돌을 던지면 생기는 물결 현상과 가장 관련이 깊은 것은?

① 방사　　　　　　② 대립
③ 균형　　　　　　④ 강조

해설 대립은 서로 다른 부분의 조합에 의해서 이루어지고, 시각상으로는 힘의 강약에 의한 감정 효과이며, 균형(밸런스)은 인간의 주의력에 의해 감지되는 시각적 무게의 평형 상태를 의미하고, 실내 공간에 침착함과 평형감을 주기 위해 일반적으로 사용된다. 강조는 시각적으로 중요한 것과 그렇지 않은 것을 구별하는 것이다.

102 | 디자인의 원리(방사의 용어)
09, 06

다음이 설명하고 있는 것은?

디자인의 모든 요소가 중심점으로부터 중심 주변으로 퍼져 나가는 리듬의 일종이다.

① 강조　　　　　　② 조화
③ 방사　　　　　　④ 통일

해설 강조는 시각적으로 초점이나 흥미의 중심이 되는 것을 의미하며, 실내 디자인에서 충분한 필요성과 한정된 목적을 가질 때에 적용하는 것 또는 실내 공간을 디자인 할 때 주제를 부여한다면 가장 바람직한 요소로서 평범하고 단순한 실내에 흥미를 부여하고, 조화는 전체적인 조립 방법이 모순 없이 질서를 잡는 것을 의미하는 실내 디자인의 구성 원리이고, 둘 이상의 요소, 선, 면, 형태, 공간 등의 서로 다른 성질의 한 공간 내에서 결합될 때 미적 현상을 발생시키는 원리이며, 통일은 건축물에서 공통되는 요소에 의해 전체를 일관되게 보이게 하거나, 이질의 각 구성 요소들이 전체로서 동일한 이미지를 갖게 하는 것으로, 변화와 함께 모든 조형에 대한 미의 근원이 되고, 디자인 대상의 전체에 미적 질서를 주는 기본 원리로 모든 형식의 출발점이며, 디자인 요소의 반복이나 유사성, 동질성에서 얻어지는 효과로서 건축물에서 같은 크기의 창이 연속되는 것의 형태 구성이다.

정답 98.② 99.④ 100.② 101.① 102.③

103 | 디자인의 원리(대비의 용어) | 09

모든 시각적 요소에 대하여 상반된 성격의 결합에서 이루어지므로 극적인 분위기를 연출하는데 효과적인 디자인 원리는?

① 비례
② 대비
③ 통일
④ 연속

해설 비례는 공간을 구성하는 모든 단위의 크기를 정하고, 각 단위 사이의 상호 관계에 일정한 비율을 정하는 것으로 자연 형태나 인위적 형태 가운데서도 발견할 수 있으며, 르 코르뷔지에(Le Corbusier)가 제시한 모듈러와 가장 관계가 깊은 원리이고, 통일은 건축물에서 공통되는 요소에 의해 전체를 일관되게 보이게 하거나, 이질의 각 구성 요소들이 전체로서 동일한 이미지를 갖게 하는 것으로, 변화와 함께 모든 조형에 대한 미의 근원이 되고, 디자인 대상의 전체에 미적 질서를 주는 기본 원리로 모든 형식의 출발점이며, 디자인 요소의 반복이나 유사성, 동질성에서 얻어지는 효과로서 건축물에서 같은 크기의 창이 연속되는 것의 형태 구성이다.

104 | 디자인의 원리(리듬) | 03

디자인 요소에서 리듬(Rhythm)의 설명 중 틀린 것은?

① 리듬은 일반적으로 규칙적인 요소들의 반복으로 나타나는 통제된 운동감이다.
② 리듬은 실내에 공간이나 형태의 구성을 조직하고 반영하여 시각적으로 디자인에 질서를 부여한다.
③ 리듬은 반복, 교체를 통하여 얻을 수 있다.
④ 리듬은 점진, 대조를 통해서는 얻을 수 없다.

해설 리듬은 일반적으로 규칙적인 요소들의 반복으로 디자인에 시각적인 질서를 부여하는 통제된 운동 감각을 말하고, 농도, 명암 등이 규칙적으로 반복 배열되었을 때의 느낌이며, 음악적 감각이 조형화된 것으로서 청각의 원리가 시각적으로 표현된 것이라 할 수 있다. 또한, 음악적 감각이 조형화된 것으로서 청각의 원리가 시각적으로 표현된 것으로 리듬의 종류에는 반복(실내 디자인을 할 때 리듬감을 주는 방법으로 가장 좋은 디자인 구성 원리), 계조(점층, 점이, 점진), 억양, 변이, 반사 및 대비 등이 있다.

105 | 디자인의 원리(강조의 용어) | 20, 13

디자인의 원리 중 시각적으로 초점이나 흥미의 중심이 되는 것을 의미하며, 실내 디자인에서 충분한 필요성과 한정된 목적을 가질 때에 적용하는 것은?

① 리듬
② 조화
③ 강조
④ 통일

해설 리듬은 일반적으로 규칙적인 요소들의 반복으로 디자인에 시각적인 질서를 부여하는 통제된 운동 감각을 말하고, 농도, 명암 등이 규칙적으로 반복 배열되었을 때의 느낌이며, 음악적 감각이 조형화된 것으로서 청각의 원리가 시각적으로 표현된 것이라 할 수 있다. 또한, 음악적 감각이 조형화된 것으로서 청각의 원리가 시각적으로 표현된 것이고, 조화는 전체적인 조립 방법이 모순 없이 질서를 잡는 것을 의미하는 실내 디자인의 구성 원리이고, 둘 이상의 요소, 선, 면, 형태, 공간 등의 서로 다른 성질의 한 공간 내에서 결합될 때 미적 현상을 발생시키는 원리이며, 통일은 건축물에서 공통되는 요소에 의해 전체를 일관되게 보이게 하거나, 이질의 각 구성 요소들이 전체로서 동일한 이미지를 갖게 하는 것으로, 변화와 함께 모든 조형에 대한 미의 근원이 되고, 디자인 대상의 전체에 미적 질서를 주는 기본 원리로 모든 형식의 출발점이며, 디자인 요소의 반복이나 유사성, 동질성에서 얻어지는 효과로서 건축물에서 같은 크기의 창이 연속되는 것의 형태 구성이다.

106 | 디자인의 원리(강조의 용어) | 02, 99

실내 공간을 디자인 할 때 주제를 부여한다면 어떤 디자인 원리를 이용하는 것이 가장 바람직한가?

① 비례
② 균형
③ 강조
④ 대비

해설 비례는 공간을 구성하는 모든 단위의 크기를 정하고, 각 단위 사이의 상호 관계에 일정한 비율을 정하는 것으로 자연 형태나 인위적 형태 가운데서도 발견할 수 있으며, 르 코르뷔지에(Le Corbusier)가 제시한 모듈러와 가장 관계가 깊은 원리이고, 균형(밸런스)은 인간의 주의력에 의해 감지되는 시각적 무게의 평형 상태를 의미하고, 실내 공간에 침착함과 평형감을 주기 위해 일반적으로 사용되며, 대비는 질적, 양적으로 전혀 다른 둘 이상의 요소가 동시적 혹은 계속적으로 배열될 때 상호의 특질이 한 층 강하게 느껴지는 현상 또는 모든 시각적 요소에 대하여 상반된 성격의 결합에서 이루어지므로 극적인 분위기를 연출하는데 효과적인 디자인 원리이다.

107 | 디자인의 원리(강조) | 03

디자인 구성 원리 중 강조에 관한 설명으로 옳은 것은?

① 시각적으로 힘의 균형을 이루는 상태
② 형태의 크기, 방향, 색상 등의 점차적인 변화
③ 시각적으로 초점이나 흥미의 중심이 되는 상태
④ 디자인 요소를 조립할 때 모순 없이 질서가 잡히는 상태

해설 ①은 균형, ②는 점층(점이, 계조, 점진), ④는 조화에 대한 설명이다.

108 | 디자인의 원리(강조)
11, 08

디자인 구성 원리 중 강조에 관한 설명으로 가장 알맞은 것은?
① 전체적인 조립방법이 모순 없이 질서를 잡는 것
② 서로 다른 요소들 사이에서 평형을 이루는 상태
③ 시각적으로 관심의 초점이자 흥미의 중심이 되는 것
④ 규칙적인 요소들의 반복으로 디자인에 시각적인 질서를 부여하는 통제된 운동감각

해설 강조는 시각적으로 초점이나 흥미의 중심이 되는 것을 의미하며, 실내 디자인에서 충분한 필요성과 한정된 목적을 가질 때에 적용하는 것 또는 실내 공간을 디자인 할 때 주제를 부여한다면 가장 바람직한 요소로서 평범하고 단순한 실내에 흥미를 부여하는 것으로 ①은 조화, ②는 대칭 균형, ④는 리듬 중 반복을 의미한다.

109 | 디자인의 원리(강조의 용어)
14, 12

평범하고 단순한 실내에 흥미를 부여하려고 하는 경우 가장 적합한 디자인 원리는?
① 조화
② 통일
③ 강조
④ 균형

해설 조화는 전체적인 조립 방법이 모순 없이 질서를 잡는 것을 의미하는 실내 디자인의 구성 원리이고, 둘 이상의 요소, 선, 면, 형태, 공간 등의 서로 다른 성질의 한 공간 내에서 결합될 때 미적 현상을 발생시키는 원리이고, 통일은 건축물에서 공통되는 요소에 의해 전체를 일관되게 보이게 하거나, 이질의 각 구성 요소들이 전체로서 동일한 이미지를 갖게 하는 것으로, 변화와 함께 모든 조형에 대한 미의 근원이 되고, 디자인 대상의 전체에 미적 질서를 주는 기본 원리로 모든 형식의 출발점이며, 디자인 요소의 반복이나 유사성, 동질성에서 얻어지는 효과로서 건축물에서 같은 크기의 창이 연속되는 것의 형태 구성이며, 균형(밸런스)은 인간의 주의력에 의해 감지되는 시각적 무게의 평형 상태를 의미하며, 실내 공간에 침착함과 평형감을 주기 위해 일반적으로 사용된다.

110 | 디자인의 원리(강조)
23, 15

디자인 원리 중 강조에 관한 설명으로 옳지 않은 것은?
① 균형과 리듬의 기초가 된다.
② 힘의 조절로서 전체 조화를 파괴하는 역할을 한다.
③ 구성의 구조 안에서 각 요소들의 시각적 계층 관계를 기본으로 한다.
④ 강조의 원리가 적용되는 시각적 초점은 주위가 대칭적 균형일 때 더욱 효과적이다.

해설 강조는 시각적으로 초점이나 흥미의 중심이 되는 것을 의미하며, 실내 디자인에서 충분한 필요성과 한정된 목적을 가질 때에 적용하는 것 또는 실내 공간을 디자인 할 때 주제를 부여한다면 가장 바람직한 요소로서 평범하고 단순한 실내에 흥미를 부여한다.

111 | 디자인의 원리(강조)
04, 01, 99

디자인 요소에서 강조(emphasis)의 설명으로 틀린 것은?
① 강조란 시각적으로 중요한 것과 그렇지 않은 것을 구별하는 것을 말한다.
② 실내에서의 강조란 흥미나 관심의 초점이다.
③ 강조란 한 방에서의 통일과 질서감을 부여하지는 못한다.
④ 주택의 거실에서 초점의 대상이 되는 것은 벽난로나 응접 세트가 될 수가 있다.

해설 구성원리 중 ① 대칭, ② 리듬의 점이, ④ 조화에 해당된다.

112 | 디자인의 원리(비례의 용어)
12

다음 중 르 코르뷔지에(Le Corbusier)가 제시한 모듈러와 가장 관계가 깊은 디자인 원리는?
① 리듬
② 대칭
③ 통일
④ 비례

해설 모듈이란 건축 재료 등의 공업 제품을 경제적으로 양산하기 위하여 건축물의 설계나 조립 시에 적용하는 기준이 되는 치수와 단위를 말하며, 르 코르뷔지에가 인체 척도를 근거로 비례를 주장하였다.

113 | 디자인의 원리(황금비례)
20, 12

한 선분을 길이가 다른 두 선분으로 분할하였을 때, 긴 선분에 대한 짧은 선분의 길이의 비가 전체 선분에 대한 긴 선분의 길이의 비와 같을 때 이루어지는 비례는?
① 정수비례
② 황금비례
③ 수열에 의한 비례
④ 루트직사각형 비례

해설 정수비례는 어떤 양과 다른 양 사이에서 간단한 정수비(1:1, 1:2:3)이고, 수열에 의한 비례는 상가수열, 등차수열 및 등비수열에 의한 비이며, 루트직사각형 비례는 변의 길이의 비가 $1:\sqrt{2}:\sqrt{3}$과 같이 두 제곱하여 정수비가 되는 비례이다.

114 | 디자인의 원리(황금분할)
25, 21, 07

실내 디자인의 원리 중 황금분할과 관계되는 것은?

① 통일성 ② 강조
③ 비례 ④ 리듬

해설 통일은 건축물에서 공통되는 요소에 의해 전체를 일관되게 보이게 하거나, 이질의 각 구성 요소들이 전체로서 동일한 이미지를 갖게 하는 것으로, 변화와 함께 모든 조형에 대한 미의 근원이 되고, 디자인 대상의 전체에 미적 질서를 주는 기본 원리로 모든 형식의 출발점이며, 디자인 요소의 반복이나 유사성, 동질성에서 얻어지는 효과로서 건축물에서 같은 크기의 창이 연속되는 것의 형태 구성이고, 강조는 시각적으로 초점이나 흥미의 중심이 되는 것을 의미하며, 실내 디자인에서 충분한 필요성과 한정된 목적을 가질 때에 적용하는 것 또는 실내 공간을 디자인 할 때 주제를 부여한다면 가장 바람직한 요소로서 평범하고 단순한 실내에 흥미를 부여하며, 리듬은 일반적으로 규칙적인 요소들의 반복으로 디자인에 시각적인 질서를 부여하는 통제된 운동 감각을 말하고, 농도, 명암 등이 규칙적으로 반복 배열되었을 때의 느낌이며, 음악적 감각이 조형화된 것으로서 청각의 원리가 시각적으로 표현된 것이라 할 수 있다. 또한, 음악적 감각이 조형화된 것으로서 청각의 원리가 시각적으로 표현된 것이다.

115 | 디자인의 원리(황금비례)
25, 24, 14③, 12, 11, 10, 08②, 07②, 06, 04, 01, 98

황금비례의 비율로 올바른 것은?

① 1 : 1.414 ② 1 : 1.532
③ 1 : 1.618 ④ 1 : 1.632

해설 황금비는 어떤 길이를 둘로 나누어 작은 부분 : 큰 부분 = 큰 부분 : 전체의 비 = 1 : 1.618의 비를 갖도록 한 비례를 말하며, 고대 그리스에서 널리 보급되어 사용되었고, 균제가 가장 잘 이루어진 비례이다. 황금비는 파르테논 신전과 밀로의 비너스 등에 사용되었다.

116 | 디자인의 원리(황금비례)
09, 06

황금비와 황금비 직사각형이 사용된 대표적인 건축물은?

① 법주사 팔상전 ② 불국사
③ 파르테논 신전 ④ 피사의 탑

해설 황금비는 어떤 길이를 둘로 나누어 작은 부분 : 큰 부분 = 큰 부분 : 전체의 비 = 1 : 1.618의 비를 갖도록 한 비례를 말하며, 고대 그리스에서 널리 보급되어 사용되었고, 균제가 가장 잘 이루어진 비례이다. 황금비는 파르테논 신전과 밀로의 비너스 등에 사용되었다.

117 | 디자인의 원리(피보나치)
19, 16, 15, 12

다음은 피보나치의 수열을 나타낸 것이다. "21" 다음에 나오는 숫자는?

1, 1, 2, 3, 5, 8, 13, 21, ⋯

① 24 ② 29
③ 34 ④ 38

해설 피보나치 수열(급수)는 0과 1로 시작하고, 다음 항의 피보나치 수는 앞의 두 항의 합이 된다. 그러므로 21 다음의 항은 앞의 두 항(13과 21의 합)의 합이 되므로 13+21=34이다.

118 | 디자인의 원리(비례)
06

디자인 요소에서 비례에 관한 설명으로 옳지 않은 것은?

① 조형을 구성하는 모든 단위의 크기를 결정한다.
② 단순하면서 복잡하여 보는 사람에게 강한 인상을 준다.
③ 객관적 질서와 과학적 근거를 명확하게 드러내는 형식이다.
④ 보는 사람의 감정을 직접적으로 호소하는 힘을 가지고 있다.

해설 비례는 공간을 구성하는 모든 단위의 크기를 정하고, 각 단위 사이의 상호 관계에 일정한 비율을 정하는 것으로 자연 형태나 인위적 형태 가운데서도 발견할 수 있으며, 르 코르뷔지에(Le Corbusier)가 제시한 모듈러와 가장 관계 깊은 원리로서 ①, ③ 및 ④ 외에 균형이 잡혀 보는 사람에게 즐거움을 주고, 조형을 구성하는 모든 단위의 크기를 결정하며, 각 단위의 상호 관계도 비례에 의해 결정된다. 예로서는 밀로의 비너스, 파르테논 신전 등이 있다.

119 | 디자인의 원리(조화)
10

다음 중 실내 디자인에 있어서 조화(harmony)의 설명으로 가장 알맞은 것은 어느 것인가?

① 전체적인 조립 방법이 모순없이 질서를 잡는 것이다.
② 규칙적인 요소들의 반복으로 디자인에 시각적인 질서를 부여하는 통제된 운동 감각을 말한다.
③ 이질의 각 구성 요소들이 전체로서 하나의 이미지만 갖게 하는 것이다.
④ 실내에서 시각적으로 관심의 초점이자 흥미의 중심이 되는 것을 의미한다.

해설 조화는 전체적인 조립 방법이 모순 없이 질서를 잡는 것을 의미하는 실내 디자인의 구성 원리이고, 둘 이상의 요소, 선, 면, 형태, 공간 등의 서로 다른 성질의 한 공간 내에서 결합될 때 미적 현상을 발생시키는 원리이다.
② 통일, ③ 리듬, ④ 강조에 해당한다.

120 | 디자인의 원리(조화의 용어) 08

전체적인 조립 방법이 모순 없이 질서를 잡는 것을 의미하는 실내 디자인의 구성 원리는?

① 점층   ② 균형
③ 조화   ④ 리듬

해설 조화는 전체적인 조립 방법이 모순 없이 질서를 잡는 것을 의미하는 실내 디자인의 구성 원리이고, 둘 이상의 요소, 선, 면, 형태, 공간 등의 서로 다른 성질의 한 공간 내에서 결합될 때 미적 현상을 발생시키는 원리이다.

121 | 디자인의 원리(조화) 04, 99

실내 디자인에 있어서 조화(harmony)의 설명으로 가장 옳게 설명된 것은?

① 조화란 둘 이상의 요소, 선, 면, 형태, 공간 등의 서로 다른 성질의 한 공간 내에서 결합될 때 미적 현상을 발생시킨다.
② 조화란 동일 요소의 결합으로 생동감이 있다.
③ 전혀 다른 성질의 요소들을 동시 공간에 배열하는 것이다.
④ 물체와 인간과의 상호 관계를 의미한다.

해설 조화는 전체적인 조립 방법이 모순 없이 질서를 잡는 것을 의미하는 실내 디자인의 구성 원리이고, 둘 이상의 요소, 선, 면, 형태, 공간 등의 서로 다른 성질의 한 공간 내에서 결합될 때 미적 현상을 발생시키는 원리이다.

122 | 디자인의 원리(조화) 07

하모니(Harmony)의 설명으로 거리가 먼 것은?

① 그리스어의 "harmonia"에서 유래한 "적합하다"라는 뜻이다.
② 음악에서는 화음을 지칭한다.
③ 조형에서는 형태와 색채의 조화됨을 말한다.
④ 골든 섹션(Golden Section)이라고도 한다.

해설 황금분할(Golden Section)은 예술적 조화를 얻기 위한 일정한 선의 기하학적인 분할법으로, 어떤 양을 두 부분으로 나누어 그 두 부분 사이의 비를 그 큰 부분과 전체의 양과의 비가 같도록 한 분할법으로 비례에 해당된다.

123 | 디자인의 원리(유사 조화) 12

디자인 원리 중 유사 조화에 관한 설명으로 옳은 것은?

① 통일보다 대비의 효과가 더 크게 나타난다.
② 질적, 양적으로 전혀 상반된 두 개의 요소의 조합으로 성립된다.
③ 개개의 요소 중에서 공통성이 존재하므로 뚜렷하고 선명한 이미지를 준다.
④ 각각의 요소가 하나의 객체로 존재하며 다양한 주제와 이미지들이 요구될 때 주로 사용한다.

해설 유사 조화는 형식적, 외형적으로 시각적인 동일한 요소의 조합에 의해 성립되는 것으로 개개의 요소 중에는 공통성이 존재하고, 온화하고 부드러우며, 여성적인 안정감이 있으나, 지나치면 단조롭게 되어 신선함을 상실할 우려가 있다.
①, ② 및 ④ 대비조화에 대한 설명이다.

124 | 디자인의 원리(유사 조화) 23, 22, 19, 18, 14

유사 조화에 관한 설명으로 옳은 것은?

① 강력, 화려, 남성적인 이미지를 준다.
② 다양한 주제와 이미지들이 요구될 때 주로 사용된다.
③ 대비보다 통일에 조금 더 치우쳐 있다고 볼 수 있다.
④ 질적, 양적으로 전혀 상반된 두 개의 요소가 조화를 이루는 경우에 주로 나타난다.

해설 유사 조화는 선, 형태, 소재, 색채 등이 서로 같거나, 비슷한 것끼리 잘 어울리는 현상으로 서로가 가진 공통의 특성에 의해 자연스럽게 조화되는 것으로 대비보다 통일에 조금 더 치우쳐 있다고 할 수 있다.

125 | 디자인의 원리(통일의 용어) 25, 23, 22, 14

다음 설명에 알맞은 디자인 원리는?

• 변화와 함께 모든 조형에 대한 미의 근원이 된다.
• 디자인 대상의 전체에 미적 질서를 주는 기본 원리로 모든 형식의 출발점이다.

① 반복   ② 통일
③ 강조   ④ 대비

해설 디자인의 원리 중 통일은 변화와 함께 조형에 대한 미의 근원이 되고, 디자인 대상의 전체에 미적 질서를 주는 기본 원리로서 모든 형식의 출발점이다.

정답 120. ③ 121. ① 122. ④ 123. ③ 124. ③ 125. ②

126 | 디자인의 원리(통일의 용어)
23, 22, 10, 09, 08

다음 설명이 의미하는 실내 디자인의 구성 원리는?

> 이질의 각 구성 요소들이 전체로서 동일한 이미지를 갖게 하는 것으로, 변화와 함께 모든 조형에 대한 미의 근원이 되는 원리이다.

① 통일 ② 리듬
③ 균형 ④ 조화

해설 리듬은 일반적으로 규칙적인 요소들의 반복으로 디자인에 시각적인 질서를 부여하는 통제된 운동 감각을 말하고, 농도, 명암 등이 규칙적으로 반복 배열되었을 때의 느낌이며, 음악적 감각이 조형화된 것으로서 청각의 원리가 시각적으로 표현된 것이라 할 수 있다. 또한, 음악적 감각이 조형화된 것으로서 청각의 원리가 시각적으로 표현된 것으로 리듬의 종류에는 반복(실내 디자인을 할 때 리듬감을 주는 방법으로 가장 좋은 디자인 구성 원리), 계조(점층, 점이, 점진), 억양, 변이, 반사 및 대비 등이 있다. 균형(밸런스)은 인간의 주의력에 의해 감지되는 시각적 무게의 평형 상태를 의미하고, 실내 공간에 침착감과 평형감을 주기 위해 일반적으로 사용된다. 균형의 종류에는 대칭, 비대칭, 비례, 주도와 종속 등이 있다. 조화는 전체적인 조립 방법이 모순 없이 질서를 잡는 것을 의미하는 실내 디자인의 구성 원리이고, 둘 이상의 요소, 선, 면, 형태, 공간 등의 서로 다른 성질의 한 공간 내에서 결합될 때 미적 현상을 발생시키는 원리이다.

127 | 디자인의 원리(통일의 용어)
02

건축물에서 같은 크기의 창이 연속되는 것은 형태 구성 중 무엇에 속하는가?

① 조화 ② 균형
③ 리듬 ④ 통일

해설 통일은 건축물에서 공통되는 요소에 의해 전체를 일관되게 보이게 하거나, 이질의 각 구성 요소들이 전체로서 동일한 이미지를 갖게 하는 것으로, 변화와 함께 모든 조형에 대한 미의 근원이 되고, 디자인 대상의 전체에 미적 질서를 주는 기본 원리로 모든 형식의 출발점이며, 디자인 요소의 반복이나 유사성, 동질성에서 얻어지는 효과로서 건축물에서 같은 크기의 창이 연속되는 것의 형태 구성이다.

128 | 디자인의 원리(통일의 용어)
02

디자인 요소의 반복이나 유사성, 동질성에서 얻어지는 효과는?

① 통일성 ② 변화
③ 대비 ④ 균형

해설 통일은 건축물에서 공통되는 요소에 의해 전체를 일관되게 보이게 하거나, 이질의 각 구성 요소들이 전체로서 동일한 이미지를 갖게 하는 것으로, 변화와 함께 모든 조형에 대한 미의 근원이 되고, 디자인 대상의 전체에 미적 질서를 주는 기본 원리로 모든 형식의 출발점이며, 디자인 요소의 반복이나 유사성, 동질성에서 얻어지는 효과로서 건축물에서 같은 크기의 창이 연속되는 것의 형태 구성이다.

129 | 디자인의 원리(통일의 용어)
06, 01

건축물에서 공통되는 요소에 의해 전체를 일관되게 보이는 디자인 요소는?

① 통일 ② 변화
③ 율동 ④ 균제

해설 통일은 건축물에서 공통되는 요소에 의해 전체를 일관되게 보이게 하거나, 이질의 각 구성 요소들이 전체로서 동일한 이미지를 갖게 하는 것으로, 변화와 함께 모든 조형에 대한 미의 근원이 되고, 디자인 대상의 전체에 미적 질서를 주는 기본 원리로 모든 형식의 출발점이며, 디자인 요소의 반복이나 유사성, 동질성에서 얻어지는 효과로서 건축물에서 같은 크기의 창이 연속되는 것의 형태 구성이다.

130 | 디자인의 원리(통일의 강조)
06

통일이 지나치게 강조된 결과는?

① 권태감 ② 완고함
③ 유쾌함 ④ 개방감

해설 통일은 건축물에서 공통되는 요소에 의해 전체를 일관되게 보이게 하거나, 이질의 각 구성 요소들이 전체로서 동일한 이미지를 갖게 하는 것으로, 변화와 함께 모든 조형에 대한 미의 근원이 되고, 디자인 대상의 전체에 미적 질서를 주는 기본 원리로 모든 형식의 출발점이며, 디자인 요소의 반복이나 유사성, 동질성에서 얻어지는 효과로서 건축물에서 같은 크기의 창이 연속되는 것의 형태 구성 원리로 통일이 지나치게 강조되면 지루함, 권태감을 느끼게 된다.

131 | 디자인의 원리(휴양목적)
06

디자인의 원리 중 휴양목적 공간에 주로 이용되는 것은?

① 양식 통일 ② 정적 통일
③ 동적 통일 ④ 한식 통일

정답 126. ① 127. ④ 128. ① 129. ① 130. ① 131. ①

해설 양식 통일은 디자인의 원리에 있어서 휴양목적 공간에 주로 이용되는 통일 형식이고, 정적 통일은 식물과 동물로 나타나고, 능동적이며 살아 있고, 성장하는 형식으로, 유동적이고 서로 상응되며 점점 강해져서 클라이막스를 이룬다. 대수적 나선형 및 차차 강하게 또는 약하게 강조하는 것 등이며, 동적 통일은 규칙적이고 기하학적인 모양과 정삼각형, 원 또는 이러한 형태에서 유도된 구조물들로 나타나고, 눈의 결정, 수정과 같은 자연의 무기적 형태 등이다.

132 디자인의 원리(통일과 변화) 04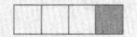

오른쪽 그림에서 나타나는 형태 요소는?

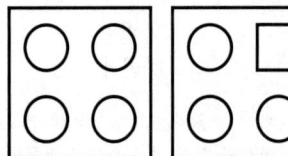

① 비례와 대칭
② 조화와 대조
③ 통일과 변화
④ 점증과 율동

해설 통일성은 디자인 요소의 반복이나 유사성, 동질성에 의해 얻어지는 효과로서, 건물의 외관 구조와 실내 분위기에 통일성을 주기 위해서는 색채나 재질 또는 선이나 형태를 비슷하게 계획하거나 같게 하는 방법이고, 변화는 실내 디자인에 있어서 변화는 대단히 중요하며, 우리에게 생명력을 주고 흥미를 유발시키는 효과는 있으나 전체적인 계획을 고려하지 않은 채 변화를 강조하다 보면 오히려 어수선하고 부담스럽게 느껴진다.

133 디자인의 원리(스케일) 06

다음 디자인 원리 중 "디자인이 적용되는 공간에서 인간 및 공간 내에 사물과의 종합적인 연관을 고려하는 공간관계 형성의 특정 기준"을 말하는 것으로 적당한 것은?

① 대비
② 통일
③ 균형
④ 스케일

해설 대비는 질적, 양적으로 전혀 다른 둘 이상의 요소가 동시적 혹은 계속적으로 배열될 때 상호의 특질이 한 층 강하게 느껴지는 현상 또는 모든 시각적 요소에 대하여 상반된 성격의 결합에서 이루어지므로 극적인 분위기를 연출하는데 효과적인 디자인 원리이고, 통일은 건축물에서 공통되는 요소에 의해 전체를 일관되게 보이게 하거나, 이질의 각 구성 요소들이 전체로서 동일한 이미지를 갖게 하는 것으로, 변화와 함께 모든 조형에 대한 미의 근원이 되고, 디자인 대상의 전체에 미적 질서를 주는 기본 원리로 모든 형식의 출발점이며, 디자인 요소의 반복이나 유사성, 동질성에서 얻어지는 효과로서 건축물에서 같은 크기의 창이 연속되는 것의 형태 구성이며, 균형은 인간의 주의력에 의해 감지되는 시각적 무게의 평형 상태를 의미

하고, 실내 공간에 침착함과 평형감을 주기 위해 일반적으로 사용된다.

134 모티브의 종류(패턴을 선정) 03

다음 중 패턴을 선정하는 모티브(motive)의 종류로 거리가 먼 것은?

① 양식화한 것
② 현대적인 것
③ 추상적인 것
④ 자연적인 것

해설 패턴(문양)을 선정하는 모티브에서 양식화한 것, 추상적인 것 및 자연적인 것 등이 있다.

135 문양(패턴) 17, 14

문양(Pattern)에 관한 설명으로 옳지 않은 것은?

① 장식의 질서와 조화를 부여하는 방법이다.
② 작은 공간에서는 서로 다른 문양의 혼용을 피하는 것이 좋다.
③ 형태에 패턴이 적용될 때 형태는 패턴을 보완하는 기능을 갖게 된다.
④ 연속성에 의한 운동감이 있고, 디자인 전체 리듬과도 관계가 있다.

해설 문양에 있어서 형태에 패턴이 적용될 때, 패턴은 형태를 보완하는 기능을 갖게 된다.

136 문양(패턴) 22, 11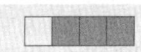

다음의 패턴(pattern)에 대한 설명 중 옳지 않은 것은?

① 일반적으로 연속성을 살린 것이 많다.
② 두 개 이상의 패턴이 겹쳐지면 무아레(moires) 패턴이 만들어진다.
③ 디자인의 전체 리듬과 잘 어울려 디자인에 혼란을 주지 않도록 한다.
④ 작은 공간일수록 서로 다른 문양을 혼용하고 복잡하게 처리해야 넓게 보이는 효과를 얻는다.

해설 넓은 공간에서는 서로 다른 패턴을 혼용해도 무난하나, 좁은 (작은)공간에서는 장식으로써 질서가 깨져 오히려 혼란스럽고 전체적인 조화도 이루지 못한다.

137 | 선과 면의 느낌
06

조형 요소에 관한 설명으로 옳지 않은 것은?

① 곡면 – 온화하고 동적인 표정
② 기하곡선 – 정리되었거나 경직된 느낌
③ 자유곡면 – 자유 분방하고 풍부한 감정 표현
④ 경사면 – 안정감과 고결함을 나타냄

해설 기하곡선 중 포물선은 스피드감, 쌍곡선은 단순함, 와선은 동적이고 발전적이며, 경사면은 동적이고 불안정한 표정을 갖고, 강한 인상을 준다. 또한, 안정감은 수평면, 고결함은 수직면에서 느낀다.

138 | 형태의 지각심리(루빈 항아리)
18, 12

'루빈의 항아리'와 관련된 형태의 지각 심리는?

① 그룹핑 법칙
② 폐쇄성의 법칙
③ 형과 배경의 법칙
④ 프래그낸즈의 법칙

해설 그룹핑 법칙은 외곽선을 이용한 기법으로 게슈탈트 4법칙 중 폐쇄성 법칙을 이용한 법칙이고, 폐쇄성 법칙은 시각적 요소들이 어떤 형성을 지각하게 하는데 있어서 폐쇄된 느낌을 주는 법칙이며, 프래그낸즈 법칙은 모든 법칙을 지배하는 법칙으로 심리학적 조직화로 일반적인 상태를 인정함으로써 언제나 좋은 상태를 인식한다. 단순성보다는 다양성, 통일성을 추구하는 바람직한 법칙이고, 질적, 양적으로 우수하며, 전체를 일관되게 질서도 단순하다는 법칙이다.

139 | 착시의 종류(역리도형)
23, 21, 16, 15, 13

다음 설명에 알맞은 착시의 유형은?

- 모순도형 또는 불가능한형이라고도 한다.
- 펜로즈의 삼각형에서 볼 수 있다.

① 운동의 착시
② 길이의 착시
③ 역리도형 착시
④ 다의도형 착시

해설 운동의 착시는 자극의 물리적 움직임이 없음에도 불구하고 움직임을 지각하는 착시이고, 길이의 착시는 선 끝부분의 처리에 따라 길이가 다르게 보이는 착시이며, 다의도형(반전실체) 착시는 동일한 도형이 2가지 이상으로 보이는 착시로, 루빈의 잔과 얼굴, 네커의 정육면체 등이 있다.

140 | 착시의 종류(기하학적)
12

다음 설명에 알맞은 착시의 종류는?

- 같은 길이의 수직선이 수평선보다 길어 보인다.
- 사선이 2개 이상의 평행선으로 중단되면 서로 어긋나 보인다.

① 운동의 착시
② 다의도형 착시
③ 역리도형 착시
④ 기하학적 착시

해설 운동의 착시는 물체의 운동에 의해 일어나는 착시로, 어떤 것이 움직이면 정지하고 있는 것이 움직이는 것처럼 보이는 '유도 운동 착시'와 자극을 공간 내의 다른 위치에 연속적으로 제시하면 그 자극이 처음의 위치에서 움직이는 것처럼 보이는 '가현 운동의 착시' 등이 있고, 다의도형 착시는 동일 도형이 2종류 이상으로 보이는 도형이며, 역리도형 착시는 모순도형·불가능도형을 말하고, 펜로즈의 삼각형처럼 2차원적 평면 위에 나타나는 안길이의 특징을 부분적으로 보면 해석이 가능한데 종합적으로 지각되면 전체적인 형태는 3차원적으로 불가능한 것처럼 보이는 도형이다.

141 | 모듈(기준 모듈)
04

건축에서 사용하는 기준 모듈은 얼마로 하는가?

① 10cm
② 20cm
③ 30cm
④ 40cm

해설 모듈(건축의 공업화를 진행하기 위해서 여러 과정에서 생산되는 건축 재료, 부품 그리고 건축물 사이에 치수의 통일이나 조정을 할 필요성에 따라 기준 치수의 값을 모아 놓은 것)의 종류에는 기본 모듈(기준 척도를 10cm)과 복합 모듈(20cm=2M 건물의 높이 방향의 기준, 30cm=3M 건물의 수평 방향 길이의 기준) 등이 있다.

142 | 모듈(수평, 수직 모듈)
05, 03

모듈을 적용하기 위한 설계를 할 때 수평 모듈과 수직 모듈로 적당한 것은?

① 1M, 1M
② 2M, 2M
③ 3M, 2M
④ 5M, 3M

해설 모듈(건축의 공업화를 진행하기 위해서 여러 과정에서 생산되는 건축 재료, 부품 그리고 건축물 사이에 치수의 통일이나 조정을 할 필요성에 따라 기준 치수의 값을 모아 놓은 것)의 종류에는 기본 모듈(기준 척도를 10cm)과 복합 모듈(20cm=2M 건물의 높이 방향의 기준, 30cm=3M 건물의 수평 방향 길이의 기준) 등이 있다.

정답 137. ④ 138. ③ 139. ③ 140. ④ 141. ① 142. ③

143 | 모듈(치수 조정)의 특징
17, 13, 10

modular coordination에 관한 설명으로 옳지 않은 것은?

① 공기를 단축시킬 수 있다.
② 창의성이 결여될 수 있다.
③ 설계 작업이 단순하고 용이하다.
④ 건물 외관이 복잡하게 되어 현장 작업이 증가한다.

해설 치수 조정(모듈러 코디네이션)의 장점은 현장 작업이 단순해지므로 공사 기간이 단축되고, 대량 생산이 용이하므로 공사비가 감소되며, 설계 작업이 단순화되고, 용이하며, 호환성이 있다. 반면, 단점은 똑같은 형태의 반복으로 인한 무미건조함을 느끼고, 건축물의 배색에 있어서 신중을 기할 필요가 있다.

144 | 모듈(치수 조정)의 특징
04, 01

Modular coordination의 특성이 아닌 것은?

① 공기를 단축시킬 수 있다.
② 합리적인 설계가 이루어진다.
③ 창의성이 결여될 수 있다.
④ 호환성이 없다.

해설 치수 조정(모듈러 코디네이션)의 장점은 현장 작업이 단순해지므로 공사 기간이 단축되고, 대량 생산이 용이하므로 공사비가 감소되며, 설계 작업이 단순화되고, 용이하며, 호환성이 있다. 반면, 단점은 똑같은 형태의 반복으로 인한 무미건조함을 느끼고, 건축물의 배색에 있어서 신중을 기할 필요가 있다.

145 | 실내 공간 계획 시 중요 고려사항
19, 12, 10

다음 중 실내 공간 계획에서 가장 중요하게 고려해야 하는 것은?

① 조명 스케일   ② 가구 스케일
③ 공간 스케일   ④ 인체 스케일

해설 휴먼(인체)스케일은 생활 속의 실내, 가구(테이블의 높이), 건축물(계단의 높이 및 난간의 높이) 등의 물체와 인체와의 관계 및 물체 상호간의 관계의 개념을 사람의 신체, 즉 인체를 기준으로 측정하는 척도이다.

146 | 인체 기준의 척도
07, 02, 00, 99, 98

사람의 신체를 기준으로 하여 측정되는 척도를 의미하는 것은?

① 그리드   ② 모듈
③ 비례   ④ 휴먼스케일

해설 그리드는 문자, 그림, 사진 등의 치수 및 비례, 위치를 정확히 재현하기 위해 그려진 바둑판 모양의 방안선, 그 결과 디자인에 통일감을 제공하는 격자이고, 모듈은 건축 재료 등의 공업 제품을 경제적으로 양산하기 위하여 또는 건축물의 설계나 조립시에 적용하는 기준이 되는 치수 또는 단위이고, 비례는 공간을 구성하는 모든 단위의 크기를 정하고, 각 단위 사이의 상호 관계에 일정한 비율을 정하는 것으로 자연 형태나 인위적 형태 가운데서도 발견할 수 있으며, 르 코르뷔지에(Le Corbusier)가 제시한 모듈러와 가장 관계가 깊은 원리이다.

147 | 가구나 실의 크기 결정 요소
24, 11, 09

실내 디자인에서 가구나 실의 크기를 결정하는 기준이 되는 것은?

① 그리드   ② 휴먼 스케일
③ 모듈   ④ 공간의 형태

해설 휴먼 스케일은 생활 속의 실내, 가구, 건축물 등의 물체와 인체와의 관계 및 물체 상호간의 관계의 개념은 사람의 신체를 기준으로 한 인간 중심으로 결정되어야 하는 것을 말한다.

148 | 휴먼 스케일
10, 07, 03

휴먼 스케일에서 실내 크기를 측정하는 기준은?

① 공간의 형태   ② 인간
③ 공간의 넓이   ④ 가구의 크기

해설 휴먼 스케일이란 생활 속의 실내, 가구, 건축물 등의 물체와 인체와의 관계 및 물체 상호간의 관계의 개념은 사람의 신체를 기준으로 한 인간 중심으로 결정되어야 한다는 것을 의미한다.

149 | 디자인의 원리 중 척도의 용어
22, 21, 12

물체의 크기와 인간과의 관계 및 물체 상호 간의 관계를 표시하는 디자인 원리는?

① 척도   ② 비례
③ 균형   ④ 조화

해설 물체의 크기와 인간과의 관계 및 물체 상호 간의 관계를 표시하는 디자인의 원리는 척도이다. 즉, 인간과 물체, 물체 상호 간의 관계를 비교함으로써 척도의 관계를 알 수 있다.

정답 143. ④ 144. ④ 145. ④ 146. ④ 147. ② 148. ② 149. ①

150. 실내 공간의 인체공학적 근거
22, 18, 14, 11, 08

다음 중 실내 공간의 설계 시 인체공학적 근거와 가장 거리가 먼 것은?

① 테이블의 높이
② 일반 창의 크기
③ 계단의 높이
④ 난간의 높이

해설 휴먼 스케일(실내 공간의 설계 시 인체공학적 근거)은 생활 속의 실내, 가구, 건축물 등의 물체와 인체와의 관계 및 물체 상호간의 관계의 개념이 사람의 신체를 기준으로 한 인간 중심으로 결정되어야 하는 것으로 테이블의 높이, 계단 및 난간의 높이 등이 있고, 일반 창의 크기와는 무관하다.

정답 150. ②

1-3. 실내 디자인의 요소

1 모듈과 휴먼 스케일

(1) 모듈

건축 재료 등의 공업 제품을 경제적으로 대량 생산하기 위하여 또는 건축물의 설계나 생산시에 적용하는 치수 단위 또는 체계를 의미한다. 인체 척도를 근거로 하는 모듈을 주장한 사람은 르 코르뷔지에이고, 모듈의 종류는 다음과 같다.

① 기본 모듈 : 기준 척도를 10cm로 하며, 1M로 표시
② 복합 모듈 : 기본 모듈의 배수가 되는 모듈로 2M(건물의 높이, 즉 수직 방향의 기준), 3M(건물의 수평 방향 길이의 기준)이 있다.

(2) 치수 조정(모듈러 코디네이션)의 장·단점

① 장점 : 현장 작업이 단순해지므로 공사 기간이 단축되고, 대량 생산이 용이하므로 공사비가 감소되며, 설계 작업이 단순화되고, 간편하며, 호환성이 있다.
② 단점 : 똑같은 형태의 반복으로 인한 무미 건조함을 느끼고, 건축물의 배색에 있어서 신중을 기할 필요가 있다.

(3) 휴먼(인체)스케일

휴먼 스케일은 생활 속의 실내, 가구(테이블의 높이), 건축물(계단의 높이 및 난간의 높이) 등의 물체와 인체의 관계 및 물체 상호간의 관계의 개념을 사람의 신체, 즉 인체(사람의 신체)를 기준으로 측정하는 척도로서 실내 공간 계획(실의 크기)에서 가장 중요하게 고려해야 할 사항이다.

2 실내 공간의 구성 요소

(1) 실내 공간의 장식적 요소와 구성 요소

실내 공간의 장식적인 요소에는 가구, 조명, 액세서리 및 디스플레이 등이 있고, 실내 공간의 구성 요소에는 바닥, 벽, 천장, 기둥과 보 및 개구부(출입문) 등이 있으며, 실내 공간의 성격을 결정하는 가장 중요한 디자인 요소는 마감 재료이다. 또한, 내부 생활 공간을 구성하는 요소에는 인간, 장치 및 공간 등이 있다.

(2) 실내 공간의 구성 요소

① 천장 : 시각적 흐름이 최종적으로 멈추는 곳으로 지각의 느낌에 영향을 미치고, 다른 실내 기본 요소보다도 조형적으로 가장 자유롭고 중요한 요소 또는 공간을 형성하는

출제 키워드

■ 모듈의 종류
• 기본 모듈(1M) : 기준 척도를 10cm
• 복합 모듈 : 2M(수직 방향의 기준), 3M(수평 방향의 기준)

■ 치수 조정의 장점
• 현장 작업이 단순
• 호환성이 있음
■ 치수 조정의 단점
똑같은 형태의 반복으로 인한 무미 건조함

■ 휴먼(인체)스케일
• 인체(사람의 신체)를 기준으로 측정하는 척도
• 실내 공간 계획(실의 크기)에서 가장 중요하게 고려해야 할 사항

■ 실내 공간의 구성 요소
인간, 장치 및 공간 등

수평적 요소로서 그 형태에 따라 실내 공간의 음향에 가장 큰 영향을 미치는 것 및 건축물의 윗부분에서 인간을 외기로부터 보호해 주는 역할을 하며, 그 형태와 색채의 다양성을 통하여 빛과 음을 반사, 흡수함으로써 실내의 분위기를 좌우하는 역할을 한다. 천장은 매우 다양하게 변화하였다.

㉮ 경사 천장 : 천장면이 넓어져 공간이 넓어 보이게 하며, 또 사선의 효과가 있어서 동적이고 시선을 끌게 하며, 특히 천장이 높은 부분과 낮은 부분이 공존한다.

㉯ 높은 천장 : 시원한 공간감을 주나 썰렁할 수 있고, 낮은 천장은 아늑해 보이나 답답해 보일 수가 있으므로 천장의 높이는 2.4~2.6m 정도로 하고, 실내의 전체적인 분위기를 고려하여야 한다. 특히, 냉·난방상 가장 유리한 천장이다.

㉰ 평천장 : 가장 일반적인 천장으로 시선을 거의 끌지 못하나, 중앙 부분을 높이거나 낮추어서 시선을 끌 수 있도록 할 수 있다.

② **벽** : 벽은 외부로부터의 방어와 프라이버시를 확보하고 공간의 형태와 크기를 결정하며 공간과 공간을 구분하는 수직적 요소 또는 바닥과 천장을 이어 주는 수직적인 지지 역할과 건축물의 외부와 내부를 구획(공간과 공간을 구분)하는 역할을 하므로 건축물의 내·외부의 연결을 위해서 벽에는 문과 창이 있어야 한다.

㉮ 갈포 벽지 : 종이 벽지 위에 칡섬유를 붙여서 만든 것으로 질감이 좋고, 흡음성이 좋아 아늑한 분위기를 내주나, 표면이 거칠어 먼지가 잘 타므로 유지 관리에는 불편하다.

㉯ 발포 벽지 : 벽의 마감재로 사용하는 벽지 중 탄력성, 흡음성, 질감 등이 좋으며 표면의 바닥이 비닐이므로 물로 닦을 수 있는 벽지이다.

③ **바닥** : 건축 구조물에서 생활의 장소를 직접 지탱하고 추위와 습기를 차단하며 중력에 대한 지지의 역할을 하는 곳, 천장과 함께 실내 공간을 구성하는 수평적 요소로서 생활을 지탱하는 역할을 하는 곳, 다른 요소들에 비해 시대의 양식에 의한 변화가 거의 없는 곳, 인간 생활을 지탱하며 인간의 감각 중 시각적, 촉각적 요소와 밀접한 관계를 갖는 가장 기본적인 요소 또는 사람들의 생활이 이루어지고, 공간에 부수되는 벽, 칸막이, 가구류, 기물류들이 놓이게 되는 곳으로 수평을 유지하여야 하고, 우리의 몸과 직접 접촉하는 빈도가 높은 곳이다. 바닥은 가구를 배치하는 기준이 되고, 공간의 크기를 정하며, 실내 공간을 형성하는 기능을 한다.

㉮ 실내 공간의 바닥 설계에 있어서 바닥 차가 없는 바닥은 공간의 연속성을 주어 바닥 차가 있는 경우보다 실내를 더 넓게 보이게 한다.

㉯ 바닥의 고저차에 의해서만 공간의 영역을 조정할 수 있는 요소는 바닥으로 구획 효과가 가장 큰 부분이며, 공간에 대한 스케일감의 변화를 줄 수 있는 방법이다.

㉰ 바닥의 구성에 있어서 단차를 두지 않는 것이 바람직하나, 부득이 바닥의 단차를 두는 경우에는 바닥 면적이 넓을 때 사용한다.

㉱ 어린이나 노인이 있는 가정에서는 바닥차가 없는 편이 더 바람직하다.

㉲ 실내 공간을 실제 크기보다 좁아 보이는 경우

출제 키워드

■ 천장의 정의
- 시각적 흐름이 최종적으로 멈추는 곳
- 지각의 느낌에 영향을 미침
- 다른 실내 기본 요소보다도 조형적으로 가장 자유롭고 중요한 요소
- 공간을 형성하는 수평적 요소
- 실내 공간의 음향에 가장 큰 영향을 미치는 요소
- 천장은 매우 다양하게 변화

■ 경사 천장
- 천장면이 넓어져 공간이 넓어 보임
- 사선의 효과가 있어서 동적

■ 높은 천장
시원한 공간감을 주나 썰렁할 수 있음

■ 낮은 천장
냉·난방상 가장 유리한 천장

■ 벽의 정의
- 외부로부터의 방어와 프라이버시를 확보
- 공간의 형태와 크기를 결정
- 공간과 공간을 구분하는 수직적 요소

■ 갈포 벽지
표면이 거칠어 먼지가 잘 타므로 유지 관리에는 불편

■ 발포 벽지
탄력성, 흡음성, 질감 등이 좋으며 표면의 바닥이 비닐이므로 물로 닦을 수 있는 벽지

■ 바닥의 정의
- 건축 구조물에서 생활의 장소를 직접 지탱하고 추위와 습기를 차단하며 중력에 대한 지지의 역할을 하는 곳
- 천장과 함께 실내 공간을 구성하는 수평적 요소로서 생활을 지탱하는 역할을 하는 곳
- 다른 요소들에 비해 시대의 양식에 의한 변화가 거의 없는 곳
- 인간 생활을 지탱하며 인간의 감각 중 시각적, 촉각적 요소와 밀접한 관계를 갖는 가장 기본적인 요소
- 사람들의 생활이 이루어지고, 공간에 부수되는 벽, 칸막이, 가구류, 기물류들이 놓이게 되는 곳으로 수평 유지
- 우리의 몸과 직접 접촉하는 빈도가 높은 곳

㉠ 빈 공간에 화분이나 어항 또는 운동 기구 등을 배치한다.
㉡ 질감이 거칠고 무늬가 큰 마감 재료를 사용한다.
㉢ 크기가 큰 가구를 사용하고, 공간 중앙에 배치하며, 벽이나 바닥 면에 빈 공간을 남겨 두지 않는다. 또한, 큰 가구는 벽에서 떨어뜨려 배치한다.
㉥ 타일은 피막이나 재질이 단단하여 방수 효과가 뛰어나므로 물을 사용하는 공간(욕실, 화장실 및 부엌 등)과 위생적인 공간에 적합하다.
㉦ 바닥 재료의 선택시 주의하여야 할 사항은 튼튼하고 안정감이 있어야 하고, 내구성, 내마멸성, 내오염성, 유리 관리의 간편함 등이 있어야 하며, 청소하기 쉬워야 하고, 미끄럽지 않아야 한다.

④ **기둥** : 보나 도리, 바닥판과 같은 가로재의 하중을 받아 기초에 전달하는 세로재, 선형의 수직 요소로 크기, 형상을 가지고 있으며 구조적 요소 또는 강조, 상징적 요소로 사용되는 것이다.

⑤ **지붕** : 건축물의 최상부를 막아 비나 눈이 건축물의 내부로 흘러들지 못하게 하고, 실내 공기를 보호하는 부분으로서 그 모양과 기울기가 다양하다.

⑥ **개구부** : 개구부(창, 문 등)가 없다면 건축물의 내·외부는 완전히 차단되므로 폐쇄된 벽의 일부를 뚫어 건축물의 내·외부를 소통할 수 있게 만든 것이 개구부이다.

3 질감 등

(1) 질감(텍스처, texture)의 정의

우리들의 촉감 경험은 무게나 온도, 건습도 등의 촉감에 의하지 않고도 시각만으로 그 표면의 성질을 느낄 수 있다. 촉각 또는 시각으로 지각할 수 있는 어떤 물체 표면상의 특징이나, 사람들이 어떤 물체의 재질에 대하여 느끼는 감각이다.

(2) 질감의 분류

① **촉각적 질감** : 손으로 만져 보면 알 수 있는 질감 즉, 유리나 벽돌을 손으로 만져보면 매끄럽다거나 거칠다는 느낌이다.
② **구조적 질감** : 벽돌을 쌓아올려 나타나는 질감처럼 제조 과정이나 조립 과정에서 생기게 되는 질감이다.
③ **시각적 질감** : 착시적, 명암이나 무늬에 의한 질감으로 실내 디자인에서의 질감이다.
④ **외관적 질감 등**

(3) 질감의 심리적인 반응

① 무게 : 무겁다, 가볍다, 대담하다, 쉽다, 강하다, 약하다 등
② 빛에 대한 반응 : 투명한, 반투명한, 불투명한 등

③ 구조 : 든든함, 예민함, 균일된, 둥근, 띠를 두른, 많은, 불규칙한, 꼭맞는, 망사 같은, 닳아 빠진 등
④ 촉감 : 부드러운, 매끈한, 따뜻한, 건조한, 거친, 딴딴한, 껄쭉거리는, 차가운, 축축한, 만지기 좋은 등

(4) 질감의 선택

질감 선택 시 고려하여야 할 사항은 촉각, 스케일, 빛의 반사와 흡수 등이 있고, 색조는 무게감과 관계가 깊다. 특히, 매끈한 질감의 유리는 좁은 공간을 시각적으로 넓어 보이게 하는 질감이다.

■ 질감 선택 시 고려사항
• 촉각, 스케일, 빛의 반사와 흡수 등
• 색조는 무게감과 관계가 깊음
• 매끈한 질감의 유리는 좁은 공간을 시각적으로 넓어 보이게 하는 질감

4 공간의 분할

(1) 분할 방법

보이드는 중공의 입체로서 건축물의 내부이고, 솔리드는 충실한 입체로서 건축물의 외관이며, 매스는 덩어리로 된 형태를 의미한다. 공간의 분할 방법은 다음과 같다.

① 차단(물리)적 분할 : 물리적(유리창과 같이 차단), 시각적으로 공간의 폐쇄성을 갖는 분할로 차단막(고정벽, 이동벽, 블라인드, 커튼 등)을 구성하는 재료, 형태 및 높이에 따라 영향을 받는다. 공간의 영역이 완전히 차단되는 높이는 사람의 키보다 높은 벽(약 1.8m 이상)이고, 공간의 차단적 분할은 눈높이 1.5m 이상이며, 바닥면의 연속성이 단절되고, 동작이 차단된다. 특히, 커튼은 필요에 따라 공간의 차단적 구획을 가능하게 하고 공간의 사용에 융통성을 준다. 또한 커튼의 종류는 다음과 같다.

㉮ 글라스 커튼 : 유리 바로 앞에 치는 커튼이고, 일반적으로 투명하고 막과 같은 직물을 사용하며, 실내로 들어오는 빛을 부드럽게 하며 약간의 프라이버시를 제공한다.

㉯ 드레이퍼리 커튼 : 창에 드리우는 천 또는 창문에 느슨하게 걸려 있는 중량감 있는 커튼으로 된 모든 것을 지칭하며, 움직이게 할 수 있어 실내 분위기를 변화시킬 수 있으므로 기능적인 목적보다 장식적인 목적으로 사용된다.

㉰ 드로 커튼 : 줄을 잡아당김으로써 레일에 걸린 커튼을 열고 닫을 수 있도록 고안된 커튼으로 글라스 커튼과 드레이퍼리 커튼의 사이에 사용되었던 커튼을 말한다.

㉱ 에어 커튼 : 온도가 조절된 강속의 공기 흐름이 밑으로 향하거나 출입구를 가로질러 차단 효과를 냄으로써 해충의 침입을 막고 외기를 통제하여 냄새와 열의 유통을 방지하는 공기막 또는 열린 공간에서도 공기 조절이 가능하며 외부로 통하는 문이나 승강장 등에 사용한다.

㉲ 새시 커튼 : 커튼의 유형 중 창문 전체를 커튼으로 처리하지 않고 반 정도만 친 형태의 커튼이다.

㉳ 롤 블라인드 : 단순하고 깔끔한 느낌을 주며 창 이외에 칸막이 스크린으로도 효과적으로 사용할 수 있는 것으로 쉐이드(shade)라고도 불리는 것이다.

■ 보이드
중공의 입체로서 건축물의 내부

■ 솔리드
충실한 입체로서 건축물의 외관

■ 매스
덩어리로 된 형태를 의미

■ 차단(물리)적 분할
• 차단막(고정벽, 이동벽, 블라인드, 커튼 등)을 구성
• 공간의 영역이 완전히 차단되는 높이
• 눈높이 1.5m 이상

■ 글라스 커튼
• 유리 바로 앞에 치는 커튼
• 투명하고 막과 같은 직물을 사용
• 실내로 들어오는 빛을 부드럽게 하며 약간의 프라이버시를 제공

■ 드레이퍼리 커튼
창문에 느슨하게 걸려 있는 중량감 있는 커튼

■ 새시 커튼
창문 전체를 커튼으로 처리하지 않고 반 정도만 친 형태의 커튼

■ 롤 블라인드(쉐이드, shade)
• 단순하고 깔끔한 느낌
• 창 이외에 칸막이 스크린으로도 효과적으로 사용

출제 키워드

■ 상징(암시)적 분할
- 낮은 가구, 식물, 조각, 기둥 등
- 벽의 최대 높이는 60cm 정도

■ 일사 조절 장치
- 루버(수직, 수평, 격자, 가동 및 고정 등)
- 커튼(글라스 커튼, 드레이퍼리 커튼, 로만 블라인드)

■ 장식적인 소품
수석, 모형, 수족관, 화초류 등

■ 실용적인 소품
벽시계, 스크린, 스탠드 램프 등

■ 문의 위치를 결정 시 고려사항
- 출입 동선
- 문이 열릴 때 필요한 공간
- 통행을 위한 공간
- 가구 배치 공간 등

■ 여닫이문
- 가장 일반적인 형태로서 문틀에 경첩을 사용하거나 상하 모서리에 플로어 힌지를 사용하여 문짝의 회전을 통하여 개폐가 가능한 문
- 문의 개폐를 위한 여분의 공간이 필요

■ 자재문
- 여닫이문과 기능은 비슷하나 자유 경첩의 스프링에 의해 내·외부로 모두 개폐되는 문
- 주택보다는 대형 건축물의 현관문으로 많이 사용
- 많은 사람들이 출입하는 데 편리

---

② 상징(암시)적 분할 : 공간을 완전히 차단하지 않고 낮은 가구, 식물, 조각, 기둥, 벽난로, 바닥면의 레벨차, 천장의 높이차 등을 이용하여 공간의 영역을 상징적으로 분할하는 방법으로 벽의 최대 높이는 60cm 정도이다.

③ 지각(심리)적 분할 : 느낌에 의한 분할 방법으로 조명, 색채, 패턴, 마감재의 변화, 개구부, 동선 및 평면 형태의 변화 등이다.

(2) 일사 조절 장치

일광(일사) 조절 장치에는 루버(수직, 수평, 격자, 가동 및 고정 등), 차양, 발코니, 커튼(글라스 커튼, 드레이퍼리 커튼, 로만 블라인드) 및 처마 등이 있다.

(3) 소품의 종류

장식적인 소품(실생활의 사용보다는 실내 분위기를 더욱 북돋아 주는 감상 위주의 물품)에는 수석, 모형, 수족관, 화초류, 그림, 조각품, 골동품, 사진 및 포스터 등이 있고, 실용적인 소품에는 도자기, 벽시계, 스크린, 스탠드 램프 및 식물 등이 있다.

5 창호의 정의, 역할 및 종류

창호는 창과 문을 총칭하는 것으로, 창호는 건축물의 개구부에 두어 통행과 차단을 목적으로 한다. 통풍과 채광을 주목적으로 하는 것을 창이라 하고, 사람과 물품이 드나들게 되어 있는 것을 문이라고 한다. 창호의 역할은 공간과 다른 공간을 연결시키고, 통풍과 채광을 가능케 하며, 전망이나 프라이버시를 확보한다. 또한, 문의 위치를 결정할 때에도 출입 동선, 문이 열릴 때 필요한 공간, 통행을 위한 공간 및 가구 배치 공간 등을 고려하여야 한다.

① 문 : 건물의 내부에서 외부로, 한 공간에서 다른 공간으로 출입이 가능하게 한다.
　㉮ 미닫이문 : 문이 열리면 문이 벽쪽으로 가서 겹치므로 개구부가 완전히 열리게 되며, 문이 벽속으로 들어가므로 보이지 않게 되어 외관상 좋다.
　㉯ 미서기문 : 여닫는 데 여분의 공간을 필요로 하지 않으므로 공간이 좁을 때 사용하면 편리하나, 문짝이 세워지는 부분은 열리지 않는다.
　㉰ 여닫이문 : 가장 일반적인 형태로서 문틀에 경첩을 사용하거나 상하 모서리에 플로어 힌지를 사용하여 문짝의 회전을 통하여 개폐가 가능한 문으로 문의 개폐를 위한 여분의 공간이 필요하다.
　㉱ 접이문 : 문을 몇 쪽으로 나누어 병풍과 같이 접어가며 열 수 있는 형식으로, 개구부가 클 경우에 이용하는 문의 형식이다.
　㉲ 자재문 : 여닫이문과 기능은 비슷하나 자유 경첩의 스프링에 의해 내·외부로 모두 개폐되는 문으로 주택보다는 대형 건축물의 현관문으로 많이 사용되는데, 문의 개폐 방향이 앞뒤로 모두 열리게 되므로 많은 사람들이 출입하는 데 편리하다.

㉥ 회전문 : 방풍 및 열 손실을 최소로 줄여주는 반면 동선의 흐름을 원활히 해주는 출입문의 형태로서 주택보다는 대형 건물에 많이 사용하는 문으로서 개구부가 완전히 열리지 않아 실내를 냉·난방하였을 때 에너지 손실이 적은 장점이 있어 냉·난방상 가장 유리한 출입문이다. 특히, 통풍, 기류의 방지 및 인원 출입 조절이 가능한 문이다.

② 창 : 출입이 목적이 아니라 전망, 환기, 채광 등을 목적으로 하고, 실내·외 공간을 시각적으로 연결하며, 실내의 냉·난방과 관련성이 있고, 창은 개폐의 용이와 단열을 위해 가능한 한 작게 하는 것이 바람직하다. 특히, 지붕의 형태에 영향이 없고, 실내의 조명 계획과 밀접한 관련성이 있으며, 실내를 구성하는 가구나 그림, 장식물 등이 놓여지는 배경이 되기도 하는 것은 벽이다.

㉮ 천창(지붕면에 있는 수평 또는 수평에 가까운 창) : 장점은 편측 채광의 문제점인 방구석의 저조명도, 조명도 분포의 불균형, 방구석 주광선 방향의 저각도 등은 해소되나, 인접 건물에 대한 프라이버시 침해가 적고, 채광에 유리하며, 채광량이 많아지고 조명도가 균일하게 된다. 특히, 건축 계획의 자유도가 증가하고, 벽면을 다양하게 이용할 수 있다. 단점은 시선 방향의 시야가 차단되므로 폐쇄된 분위기가 되기 쉽고, 평면 계획과 시공·관리가 어렵고, 빗물이 새기 쉽다. 특히, 통풍에 불리하고, 차열이 힘들다.

㉯ 미서기창 : 우리 주변에서 흔히 볼 수 있는 창으로서 고정식창과 혼합하여 사용하기도 한다.

㉰ 고정식 창 : 표준화된 크기가 없이 자유롭게 디자인할 수 있고, 바닥부터 천장까지 크게 설치하면 마치 창이 없는 듯한 효과를 주어, 시각적으로 내·외부 공간을 연장시켜 주므로 실내 공간을 실제보다 훨씬 더 넓어 보이게 하고, 건물 밖의 전망이 좋을 때 사용하면 효과적인 장점이 있으나, 환기를 할 수 없고, 빛과 열을 조절하는 데 어려움이 있다. 또한, 크기와 형태에 제약 없이 자유로이 디자인할 수 있고, 창을 통한 환기가 불가능하다. 종류는 다음과 같다.
  ㉠ 픽처 윈도 : 바닥으로부터 천장까지를 모두 창으로 구성한 형식의 창문
  ㉡ 윈도 월 : 개방감을 강조하기 위하여 벽면 전체를 모두 창으로 처리한 형식의 창문
  ㉢ 베이 윈도 : 돌출창, 벽 밖으로 돌출된 형식의 창

㉱ 오르내리창 : 미서기창과 같은 방식이나 이를 수직으로 설치한 것으로 창의 폭보다 길이가 더 길고, 고전 양식의 건축물이나 기차의 창에서 흔히 볼 수 있다.

㉲ 빗살(루버)창 : 루버를 달아서 열리게 하므로 루버의 각도를 조절하면 개구부가 완전히 열릴 수 있고, 창의 개폐에 필요한 공간도 없으므로 환기창으로 많이 사용한다.

㉳ 여닫이창 : 열리는 범위를 조절할 수 있고, 안으로나 밖으로 열리는데 특히 안으로 열릴 때는 열릴 수 있는 면적이 필요하므로 가구배치 시 이를 고려하여야 하며,

---

출제 키워드

■ 회전문
- 방풍 및 열 손실을 최소로 줄여주는 반면 동선의 흐름을 원활히 해주는 출입문의 형태
- 냉·난방상 가장 유리한 출입문
- 통풍, 기류의 방지 및 인원 출입 조절이 가능한 문

■ 창
- 전망, 환기, 채광 등을 목적
- 실내의 냉·난방과 관련성
- 개폐의 용이와 단열을 위해 가능한 한 작게 하는 것이 바람직

■ 벽
실내를 구성하는 가구나 그림, 장식물 등이 놓여지는 배경이 되기도 하는 것

■ 천창
- 채광에 유리
- 채광량이 많아지고 조명도가 균일
- 통풍에 불리하고, 차열이 난이

■ 고정식 창
- 실내 공간을 실제보다 훨씬 더 넓어 보임
- 건물 밖의 전망이 좋을 때 사용하면 효과적
- 빛과 열을 조절하는 데 난이
- 크기와 형태에 제약 없이 자유로이 디자인 가능
- 창을 통한 환기가 불가능

■ 여닫이창
- 열리는 범위를 조절할 수 있음
- 안(기구 배치시 유의)으로나 밖으로 열림
- 안으로 열릴 때는 열릴 수 있는 면적이 필요

출제 키워드

■ 고창
• 천장 가까이에 있는 벽에 위치한 창문
• 채광을 얻고 환기를 시킴
• 욕실, 화장실 등과 같이 높은 프라이버시를 요하는 실에 적합한 형식
• 중세 성당 건축물에 사용

■ 브래킷등
• 실내 벽면에 부착하는 조명의 통칭적 용어
• 장식 조명에 이용

■ 펜던트등
• 천장에 매달려 조명하는 조명 방식
• 조명 기구 자체가 빛을 발하는 액세서리 역할(장식 조명)
• 식사실의 식탁 위에 가장 많이 사용하는 조명 기구
• 천장에서 와이어나 파이프로 매어단 조명 방식
• 조명 기구 자체가 장식적인 역할

■ 형광등
램프의 휘도가 낮음

■ 할로겐 램프
휘도가 높음

■ 욕실의 조명
• 천장의 중앙에 전반 조명을 설치
• 형광등보다는 백열등 사용

창의 측면에 경첩을 달아 여닫게 되어 있는 창으로 개구부가 모두 열릴 수 있고, 문을 여닫을 때 힘이 덜 들기 때문에 노인실이나 환자실의 방에 사용하는 것이 좋으나, 창의 개폐를 위한 여분의 공간이 필요하므로 개구부가 클수록 많은 공간이 요구된다.

㉔ 고창 : 천장 가까이에 있는 벽에 위치한 창문으로 채광을 얻고 환기를 시키며, 욕실, 화장실 등과 같이 높은 프라이버시를 요하는 실에 적합한 형식이고, 벽의 상부에 설치하여 전망 효과는 없으나, 채광이나 프라이버시의 확보에 유리한 방식으로 중세 성당 건축물에 사용되었다.

6 조명등 및 방식

(1) 조명등

① 브래킷등 : 일반적으로 실내 벽면에 부착하는 조명의 통칭적 용어이고, 벽에 붙여서 설치하는 조명 방식으로 그림을 비추거나 보조용 등으로 사용하고, 장식 조명에 이용한다.

② 다운 라이트 : 백열 램프를 천장에 매입하여 직접 아래로 조명하는 조명 기구이다.

③ 펜던트등
  ㉮ 천장에 매달려 조명하는 조명 방식으로 조명 기구 자체가 빛을 발하는 액세서리 역할(장식 조명)을 한다.
  ㉯ 식사실의 식탁 위에 가장 많이 사용하는 조명 기구이다.
  ㉰ 천장에서 와이어나 파이프로 매어단 조명 방식으로, 조명 기구 자체가 장식적인 역할을 하는 조명 방식이다.

④ 실링 라이트 : 천장에 매단 등이다.

⑤ 형광등 : 효율이 높고(백열등의 3배), 희망하는 광색을 얻을 수 있으며, 램프의 휘도가 낮다. 또한, 수명이 길고, 열을 수반하지 않으며, 전압의 변동에 대한 광속의 변동이 적다.

⑥ 할로겐 램프 : 휘도가 높고, 백열 전구에 비해 수명이 길며, 연색성이 좋고, 설치가 용이하다. 특히, 흑화가 거의 일어나지 않고, 광속이나 색 온도의 저하가 극히 작다.

(2) 주택의 조명 계획

① 부엌은 전체 조명과 국부 조명을 병용하는 것이 좋다.

② 욕실의 조명은 천장의 중앙에 전반 조명을 설치하고, 거울 위에는 면도와 화장을 위하여 국부 조명을 설치하나, 욕실이 좁은 경우에는 중앙 조명을 생략할 수 있다. 또한, 욕실은 습기를 방지하기 위하여 방습등을 사용하고, 사용 시간이 짧고 자주 켰다 껐다하므로 직접 조명 방식으로 형광등보다는 백열등을 사용하는 것이 좋다.

③ 침실은 주조명으로 낮은 조도의 부드러운 확산광을 쓰고 국부 조명으로 스탠드를 함께 사용하는 것이 좋다.

7 가구의 분류

(1) 가구의 기능에 따른 분류

① 휴식용(인체계) 가구 : 사람의 몸을 편하게 받쳐 주어 피로 회복의 기능을 가진 가구로 안락 의자(휴식 의자), 소파, 작업 의자 및 침대가 있으며, 인체와 닿는 부분이 많기 때문에 촉감, 푹신한 정도, 등받이의 기울기, 높이 등이 안락감을 결정하는 중요한 요인이 된다.

② 작업용(준인체계) 가구 : 작업의 능률을 올릴 수 있도록 계획된 가구로 작업대, 책상(테이블) 및 싱크대 등이 있으며, 인체에 닿는 부분이 휴식용 가구보다 적고, 인체공학적인 치수에 맞도록 작업대의 높이, 넓이 등이 결정되어야 하며, 재질이 고려되어야 한다.

③ 수납용(셸터계, 정리용) 가구 : 물건을 저장하기 위한 기능을 가진 가구로서 선반, 서랍 및 수납장(벽장, 선반, 옷장) 등이 있고, 인체보다는 건물에 닿는 부분이 많으므로 제한된 공간에 가능한 한 최대한의 물건을 저장할 수 있도록 계획되어야 한다.

(2) 용도별에 따른 가구

① 주거용 가구 : 일반 가정에서 필요로 하는 가구로서 장롱, 침대, 소파, 화장대, 문갑, 식탁, 책상, 의자 등이 있다. 가족들만 사용하므로 거주인의 취향에 따라 다양하게 선택할 수 있으며, 기능성 이외에 장식성도 고려되어야 한다.

② 공공용 가구 : 공공 기관에서 여러 사람들이 공동으로 사용하는 가구로 벤치, 책상, 사물함, 캐비닛, 작업대, 의자 등이 있다. 공공용 가구는 여러 사람들이 사용하는 가구이므로 장식성보다는 기능성이 우선되어야 하며, 튼튼한 것이 바람직하다.

③ 상업용 가구 : 영업을 목적으로 하는 장소에서 사용되는 가구로 카운터, 진열대, 음식점의 식탁과 의자, 이발소·미용실의 의자 등이 있으며, 상업용 가구는 기능성과 함께 특정 영업 장소의 인상을 강하게 남길 수 있도록 개성이 강조될 수 있다.

(3) 구조별에 따른 분류

① 이동(가동)식 가구 : 가장 일반적인 가구로서 필요에 따라 설치 장소를 자유로이 이동할 수 있으며, 의자, 테이블, 소파 등이 있다.

② 붙박이식(빌트인, 건축화된) 가구 : 건축 계획 시 함께 계획하여 건축물과 일체화하여 설치하는 가구로서 가구 배치의 혼란감을 없애고, 공간을 최대한 활용할 수 있으며, 효율성을 높일 수 있는 가구이며, 특정한 사용 목적이나 물건을 수납하기 위해 건축화된 가구로 붙박이장이 속한다. 붙박이 가구 시스템을 디자인할 경우, 고려하여야

출제 키워드

■ 휴식용(인체계) 가구
안락 의자(휴식 의자), 소파, 작업 의자 및 침대

■ 작업용(준인체계) 가구
작업의 능률을 올릴 수 있도록 계획된 가구로 작업대, 책상(테이블) 및 싱크대

■ 수납용(셸터계, 정리용) 가구
물건을 저장하기 위한 기능을 가진 가구로서 선반, 서랍 및 수납장(벽장, 선반, 옷장) 등

■ 공공용 가구
장식성보다는 기능성이 우선

■ 붙박이식(빌트인, 건축화된) 가구
• 건축 계획 시 함께 계획
• 건축물과 일체화하여 설치하는 가구
• 가구 배치의 혼란감을 없애고, 공간을 최대한 활용
• 특정한 사용 목적이나 물건을 수납하기 위해 건축화된 가구로 붙박이장

출제 키워드

- 붙박이 가구 시스템 디자인 시 고려 사항
  • 기능의 편리성
  • 크기의 비례와 조화
  • 실내 마감 재료로서 조화

- 시스템(모듈러, 유닛)가구 시 고려 사항
  • 가구와 인간과의 관계
  • 가구와 건축구체와의 관계
  • 가구와 가구와의 관계 등
  • 모듈화시킨 각 유닛이 모여 전체 가구를 형성한 가구

- 카우치
  • 고대 로마 시대 음식물을 먹거나 잠을 자기 위해 사용했던 긴 의자
  • 몸을 기댈 수 있도록 좌판의 한쪽 끝이 올라간 형태를 가진 소파

- 세티
  러브 시트와 달리 동일한 2개의 의자를 나란히 놓아 2인이 앉을 수 있도록 한 의자

- 풀업 체어
  • 필요에 따라 이동시켜 사용할 수 있는 간이 의자
  • 크지 않으며 가벼운 느낌의 형태
  • 이동하기 쉽도록 잡기 편하고 경량

- 스툴
  • 등받이와 팔걸이가 없는 형태의 보조의자
  • 가벼운 작업이나 잠시 걸터앉아 휴식을 취하는 데 사용

- 오토만
  • 스툴의 일종
  • 편안한 휴식을 위해 발을 올려놓는 데도 사용되는 것

- 농
  • 우리나라의 전통 가구 중 장과 더불어 가장 일반적으로 쓰이던 수납용 가구
  • 몸통이 2층 또는 3층으로 분리되어 상자 형태로 포개 놓아 사용된 것

- 소반
  음식물을 먹을 때 음식 그릇을 벌여 놓은 상

- 함
  물건을 넣을 수 있도록 만든 상자

- 궤
  상부를 두 부분으로 나누어 경첩을 달아 반쪽만 열리게 만든 상자

할 사항은 기능의 편리성, 크기의 비례와 조화 및 실내 마감 재료로서 조화 등이고, 필요에 따라 설치 장소를 자유롭게 움직일 수 없다.

③ 조립식 가구 : 일정한 모듈을 이용하여 만든 가구이다.

④ 시스템(모듈러, 유닛)가구 : 가구와 인간과의 관계, 가구와 건축구체와의 관계, 가구와 가구와의 관계 등을 종합적으로 고려하여 적합한 치수를 산출한 후 이를 모듈화시킨 각 유닛이 모여 전체 가구를 형성한 가구로서, 공간의 낭비가 없고, 가동성과 적응성의 편리함이 있으며, 시스템화 되어 있고, 이동식인 가구이다.

(4) 의자의 종류

① 체스터 필드 : 소파의 안락성을 위해 솜, 스펀지 등을 두툼하게 채워 넣은 소파이다.

② 카우치 : 고대 로마 시대 음식물을 먹거나 잠을 자기 위해 사용했던 긴 의자로 몸을 기댈 수 있도록 좌판의 한쪽 끝이 올라간 형태를 가진 소파 또는 몸을 기댈 수 있고, 소파와 침대를 겸용할 수 있도록 좌판 한쪽을 올린 소파이다.

③ 세티 : 러브 시트와 달리 동일한 2개의 의자를 나란히 놓아 2인이 앉을 수 있도록 한 의자이다.

④ 풀업 체어 : 필요에 따라 이동시켜 사용할 수 있는 간이 의자로, 크지 않으며 가벼운 느낌의 형태를 갖고, 이동하기 쉽도록 잡기 편하고 들기에 가벼우며, 벤치라고 한다.

⑤ 스툴 : 등받이와 팔걸이가 없는 형태의 보조의자로서 가벼운 작업이나 잠시 걸터앉아 휴식을 취하는 데 사용되는 1인용 소형 의자이다.

⑥ 라운지 소파 : 편안히 누울 수 있도록 신체의 상부를 받칠 수 있게 경사가 진 소파이다.

⑦ 오토만 : 스툴의 일종으로 더 편안한 휴식을 위해 발을 올려놓는데도 사용되는 것이다.

(5) 우리나라의 고전 가구

① 농 : 우리나라의 전통 가구 중 장과 더불어 가장 일반적으로 쓰이던 수납용 가구로 몸통이 2층 또는 3층으로 분리되어 상자 형태로 포개 놓아 사용된 것을 의미한다.

② 소반 : 음식물을 먹을 때 음식 그릇을 벌여 놓은 상 또는 우리나라 민예 가구 중 가장 우수한 것으로 대가족이면서도 신분별로 식사를 따로 하였던 조선 시대에 사용하였던 밥상을 의미한다.

③ 함 : 물건을 넣을 수 있도록 만든 상자로 크기와 종류가 다양하다.

④ 궤 : 상부를 두 부분으로 나누어 경첩을 달아 반쪽만 열리게 만든 상자이다.

⑤ 단층장 : 단층으로 된 장이다.

⑥ 문갑 : 문서나 문구를 넣어 두는 가구이다.

⑦ 반닫이 : 전면 위쪽 반만 열어 젖힐 수 있는 문을 단, 옷 따위를 넣어 두는 궤(상자)이다.

(6) 가구의 배치 방법

가구는 벽 부분에 바짝 붙여 배치하여야 하고, 사용 목적과 행위에 맞는 가구 배치를 해야 하며, 전체 공간의 스케일과 시각적·심미적 균형을 이루도록 한다. 특히, 문이나 창문이 있을 경우 높이를 고려한다. 가구와 설치물의 배치 결정 시 가장 먼저 고려하여야 할 사항은 기능성이고, 가구 선택 시 고려하여야 할 사항은 인간공학적 배려, 구조적 안전성 및 실내 공간과의 조화 등이고, 디자이너의 유명도와는 무관하다.

① **집중식 배치** : 형식적이고 정돈된 느낌을 주어 장소를 적게 차지하며, 집중적인 작업을 하는 공간에 사용하는 것이 유리하다.

② **분산식 배치** : 흩어진 듯한 느낌을 주어 장소를 많이 차지하며, 자유분방하고 비형식적인 것을 좋아하는 현대인에게 적합하다.

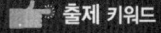

■ **기능성**
가구와 설치물의 배치 결정 시 가장 먼저 고려하여야 할 사항

■ **가구 선택 시 고려하여야 할 사항**
• 인간공학적 배려
• 구조적 안전성
• 실내 공간과의 조화 등

1-3. 실내 디자인의 요소
과년도 출제문제

01 | 내부공간의 구성 요소 | 04

내부생활 공간을 구성하는 요소가 아닌 것은?
① 인간 ② 도로
③ 장치 ④ 공간

해설 내부 생활 공간을 구성하고 요소에는 인간, 장치 및 공간 등이 있고, 도로는 외부 공간과 관계가 있다.

02 | 실내 기본 요소(바닥의 용어) | 05

실내 기본 요소 중 일반적으로 접촉빈도가 가장 높은 곳은?
① 벽 ② 바닥
③ 천장 ④ 기둥

해설 벽은 실내 공간의 구성 요소 중 외부로부터의 방어와 프라이버시를 확보하고 공간의 형태와 크기를 결정하며 공간과 공간을 구분하는 수직적 요소이고, 천장은 시각적 흐름이 최종적으로 멈추는 곳으로 지각의 느낌에 영향을 미치고, 다른 실내 기본 요소보다도 조형적으로 가장 자유롭고, 중요한 요소이며, 공간을 형성하는 수평적 요소로서 그 형태에 따라 실내 공간의 음향에 가장 큰 영향을 미치는 것이다. 또한, 실내 기본 요소 중 내부 공간의 어느 요소보다 조형적으로 자유로운 것이며, 기둥은 건축물의 구성 요소로서 보나 도리, 바닥판과 같은 가로재의 하중을 받아 기초에 전달하는 것 또는 선형의 수직 요소로 크기, 형상을 가지고 있으며 구조적 요소 또는 강조적, 상징적 요소로 사용되는 것이다.

03 | 실내 기본 요소(바닥의 용어) | 25, 21, 13

천장과 함께 실내 공간을 구성하는 수평적 요소로서 생활을 지탱하는 역할을 하는 것은?
① 벽 ② 바닥
③ 기둥 ④ 개구부

해설 벽은 실내 공간의 구성 요소 중 외부로부터의 방어와 프라이버시를 확보하고 공간의 형태와 크기를 결정하며 공간과 공간을 구분하는 수직적 요소이고, 기둥은 건축물의 구성 요소로서 보나 도리, 바닥판과 같은 가로재의 하중을 받아 기초에 전달하는 것 또는 선형의 수직 요소로 크기, 형상을 가지고 있으며 구조적 요소 또는 강조적, 상징적 요소로 사용되는 것이며, 개구부는 창, 문 등이 없다면 건축물의 내・외부는 완전히 차단되므로 폐쇄된 벽의 일부를 뚫어 건축물의 내・외부를 소통할 수 있게 만든 것이다.

04 | 실내 기본 요소(바닥의 용어) | 04

건축구조물에서 생활의 장소를 직접 지탱하고 추위와 습기를 차단하며 중력에 대한 지지의 역할을 하는 것은?
① 바닥 ② 벽
③ 천정 ④ 지붕

해설 벽은 실내 공간의 구성 요소 중 외부로부터의 방어와 프라이버시를 확보하고 공간의 형태와 크기를 결정하며 공간과 공간을 구분하는 수직적 요소이고, 천장은 시각적 흐름이 최종적으로 멈추는 곳으로 지각의 느낌에 영향을 미치고, 다른 실내 기본 요소보다도 조형적으로 가장 자유롭고, 중요한 요소이며, 공간을 형성하는 수평적 요소로서 그 형태에 따라 실내 공간의 음향에 가장 큰 영향을 미치는 것이다. 또한, 실내 기본 요소 중 내부 공간의 어느 요소보다 조형적으로 자유로운 것이며, 지붕은 건축물의 최상부를 막아 비나 눈이 건축물의 내부로 흘러들지 못하게 하고, 실내 공기를 보호하는 부분으로서 그 모양과 기울기가 다양하다.

05 | 실내 기본 요소(바닥의 용어) | 02

사람들의 생활이 이루어지고 공간에 부수되는 벽, 칸막이, 가구류, 기물류 들이 놓이게 되는 곳은?
① 바닥 ② 벽
③ 천장 ④ 개구부

해설 벽은 실내 공간의 구성 요소 중 외부로부터의 방어와 프라이버시를 확보하고 공간의 형태와 크기를 결정하며 공간과 공간을 구분하는 수직적 요소이고, 천장은 시각적 흐름이 최종적으로 멈추는 곳으로 지각의 느낌에 영향을 미치고, 다른 실내 기본 요소보다도 조형적으로 가장 자유롭고, 중요한 요소이며, 공간을 형성하는 수평적 요소로서 그 형태에 따라 실내 공간의 음향에 가장 큰 영향을 미치는 것이다. 또한, 실내 기본 요소 중 내부 공간의 어느 요소보다 조형적으로 자유로운 것이며, 개구부는 창, 문 등이 없다면 건축물의 내・외부는 완전히 차단되므로 폐쇄된 벽의 일부를 뚫어 건축물의 내・외부를 소통할 수 있게 만든 것이다.

정답 01. ② 02. ② 03. ② 04. ① 05. ①

06 | 실내 기본 요소(바닥의 용어)
24, 15

실내 공간을 형성하는 기본 구성 요소 중 다른 요소들에 비해 시대의 양식에 의한 변화가 거의 없는 것은?

① 벽
② 바닥
③ 천장
④ 지붕

해설 벽은 실내 공간의 구성 요소 중 외부로부터의 방어와 프라이버시를 확보하고 공간의 형태와 크기를 결정하며 공간과 공간을 구분하는 수직적 요소이고, 천장은 시각적 흐름이 최종적으로 멈추는 곳으로 지각의 느낌에 영향을 미치고, 다른 실내 기본 요소보다도 조형적으로 가장 자유롭고, 중요한 요소이며, 공간을 형성하는 수평적 요소로서 그 형태에 따라 실내 공간의 음향에 가장 큰 영향을 미치는 것이다. 또한, 실내 기본 요소 중 내부 공간의 어느 요소보다 조형적으로 자유로운 것이며, 지붕은 건축물의 최상부를 막아 비나 눈이 건축물의 내부로 흘러들지 못하게 하고, 실내 공기를 보호하는 부분으로서 그 모양과 기울기가 다양하다.

07 | 실내 기본 요소(바닥의 용어)
19, 16, 10, 09

실내 공간을 구성하는 요소 중 인간 생활을 지탱하며 인간의 감각 중 시각적, 촉각적 요소와 밀접한 관계를 갖는 가장 기본적인 요소는?

① 천장
② 벽
③ 바닥
④ 가구

해설 벽은 실내 공간의 구성 요소 중 외부로부터의 방어와 프라이버시를 확보하고 공간의 형태와 크기를 결정하며 공간과 공간을 구분하는 수직적 요소이고, 천장은 시각적 흐름이 최종적으로 멈추는 곳으로 지각의 느낌에 영향을 미치고, 다른 실내 기본 요소보다도 조형적으로 가장 자유롭고, 중요한 요소이며, 공간을 형성하는 수평적 요소로서 그 형태에 따라 실내 공간의 음향에 가장 큰 영향을 미치는 것이다. 또한, 실내 기본 요소 중 내부 공간의 어느 요소보다 조형적으로 자유로운 것이며, 가구는 실내에 배치하여 생활, 작업 등에 사용하는 기구이다.

08 | 실내 기본 요소(바닥)
23, 18, 14, 04, 02

실내 공간의 바닥에 관한 설명으로 옳지 않은 것은?

① 공간을 구성하는 수평적 요소이다.
② 신체와 직접 접촉되는 부분이므로 촉감을 고려한다.
③ 노인이 거주하는 실내에서는 바닥의 높이차가 없는 것이 좋다.
④ 바닥 면적이 좁을 경우 바닥에 높이차를 두는 것이 공간을 넓게 보이는 데 효과적이다.

해설 실내 공간의 바닥 설계에 있어서 바닥 차가 없는 바닥은 공간의 연속성을 주어 바닥 차가 있는 경우보다 실내를 더 넓게 보이게 한다.

09 | 실내 기본 요소(바닥)
12

실내 기본 요소 중 바닥에 관한 설명으로 옳지 않은 것은?

① 생활을 지탱하는 가장 기본적인 요소이다.
② 공간의 영역을 조정할 수 있는 기능은 없다.
③ 촉각적으로 만족할 수 있는 조건을 요구한다.
④ 천장과 함께 공간을 구성하는 수평적 요소이다.

해설 바닥은 실내 공간을 구성하는 요소 중 인간 생활을 지탱하며 인간의 감각 중 시각적, 촉각적 요소와 밀접한 관계(접촉 빈도)를 갖는 가장 기본적인 요소이고, 천장과 함께 실내 공간을 구성하는 수평적 요소로서 생활을 지탱하는 역할을 하는 것이며, 생활의 장소를 직접 지탱하고 추위와 습기를 차단하며 중력에 대한 지지의 역할을 하는 것이다. 또한, 바닥은 사람들의 생활이 이루어지고 공간에 부수되는 벽, 칸막이, 가구류, 기물류 들이 놓이게 되는 곳이고, 실내 공간을 형성하는 기본 구성 요소 중 다른 요소들에 비해 시대의 양식에 의한 변화가 거의 없는 것이다. 공간의 영역을 조정할 수 있는 기능은 벽이다.

10 | 실내 기본 요소(바닥)
23, 22, 14

실내 기본 요소 중 바닥에 관한 설명으로 옳지 않은 것은?

① 촉각적으로 만족할 수 있는 조건을 요구한다.
② 천장과 함께 공간을 구성하는 수평적 요소이다.
③ 고저차에 의해서만 공간의 영역을 조정할 수 있다.
④ 외부로부터 추위와 습기를 차단하고 사람과 물건을 지지한다.

해설 실내 공간의 구성 요소 중 고저차, 바닥재료 및 색깔에 의해서 공간의 영역을 조정할 수 있다.

11 | 실내 기본 요소(바닥)
25, 24, 12

실내 공간의 구성 요소 중 바닥에 관한 설명으로 옳지 않은 것은?

① 촉각적으로 만족할 수 있는 조건을 요구한다.
② 수평적 요소로서 생활을 지탱하는 기본적 요소이다.
③ 단차를 통한 공간 분할은 바닥면이 좁을 때 주로 사용된다.
④ 벽이나 천장은 시대와 양식에 의한 변화가 현저한 데 비해 바닥은 매우 고정적이다.

정답 06. ② 07. ③ 08. ④ 09. ② 10. ③ 11. ③

해설 바닥의 구성에 있어서 단차를 두지 않는 것이 바람직하나, 부득이 바닥의 단차를 두는 경우에는 바닥 면적이 넓을 때 사용한다.

12 | 실내 기본 요소(바닥)
09

실내 공간을 구성하는 기본 요소 중 바닥에 대한 설명으로 옳은 것은?

① 같은 층에서 바닥에 차를 두는 경우, 단의 높이가 정상적인 치수보다 너무 낮은 경우에는 안전상 위험이 따르므로 유의하여야 한다.
② 같은 층에서 바닥에 차를 두는 경우는 바닥면이 좁을 때 주로 사용된다.
③ 같은 층에서 바닥에 차를 두는 경우가 바닥에 차를 두지 않는 경우보다 일반적으로 실내를 더 넓어 보이게 한다.
④ 어린이나 노인이 있는 가정에서는 바닥차가 있는 편이 안전성면에서 더 바람직하다.

해설 ② 같은 층에서 바닥에 차를 두는 경우는 바닥면이 넓을 때 주로 사용되고, ③ 바닥차를 두지 않는 경우에 넓어 보이며, ④ 어린이나 노인이 있는 가정에서는 바닥차가 없는 편이 더 바람직하다.

13 | 실내 기본 요소(바닥)
20, 14

실내 공간을 형성하는 주요 기본 요소 중 바닥에 관한 설명으로 옳지 않은 것은?

① 고저차로 공간의 영역을 조정할 수 있다.
② 촉각적으로 만족할 수 있는 조건이 요구된다.
③ 다른 요소들에 비해 시대와 양식에 의한 변화가 현저하다.
④ 공간을 구성하는 수평적 요소로서 생활을 지탱하는 가장 기본적인 요소이다.

해설 바닥은 실내 공간을 구성하는 요소 중 인간 생활을 지탱하며 인간의 감각 중 시각적, 촉각적 요소와 밀접한 관계(접촉 빈도)를 갖는 가장 기본적인 요소이고, 천장과 함께 실내 공간을 구성하는 수평적 요소로서 생활을 지탱하는 역할을 하는 것이며, 생활의 장소를 직접 지탱하고 추위와 습기를 차단하며 중력에 대한 지지의 역할을 하는 것이다. 또한, 바닥은 사람들의 생활이 이루어지고 공간에 부수되는 벽, 칸막이, 가구류, 기물류 들이 놓이게 되는 곳이고, 실내 공간을 형성하는 기본 구성 요소 중 다른 요소들에 비해 시대의 양식에 의한 변화가 거의 없는 것이다.

14 | 실내 기본 요소(바닥 구획)
06

실내를 수평 방향으로 구획할 때 구획의 효과가 가장 큰 것은?

① 색채를 다르게 구획한다.
② 패턴(문양)에 변화를 주어 구획한다.
③ 재료를 다르게 하여 구획한다.
④ 평면의 높이를 다르게 구획한다.

해설 실내를 수평으로 구획하는 방법에는 높이차, 색채, 문양 및 재료를 다르게 하는 방법 등이 있으나, 가장 구획의 효과가 큰 경우는 바닥의 높이 차를 두는 방법이다.

15 | 바닥의 스케일 변화
11

실내 공간의 바닥 부분에 있어 공간에 대한 스케일감의 변화를 줄 수 있는 방법으로 가장 적당한 것은?

① 질감의 변화   ② 색채의 변화
③ 단차(level)의 변화   ④ 인테리어 구성재의 변화

해설 실내 공간의 바닥 부분에 있어서 공간에 대한 스케일감의 변화를 줄 수 있는 방법은 단차에 변화를 주는 것이다.

16 | 바닥의 높이 차
22, 19, 13, 09, 04, 01

동일 층에서 바닥에 높이 차를 둘 경우에 관한 설명으로 옳지 않은 것은?

① 안전에 유념해야 한다.
② 심리적인 구분감과 변화감을 준다.
③ 칸막이 없이 공간 구분을 할 수 있다.
④ 연속성을 주어 실내를 더 넓어 보이게 한다.

해설 실내 공간의 바닥 설계에 있어서 바닥 차가 없는 바닥은 공간의 연속성을 주어 바닥 차가 있는 경우보다 실내를 더 넓어 보이게 한다.

17 | 바닥이 넓게 보이는 방법
14, 11

실내 공간을 넓어 보이게 하는 방법과 가장 거리가 먼 것은?

① 큰 가구는 벽에 부착시켜 배치한다.
② 벽면에 큰 거울을 장식해 실내 공간을 반사시킨다.
③ 빈 공간에 화분이나 어항 또는 운동 기구 등을 배치한다.
④ 창이나 문 등의 개구부를 크게 하여 옥외 공간과 시선이 연장되도록 한다.

해설 빈 공간에 화분이나 어항 또는 운동 기구 등을 배치하는 경우는 공간의 분할(넓은 공간을 분할) 즉, 차단적 분할의 의미이다.

정답 12. ① 13. ③ 14. ④ 15. ③ 16. ④ 17. ③

18 | 바닥이 넓게 보이는 방법
25, 24, 23, 16, 08

실내 공간을 실제 크기보다 넓게 보이게 하는 방법으로 가장 알맞은 것은?

① 창이나 문 등의 개구부를 크게 하여 시선이 연결되도록 한다.
② 큰 가구를 공간 중앙에 배치한다.
③ 질감이 거칠고 무늬가 큰 마감 재료를 사용한다.
④ 크기가 큰 가구를 사용하고 벽이나 바닥 면에 빈 공간을 남겨 두지 않는다.

해설 실내 공간의 확대는 주어진 단일 공간을 물리적, 시각적으로 넓게 하는 일체를 말하고, 거울 부착, 적절한 가구의 선택과 배치 및 색채를 이용하기도 하는 방법으로 창이나 문을 크게 하여 시선이 연결되도록 하고, 크기가 작은 가구를 사용하며 질감이 고운 것을 사용한다. 특히, 가구는 벽에 붙여서 배치한다.

19 | 바닥이 넓게 보이는 방법
22, 09, 05

실내 공간을 실제 크기보다 넓어 보이게 하는 방법이 아닌 것은?

① 창이나 문 등의 개구부를 크게 하여 시선이 연결되도록 계획한다.
② 큰 가구는 벽에서 떨어뜨려 배치한다.
③ 크기가 작은 가구를 이용한다.
④ 질감이 거친 것 보다는 고운 것을 사용한다.

해설 실내 공간의 확대는 주어진 단일 공간을 물리적, 시각적으로 넓게 하는 일체를 말하고, 거울 부착, 적절한 가구의 선택과 배치 및 색채를 이용하기도 하는 방법으로 창이나 문을 크게 하여 시선이 연결되도록 하고, 크기가 작은 가구를 사용하며 질감이 고운 것을 사용한다. 특히, 가구는 벽에 붙여서 배치한다.

20 | 바닥이 넓게 보이는 방법
15

어느 실내 공간을 실제 크기보다 넓어 보이게 하려는 방법으로 옳지 않은 것은?

① 창이나 문 등을 크게 한다.
② 벽지는 무늬가 큰 것을 선택한다.
③ 큰 가구는 벽에 부착시켜 배치한다.
④ 질감이 거친 것보다 고운 마감 재료를 선택한다.

해설 실내 공간의 확대는 주어진 단일 공간을 물리적, 시각적으로 넓게 하는 일체를 말하고, 거울 부착, 적절한 가구의 선택과 배치 및 색채를 이용하기도 하는 방법으로 창이나 문을 크게 하여 시선이 연결되도록 하고, 크기가 작은 가구를 사용하며 질감이 고운 것을 사용한다. 특히, 가구는 벽에 붙여서 배치한다.

21 | 바닥의 재료(타일)
09

다음 중 욕실, 현관, 다용도실의 바닥 재료로 가장 적합한 것은?

① 목재   ② 타일
③ 석고   ④ 벽돌

해설 타일은 피막이나 재질이 단단하여 방수 효과가 뛰어나므로 물을 사용하는 공간(욕실, 화장실 및 부엌 등)과 위생적인 공간에 적합하다.

22 | 바닥의 재료
05, 03

실내 바닥 재료에 관한 내용 중 타당하지 않은 것은?

① 청소하기가 쉬워야 한다.
② 튼튼하고 안정감이 있어야 한다.
③ 미끄럽고 촉감이 좋아야 한다.
④ 안정감이 있어야 한다.

해설 바닥 재료의 선택시 주의하여야 할 사항은 튼튼하고 안정감이 있어야 하고, 내구성, 내마멸성, 내오염성, 유리 관리의 간편함 등이 있어야 하며, 청소하기 쉬워야 하고, 미끄럽지 않아야 한다.

23 | 실내 기본 요소(벽의 용어)
13

실내 공간의 구성 요소 중 외부로부터의 방어와 프라이버시를 확보하고 공간의 형태와 크기를 결정하며 공간과 공간을 구분하는 수직적 요소는?

① 보   ② 벽
③ 바닥   ④ 천장

해설 보는 건물 또는 구조물의 뼈대를 구성하는 수평 부재이고, 바닥은 실내 공간을 구성하는 요소 중 인간 생활을 지탱하며 인간의 감각 중 시각적, 촉각적 요소와 밀접한 관계(접촉 빈도)를 갖는 가장 기본적인 요소이고, 천장과 함께 실내 공간을 구성하는 수평적 요소로서 생활을 지탱하는 역할을 하는 것이며, 생활의 장소를 직접 지탱하고 추위와 습기를 차단하며 중력에 대한 지지의 역할을 하는 것이다. 또한, 바닥은 사람들의 생활이 이루어지고 공간에 부수되는 벽, 칸막이, 가구류, 기물류들이 놓이게 되는 곳이고, 실내 공간을 형성하는 기본 구성 요소 중 다른 요소들에 비해 시대의 양식에 의한 변화가 거의 없는 것이며, 천장은 시각적 흐름이 최종적으로 멈추는 곳으로 지각의 느낌에 영향을 미치고, 다른 실내 기본 요소보다도 조형적으로 가장 자유롭고, 중요한 요소이며, 공간을 형성하는 수평적 요소로서 그 형태에 따라 실내 공간의 음향에 가장 큰 영향을 미치는 것이다. 또한, 실내 기본 요소 중 내부 공간의 어느 요소보다 조형적으로 자유로운 것이다.

24 | 실내 기본 요소(벽) 10, 08

다음 중 벽의 기능에 대한 설명으로 옳지 않은 것은?
① 인간의 시선이나 동선을 차단한다.
② 공기의 움직임, 소리의 전파, 열의 이동을 제어한다.
③ 외부로부터의 방어와 프라이버시 확보의 기능을 한다.
④ 수평적 요소로서 수직 방향을 차단하여 공간을 형성한다.

해설 벽은 바닥과 천장을 이어주는 수직적인 역할과 건축물의 외부와 내부를 구획하는 역할(공간과 공간의 구분)을 한다. 즉, 수직적 요소로서 수평 방향을 차단하여 공간을 형성한다.

25 | 실내 기본 요소(벽) 11, 08

실내 기본 요소인 벽에 대한 설명 중 옳지 않은 것은?
① 공간과 공간을 구분한다.
② 공간의 형태와 크기를 결정한다.
③ 실내 공간을 에워싸는 수평적 요소이다.
④ 외부로부터의 방어와 프라이버시를 확보한다.

해설 벽은 실내 공간의 구성 요소 중 외부로부터의 방어와 프라이버시를 확보하고 공간의 형태와 크기를 결정하며 공간과 공간을 구분하는 수직적 요소로서 실내 공간을 에워싸는 수직적 요소이다.

26 | 실내 기본 요소(벽) 05, 02

실내 디자인의 구성 요소 중 벽과 관련한 설명으로 잘못된 것은?
① 칸막이 벽의 다른 형태로는 벽과 수납장의 기능을 동시에 얻을 수 있는 월 캐비넷 시스템(wall cabinet system)이 있다.
② 갈포벽지는 탄력성이 있고 질감이 좋으며 표면이 매끄러워 유지관리에 편하다.
③ 벽의 기능은 외부로부터 방어와 프라이버시 확보에 있다.
④ 유리는 차음성이 있으며 채광과 시선의 연장이 가능하다.

해설 갈포 벽지는 종이 벽지 위에 칡섬유를 붙여서 만든 것으로 질감이 좋고, 흡음성이 좋아 아늑한 분위기를 내주나, 표면이 거칠어 먼지가 잘 타므로 유지 관리에는 불편하고, 가로에는 면사, 세로에는 천연 갈잎, 파초엽, 갈대 줄기 등을 사용한 것으로서 인공재료에서는 볼 수 없는 풍치가 있다.

27 | 발포벽지의 용어 03

벽의 마감재로 사용하는 벽지 중 탄력성, 흡음성, 질감 등이 좋으며 표면의 바닥이 비닐이므로 물로 닦을 수 있는 벽지는?
① 섬유벽지   ② 종이벽지
③ 갈포벽지   ④ 발포벽지

해설 섬유 벽지는 고급 도배 재료로서 직물(견직물, 모직물, 면직물, 마직물 및 화섬직물 등)의 종류에 따라 독특한 광택, 질감 및 색채가 있어 다채로운 재료이고, 종이 벽지는 갱지나 모조지에 색 무늬를 인쇄한 것 또는 두꺼운 갱지 또는 중질지에 색 무늬를 눌러 오목볼록한 무늬가 되게 한 다음 투명한 합성수지를 입힌 것 등이 있으며, 갈포벽지는 종이 벽지 위에 칡섬유를 붙여서 만든 것으로 질감이 좋고, 흡음성이 좋아 아늑한 분위기를 내주나, 표면이 거칠어 먼지가 잘 타므로 유지 관리에는 불편하고, 가로에는 면사, 세로에는 천연 갈잎, 파초엽, 갈대 줄기 등을 사용한 것으로서 인공재료에서는 볼 수 없는 풍치가 있다.

28 | 실내 기본 요소(기둥의 용어) 24, 10

건축물의 구성 요소로서 보나 도리, 바닥판과 같은 가로재의 하중을 받아 기초에 전달하는 것은?
① 마루   ② 천장
③ 지붕틀 ④ 기둥

해설 마루는 마루널을 깔아 놓은 방바닥이고, 천장은 시각적 흐름이 최종적으로 멈추는 곳으로 지각의 느낌에 영향을 미치고, 다른 실내 기본 요소보다도 조형적으로 가장 자유롭고, 중요한 요소이며, 공간을 형성하는 수평적 요소로서 그 형태에 따라 실내 공간의 음향에 가장 큰 영향을 미치는 것이다. 또한, 실내 기본 요소 중 내부 공간의 어느 요소보다 조형적으로 자유로운 것이며, 지붕틀은 지붕을 받는 뼈대를 구성하는 틀이다.

29 | 실내 기본 요소(기둥) 18, 14

실내 디자인 요소 중 기둥에 관한 설명으로 옳지 않은 것은?
① 선형인 수직 요소이다.
② 공간을 분할하거나 동선을 유도하기도 한다.
③ 소리, 빛, 열 및 습기 환경의 중요한 조절 매체가 된다.
④ 기둥의 위치와 수는 공간의 성격을 다르게 만들 수 있다.

해설 실내 디자인의 요소 중 벽체와 지붕은 소리, 빛, 열 및 습기 환경의 중요한 조절 매체가 된다.

30 | 실내 기본 요소(기둥의 용어) 19, 10

선형의 수직 요소로 크기, 형상을 가지고 있으며 구조적 요소 또는 강조적, 상징적 요소로 사용되는 것은?

① 바닥 ② 기둥
③ 보   ④ 천장

해설 바닥은 실내 공간을 구성하는 요소 중 인간 생활을 지탱하며 인간의 감각 중 시각적, 촉각적 요소와 밀접한 관계(접촉 빈도)를 갖는 가장 기본적인 요소이고, 천장과 함께 실내 공간을 구성하는 수평적 요소로서 생활을 지탱하는 역할을 하는 것이며, 생활의 장소를 직접 지탱하고 추위와 습기를 차단하며 중력에 대한 지지의 역할을 하는 것이고, 보는 건물 또는 구조물의 형틀 부분을 구성하는 수평 부재이며, 천장은 시각적 흐름이 최종적으로 멈추는 곳으로 지각의 느낌에 영향을 미치고, 다른 실내 기본 요소보다도 조형적으로 가장 자유롭고, 중요한 요소이며, 공간을 형성하는 수평적 요소로서 그 형태에 따라 실내 공간의 음향에 가장 큰 영향을 미치는 것이다. 또한, 실내 기본 요소 중 내부 공간의 어느 요소보다 조형적으로 자유로운 것이다.

31 | 실내 기본 요소(천장의 용어) 25, 12

다음 설명에 알맞은 실내 기본 요소는?

- 시각적 흐름이 최종적으로 멈추는 곳으로 지각의 느낌에 영향을 미친다.
- 다른 실내 기본 요소보다도 조형적으로 가장 자유롭다.

① 벽   ② 천장
③ 바닥 ④ 개구부

해설 천장은 시각적 흐름이 최종적으로 멈추는 곳으로 지각의 느낌에 영향을 미치고, 다른 실내 기본 요소보다도 조형적으로 가장 자유롭고, 중요한 요소이며, 공간을 형성하는 수평적 요소로서 그 형태에 따라 실내 공간의 음향에 가장 큰 영향을 미치는 것이다. 또한, 실내 기본 요소 중 내부 공간의 어느 요소보다 조형적으로 자유로운 것이다.

32 | 실내 기본 요소(천장의 용어) 02

내부 공간의 요소 중 가장 자유롭고 또한 중요한 요소는?

① 바닥 ② 벽
③ 천장 ④ 기둥

해설 천장은 시각적 흐름이 최종적으로 멈추는 곳으로 지각의 느낌에 영향을 미치고, 다른 실내 기본 요소보다도 조형적으로 가장 자유롭고, 중요한 요소이며, 공간을 형성하는 수평적 요소로서 그 형태에 따라 실내 공간의 음향에 가장 큰 영향을 미치는 것이다. 또한, 실내 기본 요소 중 내부 공간의 어느 요소보다 조형적으로 자유로운 것이다.

33 | 실내 기본 요소(천장의 용어) 07, 04

공간을 형성하는 수평적 요소로서 그 형태에 따라 실내 공간의 음향에 가장 큰 영향을 미치는 것은?

① 천장 ② 벽
③ 바닥 ④ 기둥

해설 천장은 시각적 흐름이 최종적으로 멈추는 곳으로 지각의 느낌에 영향을 미치고, 다른 실내 기본 요소보다도 조형적으로 가장 자유롭고, 중요한 요소이며, 공간을 형성하는 수평적 요소로서 그 형태에 따라 실내 공간의 음향에 가장 큰 영향을 미치는 것이다. 또한, 실내 기본 요소 중 내부 공간의 어느 요소보다 조형적으로 자유로운 것이다.

34 | 실내 기본 요소(천장의 용어) 14

실내 기본 요소 중 시각적 흐름이 최종적으로 멈추는 곳으로, 내부 공간의 어느 요소보다 조형적으로 자유로운 것은?

① 벽   ② 바닥
③ 기둥 ④ 천장

해설 천장은 시각적 흐름이 최종적으로 멈추는 곳으로 지각의 느낌에 영향을 미치고, 다른 실내 기본 요소보다도 조형적으로 가장 자유롭고, 중요한 요소이며, 공간을 형성하는 수평적 요소로서 그 형태에 따라 실내 공간의 음향에 가장 큰 영향을 미치는 것이다. 또한, 실내 기본 요소 중 내부 공간의 어느 요소보다 조형적으로 자유로운 것이다.

35 | 실내 기본 요소(경사 천장) 02

천장면이 넓어져 공간을 커 보이게 하며, 또 사선의 효과가 있어서 동적인 느낌을 주는 것은?

① 높은 천장 ② 낮은 천장
③ 평천장   ④ 경사 천장

해설 높은 천장은 시원한 공간감을 주나 썰렁할 수 있고, 낮은 천장은 아늑해 보이나 답답해 보일 수가 있으므로 천장의 높이는 2.4~2.6m 정도로 하고, 실내의 전체적인 분위기를 고려하여야 하고, 평천장은 가장 일반적인 천장으로 시선을 거의 끌지 못하나, 중앙 부분을 높이거나 낮추어서 시선을 끌 수 있도록 할 수 있으며, 경사 천장은 천장면이 넓어져 공간이 넓어 보이게 하고, 또 사선의 효과가 있어서 동적이고 시선을 끌게 하며, 특히 천장이 높은 부분과 낮은 부분이 공존한다.

정답 30. ② 31. ② 32. ③ 33. ① 34. ④ 35. ④

36 | 실내 기본 요소(냉·난방 천장)
09, 06

냉·난방상 가장 유리한 천장의 형태는?
① 높이가 높은 아치형 천장
② 천장면이 경사진 경사 천장
③ 천장면이 꺾인 꺾임형 천장
④ 높이가 낮은 평평한 평형 천장

해설 냉·난방상 유리한 천장의 형태는 공간(실의 용적)을 적게 형성하는 형태인 높이가 낮고, 평평한 천장을 의미한다.

37 | 실내 기본 요소(천장)
03

천장에 대한 설명 중 잘못된 것은?
① 천장 재료에는 섬유질을 압축하여 만든 텍스(tex)라는 것이 있다.
② 낮은 천장은 시원한 공간감을 주나 산만한 경우가 있다.
③ 천장은 인간을 외부로부터 보호해 주는 역할을 한다.
④ 평천장은 가장 일반적인 것으로 단순하여 시선을 거의 끌지 않는다.

해설 천장의 종류는 높이에 따라서 낮은 천장과 높은 천장, 형태에 따라서 경사 천장과 평천장으로 구분하며, 낮은 천장은 아늑해 보이나 답답해 보일 수 있고, 높은 천장은 시원한 공간감을 주나 썰렁할 수 있다.

38 | 실내 기본 요소
20, 16, 13

실내 공간을 형성하는 주요 기본 구성 요소에 관한 설명으로 옳지 않은 것은?
① 바닥은 촉각적으로 만족할 수 있는 조건을 요구한다.
② 벽은 가구, 조명 등 실내에 놓여지는 설치물에 대한 배경적 요소이다.
③ 천장은 시각적 흐름이 최종적으로 멈추는 곳이기에 지각의 느낌에 영향을 미친다.
④ 다른 요소들이 시대와 양식에 의한 변화가 현저한데 비해 천장은 매우 고정적이다.

해설 실내 공간을 구성하는 기본 요소 중 바닥은 실내 공간을 형성하는 기본 구성 요소 중 다른 요소들에 비해 시대의 양식에 의한 변화가 거의 없는 것이고, 천장은 매우 다양하게 변화하였다.

39 | 설비 계획의 용어
09

실내 공간의 분위기에 미치는 영향이 일반적으로 비교적 적은 것은?
① 구조 계획
② 의장 계획
③ 설비 계획
④ 평면 계획

해설 실내 공간의 분위기에 영향을 미치는 계획은 구조 계획, 의장 계획 및 평면 계획이고, 설비 계획은 큰 영향을 미치지 않는다.

40 | 보이드의 용어
05

공간의 내부가 비어 있는 것을 무엇이라 하는가?
① 보이드(void)
② 솔리드(solid)
③ 텍스츄어(texture)
④ 매스(mass)

해설 솔리드는 충실한 입체로서 건축물의 외부를 말하고, 텍스츄어는 재질 표면 구조 등에 의하여 생기는 물체 표면의 성질이며, 매스는 덩어리로 된 형태로 의미한다.

41 | 공간의 물리적 분할의 용어
07, 04

공간의 분할에서 차단적 분할과 의미가 같은 것은?
① 상징적 분할
② 심리적 분할
③ 암시적 분할
④ 물리적 분할

해설 공간의 분할에서 차단적 분할은 물리적 분할을 의미하며, 상징적 분할, 심리적 분할 및 암시적 분할은 모두 심리적인 분할이라고 할 수 있다.

42 | 공간의 차단적 분할의 재료
17, 12, 11, 08③

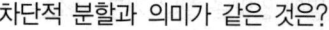

다음 중 공간의 차단적 분할을 위해 사용되는 재료가 아닌 것은?
① 커튼
② 조명
③ 이동벽
④ 고정벽

해설 차단(물리)적 분할은 물리적(유리창과 같이 차단), 시각적으로 공간의 폐쇄성을 갖는 분할로 차단막(고정벽, 이동벽, 블라인드, 커튼, 기둥, 수납장 등)을 구성하는 재료, 형태 및 높이에 따라 영향을 받는다. 공간의 영역이 완전히 차단되는 높이는 사람의 키보다 높은 벽이고, 공간의 차단적 분할은 눈높이인 1.5m 이상이며, 바닥면의 연속성이 단절되고, 동작이 차단된다.

정답 36.④ 37.② 38.④ 39.③ 40.① 41.④ 42.②

43 | 커튼(글라스 커튼의 용어) 10

다음과 같은 특징을 갖는 커튼의 종류는?

- 유리 바로 앞에 치는 커튼이다.
- 일반적으로 투명하고 막과 같은 직물을 사용한다.
- 실내로 들어오는 빛을 부드럽게 하며 약간의 프라이버시를 제공한다.

① 글라스 커튼(glass curtain)
② 새시 커튼(sash curtain)
③ 드로 커튼(draw curtain)
④ 드레이퍼리 커튼(draperies curtain)

해설 새시 커튼은 커튼의 유형 중 창문 전체를 커튼으로 처리하지 않고 반 정도(1/2 정도)만 친 형태를 갖는 커튼이고, 드로 커튼은 줄을 잡아당김으로써 레일에 걸린 커튼을 열고 닫을 수 있도록 고안된 커튼으로 글라스 커튼과 드레이퍼리 커튼의 사이에 사용되는 커튼을 말하며, 드레이퍼리 커튼은 창문에 느슨하게 걸려 있는 중량감 있는 커튼을 의미한다.

44 | 커튼(새시 커튼의 용어) 25, 24, 14, 13, 09

커튼의 유형 중 창문 전체를 커튼으로 처리하지 않고 반 정도만 친 형태를 갖는 것은?

① 새시 커튼 ② 글라스 커튼
③ 드로 커튼 ④ 드레이퍼리 커튼

해설 글라스 커튼은 유리 바로 앞에 치는 커튼으로 일반적으로 투명하고 막과 같은 직물을 사용하며, 실내로 들어오는 빛을 부드럽게 하며 약간의 프라이버시를 제공하고, 드로 커튼은 줄을 잡아당김으로써 레일에 걸린 커튼을 열고 닫을 수 있도록 고안된 커튼으로 글라스 커튼과 드레이퍼리 커튼의 사이에 사용되는 커튼을 말하며, 드레이퍼리 커튼은 창문에 느슨하게 걸려 있는 중량감 있는 커튼을 의미한다.

45 | 커튼(드레이퍼리 커튼의 용어) 24, 08

창문에 느슨하게 걸려 있는 중량감 있는 커튼을 의미하는 것은?

① 글라스 커튼 ② 드레이퍼리 커튼
③ 드로 커튼   ④ 에어 커튼

해설 글라스 커튼은 유리 바로 앞에 치는 커튼으로 일반적으로 투명하고 막과 같은 직물을 사용하며, 실내로 들어오는 빛을 부드럽게 하며 약간의 프라이버시를 제공하고, 드로 커튼은 줄을 잡아당김으로써 레일에 걸린 커튼을 열고 닫을 수 있도록 고안된 커튼으로 글라스 커튼과 드레이퍼리 커튼의 사이에 사용되는 커튼을 말하며, 에어 커튼은 온도가 조절된 강속의 공기 흐름이 밑으로 향하거나 출입구를 가로질러 차단 효과를 냄으로서 해충의 침입을 막고 외기를 통제하여 냄새와 열의 유통을 방지하는 공기막 또는 열린 공간에서도 공기 조절이 가능하며 외부로 통하는 문이나 승강장 등에 사용한다.

46 | 블라인드(롤 블라인드의 용어) 23, 11

단순하고 깔끔한 느낌을 주며 창 이외에 칸막이 스크린으로도 효과적으로 사용할 수 있는 것으로 쉐이드(shade)라고도 불리는 것은?

① 롤 블라인드(roll blind)
② 로만 블라인드(roman blind)
③ 버티컬 블라인드(vertical blind)
④ 베네시안 블라인드(venetian blind)

해설 로만 블라인드는 천의 내부에 설치된 풀 코드나 체인에 의해 당겨져 아래가 접히면서 올라가는 블라인드이고, 버티컬 블라인드는 날개를 세로로 하여 180° 회전하는 홀더 체인으로 연결되어 있으며, 좌우 개폐가 가능한 블라인드이며, 베네시안 블라인드는 수평 블라인드로 안정감을 줄 수 있으나, 날개 사이에 먼지가 끼기 쉬운 블라인드이다.

47 | 공간의 차단적 분할 벽체 높이 06

두 공간을 상징적으로 분리할 수 있는 벽의 최대 높이는?

① 30cm ② 40cm
③ 50cm ④ 60cm

해설 공간의 분할에 있어서 차단적 분할은 물리적(유리창과 같이 차단), 시각적으로 공간의 폐쇄성을 갖는 분할로 차단막(고정벽, 이동벽, 블라인드, 커튼, 수납장 등)을 구성하는 재료, 형태 및 높이에 따라 영향을 받고, 상징(암시)적 분할은 공간을 완전히 차단하지 않고 낮은 가구, 식물, 벽난로, 기둥, 바닥면의 레벨차, 천장의 높이차 등을 이용하여 공간의 영역을 상징적으로 분할하는 방법(최대 높이 60cm)이며, 지각(심리)적 분할은 느낌에 의한 분할 방법으로 조명, 색채, 패턴, 마감재의 변화, 개구부, 동선 및 평면 형태의 변화 등이다.

48 | 커튼의 용어 24, 21, 15

창문을 통해 입사되는 광량, 즉 빛 환경을 조절하는 일광 조절 장치에 속하지 않는 것은?

① 픽처 윈도 ② 글라스 커튼
③ 로만 블라인드 ④ 드레이퍼리 커튼

정답 43.① 44.① 45.② 46.① 47.④ 48.①

Chapter 01 · 실내 디자인론 71

해설 일광(일사) 조절 장치에는 루버(수직, 수평, 격자, 가동 및 고정 등), 차양, 발코니, 커튼(글라스 커튼, 드레이퍼리 커튼, 로만 블라인드) 및 처마 등이 있고, 픽처 윈도는 바닥으로부터 천장까지를 모두 창으로 구성한 형식의 고정식 창이다.

49 | 공간의 시각적 차단의 벽 높이
07

실내 디자인 요소 중 시각적 차단에 적당한 벽 높이는?

① 600mm 정도
② 700mm 정도
③ 1,200mm 정도
④ 1,800mm 정도

해설 공간의 영역이 완전히 차단(시각적 차단)되는 높이는 사람의 키보다 높은 벽(1.8m 정도)이고, 공간의 차단적 분할은 눈높이인 1.5m 이상이며, 바닥면의 연속성이 단절되고, 동작이 차단된다.

50 | 차단적 분할의 높이
03, 98

벽의 높이는 인간에게 심리적인 영향을 주는데 공간의 영역이 완전히 차단되는 높이의 기준은?

① 60cm 높이의 벽
② 가슴 높이의 벽
③ 눈 높이의 벽
④ 키보다 높은 벽

해설 공간의 영역이 완전히 차단(시각적 차단)되는 높이는 사람의 키보다 높은 벽(1.8m 정도)이고, 공간의 차단적 분할은 눈높이인 1.5m 이상이며, 바닥면의 연속성이 단절되고, 동작이 차단된다.

51 | 차단적 분할의 시작 높이
23, 09

한 공간이 다른 공간과 차단적으로 분할되기 시작하는 벽체의 높이는 인체를 기준으로 어느 높이에 해당하는가?

① 무릎높이
② 가슴높이
③ 눈높이
④ 키를 넘어서는 높이

해설 차단적(물리적)분할은 물리적, 시각적으로 공간의 폐쇄성을 갖는 것으로 차단막을 구성하는 재료(고정벽, 이동벽, 블라인드 및 수납장 등), 형태 및 높이(눈높이인 1.5m 이상)에 따라 커다란 영향을 받게 된다.

52 | 공간의 상징(심리)적 분할
23, 10, 07

다음 중 실내 공간을 상징적(심리적)으로 분할하는 방법과 가장 거리가 먼 것은?

① 낮은 가구
② 커튼
③ 식물
④ 기둥

해설 공간의 분할에 있어서 차단적 분할은 물리적(유리창과 같이 차단), 시각적으로 공간의 폐쇄성을 갖는 분할로 차단막(고정벽, 이동벽, 블라인드, 커튼, 수납장 등)을 구성하는 재료, 형태 및 높이에 따라 영향을 받고, 상징(암시)적 분할은 공간을 완전히 차단하지 않고 낮은 가구, 식물, 벽난로, 기둥, 바닥면의 레벨차, 천장의 높이차 등을 이용하여 공간의 영역을 상징적으로 분할하는 방법이며, 지각(심리)적 분할은 느낌에 의한 분할 방법으로 조명, 색채, 패턴, 마감재의 변화, 개구부, 동선 및 평면 형태의 변화 등이다.

53 | 아늑하고 안정적 공간의 조성
11, 09

다음 중 공간이 지나치게 넓은 경우 공간을 아늑하고 안정감 있게 보이게 하는 방법으로 가장 알맞은 것은?

① 창이나 문 등의 개구부를 크게 한다.
② 키가 큰 가구를 이용하여 공간을 분할한다.
③ 유리나 플라스틱으로 된 가구를 이용하여 시선이 차단되지 않게 한다.
④ 난색보다는 한색을 사용하고, 조명으로 천장이나 바닥 부분을 밝게 한다.

해설 키가 큰 가구를 이용하면 공간을 분할하므로 공간이 지나치게 넓은 경우 공간을 아늑하고 안정감이 있게 한다.

54 | 출입문(여닫이문)의 용어
08

다음과 같은 특징을 갖는 문의 종류는?

- 가장 일반적인 형태로서 문틀에 경첩을 사용하거나 상하 모서리에 플로어 힌지를 사용하여 문짝의 회전을 통하여 개폐가 가능한 문이다.
- 문의 개폐를 위한 여분의 공간이 필요하다.

① 미닫이문
② 미서기문
③ 여닫이문
④ 접이문

해설 미닫이문은 문이 열리면 문이 벽쪽으로 가서 겹치므로 개구부가 완전히 열리게 되며, 문이 벽속으로 들어가므로 보이지 않게 되어 외관상 좋고, 미서기문은 여닫는 데 여분의 공간을 필요로 하지 않으므로 공간이 좁을 때 사용하면 편리하나, 문짝이 세워지는 부분은 열리지 않으며, 접이문은 문을 몇 쪽으로 나누어 병풍과 같이 접어가며 열 수 있는 형식으로, 개구부가 클 경우에 이용하는 문의 형식이다.

55 | 출입문(회전문의 용어)
11, 09, 07, 03

다음 중 냉·난방상 가장 유리한 출입문의 종류는?

① 미서기문 ② 여닫이문
③ 회전문 ④ 미닫이문

해설 미서기문은 여닫는 데 여분의 공간을 필요로 하지 않으므로 공간이 좁을 때 사용하면 편리하나, 문짝이 세워지는 부분은 열리지 않으며, 여닫이문은 가장 일반적인 형태로서 문틀에 경첩을 사용하거나 상하 모서리에 플로어 힌지를 사용하여 문짝의 회전을 통하여 개폐가 가능한 문이고, 문의 개폐를 위한 여분의 공간이 필요하며, 미닫이문은 문이 열리면 문이 벽 쪽으로 가서 겹치므로 개구부가 완전히 열리게 되며, 문이 벽 속으로 들어가므로 보이지 않게 되어 외관상 좋다.

56 | 출입문(회전문의 용어)
07

통풍·기류의 방지 및 인원 출입 조절이 가능한 문은?

① 주름문 ② 자유문
③ 회전문 ④ 여닫이문

해설 주름문은 주름이 잡히며 열리는 살문으로, 자동차 차고나 승강기 등에 쓰이는 금속성 창살형의 문이고, 자재(자유)문은 여닫이문과 기능은 비슷하나 자유 경첩의 스프링에 의해 내·외부로 모두 개폐되고, 주택보다는 대형 건물의 현관문으로 많이 사용되어 많은 사람들이 출입하기에 편리한 문이며, 여닫이문은 가장 일반적인 형태로서 문틀에 경첩을 사용하거나 상하 모서리에 플로어 힌지를 사용하여 문짝의 회전을 통하여 개폐가 가능한 문이고, 문의 개폐를 위한 여분의 공간이 필요하다.

57 | 출입문(회전문의 용어)
25, 20, 10

방풍 및 열 손실을 최소로 줄여주는 반면 동선의 흐름을 원활히 해주는 출입문의 형태는?

① 접문 ② 회전문
③ 미닫이문 ④ 여닫이문

해설 접이문은 문을 몇 쪽으로 나누어 병풍과 같이 접어가며 열 수 있는 형식으로, 개구부가 클 경우에 이용하는 문의 형식이고, 미닫이문은 문이 열리면 문이 벽 쪽으로 가서 겹치므로 개구부가 완전히 열리게 되며, 문이 벽 속으로 들어가므로 보이지 않게 되어 외관상 좋고, 여닫이문은 가장 일반적인 형태로서 문틀에 경첩을 사용하거나 상하 모서리에 플로어 힌지를 사용하여 문짝의 회전을 통하여 개폐가 가능한 문이고, 문의 개폐를 위한 여분의 공간이 필요하다.

58 | 출입문(자재문의 용어)
21, 13, 08

여닫이문과 기능은 비슷하나 자유 경첩의 스프링에 의해 내·외부로 모두 개폐되는 문은?

① 자재문 ② 주름문
③ 미닫이문 ④ 미서기문

해설 주름문은 주름이 잡히며 열리는 살문으로, 자동차 차고나 승강기 등에 쓰이는 금속성 창살형의 문이고, 미닫이문은 문이 열리면 문이 벽쪽으로 가서 겹치므로 개구부가 완전히 열리게 되며, 문이 벽속으로 들어가므로 보이지 않게 되어 외관상 좋고, 미서기문은 여닫는 데 여분의 공간을 필요로 하지 않으므로 공간이 좁을 때 사용하면 편리하나, 문짝이 세워지는 부분은 열리지 않는다.

59 | 출입문(자재문의 용어)
05, 02

주택보다는 대형 건물의 현관문으로 많이 사용되어 많은 사람들이 출입하기에 편리한 문은?

① 자재문 ② 미닫이문
③ 여닫이문 ④ 접이문

해설 미닫이문은 문이 열리면 문이 벽쪽으로 가서 겹치므로 개구부가 완전히 열리게 되며, 문이 벽속으로 들어가므로 보이지 않게 되어 외관상 좋고, 여닫이문은 가장 일반적인 형태로서 문틀에 경첩을 사용하거나 상하 모서리에 플로어 힌지를 사용하여 문짝의 회전을 통하여 개폐가 가능한 문이고, 문의 개폐를 위한 여분의 공간이 필요하며, 접이문은 문을 몇 쪽으로 나누어 병풍과 같이 접어가며 열 수 있는 형식으로, 개구부가 클 경우에 이용하는 문의 형식이다.

60 | 출입문(문의 위치 결정 요소)
25, 16, 09, 07, 05, 02

문의 위치를 결정할 때 고려해야 할 사항으로 거리가 먼 것은?

① 출입 동선 ② 가구를 배치할 공간
③ 통행을 위한 공간 ④ 재료 및 문의 종류

해설 문의 위치를 결정할 때에는 출입 동선, 문이 열릴 때 필요한 여유 공간, 통행을 위한 공간 및 가구를 배치할 공간 등을 고려하여야 한다.

61 | 창문(붙박이창의 용어)
10, 04, 03

채광만을 목적으로 하고, 환기를 할 수 없는 밀폐된 창은?

① 미서기창 ② 오르내리창
③ 붙박이창 ④ 미닫이창

해설 붙박이창은 틀에 바로 유리를 고정시킨 창, 열리지 않게 고정된 창 또는 창의 일부로서 주로 채광(가시광선)을 하기 위하여 설치한 창(채광용)으로 환기가 불가능한 창이다.

62 | 창문(창의 설치 목적)
13

다음 중 창의 설치 목적과 가장 거리가 먼 것은?

① 채광　　　　　② 단열
③ 조망　　　　　④ 환기

해설 창호의 역할은 공간과 다른 공간을 연결하고, 통풍과 채광을 가능하게 하며, 전망을 확보한다.

63 | 창문(여닫이창의 용어)
12

다음과 같은 특징을 갖는 창의 종류는?

- 열리는 범위를 조절할 수 있다.
- 안으로나 밖으로 열리는데 특히 안으로 열릴 때는 열릴 수 있는 면적이 필요하므로 가구배치 시 이를 고려하여야 한다.

① 미닫이창　　　② 여닫이창
③ 미서기창　　　④ 오르내리창

해설 미닫이창은 상하의 틀에 홈을 만들어 창호를 끼워서 벽 옆이나 벽 속으로 밀어 넣는 형식의 창호이고, 미서기창은 미닫이 창호와 거의 같은 구조로 상하의 틀에 두 줄로 홈을 파서 문 한 짝을 다른 한 짝의 옆에 밀어 붙이게 된 창호이며, 오르내리창은 창에 추를 달아 문틀의 상부에 댄 도르래에 걸어 내려 창이 상하로 오르내릴 수 있는 창호이다.

64 | 창문(여닫이창의 용어)
06

이동식 창 중 열리는 공간만큼 여유 공간이 필요한 창은?

① 루버창　　　　② 여닫이창
③ 고창　　　　　④ 미서기창

해설 루버창은 루버를 달아서 열리게 하므로 루버의 각도를 조절하면 개구부가 완전히 열릴 수 있고, 창의 개폐에 필요한 공간도 없으므로 환기창으로 많이 사용하고, 고창은 개구부가 모두 열릴 수 있고, 문을 여닫을 때 힘이 덜 들기 때문에 노인실이나 환자실의 방에 사용하는 것이 좋으나, 창의 개폐를 위한 여분의 공간이 필요하므로 개구부가 클수록 많은 공간이 요구되며, 미서기창은 미닫이 창호와 거의 같은 구조로 상하의 틀에 두 줄로 홈을 파서 문 한 짝을 다른 한 짝의 옆에 밀어 붙이게 된 창호이다.

65 | 창문(고정창의 용어)
06, 03

다음 설명하는 창의 종류는?

실내 공간을 실제보다 넓게 보이게 하며, 건물 밖의 전망이 좋을 때 사용하면 효과적이다. 환기를 할 수 없고, 빛과 열을 조절하기 어려운 점이 있다.

① 미서기창　　　② 고정식창
③ 오르내리창　　④ 빗살창

해설 미서기창은 미닫이 창호와 거의 같은 구조로 상하의 틀에 두 줄로 홈을 파서 문 한 짝을 다른 한 짝의 옆에 밀어 붙이게 된 창호이고, 오르내리창은 미서기창과 같은 방식이나 이를 수직으로 설치한 것으로 창의 폭보다 길이가 더 길고, 고전 양식의 건축물이나 기차의 창에서 흔히 볼 수 있으며, 빗살(루버)창은 루버를 달아서 열리게 하므로 루버의 각도를 조절하면 개구부가 완전히 열릴 수 있고, 창의 개폐에 필요한 공간도 없으므로 환기창으로 많이 사용한다.

66 | 창문(고정창의 용어)
25, 23, 18, 15, 14, 12

다음 설명에 알맞은 창의 종류는?

- 크기와 형태에 제약 없이 자유로이 디자인할 수 있다.
- 창을 통한 환기가 불가능하다.

① 고정창　　　　② 미닫이창
③ 여닫이창　　　④ 오르내리창

해설 미닫이창은 상하의 틀에 홈을 만들어 창호를 끼워서 벽 옆이나 벽 속으로 밀어 넣는 형식의 창호이고, 여닫이창은 열리는 범위를 조절할 수 있고, 안으로나 밖으로 열리는데 특히 안으로 열릴 때는 열릴 수 있는 면적이 필요(열리는 공간만큼 여유 공간이 필요)하므로 가구배치 시 이를 고려하여야 하며, 오르내리창은 미서기창과 같은 방식이나 이를 수직으로 설치한 것으로 창의 폭보다 길이가 더 길고, 고전 양식의 건축물이나 기차의 창에서 흔히 볼 수 있다.

67 | 창문(고정창의 종류)
23, 20, 11

창(窓)을 가동 여부에 따라 고정창, 이동창으로 구분할 경우, 다음 중 고정창에 해당하지 않는 것은?

① 미서기창　　　② 윈도 월
③ 베이 윈도　　　④ 픽처 윈도

정답 62. ② 63. ② 64. ② 65. ② 66. ① 67. ①

해설 창의 종류는 고정창과 이동창으로 구분되고, 고정창에는 픽처 윈도(바닥에서 천장까지 닿는 커다란 창), 윈도 월(벽면 전체를 창으로 구성), 고창(천장 가까이에 있는 벽에 위치한 창문으로 채광을 얻고 환기를 시키고, 욕실, 화장실 등과 같이 높은 프라이버시를 요하는 실에 적합) 및 베이 윈도(창이 벽보다 튀어나온 창) 등이 있으며, 이동창에는 오르내리창, 미닫이창, 여닫이창, 들창 및 미서기창 등이 있다.

68 | 창문의 위치(천장의 용어)
12, 04

채광의 효과가 가장 좋은 창의 종류는?

① 천창　　　　　② 측창
③ 정측창　　　　④ 고측창

해설 천창 채광은 천창(지붕면에 있는 수평 또는 수평에 가까운 창)에 의한 채광으로 채광량이 많으므로 방구석의 저조도를 해결할 수 있고, 채광 효과가 가장 좋은 창이다.

69 | 창문의 위치(천창)
10, 06

창의 종류 중 천창에 대한 설명으로 옳지 않은 것은?

① 건축 계획의 자유도가 증가한다.
② 벽면을 더욱 다양하게 활용할 수 있다.
③ 차열, 통풍에 유리하고 개방감이 크다.
④ 밀집된 건물에 둘러싸여 있어도 일정량의 채광이 가능하다.

해설 천창(지붕면에 있는 수평 또는 수평에 가까운 창) 채광은 편측 채광의 문제점인 방구석의 저조도, 조명도 분포의 불균형, 방구석 주광선 방향의 저각도 등은 해소되나, 시선 방향의 시야가 차단되므로 폐쇄된 분위기가 되기 쉽고, 평면 계획과 시공, 관리가 어렵고, 빗물이 새기 쉽다. 또한, 장점으로는 인접 건물에 대한 프라이버시 침해가 적고, 채광에 유리하며, 채광량이 많아지고 조명도가 균일하게 된다.

70 | 창문의 위치(천창)
06

천창(天窓)의 설명으로 가장 거리가 먼 것은?

① 미술관, 박물관, 공장 등에서 채광상의 요구를 해결하기 위해 많이 이용된다.
② 밀집된 건물에 둘러싸여 있어도 일정량의 채광이 확보된다.
③ 건축 계획의 자유도가 증가한다.
④ 벽면 이용을 개구부에 상관없이 다양하게 활용할 수 있다.

해설 천창의 특성은 ②, ③ 및 ④ 외에 인접 건물에 대한 프라이버시 침해가 적고, 채광량이 많아 유리하며, 조도가 균일한 장점이 있는 반면에 시선 방향의 시야가 차단되므로 폐쇄된 분위기가 되기 쉽고, 평면 계획과 시공, 관리가 어려우며, 빗물이 새기 쉬운 단점이 있다.

71 | 창문의 위치(천창)
06

천창 및 천장에 대한 설명 중 잘못된 것은?

① 천장 재료에는 섬유질을 압축하여 만든 텍스라는 것이 있다.
② 벽면의 다양한 활용이 불가능하다.
③ 천장은 인간을 외부로부터 보호해주는 역할을 한다.
④ 밀집된 건축물에 둘러싸여 있어도 일정량의 채광이 가능하다.

해설 천창은 벽면의 다양한 활용이 가능한 채광 방식이다.

72 | 창문의 위치(천창)
13

천창에 관한 설명으로 옳지 않은 것은?

① 벽면의 다양한 활용이 가능하다.
② 같은 면적의 측창보다 광량이 많다.
③ 차열, 전망, 통풍에 유리하고 개방감이 크다.
④ 밀집된 건물에 둘러싸여 있어도 일정량의 채광이 가능하다.

해설 천창(지붕면에 수평 또는 수평에 가까운 창)은 차열, 전망에 불리하고, 통풍에 유리하며 개방감이 작으나 채광에 매우 유리한 창이다.

73 | 창문의 위치(고창의 용어)
23, 11, 10, 05

다음 설명에 알맞은 창의 종류는?

- 천장 가까이에 있는 벽에 위치한 창문으로 채광을 얻고 환기를 시킨다.
- 욕실, 화장실 등과 같이 높은 프라이버시를 요하는 실에 적합하다.

① 베이 윈도　　　② 윈도 월
③ 측창　　　　　④ 고창

해설 베이 윈도는 벽면보다 돌출된 창이고, 윈도 월은 벽면 전체가 창으로 처리된 창이며, 측창은 벽면에 수직으로 설치된 일반적인 창이다.

74 | 창문의 기능과 특징
04, 02

창의 기능과 특징에 대한 설명으로 틀린 것은?

① 채광, 통풍, 조망, 환기의 역할을 한다.
② 실내공간과 실외공간을 시각적으로 연결한다.
③ 창은 실내의 냉·난방과는 관련성이 없다.
④ 창은 실내의 조명계획과 밀접한 관련성이 있다.

해설 창이란 채광, 통풍, 조망 및 환기의 역할을 하고, 실내 공간과 실외 공간을 시각적으로 연결하며, 실내의 조명 계획과 냉·난방에 깊은 관계가 있다.

75 | 개구부의 역할
25, 11, 09

개구부(창과 문)의 역할에 대한 설명 중 옳지 않은 것은?

① 창은 조망을 가능하게 한다.
② 창은 통풍과 채광을 가능하게 한다.
③ 문은 공간과 다른 공간을 연결시킨다.
④ 창은 가구, 조명 등 실내에 놓여지는 설치물에 대한 배경이 된다.

해설 창은 출입이 목적이 아니라 전망, 환기 및 채광만을 목적으로 하는 것이고, 실내를 구성하는 가구나 그림, 장식물 등이 놓여지는 배경이 되기도 하는 것은 벽이다.

76 | 개구부의 역할
22, 07

개구부(창문과 출입문)의 역할을 잘못 설명한 것은?

① 공간과 다른 공간을 연결시킨다.
② 통풍과 채광을 가능케 한다.
③ 가구나 실내 기물을 위한 배경이 된다.
④ 전망이나 프라이버시를 확보한다.

해설 창호는 창과 문을 총칭하는 것으로, 창호는 건축물의 개구부에 두어 통행과 차단을 목적으로 한다. 통풍과 채광을 주목적으로 하는 것을 창이라 하고, 사람과 물품이 드나들게 되어 있는 것을 문이라고 한다. 또한, 가구나 실내 기물의 배경이 되는 역할을 하는 구조는 벽이다.

77 | 출입문과 창문(개구부)
22, 20, 12

개구부에 관한 설명으로 옳지 않은 것은?

① 건축물의 표정과 실내 공간의 성격을 규정하는 중요한 요소이다.
② 창은 개폐의 용이 및 단열을 위해 가능한 한 크게 만드는 것이 좋다.
③ 창의 높낮이는 가구의 높이와 사람이 앉거나 섰을 때의 시선 높이에 영향을 받는다.
④ 문은 사람과 물건이 실내, 실외로 통행 출입하기 위한 개구부로 실내 디자인에 있어 평면적인 요소로 취급된다.

해설 개구부에 있어서 창은 개폐의 용이와 단열을 위해 가능한 한 작게 하는 것이 바람직하다.

78 | 출입문과 창문(개구부)
06

문과 창문의 설명으로 틀린 것은?

① 한 공간과 인접된 공간을 연결시킴
② 지붕의 형태에 영향을 줌
③ 가구 배치와 동선에 영향을 줌
④ 통풍과 채광을 가능하게 함

해설 문과 창은 폐쇄된 벽의 일부를 뚫어 건물 내·외부를 소통할 수 있게 만든 것으로 문은 건물의 내부에서 외부로, 한 공간에서 다른 공간으로 출입이 가능하게 한다. 반면 창은 출입이 목적이 아니라 전망, 환기, 채광만을 목적으로 한다. 따라서, 문의 위치를 결정할 때에도 출입 동선, 문이 열릴때 필요한 공간, 통행을 위한 공간 및 가구 배치 공간 등으로 고려하여야 한다.

79 | 출입문과 창문(개구부)
23, 10

창과 문에 관한 설명으로 옳지 않은 것은?

① 인접된 공간을 연결시킨다.
② 전망과 프라이버시의 확보가 가능하다.
③ 공기와 빛을 통과시켜 통풍과 채광을 가능하게 한다.
④ 창과 문의 위치는 가구 배치나 동선에 영향을 주지 않는다.

해설 문의 위치를 결정할 때에도 출입 동선, 문이 열릴 때 필요한 공간, 통행을 위한 공간 및 가구 배치 공간 등으로 고려하여야 한다.

80 | 조명 방식(펜던트 조명 용어)
24, 13

다음 설명에 알맞은 조명 방식은?

• 천장에 매달려 조명하는 조명 방식이다.
• 조명 기구 자체가 빛을 발하는 액세서리 역할을 한다.

① 코브 조명　　② 브래킷 조명
③ 펜던트 조명　④ 캐노피 조명

정답 74. ③ 75. ④ 76. ③ 77. ② 78. ② 79. ④ 80. ③

해설 코브 조명(cove lighting)은 천장, 벽의 구조체에 의해 광원의 빛이 천장 또는 벽면으로 가려지게 하여 반사광으로 간접 조명하는 건축화 조명 방식이고, 브래킷등은 브래킷(벽이나 구조체 등에서 돌출시켜 덕트나 파이프를 지지하고 기기류를 매달게 하는 지지 구조재)에 부착한 등으로 그림을 비추거나 보조용 등으로 사용하고, 실내 벽면에 부착하는 조명의 통칭적 용어이며, 캐노피 조명은 벽면이나 천장면의 일부가 돌출하도록 설치하는 조명 방식이다.

81 | 조명 방식(펜던트 조명 용어)
07, 04, 03

다음 조명 기구 중에서 식사실의 식탁 위에 가장 많이 사용하는 조명 기구는?

① 브래킷
② 펜던트
③ 플로어 스탠드
④ 테이블 스탠드

해설 브래킷등은 브래킷(벽이나 구조체 등에서 돌출시켜 덕트나 파이프를 지지하고 기기류를 매달게 하는 지지 구조재)에 부착한 등으로 그림을 비추거나 보조용 등으로 사용하고, 실내 벽면에 부착하는 조명의 통칭적 용어이고, 플로어 스탠드는 바닥에 세우는 등이며, 테이블 스탠드는 테이블에 사용하는 등이다.

82 | 조명 방식(펜던트 조명 용어)
22, 08

천장에 매달려 조명하는 조명 방식으로 조명 기구 자체가 빛을 발하는 액세서리 역할을 하는 것은?

① 브래킷
② 펜던트
③ 캐스케이드
④ 코니스 조명

해설 브래킷등은 브래킷(벽이나 구조체 등에서 돌출시켜 덕트나 파이프를 지지하고 기기류를 매달게 하는 지지 구조재)에 부착한 등으로 그림을 비추거나 보조용 등으로 사용하고, 실내 벽면에 부착하는 조명의 통칭적 용어이고, 캐스케이드는 낙차가 있는 물의 흐름을 여러 단으로 나누어서 계단형으로 만든 폭포 또는 경사지에 만든 정원에서 흔히 볼 수 있으며, 코니스 조명은 벽의 상부에 길게 설치된 반사 상자 안에 광원을 설치, 모든 빛이 하부로 향하도록 하는 조명 방식이다.

83 | 조명 방식(펜던트 조명 용어)
02

천장에서 와이어나 파이프로 매어단 조명 방식으로, 조명 기구 자체가 장식적인 역할을 하는 조명 방식은?

① 펜던트
② 다운 라이트
③ 스포트 라이트
④ 브래킷

해설 다운라이트는 천장에 작은 구멍을 뚫어 그 속에 기구를 넣는 방식이고, 스포트 라이트는 국부 조명의 일종으로 무대에서 사용하는 집중 투사 광선을 말하며, 브래킷등은 브래킷(벽이나 구조체 등에서 돌출시켜 덕트나 파이프를 지지하고 기기류를 매달게 하는 지지 구조재)에 부착한 등으로 그림을 비추거나 보조용 등으로 사용하고, 실내 벽면에 부착하는 조명의 통칭적 용어이다.

84 | 조명 방식(브래킷 조명 용어)
10

일반적으로 실내 벽면에 부착하는 조명의 통칭적 용어는?

① 브래킷(bracket)
② 펜던트(pendant)
③ 다운 라이트(down light)
④ 캐스케이드(cascade)

해설 펜던트등은 천장에 와이어나 파이프로 매달려 조명하는 조명 방식으로 조명 기구 자체가 빛을 발하는 장식적인(액세서리) 역할을 하고, 식사실의 식탁 위에 가장 많이 사용하는 조명 기구이고, 다운라이트는 천장에 작은 구멍을 뚫어 그 속에 기구를 넣는 방식이며, 캐스케이드는 계단식의 폭포로서 물이 계단에 부딪치며 떨어지는 형식의 폭포이다.

85 | 조명 방식(브래킷 조명 용어)
14

조명 기구의 설치 방법에 따른 분류 중 조명 기구를 벽체에 부착하는 것은?

① 펜던트
② 매입형
③ 브래킷
④ 직부형

해설 브래킷등은 브래킷(벽이나 구조체 등에서 돌출시켜 덕트나 파이프를 지지하고 기기류를 매달게 하는 지지 구조재)에 부착한 등으로 그림을 비추거나 보조용 등으로 사용하고, 실내 벽면에 부착하는 조명의 통칭적 용어이고, 펜던트등은 천장에 와이어나 파이프로 매달려 조명하는 조명 방식으로 조명 기구 자체가 빛을 발하는 장식적인(액세서리)역할을 하고, 식사실의 식탁 위에 가장 많이 사용하는 조명 기구이며, 특히, 브래킷등과 펜던트등은 장식 조명에 이용한다.

86 | 조명 방식(장식 조명의 용어)
06

조명 방식에 따른 분류 중 팬던트, 브래킷은 어떤 조명에 속하는가?

① 장식 조명
② 전반 조명
③ 국부 조명
④ 혼합 조명

해설 브래킷등과 펜던트등은 장식 조명(조명 기구 자체가 하나의 예술품과 같이 강조되거나 분위기를 살려주는 역할을 하는 조명)에 속한다.

87 | 조명 방식(장식 조명의 종류) | 22, 11

다음 중 조명 기구 자체가 하나의 예술품과 같이 강조되거나 분위기를 살려주는 역할을 하는 장식조명에 해당하지 않는 것은?

① 펜던트(pendant)　② 브래킷(bracket)
③ 글레어(glare)　④ 샹들리에(chandelier)

해설 펜던트(조명 기구를 매다는 것), 브래킷(조명 기구를 벽에 설치하는 것) 및 샹들리에는 장식 조명(조명 기구 자체가 하나의 예술품과 같이 강조되거나 분위기를 살려주는 역할을 하는 조명)이고, 글레어(현휘 현상)는 광원의 위치에 따라 채광이나 조명에서 생기는 눈부심을 의미한다.

88 | 조명등(형광등의 특징) | 06

백열 전구에 비해 형광등의 특징이라 할 수 없는 것은?

① 빛 효율이 높다.
② 방사 열량이 낮다.
③ 휘도가 높다.
④ 광색 조절이 비교적 용이하다.

해설 형광등의 특성은 효율이 높고(백열등의 3배), 희망하는 광색을 얻을 수 있으며, 램프의 휘도가 낮다. 또한, 수명이 길고, 열을 수반하지 않으며, 전압의 변동에 대한 광속의 변동이 적다.

89 | 조명등(할로겐 램프의 특징) | 25, 23, 22, 20, 18, 14

할로겐 램프에 관한 설명으로 옳지 않은 것은?

① 휘도가 낮다.
② 백열 전구에 비해 수명이 길다.
③ 연색성이 좋고 설치가 용이하다.
④ 흑화가 거의 일어나지 않고 광속이나 색 온도의 저하가 극히 적다.

해설 할로겐 램프는 휘도가 높고, 백열 전구에 비해 수명이 길며, 연색성이 좋고, 설치가 용이하다. 특히, 흑화가 거의 일어나지 않고, 광속이나 색 온도의 저하가 극히 작다.

90 | 가구(기능에 따른 분류) | 09, 04

가구의 기능에 따른 분류에 해당되는 것은?

① 가동 가구　② 인체 지지용 가구
③ 조립식 가구　④ 붙박이 가구

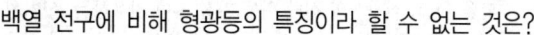

해설 가구의 종류에는 기능별[휴식용(인체 지지용으로 사람의 몸을 편하게 받쳐 주어 피로 회복을 위한 기능을 가진 가구), 작업용, 수납용], 구조별(이동식, 붙박이식, 조립식), 용도별(주거용, 공공용, 상업용), 재료별(목재, 철재, 플라스틱)로 구분한다.

91 | 인체 지지용 가구의 종류 | 24, 22, 13, 11, 03

다음 중 인체 지지용 가구에 속하지 않는 것은?

① 의자　② 침대
③ 소파　④ 테이블

해설 인체 지지용(휴식용)가구는 사람의 몸을 받쳐 주어 피로 회복의 기능을 가진 가구로서 안락의자(휴식용 의자), 소파, 작업 의자 및 침대 등이 있고, 테이블은 작업용(준인체계) 가구이다.

92 | 작업용 가구의 종류 | 20, 12

다음 중 작업용 가구(준인체계 가구)에 해당하는 것은?

① 의자　② 침대
③ 테이블　④ 수납장

해설 작업용(준인체계) 가구는 작업의 능률을 올릴 수 있도록 계획된 가구로 작업대, 책상(테이블) 및 싱크대 등이 있다. 휴식용 가구보다 인체에 닿는 부분이 적고, 인체공학적인 치수에 맞도록 작업대의 높이, 넓이 등이 결정되어야 하며, 재질이 고려되어야 한다. 의자와 침대는 인체지지용(휴식용) 가구이고, 수납장은 수납용 가구(물건을 저장하기 위한 기능을 가진 가구)에 속한다.

93 | 가구(소파의 종류) | 08

소파(Sofa)의 종류에 속하지 않는 것은?

① 세티　② 스툴
③ 카우치　④ 체스터필드

해설 세티는 동일한 두 개의 의자를 나란히 합해 2인이 앉을 수 있도록 한 소파이고, 카우치는 고대 로마 시대 음식물을 먹거나 잠을 자기 위해 사용됐던 긴 의자로 몸을 기댈 수 있도록 좌판의 한쪽 끝이 올라간 형태를 가진 것이며, 체스터필드는 소파의 안락성을 위해 솜, 스펀지 등을 두툼하게 채워 넣은 소파이다.

94 | 가구(셸터계 가구의 종류) | 06, 99

다음 중 셸터(shelter)계 가구는?

① 의자　② 책상
③ 작업대　④ 벽장, 옷장

정답 87.③ 88.③ 89.① 90.② 91.④ 92.③ 93.② 94.④

해설 수납용(셸터계) 가구는 물건을 저장하기 위한 기능을 가진 것으로 선반, 서랍, 수납장(벽장, 옷장) 등이 있고, 인체보다는 건물에 닿는 부분이 많으며, 제한된 공간에 가능한 한 최대한의 물건을 저장할 수 있도록 계획되어야 한다.

95 | 가구(스툴의 용어)
24, 17, 13, 11

다음과 같은 특징을 갖는 의자의 유형은?

- 등받이와 팔걸이가 없는 형태의 보조의자이다.
- 가벼운 작업이나 잠시 걸터앉아 휴식을 취하는 데 사용된다.

① 스툴 ② 라운지 체어
③ 이지 체어 ④ 풀업 체어

해설 라운지 체어는 가장 편안하게 앉을 수 있는 휴식용 안락 의자로 팔걸이, 발걸이 및 머리 받침대 등이 있고, 이지 체어는 단순한 형태의 안락의자로서 가볍게 휴식을 취할 수 있는 의자이며, 풀업 체어는 필요에 따라 이동시켜 사용할 수 있는 간이 의자로, 크지 않으며 가벼운 느낌의 형태를 갖고, 이동하기 쉽도록 잡기 편하고 들기에 가볍다.

96 | 가구(스툴의 용어)
12, 11

등받이와 팔걸이가 없는 형태의 보조 의자로 가벼운 작업이나 잠시 걸터앉아 휴식을 취하는 데 사용되는 것은?

① 스툴 ② 카우치
③ 이지 체어 ④ 라운지 체어

해설 카우치는 고대 로마 시대 음식물을 먹거나 잠을 자기 위해 사용했던 긴 의자로 몸을 기댈 수 있도록 좌판의 한쪽 끝이 올라간 형태를 가진 것이고, 이지 체어는 가볍게 휴식을 취할 수 있는 의자로서 단순한 형태의 안락 의자이며, 라운지 체어는 가장 편안하게 앉을 수 있는 휴식용 안락 의자로 팔걸이, 발걸이 및 머리 받침대 등이 있다.

97 | 가구(오토만의 용어)
25, 21, 19, 17, 15, 12

스툴의 일종으로 더 편안한 휴식을 위해 발을 올려놓는데도 사용되는 것은?

① 세티 ② 오토만
③ 카우치 ④ 이지체어

해설 세티는 동일한 두 개의 의자를 나란히 합해 2인이 앉을 수 있도록 한 의자이고, 카우치는 고대 로마 시대 음식물을 먹거나 잠을 자기 위해 사용했던 긴 의자로 몸을 기댈 수 있도록 좌판의 한쪽 끝이 올라간 형태를 가진 것이며, 이지 체어는 단순하고 크기가 작은 의자이다.

98 | 가구(카우치의 용어)
25, 22, 20, 16②, 14, 08

고대 로마 시대 음식물을 먹거나 잠을 자기 위해 사용했던 긴 의자로 몸을 기댈 수 있도록 좌판의 한쪽 끝이 올라간 형태를 가진 것은?

① 세티 ② 카우치
③ 체스터필드 ④ 라운지 소파

해설 세티는 동일한 두 개의 의자를 나란히 합해 2인이 앉을 수 있도록 한 의자이고, 체스터필드는 소파의 안락성을 위해 솜, 스펀지 등을 두툼하게 채워 넣은 소파이며, 라운지 체어는 가장 편안하게 앉을 수 있는 휴식용 안락 의자로 팔걸이, 발걸이 및 머리 받침대 등이 있다.

99 | 가구(세티의 용어)
25, 23, 20, 16, 14, 10, 07

동일한 두 개의 의자를 나란히 합해 2인이 앉을 수 있도록 한 의자는?

① 세티 ② 스툴
③ 카우치 ④ 체스터 필드

해설 체스터 필드는 소파의 안락성을 위해 솜, 스펀지 등을 두툼하게 채워 넣은 소파이고, 카우치는 고대 로마 시대 음식물을 먹거나 잠을 자기 위해 사용했던 긴 의자로 몸을 기댈 수 있도록 좌판의 한쪽 끝이 올라간 형태를 가진 것이며, 스툴은 등받이와 팔걸이가 없는 형태의 보조의자로서 가벼운 작업이나 잠시 걸터앉아 휴식을 취하는 데 사용된다.

100 | 가구(풀업 체어의 용어)
22, 17, 13

다음 설명에 알맞은 의자의 종류는?

- 필요에 따라 이동시켜 사용할 수 있는 간이 의자로, 크지 않으며 가벼운 느낌의 형태를 갖는다.
- 이동하기 쉽도록 잡기 편하고 들기에 가볍다.

① 카우치(couch)
② 풀업 체어(pull-up chair)
③ 체스터 필드(chesterfield)
④ 라운지 체어(lounge chair)

해설 체스터 필드는 소파의 안락성을 위해 솜, 스펀지 등을 두툼하게 채워 넣은 소파이고, 카우치는 고대 로마 시대 음식물을 먹거나 잠을 자기 위해 사용했던 긴 의자로 몸을 기댈 수 있도록 좌판의 한쪽 끝이 올라간 형태를 가진 것이며, 라운지 체어는 편안히 누울 수 있도록 신체의 상부를 받칠 수 있게 경사진 소파이다.

정답 95.① 96.① 97.② 98.② 99.① 100.②

101 | 가구(가동 가구의 종류)
10, 07

다음 중 가동 가구가 아닌 것은?

① 의자　　　　　　② 붙박이장
③ 테이블　　　　　　④ 소파

해설 가구의 종류 중 가동 가구(필요에 따라 설치 장소를 자유로이 이동할 수 있는 가구로서 가장 일반적인 가구)의 종류에는 의자, 테이블, 소파 등이 있고, 붙박이장(빌트인 가구)은 건축물에 고정하는 가구이다.

구분		의의
기능별	휴식용	사람의 몸을 편하게 받쳐 주어 피로 회복을 위한 기능을 가진 가구
	작업용	작업의 능률을 올릴 수 있도록 계획된 가구
	수납용	물건을 저장하기 위한 기능을 가진 가구
구조별	이동식	필요에 따라 설치 장소를 자유로이 이동할 수 있는 가구로서 가장 일반적인 가구
	붙박이식	빌트인 가구라고도 하며, 건축물에 고정시키는 가구
	조립식	일정한 모듈을 이용하여 만든 가구
용도별	주거용	가정 생활에서 필요한 가구
	공공용	공공 기관에서 여러 사람이 공동으로 사용하는 가구
	상업용	영업을 목적으로 하는 장소에서 사용하는 가구
재료별	목재	목재를 주재료로 하는 가구
	철재	철재를 주재료로 하는 가구
	플라스틱	플라스틱재를 주재료로 하는 가구

102 | 가구(붙박이 가구의 용어)
19, 16, 14, 08②

특정한 사용 목적이나 많은 물품을 수납하기 위해 건축화된 가구는?

① 이동 가구　　　　② 유닛 가구
③ 붙박이 가구　　　④ 수납용 가구

해설 붙박이(빌트인, 건축화된) 가구는 특정한 사용 목적이나 많은 물품을 수납하기 위해 건축화된 가구이고, 건축 계획 시 함께 계획하여 건축물과 일체화하여 설치하는 가구로서 공간을 최대한 활용할 수 있는 가구이며, 가구 배치의 혼란감을 없애고 공간을 최대한 활용, 효율성을 높일 수 있는 가구이다.

103 | 가구(붙박이 가구의 용어)
11, 09, 06, 01

건물과 일체화하여 만든 가구로서 공간을 최대한 활용할 수 있는 가구는?

① 가동 가구　　　　② 붙박이 가구
③ 모듈러 가구　　　④ 작업용 가구

해설 가동 가구는 필요에 따라 설치 장소를 자유로이 이동할 수 있는 가구로서 가장 일반적인 가구이고, 모듈러 가구는 공간의 낭비가 없고, 가동성과 적응성의 편리함이 있으며, 시스템화(단위, 조합, 분해식, 부분 조립식 등)되어 있고, 이동식인 가구이며, 작업용 가구는 작업의 능률을 올릴 수 있도록 계획된 가구이다.

104 | 붙박이 가구 설계 시 고려사항
23, 18, 10

붙박이 가구 시스템을 디자인할 경우, 다음의 고려사항 중 부적당한 것은?

① 기능의 편리성　　　② 분산적 배치
③ 크기의 비례와 조화　④ 실내 마감 재료로서 조화

해설 붙박이 가구 시스템(빌트인 가구)은 건축물에 고정시킨 가구로 건축물을 지을 때 미리 계획하여 설치하는 가구로서 실내 마감재 및 크기의 비례와 조화를 이루어야 하고, 기능의 편리성은 집중적 배치(행동이나 목적이 명확한 경우 사용되고, 실내가 정돈되어 보이기는 하나 딱딱하고 경직된 느낌을 준다)가 좋다. 특히, 분산식 배치는 목적이나 행동이 자유로운 경우에 사용하고, 다소 혼란스러운 느낌은 들지만 색다른 실내 구성이 될 수 있다.

105 | 가구(붙박이 가구의 용어)
19, 17, 16, 12

특정한 사용 목적이나 많은 물품을 수납하기 위해 건축화된 가구로, 빌트인 가구(built-in-furniture)라고도 불리는 것은?

① 작업용 가구　　　② 붙박이 가구
③ 이동식 가구　　　④ 조립식 가구

해설 붙박이(빌트인, 건축화된)가구는 특정한 사용 목적이나 많은 물품을 수납하기 위해 건축화된 가구이고, 건축 계획 시 함께 계획하여 건축물과 일체화하여 설치하는 가구로서 공간을 최대한 활용할 수 있는 가구이며, 가구 배치의 혼란감을 없애고 공간을 최대한 활용, 효율성을 높일 수 있는 가구이다.

106 | 가구(붙박이 가구의 용어)
24, 09, 04, 99, 98

건축 계획 시 함께 계획하여 건축물과 일체화하여 설치하는 가구로서 가구 배치의 혼란감을 없애고 공간을 최대한 활용, 효율성을 높일 수 있는 가구는?

① 이동식 가구　　　② 가동식 가구
③ 붙박이 가구　　　④ 조립식 가구

해설 이동(가동)식 가구는 필요에 따라 설치 장소를 자유로이 이동할 수 있는 가구로서 가장 일반적인 가구이고, 조립식 가구는 일정한 모듈을 이용한 가구이다.

정답 101. ② 102. ③ 103. ② 104. ② 105. ② 106. ③

107 | 가구(붙박이 가구)
15

붙박이 가구(Built In Furniture)에 관한 설명으로 옳지 않은 것은?

① 공간의 효율성을 높일 수 있다.
② 건축물과 일체화하여 설치하는 가구이다.
③ 필요에 따라 설치 장소를 자유롭게 움직일 수 있다.
④ 설치 시 실내 마감재와의 조화 등을 고려하여야 한다.

해설 필요에 따라서 설치 장소를 자유롭게 움직일 수 있는 가구는 이동용 가구로서 의자, 테이블 및 소파 등이다.

108 | 가구(공공용 가구의 용어)
04

다음 중 기능성이 가장 우선적으로 고려되어야 할 가구의 종류는?

① 주거용 가구　　② 공공용 가구
③ 상업용 가구　　④ 장식용 가구

해설 주거용 가구(일반 가정에서 필요로 하는 가구)로서 장롱, 침대, 소파, 화장대, 문갑, 식탁, 책상, 의자 등이 있고, 기능성 이외에 장식성도 고려되어야 하며, 공공용 가구(공공 기관에서 여러 사람들이 공동으로 사용하는 가구)로 벤치, 책상, 사물함, 캐비넷, 작업대, 의자 등이 있으며, 장식성 보다는 기능성이 우선되어야 하며, 상업용 가구(영업을 목적으로 하는 장소에서 사용되는 가구)에는 카운터, 진열대, 음식점의 식탁과 의자, 이발소·미용실의 의자 등이 있으며, 기능성과 개성이 강조되어야 한다.

109 | 가구(시스템 가구의 용어)
12

다음 설명에 알맞은 가구는?

> 가구와 인간과의 관계, 가구와 건축구체와의 관계, 가구와 가구와의 관계 등을 종합적으로 고려하여 적합한 치수를 산출한 후 이를 모듈화시킨 각 유닛이 모여 전체 가구를 형성한 것이다.

① 인체계 가구　　② 수납용 가구
③ 시스템 가구　　④ 빌트인 가구

해설 인체계(휴식용) 가구는 사람의 몸을 편하게 받쳐 주어 피로 회복의 기능을 가진 가구로서 안락(휴식)의자, 소파, 작업 의자 및 침대 등이 있고, 수납용(설치용, 정리용) 가구는 물건을 저장하기 위한 기능을 가진 가구로서 선반, 서랍 및 수납장 등이 있으며, 빌트인(붙박이, 건축화된) 가구는 건축물과 일체화된 가구로서 가구 배치의 혼란감을 없애고, 공간을 최대한 활용할 수 있다.

110 | 가수(유닛 가구)
22, 21, 17, 14

유닛 가구(unit furniture)에 관한 설명으로 옳지 않은 것은?

① 필요에 따라 가구의 형태를 변화시킬 수 있다.
② 특정한 사용 목적이나 많은 물품을 수납하기 위해 건축화된 가구이다.
③ 공간의 조건에 맞도록 조합시킬 수 있으므로 공간의 이용 효율을 높여 준다.
④ 단일 가구를 원하는 형태로 조합하여 사용할 수 있으므로 다목적으로 사용 가능하다.

해설 붙박이(빌트인, 건축화된) 가구는 특정한 사용 목적이나 많은 물품을 수납하기 위해 건축화된 가구이고, 건축 계획 시 함께 계획하여 건축물과 일체화하여 설치하는 가구로서 공간을 최대한 활용할 수 있는 가구이며, 가구 배치의 혼란감을 없애고 공간을 최대한 활용, 효율성을 높일 수 있는 가구이다.

111 | 가구 배치 시 최우선 고려사항
23, 16, 06, 05, 04

가구와 설치물의 배치 결정시 가장 우선적으로 고려되어야 할 사항은?

① 재질감　　② 색채감
③ 스타일　　④ 기능성

해설 가구 배치 시 유의사항은 가족의 생활 태도를 고려하고, 공간 사용자의 생활 습관, 주생활 행위에 맞아야 하며, 가구는 동선이 짧도록 배치하여 가구 때문에 돌아다니는 일이 없도록 한다. 가구를 배치하여 실내 전체에 리듬감을 주고, 통일감, 균형미를 갖도록 하며 가구의 크기는 실내 공간의 넓이에 맞아야 한다. 특히, 기능성이 가장 우선적으로 고려되어야 한다.

112 | 가구 선택 시 고려사항
24, 09

다음 중 일반적인 가구의 선택 시 고려하여야 할 사항과 가장 거리가 먼 것은?

① 인간공학적 배려　　② 구조적 안전성
③ 디자이너의 유명도　④ 실내 공간과의 조화

해설 가구 선택 시 고려하여야 할 사항은 인간공학적 배려, 구조적 안전성 및 실내 공간과의 조화 등이고, 디자이너의 유명도와는 무관하다.

정답 107. ③ 108. ② 109. ③ 110. ② 111. ④ 112. ③

113 | 가구(농의 용어) 09

우리나라의 전통 가구 중 장과 더불어 가장 일반적으로 쓰이던 수납용 가구로 몸통이 2층 또는 3층으로 분리되어 상자 형태로 포개 놓아 사용된 것은?

① 농 ② 소반
③ 함 ④ 궤

해설 소반은 우리나라 민예 가구 중 가장 우수한 것으로 대가족이면서도 신분별로 식사를 따로 하였던 조선 시대에 사용하였던 밥상을 의미하고, 함은 물건을 넣을 수 있도록 만든 상자로 크기와 종류가 다양하며, 궤는 상부를 두 부분으로 나누어 경첩을 달아 반쪽만 열리게 만든 상자이다.

114 | 가구(한국의 전통가구) 07

다음 한국의 전통가구 중 용도가 다른 것은?

① 단층장 ② 소반
③ 문갑 ④ 반닫이

해설 단층장(단층으로 된 장), 문갑(문서나 문구를 넣어 두는 가구) 및 반닫이(전면 위쪽 반만 열어 젖힐 수 있는 문을 단 옷 따위를 넣어 두는 궤)는 전통 가구 중 보관용 장에 해당되는 것으로 소반(우리나라 민예 가구 중 가장 우수한 것으로 대가족이면서도 신분별로 식사를 따로 하였던 조선 시대에 사용하였던 밥상을 의미)과는 무관하다.

115 | 가구 배치 시 유의사항 02

가구 배치 시 주의사항이 아닌 것은?

① 가구는 실의 중심부에 배치하여 돋보이게 한다.
② 사용 목적과 행위에 맞는 가구 배치를 해야 한다.
③ 전체 공간의 스케일과 시각적, 심미적 균형을 이루도록 한다.
④ 문이나 창문이 있을 경우 높이를 고려한다.

해설 가구의 배치 방법에는 집중식 배치(형식적이고 정돈된 느낌을 주어 장소를 적게 차지하며, 집중적인 작업을 하는 공간에 사용하는 것이 유리)와 분산식 배치(흩어진 듯한 느낌을 주어 장소를 많이 차지하며, 자유분방하고 비형식적인 것을 좋아하는 현대인에게 적합한 것) 등이 있다.

1-4. 실내 계획

1 주거 공간 계획

(1) 건축 계획

① 배치 계획 : 대지 안의 건축물의 위치, 점유 부분과 그 밖의 부속 건축물의 상호 위치, 방위, 형상, 통로 등을 계획하는 것
② 입면 계획 : 평면적인 공간을 입체화시키면 곧 건축 공간을 얻을 수 있는데, 건축 공간을 실현시키는 것을 말하며, 의장 계획이라고도 한다.
③ 평면 계획 : 주어진 기능의 어떤 건축물의 내부에서 일어나는 모든 활동의 종류, 규모 및 그 상호 관계를 합리적으로 평면상에 배치하는 계획으로 동선 계획을 잘 나타낼 수 있는 계획이다. 또한, 실내 공간의 성격을 형성하는 디자인의 요소 중에서 표면(마감 재료)의 특성은 재질, 즉 목재, 철재 등과 같이 재질이 가지는 성격이 공간의 성격을 형성하는 요인이 된다.
④ 구조 계획 : 건축의 세부 계획 중 안전하고 내구적이며, 경제적인 구조체를 설계하기 위한 계획
⑤ 천장 계획 : 천장의 조명등과 같은 것들을 배치하는 계획
⑥ 형태 계획 : 건축물의 주변 환경, 문화적·사회적 조건 등과의 조화를 이룰 수 있도록 해야 하고, 완성된 건축물이 주위의 환경을 저해하는 일이 없도록 계획 과정에서 고려하는 계획
⑦ 리모델링 : 건축물의 노후화를 억제하거나 기능 향상을 위하여 대수선 또는 일부 증축하는 행위이다.

(2) 동선(일상생활의 움직임) 처리의 원칙

① 동선(사람이나 물건이 움직일 선)은 짧고, 직선이며, 간단하여야 한다.
② 서로 다른 종류의 동선(사람과 차량, 오가는 사람 등)은 될 수 있는 대로 교차하지 않도록 하여야 한다.
③ 만일 부득이한 경우에는 가장 지장이 적은 동선부터 교차시키도록 한다.
④ 주부의 동선은 가장 간단하고 짧아야 하고, 실내의 2개 이상의 출입구는 그 개수에 비례하여 동선이 교차되므로 동선이 원활하지 못하고, 통로 면적이 증대된다.

■ 출제 키워드

■ 평면 계획
동선 계획을 잘 나타낼 수 있는 계획

■ 리모델링
건축물의 노후화를 억제하거나 기능 향상을 위하여 대수선 또는 일부 증축하는 행위

■ 동선 처리의 원칙
• 동선(사람이나 물건이 움직일 선)은 짧고, 직선이며, 간단
• 주부의 동선은 가장 간단하고 짧아야 함

출제 키워드

■ 알트만이 분류한 공간의 개념
개인 공간, 프라이버시 및 영역성 등

■ 개방형
공간 사용의 융통성과 극대화를 꾀함

■ 중앙 집중형
• 하나의 형이나 공간이 지배적
• 이를 둘러싼 주위의 형이나 공간이 종속적으로 배열된 경우로 보통 지배적인 형태는 종속적인 형태보다 크기가 크며 단순

■ 새로운 주택의 설계 방향
• 필요 이상의 넓은 주거는 피할 것
• 가족 본위의 주택을 추구

2 공간의 개념 등

(1) 공간의 개념
사회 심리학자 알트만이 분류한 공간의 개념에는 개인 공간, 프라이버시 및 영역성 등이 있다.

(2) 기능도
건축물의 기능을 도식화한 것으로서 주거 공간의 구상을 위해 기능 간의 특성과 연계성 등을 조사하여 그림으로 표현한 도면이다.

(3) 공간 구성
① 개방형 : 공간 사용의 융통성과 극대화를 꾀할 수 있으며, 폐쇄성 공간 구성은 프라이버시 보장과 에너지 절약을 보장할 수 있다.
② 중앙 집중형 : 하나의 형이나 공간이 지배적이고 이를 둘러싼 주위의 형이나 공간이 종속적으로 배열된 경우로 보통 지배적인 형태는 종속적인 형태보다 크기가 크며 단순하다.

3 주택의 설계 방향과 계획 등

한식 주택은 각 실을 혼용도로 사용하므로 공간의 융통성이 매우 높고, 양식 주택은 단일 용도로 사용하므로 독립성이 매우 높다.

(1) 새로운 주택의 설계 방향
① 생활의 쾌적성을 높임으로써 주택 공간은 안락하여야 하고, 일조·습도·온도는 생활 공간의 쾌적 요인의 중요한 요소이다.
② 가사 노동을 덜어주고, 주거의 단순화를 꾀한다.
　㉮ 필요 이상의 넓은 주거는 피하고, 청소의 노력을 덜 것
　㉯ 평면 계획에서의 주부의 동선을 단축시킬 것
　㉰ 능률이 좋은 부엌 시설이나 가사실을 갖출 것
　㉱ 설비를 좋게 하고 되도록 기계화할 것
③ 가족 본위의 주택을 추구한다.
④ 좌식과 의자식을 혼용하여 한 가족의 취미와 직업, 생활 방식에 일치하여야 한다.

(2) 평면 계획
① 건축의 평면 계획에서 가장 중요하게 다루어야 하는 사항은 실의 크기와 실의 배치에 따라서 공간을 배치하는 것이고, 유의하여야 할 사항은 다음과 같다.

㉮ 각 실의 관계가 깊은 것은 인접시키고 상반되는 것은 격리시킨다.
㉯ 침실의 독립성을 확보하고 다른 실의 통로가 되지 않게 한다.
㉰ 부엌, 욕실, 화장실은 집중 배치하고 외부와 연결한다.
㉱ 건축물 및 각 실의 방향은 일조, 채광, 통풍, 소음, 조망 등을 고려하여 계획하여야 한다.
㉲ 내부 공간과 외부 공간을 합리적으로 연결시킨다.
② 주거 공간 계획의 평가 사항 : 공간 면적이 거주할 가족의 인원에 적합한가의 여부, 조닝(공간 구성)이 합리적인가 여부 및 주부 동선은 잘 정리되어 있는가의 여부 등

4 인간의 욕구와 소요실

(1) 인간의 욕구

구분	본질적인 분야		부대적인 분야
	1차적인 욕구 (육체적인 욕구)	2차적인 욕구 (정신적인 욕구)	
욕구	휴식, 취침, 배설, 영양 섭취 및 생식	사교, 단란, 독서 및 유희	본질적인 분야의 생활을 보조하는 사교, 단란, 독서 및 유희

(2) 2차적인 조건

인간 생활을 위한 2차적인 조건으로는 기능, 동선 및 인간 척도 등이 있다.

■ 인간 생활을 위한 2차적인 조건
기능, 동선 및 인간 척도 등

(3) 주택에서의 소요실

공동 공간 (사회적 공간)	개인 공간 (사적 공간)	그 밖의 공간			
		가사 노동	생리 위생	수납	교통
거실, 식당(식사실), 응접실	침실, 노인방, 어린이방, 서재(학습)	부엌(조리), 세탁실(세탁), 가사실(재봉), 다용도실	세면실, 욕실, 변소	창고, 반침	현관, 홀, 복도, 계단

5 주택의 거실

① 거실의 가구 배치에 영향을 주는 요인은 거실의 규모와 형태, 개구부의 위치와 크기, 거주자의 취향 등이 있고, 거실의 벽지 색상은 가구의 색상과 관계가 있으나, 배치와는 무관하다.
② 거실의 위치는 각 실과 배치상 균형을 고려하여야 하나, 그 성격상 주택 내 중심의 위치에 있어야 하며, 일조와 조망이 가장 좋은 곳으로 가급적 현관에서 가까운 곳에 위치하되, 현관이 거실과 직접 면하는 것을 피해야 하며, 남쪽, 남동쪽 및 남서쪽에

■ 주택 거실의 가구 배치에 영향을 주는 요인
• 거실의 규모와 형태
• 개구부의 위치와 크기
• 거주자의 취향 등

■ 거실의 위치
가족의 단란을 저해할 수 있으므로 각 실을 연결하는 통로의 역할은 피할 것

출제 키워드

■ 소파의 L자형(ㄱ자형, 코너형) 배치
• 가구를 두 벽면에 연결시켜 배치하는 형식
• 시선이 마주치지 않아 안정감이 있으며 부드럽고 단란한 분위기
• 적은 면적을 차지하기 때문에 공간 활용이 높음
• 동선이 자연스럽게 이루어짐

■ 소파의 ㅁ자형 배치
• 소파를 중심으로 배치하는 방법
• 사용하지 않는 형식

■ 주택의 침실
• 소음 기준은 20~30dB로 하여야 바람직
• 자녀의 침실은 밝은 공간에 배치
• 노인이 거주하는 실은 출입구와 가까운 쪽에 배치
• 아동실은 남쪽으로 배치하고 거실과 인접

■ 침대 배치법
침대의 양쪽에 통로를 두고 한쪽을 75cm 이상 되게 할 것

면하는 것이 바람직하다. 특히, 거실은 주택에서 가장 중심적인 곳으로, 각 실과의 연결이 쉬워야 하나, 가족의 단란을 저해할 수 있으므로 각 실을 연결하는 통로의 역할은 피하는 것이 좋다.

③ 거실의 소파 배치 : 소파를 중심으로 배치하는 방법에는 대면형, L자형(코너형) 및 직선형(일자형) 등이 있다.

㉮ L자형(ㄱ자형, 코너형) 배치 : 가구를 두 벽면에 연결시켜 배치하는 형식으로 시선이 마주치지 않아 안정감이 있으며 부드럽고 단란한 분위기를 주고, 일반적으로 비교적 적은 면적을 차지하기 때문에 공간 활용이 높으며, 동선이 자연스럽게 이루어지는 장점이 있다.

㉯ 직선형(일자형) 배치 : 좁은 집에서 가장 일반적인 소파 배치는 역시 소파를 벽에 나란히 붙이는 배치이다.

㉰ 대면형 : 서로 마주보고 담소를 나눌 수 있도록 배치하는 형식이다.

㉱ ㅁ자형 : 거실의 가구 배치는 거실의 규모, 평면 형태, 개구부의 위치와 크기, 가구 조건에 따라서 하나, 소파를 중심으로 배치하는 방법으로 사용하지 않는 형식이다.

6 주택의 침실

① 주택의 침실 소음 기준은 20~30dB로 하여야 바람직하고, 120dB의 경우는 통조림 및 리베팅의 공장의 소음 기준이다.

② 침실의 수는 가족수, 가족 형태, 경제 수준, 생활 양식에 따라 다르다.

③ 침실에 붙박이 옷장을 설치하면 수납 공간이 확보되어 정리정돈에 효과적이다.

④ 자녀의 침실은 밝은 공간에 배치하고, 노인이 거주하는 실은 출입구와 가까운 쪽에 배치하며, 아동실은 남쪽으로 배치하고 거실과 인접하도록 한다.

⑤ 침대 배치법

㉮ 침대의 배치는 출입문, 벽, 창의 위치를 고려해야 하고, 침대의 상부 머리쪽은 되도록 외벽에 면하도록 한다. 또한, 가급적 창가에 배치하지 않는 것이 좋다.

㉯ 싱글 침대인 경우에는 한 측면의 내벽에 면하여 신체를 보호하도록 하고, 더블 침대의 경우에는 양쪽에 통로를 설치한다.

㉰ 누운 채로 출입문이 직접 보이도록 한다.

㉱ 침대의 양쪽에 통로를 두고 한쪽을 75cm 이상 되게 한다. 또한 침대의 하부인 발치 하단과 침실 내에서의 주요 통로폭은 90cm 이상의 여유를 두어야 한다.

⑥ 침대 매트리스의 규격

(단위 : mm)

구분	싱글	슈퍼 싱글	더블	퀸	킹
규격	1,000×2,000	1,100×2,000	1,350×2,000	1,500×2,000	1,600×2,000

⑦ 침실의 소음 방지법 : 침실의 소음 방지법은 도로 등의 소음원으로부터 격리시키고, 침실 외부에 나무를 심어 소음을 방지하며, 창문은 2중창으로 시공하고 커튼을 설치한다. 또한, 벽면에 붙박이창을 설치하여 소음을 차단한다.

출제 키워드

■ 침실의 소음 방지법
침실 외부에 나무를 심어 소음을 방지

7 식사실의 형태

(1) 식사실의 형태

① 다이닝 키친 : 부엌의 일부에다 간단하게 식사실을 꾸민 형식이다.
② 다이닝 알코브(dining alcove) : 거실의 일부에다 식탁을 꾸미는 것으로, 소형일 경우에는 의자 테이블을 만들어 벽쪽에 붙이고 접는 것으로 한다.
③ 리빙 키친(living kitchen, LDK형) : 거실, 식당, 부엌의 기능을 한 곳에서 수행할 수 있도록 계획한 형식으로 공간을 효율적으로 활용할 수 있어서 소규모의 주택이나 아파트에 많이 이용된다.
여기서, L은 거실(Living room), D는 식당(Dinning room), K는 부엌(Kitchen)을 의미한다.
④ 다이닝 테라스(dining terrace) 또는 다이닝 포치(dining porch) : 여름철 좋은 날씨에 테라스나 포치에서 식사하는 것이다.
⑤ 리빙 다이닝(living dining, LD) : 거실의 한 부분에 식탁을 설치하는 형태로, 식사실의 분위기 조성에 유리하며, 거실의 가구들을 공통으로 이용할 수 있으나, 부엌과의 연결로 보아 작업 동선이 길어질 우려가 있고, 거실에 식사 공간을 부속시킨 형식으로 식사 도중 거실의 고유 기능과의 분리가 어렵다는 단점이 있다.
⑥ 키친 네트 : 간이 부엌이나 작은 취사장, 벽의 움푹 들어간 곳(alcove)이나 작은 공간을 이용하여 필수적인 시설이 짜임새 있게 갖추어진 작은 부엌이다.
⑦ 아일랜드 키친 : 취사용 작업대가 하나의 섬처럼 실내에 설치되어 있어 독특한 분위기를 형성하는 형식으로 별장 주택에서 흔히 볼 수 있다.
⑧ LD/K형 : 거실과 식당을 개방시켜 한 공간에 만들고, 부엌을 따로 독립시킨 형식으로 사회적 공간과 가사 작업 공간을 분리시킴으로써 기능적으로 주거 공간을 단순화시킨 것이다.
⑨ L/DK형 : 거실을 독립시키고 식당과 부엌을 한 공간에 둔 평면 형식으로 가족의 대화 장소이며, 휴식 공간인 거실을 독립시킴으로써 거실다운 기능을 수행할 수 있다.

■ 리빙 키친(living kitchen, LDK형)
• 거실, 식당, 부엌의 기능을 한 곳에서 수행
• 소규모의 주택이나 아파트에 많이 이용
• D : 식당(Dinning room)

■ 리빙 다이닝(living dining, LD)
• 거실의 한 부분에 식탁을 설치하는 형태
• 식사실의 분위기 조성에 유리
• 거실의 가구들을 공통으로 이용
• 부엌과의 연결로 보아 작업 동선이 길어질 우려
• 거실에 식사 공간을 부속시킨 형식
• 식사 도중 거실의 고유 기능과의 분리가 어려움

(2) 부엌의 일반사항

① 부엌의 작업 순서의 흐름은 왼쪽에서 오른쪽으로 회전하는 것이 좋으며, 작업대의 높이는 82~85cm 정도로 한다.

출제 키워드

■ 부엌의 작업대의 배열 순서
준비대 – 개수대 – 조리대 – 가열대 – 배선대의 순

■ 식탁 밑에 부분 카펫이나 러그를 깔았을 때
공간이 축소되어 보이는 경향

■ 주택 부엌의 크기 결정 요소
· 주택의 연면적
· 작업대의 면적 및 종류

■ 부엌에서의 작업 삼각형
· 싱크(개수)대, 조리(가열)대, 냉장고 등
· 3.6~6.6m로 구성

■ 주택 부엌
· 서쪽은 반드시 피해야 함
· 개수대의 높이는 주부의 키와 밀접한 관계가 있음

■ 아일랜드(섬)형
· 작업대를 중앙 공간에 놓거나 벽면에 직각이 되도록 배치
· 개방된 공간의 오픈 시스템에서 사용
· 별장 주택에서 볼 수 있는 유형
· 취사용 작업대가 하나의 섬처럼 실내에 설치
· 독특한 분위기를 형성하는 부엌 형식

■ 가시성
부엌의 수납장 속에 무엇이 들었는지 쉽게 찾을 수 있게 수납하는 기능

---

② 새로운 주택의 설계 방향에서 "식당과 주방의 실내 계획은 주부의 가사 노동을 줄일 수 있도록 한다"는 주부의 작업 동선을 우선적으로 고려해야 한다는 뜻이다.

③ 부엌은 쾌적하고 능률적으로 작업할 수 있는 것은 물론, 위생적인 측면에 유의하여야 하므로 싱크대(작업대)의 배열 순서는 준비대 – 개수대 – 조리대 – 가열대 – 배선대의 순으로 한다.

④ 식탁 밑에 부분 카펫이나 러그를 깔았을 때 얻을 수 있는 효과는 소음 방지, 영역 구분 및 바닥 긁힘 방지 등이 있고, 공간이 축소되어 보이는 경향이 있다.

⑤ 주택 부엌의 크기는 가족의 수, 주택의 연면적, 부엌의 식생활의 양식, 부엌 내에서의 가사 작업 내용, 작업대의 면적 및 종류, 경제 수준, 연료의 종류와 공급 방법, 수납 공간의 크기 등에 의해 달라질 수 있으나, 일반적으로 주택 연면적의 10% 정도를 확보하면 좋다.

⑥ 부엌에서의 작업 삼각형, 즉 싱크(개수)대, 조리(가열)대 및 냉장고는 세 변의 길이의 합이 짧을수록 효과적이며, 3.6~6.6m로 구성하는 것이 좋고, 개수대와 조리대, 냉장고 사이의 변이 가장 짧은 것이 좋다.

⑦ 주택 부엌의 방위는 음식물의 부패를 방지하기 위하여 서쪽은 반드시 피해야 하고, 개수대의 높이는 주부의 키와 밀접한 관계가 있다.

⑧ 부엌 설비의 배열 순서 및 형식

배열 형식	장점	단점	비고
I자형 (직선형)	몸의 방향을 바꿀 필요가 없고, 좁은 면적 이용에 효과적이므로 소규모 부엌에 주로 이용되는 형식이다.	동선이 길어진다.(작업의 흐름이 좌우로 되어 있다.)	
병렬형	다른 공간과의 연결이 편하고, 동선이 짧다. 부엌의 폭이 길이에 비해 넓은 형태에 적합하다.	몸을 돌려가며 작업을 해야 한다.	길고 좁은 부엌에 적당하다.
L자형	배치에 여유가 있고, 동선이 짧다.	각이 진 부분에 유의해야 한다.	벽이 길면 부엌의 간결한 효과가 파괴된다.
U(ㄷ)자형	작업면이 넓고, 작업 효율이 가장 좋다. 인접한 세 벽면에 작업대를 붙여 배치한 형태로서, 비교적 규모가 큰 공간에 적합하다.	다른 공간과의 연결이 한 면에 국한되므로 위치 결정이 힘들다.	

㉮ 아일랜드(섬)형

　㉠ 작업대를 중앙 공간에 놓거나 벽면에 직각이 되도록 배치한 형태로서 주로 개방된 공간의 오픈 시스템에서 사용된다.

　㉡ 별장 주택에서 볼 수 있는 유형으로 취사용 작업대가 하나의 섬처럼 실내에 설치되어 독특한 분위기를 형성하는 부엌 형식이다.

㉯ 부엌의 기능적인 수납을 위해서는 접근성, 조절성, 보관성 및 가시성 등의 네 가지의 원칙이 만족되어야 하는데, 이 중에서 가시성은 수납장 속에 무엇이 들었는지 쉽게 찾을 수 있게 수납하는 기능에 대한 사항이다.

8 실내 계획 시 고려사항

① 주거 공간 계획 시 유의해야 할 사항은 공간의 면적을 알고, 공간의 구성에 대해서 고려하며, 공간의 위치를 정하는 것이다. 또한, 기후, 위치와 디자인 스타일을 파악한다.

② 실의 인접 : 주거 공간에 있어서 실의 인접이 가능한 실끼리 연결해 보면 침실과 서재, 식당과 거실 및 부엌(리빙 키친) 등이 있으나, 노인 침실과 어린이 침실은 구분하여야 한다. 왜냐하면 노인 침실은 일반 주거 부분과는 어느 정도 분리하는 것이 좋다.

③ 소규모 주거 공간 계획 시 고려해야 할 사항은 식사와 취침의 분리, 주부 가사 작업량 경감 및 평면 형태의 단순화 등이나, 접객 공간은 고려할 필요가 없다.

④ 주거 공간 계획 시 가장 큰 비중을 두어야 할 것으로 주부의 가사 노동의 경감(부엌과 식당을 인접 배치)은 새로운 주택의 계획에서 강조하는 사항이고, 주거 공간 계획 시 고려하여야 할 사항은 다음과 같다.

    ㉮ 주거 공간을 개방적인 분위기로 할 것인지, 폐쇄적인 분위기로 할 것인지 정한다.
    ㉯ 동선을 고려하고, 가구를 효율적으로 배치할 수 있도록 공간을 계획한다.
    ㉰ 가구 형태, 가족의 연령, 취미 등이 변하는 것으로 하고 주거 공간을 계획한다.

⑤ 주거 공간의 계획 결정 요소에 있어서 미래의 주거생활 패턴을 추구하고, 신체적인 욕구 및 사용자의 경제성을 고려하여야 하나, 전통성의 재현은 고려하지 않아도 된다.

⑥ 새로운 주택의 설계 방향에 있어서 가족 본위의 주택을 추구하므로 독립성을 고려하여야 한다.

⑦ 실내의 수납 공간의 크기를 결정하는 요인에는 인체의 동작(물건을 넣거나 꺼내는 동작)의 공간, 수납 물건의 크기, 실내 공간의 치수 등이며, 물건의 종류와 수납 공간의 크기와는 무관하다.

⑧ 건물의 통로 : 통로의 폭과 높이는 통행량과 유형에 따라 정해지고, 큰 공간에서의 통로는 일정하지 않고 공간의 구성 패턴에 의해 결정되며, 직선 통로는 연속 공간을 위한 최우선의 구성 형태이다. 또한, 통로는 통로로써 연결되는 공간들의 구성 패턴에 영향을 준다.

⑨ 주거 공간의 에너지 절감 대책 : 건축적 수법에 의해 합리적인 계획을 추진해야 한다. 에어컨디셔너 등의 이용은 보조적인 방법이며, 개구부에 단열재의 사용은 매우 좋은 방법이다. 특히, 공간의 형상과 에너지의 절감과는 깊은 관계가 있다. 즉, 요철이 많은 평면을 구성하면 에너지의 소비가 증가된다.

⑩ 주택의 판벽에 있어서 외벽에는 비늘판벽(영식, 턱솔, 누름대)을 사용하고, 내벽에는 가로판벽, 세로판벽, 바름벽을 사용한다.

⑪ 주택의 프라이버시
    ㉮ 프라이버시는 인간이 생활하는 공간에서 개인이나 집단이 타인과의 상호 작용을 선택적으로 통제하거나 조절하고 자신의 정보를 어느 정도 전달할 것인지를 결정하는 권리이다.

출제 키워드

■ 주거 공간 계획 시 유의
기후, 위치와 디자인 스타일을 파악 등

■ 실의 인접
- 침실과 서재
- 식당과 거실 및 부엌(리빙 키친) 등
- 노인 침실과 어린이 침실은 구분

■ 소규모 주거 공간 계획 시 고려
접객 공간은 고려할 필요가 없다.

■ 주거 공간 계획 시 가장 큰 비중
주부의 가사 노동의 경감(부엌과 식당을 인접 배치)

■ 주거 공간의 계획 결정 요소
- 미래의 주거생활 패턴을 추구
- 신체적인 욕구 및 사용자의 경제성을 고려
- 전통성의 재현과는 무관

■ 실내의 수납 공간의 크기를 결정
- 인체의 동작(물건을 넣거나 꺼내는 동작)의 공간
- 수납 물건의 크기
- 실내 공간의 치수 등
- 물건의 종류와 수납 공간의 크기와는 무관

■ 프라이버시
인간이 생활하는 공간에서 개인이나 집단이 타인과의 상호 작용을 선택적으로 통제하거나 조절하고 자신의 정보를 어느 정도 전달할 것인지를 결정하는 권리

출제 키워드

■ 주택 공간의 조닝 방법
• 주 행동에 의한 조닝
• 사용 시간에 의한 조닝
• 정적 공간과 동적 공간에 의한 조닝 등

■ 건축의 평면 계획에서 중요사항
실의 크기와 실의 배치에 따라서 공간을 배치

■ 주거 공간의 계획 시 고려사항
가구 형태, 가족의 취미, 연령 등이 변하는 것을 고려하여 공간을 계획

■ 주택 평면의 계획 순서
동선과 공간 구성의 내용 분석→소요 공간의 규모 산정→대안 설정→계획안 확정→도면 작성의 순

■ 주택의 계획
부엌, 욕실 및 화장실은 한 곳에 두어 배관 및 수리에 편리하도록 해야 함

■ 주택의 평면 계획의 방침
침실의 독립성을 확보하고, 다른 실의 통로가 되지 않게 함

■ 주거 공간 계획의 평가 기준
가족의 인원, 공간의 구성(조닝) 및 주부의 동선 등

■ 조선시대의 주택의 공간
사랑채, 안채 및 행랑채로 구분

■ 원룸의 설계
• 활동 공간과 취침 공간을 구분
• 소음 조절과 개인적인 프라이버시가 결여

⑪ 혼자 사는 경우에는 개방형 공간 계획이나 원룸형 계획이 프라이버시 유지에 문제가 없지만, 가족이 많으면 방의 수를 늘리고, 폐쇄형 공간 계획으로 하는 것이 프라이버시를 유지하기에 좋다.

⑫ 주택 공간의 평면 계획에 있어서 주택 공간의 조닝 방법은 주 행동에 의한 조닝, 사용 시간에 의한 조닝 및 정적 공간과 동적 공간에 의한 조닝 등이다.

⑬ 건축의 평면 계획에서 가장 중요하게 다루어야 하는 사항은 실의 크기와 실의 배치에 따라서 공간을 배치하는 것이다.

⑭ 주거 공간의 계획 시 고려해야 할 사항은 주거 공간의 분위기, 즉 개방적인 분위기와 폐쇄적인 분위기의 결정, 동선을 고려하고, 가구의 배치도 효율적으로 하기 위한 공간을 계획하며, 가구 형태, 가족의 취미, 연령 등이 변하는 것을 고려하여 공간을 계획한다.

⑮ 공간의 레이아웃(평면 계획) 작업에는 동선 계획, 가구 배치 계획 및 공간의 배분 계획 등이 있고, 공간별 재료 마감 계획과는 무관하다.

⑯ 주택 평면의 계획 순서는 동선과 공간 구성의 내용 분석 → 소요 공간의 규모 산정 → 대안 설정 → 계획안 확정 → 도면 작성의 순이다.

⑰ 주택의 계획에 있어서 물을 사용하는 공간, 즉 부엌, 욕실 및 화장실은 한 곳에 두어 배관 및 수리에 편리하도록 하여야 한다.

⑱ 주택의 평면 계획의 방침에서 건물 및 각 실의 방향은 일조, 통풍, 소음, 조망, 도로와의 관계, 인접 주택에 대한 독립성 등을 고려하여 결정하고, 침실의 독립성을 확보하고, 다른 실의 통로가 되지 않게 한다.

⑲ 주거 공간 계획의 평가 기준은 가족의 인원, 공간의 구성(조닝) 및 주부의 동선 등이다.

⑳ 조선시대의 주택의 구조에서 주택의 공간은 성(남성과 여성)에 의해 구분되었으며, 크게 사랑채(남자 손님들의 응접 공간), 안채(모든 가정 살림의 중추적인 역할을 하는 공간) 및 행랑채(하인들이 거주하였던 공간)로 구분하였다.

9 원룸의 설계

(1) 원룸(one room) 설계 시 고려할 사항

① 사용자에 대한 특성을 충분히 파악하고, 내부 공간을 효과적으로 나누어 활용한다.
② 원룸이라고 해도 활동 공간과 취침 공간을 구분해야 하고, 환기를 고려하여야 한다.
③ 공간 사용을 극소화하고, 평면과 입면을 단순화하며, 소음 조절이 어렵다.
④ 소음 조절과 개인적인 프라이버시가 결여되고, 에너지 손실이 많아 비경제적이며, 고도의 설비 기술이 필요하다.
⑤ 공간의 활용이 자유로우며 자유스러운 가구 배치가 가능하다.
⑥ 여러 가지 기능의 실들을 한 곳에 집약시켜 생활 공간을 구성하는 일실 다용도 방식이다.

⑦ 간편하고 이동이 용이한 조립식 가구나 다양한 기능을 구사하는 다목적 가구의 사용이 효과적이다.

(2) 원룸의 출현 이유

원룸이 생겨나는 이유는 독신 세대의 증가, 집값의 상승 및 사회 문화의 변화 등이 있다.

> ■ 원룸의 출현 이유
> 독신 세대의 증가, 집값의 상승 및 사회 문화의 변화 등

10 공동 주택의 형식

(1) 공동 주택의 형식(평면 형식에 의한 분류)

구분 분류	출입 방식	형식	장단점	용도
계단실형	복도를 통하지 않고 계단실, 엘리베이터 홀에서 직접 각 단위 주거에 도달하는 형식		① 장점 • 출입이 편하다. • 주거 단위의 프라이버시 확보 • 건물의 양면에 개구부를 설치(채광·통풍이 좋다.) ② 단점 • 단위 주거수에 대한 엘리베이터 수가 많으므로 비경제적이다.	• 저층에 알맞다. • 거주실을 작은 그룹으로 묶어서 전체를 구성해 나가는 경우에 채용한다.
편복도형	엘리베이터나 계단에 의해 각 층에 올라와 편복도를 따라 각 단위주거에 도달하는 형식		① 장점 • 엘리베이터 1대당 단위 주거를 많이 두므로 건축비를 절감할 수 있다. • 복도의 넓은 개방으로 각 단위 주거의 성격이 우수하다. • 자연 채광 및 자연 환기가 가능하다. ② 단점 • 프라이버시 유지가 힘들다(프라이버시를 보장하려면 통풍 및 평면 계획상 제약을 받음). • 엘리베이터로부터 단위 주거까지의 거리가 멀다.	• 거주자의 환경을 같은 질로 만들고자 할 때 채용한다.
중복도형	엘리베이터나 계단에 의해 각 층에 올라와 중복도를 따라 각 단위주거에 도달하는 형식		① 장점 • 건물을 고층화할 때 구조·건설비상 유리하다. • 대지에 대한 이용률을 높인다. ② 단점 • 복도가 음침하고 면적이 크다. • 통풍, 채광, 프라이버시가 불량하다. (특수한 기계 설비가 필요하다.)	• 독신자 아파트에 채용한다. • 거주 밀도를 높게 할 때 채용한다.

> ■ 공동 주택의 형식 중 중복도형
> 엘리베이터나 계단에 의해 각 층에 올라와 중복도를 따라 각 단위주거에 도달하는 형식

출제 키워드

분류 구분	출입 방식	형식	장단점	용도
집중형	건물 중앙 부분의 엘리베이터와 계단을 이용해서 각 단위 주거에 도달하는 형식		① 장점 • 대지의 이용률이 높다. ② 단점 • 단위 주거의 수가 증가함에 따라 엘리베이터 홀이나 복도가 차지하는 면적이 커진다. • 단위 주거의 위치에 따라 채광·통풍·일조 조건이 나빠진다.(평면 계획에 유의하며, 특수한 기계 설비가 필요하다.) • 방위가 좋지 않다.	• 중복도와 같이 거주 밀도를 높게 할 경우에 채용한다.

(2) 단위 주거의 형식에 의한 분류

단층형, 복층형, 트리플렉스형 등이 있다.

① **단층(flat)형** : 한 주호의 각 실면적 배분이 한 층만으로 구성되어 있으며, 특히 각 실이 인접해 있으므로 독립성이 깨어지지 않도록 유의해야 한다. 공동 주택에 가장 많이 쓰이는 형식이며 특징은 다음과 같다.
   ㉮ 평면 구성에 있어서 제약이 적고, 작은 면적에서도 설계가 가능하다.
   ㉯ 각 실이 인접되어 있고, 공용 복도에 면하는 부분이 많으므로 프라이버시 유지가 어렵다.

② **복층(메조넷)형** : 한 주호가 두 개 층에 나뉘어 구성되어 있으며 독립성이 좋고 전용 면적비가 크나, 소규모($50m^2$ 이하)의 주거 형식에는 비경제적이다.
   ㉮ 특징
      ㉠ 주호 내에 변화를 줄 수 있으나, 공용 복도가 없는 층은 피난하는 데 결점이 생긴다.
      ㉡ 공용 통로 면적을 절약할 수 있고 임대 면적을 증가시킨다(복도 1층을 걸러서 설치).
      ㉢ 편복도형이 많이 쓰이며 복도가 없는 층은 남·북면이 트이면 좋은 평면이 된다.
      ㉣ 주·야간의 생활 공간을 분리할 수 있고, 엘리베이터를 복도가 있는 층(한 층씩 걸러)에만 설치하므로 정지층이 감소하여 경제적이다.
   ㉯ 평면 계획 : 문간층(거실·부엌), 위층(침실)으로 계획하며 다른 평면형의 상·하층을 서로 포개게 되므로 구조·설비 등이 복잡해지고 설계가 어렵다.

③ **트리플렉스형(Triplex type)** : 하나의 주호가 3층으로 구성되어 있는 것으로 특징은 다음과 같다.
   ㉮ 프라이버시의 확보와 통로 면적의 절약이 메조넷형보다 유리하다.
   ㉯ 상당한 주호 면적이 없으면 플랜상의 융통성이 없게 되고, 피난 계획도 곤란하다.
   ㉰ 상당한 주호 면적의 확보가 메조넷형보다 유리하다.

④ 스킵 플로어형 : 아파트의 단면 구성 형식 중 주거 단위의 단면을 단층형과 복층형에서 동일 층으로 하지 않고 반 층씩 어긋나게 하는 형식이다.

11 통기관의 설치

통기관의 역할은 트랩의 봉수를 유지하고, 배수의 흐름을 원활히 하며, 배수관 내의 환기를 도모하는 것이다.

12 백화점의 전시, 계획 등

(1) 백화점의 전시 및 계획에 있어서 유의하여야 할 사항은 항상 신선한 느낌을 주도록 전시하고, 현대적인 감각을 느끼도록 디자인하며, 접객 부분은 밝고 편안하며 개방적이어야 한다. 특히, 백화점은 성격상 화려한 모습을 보여 줄 필요가 있다.

(2) 백화점의 창이 없는(무창) 외벽 건축의 특성
① 실내 면적 이용도가 높아지고, 조도를 균일하게 할 수 있다. 정전·화재 시 불리하다.
② 외측에 광고물의 부착 효과가 있다.
③ 공기조화 설비의 유지비가 적게 들고, 온·습도 조절이 쉬우며, 방위를 고려할 필요가 없다.
④ 외부로부터의 자극이 적어 실내 분위기를 조성하기 쉽고, 조도를 일정하게 할 수 있다.

■ 무창 건축의 특성
정전·화재 시 불리함

(3) 백화점의 매장 설계 방침
① 1층 : 도로에서 직접 보이도록 하고 고객의 동선을 부드럽게 하며, 선택에 시간이 걸리지 않는 소형 상품을 손쉽게 구매 또는 충동구매할 수 있는 상품으로 한다(액세서리, 화장품, 약품, 양품, 복식품, 핸드백, 구두, 양·우산, 흡연구, 상품권 매장, 자동차 등).
② 2·3층 : 안정된 분위기로 비교적 선택에 시간이 걸리고 고가로 매상이 최대가 되는 상품으로 한다(부인복, 신사복, 복식품, 고급잡화, 귀금속, 시계, 만년필 등).
③ 4층 : 주로 잡화류의 매장이 되므로 많은 매장을 잡도록 한다(침구, 카메라, 서적, 문방구, 완구, 운동구, 식기, 의류품 등).
④ 6층 이상 : 비교적 넓은 면적을 차지하는 상품으로 한다(가구, 가정용품, 전기, 가스기구, 약품, 미술품, 도기, 칠기, 고가의 식기 등).
⑤ 지하 : 고객이 백화점에서 최후로 사는 상품으로 한다(식료품, 주방용품, 식기 등).

■ 백화점의 매장 중 1층
충동구매할 수 있는 상품(액세서리)

(4) 백화점의 진열장 배치법
① 직각 배치법 : 일반적으로 많이 사용하는 방법으로, 판매장 면적이 최대한 이용되며, 간단하나, 판매장이 단조로와지기 쉽고, 부분적으로 고객의 통행량에 따라 통로 폭을 조절하기 어려워 국부적인 혼란이 일어날 수 있다.

② **사행 배치법** : 주통로 이외에 제2통로를 상하 교통계를 통해서 45° 사선으로 배치한 것으로 직각 배치법에 가깝게 통로가 나 있고, 많은 고객을 판매점의 구석까지 유도하는 장점이 있으나 이형 진열대가 많이 생기는 배치법이다.

③ **자유 유선 배치법** : 통로를 상품의 성격, 고객의 통행량에 따라 유기적으로 계획하여 자유로운 곡선형으로 배치한 방법으로 폭과 전시 상품을 자유롭게 배치할 수 있는 특성이 있고, 백화점의 획일성을 탈피할 수 있으며, 현대적인 수법을 채용할 수 있으나, 진열장의 유리케이스가 이형이 된다.

13 상점의 외관

① 파사드(Facade)는 평면적인 구성 요소(쇼윈도, 입구 등)와 입체적인 구성 요소(간판, 아케이드, 광고판, 사인, 외부 장치 등)를 포함한 상점 전체의 얼굴로서 유행과 계절의 변화에 따라 개조가 가능하도록 계획하여야 하고, 파사드 형식은 외부와의 관계, 점포의 형태에 의해 분류할 수 있다.

② 파사드는 상점에서 쇼윈도, 출입구 및 홀의 입구 부분을 포함한 평면적인 구성 요소와 아케이드, 광고판, 사인, 외부 장치를 포함한 입체적인 구성 요소의 총체를 의미하는 것이다.

③ 상업공간의 5가지 광고 요소(AIDMA)에는 주의(Attention), 흥미(Interest), 욕망(Desire), 기억(Memory) 및 행동(Action) 등이고, 권유, 유인 및 금전과는 무관하다.

④ 상업 공간의 정면이나 숍 프론트의 설계 계획에는 대중성이 있어야 하고, 취급 상품을 인지할 수 있어야 하며, 간판이 주변 미관과 조화되도록 해야 한다. 또한, 보행인의 발을 멈추게 하는 효과, 점 내로 유도하는 효과 및 경제적인 사항을 고려하여야 한다. 특히, 영업 종료 후 환경에 대한 고려는 필요하다.

⑤ 상업 공간은 영리나 수익이 주목적으로 지속적인 매매 행위가 이루어지는 공간(상점, 백화점, 레스토랑, 시장 등)으로 궁극적인 목적은 상품 판매에 있다.

⑥ 상점의 판매 부분은 상품의 전시, 진열, 판매 및 선전의 장소로서 종업원과 고객과의 상품 설명, 대금 수령 및 포장 등이 행해지며, 고객의 구매 의욕을 불러일으키는 곳으로 도입 공간, 상품 전시 공간, 통로 공간 및 서비스 공간으로 구성되며, 영업 관리 공간과는 무관하다.

14 상점의 배치법

① **굴절 배열형** : 진열 케이스 배치와 객의 동선이 굴절 또는 곡선으로 구성된 스타일의 상점으로 대면 판매와 측면 판매의 조합에 의해서 이루어지며, 백화점 평면 배치에는 부적합하다. 예로는 양품점, 모자점, 안경점, 문방구점 등이 있다.

② **직렬 배열형** : 진열 케이스, 진열대, 진열장 등 입구에서 내부 방향으로 향하여 직선적인 형태로 배치된 형식으로 통로가 직선이며 고객의 흐름도 빠르다. 상품의 전달 및 고객의 동선상 흐름이 가장 빠른 형식으로 협소한 매장에 적합한 상점 진열장의 배치 유형으로 부문별의 상품 진열이 용이하고 대량 판매 형식도 가능하다. 예로는 침구점, 실용 의복점, 가정 전기점, 식기점, 서점 등이 있다.

③ **환상 배열형** : 중앙에 케이스, 대 등에 의한 직선 또는 곡선에 의한 환상 부분을 설치하고 이 안에 레지스터, 포장대 등을 놓는 스타일의 상점으로 상점의 넓이에 따라 이 환상형을 2개 이상으로 할 수 있다. 이 경우 중앙의 환상의 대면 판매 부분에는 소형 상품과 소형 고액 상품을 놓고 벽면에는 대형 상품 등을 진열한다. 예로는 수예점, 민예품점 등을 들 수 있다.

④ **복합형** : ①, ② 및 ③의 각 형을 적절히 조합시킨 스타일로 후반부는 대면 판매 또는 카운터 접객 부분이 된다. 예로는 부인복점, 피혁 제품점, 서점 등이 있다.

15 상업 공간의 계획

① 실내 디자인의 실시 설계 단계는 공사를 실시하기 위한 모든 설계 도서(평면도, 입면도 등의 설계 도면, 시방서, 내역명세서 등의 공사상의 지시 사항 등)를 완성하고, 실시 설계 도면은 기본 구상 단계에서 제시한 기본 설계 도면과는 달리 구체적이고 정확하게 작성하여 공사 진행에 차질이 없도록 해야 하므로 실시 설계 단계에서의 요구사항은 재료 마감과 시공법의 확정, 집기의 선정 및 관련 디자인의 토털 코디네이트 등이다.

② 상업 공간의 실내 디자인에서 유의할 사항은 목적을 정확하게 파악하고, 상업 공간은 주거 공간에 비해 실용성이 중시되어야 하며, 투자비용에 대한 이윤 회수가 확실하도록 디자인해야 한다. 또한, 상업 공간은 다른 공간과 구별되도록 독특한 개성을 지닌 실내 디자인을 한다. 특히, 상업 공간 계획 시 고려하여야 할 사항은 고객의 범위, 교통에 관한 사항 및 상업 지역의 관계 등이고, 디자이너의 성별과는 무관하다.

③ 상점 계획 시 중점을 두어야 할 사항은 고객의 범위, 상업 지역의 관계, 교통, 조명 설계, 상품 배치 방식 및 간판 디자인 등이고, 상점주의 동선과는 무관하다.

④ 상품의 유효 진열 범위는 1,500mm를 기준으로 하고, 시야 범위는 상향 10°에서 하향 20°가 가장 좋으며, 상품 진열 범위는 바닥에서 600~2,100mm이며, 가장 편안한 높이(고객의 시선이 자연스럽게 머물고, 손으로 잡기 편한 높이인 골든 스페이스)는 850~1,250mm 정도이다.

⑤ 상점 건축의 계획에 있어서 카운터의 위치는 고객의 동선과 종업원의 동선이 만나는 곳에 설치하는 것이 가장 적합하다.

■ 출제 키워드

■ 직렬 배열형
- 진열 케이스, 진열대, 진열장 등 입구에서 내부 방향으로 향하여 직선적인 형태로 배치된 형식
- 통로가 직선이며 고객의 흐름도 빠름
- 상품의 전달 및 고객의 동선상 흐름이 가장 빠른 형식
- 협소한 매장에 적합한 상점 진열장의 배치 유형

■ 실시 설계 단계에서의 요구사항
재료 마감과 시공법의 확정, 집기의 선정 및 관련 디자인의 토털 코디네이트 등

■ 상업 공간 계획 시 고려사항
- 고객의 범위, 교통에 관한 사항 및 상업 지역의 관계 등
- 디자이너의 성별과는 무관

■ 상점 계획 시 중점사항
- 고객의 범위, 상업 지역의 관계 등
- 상점주의 동선과는 무관

■ 골든 스페이스
850~1,250mm 정도

■ 카운터의 위치
고객의 동선과 종업원의 동선이 만나는 곳에 설치

출제 키워드

■ 고객의 동선
• 유통매장의 동선 계획에서 길수록 효율이 좋은 동선
• 가능한 한 길게 하여 구매 의욕을 높임
• 통로의 폭은 90cm 정도로 하는 것이 바람직

■ 피팅 룸
• 착의실로서 옷을 입어볼 수 있도록 만들어진 방
• 패션의 상업(의류) 공간과 관계가 깊음

■ 측면 판매
진열 상품을 같은 방향으로 보며 판매 (양장, 양복, 침구, 서적 등)

■ 측면 판매의 장점
• 상품이 손에 잡히므로 충동적 구매와 선택이 용이
• 진열 면적이 커지고 상품에 친근감

⑥ 상점의 동선
 ㉮ 고객의 동선 : 유통매장의 동선 계획에서 길수록 효율이 좋은 동선으로 가능한 한 길게 하여 구매 의욕을 높이며, 한편으로는 편안한 마음으로 상품을 선택할 수 있어야 한다. 특히 상층으로 올라간다는 느낌을 갖지 않도록 하여야 하고, 행동의 흐름이 막힘이 없도록 입체적으로 하며, 통로의 폭은 90cm 정도로 하는 것이 바람직하다.
 ㉯ 종업원의 동선 : 고객의 동선과 교차되지 않도록 하며, 동선의 길이를 짧게 하여 보행 거리를 작게 하여야 한다. 즉, 적은 종업원의 수로 상품의 판매와 관리가 능률적으로 이루어져야 한다.
 ㉰ 상품의 동선 : 상품의 반입, 보관, 포장, 발송 등의 작업에 필요한 공간이다.

⑦ 용어 정리
 ㉮ 피팅 룸 : 착의실로서 옷을 입어볼 수 있도록 만들어진 방으로 패션의 상업(의류) 공간과 관계가 깊다.
 ㉯ 린넨 룸 : 호텔에 있어서 침대의 시트, 휘장, 책상보, 셔츠, 머플러 등 기타 의류를 수납, 보관 정리하여 두는 방이다.
 ㉰ 그릴 : 그릴 룸의 준말로서 식사를 주로 하는 서양식의 간이 음식점이다.
 ㉱ 다이닝 룸 : 가정의 식당이다.

16 상점의 판매 형식

(1) 대면 판매
고객과 종업원이 진열장을 가운데 두고 상담하는 형식이다.
① 장점
 ㉮ 고객과 대면이 되는 위치이므로 상품의 설명이 편하다.
 ㉯ 판매원의 정위치를 정하기가 용이하다.
 ㉰ 포장대가 가려 있을 수 있고 포장, 계산 등이 편리하다.
② 단점
 ㉮ 판매원의 통로를 잡게 되므로 진열 면적이 감소한다.
 ㉯ 진열장이 많아지면 상점의 분위기가 딱딱해진다.
③ 시계, 귀금속, 안경, 카메라, 의약품, 화장품, 제과, 수예품 상점에 쓰인다.

(2) 측면 판매
진열 상품을 같은 방향으로 보며 판매하는 형식이다.
① 장점
 ㉮ 상품이 손에 잡히므로 충동적 구매와 선택이 용이하다.
 ㉯ 진열 면적이 커지고 상품에 친근감이 있다.

② 단점
  ㉮ 판매원의 정위치를 정하기가 어렵고 불안정하다.
  ㉯ 상품의 설명이나 포장 등이 불편하다.
③ 양장, 양복, 침구, 전기 기구, 서적, 운동 용구점에 쓰인다.

17 상점의 현휘 현상

(1) 피막 현휘 현상

진열창의 내부가 어둡고 외부가 밝을 때에는 유리면은 거울과 같이 비추어서 내부에 진열된 상품이 보이지 않게 된다. 이것을 피막 현휘 현상이라 한다.

(2) 현휘 현상의 방지법

① 진열창의 내부를 밝게 한다. 즉, 진열창의 배경을 밝게 하거나, 천장으로부터 천공광을 받아들이거나 인공 조명을 한다(손님이 서 있는 쪽의 조도를 낮추거나, 진열창 속의 밝기는 밖의 조명보다 밝아야 한다).
② 쇼윈도의 외부 부분에 차양을 뽑아서 외부를 어둡게 그늘 지운다. 즉, 진열창의 만입형은 이에 대해 유효하다.
③ 유리면을 경사시켜 비치는 부분을 위쪽으로 가게 한다.
④ 특수한 곡면 유리를 사용한다.
⑤ 눈에 입사하는 광속을 작게 한다.
⑥ 진열창 속의 광원의 위치는 감추어지도록 한다.

(3) 쇼윈도의 조명

① 쇼윈도의 장식 효과는 조명에 의한 경우가 많은데, 아무리 우수한 진열을 하였어도 빈약한 조명하에서는 그 효과를 살리기 어렵다. 조명 계획 시 주의사항은 다음과 같다.
  ㉮ 현휘 현상이 일어나지 않도록 하고, 쇼윈도의 내부에 환기 장치를 한다.
  ㉯ 광원이 눈에 들어오지 않도록 한다.
  ㉰ 배경으로부터의 반사를 피한다.
  ㉱ 조명의 빛을 유용하게 사용한다.
② 조명 방법으로는 상품의 종류, 진열 방법, 쇼윈도의 크기 등에 따라 여러 가지 방법이 있다.
  ㉮ 전체를 균등하게 비추는 방법
  ㉯ 일부를 강조(국부 조명)하는 방법(고가 또는 일부 상품을 강조)
  ㉰ 층단으로 비추는 방법

출제 키워드

■ 측면 판매의 단점
• 판매원의 정위치를 정하기가 어렵고 불안정
• 상품의 설명이나 포장 등이 불편

■ 현휘 현상의 방지법
• 진열창의 내부를 밝게
• 눈에 입사하는 광속을 작게
• 곡면 유리 및 특수 유리를 사용

출제 키워드

■ 몰
- 쇼핑센터 내의 주요 보행 동선으로 고객을 각 상점으로 고르게 유도
- 휴식처로서의 기능

■ 은행의 설계 방침
능률화, 쾌적성, 신뢰성, 친근감 및 통일성 등

18 쇼핑센터

① 몰 : 쇼핑센터 내의 주요 보행 동선으로 고객을 각 상점으로 고르게 유도하는 동시에, 휴식처로서의 기능도 가지고 있는 것이다.
② 핵상점 : 쇼핑센터의 고객을 끌어들이는 기능을 갖고 있으며, 일반적으로 백화점, 종합 슈퍼가 이에 해당된다.
③ 전문점 : 단일 종류의 상품을 전문적으로 취급하는 상점과 음식점 등의 서비스점으로 구성되고, 쇼핑센터의 특색에 따라 구성과 배치된다.
④ 코트 : 몰의 군데군데 고객이 머물 수 있는 공간을 마련한 곳으로 분수, 전화박스, 벤치 등이 마련되어 고객의 휴식처가 되는 동시에 안내를 제공하고, 쇼핑센터의 연출장이기도 하다.

19 은행의 설계 방침

은행의 설계 방침에는 능률화, 쾌적성, 신뢰성, 친근감 및 통일성 등이다.
① 능률화 : 인간과 업무 조직, 제반 기계 설비와의 관련 동작을 가장 합리적으로 하여 사무 능률을 높여야 하므로 업무 내의 흐름은 가급적 고객이 알기 쉽게 계획하고, 고객의 동선을 짧게 하며, 고객의 출입구는 한 곳에 설치한다.
② 쾌적성 : 행원의 심리적인 부담을 덜어주고, 사무 능률을 높여 준다.
③ 신뢰성 : 은행의 생명은 신용이므로 의장적·구조적으로 진정하고 견고한 인상을 줄 수 있어야 하며, 재해시를 대비한 평소 경비 유지 관리가 용이하여야 한다.
④ 친근감 : 은행의 대중화의 노력은 건축물 자체가 주변과 조화되어야 하고, 쇼케이스의 개방, 고객 대기실의 살롱화, 회의실 또는 강당의 제공 등을 고려하여야 한다.
⑤ 통일성 : 은행은 점포 자체가 광고의 매개체이므로 눈에 잘 띄는 장소이어야 하고, 색채, 광고문, 간판 등도 은행으로서의 통일성을 기초로 하여야 한다.

20 극장의 단면도

객석의 마감 재료는 다음 그림과 같다.

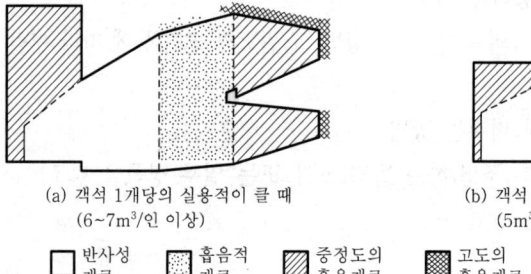

(a) 객석 1개당의 실용적이 클 때 (6~7m³/인 이상)
(b) 객석 1개당의 실용적이 작을 때 (5m³/인 이하)

□ 반사성 재료　▨ 흡음적 재료　▨ 중정도의 흡음재료　▨ 고도의 흡음재료

21 호텔의 기능

(1) 호텔의 기능

호텔 건축의 기능적인 부분을 분류하면, 관리 부분, 공공 부분 또는 사교 부분, 숙박 부분으로 나누어지며, 이들은 공간적으로도 분명한 조닝의 체계에 의하여 계획되어야 한다.

① 관리 부분 : 호텔이라는 유기체의 생리적인 작용이 되는 곳으로서 각 부와의 연락을 신속화하여야 한다. 특히, 프런트 오피스는 컴퓨터화의 설비가 요구된다.

② 공공 부분 또는 사교 부분 : 숙박 시설이 개인의 기밀성을 요소로 한다면, 이 부분은 공용성을 주체로 한 것으로 서비스의 질과 양을 늘려가는 추세에 있으며, 호텔 전체의 매개 공간의 역할을 한다. 특히, 로비는 고객(투숙객과 외래객)동선이 시작되고, 호텔의 중심 기능(호텔의 기능을 유도하는 출발점으로 동선의 교차점)을 하며, 호텔의 이미지에 크게 영향을 주는 공간이다. 휴식, 독서, 면회 및 담화 등이 이루어지는 다목적 공간으로 동선의 교차점이며, 객실당 $0.8 \sim 1.0 m^2$ 정도가 필요하다.

③ 숙박 부분 : 호텔에 있어서 가장 중요한 부분으로 이에 의해서 호텔의 형이 거의 결정된다. 객실은 개성과 쾌적을 필요로 하며, 필요에 따라서는 변화성을 주어 호텔의 특성을 살려야 한다. 또한, 싱글룸(1인용 침대 1개)은 $15 \sim 22m^2$, 더블룸(2인용 침대 1개)과 트윈 베드룸(1인용 침대 2개)은 $22 \sim 32m^2$, 스위트 더블룸은 $32 \sim 45m^2$이다.

(2) 레스토랑의 공간 구성

레스토랑의 공간 구성은 관리 부분, 조리 부분 및 영업 부분으로 구성된다.

① 관리 부분 : 주인이나 종업원이 사용하는 공간으로 출입구에 위치하는 안내 카운터, 계산대, 옷 보관 장소, 기계 설비실, 음악실, 종업원용 화장실이 속한다.

② 조리 부분 : 음식을 만드는 공간으로 냉장실, 냉동실과 식품 저장실, 실제 조리 과정이 진행되는 부엌이 속한다.

③ 영업 부분 : 손님들이 사용하는 공간으로 레스토랑의 규모에 따라 내용과 수준이 다양하나, 일반적으로 출입구, 음식을 서빙 받는 식당, 바 카운터, 화장실, 공중전화 부스가 포함된다.

22 전시 형태

전시 방법	특성
파노라마 전시	선형으로 연출되는 전시 기법으로 벽면 전시와 오브제 전시가 병행되며 연속적인 주제를 연관성 있게 표현하는 전시 형태로서 전체적인 맥락이 중요한 전시에 사용된다.
아일랜드 전시	전시물을 입체적으로 전시 공간에 전시하는 방법으로 벽이나 천장에 전시하지 않는 것이 특징이다.

■ 출제 키워드

■ 호텔의 로비
• 고객(투숙객과 외래객)동선이 시작
• 호텔의 중심 기능(호텔의 기능을 유도하는 출발점으로 동선의 교차점)
• 호텔의 이미지에 크게 영향을 주는 공간

■ 더블룸과 트윈 베드룸
$22 \sim 32m^2$

■ 레스토랑의 공간 구성
관리 부분, 조리 부분 및 영업 부분 등

전시 방법	특성
디오라마 전시	현장감을 가장 실감나게 표현하는 방법으로 배경 스크린이나 고정된 어떤 상황의 실물을 전시하는 방법
입체 전시	시각이 전면에 개방되어 전시물에 접근하여 관람할 수 있도록 전시하는 방법

23 실내 건축사

① 그리스 신전 건축에서 사용된 착시 교정 수법
  ㉮ 모서리 쪽의 기둥 간격을 보다 좁아지게 만들었다.
  ㉯ 기둥을 옆에서 볼 때 중앙부가 약간 부풀어 오르도록 만들었다.
  ㉰ 기둥과 같은 수직 부재를 위쪽으로 갈수록 약간 안쪽으로 기울어지게 만들었다.
  ㉱ 착시 현상에 의한 처짐을 방지하기 위하여 아키트레이브, 코니스 등에 의해 형성되는 긴 수평선은 위쪽으로 약간 볼록하게 처리하였다.

② 바우하우스는 1919년경 월터 그로피우스에 의해 설립된 국립 종합 조형 학교로서 미술 학교와 공업 학교를 겸한 형태이며 현대 건축의 형성에 가장 큰 영향을 끼쳤다.

③ 그리스 및 로마의 오더 양식 : 그리스 시대의 오더 양식에는 도리아식, 이오니아식 및 코린트식 등이 있고, 로마 시대에는 그리스 시대의 오더 양식(도리아식, 이오니아식 및 코린트식) 외에 터스칸식, 콤포지트식 등이 사용되었다.

④ 의자의 종류
  ㉮ 바실리 의자 : 마르셀 브로이어가 디자인한 것으로 강철 파이프를 휘어 기본 골조를 만들고 가죽을 접합하여 만든 의자이다.
  ㉯ 파이미오 의자 : 북유럽의 모더니즘을 개척한 알바 알토가 조국 핀란드의 자연 환경으로부터 많은 영향을 받아 금속이 아닌 나무를 현대적인 구조로 변형한 새로운 모던 가구 중의 하나이다.
  ㉰ 레드 블루 의자 : 네덜란드의 리트벨트가 규격화한 판재를 이용하여 적, 청, 황의 원색으로 디자인한 의자이다.
  ㉱ 바르셀로나 의자 : 1926년 미스 반데 로에가 금속 파이프를 이용한 강관의 캔틸레버형 의자로서 바르셀로나에서 개최한 국제 박람회에 독일관 설계 시 사용한 의자이다.

⑤ 건축가의 활동
  ㉮ 르 코르뷔지에
    ㉠ 모듈러(modulor)
    ㉡ 생활에 적합한 건축을 위해 인체와 관련된 모듈의 사용에 있어 단순한 길이의 배수보다 황금 비례를 이용함이 타당하다고 주장
    ㉢ 설계나 생산에 쓰이는 치수 단위 또는 체계를 모듈이라고 하는데, 인체 척도를 근거로 하는 모듈을 주장한 사람

㈏ 그로피우스(Gropius) : 현대건축의 형성에 가장 큰 영향을 끼친 독일의 디자인 학교인 바우하우스의 창시자이다.
⑥ 건축 운동
　　㉮ 다다이즘 : 예술의 허무주의적 운동으로 통상적인 미의 개념에 대한 혐오감과 전쟁에 대한 저항감을 예술 행위로 옮겨서 활동을 시작한 운동이다.
　　㉯ 구성주의 : 1차 세계대전 직후 소련의 모스크바에서 일어나 서유럽 일대에 번져진 추상주의 예술운동의 유파로 자연사실의 묘사와 인상의 표현을 폐지하고, 근대 공업재료(금속, 유리 등)를 사용하여 공간적으로 새로이 창조, 구성, 표현하는 성향의 운동이다.
　　㉰ 미래주의 : 초기에는 입체파의 모습을 택했으나, 입체파보다 더욱 과거와의 의식 단절이 철저했고, 행동주의적이었으며, 기계 예찬의 투쟁에 적극적이었다. 현대 생활을 동적으로 파악해야 하고, 그 동적 상황에서 벌어지는 율동적 환경 속에서의 운동체를 대상으로 삼아야 한다는 주장을 하였던 운동이다.
　　㉱ 포스트모더니즘 : 탈근대주의라고도 하며 1970년대 서유럽에서 시작하여 모더니즘의 문제와 폐단을 해결, 인간성 회복과 조화를 주장하고 기능주의에 반대하고자 했던 개혁주의 운동이다.

출제 키워드

■ 그로피우스(Gropius)
현대건축의 형성에 가장 큰 영향을 끼친 독일의 디자인 학교인 바우하우스의 창시자

■ 포스트모더니즘
• 탈근대주의
• 1970년대 서유럽에서 시작하여 모더니즘의 문제와 폐단을 해결, 인간성 회복과 조화를 주장하고 기능주의에 반대하고자 했던 개혁주의 운동

1-4. 실내 계획
과년도 출제문제

01 | 평면 계획의 용어
23, 15, 11, 08, 06, 05, 03

동선 계획을 가장 잘 나타낼 수 있는 실내 계획은?
① 입면 계획   ② 천장 계획
③ 구조 계획   ④ 평면 계획

[해설] 평면 계획(주어진 기능의 어떤 건축물의 내부에서 일어나는 모든 활동의 종류, 규모 및 그 상호 관계를 합리적으로 평면상에 배치하는 계획)은 동선 계획을 가장 잘 나타낼 수 있다.

02 | 마감 재료의 종류
12, 09, 07

실내 공간의 성격 형성과 가장 관련이 깊은 디자인 요소는?
① 마감 재료   ② 바닥 구조
③ 장식품 종류   ④ 천장의 질감

[해설] 실내 공간의 성격을 형성하는 디자인의 요소 중에서 표면(마감 재료)의 특성은 재질, 즉 목재, 철재 등과 같이 재질이 가지는 성격이 공간의 성격을 형성하는 요인이 된다.

03 | 디자인 요소(재료의 용어)
04

표면적 특성으로 실내 공간의 성격을 형성하는 디자인의 요소는?
① 색채   ② 조명
③ 재료   ④ 가구

[해설] 실내 공간의 성격을 형성하는 디자인의 요소 중에서 표면(마감 재료)의 특성은 재질, 즉 목재, 철재 등과 같이 재질이 가지는 성격이 공간의 성격을 형성하는 요인이 된다.

04 | 주거 공간의 동선
02

주거 공간의 동선에 관한 설명으로 틀린 것은?
① 동선은 사람의 생활 동작이 연속되는 경로를 말한다.
② 주 생활 공간 상호 간의 동선 관계는 상충되거나 방해되지 않도록 한다.
③ 동선은 가능한 길고 직선으로 효율적이고 복잡하게 계획한다.
④ 가사실은 가장 일을 많이 하는 공간으로 동선을 효율적으로 설계한다.

[해설] 주거 공간의 동선에 있어서 자주 왕래하는 주거 공간 간의 동선은 짧고 직선적으로 계획하며, 일정 공간에서 같은 시간 내에 같은 활동을 하는 경우에는 동선이 짧을수록 바람직하나 동선을 줄이기 위하여, 다른 활동에 지장을 주거나 다른 공간의 독립성을 침해하는 일이 없도록 하여야 한다.

05 | 주거 공간의 동선
10, 07, 02

주거 공간의 동선에 관한 설명으로 옳지 않은 것은?
① 동선은 짧을수록 에너지 소모가 적다.
② 주부 동선은 길수록 좋다.
③ 동선을 줄이기 위해 다른 공간의 독립성을 저해해서는 안된다.
④ 거실이 주거의 중앙에 위치하면 동선을 줄일 수 있다.

[해설] 동선 처리의 원칙은 동선은 짧고, 직선이고, 간단하여야 하며, 서로 다른 종류의 동선(사람과 차량, 오가는 사람 등)은 될 수 있는 대로 교차하지 않도록 하여야 한다. 만일 부득이한 경우에는 가장 지장이 적은 동선부터 교차시키도록 한다. 특히, 주부의 동선은 가장 간단하고 짧아야 한다.

06 | 주거 공간의 동선
24, 19, 12, 09, 07

주거 공간의 동선에 관한 설명으로 옳지 않은 것은?
① 동선은 일상생활의 움직임을 표시하는 선이다.
② 동선은 길고, 가능한 한 직선적으로 계획하는 것이 바람직하다.
③ 하중이 큰 가사 노동의 동선은 되도록 남쪽에 오도록 하는 것이 좋다.
④ 개인, 사회, 가사 노동권의 3개 동선은 서로 분리되어 간섭이 없도록 한다.

[정답] 01. ④ 02. ① 03. ③ 04. ③ 05. ② 06. ②

해설 동선 처리의 원칙은 동선은 짧고, 직선이며, 간단하여야 하고, 서로 다른 종류의 동선은 될 수 있는 한 교차하지 않도록 하여야 한다.

07 | 주거 공간의 동선
18, 12

공간의 동선에 관한 설명으로 옳지 않은 것은?
① 동선의 유형 중 직선형은 최단거리의 연결로 통과 시간이 가장 짧다.
② 실내에 2개 이상의 출입구는 그 개수에 비례하여 동선이 원활해지므로 통로 면적이 감소된다.
③ 동선이 교차하는 지점은 잠시 멈추어 방향을 결정할 수 있도록 어느 정도 충분한 공간을 마련해 준다.
④ 동선은 짧으면 짧을수록 효율적이나 공간의 성격에 따라 길게 하여 더 많은 시간 동안 머무르도록 유도되기도 한다.

해설 실내의 2개 이상의 출입구는 그 개수에 비례하여 동선이 교차되므로 동선이 원활하지 못하고, 통로 면적이 증대된다.

08 | 알트만의 공간 개념
24, 02

사회 심리학자인 알트만(Altman)이 분류한 공간의 개념이라 할 수 없는 것은?
① 개인 공간　　② 환경성
③ 프라이버시　　④ 영역성

해설 사회 심리학자인 알트만이 분류한 공간의 개념에는 개인 공간, 프라이버시, 영역성 등이 있다.

09 | 공간의 구성(개방형)
23, 18, 13, 11, 02

개방형 공간 구성의 특징으로 가장 알맞은 것은?
① 공간 사용의 융통성과 극대화
② 프라이버시 보장과 에너지 절약
③ 조직화를 통한 시각적 애매모호함 제거
④ 복수의 구성 요소의 독립적 공간 확보

해설 개방형 공간 구성은 공간 사용의 융통성과 극대화를 꾀할 수 있으며, 폐쇄형 공간 구성은 프라이버시 보장과 에너지 절약을 보장할 수 있다.

10 | 공간의 조직(중앙 집중식)
25, 21, 18, 14

다음 설명에 알맞은 공간의 조직 형식은?

하나의 형이나 공간이 지배적이고 이를 둘러싼 주위의 형이나 공간이 종속적으로 배열된 경우로 보통 지배적인 형태는 종속적인 형태보다 크기가 크며 단순하다.

① 직선식　　② 방사식
③ 군생식　　④ 중앙 집중식

해설 공간의 조직 형식 중 중앙 집중식은 하나의 형이나 공간이 지배적이고, 이를 둘러싼 주위의 형이나 공간이 종속적으로 배열된 경우로 보통 지배적인 형태는 종속적인 형태보다 크기가 크며, 단순하다.

11 | 리모델링의 용어
19, 14

건축물의 노후화를 억제하거나 기능 향상을 위하여 대수선 또는 일부 증축하는 행위로 정의되는 것은?
① 리빌딩　　② 재개발
③ 재건축　　④ 리모델링

해설 리모델링이란 건축물의 노후화를 억제하거나 기능 향상을 위하여 대수선 또는 일부 증축하는 행위이다.

12 | 주택의 소요실(개인 공간)
25, 13, 08②

주거 공간을 주행동에 따라 개인 공간, 작업 공간, 사회적 공간 등으로 구분할 경우, 다음 중 개인 공간에 속하지 않는 것은?
① 서재　　② 부엌
③ 침실　　④ 자녀방

해설 주택에서의 소요실

공동 공간	개인 공간	그 밖의 공간			
		가사 노동	생리 위생	수납	교통
거실, 식당, 응접실	부부침실, 노인방, 어린이방, 서재	부엌, 세탁실, 가사실, 다용도실	세면실, 욕실, 변소	창고, 반침	문간, 홀, 복도, 계단

13 | 주택의 소요실(개인 공간)
25*, 22, 16, 14, 12, 11, 09, 08

다음의 주거 공간 중 개인의 공간에 속하는 것은?
① 거실　　② 식사실
③ 응접실　　④ 서재

해설 거실, 응접실 및 식사실은 공동 공간에 속하고, 서재는 개인 공간에 속한다.

14 | 주택의 소요실(개인 공간)
10, 06, 04, 99

주택의 각 공간에서 개인 생활 공간에 속하는 것은?

① 응접실　　② 거실
③ 침실　　　④ 식사실

해설 거실, 응접실 및 식사실은 공동 공간에 속하고, 침실은 개인 공간에 속한다.

15 | 주택의 소요실(사회적 공간)
24, 13, 09, 06

주거 공간을 주 행동에 따라 개인 공간, 사회 공간, 노동 공간, 보건·위생 공간으로 구분할 때, 다음 중 사회 공간으로만 구성된 것은?

① 침실, 공부방, 서재
② 부엌, 세탁실, 다용도실
③ 식당, 거실, 응접실
④ 화장실, 세면실, 욕실

해설 침실, 공부방, 서재는 개인 공간, 부엌, 세탁실, 다용도실은 노동 공간, 화장실, 세면실, 욕실은 보건·위생 공간에 속한다.

16 | 주택의 소요실(사회적 공간)
23, 22, 12, 10, 07

주거 공간을 주 행동에 따라 개인 공간, 작업 공간, 사회적 공간으로 구분할 때, 다음 중 사회적 공간에 속하지 않는 것은?

① 식당　　　② 현관
③ 응접실　　④ 서비스 야드

해설 주택에서의 소요실 중 공동(사회적) 공간에는 거실, 식당, 응접실 및 현관 등이 있다. 서비스 야드는 그 밖의 공간 중 옥외 가사노동 공간으로 정원의 일부분과 부엌이 직결되어 세척, 건조 등의 가사(작업 공간)를 하는 장소이다.

17 | 주택의 소요실(사회적 공간)
23②, 16

주거 공간을 주 행동에 의해 구분할 경우, 다음 중 사회 공간에 속하지 않는 것은?

① 거실　　　② 식당
③ 서재　　　④ 응접실

해설 거실, 식당 및 응접실은 공동(사회적)공간이고, 서재는 개인(사적)공간이다.

18 | 주택의 소요실(사회적 공간)
18, 16

주거 공간을 주 행동에 의해 구분할 경우, 다음 중 사회적 공간에 속하는 것은?

① 거실　　　② 침실
③ 욕실　　　④ 서재

해설 거실은 사회적(공동)공간에 속하고, 침실과 서재는 개인(사적)공간에 속하며, 욕실은 보건·위생 공간에 속한다.

19 | 주택의 소요실(사회적 공간)
15, 11

주거 공간은 주 행동에 의해 개인 공간, 사회 공간, 가사 노동 공간 등으로 구분할 수 있다. 다음 중 사회공간에 속하는 것은?

① 식당　　　② 침실
③ 서재　　　④ 부엌

해설 거실은 공동(사회적)공간, 침실과 서재는 개인(사적)공간, 부엌은 가사 노동 공간에 속한다.

20 | 한·양식 주택의 비교
22, 18, 15

양식 주택과 비교한 한식 주택의 특징에 관한 설명으로 옳지 않은 것은?

① 공간의 융통성이 낮다.
② 가구는 부수적인 내용물이다.
③ 평면은 실의 위치별 분화이다.
④ 각 실의 프라이버시가 약하다.

해설 한식 주택은 각 실을 혼용도로 사용하므로 공간의 융통성이 매우 높고, 양식 주택은 단일용도로 사용하므로 독립성이 매우 높다.

21 | 주택의 설계 방향
10

주택 설계의 방향에 대한 설명 중 옳지 않은 것은?

① 입식과 좌식을 혼용한다.
② 가사노동이 경감되도록 한다.
③ 생활의 쾌적함이 증대되도록 한다.
④ 가장중심의 주거가 되도록 한다.

해설 새로운 주택 설계의 방향에는 생활의 쾌적성을 높임으로써 주택 공간은 특히 건강하고 안락하여야 하며, 일조·온도·습도는 생활 공간의 쾌적 요인으로 중요한 요소이고, 가사 노동을 덜어주고, 주거의 단순화를 꾀하며, 가족 본위의 주택을 추구한다. 또한, 좌식과 의자식을 혼용하여 한 가족의 취미와 직업, 생활 방식에 일치하여야 한다.

정답 14.③ 15.③ 16.④ 17.③ 18.① 19.① 20.① 21.④

22 | 주택의 설계 방향
22, 21, 17, 12

주택의 설계 방향으로 옳지 않은 것은?
① 가족 본위의 주거
② 가사 노동의 경감
③ 넓은 주거 공간 지향
④ 생활의 쾌적함 증대

해설 새로운 주택의 설계 방향에는 ①, ② 및 ④ 외에 각 공간의 이용을 편리하도록 하고, 좌식과 의자식을 혼용하여 한 가족의 취미와 직업, 생활 방식에 일치하여야 한다.

23 | 인간의 욕구 중 2차적 조건
04

인간 생활을 위한 2차적 조건과 거리가 먼 것은?
① 서정성   ② 기능
③ 동선   ④ 인간 척도

해설 인간의 욕구 중 본질적인 분야에는 1차 욕구(육체적인 욕구, 휴식, 취침, 배설, 영양, 섭취 및 생식 등)와 2차 욕구(정신적인 욕구, 사교, 단란, 독서 및 유희 등) 등이 있고, 부대적인 분야에는 간접적으로 본질적인 분야의 생활을 보조하는 부엌, 변소, 욕실, 가사작업공간 등 휴식과 가사노동의 장소로서 여러 가지 활동이 다른 공간을 구성하는 것으로 기능, 동선 및 인간 척도 등이 있다.

24 | 거실의 가구 배치 방법(ㄱ자형)
22, 15, 14, 13

다음 설명에 알맞은 주택 거실의 가구 배치 방법은?

- 가구를 두 벽면에 연결시켜 배치하는 형식으로 시선이 마주치지 않아 안정감이 있으며 부드럽고 단란한 분위기를 준다.
- 일반적으로 비교적 적은 면적을 차지하기 때문에 공간 활용이 높고 동선이 자연스럽게 이루어지는 장점이 있다.

① 직선형   ② ㄱ자형
③ ㄷ자형   ④ 자유형

해설 직선형은 좌석의 일렬 배치로 시선의 교차가 없어 자연스러운 분위기는 연출하나 단란함이 부족한 형태이고, ㄷ자형은 중앙의 탁자를 중심으로 좌석을 일정한 곳(정원, 벽난로, TV 등)을 향하도록 한 형태로 시선이 부딪히지 않게 초점을 형성하므로 부드러운 분위기를 만들 수 있으며, 자유형은 어떤 유형에도 구애받지 않고 자유롭게 배치한 형태로 개성적인 실내 연출이 가능하다.

25 | 주택의 거실
24②, 18, 16, 10

주택의 거실에 대한 설명 중 옳지 않은 것은?
① 다목적 기능을 가진 공간이다.
② 가족의 휴식, 대화, 단란한 공동생활의 중심이 되는 곳이다.
③ 전체 평면의 중앙에 배치하여 각 실로 통하는 통로로서의 기능을 부여한다.
④ 거실의 면적은 가족 수와 가족의 구성 형태 및 거주자의 사회적 지위나 손님의 방문 빈도와 수 등을 고려하여 계획한다.

해설 거실은 주택에서 가장 중심적인 곳으로, 각 실과의 연결이 쉬워야 하나, 각 실을 연결하는 통로의 역할은 피하는 것이 좋다. 특히, 가족의 단란을 저해할 수 있으므로 통로가 되는 경우는 피해야 한다.

26 | 거실의 가구 배치법(ㅁ자형)
03

거실의 가구 배치는 거실의 규모, 평면 형태, 개구부의 위치와 크기, 가구 조건에 따라서 한다. 다음 중 소파를 중심으로 배치하는 방법으로 사용하지 않는 것은?
① 대면형   ② 코너형
③ 직선형   ④ ㅁ자형

해설 대면형은 좌석이 서로 마주 보게 배치하는 형식으로, 서로 시선이 마주쳐 자칫 어색한 분위기를 만들 수 있고, 코너형은 가구를 실내 벽면 코너에 배치하는 형식으로 시선이 마주치지 않다 다소 안정감이 있는 형식이며, 직선형은 좌석의 일렬 배치로 시선의 교차가 없어 자연스러운 분위기는 연출하나 단란함이 부족한 형태이다.

27 | 거실의 가구 배치 영향 요소
24, 10, 08

다음 중 거실의 가구 배치에 영향을 주는 요인과 가장 거리가 먼 것은?
① 거실의 규모와 형태
② 개구부의 위치와 크기
③ 거실의 벽지 색상
④ 거주자의 취향

해설 거실의 가구 배치에 영향을 주는 요인은 거실의 규모와 형태, 개구부의 위치와 크기, 거주자의 취향 등이 있고, 거실의 벽지 색상은 가구의 색상과 관계가 있으나, 거실의 가구 배치와는 무관하다.

28 | 침실의 계획 | 20, 14, 08

주택의 침실 계획에 관한 설명 중 틀린 것은?

① 침실의 소음은 120데시벨(dB) 정도로 하는 것이 바람직하다.
② 침실수는 가족수, 가족 형태, 경제 수준, 생활 양식에 따라 다르다.
③ 침실에 붙박이 옷장을 설치하면 수납 공간이 확보되어 정리정돈에 효과적이다.
④ 침대를 놓을 때 머리쪽에 창을 두지 않는 것이 좋다.

해설 주택의 침실 소음 기준은 20~30dB로 하여야 바람직하고, 120dB의 경우는 통조림 및 리베팅의 공장의 소음 기준이며, 침대는 외부에서 출입문을 통해 직접 보이지 않도록 배치한다.

29 | 침실의 계획 | 13

침실 공간에 대한 설명으로 옳은 것은?

① 자녀 침실은 어두운 공간에 배치한다.
② 노인이 거주하는 실은 출입구에서 먼 쪽에 배치한다.
③ 부부 침실은 조용하고 아늑한 느낌을 가지도록 한다.
④ 아동실은 북쪽으로 배치하고 부엌과 인접하도록 한다.

해설 자녀의 침실은 밝은 공간에 배치하고, 노인이 거주하는 실은 출입구와 가까운 쪽에 배치하며, 아동실은 남쪽으로 배치하고 거실과 인접하도록 한다.

30 | 2인용 침대 배치법 | 07, 05, 98

2인용 침대의 배치에 관한 설명 중 옳지 않은 것은?

① 침대의 배치는 출입문, 벽, 창의 위치를 고려해야 한다.
② 침대의 측면은 외벽에 닿는 것이 좋다.
③ 가급적 창가에 배치하지 않는 것이 좋다.
④ 출입문 개방시 직접 침대가 보이지 않는 것이 좋다.

해설 침대의 배치에 있어서 침대 상부인 머리 쪽을 항상 외벽에 면하게 하며, 싱글침대인 경우에는 한 측면의 외벽에 면하여 신체를 보호하도록 하고, 더블 침대의 경우에는 양쪽에 통로를 설치하며, 출입할 때의 시선은 침대 상부 머리 쪽이 먼저 보이도록 하며, 가급적 창가의 배치는 피한다.

31 | 침대 배치법 | 04

다음 중 침대의 배치가 가장 잘된 것은?

① 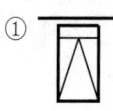   ②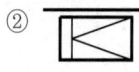

③ 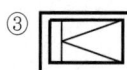   ④

해설 침대의 배치 방법은 침대의 상부 머리쪽은 되도록 외벽에 면하도록 하고, 누운 채로 출입문이 직접 보이도록 하며, 침대의 양쪽에 통로를 두고 한쪽을 75cm 이상 되게 할 것 또한, 침대의 하부인 발치 하단에는 90cm 이상의 여유를 두고, 침실 내에서의 주요 통로폭은 90cm 이상이 되도록 할 것

32 | 매트리스의 규격(퀸) | 20, 14

침대의 종류 중 퀸(queen)의 표준 매트리스 크기는? (단, 단위는 mm임)

① 900×1,875   ② 1,350×1,875
③ 1,500×2,000   ④ 1,900×2,100

해설 침대의 종류 중 퀸(queen)의 표준 매트리스의 크기는 1,500×2,000mm의 크기이다.

33 | 침실의 소음 방지 방법 | 20, 13, 05

주택 침실의 소음 방지 방법으로 적당하지 않은 것은?

① 도로 등의 소음원으로부터 격리시킨다.
② 창문은 2중창으로 시공하고 커튼을 설치한다.
③ 벽면에 붙박이장을 설치하여 소음을 차단한다.
④ 침실 외부에 나무를 제거하여 조망을 좋게 한다.

해설 침실의 소음을 방지하려면 ①, ② 및 ③ 외에 침실 외부에 나무 등을 심어 외부의 소음을 차단한다.

34 | 공간(소규모)의 계획 | 14, 08

소규모 주거 공간 계획 시 고려하지 않아도 되는 것은?

① 접객 공간   ② 식사와 취침 분리
③ 평면 형태의 단순화   ④ 주부의 가사 작업량

해설 소규모 주거 공간 계획 시 고려하여야 할 사항은 식사와 취침의 분리, 주부 가사 작업량 경감 및 평면 형태의 단순화 등이나, 접객 공간은 고려할 필요가 없다.

35 | 공간의 계획 시 고려사항
07, 04

주거 공간 실내 계획 시 고려사항으로 가장 거리가 먼 것은?

① 기후
② 위치
③ 디자인 스타일
④ 주변 도로폭

해설 주거 공간 계획 시 유의하여야 할 사항은 공간의 면적을 알고, 공간의 구성에 대해서 고려하며, 공간의 위치를 정한다. 또한, 기후, 위치 및 디자인 스타일을 파악한다.

36 | 공간의 색채 계획
23, 11, 08

주택 실내 공간의 색채 계획에 대한 설명 중 옳지 않은 것은?

① 화장실은 전체를 밝은 느낌의 색조로 처리하는 것이 바람직하다.
② 바닥은 벽면보다 약간 어두우며 안정감 있는 색을 사용한다.
③ 침실은 보통 깊이 있는 중명도의 저채도로 정돈한다.
④ 낮은 천장을 높아 보이게 하려면 천장의 색을 벽보다 어두운 색채로 한다.

해설 건축물의 안정감을 주기 위해 천장(윗부분)에서부터 바닥(아랫부분)으로 향하여 명도를 낮추어야 하고, 낮은 천장의 색채는 어두운 색채보다 밝은 색채를 사용하는 것이 천장을 높아 보이게 한다.

37 | LDK형의 용어
14, 10, 07, 02

소규모 주택에서 많이 사용하는 방법으로 거실 내에 부엌과 식사실을 설치한 것은?

① D
② DK
③ LD
④ LDK

해설 LDK형은 거실, 식당, 부엌의 기능을 한곳에서 수행할 수 있도록 계획한 형식으로 공간을 효율적으로 활용할 수 있어서 소규모의 주택이나 아파트에 많이 이용되고, LD/K형은 거실과 식당을 개방시켜 한 공간에 만들고, 부엌을 따로 독립시킨 형식으로 사회적 공간과 가사 작업 공간을 분리시킴으로써 기능적으로 주거 공간을 단순화시킨 것이며, L/DK형은 거실을 독립시키고 식당과 부엌을 한 공간에 둔 평면 형식으로 가족의 대화 장소이며, 휴식 공간인 거실을 독립시킴으로써 거실다운 기능을 수행할 수 있다.

38 | LDK형의 D의 의미
15, 11, 09

LDK형 단위 주거에서 D가 의미하는 것은?

① 거실
② 식당
③ 부엌
④ 화장실

해설 LDK형은 거실, 식당, 부엌의 기능을 한 곳에서 수행할 수 있도록 계획한 형식으로 공간을 효율적으로 활용할 수 있어서 소규모의 주택이나 아파트에 많이 이용된다. 여기서, L은 거실(Living room), D는 식당(Dinning room), K는 부엌(Kitchen)을 의미한다.

39 | LD(리빙 다이닝)형의 용어
24, 23, 13, 08, 06

다음 설명에 알맞은 식사실의 유형은?

> 거실의 한 부분에 식탁을 설치하는 형태로, 식사실의 분위기 조성에 유리하며, 거실의 가구들을 공동으로 이용할 수 있으나, 부엌과의 연결로 보아 작업 동선이 길어질 우려가 있다.

① 식사실(dining, D)
② 거실-식사실-부엌(living dining kitchen, LDK)
③ 거실-식사실(living dining, LD)
④ 식사실-부엌(dining kitchen, DK)

해설 리빙 키친은 거실, 식사실, 부엌을 겸한 것이고, 다이닝 키친은 부엌의 일부에다 식탁을 꾸민 것이며, 다이닝 포치(다이닝 테라스)는 여름철 날씨에 테라스나 포치에서 식사를 하는 것 또한, 리빙 다이닝(다이닝 알코브)은 거실의 일부에 식탁을 설치하는 것이다.

40 | LD(리빙 다이닝)형의 용어
20, 16, 12, 10

거실에 식사 공간을 부속시킨 형식으로 식사도중 거실의 고유 기능과의 분리가 어렵다는 단점이 있는 것은?

① 리빙 키친(Living Kitchen)
② 다이닝 키친(Dining Kitchen)
③ 다이닝 포치(Dining Porch)
④ 리빙 다이닝(Living Dining)

해설 리빙 키친은 거실, 식사실, 부엌을 겸한 것이고, 다이닝 키친은 부엌의 일부에다 식탁을 꾸민 것이며, 다이닝 포치(다이닝 테라스)는 여름철 날씨에 테라스나 포치에서 식사를 하는 것이다. 또한, 리빙 다이닝(다이닝 알코브)은 거실의 일부에 식탁을 설치하는 것을 말한다.

정답 35.④ 36.④ 37.④ 38.② 39.③ 40.④

41 | 부엌 가구(일자형의 용어)
25, 15, 10, 09

부엌 가구의 배치 유형 중 좁은 면적 이용에 효과적이므로 소규모 부엌에 주로 이용되는 형식은?

① 일자형　　　　② L자형
③ U자형　　　　④ 병렬형

해설 L자형은 두 벽면을 이용하여 작업대를 배치한 형태로 한쪽 면에 싱크대를, 다른 면에는 가스레인지를 설치하면 능률적이며, 작업대를 설치하지 않은 남은 공간을 식사나 세탁 등의 용도로 사용할 수 있다. 병렬형은 부엌의 폭이 길이에 비해 넓은 형태에 적합하고, 작업 동선은 줄일 수 있지만 몸을 앞뒤로 바꾸는데 불편하다. U(ㄷ)형은 인접한 세 벽면에 작업대를 붙여 배치한 형태로서 비교적 규모가 큰 공간(작업면이 넓으며)에 적합하고, 작업 효율이 가장 좋은 배치이다.

42 | 부엌 가구(U자형의 용어)
07, 04, 98

부엌가구의 배치방법 중 작업면이 넓으며 작업 효율이 가장 좋은 배치는?

① 일자형　　　　② L자형
③ 병렬형　　　　④ U자형

해설 부엌의 작업대 배치 방식 중 일자형은 소규모 부엌 형태에 알맞은 형식으로 동선의 혼란이 없고 한눈에 작업 내용을 알아볼 수 있는 이점이 있다. 작업대 전체 길이가 2,700mm 이상이 넘지 않도록 한다. L자형은 두 벽면을 이용하여 작업대를 배치한 형태로 한쪽 면에 싱크대를, 다른 면에는 가스레인지를 설치하면 능률적이며, 작업대를 설치하지 않은 남은 공간을 식사나 세탁 등의 용도로 사용할 수 있다. 병렬형은 부엌의 폭이 길이에 비해 넓은 형태에 적합하고, 작업 동선은 줄일 수 있지만 몸을 앞뒤로 바꾸는데 불편하다. 작업대 사이의 간격은 1,200~1,500mm 정도가 이상적이다.

43 | 부엌 가구(ㄷ자형의 용어)
24, 16, 11

다음 설명에 알맞은 부엌의 작업대 배치 방식은?

- 인접한 세 벽면에 작업대를 붙여 배치한 형태이다.
- 비교적 규모가 큰 공간에 적합하다.

① 일렬형　　　　② ㄴ자형
③ ㄷ자형　　　　④ 병렬형

해설 부엌의 작업대 배치 방식 중 일렬형은 소규모 부엌 형태에 알맞은 형식으로 동선의 혼란이 없고 한눈에 작업 내용을 알아볼 수 있는 이점이 있다. 작업대 전체 길이가 2,700mm 이상이 넘지 않도록 한다. ㄴ자형은 두 벽면을 이용하여 작업대를 배치한 형태로 한쪽 면에 싱크대를, 다른 면에는 가스레인지를 설치하면 능률적이며, 작업대를 설치하지 않은 남은 공간을 식사나 세탁 등의 용도로 사용할 수 있다. 병렬형은 부엌의 폭이 길이에 비해 넓은 형태에 적합하고, 작업 동선은 줄일 수 있지만 몸을 앞뒤로 바꾸는데 불편하다. 작업대 사이의 간격은 1,200~1,500mm 정도가 이상적이다.

44 | 부엌 가구(ㄷ자형의 용어)
21, 20, 18, 17, 12

주택의 부엌가구 배치 유형 중 부엌 내의 벽면을 이용하여 작업대를 배치한 형식으로 작업면이 넓어 작업 효율이 가장 좋은 것은?

① 一자형　　　　② L자형
③ ㄷ자형　　　　④ 아일랜드형

해설 부엌의 작업대 배치 방식 중 일자형은 소규모 부엌 형태에 알맞은 형식으로 동선의 혼란이 없고 작업대의 전체 길이가 2,700mm 이하이며, L자형은 두 벽면을 이용하여 작업대를 배치한 형태로서 한 쪽 면에는 싱크대, 다른 한 쪽 면에는 가스레인지를 설치하고, 아일랜드형은 작업대를 중앙 공간에 놓거나 벽면에 직각이 되도록 배치한 형태로서 주로 개방된 공간의 오픈 시스템에서 사용된다.

45 | 부엌 가구(병렬형의 용어)
23②, 12

다음 설명에 알맞은 주택의 부엌 가구 배치 유형은?

- 부엌의 폭이 길이에 비해 넓은 형태에 적합하다.
- 작업 동선은 줄일 수 있지만 몸을 앞뒤로 바꾸는데 불편하다.

① L자형　　　　② 일자형
③ 병렬형　　　　④ 아일랜드형

해설 부엌의 작업대 배치 방식 중 일자형은 소규모 부엌 형태에 알맞은 형식으로 동선의 혼란이 없고 작업대의 전체 길이가 2,700mm 이하이며, L자형은 두 벽면을 이용하여 작업대를 배치한 형태로서 한 쪽 면에는 싱크대, 다른 한 쪽 면에는 가스레인지를 설치하고, 아일랜드형은 작업대를 중앙 공간에 놓거나 벽면에 직각이 되도록 배치한 형태로서 주로 개방된 공간의 오픈 시스템에서 사용된다.

46 | 부엌 가구(아일랜드형 용어)
23, 20, 19, 16, 11

다음 설명에 알맞은 부엌 작업대의 배치 유형은?

- 작업대를 중앙 공간에 놓거나 벽면에 직각이 되도록 배치한 형태이다.
- 주로 개방된 공간의 오픈 시스템에서 사용된다.

① 일렬형 ② 병렬형
③ ㄱ자형 ④ 아일랜드형

해설 부엌의 작업대 배치 방식 중 일렬형은 소규모 부엌 형태에 알맞은 형식으로 동선의 혼란이 없고 한눈에 작업 내용을 알아볼 수 있는 이점이 있다. 작업대 전체 길이가 2,700mm 이상이 넘지 않도록 한다. ㄴ자형은 두 벽면을 이용하여 작업대를 배치한 형태로 한쪽 면에 싱크대를, 다른 면에는 가스레인지를 설치하면 능률적이며, 작업대를 설치하지 않은 남은 공간을 식사나 세탁 등의 용도로 사용할 수 있다. 병렬형은 부엌의 폭이 길이에 비해 넓은 형태에 적합하고, 작업 동선은 줄일 수 있지만 몸을 앞뒤로 바꾸는데 불편하다. 작업대 사이의 간격은 1,200~1,500mm 정도가 이상적이다.

47 | 부엌 가구(아일랜드형 용어)
17, 13, 10, 06

별장 주택에서 볼 수 있는 유형으로 취사용 작업대가 하나의 섬처럼 실내에 설치되어 독특한 분위기를 형성하는 부엌은?

① 리빙 키친 ② 다이닝 키친
③ 키친 네트 ④ 아일랜드 키친

해설 다이닝 키친은 부엌의 일부에다 간단하게 식사실을 꾸민 형식이고, 리빙 키친(living kitchen, LDK형)은 거실, 식당, 부엌의 기능을 한 곳에서 수행할 수 있도록 계획한 형식으로 소규모의 주택이나 아파트에 많이 이용되며, 키친 네트는 작업대 길이가 2m 이내의 소형 주방 가구가 배치된 주방 형식이다.

48 | 부엌의 작업대 배치 순서
25, 23②, 22②, 15, 14, 13②, 12, 10, 07②, 06, 04, 99, 98

다음 중 부엌의 작업 순서에 따른 작업대의 배치 순서로 가장 알맞은 것은?

① 준비대 → 조리대 → 가열대 → 개수대 → 배선대
② 준비대 → 개수대 → 조리대 → 가열대 → 배선대
③ 준비대 → 개수대 → 배선대 → 가열대 → 조리대
④ 준비대 → 배선대 → 개수대 → 가열대 → 조리대

해설 부엌은 쾌적하고 능률적으로 작업할 수 있는 것은 물론, 위생적인 측면에 유의하여야 한다. 부엌의 조리 과정을 보면 ㉠ 재료의 반입, 준비 및 세척(준비대-개수대), ㉡ 조리(조리대), ㉢ 가열(가열대), ㉣ 음식 차림, 배선(배선대), ㉤ 식사의 순서이고, 설거지를 하는 경우에는 ㉡ 조리 및 ㉢ 가열을 제외하고는 반대로 한다. 그러므로 싱크대의 배열은 준비대-개수대-조리대-가열대-배선대의 순이다.

49 | 부엌 가구의 기능(가시성)
20, 19, 16, 14

부엌의 기능적인 수납을 위해서는 기본적으로 네 가지 원칙이 만족되어야 하는데, 다음 중 "수납장 속에 무엇이 들었는지 쉽게 찾을 수 있게 수납한다"와 관련된 원칙은?

① 접근성 ② 조절성
③ 보관성 ④ 가시성

해설 부엌의 기능적인 수납을 위해서는 접근성, 조절성, 보관성 및 가시성 등의 네 가지의 원칙이 만족되어야 하는데, 이 중에서 가시성은 수납장 속에 무엇이 들었는지 쉽게 찾을 수 있게 수납하는 기능에 대한 사항이다.

50 | 수납 공간의 크기 결정 요소
24, 22, 04

주택의 실내 수납 공간의 크기 결정 요소와 거리가 가장 먼 것은?

① 꺼내는 동작 ② 실내 공간의 치수
③ 물건의 크기 ④ 물건의 종류

해설 실내의 수납 공간의 크기를 결정하는 요인에는 인체의 동작(물건을 넣거나 꺼내는 동작)의 공간, 수납 물건의 크기, 실내 공간의 치수 등이며, 물건의 종류와 수납 공간의 크기와는 무관하다.

51 | 주거 공간(비중이 큰 요소)
04, 02

주거 공간 계획 시 가장 큰 비중을 두어야 할 사항은?

① 거실의 방향과 크기 ② 부엌의 위치
③ 주부의 동선 ④ 침실의 위치

해설 주거 공간 계획 시 가장 큰 비중을 두어야 할 것은 주부의 가사 노동을 경감한다는 것은 새로운 주택의 계획에서 강조하는 사항이다.

52 | 주거 공간(인접실의 관계)
04

주거 공간에서 실의 인접이 잘못된 것은?

① 식당-거실 ② 부엌-식당
③ 침실-서재 ④ 노인 침실-어린이 침실

정답 46.④ 47.④ 48.② 49.④ 50.④ 51.③ 52.④

해설 주거 공간에 있어서 실의 인접이 가능한 실끼리 연결해 보면 침실과 서재, 식당과 거실 및 부엌(리빙 키친) 등이 있으나, 노인 침실과 어린이 침실은 구분하여야 한다. 왜냐하면 노인 침실은 일반 주거 부분과는 어느 정도 분리하는 것이 좋다.

53 | 부엌과 식당의 공간 계획 고려
17, 16, 14, 11, 08

다음 중 식당과 부엌의 실내 계획에서 가장 우선적으로 고려해야 할 사항은?

① 색채
② 조명
③ 가구 배치
④ 주부의 작업 동선

해설 새로운 주택의 설계에 있어서 주부의 작업 동선을 가능한 한 줄여야 하므로, 주택의 식당과 부엌의 실내 계획에 있어 가장 우선적으로 고려해야 할 사항은 주부의 작업 동선이다.

54 | 주부의 동선 단축 방법
13

주택 계획 시 주부의 동선을 단축시키는 방법으로 가장 적절한 것은?

① 부엌과 식당을 인접 배치한다.
② 침실과 부엌을 인접 배치한다.
③ 다용도실과 침실을 인접 배치한다.
④ 거실을 한쪽으로 치우치게 배치한다.

해설 주택 계획 시 주부의 동선을 단축시키는 방법으로 가장 적절한 것은 부엌과 식당을 인접하여 배치하는 것이다.

55 | 카펫과 러그의 설치 효과
15

다음 중 식탁 밑에 부분 카펫이나 러그를 깔았을 경우 얻을 수 있는 효과와 가장 거리가 먼 것은?

① 소음 방지
② 공간 확대
③ 영역 구분
④ 바닥 긁힘 방지

해설 식탁 밑에 부분 카펫이나 러그를 깔았을 때 얻을 수 있는 효과는 소음 방지, 영역 구분 및 바닥 긁힘 방지 등이 있고, 공간이 축소되어 보이는 경향이 있다.

56 | 부엌의 크기 결정 요소
18, 16

주택 부엌의 크기 결정 요소에 속하지 않는 것은?

① 가족 수
② 대지 면적
③ 주택 연면적
④ 작업대의 면적

해설 주택 부엌의 크기는 가족의 수, 주택의 연면적, 부엌의 식생활의 양식, 부엌 내에서의 가사 작업 내용, 작업대의 면적 및 종류, 경제 수준, 연료의 종류와 공급 방법, 수납 공간의 크기 등에 의해 달라질 수 있으나, 일반적으로 주택 연면적의 10% 정도를 확보하면 좋다.

57 | 부엌 작업 삼각형의 길이 합계
23, 22, 20, 17, 11

다음 중 부엌에서 준비대, 개수대, 가열대를 연결하는 작업 삼각형(work triangle)의 각 변의 길이의 합계로 가장 알맞은 것은?

① 1.5m
② 3m
③ 5m
④ 7m

해설 부엌에서의 작업 삼각형, 즉 싱크(개수)대, 조리(가열)대 및 냉장고는 세 변의 길이의 합이 짧을수록 효과적이며, 3.6~6.6m를 구성하는 것이 좋고, 개수대와 조리대, 냉장고 사이의 변이 가장 짧은 것이 좋다.

58 | 부엌 작업 삼각형의 구성 요소
25, 24, 21, 14

주택 부엌의 작업 삼각형(work triangle)의 구성에 속하지 않는 것은?

① 냉장고
② 배선대
③ 개수대
④ 가열대

해설 부엌에서의 작업 삼각형, 즉 싱크(개수)대, 조리(가열)대 및 냉장고는 세 변의 길이의 합이 짧을수록 효과적이며, 3.6~6.6m를 구성하는 것이 좋고, 개수대와 조리대, 냉장고 사이의 변이 가장 짧은 것이 좋다.

59 | 부엌
09

주거 공간 중 부엌에 대한 설명으로 옳지 않은 것은?

① 부엌의 색채는 동일계의 유사색을 사용하고 천장 → 벽 → 바닥의 순으로 어둡게 하면 통일감과 안정감을 줄 수 있다.
② 부엌은 그 기능이 연관성이 있는 식당과 거실에 자연스럽게 연결될 수 있도록 배치하는 것이 좋다.
③ 부엌에서 주부의 행동 반경을 넓게 하기 위해 작업 동선은 길게 하는 것이 좋다.
④ 부엌의 작업대 배치 유형 중 일렬형은 부엌의 폭이 좁거나 공간의 여유가 없는 소규모 주택에 적합하다.

정답 53.④ 54.① 55.② 56.② 57.③ 58.② 59.③

해설 동선 처리의 원칙은 동선은 짧고, 직선이고, 간단하여야 하며, 서로 다른 종류의 동선(사람과 차량, 오가는 사람 등)은 될 수 있는 대로 교차하지 않도록 하여야 한다. 만일 부득이 한 경우에는 가장 지장이 적은 동선부터 교차시키도록 한다. 특히, 주부의 동선은 가장 간단하고 짧아야 한다.

60 | 부엌
16

주택에서의 부엌에 대한 설명으로 가장 적합한 것은?

① 방위는 서쪽이나 북서쪽이 좋다.
② 개수대의 높이는 주부의 키와는 무관하다.
③ 소규모 주택일 경우 거실과 한 공간에 배치할 수 있다.
④ 가구 배치는 가열대, 개수대, 냉장고, 조리대 순서로 한다.

해설 ① 주택 부엌의 방위는 음식물의 부패를 방지하기 위하여 서쪽은 반드시 피해야 하고, ② 개수대의 높이는 주부의 키와 밀접한 관계가 있으며, ④ 가구의 배치는 냉장고 → 개수대 → 조리대 → 가열대 → 배선대의 순이다.

61 | 프라이버시의 용어
25, 22, 11

인간이 생활하는 공간에서 개인이나 집단이 타인과의 상호 작용을 선택적으로 통제하거나 조절하고 자신의 정보를 어느 정도 전달할 것인지를 결정하는 권리를 무엇이라고 하는가?

① 독창성
② 합목적성
③ 클라이언트
④ 프라이버시

해설 독창성은 새로운 가치를 추구하는 것으로 디자이너의 창의적인 감각에 의하여 새롭게 탄생하는 창조성이고, 합목적성은 어떤 물건의 존재가 일정한 목적에 부합되는 것으로 실용성 또는 기능성 등이며, 클라이언트는 전문적인 서비스를 요청하는 의뢰인으로 건축 분야에서는 설계를 의뢰하는 사람을 의미한다.

62 | 프라이버시
14, 09

다음 중 프라이버시에 대한 설명으로 옳지 않은 것은?

① 주거 공간은 가족 생활의 프라이버시는 물론, 거주하는 개인의 프라이버시가 유지되도록 계획되어야 한다.
② 프라이버시란 개인이나 집단이 타인과의 상호 작용을 선택적으로 통제하거나 조절하는 것을 말한다.
③ 가족 수가 많은 경우 주거 공간을 개방형 공간 계획으로 하는 것이 프라이버시를 유지하기에 좋다.
④ 주거 공간의 프라이버시는 공간의 구성, 벽이나 천장의 구조와 재료, 창이나 문의 종류와 위치 등에 의해 많은 영향을 받는다.

해설 혼자 사는 경우에는 개방형 공간 계획이나 원룸형 계획이 프라이버시 유지에 문제가 없지만, 가족이 많으면 방의 수를 늘리고, 폐쇄형 공간 계획으로 하는 것이 프라이버시를 유지하기에 좋다.

63 | 주택의 계획
20, 19, 12

주택 계획에 관한 설명으로 옳지 않은 것은?

① 침실의 위치는 소음원이 있는 쪽은 피하고, 정원 등의 공지에 면하도록 하는 것이 좋다.
② 부엌의 위치는 항상 쾌적하고, 일광에 의한 건조 소독을 할 수 있는 남쪽 또는 동쪽이 좋다.
③ 거실의 형태는 일반적으로 직사각형의 형태가 정사각형의 형태보다 가구의 배치나 실의 활용에 유리하다.
④ 리빙 다이닝 키친(LDK)의 형태는 대규모 주택에서 많이 나타나는 형태로 작업 동선이 길어지는 단점이 있다.

해설 리빙 키친(living kitchen, LDK형)은 거실, 식당, 부엌의 기능을 한 곳에서 수행할 수 있도록 계획한 형식으로 공간을 효율적으로 활용할 수 있어서 소규모의 주택이나 아파트에 많이 이용되며, 작업 동선이 짧아진다.

64 | 주택의 계획
07

다음의 주택 계획에 대한 설명 중 옳지 않은 것은?

① 현관은 주택의 주출입구이며, 안과 밖을 연결시켜 주는 공간이기 때문에 주택 외부에서 쉽게 알아볼 수 있는 위치에 있어야 한다.
② 거실은 각 실로의 연결 통로이므로 평면 계획상 통로의 목적에 충실하도록 배치한다.
③ 주방 작업대의 높이는 80~85cm가 적당하다.
④ 아동 침실은 공부방과 유희실을 겸하도록 하고, 채광, 통풍, 환기 등을 고려해야 한다.

해설 거실이 통로가 되는 평면 배치는 사교, 오락에 장애가 되므로 통로에 의해 실이 분할되지 않도록 유의하여야 한다.

65 | 공간의 조닝 방법

주택의 평면 계획에서 공간의 조닝 방법으로 옳지 않은 것은?

① 주 행동에 의한 조닝
② 사용 시간에 의한 조닝
③ 실의 크기에 의한 조닝
④ 정적 공간과 동적 공간에 의한 조닝

해설 주택 공간의 평면 계획에 있어서 주택 공간의 조닝 방법은 주 행동에 의한 조닝, 사용 시간에 의한 조닝 및 정적 공간과 동적 공간에 의한 조닝 등이다.

66 | 평면 계획 시 가장 중요한 사항

평면 계획에서 가장 중요하게 다루어져야 할 내용은?

① 벽면의 색채와 질감을 아름답게 표현한다.
② 실의 크기와 실의 배치에 따라서 공간을 배치한다.
③ 지붕의 물매를 고려하여 상세하게 계획한다.
④ 창의 형태와 창의 재료를 선택하는데 기능성을 높인다.

해설 건축의 평면 계획에서 가장 중요하게 다루어야 하는 사항은 실의 크기와 실의 배치에 따라서 공간을 배치하는 것이다.

67 | 주거 공간 계획전 고려사항

주거 공간을 구체적으로 계획하기 전에 고려해야 할 사항이다. 틀린 것은?

① 주거 공간을 개방적인 분위기로 할 것인지, 폐쇄적인 분위기로 할 것인지 정한다.
② 동선을 고려한다.
③ 가구 형태, 가족의 연령, 취미 등이 변화하지 않는 것으로 하고 주고 공간을 계획한다.
④ 가구를 효율적으로 배치할 수 있도록 공간을 계획한다.

해설 주거 공간의 계획 시 고려해야 할 사항은 주거 공간의 분위기, 즉 개방적인 분위기와 폐쇄적인 분위기의 결정, 동선을 고려하고, 가구의 배치도 효율적으로 하기 위한 공간을 계획하며, 가구 형태, 가족의 취미, 연령 등이 변화는 것을 고려하여 공간을 계획한다.

68 | 공간의 레이아웃(평면 계획)

공간의 레이아웃 작업에 속하지 않는 것은?

① 동선 계획
② 가구 배치 계획
③ 공간의 배분 계획
④ 공간별 재료 마감 계획

해설 공간의 레이아웃(평면 계획)작업에는 동선 계획, 가구 배치 계획 및 공간의 배분 계획 등이 있고, 공간별 재료 마감 계획과는 무관하다.

69 | 주택의 평면 계획의 순서

주택 평면 계획의 순서가 옳게 연결된 것은?

① 대안 설정
② 계획안 확정
③ 동선 및 공간 구성 분석
④ 소요 공간 규모 산정
⑤ 도면 작성

① ① → ② → ③ → ④ → ⑤
② ② → ① → ③ → ⑤ → ④
③ ③ → ④ → ① → ② → ⑤
④ ④ → ① → ② → ③ → ⑤

해설 주택 평면의 계획 순서는 동선과 공간 구성의 내용 분석 → 소요 공간의 규모 산정 → 대안 설정 → 계획안 확정 → 도면 작성의 순이다.

70 | 주택의 평면 계획

주택의 평면 계획에 관한 설명 중 옳지 않은 것은?

① 각 실의 관계가 깊은 것은 인접시키고 상반되는 것은 격리시킨다.
② 침실은 독립성을 확보하고 다른 실의 통로가 되지 않게 한다.
③ 부엌, 욕실, 화장실은 각각 분산 배치하고 외부와 연결한다.
④ 각 실의 방향은 일조, 통풍, 소음, 조망 등을 고려하여 결정한다.

해설 주택의 계획에 있어서 물을 사용하는 공간, 즉 부엌, 욕실 및 화장실은 한 곳에 두어 배관 및 수리에 편리하도록 하여야 한다.

71 | 원룸의 출현 이유

원룸 주택의 출현 이유로 옳지 않은 것은?

① 집값의 상승
② 독신 세대의 증가
③ 사회 문화의 변화
④ 주택보다 편리함

해설 원룸(One room)이 생겨나는 이유로는 독신 세대의 증가, 집값의 상승 및 사회 문화의 변화 등에 있다.

정답 65. ③ 66. ② 67. ③ 68. ④ 69. ③ 70. ③ 71. ④

72 | 주택의 평면 계획
05

주택의 평면 계획에 관한 설명으로 틀린 것은?

① 건물 및 각 실의 방향은 일조, 통풍, 조망, 도로와의 관계를 고려한다.
② 침실은 개방성을 강조하고 다른 실을 연결하는 통로가 되게 한다.
③ 욕실, 화장실 등은 한 곳에 집중 배치하는 것이 좋다.
④ 내부 공간과 외부 공간을 합리적으로 연결시킨다.

해설 주택의 평면 계획의 방침에서 건물 및 각 실의 방향은 일조, 통풍, 소음, 조망, 도로와의 관계, 인접 주택에 대한 독립성 등을 고려하여 결정하고, 침실의 독립성을 확보하고, 다른 실의 통로가 되지 않게 한다.

73 | 원룸 주택 설계 시 고려사항
24, 18, 16, 13, 10, 07, 05, 01

원룸 주택 설계 시 고려해야 할 사항으로 옳지 않은 것은?

① 내부 공간을 효과적으로 활용한다.
② 환기를 고려한 설계가 이루어져야 한다.
③ 사용자에 대한 특성을 충분히 파악한다.
④ 원룸이므로 활동 공간과 취침 공간을 구분하지 않는다.

해설 원룸이라고 하더라도 활동 공간과 취침 공간은 구분하여야 하고, 사용자의 특성을 파악하며, 환기를 고려하고, 내부 공간을 효율적으로 활용한다.

74 | 원룸 시스템
08

원룸 시스템에 대한 설명으로 옳지 않은 것은?

① 소음 조절 및 개인 프라이버시 확보가 용이하다.
② 공간의 활용이 자유로우며 자유스러운 가구 배치가 가능하다.
③ 여러 가지 기능의 실들을 한 곳에 집약시켜 생활 공간을 구성하는 일실 다용도 방식이다.
④ 간편하고 이동이 용이한 조립식 가구나 다양한 기능을 구사하는 다목적 가구의 사용이 효과적이다.

해설 원룸(one room) 시스템은 공간 사용을 극소화하고, 평면과 입면을 단순화하며, 소음 조절이 힘들다. 또한 개인적인 프라이버시가 결여되고, 에너지 손실이 많아 비경제적이며, 고도의 설비 기술이 필요하다.

75 | 주거 공간 계획의 평가 기준
03

주거 공간 계획의 평가 기준으로 가장 타당성이 적은 것은?

① 공간 면적이 거주할 가족의 인원에 적합한가?
② 조닝(공간 구성)이 합리적인가?
③ 주부 동선은 잘 정리되어 있는가?
④ 고급스러운 재료를 잘 선택하였는가?

해설 주거 공간 계획의 평가 기준은 가족의 인원, 공간의 구성(조닝) 및 주부의 동선 등이다.

76 | 공동 주택(중복도식의 용어)
03

주거 공간의 평면 형식에 관한 설명이다. 주택의 중앙에 복도를 두고 그 양측에 각 방을 배치하는 평면 형식으로 옳은 것은?

① 편복도식   ② 중복도식
③ 홀식   ④ 코어식

해설 공동 주택의 평면 형식에 의한 분류에는 계단실(홀)형(복도를 통하지 않고 계산실, 엘리베이터 홀에서 직접 각 단위주거에 도달하는 형식), 편복도형(엘리베이터나 계단에 의해 각층에 올라와 편복도를 따라 각 단위주거에 도달하는 형식), 중복도형(엘리베이터나 계단에 의해 각 층에 올라와 중복도를 따라 각 단위 주거에 도달하는 형식으로 주택의 중앙에 복도를 두고 그 양측에 각 방을 배치하는 형식) 및 집중(코어)식(건물 중앙 부분의 엘리베이터와 계단을 이용해서 각 단위주거에 도달하는 형식) 등이 있다.

77 | 주택의 구조(조선시대)
24, 20, 16, 13, 09, 07, 04

조선시대 주택 구조에 대한 설명 중 옳지 않은 것은?

① 주택 공간은 성(性)에 의해 구분되었다.
② 주택은 크게 행랑채, 사랑채, 안채, 바깥채의 4개의 공간으로 구분되었다.
③ 사랑채는 남자 손님들의 응접 공간으로 사용되었다.
④ 안채는 모든 가정 살림의 중추적인 역할을 하던 곳이다.

해설 조선시대의 주택의 구조에서 주택의 공간은 성(남성과 여성)에 의해 구분되었으며, 크게 사랑채(남자 손님들의 응접 공간), 안채(모든 가정 살림의 중추적인 역할을 하는 공간) 및 행랑채(하인들이 거주하였던 공간)로 구분하였다.

정답 72. ② 73. ④ 74. ① 75. ④ 76. ② 77. ②

78 | 상점(파사드의 용어)
18, 15

상점에서 쇼윈도, 출입구 및 홀의 입구 부분을 포함한 평면적인 구성 요소와 아케이드, 광고판, 사인, 외부 장치를 포함한 입체적인 구성 요소의 총체를 의미하는 것은?

① 파사드　　　　　② 스크린
③ AIDMA　　　　　④ 디스플레이

해설 파사드(Facade)는 평면적인 구성 요소(쇼윈도, 입구 등)와 입체적인 구성 요소(간판, 아케이드, 광고판, 사인, 외부 장치 등)를 포함한 상점 전체의 얼굴로서 유행과 계절의 변화에 따라 개조가 가능하도록 계획하여야 하고, 파사드 형식은 외부와의 관계, 점포의 형태에 의해 분류할 수 있다.

79 | 상점(구매심리 5단계의 종류)
22, 20, 19, 02

상업 공간에 실내 계획에 있어 구매심리 5단계 중 관계가 적은 것은?

① 주의(Attention)　　② 권유(Persuasion)
③ 욕망(Desits)　　　④ 행위(Action)

해설 상업 공간의 5가지 광고 요소(AIDMA)에는 주의(Attention), 흥미(Interest), 욕망(Desire), 기억(Memory) 및 행동(Action) 등이고, 권유, 유인 및 금전과는 무관하다.

80 | 상점(구매심리 5단계의 종류)
25, 24, 22, 21, 16, 14, 11, 10, 09

상점 계획에서 파사드 구성에 요구되는 소비자 구매심리 5단계에 속하지 않는 것은?

① 기억(Memory)　　② 욕망(Desire)
③ 주의(Attention)　　④ 유인(Attraction)

해설 상업 공간의 5가지 광고 요소(AIDMA)에는 주의(Attention), 흥미(Interest), 욕망(Desire), 기억(Memory) 및 행동(Action) 등이고, 권유, 유인 및 금전과는 무관하다.

81 | 상점(구매심리 5단계의 종류)
23, 22, 19, 17, 16, 10, 07, 04

상점 기본 계획 시 상점 구성의 방법(AIDMA 법칙)의 내용으로 옳지 않은 것은?

① A : Attention(주의)　② I : Interest(흥미)
③ D : Desire(욕망)　　④ M : Money(금전)

해설 상업 공간의 5가지 광고 요소(AIDMA)에는 주의(Attention), 흥미(Interest), 욕망(Desire), 기억(Memory) 및 행동(Action) 등이고, 권유, 유인 및 금전과는 무관하다.

82 | 상점(숍 프론트의 설계 계획)
25, 12, 01

상업 공간의 정면이나 숍 프론트(shop front)의 설계 계획으로 옳지 않은 것은?

① 대중성이 있어야 한다.
② 취급 상품을 인지할 수 있어야 한다.
③ 간판이 주변 미관과 조화되도록 해야 한다.
④ 영업 종료 후 환경에 대한 고려는 필요 없다.

해설 상업 공간의 정면이나 숍 프론트의 설계 계획에는 ①, ② 및 ③ 외에 보행인의 발을 멈추게 하는 효과, 점 내로 유도하는 효과 및 경제적인 사항을 고려하여야 한다.

83 | 상점(디스플레이의 목적)
23, 11

상업 공간에서 디스플레이의 궁극적 목적은?

① 상품 소개　　　　② 상품 판매
③ 쾌적한 관람　　　④ 학습 능률의 향상

해설 상업 공간은 영리나 수익이 주목적으로 지속적인 매매 행위가 이루어지는 공간(상점, 백화점, 레스토랑, 시장 등)으로 궁극적인 목적은 상품 판매에 있다.

84 | 상점(판매 공간의 종류)
19, 17, 12

상점의 공간 구성에 있어서 판매 공간에 해당하는 것은?

① 파사드 공간　　　② 상품 관리 공간
③ 시설 관리 공간　　④ 상품 전시 공간

해설 상점의 공간 구성에서 판매 부분은 판매 활동에 직접적으로 사용되는 공간으로 도입 공간, 통로 공간, 상품 전시 공간 및 서비스 공간 등이 있고, 부대 부분은 영업 목적을 달성하기 위해 사용되는 판매를 위한 공간으로 상품 관리 공간, 점원 후생 공간, 영업 관리 공간, 시설 관리 부분 및 주차장 등이 있으며, 파사드(Facade)는 평면적인 구성 요소(쇼윈도, 입구 등)와 입체적인 구성 요소(간판, 아케이드, 광고판, 사인, 외부 장치 등)를 포함한 상점 전체의 얼굴이다.

85 | 상점(판매 공간의 종류)
02

상점 공간은 판매 부분과 부대 공간으로 구성되어 있다. 판매 부분을 형성하는 공간이 아닌 것은?

① 도입 공간
② 상품 전시 공간
③ 영업 관리 공간
④ 통로 공간

정답 78. ① 79. ② 80. ④ 81. ④ 82. ④ 83. ② 84. ④ 85. ③

해설 상점의 판매 부분은 상품의 전시, 진열, 판매 및 선전의 장소로서 종업원과 고객과의 상품 설명, 대금 수령 및 포장 등이 행해지며, 고객의 구매 의욕을 불러일으키는 곳으로 도입 공간, 상품 전시 공간, 통로 공간 및 서비스 공간으로 구성되며, 영업 관리 공간과는 무관하다.

86 | 상점(1층 공간의 배치 종류)
23, 03, 01

매장 계획 시 충동 구매가 많은 것으로 1층에 계획하는 것이 가장 바람직한 것은?

① 액세서리 상품
② 스포츠 용품
③ 전자 제품
④ 한식당

해설 매장 계획 시 1층에는 도로에서 직접 보이도록 하고 고객의 동선을 부드럽게 하며, 선택에 시간이 걸리지 않는 소형 상품을 손쉽게 구매할 수 있는 상품으로 화장품, 약품, 양품, 액세서리 상품, 복식품, 핸드백, 구두, 양·우산, 흡연구, 상품권 매장, 자동차 등이 있다.

87 | 백화점 전시 및 계획
04, 01

백화점 전시 및 계획에 관한 설명으로 옳지 않은 것은?

① 항상 신선한 느낌을 주도록 전시한다.
② 전통적인 감각을 느끼도록 디자인한다.
③ 접객 부분은 밝고 편안하며 개방적이어야 한다.
④ 백화점은 성격상 화려한 모습을 보여 줄 필요가 있다.

해설 백화점의 전시 및 계획에 있어서 유의하여야 할 사항은 ①, ③ 및 ④ 이외에 현대적인 감각을 느끼도록 디자인한다.

88 | 상점(직렬 배치형의 용어)
25, 23, 15, 08

다음 설명에 알맞은 상점의 진열 및 판매대 배치 유형은?

• 판매대가 입구에서 내부 방향으로 향하여 직선적인 형태로 배치되는 형식이다.
• 통로가 직선적이어서 고객의 흐름이 빠르다.

① 굴절 배치형
② 직렬 배치형
③ 환상 배치형
④ 복합 배치형

해설 굴절 배열형은 안경점, 양품점, 문방구점 등에 적당한 진열의 배치 방식이고, 환상 배열형은 중앙에 케이스, 대 등에 의한 직선 또는 곡선에 의한 환상 부분을 설치하고 이 안에 레지스터, 포장대 등을 놓는 스타일의 상점으로, 상점의 넓이에 따라 이 환상형을 2개 이상으로 할 수 있다. 이 경우 중앙의 환상의 대면 판매 부분에는 소형 상품과 소형 고액 상품을 놓고 벽면에는 대형 상품 등을 진열한다. 예로는 수예점, 민예품점 등을 들 수 있다. 복합 배열형은 직렬, 환상 및 굴정배열형을 적절히 조합시킨 스타일로 후부부는 대면 판매 또는 카운터 접객 부분이 된다. 예로는 부인복점, 피혁 제품점, 서점 등이 있다.

89 | 상점(직렬 배치형의 용어)
14

상품의 전달 및 고객의 동선상 흐름이 가장 빠른 형식으로 협소한 매장에 적합한 상점 진열장의 배치 유형은?

① 굴절형
② 환상형
③ 복합형
④ 직렬형

해설 직렬 배열형은 판매대가 입구에서 내부 방향으로 향하여 직선적인 형태로 배치되는 형식으로 통로가 직선적이어서 고객의 흐름이 빠르다. 또한, 상품의 전달 및 고객의 동선상 흐름이 가장 빠른 형식으로 협소한 매장에 적합한 상점 진열장의 배치 유형이다.

90 | 상점(사행 배치형의 용어)
14, 07, 99

백화점 진열대의 평면 배치 유형 중 많은 고객이 매장 공간의 코너까지 접근하기 용이하지만 이 형의 진열대가 필요한 것은?

① 직렬 배치형
② 사행 배치형
③ 환상 배열형
④ 굴절 배치형

해설 직렬 배열형은 판매대가 입구에서 내부 방향으로 향하여 직선적인 형태로 배치되는 형식으로 통로가 직선적이어서 고객의 흐름이 빠르다. 또한, 상품의 전달 및 고객의 동선상 흐름이 가장 빠른 형식으로 협소한 매장에 적합한 상점 진열장의 배치 유형이다. 굴절 배열형은 안경점, 양품점, 문방구점 등에 적당한 진열의 배치 방식이다.

91 | 상점 실시 설계 단계의 요구
06

상업 공간의 실내 계획 중 실시 설계 단계에서 요구되지 않는 것은?

① 재료 마감과 시공법의 확정
② 집기의 선정
③ 기본 설계에 필요한 프로그래밍의 작성
④ 관련 디자인의 토탈 코디네이트

해설 실내 디자인의 실시 설계 단계는 공사를 실시하기 위한 모든 설계도서(평면도, 입면도 등의 설계 도면, 시방서, 내역명세서 등의 공사상의 지시 사항 등)를 완성하고, 실시 설계 도면은 기본 구상 단계에서 제시한 기본 설계 도면과는 달리 구체적이고 정확하게 작성하여 공사 진행에 차질이 없도록 해야 한다.

정답 86.① 87.② 88.② 89.④ 90.② 91.③

92 | 상점(굴절 배열형의 용어)
06

매장 계획에서 안경점, 양품점, 문방구점 등에 적당한 진열의 배치 방식은?

① 복합형 ② 굴절 배열형
③ 직렬 배열형 ④ 환상 배열형

해설 복합 배열형은 직렬, 환상 및 굴절배열형을 적절히 조합시킨 스타일로 후반부는 대면 판매 또는 카운터 접객 부분이 된다. 예로는 부인복점, 피혁 제품점, 서점 등이 있다. 직렬 배열형은 판매대가 입구에서 내부 방향으로 향하여 직선적인 형태로 배치되는 형식으로 통로가 직선적이어서 고객의 흐름이 빠르다. 또한, 상품의 전달 및 고객의 동선상 흐름이 가장 빠른 형식으로 협소한 매장에 적합한 상점 진열장의 배치 유형이다. 환상 배열형은 중앙에 케이스, 대 등에 의한 직선 또는 곡선에 의한 환상 부분을 설치하고 이 안에 레지스터, 포장대 등을 놓는 스타일의 상점으로, 예로는 수예점, 민예품점 등을 들 수 있다.

93 | 상업공간 계획 시 고려사항
04

상업공간을 계획할 때 고려할 필요가 없는 조건은?

① 고객의 범위 ② 교통에 관한 사항
③ 상업 지역의 관객 ④ 디자이너의 별명

해설 상업 공간의 계획 시 유의할 사항은 고객의 범위, 교통에 관한 사항 및 상업 지역의 관객 등이 있다.

94 | 상점 계획 시 중점사항
20, 16, 08

상점 계획에서 중점을 두어야 하는 내용과 가장 관계가 먼 것은?

① 상점주의 동선 ② 조명 설계
③ 상품 배치 방식 ④ 간판 디자인

해설 상점 계획 시 중점을 두어야 할 사항은 고객의 범위, 상업 지역의 관계, 교통, 조명 설계, 상품 배치 방식 및 간판 디자인 등이고, 상점주의 동선과는 무관하다.

95 | 상점의 통로 최소 폭
06

상점 계획에 있어서 통로의 최소 폭으로 적당한 것은?

① 60cm ② 70cm
③ 75cm ④ 90cm

해설 상점의 일반 계획에서 고객의 동선은 상품의 판매를 촉진하기 위하여 가능한 한 길게 하여야 하고, 통로의 폭은 90cm 정도로 하는 것이 바람직하다.

96 | 고객 동선의 용어
24, 23, 07, 03

유통매장의 동선 계획에서 길수록 효율이 좋은 것은?

① 관리 동선 ② 고객 동선
③ 판매원 동선 ④ 상품반출의 동선

해설 점원의 동선, 상품의 반출 동선 및 관리 동선은 짧게 하여 적은 직원의 수로 상품의 판매가 능률적으로 이루어지도록 하여야 하며, 고객의 동선은 상품의 판매를 촉진하기 위하여 가능한 한 길게 하여야 한다.

97 | 상점의 동선 계획
25, 24, 23②, 21, 20②, 18, 04

상업 공간의 동선 계획으로 틀린 것은?

① 종업원 동선은 고객 동선과 교차되지 않도록 한다.
② 종업원 동선은 동선 길이를 짧게 한다.
③ 고객 동선은 행동의 흐름이 막힘이 없도록 입체적으로 한다.
④ 고객 동선은 동선 길이를 될 수 있는 대로 짧게 한다.

해설 상점의 동선 계획에서 고객의 동선은 가능한 한 길게 하여 구매 의욕을 높이고, 한편으로는 편안한 마음으로 상품을 선택할 수 있어야 한다. 종업원의 동선은 고객의 동선과 교차되지 않도록 하며, 동선의 길이를 짧게 하여 보행 거리를 작게 하여야 한다. 즉, 적은 종업원의 수로 상품의 판매와 관리가 능률적으로 이루어져야 한다.

98 | 상점의 동선 계획
25, 11

상점의 동선 계획에 대한 설명으로 옳지 않은 것은?

① 고객 동선은 가능한 한 짧게 한다.
② 종업원 동선은 가능한 한 짧게 한다.
③ 종업원 동선과 고객 동선은 교차되지 않도록 한다.
④ 고객 동선은 상품으로의 자연스러운 접근이 가능하도록 한다.

해설 상점의 동선 계획 중 고객의 동선은 가능한 한 길게 하여 구매 의욕을 높이며, 한편으로는 편안한 마음으로 상품을 선택할 수 있도록 한다. 특히 상층으로 올라간다는 느낌을 갖지 않도록 하여야 한다.

99 | 계산대(카운터)의 위치
06, 03

상점 계획에서 고객 동선과 종업원 동선이 만나는 곳에 설치하면 편리한 것은?

① 화장실 ② 창고
③ 탈의실 ④ 카운터

해설 상점 건축 계획에 있어서 카운터의 위치는 고객의 동선과 종업원의 동선이 만나는 곳에 설치하는 것이 가장 유리하다.

100 | 골든 스페이스의 범위
23, 21, 20, 16, 08

상점의 진열 계획에서 고객의 시선이 자연스럽게 머물고, 손으로 잡기 편한 높이인 골든 스페이스의 범위는?

① 650~1,050mm ② 750~1,150mm
③ 850~1,250mm ④ 950~1,350mm

해설 상품의 유효 진열 범위는 1,500mm를 기준으로 하고, 시야 범위는 상향 10°에서 하향 20°가 가장 좋으며, 상품 진열 범위는 바닥에서 600~2,100mm이며, 가장 편안한 높이(골든 스페이스)는 850~1,250mm 정도이다.

101 | 상업 의류 공간의 종류
03

다음 용어 중 패션의 상업의류 공간과 관계가 있는 것은?

① 피팅 룸(Fitting Room)
② 린넨 룸(Linen Room)
③ 그릴(Grill)
④ 다이닝 룸(Dining Room)

해설 린넨 룸은 호텔에 있어서 침대의 시트, 휘장, 책상보, 셔츠, 머플러 등 기타 의류를 수납, 보관 정리하여 두는 방이고, 그릴은 그릴 룸의 준말로서 식사를 주로 하는 서양식의 간이 음식점이며, 다이닝 룸은 가정의 식당을 의미한다. 또한, 피팅 룸은 착의실로서 옷을 입어볼 수 있도록 만들어진 방이다.

102 | 백화점의 무창 건축
20, 14, 08, 06

백화점의 외벽에 창을 설치하지 않는 이유 및 효과와 가장 거리가 먼 것은?

① 정전, 화재 시 유리하다.
② 조도를 균일하게 할 수 있다.
③ 실내 면적 이용도가 높아진다.
④ 외측에 광고물의 부착 효과가 있다.

해설 백화점의 창이 없는(무창) 외벽 건축의 특성은 실내 면적 이용도가 높아지고, 조도를 균일하게 할 수 있으나, 정전, 화재 시에는 불리하다. 또한, 외측에 광고물의 부착 효과가 있다.

103 | 몰(mall)의 용어
25, 24, 21, 19, 17, 16

쇼핑센터 내의 주요 보행 동선으로 고객을 각 상점으로 고르게 유도하는 동시에, 휴식처로서의 기능도 가지고 있는 것은?

① 핵상점 ② 전문점
③ 몰(mall) ④ 코트(court)

해설 상점은 쇼핑센터의 고객을 끌어들이는 기능을 갖고 있으며, 일반적으로 백화점, 종합 슈퍼가 이에 해당되는 것이고, 전문점은 단일 종류의 상품을 전문적으로 취급하는 상점과 음식점 등의 서비스점으로 구성되고, 쇼핑센터의 특색에 따라 구성과 배치되는 것이며, 코트는 몰의 군데군데 고객이 머물 수 있는 공간을 마련한 곳으로 분수, 전화박스, 벤치 등이 마련되어 고객의 휴식처가 되는 동시에 안내를 제공하고, 쇼핑센터의 연출장이기도 하다.

104 | 판매 형식(대면 판매)
21, 20, 17, 16

상점의 판매 형식 중 대면 판매에 관한 설명으로 옳지 않은 것은?

① 상품 설명이 용이하다.
② 포장대나 계산대를 별도로 둘 필요가 없다.
③ 고객과 종업원이 진열장을 사이로 상담, 판매하는 형식이다.
④ 상품에 직접 접촉하므로 선택이 용이하며 측면 판매에 비해 진열 면적이 커진다.

해설 측면 판매(진열 상품을 같은 방향으로 보며 판매하는 방식)는 상품에 직접 접촉(손에 잡혀)하므로 선택이 용이하고, 대면 판매에 비해 진열 면적이 커진다.

105 | 판매 형식(대면 판매)
24, 23, 12

상점의 판매 방식 중 대면 판매에 관한 설명으로 옳지 않은 것은?

① 상품의 포장 및 계산이 편리하다.
② 상품을 설명하기에 용이한 방식이다.
③ 판매원의 고정 위치를 정하기가 용이하다.
④ 측면 방식에 비해 진열 면적이 크다는 장점이 있다.

해설 대면 판매(고객과 종업원이 진열장을 가운데 두고 상담하는 형식)는 종업원의 통로가 사용되므로 진열 면적이 감소한다.

106 | 판매 형식(대면 판매)
24, 23, 22, 18, 14

상점의 판매 방식 중 대면 판매에 관한 설명으로 옳지 않은 것은?

① 측면 방식에 비해 진열 면적이 감소된다.
② 판매원의 고정 위치를 정하기가 용이하다.
③ 상품의 포장대나 계산대를 별도로 둘 필요가 없다.
④ 고객이 직접 진열된 상품을 접촉할 수 있는 관계로 충동 구매와 선택이 용이하다.

해설 측면 판매(진열 상품을 같은 방향으로 보며 판매하는 형식)의 장점은 고객이 진열된 상품을 접촉할 수 있는 관계로 충동 구매와 선택이 용이한 방식이다.

107 | 판매 형식(대면 판매)
22, 13

상점의 판매 형식 중 대면 판매에 관한 설명으로 옳은 것은?

① 직원의 정위치를 정하기가 용이하다.
② 측면 판매에 비해 넓은 진열 면적의 확보가 가능하다.
③ 상품의 계산이나 포장을 할 경우 별도의 공간 확보가 요구된다.
④ 고객이 직접 진열된 상품을 접촉할 수 있는 관계로 충동 구매와 선택이 용이하다.

해설 상점의 판매 형식 중 대면 판매는 진열 면적의 확보가 불가능하고, 상품의 계산이나 포장을 할 경우 별도의 공간 확보가 요구되지 않으며, 고객이 직접 진열된 상품을 접촉할 수 있으므로 충동 구매와 선택에 불리하다.

108 | 측면 판매 상점의 종류
15

다음 중 측면 판매 형식의 적용이 가장 곤란한 상품은?

① 서적　　　　② 침구
③ 의류　　　　④ 귀금속

해설 상점의 판매 형식 중 측면 판매(진열 상품을 같은 방향으로 보며 판매하는 형식)은 의류(양장, 양복), 침구, 전기 기구, 서적, 운동 용품점 등에 적용된다. 대면 판매(고객과 종업원이 진열장을 사이에 두고 판매하는 형식)는 시계, 귀금속, 안경, 카메라, 의약품, 화장품, 제과, 수예품 상점 등에 적용된다.

109 | 상점의 판매 형식
25, 17, 09

상점의 판매 형태에 대한 설명 중 옳지 않은 것은?

① 대면 판매는 종업원의 정위치를 정하기가 용이하다.
② 대면 판매를 하는 상품은 일반적으로 시계, 귀금속, 안경 등 소형 고가품이다.
③ 측면 판매는 고객의 충동적 구매를 유도하는 경우가 많다.
④ 측면 판매는 상품에 대한 설명이나 포장 작업 등이 용이하다.

해설 상점의 판매 형식

구분	대면 판매	측면 판매
정의	고객과 종업원이 진열장을 가운데 두고 상담하는 형식	진열 상품을 같은 방향으로 보며 판매하는 형식
장점	상품의 설명이 편하고, 판매원의 위치 설정이 편하며, 포장과 계산이 편리하다.	상품이 손에 잡히므로 충동적인 구매와 선택이 용이하고, 진열 면적이 커지며, 상품에 친근감이 있다.
단점	판매원의 통로로 인하여 진열 면적이 감소하고, 진열장이 많아지면 상점의 분위기가 딱딱하다.	판매원의 위치 정하기가 힘들고, 불안정하며, 상품의 설명이나 포장이 불편하다.
용도	시계, 귀금속, 안경, 카메라, 의약품, 화장품, 제과, 수예품	양장, 양복, 침구, 전기 기구, 서적, 운동 용구 등

110 | 진열창(눈부심 방지 대책)
25, 24, 22, 21, 16, 09

쇼윈도 전면의 눈부심 방지 방법으로 옳지 않은 것은?

① 쇼윈도 내부를 도로면보다 약간 어둡게 한다.
② 가로수를 쇼윈도 앞에 심어 도로 건너편 건물의 반사를 막는다.
③ 유리를 경사지게 처리하거나 곡면 유리를 사용한다.
④ 차양을 쇼윈도에 설치하여 햇빛을 차단한다.

해설 진열창의 눈부심(현휘) 현상을 방지하기 위하여 쇼윈도의 내부를 밝게 하고, 외부를 어둡게 하는 것이 바람직하다. 즉, 고객의 위치를 어둡게 하고, 상품의 위치를 밝게 한다.

111 | 은행의 사무실 계획 시 고려
02, 98

은행의 사무실 계획(실내 계획)에 있어서 가장 거리가 먼 것은?

① 능률화　　　　② 심리적 중압감
③ 신뢰감　　　　④ 친근감

해설 은행의 설계 방침에는 능률화(인간과 업무 조직, 제반 기계 설비와의 관련 동작을 가장 합리적으로 하여 사무 능률을 높여야 하므로 업무 내의 흐름은 가급적 고객이 알기 쉽게 계획하여야 하고, 고객의 동선을 짧게 하여야 하며, 고객의 출입구는 한 곳에 설치한다.), 쾌적성, 신뢰성, 친근감 및 통일성 등이 있다.

112 | 레스토랑의 공간구성 영역 | 05

다음 레스토랑의 공간구성 영역에 대한 내용 중 해당사항이 적은 것은?

① 출입구 부분
② 영업 부분
③ 관리 부분
④ 조리 부분

해설 레스토랑의 공간 구성 영역은 관리 부분(주인이나 종업원이 사용하는 공간으로 출입구에 위치하는 안내 카운터, 계산대, 옷 보관 장소, 기계 설비실, 음악실, 종업원용 화장실 등), 조리 부분(음식을 만드는 공간으로 냉장실, 냉동실과 식품 저장실, 실제 조리 과정이 진행 되는 부엌 등) 및 영업 부분(손님들이 사용하는 공간으로 레스토랑의 규모에 따라 내용과 수준이 다양하나, 일반적으로 출입구, 음식을 서빙 받는 식당, 바 카운터, 화장실, 공중전화 부스 등) 등이 있다.

113 | 로비의 용어 | 06

호텔의 공간 구성 중 투숙객이나 외래객의 동선이 시작되고 호텔의 중심 기능이며, 호텔의 이미지에 크게 영향을 주는 공간은?

① 프론트(Front)
② 그릴(Grill)
③ 로비(Lobby)
④ 연회실

해설 프론트(Front)는 안내 데스크이고, 그릴(Grill)은 식사를 주로 하는 서양식의 간이 음식점으로 그릴 룸의 준말이며, 연회실은 여러 사람이 모여 즐기는 큰 방이다.

114 | 로비의 용어 | 07, 03

호텔이 가진 모든 기능을 유도하는 출발점이고, 동선의 교차점인 것은?

① 커피숍
② 레스토랑
③ 객실
④ 로비

해설 로비는 투숙객이나 외래객의 동선이 시작되고 호텔의 중심 기능이고, 호텔의 이미지에 크게 영향을 주는 공간이며, 고객 동선의 중심(호텔의 기능을 유도하는 출발점)으로 동선의 교차점이며 휴식, 독서, 면회 및 담화 등이 이루어지는 다목적 공간으로 동선의 교차점이며, 객실당 0.8~1.0m² 정도가 필요하다.

115 | 트윈의 용어 | 21, 19, 14

2인용 침대 대신에 1인용 침대를 2개 배치한 것을 무엇이라 하는가?

① 싱글
② 더블
③ 트윈
④ 롱킹

해설 싱글은 1인용 침대이고, 더블은 2인용 침대이며, 트윈은 1인용 침대를 2개 배치한 형식을 의미한다.

116 | 그리스 건축의 착시 교정 | 19, 10

다음 중 그리스 신전 건축에서 사용된 착시 교정 수법이 아닌 것은?

① 모서리 쪽의 기둥 간격을 보다 좁아지게 만들었다.
② 기둥을 옆에서 볼 때 중앙부가 약간 부풀어 오르도록 만들었다.
③ 기둥과 같은 수직 부재를 위쪽으로 갈수록 약간 안쪽으로 기울어지게 만들었다.
④ 아키트레이브, 코니스 등에 의해 형성되는 긴 수평선을 아래쪽으로 약간 불룩하게 만들었다.

해설 착시 현상에 의한 처짐을 방지하기 위하여 아키트레이브, 코니스 등에 의해 형성되는 긴 수평선은 위쪽으로 약간 볼록하게 처리하였다.

117 | 그리스 건축의 오더 양식 | 22, 18, 16

다음 중 고대 그리스 건축의 오더에 속하지 않는 것은?

① 도리아식
② 터스칸식
③ 코린트식
④ 이오니아식

해설 고대 그리스 건축의 오더 양식에는 도리아식, 이오니아식 및 코린트식 등이 있고, 로마 건축의 오더 양식에는 그리스 양식(도리아식, 이오니아식 및 코린트식) 외에 컴포지트식, 터스칸식 등이 있다.

118 | 바실리 의자의 용어 | 25, 20, 18, 13②

마르셀 브로이어가 디자인한 것으로 강철 파이프를 휘어 기본 골조를 만들고 가죽을 접합하여 만든 의자는?

① 바실리 의자
② 파이미오 의자
③ 레드 블루 의자
④ 바르셀로나 의자

해설 파이미오 의자는 북유럽의 모더니즘을 개척한 알바 알토가 조국 핀란드의 자연 환경으로부터 많은 영향을 받아 금속이 아닌 나무를 현대적인 구조로 변형한 새로운 모던 가구 중의 하나이고, 레드 블루 의자는 네델란드의 리트벨트가 규격화한 판재를 이용하여 적, 청, 황의 원색으로 디자인한 의자이며, 바르셀로나 의자는 1926년 미스 반데 로에가 금속 파이프를 이용한 강관의 캔틸레버형 의자로서 바르셀로나에서 개최한 국제 박람회에 독일관 설계 시 사용한 의자이다.

정답 112. ① 113. ③ 114. ④ 115. ③ 116. ④ 117. ② 118. ①

119 | 로마 건축의 오더 양식 | 07

다음 중 로마시대에 처음 사용된 오더(Order)는?

① 도리아식 ② 이오니아식
③ 코린트식 ④ 터스칸식

해설 고대 그리스 건축의 오더 양식에는 도리아식, 이오니아식 및 코린트식 등이 있고, 로마 건축의 오더 양식에는 그리스 양식(도리아식, 이오니아식 및 코린트식) 외에 컴포지트식, 터스칸식 등이 있다.

120 | 포스트 모더니즘의 용어 | 06

탈근대주의라고도 하며 1970년대 서유럽에서 시작하여 모더니즘의 문제와 폐단을 해결하고 인간성 회복과 조화를 주장하고 기능주의에 반대하고자 했던 개혁주의 운동은?

① 다다이즘 ② 포스트모더니즘
③ 구성주의 ④ 미래주의

해설 다다이즘은 예술의 허무주의적 운동으로 통상적인 미의 개념에 대한 혐오감과 전쟁에 대한 저항감을 예술행위로 옮겨서 활동을 시작한 운동이고, 구성주의는 1차 세계대전 직후 소련의 모스크바에서 일어나 서유럽 일대에 번져진 추상주의 예술운동의 유파로 자연사실의 묘사와 인상의 표현을 폐지하고, 근대공업재료(금속, 유리 등)를 사용하여 공간적으로 새로이 창조, 구성, 표현하는 성향의 운동이며, 미래주의는 초기에는 입체파의 모습을 택했으나, 입체파보다 더욱 과거와의 의식 단절이 철저했고, 행동주의적이었으며, 기계예찬의 투쟁에 적극적이었다. 현대 생활을 동적으로 파악해야 되고, 그 동적 상황에서 벌어지는 율동적 환경속에서의 운동체를 대상으로 삼아야 된다는 주장을 하였던 운동이다.

121 | 건축가(르 꼬르뷔지에) 용어 | 25, 18, 14, 10

다음 설명과 가장 관계가 깊은 건축가는?

- 모듈러(modulor)
- 생활에 적합한 건축을 위해 인체와 관련된 모듈의 사용에 있어 단순한 길이의 배수보다 황금 비례를 이용함이 타당하다고 주장

① 르 코르뷔지에 ② 발터 그라피우스
③ 미스 반 데어 로에 ④ 프랭크 로이드 라이트

해설 모듈이란 건축 재료 등의 공업 제품을 경제적으로 양산하기 위하여 건축물의 설계나 조립 시에 적용하는 기준이 되는 치수와 단위를 말하며, 르 코르뷔지에가 인체 척도를 근거로 비례를 주장하였다.

122 | 건축가(르 꼬르뷔지에) 용어 | 12

생활에 적합한 건축을 위해 인체와 관련된 모듈의 사용에 있어 단순한 길이의 배수보다는 황금비례를 이용함이 타당하다고 주장한 사람은?

① 르 코르뷔지에 ② 월터 그로피우스
③ 미스 반 데어 로에 ④ 프랭크 로이드 라이트

해설 르 코르뷔지에는 휴먼(인체) 스케일에 있어 디자인이 적용되는 실내 공간에서 스케일의 기준은 인간을 중심으로 공간 구성의 적절한 크기를 가져야 하고, 단순한 길이의 배수가 아닌 황금비(1:1.618)를 이용하여야 한다고 주장한 사람이다.

123 | 건축가(르 꼬르뷔지에) 용어 | 09, 07, 04

설계나 생산에 쓰이는 치수 단위 또는 체계를 모듈이라고 하는데, 인체 척도를 근거로 하는 모듈을 주장한 사람은?

① 프랭크 로이드 라이트 ② 르 코르뷔지에
③ 미스 반 데어 로에 ④ 월터 그로피우스

해설 르 코르뷔지에는 모듈러(modulor) 또는 생활에 적합한 건축을 위해 인체와 관련된 모듈의 사용에 있어 단순한 길이의 배수보다 황금 비례를 이용함이 타당하다고 주장한 건축가 또는 설계나 생산에 쓰이는 치수 단위 또는 체계를 모듈이라고 하는데, 인체 척도를 근거로 하는 모듈을 주장한 사람이다.

124 | 건축가(그로피우스) 용어 | 07, 04

현대건축의 형성에 가장 큰 영향을 끼친 독일의 디자인 학교인 바우하우스의 창시자는?

① 윌리암 모리스(William Morris)
② 브로이어(Breuer)
③ 그로피우스(Gropius)
④ 루이스 설리반(Louis Sullivan)

해설 그로피우스는 1919년 독일 바이마르 시에 기존의 수공예 학교와 예술 학교를 통합하여 응용 미술 교육 기관으로 바우하우스를 설립하였다. 개교 초기에는 독일 표현주의의 영향을 받았으나 점차 합리적 교육 이념을 확립하였다.

정답 119.④ 120.② 121.① 122.① 123.② 124.③

PART 2 실내 환경

CRAFTSMAN INTERIOR ARCHITECTURE

CHAPTER 1 실내 환경

CHAPTER 01 실내 환경

출제 키워드

■ 열복사선의 입사 현상
반사, 투과 및 흡수 등

1-1. 열 및 습기 환경

1 열복사선의 입사 등

물체의 표면에 열복사선이 입사할 때 일어나는 현상은 반사, 투과 및 흡수 등이다.
① 반사 : 굴절률이 클수록 커지고, 광선의 투사각이 클수록 반사는 커지며, 보통 창유리는 투사각이 유리면에 직각인 경우에도 표면 및 뒷면에서 8% 내외의 반사가 일어난다. 투사각이 50~60°가 되면 반사가 크게 증가하며, 90° 가까이 되면 전반사를 일으킨다.
② 흡수 : 맑은 창유리의 흡수율은 2~6% 정도이다. 유리는 두께가 두꺼울수록 불순물이 많고, 착색된 색깔이 짙을수록 광선의 흡수율은 커진다.
③ 투과 : 투사각이 0°(유리면에 직각)인 경우에 맑은 창유리 및 무늬 판유리는 약 90% 정도의 광선을 투과시키며, 서리 유리는 약 80~85%를 투과시킨다. 그러나 오랫동안 사용하여 먼지가 끼거나 오염이 되면 투과는 뚜렷하게 감소하며, 광선의 파장이 짧을수록 더욱 심하다.

2 열의 이동 등

(1) 열의 이동

■ 열의 이동
복사, 대류 및 전도 등

열의 이동에는 복사, 대류 및 전도 등이 있고, 열은 온도차가 있을 때 온도가 높은 곳에서 낮은 곳으로 이동하고, 복사는 어떤 물체에 발생하는 열에너지가 전달 매개체가 없이 직접 다른 물체에 도달하는 것이며, 건축물에서 열의 이동은 전도, 대류 및 복사에 의해서만 이루어진다.

■ 열복사
어떤 물체에 발생하는 열에너지가 전달 매개체가 없이 직접 다른 물체에 도달하는 현상

① 열복사 : 어떤 물체에 발생하는 열에너지가 전달 매개체가 없이 직접 다른 물체에 도달하는 현상
② 열대류 : 따뜻해진 공기가 팽창하여 비중이 가볍게 되어 위쪽으로 올라가고, 차가운 공기는 아래로 내려오는 현상

■ 열대류
따뜻해진 공기가 위쪽으로 올라가고, 차가운 공기는 아래로 내려오는 현상

③ 열전도 : 고체 내부의 고온부에서 저온부로 열을 전하는 현상으로 보통 두께 1m의 두 물체 표면에 단위 온도차를 줄 때, 단위 시간에 전해지는 열량을 열전도율이라고 하고, 단위는 kcal/m·h·℃를 사용하였으나, SI 단위로 바뀜에 따라 W/m·K를 사용하며, 기호는 주로 λ를 사용한다. 재료의 열전도율을 보면, 구리는 332kcal/m·h·℃, 벽돌은 0.77kcal/m·h·℃, 목재는 0.093kcal/m·h·℃, 유리는 0.48kcal/m·h·℃ 정도이다. 즉, 구리 > 알루미늄 > 대리석 > 유리 > 벽돌 > 콘크리트 > 목재의 순이다.

④ 열관류 : 고체 양쪽의 유체 온도가 다를 때, 고체를 통하여 유체에서 다른 쪽 유체로 열이 전해지는 현상 또는 고온쪽에서 저온쪽으로 열이 통과하는 현상으로 열전달 → 열전도 → 열전달 과정을 거치는 매우 복잡한 열의 이동이다. 특히, 열관류나 열전도가 잘 안되는 재료일수록 단열 성능이 좋다. 실제로 흐르는 열량이 고체의 양측 유체(건축의 경우 벽 등의 양측 공기)의 온도차에 비례하며, 열관류량의 산정 방식은 다음과 같다.

$$Q = k(t_1 - t_2)FT \, [\text{kcal}]$$

여기서, k : 열관류율, $t_1 - t_2$: 온도차, F : 벽면적, T : 시간

위의 식에서 알 수 있듯이, 열관류량은 열관류율, 벽체 내·외의 온도차, 벽체의 표면적 및 시간에 따라 달라지고, 열관류율의 단위는 kcal/m²·h·℃, W/m²·K이다.

(2) 인체의 열손실

실내에서 보통 옷을 입고 있는 안정 시 인체에서 발산되는 열손실은 복사 45%, 대류 30%, 수분 증발 25%의 비율로 그 주요 원인이 되고 있다. 즉, 복사 > 대류 > 증발이 성립된다. 인체 열손실의 원인은 인체 표면의 열 복사에 의하여 열이 손실되고, 인체 주위의 공기의 대류에 의하여 열이 손실되며, 인체의 표면이 땀에 젖어 있으면 수분의 증발에 의하여 열이 손실된다. 또한, 호흡 작용에 의하여 입을 통한 체내의 열이 직접 내부로부터 손실된다.

(3) 에너지 절약 대책

① 에너지 절약 방법에는 모든 창문을 가능한 한 작게 하고, 환기량은 감소시키며, 북쪽의 창은 작고 가능한 한 개수를 적게 하며, 건축물의 방위를 남쪽으로 하는 것이 에너지를 절약할 수 있는 방법이다.

② 난방 부하를 저감하기 위하여 태양열 유입 장치를 설치하고, 냉방 부하 저감을 위하여 태양열 유입 장치의 설치를 금지하며, 거실의 층고와 반자 높이를 낮게 하여 실내 공간을 줄이는 방법이 유리하다.

③ 공간의 형상과 에너지의 절감과는 깊은 관계가 있다. 즉, 요철이 많은 평면을 구성하는 에너지의 소비가 증가된다.

④ 건축물의 단열을 위한 조치 사항은 건축물의 창호를 가능한 한 작게 설계하여 열의 이동을 방지한다.

출제 키워드

■ 열전도의 단위
kcal/m·h·℃ 또는 W/m·K

■ 열전도율의 비교
구리>알루미늄>대리석>유리>벽돌>콘크리트>목재의 순

■ 열관류
• 고체 양쪽의 유체 온도가 다를 때, 고체를 통하여 유체에서 다른 쪽 유체로 열이 전해지는 현상
• 열전달 → 열전도 → 열전달 과정
• 열관류나 열전도가 잘 안 되는 재료일수록 단열 성능이 좋음
• 열관류량의 산정 방식 : $Q = k(t_1 - t_2)FT\,[\text{kcal}]$
• 열관류율의 단위 : kcal/m²·h·℃ 또는 W/m²·K

■ 인체의 열손실
복사 45%, 대류 30%, 수분 증발 25%의 비율

■ 에너지 절약 대책
• 창문을 가능한 한 작게
• 환기량은 감소
• 북쪽의 창은 작고 가능한 한 개수를 적게
• 요철이 많은 평면을 구성하는 에너지의 소비가 증대

■ 난방 부하를 저감 대책
• 태양열 유입 장치의 설치를 금지
• 거실의 층고와 반자 높이를 낮게

⑤ 단열재의 조건은 흡수율과 열전도률이 낮고, 기계적인 강도가 우수하며, 수증기의 투과율이 낮아야 한다.

3 수평면 및 벽의 일사량

① 남쪽을 향한 수직면(벽면)이 받는 일사량은 다른 방위에 비해 여름(하지)에 최소, 겨울(동지)에 최대이다.
② 여름(하지)에는 수평면보다 수직면에 대한 일사량의 값이 대단히 작고, 겨울(동지)에는 수평면보다 수직면에 대한 일사량의 값이 대단히 크다.
③ 여름(하지)에는 오전 중의 동쪽 수직면과 오후의 서쪽 수직면이 매우 강한 일사를 받고, 일사량은 계절, 방위와 관계가 깊다.

4 결로 현상

(1) 정의

① 벽면 온도가 여기에 접촉하는 공기의 노점 온도 이하에 있으면 공기는 포함하고 있던 수증기를 그대로 전부 포함할 수 없게 되어 남는 수증기가 물방울이 되어 벽면에 붙는다.
② 습기가 높은 공기를 냉각할 경우 공기 중의 수분의 얼마 이상은 수증기로 존재할 수 없는 한계를 노점 온도라고 하며, 이 공기가 노점 온도 이하의 차가운 벽면에 닿으면 그 벽면에 물방울이 생기는 현상이다.

(2) 발생 시기와 장소

결로 현상은 고온 다습한 여름철이나 겨울철 난방시에 발생하기 쉽고, 콘크리트 주택이 목조 주택보다 심하며, 건조가 잘된 새로운 건축물에서 결로가 발생하기 어렵다. 특히, 춥고 상대 습도가 높은 북쪽 방의 북향 벽에서 결로 현상이 발생하기 쉽다.

(3) 결로의 원인

결로의 원인은 실내·외의 온도차, 실내 수증기의 과다 발생, 생활 습관에 의한 환기 부족, 구조체의 열적 특성, 시공 불량(건물 외피의 단열상태 불량) 및 시공 직후의 미건조 상태에서의 결로 등이고, 지붕의 기울기와는 무관하다. 특히, 내부 결로는 건물 내부의 표면 온도를 내리고 실내 기온을 노점 이하로 유지시켰을 경우 주로 발생한다.

(4) 결로 현상의 방지책

결로 방지 대책에는 환기, 난방 및 단열 등이 있다.

■ 결로
벽면 온도가 여기에 접촉하는 공기의 노점 온도 이하에 있으면 공기는 포함하고 있던 수증기를 그대로 전부 포함할 수 없게 되어 남는 수증기가 물방울이 되어 벽면에 붙는 현상

■ 결로의 발생 시기와 장소
• 고온 다습한 여름철이나 겨울철 난방시에 발생
• 콘크리트 주택이 목조 주택보다 심함
• 건조가 잘된 새로운 건축물에서 결로가 발생하기 어려움

■ 결로의 원인
• 실내·외의 온도차
• 실내 수증기의 과다 발생
• 생활 습관에 의한 환기 부족

■ 내부 결로
건물 내부의 표면 온도를 내리고 실내 기온을 노점 이하로 유지시켰을 경우 주로 발생

■ 결로 현상의 방지책
환기, 난방 및 단열 등

① 환기 : 습한 공기를 제거(절대 습도의 저하)하고 실내의 결로를 방지한다. 습기가 발생하는 곳(부엌, 욕실 등)에서 발생하는 습기를 다른 실로 전달되지 않도록 환기창을 자동문으로 한다.
② 난방 : 건축물 내부의 표면 온도를 올리고 실내 기온을 노점 온도 이상으로 유지하며 (가열된 공기는 차가운 표면의 결로로 인한 습기를 함유하고 있다가 환기 시 외부로 배출), 난방에 있어서 단시간 내에 높은 온도로 난방을 하는 것보다 낮은 온도로 오랫동안 난방을 하는 것이 유리하다.
③ 단열 : 구조체를 통한 열손실 방지와 보온의 역할을 한다. 중량 구조의 내부에 설치한 단열재는 난방시 실내의 표면 온도를 신속히 올릴 수 있으며, 중공벽 내부의 실내측에 단열재를 시공한 벽은 외측 부분의 온도가 낮기 때문에 이곳에 생기는 내부 결로 방지를 위하여 단열재를 가능한한 벽체의 외측(저온측)에 설치하고, 방습층은 벽체의 내측(고온측)에 설치하여야 한다. 또한, 열관류 저항을 크게 하고, 열관류량을 적게 하며, 공기층의 단열 효과는 기밀성과 밀접한 관계가 있다.

출제 키워드

■ 결로 방지의 환기
습한 공기를 제거(절대 습도의 저하)

■ 결로 방지의 난방
건축물 내부의 표면 온도를 올리고 실내 기온을 노점 온도 이상으로 유지

■ 결로 방지의 단열
• 단열재를 가능한한 벽체의 외측(저온측)에 설치
• 방습층은 벽체의 내측(고온측)에 설치
• 공기층의 단열 효과는 기밀성과 밀접한 관계가 있음

1-1. 열 및 습기 환경
과년도 출제문제

01 | 자연형 설계 방법
17, 16

우리나라의 기후 조건에 맞는 자연형 설계 방법으로 옳지 않은 것은?
① 겨울철 일사 획득을 높이기 위해 경사지붕보다 평지붕이 유리하다.
② 건물의 형태는 정방형보다 동서축으로 약간 긴 장방형이 유리하다.
③ 여름철에 증발 냉각 효과를 얻기 위해 건물 주변에 연못을 설치하면 유리하다.
④ 여름에는 일사를 차단하고 겨울에는 일사를 획득하기 위한 차양 설계가 필요하다.

[해설] 우리나라의 기후 조건에서 겨울철 일사 획득을 높이기 위하여 경사지붕보다 평지붕이 불리하다.

02 | 열의 이동 방법의 종류
10, 08, 01

다음 중 열의 이동 방법에 속하지 않는 것은?
① 전도 ② 대류
③ 복사 ④ 투과

[해설] 열의 이동은 복사(어떤 물체에 발생하는 열에너지가 전달 매개체 없이 직접 다른 물체에 도달하는 현상), 대류(따뜻해진 공기가 팽창하여 비중이 가볍게 되어 위쪽으로 올라가고, 차가운 공기는 아래로 내려오는 현상) 및 전도(고체의 내부에서 고온부로부터 저온부에 열을 전하는 현상)의 방법에 의해 이루어진다. 또한 열관류는 고체 양쪽의 유체 온도가 다를 때, 고온쪽에서 저온쪽으로 열이 통과하는 현상으로 열전달 → 열전도 → 열전달 과정을 거치는 매우 복잡한 열의 이동이다.

03 | 열의 이동
09

다음의 열의 이동에 관한 설명 중 옳은 것은?
① 열은 온도차가 있을 때 온도가 낮은 곳에서 높은 곳으로 이동한다.
② 열관류가 잘 안되는 재료일수록 단열 성능이 좋다.
③ 전도는 어떤 물체에 발생하는 열에너지가 전달 매개체가 없이 직접 다른 물체에 도달하는 것이다.
④ 건축물에서 열의 이동은 전도와 대류에 의해서만 이루어진다.

[해설] 열의 이동 중 열관류는 고체 양쪽의 유체 온도가 다를 때, 고온 쪽에서 저온 쪽으로 열이 통과하는 현상으로 열전달 → 열전도 → 열전달 과정을 거치는 매우 복잡한 열의 이동으로 열관류나 열전도가 잘 안되는 재료일수록 단열 성능이 좋다.

04 | 단위(열전도율)
23, 22, 20, 17, 15, 13, 10②, 07, 04, 99

열전도율의 단위로 옳은 것은?
① W ② W/m
③ W/m·K ④ W/m²·K

[해설] 보통 두께 1m의 두 물체 표면에 단위 온도차를 줄 때, 단위 시간에 전해지는 열량을 열전도율이라고 하고, 단위는 kcal/m·h·℃를 사용하였으나, SI 단위로 바뀜에 따라 W/m·K를 사용하며, 기호는 주로 λ를 사용한다.

05 | 열전도율의 비교
04

다음 재료 중 열전도율이 가장 높은 것은?
① 구리 ② 벽돌
③ 목재 ④ 유리

[해설] 재료의 열전도율을 보면, 구리는 332kcal/m·h·℃, 벽돌은 0.77kcal/m·h·℃, 목재는 0.093kcal/m·h·℃, 유리는 0.48kcal/m·h·℃ 정도이다.

06 | 열의 이동(대류의 용어)
05

따뜻해진 공기는 위로 올라가고 차가워진 공기는 아래로 내려가는 현상을 무엇이라 하는가?
① 전도 ② 열관류
③ 복사 ④ 대류

정답 01.① 02.④ 03.② 04.③ 05.① 06.④

해설 열의 이동 중 대류는 따뜻해진 공기가 팽창하여 비중이 가볍게 되어 위쪽으로 올라가고, 차가운 공기는 아래로 내려오는 현상이다.

07 열의 이동(복사의 용어)
13, 10, 09, 07

어떤 물체에 발생하는 열에너지가 전달 매개체가 없이 직접 다른 물체에 도달하는 것을 무엇이라 하는가?
① 전도 ② 대류
③ 복사 ④ 관류

해설 열의 이동은 복사는 어떤 물체에 발생하는 열에너지가 전달 매개체가 없이 직접 다른 물체에 도달하는 현상이다.

08 열의 이동(열관류의 용어)
14, 11, 08

고체 양쪽의 유체 온도가 다를 때 고체를 통하여 유체에서 다른 쪽 유체로 열이 전해지는 현상은?
① 대류 ② 복사
③ 증발 ④ 열관류

해설 열의 이동 중 열관류는 고체 양쪽의 유체 온도가 다를 때, 고온 쪽에서 저온 쪽으로 열이 통과하는 현상으로 열전달 → 열전도 → 열전달 과정을 거치는 매우 복잡한 열의 이동이다.

09 열의 이동(복사의 용어)
17, 11

벽과 같은 고체를 통하여 유체(공기)에서 유체(공기)로 열이 전해지는 현상을 무엇이라 하는가?
① 열대류 ② 열전도
③ 열관류 ④ 열복사

해설 열의 이동 중 열관류는 고체 양쪽의 유체 온도가 다를 때, 고온 쪽에서 저온 쪽으로 열이 통과하는 현상으로 열전달 → 열전도 → 열전달 과정을 거치는 매우 복잡한 열의 이동이다.

10 열의 이동(열관류의 용어)
24, 09

벽과 같은 고체를 통하여 유체에서 유체로 열이 전해지는 현상을 의미하는 것은?
① 열관류 ② 열전도
③ 복사 ④ 대류

해설 열의 이동은 복사(어떤 물체에 발생하는 열 에너지가 전달 매개체가 없이 직접 다른 물체에 도달하는 현상), 대류(따뜻해진 공기가 팽창하여 비중이 가볍게 되어 위쪽으로 올라가고, 차가운 공기는 아래로 내려오는 현상) 및 전도(고체의 내부에서 고온부로부터 저온부에 열을 전하는 현상)의 방법에 의해 이루어진다. 또한, 열관류는 고체 양쪽의 유체 온도가 다를 때, 고온 쪽에서 저온 쪽으로 열이 통과하는 현상으로 열전달 → 열전도 → 열전달 과정을 거치는 매우 복잡한 열의 이동이다.

11 열의 이동(열관류의 과정)
02

다음 중 열관류 과정으로 옳은 것은?
① 열대류 → 열전도 → 열대류
② 열전달 → 열전도 → 열전달
③ 열전도 → 열전달 → 열전도
④ 열전달 → 열대류 → 열전달

해설 열의 이동 중 열관류는 고체 양쪽의 유체 온도가 다를 때, 고온 쪽에서 저온 쪽으로 열이 통과하는 현상으로 열전달 → 열전도 → 열전달 과정을 거치는 매우 복잡한 열의 이동으로 열관류나 열전도가 잘 안되는 재료일수록 단열 성능이 좋다.

12 열의 이동(열관류의 요소)
06, 04, 02

벽체의 열관류량에 영향을 주는 것으로 가장 거리가 먼 것은?
① 벽체의 무게
② 벽체 내외의 온도차
③ 벽체의 표면적
④ 시간

해설 열의 이동 중 열관류는 고체 양쪽의 유체 온도가 다를 때, 고온 쪽에서 저온 쪽으로 열이 통과하는 현상으로 열전달 → 열전도 → 열전달 과정을 거치는 매우 복잡한 열의 이동으로 열관류량의 산정 방식은 다음과 같다.
$Q = k(t_1 - t_2)FT$[kcal]
여기서, k : 열관류율, $t_1 - t_2$: 온도차, F : 벽면적, T : 시간

13 단위(열관류율)
04

다음 열관류율 단위로 옳은 것은?
① $kcal/m^2$ ② $kcal/℃$
③ $kcal/m^2 \cdot h \cdot ℃$ ④ $m^2 \cdot ℃/kcal$

해설 열관류율(단위 시간에 $1m^2$를 $1℃$의 온도차가 있을 때 흐르는 열량)의 단위는 $kcal/m^2 \cdot h \cdot ℃$ 또는 $W/m^2 \cdot K$이다.

정답 07.③ 08.④ 09.③ 10.① 11.② 12.① 13.③

14 | 단열
24, 12

벽체의 단열에 관한 설명으로 옳지 않은 것은?

① 벽체의 열관류율이 클수록 단열성이 낮다.
② 단열은 벽체를 통한 열손실 방지와 보온 역할을 한다.
③ 벽체의 열관류 저항값이 작을수록 단열 효과는 크다.
④ 조적조 벽체와 같은 중공 구조의 내부에 위치한 단열재는 난방시 실내 표면의 온도를 신속히 올릴 수 있다.

해설 벽체의 열관류 저항값이 클수록 단열 효과가 크고, 벽체의 열관류 저항값이 작을수록 단열 효과가 작다.

15 | 전열
12

벽체의 전열에 관한 설명으로 옳지 않은 것은?

① 벽체의 열관류율이 클수록 단열 성능이 낮아진다.
② 벽체의 열전도저항이 클수록 단열 성능이 우수하다.
③ 벽체 내의 공기층의 단열 효과는 기밀성에 큰 영향을 받는다.
④ 벽체의 열전도저항은 그 구성 재료가 습기를 함유할 경우 크게 된다.

해설 벽체의 열전도저항은 그 구성 재료가 습기를 함유할 경우 작게 되고, 건조된 경우에는 크게 되므로 단열재는 습기를 흡수하지 않아야 한다.

16 | 전열
10

건축물에서의 전열에 관한 설명으로 옳지 않은 것은?

① 열관류는 고체 양쪽의 유체 온도가 다를 때 저온 쪽에서 고온 쪽으로 열이 통과하는 현상이다.
② 열관류 현상은 열전달 → 열전도 → 열전달 과정을 거치는 매우 복잡한 열의 이동이다.
③ 실내 온도는 외부 기온의 영향을 많이 받으며, 외부와 실내간의 열이동에 의해 영향을 받는다.
④ 외부와 실내간의 열이동은 벽체를 통하여 전도되는 열, 창호를 통한 전도와 복사, 환기에 따른 열의 이동 등으로 나뉜다.

해설 열관류란 고체 양쪽의 유체 온도가 다를 때, 고온쪽에서 저온쪽으로 열이 통과하는 현상 또는 고체를 통하여 유체에서 유체로 열이 전해지는 현상으로 열전달 → 전도 → 열전달 과정을 거치므로 매우 복잡한 현상이다.

17 | 열관류의 용어
20, 16, 12

다음은 건물 벽체의 열 흐름을 나타낸 그림이다. ( ) 안에 알맞은 용어는?

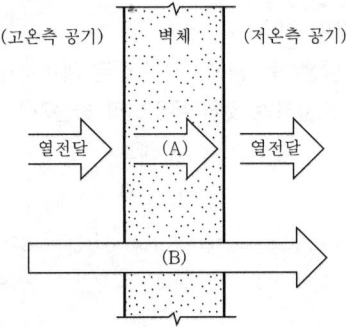

① A : 열복사, B : 열전도 ② A : 열흡수, B : 열복사
③ A : 열복사, B : 열대류 ④ A : 열전도, B : 열관류

해설

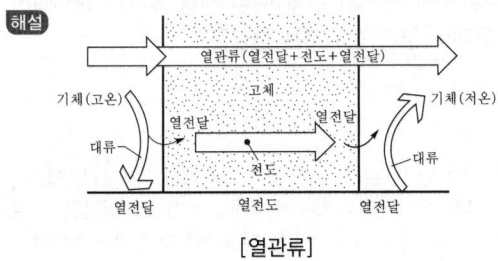

[열관류]

18 | 열복사선의 입사 시 발생 현상
03

물체의 표면에 열복사선이 입사할 때 나타나는 현상이 아닌 것은?

① 정지   ② 반사
③ 투과   ④ 흡수

해설 물체의 표면에 열복사선이 입사할 때 일어나는 현상은 반사, 투과 및 흡수 등이다.

19 | 인체의 열손실의 원인
21, 16, 07, 02

다음 중 인체에서 열의 손실이 이루어지는 요인으로 가장 거리가 먼 것은?

① 인체 주변 공기의 대류
② 인체 표면의 열복사
③ 인체 내 음식물의 산화작용
④ 호흡, 땀 등의 수분 증발

해설 인체 열손실의 원인은 인체 표면의 열복사에 의하여 열이 손실되고, 인체 주위의 공기의 대류에 의하여 열이 손실되며, 인체의 표면이 땀에 젖어 있으면 수분의 증발에 의하여 열이 손실된다. 또한, 호흡 작용에 의하여 입을 통한 체내의 열이 직접 내부로부터 손실된다.

20 | 인체의 발산되는 열손실 비교
06, 04, 03

보통 옷을 입고 있는 안정된 상태에서 인체에서 발산되는 열손실의 비율이 바르게 비교된 것은?

① 대류 > 복사 > 증발
② 복사 > 대류 > 증발
③ 증발 > 복사 > 대류
④ 복사 > 증발 > 대류

해설 실내에서 보통 옷을 입고 있는 안정시의 인체에서 발산되는 열손실 비율은 복사(45%), 대류(30%), 증발(25%)로 나타내고 있으므로 복사>대류>증발이 성립된다.

21 | 인체의 발산되는 열손실 비교
06, 98

다음 인체의 열손실 중 가장 큰 것은?

① 대류
② 복사
③ 증발
④ 대류, 복사, 증발 모두 마찬가지다.

해설 실내에서 보통 옷을 입고 있는 안정시의 인체에서 발산되는 열손실 비율은 복사(45%), 대류(30%), 증발(25%)로 나타내고 있으므로 복사>대류>증발이 성립된다.

22 | 열
25, 11

열에 관한 설명으로 옳지 않은 것은?

① 열은 온도가 낮은 곳에서 높은 곳으로 이동한다.
② 열이 이동하는 형식에는 복사, 대류, 전도가 있다.
③ 대류는 유체의 흐름에 의해서 열이 이동되는 것을 총칭한다.
④ 벽과 같은 고체를 통하여 유체(공기)에서 유체(공기)로 열이 전해지는 현상을 열관류라고 한다.

해설 열의 이동은 복사(어떤 물체에 발생하는 열 에너지가 전달 매개체가 없이 직접 다른 물체에 도달하는 현상), 대류(따뜻해진 공기가 팽창하여 비중이 가볍게 되어 위쪽으로 올라가고, 차가운 공기는 아래로 내려오는 현상) 및 전도(고체의 내부에서 고온부로부터 저온부에 열을 전하는 현상)의 방법에 의해 이루어진다. 또한, 열관류는 고체 양쪽의 유체 온도가 다를 때, 고온 쪽에서 저온 쪽으로 열이 통과하는 현상으로 열전달 → 열전도 → 열전달 과정을 거치는 매우 복잡한 열의 이동이다.

23 | 물리적 온열(열환경 4요소)
12

인체의 열적 쾌적감에 영향을 미치는 물리적 온열 요소에 해당하지 않는 것은?

① 기온
② 습도
③ 기류
④ 공기의 청정도

해설 온열 요소(열환경의 4요소), 즉 사람들이 한서를 느끼는 감각은 온도, 습도, 기류와 주위 벽(벽체, 천장, 바닥 등)의 복사열 등이고, 열환경의 4요소 중 기후적인 조건을 좌우하는 가장 큰 요소는 공기 중의 온도이다.

24 | 물리적 온열(열환경 4요소)
09

다음 중 인체의 온열 감각에 가장 크게 영향을 끼치는 온열 요소에 속하지 않는 것은?

① 공기의 온도
② 기류
③ 습도
④ 조도

해설 온열 요소(열환경의 4요소), 즉 사람들이 한서를 느끼는 감각은 온도, 습도, 기류와 주위 벽(벽체, 천장, 바닥 등)의 복사열 등이고, 열환경의 4요소 중 기후적인 조건을 좌우하는 가장 큰 요소는 공기 중의 온도이다.

25 | 물리적 온열(열환경 4요소)
23, 08

인체의 온열 감각에 크게 영향을 끼치는 열환경의 4요소에 속하지 않는 것은?

① 광도
② 기온
③ 습도
④ 복사열

해설 온열 요소(열환경의 4요소), 즉 사람들이 한서를 느끼는 감각은 온도, 습도, 기류와 주위 벽(벽체, 천장, 바닥 등)의 복사열 등이고, 열환경의 4요소 중 기후적인 조건을 좌우하는 가장 큰 요소는 공기 중의 온도이다.

26 | 인체 쾌적, 건물 설계의 영향
06

인체의 쾌적과 건물 설계에 영향을 미치는 요소로 가장 거리가 먼 것은?

① 일사
② 공기
③ 기온
④ 바람

해설 온열 요소(열환경의 4요소), 즉 사람들이 한서를 느끼는 감각은 온도, 습도, 기류와 주위 벽(벽체, 천장, 바닥 등)의 복사열 등이고, 열환경의 4요소 중 기후적인 조건을 좌우하는 가장 큰 요소는 공기 중의 온도이다.

정답 20.② 21.② 22.① 23.④ 24.④ 25.① 26.②

27 | 에너지 절약의 방법
09, 06, 05

다음 중 건축물에서 에너지 절약을 위한 방법으로 가장 적절한 것은?

① 모든 창문을 가급적 크게 한다.
② 환기량을 증가시킨다.
③ 건축물의 방위를 남향으로 한다.
④ 북쪽의 창을 크게 하여 여러 개를 배치한다.

해설 에너지 절약 방법에는 모든 창문을 가능한 한 작게 하고, 환기량은 감소시키며, 북쪽의 창은 작고 가능한 한 개수를 적게 하며, 건축물의 방위를 남쪽으로 하는 것이 에너지를 절약할 수 있는 방법이다.

28 | 단열 계획
21, 16

건축물의 에너지 절약 설계 기준에 따라 권장되는 건축물의 단열 계획으로 옳지 않은 것은?

① 건물의 창 및 문은 가능한 작게 설계한다.
② 냉방 부하 저감을 위하여 태양열 유입 장치를 설치한다.
③ 건물 옥상에는 조경을 하여 최상층 지붕의 열저항을 높인다.
④ 외피의 모서리 부분은 열교가 발생하지 않도록 단열재를 연속적으로 설치한다.

해설 건축물의 에너지 절약 설계 기준에 따라 권장하는 건축물의 단열 계획에 있어서 난방 부하를 저감하기 위하여 태양열 유입 장치를 설치하고, 냉방 부하 저감을 위하여 태양열 유입 장치의 설치를 금지한다.

29 | 에너지 절약의 방법
10

에너지 절약을 위한 방법으로 옳지 않은 것은?

① 단열을 강화한다.
② 북측의 창은 되도록 작게 구성한다.
③ 거실의 층고 및 반자 높이를 높게 한다.
④ 건물을 남향으로 하여 자연에너지를 이용한다.

해설 에너지를 절약하기 위한 대책으로 거실의 층고와 반자 높이를 낮게 하여 실내 공간을 줄이는 방법이 유리하다.

30 | 에너지 절약의 방법
03

주거 계획 시 에너지 절감 대책의 방법으로 좋지 않은 것은?

① 건축적 수법에 의해 합리적인 계획을 추진한다.
② 에어컨디셔너 등의 이용은 보조적인 방법이다.
③ 개구부에 단열재의 사용은 매우 좋은 방법이다.
④ 공간의 형상과 에너지 절감과는 관계가 없다.

해설 공간의 형상과 에너지의 절감과는 깊은 관계가 있다. 즉, 요철이 많은 평면을 구성하는 에너지의 소비가 증가된다.

31 | 단열 계획
19, 14②

건축물의 단열을 위한 조치 사항으로 옳지 않은 것은?

① 외벽 부위는 외단열로 시공한다.
② 건물의 창호는 가능한 한 크게 설계한다.
③ 건물 옥상에는 조경을 하여 최상층 지붕의 열저항을 높인다.
④ 외피의 모서리 부분은 열교가 발생하지 않도록 단열재를 연속적으로 설치한다.

해설 건축물의 단열을 위한 조치 사항은 건축물의 창호를 가능한 한 작게 설계하여 열의 이동을 방지한다.

32 | 단열재의 구비 조건
20, 14

단열재가 갖추어야 할 일반적 요건으로 옳지 않은 것은?

① 흡수율이 낮을 것
② 열전도율이 낮을 것
③ 수증기 투과율이 높을 것
④ 기계적 강도가 우수할 것

해설 단열재의 조건은 흡수율과 열전도율이 낮고, 기계적인 강도가 우수하며, 수증기의 투과율이 낮아야 한다.

33 | 결로의 용어
24, 19, 07

다음 설명이 나타내는 현상은?

벽면 온도가 여기에 접촉하는 공기의 노점 온도 이하에 있으면 공기는 포함하고 있던 수증기를 그대로 전부 포함할 수 없게 되어 남는 수증기가 물방울이 되어 벽면에 붙는다.

① 잔향
② 열교
③ 결로
④ 환기

정답 27. ③ 28. ② 29. ③ 30. ④ 31. ② 32. ③ 33. ③

해설 잔향은 실내나 폐쇄된 곳에서 음이 천장, 벽, 바닥 등에 몇 회 반사하여 음원이 없어진 후에도 그 음이 남아 있는 현상이고, 열교는 건축물의 외벽에서 단열의 시공 불량 부분이나 벽을 단열했을 때의 슬래브 가장자리 부분 등과 같은 부분 등에서 열관류율이 국부적으로 커지고 열의 이동이 심하게 일어나는 부분이며, 환기는 실내 공기를 외기와 교환하는 것과 실내 공기의 오염 제거가 주목적이지만 연소 장치에 대한 급기 등을 목적으로 하는 것 등으로 자연 또는 기계적 수법에 의해 이루어진다.

34 | 결로 현상
24, 07

다음의 결로 현상에 대한 설명 중 옳지 않은 것은?

① 일반적으로 낮은 온도의 난방을 오래하는 것이 높은 온도의 난방을 짧게 하는 것보다 결로 방지에 효과가 높다.
② 결로는 건물 내부의 표면 온도를 올리고 실내 기온을 노점 이상으로 유지시켰을 경우 주로 발생한다.
③ 결로는 고온 다습한 여름철과 겨울철 난방시에 발생하기 쉽다.
④ 환기가 잘 되지 않으며, 실내에서 발생하는 수증기량이 증가되고 습기 처리에 대한 시설이 불완전할 때 결로 발생이 많아진다.

해설 결로 현상(습기가 높은 공기를 냉각하면 공기 중의 수분이 그 이상은 수증기로 존재할 수 없는 한계를 노점 온도라고 하며, 이 공기가 노점 온도 이하의 차가운 벽면에 닿으면 그 벽면에 물방울이 생기는 현상)의 방지 대책은 건물 내부의 표면 온도를 올리고 실내 기온을 노점 이상으로 유지시켜야 한다.

35 | 결로 현상
09

결로에 대한 설명으로 옳은 것은?

① 결로는 건조한 봄철과 가을철에 발생하기 쉽다.
② 춥고 상대 습도가 높은 북쪽 방의 북향 벽에서 결로 현상이 발생하기 쉽다.
③ 콘크리트 주택보다 목조 주택이 결로 현상이 많이 발생한다.
④ 건조가 잘 된 새로운 건축물에서 결로가 발생하기 쉽다.

해설 결로 현상은 고온 다습한 여름철이나 겨울철 난방시에 발생하기 쉽고, 콘크리트 주택이 목조 주택보다 심하며, 건조가 잘 된 새로운 건축물에서 결로가 발생하기 어렵다. 특히, 춥고 상대 습도가 높은 북쪽 방의 북향 벽에서 결로 현상이 발생하기 쉽다.

36 | 결로의 발생 원인
09, 03, 99

결로가 발생하는 직접적인 원인이 아닌 것은?

① 환기의 부족
② 실내·외의 온도차
③ 실내 습기의 과다 발생
④ 건물 지붕의 기울기

해설 결로의 원인은 실내·외의 온도차, 실내 수증기의 과다 발생, 생활 습관에 의한 환기 부족, 구조체의 열적 특성, 시공 불량(건물 외피의 단열상태 불량) 및 시공 직후의 미건조 상태에서의 결로 등이고, 결로 방지책으로는 실내 습기의 발생 방지, 적절한 환기, 수증기 발생 방지 및 배기, 실내의 저온 부분 제거 등이다.

37 | 결로의 발생 원인
06, 03, 02, 98

다음 중 결로 발생의 직접적인 원인이 아닌 것은?

① 실내·외의 온도차
② 실내습기의 과다발생
③ 건물 외피의 단열상태 불량
④ 건물 지붕의 기울기

해설 결로의 원인은 실내·외의 온도차, 실내 수증기의 과다 발생, 생활 습관에 의한 환기 부족, 구조체의 열적 특성, 시공 불량(건물 외피의 단열상태 불량) 및 시공 직후의 미건조 상태에서의 결로 등이다.

38 | 결로의 발생 원인
13

다음 중 결로의 발생 원인과 가장 거리가 먼 것은?

① 잦은 환기
② 단열 시공의 불완전
③ 큰 온도차
④ 실내 습기의 과다 발생

해설 결로의 원인은 실내·외의 온도차, 실내 수증기의 과다 발생, 생활 습관에 의한 환기 부족, 구조체의 열적 특성, 시공 불량(건물 외피의 단열상태 불량) 및 시공 직후의 미건조 상태에서의 결로 등이고, 적절한 환기는 결로의 방지 대책이다.

39 | 결로의 발생 원인
25, 22, 13

다음 중 결로의 발생 원인과 가장 거리가 먼 것은?

① 환기 부족
② 실내의 불결
③ 시공의 불량
④ 실내·외의 온도차

정답 34.② 35.② 36.④ 37.④ 38.① 39.②

해설 결로의 원인은 실내·외의 온도차, 실내 수증기의 과다 발생, 생활 습관에 의한 환기 부족, 구조체의 열적 특성, 시공 불량(건물 외피의 단열상태 불량) 및 시공 직후의 미건조 상태에서의 결로 등이다.

40 | 결로의 형태와 방지 대책
25, 23, 20, 12

벽체에서의 결로 발생 형태에 따른 결로 방지 대책으로 옳지 않은 것은?

① 표면 결로 : 실내 표면 온도를 높인다.
② 표면 결로 : 실내 수증기의 발생량을 억제한다.
③ 내부 결로 : 벽체 내부로 수증기 침입을 억제한다.
④ 내부 결로 : 벽체 내부 온도가 노점 온도 이하가 되도록 한다.

해설 내부 결로(벽체는 습기를 계속 흡수하여 벽체 내부가 젖게되어 구조체 내에서 수증기가 응결하는 현상)현상의 방지 대책은 건물 내부의 표면 온도를 올리고 실내 기온을 노점 이상으로 유지시켜야 한다.

41 | 결로의 방지 대책
18, 12, 02

결로 방지 대책과 가장 관계가 먼 것은?

① 환기
② 난방
③ 단열
④ 방수

해설 표면 결로의 방지법에는 환기(실내의 공기가 냉각될 때 발생할 수 있는 습기로 인한 결로를 실내 공기의 환기를 통하여 방지), 단열(벽체를 단열함으로써 열 손실이 감소되고 실내의 표면 온도를 높이게 되나, 단열 자체는 열이 공급되지 않는 한 실내의 온도를 높이지 않으므로 결로의 현상을 방지) 및 난방(실내측의 표면 온도가 실내 공기의 노점 온도보다 낮으면 표면 결로 현상이 발생하므로 실내의 표면 온도를 상승시키기 위하여 실내를 난방) 등이 있다.

42 | 결로의 방지 대책
21, 10

결로 방지를 위한 방법으로 옳지 않은 것은?

① 환기를 통해 습한 공기를 제거한다.
② 실내 기온을 노점 온도 이하로 유지한다.
③ 건물 내부의 표면 온도를 높인다.
④ 낮은 온도의 난방을 오래 하는 것이 높은 온도의 난방을 짧게 하는 것보다 결로 방지에 유리하다.

해설 표면 결로의 방지법에는 실내측의 표면 온도가 실내 공기의 노점 온도보다 낮으면 표면 결로 현상이 발생하므로 실내의 표면 온도를 상승시키기 위하여 실내를 난방하여야 한다.

43 | 방습층의 설치 위치
23, 07

내부 결로 방지를 위한 방습층의 설치 위치로 가장 알맞은 것은?

① 단열재의 저온측
② 벽체의 실외측
③ 단열재의 고온측
④ 어느 위치에나 상관없다.

해설 내부 결로를 방지하기 위하여 벽체 내부의 온도를 그 부분의 노점 온도보다 높게하여야 하므로 단열재를 가능한 벽체의 외측(저온측)에 설치하고, 방습층은 벽체의 내측(고온측)에 설치하여야 한다.

44 | 표면 결로의 방지 대책
24, 04, 01

실내의 표면 결로 방지법으로 옳지 않은 것은?

① 각 부의 열관류 저항을 많게 한다.
② 적당한 환기를 시킨다.
③ 실내에서 수증기량의 발생을 많게 한다.
④ 각 부의 열관류량을 적게 한다.

해설 실내의 표면 결로 방지법에는 각 부의 열관류 저항을 크게 하고, 열관류량을 적게 하며, 실내 습기의 발생 방지, 적절한 환기 계획(절대 습도의 저하), 수증기 발생의 억제 및 배기, 가능한한 실내에 저온 부분(실내 표면 온도의 상승)을 만들지 말 것 등이다.

45 | 표면 결로의 방지 대책
24, 23, 06

실내의 표면 결로 방지법으로 옳지 않은 것은?

① 각 부의 열관류 저항을 크게 한다.
② 건물 내부의 표면 온도를 올리고 실내 기온을 노점 이상으로 유지한다.
③ 실내에서 수증기량의 발생을 많게 한다.
④ 각 부의 열관류량을 적게 한다.

해설 실내의 표면 결로 방지법에는 각 부의 열관류 저항을 크게 하고, 열관류량을 적게 하며, 실내 습기의 발생 방지, 적절한 환기 계획(절대 습도의 저하), 수증기 발생의 억제 및 배기, 가능한한 실내에 저온 부분(실내 표면 온도의 상승)을 만들지 말 것 등이다.

정답 40.④ 41.④ 42.② 43.③ 44.③ 45.③

46 | 표면 결로의 방지 대책
23, 22, 19, 13

표면 결로 방지 방법으로 옳지 않은 것은?

① 벽체의 열관류 저항을 낮춘다.
② 실내에서 발생하는 수증기를 억제한다.
③ 환기에 의해 실내 절대 습도를 저하한다.
④ 직접 가열이나 기류 촉진에 의해 표면 온도를 상승시킨다.

해설 실내의 표면 결로 방지법에는 각 부의 열관류 저항을 크게 하고, 열관류량을 적게 하며, 실내 습기의 발생 방지, 적절한 환기 계획(절대 습도의 저하), 수증기 발생의 억제 및 배기, 가능한한 실내에 저온 부분(실내 표면 온도의 상승)을 만들지 말 것 등이다.

47 | 표면 결로의 발생 원인
11

다음 중 표면 결로의 발생 원인과 가장 거리가 먼 것은?

① 시공 불량
② 실내외 온도차
③ 실내 습기의 과다 발생
④ 환기에 의한 실내 절대습도 저하

해설 결로의 원인은 실내·외의 온도차, 실내 수증기의 과다 발생, 생활 습관에 의한 환기 부족, 구조체의 열적 특성, 시공 불량(건물 외피의 단열상태 불량) 및 시공 직후의 미건조 상태에서의 결로 등이고, 결로를 방지하기 위하여 방법에는 환기, 난방 및 단열 등이 있다.

48 | 표면 결로의 방지 대책
08

겨울철 벽의 표면에 발생하는 표면 결로를 방지하기 위한 방법으로 옳지 않은 것은?

① 환기에 의해 실내 절대 습도를 저하한다.
② 단열 강화에 의해 실내측 표면 온도를 상승시킨다.
③ 실내에서 발생하는 수증기를 억제한다.
④ 실내 벽의 표면 온도를 실내 공기의 노점 온도 이하로 유지시킨다.

해설 실내의 표면 결로 방지법에는 각 부의 열관류 저항을 크게 하고, 열관류량을 적게 하며, 실내 습기의 발생 방지, 적절한 환기 계획(절대 습도의 저하), 수증기 발생의 억제 및 배기, 가능한한 실내에 저온 부분(실내 표면 온도의 상승)을 만들지 말 것 등이다.

49 | 표면 결로의 방지 대책
14

표면 결로의 방지 대책으로 옳지 않은 것은?

① 가습을 통해 실내 절대 습도를 높인다.
② 실내 온도를 노점 온도 이상으로 유지시킨다.
③ 단열 강화에 의해 실내측 표면 온도를 상승시킨다.
④ 직접 가열이나 기류 촉진에 의해 표면 온도를 상승시킨다.

해설 실내의 표면 결로 방지법에는 각 부의 열관류 저항을 크게 하고, 열관류량을 적게 하며, 실내 습기의 발생 방지, 적절한 환기 계획(절대 습도의 저하), 수증기 발생의 억제 및 배기, 가능한한 실내에 저온 부분(실내 표면 온도의 상승)을 만들지 말 것 등이다.

50 | 전열 및 단열
12

전열 및 단열에 관한 설명으로 옳지 않은 것은?

① 일반적으로 액체는 고체보다 열전도율이 작다.
② 일반적으로 기체는 고체보다 열전도율이 작다.
③ 벽체에서 공기층의 단열효과는 기밀성과는 무관하다.
④ 물체에서 복사되는 열량은 그 표면에서 측정된 절대온도의 4승에 비례한다.

해설 전열 및 단열에 있어서 벽체에서 공기층의 단열 효과는 기밀성과 밀접한 관계가 있다.

1-2. 공기 환경

1 실내 환기의 목적 등

(1) 실내 환기(신선한 공기의 공급과 공기의 교체로 인한 열과 습기의 이동)의 목적

① 호흡에 필요한 산소의 적절한 공급(적당한 기류 속도를 유지하여 인체에 쾌적성을 부여)
② 내부 공간의 오염 피해 최소화(오염 물질의 제거)
③ 내부의 결로 방지(실내에서 발생된 열, 수분 등을 제거) 등

(2) 자연 환기법

자연 환기의 방법은 온도차(실내·외)에 의한 환기, 바람(통풍)에 의한 환기 및 환기통에 의한 환기 등이 있고, 자연 환기는 실내·외의 온도차에 의한 공기의 밀도차가 원동력이 되는 중력 환기와 건물의 외벽면에 가해지는 풍압이 원동력이 되는 풍력 환기로 대별된다.

① 실외의 바람의 속도는 환기량과 관계가 깊고, 자연 환기량은 개구부 면적이 클수록, 실내·외의 온도차가 클수록 증가한다. 또한, 풍력 환기량은 풍속에 비례한다.
② 자연 환기를 위해서는 양쪽 벽에 창을 집중하는 것이 가장 바람직하다.
③ 자연 환기는 자연의 물리적 현상(풍력과 대류)을 이용한 방법으로 중력 환기와 풍력 환기로 분류되고, 유입구와 유출구의 비가 1:1인 경우 환기량이 최대가 된다.
④ 자연 환기는 자연 현상에 의한 환기이므로 환기량을 계획적으로 정확히 유지할 수 없다.
⑤ 보조 환기 장치는 환기구, 환기통, 루프 벤틸레이션, 모니터 루프(monitor roof) 등이 있다.
⑥ 외부에 면한 창이 1개만 있는 경우에도 중력 환기(실내·외의 온도차에 의한 환기)와 풍력 환기(풍압 작용으로 인한 환기)는 발생한다.
⑦ 자연 환기량은 개구부 면적, 실내·외의 온도차 및 공기 유입구와 유출구의 높이 차이가 클수록 많아지고, 중성대에서 공기 유출구까지의 높이가 클수록 많아진다.

종류		원리	일반사항
자연 환기	풍력 환기	통풍으로 풍압 작용으로 환기	• 외부 풍속이 1.5m/sec 정도 이상이어야 하고, 풍력 환기는 실개구부의 배치에 따라 차이가 심하다. • 여름철의 주된 풍향을 고려하여 개구부의 위치를 나란히 두는 것보다 더운 공기와 찬 공기의 이동에 유리하도록 상하로 개구부를 설치하는 것이 유리하다. • 환기 구멍, 창, 출입구 등의 틈으로 들어오는 공기량과 여기에서 흡출되는 공기량에 의하고, 실외의 풍속이 클수록 환기량이 크다.
	중력 환기	실내·외의 온도차에 의한 환기	• 무풍시에는 중력 환기 작용이 자연 환기의 주요한 원동력이 된다. • 실내·외의 온도차에 의한 환기는 실내·외의 공기 밀도의 차이에 따른 압력차가 생기기 때문이다. • 고온의 실내 공기는 실외로 나가고, 동량의 실외 공기가 실내로 들어오게 된다.

2 공기 조화의 계획

공기조화란 실내에서 사람, 물품을 대상으로 온도, 습도, 기류, 공기 분포를 그 실의 사용 목적에 적합한 상태로 유지하는 것을 말하며, 실의 용도, 수용 인원 및 개구부의 면적과 깊은 관계가 있으나, 벽의 마감 재료와는 무관하다.

3 환기 횟수 및 방법 등

① 환기 횟수란 실내의 매 시간의 용적 환기량을 방의 용적으로 나눈 것을 말한다.

$$환기\ 횟수 = \frac{소요\ 환기(공기)량}{실내의\ 용적} = \frac{소요\ 환기(공기)량}{실의\ 면적 \times 실의\ 높이}$$

② 실내 공기의 오염도는 이산화탄소의 양을 기준으로 하고, 이산화탄소 자체의 유해 한도가 아니며, 공기의 물리적, 화학적 성상이 이산화탄소의 증가에 비례해서 악화된다고 가정했을 때, 오염의 지표로서 허용량을 의미한다. 또한, 환기량은 이산화탄소의 양을 기준으로 하고, 단위 시간 당 신선한 공기량으로 나타내며, 환기량의 단위는 m^3/h로 나타낸다.

③ 환기 횟수

(단위 : 회/h)

주택				병원				극장		학교		호텔	사무실
거실	복도	부엌	변소	전염	수술	소독	병실	관람실	대기	교실	강당		
2~3	1~4	2~5	2~5	10	10	8	6	8~10	6	6	8	5~8	3~6

* 주택에서 환기를 가장 많이 하여야 할 곳은 부엌과 화장실이다.

④ 환기 방식

방식	명칭	급기	배기	환기량	실내외 압력차	용도
기계 환기	제1종 환기 (병용식)	송풍기	배풍기	일정	임의(정, 부)	모든 경우에 사용하고, 환기 효과가 가장 큰 방식
	제2종 환기 (압입식)	송풍기	배기구	일정	정(+)	제3종 환기의 경우에만 제외, 반도체 공장과 무균실(병원의 수술실), 오염 공기 침입 방지
	제3종 환기 (흡출식)	급기구	배풍기	일정	부(-)	기계실, 주차장, 취기나 유독가스 및 냄새의 발생이 있는 실(주방, 화장실, 욕실, 가스 미터실, 전용 정압실)
자연 환기	제4종 환기 (흡출식)	급기구	배기구	부정	부(-)	

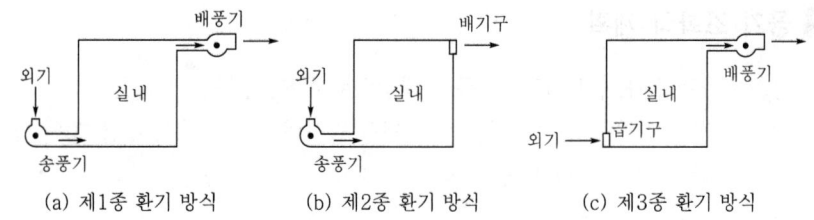

⑤ 환기를 위하여 거실에 설치하는 창문 등의 면적은 그 거실의 바닥 면적의 1/20 이상이어야 한다. 다만, 기계환기장치 및 중앙관리방식의 공기조화설비를 설치하는 경우에는 그러하지 아니하다(건축법 제49조, 영 제51조의 규정).

⑥ 다중 이용 시설의 공기 환경 기준

(단위 : 이하)

구분	온도	상대습도	이산화탄소	기류 속도	부유 분진	일산화탄소
기준	18~27℃	40~70%	1,000ppm	0.5m/s	$0.15mg/m^3$	10ppm

⑦ 실내 공기 오염 물질인 포름알데히드를 발생시키는 발생원은 벽지, 건자재 및 접착제 등이고, 석면은 포름알데히드와 무관하다.

4 실내 공기 오염의 직·간접 원인 등

(1) 실내 공기의 오염 원인

① 직접적인 원인 : 호흡, 기온의 상승, 습도의 증가 및 각종 병균의 증가 등
② 간접적인 원인 : 흡연, 의복의 먼지, 난방기, 냉방기 및 기기류 등

(2) 실내 공기 오염 문제 해결 방안

실내 공기의 오염은 불쾌감과 작업 능률의 저하를 가져오고 건강을 해친다. 실내 공기의 오염을 방지하기 위해서는 환기와 통풍을 시켜야 하고, 풍압 계수가 큰 면에 유입구를 설치하거나, 유입구(흡입구)와 유출구(취출구)를 마주 또는 고저차가 있게 하거나, 차양을 설치하여 실외 바람의 흐름을 조절한다. 또한 팬, 실내 칸막이를 이동시킨다. 특히, 외기 도입 장치를 설치하여야 한다.

5 온열 요소 등

① 온열 요소(열환경의 4요소), 즉 사람들이 한서를 느끼는 감각은 온도, 습도, 기류와 주위 벽(벽체, 천장, 바닥 등)의 복사열 등이다. 이 중에서 실내의 기후 상태를 넓게 나타내는 방법에는 온도, 습도 및 풍속의 3요소가 있으며, 열환경의 4요소 중 기후적인 조건을 좌우하는 가장 큰 요소는 공기 중의 온도이다.

② 인체의 쾌적과 건축물 설계에 영향을 미치는 요인으로는 온도, 습도 및 기류 등이 있다.

③ 실감 온도(ET, 유효 온도, 감각 온도) : 온도, 습도, 기류의 3요소를 어느 범위 내에서 여러 가지로 조합하면 인체의 온열감에 감각적인 효과를 나타낸다는 것이다.

④ 수정 유효 온도 : 기온, 습도, 풍속, 복사 효과를 조합시킨 체감 온도를 말하는데, 1937년 베드퍼드에 의해서 고안되었으며, 실내의 쾌적한 상대 습도는 50~60%이다.

⑤ 노점 온도 : 공기가 포화 상태(습도 100%)가 될 때의 온도이고, 절대 온도는 열역학적으로 최저 온도를 0℃로 하여 측정한 온도이며, 습구 온도는 보통 온도계를 물에 적신 가제로 둘러싼 것이다. 건구 온도는 보통 온도계로 측정한 공기의 온도이다.

⑥ 실내 기온과 습도의 적정도

계절	실감 온도	습도	풍속
겨울	16~21℃	40~50%	
여름	20~25℃	40~70%	0.3m/s 이하
봄, 가을	17~22℃	40~65%	

* 주택에 있어서 실내 기온과 습도의 적정도는 실온 23℃, 습도 50~60% 정도이다.

⑦ RH (상대 습도) = $\dfrac{P(\text{대기 중의 현재 수증기 분압, mmHg})}{P_s(\text{현재 기온에 대한 포화 증기 분압, mmHg})} \times 100[\%]$

⑧ 불쾌 지수(DI : Discomfortable Index) : 미국에서 냉방 온도 설정을 위해 사용하는 것으로, 여름철 그날의 무더움을 나타내는 지표 또는 주관적 온열 지표 중 기류의 영향을 제외하고 기온과 습도만에 의한 온열감을 나타낸 것으로서 다음 식으로 산정한다.

불쾌 지수(DI) = (건구 온도 + 습구 온도) × 0.72 + 40.6

⑨ 혼합 공기의 온도 : 혼합 공기의 온도는 전체의 온도를 전체 공기의 온도로 나눈 값이고, 소금물의 혼합 염도의 산정과 동일한 방법으로 산정한다.

혼합 공기의 건구 온도(T) = $\dfrac{m_1 t_1 + m_2 t_2}{m_1 + m_2}$ [℃]

여기서, m_1 : 온도 t_1의 공기량, m_2 : 온도 t_2의 공기량

출제 키워드

■ 실감 온도(ET, 유효 온도, 감각 온도)
온도, 습도, 기류의 3요소를 조합

■ 노점 온도
공기가 포화 상태(습도 100%)가 될 때의 온도

■ 불쾌 지수(DI : Discomfortable Index)
• 기류의 영향을 제외하고 기온과 습도만에 의한 온열감을 나타낸 것
• 불쾌 지수(DI)=(건구 온도+습구 온도)×0.72+40.6

■ 혼합 공기의 온도
혼합 공기의 건구 온도(T)
= $\dfrac{m_1 t_1 + m_2 t_2}{m_1 + m_2}$ [℃]

1-2. 공기 환경
과년도 출제문제

01 | 공기 조화 설비의 조절 대상
19, 10, 03, 98

일반적인 공기 조화 설비의 조절 대상이 되지 않는 것은?
① 습도　　　　　② 온도
③ 기류　　　　　④ 벽체의 복사열

해설 공기 조화란 실내에서 사람, 물품을 대상으로 온도, 습도, 기류, 공기 분포를 그 실의 사용 목적에 적합한 상태로 유지시키는 것을 말한다.

02 | 노점 온도의 용어
25, 22, 15

공기가 포화 상태(습도 100%)가 될 때의 온도를 그 공기의 무엇이라 하는가?
① 절대 온도　　　② 습구 온도
③ 건구 온도　　　④ 노점 온도

해설 절대 온도는 열역학적으로 최저 온도를 0℃로 하여 측정한 온도이고, 습구 온도는 보통 온도계를 물에 적신 가제로 둘러싼 것이며, 건구 온도는 보통 온도계로 측정한 공기의 온도이다.

03 | 쾌적한 상대습도
07

실내의 쾌적한 상대습도는 얼마인가?
① 20~30%　　　② 35~45%
③ 50~60%　　　④ 65~77%

해설 실내 기온과 습도의 적정도

계절	실감 온도	습도	풍속
겨울	16~21℃	40~50%	
여름	20~25℃	40~70%	0.3m/s 이하
봄, 가을	17~22℃	40~65%	

04 | 공기조화 계획의 요소
07, 01

쾌적한 실내 환경을 만들기 위한 공기조화 계획과 관계가 적은 것은?

① 실의 용도　　　② 개구부의 면적
③ 실의 수용인원　④ 벽의 마감재료

해설 공기조화란 실내에서 사람, 물품을 대상으로 온도, 습도, 기류, 공기 분포를 그 실의 사용 목적에 적합한 상태로 유지시키는 것을 말하며, 실의 용도, 수용인원 및 개구부의 면적과 깊은 관계가 있으나, 벽의 마감재료와는 무관하다.

05 | 혼합 공기의 온도
22, 18, 16, 13

건구 온도 28℃인 공기 80kg과 건구 온도 14℃인 공기 20kg을 단열 혼합하였을 때, 혼합 공기의 건구 온도는?
① 16.8℃　　　　② 18℃
③ 21℃　　　　　④ 25.2℃

해설 혼합 공기의 온도는 전체의 온도를 전체 공기의 온도로 나눈 값이고, 소금물의 혼합 염도의 산정과 동일한 방법으로 산정한다.

$$\therefore \text{혼합 공기의 건구 온도}(T) = \frac{m_1 t_1 + m_2 t_2}{m_1 + m_2}$$
$$= \frac{80 \times 28 + 20 \times 14}{80 + 20}$$
$$= 25.2℃$$

06 | 환기(거실) 면적
12

공동주택의 거실에서 환기를 위하여 설치하는 창문의 면적은 최소 얼마 이상이어야 하는가? (단, 창문으로만 환기를 하는 경우)
① 거실 바닥 면적의 1/5 이상
② 거실 바닥 면적의 1/10 이상
③ 거실 바닥 면적의 1/20 이상
④ 거실 바닥 면적의 1/40 이상

해설 환기를 위하여 거실에 설치하는 창문 등의 면적은 그 거실의 바닥 면적의 1/20 이상이어야 한다. 다만, 기계환기장치 및 중앙관리방식의 공기조화설비를 설치하는 경우에는 그러하지 아니하다(건축법 제49조, 영 제51조의 규정).

07 | 환기의 목적
06

실내 환기의 목적으로 가장 거리가 먼 것은?

① 호흡에 필요한 산소의 적절한 공급
② 내부 공간의 오염 피해의 최소화
③ 외부열의 실내 유입
④ 건물 내부의 결로 방지

해설 실내 환기(신선한 공기의 공급과 공기의 교체로 인한 열과 습기의 이동)의 목적은 호흡에 필요한 산소의 적절한 공급, 내부 공간의 오염 피해의 최소화 및 내부의 결로 방지 등이다.

08 | 환기의 목적
02

다음 중 환기의 목적으로 보기 어려운 것은?

① 실내에서 발생된 오염 물질을 제거하기 위한 것
② 적당한 기류 속도를 유지하여 인체의 쾌적성을 부여하기 위한 것
③ 실내의 온도를 일정하게 유지하기 위한 것
④ 실내에서 발생된 열, 수분 등을 제거하기 위한 것

해설 환기(자연 또는 기계적인 수법에 의하여 실내 공기를 외기와 교환하는 것)의 목적은 실내 공기의 오염 제거가 주목적이지만, 연소 장치에 대한 급기 등을 하고, 실내에서 발생되는 열과 습기를 제거하며, 적당한 기류의 속도를 유지하여 인체의 쾌적성을 부여한다.

09 | 공기의 오염도 측정 시 기준 값
02

실내 공기의 오염도 측정 시 기준 값으로 쓰이는 것은?

① 먼지량
② 이산화탄소량
③ 아황산가스
④ 일산화탄소량

해설 실내 공기의 오염도는 이산화탄소의 양을 기준으로 하고, 이산화탄소 자체의 유해 한도가 아니며, 공기의 물리적, 화학적 성상이 이산화탄소의 증가에 비례해서 악화된다고 가정했을 때, 오염의 지표로서 허용량을 의미한다.

10 | 환기 횟수의 산정식
24, 23, 18, 09

실내 환기 횟수를 계산하는 공식으로 옳은 것은? (단, n : 환기 횟수(회/h), R : 소요 공기량(m^3/h), V : 실 공기의 체적(m^3))

① $n = V/R$
② $n = R/V$
③ $n = VR$
④ $n = V+R$

해설 실내 환기 횟수$(n) = \dfrac{\text{소요 공기량}(V)}{\text{실의 체적}(R)}$

11 | 환기 횟수
22, 03

환기 횟수에 관한 설명으로 알맞은 것은?

① 1시간에 이루어지는 환기량을 실용적으로 나눈 것이다.
② 1일중에 환기량을 1시간의 환기량으로 제한 값이다.
③ 실내 전체의 공기가 완전히 교환되는 횟수를 말한다.
④ 하루에 몇 번씩 창을 열어 공기를 교환시키는가를 표시한 값이다.

해설 환기 횟수란 실내의 매 시간의 용적 환기량을 방의 용적으로 나눈 것을 말한다.

∴ 환기 횟수 $= \dfrac{\text{환기량}}{\text{실내의 용적}} = \dfrac{\text{환기량}}{\text{실의 면적} \times \text{실의 높이}}$

12 | 환기 횟수의 산정
11

환기량이 50m^3/h, 실용적이 25m^3인 거실의 1시간당 환기 횟수는?

① 6회
② 4회
③ 2회
④ 1회

해설 환기 횟수 $= \dfrac{\text{환기량}}{\text{실내의 용적}} = \dfrac{\text{환기량}}{\text{실의 면적} \times \text{실의 높이}}$

$= \dfrac{50}{25} = 2$회/h

13 | 환기 횟수의 산정
24, 20, 10

정원 500명이고 실 용적이 1,000m^3인 음악당에서 시간당 필요한 최소 환기 횟수는? (단, 1인당 필요한 환기량은 18m^3/h이다.)

① 9회
② 10회
③ 11회
④ 12회

해설 환기량은 18×50=9,000m^3/h이고, 실 용적은 1,000m^3이므로

∴ 환기 횟수 $= \dfrac{\text{환기량}}{\text{실내의 용적}} = \dfrac{9,000}{1,000} = 9$회/h

정답 07.③ 08.③ 09.② 10.② 11.① 12.③ 13.①

14. 단위(환기량)

다음 중 필요 환기량을 계산하는 환기량의 단위는?

① m^3/h ② m^3/h
③ 회/h ④ g/m^3

해설 환기량은 이산화탄소의 양을 기준으로 하고, 환기량은 단위 시간당 신선한 공기량으로 나타낸다. 즉, 환기량의 단위는 m^3/h로 나타낸다.

15. 자연 환기 방법의 종류

다음 중 자연 환기 방법에 해당하지 않는 것은?

① 바람에 의한 환기 ② 온도차에 의한 환기
③ 환기통에 의한 환기 ④ 소형 팬에 의한 환기

해설 자연 환기는 풍력이나 실내·외의 온도차 등의 자연력에 의한 환기를 말하고, 주택, 아파트, 학교 등과 같이 계속적으로 환기가 필요할 경우에 이용되며, 자연 환기의 방법은 온도차에 의한 환기, 바람에 의한 환기, 환기통에 의한 환기 및 후드에 의한 환기 등이 있다.

16. 자연 환기의 장소

다음 중 일반적으로 자연 환기를 해야 하는 것과 가장 거리가 먼 것은?

① 연구소의 실험실 ② 주택의 거실
③ 학교의 교실 ④ 아파트의 거실

해설 주택의 거실, 학교의 교실 및 아파트의 거실은 자연 환기법을 사용하고, 연구소의 실험실은 실험으로 인한 가스의 발생이 빈번하므로 기계 환기법을 사용하여야 한다.

17. 자연 환기의 종류

다음의 자연 환기에 관한 설명 중 ( ) 안에 알맞은 용어는?

자연 환기는 실내·외의 온도차에 의한 공기의 밀도차가 원동력이 되는 (㉠)과 건물의 외벽면에 가해지는 풍압이 원동력이 되는 (㉡)로 대별된다.

① ㉠ 중력 환기, ㉡ 동력 환기
② ㉠ 중력 환기, ㉡ 풍력 환기
③ ㉠ 동력 환기, ㉡ 풍력 환기
④ ㉠ 동력 환기, ㉡ 중력 환기

해설 자연 환기는 실내·외의 온도차에 의한 공기의 밀도차가 원동력이 되는 중력 환기와 건물의 외벽면에 가해지는 풍압이 원동력이 되는 풍력 환기로 대별된다.

18. 자연 환기

자연 환기에 관한 설명으로 옳은 것은?

① 실내외의 온도차가 클수록 환기량은 많아진다.
② 실외의 풍속이 클수록 환기량은 적어진다.
③ 개구부 면적이 클수록 환기량은 적어진다.
④ 일반적으로 콘크리트 주택이 목조 주택보다 환기가 잘 된다.

해설 자연 환기의 방법에는 풍력 환기(통풍과 풍압 작용으로 환기)와 중력 환기(실내·외의 온도차에 의한 환기) 등이 있고, 유입구와 유출구의 비가 1 : 1인 경우 환기량이 최대가 되고, 실외의 풍속이 클수록, 개구부 면적이 클수록 환기량은 많아지며, 일반적으로 콘크리트 주택이 목조 주택보다 환기가 잘 되지 않는다.

19. 자연 환기

자연 환기에 관한 설명으로 옳지 않은 것은?

① 풍력 환기량은 풍속에 반비례한다.
② 중력 환기와 풍력 환기로 대별된다.
③ 중력 환기량은 개구부 면적에 비례해서 증가한다.
④ 중력 환기는 실내·외의 온도차에 의한 공기의 밀도차가 원동력이 된다.

해설 자연 환기 중 풍력 환기는 외부 풍속이 1.5m/s 정도 이상이어야 하고, 실개구부의 배치에 따라 차이가 심하며, 여름철의 주된 풍향을 고려하여 개구부의 위치를 나란히 두는 것 보다 더운 공기와 찬 공기의 이동에 유리하도록 상하로 개구부를 설치하는 것이 유리하다. 특히, 환기 구멍, 창, 출입구 등의 틈으로 들어오는 공기량과 여기에서 흡출되는 공기량에 의하고, 실외의 풍속이 클수록 환기량이 크다.

20. 자연 환기

자연 환기에 관한 설명으로 옳지 않은 것은?

① 풍력 환기량은 풍속에 비례한다.
② 중력 환기량은 개구부 면적에 비례하여 증가한다.
③ 중력 환기량은 실내·외의 온도차가 클수록 많아진다.
④ 외부와 면한 창이 1개만 있는 경우에는 중력 환기와 풍력 환기는 발생하지 않는다.

해설 ④ 외부에 면한 창이 1개만 있는 경우에도 중력 환기(실내·외의 온도차에 의한 환기)와 풍력 환기(풍압 작용으로 인한 환기)는 발생한다.

21 | 자연 환기
08

자연 환기에 대한 설명으로 옳은 것은?

① 실외의 바람의 속도는 환기량과 무관하다.
② 자연 환기량은 개구부 면적이 클수록 감소한다.
③ 자연 환기량은 실내·외의 온도차가 클수록 증가한다.
④ 자연 환기를 위해서는 한쪽벽에 창을 집중하는 것이 가장 바람직하다.

해설 자연 환기 중 중력 환기(실내·외의 온도차에 의하여 이루어지는 환기)는 무풍시에는 이 방식의 환기 작용이 자연 환기의 주요한 원동력이 되고, 실내·외의 온도차에 의한 환기는 실내·외의 공기 밀도의 차이에서 압력차가 생기기 때문이며, 고온의 실내 공기는 실외로 나가고, 동량의 실외 공기가 실내로 들어오게 된다.

22 | 자연 환기
23, 04

자연 환기에 관한 설명 중 적합하지 않은 것은?

① 자연 환기는 자연의 물리적 현상을 이용한 방법이다.
② 자연 환기는 중력 환기와 풍력 환기로 분류된다.
③ 환기량을 계획적으로 정확히 유지할 수 있다.
④ 보조환기장치는 환기구, 환기통, 루프 벤틸레이션, 모니터 루프(monitor roof) 등이 있다.

해설 자연 환기 중 풍력 환기는 외부 풍속이 1.5m/s 정도 이상이어야 하고, 실개구부의 배치에 따라 차이가 심하므로 환기량을 정확히 유지할 수 없고, 여름철의 주된 풍향을 고려하여 개구부의 위치를 나란히 두는 것보다 더운 공기와 찬 공기의 이동에 유리하도록 상하 개구부를 설치하는 것이 유리하다. 특히, 환기 구멍, 창, 출입구 등의 틈으로 들어오는 공기량과 여기에서 흡출되는 공기량에 의하고, 실외의 풍속이 클수록 환기량이 크다.

23 | 자연 환기량
13

자연 환기량에 관한 설명으로 옳지 않은 것은?

① 개구부 면적이 클수록 많아진다.
② 실내·외의 온도차가 클수록 많아진다.
③ 공기 유입구와 유출구의 높이의 차이가 클수록 많아진다.
④ 중성대에서 공기 유출구까지의 높이가 작을수록 많아진다.

해설 자연 환기량은 개구부 면적, 실내·외의 온도차 및 공기 유입구와 유출구의 높이 차이가 클수록 많아지고, 중성대에서 공기 유출구까지의 높이가 클수록 많아진다.

24 | 자연 환기(중력 환기의 용어)
25③, 23, 22, 20, 16②, 15, 14

실내·외의 온도차에 의한 공기의 밀도차가 원동력이 되는 환기 방법은?

① 기계 환기   ② 인공 환기
③ 풍력 환기   ④ 중력 환기

해설 자연 환기의 방법에는 풍력 환기(통풍과 풍압 작용으로 환기)와 중력 환기(실내·외의 온도차에 의한 환기) 등으로 주택, 아파트, 학교 등과 같은 곳에 사용하고, 방법으로는 온도차, 바람, 환기통 및 후드에 의한 환기법 등이 있다.

25 | 환기(병용식, 제1종 용어)
12

급기와 배기측에 송풍기를 설치하여 정확한 환기량과 급기량 변화에 의해 실내압을 정압 또는 부압으로 유지할 수 있는 환기법은?

① 압입식   ② 흡출식
③ 병용식   ④ 중력식

해설 제2종 환기(압입식)은 급기는 송풍기, 배기는 배기구로서 환기량은 일정하고, 실내외 압력차는 정압이며, 제3종 환기(흡출식)은 급기는 급기구, 배기는 배풍기로서 환기량은 일정하고, 실내외 압력차는 부압이다.

26 | 환기(압입식, 제2종 용어)
15

다음 설명에 알맞은 환기 방식은?

- 실내의 압력이 외부보다 높아진다.
- 병원의 수술실과 같이 외부의 오염 공기 침입을 피하는 실에 이용된다.

① 자연 환기 방식
② 제1종 환기 방식(병용식)
③ 제2종 환기 방식(압입식)
④ 제3종 환기 방식(흡출식)

해설 제1종 환기 방식(병용식)은 급기는 송풍기, 배기는 배풍기로서, 환기량은 일정하고, 실내·외의 압력차는 임의이며, 모든 경우에 적합한 형식이다. 제3종 환기(흡출식)은 급기는 급기구, 배기는 배풍기로서 환기량은 일정하고, 실내외 압력차는 부압이다.

27 | 환기 방식(흡출식, 제3종 용어)

다음 설명에 알맞은 환기 방식은?

- 실내는 부압이 된다.
- 화장실, 욕실 등의 환기에 적합하다.

① 급기 팬과 배기 팬의 조합
② 급기 팬과 자연 배기의 조합
③ 자연 급기와 배기 팬의 조합
④ 자연 급기와 자연 배기의 조합

[해설] 제2종 환기(압입식)은 급기는 송풍기, 배기는 배기구로서 환기량은 일정하고, 실내외 압력차는 정압이며, 제3종 환기(흡출식)은 급기는 급기구, 배기는 배풍기로서 환기량은 일정하고, 실내외 압력차는 부압이다.

28 | 환기 방식(흡출식, 제3종 용어)

다음 설명에 알맞은 환기 방법은?

- 실내 공기를 강제적으로 배출시키는 방법으로 실내는 부압이 된다.
- 주택의 화장실, 욕실 등의 환기에 적합하다.

① 자연 환기
② 압입식 환기(급기 팬과 자연 배기의 조합)
③ 흡출식 환기(자연 급기와 배기 팬의 조합)
④ 병용식 환기(급기 팬과 배기 팬의 조합)

[해설] 환기 방식 중 제1종 환기(병용식)는 급기와 배기시 송풍기를 사용하고, 제2종 환기(압입식)는 급기는 송풍기, 배기는 개구부를 사용하며, 제3종 환기(흡출식)는 급기는 개구부, 배기시 송풍기를 사용한다.

29 | 환기의 효과(큰 방식)

건물의 환기에서 일반적으로 효과가 가장 큰 것은?

① 온도차에 의한 환기
② 극간풍에 의한 환기
③ 풍압차에 의한 환기
④ 기계력에 의한 강제 환기

[해설] 건축물의 환기에 있어서 가장 효과가 큰 방식은 강제 환기법(기계력에 의한 환기법)이다.

30 | 환기 방식(주방의 렌지 상부)

주방의 렌지 상부에 필요한 기계환기 방법은?

① 급기(給氣)환기
② 배기(排氣)환기
③ 급배기(給排氣)환기
④ 환기통

[해설] 주방의 렌지 상부에 사용하는 배기팬(흡인력으로 공기를 배출하는 팬)은 기계 환기법의 일종으로 배기 환기(실내 공기를 외부로 배출)를 주로 하는 형식이다. 즉, 3종 환기법에 해당한다.

31 | 환기 방식(흡출식, 제3종 장소)

급기는 자연으로 행하고 기계력에 의해 배기하는 환기법인 흡출식 환기법의 적용이 가장 바람직한 공간은?

① 화장실   ② 수술실
③ 영화관   ④ 전기실

[해설] 제3종 환기(흡출식)는 급기는 개구부(자연), 배기는 송풍기(기계력)를 사용하여 실내 압을 부압으로 하는 환기 방식으로 냄새가 많이 나는 화장실, 주방 등에 사용하는 방식이다.

32 | 환기 횟수(많은 장소)

환기 횟수가 가장 많이 필요한 장소는?

① 거실   ② 침실
③ 부엌   ④ 다용도실

[해설] 주택에 있어서 환기 횟수를 많이 필요로 하는 장소는 음식을 조리하는 부엌으로, 시간당 2회 내지 5회 정도이다.

33 | 다중 이용 시설의 이산화탄소

다중 이용 시설의 실내 공기에 허용되는 이산화탄소의 기준 농도는?

① 700ppm 이하   ② 1,000ppm 이하
③ 2,000ppm 이하   ④ 4,000ppm 이하

[해설] 공기 환경 기준

(단위 : 이하)

구분	온도	상대습도	이산화탄소	기류 속도	부유 분진	일산화탄소
기준	18~27℃	40~70%	1,000ppm	0.5m/s	0.15 mg/m³	10ppm

정답 27. ③ 28. ③ 29. ④ 30. ② 31. ① 32. ③ 33. ②

34 | 포름알데히드 발생원

다음 중 실내 공기 오염 물질인 포름알데히드를 발생시키는 발생원과 가장 거리가 먼 것은?

① 벽지　　　　　② 석면
③ 건자재　　　　④ 접착제

해설 실내 공기 오염 물질인 포름알데히드를 발생시키는 발생원은 벽지, 건자재 및 접착제 등이고, 석면은 포름알데히드와 무관하다.

35 | 공기 오염의 지표

일반적으로 실내 공기 오염의 지표로 사용되는 것은?

① 황의 농도
② 질소의 농도
③ 산소의 농도
④ 이산화탄소의 농도

해설 실내 공기의 오염도는 이산화탄소의 양을 기준으로 하고, 이산화탄소 자체의 유해 한도가 아니라, 공기의 물리적, 화학적 성상이 이산화탄소의 증가에 비례해서 악화 또는 공기의 성상이 변하기 때문에 오염의 지표로서 허용량을 의미한다.

36 | 공기 오염의 지표

이산화탄소가 공기 오염의 지표가 되는 이유는?

① 이산화탄소가 인체에 유독한 영향을 끼치기 때문에
② 이산화탄소량에 비례하여 공기의 성상이 변하기 때문에
③ 이산화탄소는 악취가 나기 때문에
④ 이산화탄소는 피부를 자극하기 때문에

해설 실내 공기의 오염도는 이산화탄소의 양을 기준으로 하고, 이산화탄소 자체의 유해 한도가 아니라, 공기의 물리적, 화학적 성상이 이산화탄소의 증가에 비례해서 악화 또는 공기의 성상이 변하기 때문에 오염의 지표로서 허용량을 의미한다.

37 | 공기 오염(직접적인 원인)

실내 공기의 오염 중 직접적인 원인에 속하는 것은?

① 호흡　　　　　② 흡연
③ 의복의 먼지　　④ 냉, 난방기

해설 실내 공기의 오염 원인 중 직접적인 원인에는 호흡, 기온의 상승, 습도의 증가 및 각종 병균의 증가 등이 있고, 간접적인 원인에는 흡연, 의복의 먼지, 난방기, 냉방기 및 기기류 등이 있다.

38 | 공기 오염(직접적인 원인)

실내 공기가 오염되는 직접 원인으로 볼 수 없는 것은?

① 의복의 먼지　　② 호흡
③ 기온 상승　　　④ 습도의 증가

해설 실내 공기의 오염 원인 중 직접적인 원인에는 호흡, 기온의 상승, 습도의 증가 및 각종 병균의 증가 등이 있고, 간접적인 원인에는 흡연, 의복의 먼지, 난방기, 냉방기 및 기기류 등이 있다.

39 | 공기 오염(간접적인 원인)

실내 공기의 간접 오염 원인에 속하지 않는 것은?

① 흡연　　　　　② 의복의 먼지
③ 난방기　　　　④ 습도의 증가

해설 실내 공기의 오염 원인 중 직접적인 원인에는 호흡, 기온의 상승, 습도의 증가 및 각종 병균의 증가 등이 있고, 간접적인 원인에는 흡연, 의복의 먼지, 난방기, 냉방기 및 기기류 등이 있다.

40 | 공기 오염의 해결 방법

다음 중 실내 공기 오염문제의 해결방안과 가장 관계가 먼 것은?

① 실내 공간의 칸막이 조정
② 창문에 외기 도입장치 폐쇄
③ 실내의 취출구와 흡입구의 위치 조정
④ 실내 공기 정체를 방지하기 위한 팬의 설치

해설 실내 공기의 오염은 불쾌감과 작업 능률의 저하 및 건강을 해치며, 실내 공기의 오염을 방지하기 위해서는 환기와 통풍을 시켜야 한다. 이를 위해서 풍압 계수가 큰 면에 유입구를 설치하거나, 유입구와 유출구를 마주 또는 고저차가 있게 하거나, 차양을 설치하여 실외 바람의 흐름을 조절한다. 또한, 팬, 실내 칸막이의 이동 등이 있다.

41 | 온도(유효 온도의 온열 요소)

유효 온도와 관련이 없는 온열 요소는?

① 기온　　　　　② 습도
③ 기류　　　　　④ 복사열

해설 실감 온도(ET, 유효 온도, 감각 온도)는 온도(가장 중요한 요소), 습도, 기류의 3요소의 조합에 의한 실내 온열 감각을 기온의 척도로 나타낸 온열 지표이다. 또한, 복사열은 열환경의 4요소(온열 요소)에 속한다.

정답 34. ② 35. ④ 36. ② 37. ① 38. ① 39. ④ 40. ② 41. ④

42 | 온도(유효 온도의 용어)
17, 15, 12, 11

기온·습도·기류의 3요소의 조합에 의한 실내 온열 감각을 기온의 척도로 나타낸 온열 지표는?

① 유효 온도 ② 등가 온도
③ 작용 온도 ④ 합성 온도

해설 등가 온도는 더프톤에 의해 창안된 것으로 기온, 평균 복사 온도 및 풍속을 조합한 지표이고, 작용 온도는 윈슬러에 의해 제안된 것으로 기온, 기류 및 주위벽의 복사열의 영향을 조합시민 것이며, 합성 온도는 미샌래드에 의해 창안된 것으로 건구 온도, 평균 복사 온도, 풍속 및 상대 습도를 조합한 지표이다.

43 | 온도(실감 온도의 3요소)
06, 03

실감 온도(ET)의 3요소와 가장 거리가 먼 것은?

① 온도 ② 습도
③ 복사열 ④ 기류

해설 실감 온도(ET, 유효 온도, 감각 온도)는 온도(가장 중요한 요소), 습도, 기류의 3요소의 조합에 의한 실내 온열 감각을 기온의 척도로 나타낸 온열 지표이다. 또한, 복사열은 열환경의 4요소(온열 요소)에 속한다.

44 | 물리적 온열 4요소의 종류
14, 10, 09

다음 중 물리적 온열 요소에 속하지 않는 것은?

① 기온 ② 습도
③ 복사열 ④ 착의 상태

해설 온열 요소(열환경의 4요소), 즉 사람들이 한서를 느끼는 감각은 온도(가장 중요한 요소), 습도, 기류와 주위 벽(벽체, 천장, 바닥 등)의 복사열 등이다. 이 중에서 실내의 기후 상태를 넓게 나타내는 방법에는 온도, 습도 및 풍속의 3요소가 있으며, 열환경의 4요소 중 기후인 조건을 좌우하는 가장 큰 요소는 공기 중의 온도이다.

45 | 물리적 온열 4요소의 종류
13

열쾌적감에 영향을 미치는 물리적 온열 4요소에 해당하지 않는 것은?

① 기온 ② 습도
③ 엔탈피 ④ 복사열

해설 온열 요소(열환경의 4요소), 즉 사람들이 한서를 느끼는 감각은 온도(가장 중요한 요소), 습도, 기류와 주위 벽(벽체, 천장, 바닥 등)의 복사열 등이고, 엔탈피는 그 물체가 보유하고 있는 열량의 합계로서 전열량을 의미한다.

46 | 실내 환경의 기후적 조건
09, 07

다음 중 실내 환경에서 기후적인 조건을 좌우하는 가장 주된 요소는?

① 공기의 온도 ② 기류
③ 습도 ④ 주위벽의 열복사

해설 온열 요소, 즉 사람들이 한서를 느끼는 감각은 온도(가장 중요한 요소), 습도, 풍속과 주위 벽(벽체, 천장, 바닥 등)의 복사열 등이다. 이 중에서 실내의 기후 상태를 넓게 나타내는 방법에는 온도, 습도 및 풍속의 3요소가 있다.

47 | 물리적 온열(열환경) 4요소
04

쾌적 환경 기후의 상태를 나타내는 열 환경의 4요소 중 기후적인 조건을 좌우하는 가장 큰 요소는?

① 습도 ② 주위 벽의 복사열
③ 기류 ④ 공기의 온도

해설 온열 요소, 즉 사람들이 한서를 느끼는 감각은 온도(가장 중요한 요소), 습도, 풍속과 주위 벽(벽체, 천장, 바닥 등)의 복사열 등이다. 이 중에서 실내의 기후 상태를 넓게 나타내는 방법에는 온도, 습도 및 풍속의 3요소가 있다.

48 | 불쾌 지수의 용어
08

주관적 온열 지표 중 기류의 영향을 제외하고 기온과 습도만에 의한 온열감을 나타낸 것은?

① 유효 온도 ② 수정 유효 온도
③ 불쾌 지수 ④ 등온 지수

해설 실감 온도(ET, 유효 온도, 감각 온도)는 온도, 습도, 기류의 3요소를 어느 범위 내에서 여러 가지로 조합하면 인체의 온열감에 감각적인 효과를 나타낸다는 것이고, 수정 유효 온도는 기온, 습도, 풍속, 복사 효과를 조합시킨 체감 온도를 말하는데, 1937년 베드퍼드에 의해서 고안되었으며, 실내의 쾌적한 상대 습도는 50~60%이며, 불쾌 지수는 미국에서 냉방 온도 설정을 위한 것으로 여름철 그 날의 무더움을 나타내는 지표로서 주관적 온열 지표 중 기류의 영향을 제외하고 건구 온도와 습구 온도에서 불쾌 지수(DI)=(건구 온도+습구 온도)×0.76+40.6에 의해서 산정한다.

49 | 불쾌 지수의 용어
21, 14

기온과 습도만에 의한 온열감을 나타낸 온열 지표는?

① 유효 온도 ② 불쾌 지수
③ 등온 지수 ④ 작용 온도

정답 42. ① 43. ③ 44. ④ 45. ③ 46. ① 47. ④ 48. ③ 49. ②

해설 불쾌 지수는 미국에서 냉방 온도 설정을 위한 것으로 여름철 그 날의 무더움을 나타내는 지표로서 주관적 온열 지표 중 기류의 영향을 제외하고 건구 온도와 습구 온도에서 불쾌 지수(DI)=(건구 온도+습구 온도)×0.76+40.6에 의해서 산정한다.

50 | 불쾌 지수의 산정
04

건구 온도 29℃, 습구 온도 27℃일 때, 불쾌 지수는 얼마인가?

① 75.0 DI ② 79.0 DI
③ 80.9 DI ④ 83.0 DI

해설 불쾌 지수는 미국에서 냉방 온도 설정을 위한 것으로 여름철 그 날의 무더움을 나타내는 지표로서 주관적 온열 지표 중 기류의 영향을 제외하고 건구 온도와 습구 온도에서 불쾌 지수(DI)=(건구 온도+습구 온도)×0.76+40.6에 의해서 산정한다. 그런데 건구 온도는 29℃, 습구 온도는 27℃이므로
DI=(건구 온도+습구 온도)×0.72+40.6
　 =(29+27)×0.72+40.6=80.92

51 | 실내 쾌적상태의 온·습도
02

주택의 실내 쾌적상태로 적당한 것은?

① 실온 16℃, 습도 30%
② 실온 20℃, 습도 70~80%
③ 실온 23℃, 습도 50~60%
④ 실온 26℃, 습도 80%

해설 실내 기온과 습도의 적정도

계절	실감 온도	습도	풍속
겨울	16~21℃	40~50%	
여름	20~25℃	40~70%	0.3m/s 이하
봄, 가을	17~22℃	40~65%	

52 | 상대습도의 산정
05

대기 중의 수증기 분압이 320mmHg이고, 기온에 대한 포화 수증기 분압이 400mmHg이라면 상대습도는 얼마인가?

① 70% ② 80%
③ 125% ④ 135%

해설 $P=320\text{mmHg}$, $P_s=400\text{mmHg}$이므로
∴ RH(상대습도)
$$=\frac{P(\text{대기 중의 현재 수증기 분압, mmHg})}{P_s(\text{현재 기온에 대한 포화 수증기 분압, mmHg})}$$
$$\times 100 = \frac{320}{400}\times 100 = 80\%$$

1-3. 빛환경

1 일조 계획

① 일조 계획
   ㉮ 일조 계획에 있어서 일조는 계절(하지, 동지 및 춘분·추분)과 태양의 고도를 기준으로 계산한다.
   ㉯ 주택의 일조는 태양의 고도에 영향을 받고, 방위에 따라 일조 시간의 차이가 크므로 건물의 방향은 남쪽이 가장 유리하다.
   ㉰ 일조 계획은 가조 시간이 가장 중요한데, 가조 시간은 방위의 영향을 받으며, 시설물(차양, 루버, 발코니, 흡열 유리, 이중 유리, 유리 블록, 식수 등)이나 건축물의 구조에 따라 일조량이 달라진다. 즉, 일조율 = $\dfrac{일조\ 시수}{주가\ 시수} \times 100[\%]$이고, 우리나라의 일조율은 47~61%이다.
   ㉱ 일조 계획에 있어서 가장 우선적으로 고려하여야 할 사항은 일조권의 확보 등이고, 건물의 일조는 일조량을 조절하기 위하여 겨울에는 일조를 받아들이고, 여름에는 일조를 차단하는 것이 일반적이며, 겨울철에는 가능한 한 많은 양의 태양 광선을 유입시켜야 하므로 태양의 고도가 낮은 남쪽이 가장 유리한 방향이다.
   ㉲ 수평면 및 벽의 방위와 일사량과의 관계 : 남쪽 수직면이 받는 일사량은 다른 방위에 비해 여름에는 적고 겨울에는 많으며, 여름에는 수평면보다 수직면에 대한 일사향의 값이 대단히 작고(태양의 고도가 높음), 계절과 방위에 에 따라 일사량이 달라진다. 특히, 여름에 오전 중의 동쪽 수직면과 오후의 서쪽 수직면이 매우 강한 일사를 받는다.

② 인동 간격과 차양 길이
   ㉮ 일반적으로 한 건축물에 대하여 하루 동안 필요한 최소 한도의 일조를 얻기 위하여 태양의 고도가 가장 낮은 동지의 일영 곡선을 이용하여 건축물의 인동 간격을 결정하여야 한다.
   ㉯ 주택에 있어서 차양의 길이는 하지 때를 기준으로 하여 결정하고, 공동 주택의 인동 간격은 동지를 기준으로 한다.

③ 일조율 = $\dfrac{일조\ 시수(일조를\ 시간수로\ 표시한\ 것)}{주간\ 시수(일출에서\ 일몰까지의\ 시간수)} \times 100[\%]$

④ 일조 조절의 목적 : 일조 조절의 목적은 작업면 과대 조도 방지, 실내 조도와 휘도의 현저한 불균형 등을 방지하기 위한 목적이 있고, 하계의 적극적인 수열과는 무관하며, 소극적인 수열과 관계가 깊다.

■ 일조 계획 시 고려사항
• 겨울철에는 가능한 한 많은 양의 태양 광선을 유입
• 태양의 고도가 낮은 남쪽이 가장 유리한 방향

■ 일사량의 관계
• 남쪽 수직면이 받는 일사량은 여름에는 적고 겨울에는 많음
• 수평면보다 수직면에 대한 일사량 값이 대단히 작음
• 계절과 방위에 일사량이 달라짐
• 여름에 오전 중의 동쪽 수직면과 오후의 서쪽 수직면이 매우 강한 일사를 받음

■ **차양의 길이**
하지 때를 기준으로 하여 결정

■ **공동 주택의 인동 간격**
동지를 기준으로 결정

일조란 태양의 직사광이 오는 것을 말하고, 일조 조절 장치로는 루버(수평, 수직, 격자, 가동 및 고정 등), 차양, 발코니 및 처마 등이 있고 대표적인 일조 조절 장치는 루버이다. 또한, 파사드, 반자, 소형 팬, 열펌프, 컨벡터 및 디퓨져는 일조와 관계가 없다.

㉮ 베니션 블라인드 : 수평 블라인드로 날개의 각도, 승강으로 일광, 조망, 시각의 차단 정도를 조절할 수 있는 것이다.

㉯ 롤 블라인드는 단순하고 깔끔한 느낌을 주며, 창 이외에 칸막이 스크린으로도 효과적으로 사용할 수 있는 것으로 셰이드(shade)라고도 한다.

㉰ 로만 블라인드는 천의 내부에 설치된 풀 코드나 체인에 의해 당겨져 아래가 접히면서 올라가는 블라인드이다.

㉱ 버티컬 블라인드는 날개를 세로로 하여 180° 회전하는 홀더 체인으로 연결되어 있으며, 좌우 개폐가 가능한 블라인드이다.

⑤ 용어 정리
㉮ 일조 : 태양의 직사광(자외선, 적외선 및 가시광선)이 오는 것
㉯ 일영 : 지평면상의 건축물 등에 햇빛이 비칠 때 건축물에 생기는 그림자 또는 수직 막대를 세워 햇빛을 받게 했을 때 그 막대로 인하여 생기는 그림자를 말한다.
㉰ 일사 : 햇빛이 비치는가 아닌가에 대한 것으로 햇빛이 비치는 것에 열량적인 것을 포함한 것을 말한다.
㉱ 일광 : 햇빛을 의미한다.

2 태양광선의 효과

① 태양광선은 적외선(열선, 열적 효과가 크다), 가시광선(눈으로 느낄 수 있는 광효과) 및 자외선(사진 화학 반응, 생물에 대한 생육 작용, 살균 작용을 하므로 일명 화학선이라고도 한다. 그 중 일부인 2,900~3,200Å의 범위의 자외선을 건강선(도르노선)이라고 하며, 인간의 건강과 깊은 관계가 있다) 등이 있다.

㉮ 직접적인 효과 : 일조의 직접적인 효과는 태양 그 자체의 직사광에 의한 효과로 열효과(일사), 광효과(조명의 문제) 및 생리적 효과(보건위생적인 효과)가 특히 강하게 인식되고 있다.

㉯ 간접적인 효과 : 일조의 좋고 나쁨은 창 밖의 각종 환경 조건이 좋고 나쁨에 따라 직결되는 것이며, 일조 시간은 이러한 실외 환경 조건의 종합 지표로서 의미를 가진다.

② 용어 정리
㉮ 광량 : 광속(복사속의 시감을 측정한 것)의 시간 적분이다.
㉯ 광도 : 점광원의 어떤 방향에 발산 광속의 입체각 밀도이다.

출제 키워드

■ 일조 조절 장치
• 루버, 차양, 발코니 및 처마 등
• 파사드, 반자, 소형 팬, 열펌프, 컨벡터 및 디퓨져는 일조와 무관

■ 베니션 블라인드
수평 블라인드로 날개의 각도, 승강으로 일광, 조망, 시각의 차단 정도를 조절

■ 일영
지평면상의 건축물 등에 햇빛이 비칠 때 건축물에 생기는 그림자

■ 자외(화학)선
• 사진 화학 반응, 생물에 대한 생육 작용, 살균 작용
• 2,900~3,200Å의 범위의 자외선을 건강선(도르노선)
• 인간의 건강과 관계가 깊음

■ 태양 광선의 효과
열효과(일사), 광효과(조명의 문제) 및 생리적 효과(보건위생적인 효과)

㉓ 시감도 : 어떤 복사체에서 나오는 파장의 복사속과 그에 의해서 생기는 광속과의 비이다.
㉔ 노출 : 사진을 찍을 때 셔터를 열어 필름에 빛을 비추는 것으로 사진 감광이나 광학적 변화의 정도를 지배한다.

3 측창, 천창, 정측창, 채광의 정의 및 장·단점

구분		정의	장점	단점
측창채광	편측	벽면에 대하여 일반적으로 수직인 창에 의한 채광으로 근린의 상황(주변의 건축물 등)에 따라 채광을 방해하는 경우가 있다.	벽의 1면에만 채광	• 설계상 무리가 없다. • 구조적·시공적으로 유리하고, 비·바람에 강하며, 개폐·청소·수리 및 관리가 편하다. • 개방감과 전망이 좋고, 통풍에 유리하며, 단열과 일조 조정이 편하다.	• 방구석의 조도가 부족하고, 조도 분포가 균일하지 못하다. • 방구석의 주광선 방향이 저각도가 된다. • 그림자가 생겨 채광에 방해된다.
	양측		마주보는 두 벽면에서 채광	편측창에 비해 채광량이 크고, 조도 분포가 균일하다.	• 주광선이 두 개로 나뉘어 그림자가 나누어진다. • 분위기가 둘로 나뉜다.
	고창		높은 위치에 있는 창에 의한 채광	방의 구석까지 채광하는 데 유리하다.	• 천장이 높은 경우 이외에는 설치가 힘들다.
천창채광		천창(지붕면에 있는 수평 또는 수평에 가까운 창)에 의한 채광	• 채광량이 많으므로 방구석의 저조도를 해소한다. • 장애물의 영향이 적고, 조도 분포의 불균형을 해소한다. • 방구석의 주광선 방향의 저각도를 해소한다.	• 시선 방향의 시야가 차단되므로 폐쇄된 분위기가 되기 쉽다. • 천창은 평면 계획상 어렵고, 구조, 시공, 특히 비의 처리가 어렵다. • 조작, 청소 및 보수가 힘들고, 통풍이 불리, 단열이 어렵다. • 일반화된 채광 방식이 아니다.
정측창채광		지붕면에 있는 수직 또는 수직에 가까운 창에 의한 채광	천창(창의 위치)과 측창(채광 방향)의 장점을 합친 것이다.	• 접근성이 나쁘기 때문에 청소, 개폐, 수리 및 관리가 힘든 단점이 있다.

4 조명 방식의 종류 Ⅰ

(1) 쾌적한 조명의 조건

- 쾌적한 조명의 조건
- 적당한 조도
- 적당한 그림자
- 눈부심 방지

쾌적한 조명의 조건에는 적당한 조도, 적당한 그림자 및 눈부심 방지 등이 있고, 조명의 4요소(명시 조건)란 명도(밝음), 시 대상이 보기 쉽고, 잘 보이는 것으로 크기(시 대상의 크기), 광도(시 대상의 휘도), 대비 및 시간(노출 시간) 등이다.

① 충분하고 얼룩이 없는 밝기이어야 하며, 광원이 직접 눈에 보이지 않고, 반사와 눈부심이 없어야 하며, 그림자가 부드러워야 한다.

② 광색이 좋고, 방사열이 적으며, 느낌이 좋아야 하고, 주변에 적절한 밝기를 유지한다.
③ 강한 전반 조명을 피하고 부분 조명을 부여하며, 경제적이어야 하고, 실내에 적당한 조도, 휘도, 광질 및 음영이 유지되어야 한다.
④ 광원의 광색은 실내 주벽면의 마감색과 어울리게 하여 보는 이에게 아름다움을 느끼게 하고, 새로운 정서를 만들어 주기도 한다.
⑤ 등기구의 배치와 가구의 조화가 필요하다.
⑥ 쾌적한 조명의 조건이 아닌 것은 글레어(glare)의 강조, 그늘이나 그림자가 생겨서는 안 된다, 유지 및 보수의 편리성 및 마감재, 가구 등에 색상이 반대가 되는 조명 기구를 설치한다. 등이 있다.

(2) 눈부심의 방지법

눈부심(현휘, glare)의 방지 대책은 시각적인 조도 변동을 작게 하고, 균일하고, 적절한 조도를 유지한다. 눈부심을 느끼게 하는 부분을 만들지 않고, 광원 주위를 밝게 하며, 발광체의 휘도를 낮춘다. 또한, 광원을 시선에서 멀리 처리하고, 시선을 중심으로 해서 30° 범위 내의 글레어 존에는 광원을 설치하지 않는다.

(3) 조명 설계의 순서

소요조도의 결정-조명 방식의 결정-광원의 선정-조명기구의 선정의 순이다.

(4) 조명의 용어

① 휘도 : 발광체 또는 빛을 받고 있는 물체를 어떤 방향에서 볼 때 그 방향에 수직한 단위 면적에 대한 광도(어떤 광원에서 발산하는 빛의 세기)로서 발광체의 표면 밝기를 나타내는 단위는 람베르트(Lambert) 또는 cd/m^2이다.
② 조명도 : 수조면의 단위 면적에 입사하는 광속 또는 광원에서 비쳐진 어떤 면의 밝기, 즉 어떤 면이 받고 있는 입사 광속의 면적 밀도로서 단위는 룩스(lux)를 사용한다.
③ 균제도 : 조도 분포의 정도를 표시하며 최고 조도에 대한 최저 조도의 비율로 나타내는 것이다.
④ 광도 : 어떤 광원에서 발산하는 빛의 세기로서 단위는 칸델라(candela)이다. 조도의 산정식은 조도는 거리의 제곱에 반비례하고, 광도에 비례하여, 1럭스란 1m²의 면에 1루멘의 광속이 통과하는 밝기로 $E=\dfrac{I}{d^2}=\dfrac{광도}{거리^2}$이다.
⑤ 연색성 : 태양광(주광)을 기준으로 하여 어느 정도 주광과 비슷한 색상을 연출할 수 있는지를 나타내는 지표이다.
⑥ 주광률 : 전천공 조도에 대한 실내(주광)조도의 비로서 %로 나타내고, 조도의 절대치를 취급하면 실외의 조도가 변하기 쉽다는 점에서 좋은 효과를 얻기 어려우므로 실내의 조도와 실외의 조도를 대비시켜 조도의 절대치를 취급한 것이다.

출제 키워드

■ 조명의 4요소(명시 조건)
• 명도, 크기, 광도, 대비 및 시간(노출 시간) 등
• 쾌적한 조명과 무관한 사항
• 글레어(glare)의 강조
• 그늘이나 그림자가 생겨서는 안 됨
• 유지 및 보수의 편리성

■ 눈부심의 방지법
• 시각적인 조도 변동을 작게 한다.
• 발광체의 휘도를 낮춘다.

■ 조명 설계의 순서
소요조도의 결정-조명 방식의 결정-광원의 선정-조명기구의 선정의 순

■ 휘도의 단위
람베르트(Lambert) 또는 cd/m^2

■ 조명도
수조면의 단위 면적에 입사하는 광속

■ 균제도
• 조도 분포의 정도를 표시
• 최고 조도에 대한 최저 조도의 비율

■ 조도
• 조도는 거리의 제곱에 반비례하고, 광도에 비례
• $E=\dfrac{I}{d^2}=\dfrac{광도}{거리^2}$

■ 연색성
태양광(주광)을 기준으로 하여 어느 정도 주광과 비슷한 색상을 연출할 수 있는지를 나타내는 지표

■ 주광률
전천공 조도에 대한 실내(주광)조도의 비

5 조명 방식의 종류 Ⅱ

① 조명 방식

㉮ 직접 조명 : 광원의 90~100%를 어떤 물체에 직접 비추어 투사시키는 방식으로, 조명률이 가장 좋고 **경제적인 조명 방식**이며, 음영이 가장 강하게 나타난다.

㉯ 간접 조명

  ㉠ 천장이나 벽면 등에 빛을 반사시켜 그 반사광으로 조명하는 방식으로 균일한 조도를 얻을 수 있으며 눈부심이 없다. 특히, 국부적으로 고조도를 얻기 어렵고, 뚜렷한 입체 효과를 얻을 수 없다.

  ㉡ 조도가 가장 균일하고 음영이 가장 적은 조명 방식으로 조명의 효율이 낮고, 유지, 보수가 난이하다.

  ㉢ 균일한 조도와 눈에 대한 피로가 적으며 차분한 분위기를 만들 수 있는 가장 적합한 조명 방식이다.

  ㉣ 조명률이 나쁘고, 눈부심이 일어나지 않으며, 매우 넓은 각도로 빛이 배광되므로 강조 조명에 부적합하다.

② 조명 기구의 배광 분류

광속	직접 조명	반직접 조명	전반 확산 조명, 직·간접 조명	반간접 조명	간접 조명
상향	0~10%	10~40%	40~60%	60~90%	90~100%
하향	100~90%	90~60%	60~40%	40~10%	10~0%

㉮ 간접 조명 기구 : 거의 모든 광속(90~100%)을 윗방향으로 향하게 발산하며 천장 및 윗벽 부분에서 반사되어 방의 아래 각 부분으로 확산시키는 방식으로 직사 눈부심이 거의 일어나지 않는 조명 기구이다.

㉯ TAL 조명 방식 : 작업 구역에는 전용의 국부 조명 방식으로 조명하고, 기타 주변 환경에 대하여는 간접 조명과 같은 낮은 조도 레벨로 조명하는 조명 방식이다.

㉰ 국부 조명(스포트라이트) 방식 : 특정 상품을 효과적으로 비추어 상품을 강조할 때 이용되는 조명 방식이다.

③ 인공 조명 계획에 있어서 밝은 부분의 분포와 어두운 부분의 분포비는 2 : 1~7 : 1 정도가 좋고, 3 : 1 정도가 가장 입체적으로 잘 보인다. 그늘이 없을 때의 조도에 대해서는 명암이 10% 이내이어야 한다.

④ 조도 측정의 기준 : 조명도의 기준은 피난 및 방화 구조 등의 기준에 관한 규칙 제17조의 규정에 따라 바닥에서 85cm의 높이에 있는 수평면의 조도를 의미한다.

6 건축화 조명 방식

(1) 건축화 조명의 정의와 특성

건축화 조명은 건축 구조체의 일부분이나 구조적인 요소를 이용하여 조명하는 방식으로 건축물의 기본 요소 중 전체 혹은 부분을 광원화하는 조명 방식 또는 건축물과 조명이 일체가 되고, 건축물의 일부가 광원화되는 것으로 건축화 조명의 종류에는 천장 매입형 조명, 루버, 코브, 코니스, 코너, 광천장, 캐노피, 광창, 코퍼, 다운라이트 및 밸런스 조명 등이 있고, 천정 조명에는 다운 라이트, 광창 조명, 광천장 조명, 코브 조명 및 벽면 조명(커튼 조명, 밸런스 조명, 캐노피 조명 및 코니스 조명 등) 등이 있고, 스포트라이트(spot light) 조명, 펜던트 조명 및 할로겐 조명은 건축화 조명에 속하지 않으며, 직접 조명과 간접 조명 방식에 적용하며, 특징은 발광면이 크고, 빛의 확산을 기대할 수 있으며, 조명 능률이 낮고, 전력이 낭비된다. 또한, 명랑한 느낌과 부드러운 안정감을 주고, 공사비, 유지비 및 설비비가 많이 든다. 특히, 조명 기구가 보이지 않아 현대적인 감각을 준다.

(2) 건축화 조명의 종류

① 코니스 조명 : 벽의 상부에 길게 설치된 반사 상자 안에 광원을 설치, 모든 빛이 하부로 향하도록 하는 조명 방식 또는 벽면의 상부에 설치하여 모든 빛이 아래로 향하도록 한 건축화 조명 방식이다.

② 광창 조명 : 벽면 전체 또는 일부분을 광원화하는 방식으로 광원을 넓은 벽면에 매입함으로서 비스타(vista)적인 효과를 낼 수 있으며 시선의 배경(시선에 안락한 배경)으로 작용할 수 있는 방식이다.

③ 광천장 조명 : 천정의 전체 또는 일부에 광원을 설치하고 확산용 스크린(창호지, 스테인드 글라스 등)으로 마감하는 방식이며, 천장 전면을 낮은 휘도로 빛나게 하는 조명 방식이다.

④ 코퍼 조명 : 천장면에 반원구의 구멍을 뚫고 조명기구를 설치하여 조명하는 방식이다.

⑤ 코브 조명(cove lighting) : 천장, 벽의 구조체에 의해 광원의 빛이 천장 또는 벽면으로 가려지게 하여 반사광으로 간접 조명하는 건축화 조명 방식이다.

⑥ 캐노피 조명 : 벽면이나 천장면의 일부를 돌출시켜 조명을 설치하는 방식 또는 천장면 속에 내장하거나 천장면보다 낮게 매달아 설치하는 조명 방식이다.

⑦ 루버(louver) 조명 : 건축구조체의 천장에 조명기구를 설치하고, 그 밑에 루버를 설치하여 천장 내에 광원을 배치하는 방식이다.

⑧ 다운라이트(down light) 조명 : 천장에 작은 구멍을 뚫어 그 속에 조명기구를 매입하는 방식이다.

⑨ 밸런스 조명 : 창이나 벽의 커튼 상부에 부설된 조명 방식이다.

출제 키워드

■ 건축화 조명의 정의
- 건축 구조체의 일부분이나 구조적인 요소를 이용하여 조명하는 방식
- 건축물의 기본 요소 중 전체 혹은 부분을 광원화하는 조명 방식

■ 코니스 조명
- 벽의 상부에 길게 설치된 반사 상자 안에 광원을 설치, 모든 빛이 하부로 향하도록 하는 조명
- 벽면의 상부에 설치하여 모든 빛이 아래로 향하도록 한 조명

■ 광창 조명
- 벽면 전체 또는 일부분을 광원화하는 방식
- 광원을 넓은 벽면에 매입함으로서 비스타(vista)적인 효과
- 시선의 배경(시선에 안락한 배경)으로 작용

■ 코브 조명
천장, 벽의 구조체에 의해 광원의 빛이 천장 또는 벽면으로 가려지게 하여 반사광으로 간접 조명 방식

■ 캐노피 조명
- 벽면이나 천장면의 일부를 돌출시켜 조명을 설치하는 방식
- 천장면 속에 내장하거나 천장면보다 낮게 매달아 설치하는 방식

(3) 기타 조명

① **브래킷** : 벽이나 구조체 등에서 돌출시켜 덕트나 파이프를 지지하고 기기류를 매달게 하는 지지 구조재로서 이에 부착한 등을 브래킷등이라고 한다.

② **펜던트** : 천장에 매달려 조명하는 조명 방식으로 조명 기구 자체가 빛을 발하는 액세서리 역할을 하는 등 또는 천장에서 와이어나 파이프로 매단 조명 방식으로 조명 기구 자체가 장식적인 역할을 하는 조명등이다. 천장에 끈을 매달고 조명 기구를 늘어뜨리는 방식으로 늘어뜨리는 줄 대신에 파이프 속에 전선을 넣어 늘어뜨리는 방식을 파이프 펜던트라고 한다. 특히, 주택의 식당이나 레스토랑의 식탁 위를 조명하는 데 가장 많이 쓰이는 조명등이다.

③ **스포트라이트(국부 조명)** : 실내의 특별한 부분 또는 작업면을 밝게 할 목적으로 하는 조명으로 1/10~1/20의 전반 조명과 함께 사용하며, 전반 조명 : 국부 조명=1 : 5 정도가 이상적이다.

■ 스포트라이트(국부 조명)
전반 조명 : 국부 조명=1 : 5 정도가 이상적

1-3. 빛환경
과년도 출제문제

01 | 일조 조절의 목적
22, 13

다음 중 일조 조절의 목적과 가장 거리가 먼 것은?
① 하계의 적극적인 수열
② 작업면의 과대 조도 방지
③ 실내 조도의 현저한 불균일 방지
④ 실내 휘도의 현저한 불균일 방지

해설 일조 조절의 목적은 작업면 과대 조도 방지, 실내 조도와 휘도의 현저한 불균형 등을 방지하기 위한 목적이 있고, 하계의 적극적인 수열과는 무관하며, 소극적인 수열과 관계가 깊다.

02 | 일조 계획 시 최우선 고려사항
06, 04

건물의 일조 계획 시 가장 우선적으로 고려해야 할 사항은?
① 일조권 확보 ② 일영
③ 종일 음영 방지 ④ 일사

해설 일조 계획에 있어서 일조는 계절(하지, 동지 및 춘·추분)과 태양의 고도를 기준으로 계산하고, 주택의 일조는 태양의 고도에 영향을 받으며, 방위에 따라 일조 시간의 차이가 크므로 건물의 방향은 남쪽이 가장 유리하다. 특히, 일조 계획에 있어서 가장 우선적으로 고려하여야 할 사항은 일조권의 확보 등이다.

03 | 일조 조절의 방법
06, 98

건축물에서 차양, 루버 등을 이용하는 가장 주된 이유는 무엇인가?
① 기온 조절 ② 습도 조절
③ 환기 조절 ④ 일조 조절

해설 일조 조절 방법에는 차양, 발코니, 루버 등을 이용하며, 대표적인 일조 조절 장치는 루버이다.

04 | 일광 조절 장치의 종류
23, 16, 14, 11, 10, 09, 08②, 04

일광 조절 장치로 볼 수 없는 것은?
① 커튼 ② 루버
③ 파사드 ④ 블라인드

해설 일조(태양의 직사광이 오는 것) 조절 장치로는 루버(수평, 수직, 격자, 가동 및 고정 등), 커튼, 블라인드, 차양, 발코니 및 처마 등이 있고 대표적인 일조 조절 장치는 루버이고, 파사드, 반자, 소형 팬, 열펌프, 컨벡터 및 디퓨져는 관계가 없다.

05 | 베니션 블라인드의 용어
22, 20, 16②

수평 블라인드로 날개의 각도, 승강으로 일광, 조망, 시각의 차단 정도를 조절할 수 있는 것은?
① 롤 블라인드 ② 로만 블라인드
③ 베니션 블라인드 ④ 버티컬 블라인드

해설 롤 블라인드는 단순하고 깔끔한 느낌을 주며, 창 이외에 칸막이 스크린으로도 효과적으로 사용할 수 있는 것으로 셰이드(shade)라고도 하고, 로만 블라인드는 천의 내부에 설치된 풀코드나 체인에 의해 당겨져 아래가 접히면서 올라가는 블라인드이고, 버티컬 블라인드는 날개를 세로로 하여 180° 회전하는 홀더 체인으로 연결되어 있으며, 좌우 개폐가 가능한 블라인드이다.

06 | 동지의 용어
12, 05, 03, 98

일조의 확보와 관련하여 공동주택의 인동간격 결정과 가장 관계가 깊은 것은?
① 춘분 ② 하지
③ 추분 ④ 동지

해설 공동 주택의 인동간격 결정 시 일조의 확보와 관련하여 가장 관계가 깊은 것은 동지이고, 차양의 깊이와 관련이 깊은 것은 하지이다.

정답 01.① 02.① 03.④ 04.③ 05.③ 06.④

07 | 하지의 용어
07, 98

다음 중 차양의 길이는 어느 때를 기준하여 결정하는가?
① 동지 ② 추분
③ 하지 ④ 춘분

해설 주택에 있어서 차양의 길이는 하지 때를 기준으로 하여 결정하고, 인동간격은 동지를 기준으로 한다.

08 | 일사량의 다소관계
14

여름보다 겨울에 남쪽 창의 일사량이 많은 가장 주된 이유는?
① 겨울에는 태양의 고도가 낮기 때문에
② 겨울에는 태양의 고도가 높기 때문에
③ 여름에는 지구와 태양의 거리가 가깝기 때문에
④ 여름에는 나무에 의한 일광 차단이 적기 때문에

해설 건물의 일조는 일조량을 조절하기 위하여 겨울에는 일조를 받아들이고, 여름에는 일조를 차단하는 것이 일반적이며, 겨울철에는 가능한 한 많은 양의 태양 광선을 유입시켜야 하므로 태양의 고도가 낮은 남쪽이 가장 유리한 방향이다.

09 | 일사량의 관계
03

수평면 및 벽의 방위와 일사량과의 관계를 바르게 설명한 것은?
① 남쪽 수직면이 받는 일사량은 다른 방위에 비해 여름에는 많고 겨울에는 적다.
② 여름에는 수평면보다 수직면에 대한 일사향의 값이 대단히 크다.
③ 여름에 오전 중의 동쪽 수직면과 오후의 서쪽 수직면이 매우 강한 일사를 받는다.
④ 계절과 방위에 관계없이 일사량이 비슷하다.

해설 남쪽 수직면이 받는 일사량은 다른 방위에 비해 여름에는 적고 겨울에는 많으며, 여름에는 수평면보다 수직면에 대한 일사향의 값이 대단히 작고(태양의 고도가 높음), 계절과 방위에 따라 일사량이 달라진다.

10 | 일영의 용어
07

지평면상에 있는 건축물 등에 햇빛이 비칠 때, 건축물에 생기는 그림자를 무엇이라 하는가?
① 일조 ② 일영
③ 일사 ④ 일광

해설 일조는 태양의 직사광(자외선, 적외선 및 가시광선)이 오는 것을 말하고, 일사는 햇빛이 비치는가 아닌가에 대한 것으로 햇빛이 비치는 것에 열량적인 것을 포함한 것을 말하며, 일광은 햇빛을 의미한다.

11 | 채광
07, 04

채광에 관한 내용 중 옳지 않은 것은?
① 편측창은 개방감과 전망이 좋고 통풍에 유리하다.
② 천창은 시야가 차단되므로 폐쇄된 분위기가 되기 쉽다.
③ 양측창은 실의 분위기가 둘로 나누어질 수 있다.
④ 정측창은 개폐, 청소, 수리, 관리가 쉽다.

해설 정측창(실의 상부에 천장을 불투명하게 하여 측벽에 가깝게 채광창을 설치하는 방법)은 빛과 열을 조절하기 힘들고, 접근성이 나쁘기 때문에 청소, 개폐, 수리 및 관리가 힘든 단점이 있다.

12 | 채광
03

실내 환경을 쾌적하게 하기 위해서 채광을 한다. 다음 중 채광에 관한 설명으로 틀린 것은?
① 채광은 주로 창문을 통해서 채광 면적을 확보한다.
② 채광량은 창문의 크기에 비례한다.
③ 천창이란 지붕면에 있는 수평 또는 수평에 가까운 창을 말하며 이를 통한 채광을 천창 채광이라 한다.
④ 수직창 즉 측창은 방 구석의 저조명, 조명도 분포의 불균등 등을 해소한다.

해설 천창 채광(지붕면에 있는 수평 또는 수평에 가까운 창에 의한 채광)은 편측창 채광의 문제점인 방 구석의 저조명, 조명도 분포의 불균형, 방 구석의 주광선 방향의 저각도 등이 해소된다.

13 | 일조(직접적인 효과)
24, 23, 18, 14, 02

일조의 직접적인 효과로 볼 수 없는 것은?
① 광 효과 ② 열 효과
③ 조망 효과 ④ 보건·위생적 효과

해설 태양 광선은 적외선(열선, 열적 효과가 크다), 가시광선(눈으로 느낄 수 있는 광 효과) 및 자외선(사진 화학 반응, 생물에 대한 생육 작용, 살균 작용을 하므로 일명 화학선이라고도 한다. 그 중 일부인 2,900~3,200Å의 범위의 자외선을 건강선(도르노선)이라고 하며, 인간의 건강과 깊은 관계가 있다) 등이 있다.

정답 07. ③ 08. ① 09. ③ 10. ② 11. ④ 12. ④ 13. ③

14 | 태양 광선(자외선의 용어) 04

인간의 건강과 가장 깊은 관계가 있는 광선은?
① 자외선 ② 적외선
③ 가시광선 ④ X – ray선

해설 태양 광선은 적외선(열선, 열적 효과가 크다), 가시광선(눈으로 느낄 수 있는 광 효과) 및 자외선(사진 화학 반응, 생물에 대한 생육 작용, 살균 작용을 하므로 일명 화학선이라고도 한다. 그 중 일부인 2,900~3,200Å의 범위의 자외선을 건강선(도르노선)이라고 하며, 인간의 건강과 깊은 관계가 있다) 등이 있다.

15 | 태양 광선(자외선의 용어) 08, 03

살균 작용과 같이 인간의 건강과 깊은 관련이 있는 태양 광선은?
① 적외선 ② 가시광선
③ 원적외선 ④ 자외선

해설 태양 광선은 적외선(열선, 열적 효과가 크다), 가시광선(눈으로 느낄 수 있는 광 효과) 및 자외선(사진 화학 반응, 생물에 대한 생육 작용, 살균 작용을 하므로 일명 화학선이라고도 한다. 그 중 일부인 2,900~3,200Å의 범위의 자외선을 건강선(도르노선)이라고 하며, 인간의 건강과 깊은 관계가 있다) 등이 있다.

16 | 태양 광선(자외선의 용어) 10

태양 복사광선 중 사진 화학 반응, 생물에 대한 생육 작용, 살균 작용 등을 하는 것은?
① 열선 ② 적외선
③ 자외선 ④ 가시광선

해설 태양 광선은 적외선(열선, 열적 효과가 크다), 가시광선(눈으로 느낄 수 있는 광 효과) 및 자외선(사진 화학 반응, 생물에 대한 생육 작용, 살균 작용을 하므로 일명 화학선이라고도 한다. 그 중 일부인 2,900~3,200Å의 범위의 자외선을 건강선(도르노선)이라고 하며, 인간의 건강과 깊은 관계가 있다) 등이 있다.

17 | 측광 채광 25, 13

건축적 채광 방식 중 측광에 관한 설명으로 옳지 않은 것은?
① 개폐 등의 조작이 용이하다.
② 구조·시공이 용이하며 비막이에 유리하다.
③ 근린의 상황에 의한 채광 방해의 우려가 있다.
④ 편측 채광은 양측 채광에 비해 조도 분포가 균일하다.

해설 편측 채광(한 면에서만 채광하는 방식)은 조도 분포가 불균일하고, 그림자가 생겨서 채광 등에 방해를 받는다.

18 | 측광 채광 22, 08

건축적 채광 방식 중 측광에 대한 설명으로 옳지 않은 것은?
① 구조·시공이 용이하며 비막이에 유리하다.
② 개폐 기타의 조작이 용이하다.
③ 편측 채광은 조도 분포가 균일하다.
④ 투명 부분을 설치하면 해방감이 있다.

해설 편측 채광(한 면에서만 채광하는 방식)은 조도 분포가 불균일하고, 그림자가 생겨서 채광 등에 방해를 받는다.

19 | 측광 채광 25, 13

건축적 채광 방식 중 측창 채광에 관한 설명으로 옳지 않은 것은?
① 비막이에 유리하다.
② 시공, 보수가 용이하다.
③ 편측 채광의 경우 조도 분포가 불균일하다.
④ 근린의 상황에 따라 채광을 방해받는 경우가 없다.

해설 채광 방식 중 측창(편측, 양측)채광은 근린의 상황(주변의 건축물 등)에 따라 채광을 방해하는 경우가 있다.

20 | 측광 채광 10

다음 중 측창 채광에 관한 설명으로 옳지 않은 것은?
① 같은 면적의 천창에 비해 채광량이 적다.
② 벽면에 있는 수직인 창에 의한 채광을 말한다.
③ 편측 채광의 경우 실 전체의 조도 분포가 균일하다.
④ 근린의 상황에 의해 채광 방해를 받을 수 있다.

해설 편측 채광(한 면에서만 채광하는 방식)은 조도 분포가 불균일하고, 그림자가 생겨서 채광 등에 방해를 받는다.

21 | 측광 채광 23, 20, 14, 12

측창 채광에 관한 설명으로 옳지 않은 것은?
① 개폐 기타의 조작이 용이하다.
② 시공이 용이하며 비막이에 유리하다.
③ 편측 채광의 경우 실내의 조도 분포가 균일하다.
④ 근린의 상황에 의한 채광 방해의 우려가 있다.

[해설] 편측 채광(한 면에서만 채광하는 방식)은 조도 분포가 불균일하고, 그림자가 생겨서 채광 등에 방해를 받는다.

22 | 측광 채광
15, 10

측창 채광에 관한 설명으로 옳지 않은 것은?

① 통풍·차열에 유리하다.
② 시공이 용이하며 비막이에 유리하다.
③ 투명 부분을 설치하면 해방감이 있다.
④ 편측 채광의 경우 실내의 조도 분포가 균일하다.

[해설] 편측 채광(한 면에서만 채광하는 방식)은 조도 분포가 불균일하고, 그림자가 생겨서 채광 등에 방해를 받는다.

23 | 측광 채광
23, 16, 09

다음의 측창 채광에 대한 설명 중 옳지 않은 것은?

① 천창 채광에 비해 시공, 관리가 어렵고 빗물이 새기 쉽다.
② 측창 채광 중 벽의 한 면에만 채광하는 것을 편측창 채광이라 한다.
③ 편측창 채광은 천창 채광에 비해 개방감이 좋고 통풍에 유리하다.
④ 편측창 채광은 조명도가 균일하지 못하다.

[해설] 천창 채광(지붕면에 있는 수평 또는 수평에 가까운 창에 의한 채광)은 채광 효과가 가장 좋은 방식이나 편측 채광에 비해 평면 계획과 시공·관리가 어렵고, 빗물이 새기 쉽다.

24 | 천창 채광
22, 16

건축적 채광 방식 중 천창 채광에 관한 설명으로 옳지 않은 것은?

① 측창 채광에 비해 채광량이 적다.
② 측창 채광에 비해 비막이에 불리하다.
③ 측창 채광에 비해 조도 분포의 균일화에 유리하다.
④ 측창 채광에 비해 근린의 상황에 따라 채광을 방해받는 경우가 적다.

[해설] 천창 채광(천창에 의한 채광)은 측창 채광에 비해 채광량이 많다(측창 채광량의 3배 정도).

25 | 조명 설계 순서
07

다음 중 조명 설계의 순서로 가장 알맞은 것은?

① 소요조도의 결정 – 기구대수의 산출 – 조명기구의 선정 – 조명 방식의 결정
② 소요조도의 결정 – 조명 방식의 결정 – 광원의 선정 – 조명기구의 선정
③ 광원의 선정 – 조명 방식의 결정 – 기구대수의 산출 – 소요조도의 결정
④ 광원의 선정 – 소요조도의 결정 – 조명기구의 선정 – 기구대수의 산출

[해설] 실내 조명의 설계 순서는 소요 조도의 결정 – 전등 종류의 결정 – 조명 방식 및 조명 기구 – 광속의 계산 – 광원의 수와 배치 – 소요 전등 크기의 결정의 순이다.

26 | 조명 설계 순서(최우선 사항)
22, 21, 12, 09②, 03, 98

다음 중 실내 조명 설계 과정에서 가장 우선적으로 이루어져야 하는 사항은?

① 광원 선정
② 조명 방식 결정
③ 소요 조도 결정
④ 조명 기구 결정

[해설] 실내 조명의 설계 순서는 소요 조도의 결정 – 전등 종류의 결정 – 조명 방식 및 조명 기구 – 광속의 계산 – 광원의 수와 배치 – 소요 전등 크기의 결정의 순이다.

27 | 조도의 기준 위치
04

다음 중 의자에 앉아 책상 위에서 작업하는 공간에서 조명의 기준을 결정하고자 할 때 조명도의 기준이 되는 위치는?

① 바닥
② 바닥으로부터 50cm 높이
③ 바닥으로부터 85cm 높이
④ 바닥으로부터 1m 높이

[해설] 조명도의 기준은 건축물의 피난 및 방화구조 등의 기준에 관한 규칙 제17조의 규정에 따라 바닥에서 85cm의 높이에 있는 수평면의 조도를 의미한다.

28 | 조명 용어(연색성)
17, 15

다음 설명에 알맞은 조명 관련 용어는?

> 태양광(주광)을 기준으로 하여 어느 정도 주광과 비슷한 색상을 연출할 수 있는지를 나타내는 지표

① 광도
② 휘도
③ 조명률
④ 연색성

[정답] 22.④ 23.① 24.① 25.② 26.③ 27.③ 28.④

해설 광도는 점광원으로부터 단위 입체각당 발산 광속이고, 휘도는 발산면의 단위 투영 면적당 단위 입체각의 발산 광속이며, 조명률은 광원으로부터 조사되는 광속의 양에 대해 조사면에서 유효하게 이용되는 광속의 양의 정도이다.

29 | 조명 용어(균제도)
24, 22, 20, 19, 14, 11, 08

조도 분포의 정도를 표시하며 최고 조도에 대한 최저 조도의 비율로 나타내는 것은?

① 휘도 ② 조명도
③ 균제도 ④ 광도

해설 휘도는 발광체의 표면 밝기를 나타내는 단위로서 람베르트(Lambert)이고, 발광체 또는 빛을 받고 있는 물체를 어떤 방향에서 볼 때 그 방향에 수직인 단위 면적에 대한 광도(어떤 광원에서 발산하는 빛의 세기)이고, 조명도(조도)는 밝기를 수량적으로 표시한 것으로 어떤 점의 단위 면적에 입사하는 광속으로 나타내며, 즉, 수조면의 단위 면적에 입사하는 광속이고, 기호는 E, 단위는 럭스로서, $1lm/m^2$의 광속 밀도에 의하여 생긴다. 광도는 어떤 광원에서 발산하는 빛의 세기로서 단위는 칸델라(Candela)이다.

30 | 조명 용어(주광률의 산정식)
25, 09

주광률(Daylight factor)을 나타내는 식은?

① 주광률=(실내 조도/전천공 조도)×100%
② 주광률=(입사 광속/발산 광속)
③ 주광률=(발산 광속/단위 투영 광속)×100%
④ 주광률=(휘도/광도)

해설 주광률은 전천공 조도에 대한 실내(주광)조도의 비로서 %로 나타내고, 조도의 절대치를 취급하면 실외의 조도가 변하기 쉽다는 점에서 좋은 효과를 얻기 어려우므로 실내의 조도와 실외의 조도를 대비시켜 조도의 절대치를 취급한 것이다.

31 | 조명 용어(조도)
20, 10

수조면의 단위 면적에 입사하는 광속을 의미하는 것은?

① 휘도 ② 조도
③ 광도 ④ 광속 발산도

해설 휘도는 발광체의 표면 밝기를 나타내는 단위로서 람베르트(Lambert)이고, 발광체 또는 빛을 받고 있는 물체를 어떤 방향에서 볼 때 그 방향에 수직인 단위 면적에 대한 광도(어떤 광원에서 발산하는 빛의 세기)이고, 광도는 어떤 광원에서 발산하는 빛의 세기로서 단위는 칸델라(Candela)이며, 광속 발산도는 광원면 또는 반사면의 단위 면적에서 발산하는 광속이다.

32 | 조명 용어(조도의 정의)
19, 15

조도의 정의로 가장 알맞은 것은?

① 면의 단위 면적에서 발산하는 광속
② 수조면의 단위 면적에 입사하는 광속
③ 복사로서 전파하는 에너지의 시간적 비율
④ 점광원으로부터의 단위 입체각당의 발산 광속

해설 조명도(조도)는 밝기를 수량적으로 표시한 것으로 어떤 점의 단위 면적에 입사하는 광속으로 나타내며, 즉, 수조면의 단위 면적에 입사하는 광속이고, 기호는 E, 단위는 럭스로서, $1lm/m^2$의 광속 밀도에 의하여 생긴다. ①은 광속 발산도, ③은 복사속, ④는 광도에 대한 설명이다.

33 | 조명 용어(조도의 산정)
02

3cd의 광원에서 3m 떨어진 수직면상의 조도는 몇 럭스(lux)인가?

① 3lux ② 1/3lux
③ 9lux ④ 1/9lux

해설 조명도(조도, Illumination)는 밝기를 수량적으로 표시한 것으로 어떤 점의 단위 면적에 입사하는 광속으로 나타내며, 즉, 수조면의 단위 면적에 입사하는 광속이고, 조도는 거리의 제곱에 반비례하고, 광도에 비례하여, 1럭스란 $1m^2$의 면에 1루멘의 광속이 통과하는 밝기를 말한다.

$$\therefore E = \frac{I}{d^2} = \frac{광도}{거리^2} = \frac{3}{3^2} = \frac{3}{9} = \frac{1}{3} lux$$

34 | 조명 용어(조도의 산정)
24, 11, 99

1cd의 광원에서 1m 떨어진 수직면상의 조도를 1lx라 한다. 다음 그림에서 a면의 조도가 1lx일 경우 b면의 조도는?

① 0.25lx
② 0.5lx
③ 2lx
④ 4lx

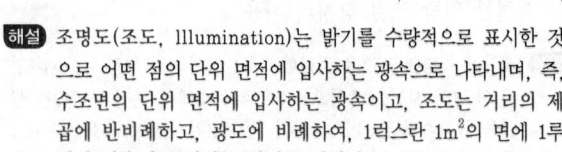

해설 조명도(조도, Illumination)는 밝기를 수량적으로 표시한 것으로 어떤 점의 단위 면적에 입사하는 광속으로 나타내며, 즉, 수조면의 단위 면적에 입사하는 광속이고, 조도는 거리의 제곱에 반비례하고, 광도에 비례하여, 1럭스란 $1m^2$의 면에 1루멘의 광속이 통과하는 밝기를 말한다.

$$\therefore b면의 조도는 E = \frac{I}{d^2} = \frac{광도}{거리^2} = \frac{1}{2^2} = \frac{1}{4} lux$$

35 | 단위(휘도)
20, 16

휘도의 단위로 사용되는 것은?

① lx ② lm
③ lm/m² ④ cd/m²

해설 휘도는 광도의 투영 면적 밀도로서 발산면의 단위 투영 면적당 단위 입체각당의 발산 광속으로 단위는 1sb = cd/cm² 또는 1nt = cd/m²이고, lx와 lm/m²는 조도와 광속 발산도의 단위이고, lm은 광속의 단위이다.

36 | 조명의 4요소
24, 12, 08, 99

조명의 4요소에 해당되지 않는 것은?

① 명도 ② 대비
③ 노출 시간 ④ 조명기구

해설 조명의 4요소(명시 조건)란 명도(밝음), 시 대상이 보기 쉽고, 잘 보이는 것으로 크기(시 대상의 크기), 광도(시 대상의 휘도), 대비 및 시간(노출 시간) 등이다.

37 | 조명의 4요소
08

조명의 4요소가 아닌 것은?

① 명도 ② 휘도
③ 노출 시간 ④ 크기

해설 조명의 4요소(명시 조건)란 명도(밝음), 시 대상이 보기 쉽고, 잘 보이는 것으로 크기(시 대상의 크기), 광도(시 대상의 휘도), 대비 및 시간(노출 시간) 등이다.

38 | 조명(빛의 환경 조건)
11

좋은 빛의 환경을 위한 조건과 가장 거리가 먼 것은?

① 적절한 조도
② 눈부심의 방지
③ 글레어(glare)의 강조
④ 적절한 일광 조절 장치의 사용

해설 쾌적한 조명의 조건은 적절한 조도, 휘도와 그림자, 눈부심(현휘)의 방지(시선을 중심으로 30 범위 내에서 현휘 구역에는 광원을 설치하지 말 것), 그늘의 방지(명암의 대비는 2:1~6:1로 3:1이 가장 적당, 조도에 대한 명암이 10% 정도), 광색(주광색), 적절한 일광 조절 장치를 사용하고, 광원이 직접 눈에 보이거나 반사가 없어야 한다. 또한, 방사열이 적어야 하며, 등기구의 배치와 가구의 조화가 필요하고, 경제성(효율이 높고, 보수와 관리가 용이함) 등이다. 유지 및 보수의 편리성과는 무관하다.

39 | 조명(좋은 조명의 기준)
06

좋은 조명의 기준에 대한 설명 중 옳지 않은 것은?

① 광원이 직접 눈에 보이거나 반사가 없어야 한다.
② 그늘이나 그림자가 생겨서는 안 된다.
③ 광색이 좋고 방사열이 적어야 한다.
④ 등기구의 배치와 가구의 조화가 필요하다.

해설 쾌적한 조명의 조건은 적절한 조도, 휘도와 그림자, 눈부심(현휘)의 방지, 그늘의 방지, 광색(주광색), 적절한 일광 조절 장치를 사용하고, 광원이 직접 눈에 보이거나 반사가 없어야 한다. 또한, 방사열이 적어야 하며, 등기구의 배치와 가구의 조화가 필요하다.

40 | 조명(좋은 조명의 기준)
06

실내 조명 설계 시 좋은 조명 조건에 맞지 않는 것은?

① 적당한 조도 ② 눈부심의 방지
③ 적당한 그림자 ④ 유지 및 보수의 편리성

해설 쾌적한 조명의 조건은 적절한 조도, 휘도와 그림자, 눈부심(현휘)의 방지, 그늘의 방지, 광색(주광색), 적절한 일광 조절 장치를 사용하고, 광원이 직접 눈에 보이거나 반사가 없어야 한다. 또한, 방사열이 적어야 하며, 등기구의 배치와 가구의 조화가 필요하다.

41 | 조명(쾌적한 조명의 기준)
06, 03, 01

쾌적한 조명을 위한 조건이 아닌 것은?

① 눈부심이 없어야 한다.
② 주변에 적절한 밝기를 유지한다.
③ 강한 전반 조명을 피하고 부분 조명을 부여한다.
④ 마감재, 가구 등에 색상이 반대가 되는 조명 기구를 설치한다.

해설 쾌적한 조명의 조건은 적절한 조도, 휘도와 그림자, 눈부심(현휘)의 방지(시선을 중심으로 30° 범위 내에서 현휘 구역에는 광원을 설치하지 말 것), 그늘의 방지(명암의 대비는 2:1~6:1로 3:1이 가장 적당, 조도에 대한 명암이 10% 정도), 광색(주광색), 적절한 일광 조절 장치를 사용하고, 광원이 직접 눈에 보이거나 반사가 없어야 한다. 또한, 방사열이 적어야 하며, 등기구의 배치와 가구의 조화가 필요하고, 경제성(효율이 높고, 보수와 관리가 용이함)이 있어야 한다. 유지 및 보수의 편리성과는 무관하다.

정답 35. ④ 36. ④ 37. ② 38. ③ 39. ② 40. ④ 41. ④

42 | 조명 계획

주택의 조명 계획에 관한 설명으로 틀린 것은?

① 부엌은 전체 조명과 국부 조명을 병용하는 것이 좋다.
② 욕실은 백열등이나 연색성이 좋은 유백색 형광등 조명을 사용하며 방습형 조명 기구는 사용하지 않는다.
③ 침실은 주조명으로 낮은 조도의 부드러운 확산광을 쓰고 국부 조명으로 스탠드를 함께 사용하는 것이 좋다.
④ 펜던트는 식탁의 조명에서 국부 조명으로 이용된다.

해설 욕실의 조명은 천장의 중앙에 전반 조명을 설치하고, 거울 위에는 면도와 화장을 위하여 국부 조명을 설치하나, 욕실이 좁은 경우에는 중앙 조명을 생략할 수 있다. 또한, 욕실은 습기를 방지하기 위하여 방습등을 사용하고, 사용 시간이 짧고 자주 켰다껐다하므로 직접 조명 방식으로 형광등보다는 백열등을 사용하는 것이 좋다.

43 | 눈부심의 방지 대책

눈부심 방지를 위한 방법으로 틀린 것은?

① 시각적인 조도 변동을 크게 한다.
② 균일한 조도를 유지한다.
③ 적정 조도를 유지한다.
④ 눈부심을 느끼게 하는 부분을 만들지 않는다.

해설 눈부심(현휘, glare)의 방지 대책은 시각적인 조도 변동을 작게 하고, 균일하고, 적절한 조도를 유지한다. 눈부심을 느끼게 하는 부분을 만들지 않고, 광원 주위를 밝게 하며, 발광체의 휘도를 낮춘다. 또한, 광원을 시선에서 멀리 처리하고, 시선을 중심으로 해서 30° 범위 내의 글레어 존에는 광원을 설치하지 않는다.

44 | 눈부심의 방지 대책

눈부심(glare)의 방지 대책으로 옳지 않은 것은?

① 광원 주위를 밝게 한다.
② 발광체의 휘도를 높인다.
③ 광원을 시선에서 멀리 처리한다.
④ 시선을 중심으로 해서 30° 범위 내의 글레어 존에는 광원을 설치하지 않는다.

해설 눈부심(현휘, glare)의 방지 대책은 시각적인 조도 변동을 작게 하고, 균일하고, 적절한 조도를 유지한다. 눈부심을 느끼게 하는 부분을 만들지 않고, 광원 주위를 밝게 하며, 발광체의 휘도를 낮춘다. 또한, 광원을 시선에서 멀리 처리하고, 시선을 중심으로 해서 30° 범위 내의 글레어 존에는 광원을 설치하지 않는다.

45 | 조명의 배광 분류(직접 조명)

광원의 90~100%를 어떤 물체에 직접 비추어 투사시키는 방식으로, 조명률이 좋고 경제적인 조명 방식은?

① 직접 조명
② 반간접 조명
③ 전반 확산 조명
④ 간접 조명

해설 조명 기구의 배광 분류

광속	직접 조명	간접 조명	전반 확산 조명, 직·간접 조명	반간접 조명	간접 조명
상향	0~10%	10~40%	40~60%	60~90%	90~100%
하향	100~90%	90~60%	60~40%	40~10%	10~0%

46 | 조명의 배광 분류(직접 조명)

다음 중 음영이 가장 강하게 나타나는 조명 방식은?

① 간접 조명
② 전반 확산 조명
③ 직접 조명
④ 반 간접 조명

해설 간접 조명(상향의 빛은 0~10%, 하향의 빛은 100~90%)은 균일한 조명도를 얻을 수 있고, 빛이 부드러우므로, 눈에 대한 피로가 적으며, 단점으로는 조명 효율이 나쁘고, 침울한 분위기가 될 염려가 있으며, 먼지가 기구에 쌓여 감광이 되기 쉽고, 벽이나 천장면의 영향을 받는다. 전반 확산 조명(상향의 빛은 40~60%, 하향의 빛은 60~40%)은 글로브와 같은 기구를 사용한 방식이며, 반간접 조명(상향의 빛은 10~40%, 하향의 빛은 90~60%)은 간접 조명 방식의 특징과 동일하다.

47 | 조명의 배광 분류(직접 조명)

직접 조명 방식에 관한 설명으로 옳지 않은 것은?

① 조명률이 낮다.
② 실내 반사율의 영향이 작다.
③ 국부적으로 고조도를 얻기 편리하다.
④ 천장이 어두워지기 쉬우며 진한 그림자가 형성되기 쉽다.

해설 직접 조명 방식의 장점은 조명률이 높고, 먼지에 의한 감광이 적으며, 자외선 조명을 할 수 있다. 또한, 설비비가 일반적으로 싸고, 집중적으로 밝게 할 때 유리하다. 반면에 단점은 글로브를 사용하지 않을 경우 눈부심이 크고, 음영이 강하게 되며, 실내를 전체적으로 볼 때 밝고 어두움의 차이가 크다.

정답 42. ② 43. ① 44. ② 45. ① 46. ③ 47. ①

48. 조명의 배광 분류(직접 조명) 05, 04

직접 조명 방식에 설명으로 옳지 않은 것은?

① 조명률이 좋고, 먼지에 의한 감광이 적다.
② 자외선 조명을 할 수 있다.
③ 조명 효율이 나쁘다.
④ 집중적으로 밝게 할 때 유리하다.

해설 직접 조명 방식은 조명률이 높고, 실내 반사율의 영향이 작으며, 국부적으로 고조도를 얻기 편리하고, 천장이 어두워지기 쉬우며, 그림자가 형성되기 쉽다.

49. 조명의 배광 분류(간접 조명) 21, 14, 10

다음 설명에 알맞은 조명의 배광 방식은?

- 천장이나 벽면 등에 빛을 반사시켜 그 반사광으로 조명하는 방식이다.
- 균일한 조도를 얻을 수 있으며 눈부심이 없다.

① 국부 조명　　② 전반 조명
③ 간접 조명　　④ 직접 조명

해설 국부 조명은 작업이나 생활을 위해 필요한 범위에 높은 조명도로 조명하는 방식이고, 전반 조명은 실내 전체를 균등하게 조명하는 것을 목적으로 하는 조명이며, 직접 조명은 광원으로부터 직접광이 90% 이상 작업면을 비추는 방식 또는 반사갓 달린 기구를 사용한 조명 방식이다.

50. 조명의 배광 분류(간접 조명) 07, 05

다음 중 조도가 가장 균일하고 음영이 가장 적은 조명 방식은?

① 직접 조명　　② 반직접 조명
③ 간접 조명　　④ 반간접 조명

해설 직접 조명(상향의 빛은 0~10%, 하향의 빛은 100~90%)은 조명률이 높고, 먼지에 의한 감광이 적으며, 자외선 조명을 할 수 있다. 또한, 설비비가 일반적으로 싸고, 집중적으로 밝게 할 때 유리하다. 반면에 단점은 글로브를 사용하지 않을 경우 눈부심이 크고, 음영이 강하게 되며, 실내를 전체적으로 볼 때 밝고 어두움의 차이가 크다. 반직접 조명(상향의 빛은 10~40%, 하향의 빛은 90~60%)은 직접 조명 방식의 특징과 동일하며, 반간접 조명(상향의 빛은 60~90%, 하향의 빛은 40~10%)은 간접 조명 방식의 특징과 동일하다.

51. 조명의 배광 분류(간접 조명) 06, 02

균일한 조도와 눈에 대한 피로가 적으며 차분한 분위기를 만들 수 있는 가장 적합한 조명 방식은?

① 직접 조명　　② 국부 조명
③ 간접 조명　　④ 전반확산 조명

해설 직접 조명은 조명률이 높고, 먼지에 의한 감광이 적으며, 자외선 조명을 할 수 있다. 또한, 설비비가 일반적으로 싸고, 집중적으로 밝게 할 때 유리하다. 반면에 단점은 글로브를 사용하지 않을 경우 눈부심이 크고, 음영이 강하게 되며, 실내를 전체적으로 볼 때 밝고 어두움의 차이가 크다. 국부 조명은 작업이나 생활을 위해 필요한 범위에 높은 조명도로 조명하는 방식이며, 전반확산 조명은 글로브와 같은 기구를 사용한 방식이다.

52. 조명의 배광 분류(간접 조명) 12

간접 조명 방식에 관한 설명으로 옳지 않은 것은?

① 조명률이 높다.
② 실내반사율의 영향이 크다.
③ 그림자가 거의 형성되지 않는다.
④ 경제성보다 분위기를 목표로 하는 장소에 적합하다.

해설 간접 조명(상향의 빛은 0~10%, 하향의 빛은 100~90%)은 균일한 조명도를 얻을 수 있고, 빛이 부드러우므로, 눈에 대한 피로가 적으며, 단점으로는 조명 효율이 나쁘고, 침울한 분위기가 될 염려가 있으며, 먼지가 기구에 쌓여 감광이 되기 쉽고, 벽이나 천장면의 영향을 받는다. 특히, 반사로 인하여 넓은 각도로 빛이 배광되므로 전반 조명에 적합하다.

53. 조명의 배광 분류(간접 조명) 11

실내에 사용되는 간접 조명에 대한 설명 중 옳지 않은 것은?

① 강한 음영이 없다.
② 균일한 조도를 얻을 수 있다.
③ 직접 조명보다 입체 효과가 작다.
④ 조명의 효율이 높고 유지, 보수가 용이하다.

해설 간접 조명(상향의 빛은 0~10%, 하향의 빛은 100~90%)의 단점은 조명 효율이 나쁘고, 침울한 분위기가 될 염려가 있으며, 먼지가 기구에 쌓여 감광이 되기 쉽고, 벽이나 천장면의 영향을 받는다.

54 | 조명의 배광 분류(간접 조명)
19, 11

실내의 간접 조명에 대한 설명으로 옳은 것은?

① 조명률이 좋다.
② 눈부심이 일어나기 쉽다.
③ 균일한 조도를 얻을 수 있다.
④ 매우 좁은 각도로 빛이 배광되므로 강조 조명에 적합하다.

해설 간접 조명(상향의 빛은 0~10%, 하향의 빛은 100~90%)은 균일한 조명도를 얻을 수 있고, 빛이 부드러우므로, 눈에 대한 피로가 적으나, 반사로 인하여 넓은 각도로 빛이 배광되므로 전반 조명에 적합하다.

55 | 조명의 배광 분류(간접 조명)
11

간접 조명에 관한 설명 중 옳지 않은 것은?

① 조도가 균일하다.
② 조명 효율이 높다.
③ 부드러운 분위기를 만들 수 있다.
④ 반사면의 재료, 색채, 질감 등에 영향을 받는다.

해설 간접 조명 방식의 단점은 조명 효율이 나쁘고(낮고), 침울한 분위기가 될 염려가 있으며, 먼지가 기구에 쌓여 감광이 되기 쉽고, 벽이나 천장면의 영향을 받는다.

56 | 조명의 배광 분류(간접 조명)
13

간접 조명에 관한 설명으로 옳지 않은 것은?

① 조명률이 낮다.
② 실내 반사율의 영향이 크다.
③ 국부적으로 고조도를 얻기 편리하다.
④ 경제성보다 분위기를 목표로 하는 장소에 적합하다.

해설 간접 조명은 국부적으로 고조도를 얻기 힘들고, 국부적인 고조도는 국부 조명을 이용한다.

57 | 조명의 배광 분류(간접 조명)
15

간접 조명에 관한 설명으로 옳지 않은 것은?

① 균질한 조도를 얻을 수 있다.
② 직접 조명보다 조명의 효율이 낮다.
③ 직접 조명보다 뚜렷한 입체 효과를 얻을 수 있다.
④ 직접 조명보다 부드러운 분위기 조성이 용이하다.

해설 간접 조명(상향의 빛은 0~10%, 하향의 빛은 100~90%)은 균일한 조명도를 얻을 수 있고, 빛이 부드러우므로(뚜렷한 입체 효과를 얻을 수 없다), 눈에 대한 피로가 적으며, 단점으로는 조명 효율이 나쁘고, 침울한 분위기가 될 염려가 있으며, 먼지가 기구에 쌓여 감광이 되기 쉽고, 벽이나 천장면의 영향을 받는다. 특히, 반사로 인하여 넓은 각도로 빛이 배광되므로 전반 조명에 적합하다.

58 | 조명의 배광 분류(간접 조명)
10, 07

거의 모든 광속(90~100%)을 윗방향으로 향하게 발산하며 천장 및 윗벽 부분에서 반사되어 방의 아래 각 부분으로 확산시키는 방식으로 직사 눈부심이 거의 일어나지 않는 조명 기구는?

① 직접 조명 기구
② 반직접 조명 기구
③ 간접 조명 기구
④ 반간접 조명 기구

해설 조명 기구의 배광 분류

광속	직접 조명	반직접 조명	전반 확산 조명, 직·간접 조명	반간접 조명	간접 조명
상향	0~10%	10~40%	40~60%	60~90%	90~100%
하향	100~90%	90~60%	60~40%	40~10%	10~0%

59 | 조명의 배광 분류(반간접 조명)
06, 98

다음 중 반간접 조명의 특징으로 옳은 것은?

① 조명 효율이 좋다.
② 설비비가 일반적으로 싸다.
③ 자외선 조명을 할 수 있다.
④ 빛이 부드러우며, 눈의 피로가 적다.

해설 조명 효율이 좋고, 설비비가 일반적으로 싸며, 자외선 조명을 할 수 있는 방식은 직접 조명 방식이고, 빛이 부드러우며, 눈의 피로가 적은 조명 방식은 반간접 조명 방식으로, 간접 조명과 반간접 조명의 특성은 거의 유사하다.

60 | 조명(TAL 조명 방식의 용어)
18, 16

작업 구역에는 전용의 국부 조명 방식으로 조명하고, 기타 주변 환경에 대하여는 간접 조명과 같은 낮은 조도 레벨로 조명하는 조명 방식은?

① TAL 조명 방식
② 반직접 조명 방식
③ 반간접 조명 방식
④ 전반 확산 조명 방식

정답 54.③ 55.② 56.③ 57.③ 58.③ 59.④ 60.①

해설 반직접 조명 방식은 하향 광속이 60~90%이고, 상향 광속이 40~10% 정도의 배광 방식이고, 반간접 조명 방식은 상향 광속이 90~60%이고, 하향 광속이 10~40% 정도의 배광 방식이며, 전반 확산 조명 방식은 하향 광속이 40~60%이고, 상향 광속이 60~40% 정도의 배광 방식이다.

61 | 조명(스포트라이트의 용어) 11

특정 상품을 효과적으로 비추어 상품을 강조할 때 이용되는 조명 방식은?

① 다운라이트
② 브래킷
③ 스포트라이트
④ 펜던트

해설 다운라이트는 천장에 작은 구멍을 뚫어 그 속에 기구를 넣는 방식이고, 브래킷은 벽에 등을 붙여서 설치하는 조명 방식이며, 펜던트등은 천장에 끈을 매달고 조명 기구를 늘어뜨리는 방식으로 줄 대신에 파이프 속에 전선을 넣어 늘어뜨리는 방식을 파이프 펜던트라고 한다.

62 | 조명 08

다음의 조명에 관한 설명 중 틀린 것은?

① 천장에 매달리는 펜던트, 샹들리에, 벽이나 기둥에 부착하는 브래킷등이 대표적 장식 조명이다.
② 어떤 한 건축적인 요소에 초점을 집중시킬 때 국부 조명이 사용된다.
③ 건축화 조명 기구는 간접 조명 방식에만 적용할 수 있다.
④ 코브 조명은 천장, 벽의 구조체에 의해 광원의 빛이 천장 또는 벽면으로 가려지게 하여 반사광으로 간접 조명하는 방식이다.

해설 건축화 조명(조명이 건축물과 일체가 되고, 건축물의 일부분이나 구조적인 요소를 이용하여 조명하는 방식)은 발광면이 크고, 빛의 확산을 기대할 수 있으며, 조명 능률이 낮고 전력이 낭비된다. 또한, 명랑한 느낌과 부드러운 안정감을 주고 공사비, 유지비 및 설비비가 많이 든다. 특히, 건축화 조명 기구는 직·간접 조명 방식에 적용한다.

63 | 건축화 조명의 용어 11

건축 구조체의 일부분이나 구조적인 요소를 이용하여 조명하는 방식으로 건축물의 기본 요소 중 전체 혹은 부분을 광원화하는 조명 방식은?

① 직접 조명
② 벽부형 조명
③ 건축화 조명
④ 펜던트형 조명

해설 직접 조명은 상향 광속이 10%, 하향 광속이 90% 정도로 직접 작업면에 입사되도록 하는 조명 방식이고, 벽부형 조명은 벽에 부착하는 조명이며, 펜던트형 조명은 체인, 와이어, 파이프 및 코드 등으로 매단 조명 방식의 일종으로 자체가 장식적인 역할을 하고, 주택이나 레스토랑의 식탁 위에 조명하는 데 사용한다.

64 | 건축화 조명의 종류 07

건축화 조명 방식에 해당되지 않는 것은?

① 루버(louver) 조명
② 코브(cove) 조명
③ 다운라이트(down light) 조명
④ 스포트라이트(spot light) 조명

해설 건축화 조명(조명이 건축물과 일체가 되고, 건축물의 일부가 광원화되는 것)의 종류에는 천장 매입형 조명, 루버 조명, 코브 조명, 코너 조명, 광천장 조명, 캐노피 조명 등이 있다. 스포트라이트(국부 조명)는 실내의 특별한 부분 또는 작업면을 밝게 할 목적으로 하는 조명으로 1/10~1/20의 전반 조명과 함께 사용하며, 전반 조명 : 국부 조명=1 : 5 정도가 이상적이다.

65 | 건축화 조명의 종류 08

건축화 조명 방식에 해당되지 않는 것은?

① 코니스 조명
② 코브 조명
③ 캐노피 조명
④ 펜던트 조명

해설 건축화 조명(조명이 건축물과 일체가 되고, 건축물의 일부가 광원화되는 것)의 종류에는 천장 매입형 조명, 루버, 코브, 코니스, 코너, 광천장, 캐노피, 광창, 코퍼, 다운라이트 및 밸런스 조명 등이 있고, 펜던트 조명은 천장에 끈을 매달고 조명 기구를 늘어뜨리는 방식으로 식탁 상부에 사용한다.

66 | 건축화 조명의 종류 13

건축화 조명의 종류에 속하지 않는 것은?

① 광창 조명
② 할로겐 조명
③ 코니스 조명
④ 밸런스 조명

해설 건축화 조명(조명이 건축물과 일체가 되고, 건축물의 일부가 광원화되는 것)의 종류에는 천장 매입형 조명, 루버, 코브, 코니스, 코너, 광천장, 캐노피, 광창, 코퍼, 다운라이트 및 밸런스 조명 등이 있고, 천장 조명에는 다운 라이트, 광창 조명, 광천장 조명, 코브 조명 및 벽면 조명(커튼 조명, 밸런스 조명, 캐노피 조명 및 코니스 조명 등) 등이 있고, 할로겐 조명은 조명등의 구분에 의한 분류이다.

정답 61. ③ 62. ③ 63. ③ 64. ④ 65. ④ 66. ②

67 | 건축화 조명 방식(벽면 조명)
24, 15

다음의 건축화 조명 방식 중 벽면 조명에 속하지 않는 것은?

① 커튼 조명　　② 코퍼 조명
③ 코니스 조명　　④ 밸런스 조명

해설 건축화 조명 중 벽면 조명에는 커튼 조명, 코니스 조명, 캐노피 조명 및 밸런스 조명 등이 있고, 코퍼 조명은 천장 조명이다.

68 | 건축화 조명 방식(코니스 조명)
23, 10

다음 설명에 알맞은 건축화 조명 방식은?

> 벽의 상부에 길게 설치된 반사 상자 안에 광원을 설치, 모든 빛이 하부로 향하도록 하는 조명 방식이다.

① 펜던트 조명　　② 코니스 조명
③ 광천장 조명　　④ 광창 조명

해설 펜던트 조명은 천장에 끈을 매달고 조명 기구를 늘어뜨리는 방식이고, 광천장 조명은 천정의 전체 또는 일부에 광원을 설치하고 확산용 스크린(창호지, 스테인드 글라스 등)으로 마감하는 방식이며, 천장 전면을 낮은 휘도로 빛나게 하는 조명 방식이며, 광창 조명은 넓은 면적(벽면의 전체 또는 일부분)을 가진 광원을 벽에 매입하고 확산 투과 플라스틱판이나 창호지 등으로 마감한 조명 방식이다.

69 | 건축화 조명 방식(코니스 조명)
20, 12

벽면의 상부에 설치하여 모든 빛이 아래로 향하도록 한 건축화 조명 방식은?

① 코브 조명　　② 광창 조명
③ 광천장 조명　　④ 코니스 조명

해설 코브 조명(cove lighting)은 천장, 벽의 구조체에 의해 광원의 빛이 천장 또는 벽면으로 가려지게 하여 반사광으로 간접 조명하는 건축화 조명 방식이고, 광창 조명은 넓은 면적(벽면의 전체 또는 일부분)을 가진 광원을 벽에 매입하고 확산 투과 플라스틱판이나 창호지 등으로 마감한 조명 방식으로 비스타(vista)적인 효과를 낼 수 있으며 시선의 배경으로 작용할 수 있으며, 광천장 조명은 천장의 전체 또는 일부에 광원을 설치하고 확산용 스크린(창호지, 스테인드 글라스 등)으로 마감하는 방식 또는 천장 전면을 낮은 휘도로 빛나게 하는 조명 방식이다.

70 | 건축화 조명 방식(광창 조명)
25, 23②, 21, 20, 13

다음 설명에 알맞은 건축화 조명의 종류는?

> • 벽면 전체 또는 일부분을 광원화하는 방식이다.
> • 광원을 넓은 벽면에 매입함으로서 비스타(vista)적인 효과를 낼 수 있으며 시선의 배경으로 작용할 수 있다.

① 코브 조명　　② 광창 조명
③ 광천장 조명　　④ 코니스 조명

해설 코브 조명(cove lighting)은 천장, 벽의 구조체에 의해 광원의 빛이 천장 또는 벽면으로 가려지게 하여 반사광으로 간접 조명하는 건축화 조명 방식이고, 광천장 조명은 천장의 전체 또는 일부에 광원을 설치하고 확산용 스크린(창호지, 스테인드 글라스 등)으로 마감하는 방식 또는 천장 전면을 낮은 휘도로 빛나게 하는 조명 방식이며, 코니스 조명은 벽의 상부에 길게 설치된 반사 상자 안에 광원을 설치, 모든 빛이 하부로 향하도록 하는 조명 방식이다.

71 | 건축화 조명 방식(광창 조명)
21, 16, 12, 08

광원을 넓은 면적의 벽면에 매입하여 비스타(vista)적인 효과를 낼 수 있으며 시선에 안락한 배경으로 작용하는 건축화 조명 방식은?

① 코브 조명　　② 코퍼 조명
③ 광창 조명　　④ 광천장 조명

해설 코브 조명(cove lighting)은 천장, 벽의 구조체에 의해 광원의 빛이 천장 또는 벽면으로 가려지게 하여 반사광으로 간접 조명하는 건축화 조명 방식이고, 코퍼 조명은 천장면에 반원구의 구멍을 뚫고 조명기구를 설치하여 조명하는 방식이며, 광천장 조명은 천장의 전체 또는 일부에 광원을 설치하고 확산용 스크린(창호지, 스테인드 글라스 등)으로 마감하는 방식이며, 천장 전면을 낮은 휘도로 빛나게 하는 조명 방식이다.

72 | 건축화 조명 방식(루버 조명)
06

다음 그림의 건축화 조명 방식을 무엇이라고 하는가?

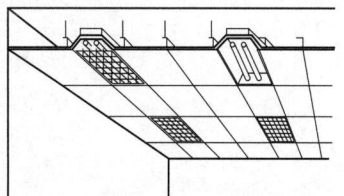

① 루버 조명　　② 다운라이트 조명
③ 광천장 조명　　④ 코브 조명

해설 다운라이트(down light) 조명은 천장에 작은 구멍을 뚫어 그 속에 조명기구를 매입하는 방식이고, 광천장 조명은 천장의 전체 또는 일부에 광원을 설치하고 확산용 스크린(창호지, 스테인드 글라스 등)으로 마감하는 방식이며, 천장 전면을 낮은 휘도로 빛나게 하는 조명 방식이며, 코브 조명(cove lighting)은 천장, 벽의 구조체에 의해 광원의 빛이 천장 또는 벽면으로 가려지게 하여 반사광으로 간접 조명하는 건축화 조명 방식이다.

73 | 건축화 조명 방식(캐노피 조명)
07, 04

건축화 조명 중 벽면이나 천장면의 일부를 돌출시켜 조명을 설치하는 방식은?

① 광천장 조명 ② 코브 조명
③ 벽면 조명 ④ 캐노피 조명

해설 광천장 조명은 천장의 전체 또는 일부에 광원을 설치하고 확산용 스크린(창호지, 스테인드 글라스 등)으로 마감하는 방식이며, 천장 전면을 낮은 휘도로 빛나게 하는 조명 방식이고, 코브 조명(cove lighting)은 천장, 벽의 구조체에 의해 광원의 빛이 천장 또는 벽면으로 가려지게 하여 반사광으로 간접 조명하는 건축화 조명 방식이며, 벽면 조명에는 커튼 조명, 밸런스 조명, 캐노피 조명 및 코니스 조명 등이 있다.

74 | 건축화 조명 방식(코브 조명)
17, 12, 11, 10, 09, 02, 01

천장, 벽의 구조체에 의해 광원의 빛이 천장 또는 벽면으로 가려지게 하여 반사광으로 간접 조명하는 건축화 조명 방식은?

① 코니스 조명 ② 코브 조명
③ 광창 조명 ④ 광천장 조명

해설 코니스 조명은 벽의 상부에 길게 설치된 반사 상자 안에 광원을 설치, 모든 빛이 하부로 향하도록 하는 조명 방식이고, 광창 조명은 넓은 면적(벽면의 전체 또는 일부분)을 가진 광원을 벽에 매입하고 확산 투과 플라스틱판이나 창호지 등으로 마감한 조명 방식으로 비스타(vista)적인 효과를 낼 수 있으며 시선의 배경으로 작용할 수 있으며, 광천장 조명은 천장의 전체 또는 일부에 광원을 설치하고 확산용 스크린(창호지, 스테인드 글라스 등)으로 마감하는 방식 또는 천장 전면을 낮은 휘도로 빛나게 하는 조명 방식이다.

75 | 장식적 장식품의 용어
13

다음의 설명에 알맞은 장식물의 종류는?

- 실생활의 사용보다는 실내 분위기를 더욱 북돋아 주는 감상 위주의 물품이다.
- 수석, 모형, 수족관, 화초류 등이 있다.

① 예술품 ② 실용적 장식품
③ 장식적 장식품 ④ 기념적 장식품

해설 장식적인 소품(실생활의 사용보다는 실내 분위기를 더욱 북돋아 주는 감상 위주의 물품)에는 수석, 모형, 수족관, 화초류, 그림, 조각품, 골동품, 사진, 포스터 및 꽃꽂이 등이 있고, 실용적인 소품(실생활에 실질적으로 사용하는 물품)에는 도자기, 벽시계, 스크린, 스탠드 램프 및 식물 등이 있다.

76 | 실용적 장식품의 종류
21, 09

다음 중 실용적 장식품에 속하지 않는 것은?

① 모형 ② 벽시계
③ 스탠드 램프 ④ 스크린

해설 장식적인 소품에는 모형, 그림, 조각품, 골동품, 사진, 포스터 및 꽃꽂이 등이 있고, 실용적인 소품에는 도자기, 벽시계, 스크린, 스탠드 램프 및 식물 등이 있다.

1-4. 음환경

1 음의 성질 등

① 음의 반사 : 음파가 실내 표면에 부딪치면 입사된 음의 에너지 일부는 흡수되고, 일부는 구조물을 통해서 투과하며, 그 나머지는 반사하게 된다. 볼록하게 나온 면은 음을 확산시키고 오목하게 들어간 면은 반사에 의하여 음을 집중시키는 현상

② 음의 확산 : 일정한 볼록면과 오목면을 가진 표면에 음파가 부딪치게 되면 균일한 음의 분포를 가진 여러 개의 작고 약한 파형으로 나누어지는 현상

③ 음의 회절 : 음파는 파동의 하나이기 때문에 물체가 진행 방향을 가로막고 있다고 해도 그 물체의 후면에도 전달되는 현상 또는 음파가 장애물에 부딪치면 음향적인 음양이 생기게 되지만 광선의 경우와 같이 뚜렷하지는 않다. 이는 음이 파동 현상에 의해 회절하는 현상

④ 실의 공명 : 어떤 발음체가 다른 진동체에 의한 음파가 유도되어 그것과 같은 진동수의 음을 발생시키는 현상

⑤ 음의 굴절 : 다른 매질 사이의 경계 또는 같은 매질에서도 밀도가 다른 경계면에 그 한쪽의 매질에서 음파가 입사하면, 진행 방향을 바꾸어 다른 매질 속으로 들어가는 현상

⑥ 음의 간섭 : 서로 다른 음원에서의 음이 중첩되면 합성되어 음은 쌍방의 상황에 따라 강해진다든지 또는 약해진다든지 하는 현상

⑦ 음의 명료도 : 사람이 말하는 언어가 얼마나 정확한가를 말한 말수에 대한 백분율 또는 의미를 가지지 않는 음절의 조합(3음절 리스트 등)을 골라 표준적인 음원으로부터 이를 발생시켜 어떤 장소에서 청취한 청취율을 퍼센트로 나타낸 것으로 강당 등 주로 강연에 사용되는 건물(실)의 음향 성능을 평가하기 위한 것이며, 음의 명료도에 영향을 끼치는 요인은 음의 세기, 실의 형태, 음의 분포, 잔향 시간 및 실내의 소음량 등이 영향을 끼친다. 또한, 실의 명료도가 떨어지는 이유는 잔향 시간이 길 때, 음압이 낮을 때, 음원에서 멀 때 및 소음이 있는 경우이다.

⑧ 음의 효과
  ㉮ 공명 효과 : 다른 발음체의 진동수 같은 음파가 가해졌을 때 자신도 진동을 일으켜, 소리를 내는 효과이다.
  ㉯ 일치 효과 : 차음 성능 저하의 일종으로 음파의 주파수와 간벽의 진동 파동이 갖고 있는 주파수의 일치 효과이다.
  ㉰ 플러터 에코 효과 : 박수나 발자국 소리가 천장과 바닥면 및 옆벽과 옆벽 사이에서 왕복 반사하여 독특한 음색을 울리는 효과이다.
  ㉱ 마스킹 효과 : 2가지 음이 동시에 귀에 들어와서 한 쪽의 음 때문에 다른 쪽의 음이 작게 들리는 현상이다.

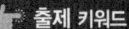 출제 키워드

■ 음의 확산
일정한 볼록면과 오목면을 가진 표면에 음파가 부딪치게 되면 균일한 음의 분포를 가진 여러 개의 작고 약한 파형으로 나누어지는 현상

■ 음의 회절
음파는 파동의 하나이기 때문에 물체가 진행 방향을 가로막고 있다고 해도 그 물체의 후면에도 전달되는 현상

■ 음의 간섭
서로 다른 음원에서의 음이 중첩되면 합성되어 음은 쌍방의 상황에 따라 강해진다든지 또는 약해진다든지 하는 현상

■ 음의 명료도
음의 세기, 실의 형태, 음의 분포, 잔향 시간 및 실내의 소음량 등

■ 실의 명료도가 떨어지는 이유
잔향 시간이 길 때, 음압이 낮을 때, 음원에서 멀 때 및 소음이 있는 경우

■ 마스킹 효과
2가지 음이 동시에 귀에 들어와서 한 쪽의 음 때문에 다른 쪽의 음이 작게 들리는 현상

출제 키워드

■ 진음
• 세기와 높이가 일정한 음
• 확성기나 마이크로폰의 성능 시험 등에 음원으로 사용

■ 음속(음의 속도)
온도에는 크게 영향을 받음. 즉, 1℃가 상승하면 음속은 0.6m/s씩 빨라짐

■ 가청 주파수
• 가청 주파수의 범위 : 20~20,000Hz
• 가청 최대 한계 : 130dB 정도
• 사람이 가장 민감하게 느낄 수 있는 음의 주파수 : 3,000~4,000Hz

■ 음의 세기
어느 점에서 음파의 전파 방향에 직각으로 잡은 단위 단면적을 단위 시간에 통과하는 음의 에너지량

■ 음의 고저
주파수가 결정

■ 정상 소음
음압 레벨의 변동 폭이 좁고, 측정자가 귀로 들었을 때 음의 크기가 변동하고 있다고는 생각되지 않는 종류의 소음

---

⑨ 음의 종류
  ㉮ 진음 : 세기와 높이가 일정한 음으로, 확성기나 마이크로폰의 성능 시험 등에 음원으로 사용되는 것 또는 단일 주파수를 갖는 이상적인 음이다.
  ㉯ 낙음 : 음파의 구성이 규칙적이고 주기적이며, 그 진동수를 정확히 측정할 수 있는 음, 즉 일정한 주기와 진폭을 가진 음이다.
  ㉰ 소음 : 귀에 거슬리고 듣기 싫은 모든 음이다.

2 음속과 소음 레벨

(1) 음속 등

① 음속(음의 속도) : 보통 15℃의 기온에서 약 340m/s의 속력을 가지며, 진동수, 세기, 습도 및 기압의 변화에는 큰 관계가 없으나, 온도에는 크게 영향을 받는다. 즉, 1℃가 상승하면 음속은 0.6m/s씩 빨라진다.
② 정상적인 사람의 청각으로 감지할 수 있는 가청 주파수의 범위는 20~20,000Hz이고, 이 범위 외에 속하는 것을 초음파라고 하며, 정상적인 청력을 가진 사람의 가청 최대 한계는 130dB 정도이다. 사람이 가장 민감하게 느낄 수 있는 음의 주파수는 3,000~4,000Hz이다.
③ 음의 세기와 단위 : 음의 세기는 어느 점에서 음파의 전파 방향에 직각으로 잡은 단위 단면적을 단위 시간에 통과하는 음의 에너지량이며, 음의 세기 단위는 W/m^2이고, 음의 세기 레벨은 dB이며, 음압의 단위는 N/m^2이고, 음압의 레벨 단위는 dB, 음의 크기(음의 대소를 나타내는 감각량) 단위는 sone이고, 음의 크기 레벨은 폰(phon)이다. 1sone은 40phon이다. 즉, 단위를 정리하면 다음 표와 같다.

구분	음의 세기	음의 세기 레벨	음압	음압의 레벨	음의 크기	음의 크기 레벨
단위	W/m^2	dB	N/m^2	dB	sone	phon

④ 음의 고저는 주파수가 결정하고, 음속은 공기의 밀도에 의해 영향을 받으므로, 즉 기온, 기압, 습도의 영향을 모두 받지만 가장 영향이 큰 요소는 기온이다.

(2) 소음 등

① 소음의 종류
  ㉮ 정상 소음 : 음압 레벨의 변동 폭이 좁고, 측정자가 귀로 들었을 때 음의 크기가 변동하고 있다고는 생각되지 않는 종류의 소음이다.
  ㉯ 변동 소음 : 레벨이 불규칙하고 연속적으로 일정한 범위로 변화하며 발생하는 소음으로 굴삭기, 불도저, 트랙터 셔블, 유압 셔블, 압쇄기 등의 소음이다.

㉰ 간헐 소음 : 간헐적으로 발생하고 계속되는 시간이 수초 이상인 소음으로 콘크리트 브레이커, 항타기 등의 소음이다.
㉱ 충격 소음 : 계속되는 시간이 극히 짧은 소음으로 연속성(착암기, 드릴 마스터 등), 반복성(항타기 등)의 소음이다.

② 소음 레벨에 따른 영향

소음 레벨	영향
65dB	원하지 않는 음으로 지각되어 방해를 느끼게 되나 심리적인 영향일 뿐이다. 이 소음 레벨을 초과하면 정신적·육체적 피로가 발생하는 등 생리적 영향을 받게 된다.
90dB	다년간 노출될 경우 영구성 난청의 원인이 된다.
100dB	단시간 노출시에도 청감이 일시적으로 저하되며, 장시간 노출될 경우는 회복이 어려운 청각 손실을 가져온다.
120dB	귀에 고통을 주기 시작한다.
130dB	정상적인 청력을 가진 사람의 가청 최대 한계
150dB	순간적으로 청각 기관이 파손된다.

③ 소음 조절 계획 : 실내의 소음 조절을 위한 계획을 수립하는 순서는 소음원 조사 → 소음 경로 조사 → 소음 레벨 측정 → 소음 방지 설계의 순이다.

■ 소음 조절 계획 순서
소음원 조사 → 소음 경로 조사 → 소음 레벨 측정 → 소음 방지 설계의 순

3 실내의 음향 계획 등

① 음이 실내에 골고루 분산되도록 하고, 반사음이 한 곳에 집중되지 않도록 한다.
② 강연 때보다 음악을 연주할 때에는 잔향 시간이 다소 긴 것이 좋으며, 청중은 흡음재의 역할을 하므로 잔향 시간은 청중이 많을수록 짧다. 모든 실은 실의 용도에 따라 잔향 시간을 조정하여야 한다.
③ 실내 잔향 시간은 실용적에 비례하고 흡음력에 반비례하며, 흡음 재료의 사용 위치에 따라 달라지며, 실형태와는 무관하다. 특히, 잔향 시간이 길면 말소리를 듣기 어렵다.
④ 실내 벽면을 원형, 타원형, 오목면 등을 많이 만들면 음의 초점이 생기므로 소리의 반향이 커져 좋지 않다.
⑤ 홀의 음향 계획에 있어 음원의 근처에 반사체를 두어 초기 반사를 최대한 이용하고, 반사체의 크기는 반사되는 음원의 파장 이상으로 하며, 실내 어디에서나 음향적 결함(장시간 지연 반사음, 반향, 음의 집중, 음의 그림자 및 실의 공명 등)이 없어야 한다.

■ 실내의 음향 계획
· 모든 실은 실의 용도에 따라 잔향 시간을 조정해야 함
· 실내 벽면에 음의 초점이 생기면 소리의 반향이 커져 좋지 않음
· 음향적 결함이 없어야 함

4 음의 잔향 이론 등

(1) 잔향과 잔향 시간

잔향은 실내에서는 소리를 갑자기 중지시켜도 소리는 그 순간에 없어지는 것이 아니라 점차로 감소되다가 안들리게 되는데, 이와 같이 음 발생이 중지된 후에도 소리가 실내에 남는 현상 또는 음이 벽에 몇 번씩이나 반사하여 연주가 끝난 후에도 실내에 음이 남아

■ 잔향
실내에서는 소리를 갑자기 중지시켜도 소리는 그 순간에 없어지는 것이 아니라 점차로 감소되다가 안들리게 되는데, 이와 같이 음 발생이 중지된 후에도 소리가 실내에 남는 현상

출제 키워드

■ 잔향 시간
- 60dB(최초값−60dB) 감소하기까지 소요된 시간
- 실용적에 비례하고 흡음력에 반비례
- 대실은 소실보다 잔향 시간이 길고, 관중의 수가 많으면 잔향 시간이 짧아짐
- 실의 형태와는 무관

■ 잔향 시간이 긴 것부터 짧은 것의 순으로 나열
교회 음악 → 음악 평균 → 학교 강당 → 실내악 → 영화관 → 극장, 강연의 순

■ 음향 설계
음원쪽(강사쪽, 무대쪽)에는 반사재를 설치하고, 청중쪽에는 흡음재를 설치

■ 흡음재의 설치
발코니의 밑부분 – 발코니 부분 – 중간 부분(청중석) – 강단(음원쪽)

■ 흡음
- 양탄자의 흡음력이 가장 큼
- 다공질은 흡음은 가능하나 차음은 불가능

있는 현상(극장에서 음악의 여운)으로 잔향을 나타내기 위한 잔향 시간(음원에서 소리가 끝난 후, 실내에 음의 에너지가 그 백만분의 1이 될 때까지의 시간 또는 실내에 남은 음의 에너지가 60dB(최초값−60dB) 감소하기까지 소요된 시간)은 실용적에 비례하고 흡음력에 반비례한다.

① 일반적으로 대실은 소실보다 잔향 시간이 길고, 관중의 수가 많으면 잔향 시간이 짧아지며, 잔향 시간은 벽체의 흡음도에 가장 영향을 많이 받으며, 실의 형태와는 무관하다.

② 음악 연주인 경우는 저음역이 긴 편이 좋고, 명료도가 요구되는 강연은 저음역이 짧은 것이 좋으며, 저음역은 판 재료에 의해서 흡음 처리한다.

③ 잔향 시간이 길면 명료성이 떨어지고, 잔향 시간이 너무 짧으면 음악의 풍부성이 저하된다. 또한, 잔향 시간이 없으면 음량이 작아지고, 전기 음향설비는 잔향 시간을 길게 한다.

④ 잔향 시간이 긴 것부터 짧은 것의 순으로 나열하면, 교회 음악 → 음악 평균 → 학교 강당 → 실내악 → 영화관 → 극장, 강연의 순이다.

(2) 음향 설계

음향 설계에 있어서 음원쪽(강사쪽, 무대쪽)에는 반사재를 설치하고, 청중쪽에는 흡음재를 설치하여 반향을 막아야 한다. 즉, 반사재(회반죽 마감)는 무대에서 가까운 곳을 마감하고, 흡음재(텍스 마감)는 무대에서 먼 곳을 마감한다. 흡음재를 설치해야 할 순서를 나열하면, 발코니의 밑부분 – 발코니 부분 – 중간 부분(청중석) – 강단(음원쪽)이다.

(3) 흡음과 차음

① 흡음 : 흡음력이란 실내의 바닥, 천장 및 벽 등의 평균 흡음률(재료면에 투사한 음의 에너지와 그 재료에 흡수된 음의 에너지의 비율)에 실내의 총 면적을 곱한 값으로서, 재료의 흡음률은 양탄자는 0.15, 벽돌은 0.031, 거친 콘크리트는 0.016, 나무 블록은 0.07 정도이므로 양탄자의 흡음률이 가장 크므로, 양탄자의 흡음력이 가장 크다.

② 차음 : 차음(공기 전파음의 전파를 저지하는 것)성이 높은 재료는 무겁고, 단단하며, 치밀하나 다공질은 흡음은 가능하나 차음은 불가능하다.

과년도 출제문제

1-4. 음환경

01 | 진음의 용어
25, 23, 20, 19, 13

세기와 높이가 일정한 음으로, 확성기나 마이크로폰의 성능 시험 등에 음원으로 사용되는 것은?
① 소음 ② 진음
③ 간헐음 ④ 잔향음

[해설] 소음은 귀에 거슬리는 듣기 싫은 모든 음이고, 간헐음은 간헐적 소음이 비교적 지속 시간이 짧고 강도가 강한 소음이며, 잔향음은 음원이 동작을 멈추어 직접음을 들을 수 없게 된 뒤에도 주위 물체에 반사되어 계속 존재하는 음이다.

02 | 음의 성질(간섭의 용어)
12, 08

다음의 설명에 알맞은 음의 성질은?

> 서로 다름 음원에서의 음이 중첩되면 합성되어 음은 쌍방의 상황에 따라 강해진다든지, 약해진다든지 한다.

① 반사 ② 회절
③ 굴절 ④ 간섭

[해설] 음의 반사는 음파가 실내 표면에 부딪치면 입사된 음의 에너지 일부는 흡수되고 일부는 구조물을 통해서 투과하며 그 나머지는 반사하는 성질이고, 음의 회절은 음파는 파동의 하나이기 때문에 물체가 진행 방향을 가로막고 있다고 해도 그 물체의 후면에도 전달되는 현상이며, 음의 굴절은 다른 매질 사이의 경계 또는 같은 매질에서도 밀도가 다른 경계면에 그 한 쪽의 매질에서 음파가 입사하면 진행 방향을 바꾸어 다른 매질 속으로 들어가는 현상이다.

03 | 음의 성질(회절의 용어)
17, 16, 14

음파는 파동의 하나이기 때문에 물체가 진행 방향을 가로막고 있다고 해도 그 물체의 후면에도 전달된다. 이런 현상을 무엇이라 하는가?
① 반사 ② 회절
③ 간섭 ④ 굴절

[해설] 음의 반사는 음파가 실내 표면에 부딪치면 입사된 음의 에너지 일부는 흡수되고 일부는 구조물을 통해서 투과하며 그 나머지는 반사하는 성질이고, 음의 간섭은 서로 다른 음원에서의 음이 중첩되면 합성되어 음은 쌍방의 상황에 따라 강해진다든지, 약해진다든지 하는 현상이며, 음의 굴절은 다른 매질 사이의 경계 또는 같은 매질에서도 밀도가 다른 경계면에 그 한 쪽의 매질에서 음파가 입사하면 진행 방향을 바꾸어 다른 매질 속으로 들어가는 현상이다.

04 | 음의 성질(확산의 용어)
02

일정한 오목면과 블록면을 가진 표면에 음파가 부딪치게 되면 음 분포를 가진 여러 개의 작고 약한 파형으로 나누어지게 되는데 이러한 현상을 무엇이라 하는가?
① 음의 반사 ② 음의 확산
③ 음의 회절 ④ 실의 공명

[해설] 음의 반사는 음파가 실내 표면에 부딪치면 입사된 음의 에너지 일부는 흡수되고 일부는 구조물을 통해서 투과하며 그 나머지는 반사하는 성질이고, 음의 회절은 음파는 파동의 하나이기 때문에 물체가 진행 방향을 가로막고 있다고 해도 그 물체의 후면에도 전달되는 현상이며, 실의 공명은 어떤 발음체가 다른 진동체에 의한 음파가 유도되어 그것과 같은 진동수의 음을 발생시키는 현상이다.

05 | 마스킹 효과의 용어
22, 19, 15

2가지 음이 동시에 귀에 들어와서 한 쪽의 음 때문에 다른 쪽의 음이 작게 들리는 현상은?
① 공명 효과 ② 일치 효과
③ 마스킹 효과 ④ 플러터 에코 효과

[해설] 공명 효과는 다른 발음체의 진동수 같은 음파가 가해졌을 때 자신도 진동을 일으켜, 소리를 내는 효과이고, 일치 효과는 차음 성능 저하의 일종으로 음파의 주파수와 간벽의 진동 파동이 갖고 있는 주파수의 일치 효과이며, 플러터 에코 효과는 박수나 발자국 소리가 천장과 바닥면 및 옆벽과 옆벽 사이에서 왕복 반사하여 독특한 음색을 울리는 효과이다.

정답 01. ② 02. ④ 03. ② 04. ② 05. ③

06 | 단위(음의 세기)
12

어느 점에서 음파의 전파 방향에 직각으로 잡은 단위 단면적을 단위 시간에 통과하는 음의 에너지량을 음의 세기라고 하는데, 음의 세기의 단위는?

① W/m^2 ② dB
③ sone ④ ppm

해설 음의 세기 단위는 W/m^2이고, 음의 세기 레벨은 dB이며, 음압의 단위는 N/m^2이고, 음압의 레벨 단위는 dB, 음의 크기 단위는 sone이고, 음의 크기 레벨은 폰(phon)이며, 1sone은 40phon이다. 또한, ppm은 백만분율로 주로 농도를 표시하는 단위로 사용된다.

07 | 단위(음압 레벨)
23, 10

음압 레벨에 사용되는 단위는?

① 럭스 ② 루멘
③ 데시벨 ④ 람베르트

해설 음압 레벨의 단위는 데시벨이고, 럭스는 조도의 단위, 루멘은 광속의 단위, 람베르트는 휘도의 단위이다.

08 | 단위(음의 세기 레벨)
24, 12

음의 세기 레벨을 나타낼 때 사용하는 단위는?

① ppm ② cycle
③ dB ④ lm

해설 음의 세기 레벨은 dB이고, ppm은 백분율이며, cycle은 주기이다. 또한, lm은 광속의 단위이다.

09 | 단위(음의 감각적인 크기)
25, 22, 09

음의 감각적인 크기를 표현하는 데 사용되는 것은?

① lm ② lux
③ phon ④ %

해설 음의 세기는 데시벨과 폰을 사용하고 lm은 휘도의 단위, lux은 조도의 단위, %는 습도의 단위이다.

10 | 단위(음의 크기)
18, 14

음의 대소를 나타내는 감각량을 음의 크기라 한다. 음의 크기의 단위는?

① dB ② lm
③ lx ④ sone

해설 dB은 음의 세기와 음압 레벨의 단위이고, 루멘은 광속의 단위, 룩스는 조도의 단위이다.

11 | 음의 고저 결정 요소
24, 23, 18, 11

음의 고저(pitch)를 결정하는 요소는?

① 음속 ② 음색
③ 주파수 ④ 잔향 시간

해설 음의 고저는 주파수가 결정하고, 음속은 공기의 밀도에 의해 영향을 받으므로, 즉 기온, 기압, 습도의 영향을 모두 받지만 가장 영향이 큰 요소는 기온이다.

12 | 음의 주파수(가장 민감한)
07

일반적으로 사람들이 가장 민감한 음의 주파수 범위는?

① 20~1,000Hz ② 1,000~2,000Hz
③ 3,000~4,000Hz ④ 7,000~9,000Hz

해설 사람이 가장 민감하게 느낄 수 있는 음의 주파수는 3,000~4,000Hz이다.

13 | 소음(정상 소음의 용어)
17, 13, 12

다음 설명에 알맞은 소음의 종류는?

음압 레벨의 변동 폭이 좁고, 측정자가 귀로 들었을 때 음의 크기가 변동하고 있다고는 생각되지 않는 종류의 음

① 변동 소음 ② 간헐 소음
③ 정상 소음 ④ 충격 소음

해설 변동 소음은 레벨이 불규칙하고 연속적으로 일정한 범위로 변화하며 발생하는 소음으로 굴삭기, 불도저, 트랙터 셔블, 유압 셔블, 압쇄기 등의 소음이고, 간헐 소음은 간헐적으로 발생하고 계속되는 시간이 수초 이상인 소음으로 콘크리트 브레이커, 항타기 등의 소음이며, 충격 소음은 계속되는 시간이 극히 짧은 소음으로 연속성(착암기, 드릴 마스터 등), 반복성(항타기 등)의 소음이다.

14 | 가청 최대 한계

정상 청력을 가진 사람의 가청 최대 한계로 가장 적합한 것은?

① 30dB   ② 50dB
③ 90dB   ④ 130dB

해설 정상적인 청력을 가진 사람의 가청 최대 한계는 130dB 정도이다.

15 | 명료도의 영향 요소

다음 중 집회 공간에서 음의 명료도에 끼치는 영향이 가장 작은 것은?

① 음의 세기   ② 실내의 온도
③ 실내의 소음량   ④ 실내의 잔향 시간

해설 음의 명료도(사람이 말하는 언어가 얼마나 정확한가를 말한 말수에 대한 백분율)는 음의 세기, 실의 형태, 음의 분포, 잔향 시간 및 실내의 소음량 등이 영향을 끼친다.

16 | 명료도의 저하 원인

실의 명료도가 떨어지는 원인이 아닌 것은?

① 잔향 시간이 짧을 때   ② 음압이 낮을 때
③ 소음이 있을 때   ④ 음원에서 멀 때

해설 음의 명료도[의미를 가지지 않는 음절의 조합(3음절 리스트 등)을 골라 표준적인 음원으로부터 이를 발생시켜 어떤 장소에서 청취한 청취율을 퍼센트로 나타낸 것]은 강당 등 주로 강연에 사용되는 건물(실)의 음향 성능을 평가하기 위한 것으로 음성의 평균 레벨, 잔향 시간, 소음, 실의 형태 등에 의해 크게 영향을 받는다. 또한, 실의 명료도가 떨어지는 이유는 잔향 시간이 길 때, 음압이 낮을 때, 음원에서 멀 때 및 소음이 있는 경우이다.

17 | 음속의 영향 요소

음속(소리의 빠르기)에 가장 크게 영향을 주는 것은?

① 진동수   ② 음의 세기
③ 온도의 변화 ④ 기압의 변화

해설 음속(음의 속도)은 보통 15℃의 기온에서 약 340m/s의 속력을 가지고, 진동수, 세기, 습도 및 기압의 변화에는 큰 관계가 없으나, 온도에는 크게 영향을 받는다. 즉, 1℃가 상승하면 음속은 0.6m/s씩 빨라진다.

18 | 소음 조절 계획 시 최우선 사항

실내 소음 조절을 위한 계획을 수립할 때 가장 먼저 해야 할 일은?

① 소음 경로 조사   ② 소음원 조사
③ 소음 방지 설계   ④ 소음 레벨 측정

해설 실내의 소음 조절을 위한 계획을 수립하는 순서는 소음원을 조사한다. → 소음 경로를 조사한다. → 소음 레벨을 측정한다. → 소음 방지 설계를 한다.

19 | 음향 계획(실내)

실내 음향 계획에 관한 설명으로 옳지 않은 것은?

① 음이 실내에 골고루 분산되도록 한다.
② 반사음이 한 곳으로 집중되지 않도록 한다.
③ 실내 잔향 시간은 실용적이 크면 클수록 짧다.
④ 음악을 연주할 때에는 강연 때보다 잔향 시간이 다소 긴 편이 좋다.

해설 잔향 시간은 음원에서 소리가 끝난 후 실내에 음의 에너지가 그 백만분의 일이 될 때까지의 시간 또는 실내에 남은 음의 에너지가 최초값보다 60dB 감소(최소값-60dB)하기까지 소요된 시간으로, 실용적에 비례하고 흡음력에 반비례하며, 실의 형태와는 관계가 없다.

20 | 음향 계획(실내)

다음의 실내 음향 계획에 대한 설명 중 옳지 않은 것은?

① 유해한 소음 및 진동이 없도록 한다.
② 실내 전체에 음압이 고르게 분포되도록 한다.
③ 반향, 음의 집중, 공명 등의 음향 장애가 없도록 한다.
④ 실내 벽면은 음의 초점이 생기기 쉽도록 원형, 타원형, 오목면 등을 많이 만들도록 한다.

해설 실내 벽면이 원형, 타원형, 오목면 등을 많이 만들면 음의 초점이 생기므로 소리의 반향이 커져 좋지 않다.

21 | 음향 계획(실내)

다음 중 실내의 음향 계획에 관한 설명으로 옳지 않은 것은?

① 모든 실에서 잔향은 짧을수록 좋다.
② 잔향 시간이 길면 말소리를 듣기 어렵다.
③ 잔향 시간은 실의 용적에 비례한다.
④ 잔향 시간은 실의 흡음력에 반비례한다.

해설 잔향 시간(음원에서 소리가 끝난 후, 실내에 음의 에너지가 그 백만분의 일이 될 때까지의 시간 또는 실내에 남은 음의 에너지가 최초값에서 60dB 감소하기까지 소요된 시간)은 실의 체적과 벽면의 흡음도에 따라 결정되며, 실 형태와는 관계가 없다. 또한, 잔향 시간은 실용적에 비례하고 흡음력에 반비례하며, 일정한 강당에 있어서의 잔향 시간은 청취자와 음원의 위치에 따른 영향이 크다. 특히, 모든 실은 실의 용도에 따라 잔향 시간을 조정하여야 한다.

22 | 음향 계획(홀) 07, 05

홀의 음향 계획으로 옳지 않은 것은?

① 반사음을 한쪽으로 집중시킨다.
② 실내·외의 소음을 차단한다.
③ 주파수에 따라 실내 마감재료를 조정한다.
④ 실내의 음을 보강하는 설비를 한다.

해설 홀의 음향 계획에 있어 음원의 근처에 반사체를 두어 초기 반사를 최대한 이용하고, 반사체의 크기는 반사되는 음원의 파장 이상으로 하며, 실내 어디에서나 음향적 결함(장시간 지연 반사음, 반향, 음의 집중, 음의 그림자 및 실의 공명 등)이 없어야 한다.

23 | 흡음력(큰 재료) 07, 03

다음 중 흡음력이 가장 큰 재료는?

① 양탄자   ② 벽돌
③ 거친 콘크리트   ④ 나무 블록

해설 흡음력이란 실내의 바닥, 천장 및 벽 등의 평균 흡음률(재료면에 투사한 음의 에너지와 그 재료에 흡수된 음의 에너지의 비율)에 실내의 총 면적을 곱한 값으로서, 재료의 흡음률은 양탄자는 0.15, 벽돌은 0.031, 거친 콘크리트는 0.016, 나무 블록은 0.07 정도이므로 양탄자의 흡음률이 가장 크므로, 양탄자의 흡음력이 가장 크다.

24 | 차음성(높은 재료) 15

차음성이 높은 재료의 특징과 가장 거리가 먼 것은?

① 무겁다.   ② 단단하다.
③ 치밀하다.   ④ 다공질이다.

해설 차음(공기 전파음의 전파를 저지하는 것)성이 높은 재료는 무겁고, 단단하며, 치밀하나 다공질은 흡음은 가능하나 차음은 불가능하다.

25 | 잔향의 용어 18, 16②, 09

실내에서는 소리를 갑자기 중지시켜도 소리는 그 순간에 없어지는 것이 아니라 점차로 감소되다가 안들리게 되는데, 이와 같이 음 발생이 중지된 후에도 소리가 실내에 남는 현상은?

① 굴절   ② 반사
③ 잔향   ④ 회절

해설 잔향은 음이 벽에 몇 번씩이나 반사하여 연주가 끝난 후에도 실내에 음이 남아 있는 현상(극장에서 음악의 여운)이고, 음의 반사는 음파가 실내 표면에 부딪치면 입사된 음의 에너지 일부는 흡수되고 일부는 구조물을 통해서 투과하며 그 나머지는 반사하는 성질이고, 음의 회절은 음파는 파동의 하나이기 때문에 물체가 진행 방향을 가로막고 있다고 해도 그 물체의 후면에도 전달되는 현상이며, 음의 굴절은 다른 매질 사이의 경계 또는 같은 매질에서도 밀도가 다른 경계면에 그 한 쪽의 매질에서 음파가 입사하면 진행 방향을 바꾸어 다른 매질 속으로 들어가는 현상이다.

26 | 잔향 시간의 비교 04

다음 중 실의 용적이 같을 때 일반적으로 가장 잔향 시간이 길어야 할 곳은 어느 곳인가?

① 음악당   ② 학교 강당
③ 영화관   ④ 강연회장

해설 음악당은 음악 감상을 위한 공간으로 잔향 시간이 길어야 하고, 실의 용적이 1인당 7~10m³ 정도이므로 잔향 시간이 가장 길다.

27 | 잔향 계획(실내) 02

실내 잔향 계획 중 옳지 않은 것은?

① 음악 연주인 경우는 긴 편이 좋다.
② 명료도가 요구되는 강연은 저음역이 짧은 것이 좋다.
③ 저음역은 판 재료에 의해서 흡음 처리한다.
④ 무대쪽은 흡음성 재료를 사용한다.

해설 음향 설계에 있어서 음원쪽(강사쪽)에는 반사재를 설치하고, 청중쪽에는 흡음재를 설치하여 반향을 막아야 한다. 흡음재를 설치해야 할 순서를 나열하면, 발코니의 밑부분 - 발코니 부분 - 중간 부분(청중석) - 강단(음원쪽)이다. 또한, 반사재(회반죽 마감)는 무대에서 가까운 곳에 마감하고, 흡음재(텍스 마감)는 무대에서 먼 곳에 마감한다.

정답 22.① 23.① 24.④ 25.③ 26.① 27.④

28 | 잔향 이론 07

음의 잔향 이론에 대한 설명으로 옳은 것은?

① 잔향 시간이 너무 길면 음이 명료하지 않고, 잔향 시간이 없으면 음량이 적어져서 음을 듣기 어렵게 된다.
② 일반적으로 대실은 소실보다 잔향 시간이 짧다.
③ 관중의 수가 많으면 잔향 시간이 길어진다.
④ 잔향 시간은 실의 형태에 가장 영향을 많이 받으며 벽면의 흡음도와는 무관하다.

해설 잔향 시간(음원에서 소리가 끝난 후, 실내에 음의 에너지가 그 백만분의 1이 될 때까지의 시간 또는 실내에 남은 음의 에너지가 최초값에서 60dB 감소(최초값-60dB)하기까지 소요된 시간)은 실용적에 비례(대실은 소실보다 잔향 시간이 짧다.)하고 흡음력에 반비례(관중의 수가 많으면 잔향 시간이 길어진다.) 하며, 실 형태와는 관계가 없다.

29 | 잔향 시간 10

다음 중 음 환경 설계 시 잔향 시간에 관한 설명으로 옳지 않은 것은?

① 천장과 벽의 흡음력을 크게 하면 잔향 시간이 짧아진다.
② 잔향 시간은 실의 용적과 무관하다.
③ 잔향 시간은 실의 형태와 무관하다.
④ 회의실 등 이야기 소리의 청취를 목적으로 한 실은 짧은 잔향 시간이 바람직하다.

해설 잔향 시간은 실 용적에 비례하고 흡음력에 반비례하며, 일정한 강당에 있어서의 잔향 시간은 청취자와 음원의 위치에 따른 영향이 크다. 특히, 흡음 재료의 사용 위치에 따라 잔향 시간이 달라진다.

30 | 잔향 시간 20, 14

음의 잔향 시간에 관한 설명으로 옳지 않은 것은?

① 잔향 시간은 실의 용적에 비례한다.
② 잔향 시간이 길면 말소리를 듣기 어렵다.
③ 잔향 시간은 벽면 흡음도의 영향을 받는다.
④ 실의 형태는 잔향 시간의 가장 주된 결정 요소이다.

해설 잔향 시간(음원에서 소리가 끝난 후, 실내에 음의 에너지가 그 백만 분의 일이 될 때까지의 시간 또는 실내에 남은 음의 에너지가 최초값에서 60dB 감소(최초값-60dB)하기까지 소요된 시간)은 실용적에 비례하고 흡음력에 반비례하며, 실의 형태와는 관계가 없다.

31 | 잔향 시간 09, 06

잔향 시간에 관한 설명으로 옳지 않은 것은?

① 잔향 시간이 길면 명료성이 떨어진다.
② 잔향 시간은 실의 형태와 깊은 관련이 있다.
③ 잔향 시간이 너무 짧으면 음악의 풍부성이 저하된다.
④ 잔향 시간은 실의 용적에 비례하고 흡음력에 반비례한다.

해설 잔향 시간(음원에서 소리가 끝난 후, 실내에 음의 에너지가 그 백만 분의 일이 될 때까지의 시간 또는 실내에 남은 음의 에너지가 최초값에서 60dB 감소(최초값-60dB)하기까지 소요된 시간)은 실용적에 비례하고 흡음력에 반비례하며, 실의 형태와는 관계가 없다.

32 | 잔향 시간 13

잔향 시간에 관한 설명으로 옳지 않은 것은?

① 잔향 시간은 실의 용적에 비례한다.
② 잔향 시간은 벽면의 흡음도에 영향을 받는다.
③ 잔향 시간은 실의 평면 형태와 밀접한 관계가 있다.
④ 회화 청취를 주로 하는 실내에서는 짧은 잔향 시간이 요구된다.

해설 잔향 시간(음원에서 소리가 끝난 후, 실내에 음의 에너지가 그 백만 분의 일이 될 때까지의 시간 또는 실내에 남은 음의 에너지가 최초값에서 60dB 감소(최초값-60dB)하기까지 소요된 시간)은 실용적에 비례하고 흡음력에 반비례하며, 실의 형태와는 관계가 없다.

33 | 잔향 시간 10

잔향 시간에 대한 설명으로 옳지 않은 것은?

① 실의 용적에 비례한다.
② 실의 흡음력에 반비례한다.
③ 잔향 시간이 너무 길면 음이 명료하지 않아 음을 듣기 어렵게 된다.
④ 음원으로부터 음의 발생을 중지시킨 후 소리가 완전히 없어지는 데까지 걸리는 시간이다.

해설 잔향 시간(음원에서 소리가 끝난 후, 실내에 음의 에너지가 그 백만 분의 일이 될 때까지의 시간 또는 실내에 남은 음의 에너지가 최초값에서 60dB 감소(최초값-60dB)하기까지 소요된 시간)은 실용적에 비례하고 흡음력에 반비례하며, 실의 형태와는 관계가 없다.

정답 28.① 29.② 30.④ 31.② 32.③ 33.④

34 | 잔향 시간
24, 11, 09

다음 중 잔향 시간에 대한 설명으로 옳은 것은?
① 잔향 시간은 실의 용적에 반비례한다.
② 잔향 시간은 실의 흡음력에 반비례한다.
③ 잔향 시간은 실의 형태에 크게 영향을 받는다.
④ 잔향 시간이 없으면 음량이 많아져서 음을 듣기 어렵게 된다.

해설 잔향 시간(음원에서 소리가 끝난 후, 실내에 음의 에너지가 그 백만 분의 일이 될 때까지의 시간 또는 실내에 남은 음의 에너지가 최초값에서 60dB 감소(최초값-60dB)하기까지 소요된 시간)은 실용적에 비례하고 흡음력에 반비례하며, 실의 형태와는 관계가 없다. 또한, 잔향 시간이 없으면 음량이 적어져서 음을 듣기 어렵게 된다.

35 | 잔향 시간
22, 04

다음은 잔향 시간에 대한 설명이다. 틀린 것은?
① 잔향 시간은 실의 부피와 벽면의 흡음도에 따라 결정된다.
② 잔향 시간은 실의 형태와는 관계가 없다.
③ 잔향 시간은 실의 용적에 반비례한다.
④ 잔향 시간은 흡음력에 반비례한다.

해설 잔향 시간(음원에서 소리가 끝난 후, 실내에 음의 에너지가 그 백만 분의 일이 될 때까지의 시간 또는 실내에 남은 음의 에너지가 최초값에서 60dB 감소(최초값-60dB)하기까지 소요된 시간)은 실용적에 비례하고 흡음력에 반비례하며, 실의 형태와는 관계가 없다.

36 | 잔향 시간
05

잔향 시간에 대한 설명으로 틀린 것은?
① 음원으로부터 음의 발생을 중지시킨 후 소리가 완전히 없어지는 데까지 걸리는 시간이다.
② 잔향 시간이 없으면 음량이 적어져서, 음을 듣기가 어렵게 된다.
③ 실의 부피가 벽면의 흡음도에 따라 결정된다.
④ 실의 형태와는 관계가 없다.

해설 잔향 시간(음원에서 소리가 끝난 후, 실내에 음의 에너지가 그 백만 분의 일이 될 때까지의 시간 또는 실내에 남은 음의 에너지가 최초값에서 60dB 감소(최초값-60dB)하기까지 소요된 시간)은 실용적에 비례하고 흡음력에 반비례하며, 실의 형태와는 관계가 없다.

37 | 잔향 시간
04

잔향 시간이 설명으로 옳지 않은 것은?
① 최초값보다 60dB 감소하는데 걸리는 시간이다.
② 잔향 시간이 길면 말소리를 듣기 어렵다.
③ 잔향 시간이 없으면 음량이 커진다.
④ 잔향 시간은 실의 부피에 따라 결정된다.

해설 잔향 시간(음원에서 소리가 끝난 후, 실내에 음의 에너지가 그 백만 분의 일이 될 때까지의 시간 또는 실내에 남은 음의 에너지가 최초값에서 60dB 감소(최초값-60dB)하기까지 소요된 시간)은 실용적에 비례하고 흡음력에 반비례하며, 실의 형태와는 관계가 없다. 또한, 잔향 시간이 없으면 음량이 적어져서 음을 듣기 어렵게 된다.

38 | 잔향 시간의 비교
25, 11, 08, 06

다음 장소 중 잔향 시간이 가장 짧아야 할 곳은?
① 콘서트홀　　　　② 카톨릭성당
③ 오페라하우스　　④ TV 스튜디오

해설 잔향 시간이란 음의 발생이 중지된 후 소리가 실내에 남은 현상으로 잔향 시간이 길면 음이 명료하지 않고, 잔향 시간이 없으면 음량이 적어서 음을 듣기 어렵게 되며, 실의 부피와 벽면의 흡음력에 따라 결정되고, 실의 용적에 비례하며 흡음력에 반비례한다. 즉, 잔향 시간이 긴 것부터 짧은 것의 순으로 나열하면, 교회 음악 → 음악 평균 → 학교 강당 → 실내악 → 영화관 → 극장, 강연의 순이다.

PART 3 실내 건축 재료

CRAFTSMAN INTERIOR ARCHITECTURE

CHAPTER 1 실내 건축 재료

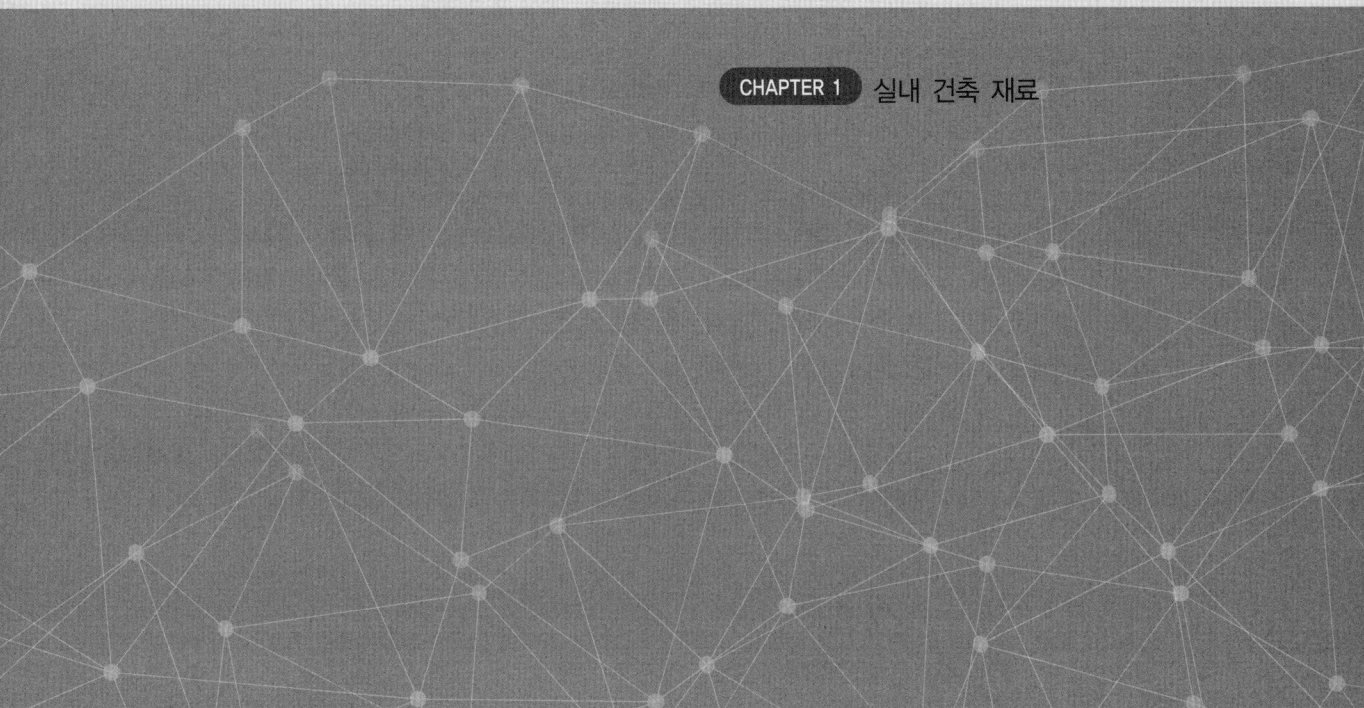

CHAPTER 01 실내 건축 재료

 출제 키워드

1-1. 건축 재료의 개요

1 재료의 발달 과정

(1) 건축 재료의 요구 조건

현대 건축 재료의 세 가지 요구 조건은 고성능화(건축물의 종류가 다양화, 대형화, 고층화되고, 건축물의 요구 성능이 고도화됨), 생산성(에너지 절약화와 능률화), 공업화(건설 작업의 기계화, 합리화)이다.

① 건축물의 종류가 다양화, 대형화, 고층화되고, 건축물의 요구 성능이 고도화됨에 따라 건축 재료의 고성능화가 요구되고 있다.

② 건축 수요의 증대에 따라 재료의 공급과 시공의 양면에서 기술 노동자의 부족을 초래하고, 노무비의 상승과 기능의 질적 저하가 유발됨에 따라 공사 전체의 저품질화를 피하기 위하여 공사 내용의 간략화와 합리화를 도모하고 에너지 절약화와 능률화의 중요성이 높아지고 있다.

③ 건축 생산의 근대화와 공업화를 도모할 필요가 있어 건설 작업의 기계화, 합리화에 알맞게 재료를 개선하고 개발하는 것이 필요하다.

(2) 20세기 새로운 건축(현대 건축)의 재료

■ 20세기 새로운 건축(현대 건축)의 재료
유리, 시멘트(콘크리트) 및 강재(철근 콘크리트, 철골철근콘크리트 등) 등

20세기 새로운 건축(현대 건축)의 재료에는 유리, 시멘트(콘크리트) 및 강재(철근 콘크리트, 철골 철근 콘크리트 등) 등이 있다.

① 18세기 말의 소다석회 유리

② 19세기 초의 포틀랜드 시멘트의 발명 : 포틀랜드 시멘트는 영국의 벽돌공 죠셉 애습딘이 1791년에 경질 석회석을 구워서 얻은 생석회에 물을 가하여 얻은 소석회에 점토를 혼합하여 만든 것이다.

③ 19세기 중엽의 철근 콘크리트의 이용 및 제강술 : 19세기 중엽에는 프랑스의 모니에에 의해 철근 콘크리트의 이용법이 개발되었으며, 그 구조의 이론이 진보되고 체계화되어 실용적으로 응용됨으로써 19세기 말부터는 독일을 중심으로 전 세계로 보급되었다.

(3) 산업규격의 분류

부문	기본	기계	전기	금속	광산	토건	일용품	식료품	섬유	요업	화학	의료	항공
기호	A	B	C	D	E	F	G	H	K	L	M	P	W

2 재료의 일반적인 성질

(1) 재료의 역학적 성질

① 탄성 : 재료에 외력이 작용하면 순간적으로 변형이 생기나 외력을 제거하면 순간적으로 원래의 형태(모양·크기)로 회복되는 성질이다. 탄성계수는 부재의 재축 방향의 응력도와 세로 변형도와의 비로서, 응력과 변형이 비례하는 후크의 법칙에 있어서의 비례 상수이다.

② 소성 : 재료에 사용하는 외력이 어느 한도에 도달하면 외력의 증가 없이 변형만 증대되는 성질 또는 외력을 가했다 제거해도 원래의 상태로 돌아가지 못하고 변형이 남는 성질이다.

③ 점성 : 유체 내에 상대 속도로 인하여 마찰 저항(전단 응력)이 일어나는 성질 또는 엿 또는 아라비아 고무와 같이 유동적이려 할 때 각 부에 서로 저항이 생기는 성질 또는 유체가 유동하고 있을 때, 유체의 내부 흐름을 저지하려고 하는 내부 마찰 저항이 발생하는 성질이다.

④ 강성 : 구조물이나 부재에 외력이 작용할 때 변형되거나 파괴되지 않으려는 성질로 외력을 받더라도 변형이 작은 것을 강성이 큰 재료라고 한다. 강성은 탄성 계수와 밀접한 관계가 있다.

⑤ 전성 : 압력이나 타격에 의해 재료가 파괴됨이 없이 판상으로 되는 성질 또는 어떤 재료를 망치로 치거나 롤러로 누르면 얇게 펴지는 성질로 대표적인 제품은 납, 금, 은, 알루미늄 등이다.

⑥ 연성 : 어떤 재료에 인장력을 가하였을 때, 파괴되기 전에 큰 늘음 상태를 나타내는 성질을 말한다.

⑦ 인성 : 압연강, 고무와 같은 재료는 파괴에 이르기까지 고강도의 응력에 견딜 수 있고 동시에 큰 변형을 나타내는 성질 또는 재료가 외력을 받아 파괴될 때까지의 에너지 흡수 능력이 큰 성질로서 큰 외력을 받아 변형을 나타내면서도 파괴되지 않고 견딜 수 있는 성질이다.

⑧ 취성 : 유리와 같이 재료가 외력을 받았을 때 극히 작은 변형을 수반하고 파괴되는 성질, 작은 변형이 생기더라도 파괴되는 성질 또는 인성에 반대되는 용어로 작은 변형으로도 파괴되는 성질로 대표적인 취성 재료로는 유리가 있다.

⑨ 크리프(프로우) : 구조물에서 하중을 지속적으로 작용시켜 놓을 경우, 재료에 사용하는 외력이 어느 한도에 도달하면 하중의 증가가 없어도 지속적인 하중에 의해 시간과 더불어 변형이 증대되는 현상이다.

출제 키워드

■ 경도
마멸에 의한 저항도

■ 강도
외력을 받았을 때 절단·좌굴과 같은 이상적인 변형을 일으키지 않고 이에 저항할 수 있는 능력

■ 열전도율의 단위
kcal/m·h·℃ 또는 W/m·K

■ 비중
재료의 중량을 그와 동일한 체적의 4℃인 물의 중량으로 나눈 값

■ 산을 많이 취급하는 화학 공장의 콘크리트 바닥
얼룩이 져서 파헤쳐짐

⑩ 경도 : 재료의 단단한 정도로 굳기라고도 하며, 긁히는 데 대한 저항도, 새김질에 대한 저항도, 탄력 정도, 마멸에 의한 저항도 등에 따라 표시 방법이 다르며, 브리넬 경도와 모스 경도 등이 있다.

㉮ 모스 경도 : 재료의 긁힘(마멸)에 대한 저항성을 나타내는 것으로서, 주로 유리 및 석재의 경도를 표시하는 데 사용한다.

㉯ 브리넬 경도 : 금속 또는 목재에 적용되는 것으로서, 지름 10mm의 강구를 시편 표면에 500~3,000kg의 힘으로 압입하여 표면에 생긴 원형 흔적의 표면적을 구하여 압력을 표면적으로 나눈 값이다.

⑪ 강도 : 재료의 강도란 외력에 대한 그 물체의 저항 정도 또는 외력을 받았을 때 절단·좌굴과 같은 이상적인 변형을 일으키지 않고 이에 저항할 수 있는 능력을 나타내며, 단위로는 하중을 단면적으로 나눈 값, 즉 kg/cm^2를 사용한다.

$$안전율 = \frac{최대 \ 강도}{허용 \ 강도}$$

(2) 재료의 열적 성질

① 열용량 : 물체에 열을 저장할 수 있는 용량을 말하고, 비열×비중으로 구하며, 단위는 kcal/℃이다.

② 비열 : 질량 1g인 물체의 온도 1℃ 올리는 데 필요한 열량으로, 단위는 cal/g·℃이다.

③ 열전도율 : 보통 두께 1m의 물체 두 표면에 단위 온도 차를 줄 때, 단위 시간에 전해지는 열량을 말하며, 단위는 kcal/m·h·℃ 또는 W/m·K이고, 기호는 λ이다. 재료의 열전도율은 다음과 같다.

(단위 : kcal/m·h·℃)

재료	철	콘크리트	소나무	코르크	유리
열전도율	0.087~0.134	1.00	0.12	0.04	0.48

④ 비중 : 재료의 중량을 그와 동일한 체적의 4℃인 물의 중량으로 나눈 값을 말한다.

(3) 화학적 성질

재료의 화학 성분, 화학 조직, 화학 저항성은 재료를 사용하는 데 고려해야 할 점들이다.

① 산을 많이 취급하는 화학 공장의 콘크리트 바닥은 얼룩이 져서 파헤쳐진다.

② 철강재는 대기 중에서 녹이 슬고, 염분이 많은 해안 지방에서는 빨리 부식이 되며, 알루미늄 새시는 콘크리트나 모르타르에 접하면 부식이 된다.

③ 대리석을 외부에 사용하면, 광택이 상실되어 장식적인 효과가 감소한다.

④ 유성 페인트를 콘크리트, 모르타르, 플라스터 면에 칠하면 줄무늬가 생겨 보기 흉하게 된다.

3 재료의 분류

(1) 건축 재료의 분류

분류		종류
제조 분야	천연	석재, 목재, 흙 등
	인공	금속 재료(철재), 요업 재료(테라코타), 합성수지 재료(고분자 재료)
사용 목적	구조	기둥, 보, 벽체 등에 사용하는 것으로 목재, 석재, 콘크리트, 철재
	마감	장식 등을 목적으로 하는 것으로 타일, 유리, 금속판, 보드류 등
	차단	방수, 방습, 차음, 단열 등에 사용하는 것으로 아스팔트, 실링재, 페어글라스 및 글라스 울 등
	방화·내화	화재의 연소 방지 및 내화성을 향상하는 것으로 방화문, 석면 시멘트판, 암면 등
화학 조성		무기 재료(석재, 흙, 콘크리트, 도자기, 철재, 알루미늄)과 유기 재료
건축 부위		지붕, 바닥, 벽, 외벽, 내벽, 천장 등
공사 구분		토공사, 기초 공사, 뼈대 공사, 설비 공사, 창호 공사, 도장 공사 등

[건축 재료의 화학 조성에 의한 분류]

구분	무기 재료		유기 재료	
	비금속	금속	천연 재료	합성수지
종류	석재, 흙, 콘크리트, 도자기	철재, 구리, 알루미늄	목재, 대나무, 아스팔트, 섬유판	플라스틱재, 도장재, 실링재, 접착재

(2) 건축 재료에 요구되는 성질

재료		재료에 요구되는 성질
구조 재료		• 재질이 균일하고 강도, 내화 및 내구성이 큰 것이어야 한다. • 가볍고 큰 재료를 얻을 수 있고 가공이 용이한 것이어야 한다.
마무리 재료	지붕 재료	• 재료가 가볍고, 방수·방습·내화·내수성이 큰 것이어야 한다. • 열전도율이 작고, 외관이 좋은 것이어야 한다.
	벽, 천장 재료	• 열전도율이 작고, 차음성·내화성·내구성이 큰 것이어야 한다. • 외관이 좋고, 시공이 용이한 것이어야 한다.
	바닥, 마무리 재료	• 탄력성이 있고, 마멸이나 미끄럼이 작으며, 청소하기가 용이한 것이어야 한다. • 외관이 좋고, 내수습성·내열성·내약품성·내화·내구성이 큰 것이어야 한다.
	창호, 수장 재료	• 외관이 좋고, 내화·내구성이 큰 것이어야 한다. • 변형이 작고, 가공이 용이한 것이어야 한다.

(3) 건축 재료에 요구되는 일반적인 사항

① 사용 목적에 알맞은 품질을 가질 것
② 가공이 쉽고, 가격이 저렴할 것

■ 건축 재료에 요구되는 사항
• 가공이 쉽고, 가격이 저렴할 것
• 일광, 공기에 의해 변형, 변질하지 않는 성능을 내구 성능
• 기밀성에 대한 것은 물리적 성능에 포함

③ 사용 환경에 알맞은 내구성 및 보존성을 가질 것
④ 대량 생산 및 공급이 가능할 것

(4) 건축 재료의 요구 성능

구분	역학적 성능	물리적 성능	내구 성능	화학적 성능	방화·내화 성능	감각적 성능	생산 성능
구조 재료	강도, 강성, 내피로성	비수축성	동해 변질 부패	녹 부식 중성화	불연성 내열성		가공성 시공성
마감 재료		열·음·광 투과, 반사			비발연성 비유독 가스	색채, 촉감	
차단 재료		열·음·광·수분의 차단					
내화 재료	고온 강도 고온 변형	고융점		화학적 안정	불연성		

* 일광, 공기에 의해 변형, 변질하지 않는 성능을 내구 성능이라고 하고, 기밀성에 대한 것은 물리적 성능에 포함된다.

1-1. 건축 재료의 개요
과년도 출제문제

01 | 새로운 3대 건축 재료
24, 08, 99

20세기의 새로운 건축의 모체가 된 3가지 재료는?
① 벽돌, 블록, 시멘트　② 목재, 석재, 도장재
③ 강재, 유리, 시멘트　④ 철근, 시멘트, 섬유

해설 재료의 발달은 18세기 말엽의 소다 유리, 19세기 초엽의 포틀랜드 시멘트 및 19세기 중엽의 프랑스의 모니에에 의한 철근 콘크리트 이용법의 개발과 제강술이 급속히 진보함으로써 유리, 콘크리트 및 강재는 20세기에 들어와서 건축 재료의 주축을 이루고 있다.

02 | 재료의 발달 과정
24, 09, 07

재료의 발달 과정에 대한 설명 중 옳지 않은 것은?
① 선사시대부터 18세기 초까지 목재, 석재, 점토 등과 같은 천연 재료를 대부분 사용하였다.
② 18세기 후반에 일어난 산업혁명 이후부터 재료의 제조기술이 점진적으로 발전하였다.
③ 20세기 중반에 들어 신소재의 개발이나 제조기술의 발전이 있었으나, 재료의 형태는 18세기 후반과 비교하여 거의 변화가 없었다.
④ 미래에는 건설현장에 로봇 등이 대량 투입되어질 전망이므로, 로봇시공에 적합한 재료를 제조할 필요가 있다.

해설 건축 재료의 발달은 20세기 들어와서 사회 조직이 복잡해짐에 따라 사회 생활의 요구 조건도 다양해졌으므로 현대 건축의 종류도 점차 증가되고, 그 기능도 복잡해짐에 따라 새로운 건축 재료의 출현이 기대되고, 새로운 건축 재료의 출현은 새로운 구조의 발달을 촉진시켜 한층 더 새로운 건축의 진보를 가져오게 되었다.

03 | 한국산업규격(토건 분야)
03, 98

한국산업규격에 의한 건축부문의 분류 기호는?
① B　　　　　　　② D
③ F　　　　　　　④ H

해설 산업규격의 분류

부문	기본	기계	전기	금속	광산	토건	일용품	식료품	섬유	요업	화학	의료	항공
기호	A	B	C	D	E	F	G	H	K	L	M	P	W

04 | 재료의 역학적 성질(탄성 용어)
25*, 23③, 20, 19, 18, 17, 16, 15, 13, 12, 11②, 04, 01

다음 설명에 알맞은 재료의 역학적 성질은?

재료에 외력이 작용하면 순간적으로 변형이 생기나 외력을 제거하면 순간적으로 원래의 형태(모양·크기)로 회복되는 성질을 말한다.

① 소성　　　　　② 점성
③ 탄성　　　　　④ 인성

해설 소성은 재료에 사용하는 외력이 어느 한도에 도달하면 외력의 증가 없이 변형만 증대되는 성질 또는 외력을 가했다가 제거해도 원래의 상태로 돌아가지 못하고 변형이 남는 성질이고, 점성은 유체 내의 상대 속도로 인하여 마찰 저항이 일어나는 성질 또는 유체가 유동하고 있을 때 유체 내부의 흐름을 저지하려고 하는 내부 마찰 저항이 발생하는 성질이며, 인성은 압연강, 고무와 같은 재료는 파괴에 이르기까지 고강도의 응력에 견딜 수 있고 동시에 큰 변형을 나타내는 성질이다.

05 | 재료의 역학적 성질(소성 용어)
22, 19, 14, 11, 03

재료에 사용하는 외력이 어느 한도에 도달하면 외력의 증가 없이 변형만이 증대하고, 외력을 제거해도 원형으로 회복하지 않고 변형이 잔류하는데, 이 같은 성질을 무엇이라 하는가?
① 탄성　　　　　② 인성
③ 소성　　　　　④ 점성

해설 탄성은 재료에 외력이 작용하면 순간적으로 변형이 생기나 외력을 제거하면 순간적으로 원래의 형태(모양·크기)로 회복되는 성질을 말하고, 인성은 압연강, 고무와 같은 재료는 파괴에 이르기까지 고강도의 응력에 견딜 수 있고 동시에 큰 변형을 나타내는 성질이며, 점성은 유체가 유동하고 있을 때, 유체의 내부에 흐름을 저지하려고 하는 내부 마찰 저항이 발생하는 성질을 말한다.

정답 01. ③ 02. ③ 03. ③ 04. ③ 05. ③

06 | 재료의 역학적 성질(전성 용어)
12, 06, 02

재료의 역학적 성질 중 압력이나 타격에 의하여 파괴됨이 없이 판상으로 되는 성질은?

① 전성   ② 강성
③ 탄성   ④ 소성

해설 강성은 구조물이나 부재에 외력이 작용할 때 변형되거나 파괴되지 않으려는 성질이고, 탄성은 재료에 외력이 작용하면 순간적으로 변형이 생기나 외력을 제거하면 순간적으로 원래의 형태(모양·크기)로 회복되는 성질이며, 소성은 외력을 가했다가 제거해도 원래의 상태로 돌아가지 못하는 성질 또는 외력이 어느 한도에 도달하면 외력의 증가 없이 변형만 증대되는 성질이다.

07 | 재료의 역학적 성질(전성 용어)
24, 22, 18, 16

재료의 성질 중 납과 같이 압력이나 타격에 의해 박편으로 펼쳐지는 성질은?

① 연성   ② 전성
③ 인성   ④ 취성

해설 연성은 어떤 재료에 인장력을 가하였을 때 파괴되기 전에 큰 늘음 상태를 나타내는 성질이고, 인성은 압연강, 고무와 같은 재료는 파괴에 이르기까지 고강도의 응력에 견딜 수 있고 동시에 큰 변형을 나타내는 성질이며, 취성은 작은 변형이 생기더라도 파괴되는 성질이다.

08 | 재료의 역학적 성질(인성 용어)
20, 17, 14

다음은 재료의 역학적 성질에 관한 설명이다. ( ) 안에 알맞은 용어는?

압연강, 고무와 같은 재료는 파괴에 이르기까지 고강도의 응력에 견딜 수 있고 동시에 큰 변형을 나타내는 성질을 갖는데, 이를 (   )이라고 한다.

① 강성   ② 취성
③ 인성   ④ 탄성

해설 강성은 외력이 작용할 때, 변형이나 파괴되지 않으려는 성질이고, 취성은 작은 변형이 생기더라도 파괴되는 성질이며, 탄성은 물체에 외력을 가하면 변형과 응력이 생기는데, 외력을 없애면 변형이 없어지고, 본래의 모양으로 돌아가는 성질이다.

09 | 재료의 역학적 성질(취성 용어)
24, 12, 07, 98

다음 설명에 알맞은 재료의 역학적 성질은?

유리와 같이 재료가 외력을 받았을 때 극히 작은 변형을 수반하고 파괴되는 성질

① 강성   ② 연성
③ 취성   ④ 전성

해설 강성은 구조물이나 부재에 외력이 작용할 때 변형되거나 파괴되지 않으려는 성질이고, 연성은 어떤 재료에 인장력을 가하였을 때, 파괴되기 전에 큰 늘음 상태를 나타내는 성질이며, 전성은 압력이나 타격에 의해 재료가 파괴됨이 없이 판상으로 되는 성질 또는 어떤 재료를 망치로 치거나 롤러로 누르면 얇게 펴지는 성질로 대표적인 제품은 납, 금, 은, 알루미늄 등이다.

10 | 재료의 역학적 성질(취성)
23, 20, 08

취성이 가장 큰 재료는?

① 유리   ② 플라스틱
③ 납   ④ 압연강

해설 취성(메짐성)은 재료가 외력을 받았을 때 극히 작은 변형을 수반하고 파괴되는 성질을 말하고, 유리와 주철이 대표적인 취성 재료이다.

11 | 재료의 요구 성능(내긁힘성)
12

바닥 재료에 요구되는 성능 중 물체의 이동 등에 따른 자국에 견디는 성능을 의미하는 것은?

① 내후성   ② 내긁힘성
③ 내마모성 ④ 내국압성

해설 내후성은 기후에 대한 저항성이고, 내긁힘성은 경도에 대한 저항성으로 바닥 재료에 요구되는 성능 중 물체의 이동 등에 따른 자국에 견디는 성능을 의미하며, 내마모성은 건습 및 동해의 반복, 마모 등의 물리적 작용에 의하여 마모되는 성질을 의미한다.

12 | 재료의 역학적 성질(강도)
08

외력을 받았을 때 절단·좌굴과 같은 이상적(異狀的)인 변형을 일으키지 않고 이에 저항할 수 있는 능력을 나타내는 척도는?

① 강도   ② 탄성
③ 소성   ④ 연성

정답 06. ① 07. ② 08. ③ 09. ③ 10. ① 11. ② 12. ①

[해설] 탄성은 재료에 외력이 작용하면 순간적으로 변형이 생기나 외력을 제거하면 순간적으로 원래의 형태(모양·크기)로 회복되는 성질이고, 소성은 외력을 가했다가 제거해도 원래의 상태로 돌아가지 못하는 성질 또는 외력이 어느 한도에 도달하면 외력의 증가 없이 변형만 증대되는 성질이며, 연성은 어떤 재료에 인장력을 가하였을 때 파괴되기 전에 큰 늘음 상태를 나타내는 성질이다.

13 | 재료의 물리적 성질(비중)
25, 11

건축 재료의 역학적 성질에 대한 설명 중 옳은 것은?

① 작은 변형에도 쉽게 파괴되는 성질을 인성이라 한다.
② 압력이나 타격에 의해서 파괴됨이 없이 판 모양으로 펴지는 성질을 전성이라 한다.
③ 구조물이나 부재에 외력이 작용할 때 변형이나 파괴되지 않으려는 성질을 연성이라 한다.
④ 외력을 받아서 변형이 생길 때 그 외력을 제거하여도 원래의 상태로 되돌아가지 않는 성질을 강성이라 한다.

[해설] ① 취성, ③ 강성, ④ 소성에 대한 설명이다. 인성은 재료가 외력을 받아 파괴될 때까지의 에너지 흡수 능력이 큰 성질로 변형을 나타내면서도 파괴되지 않고 견디는 성질이며, 연성은 파괴되기 전에 큰 늘음 상태이다. 또한, 강성은 구조물이나 부재에 외력이 작용할 때 변형이나 파괴되지 않으려는 성질이다.

14 | 재료의 역학적 성질
02

비중(比重)에 대한 설명으로 옳은 것은?

① 중량이 1g인 재료를 1℃ 높이는 데 필요한 열량을 말한다.
② 재료에 외력이 작용하였을 때 그 외력에 저항하는 능력을 말한다.
③ 재료의 중량을 그와 동일한 체적의 4℃인 물의 중량으로 나눈 값을 말한다.
④ 재료가 외력을 받아도 잘 변형되지 않는 성질을 뜻한다.

[해설] ① 비열, ② 강도, ④ 강성에 대한 설명이다.

15 | 단위(열전도율)
22, 13, 99

건축 재료의 물리적 성질 중 열전도율의 단위는?

① W/m·K
② W/m²·K
③ kJ/m·K
④ kJ/m²·K

[해설] 열전도율(보통 두께 1m의 물체 두 표면에 단위 온도차를 줄 때 단위 시간에 전해지는 열량)의 단위는 W/m·K이고, 기호는 λ이고, W/m²·K은 열관류율의 단위이다.

16 | 재료의 역학적 성질
04

건축 재료의 일반적인 성질에 관한 용어에 대한 설명으로 옳지 않은 것은?

① 경도 - 재료의 단단한 정도
② 취성 - 작은 변형만 나타나면서 파괴되는 성질
③ 전성 - 마멸에 대한 저항도
④ 열용량 - 물체에 열을 저장할 수 있는 용량

[해설] 경도는 재료의 단단한 정도로서 긁히는데 대한 저항도, 새김질에 대한 저항도, 탄력 정도, 마멸에 의한 저항도 등에 따른 정도이고, 전성은 어떠한 재료를 해머 등으로 쳐서 박편으로 펼 수 있는 성질로서 납은 연성, 전선을 가지지만 인성이 크다고는 할 수 없다.

17 | 재료의 역학적 성질
24, 07

건축 재료의 성질에 대한 용어의 설명 중 옳지 않은 것은?

① 압연강, 고무와 같은 재료는 파괴에 이르기까지 고강도의 응력에 견딜 수 있고 동시에 큰 변형을 나타내는 성질을 갖는데, 이를 인성이라고 한다.
② 작은 변형만 나타내면 파괴되는 주철, 유리와 같은 재료의 성질을 취성이라고 한다.
③ 유체가 유동하고 있을 때 유체의 내부에 흐름을 저지하려고 하는 내부마찰저항이 발생하는데, 이러한 성질을 점성이라고 한다.
④ 재료에 사용하는 외력이 어느 한도에 도달하면 외력의 증감없이 변형만이 증대하는 성질을 탄성이라고 한다.

[해설] 탄성이란 재료에 외력이 작용하면 순간적으로 변형이 생기나 외력을 제거하면 순간적으로 원래의 형태(모양·크기)로 회복되는 성질이고, ④는 크리프에 대한 설명이다.

18 | 단열재의 종류
23, 11, 09

다음 중 건축용 단열재에 속하지 않는 것은?

① 유리 섬유
② 석고 플라스터
③ 암면
④ 폴리우레탄 폼

해설 단열재의 종류에는 무기질 단열재(유리 섬유, 포유리, 석면, 암면, 광재면, 펄라이트, 질석, 다공성 점토질, 규조토, 알루미늄박 등), 화학 합성물 단열재(발포 폴리우레탄, 발포 폴리스티렌, 발포 염화비닐, 플라스틱 등) 및 동식물질 단열재(목질 단열재, 코르크, 발포 고무 등) 등이 있다.

19 | 단열재
18, 13

단열 재료에 관한 설명으로 옳지 않은 것은?

① 일반적으로 다공질 재료가 많다.
② 일반적으로 역학적인 강도가 크다.
③ 단열 재료의 대부분은 흡음성도 우수하다.
④ 일반적으로 열전도율이 낮을수록 단열 성능이 좋다.

해설 단열 재료(열을 차단하는 재료)는 일반적으로 역학적인 강도가 작다.

20 | 단열재
09, 06

다음의 단열재에 대한 설명 중 옳지 않은 것은?

① 단열재는 열전도율이 작은 재료를 사용한다.
② 단열재는 일반적으로 흡음 성능이 우수하다.
③ 단열재는 보통 다공질 재료가 많다.
④ 단열재는 일반적으로 역학적인 강도가 크다.

해설 단열재의 열성능을 나타내는 유효 열도 계수는 재료의 열전도율, 고체 물질의 표면 복사 특성, 공기 또는 공간의 성질과 체적비 등에 의하여 영향을 받으므로 단열재는 역학적인 강도가 작다.

21 | 재료의 화학적 성질
19, 13, 11, 08

재료의 화학적 성질에 관한 설명으로 옳지 않은 것은?

① 알루미늄 새시는 콘크리트나 모르타르에 접하면 부식된다.
② 유성 페인트를 콘크리트나 모르타르면에 칠하면 줄무늬가 생긴다.
③ 대리석을 외부에 사용하면 광택이 상실되어 장식적인 효과가 감소된다.
④ 산을 취급하는 화학공장에서 콘크리트의 사용은 바닥의 얼룩을 방지해 준다.

해설 재료의 화학적 성질에서 산을 많이 취급하는 화학 공장의 콘크리트나 모르타르 바닥은 얼룩이 져서 파헤쳐진다.

22 | 재료의 분류(사용 목적)
25, 20, 16, 15, 13, 07

건축 재료의 사용 목적에 따른 분류에 속하지 않는 것은?

① 구조 재료
② 마감 재료
③ 유기 재료
④ 차단 재료

해설 건축 재료를 사용 목적에 따라 분류하면, 구조 재료(기둥, 보, 벽체 등에 사용하는 것으로 목재, 석재 및 콘크리트 등), 마감 재료(장식 등을 목적으로 하는 것으로 유리, 금속판 및 보드류 등), 차단 재료(방수, 방습, 차음, 단열 등을 목적으로 하는 것으로 아스팔트, 실링재, 페어글라스, 글라스울 등) 및 방화·내화 재료(화재의 연소 방지 및 내화성을 향상시키기 위한 것으로 방화문, 석면시멘트판 및 암면 등)를 들 수 있다.
유기 재료는 화학 조성에 의한 분류이다.

23 | 재료의 분류(사용 목적)
23, 14, 12, 10

다음 중 건축 재료의 사용 목적에 의한 분류에 속하지 않는 것은?

① 무기 재료
② 구조 재료
③ 마감 재료
④ 차단 재료

해설 건축 재료를 사용 목적에 따라 분류하면, 구조 재료, 마감 재료, 차단 재료 및 방화·내화 재료이고, 무기 재료는 화학 조성에 의한 분류이다.

24 | 재료의 분류(사용 목적)
24, 10, 08

다음 중 건축 재료의 사용 목적에 의한 분류에 속하지 않는 것은?

① 구조 재료
② 차단 재료
③ 방화 재료
④ 무기 재료

해설 건축 재료를 사용 목적에 따라 분류하면, 구조 재료, 마감 재료, 차단 재료 및 방화·내화 재료이고, 무기·유기 재료는 화학 조성에 의한 분류이다.

25 | 재료의 분류(차단재)
25, 18, 16, 09

건축 재료를 사용 목적에 따라 분류할 때 차단 재료로 볼 수 없는 것은?

① 아스팔트
② 콘크리트
③ 실링재
④ 글라스울

해설 건축 재료의 사용 목적에 의한 분류에서 차단 재료는 방수, 방습, 차음, 단열 등을 목적으로 하는 재료로서 아스팔트, 실링재, 페어글라스 및 글라스울 등이 있다.

26 | 재료의 분류(구조 재료) | 14, 03

건축 재료는 사용 목적에 따라 구조 재료, 마감 재료, 차단 재료 등으로 구분할 수 있다. 다음 중 구조재료로 볼 수 있는 것은?

① 유리 ② 타일
③ 목재 ④ 실링재

해설 건축 재료를 사용 목적에 따라 분류하면, 구조 재료(기둥, 보, 벽체 등에 사용하는 것으로 목재, 석재 및 콘크리트 등), 마감 재료(장식 등을 목적으로 하는 것으로 유리, 금속판 및 보드류 등), 차단 재료(방수, 방습, 차음, 단열 등을 목적으로 하는 것으로 아스팔트, 실링재, 페어글라스, 글라스울 등) 및 방화・내화 재료(화재의 연소 방지 및 내화성을 향상시키기 위한 것으로 방화문, 석면시멘트판 및 암면 등)로 볼 수 있다.

27 | 재료(차단 재료)의 요구 성능 | 04

다음 중 차단 재료에 요구되는 성능으로 가장 중요한 것은?

① 역학적 성능 ② 물리적 성능
③ 화학적 성능 ④ 감각적 성능

해설 차단 재료에 요구되는 성능으로 가장 중요한 사항은 물리적 성능(열・음・광・수분의 차단 등)이고, 방화내화 성능, 생산 성능 등이 있다.

28 | 재료(내화 재료)의 요구 성능 | 10

건축 내화 재료에 요구되는 성능과 거리가 먼 것은?

① 역학적 성능 ② 물리적 성능
③ 화학적 성능 ④ 내구 성능

해설 건축 내화 재료에 요구되는 성능에는 역학적 성능(고온, 강도 및 변형), 물리적 성능(고융점), 화학적 성능(화학적 안정), 방화 및 내화 성능(불연성) 등이 있고, 내구 성능은 마감 재료에 요구된다.

29 | 재료의 분류(무기 재료) | 24, 20, 15, 13

건축 재료를 화학 조성에 따라 분류할 경우 무기 재료에 속하지 않는 것은?

① 흙 ② 목재
③ 석재 ④ 알루미늄

해설 건축 재료의 화학 조성에 의한 분류 중 무기 재료에는 비철금속(석재, 흙, 콘크리트, 도자기 등)과 철금속(철재, 구리, 알루미늄 등) 등이 있고, 목재는 유기 재료 중 천연 재료에 속한다.

30 | 재료(마감 재료)의 요구 성능 | 12

건축 재료의 요구 성능 중 감각적 성능이 특히 요구되는 건축 재료는?

① 구조 재료 ② 마감 재료
③ 차단 재료 ④ 내화 재료

해설 구조 재료의 요구 성능은 역학적 성능(강도, 강성, 내피로성 등), 물리적 성능(비수축성 등), 내구적 성능(동해, 변질, 부패 등), 화학적 성능(녹, 부식, 중성화 등) 및 방화・내화 성능(불연성, 내열성 등) 등이고, 차단 재료의 요구 성능은 물리적 성능(열, 음, 광, 수분의 차단), 방화・내화 성능(비발연성, 비유독 가스 등) 등이며, 내화 재료의 요구 성능은 역학적 성능(고온 강도와 변형), 물리적 성능(고융점 등), 화학적 성능(화학적 안정) 및 방화・내화 성능(불연성 등) 등이다.

31 | 재료(구조 재료)의 요구 성능 | 10

건축물의 벽체에 사용되는 재료의 요구 성능에 대한 설명 중 옳지 않은 것은?

① 외관이 좋은 것이어야 한다.
② 열전도율이 큰 것이어야 한다.
③ 시공이 용이한 것이어야 한다.
④ 흡음이 잘 되고 내화, 내구성이 큰 것이어야 한다.

해설 벽체의 재료는 열전도율이 작고, 시공이 용이하며, 외관이 좋아야 한다. 또한, 차음이 잘되고, 내화, 내구성이 큰 것이어야 한다.

32 | 재료(구조 재료)의 요구 성능 | 24, 22, 12

건축 재료 중 구조 재료에 요구되는 성능과 가장 거리가 먼 것은?

① 생산 성능 ② 감각적 성능
③ 역학적 성능 ④ 화학적 성능

해설 건축 재료 중 구조 재료에는 역학적 성능(강도, 강성, 내피로성 등), 물리적 성능(비수축성), 내구 성능(동해, 변질, 부패 등), 화학적 성능(녹, 부식 및 중성화 등), 방화・내화 성능(불연성, 내열성 등), 생산 성능(가공성, 시공성 등) 등이 있으며, 감각적 성능은 마감 재료에 요구되는 성능이다.

33 | 재료의 분류(무기 재료) | 24, 23②, 09, 08

건축 재료를 화학 조성에 의해 분류할 경우, 다음 중 무기 재료에 속하지 않는 것은?

① 석재 ② 콘크리트
③ 알루미늄 ④ 목재

정답 26.③ 27.② 28.④ 29.② 30.② 31.② 32.② 33.④

[해설] 건축 재료의 화학 조성에 의한 분류 중 무기 재료에는 비철금속(석재, 흙, 콘크리트, 도자기 등)과 철금속(철재, 구리, 알루미늄 등) 등이 있고, 목재는 유기 재료 중 천연 재료에 속한다.

34 | 재료의 분류(무기 재료)
25, 22, 13, 10

건축 재료를 화학 조성에 의해 분류할 경우, 무기 재료에 속하지 않는 것은?

① 석재
② 도자기
③ 알루미늄
④ 아스팔트

[해설] 건축 재료의 화학 조성에 의한 분류 중 무기 재료에는 비금속(석재, 흙, 콘크리트, 도자기 등)과 금속(철재, 구리, 알루미늄 등) 등이 있고, 아스팔트는 유기 재료의 천연 재료이다.

35 | 재료의 분류(무기 재료)
23, 20, 14, 09

건축 재료의 화학 조성에 의한 분류에서 무기 재료에 속하지 않는 것은?

① 석재
② 콘크리트
③ 구리
④ 아스팔트

[해설] 건축 재료의 화학 조성에 의한 분류 중 무기 재료에는 비금속(석재, 흙, 콘크리트, 도자기 등)과 금속(철재, 구리, 알루미늄 등) 등이 있고, 유기 재료에는 천연 재료(목재, 대나무, 아스팔트, 섬유판 등)와 합성수지(플라스틱재, 도장재, 실링재, 접착제 등) 등이 있다.

36 | 재료(구조 재료)의 요구 성질
24, 17, 12, 07

건축 재료 중 구조 재료에 가장 요구되는 성능은?

① 외관이 좋은 것이어야 한다.
② 열전도율이 큰 것이어야 한다.
③ 재질이 균일하고 강도가 큰 것이어야 한다.
④ 탄력성이 있고 마멸이나 미끄럼이 적어야 한다.

[해설] ① 외관이 좋은 것이어야 한다는 마무리 재료의 요구 조건이고, ③ 재질이 균일하고 강도가 큰 것이어야 한다는 구조 재료의 요구 조건이며, ④ 탄력성이 있고, 마멸이나 미끄럼이 적어야 한다는 마무리 재료 중 바닥, 마무리 재료의 요구 조건이다.

37 | 재료(구조 재료)의 요구 성질
14

건축 구조 재료에 요구되는 성질로 옳지 않은 것은?

① 가공이 용이한 것이어야 한다.

② 내화, 내구성이 큰 것이어야 한다.
③ 외관이 좋고 열전도율이 커야 한다.
④ 가볍고 큰 재료를 용이하게 얻을 수 있어야 한다.

[해설] 건축 구조 재료에 요구되는 성질은 재질이 균일하고, 강도가 큰 것이어야 하며, 내화·내구성이 크고, 가공이 용이한 것이어야 한다. 또한, 가볍고 큰 재료를 용이하게 얻을 수 있는 것이어야 한다.

38 | 재료(구조 재료)의 요구 성질
07

건축 재료의 성질 중 구조 재료에 요구되는 성질과 가장 관계가 먼 것은?

① 외관이 좋을 것
② 내화, 내구성이 좋을 것
③ 가공이 용이할 것
④ 재질이 균일하고 강도가 클 것

[해설] 외관이 좋아야 하는 재료에는 마무리 재료(지붕 재료, 벽, 천장 재료, 바닥, 마무리 재료, 창호, 수장 재료 등)의 요구 조건이다.

39 | 재료(구조 재료)의 요구 성질
11

구조 재료로서 요구되는 재료의 성질과 가장 거리가 먼 것은?

① 내구성이 작아야 한다.
② 가공이 용이한 것이어야 한다.
③ 재질이 균일하고 강도가 큰 것이어야 한다.
④ 가볍고 큰 재료를 용이하게 얻을 수 있는 것이어야 한다.

[해설] 건축 재료 중 구조 재료는 재질이 균일, 강도가 크며, 내화·내구성이 크고, 가벼우며, 큰 재료를 용이하게 얻을 수 있고, 가공이 용이하여야 한다.

40 | 재료(구조 재료)의 요구 성질
15, 05

다음 중 구조 재료에 요구되는 성질과 가장 관계가 먼 것은?

① 외관이 좋은 것이어야 한다.
② 가공이 용이한 것이어야 한다.
③ 내화, 내구성이 큰 것이어야 한다.
④ 재질이 균일하고 강도가 큰 것이어야 한다.

[해설] 외관이 좋아야 하는 재료는 마무리 재료(지붕 재료, 벽·천장 재료, 바닥·마무리 재료, 창호·수장 재료 등)의 요구 조건이다.

41 재료(구조 재료)의 요구 성질 | 09

다음 중 구조 재료의 요구 성질과 가장 거리가 먼 것은?

① 재질이 균일하고 강도가 큰 것이어야 한다.
② 내화, 내구성이 작은 것이어야 한다.
③ 가볍고 큰 재료를 용이하게 얻을 수 있는 것이어야 한다.
④ 가공이 용이한 것이어야 한다.

해설 건축 구조 재료에 요구되는 성질은 재질이 균일하고, 강도가 큰 것이어야 하며, 내화, 내구성이 크고, 가공이 용이한 것이어야 한다. 또한, 가볍고, 큰 재료를 용이하게 얻을 수 있는 것이어야 한다.

42 재료(바닥 재료)의 요구 성질 | 11

건축 재료 중 바닥 마무리 재료에 요구되는 성질로 옳지 않은 것은?

① 내수성과 내약품성이 없어야 한다.
② 내화성과 내구성이 큰 것이어야 한다.
③ 마멸이나 미끄럼이 적어야 한다.
④ 외관이 좋고, 청소가 용이하여야 한다.

해설 건축 재료는 구조 재료, 수장 재료(지붕, 벽, 천장, 바닥, 창호 등), 설비 및 가설 재료로 구분하며, 수장 재료 중에서 바닥 마무리 재료가 가져야 할 사항은 탄력성이 있고, 마멸과 미끄럼이 작으며, 청소가 용이하여야 한다. 또한 외관이 좋고, 내화성, 내구성, 내수성 및 내약품성이 있어야 한다.

43 재료(바닥·마무리)의 요구 | 06, 04

건축 재료 중 바닥 마무리 재료의 요구 성질로 틀린 것은?

① 내화, 내구성이 큰 것이어야 한다.
② 탄력성이 있고, 마멸이나 미끄럼이 작아야 한다.
③ 오염되기 어렵고 청소하기 쉬워야 한다.
④ 내수습성과 내약품성이 없어야 한다.

해설 건축 재료의 수장 재료 중에서 바닥 마무리 재료가 가져야 할 사항은 탄력성이 있고, 마멸과 미끄럼이 작으며, 청소가 용이하여야 한다. 또한 외관이 좋고, 내화, 내구성, 내수성 및 내약품성이 있어야 한다.

44 재료(바닥 재료)의 요구 성질 | 19, 18, 16, 10, 04

다음 중 바닥 재료가 가지고 있어야 하는 성질과 가장 거리가 먼 것은?

① 청소가 용이해야 한다.
② 탄력이 있고 마모가 적어야 한다.
③ 내구·내화성이 큰 것이어야 한다.
④ 열전도율이 큰 것이어야 한다.

해설 건축 재료 중 바닥 마무리 재료가 가져야 할 사항은 탄력성이 있고, 마멸과 미끄럼이 작으며, 청소가 용이하여야 한다. 또한 외관이 좋고, 내화, 내구성, 내수성 및 내약품성이 있어야 한다. 특히, 바닥의 하부 구조에는 열전도율이 작고, 상부 구조에는 열전도율이 커야 한다.

45 재료(바닥 재료)의 요구 성질 | 03

바닥 재료에 요구되는 성능에 관한 설명 중 옳지 않은 것은?

① 내마모성 : 사람의 보행에 의한 마모작용에 견디는 성능
② 기밀성 : 일광, 공기에 의해 변형, 변질하지 않는 성능
③ 내열성 : 열에 의한 변형이나 파괴를 견디는 성능
④ 내약품성 : 산·알칼리·기타 약품류에 의해 침식당하지 않는 성능

해설 일광, 공기에 의해 변형, 변질하지 않는 성능을 내구 성능이라고 하고, 기밀성에 대한 것은 물리적 성능에 포함된다.

46 재료의 요구 성질 | 24, 09, 05

건축 재료에 요구되는 성질에 대한 설명 중 옳지 않은 것은?

① 지붕 재료는 열전도율이 작아야 한다.
② 창호 재료는 내화·내구성이 큰 것이어야 한다.
③ 구조 재료는 외관이 좋은 것이어야 한다.
④ 바닥 재료는 탄력성이 있어야 한다.

해설 외관이 좋아야 하는 재료는 마무리 재료(지붕, 벽 및 천장, 바닥 마무리 재료, 창호와 수장 재료)이고, 구조 재료와는 무관하다.

47 재료의 요구 성질 | 06

건축 재료에 요구되는 일반적인 성질이 아닌 것은?

① 사용 목적에 알맞은 품질을 가질 것
② 가공은 힘들어도 좋으나 가격이 저렴하여야 할 것
③ 사용 환경에 알맞은 내구성 및 보존성을 가질 것
④ 대량 생산 및 공급이 가능할 것

해설 건축 재료의 요구 조건은 가공이 쉽고, 가격이 저렴하여야 한다.

정답 41.② 42.① 43.④ 44.④ 45.② 46.③ 47.②

1-2. 재료의 특성, 용도, 규격에 관한 사항

1-2-1. 목재

1 목재의 특성

■ 목재의 장점
전도율과 열팽창률이 작음

① 장점 : 가볍고 가공이 쉬우며, 감촉이 좋다. 비중에 비하여 강도가 크고, 전도율(열, 소리, 전기 등)과 열팽창률이 작으며, 종류가 많고 각각 외관이 다르며 우아하다. 특히, 산성약품 및 염분에 강하고, 재질이 부드러우며, 탄성이 있어 인체에 대한 접촉감이 좋다. 또한, 풍화 마멸과 마모성이 크다.

■ 목재의 단점
흡수성(함수율)이 커서 변형(뒤틀림)하기 쉬움

② 단점 : 착화점이 낮아 내화성이 작고, 흡수성(함수율)이 커서 변형(뒤틀림)하기 쉬우며, 습기가 많은 곳에서는 부식하기 쉽다. 특히, 충해나 풍화에 의하여 내구성이 떨어지고, 재질 및 방향에 따라서 강도가 다르다.

2 목재의 분류와 세포 등

(1) 목재의 분류

구분		나무의 명칭
외장수	침엽수	소나무, 전나무, 잣나무, 낙엽송, 편백나무, 가문비나무 등
	활엽수	참나무, 느티나무, 오동나무, 밤나무, 사시나무, 벚나무 등
내장수		대나무, 야자수 등

* 단풍나무는 담갈색(변재), 담흑갈색(심재)으로 치밀하고 견경하며 광택이 있고 만곡이 크다. 창호재, 가구재 및 수장재로 사용한다.

(2) 목재의 조직

구분 \ 세포	나무섬유	물관(도관)	수선	수지관
침엽수	• 헛물관(가도관)이라고 하며 수목 전용적의 90~97%를 차지한다. • 길이 1~4 mm의 주머니 모양으로 되어 있고 끝이 가늘어져 막혀 있다.	없다.	가늘고 잘 보이지 않는다.	많다.
활엽수	• 길이가 0.5~2.5 mm로서 구멍이 없다. • 목섬유라고도 하며 수목 전용적의 40~75%를 차지한다.	• 나무 섬유 세포보다 크고 길다. • 줄기 방향으로 배치한다. • 건조한 목재의 종단면 위에 크고 진한 색깔의 무늬가 나타나는 이유이다.	잘 나타나며 종단면에서는 어두운 색의 얼룩무늬와 광택이 나는 뚜렷한 무늬이다.	극히 드물다.

구분	세포	나무섬유	물관(도관)	수선	수지관
역할	침엽수	수액의 통로			수지의 이동이나 저장
	활엽수	수목의 견고성	양분과 수분의 통로	물관과 동일	
비고				수목 줄기의 중심에서 겉껍질 방향으로 방사상으로 들어 있는 세포이다.	나무의 줄기 방향 또는 직각 방향으로 나타난다.

3 심재와 변재, 나이테, 취재율 등

(1) 목재의 심재와 변재의 비교

심재와 변재를 비교해 보면 심재는 비중, 내구성, 강도 등이 크고, 품질이 좋으며, 신축성이 작다. 즉, 심재와 변재를 비교하면, 심재가 모든 면에서 우수하다.

(2) 목재의 나이테(춘재와 추재의 비교)

구분	형성 시기	세포질	강도	색깔
춘재	봄, 여름	세포막이 얇고, 원형질이 다량	연질	담색
추재	가을, 겨울	세포막이 두껍고, 원형질이 소량	경질	암색

* 동일한 종류의 나무일지라도 나이테 간격의 넓고 좁음이나, 횡단면 전체 면적 중 추재부가 차지하는 비율에 따라 목재의 비중이나 강도가 달라지고, 나이테의 간격이 좁을수록(연륜 밀도가 클수록), 추재부가 차지하는 비율이 클수록 비중과 강도는 크게 된다.

(3) 목재의 제재 계획 시 주의하여야 할 사항

① 원목의 취재율(재적에 비하여 목재를 얻을 수 있는 비율)은 침엽수에 있어서는 70% 이상, 활엽수에 있어서는 50% 이상이 되어야 한다.
② 건조에 대한 수축률을 고려하여 여유 있게 계획선을 그어야 한다.
③ 나뭇결을 고려하여 효과적인 목재면을 얻을 수 있도록 계획선을 그어야 한다.
④ 사용 부분에 따라 심재와 변재로 구분한 다음, 제재용 톱을 선택한다.

(4) 제재 계획선

 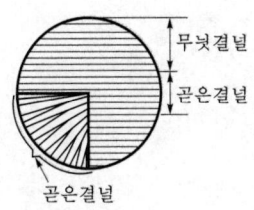

■ 목재의 심재
• 비중, 내구성, 강도 등이 크고, 품질이 좋으며, 신축성이 작음
• 심재가 모든 면에서 변재보다 우수

■ 목재의 비중과 강도
나이테의 간격이 좁을수록, 추재부가 차지하는 비율이 클수록 큼

■ 원목의 취재율
침엽수는 70% 이상, 활엽수는 50% 이상

출제 키워드

■ 목재의 강도 등
- 큰 것부터 작은 순서로 나열하면 섬유 방향과 평행 방향의 인장 강도 → 섬유 방향과 평행 방향의 압축 강도 → 섬유 방향과 직각 방향의 인장 강도 → 섬유 방향과 직각 방향의 압축 강도 순
- 인장 강도 → 휨강도 → 압축 강도 → 전단 강도의 순
- 목재의 강도는 비중과 비례
- 섬유 포화점 이하에서는 함수율의 감소에 따라 강도가 증대
- 목재에 옹이, 갈라짐 등의 흠이 있으면 강도가 저하

4 목재의 강도 등

① 목재의 강도를 큰 것부터 작은 순서로 나열하면 섬유 방향과 평행 방향의 인장 강도 → 섬유 방향과 평행 방향의 압축 강도 → 섬유 방향과 직각 방향의 인장 강도 → 섬유 방향과 직각 방향의 압축 강도 순이고, 또한 인장 강도 → 휨강도 → 압축 강도 → 전단 강도의 순이다.

② 목재의 강도와 기타 사항 등

㉮ 목재의 강도는 비중과 비례하고, 심재는 변재에서 고화되어 수지, 색소, 광물질 등이 고결된 것으로서, 수목의 강도를 크게 하는 역할을 하며, 수분이 적고 단단하므로 부패되지 않아 양질의 목재로 사용이 가능하다. 즉, 심재가 변재보다 강도가 크다.

㉯ 인장 강도나 압축 강도의 경우 응력 방향이 섬유 방향에 평행한 경우에 강도가 최대가 된다. 즉, 목재의 강도는 힘을 가하는 방향에 따라서 다르다.

㉰ 섬유 포화점 이상에서는 함수율이 변하더라도 강도가 일정하나 섬유 포화점 이하에서는 함수율의 감소에 따라 강도가 증대한다.

㉱ 목재에 옹이, 갈라짐 등의 흠이 있으면 강도가 저하되고, 옹이의 정도에 따른 강도의 저하는 산옹이, 죽은옹이, 썩은옹이, 빠진옹이 순으로 나타난다.

5 목재의 비중과 함수율

(1) 목재의 함수율 산정 방법

$$함수율 = \frac{W_1 - W_2}{W_2} \times 100 [\%]$$

여기서, W_1 : 함수율을 구하고자 하는 목재편의 중량
W_2 : 100~105℃의 온도에서 일정량이 될 때까지 건조했을 때의 절건 중량

(2) 목재의 함수 상태

구분	전건재	기건재	섬유 포화점
함수율	0%	10~15%	30%
함수 상태	목재가 건조되어 함수율이 0%인 상태	대기 중의 습기와 균형을 이룸	세포 사이에 있던 수분이 전부 빠지고 섬유에만 수분이 남아 있는 상태로 건조된 것

(3) 함수율에 따른 팽창과 수축

함수율의 증감에 따라 목재는 팽창과 수축이 발생하여 변형(갈림, 휨, 뒤틀림 등)이 생기는 결점이 있다. 팽창과 수축은 함수율이 섬유 포화점 이상일 때는 생기지 않으나, 그 이하가 되면 거의 함수율에 비례하여 줄어든다. 그러므로 수축률은 함수율이 15%일 때의 목재의 길이를 기준으로 하여 무늿결 및 곧은결 너비를 길이로 재어 함수율 1%의 변화에 대한 수축률로 표시하는 방법에 의한다.

■ 목재의 팽창과 수축
함수율이 섬유 포화점 이상일 때는 생기지 않으나, 그 이하가 되면 거의 함수율에 비례하여 줄어듦

(4) 목재의 전수축률

$$전수축률 = \frac{생나무의\ 길이 - 전건\ 상태로\ 되었을\ 때의\ 길이}{생나무의\ 길이} \times 100[\%]$$

■ 목재의 전수축률
전수축률
$= \dfrac{생나무의\ 길이 - 전건\ 상태로\ 되었을\ 때의\ 길이}{생나무의\ 길이} \times 100[\%]$

(5) 목재의 비중과 공극률

보통 목재의 비중은 기건재의 단위 용적 중량에 상당하는 값으로서 일반적으로 기건 비중으로 나타내고 있으나, 경우에 따라서는 절건 비중으로도 나타낼 수 있다.

목재의 비중은 동일 수종이라도 나이테의 밀도, 생육지, 수령 또는 심재와 변재에 따라서도 다소 다르다. 그러나, 진비중(공극을 전혀 포함하지 않는 비중)은 목질 세포막의 실질 중량에 상당하여 거의 일정하며 그 비중은 1.54 정도이다. 또한, 목재의 비중은 목질부 내에 포함된 섬유질과 공기가 차지하는 공간의 양에 따라 결정되며, 공극률(공간이 차지하는 비율)은 다음과 같이 산정한다.

$$V(목재의\ 공극률) = \left(1 - \frac{w(목재의\ 전건\ 비중)}{1.54(세포\ 자체의\ 비중)}\right) \times 100[\%]$$

■ 목재의 진비중
공극을 전혀 포함하지 않는 비중으로 1.54 정도

■ 목재의 공극률
$V(목재의\ 공극률)$
$= \left(1 - \dfrac{w(목재의\ 전건\ 비중)}{1.54(세포\ 자체의\ 비중)}\right)$
$\times 100[\%]$

6 목재의 연소 상태

구분	100℃	인화점	착화점(화재 위험 온도)	발화점
온도	100℃	180℃	260~270℃	400~450℃
현상	수분 증발	가연성 가스 발생	화원에 의해 분해 가스에 인화되어 목재에 착염되고 연소를 시작	화기가 없어도 발화

7 목재의 부패 등

(1) 목재의 부패

균류의 작용에 의한 것으로 목재 섬유질을 용해 또는 감소시키므로 비중과 강도(비중 감소율의 약 4~5배 저하)는 저하되고, 목질은 변질·분해되며, 부패의 조건은 적당한 온도와 습도(수분), 양분 및 공기(산소) 등이 있다.

■ 목재 부패의 조건
적당한 온도와 습도(수분), 양분 및 공기(산소) 등

출제 키워드

■ 목재의 부패 요인 중 습도
습도는 90% 이상으로 목재의 함수율이 30~60%일 때 균의 발육에 적당

■ 목재의 부패 요인 중 공기(산소)
완전히 수중에 잠긴 목재는 공기가 없으므로 부패가 불가능

■ 목재의 건조 효과
• 강도를 증진
• 사용시 변형을 방지
• 균의 발생을 막아 부식을 방지
• 전기절연성이 증대
• 강도와 가공성은 증대

■ 건조 전 처리
수침법, 자비법 및 증기법 등

① 적당한 온도 : 부패균은 25~35℃ 사이에서 가장 활동이 왕성하고, 4℃ 이하에서는 발육할 수 없다. 또 부패균은 55℃ 이상에서 30분 이상이면 거의 사멸된다.
② 적당한 수분 : 습도는 90% 이상으로 목재의 함수율이 30~60%일 때 균의 발육에 적당하다.
③ 양분
④ 공기(산소) : 부패균의 필수적인 조건 중 하나만 결여되더라도 번식할 수 없다. 따라서, 완전히 수중에 잠긴 목재는 공기가 없으므로 부패되지 않는다.

(2) 목재의 건조 방법

목재의 건조 효과는 무게를 줄이고, 강도를 증진시키며, 사용시 변형(수축 균열, 비틀림 등)을 방지하는 것이다. 또한, 균의 발생을 막아 부식을 방지하고, 도장 재료, 방부 재료 및 접착제의 침투 효과를 증진시키며, 전기절연성이 증가한다. 특히, 목재가 건조될수록 강도와 가공성은 증가한다. 목재의 건조 방법에는 건조 전 처리법(수액제거법), 자연 건조법 및 인공 건조법 등이 있다.

① 건조 전 처리법 : 건조 전 처리란 목재에 충분히 수분을 주어 목재 내부의 수액을 가능한 한 물로 교환시킴으로써 본 건조시 건조를 쉽게 만들어, 궁극적으로 부패나 균열, 변형 등의 피해를 막는 방법으로 종류는 수침법, 자비법 및 증기법 등이 있다.
  ㉮ 수침법 : 원목을 2주간 이상 계속 흐르는 물(바닷물보다 민물이 유리)에 담그는 것으로서 목재 전신을 수중에 잠기게 하거나, 상하를 돌려서 고르게 침수
  ㉯ 자비법 : 목재를 끓는 물에 삶는 방법
  ㉰ 증기법 : 수평의 원통 솥에 넣고 밀폐한 다음, 1.5~3.0기압의 포화 수증기로 찌는 방법
② 자연(천연) 건조법 : 옥외에 잘 건조되고 변형이 생기지 않도록 쌓거나, 옥내에서 일광이나 비에 직접 닿지 않도록 쌓아 건조시키는 방법으로 천연 건조(천연 건조장에서 목재를 쌓아 자연 대기 조건에 노출시켜 건조시키는 방법), 태양열 건조(촉진 천연 건조의 일종) 및 촉진 천연 건조(천연 건조를 촉진시키기 위해 간단한 송풍 또는 가열 장치를 적용하여 건조시키는 방법으로 송풍 건조, 태양열 건조 및 기타(진동 건조, 원심 건조 등) 등) 등이 있고, 주의하여야 할 사항은 다음과 같다.
  ㉮ 목재 상호간의 간격, 지면에서의 거리를 충분히 유지한다. 즉, 지면에서는 높이가 30cm 이상 되는 굄목을 받친 다음에 쌓는다.
  ㉯ 건조를 균일하게 하기 위하여 가끔 상하, 좌우로 바꾸어 쌓아준다.
  ㉰ 나무 마구리에서의 급속한 건조를 막기 위하여 이 부분의 일광을 막거나, 경우에 따라서는 마구리에 페인트칠을 한다.
  ㉱ 뒤틀림을 막기 위하여 받침대를 고루 괴어 준다.

③ 인공 건조법 : 인공 건조법은 건조실에 제제품을 쌓아 넣고, 처음에는 저온 고습의 열기를 통과시키다가 점차로 고온 저습으로 조절하여 건조시키는 방법으로 건조가 빠르고, 변형도 적지만, 시설비나 운영비의 증가로 인하여 가격이 비싸진다. 인공 건조의 방법은 다음과 같다.

㉮ 증기법 : 건조실을 증기로 가열하여 건조시키는 방법

㉯ 열기법 : 건조실 내의 증기를 가열하거나, 가열 공기를 넣어 건조시키는 방법 또는 건조실에 목재를 쌓고 온도, 습도, 풍속 등을 인위적으로 조절하면서 건조하는 방법

㉰ 훈연법 : 짚이나 톱밥 등을 태운 연기를 건조실에 도입하여 건조시키는 방법

㉱ 진공법 : 원통형의 탱크 속에 목재를 넣고 밀폐하여 고온, 저압 상태하에서 수분을 빼내는 방법

8 목재의 결점(흠)과 벌목

(1) 목재의 흠

수목이 성장하는 도중이나 벌목, 운반, 제재, 건조하는 작업 중에 받는 영향으로서 조직의 파괴, 변질 등의 여러 가지 흠이 생긴다. 흠은 미관, 강도 및 내구성을 저하시킨다. 흠의 종류에는 갈래, 옹이, 상처, 껍질박이(입피), 썩정이 및 지선 등이 있다.

① 껍질박이(입피) : 수목이 성장하는 도중에 나무껍질이 상한 상태로 있다가 상처가 아물 때에 그 일부가 목질부 속으로 말려 들어간 것이다.

② 옹이 : 줄기나 가지 등이 목부에 파묻힌 대소 가지의 기부(基部)이며, 목재의 피할 수 없는 결점 중의 하나 또는 수목이 성장하는 도중에 줄기에서 가지가 생기게 되면, 나뭇가지와 줄기가 붙은 곳에 줄기의 세포와 가지의 세포가 교차되어 생기는 흠으로 산옹이, 죽은옹이, 썩은옹이 및 옹이구멍 등이 있다.

㉮ 산옹이 : 벌목할 때까지 붙어 있던 산 가지의 흔적으로서, 나무 세포의 배열과는 달리 가지 방향에 평행으로 섬유가 뻗쳐 있어서, 목재면에는 굳은 암갈색의 반점이 생기게 된다. 산옹이는 성장 중의 가지가 말려들어가서 만들어진 것으로 주위의 목질과 단단히 연결되어 있어 강도에는 영향을 미치지 않는 것으로 다른 목질부에 비하여 약간 굳고, 단단한 부분이 되어 가공이 불편하고, 미관상 좋지 않으나, 목재로 사용하는 데는 별로 지장이 없다.

㉯ 죽은옹이 : 수목이 자라는 도중에 가지를 잘라 버린 자국으로, 가지의 섬유 세포가 죽어서 그 자리의 목질이 단단하게 굳어 진한 흑갈색으로 된 것으로 죽은옹이는 너무 단단하므로 용재로 사용하기는 부적당하다.

㉰ 썩은옹이 : 죽은 가지의 자국이 썩어서 목질부의 옹이 부분도 썩어 있는 것으로 색깔이 변하고 강도가 낮아서 목재로 사용하는 데는 지장이 많다.

출제 키워드

■ 인공 건조법의 종류
증기법, 훈연법, 진공법, 열기법(건조실에 목재를 쌓고 온도, 습도, 풍속 등을 인위적으로 조절하면서 건조) 등

■ 껍질박이(입피)
수목이 성장하는 도중에 나무껍질이 상한 상태로 있다가 상처가 아물 때에 그 일부가 목질부 속으로 말려 들어간 것

■ 옹이
• 줄기나 가지 등이 목부에 파묻힌 대소 가지의 기부
• 목재의 피할 수 없는 결점
• 나뭇가지와 줄기가 붙은 곳에 줄기의 세포와 가지의 세포가 교차되어 생기는 흠

■ 산옹이
• 성장 중의 가지가 말려들어가서 만들어진 것
• 주위의 목질과 단단히 연결되어 있어 강도에는 영향을 미치지 않는 것

㉤ 옹이구멍 : 옹이가 썩거나 빠져서 구멍이 된 부분으로서 목재의 질을 저하시키므로 이런 구멍이 많은 목재는 사용할 수 없다.

③ 상처 : 벌목할 때 타박상을 입거나, 원목을 운반할 때 쇠갈고리 자국 등이 생겨 섬유가 상한 것

④ 썩정이 : 부패균이 내부에 침입하여 섬유를 파괴시킴으로써 갈색, 흰색으로 변색, 부패되어 무게, 강도 등이 감소된 것

⑤ 지선 : 소나무에 많으며 송진과 같은 수지가 모인 부분의 비정상 발달에 따라, 목질부에서 수지가 흘러나오는 구멍이 생겨서 목재를 건조한 후에도 수지가 마르지 않으며, 사용 중에도 계속 나오는 곳이다. 이 부분은 가공 및 목재 사용에 극히 곤란하여 그 부분을 메우거나 절단하여 사용한다.

⑥ 컴프레션페일러 : 벌채시의 충격이나 그 밖의 생리적 원인으로 인하여 세로축에 직각으로 섬유가 절단된 형태이다.

(2) 목재의 벌목

벌목의 계절 및 수령은 목재의 강도와 내구성, 재적 및 가격 등에 미치는 영향이 크다.

① 벌목의 시기 : 가을, 겨울에 벌목하는 것은 수목의 성장이 정지되고, 수액이 빠지므로 건조가 빠르며, 목질도 견고하다. 산중에서 운반이 편리하고, 벌목의 노임이 싸며, 나무 심는 기간과 연결된다.

② 벌목의 적령기 : 나무 전 수명의 2/3인 장년기(줄기도 굵고, 가지도 죽거나 썩은 것이 없는 시기)가 벌목의 적령기이다.

9 목재의 방부제 및 처리법 등

(1) 목재의 방부제

방부제의 종류에는 유용성 방부제(크레오소트 오일, 콜타르, 아스팔트, 펜타클로로페놀 및 유성 페인트 등)와 수용성 방부제(황산구리 용액, 염화아연 용액, 염화제2수은 용액 및 플루오르화나트륨 용액 등)가 있다.

① 유용성 방부제

㉮ 크레오소트 오일 : 유용성 방부제로서 흑갈색의 용액으로서 방부력이 우수하고, 내습성이 있으며, 가격이 싸다. 일반적으로 미관을 고려하지 않는 외부에 많이 사용하나, 페인트를 그 위에 칠할 수 없고, 좋지 않은 냄새가 나므로 실내에서는 사용할 수 없으며, 토대, 기둥 및 도리 등에 사용한다. 특히, 독성은 적고, 침투성이 좋아서 목재에 깊게 주입할 수 있다.

㉯ 콜타르 : 가열하여 칠하면 방부성이 좋으나, 목재를 흑갈색으로 만들고 페인트칠도 불가능하므로 보이지 않는 곳이나 가설재 등에 이용한다.

㈐ 아스팔트 : 열을 가해 녹여서 목재에 도포하면 방부성이 우수하나, 흑색으로 착색되어 페인트칠이 불가능하므로 보이지 않는 곳에서만 사용할 수 있다.

㈑ 페인트 : 유성 페인트를 목재에 바르면 피막을 형성하여 목재 표면을 감싸 주므로 방습·방부 효과가 있고, 색올림이 자유로우므로 외관을 아름답게 하는 효과도 겸하고 있다.

㈒ 펜타클로로페놀(PCP : Penta Chloro Phenol) : 유용성 방부제로서 PCP는 무색이고, 방부력이 가장 우수하며, 그 위에 페인트를 칠할 수 있다. 그러나 크레오소트에 비하여 가격이 비싸며, 독성이 있으며, 석유 등의 용제로 녹여서 사용하여야 한다.

② 수용성 방부제

㈎ 황산구리 용액 : 남색의 결정체로서 1% 정도의 수용액을 만들어 사용하는데, 방부성은 좋으나 철을 부식시키는 결점이 있다.

㈏ 염화아연 용액 : 2~5%의 수용액은 살균 효과가 큰 반면에, 흡수성이 있고 목질부를 약화시키며 전기 전도율이 증가되고, 그 위에 페인트칠을 할 수 없다는 결점이 있다.

㈐ 염화제이수은 용액 : 1%의 수용액으로 방부 효과는 우수하나, 철재를 부식시키고 인체에 유해하다.

㈑ 플루오르화나트륨 용액 : 황색의 분말을 2% 수용액으로 만들어 사용하는데, 방부 효과가 우수하고 철재나 인체에 무해하며, 페인트 도장도 가능하지만, 내구성이 부족하고 가격이 고가이다.

(2) 방부제 처리법

① 도포법 : 가장 간단한 방법으로 목재를 충분히 건조시킨 다음, 균열이나 이음부 등에 주의하여 솔 등으로 바르는 것인데, 크레오소트 오일을 사용할 때에는 80~90℃ 정도로 가열하면 침투가 용이하게 된다. 이 법은 침투 깊이가 5~6mm를 넘지 못한다.

② 침지법 : 상온의 크레오소트 오일 등에 목재를 몇 시간 또는 며칠간 담그는 것으로서 액을 가열하면 15mm 정도까지 침투한다.

③ 상압 주입법 : 침지법과 유사하며, 80~120℃의 크레오소트 오일액 중에 3~6시간 담근 뒤 다시 찬액 중에 5~6시간 담그면 15mm 정도까지 침투한다.

④ 가압 주입법 : 원통 안에 방부제를 넣고 7~31kgf/cm^2 정도로 가압하여 주입하는 것으로, 70℃의 크레오소트 오일액을 쓴다. 특히, 약제의 침투 깊이가 깊다.

⑤ 생리적 주입법 : 벌목 전에 나무 뿌리에 약액을 주입하여 나무 줄기로 이동하게 하는 방법이나, 별로 효과가 없는 것으로 알려져 있다.

■ 펜타클로로페놀
- 유용성 방부제로서 PCP는 무색이고, 방부력이 가장 우수
- 그 위에 페인트를 칠할 수 있음
- 독성이 있음

■ 방부제 처리법 중 가압 주입법
약제의 침투 깊이가 깊음

출제 키워드

■ 목재의 일반적인 성질
- 열전도도가 낮아 여러 가지 보온재로 사용
- 섬유 포화점 이하에서는 함수율이 감소할수록 강도가 증가
- 섬유 포화점 이상의 함수 상태에서는 강도는 일정하고, 팽창 및 신축을 일으키지 않음
- 추재와 춘재는 수축률 및 팽창률도 다름
- 나이테의 밀도는 목재의 비중과 강도에 관계가 깊음

10 목재의 일반적인 성질

① 비내화적이므로 화재에 약하고, 흡수성이 크므로 신축 변형이 크며, 열전도도가 낮아 여러 가지 보온재로 사용된다.
② 섬유 포화점 이하에서는 함수율이 감소할수록 강도가 증가한다.
③ 목재의 진비중은 수종에 관계없이 1.54 정도로 거의 같다.
④ 섬유 포화점은 함수율 30% 정도이고, 가구재의 함수율은 10% 이하로 하는 것이 바람직하다.
⑤ 목재는 인장재로 쓸 때 가장 유리하고, 석재나 금속재에 비하여 가공이 용이하다.
⑥ 섬유 포화점 이상의 함수 상태에서는 함수율의 증감에도 불구하고 강도는 일정하고, 팽창 및 신축을 일으키지 않는다.
⑦ 추재와 춘재는 비중이 다르므로 수축률 및 팽창률도 다르다.
⑧ 섬유 포화상태에서 강도가 최소이고, 목재의 비중은 기건 비중을 의미하며, 목재에 포함된 수분은 내구성, 가공성과는 관계가 깊다.
⑨ 추재는 일반적으로 춘재보다 단단하고, 열대 지방의 나무는 나이테가 불명확하다.
⑩ 활엽수라 하더라도 단풍나무, 버드나무, 나왕은 나이테가 확실하지 않다.
⑪ 나이테의 밀도는 목재의 비중과 강도에 관계가 깊고, 목재를 얻을 수 있는 취재율은 침엽수가 활엽수보다 크다. 또한, 활엽수가 침엽수보다 대체로 비중이 크다.
⑫ 나무의 벌목 적령기는 전수명의 2/3 정도의 장목기가 좋고, 목재의 벌목 시기로는 겨울을 선택하는 경우가 많다.
⑬ 목재의 재적 단위로는 m^3가 표준 단위로 쓰인다.
⑭ 목재의 나이테 간격이 좁을수록, 추재부가 차지하는 면적이 클수록 비중과 강도가 크다.
⑮ 심재는 변재에 비하여 수분도 적고 단단하여 부패되지 않는다.
⑯ 목재를 구성하는 주원소로 탄소가 약 49% 정도로 가장 많다.
⑰ 널결재는 곧은 결재보다 뒤틀림이 크다.
⑱ 강도는 섬유 방향의 직각 방향이 힘을 적게 받는다.
⑲ 수분을 다량 흡수한 나무는 건조할 때보다 약하다.

11 목 구조의 보강철물

① 안장쇠 : 안장 모양으로 한 부재에 걸쳐 놓고 다른 부재를 받게 하는 맞춤의 보강 철물로 큰 보에 걸쳐 작은 보를 받게 하거나, 귓보와 귀잡이보 등을 접합하는 데 사용한다.
② 감잡이쇠 : ㄷ자형으로 구부려 만든 띠쇠로 두 부재를 감아 연결하는 목재 맞춤을 보강하는 철물이다. 평보를 대공에 달아맬 때 또는 평보와 ㅅ자보의 밑에 기둥과 들보를 걸쳐 대고 못을 박을 때 및 대문 장부에 감아 박을 때 사용하는 철물이다.

③ 리벳 : 머리가 둥글고 두툼한 버섯 모양의 굵은 못으로 주로 철골재(조립, 판재, 형강재 등)를 영구적으로 체결하는 데 사용한다.
④ 듀벨 : 볼트와 함께 사용하는데 듀벨은 전단력에, 볼트는 인장력에 작용시켜 접합재(목재와 목재 사이에 끼워서 전단에 대한 저항 작용을 목적으로 한 철물) 상호간의 변위를 막는 강한 이음을 얻는 데 사용하는 긴결 철물로 큰 간사이의 구조, 포갬보 등에 사용하며, 파넣기식과 압입식이 있다.
⑤ 꺾쇠 : 강봉 토막의 양 끝을 뾰족하게 하고 ㄷ자형으로 구부려 2부재를 연결 또는 엇갈리게 고정시킬 때 사용하는 철물이다.
⑥ 인서트 : 콘크리트 타설 후 달대를 매달기 위하여 사전에 매설시키는 부품이다.
⑦ 클램프 : 당겨 매는 데 사용하는 V자형, Z자형 등의 철제 제품이다.

12 합판의 특성과 사용처 등

(1) 합판의 정의

합판은 목재를 얇은 판, 즉 단판으로 만들어 이들을 섬유 방향이 서로 직교(90°)되도록 홀수(3, 5, 7장 등)로 적층하면서 접착제로 접착시켜 만든 목재 제품으로 합판의 종류에는 제조 방법에 따라 일반, 무취, 방충, 난연 합판 등이 있고, 접착 형식에 따라 내수, 준내수 및 비내수 합판 등이 있으며, 판면의 품질 및 겉모양에 따라 1급, 2급 및 3급으로 구별된다.

(2) 단판의 제조법

단판의 제조법에는 로터리 베니어, 슬라이스드 베니어 및 소드 베니어 등이 있다.
① 로터리 베니어 : 일정한 길이로 자른 원목 양마구리의 중심을 축으로 하여 원목이 회전함에 따라 넓은 기계 대패로 나이테에 따라 두루마리를 펴듯이 연속적으로 벗기는 것이다. 얼마든지 넓은 베니어를 얻을 수 있고, 원목의 낭비가 적은 반면에 널결만이어서 표면이 거칠며, 생산 능률이 높으므로 80~90%가 이 방식에 의존하고 있다.
② 슬라이스드 베니어 : 상하 또는 수평으로 이동하는 너비가 넓은 대팻날로 얇게 절단한 것으로 합판의 표면에 곧은결 등의 아름다운 결을 장식적으로 사용할 때 사용하나, 원목 지름 이상의 넓은 단판이 불가능하다.
③ 소드 베니어 : 판재를 만드는 것과 같이 얇게 톱으로 켜내는 베니어로서 아름다운 결을 얻을 수 있다.

(3) 합판의 제조 방법

단판(베니어)에 접착제를 칠한 다음 여러 겹(홀수겹)으로 겹쳐서 접착제의 종류에 따라 상온 가압 또는 열압(10~18kgf/cm² 의 압력과 150~160℃로 열을 가한 후 24시간 죔쇠로 조인다)하여 접착시킨다.

■ 합판의 정의
단판으로 만들어 이들을 섬유 방향이 서로 직교되도록 홀수로 적층하면서 접착제로 접착시켜 만든 목재 제품

■ 로터리 베니어
생산 능률이 높으므로 80~90%가 이 방식에 의존

■ 슬라이스드 베니어
• 상하 또는 수평으로 이동하는 너비가 넓은 대팻날로 얇게 절단한 것
• 합판의 표면에 곧은결 등의 아름다운 결을 장식적으로 사용할 때 사용

출제 키워드

■ 합판의 특성
• 방향에 따른 강도의 차가 작음
• 함수율 변화에 따른 팽창과 수축을 방지
• 값싸게 무늬가 좋은 판을 얻을 수 있음
• 너비가 큰 판을 얻을 수 있고, 쉽게 곡면판으로도 만들 수 있음

(4) 합판의 특성

① 합판은 판재에 비하여 균질이고, 목재의 이용률을 높일 수 있다.
② 베니어를 서로 직교시켜서 붙인 것으로 잘 갈라지지 않으며, 방향에 따른 강도의 차가 작다.
③ 베니어는 얇아서 건조가 빠르고 뒤틀림이 없으므로 함수율 변화에 따른 팽창과 수축을 방지할 수 있다.
④ 아름다운 무늬가 되도록 얇게 벗긴 단판을 합판의 양쪽 표면에 사용하면, 값싸게 무늬가 좋은 판을 얻을 수 있다.
⑤ 너비가 큰 판을 얻을 수 있고, 쉽게 곡면판으로도 만들 수 있다.

(5) 특수합판의 종류

① 멜라민 화장 합판: 표면에 종이 또는 섬유질 재료를 멜라민 수지와 결합하여 입힌 합판이다.
② 도장 합판: 표면을 투명·불투명하게 도장 가공한 합판이다.
③ 화장 합판: 미관용으로 표면에 괴목 등의 얇은 단판을 붙인 합판이다.
④ 프린트 합판: 표면을 인쇄 가공한 합판으로 미관이 양호하고, 가격이 저렴하여 널리 보급되는 합판이다.
⑤ 염화비닐 화장 합판: 표면에 염화비닐 수지 시트 또는 염화비닐 수지 필름을 입혀 가공한 합판이다.

■ 프린트 합판
표면을 인쇄 가공한 합판

13 파티클 보드의 제법과 특성

(1) 정의

목재 또는 기타 식물질을 절삭 또는 파쇄하여 소편으로 하여 충분히 건조시킨 후, 합성수지 접착제와 같은 유기질 접착제를 첨가하여 열압 제판한 목재 제품, 식물 섬유를 주원료(가는 원목, 짧은 원목, 폐목, 톱밥, 볏짚, 대팻밥 등)로 하여, 접착제로 성형, 열압하여 제판한 비중이 0.4 이상의 판이다. 또는 목재 또는 식물질을 파쇄하여 충분히 건조시킨 후 합성수지와 같은 유기질의 접착제를 첨가하여 성형, 열압하여 만든 판이다.

■ 파티클 보드
목재 또는 기타 식물질을 절삭 또는 파쇄하여 소편으로 하여 충분히 건조시킨 후, 합성수지 접착제와 같은 유기질 접착제를 첨가하여 열압 제판한 목재 제품

(2) 특징

① 강도에 방향성이 없고, 큰 면적의 판을 만들 수 있으며, 두께는 비교적 자유로이 선택할 수 있다. 특히 방부·방충성이 있다.
② 표면이 평활하고 경도가 크고, 균일한 판을 대량으로 제조할 수 있다.
③ 가공성이 비교적 양호하며, 방충·방부성이 크고, 못이나 나사못의 지보력은 목재와 거의 같다.

■ 파티클 보드의 특성
• 강도에 방향성이 없고, 큰 면적의 판을 만들 수 있으며, 두께는 비교적 자유로이 선택
• 합판에 비하여 면 내 강성은 우수하나, 휨강도는 떨어짐
• 수분이나 고습도에 약함
• 방부·방충성이 있음
• 방습 및 방수 처리가 필요함

④ 제재 판재 또는 소각재 등의 부재를 서로 섬유 방향이 평행하게 하여 길이, 너비 및 두께 방향으로 접착제를 사용하여 집성, 접착시킨 것은 집성 목재이다.
⑤ 목편, 목모, 목질 섬유 등과 시멘트를 혼합하여 성형한 보드은 목모 또는 목편 시멘트판
⑥ 합판에 비하여 면 내 강성은 우수하나, 휨강도는 떨어진다.
⑦ 파티클 보드는 수분이나 고습도에 대하여 그다지 강하지 않기 때문에 이와 같은 조건 하에서 사용하는 경우, 방습 및 방수 처리가 필요하다.

14 집성 목재

(1) 집성 목재

집성 목재는 두께 15~50mm의 단판을 제재하여 섬유 방향을 거의 평행이 되게 여러 장 겹쳐서 접착한 목재, 판재 및 소각재 등을 같은 방향으로 서로 평행하게 접착시켜 만든 접착 가공 목재 또는 소판이나 소각재의 부산물 등을 이용하여 접착, 접합에 의하여 필요한 치수와 형상으로 만든 인공 목재로서 합판과의 차이점은 겹치는 장수가 홀수가 아니라도 된다는 점이며, 특성은 다음과 같다.

① 목재의 강도를 인공적으로 자유롭게 조절할 수 있다.
② 응력에 따라 필요한 단면을 만들 수 있으며, 필요에 따라서 아치와 같은 굽은 용재를 사용할 수 있다.
③ 요구된 치수, 형태의 재료(길고 단면이 큰 부재)를 간단히 만들 수 있고, 보나 기둥에 사용할 수 있는 단면을 가진다.
④ 제재품이 갖는 옹이, 할열 등의 결함을 제거, 분산시킬 수 있으므로 강도의 편차가 작다.

(2) 섬유판

섬유판이란 식물성 재료(조각낸 목재 톱밥, 대팻밥, 볏짚, 보릿짚, 펄프 찌꺼기, 종이 등)를 원료로 하여 펄프를 만든 다음 접착제, 방부제 등을 첨가하여 제판한 것으로 비중이 0.8 이상이고, 한국산업규격에는 밀도를 기준으로 연질 섬유판, 중질 섬유판 및 경질 섬유판 등이 있다.

① **연질 섬유판**: 건축의 내장 및 보온을 목적으로 성형한 밀도 $0.4g/cm^3$ 미만인 판
② **중질 섬유판**: 밀도 $0.4g/cm^3$ 이상 $0.8g/cm^3$ 미만인 판으로 내수성이 작고, 팽창이 심하며, 재질도 약하고 습도에 의한 신축이 크나 비교적 가격이 싸므로 건축용으로 사용되고 있다. 특히, MDF는 나사못으로 고정이 가능하고, 한번 고정 철물을 사용한 곳은 재시공이 불가능한 단점이 있으나, 표면에 무늬 인쇄가 가능하다.

출제 키워드

■ 집성 목재
- 판재 및 소각재 등을 같은 방향으로 서로 평행하게 접착시켜 만든 접착 가공 목재
- 소판이나 소각재의 부산물 등을 이용하여 접착, 접합에 의하여 필요한 치수와 형상으로 만든 인공 목재
- 합판과의 차이점은 겹치는 장수가 홀수가 아니라도 된다는 점
- 응력에 따라 필요한 단면을 만들 수 있음
- 필요에 따라서 아치와 같은 굽은 용재를 사용할 수 있음

■ 섬유판
- 한국산업규격에는 밀도를 기준으로 분류
- 연질 섬유판(밀도 $0.4g/cm^3$ 미만), 중질 섬유판 및 경질 섬유판(밀도 $0.8g/cm^3$ 이상) 등

■ 중질 섬유판
- 밀도 $0.4g/cm^3$ 이상 $0.8g/cm^3$ 미만인 판
- 재시공이 불가능
- 표면에 무늬 인쇄가 가능

③ 경질 섬유판 : 밀도 0.8g/cm³ 이상인 판으로 방향성을 고려할 필요가 없고, 내마모성이 큰 편이며, 비틀림이 적다. 특히, 휨강도에 따라 450형(450kg/cm² 이상), 350형(350kg/cm² 이상) 및 200형(200kg/cm² 이상) 등이 있다.

15 벽, 수장재 등

① 파키트리 패널 : 두께 15mm의 파키트리 보드(견목재판을 두께 9~15mm, 너비 600mm, 길이는 너비의 3~5배로 한 것으로 제혀쪽매로 하고, 표면은 상대패로 마감한 판재)를 4매씩 조합하여 24cm의 각판으로 접착제나 파정으로 붙이는 우수한 마루판이다. 또한, 이 판은 목재의 무늬를 이용하여 의장적으로 아름답고 건조 변형이 작으며, 마모성도 작다. 목조 마루틀 위에 이중판으로 깔든지 콘크리트 슬래브 위에 아스팔트, 피치 등으로 방습 처리한 후 접착 시공을 할 수 있다.

② 코르크 보드 : 코르크 나무 껍질의 탄력성이 있는 부분을 원료로 하여 그 분말로 가열, 가압, 성형, 접착하여 널빤지로 만든 것으로 표면은 평평하고 약간 굳어지나 유공질 판이어서 탄성, 단열성, 흡음성 등이 있어 음악감상실, 방송실 등의 천장, 안벽의 흡음판용, 냉장고, 냉동공장, 제빙공장 등의 단열판, 열절연재로 사용한다.

③ 코펜하겐 리브 : 두께 5cm, 너비 10cm 정도로 만든 긴 판으로서 표면을 자유 곡면으로 깎아 수직 평행선이 되게 리브를 만든 것이며, 강당, 집회장, 극장 등의 천장 또는 내벽의 음향조절용 또는 일반 건물의 벽수장재로 사용하며 음향 효과와 장식 효과가 있다.

④ 파키트리 블록 : 파키트리 보드 단판(두께 9~15mm, 폭 6cm)을 3~5장씩 접착하여 18cm 각, 30cm 각으로 만들어 접합하여 방수처리한 것으로 사용시에는 철물과 모르타르를 써서 콘크리트 마루에 깐다.

⑤ 플로어링 블록 : 마구리면 및 양 표면을 대패질한 나무 판자의 각 조각을 금속 스테플, 접착 등으로 맞대어 고정시킨 정사각형의 단층 조각 마루판(바닥 판재)이다.

16 바닥재 등

(1) 마루 재료의 종류

① 강화(라미네이트) 마루 : 기존의 가구나 실내 장식품으로 사용하던 파티클 보드를 소재로 하여 표면을 처리한 제품 또는 목재 가루를 압축한 바탕재(HDF) 위에 고압력으로 강화시킨 여러 층의 표면판을 적층하여 접착시킨 복합재 마루로서 강하고, 유지 관리의 편리성을 높인 바닥재로서 긁힘이 적어 가정용 및 상업용으로 사용이 가능하다.

② 원목 마루 : 활엽수(참나무, 자작나무, 단풍나무 등)를 사용하여 가공한 마루판이다.

③ 합판 마루 : 합판을 이용한 마루판이다.

- 코펜하겐 리브
- 표면을 자유 곡면으로 깎아 수직 평행선이 되게 리브를 만든 것
- 강당, 집회장, 극장 등의 천장 또는 내벽의 음향조절용
- 일반 건물의 벽수장재로 사용하며 음향 효과와 장식 효과

- 강화(라미네이트) 마루
목재 가루를 압축한 바탕재(HDF) 위에 고압력으로 강화시킨 여러 층의 표면판을 적층하여 접착시킨 복합재 마루

④ 온돌 마루 : 원목 마루의 단점, 즉 온도 변화에 대한 수축과 팽창, 뒤틀림을 최소화하면서 원목 고유의 무늬와 질감을 느낄 수 있도록 개발된 제품으로 합판을 바탕재로 사용하고, 그 위에 무늬목을 붙여 도장처리한 마루재이다.

(2) 쪽매

쪽매란 두 개의 부재를 나란히 옆으로 대어 넓게 하는 것으로 목재는 신축, 우그러짐 등이 생기며 쪽매의 솔기에 틈이 나기 쉬우므로 강력한 접착법을 사용하거나, 미리 의장된 줄눈을 두는 것이 좋다.

(3) 목재의 정척재

정척재는 제재소에서 미리 규정 치수에 따라 많은 양을 제재하여 일반 사용자를 대상으로 판매하는 기성재로서, 길이(180cm, 270cm, 360cm, 450cm, 540cm, 단, 180cm 미만은 단척물이라 하여 별도로 취급), 각재(단면 21mm 각, 30mm 각, 36mm 각, 45mm 각, 51mm 각, 60mm 각, 75mm 각, 90mm 각, 105mm 각, 120mm 각) 및 판자의 두께(9mm 두께, 12mm 두께, 15mm 두께, 18mm 두께, 21mm 두께, 24mm 두께, 30mm 두께, 36mm 두께, 45mm 두께) 등이 있다.

1-2-2. 석재

1 석재의 특성 등

① 장점 : 인장 강도(압축 강도의 1/10~1/30 정도)에 비해 압축 강도가 크고, 불연성, 내구성, 내마멸성 및 내수성이 있으며, 외관이 아름답고, 풍부한 양이 생산된다.
② 단점 : 비중이 커서 무겁고, 견고하여 가공이 어려우며, 길고 큰 부재(장대재)를 얻기 힘들다. 압축 강도에 비하여 인장 강도가 매우 작으며(인장 강도는 압축 강도의 1/10~1/40), 일부 석재는 고열(열전도율이 작아 열응력이 생기기 쉽다)에 약하다.

■ 석재의 장점
인장 강도(압축 강도의 1/10~1/30 정도)에 비해 압축 강도가 큼

■ 석재의 단점
• 비중이 커서 무거움
• 견고하여 가공이 어려움
• 길고 큰 부재(장대재)를 얻기 힘듦

2 성인에 의한 석재의 분류

구분	화성암		퇴적(수성)암			변성암	
	심성암	화산암	쇄설성		유기적	화학적	수성암	화성암
종류	화강암, 섬록암, 반려암, 현무암, 부석	안산암 (휘석, 각섬, 운모, 석영 등)	이판암 점판암	사암 역암	응회암 (사질, 각력질)	석회암 처트	석고	대리석	사문암

3 석재의 조직과 사용법 등

(1) 석재의 조직

① 선상 조직 : 용착부에 생기는 특이한 파단면의 조직 또는 아주 미세한 주상 결정이 서릿발 모양으로 나란히 있고, 그 사이에 현미경으로 볼 수 있는 비금속 불순물이나 기공이 있다. 이 조직을 나타내는 파단면을 선상 파단면이라고 한다.

② 절리 : 암석 중에 특유의 천연적으로 갈라진 금으로 모든 암석에 있으나 화성암에 특유하게 나타난다. 또한, 절리를 따라서 채석을 하게 되고, 암장이 냉각할 때 수축으로 인하여 발생한다.

③ 석목 : 석재에 있어서 작게 쪼개지기 쉬운 면이다.

④ 입상 조직(현정질 조직) : 육안으로 석재의 파편을 보았을 때, 광물 입자들이 하나하나 구별되어 보이는 조직으로 화강암에서 볼 수 있다.

⑤ 미정질 : 결정질(여러 개의 평면으로 쌓여서 형체를 이루고, 내부의 원자가 균질, 규칙적으로 배열되어 있는 성질)을 볼 수 없는 것으로 안산암에서 볼 수 있다.

⑥ 유리질 : 결정질을 이루지 않는 것으로 현무암에서 볼 수 있다.

(2) 석재의 압축 강도, 비중, 흡수율 및 내화도 등

석재명	평균 압축 강도 (kg/cm²)	비중	흡수율(%)	내화도(℃)	비고
화강암	1,450~2,000	2.62~2.69	0.33~0.5	600	• 흡수율은 공극률에 반드시 비례하지 않는다. • 독립하여 존재하는 공극은 흡수의 요소가 아니다.
황화석	25	1.3	26.2		
안산암	1,050~1,150	2.53~2.59	1.83~3.2	1,000	
응회암	90~370	2~2.4	13.5~18.2		
사암	360	2.5	13.2		
대리석	1,000~1,800	2.7~2.72	0.09~0.12	600~800	
사문석	970	2.76	0.37		
슬레이트	1,890	2.75	0.24		

* 석재의 내구성이 큰 것부터 작은 것의 순으로 나열하면, 화강암 → 대리석 → 석회암 → 사암조립의 순이고, 석재의 내화도를 보면, 대리석, 석회암은 600~800℃ 정도, 안산암, 응회암, 사암 및 화산암은 1,000℃ 정도, 화강암은 600℃ 정도 이므로 화강암의 내화도가 가장 낮고, 응회암이 가장 높다.

(3) 석재 사용상 주의사항

① 석재를 구조재로 사용하는 경우에는 압축재로 사용하고, 인장재의 사용은 피하며, 가공시 가능한 한 둔각으로 한다.

② 중량이 큰 것은 낮은 곳에, 중량이 작은 것은 높은 곳에 사용한다.

③ 산출량을 조사하여 동일 건축물에는 동일 석재로 시공하도록 한다.
④ 내화 구조물은 내화 석재를 선택해야 하고, 외벽 특히 콘크리트 표면 첨부용 석재는 연석을 피해야 한다. 즉, 경석을 사용한다.
⑤ 석재를 보로 사용하지 않는 이유는 석재의 휨강도가 매우 약하기 때문이다.

(4) 압축 강도에 의한 석재의 분류

구분	연석	준경석	경석
압축 강도	100kg/cm² 이하	100~500kg/cm²	500kg/cm² 이상
종류	연질사암, 응회암	경질사암, 연질안산암	화강암, 대리석, 안산암

(5) 석재의 형상에 따른 분류

① 호박돌 : 개울에서 생긴 지름 20~30cm 정도의 둥글고 넓적한 돌로 기초 잡석 다짐이나 바닥 콘크리트 지정에 사용되는 석재이다.
② 판돌 : 넓고 얇은 판형으로 된 석재로 바닥 깔기 또는 붙임돌에 사용한다.
③ 견치석 : 네모 뿔 모양(피라미드형)으로 가공한 석재로서 석축에 사용하는 석재이다.
④ 사괴석 : 한식 구조의 벽체, 돌담(바람벽, 화방)을 쌓는 데 사용하는 석재로서 화강암이 사용된다.

4 석재의 종류와 특성

① 화강암 : 대표적인 화성암의 심성암으로 그 성분은 석영, 장석, 운모, 휘석, 각섬석 등이고, 석질이 견고(압축 강도 1,500kg/cm² 정도)하고, 풍화 작용이나 마멸에 강하며, 바탕색과 반점이 아름다울 뿐만 아니라 석재의 자원도 풍부하므로 건축 토목의 구조재, 내·외장재로 많이 사용되며, 내화도가 낮아(함유 광물의 열팽창 계수가 상이함) 고열을 받는 곳에는 적당하지 않지만, 대형재의 생산이 가능하며 바탕색과 반점이 미려하여 구조재, 내·외장재로 많이 사용되고, 세밀한 조각이 필요한 곳에는 가공이 불편하여 적당하지 않다. 또한, 그 질이 단단하고 내구성 및 강도가 크고 외관이 수려하며 절리가 비교적 커서 대재를 얻을 수 있으나, 너무 단단하여 조각 등에 부적당하다. 즉, 가공이 힘들다.
② 안산암 : 화성암 중 화산암에 속하는 것으로, 석질은 화강암과 같은 것으로 종류가 다양하고, 가공이 용이하며, 조각을 필요로 하는 곳에 적합하다. 또한, 표면은 갈아도 광택이 나지 않으므로 거친 돌 또는 잔다듬한 정도로 사용하는데 내화성이 높다. 휘석 안산암 계통 등은 콘크리트용 골재로 사용하는 경우 알칼리 골재 반응을 일으키는 경우가 있으므로 주의하여야 한다. 특히, 강도, 경도가 크고 내화력이 우수하여 구조용 석재로 사용되지만, 조직 및 색조가 균일하지 않고 대재를 얻기 어려운 석재이다.

출제 키워드

■ 응회암
내화재, 장식재로 많이 이용

■ 석회암
• 수성암의 일종
• 주성분은 탄산석회(CaCO₃)로서 백색 또는 회백색
• 석회나 시멘트의 원료로 사용
• 대리석으로 변질

■ 점판암
• 수성암의 일종
• 청회색 또는 흑색으로 흡수율이 작고 대기 중에서 변색, 변질되지 않음
• 석질이 치밀하고 박판으로 채취할 수 있어 슬레이트로 사용
• 기와 대신 지붕 재료로 사용

■ 부석
• 색깔은 회색 또는 담홍색
• 비중이 0.7~0.8로서 석재 중에서 가장 가벼움
• 경량 콘크리트용 골재, 열전도율이 작고, 내화성이 있어서 단열재, 내화 피복재로 사용

■ 대리석
• 석회암이 오랜 세월 동안 땅속에서 지열, 지압으로 인하여 변질되어 결정화된 것
• 주성분은 탄산석회(CaCO₃)
• 석질은 치밀하고 견고
• 포함된 성분에 따라 경도, 색채, 무늬(반점) 등이 매우 다양
• 아름답고 물갈기를 하면 광택이 나므로 실내 장식용 또는 조각용 석재
• 내화성이 부족하고, 산·알칼리 등에는 매우 약함

■ 트래버틴
• 대리석의 한 종류로서 다공질이며, 석질이 균일하지 못함
• 석판으로 만들어 물갈기를 하면 평활하고 광택이 나는 부분
• 특수한 실내 장식재로 이용

③ **사암** : 석영질의 모래가 압력을 받아 규산질, 산화철질, 탄산석회질, 점토질 사암 등의 교착제에 의해 응고, 경화된 것으로 빛깔은 교착제에 따라 규산질은 담색, 산화철질은 적갈색, 탄산석회질은 회색, 점토질은 암색으로 나타낸다. 강도가 큰 것부터 작은 것의 순으로 나열하면, 교착제에 따라 규산질 → 산화철질 → 탄산석회질 → 점토질의 순으로 강도가 떨어지며, 내화성 및 흡수성이 크고, 가공하기가 쉽다. 특히, 규산질 사암은 견고하여 구조재로 적당하나, 외관이 좋지 않다. 연질 사암은 실내 부분에서 손상이나 마멸이 잘 되지 않는 곳의 장식용에 사용할 수 있다.

④ **응회암** : 화산재, 화산 모래 등이 퇴적·응고되거나, 물에 의하여 운반되어 암석 분쇄물과 혼합되어 침전된 것으로 대체로 다공질이고, 강도·내구성이 작아 구조재로 적합하지 않으나, 내화성이 있으며, 외관이 좋고 조각하기 쉬우므로 내화재, 장식재로 많이 이용된다.

⑤ **석회암** : 수성암의 일종으로 화강암이나 동·식물의 잔해 중에 포함되어 있는 석회분이 물에 녹아 침전되어 응고된 것으로 주성분은 탄산석회(CaCO₃)로서 백색 또는 회백색이다. 석질은 치밀, 견고하나, 내산성·내화성이 부족하다. 용도로는 석회나 시멘트의 원료로 사용하며, 특히 대리석으로 변질된다.

⑥ **점판암** : 청회색 또는 흑색으로 흡수율이 작고 대기 중에서 변색, 변질되지 않으며, 수성암의 일종으로 석질이 치밀하고 박판으로 채취할 수 있어 슬레이트로서 지붕, 외벽, 마루 등에 사용되는 석재로서, 주로 기와 대신 지붕 재료로 사용된다.

⑦ **부석** : 마그마가 급속히 냉각될 때, 가스가 방출되면서 다공질의 유리질로 된 것으로 색깔은 회색 또는 담홍색이고 비중이 0.7~0.8로서 석재 중에서 가장 가볍다. 용도로는 석재 중 가장 가벼워 경량 콘크리트용 골재, 열전도율이 작고, 내화성이 있어서 단열재, 내화 피복재로 사용된다.

⑧ **현무암** : 화산암의 일종이며, 안산암의 판석 또는 분출암의 하나로 회장석분이 풍부한 사장석과 휘석을 주성분으로 하는 염기화산암으로 지구에서 가장 분포가 넓은 화산암이다. 또한, 입자가 잘거나 치밀하고 비중이 2.9~3.1 정도로 색깔은 검은색, 암회색이며, 석질이 견고하므로 토대석, 석축 등에 쓰인다. 근래에는 암면의 원료로서 중요도가 높아지고 있다.

⑨ **대리석** : 석회암이 오랜 세월 동안 땅속에서 지열, 지압으로 인하여 변질되어 결정화된 것으로 주성분은 탄산석회(CaCO₃)로 이 밖에 탄소질, 산화철, 휘석, 각섬석, 녹니석 등을 함유한다. 석질은 치밀하고 견고하며, 포함된 성분에 따라 경도, 색채, 무늬(반점) 등이 매우 다양하여 아름답고 물갈기를 하면 광택이 나므로 실내 장식용 또는 조각용 석재로는 고급품이나, 내화성이 부족하고, 산·알칼리 등에는 매우 약하다.

⑩ **트래버틴** : 대리석의 한 종류로서 다공질이며, 석질이 균일하지 못하고, 암갈(황갈)색의 무늬가 있고, 석판으로 만들어 물갈기를 하면 평활하고 광택이 나는 부분과 구멍, 골이 진 부분이 있어 특수한 실내 장식재로 이용된다.

⑪ **석면** : 사문암이나 각섬암이 열과 압력을 받아 변질되어 섬유상으로 된 변성암이다.

5 석재의 가공 순서

① **혹두기(메다듬)** : 쇠메, 망치를 사용하여 돌의 면을 대강 다듬는 것
② **정다듬** : 정, 혹두기의 면을 정으로 곱게 쪼아, 표면에 미세하고 조밀한 흔적을 내어 평탄하고 거친 면으로 만드는 것
③ **도드락다듬** : 도드락 망치, 거친 정다듬한 면을 도드락 망치로 더욱 평탄하게 다듬는 것
④ **잔다듬** : 정다듬 및 도드락 다듬한 면을 양날 망치로 평행 방향으로 정밀하고 곱게 쪼아 표면을 더욱 평탄하게 만드는 것으로 가장 곱게 다듬질하는 단계이다.
⑤ **물갈기** : 와이어 톱, 다이아몬드 톱, 글라인더 톱, 원반 톱, 플레이너, 글라인더로 잔다듬한 면에 금강사를 뿌려 철판, 숫돌 등으로 물을 뿌려 간 다음, 산화주석을 헝겊에 묻혀서 잘 문지르며 광택을 낸다.
⑥ **석재의 가공 순서** : 혹두기(쇠메, 망치) → 정다듬(정) → 도드락다듬(도드락 망치) → 잔다듬(양날 망치) → 물갈기(와이어 톱, 다이아몬드 톱, 글라인더 톱, 원반 톱, 플레이너, 글라인더 등)의 순이다.

■ 잔다듬
정다듬 및 도드락 다듬한 면을 양날 망치로 평행 방향으로 정밀하고 곱게 쪼아 표면을 더욱 평탄하게 만드는 것

■ 석재의 가공 순서
혹두기 → 정다듬 → 도드락다듬 → 잔다듬 → 물갈기의 순

6 석재 제품 등

① **암면** : 암석으로부터 인공적으로 만들어진 내열성이 높은 광물섬유를 이용하여 만드는 제품으로, 단열성, 흡음성이 뛰어나다. 또는 석회, 규산을 주성분으로 안산암, 사문암, 현무암을 원료로 하여 이를 고열로 녹여 작은 구멍을 통하여 분출시킨 것을 고압 공기로 불어 날리면 솜모양이 되는 것으로 흡음·단열·보온성 등이 우수한 불연재로서 열이나 음향의 차단재 즉, 단열재나 흡음재로 널리 쓰인다.
② **펄라이트** : 진주석, 흑요석, 송지석 또는 이에 준하는 석질(유리질 화산암)을 포함한 암석을 분쇄하여 소성, 팽창시켜 제조한 백색의 다공질 경석 등을 분쇄하여 가루로 한 것을 가열, 팽창시킨 백색 또는 회백색의 경량 골재로서 제법, 용도 및 성질은 질석과 동일하다.
③ **인조석** : 쇄석을 종석으로 하여 시멘트에 안료를 섞어 진동기로 다진 후 판상으로 성형한 것으로서 자연석과 유사하게 만든 수장 재료 또는 대리석, 화강암 등의 아름다운 쇄석(종석)과 백색 시멘트, 안료 등을 혼합하여 물로 반죽한 다음 색조나 성질이 천연 석재와 비슷하게 만든 것을 인조석이라고 하며, 인조석의 원료는 종석(대리석, 화강암의 쇄석), 백색 시멘트, 강모래, 안료, 물 등이다.
④ **질석** : 운모계와 사문암계의 광석이며, 800~1,000℃로 가열하면 부피가 5~6배로 팽창되어 비중이 0.2~0.4인 다공질 경석이다. 단열, 보온, 흡음, 내화성이 우수하므로 질석 모르타르, 질석 플라스터로 만들어 바름벽 또는 뿜칠의 재료로 사용된다.

■ 암면
• 암석으로부터 인공적으로 만들어진 내열성이 높은 광물섬유를 이용하여 만드는 제품
• 석회, 규산을 주성분으로 안산암, 사문암, 현무암을 원료로 하여 이를 고열로 녹여 작은 구멍을 통하여 분출시킨 것
• 단열성, 흡음성이 뛰어남
• 흡음·단열·보온성 등이 우수한 불연재
• 단열재나 흡음재로 널리 사용

■ 펄라이트
진주석, 흑요석, 송지석을 분쇄하여 소성, 팽창시켜 제조한 백색의 다공질 경석 등을 분쇄하여 가루로 한 것을 가열, 팽창시킨 백색 또는 회백색의 경량 골재

■ 인조석
쇄석을 종석으로 하여 시멘트에 안료를 섞어 진동기로 다진 후 판상으로 성형한 것으로서 자연석과 유사하게 만든 수장 재료

출제 키워드

■ 활석의 용도
페인트의 혼화제, 아스팔트 루핑 등의 표면 정활제, 유리의 연마제로 사용

■ 테라초
대리석의 쇄석을 종석으로 하여 시멘트를 사용, 콘크리트판의 한쪽 면에 부어 넣은 후 가공, 연마하여 대리석과 같이 미려한 광택을 갖도록 마감한 것

■ 점토의 비중
• 2.5~2.6(고알루미나질 점토는 3.0 내외) 정도
• 불순점토일수록 작고, 알루미나분이 많을수록 큼

■ 점토의 포수율과 건조 수축
포수율과 건조 수축률은 비례하여 증감

■ 점토의 가소성
양질의 점토일수록 가소성이 좋음

■ 점토의 강도
점토의 압축 강도는 인장 강도의 약 5배 정도

---

⑤ 활석 : 활석은 마그네시아를 포함하여 여러 가지의 암석이 변질된 것으로서 대개 석회암이나 사문암 등의 암석에서 산출되며, 특성은 다음과 같다.
  ㉮ 재질이 연하고, 비중은 2.6~2.8로서 담록, 담황색의 진주와 같은 광택이 있다.
  ㉯ 분말의 흡수성, 고착성, 활성, 내화성 및 작열 후에 경도가 증가하는 경우가 있다.
  ㉰ 용도로는 페인트의 혼화제, 아스팔트 루핑 등의 표면 정활제, 유리의 연마제로 쓰인다.
⑥ 테라초 : 대리석의 쇄석을 종석으로 하여 시멘트를 사용, 콘크리트판의 한쪽 면에 부어 넣은 후 가공, 연마하여 대리석과 같이 미려한 광택을 갖도록 마감한 것으로 테라초의 원료는 대리석의 쇄석, 백색 시멘트, 강모래, 안료, 물 등이다.
⑦ 보양 재료

보양면	돌면	바닥 타일	콘크리트	인조석 현장갈기	돌의 돌출부
보양 재료	토분, 백지	톱밥	가마니	모래	널판

1-2-3. 점토 재료

1 점토의 물리적, 화학적 성질

(1) 점토의 일반적인 성질

① 비중 : 점토의 비중은 2.5~2.6(고알루미나질 점토는 비중이 3.0 내외) 정도로서 불순 점토일수록 작고, 알루미나분이 많을수록 크다.
② 입자 크기 : 보통 0.1~25μ 정도의 미세한 입자가 많으나, 모래알 정도의 크기를 함유할 때도 있으며, 점토의 입자가 작을수록 양질의 점토가 된다.
③ 포수율과 건조 수축 : 건조 점토 분말을 물로 개어 가장 가소성이 적당한 경우, 점토 입자가 물을 함유하는 능력을 포수율이라 말하는데, 점토의 포수율이 작은 것은 7~10%, 큰 것은 40~50%이다. 또, 이때 길이 방향의 건조 수축률을 구하면 작은 것은 5~6%, 큰 것은 10~15% 정도로서, 포수율과 건조 수축률은 비례하여 증감한다. 포수율의 크고 작음은 건조 속도와 수축의 크고 작음에 관계하는 것으로, 점토 제품 제조 공정상 매우 중요한 조건이 된다.
④ 가소성 : 양질의 점토일수록(알루미나가 많을수록) 가소성이 좋으며(점토는 입자의 크기가 작을수록 가소성이 좋고, 클수록 가소성이 나빠진다), 알칼리성일 때에는 가소성을 해친다. 성형할 점토를 반죽하여 일정 기간 채워 두는 것은 원료 점토 중에 함유된 유기물이 부패, 발효되면 산성화하여 가소성을 증대시키기 때문이다. 또한, 소성된 점토를 빻아 만든 것은 샤모트이다.
⑤ 강도 : 점토의 인장 강도 시험은 점토의 분말을 물로 개어 시멘트 시험체와 같이 만들고 110℃로 완전 건조시켜 시험하는데, 일반적으로 인장 강도는 3~10kg/cm^{2}이고, 점토의 압축 강도는 인장 강도의 약 5배 정도이다.

⑥ **용융점** : 순수한 점토일수록 용융점이 높고 강도가 크다. 불순물이 많거나 화합수의 양이 많이 함유된 저급 점토는 비교적 저온에서 녹고, 그 이상 가열하면 변형되어 붕괴한다.
⑦ **색상** : 점토 제품의 색상은 철산화물 또는 석회 물질에 의해 나타나며, 철산화물이 많으면 적색이 되고, 석회 물질이 많으면 황색을 띠게 된다.
⑧ 점토 제품에 요구되는 성질 중 내동결성은 한랭지에서 사용되는 제품은 동결 융해의 반복에 따른 강도의 저하를 막기 위하여 내동결성이 높아야 하고, 흡수율, 점토의 화학 조성, 입도 분포, 소성 온도 등이 내동결성에 영향을 준다.

(2) 점토의 화학적인 성질

점토의 화학 성분은 내화성, 소성 변형, 색채 등에 영향을 준다. 자기류 등의 고급 제품을 만드는 데에 쓰이는 점토는 대부분이 함수 규산알루미나로 되어 있으며, 점토의 대부분은 원래의 암석 성분에 따라 산화철, 석회, 산화마그네슘, 산화칼륨, 산화나트륨 등을 포함하고 있다. 또한, 산화철, 석회, 산화마그네슘, 산화칼륨, 산화나트륨 등을 많이 포함하고 있는 점토는 소성 온도는 낮아지나, 소성 변형이 커서 좋은 제품을 만들 수 없다. 점토 제품의 색상은 철산화물 또는 석회 물질에 의해 나타나며, 철산화물이 많으면 적색이 되고, 석회 물질이 많으면 황색을 띠게 된다.

2 점토 제품의 분류와 특성

종류	소성 온도 (℃)	소지 흡수성	소지 빛깔	투명도	건축 재료	비고
토기	790~1,000	크다. (20% 이상)	유색	불투명	기와, 벽돌, 토관	최저급 원료(전답토)로 취약하다.
도기	1,100~1,230	약간 크다. (10%)	백색 유색	불투명	타일, 위생도기, 테라코타 타일	다공질로서, 흡수성이 있고, 질이 굳으며, 두드리면 탁음이 난다. 유약을 사용한다.
석기	1,160~1,350	작다. (3~10%)	유색	불투명	마루 타일, 클링커 타일	시유약은 쓰지 않고 식염유를 쓴다.
자기	1,230~1,460	아주 작다. (0~1%)	백색	투명	위생 도기, 자기질 타일	양질의 도토 또는 장석분을 원료로 하고, 두드리면 금속음이 난다.

① 흡수율이 작은 것부터 큰 것의 순으로 나열하면, 자기<석기<도기<토기이다.
② 소성 온도가 낮은 것부터 높은 것의 순으로 나열하면, 토기<도기<석기<자기이다.

▶ 출제 키워드

■ 흡수율이 작은 것부터 큰 것의 순으로 나열
자기<석기<도기<토기의 순

■ 소성 온도가 낮은 것부터 높은 것의 순으로 나열
토기<도기<석기<자기의 순

출제 키워드

- 벽돌의 규격과 마름질
- 신형(표준형, 블록 혼용)은 190mm×90mm×57mm
- 반토막 벽돌의 크기는 길이의 반

3 벽돌의 규격과 품질

(1) 벽돌의 규격과 마름질

① 벽돌의 규격은 신형(표준형, 블록 혼용)은 190mm×90mm×57mm이고, 재래형은 210mm×100mm×60mm이다.

② 벽돌의 마름질에서 토막은 길이 방향과 직각 방향으로 자른 것이고, 절은 길이 방향과 평행 방향으로 자른 것이다.

③ 이오토막 벽돌의 크기는 재래형인 경우에는 (210mm×1/4)×100mm×60mm, 따라서 52.5mm×100mm×60mm이고, 신형(표준형, 블록 혼용)인 경우에는 (190mm×1/4)×90mm×57mm, 따라서 47.5mm×90mm×57mm이다.

④ 반토막 벽돌의 크기는 길이의 반이므로 신형(표준형, 블록 혼용)인 경우에는 (190mm×1/2)×90mm×57mm이므로 95mm×90mm×57mm이고, 재래형의 경우에는 (210mm×1/2)×100mm×60mm이므로 105mm×100mm×60mm이다.

(2) 점토 벽돌의 품질

벽돌의 품질은 압축 강도와 흡수율에 따라서 1, 2종으로 구분하므로 벽돌의 시험에는 흡수 및 압축 시험을 한다.

품질	종류	
	1종	2종
흡수율(%)	10 이하	15 이하
압축 강도(N/mm^2, MPa)	24.50 이상	14.70 이상

4 특수 벽돌의 종류와 특성

① 과소품 벽돌 : 지나치게 높은 온도로 구워낸 것으로서 흡수율이 매우 작고, 압축 강도가 매우 크나, 모양이 바르지 않아 기초 쌓기나 특수 장식용으로 이용된다.

② 다공질(경량) 벽돌 : 원료인 점토에 톱밥, 분탄, 겨 등의 불에 탈 수 있는 유기질 가루 (30~50%)를 혼합하여 성형 소성한 것으로 비중은 1.5 정도로서 보통 벽돌의 2.0보다 작고, 절단(톱질)과 못박기의 가공성이 우수하며, 단열과 방음성 및 흡음성이 있으나 강도는 약하다. 특히, 강도가 약하므로 구조용으로의 사용은 불가능하고, 규격은 보통 벽돌과 동일하며, 원료로는 저급 점토, 유기질 가루(톱밥, 분탄, 겨 등), 시멘트 등이다.

③ 공동(중공) 벽돌 : 벽돌의 무게(건축물의 자중)를 감소시킬 목적으로 내부에 공극을 포함시켜 블록과 비슷하게 만든 벽돌로서 가볍고, 단열·흡음·방음성 및 보온성이 우수하여 방음벽, 단열층 및 보온벽에 사용되며, 칸막이벽이나 외벽 등에 사용된다.

- 다공질(경량) 벽돌
- 원료인 점토에 톱밥, 분탄, 겨 등의 불에 탈 수 있는 유기질 가루 (30~50%)를 혼합하여 성형 소성한 것
- 절단(톱질)과 못박기의 가공성이 우수
- 단열과 방음성 및 흡음성이 있으나 강도는 약함
- 구조용으로의 사용은 불가능

④ 내화 벽돌 : 내화 점토를 원료로 하여 만든 점토 제품이고, 내화도에 따라 저급 내화 벽돌, 보통 내화 벽돌, 고급 내화 벽돌 등의 세 종류로 분류할 수 있고, 종류로는 샤모트 벽돌, 규석 벽돌 및 고토 벽돌 등이 있으며, 보통 벽돌보다 내화성이 크다. 특히, 보통 벽돌보다 치수가 크고, 줄눈은 작게 한다. 내화 벽돌을 쌓는 데에는 내화 점토[내화 점토의 주성분은 산성 점토(규산 점토, 알루미나 등), 염기성 점토인 마그네사이트, 중성 점토인 크롬 철광 등이고, 내화성이 있는 흙으로 내화 벽돌 쌓기, 단열 처리 등에 사용되고, 황색 광물질, 철분이 비교적 적고, 가소성, 내화성이 있어 내화 재료의 원료가 된다. 규조토와 탄층의 하반에서 산출하는 목절 점토 등으로 내화 벽돌과 도자기 등에 이용된다]를 사용하는데, 내화 벽돌의 크기는 230mm×114mm×65mm이다. 특히, 내화 벽돌을 쌓을 경우에 사용하는 접착제는 내화 점토이고, 내화 점토는 기건성이므로 물축이기를 하지 않는다. 특히, 내화도를 측정하는 기구는 제게르 콘(seger cone)을 사용한다.

■ 내화 벽돌의 크기
• 230mm×114mm×65mm
• 내화도를 측정하는 기구는 제게르 콘(seger cone)을 사용

[내화 벽돌 소성 온도]

벽돌의 종류	내화도	용도
저급 내화 벽돌	SK 26(1,580℃)~SK 29(1,650℃)	굴뚝, 페치카의 안쌓기
중급 내화 벽돌	SK 30(1,670℃)~SK 33(1,730℃)	보통의 가마
고급 내화 벽돌	SK 34(1,750℃)~SK 42(2,000℃)	고열 가마

⑤ 포도(포도용) 벽돌 : 마멸과 충격에 강하고, 흡수율이 작으며, 내화력이 강한 것으로 도로 포장용이나 옥상 포장용으로 사용하는 벽돌이다.
⑥ 오지 벽돌 : 벽돌에 오지물을 칠해 소성한 벽돌이다.
⑦ 규회 벽돌 : 모래와 석회를 주원료로 하여 가압 성형하고, 증기압에서 양생하여 만든 벽돌로 크기는 점토 벽돌과 동일하다. 특히, 착색제와 혼화제를 첨가하는 경우도 있다.
⑧ 광재 벽돌 : 광재(슬래그)에 10~20%의 석회를 가하여 성형 건조한 것으로 보통 벽돌보다 모든 성질이 매우 양호하다.

5 점토 제품 등

(1) 테라코타

테라코타는 석재 조각물 대신에 사용되는 장식용 공동의 대형 점토 소성 제품으로서 속을 비게 하여 가볍게 만들고, 건축물의 패러핏, 버팀벽, 주두, 난간벽, 창대, 돌림띠 등의 장식에 사용한다. 특성으로는 일반 석재보다 가볍고, 압축 강도는 800~900kg/cm^{2}로서 화강암의 1/2 정도이며, 화강암보다 내화력이 강하고 대리석보다 풍화에 강하므로 외장에 적당하다. 또한, 1개의 크기는 제조와 취급상 0.5m^3 또는 0.3m^3 이하로 하는 것이 좋고, 단순한 제품의 경우 압축 성형 및 압출 성형 등의 방법을 사용한다.

■ 테라코타
• 석재 조각물 대신에 사용되는 장식용 공동의 대형 점토 소성 제품
• 난간벽, 창대, 돌림띠 등의 장식에 사용
• 일반 석재보다 가볍고, 압축 강도는 800~900kg/cm^{2}로서 화강암의 1/2 정도
• 화강암보다 내화력이 강하고 대리석보다 풍화에 강하므로 외장에 적당

(2) 타일

① 타일의 흡수율

타일의 소지질	자기질	석기질	도기질	클링커 타일
흡수율	3% 이하	5% 이하	18% 이하	8% 이하

② 타일의 구분

호칭명	소지의 질	비고
내장 타일	자기질, 석기질, 도기질	• 도기질 타일은 흡수율이 커서 동해를 받을 수 있으므로 내장용에만 이용된다. • 클링커 타일은 비교적 두꺼운 바닥 타일로서, 시유 또는 무유의 석기질 타일이다.
외장, 바닥 타일	자기질, 석기질	
모자이크 타일	자기질	

타일은 호칭명에 따라 내장, 외장, 바닥 및 모자이크 타일로 구분되고, 소지에 따라 자기질, 석기질, 도기질 타일 등으로 구분되며, 유약의 유무에 따라 시유, 무유 타일 등이 있다. 또한, 크기에 따라서는 모듈을 이용한 줄눈 중심간 치수는 60~300mm까지의 각종 크기가 규정되어 있는데, 두께는 용도에 따라 3~20mm로 된다.

③ 타일의 종류

㉮ 스크래치 타일 : 표면에 파인 홈이 나란하게 되어 있는 타일이다.

㉯ 보더 타일 : 장방형의 타일 중에서 길쭉한 것, 즉 타일 치수에서 길이가 폭의 3배 이상으로 가늘고 길게 된 타일로서 징두리벽 등의 장식용에 사용되는 것

㉰ 세라믹 타일 : 점토, 모래 등의 비철 금속 무기물을 가열하여 만드는 요업 제품 중 타일이다.

㉱ 아트 타일 : 색깔이 다양한 것으로 모양이나 그림을 나타내는 타일이다.

㉲ 클링커 타일 : 색깔은 진한 다갈색이고 요철을 넣어 바닥 등에 사용하는 외부 바닥용의 특수 타일로서 고온으로 충분히 소성한 타일이다.

(3) 보양 재료

건축 재료	돌면	타일	인조석 현장갈기	돌의 돌출부
보양 재료	백지	톱밥	모래	널판

(4) 점토

점토 제품의 종류에는 벽돌, 기와, 타일, 내화 벽돌, 위생도기, 모자이크 타일 및 테라코타 등이 있고, 점토 제품이 아닌 것에는 아스팔트 타일(역청 제품), 펄라이트, 테라초 및 트래버틴(석재 제품), 코펜하겐 리브(목제 제품) 등이 있다.

■ 점토 제품의 종류
벽돌, 기와, 타일, 내화 벽돌, 위생도기, 모자이크 타일 및 테라코타 등

■ 점토 제품이 아닌 것
아스팔트 타일(역청 제품), 펄라이트, 테라초 및 트래버틴(석재 제품), 코펜하겐 리브(목제 제품) 등

1-2-4. 시멘트 재료

1 포틀랜드 시멘트의 원료와 종류

(1) 시멘트의 원료

시멘트는 석회석과 점토를 주원료로 하여 이것을 가루로 만들어 적당한 비율(석회석 : 점토=4 : 1)로 섞어 용융될 때까지 회전가마에서 소성하여 얻어진 클링커에 응결시간 조정제로 약 3% 정도의 석고를 넣어 가루로 만든 것이다. 즉, 시멘트의 주원료는 석회석, 점토 및 석고 등이다.

(2) 시멘트의 종류

구분	포틀랜드 시멘트	혼합 시멘트	특수 시멘트
종류	보통, 중용열, 조강 및 백색 포틀랜드 시멘트, 저열 포틀랜드 시멘트, 내황산염 포틀랜드 시멘트 등	고로 슬래그 시멘트, 플라이애시 시멘트, 포틀랜드 포졸란(실리카) 시멘트	산화알루미늄 시멘트, 팽창 시멘트

* KS L 5201에 의한 포틀랜드 시멘트의 종류에는 보통 포틀랜드, 조강 포틀랜드, 중용열 포틀랜드 및 저열 포틀랜드 시멘트 등이 있고, 백색 포틀랜드 시멘트는 KS L 5204에 규정된 시멘트이다.

2 시멘트의 강도, 수화 작용 등

(1) 시멘트 강도의 정의

시멘트의 강도라 함은 주문진읍 향호리에서 채취한 표준 모래를 사용하여 인장 강도와 압축 강도의 시험 규정에 따라서 실시한 모르타르의 강도를 말하는데 일반적으로 시멘트의 강도는 압축 강도를 의미한다.

(2) 시멘트 강도에 영향을 주는 요인

시멘트의 강도에 영향을 주는 요인은 분말도, 시멘트의 성분, 시멘트에 대한 물의 양과 그 성질, 골재의 성질과 입도, 시험체의 형상과 크기, 양생 방법과 재령, 시험 방법 및 풍화 정도 등이다.

(3) 시멘트의 풍화

시멘트의 풍화는 시멘트가 수분을 흡수하여 수화 작용을 한 결과로 수산화칼슘과 공기 중의 이산화탄소가 작용하여 탄산칼슘($CaCO_3$)을 생기게 하는 작용을 말한다. 풍화 현상은 시멘트 속의 유리석회(CaO)와 규산삼칼슘(C_3S)이 수분을 흡수하여 다음의 반응을 한다.

$$CaO + H_2O = Ca(OH)_2 \qquad 2C_3S + 6H_2O = C_3S_2 \cdot 3H_2O + 3Ca(OH)_2$$

출제 키워드

■ 시멘트의 원료
석회석과 점토를 주원료(석회석 : 점토=4 : 1) 및 석고(응결시간 조절제) 등

■ KS L 5201에 의한 포틀랜드 시멘트의 종류
• 보통 포틀랜드, 조강 포틀랜드, 중용열 포틀랜드 및 저열 포틀랜드 시멘트 등
• 백색 포틀랜드 시멘트는 KS L 5204에 규정된 시멘트

■ 시멘트의 풍화
• 시멘트가 수분을 흡수하여 수화 작용을 한 결과로 수산화칼슘과 공기 중의 이산화탄소가 작용하여 탄산칼슘($CaCO_3$)을 생기게 하는 작용
• $CaO + H_2O = Ca(OH)_2$
  $Ca(OH)_2 + CO_2 = CaCO_3 + H_2O$

출제 키워드

■ 시멘트의 수화 작용
• 가장 빠른 것은 알루민산삼석회
• 규산이석회는 1개월 이후의 장기 강도 발생

■ 시멘트의 안정성
• 시멘트가 경화될 때 용적이 팽창되는 정도를 의미
• 오토클레이브를 이용한 팽창도 시험 방법 등이 사용

■ 시멘트의 응결과 경화
• 시멘트의 응결 시간은 가수한 후 1시간에 시작하여 10시간 후에 종결
• 시멘트에 물을 첨가하여 혼합시키면 가소성 있는 페이스트가 얻어지나 시간이 지나면 유동성을 잃고 응고하는 현상
• 물이나 골재에 당류, 부식토가 함유된 경우에는 응결이 늦어짐
• 콘크리트의 응결 시간은 경화시간보다 짧음

위의 반응에서 생긴 $Ca(OH)_2$와 공기 중의 이산화탄소에 의해 다음과 같은 반응을 하여 탄산칼슘이 생긴다.

$$Ca(OH)_2 + CO_2 = CaCO_3 + H_2O$$

(4) 시멘트의 수화 작용

시멘트의 수화 작용이 가장 빠른 것은 알루민산삼석회이며, 규산삼석회, 규산이석회의 순으로 느려진다. 따라서, 알루민산삼석회가 많은 것일수록 조기(약 1주일 이내) 강도의 발생이 크며, 규산삼석회는 1주일 이후 4~13주일의 강도, 규산이석회는 1개월 이후의 장기 강도 발생의 주원인이 된다.

(5) 시멘트의 안정성

시멘트가 경화될 때 용적이 팽창되는 정도를 의미 또는 시멘트가 응결과 경화를 하는 과정에서 불안정하게 되면 이상 팽창이나 수축에 의한 갈라짐이 일어난다. 이와 같이 시멘트의 안정성 부족 현상은 콘크리트 구조물에 균열을 일으켜 미관을 해치고, 강도와 내구성을 저하시키는 결과를 초래한다. 이러한 현상의 원인은 시멘트의 클링커 안에 유리 석회, 마그네시아 및 아황산의 함유량이 초과하였기 때문이다. 또한, 시멘트의 안정성 시험은 시험 패드에 의한 팽창과 수축성의 균열을 검사하는 방법으로 침수법과 비등법 등이 있으며, 오토클레이브를 이용한 팽창도 시험 방법 등이 사용된다.

3 시멘트의 분말도 등

(1) 시멘트의 분말도

시멘트의 분말도(시멘트 입자의 굵고 가늚을 나타내는 것)가 높으면 수화 작용이 빠르고, 초기 강도가 높으며, 발열량이 높아지고, 블리딩이 적으며, 비중이 가벼워진다. 또한, 건조 수축이 커서 균열이 발생하고, 물과의 혼합시에 접촉하는 표면적이 증가하므로 수화 작용이 빠르고 초기의 강도 증진율이 높다. 특히, 분말도가 과도하게 미세한 것은 풍화되기 쉽고, 균열의 발생이 증가한다. 분말도의 시험 방법에는 체분석법, 피크노메타법, 브레인법 등이 있다.

(2) 시멘트의 응결과 경화

① 시멘트의 응결 시간은 가수한 후 1시간에 시작하여 10시간 후에 종결하나 시결 시간은 작업을 할 수 있도록 여유를 가지기 위하여 1시간 이상이 되는 것이 좋으며, 종결은 10시간 이내가 됨이 좋다. 또한, 석고는 응결 지연제로서 사용하고, 우리나라 보통 포틀랜드 시멘트의 응결 시작은 대략 4시간 전후, 끝은 6시간 전후이다.

② 시멘트의 응결(시멘트에 약간의 물을 첨가하여 혼합시키면 가소성 있는 페이스트가 얻어지나 시간이 지나면 유동성을 잃고 응고하는 현상 또는 시멘트에 적당한 양의

물을 부어 뒤섞은 시멘트풀은 천천히 점성이 늘어남에 따라 유동성이 점차 없어져서 차차 굳어지는 상태로서 고체의 모양을 유지할 정도의 상태)은 가수량이 적을수록, 온도가 높을수록, 분말도가 높을수록, 알루민산삼칼슘이 많을수록, 기상 조건이 고온, 저습일 경우, 시멘트의 슬럼프가 작을 경우, 물이나 골재에 염분이 함유된 경우에는 빨라진다. 또한, 물이나 골재에 당류, 부식토가 함유된 경우에는 응결이 늦어진다.

③ 시멘트의 경화는 응결된 시멘트의 고체는 시간이 지남에 따라 조직이 굳어져서 강도가 커지게 되는 상태를 말한다.

④ 콘크리트의 응결 시간은 경화(응결된 시멘트의 고체가 시간이 지남에 따라 조직이 굳어져서 강도가 커지게 되는 상태)시간보다 짧다.

(3) 시멘트의 비중

시멘트의 비중은 소성 온도, 성분 등에 따라서 달라지는데, 보통 3.05~3.15이다. 같은 종류의 시멘트라고 하더라도 시멘트가 공기 중의 습기를 받아 천천히 수화반응을 일으켜, 작은 알갱이 모양으로 굳어졌다가 이것이 계속 진행되면 주변의 시멘트와 달라붙어 결국에는 큰 덩어리가 되는 현상, 즉 풍화가 된 것일수록 소성이 불충분하고 이물질이 혼합되어 비중이 작아진다.

■ 시멘트의 비중
풍화가 된 것일수록 비중이 감소

(4) 시멘트의 구성

① 시멘트 페이스트 = 시멘트 + 물
② 시멘트 모르타르 = 시멘트 + 모래 + 물
③ 콘크리트 = 시멘트 + 모래 + 자갈 + 물 + 혼화재료

■ 시멘트의 구성
• 시멘트 페이스트=시멘트+물
• 시멘트 모르타르=시멘트+모래+물

4 각종 시멘트의 특성

(1) 포틀랜드 시멘트의 성질

① 보통 포틀랜드 시멘트 : 시멘트 중에서 가장 많이 사용되고, 품질이 우수하며, 공정이 간단하고 생산량이 많은 시멘트이다.

② 조강 포틀랜드 시멘트 : 조강 포틀랜드 시멘트는 원료 중에 규산삼칼슘(C_3S)의 함유량이 많아 보통 포틀랜드 시멘트에 비하여 경화가 빠르고, 조기 강도(낮은 온도에서도 강도 발현이 크다)가 크므로 재령 7일이면 보통 포틀랜드 시멘트의 28일 정도의 강도를 나타낸다. 또, 조강 포틀랜드 시멘트는 분말도가 커서 수화열이 크고, 이 시멘트를 사용하면 공사 기간을 단축시킬 수 있다. 특히, 한중 콘크리트에 보온 시간을 단축하는 데 효과적이고, 분말도가 커서 점성이 크므로 긴급 공사(도로 및 수중 공사)와 공기 단축이 필요한 경우에 적합하다. 또한, 콘크리트의 수밀성이 높고 경화에 따른 수화열이 크므로 낮은 온도에서도 강도의 발생이 크다.

■ 조강 포틀랜드 시멘트
• 원료 중에 규산삼칼슘(C_3S)의 함유량이 많음
• 보통 포틀랜드 시멘트에 비하여 경화가 빠르고, 조기 강도가 큼
• 공사 기간을 단축
• 긴급 공사와 공기 단축이 필요한 경우에 적합

출제 키워드

- **중용열 포틀랜드 시멘트**
  - 수화 작용을 할 때 발열량을 적게 한 시멘트
  - 댐 축조, 매스 콘크리트에 이용
  - 원료 중에 규산삼칼슘과 알루민산 삼칼슘을 적게 한 것

- **백색 포틀랜드 시멘트**
  - 포틀랜드 시멘트의 알루민산철사 석회를 극히 적게 한 것
  - 소량의 안료를 첨가하면 좋아하는 색을 얻을 수 있음
  - 표면 마무리, 착색 시멘트, 인조석 제조에 주로 사용

- **고로 시멘트**
  - 매스 콘크리트용으로 사용이 가능
  - 바닷물에 대한 저항(내식성과 내열성)이 큼
  - 응결 시간이 약간 느리고, 콘크리트 블리딩이 적어짐

- **플라이 애시 시멘트**
  - 하천, 해안, 해수 공사와 기초, 댐 등의 매스 콘크리트에 사용

---

③ **중용열 포틀랜드 시멘트** : 중용열 포틀랜드 시멘트(석회석+점토+석고)는 원료 중의 석회, 알루미나, 마그네시아의 양을 적게 하고, 실리카와 산화철을 다량으로 넣어서 수화 작용을 할 때 발열량을 적게 한 시멘트로서 조기(단기)강도는 작으나 장기 강도는 크며, 건조 수축(체적의 변화)이 적어서 균열의 발생이 적다. 특히, 방사선의 차단, 내수성, 화학저항성, 내침식성, 내식성 및 내구성이 크므로, 댐 축조, 매스 콘크리트, 대형 구조물, 콘크리트 포장, 방사능 차폐용 콘크리트에 이용된다. 특히, 중용열 포틀랜드 시멘트는 수화열을 적게 하기 위하여 원료 중에 규산삼칼슘과 알루민산삼칼슘을 가능한 한 적게 하고, 장기 강도를 크게 해주는 규산이칼슘이 많이 함유되어 있다.

④ **백색 포틀랜드 시멘트** : 포틀랜드 시멘트의 알루민산철사석회를 극히 적게 한 것으로 소량의 안료를 첨가하면 좋아하는 색을 얻을 수 있으며 철분이 거의 없는 백색 점토를 사용하여 시멘트에 포함되어 있는 산화철, 마그네시아의 함유량을 제한한 시멘트로서 보통 포틀랜드 시멘트와 품질은 거의 같다. 주로 건축물의 표면(내·외면) 마감, 표면 마무리, 착색 시멘트, 도장에 사용하고 구조체에는 거의 사용하지 않으나, 특히 인조석 제조에 주로 사용한다.

⑤ **내황산염 포틀랜드 시멘트** : 시멘트 성분 중 알루민산삼칼슘과 같은 경우에는 황산염에 대한 저항성이 약하므로 이것의 함유량을 적게 하여 황산염에 대한 저항성을 높인 시멘트로, 화학적으로 안정하며, 강도 발현도 우수하고 건조 수축도 보통 포틀랜드 시멘트보다 적다. 용도로는 황산염 토양 지대의 콘크리트 공사, 온천 지대의 구조물 공사, 화학 폐수물이 함유된 공장 폐수 처리 시설 및 원자로 공사, 항만 및 하수 공사의 수리 구조물에 이용된다.

(2) 혼합 시멘트

① **고로 시멘트** : 고로에서 선철을 만들 때에 나오는 광재를 물에 넣어, 급히 냉각시켜 잘게 부순 것에 포틀랜드 시멘트 클링커를 혼합한 다음, 석고를 적당히 섞어서 분쇄하여 분말로 한 것이다. 클링커는 약 30% 정도이고 비중은 보통 포틀랜드 시멘트보다 적은 2.85 이상으로 특징은 다음과 같다.

 ㉮ 건조에 의한 수축은 일반 포틀랜드 시멘트보다 크나, 수화할 때 발열이 적고, 화학적 팽창에 뒤이은 수축이 적어서 균열이 적으므로 매스 콘크리트용으로 사용이 가능하다.

 ㉯ 비중이 작고, 바닷물에 대한 저항(내식성과 내열성)이 크며, 풍화가 쉽게 된다.

 ㉰ 응결 시간이 약간 느리고, 콘크리트 블리딩이 적어진다.

 ㉱ 초기 강도는 약간 낮지만 장기 강도는 높고, 화학 저항성이 크다.

② **플라이 애시 시멘트** : 플라이 애시(화력 발전소와 같이 미분탄을 연료로 하는 보일러의 연도에서 집진기로 채취한 밀입자의 재) 시멘트는 무게로 5~30%의 플라이 애시를 시멘트 클링커에 혼합한 다음, 약간의 석고를 넣어 분쇄하여 만든 것이다. 특성은

수화열이 작고, 조기 강도는 낮으나, 장기 강도는 커지며, 수밀성이 크고, 단위 수량을 감소시킬 수 있으며, 콘크리트의 워커빌리티가 좋다. 특히 하천, 해안, 해수 공사와 기초, 댐 등의 매스 콘크리트에 사용한다.

③ 포졸란 시멘트 : 포졸란 시멘트는 포틀랜드 시멘트의 클링커에 5~30%의 포졸란(화산재, 규조토, 규산 백토 등의 천연 포졸란 재료와 플라이 애시 등의 인공 포졸란 등이 있으며, 이 두 포졸란(천연 및 인공)은 실리카질의 혼화재)을 혼합하고, 적당량의 석고를 넣고 분쇄하여 분말로 만든 것으로 특징 및 용도는 고로 슬래그 시멘트와 거의 동일하다.

(3) 특수 시멘트

① 산화알루미늄 시멘트 : 산화알루미늄 시멘트는 보크사이트, 석회석을 원료(보크사이트와 같은 Al_2O_3의 함유량이 많은 광석과 거의 같은 양의 석회석)로 혼합하여 전기로 또는 회전로에서 완전 용융·소성하여 급랭시켜 분쇄한 것으로, 성질은 초기(조기) 강도가 크고(보통 포틀랜드 시멘트 재령 28일 강도를 재령 1일에 나타낸다) 수화열이 높으며, 화학 작용에 대한 저항성이 크다. 또한, 수축이 적고 내화성이 크므로, 동기(겨울철), 해수 및 긴급 공사에 사용된다.

② 제트 시멘트 : 제트 시멘트는 초속경 시멘트로서 경화 시간을 임의로 바꿀 수 있는 시멘트이며, 강도의 발현이 빠르기(3시간 만에 7일의 강도를 발현) 때문에 긴급 공사, 동절기 공사, 숏크리트, 그라우팅에 사용한다.

■ 산화알루미늄 시멘트
• 보크사이트, 석회석을 원료로 혼합하여 전기로 또는 회전로에서 완전 용융·소성하여 급랭시켜 분쇄한 것
• 동기(겨울철), 해수 및 긴급 공사에 사용

■ 제트 시멘트
강도의 발현이 빠르기(3시간 만에 7일의 강도를 발현)

(4) 시멘트의 용도

종류	포틀랜드 시멘트				고로	플라이 애시	알루미나
	보통	중용열	조강	백색			
용도	일반적	댐, 방사능 차폐용	한중, 수중, 긴급 공사	미장, 도장용	해수, 대형 구조체	하천, 해안, 해수 및 매스 콘크리트	동기, 해안, 긴급

(5) 모르타르의 종류

① 바라이트 모르타르 : 중원소 바륨을 원료로 하는 분말재로 모래, 시멘트를 혼합, 사용하며 방사선 차단재로 사용한다.

② 질석 모르타르 : 질석의 원석을 약 1,100℃에서 소성 팽창시켜 경량 골재를 사용한 모르타르로서 경량, 방화, 단열, 흡음성이 뛰어나 미장 마무리 재료로 사용한다.

③ 석면 모르타르 : 모르타르에 석면을 섞은 모르타르로서 균열 방지용으로 사용한다.

5 시멘트의 저장 방법

① 시멘트는 지상 30cm 이상 되는 마루 위에 적재해야 하는데, 그 창고는 방습 설비가 완전해야 하며, 검사에 편리하도록 적재해야 한다. 시멘트의 풍화를 방지하기 위하여 통풍을 막아야 한다.
② 포대에 들어 있는 시멘트는 13포대 이상 쌓으면 안 되며, 특히, 장기간 저장할 경우 7포대 이상 쌓지 않는다.
③ 3개월 이상 저장한 시멘트 또는 습기를 받았다고 생각되는 시멘트는 반드시 사용 전에 시험하여야 한다.
④ 시멘트는 입하 순서에 따라 사용한다.

1-2-5. 콘크리트 재료

1 콘크리트의 특성 등

(1) 콘크리트의 특성

① 콘크리트의 장점
  ㉮ 압축 강도가 가장 크며, 방청성 · 내화성 · 내구성 · 내수성 및 수밀성이 있고, 철근 및 철골과 접착력이 우수하다. 현대 건축에 있어서 구조용 재료의 대부분을 차지하고 있다.
  ㉯ 모양을 자유롭게 만들 수 있고, 유지 관리비가 저렴하며, 경제적이다.
② 콘크리트의 단점
  ㉮ 무게가 무겁고 인장 강도가 작으며, 경화할 때 수축에 의한 균열이 생기기 쉽다.
  ㉯ 균열의 보수와 제거가 곤란하고, 완성 후 배근 상태의 검사와 보수, 철거가 어렵다.

(2) 콘크리트의 일반적인 성질

① 콘크리트의 인장 강도는 압축 강도의 약 1/10~1/13 정도이다.
② 콘크리트의 중성화는 콘크리트가 가지고 있는 알칼리성이 세월이 흐르면 수산화칼슘이 서서히 탄산칼슘으로 변하여 알칼리성을 잃어가는 현상으로, 콘크리트의 강도가 낮아지는 것이 아니라, 철근의 부식으로 인하여 전체 구조체의 강도가 낮아지는 현상이 일어난다.
③ 알칼리 골재 반응은 주로 시멘트의 알칼리 성분과 골재를 구성하는 실리카 광물이 반응하여 콘크리트를 팽창시키는 반응이다.
④ 콘크리트의 투수 원인은 대부분이 시공 불량에 의하고, 응결 시간은 경화 시간에 비하여 매우 짧다.

출제 키워드

■ 시멘트의 저장 방법
시멘트는 지상 30cm 이상 되는 마루 위에 적재

■ 콘크리트의 장점
압축 강도가 가장 큼

■ 콘크리트의 단점
완성 후 배근 상태의 검사와 보수, 철거가 어려움

⑤ 콘크리트는 시멘트와 물 및 골재를 주원료로 하고, 시멘트 풀(페이스트)은 시멘트와 물을 혼합하여 끈끈한 풀과 같이 만든 것으로 콘크리트에서 골재와 골재(잔·굵은 골재)를 서로 잘 부착되도록 접착하는 역할을 한다. 시멘트 풀은 콘크리트 전체의 22~34%를 차지하는 것이 적당하며, 시멘트, 잔골재, 물을 혼합한 것을 모르타르라 한다. 특히, 굳지 않은 콘크리트 및 경화 콘크리트의 여러 성질은 각각 재료의 성질과 콘크리트의 배합 조건에 지배된다.

2 콘크리트용 골재의 구분과 품질

(1) 골재의 구분

구분		정의
크기	잔골재	5mm체에 85% 이상 통과하는 골재
	굵은 골재	5mm체에 85% 이상 남는 골재
형성 원인	천연 골재	강모래, 강자갈, 바닷모래, 바닷자갈, 산모래, 산자갈, 육지 모래, 육지 자갈 등
	인공 골재	깬(부순)모래, 깬(부순)자갈, 팽창 혈암, 펄라이트 등
	산업 부산물 이용 골재	고로 슬래그, 깬(부순)모래, 깬(부순)자갈 등
	재생 골재	콘크리트 폐기물 깬(부순) 잔골재와 굵은 골재
비중	보통 골재	전건 비중이 2.5~2.7 정도의 것으로 강모래, 강자갈, 깬자갈 등
	경량 골재	전건 비중이 2.0 이하의 것으로 천연 화산재, 석탄재, 경석, 인공의 질석, 펄라이트, 팽창 질석, 팽창 슬래그 등
	중량 골재	전건 비중이 2.8 이상의 것으로 중정석, 철광석 등 얻음

(2) 콘크리트 골재의 품질

① 골재의 강도는 단단하고 강한 것으로서, 시멘트 풀(페이스트)이 경화하였을 때 시멘트 풀의 최대 강도 이상이어야 한다. 즉, 골재의 강도≥시멘트 풀(페이스트) 강도이다.
② 골재는 표면이 거칠고, 모양이 구형에 가까운 것이 가장 좋으며, 표면이 매끄러운 것이나, 모양이 편평하거나 세장한 것은 좋지 않다. 함수량이 적고, 흡습성이 작아야 한다(잔골재는 3.5% 이하, 굵은 골재는 3.0% 이하로 규정).
③ 골재는 유해량 이상의 염분(0.04% 이하)과, 유해물[진흙이나 유기 불순물(이분, 후민산 등)]이 포함되어 있지 않아야 한다. 특히, 바닷모래와 같이 염분한도를 초과하는 경우에는 피복 두께를 증가시키거나, 방청제 또는 아연 도금 철선을 사용하며, 물·시멘트비를 작게 한다.
④ 운모가 다량으로 함유된 골재는 콘크리트 강도를 떨어뜨리고, 풍화되기도 쉽다.
⑤ 골재는 마멸에 견딜 수 있고, 화재에 견딜 수 있는 성질을 갖추어야 하며, 잔골재와 굵은 골재가 골고루 혼합되어 있어야 한다.

■ 출제 키워드

■ 콘크리트 골재의 품질
• 골재의 강도는 단단하고 강한 것
• 시멘트 풀(페이스트)이 경화하였을 때 골재의 최대 강도 이상
• 골재는 표면이 거칠고, 모양이 구형에 가까운 것이 좋음
• 모양이 편평하거나 세장한 것은 좋지 않음
• 함수량이 적고, 흡습성이 작아야 함
• 골재의 염분 유해량은 0.04% 이하
• 유해물이 포함되어 있지 않아야 함
• 잔골재와 굵은 골재가 골고루 혼합

3 골재의 함수 상태

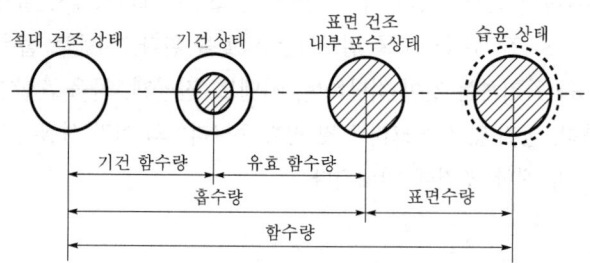

4 골재 체가름 시험

모래와 자갈을 눈이 좁은 것부터 차례로 띄워서 겹쳐 놓은 체진동기로 충분히 거른 다음, 각 체에 걸린 모래, 자갈의 무게를 측정하여 전체의 양에 대한 비율을 계산하는 시험으로 골재의 입도를 나타낸다. 조립률(골재의 입도를 정수로 표시하는 방법)은 체가름 시험시에 10개의 체(0.15, 0.3, 0.6, 1.2, 2.5, 5, 10, 20, 40, 80mm)에 남아 있는 누계 무게 백분율의 합계를 100으로 나눈 값이다.

■ 골재 체가름 시험체
10개의 체(0.15, 0.3, 0.6, 1.2, 2.5, 5, 10, 20, 40, 80mm)

5 콘크리트의 강도와 현상 등

(1) 콘크리트의 강도

① 콘크리트의 강도 중에서는 압축 강도가 가장 크고, 그 밖의 강도(인장, 휨, 전단 강도)는 압축 강도의 1/10~1/5에 불과하므로 구조상 압축 강도가 이용될 뿐이며, 콘크리트의 강도란 압축 강도를 말하고, 설계기준강도는 콘크리트 타설 후 28일 압축 강도를 의미한다.

② 콘크리트의 강도는 물·시멘트비에 의하여 결정되며, 콘크리트의 강도에 영향을 끼치는 요인에는 재료(물, 시멘트, 골재)의 품질, 시공 방법(비비기 방법, 부어넣기 방법), 보양 및 재령과 시험법 등이 있다.

■ 콘크리트의 강도
• 압축 강도를 말하고, 설계기준강도는 콘크리트 타설 후 28일 압축 강도를 의미
• 물·시멘트비에 의하여 결정

(2) 콘크리트의 현상

① 콘크리트의 크리프 : 단위 응력이 낮을 때 초기 하중 때의 콘크리트 변형도는 거의 탄성이지만 이 변형도는 하중이 일정하더라도 시간에 따라 증가하게 된다. 이와 같이 경화 콘크리트의 성질 중 하중이 지속하여 재하될 경우 변형이 시간과 더불어 증대하는 현상을 크리프라고 하고, 크리프가 증가하는 요인은 물·시멘트비가 큰 콘크리트, 시멘트 페이스트가 많은 콘크리트인 경우와 콘크리트가 건조한 상태로 노출된 상태의 경우이며, 작용하는 하중의 크기, 물시멘트비, 부재의 단면 치수 등과 관계가 깊다.

■ 콘크리트의 크리프 증가 요인
시멘트 페이스트가 많은 콘크리트인 경우

② 블리딩 : 콘크리트가 타설된 후 비교적 가벼운 물이나 미세한 물질 등이 상승하고, 무거운 골재나 시멘트는 침하하는 현상이다.

③ 레이턴스 : 콘크리트 타설 후 블리딩에 의해서 부상한 미립물은 콘크리트 표면에 얇은 피막이 되어 침적하는데 이러한 피막을 말한다.

④ 동결융해 작용 : 동결되었던 물체가 융해될 때 생기는 현상이다.

⑤ 알칼리 골재 반응 : 골재 중의 실리카질 광물이 시멘트 중의 알칼리 성분과 화학적으로 작용하여 콘크리트의 팽창으로 균열이 발생하는 현상이다.

⑥ 콘크리트의 중성화 : 콘크리트가 시일이 경과함에 따라 공기 중의 탄산가스의 작용을 받아 수산화칼슘이 서서히 탄산칼슘으로 되면서 알칼리성을 잃어가는 현상이다. 콘크리트의 내구성(중성화의 억제)을 증대시키기 위한 방법으로는 물·시멘트비를 작게 하고, 피복 두께를 두껍게 하며, 혼화 재료(혼화제, 혼화재, 혼합시멘트의 사용)의 사용량을 적게 하고, 환경적으로도 오염되지 않게 한다. 특히, 철근비(철근의 면적/단면적)를 작게 하고, 콘크리트의 중성화는 콘크리트의 강도가 낮아지는 것이 아니라 철근의 부식으로 인하여 구조체 전체가 강도를 잃어가는 것이다.

⑦ 콘크리트의 곰보(콘크리트에 생기는 불균질한 공간 부분 또는 콘크리트 표면에 자갈이 몰려 터슬터슬하게 벌집 모양으로 된 부분)의 원인은 콘크리트 타설시 조골재 등의 재료 분리 현상이다.

⑧ 콜드 조인트 : 한 개의 PC부재 제작 시 편의상 분할하여 부어 넣을 때의 이어붓기 이음새 또는 응결하기 시작한 콘크리트에 새로운 콘크리트를 이어칠 경우에 발생할 수 있는 시공의 결함이다.

⑨ 콘크리트의 내화성 강화 방법 : 콘크리트의 내화성 강화 방법은 피복 두께를 두껍게 하고, 내화성이 높은 골재를 사용하며, 콘크리트 표면을 회반죽 등의 단열재로 보호한다. 또한, 익스팬디드 메탈 등을 사용하여 피복 콘크리트가 박리되는 것을 방지한다.

(3) 재료 분리 현상

콘크리트의 균질성(콘크리트의 어느 부분의 시멘트, 물, 잔·굵은 골재의 구성 비율)이 소실되는 현상이다. 시공상 막대한 장애, 침하와 침하 균열의 원인, 경화한 콘크리트의 강도·내구성·미관의 손상 등을 일으키므로 재료 선택, 배합 및 시공상 분리 방지를 위한 대책을 고려하여야 한다. 재료 분리의 방지법으로 콘크리트의 플라스티시티를 증가, 잔골재율을 크게, 물·시멘트비를 작게, 세립분을 많게 하거나 AE제, 플라이 애시 등을 사용한다.

(4) 재료의 부착 강도

콘크리트의 부착 강도는 콘크리트의 강도(콘크리트의 강도가 클수록 부착 강도도 커진다), 철근의 표면 상태(이형 철근이 원형 철근보다 부착력이 강하다), 피복 두께(충분한

■ 블리딩
콘크리트가 타설된 후 비교적 가벼운 물이나 미세한 물질 등이 상승하고, 무거운 골재나 시멘트는 침하하는 현상

■ 콘크리트의 중성화
· 콘크리트가 시일이 경과함에 따라 공기 중의 탄산가스의 작용을 받아 수산화칼슘이 서서히 탄산칼슘으로 되면서 알칼리성을 잃어가는 현상
· 철근의 부식으로 인하여 구조체 전체가 강도를 잃어가는 것

■ 콘크리트의 내구성(중성화의 억제)을 증대
· 혼화 재료의 사용량을 적게
· 철근비를 작게

■ 콜드 조인트
응결하기 시작한 콘크리트에 새로운 콘크리트를 이어칠 경우에 발생할 수 있는 시공의 결함

■ 콘크리트의 내화성 강화 방법
피복 두께를 두껍게

■ 재료 분리 현상 방지 대책
물·시멘트비를 작게

■ 콘크리트의 부착 강도
이형 철근이 원형 철근보다 강함

피복 두께는 부착 강도를 제대로 발휘) 및 다짐의 정도(콘크리트의 다짐이 충분하면 콘크리트와 철근의 부착 강도가 증가한다)에 따라 달라진다.

(5) 콘크리트의 수밀성

콘크리트의 수밀성을 증가시키려면, 물·시멘트비를 55% 이하(물 사용량을 최대한 감소)로 하고, 시멘트 사용량을 증가시키며, 골재의 입도의 배열과 혼합을 잘하여 진동을 가하면서 잘 다져 균질한 콘크리트로 만들 수 있다.

(6) 콘크리트의 온도 변화

온도가 올라가면 팽창하고, 온도가 내려가면 수축하며, 온도에 의한 수축이 건조 수축과 동시에 일어나면 심한 균열을 유발한다. 온도에 의한 체적 변화는 골재의 암질에 지배되는 경우가 많다.

특히, 철근과 콘크리트가 상온에서 열팽창 계수가 거의 비슷한 것은 철근 콘크리트의 장점이다.

(7) 신축 이음(expansion joint) 재료에 요구되는 성능 조건

콘크리트의 수축과 팽창에 순응할 수 있는 탄성, 콘크리트에 잘 밀착하는 밀착성 및 콘크리트 이음 사이의 충분한 수밀성 등이 있어야 한다.

6 굳지 않은 콘크리트의 성질 등

(1) 굳지 않은 콘크리트의 성질

굳지 않은 콘크리트의 성질에는 컨시스턴시, 플라스티시티, 피니셔빌리티 및 워커빌리티 등이 있고, 요구되는 성질은 거푸집 구석구석까지 잘 채워질 수 있어야 하고, 다지기 및 마무리가 용이하여야 하며, 시공 시 및 그 전후에 재료 분리가 적어야 한다.

① 컨시스턴시(consistency) : 수량에 의해 변경되는 굳지 않은 콘크리트의 유동성만을 말하고, 단위 수량이 많으면 작업은 용이하나, 재료 분리 현상이 일어난다. 특히, 슬럼프 시험에 의한 시공연도의 양부를 판정하는 기준이 된다.

② 플라스티시티(plasticity) : 거푸집 등의 현상에 순응하여 채우기 쉽고, 분리가 일어나지 않는 성질 또는 용이하게 성형되며, 풀기가 있어 재료의 분리가 생기지 않는 성질이다.

③ 피니셔빌리티(finishability) : 콘크리트 표면을 끝막이할 때의 난이 정도로 굵은 골재의 최대 치수, 잔골재율, 골재의 입도, 반죽 질기 등에 따라 달라진다.

④ 워커빌리티(workability) : 컨시스턴시(반죽 질기의 정도)에 따라 부어 넣기 작업의 난이도 및 재료 분리에 저항하는 정도이다.

(2) 시공연도(워커빌리티)의 성질

① 워커빌리티의 성질

㉮ 단위 수량이 많으면 많을수록 워커빌리티는 나빠지고, 워커빌리티는 정성적인 수치로 표시되며, 일반적으로 부배합인 경우가 빈배합의 경우보다 워커빌리티가 좋다.

㉯ 과도하게 비빔시간이 길면 워커빌리티가 나빠지고, AE제를 사용한 경우 볼베어링 작용에 의해 콘크리트의 워커빌리티가 좋아진다.

㉰ 깬자갈을 사용한 콘크리트는 강자갈을 사용한 콘크리트보다 워커빌리티(시공연도)가 나쁘다.

㉱ 단위 수량을 증가시키면 재료 분리가 생기기 쉽기 때문에 워커빌리티가 좋아진다고는 말할 수 없다.

② 시공연도(반죽의 질기 정도에 따라서 부어 넣기 작업의 난이도 및 재료 분리에 저항하는 정도를 나타내는 것)에 영향을 주는 것은 단위 수량, 단위 시멘트량, 시멘트의 성질, 골재의 성질, 모양(골재의 입도), 배합 비율, 혼화 재료의 종류와 양 및 비비기 정도, 혼합 후의 시간, 온도 등에 따라서 달라진다.

③ 시공연도(워커빌리티) 측정 시험 방법 : 반죽 질기를 파악하고 물시멘트비를 조절하여 시공연도를 조절하기 위한 방법으로 KS에 규정된 방법에는 슬럼프 시험, 비비 시험기에 의한 방법, 진동식 반죽 질기 측정기에 의한 방법, 다짐도에 의한 방법 등이 있고, KS에 규정되지 않은 방법에는 플로 시험, 리몰딩 시험, 낙하시험, 구관입 시험 등이 있다.

㉮ 슬럼프 시험 : 콘크리트의 컨시스턴시 또는 시공연도 시험법으로 주로 사용하는 방법이며, 다음과 같이 한다.

㉠ 몰드는 젖은 걸레로 닦은 후 평평하고 습한 비흡습성의 단단한 평판 위에 놓고 콘크리트를 채워 넣을 동안 두 개의 발판을 디디고서 움직이지 않게 그 자리에 단단히 고정시킨다.

㉡ 재료를 몰드 용적의 1/3(약 바닥에서 7cm)만 넣어서 다짐대로 단면 전체에 골고루 25회 다진다. 이때는 다짐대를 약간 기울여서 다짐 횟수의 약 절반을 둘레 따라 다지고, 그 다음에 다짐대를 수직으로 하여 중심을 향해서 나선상으로 다져 나간다.

㉢ 몰드 용적의 약 2/3(바닥에서 약 16cm)까지만 시료를 넣어 다짐대로 이 층의 깊이와 아래층에 약간 관입되도록 25회 골고루 다진다.

㉣ 최상층을 채워서 다질 때에는 슬럼프 몰드 위에 높이 쌓고서 25회 다진다.

㉤ 최상층을 다 다졌으면 흙칼로 평면을 고르고, 콘크리트로부터 몰드를 조심성 있게 수직 상향으로 벗긴다.

㉥ ㉤항의 작업이 끝나고 공시체가 충분히 주저앉은 다음 몰드의 높이와 공시체 밑면의 원 중심으로부터 높이차(정밀도 0.5단위)를 구하여 슬럼프 값으로 한다.

출제 키워드

■ 워커빌리티의 성질
- 단위 수량이 많으면 많을수록 워커빌리티는 나빠지고, 워커빌리티는 정성적인 수치로 표시
- 부배합인 경우가 빈배합의 경우보다 워커빌리티가 좋음
- 깬자갈을 사용한 콘크리트는 강자갈을 사용한 콘크리트보다 워커빌리티(시공연도)가 나쁨

■ 시공연도에 영향을 주는 것
단위 시멘트량, 모양(골재의 입도), 혼화 재료의 종류와 양 등

■ 시공연도(워커빌리티) 측정 시험 방법
- KS에 규정된 방법에는 슬럼프 시험, 비비 시험기에 의한 방법, 다짐도에 의한 방법 등
- KS에 규정되지 않은 방법에는 플로 시험, 리몰딩 시험, 낙하시험, 구관입 시험 등

■ 슬럼프 시험
콘크리트의 컨시스턴시 또는 시공연도 시험법으로 주로 사용하는 방법

㉮ 플로 시험 : 비빔 콘크리트의 시험괴를 상하로 진동하는 판 위에 놓고 그 유동 확대한 양으로부터 반죽질기를 시험하는 시험법이다.

㉯ 다짐도에 의한 방법 : 영국 BS 1881의 규정에 의한 방법으로 A용기에 콘크리트를 다져서 B용기에 낙하시킨 다음 다시 C용기에 낙하시킨다. 이때 C용기에 채워진 콘크리트의 중량(ω)을 측정하고 C용기와 동일한 용기에 콘크리트를 충분히 채워 다진 후 중량(W)을 측정하여 ω/W의 값을 구하고, 그 값을 다짐 계수로 한다. 이 시험은 슬럼프 시험보다 민감하여 특히, 진동다짐을 해야 하는 된비빔 콘크리트에 유효한 방법이다.

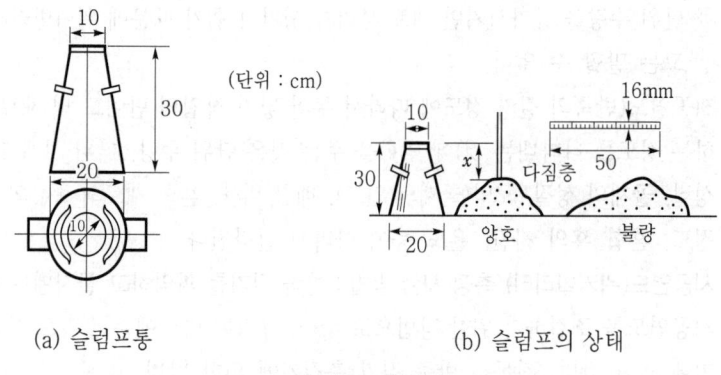

[슬럼프 시험]

(3) 배합 콘크리트의 구비 조건

① 소요 강도, 워커빌리티(시공연도) 및 균일성이 있을 것
② 운반, 부어 넣기, 다짐 및 표면 마감의 각 시공 단계에 있어서 작업을 용이하게 행할 수 있을 것
③ 시공시 및 그 전후에 있어서 재료 분리가 적을 것
④ 거푸집에 부어 넣은 후, 균열 등 유해한 현상이 발생하지 않을 것

(4) 배합 설계의 단계

콘크리트 배합 설계의 단계는 요구 성능(소요 강도)의 설정 → 배합 조건의 설정 → 재료의 선정 → 계획 배합의 설정 및 결정 → 현장 배합의 결정의 순이다.

(5) 기타 시험 방법

① 콘크리트 강도 시험법 : 슈미트 해머법, 초음파 속도법, 인장 강도 시험(직접 인장 시험, 할열 시험), 휨강도 시험(중앙점 하중법, 3등분점 하중법) 등
② 재료분리 측정 시험 : 블리딩 시험 방법
③ 공기량 측정 시험 : 단위 용적 중량 방법, 공기실 압력법, 용적법 등
④ 시멘트의 분말도 시험 : 표준체에 의한 방법과 브레인법 등

7 혼화 재료의 종류와 특성 등

혼화 재료에는 혼화제와 혼화재로 구분되며, 혼화제(사용량이 비교적 적어, 약품적인 사용에 그치는 것)의 종류에는 AE제, 감수제, 유동화제, 응결 시간 조정제, 방수제, 기포제, 발포제, 착색제, 방청제 및 경화 촉진제(칼슘이나 나트륨의 염화물, 탄산염 등 무기염류 외에 트리에탄올아민과 규산칼슘 등) 등이 있고, 혼화재(사용량이 비교적 많아 그 자체의 용적이 콘크리트의 배합 계산에 포함되는 것)의 종류에는 포졸란(실리카), 플라이애시, 실라카 품, 고로 슬래그 및 팽창재 등이 있다.

(1) 혼화제

혼화제는 콘크리트 성질을 개선하거나 경제성 향상의 목적으로 사용하는 것으로 AE제, 감수제, 유동화제, 응결 시간 조정제, 방수제, 기포제, 발포제, 착색제 및 유동화제 등이 있다.

① **AE제** : 콘크리트 내부에 미세한 독립된 기포(직경 0.025~0.05mm)를 발생시켜 콘크리트의 작업 성능 및 동결 융해 저항 성능을 향상시키기 위해 사용되는 화학혼화제로서 특징은 다음과 같다.

  ㉮ 사용 수량을 줄일 수 있어서 블리딩, 침하가 감소, 시공한 면이 평활하게 되며, 제물치장 콘크리트의 시공에 적합하다. 특히, 화학 작용에 대한 저항성이 증대된다.

  ㉯ 탄성을 가진 기포는 동결 융해, 수화 발열량의 감소 및 건습 등에 의한 용적 변화가 적고, 강도(압축 강도, 인장 강도, 전단 강도, 부착 강도 및 휨강도 등)가 감소한다. 철근의 부착 강도가 떨어지며, 감소 비율은 압축 강도보다 크다.

  ㉰ 시공 연도가 좋아지고, 수밀성과 내구성이 증대하며, 수화 발열량이 낮아지고, 재료 분리가 적어진다.

  ㉱ 고성능 AE 감수제는 단위 수량의 감소, 유동화 콘크리트의 제조, 고강도 콘크리트의 슬럼프 로스 방지 등의 목적으로 사용한다.

② **기포제** : 콘크리트의 경량, 단열, 내화성 등을 목적으로 사용되는 것으로 AE제와 동일하게 계면 활성 작용에 의하여 미리 만들어진 기포를 20~25%, 최고 85%까지 시멘트 풀 또는 모르타르 등에 혼합하여 경량 기포 콘크리트를 만드는 데 사용된다.

③ **방청제** : 철근 콘크리트용 방청제는 염분을 함유한 해사를 사용하거나, 해안 콘크리트용 구조물과 같이 해염 입자가 침투할 경우 염분에 의해 철근이 쉽게 녹스는 것을 방지 또는 콘크리트 혼화 재료 중 콘크리트 내부의 철근이 콘크리트에 혼입되는 염화물에 의해 부식되는 것을 방지할 목적으로 사용되는 혼화제로서 아황산소다, 인산염, 염화제일주석, 리그닌설폰염화칼슘염 등이 있다.

④ 경화 촉진제 : 콘크리트의 응결 및 경화를 촉진시키는 혼화제로서, 시멘트의 알루민 산삼칼슘(C_3A)의 수화나 생성을 촉진하는 경우와 규산삼칼슘(C_3S)의 수화를 촉진시 키는 경우가 있는데, 긴급 보수 공사나 방수 공사 등에 사용하며, 촉진제는 칼슘이나 나트륨의 염화물, 탄산염 등 무기염류 외에 트리에탄올아민과 규산칼슘 등이 있는데, 경화 촉진제로는 염화칼슘(시멘트 중량의 1~2%)을 많이 사용하며, 사용 시 유의사 항으로는 사용량이 많으면 흡습성이 커지고 철물을 부식시키며, 건조 수축이 증대되 고, 콘크리트의 시공연도가 빨리 감소하므로 시공을 빨리 해야 한다.

⑤ 감수제 : 일정한 작업성을 가진 콘크리트를 만드는 데 필요한 물의 양, 즉 단위 수량 을 감소시키는 효과를 가진 혼화제로 경제성 성취 및 고강도 콘크리트 제조시에 이용 되는데, 표준형 이외에 콘크리트의 응결을 지연시키는 지연형(여름철), 응결을 촉진 시키는 촉진형(겨울철) 등이 있다.

⑥ 방수제 : 모르타르나 콘크리트를 방수적으로 하기 위하여 사용하는 혼화제로서 다음 과 같다.

   ㉮ 콘크리트 중의 공간을 안정하게 채워주는 것 : 소석회, 암석의 분말, 규조토, 규산 백토, 염화암모늄과 철분의 혼합물 등

   ㉯ 발수성인 것 : 명반, 수지, 비누 등

   ㉰ 시멘트의 가수분해에 의해 생기는 수산화칼슘의 유출을 방지하는 것 : 염화칼슘, 금속 비누, 지방산과 석회의 화합물, 규산소다 등을 주성분으로 하는 방수제 등

⑦ 착색제 : 모르타르나 콘크리트에 착색하고 싶을 때, 시멘트와 혼합해서 사용하는 미 분말의 안료이다.

⑧ 유동화제 : 시멘트의 분산 효과를 향상시켜 콘크리트의 시공성을 높이는 혼화제이다.

(2) 혼화재

사용량이 비교적 많아 그 자체의 용적이 콘크리트의 배합 계산에 포함되는 것으로 포졸 란, 플라이 애시(유동성 개선, 단위 수량 및 재료 분리의 감소, 장기 강도 증대 등), 고로 슬래그 분말, 실리카퓸, 팽창재 등이 있다. 또한, 포졸란을 사용하면 콘크리트의 작업성 이 좋아지고, 블리딩 현상이 감소하며, 조기 강도는 작으나, 장기 강도, 수밀성 및 염류 에 대한 화학적 저항성 등이 커진다. 발열량(수화열)이 적은 반면에, 거친 입자나 극히 미세한 입자가 많은 것은 콘크리트의 단위 수량이 증가하고 건조 수축이 커진다.

8 특수 콘크리트의 특성 등

(1) 레디믹스트 콘크리트(ready mixed concrete)

주문에 의해 공장 생산 또는 믹싱카로 제조하여 사용 현장에 공급하는 콘크리트로, 현장 에 떨어져 있는 콘크리트 전문 제조 공장에 콘크리트를 배처 플랜트에 의해 생산하여 현장에 운반하여 사용하는 것 또는 주문에 의해 공장 생산 또는 믹싱카로 제조하여 사용

현장에 공급하는 콘크리트로 현장이 협소하여 재료 보관 및 혼합 작업이 불편할 때 사용하며, 시가지의 공사에 적합하다. 이것은 그 비비기와 운반 방식에 따라 센트럴믹스트 콘크리트(central mixed concrete), 슈링크믹스트 콘크리트(shrink mixed concrete), 트랜싯믹스트 콘크리트(transit mixed concrete) 등으로 구분한다. 특히, 슬럼프가 적더라도 단순히 물을 첨가하여 보정하는 것은 피하도록 한다.

① 레디믹스트 콘크리트의 사용 이유
  ㉮ 현장에서 균질한 골재를 입수하기 어렵기 때문이다.
  ㉯ 시가지에서 현장 비빔을 행할 장소가 적어졌기 때문이다.
  ㉰ 콘크리트의 배합 관리와 현장 관리가 용이하기 때문이다.
  ㉱ 운반차보다 낮은 공사 또는 긴급을 요하는 공사에 사용한다.

② 레디믹스트 콘크리트의 특성
  ㉮ 레디믹스트 콘크리트를 사용할 때에는 될 수 있는 대로 현장에서 가깝고 부리기 쉬운 곳을 택해야 하며, 임시 저장할 수 있는 받음 시설을 준비해야 한다.
  ㉯ 공정에 따라 예정 일시에 어김 없이 반입될 것은 확보해야 한다.
  ㉰ 천후, 기타 예정 시일의 변경, 운반차의 지연 등에 대하여 미리 생산자와 협의해 둔다.
  ㉱ 규정된 허용값 이상의 슬럼프 값일 때에는 곧 시정시키거나 현장에서 다시 비벼서 사용한다.
  ㉲ 받음 설비인 호퍼의 용량은 적어도 운반차 1대의 용적 이상으로 하고, 운반 능력과 부어 넣기 능률을 고려하여 정한다.
  ㉳ 콘크리트의 혼합이 충분하므로 현장 비빔보다 품질이 고르고, 균일하다.

(2) AE 콘크리트의 특징

① 장점
  ㉮ 미세 기포의 조활 작용으로 시공 연도가 증대하고, 응집력이 있어 재료 분리가 적다.
  ㉯ 사용 수량을 줄일 수 있어서 블리딩, 침하가 적고, 시공한 면이 평활하게 되며, 제물치장 콘크리트의 시공에 적합하다.
  ㉰ 탄성을 가진 기포는 동결 융해 및 건습 등에 의한 용적 변화가 적다.
  ㉱ 방수성이 뚜렷하고, 화학 작용에 대한 저항성이 크다.

② 단점
  ㉮ 강도가 떨어진다(공기량 1%에 대하여 압축 강도는 약 4~6% 정도 떨어진다).
  ㉯ 철근의 부착 강도가 떨어지고, 감소 비율은 압축 강도보다 크다.
  ㉰ 마감 모르타르 및 타일 붙임용 모르타르의 부착력도 약간 떨어진다.

> ■ 출제 키워드
>
> ■ AE 콘크리트의 장점
> 미세 기포의 조활 작용으로 시공 연도가 증대하고, 응집력이 있어 재료 분리가 적음

(3) 프리팩트(프리플레이스) 콘크리트

미리 거푸집 속에 적당한 입도 배열을 가진 굵은 골재를 채워 넣은 후, 모르타르를 펌프로 압입하여 굵은 골재의 공극을 충전시켜 만드는 콘크리트로서 특성은 다음과 같다.

① **특성** : 콘크리트가 밀실하여, 내수성과 내구성이 있고, 동해 및 융해에 대해서 강하며, 중량 콘크리트의 시공도 가능하다. 특히, 거푸집을 견고하게 만들어야 한다.

② **용도** : 원자로의 방사선 차단 콘크리트와 같이 특히 균일하고 극히 밀도가 높은 콘크리트에 중정석, 철광석 등과 같은 비중이 큰 골재를 쓰는 공법에 적당하다.

(4) 프리스트레스트 콘크리트

특수 선재(고강도의 강재나 피아노선(PC강선))를 사용하여 재축 방향으로 콘크리트에 미리 압축력을 준 콘크리트이다.

① **프리텐션 방식** : 콘크리트를 타설하기 전에 직경 5mm 이하의 선재에 인장력을 미리 준 다음 콘크리트를 타설하여 경화시킨 후에 콘크리트와 선재의 부착에 의한 자동 정착에 따라 콘크리트에 압축 프리스트레스를 받게 하는 방법이다.

② **포스트텐션 방식** : 거푸집에 미리 관을 설치한 다음 콘크리트를 부어 넣고, 콘크리트가 경화한 후에 선재를 삽입하여 인장력을 가하여 부재 단부의 정착 장치에 의해 압축력을 콘크리트에 전달하는 방식이다.

(5) 매스 콘크리트

부재 또는 구조물의 치수가 커서 시멘트의 수화열에 의한 온도 상승 및 강하를 고려하여 설계·시공해야 하는 콘크리트로서 균열 방지와 감소 대책으로는 부재의 이음매를 설치하고, 파이프 쿨링(콘크리트 수화 시 발생하는 열에 의한 온도 균열 제어 방법의 일종)을 하며, 저발열성 시멘트를 사용한다. 또한, 콘크리트의 온도 상승을 적게 한다.

(6) 제물치장 콘크리트

콘크리트 표면을 시공한 그대로 마감한 것이다.

(7) 레진 콘크리트

결합재로 폴리머를 사용한 콘크리트로서 경화제를 가한 액상 수지를 골재와 배합하여 제조한 콘크리트이다.

(8) ALC(Autoclaved Lightweight Concrete, 경량 기포 콘크리트)

경량 기포 콘크리트는 석회질 원료(생석회, 시멘트 등), 규산질 원료(규사, 규석, 플라이 애시 등)를 고온, 고압 하에서 양생하고 발포제로 알루미늄 분말 등을 혼합하여 제작한다. 특성으로는 경량, 단열, 불연, 내화, 흡음, 차음, 내구 및 시공성 등이 있으나, 중성화의 우려가 높고, 습기가 많은 곳에서 사용이 불가능하며, 휨강도나 인장 강도보다 압축 강도가 크다.

9 시멘트 및 콘크리트 제품

① 시멘트 블록의 기본 치수

형상	치수(mm)		
	길이	높이	두께
기본 블록	390	190	190, 150, 100
이형 블록	길이, 높이 및 두께의 최소 치수를 90mm 이상으로 한다.		

■ 시멘트 기본 블록의 치수
길이×높이×두께
=390×190mm×(100, 150, 190mm)

② 시멘트 제품에는 시멘트 기와, 후형 슬레이트 등이 있고, 석면 시멘트 제품에는 석면 시멘트판류(골석면 슬레이트, 석면 시멘트 평판, 석면 플렉시블 평판 등) 등이 있으며, 목모 시멘트 제품에는 목모 시멘트판, 목편 시멘트판 등이 있다. 또한, 콘크리트 제품 중 원심력 가공 제품에는 철근 콘크리트관(흄관), 철근 콘크리트 말뚝, 철근 콘크리트 기둥 등이 있다. 두리졸은 목편 시멘트판의 상품명이다.

■ 목모 시멘트 제품
목모 시멘트판, 목편 시멘트판 등

■ 콘크리트 제품 중 원심력 가공 제품
철근 콘크리트관(흄관), 철근 콘크리트 말뚝, 철근 콘크리트 기둥 등

■ 두리졸
목편 시멘트판의 상품명

1-2-6. 금속 재료

1 응력-변형률 곡선과 탄소강의 성질

(1) 응력-변형률 곡선

① A점 : 응력과 변형이 비례하는 점, 즉 비례 한도
② B점 : 외력을 제거하였을 때 변형이 0으로 돌아가는 최대 한도점. 즉, 탄성 한도
③ C점 : 외력이 더욱 증가하여 응력은 별로 증가하지 않았으나, 변형이 증가하는 점. 즉, 상위 항복점
④ D점 : 외력이 더욱 증가하여 응력은 별로 증가하지 않았으나, 변형이 증가하는 점. 즉, 하위 항복점
⑤ E점 : 최대 응력(극한 강도, 최대 강도)점
⑥ F점 : 파괴 강도점

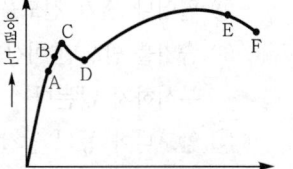

■ 탄성 한도
외력을 제거하였을 때 변형이 0으로 돌아가는 최대 한도점

(2) 탄소강의 성질

탄소강의 성질에 있어서 물리적 성질은 탄소량이 증가함에 따라서 비중, 열팽창계수, 열전도율은 감소하고, 비열, 전기 저항, 항장력은 증가하며, 화학적 성질은 탄소량이 증가함에 따라서 내식성, 인장강도, 경도, 항복점 등은 증가하고 연신율, 충격치, 단면 수축률은 감소한다.

■ 탄소량의 증가 영향
• 비중, 열팽창계수, 열전도율은 감소하고, 비열, 전기 저항, 항장력은 증가
• 내식성, 인장강도, 경도, 항복점 등은 증가하고 연신율, 충격치, 단면 수축률은 감소

2 강의 열처리법

(1) 열처리 방법

구분	불림(소준)	풀림(소순)	담금질(소입)	뜨임(소려)
가열 온도	800~1,000℃			200~600℃
냉각 장소	공기 중	로 속	찬물, 기름 중	공기 중
냉각 속도	서냉		급랭	서냉
특성	결정의 미세화, 변형 제거, 조직의 균일화, 강의 조직 개선	강을 연화, 내부 응력을 제거	강도와 경도의 증가, 담금이 어렵고, 담금질 온도의 상승	변형 제거, 강인한 강 제조

* 열처리 방법과 압출, 압연, 단조, 슬래그, 인발과는 무관하다.

(2) 강재의 온도에 의한 영향

온도	0~250℃	250℃	500℃	600℃	900℃
영향	강도 증가	최대 강도	0℃ 강도의 1/2	0℃ 강도의 1/3	0℃ 강도의 1/10

3 비철금속의 특성 등

(1) 구리

구리는 원광석(휘동광, 황동광 등)을 용광로나 전로에서 거친 구리물(조동)로 만들고, 이것을 전기 분해하여 구리로 정련하며, 특성은 다음과 같다.

① 연성과 전성이 커서 선재나 판재로 만들기가 쉽다.
② 열이나 전기 전도율이 크고, 건조한 공기에서는 산화하지 않는다.
③ 습기를 받으면 이산화탄소의 작용으로 인하여 부식하여 녹청색을 띠나, 내부까지는 부식하지 않는다.
④ 암모니아 등의 알칼리성 용액에는 침식이 잘 되고, 진한 황산에는 잘 용해된다.
⑤ 용도로는 지붕이기(건축용으로 박판으로 제작), 홈통, 철사, 못, 철망 등의 제조에 사용된다.
　㉮ 황동(놋쇠) : 구리에 아연을 10~45% 정도 가하여 만든 합금(구리 : 아연=7 : 3) 으로 색깔은 주로 아연의 양에 따라 좌우되고, 구리보다 단단하며, 주조가 잘 된다. 또한, 가공하기 쉽고, 내식성이 크며, 계단 논슬립, 줄눈대, 코너비드 등의 부속 철물, 외관이 아름다워 창호 철물로 사용한다.
　㉯ 청동 : 구리와 주석의 합금으로 주석의 함유량은 보통 4~12%이고, 주석의 양에 따라 그 성질이 달라지며, 청동은 황동보다 내식성이 크고 주조하기 쉬우며, 표면은 특유의 아름다운 청록색으로 되어 있어 건축 장식 철물, 미술 공예 재료로 사용한다.

㉰ 구리의 합금

구분	황동(놋쇠)	청동	포금	두랄루민	양은
합금	구리+아연	구리+주석	구리+주석+납+아연	알루미늄+구리+마그네슘+망간	구리+니켈+아연

(2) 알루미늄

알루미늄은 원광석인 보크사이트로부터 알루미나를 만들고, 이것을 다시 전기 분해하여 만든 은백색의 금속으로 비중이 철의 1/3 정도로 경량이고, 열·전기 전도성이 크며 반사율이 높고, 전성과 연성이 크며, 가공하기 쉽고, 가벼운 정도에 비하여 강도가 크며, 공기 중에서 표면에 산화막이 생기면 내부를 보호하는 역할을 하므로 내식성이 크다. 특히, 가공성(압연, 인발 등)이 우수하다. 반면 산, 알칼리나 염에 약하므로 이질 금속 또는 콘크리트 등에 접하는 경우에는 방식 처리를 하여야 한다. 온도가 상승함에 따라 인장 강도가 급히 감소하고, 600℃에서 거의 0이 되므로 내화성이 좋지 않아, 별도의 내화 처리가 필요하다. 용도로는 지붕이기, 실내 장식, 가구, 창호(창틀, 문틀재) 및 커튼의 레일 등에 사용한다.

① **알루미늄의 합금**: 두랄루민(알루미늄+구리+마그네슘+망간)은 알루미늄 합금의 대표적인 금속으로 내열성, 내식성, 고강도의 제품으로 비중은 2.8 정도이고, 인장 강도는 40~45kg/mm²로서 종래에는 비행기, 자동차 등에 주로 사용하였으나, 근래에는 건축용재로 많이 쓰인다.

② 알루미늄은 산이나 알칼리(시멘트 모르타르, 회반죽) 및 해수에 침식되기 쉬우므로 콘크리트 및 해수에 접하거나 흙속에 매립될 경우에는 사용을 금하거나 특히 주의하여야 하고, 이질 금속은 서로 잇대어 쓰지 않아야 하므로 시멘트 모르타르, 회반죽 및 철강재는 알루미늄을 부식시킨다.

(3) 납

금속 중에서 비교적 비중(11.4)과 밀도가 가장 크고, 연한(유연) 금속으로 주조 가공성과 단조성이 풍부하며 열전도율은 작으나, 온도 변화에 따른 **신축이 크다**(융점이 낮다). 공기 중에서는 표면에 탄산납이 생겨 내부를 보호(내식성)하고, 전성과 연성이 크다. 특히, 송수관, 가스관 및 방사선의 투과도가 낮아 건축에서 방사선 차폐용 벽체에 이용된다.

(4) 주석

① 청백색의 광택이 있으며, 전성과 연성이 풍부하고, 상온에서 얇은 판으로 만들 수 있으나, 철사로는 적합하지 않다.

출제 키워드

■ 알루미늄
- 비중이 철의 1/3 정도로 경량
- 열전기 전도성이 크며 반사율이 높음
- 가공하기 쉽고, 가공성이 우수
- 산, 알칼리나 염에 약함
- 내화성이 좋지 않아, 별도의 내화 처리가 필요
- 용도는 창호(창틀, 문틀재) 및 커튼의 레일 등에 사용

■ 납
- 비중(11.4)과 밀도가 가장 크고, 연한(유연) 금속
- 주조 가공성과 단조성이 풍부
- 융점이 낮고, 전성과 연성이 큼
- 방사선의 투과도가 낮아 건축에서 방사선 차폐용 벽체에 이용

② 내식성이 크고, 산소나 이산화탄소의 작용을 받지 않으며 유기산에 거의 침식되지 않는다.
③ 공기 중이나 수중에서는 녹이 슬지 않으나, 알칼리에는 서서히 침식된다.
④ 단독으로 사용되는 경우는 드물며, 용도는 다음과 같다.
철판에 도금하여 생철판, 구리의 합금인 청동, 금속 재료의 방식(식료품이나 음료수용)용 피복 재료 및 땜납(주석과 납의 합금) 등으로 사용된다.

(5) 아연

아연은 비교적 강도가 크고, 연성과 내식성이 양호하며, 공기 중에서 거의 산화하지 않으나, 습기나 이산화탄소가 있는 경우에는 표면에 탄산염이 생기는데, 이 얇은 막이 내부의 산화를 방지한다.

4 금속의 방식법

(1) 금속의 부식 원인

① 대기에 의한 부식 : 공기 중에서 산화물, 탄산염, 그 밖의 화합물로 된 피막이 금속면에 생겨 부식을 진행한다.
② 물에 의한 부식 : 연수는 경수에 비하여 부식성이 크고, 오수(이산화탄소, 메탄가스 등)는 더욱 심하다.
③ 흙 속에서의 부식 : 산성이 강한 흙, 부식토 중에서 염화염과 질산염이 있는 경우, 황화물은 특히 심하다.
④ 전기 작용에 의한 부식 등이 있다.

(2) 금속의 방식법

① 다른 종류의 금속을 서로 잇대어 사용하지 않는다.
② 균질한 재료를 사용하고, 가공 중에 생긴 변형은 풀림, 뜨임 등에 의해 제거한다.
③ 표면은 깨끗하게 하고, 물기나 습기가 없도록 하며, 부분적으로 녹이 생기면 즉시 제거 및 재도장을 하도록 한다.
④ 도료나 내식성이 큰 금속으로 표면에 피막을 하여 보호한다.
⑤ 도료(방청 도료), 아스팔트, 콜타르 등을 칠하거나, 내식·내구성이 있는 금속으로 도금한다. 또한 자기질의 법랑을 올리거나, 금속 표면을 화학적으로 방식 처리한다.
⑥ 알루미늄은 알루마이트, 철재에는 사삼산화철과 같은 치밀한 산화 피막을 표면에 형성하게 하거나, 모르타르나 콘크리트로 강재를 피복한다.

5 금속 제품 등

① 철근
  ㉮ 철근의 종류에는 원형 철근과 이형 철근이 있으며, 원형 철근의 지름은 mm를 단위로 하고, 표시는 ϕ로 표기하며, 이형 철근의 지름은 공칭 지름이라 하고, D로 표기한다.
  ㉯ 이형 철근은 콘크리트용 철근의 일종으로서, 철근의 부착력을 증가시키기 위하여 표면에 마디와 리브를 두며, 부착력은 원형 철근의 2배 이상이다.

② 조이너 : 텍스, 보드, 금속판, 합성수지판 등의 줄눈에 대어 붙이는 것으로서 아연도금 철판제, 알루미늄제, 황동제 및 플라스틱제가 있다.

③ 코너 비드(모서리쇠) : 미장 공사에 사용하며 기둥이나 벽의 모서리 부분을 보호하고 정밀한 시공을 위해 사용하는 철물 또는 벽, 기둥 등의 모서리 부분에 미장 바름을 보호하기 위해 묻어 붙이는 철물로 아연 도금제와 황동제가 있다.

④ 논슬립 : 미끄럼을 방지하기 위하여 계단의 코 부분에 사용하며 놋쇠, 황동제 및 스테인리스 강재 등이 있다.

⑤ 인서트 : 콘크리트 슬래브에 묻어 천장 달림재를 고정시키는 철물이다.

⑥ 듀벨 : 볼트와 함께 사용하는데 듀벨은 전단력에, 볼트는 인장력에 작용시켜 접합재 상호간의 변위를 막는 강한 이음을 얻는 데 또는 목재의 접합에서 목재와 목재 사이에 끼워서 전단에 대한 저항 작용을 목적으로 사용하는 철물이다. 큰 간사이의 구조, 포갬보 등에 쓰이고 파넣기식과 압입식이 있다.

⑦ 펀칭 메탈 : 두께 1.2mm 이하의 박강판을 여러 가지 무늬 모양으로 구멍을 뚫어 환기 구멍, 라디에이터 커버 등에 사용한다.

⑧ 메탈 라스 : 금속제 라스의 총칭으로 얇은 강판(철판)에 많은 절목을 넣어 이를 옆으로 늘려서 만든 것으로 도벽 바탕(천장 및 벽의 미장 바탕)에 사용한다.

⑨ 와이어 라스 : 철선 또는 아연 도금 철선을 가공하여 그물 모양으로 만든 것으로 미장 바탕용 철망으로 사용하고 능형, 귀갑형 및 원형 등이 있다.

⑩ 와이어 메시 : 4.19mm 철선 정도의 굵은 철선을 사각형으로 교차시켜 그물 모양으로 만들고, 교차점은 전기 용접을 하여 고정시킨 것으로, 울타리, 콘크리트의 철근 보강용으로 쓴다. 즉, 도로나 슬래브 등의 철근을 대신한다.

⑪ 데크 플레이트 : 얇은 강판에 골 모양을 내어서 만든 재료로서 지붕이기, 벽널 및 콘크리트 바닥과 거푸집의 대용으로 사용하거나, 두께 1~2mm 정도의 강판을 구부려 강성을 높여 철골 구조의 바닥용 콘크리트 치기에 사용한다.

⑫ 턴 버클 : 줄(인장재)을 팽팽히 당겨 조이는 나사 있는 탕개쇠로서, 거푸집 연결시 철선의 조임, 철골 및 목골 공사와 콘크리트 타워 설치 시 사용한다.

⑬ 감잡이쇠 : ㄷ자형으로 구부려 만든 띠쇠로 두 부재를 감아 연결하는 목재 이음, 맞춤을 보강하는 철물이다. 평보를 대공에 달아맬 때 또는 평보와 ㅅ자보의 밑에, 기둥과 들보를 걸쳐 대고 못을 박을 때 및 대문 장부에 감아 박을 때 사용하는 철물이다.

출제 키워드

■ 철근
- 원형 철근의 지름은 mm를 단위로 하고, 표시는 ϕ로 표기
- 이형 철근의 지름은 공칭 지름이라 하고, D로 표기
- 이형 철근의 부착력은 원형 철근의 2배 이상

■ 코너 비드(모서리쇠)
- 미장 공사에 사용
- 기둥이나 벽의 모서리 부분을 보호하고 정밀한 시공을 위해 사용하는 철물

■ 인서트
콘크리트 슬래브에 묻어 천장 달림재를 고정시키는 철물

■ 듀벨
- 목재의 접합에 사용
- 목재와 목재 사이에 끼워서 전단에 대한 저항 작용을 목적으로 사용하는 철물
- 파넣기식, 압입식

■ 펀칭 메탈
박강판을 여러 가지 무늬 모양으로 구멍을 뚫어 환기 구멍, 라디에이터 커버 등에 사용

■ 메탈 라스
- 금속제 라스의 총칭
- 얇은 강판(철판)에 많은 절목을 넣어 이를 옆으로 늘려서 만든 것으로 도벽 바탕(천장 및 벽의 미장 바탕)에 사용

■ 와이어 라스
- 철선 또는 아연 도금 철선을 가공하여 그물 모양으로 만든 것
- 미장 바탕용 철망으로 사용

■ 와이어 메시
- 굵은 철선을 사각형으로 교차시켜 그물 모양으로 만들고, 교차점은 전기 용접을 하여 고정
- 콘크리트의 철근 보강용으로 사용

6 창호와 창호 철물

(1) 알루미늄 창호의 특성

알루미늄 창호의 장점은 스틸 새시에 비해, 비중이 철의 1/3 정도이고, 녹슬지 않으며 내구 연한이 길다. 또한, 공작이 자유롭고 빗물막이와 기밀성이 유리하고, 여닫음이 경쾌한 특성이 있으며, 압출 성형 제품으로 복잡한 단면 형상이 가능하고, 외관이 아름다우나, 알칼리성에 약한 단점을 갖고 있다.

(2) 창호 철물

① 도어 클로저(도어 체크) : 문 위틀과 문짝에 설치하여 여닫이문이 자동으로 닫히게 하는 장치로서, 공기식, 스프링식, 전동식 및 유압식 등이 있으나, 유압식을 주로 사용하며, 스톱 장치에 퓨즈를 사용하여 화재시 자동으로 퓨즈가 끊어져 닫히게 하여 방화문에 사용한다.

② 플로어 힌지 : 문짝에 다는 경첩 대신에 여닫이문의 위·아래 촉을 붙이며, 마루에는 구멍(소켓)이 있어 축의 작용을 한다. 경첩으로 유지할 수 없는 무거운 자재의 여닫이문에 사용하는 창호 철물, 금속제 용수철과 완충유와의 조합 작용으로 열린 문이 자동으로 닫혀지게 하는 것으로 바닥에 설치되며, 일반적으로 무거운 중량 창호에 사용되는 창호 철물 또는 무거운 자재문에 사용하는 스프링 유압 밸브 장치로 문을 자동적으로 닫히게 하는 창호 철물이다.

③ 도어 행거 : 접문 등 문 상부에 달아매는 미닫이 창호용 철물로 달문의 이동장치에 쓰이는 창호 철물로서 문짝의 크기에 따라 사용하며, 2개 또는 4개의 바퀴가 달린 창호 철물을 말한다.

④ 도어 스톱 : 여닫이문이나 장지를 고정하는 철물로서 문받이 철물이라고도 한다.

⑤ 도어 홀더 : 여닫이 창호를 열어서 고정시켜 놓은 철물을 말한다.

⑥ 크레센트 : 초승달 모양으로 된 것으로 오르내리창의 윗막이대 윗면에 대어 다른 창의 밑막이에 걸리게 하는 걸쇠로서 오르내리창에 사용한다.

⑦ 오르내리꽂이쇠 : 쌍여닫이문에 쓰이는 철물로서 꽂이쇠를 아래·위로 오르내리게 하여 문을 잠그는 철물을 말한다.

⑧ 고두꽂이쇠 : 손잡이로 고두리가 달린 꽂이쇠이다.

⑨ 나이트 래치 : 실내에서는 열쇠 없이 열고 외부에서는 열쇠가 있어야만 열 수 있는 자물쇠이다.

⑩ 실린더 로크 : 함자물쇠의 일종으로 자물쇠 장치를 실린더 속에 한 것을 말하며, 나이트 래치와 같이 실내에서는 열쇠 없이 열 수 있다.

⑪ 도어 볼트 : 놋쇠대 등으로 여닫이문 안쪽에 간단히 설치하여 잠그는 철물을 말한다.

⑫ 피벗 힌지 : 창호를 상하에서 축달림으로 받치는 것이다.

⑬ 래버터리 힌지 : 스프링 힌지의 일종으로서, 공중용 변소, 전화실 출입문에 사용하며, 저절로 닫히지만 15cm 정도는 열려 있게 된다.

⑭ 자유 경첩 : 축받이 관 속에 스프링을 장치하여 안팎으로 자유롭게 여닫을 수 있는 경첩이다.

⑮ 함자물쇠 : 자물쇠를 작은 상자에 장치한 것으로 출입문 등의 울거미 표면에 붙여대는 자물쇠이다.

⑯ 여닫이 창호에는 도어 클로저(도어 체크), 도어 스톱, 경첩 및 플로어 힌지 등이 사용되고, 레일은 미서기 창호에 사용한다.

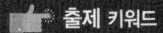

■ 여닫이 창호 철물
• 도어 클로저(도어 체크), 도어 스톱, 경첩 및 플로어 힌지 등
• 레일은 미서기 창호에 사용

1-2-7. 유리 재료

1 유리의 특성과 종류 등

(1) 유리의 일반적인 성질

① 유리의 비중 : 비중은 성분에 따라 2.2~6.3의 범위인데, 보통 유리는 2.5 내외이고, 금속산화물(납, 아연, 바륨, 산화알루미늄 등)이 포함되면 그 양에 비례하여 비중이 커지며, 납유리의 비중은 4를 넘을 때도 있다.

② 유리의 경도 : 모스 경도표에 의하면 6 정도이다. 일반적으로 경도는 알칼리가 많으면 감소하고, 알칼리 토금속류가 혼합되면 증가한다.

③ 열팽창률 : 유리의 종류에 따라 차이가 있으나, 보통 유리는 20~400℃에서 $(8~10) \times 10^{-6}$/℃이다. 망입 유리에서는 유리의 열팽창률이 같은 금속을 사용하여야 한다.

④ 유리의 강도 : 보통 창유리의 강도는 휨강도를 의미한다. 일반적으로 창호에 사용하는 유리의 두께는 6mm 이하이나 주로 2~3mm 정도의 유리를 주로 사용하고, 같은 두께의 반투명 유리는 투명 유리의 80%, 망입 유리는 90% 정도이다.

⑤ 유리의 투과 : 유리의 투과에 있어서 투사각이 0°(유리면에 직각)인 경우에 맑은 창유리 및 무늬 판유리는 약 90% 정도의 광선을 투과시키며, 서리 유리는 80~85%를 투과시키나, 오랫동안 사용하여 먼지가 끼거나 오염이 되면 투과는 뚜렷이 감소한다. 특히, 광선의 파장이 짧을수록 더욱 심하다.

⑥ 유리의 열적 성질 : 유리는 열전도율(보통 유리의 열전도율은 0.48kcal/m·h·℃로서, 이는 대리석, 타일보다 작고, 콘크리트의 1/2 정도)이 작고 팽창계수나 비열이 크기 때문에, 유리를 부분적으로 가열하면 비틀림이 발생하는데, 이로 인하여 유리의 인장 강도보다 큰 인장력이 발생하여 유리는 파괴된다. 또한, 보통 유리의 연화점은 약 740℃, 칼리 유리는 1,000℃ 정도이고, 내열성은 두께 1.9mm의 유리는 105℃ 이상의 부분적인 온도차가 발생하면 파괴된다. 그 밖에 두께 3.0mm는 80~100℃, 5.0mm는 60℃의 온도차가 발생하면 파괴된다. 또한, 유리 섬유의 안전 사용 최고 온도는 500℃ 정도이고, 비중은 0.1 정도이다.

■ 유리의 강도
창유리의 강도는 휨강도를 의미

출제 키워드

■ 유리의 화학적인 성질
약한 산에는 침식이 되지 않지만, 염산, 황산 및 질산에는 서서히 침식

■ 산화 제2철
유리의 성분 중 자외선을 차단하는 성분

■ 후판 유리
• 표면을 아주 평활하게 마감한 것
• 반사나 굴절이 적음
• 진열창에 사용

■ 소다석회 유리
용융되기 쉽고, 내산성이 높으며, 건축 일반용 창호 유리, 병유리 등에 사용하는 유리

■ 칼리납 유리
내산·내열성이 낮고 비중이 크며, 모조 보석 및 광학 렌즈로 사용되는 유리

■ 칼륨석회 유리
• 용융하기 어렵고 약품에 침식되지 않음
• 투명도가 큰 유리
• 고급용품, 공예품, 장식품 등에 사용되는 유리

---

⑦ 유리의 화학적인 성질 : 약한 산에는 침식이 되지 않지만, 염산, 황산 및 질산에는 서서히 침식된다.

(2) 유리의 성분

유리의 성분 중 자외선을 차단하는 성분은 산화 제2철이므로 보통 판유리는 자외선을 차단하는 성질이 있다.

2 유리의 구분과 용도 등

(1) 유리의 구분

① 박판 유리 : 두께가 6mm 이하인 채광용 판유리
② 후판 유리 : 표면을 아주 평활하게 마감한 것으로 반사나 굴절이 적으며, 두께가 6mm 이상인 판유리이다. 10~15mm의 것까지 있으며, 대개 주조법 또는 압연법으로 만든 것으로서 진열창, 일광욕실, 고급 창문, 유리문, 차유리 등에 사용한다.

(2) 유리의 사용처

종류	석영(고규산) 유리	칼리석회 유리		칼리납 유리	소다석회 유리
		칼리, 경질, 보헤미아 유리		납, 플린트, 크리스털 유리	소다, 보통, 크라운 유리
용도	전구, 살균등용 (글라스울 원료)	고급용품, 이화학 기구, 기타 장식품, 공예품 및 식기		고급 식기, 광학용 렌즈류, 모조 보석 및 진공관용	건축 일반 창유리, 기타 병류 등

① 소다석회 유리 : 용융되기 쉽고, 내산성이 높으며, 건축 일반용 창호유리, 병유리 등에 사용하는 유리이다.
② 칼리납 유리 : 유리의 성분별 분류 중 내산·내열성이 낮고 비중이 크며 진공관, 고급 식기, 모조 보석 및 광학 렌즈로 사용되는 유리이다.
③ 칼륨석회 유리 : 용융하기 어렵고 약품에 침식되지 않으며 일반적으로 투명도가 큰 것으로, 고급용품, 공예품, 장식품 등에 사용되는 유리이다.
④ 붕규산 유리 : 가장 용융하기 어려우며 이화학용 내열 기구로 이용되는 유리이다.

3 안전 유리의 특성

① 안전유리 : 안전유리는 강도가 커서 잘 파괴되지 않으며, 또 파괴되어도 파편의 위험이 적거나 없어서 비교적 안전하게 사용할 수 있는 유리이다.
  ㉮ 접합 유리 : 투명 판유리 2장 사이에 아세테이트, 부틸셀룰로오스 등 합성수지막을 넣어 합성수지 접착제로 접착시킨 유리로서, 깨어지더라도 유리 파편이 합성수

지막에 붙어 있게 하여 파편으로 인한 위험을 방지하도록 한 것이다. 유색 합성수지막을 사용하면 착색 접합 유리가 된다. 접합 유리는 보통 판유리에 비해 투광성은 약간 떨어지나 차음성, 보온성이 좋은 편이다.

㉯ 강화판 유리 : 유리를 열처리(500~600℃로 가열한 다음 특수 장치를 이용하여 균등하게 급격히 냉각시킨 유리)한 것으로 열처리로 인하여 그 강도가 보통 유리의 3~5배에 이르며, 특히 충격 강도는 보통 유리의 7~8배나 된다. 또 파괴되면 열처리에 의한 내응력 때문에 모래처럼 잘게 부서지므로 유리 파편에 의한 부상이 적어진다. 이 성질을 이용하여 자동차의 창유리, 통유리문, 에스컬레이터 옆판, 계단 난간의 옆판 등에 이용되고, 깨어지면 그 파편이 위험한 곳에 쓰인다. 열처리를 한 후에는 현장에서 절단 등 가공을 할 수 없으므로 사전에 소요 치수대로 절단, 가공하여 열처리를 하여 생산된다.

㉰ 배강도 유리 : 판유리를 열처리하여 유리 표면에 적절한 크기의 압력 응력층을 만들어 파괴 강도를 증대시키고, 파손되었을 때 재료인 판유리와 유사하게 깨지도록 한 것이다.

② 형판 유리 : 특수 유리의 하나로 판유리의 한 면에 각종 무늬를 입힌 것으로 2~5mm 정도의 반투명 유리이나, 안전유리에는 속하지 않는다.

③ 망입 유리 : 유리 내부에 금속망을 삽입하고 압착 성형한 판유리 또는 용융 유리 사이에 금속 그물(지름이 0.4mm 이상의 철선, 놋쇠선, 아연선, 구리선, 알루미늄선)을 넣어 롤러로 압연하여 만든 판유리로서 도난 방지, 화재 방지 및 파편에 의한 부상 방지 등의 목적으로 사용한다.

④ 복층 유리(페어 글라스, 이중 유리) : 2장 또는 3장의 판유리를 일정한 간격으로 띄어 금속테로 기밀하게 테두리를 한 다음, 유리 사이의 내부를 진공으로 하거나 특수 기체를 넣은 유리로서 방음, 방서, 차음 및 단열의 효과가 크고, 결로 방지용으로도 우수하다. 또한, 현장에서 절단 가공이 불가능하다.

⑤ 자외선 투과 유리 : 유리에 함유되어 있는 성분 가운데 산화제이철은 자외선을 차단하는 주성분이다. 보통의 판유리가 자외선을 거의 투과시키지 않는 것도 바로 이 산화제이철 때문이다. 그런데 환원제를 사용하여 산화제이철을 산화제일철로 환원시키면 상당량의 자외선을 투과시키게 된다. 이와 같이 산화제이철의 함유율을 극히 줄인 유리를 자외선 투과 유리라 하는데 석영, 코렉스 및 비타 글라스 등의 종류가 있다. 자외선 투과율은 석영 및 코렉스 글라스는 약 90%, 비타 글라스는 약 50%로서 온실이나 병원의 일광욕실 등에 이용되고 있다.

⑥ 열선 흡수 유리(단열 유리) : 철, 니켈, 크롬 등을 가하여 만든 유리로 흔히 엷은 청색을 띠고, 태양광선 중 열선(적외선)을 흡수하므로 서향의 창, 차량의 창 등의 단열에 이용된다.

⑦ 자외선 흡수(차단) 유리 : 자외선의 화학 작용을 방지할 목적으로 자외선 투과 유리와는 반대로 약 10%의 산화제이철을 함유시키고 기타 크롬, 망간 등의 금속산화물을

> **출제 키워드**
>
> ■ 강화판 유리
> - 유리를 열처리한 것으로 강도가 보통 유리의 3~5배
> - 파괴되면 열처리에 의한 내응력 때문에 모래처럼 잘게 부서져, 유리 파편에 의한 부상이 적음
> - 자동차의 창유리, 통유리문, 에스컬레이터 옆판, 계단 난간의 옆판 등에 이용
> - 열처리를 한 후에는 현장에서 절단 등 가공을 할 수 없음
>
> ■ 망입 유리
> - 유리 내부에 금속망을 삽입하고 압착 성형한 판유리
> - 도난 방지, 화재 방지의 목적으로 사용
>
> ■ 복층 유리(페어 글라스, 이중 유리)
> - 2장 또는 3장의 판유리를 일정한 간격으로 띄어 금속테로 기밀하게 테두리를 한 다음, 유리 사이의 내부를 진공으로 하거나 특수 기체를 넣은 유리
> - 방음, 방서, 차음 및 단열의 효과가 크고, 결로 방지용으로도 우수
> - 현장에서 절단 가공이 불가능
>
> ■ 자외선 투과 유리
> 온실이나 병원의 일광욕실 등에 이용
>
> ■ 열선 흡수 유리(단열 유리)
> - 철, 니켈, 크롬 등을 가하여 만든 유리
> - 서향의 창, 차량의 창 등의 단열에 이용
>
> ■ 자외선 흡수(차단) 유리
> - 자외선의 화학 작용을 방지할 목적으로 사용
> - 직물 등 염색 제품의 퇴색을 방지할 필요가 있는 상점(의류품)의 진열창, 식품이나 약품의 창고 또는 용접공의 보안경 등에 사용

출제 키워드

■ 스테인드글라스
- 착색유리를 끼워서 만든 유리
- 성당의 창, 상업 건축의 장식용으로 사용되는 유리

■ 반사 유리
밖의 시선은 차단되므로 프라이버시가 보호

■ 로이 유리
발코니 확장을 하는 공동 주택이나 창호 면적이 큰 건물에서 단열을 통한 에너지 절약을 위해 권장되는 유리

■ 스팬드럴 유리
플로트 판유리의 한쪽 면에 세라믹 도료를 코팅한 후 고온에서 융착하여 반강화시킨 불투명한 색유리

■ 유리블록
- 투명도가 낮아 실내가 들여다보이지 않게 하면서 채광이 가능
- 방음 · 보온 효과 크고, 장식 효과도 얻을 수 있음

■ 프리즘 타일(유리)
- 입사(투사) 광선의 방향을 바꾸거나, 확산 또는 집중시킬 목적으로 프리즘의 원리를 이용하여 만든 일종의 유리 블록
- 지하실 창이나 옥상(지붕)의 채광용(간접 채광)으로 사용

포함시킨 유리이다. 직물 등 염색 제품의 퇴색을 방지할 필요가 있는 상점(의류품)의 진열창, 식품이나 약품의 창고 또는 용접공의 보안경 등에 쓰인다.

⑧ **스테인드글라스** : I형 단면의 납 테로 여러 가지의 모양을 만든 다음 그 사이에 착색유리(유리 성분에 산화 금속류의 착색제를 섞어 넣어 색깔을 띠게 한 유리)를 끼워서 만든 유리 또는 각종 색유리의 작은 조각을 도안에 맞추어 절단해서 조합하여 모양을 낸 것으로 성당의 창, 상업 건축의 장식용으로 사용되는 유리이다.

⑨ **X선 차단 유리** : 유리의 원료에 납을 섞어 유리에 산화납 성분을 포함시키면 X선의 차단성이 커지며, 산화납의 포함한도는 6%이다.

⑩ **반사 유리** : 빛을 받아들이고, 투과시키는 유리의 기능을 효율적으로 보완하여 주위 경관을 건축물에 투영시켜 벽화의 아름다움을 연출하고, 직사광선을 차단하는 글라스 커튼벽으로서 에너지가 절약되며, 안에서는 밖을 볼 수 있고, 밖의 시선은 차단되므로 프라이버시가 보호된다.

⑪ **조광 유리** : 특수 유리 중 바깥의 밝기에 따라 실내에 들어오는 빛을 조절해 주며 커튼이 필요 없는 창문 유리이다.

⑫ **서리유리** : 투명 유리의 한 면을 플루오르화 수소와 플루오르화 암모늄의 혼합액을 칠하여 부식시키거나, 규사, 금강사 등을 압축 공기로 뿜어 만든 유리로서 빛을 확산시키고 투시성이 작으므로 안이 들여다보이는 것을 방지하고, 약간의 채광이 가능한 유리이다.

⑬ **로이 유리** : 발코니 확장을 하는 공동 주택이나 창호 면적이 큰 건물에서 단열을 통한 에너지 절약을 위해 권장되는 유리이다.

⑭ **스팬드럴 유리** : 플로트 판유리의 한쪽 면에 세라믹 도료를 코팅한 후 고온에서 융착하여 반강화시킨 불투명한 색유리이다.

4 유리의 2차 제품

① **유리블록** : 속이 빈 상자 모양의 유리 2개를 맞대어 저압 공기를 넣고 녹여 붙인 것으로 옆면은 모르타르가 잘 부착되도록 합성수지 풀로 돌가루를 붙여 놓았으며, 양쪽 표면의 안쪽에는 오목 볼록한 무늬가 들어 있는 경우가 많다. 주로 칸막이벽을 쌓는 데 이용되는데, 이것으로 쌓은 벽은 투명도가 낮아 실내가 들여다보이지 않게 하면서 채광(부드럽고 균일한 확산광이 가능하며 확산에 의한 채광 효과)을 할 수 있으며, 방음 · 보온 효과가 크고, 장식 효과도 얻을 수 있다.

② **프리즘 타일(유리)** : 입사(투사) 광선의 방향을 바꾸거나, 확산 또는 집중시킬 목적으로 프리즘의 원리를 이용하여 만든 일종의 유리블록으로서 주로 지하실 창이나 옥상(지붕)의 채광용(간접 채광)으로 쓰인다.

③ **폼 글라스(기포 유리)** : 광선의 투과가 안 되고, 경량 재료이며, 압축 강도가 10kg/cm^2 정도밖에 안 된다. 유리 섬유는 환기 장치의 먼지 흡수용이나 화학 공장의

여과용으로 사용된다. 또한, 유리 블록으로 된 칸막이벽은 실내가 들여다 보이지 않게 하면서 채광을 할 수 있으며, 방음·보온 효과도 크고, 장식 효과 및 탄성을 얻을 수 있다.
④ 결정화 유리 : 유리를 재가열하여 미세한 결정들의 집합체로 변화시킨 유리로서, 대리석보다 부드러운 질감과 강도, 경도, 내후성이 우수하여 건축물의 내·외벽, 바닥 등의 마감 재료로 사용된다.

1-2-8. 합성수지 재료

1 합성수지의 특성

(1) 장점

① 가소성·가방성이 크므로 성형품(기구류, 판류, 시트, 파이프 등), 실 또는 판 모양의 제품이 많이 쓰인다.
② 전성·연성이 크고, 피막이 강하며 광택이 있으므로 페인트, 니스 등의 도료에 적합하다.
③ 접착성이 크고(상호간 계면 접착뿐만 아니라 금속, 콘크리트, 목재, 유리 등의 타재료와 접착이 잘 된다), 기밀성, 안정성이 큰 것이 많으므로 접착제, 실링제 등에 적합하다.
④ 마멸이 적고, 탄력성이 크므로 상판 재료 등에 적합하다.
⑤ 성형품은 경량(비중 1.2~1.5 내외)으로 강도가 크므로 장래 구조재로 사용될 전망이 크다.
⑥ 내화학성(내산, 내알칼리 등) 및 전기 절연성이 우수하므로 이 방면의 용도가 증가될 것이다.
⑦ 흡수성이 작고, 투수성이 거의 없으므로 방수 피막제로 적합하다.
⑧ 착색이 자유롭고 가공성이 크므로 장식적 마감재에 적당하다.

(2) 단점

① 내열·내화성이 작고, 비교적 저온에서 연화·연질되며, 연소할 때 연기가 많이 나고, 유독가스가 발생하는 일이 적지 않다.
② 강성이 작고, 탄성 계수가 강재의 1/20~1/30이므로 오늘날 구조 재료로는 아직 적당하지 않다.
③ 내열성·내후성·내마모성과 표면 강도가 약하고, 열에 의한 팽창과 수축이 크다. 즉, 열에 의한 체적 변화가 크고, 열팽창 계수가 온도의 변화에 따라 다르다.
④ 압축 강도에 비해 인장 강도가 매우 작다.

출제 키워드

■ 결정화 유리
- 유리를 재가열하여 미세한 결정들의 집합체로 변화시킨 유리
- 부드러운 질감과 강도, 경도, 내후성이 우수
- 건축물의 내·외벽, 바닥 등의 마감 재료로 사용

■ 합성수지의 장점
- 전성·연성이 큼
- 접착성이 크고, 기밀성, 안정성이 큼
- 탄력성이 크므로 상판 재료 등에 적합
- 흡수성이 작고, 투수성이 거의 없음
- 착색이 자유롭고 가공성이 큼

■ 합성수지의 단점
- 내열·내화성이 작고, 저온에서 연화·연질됨
- 유독가스가 발생하는 일이 많음
- 강성이 작고, 탄성 계수가 강재의 1/20~1/30
- 오늘날 구조 재료로는 아직 적당하지 않음
- 내후성·내마모성과 표면 강도가 약함
- 열에 의한 체적 변화가 큼
- 압축 강도에 비해 인장 강도가 매우 작음

2 합성수지의 분류

(1) 합성수지의 분류

합성수지를 분류하면, 열경화성 수지(고형체로 된 후에 열을 가해도 연화되지 않는 수지)와 열가소성 수지(고형상의 것에 열을 가하면, 연화 또는 용융되어 가소성과 점성이 생기고 이를 냉각하면 다시 고형상으로 되는 수지)이다. 합성수지를 분류하면 다음 표와 같다.

구분	종류
열경화성 수지	페놀(베이클라이트) 수지, 요소 수지, 멜라민 수지, 폴리에스테르 수지(알키드 수지, 불포화 폴리에스테르 수지), 실리콘 수지, 에폭시 수지, 폴리우레탄 수지
열가소성 수지	염화비닐 수지, 폴리에틸렌 수지, 폴리프로필렌 수지, 폴리스티렌 수지, ABS 수지, 아크릴산 수지, 메타 아크릴산 수지, 폴리아미드 수지, 폴리카보네이드 수지, 아세트산비닐 수지, 폴리아미드 수지
섬유소계 수지	셀룰로이드, 아세트산 섬유소 수지

(2) 합성수지의 성형 가공법

① 열경화성 수지의 성형 가공법 : 압축 성형법, 이송 성형법, 주조 성형법, 적층 성형법 등
② 열가소성 수지의 성형 가공법 : 사출 성형법, 압출 성형법, 취입 성형법, 진공 성형법, 인플레이션 성형법 등이 있다.

3 합성수지의 종류 및 특성

① 페놀 수지 : 원료의 배합비, 촉매의 종류 및 제조 조건에 따라 다르고, 성형 재료, 도료, 접착제 등과 같은 제품의 종류에 따라 다르나, 일반적으로 경화된 수지는 매우 굳고, 전기 절연성이 뛰어나며, 내후성도 양호하다. 또한, 수지 자체는 취약하므로 성형품, 적층품의 경우에는 충전제를 첨가하고, 내열성이 양호한 편이나 200℃ 이상에서 그대로 두면 탄화, 분해되어 사용할 수 없게 된다.
② 멜라민 수지 : 요소 수지와 유사한 성질을 가지며, 그 성능이 보다 향상된 것으로 무색 투명하고 착색이 자유로우며, 빨리 굳고, 내수성·내약품성·내용제성이 뛰어난 것 외에 내열성도 우수하며, 기계적 강도, 전기적 성질 및 내노화성도 우수하다. 또한, 멜라민 화장 합판은 6mm 합판의 표면에 멜라민 수지를 먹인 착색 모양지, 뒷면에는 페놀 수지를 먹인 크라프트지를 붙여서 열압한 것으로 고급품이며 카운터, 조리대, 천장 재료, 마감재, 가구재로 사용하나, 지붕재로는 부적합하다. 특히, 지붕재로는 메타크릴 수지, FRP를 사용한다.
③ 실리콘 수지 : 금속 규소와 염소에서 염화 규소를 만들고, 여기에 그리냐르 시약을 가하여 단량체에 해당하는 클로로실란을 만들어 액체, 고무, 수지를 얻을 수 있다. 특성은 내후성, 내화학성, 내열성과 내한성이 우수하고, 온도에 안정(-80~250℃)되

며, 전기 절연성와 내수성이 좋다. 용도로는 기름, 고무 및 수지로 사용하고, 접착제와 도료, 발수성 방수 도료로 사용한다.

④ **염화비닐 수지** : 비중 1.4, 휨강도 1,000kg/cm^2, 인장 강도 600kg/cm^2, 사용 온도 -10~60℃로서 전기 절연성, 내약품성이 양호하다. 경질성이지만, 가소제의 혼합에 따라 유연한 고무 형태의 제품을 만들 수 있다.

⑤ **폴리에스테르 수지** : 건축용으로 글래스 섬유로 강화된 평판 또는 판상 제품으로 주로 사용되는 열경화성 수지로서, 포화 폴리에스테르(알키드) 수지는 내후성, 밀착성, 가요성이 우수하고, 내수·내알칼리성이 약하며, 주로 도료로 사용된다. 불포화 폴리에스테르 수지는 유리 섬유를 보강한 섬유강화 플라스틱으로 비항장력이 강과 비슷하고, 산류와 탄화수소계의 용제에는 강하나, 산과 알칼리에는 침해를 받는다. 용도로는 아케이드 천장, 루버, 칸막이 등에 이용된다.

⑥ **에폭시 수지** : 접착성이 매우 우수(희석제, 용제를 사용)하고, 경화할 때 휘발물의 발생이 없으므로 용적의 감소가 극히 적으며, 금속, 유리, 플라스틱, 도자기, 목재, 고무 등에 우수한 접착성을 나타낸다. 특히, 알루미늄과 같은 경금속의 접착에 가장 좋다. 내약품성, 내화학성, 내용제성이 뛰어나고, 산·알칼리에 강하다. 자연 경화 또는 저온 소부시에는 경화 시간이 길어서 최고 강도를 나타내기에는 1주일 이상이 필요하다.

⑦ **폴리스티렌(스티롤) 수지** : 무색 투명하고 착색이 자유로우며 내화학성, 전기절연성, 가공성이 우수하여 벽타일, 천장재, 블라인드, 도료 및 전기 용품과 발포제로서 보드상으로 성형하여 단열재로 많이 사용하고, TV, 냉장고 등의 보호를 위한 내부 상자용으로 사용한다.

⑧ **메타크릴(아크릴) 수지(유기 유리)** : 투명도가 매우 높은 것으로 항공기의 방풍 유리에 사용되며, 평판 성형되어 글라스와 같이 이용되는 경우가 많다.

⑨ **폴리우레탄 수지** : 도막 방수제, 실링재로 사용되는 열경화성 수지이다.

⑩ **폴리카보네이트** : 상품명은 렉산으로 잘 깨지고 변형되기 쉬운 아크릴의 대용재이자 우수한 투명성, 내후성을 활용하여 일반 판유리의 보완재(풀장의 옥상, 아케이드, 톱 라이트 등)이며, 시원한 평면 연출, 자연스러운 곡면 시공, 다양한 열가공의 제품이다.

4 합성수지 제품 등

① **염화비닐 폼** : 경질 폼과 연질 폼이 있다. 경질 폼은 단열재, 패널 심재로 사용하고 해변에서 부력재로 어업에 많이 쓰일 정도로 독립 기포가 있으며, 흡수성이 극히 작다.

② **폴리에틸렌 폼** : 주로 쿠션재로 사용한다.

③ **페놀 폼** : 입상의 페놀 수지를 금형에서 가열·발포하여 성형, 제조한 것이다. 황갈색으로 딱딱한 표피를 가지며, 속에는 연속·불연속의 기포가 섞여 있고 약간 부서지기 쉬운 결점이 있다. 그러나 다른 플라스틱 폼에 비하여 내열성(80℃까지)이 크다.

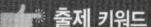

■ **폴리에스테르 수지**
· 건축용으로 글래스 섬유로 강화된 평판
· 판상 제품으로 주로 사용되는 열경화성 수지

■ **에폭시 수지**
· 접착성이 매우 우수
· 내약품성, 내화학성, 내용제성이 우수

■ **폴리스티렌(스티롤) 수지**
· 벽타일, 천장재, 블라인드, 도료 및 전기 용품과 발포제로서 보드상으로 성형
· 단열재로 많이 사용

■ **메타크릴(아크릴) 수지(유기 유리)**
· 투명도가 매우 높은 것으로 항공기의 방풍 유리에 사용
· 평판 성형되어 글라스와 같이 이용되는 경우가 많음

■ **폴리우레탄 수지**
도막 방수제, 실링재로 사용되는 열경화성 수지

■ **폴리카보네이트**
우수한 투명성, 내후성을 활용하여 일반 판유리의 보완재

④ 폴리우레탄 폼 : 다가 알코올과 폴리이소시아네트 및 그 밖의 부재료를 섞어서 제조한 것이다. 기포의 가스는 이산화탄소 및 할로겐화탄화수소이며, 폼의 단열성은 기포 중에 포함되어 있는 가스체의 열전도율에 좌우된다. 발포제, 안정제와 원료를 혼합하여 일정한 장소로 흘려보내면 보통 1~5분 발포가 완료되므로 현장 발포도 가능하며, 스티로폼을 끼워가며 벽돌을 쌓는 공법에 비하여 시공 속도가 빠르고 단열 효과도 높다. 또 공장 제품도 가능한 것으로 경질 폼과 연질 폼이 있다.

⑤ 비닐 시트 : 시판되고 있는 모노륨, 골드륨 등이 있으며, 표층은 수지량이 많고 내마멸성이 좋은 비닐 시트층으로서, 강도와 바닥판의 접착성이 좋은 면포, 마포 등으로 되어 있고, 중간층은 석면과 같은 충전제를 많이 섞은 비닐판으로 되어 있다.

⑥ 레자(인조 가죽, 합성 피혁) : PVC 필름에 면포 또는 섬유상의 재료를 덧대어 보강한 시트를 말하며, 천연 가죽과 같이 나타내게 하기 위하여 필름을 주름과 같은 모양으로 무늬를 넣은 것도 있고, 가구에 많이 사용된다.

1-2-9. 미장 재료

1 미장 재료의 정의와 분류

(1) 미장 재료의 개요

미장 재료란 건축물의 바닥, 내·외벽, 천장 등에 보호, 보온, 방습, 방음, 내화 등의 목적으로 적당한 두께로 발라 마무리하는 재료로서 회반죽, 회사벽 반죽, 석고 플라스터, 시멘트 모르타르, 인조석 바름 등이 있다. 미장 재료는 넓은 면적을 이음매 없이 마무리할 수 있는 장점이 있으나, 물을 사용하여야 하므로 공사 기간의 단축이 어렵다. 미장 바름재란 미장 재료(원료)를 현장에서 배합하여 만든 것을 말한다.

(2) 미장 재료의 분류

① 고결재 : 그 자신이 물리적 또는 화학적으로 경화하여 미장 바름의 주체가 되는 재료이다.

② 결합재 : 고결재의 결점(수축 균열, 점성, 보수성의 부족 등)을 보완하고, 응결과 경화 시간을 조절하기 위하여 사용하는 재료로서 시멘트, 플라스틱, 소석회, 벽토, 합성수지 등이 있으며, 잔골재, 흙, 섬유 등 다른 미장 재료를 결합하여 경화시키는 재료이다.

③ 골재 : 양을 늘리거나 치장을 하기 위하여 혼합하는 것으로 그 자체는 직접 경화에 관여하지 않는 재료이나, 균열의 감소를 위하여 결합재와 같은 역할을 한다.

④ 혼합 재료 : 미장용 혼합 재료 중 해초풀과 수염은 결합재이고, 응결 시간을 단축시키기 위해서 사용하는 급결제는 염화칼슘, 규산소다 등이 있다.

2 미장 재료의 구분

① 수경성 : 수화 작용에 충분한 물만 있으면 공기 중에서나 수중에서 굳어지는 성질의 재료로 시멘트계와 석고계 플라스터 등이 있다.
② 기경성 : 충분한 물이 있더라도 공기 중에서만 경화하고, 수중에서는 굳어지지 않는 성질의 재료로 석회계 플라스터와 흙반죽, 섬유벽 등이 있다.

구분	분류		고결재
수경성	시멘트계	시멘트 모르타르, 인조석, 테라초 현장바름	포틀랜드 시멘트
	석고계 플라스터	혼합 석고, 보드용, 크림용 석고 플라스터, 킨즈 시멘트	$CaSO_4 \cdot \frac{1}{2}H_2O$, $CaSO_4$
기경성	석회계 플라스터	회반죽, 돌로마이트 플라스터, 회사벽	돌로마이트, 소석회
	흙반죽, 섬유벽		점토, 합성수지 풀
특수 재료	합성수지 플라스터, 마그네시아 시멘트		합성수지, 마그네시아

3 미장 바름의 종류

(1) 회반죽

회반죽은 기경성의 재료로 소석회, 풀, 여물(균열 및 박리 방지), 모래(초벌, 재벌 바름에만 섞고, 정벌 바름에는 사용하지 않는다) 등을 혼합하여 바르는 미장 재료로서 건조, 경화할 때의 수축률이 크기 때문에 삼여물로 균열을 분산, 미세화하는 것이다. 풀은 내수성이 없기 때문에 주로 실내에 사용하고, 바름 두께는 벽면에서는 15mm, 천장면에서는 12mm가 표준이다. 주로 목조 바탕, 콘크리트 블록 및 벽돌 바탕에 사용한다.

■ 회반죽
• 기경성의 미장 재료
• 소석회, 풀, 여물, 모래 등을 혼합하여 바르는 미장 재료
• 삼여물로 균열을 분산, 미세화하는 것
• 풀은 내수성이 없기 때문에 주로 실내에 사용
• 목조 바탕, 콘크리트 블록 및 벽돌 바탕에 사용

(2) 석고 플라스터

석고 플라스터는 수경성의 재료로서 점성이 큰 재료이므로 여물이나 풀을 사용하지 않고, 응결이 빠르며(너무 빠른 응결과 체적 팽창으로 인하여 그대로는 미장 재료로서 사용하기가 부적당하므로, 이 결함을 조절하기 위한 혼합재로서 석회, 돌로마이트 석회, 점토 등을 섞어 넣는다), 화학적으로 경화하므로 내부까지 단단하고, 경화와 건조시 치수 안전성이 우수(회반죽보다 건조 수축이 적다)하며, 결합수로 인하여 방화성도 크다. 약한 산성으로 목재의 부식을 방지하고, 유성 페인트를 즉시 칠할 수 있다. 소석고 플라스터에는 크림용 석고, 혼합 석고 및 보드용 석고 플라스터 등이 있고, 킨즈 시멘트는 경석고 플라스터이다.

① 크림용 석고 플라스터 : 소석고와 석회죽을 혼합한 플라스터로서 석회죽은 응결 지연제, 작업성의 증진, 응결 시간 40~80분으로 작업상 불편한 점이 없으나, 현장에서 석회죽을 만들어야 하는 단점이 있다.

■ 석고 플라스터
• 수경성의 재료로서 응결이 빠름
• 화학적으로 경화하므로 내부까지 단단하고, 경화와 건조시 치수 안전성이 우수
• 킨즈 시멘트는 경석고 플라스터

② 혼합 석고 플라스터 : 석고 플라스터 중 가장 많이 사용하는 것으로, 소석고에 적절한 작업성을 주기 위하여 소석회, 돌로마이트 플라스터, 응결 지연제로 아교를 공장에서 미리 섞은 것이다. 현장에서는 물, 필요한 경우에는 모래, 여물을 섞어 즉시 사용할 수 있다.

③ 보드용 석고 플라스터 : 혼합 석고 플라스터보다 소석고의 함유량을 많게 하여 접착성 강도를 높인 제품으로서 석고 보드 바탕의 초벌 바름용 재료이다.

④ 킨즈 시멘트(경석고 플라스터) : 고온 소성의 무수 석고를 특별한 화학 처리를 한 것으로 응결과 경화가 소석고에 비하여 극히 느리기 때문에 경화 촉진제(명반, 붕사 등)를 섞어서 만든 것으로 경화한 것은 강도가 극히 크고, 표면 경도도 커서 광택이 있으며, 촉진제가 사용되므로 보통 산성을 나타내어 금속 재료를 부식시킨다.

(3) 돌로마이트 플라스터

돌로마이트 플라스터는 소석회보다 점성이 커서 풀이 필요 없고, 변색, 냄새, 곰팡이가 없으며, 돌로마이트, 석회, 모래, 여물, 때로는 시멘트를 혼합하여 만든 바름 재료로서 마감 표면의 경도가 회반죽보다 크다. 그러나 건조, 경화시의 수축률이 가장 커서 균열이 집중적으로 크게 생기므로 여물을 사용하는데, 석고 플라스터에 비해 응결 시간이 길다. 요즘에는 무수축성의 석고 플라스터를 혼입하여 사용한다.

(4) 석고 보드

석고 보드는 소석고를 주원료로 하고, 이에 경량, 탄성을 주기 위해 톱밥, 펄라이트 및 섬유 등을 혼합하여 이 혼합물을 물로 이겨 양면에 두꺼운 종이를 밀착, 판상으로 성형한 것으로 특성으로는 방부성, 방충성 및 방화성이 있고, 팽창 및 수축의 변형이 작으며, 흡수로 인해 강도가 현저하게 저하되고, 단열성이 높다. 특히, 가공이 쉽고, 열전도율이 작으며, 난연성이 있고, 유성 페인트로 마감할 수 있다.

(5) 용어 정리

① 초벌 : 첫 번째로 칠이나 흙을 바르는 것 또는 그 층이다.
② 재벌 : 두 번째로 칠이나 흙을 바르는 것 또는 그 층이다.
③ 물비빔 : 모르타르나 콘크리트 등에 물을 넣어 비비는 것이다.
④ 건비빔 : 혼합한 미장 재료에 아직 반죽용 물을 섞지 않은 상태를 의미한다.
⑤ 미장 벽돌 : 점토 등을 주원료로 하여 소성한 벽돌로서 유공형 벽돌은 하중 지지면의 유효 단면적이 전체 단면적의 50% 이상이 되도록 제작한 벽돌이다.

1-2-10. 도장 재료

1 도료의 원료

① 전색제 : 도막을 형성시켜 주는 유지, 수지 및 섬유소 등으로 도료가 액체 상태로 있을 때 안료를 분산, 현탁시키고 있는 매질의 부분이다.
② 안료 : 착색과 도막의 두께 또는 도막을 강인하게 하는 것 또는 물·기름·기타 용제(알코올, 테레빈유 등)에 녹지 않는 착색 분말로서 도료를 착색하고 유색의 불투명한 도막을 만듦과 동시에 도막의 기계적 성질을 보강하는 도료의 구성 요소로서, 도막에 두께를 더해 주나, 안료 자체로써는 도막을 만들 수 있는 성질은 없으며, 철재의 방청용이나 발광용으로 쓰이고 있다.
　㉮ 착색 안료에는 백색 안료(아연화, 티탄백 등), 흑색 안료(카본 블랙 등) 및 적색 안료[산화철, 연단(광명단)] 등이 있다.
　㉯ 방청 안료에는 철재의 표면에 쓰이는 안료로서 연단, 산화철, 크롬산아연, 이산화납 등이 있다.
　㉰ 체질 안료에는 착색 안료의 체질 증량용으로 쓰이는 것으로서 황산바륨, 탄산칼슘 등이 있다.
③ 용제 : 도료의 구성 요소 중 도막 주요소를 용해시키고 적당한 점도로 조절 또는 도장하기 쉽게 하기 위하여 사용되는 것, 유동성과 전성을 주어 작업성을 편리하게 하는 것 또는 수지, 유지 및 도료를 용해하여 적당한 도료 상태로 조정하는 것
　㉮ 유성 페인트, 유성 바니시, 에나멜 등의 용제로는 미네랄 스피릿(mineral spirit)을 사용
　㉯ 래커의 용제로는 벤졸, 알코올, 질산 에스테르(ester) 등의 혼합물을 사용
　㉰ 도료에 사용되는 시너는 일반적으로 단독 용제로 사용되는 경우는 극히 적으나, 증발 속도, 용해력, 경제성을 고려하여 여러 성분의 혼합 용제로 사용
④ 보조제
　㉮ 가소제 : 도막에 유연성을 주기 위한 것이다.
　㉯ 건조제 : 건성유의 건조를 촉진시키기 위하여 사용하는 것으로 코발트, 납, 마그네시아 등의 금속 산화물과 붕산염, 아세트산염 등이 있다.
　㉰ 희석제 : 페인트, 바니시 등의 점도를 작게 하여 솔질이 잘 되게 하는 것으로, 칠바탕에 침투하여 교착이 잘 되게 하며, 빨리 휘발하고 용해물의 피막을 남긴다.
　㉱ 흐름 방지제 : 칠이 흐르는 것을 방지하는 것이다.
⑤ 각종 페인트의 구성
　㉮ 유성 페인트는 안료, 보일드유(건조성 지방유(건성유)+건조제), 희석제 등으로 구성된다.
　㉯ 수성 페인트는 소석고, 안료, 아교 또는 카세인 및 물 등으로 구성된다.

출제 키워드

■ 전색제
도료가 액체 상태로 있을 때 안료를 분산, 현탁시키고 있는 매질의 부분

■ 안료
• 물·기름·기타 용제(알코올, 테레빈유 등)에 녹지 않는 착색 분말
• 도료를 착색하고 유색의 불투명한 도막을 만듦
• 도막의 기계적 성질을 보강하는 도료의 구성 요소

■ 용제
• 도막 주요소를 용해시키고 적당한 점도로 조절
• 도장하기 쉽게 하기 위하여 사용되는 것

■ 유성 페인트의 구성
안료, 보일드유(건조성 지방유(건성유)+건조제), 희석제 등

■ 수성 페인트의 구성
소석고, 안료, 아교 또는 카세인 및 물 등

㉰ 합성수지+용제+안료는 합성수지 도료 중 용제형, 수지+건성유+희석제는 유성 바니시의 구성이다.

2 수성 페인트 등

(1) 수성 페인트

소석고, 안료, 접착제를 혼합한 것으로 사용할 때 물에 녹여 이용하며, 광택이 없고 마감면의 마멸이 크므로 내장 마감용으로 사용한다. 또한, 속건성이어서 작업의 단축을 가져다 주고, 내수, 내후성이 좋아서 햇빛과 빗물에 강하다. 특히, 내알칼리성이어서 콘크리트면에 밀착이 우수하고, 유성 페인트와의 차이점은 다음과 같다.
① 공해 대책용, 자원 절약형의 도료이다.
② 용제형 도료에 비해 냄새가 없어 안전하고 위생적이다.
③ 화재 폭발의 염려가 있다.

(2) 수지성 페인트

수지성 페인트는 안료와 인공 수지류 및 휘발성 용제를 주원료로 한 것으로, 즉, 안료와 수지성 니스를 연화시킨 것으로 볼 수 있는 일종의 에나멜 페인트로 용제가 발산하여 광택이 있는 수지성 피막을 만든 것이다. 특성은 다음과 같다.
① 건조 시간이 빠르고, 도막이 단단하며, 투명한 합성수지를 사용하면 극히 선명한 색을 낼 수 있다.
② 내산성, 내알칼리성이 있어 모르타르, 콘크리트나 플라스터면에 바를 수 있다.
③ 도막은 인화할 염려가 없어서 페인트와 바니시보다는 더욱 방화성이 있다.

(3) 에멀션(Emulsion) 도료

① 물에 용해되지 않는 건성유, 수지, 니스, 래커 등을 에멀션화제의 작용에 의하여 물속에 분산시켜서 에멀션을 만들고, 여기에 안료를 혼합한 도료 또는 물에 유성 페인트, 수지성 페인트 등을 현탁시킨 유화 액상 페인트로서 바른 후 물은 발산되어 고화되고, 표면은 거의 광택이 없는 도막을 만드는 도료를 에멀션 도료라 한다.
② 에멀션 도료의 주목적은 용제를 절약하기 위하여 값이 비싼 용제 대신 물을 사용하여 도료를 희석하려고 하는 것이다. 목재나 종이와 같이 흡수성의 바탕에 도장할 경우, 에멀션 도료는 바탕에 잘 흡수되어 부착을 좋게 한다.
③ 에멀션 도료를 철제 등에 도장할 경우에는 물과의 접촉에 의하여 철제가 녹슬지 않도록 해야 된다. 이것을 방지하기 위하여 물의 알칼리도를 적당히 조절하거나 또는 녹막이성의 물질을 첨가하는 경우가 있다.

■ 수성 페인트
• 소석고, 안료, 접착제를 혼합한 것
• 내알칼리성이어서 콘크리트면에 밀착이 우수

3 유성 페인트 등

안료와 건조성 지방유(보일드유, 아마인유 등의 건조성 지방유를 가열 연화시켜 건조제를 첨가한 것으로 단독으로 도료에 이용되는 경우는 거의 없으나, 유성 페인트의 비히클(vehicle)로서는 중요하다.)를 주원료로 한 것으로 용제, 보조제(가소제, 건조제, 희석제, 흐름 방지제 등) 등을 혼합하여 만든 도료로 지방유가 건조하여 피막을 형성한다. 수지류는 수지 페인트의 원료이다. 페인트의 배합은 초벌, 정벌, 재벌 및 도포시의 계절, 피도물의 성질, 광택의 유무 등에 따라 적당히 변경하여야 한다. 목재와 석고판류의 도장에는 무난하여 널리 사용하나, 알칼리에는 약하므로 콘크리트, 모르타르, 플라스터 면에는 별도의 처리가 필요하다.

① 건조성 지방유를 늘리면 광택과 내구력은 증대되나, 건조가 늦어진다(건조 시간이 길다).
② 용제를 늘리면, 건조가 빠르고 귀얄질이 잘 되나, 옥외 도장시 내구력이 떨어진다.
③ 비교적 두꺼운 도막을 만드는 반면, 건조가 늦고, 일반적인 도막의 성질(내후성, 내약품성, 변색성 등)은 나쁘다.
④ 밀착성과 내후성이 좋고, 건조 속도가 느리며, 광택, 내화학성이 좋지 않다.

4 바니시, 방청 도료 등

수지류 또는 섬유소를 건성유 또는 휘발성 용제로 용해한 것을 총칭하여 바니시라고 하며, 바니시는 유성 바니시(유용성 수지를 건조성 기름에 가열, 용해한 다음 이것을 휘발성 용제로써 희석한 바니시)와 휘발성 바니시(수지류를 휘발성 용제에 녹인 것으로 에틸 알코올을 사용하기 때문에 주정 도료 또는 주정 바니시)로 구분하고, 휘발성 바니시는 랙과 래커로 나눈다.

(1) 유성 바니시

유용성 수지를 건조성 기름에 가열, 용해한 다음 휘발성 용제로 희석한 것으로 무색 또는 담갈색의 투명 도료로서 광택이 있고, 강인하며 내구·내수성이 커서 주로 목재부 도장에 사용한다. 착색을 하려면 미리 목재를 스테인(염료를 넣은 바니시)으로 착색하거나, 염료를 넣은 바니시로 마감한다. 일반적으로 유성 페인트에 비하여 내후성이 작아 옥외에서는 별로 사용하지 않는다.

(2) 휘발성 바니시

① 랙 : 휘발성 용제에 천연 수지를 녹인 것으로 건조가 빠르고, 피막은 오일 바니시보다 약하며, 내장재나 가구 등에 사용한다.

출제 키워드

■ 유성 페인트
- 안료와 건조성 지방유를 주원료로 한 것
- 용제, 보조제(가소제, 건조제, 희석제, 흐름 방지제 등)을 혼합
- 알칼리에는 약하므로 콘크리트, 모르타르, 플라스터 면에는 별도의 처리가 필요
- 건조가 늦어짐(건조 시간이 길어짐)
- 내후성이 좋고, 건조 속도가 느리며, 광택, 내화학성이 좋지 않음

■ 바니시
수지류 또는 섬유소를 건성유 또는 휘발성 용제로 용해한 것을 총칭

출제 키워드

■ 래커
도막이 얇고 부착력이 약함

■ 클리어 래커
• 목재면의 투명 도장에 사용
• 내수성·내후성이 약간 떨어져서 외부용으로 사용하기에 적합하지 않음
• 일반적으로 내부용으로 사용

② 래커 : 오일 바니시의 지건성과 랙 도막의 취약성을 제거한 것으로 목재면, 금속면 등의 외부면에 사용하고, 건조가 빠르며(10~20분), 내수성·내후성·내유성이 우수하나, 도막이 얇고 부착력이 약하다. 심한 속건성이므로 뿜칠을 하여야 하고, 우천시나 고온시에 도막이 때때로 흐려지거나 백화 현상이 일어나는 이유는 용제가 증발할 때 열을 도막에서 흡수하기 때문이며, 시너 대신 지연제를 사용하면 방지할 수 있다. 특히, 심한 속건성이어서 바르기가 어려우므로 스프레이어를 사용하는데, 바를 때에는 래커 : 시너=1 : 1로 섞어서 쓴다.

㉮ 클리어 래커(clear lacquer) : 주로 목재면의 투명 도장에 쓰이고, 오일 바니시에 비하여 도막은 얇으나 견고하고, 담색으로서 우아한 광택이 있다. 내수성·내후성이 약간 떨어져서 외부용으로 사용하기에 적합하지 않고, 일반적으로 내부용으로 쓰인다.

㉯ 에나멜 래커(enamel lacquer) : 유성 에나멜페인트에 비하여 도막이 얇으나 견고하고, 기계적 성질도 우수하며, 닦으면 광택이 난다. 에나멜 래커는 불투명 도료이다.

㉰ 하이 솔리드 래커(high solid lacquer) : 이것은 니트로셀룰로오스 수지와 가소제의 함유량 등을 보통 래커보다 많게 한 것이다. 도막이 두꺼워서 도장에 능률을 높일 수 있고, 경제적이며, 탄력이 있는 도막을 만들어 내후성도 좋으나, 경화 건조는 약간 늦다. 건조에는 상온 건조품과 고온 소부 건조품이 있다.

㉱ 핫 래커(hot lacquer) : 하이 솔리드 래커보다도 더욱 니트로셀룰로오스(nitrocellulose), 기타 도막 형성 물질이 많이 함유된 하이 솔리드 래커의 일종으로서, 70~80℃로 가열하여 유동성을 증대시켜서 스프레이를 한다. 도포된 면은 온도를 내리면 경화한다. 따라서, 끓는점이 낮은 용제는 섞지 않는다. 시너도 거의 섞을 필요가 없다. 스프레이를 하려면 가열 장치나 핫 스프레이(hot spray)를 사용한다. 도포시의 조건이 비교적 일정하여서 흐려지거나 백화 현상이 일어나지 않고 평활한 도막을 만든다.

(3) 방호 도료

① **방화 도료** : 화재시 불길에서 탈 수 있는 재료의 연소를 방지하기 위해 사용하는 도료로서 발포형 방화 도료와 비발포형 방화 도료 등이 있다.

② **방청 도료** : 철강 표면 또는 금속 소지의 녹 방지를 목적으로 사용하는 도료 또는 철재의 표면에 녹이 스는 것을 막고, 철재와의 부착성을 높이기 위해 사용하는 도료로서 연단 도료(광명단), 함연 방청 도료, 방청 산화철 도료(아연 분말 프라이머), 규산염 도료, 크롬산 아연, 에칭 프라이머, 워시 프라이머 등이 있다.

③ **형광 도료** : 형광 도료를 포함한 도료로서 빛이 비칠 동안만 발광하고, 빛을 제거하는 즉시 발광하지 않으며, 보통 도료보다 선명하나, 내구성이 약하다. 주로 도로 표지판에 사용한다.

④ 알칼리성에 강한(우수한) 도료에는 에폭시수지 도료, 염화비닐수지 도료, 염화고무 도료 등이 있고, 약한(열악한) 도료에는 유성 바니시, 유성 페인트 등이 있다.

■ 방청 도료
• 철강 표면 또는 금속 소지의 녹 방지를 목적으로 사용하는 도료
• 철재의 표면에 녹이 스는 것을 막고, 철재와의 부착성을 높이기 위해 사용하는 도료
• 연단 도료(광명단), 방청 산화철 도료(아연 분말 프라이머), 규산염 도료, 에칭 프라이머 등

■ 알칼리성에 강한(우수한) 도료
에폭시수지 도료, 염화비닐수지 도료, 염화고무 도료 등

■ 알칼리성에 약한(열악한) 도료
유성 바니시, 유성 페인트 등

(4) 에나멜페인트

이것은 보통 에나멜이라고도 하는데, 안료에 오일 바니시를 반죽한 액상으로서, 유성 페인트와 오일 바니시의 중간 제품이다.

① **에나멜페인트** : 사용하는 오일 바니시의 종류에 따라 성능이 다르다. 일반 유성 페인트보다는 건조 시간이 늦고(경화 건조 12시간), 도막은 탄성 광택이 있으며, 평활하고 경도가 크다. 광택의 증가를 위하여 보일드유보다는 스탠드유를 사용한다. 스파 바니시를 사용한 에나멜페인트는 내수성, 내후성이 특히 우수하여 외장용으로 쓰인다.

② **은색 에나멜** : 알루미늄 분말과 골드 사이즈를 혼합한 액상품으로서, 온수관, 라디에이터 등에 사용된다. 내후성은 좋지 않은 편이고, 내장용이다.

③ **알루미늄 페인트** : 알루미늄 분말과 스파 바니시를 따로 용기에 넣어 1조로 한 제품으로서, 은색 에나멜과 색상이 거의 같다. 이것은 외부 은색 페인트의 대표적인 제품이다.

④ **목재면 초벌용 에나멜** : 안료를 비교적 많이 쓴다. 아연화 또는 연백에 단성유 바니시를 소량을 가하고, 휘발성 용제를 많이 혼합한 제품이다. 건조가 빠르고 귀얄질이 고르다.

⑤ **무광택 에나멜** : 안료 및 휘발성 용제를 많이 섞은 것으로, 내후성은 작다.

> ■ 에나멜페인트
> 도막은 탄성 광택이 있으며, 평활하고 경도가 큼

(5) 옻칠

옻은 옻나무 껍질에 상처를 내거나 가지를 잘라서 흘러나오는 분비액을 받아 모은 것이 생옻이며, 이 생옻을 삼베와 같은 것으로 걸러 나무껍질, 기타 불순물을 제거하고 상온에서 잘 저어서 균질로 만든 다음, 낮은 온도에서 수분을 증발시킨 것을 정제옻이라 하며, 특성은 다음과 같다.

① 온도와 습도가 있는 상태에서 잘 굳고, 내열성은 보통 페인트나 바니시에 비해서 우수하다.

② 경화된 옻은 화학적으로 안정하므로 내산, 내구, 기밀, 수밀성이 크나, 공정이 매우 복잡하다.

(6) 감즙

감즙은 익지 않은 감에서 채취한 액체로서, 주성분으로 타닌이 5% 정도 포함되어 있고, 이것이 방부·내수에 도움을 준다. 도면에는 광택이 없고, 악취가 나며, 건조의 피막은 물, 알코올에 녹지 않는다. 목재, 실, 종이 등에 바르면 방수·내수성을 높일 수 있다.

(7) 도장 시공의 결함

수직면으로 도장을 한 경우 도장 직후에 도막이 흘러내리는 현상은 두껍게 도장을 한 경우, 지나친 희석으로 점도가 낮아진 경우 및 저온으로 건조 시간이 긴 경우에 발생하나, 피도면이 다공질이면 도료가 잘 흡수되어 흘러내리는 현상이 발생하지 않는다.

> ■ 도장 직후에 도막이 흘러 내리는 원인
> • 두껍게 도장을 한 경우
> • 지나친 희석으로 점도가 낮아진 경우
> • 저온으로 건조 시간이 긴 경우에 발생
>
> ■ 다공질 피도면
> 도료가 잘 흡수되어 흘러내리는 현상 발생 방지

1-2-11. 역청 재료

1 아스팔트의 특성과 종류

(1) 아스팔트의 특성

아스팔트의 성질은 산지, 함유 성분, 처리법, 정제법 등에 따라서 다르다. 아스팔트는 내산성, 내알칼리성, 내구성이 있으며, 방수성, 접착성, 전기 절연성이 크다. 또한, 이황화탄소, 사염화탄소, 벤졸과 석유계 탄화수소의 용제에 잘 녹고, 변질이 되지 않으나, 열을 가하면 유동성이 많은 액체가 된다.

(2) 아스팔트의 종류

① **천연 아스팔트** : 레이크 아스팔트, 록 아스팔트 및 아스팔타이트 등이다.
　㉮ 레이크 아스팔트 : 지구 표면의 낮은 곳에 괴어 반액체 또는 고체로 된 아스팔트
　㉯ 록 아스팔트 : 사암이나 석회암 또는 모래 등의 틈에 침투되어 있는 아스팔트로 역청분의 함유율이 5~40% 정도이다.
　㉰ 아스팔타이트 : 많은 역청분을 포함한 검고 견고한 아스팔트

② **석유계 아스팔트** : 스트레이트 아스팔트, 블론 아스팔트 및 아스팔트 컴파운드(용제 추출 아스팔트) 등으로 종류와 사용처는 다음과 같다.
　㉮ 스트레이트 아스팔트 : 아스팔트의 성분을 될 수 있는 대로 분해, 변하지 않도록 만든 것으로, 점성·신성·침투성 등이 크나, 증발 성분이 많으며, 온도에 의한 강도·신성·유연성의 변화가 크다. 용도로는 아스팔트 펠트, 아스팔트 루핑의 바탕재에 침투시키기도 하고, 지하실의 방수에 사용한다.
　㉯ 블론 아스팔트 : 증류탑에 뜨거운 공기를 불어넣어 만든 것으로 점성이나 침투성이 작지만, 온도에 의한 변화가 작아서 열에 대한 안정성이 크며, 내후성도 크다. 아스팔트 루핑의 표층, 지붕 방수, 아스팔트 콘크리트의 재료로 사용된다.
　㉰ 아스팔트 컴파운드 : 블론 아스팔트의 성능(내열성, 점성, 내구성 등)을 개량하기 위해 동·식물성 유지와 광물질 미분 등을 혼입하여 만든 것으로 일반 지붕 방수 재료, 아스팔트 방수 공사에 사용된다.

구분	사용처
스트레이트 아스팔트	아스팔트 펠트 및 루핑의 바탕재의 침투제, 지하실 방수
블론 아스팔트	아스팔트 루핑의 표층, 지붕 방수(옥상 방수), 아스팔트 콘크리트의 재료
아스팔트 컴파운드	방수 재료, 아스팔트 방수 공사

③ **기타 아스팔트**
　㉮ 컷백 아스팔트 : 고체 상태의 스트레이트 아스팔트에 열을 가하지 않고, 석유계 휘발성 용제(연화제)를 사용하여 상온에서 아스팔트를 묽게 하여 시공하는 아스팔트이다.

■ 천연 아스팔트의 종류
레이크 아스팔트, 록 아스팔트 및 아스팔타이트 등

■ 석유계 아스팔트의 종류
스트레이트 아스팔트, 블론 아스팔트 및 아스팔트 컴파운드 등

■ 스트레이트 아스팔트
• 아스팔트의 성분을 될 수 있는 대로 분해, 변하지 않도록 만든 것
• 아스팔트 펠트, 아스팔트 루핑의 바탕재에 침투시키기도 하고, 지하실의 방수에 사용

■ 아스팔트 컴파운드
• 블론 아스팔트의 성능(내열성, 점성, 내구성 등)을 개량하기 위해 동·식물성 유지와 광물질 미분 등을 혼입하여 만든 것
• 일반 지붕 방수 재료, 아스팔트 방수 공사에 사용

2 아스팔트 제품 등

(1) 아스팔트 제품 등

① **아스팔트 프라이머** : 아스팔트 프라이머(asphalt primer)는 블론 아스팔트를 휘발성 용제로 희석한 흑갈색의 액으로서 아스팔트 방수층에 아스팔트의 부착이 잘 되도록 사용하며, 콘크리트, 모르타르 바탕에 아스팔트 방수층 1층 또는 아스팔트 타일 붙이기 시공을 할 때의 초벌용 도료이다. 용제가 증발하면 아스팔트가 바탕에 침투하여 밀착된 아스팔트 도막을 형성하고, 그 위에 타일용 아스팔트 접착제나 방수층용 가열 아스팔트를 칠하면 바탕과의 밀착성을 좋게 한다.

② **아스팔트 싱글** : 아스팔트 루핑을 절단하여 만든 것으로 지붕 재료로 주로 사용되는 아스팔트 제품 또는 특수하게 품질을 개량한 아스팔트 사이에 심재로 유리 섬유(글라스 매트)나 목재의 섬유질(다공성 원지)을 사용하며, 표면에는 채색된 돌입자로 코팅한 지붕재(기와, 슬레이트)로 각광을 받고 있으며, 모래 붙임 루핑과 유사하다.

③ **아스팔트 펠트** : 유기질의 섬유(목면, 마사, 폐지, 양털, 무명, 삼, 펠트 등)로 원지를 증기로 건조하여 이것에 스트레이트 아스팔트를 침투시켜 롤러로 압착하여 만든 것으로 흑색 시트상이며, 방수와 방습성이 좋고, 가벼우며, 넓은 지붕을 쉽게 덮을 수 있어 기와 지붕의 바탕재, 방수 공사를 할 때 루핑과 같이 사용한다. 특히, 아스팔트 방수 중간층재로 사용한다.

④ **아스팔트 루핑** : 아스팔트 펠트의 양면에 블론 아스팔트 또는 아스팔트 콤파운드를 피복한 다음, 그 위에 활석 또는 운석 분말을 부착시킨 것으로, 유연하므로 온도의 상승에 따라 유연성이 증대되고, 방수·방습성이 펠트보다 우수하며, 표층의 아스팔트 콤파운드 때문에 내후성이 크다.

⑤ **아스팔트 시트** : 원포를 합성수지 직포(폴리프로필렌 수지)로 하고, 아스팔트는 고무화 아스팔트 콤파운드를 사용하여, 표면에는 규사, 뒷면에는 박리지를 붙여서 만든 것으로, 옥상 방수 및 지하 구조물의 방수에 사용한다. 아스팔트 루핑과 다른 점은 옥상 방수 공사시 아스팔트 프라이머를 도포한 후, 아스팔트 시트의 박리지를 벗겨 가면서 바닥에 깔고 압착시키면, 아스팔트 없이도 바탕에 밀착하여 한 층만 깔고, 그 위에 보호 모르타르나 콘크리트를 덮으면 된다.

⑥ **아스팔트 타일** : 아스팔트에 석면·탄산칼슘·안료를 가하고 가열 혼련하여 시트상으로 압연한 것으로서 내수·내습성이 우수한 바닥 재료 또는 아스팔트와 쿠마론인덴 수지, 염화비닐 수지에 석면과 돌가루를 혼합한 다음 높은 열과 압력으로 녹여 얇은 판을 만든 것으로 탄성이 있고, 가공하기가 쉽다. 아스팔트 바닥 재료로는 가능하나, 방수 재료로는 사용이 불가능하다.

출제 키워드

■ 아스팔트 프라이머
- 블론 아스팔트를 휘발성 용제로 희석한 흑갈색의 액
- 콘크리트, 모르타르 바탕에 아스팔트 방수층 1층
- 아스팔트 타일 붙이기 시공을 할 때의 초벌용 도료

■ 아스팔트 싱글
- 아스팔트 루핑을 절단하여 만든 것으로 지붕 재료로 주로 사용되는 아스팔트 제품
- 특수하게 품질을 개량한 아스팔트 사이에 심재로 유리 섬유(글라스 매트)나 목재의 섬유질(다공성 원지)을 사용
- 지붕재로 각광을 받고 있음

■ 아스팔트 펠트
- 유기질의 섬유로 원지를 증기로 건조하여 이것에 스트레이트 아스팔트를 침투시켜 롤러로 압착하여 만든 것
- 아스팔트 방수 중간층재로 사용

■ 아스팔트 루핑
아스팔트 펠트의 양면에 블론 아스팔트 또는 아스팔트 콤파운드를 피복한 다음, 그 위에 활석 또는 운석 분말을 부착시킨 것

■ 아스팔트 타일
- 아스팔트에 석면·탄산칼슘·안료를 가하고 가열 혼련하여 시트상으로 압연한 것으로서 내수내습성이 우수한 바닥 재료
- 아스팔트와 쿠마론인덴 수지, 염화비닐 수지에 석면과 돌가루를 혼합한 다음 높은 열과 압력으로 녹여 얇은 판을 만든 것
- 방수 재료로는 사용이 불가능

(2) 아스팔트의 용도

아스팔트에는 방수성 및 화학적인 안전성이 크므로 방수 재료, 화학 공장의 내약품 재료, 녹막이 재료 및 도로 포장 재료 등에 사용되고 있다.

(3) 아스팔트의 품질 판정 등

아스팔트의 품질 판정시 고려하여야 할 사항은 침입도(아스팔트의 경도를 표시하는 것으로 규정된 조건에서 규정된 침이 시료 중에 진입된 길이를 환산하여 나타낸 것) 연화점, 인화점, 이황화탄소(가용분), 감온비(온도에 따른 견고성 변화의 정도) 비중, 가열 안정성 및 늘임도 또는 신도(다우스미스식, 아스팔트의 연성을 나타내는 수치로서 온도의 변화와 함께 변화하는 것) 등이고, 압축 강도나 마모도는 아스팔트 품질과 무관하다.

(4) 방수법의 특성

① 아스팔트 방수는 보호층이 반드시 필요하고, 결함의 발견이 힘들며, 시공이 번잡하나, 온도(외기에 대한 영향)의 변화가 크다.
② 멤브레인 방수층(얇은 피막상의 방수층으로 전면을 덮은 방수)의 종류에는 합성 고분자계 시트 방수층, 도막 방수층 및 아스팔트 방수층 등이 있고, 침투성 방수제와는 무관하다.

1-2-12. 기타 재료

1 접착제의 조건

① 충분한 접착성과 유동성을 가질 것
② 진동, 충격의 반복에 잘 견딜 것
③ 내수성, 내한성, 내열성, 내산성이 높을 것
④ 고화시 체적 수축과 팽창 등에 의한 내부 변형을 일으키지 않고, 취급이 용이하여야 한다.
⑤ 장기 부하에 의한 크리프 현상이 없고, 독성이 없으며 값이 저렴할 것

2 합성수지계 접착제

(1) 접착제의 종류

① 단백질계 접착제 : 동물성 단백질계(카세인, 아교, 알부민 등)와 식물성 단백질계(콩교, 밀단백질 등)
  ㉮ 카세인 : 지방질을 뺀 우유로부터 젖산법, 산응고법 등에 의해 응고 단백질을 만든 건조 분말로 내수성 및 접착력이 양호한 동물질 접착제 또는 지방질을 뺀 우유를

자연 산화시키거나, 황산, 염산 등을 가하여 카세인을 분리한 다음 물로 씻어 55℃ 정도의 온도로 건조시킨 것으로 물, 알코올, 에테르에는 녹지 않고 알칼리에는 잘 녹는다. 산, 젖산을 넣으면 양질이 되고, 황산은 응결 시간을 단축시킨다. 용도로는 목재, 리놀륨의 접착, 수성페인트의 원료가 된다.

㉯ 아교 : 수피(짐승의 가죽)를 삶아서 그 용액을 말린 반투명, 황갈색의 딱딱한 물질로서, 합판, 목재, 창호, 가구 등의 접착제로 사용하나 내수성이 작아 잘 사용하지 않고 있다.

㉰ 알부민 접착제
  ㉠ 혈액 알부민 : 가축의 신선한 혈액 중에 알부민의 접착성을 이용한 것으로, 혈액을 혈장과 혈액 피브린으로 나누어, 혈장을 70℃ 이하에서 건조하여 만든 것이다. 사용법은 알부민을 물에 녹인 다음, 암모니아수 또는 석회수를 조금씩 넣어 저어 사용하며, 접착 후 열(70℃)을 가하면 강도를 크게 할 수 있고, 아교에 비해 내수성·접착성이 우수하다.
  ㉡ 난백 알부민 : 난백에 아세트산 또는 타닌산을 가하여 정제한 담황색 가루로서, 상온에서 사용하며 직물의 장식, 가공에 쓰이고, 접착제로의 사용을 거의 하지 않는다.

② 고무계 접착제 : 아라비아 고무, 천연 고무 등

③ **합성수지계 접착제** : 페놀, 요소, 멜라민, 레졸, 폴리우레탄, 푸란, 규소, 폴리에스테르, 아세트산비닐, 실리콘, 에폭시 수지 및 섬유소계 수지풀 등

  ㉮ 페놀 수지 접착제 : 페놀과 포르말린의 반응에 의하여 얻어지는 다갈색의 액상, 분상, 필름 상의 수지로서 가장 오래된 합성수지 접착제이다. 목재의 접착제로서 무색 투명하고, 내약품성, 접착력, 내열성, 내수성이 우수하나 유리나 금속의 접착에는 적당하지 못하다.

  ㉯ 요소 수지 접착제 : 요소와 포르말린을 혼합하여 가열한 다음, 진공·증류하여 얻어지는 유백색의 수지이다. 접착할 때 경화제로서 염화암모늄 10% 수용액을 수지에 대하여 10~20%(무게) 가하면 상온에서 경화된다. 합성수지 접착제 중에서는 가장 값이 싸고, 접착력이 우수하며, 또 상온에서 경화되어 합판, 집성 목재, 파티클 보드, 가구 등에 널리 사용한다.

  ㉰ 멜라민 수지 접착제 : 순백색 또는 투명한 흰색으로 내열성, 내수성과 접착력이 크며 열에 대하여 안정성이 있지만, 금속, 고무, 유리의 접합용으로는 부적당한 접착제이다.

  ㉱ 에폭시 수지 접착제 : 급경성으로 내수성, 내산성, 내알칼리성, 내용제성, 내한성, 내열성, 내약품성, 전기 절연성이 우수한 만능형 접착제로 기본 점성이 크며 우수한 만능형 접착제로, 금속, 플라스틱, 도자기, 유리, 콘크리트, 목재, 고무 특히 알루미늄과 같은 경금속의 접착에 가장 좋은 접착제로 현재의 접착제 중 가장 우수한 접착제이다.

■ 출제 키워드

■ 합성수지계 접착제
페놀, 요소, 멜라민, 레졸, 폴리우레탄, 푸란, 규소, 폴리에스테르, 아세트산, 비닐, 실리콘, 에폭시 수지 및 섬유소계 수지풀 등

■ 페놀 수지 접착제
목재의 접착제로서 유리나 금속의 접착에는 적당하지 못함

■ 멜라민 수지 접착제
• 순백색 또는 투명한 흰색으로 내열성, 내수성과 접착력이 크며 열에 대하여 안정성이 있음
• 금속, 고무, 유리의 접합에는 부적당한 접착제

■ 에폭시 수지 접착제
• 급경성으로 내수성, 내산성, 내알칼리성, 내용제성, 내한성, 내열성, 내약품성, 전기 절연성이 우수한 만능형 접착제
• 기본 점성이 크며 우수한 만능형 접착제
• 금속, 플라스틱, 도자기, 유리, 콘크리트, 목재, 고무 특히 알루미늄과 같은 경금속의 접착에 가장 좋은 접착제
• 현재의 접착제 중 가장 우수한 접착제

④ 아스팔트 접착제 : 비닐 타일, 아스팔트 타일, 아스팔트 루핑, 플라스틱 시트 또는 필름, 발포 단열재의 접착제로, 초기의 접착력이 크지 않기 때문에 수직 벽면에는 부적당하고, 경사면, 수평면에 적합하다.

(2) 합판의 종류에 따른 접착제

구분	내수 합판	준내수 합판	비내수 합판
접착제	페놀 수지	멜라민, 요소 수지	카세인, 요소 수지
사용처	외부, 내부 물과 접하는 곳	습도가 높은 곳	내부용

3 단열 재료

단열재의 열성능을 나타내는 유효 열전도 계수는 재료의 열전도율, 고체 물질의 표면 복사 특성, 공기 또는 공간의 성질과 체적비 등에 의하여 영향을 받으므로 단열재는 역학적인 강도가 작다. 단열재의 종류는 다음과 같다.

① 무기질 단열재 : 유리 섬유, 포유리, 석면, 암면, 광재면, 펄라이트, 질석, 다공성 점토질, 규조토, 알루미늄박 등이 있다.
② 화학 합성물 단열재 : 발포 폴리우레탄, 발포 폴리스티렌, 발포 염화비닐, 플라스틱 등이 있다.
③ 동식물질 단열재 : 목질 단열재, 코르크, 발포 고무 등이 있다.

4 벽지의 종류

① 직물 벽지 : 실을 뽑아 직기에 제직을 거친 벽지로서, 벽지의 색채, 무늬, 흡음성, 촉감 및 분위기가 좋아서 고급 내장재로 사용하나, 가격이 비싸다.
② 비닐 벽지 : 방수성이 있어서 주방 및 욕실의 타일 대용으로 사용하고, 더러워지면 물로 세척할 수 있다.
③ 종이 벽지 : 종이에 무늬나 색채를 프린트한 것으로 비교적 가격이 싸므로 많이 사용한다.
④ 발포 벽지 : 종이 벽지 위에 플라스틱 기포를 뿜어 만든 것으로 종이 벽지에 비해 탄력성이 있어 흡음성과 질감이 좋으며 표면이 비닐이므로 물로 세척할 수 있다.
⑤ 갈포 벽지 : 가로에는 면사, 세로에는 칡넝쿨의 줄기나 잎, 천연 갈잎, 파초엽, 갈대 줄기 등을 사용한 것으로서 인공 재료에서는 볼 수 없는 자연미와 운치가 있다.

CHAPTER 01

1-2. 재료의 특성, 용도, 규격에 관한 사항

과년도 출제문제

❶ 목재

01 | 목재의 장점 | 02

다음 중 목재의 장점에 속하지 않는 것은?
① 중량에 비하여 강도가 크다.
② 가공 및 운반이 쉽다.
③ 외관이 아름답고 감촉이 좋다.
④ 함수율에 따라 수축 팽창이 크다.

해설 목재의 장점은 가볍고 가공이 쉬우며, 감촉이 좋다. 또한, 비중에 비하여 강도가 크며, 열전도율과 열팽창률이 적고, 산성 약품 및 염분에 강하다. 단점은 착화점이 낮아 내화성이 작고, 흡수성이 크며, 변형하기가 쉽다. 또한, 습기가 많은 곳에서는 부식하기가 쉽고, 충해나 풍화에 의하여 내구성이 떨어진다.

02 | 목재의 장점 | 24, 04

목재의 장점으로 부적당한 것은?
① 가볍고 가공이 용이하며 감촉이 좋다.
② 비중에 비하여 강도가 크다.
③ 열전도율이 크고, 보온, 방한, 방서성이 좋다.
④ 음의 흡수, 차단성이 크다.

해설 목재는 열전도율이 작으므로 보온, 방한, 방서성이 좋고, 열팽창률이 적으며, 가볍고 가공이 쉬우며, 감촉이 좋다.

03 | 목재의 특성 | 24, 22, 19, 06

목재의 재료적 특성에 해당되지 않는 것은?
① 열전도율과 열팽창율이 적다.
② 가연성이 크고 내구성이 부족하다.
③ 풍화 마멸에 잘 견디며 마모성이 작다.
④ 음의 흡수 및 차단성이 크다.

해설 목재의 특성은 ①, ② 및 ④ 외에 가공성이 풍부하고, 부드러운 감을 주며, 신축이 크다. 또한, 풍화 마멸과 마모성이 크다.

04 | 목재의 특성 | 07

실내건축 재료로서 사용되는 목재의 특성을 잘못 설명하고 있는 것은?
① 벚나무(Cherry) : 원색이 붉은색을 띠고 있어 도장처리를 할 경우 강렬한 이미지를 연출할 수 있다.
② 부빙가(Bubinga) : 나무결이 정교하고 갈색계열의 색상으로 패턴이 비교적 화려하다.
③ 단풍나무(Maple) : 거의 완벽에 가까운 흑색으로 실내건축에서 악센트적인 요소로 사용된다.
④ 호두나무(Walnut) : 어두운 갈색계열의 색상으로 중후한 분위기를 표현하고자 할 때 사용한다.

해설 단풍나무는 담갈색(변재), 담흑갈색(심재)으로 치밀하고 견경하며 광택이 있고 만곡이 크다. 창호재, 가구재 및 수장재로 사용한다.

05 | 목재의 분류(침엽수) | 02, 98

목재의 분류 중 침엽수재가 아닌 것은?
① 가문비나무   ② 낙엽송
③ 벚나무   ④ 잣나무

해설 목재의 분류

구분		나무의 명칭
외장수	침엽수(연목재)	소나무, 전나무, 잣나무, 낙엽송, 편백나무, 가문비나무 등
	활엽수(경목재)	참나무, 느티나무, 오동나무, 밤나무, 사시나무, 벚나무 등
내장수		대나무, 야자수 등

정답 01. ④ 02. ③ 03. ③ 04. ③ 05. ③

06 목재의 연륜
17, 16, 03

목재의 연륜에 관한 설명으로 옳지 않은 것은?

① 추재율과 연륜 밀도가 큰 목재일수록 강도가 작다.
② 연륜의 조밀은 목재의 비중이나 강도와 관계가 있다.
③ 추재율은 목재의 횡단면에서 추재부가 차지하는 비율을 말한다.
④ 춘재부와 추재부가 수간 횡단면상에 나타나는 동심원형의 조직을 말한다.

해설 추재(가을과 겨울에 성장한 세포막이 두껍고, 얇은 층을 이루며, 단단한 목질 부분)율과 연륜(나이테) 밀도가 클수록 비중과 강도가 크다.

07 목재의 심재
11, 98

목재의 심재에 대한 설명 중 옳지 않은 것은?

① 변재보다 비중이 크다.
② 변재보다 신축이 작다.
③ 변재보다 내후성·내구성이 크다.
④ 일반적으로 변재보다 강도가 작다.

해설 목재의 심재와 변재의 비교에서 비중, 내구성, 강도, 품질 등은 심재가 크거나 좋고, 신축성은 변재가 크다.

08 목재의 심재와 변재의 비교
16, 03

일반적으로 목재의 심재부분이 변재부분보다 작은 것은?

① 비중
② 신축성
③ 내구성
④ 강도

해설 목재의 심재와 변재의 비교에서 비중, 내구성, 강도, 품질 등은 심재가 크거나 좋고, 신축성은 심재가 작고, 변재가 크다.

09 목재의 심재와 변재의 비교
04

다음 목재의 심재와 변재를 비교한 내용 중 잘못된 것은?

번호	구분	심재	변재
1	내후성	크다.	작다.
2	신축성	작다.	크다.
3	내구성	작다.	크다.
4	강도	크다.	작다.

① 1
② 2
③ 3
④ 4

해설 목재의 심재와 변재의 비교에서 비중, 내구성, 강도, 품질 등은 심재가 크거나 좋고, 신축성은 심재가 작고, 변재가 크다.

10 목재의 흠(산옹이의 용어)
18, 11, 00

목재의 결점 중 성장 중의 가지가 말려들어가서 만들어진 것으로 주위의 목질과 단단히 연결되어 있어 강도에는 영향을 미치지 않는 것은?

① 지선
② 산옹이
③ 수지낭
④ 컴프레션 페일러

해설 지선은 목질부에서 수지가 계속 흘러나오는 부분으로 목재의 사용에 지장을 주는 목재의 흠이고, 수지낭은 목부에 수지가 비정상적으로 부분 집적되어 가공했을 때 얼룩으로 나타나는 부분이며, 컴프레션 페일러는 벌채시의 충격이나 그 밖의 생리적인 원인으로 인하여 세로축에 직각으로 섬유가 절단된 형태이다.

11 목재의 흠(옹이의 용어)
25, 10

다음 설명에 알맞은 목재의 결점은?

> 줄기나 가지 등이 목부에 파묻힌 대소 가지의 기부(基部)이며, 목재의 피할 수 없는 결점 중의 하나이다.

① 이상재(異常材)
② 수지낭
③ 옹이
④ 컴프레션 페일러

해설 옹이는 수목이 성장하는 도중에 줄기에서 가지가 생기게 되면, 나뭇가지와 줄기가 붙은 곳에 줄기의 세포와 가지의 세포가 교차되어 생기는 목재의 결점으로 종류에는 산 옹이, 죽은 옹이, 썩은 옹이 및 옹이 구멍 등이 있다.

12 목재의 흠
02

목재의 흠에 대한 설명으로 옳지 않은 것은?

① 산 옹이는 썩은 옹이에 비하여 목재로 사용하는데 별로 지장이 없다.
② 벌목할 때나 운반할 때 상처가 생길 수 있다.
③ 수목이 성장할 때 껍질이 상해서 껍질의 일부가 상처 안으로 말려 들어간 것을 지선이라 한다.
④ 부패균이 목재의 내부에 침입하여 섬유를 파괴시켜서 갈색이나 흰색으로 변색, 부패된 것을 썩정이라 한다.

정답 06. ① 07. ④ 08. ② 09. ③ 10. ② 11. ③ 12. ③

해설 수목이 성장하는 도중에 나무 껍질이 상한 상태로 있다가 상처가 아물 때에 그 일부가 목질부 속으로 말려 들어간 것을 껍질박이(입피)라고 하고, 지선이란 소나무에 많이며 송진과 같은 수지가 모인 부분의 비정상 발달에 따라, 목질부에서 수지가 흘러나오는 구멍이 생겨서 목재를 건조한 후에도 수지가 마르지 않으며, 사용 중에도 계속 나오는 곳이다. 이 부분은 가공 및 목재 사용에 극히 곤란하여 그 부분을 메우거나 절단하여 사용한다.

13 | 목재의 이용
02

목재의 이용에 대한 설명으로 옳지 않은 것은?

① 목재를 얻을 수 있는 취재율은 활엽수가 침엽수보다 많다.
② 나무의 벌목 적령기는 전수명의 2/3 정도의 장목기가 좋다.
③ 목재의 벌목 시기로는 겨울을 선택하는 경우가 많다.
④ 목재의 재적 단위로는 m³가 표준 단위로 쓰인다.

해설 취재율(원목의 체적에 비하여 목재를 얻을 수 있는 비율)은 침엽수에서는 70%, 활엽수에서는 50% 이상이 되도록 하므로 취재율은 침엽수가 활엽수보다 많다.

14 | 목재의 진비중
08

일반적으로 통용되는 목재의 진비중은?

① 0.3
② 0.61
③ 1.00
④ 1.54

해설 $V(목재의\ 공극률) = \left(1 - \dfrac{w(목재의\ 전건\ 비중)}{1.54(세포\ 자체의\ 비중)}\right) \times 100[\%]$

15 | 목재의 함수 상태(기건 상태)
14, 08

목재가 통상 대기의 온도, 습도와 평형된 수분을 함유한 상태를 의미하는 것은?

① 전건 상태
② 기건 상태
③ 생재 상태
④ 섬유 포화 상태

해설 목재의 함수 상태

구분	전건재	기건재	섬유 포화점
함수율	0%	10~15%	30%
함수 상태	목재가 건조되어 함수율이 0%인 상태	대기 중의 습기와 균형을 이룸	세포 사이에 있던 수분이 전부 빠지고 섬유에만 수분이 남아 있는 상태로 건조된 것

16 | 목재의 함수 상태(기건 상태)
09, 08, 06, 04, 03, 99, 98

목재의 함수율에서 기건 상태의 함수율은?

① 15%
② 20%
③ 30%
④ 40%

해설 목재의 함수율

구분	전건재	기건재	섬유 포화점
함수율	0%	10~15%	30%
비고		습기와 균형	섬유에만 수분 함유

17 | 목재의 함수 상태(섬유 포화점)
07

목재의 섬유 포화점에서의 함수율은 어느 정도인가?

① 15%
② 20%
③ 30%
④ 40%

해설 목재의 함수율

구분	전건재	기건재	섬유 포화점
함수율	0%	10~15%	30%
비고		습기와 균형	섬유에만 수분 함유

18 | 목재의 함수율
05

목재의 함수율에 관한 설명 중 옳지 않은 것은?

① 목재의 팽창, 수축은 함수율이 섬유포화점 이상에서는 거의 함수율에 비례하여 증가한다.
② 기건상태의 함수율은 약 15% 정도이다.
③ 기건재를 건조로 등을 이용하여 더욱 건조시키면 함수율은 0%로 되는데, 이 상태를 전건상태라 한다.
④ 섬유포화상태는 세포막 내부가 완전히 수분으로 포화되고 있는 세포내공과 공극 등에서 액체수분이 존재하지 않는 상태를 말한다.

해설 팽창과 수축은 함수율이 섬유 포화점 이상에서는 생기지 않으나, 그 이하가 되면 거의 함수율에 비례하여 줄어든다.

19 | 목재의 함수율
06, 04, 03

목재의 함수율에 대한 설명으로 옳은 것은?

① 기건 상태의 함수율은 약 15%이다.
② 섬유포화점의 함수율은 약 10%이다.
③ 함수율이 달라져도 목재의 성질은 변하지 않는다.
④ 목재가 통상 대기의 온도, 습도와 평행된 수분을 함유한 상태를 전건 상태라 한다.

해설 목재의 함수 상태 중 섬유포화점(세포 사이에 있던 수분이 전부 빠지고 섬유에만 수분이 남아 있는 상태로 건조된 것)은 30%이고, 함수율이 달라지면 목재의 성질은 변하며, 전건(절건)상태는 목재가 건조되어 함수율이 0%이고, 목재가 통상 대기의 온도, 습도와 평행된 수분을 함유한 상태는 기건 상태이다.

20 | 목재의 강도(가장 큰 강도)
18, 12

목재의 강도 중 가장 큰 것은? (단, 응력 방향이 섬유 방향에 평행한 경우)

① 휨 강도   ② 인장 강도
③ 압축 강도 ④ 전단 강도

해설 목재의 강도가 큰 것부터 작은 것의 순으로 나열하면 인장 강도 → 휨 강도 → 압축 강도 → 전단 강도의 순이다.

21 | 목재의 강도(가장 큰 강도)
13, 10

다음 목재의 강도 중 가장 큰 것은?

① 응력 방향이 섬유 방향에 평행한 경우의 인장 강도
② 응력 방향이 섬유 방향에 평행한 경우의 압축 강도
③ 응력 방향이 섬유 방향에 수직한 경우의 인장 강도
④ 응력 방향이 섬유 방향에 수직한 경우의 압축 강도

해설 목재의 강도를 큰 것부터 작은 순서로 나열하면 섬유 방향과 평행 방향의 인장 강도-섬유 방향과 평행 방향의 압축 강도-섬유 방향과 직각 방향의 인장 강도-섬유 방향과 직각 방향의 압축 강도 순이고, 또한 인장 강도-휨강도-압축 강도-전단 강도의 순이다.

22 | 목재의 강도(가장 큰 강도)
15, 13, 08

목재의 강도 중 응력 방향이 섬유 방향에 평행할 경우 일반적으로 가장 큰 것은?

① 휨 강도   ② 인장 강도
③ 전단 강도 ④ 압축 강도

해설 목재의 강도가 큰 것부터 작은 것의 순서대로 나열하면, 인장 강도 → 휨 강도 → 압축 강도 → 전단 강도의 순이다.

23 | 목재의 강도
15

목재의 강도에 관한 설명으로 옳은 것은?

① 일반적으로 변재가 심재보다 강도가 크다.
② 목재의 강도는 일반적으로 비중에 반비례한다.
③ 목재의 강도는 힘을 가하는 방향에 따라 다르다.
④ 섬유 포화점 이상의 함수 상태에서는 함수율이 적을수록 강도가 커진다.

해설 ① 변재가 심재보다 강도가 작고, ② 목재의 강도는 일반적으로 비중에 비례하며, ④ 섬유 포화점 이상의 함수 상태에서는 흡수율의 변화와 강도는 일정하다.

24 | 목재의 강도
03

목재의 강도에 대한 설명으로 옳은 것은?

① 목재의 강도는 일반적으로 비중에 반비례한다.
② 섬유 포화점 이상의 함수 상태에서는 함수율이 적을수록 강도가 커진다.
③ 옹이와 썩정이는 강도에 별 영향이 없다.
④ 목재의 강도는 힘을 가하는 방향에 따라 다르다.

해설 목재의 강도는 일반적으로 비중에 비례하고, 섬유 포화점 이상의 함수 상태에서는 강도의 변화가 없으며, 옹이와 썩정이는 강도와 깊은 관계가 있다.

25 | 목재의 강도
24, 05

목재의 강도에 대한 설명 중 틀린 것은?

① 압축 강도는 응력의 방향이 섬유방향에 평행한 경우 최대가 된다.
② 변재가 심재보다 강도가 크다.
③ 섬유포화점 이상에서는 강도가 일정하나 섬유포화점 이하에서는 함수율의 감소에 따라 강도가 증대한다.
④ 목재에 옹이, 갈라짐 등의 흠이 있으면 강도가 저하된다.

해설 변재의 세포는 양분을 함유한 수액을 보내어 수목을 자라게 하거나, 양분을 저장하므로 제재 후에 부패하기 쉽다. 심재는 변재에서 고화되어 수지, 색소, 광물질 등이 고결된 것으로서, 수목의 강도를 크게 하는 역할을 하며, 수분이 적고 단단하므로 부패되지 않아 양질의 목재로 사용이 가능하다.

정답 19. ① 20. ② 21. ① 22. ② 23. ③ 24. ④ 25. ②

26 | 목재의 강도

목재의 강도에 대한 설명으로 옳지 않은 것은?

① 목재의 강도는 비중과 반비례한다.
② 섬유포화점 이상의 함수 상태에서는 함수율이 변하더라도 목재의 강도는 일정하다.
③ 섬유포화점 이하에서는 함수율이 감소할수록 강도는 증대한다.
④ 인장 강도의 경우 응력 방향이 섬유 방향에 평행한 경우에 강도가 최대가 된다.

해설 목재의 강도는 가력 방향과 깊은 관계가 있고, 섬유 포화점 내에서는 함수율이 크면 강도가 낮으며, 목재는 비중의 차이에 따라 강도가 달라진다. 또한, 변재가 심재보다 강도가 작다. 특히, 목재의 강도는 비중과 비례한다.

27 | 목재의 함수율과 역학적 성질

목재의 함수율과 역학적 성질의 관계에 관한 설명으로 옳은 것은?

① 함수율이 크면 클수록 압축 강도는 커진다.
② 함수율이 크면 클수록 압축 강도는 작아진다.
③ 섬유 포화점 이상에서는 함수율이 증가하더라도 압축 강도는 일정하다.
④ 섬유 포화점 이하에서는 함수율의 증가에 따라 압축 강도는 커지나, 섬유 포화점 이상에서는 함수율의 증가에 따라 압축 강도는 감소한다.

해설 목재의 강도는 섬유 포화점(30%) 이상에서는 함수율이 변하더라도 강도가 일정하나 섬유 포화점 이하에서는 함수율이 크면 강도는 작아지고, 함수율이 작으면 강도는 커진다.

28 | 목재의 부패

목재의 부패에 관한 설명 중 옳지 않은 것은?

① 대부분의 부패균은 25~35℃ 사이에서 가장 활동이 왕성하고, 4℃ 이하에서는 발육할 수 없다.
② 습도는 90% 이상으로 목재의 함수율이 30~60%일 때 균의 발육이 적당하다.
③ 충분히 건조된 것 또는 아주 젖어 있는 생나무를 잘 부식되지 않는다.
④ 완전히 수중에 잠긴 목재는 잘 부패된다.

해설 목재의 부패 조건으로서 적당한 온도(25~35℃ 사이에서 가장 활동이 왕성하고, 4℃ 이하에서는 발육할 수 없으며, 부패균은 55℃ 이상에서 30분 이상이면 거의 사멸된다.), 수분(습도는 90% 이상으로 목재의 함수율이 30~60%일 때 균의 발육에 적당), 양분, 공기는 부패균에게는 필수적인 조건으로 그 중 하나만 결여되더라도 번식을 할 수 없다. 즉, 완전히 수중에 잠긴 목재는 부패되지 않는데 이는 공기가 없기 때문이다.

29 | 목재의 부패 조건

다음 중 목재의 부패 조건과 가장 관계가 먼 것은?

① 강도
② 온도
③ 습도
④ 공기

해설 목재의 부패 조건으로서 적당한 온도, 수분(습도), 양분, 공기(완전히 수중에 잠긴 목재는 공기가 없으므로 부패되지 않는다) 등은 부패균에게 필수적인 조건으로 그 중 하나만 결여되더라도 균은 번식을 할 수 없다.

30 | 목재의 부패

목재의 부패에 관한 설명 중 옳지 않은 것은?

① 적부와 백부는 목재의 강도에 영향을 크게 미치나, 청부는 목재의 강도에 거의 영향을 미치지 않는다.
② 균류는 습도가 20% 이하에서는 일반적으로 사멸한다.
③ 크레오소트 오일은 유성 방부제의 일종으로 토대, 기둥, 도리 등에 사용된다.
④ 수중에 완전침수시킨 목재는 쉽게 부패된다.

해설 목재의 부패 조건으로서 적당한 온도, 수분(습도), 양분, 공기(완전히 수중에 잠긴 목재는 공기가 없으므로 부패되지 않는다) 등은 부패균에게 필수적인 조건으로 그 중 하나만 결여되더라도 균은 번식을 할 수 없다.

31 | 목재의 부패

목재의 부패에 관한 설명 중 옳지 않은 것은?

① 부패 발생시 목재의 내구성이 감소한다.
② 목재 함수율이 15%일 때 부패균 번식이 가장 왕성하다.
③ 생재가 부패균의 작용에 의해 변재부가 청색으로 변하는 것을 청부(靑腐)라고 한다.
④ 부패 초기에는 단순히 변색되는 정도이지만 진행되어 감에 따라 재질이 현저히 저하된다.

정답 26. ① 27. ③ 28. ④ 29. ① 30. ④ 31. ②

해설 목재의 부패 조건으로서 적당한 온도(부패균은 25~35℃ 사이에서 가장 활동이 왕성하고, 4℃ 이하에서는 발육할 수 없으며, 부패균은 55℃ 이상에서 30분 이상이면 거의 사멸), 수분(습도는 90% 이상으로 목재의 함수율이 30~60%일 때 균의 발육에 적당), 양분, 공기(완전히 수중에 잠긴 목재는 공기가 없으므로 부패되지 않는다)는 부패균에게는 필수적인 조건으로 그 중 하나만 결여되더라도 번식을 할 수 없다.

32 | 목재의 부패 | 23, 14

목재의 부패에 관한 설명으로 옳은 것은?

① 적부와 백부는 목재의 강도에 영향을 미치나, 청부는 목재의 강도에 거의 영향을 미치지 않는다.
② 수중에 완전히 침수시킨 목재는 부패된다.
③ 크레오소트 오일은 수성 방부제의 일종으로 토대, 기둥, 도리 등에 사용된다.
④ 균류의 습도가 20% 이하에서는 사멸하지 않는다.

해설 수중에 완전히 침수시킨 목재는 부패되지 않고, 크레오소트 오일은 유성 방부제의 일종으로 토대, 기둥, 도리 등에 사용되며, 균류 습도가 20% 이하에서는 사멸된다.

33 | 전수축률의 산정 | 05

무늿결 너비 방향의 길이가 30cm인 목재판이 절건상태에서는 28cm일 때 전수축률은?

① 51.7%   ② 43.3%
③ 7.1%   ④ 6.7%

해설 생나무의 길이는 30cm, 전건 상태의 길이는 28cm이므로

전수축률 = $\dfrac{\text{생나무의 길이} - \text{전건 상태로 되었을때의 길이}}{\text{생나무의 길이}} \times 100$

$= \dfrac{30-28}{30} \times 100 = 6.67 ≒ 6.7\%$

34 | 목재의 연소(인화점의 정의) | 04

목재의 연소에서 인화점에 대한 설명으로 옳은 것은?

① 180℃ 전후에서 열분해가 시작되어 가연성 가스가 발생되지만 목재에는 불이 붙지 않는다.
② 260~270℃에서 가연성 가스의 발생이 많고, 불꽃에 의하여 목재에 불이 붙는다.
③ 400~450℃로 되면 화기가 없더라도 자연 발화된다.
④ 수분이 증발하는 100℃ 정도를 말한다.

해설 목재의 연소 상태

구분	100℃	인화점	착화점 (화재위험온도)	자연 발화점
온도	100℃	180℃	260~270℃	400~450℃
현상	수분 증발	가연성 가스 발생	불꽃에 의해 목재에 착화	화기가 없어도 발화

35 | 목재의 연소(착화점의 온도) | 07

화원에 의해 분해가스에 인화되어 목재에 착염되고 연소를 시작하는 착화점의 온도는?

① 약 100℃   ② 약 160℃
③ 약 260℃   ④ 약 450℃

해설 약 100℃ 정도에서 수분이 증발하고, 약 180℃(인화점) 전후에서 가연성 가스가 발생하나, 불이 붙지 않으며, 260~270℃(착화점, 화재위험온도)로 불꽃에 의해 목재에 착화한다. 400~450℃(자연 발화점)는 화기가 없어도 자연 발화한다.

36 | 목재의 건조 목적 | 20, 12

목재 건조의 목적과 가장 거리가 먼 것은?

① 옹이의 제거
② 목재 강도의 증가
③ 전기절연성의 증가
④ 목재 수축에 의한 손상 방지

해설 목재의 건조 효과는 무게를 줄이고, 강도를 증진시키며, 사용 시 변형(수축 균열, 비틀림 등)을 방지하는 것이다. 또한, 균의 발생을 막아 부식을 방지하고, 도장 재료, 방부 재료 및 접착제의 침투 효과를 증진시키며, 전기절연성이 증가한다. 특히, 목재가 건조될수록 가공성은 감소한다.

37 | 목재의 건조 목적 | 09

다음 중 목재의 건조 목적과 가장 거리가 먼 것은?

① 충해 방지
② 목재 강도의 증가
③ 목재 수축에 의한 손상 방지
④ 가공성의 증가

해설 목재의 건조 효과는 무게를 줄이고, 강도를 증진시키며, 사용 시 변형(수축 균열, 비틀림 등)을 방지하는 것이다. 또한, 균의 발생을 막아 부식을 방지하고, 도장 재료, 방부 재료 및 접착제의 침투 효과를 증진시키며, 전기절연성이 증가한다. 특히, 목재가 건조될수록 가공성은 감소한다.

정답 32.① 33.④ 34.① 35.③ 36.① 37.④

38 | 목재의 건조 전 처리법 03

목재의 건조 전 처리 방법이 아닌 것은?

① 수침법 ② 침지법
③ 자비법 ④ 증기법

해설 목재의 건조 전 처리 방법(목재 내부의 수액을 가능한 한 물로 교환시켜 건조시 건조를 쉽게 만드는 방법)에는 수침법(원목을 2주간 이상 계속 흐르는 물(바닷물보다 민물이 유리)에 담그는 법), 자비법(목재를 끓는 물에 삶는 방법) 및 증기법(수평의 원통솥에 넣고 밀폐한 다음, 1.5~3.0기압의 포화 수증기로 찌는 방법) 등이 있고, 침지법은 방부제 처리법의 일종이다.

39 | 목재의 건조 전 처리법 23, 20, 13, 11

목재의 건조 방법 중 천연 건조법에 해당하는 것은?

① 수침법 ② 열기법
③ 훈연법 ④ 진공법

해설 목재의 건조법 중 인공 건조법에는 증기법(건조실을 증기로 가열하여 건조), 열기법(건조실 내의 공기를 가열하거나 가열 공기를 불어 넣어 건조), 훈연법(건조실에 짚이나 톱밥 등을 태운 연기를 도입하여 건조) 및 진공법(탱크 속에 목재를 넣고, 밀폐하여 고온, 저압 상태하에서 수분을 제거하여 건조) 등이 있다.

40 | 목재의 인공 건조법의 종류 16, 12

목재의 건조 방법 중 인공 건조법에 해당하지 않는 것은?

① 증기 건조법 ② 열기 건조법
③ 진공 건조법 ④ 대기 건조법

해설 인공 건조법(건조실에 제제품을 쌓아 넣고, 처음에는 저온 고습의 열기를 통과시키다가 점차로 고온 저습으로 조절하여 건조)은 건조가 빠르고, 변형도 적지만, 시설비나 운영비의 증가로 인하여 가격이 비싸진다. 인공 건조법에는 증기법, 열기법, 훈연법 및 진공법 등이 있다.

41 | 목재의 인공 건조법 13

목재의 인공 건조법에 관한 설명으로 옳지 않은 것은?

① 균류에 의한 부식과 충해 방지에는 효과가 없다.
② 훈연 건조는 실내 온도의 조절이 어렵다는 단점이 있다.
③ 단시간에 사용 목적에 따른 함수율까지 건조시킬 수 있다.
④ 열기 건조는 건조실에 목재를 쌓고 온도, 습도 등을 인위적으로 조절하면서 건조하는 방법이다.

해설 목재의 인공 건조법은 균류에 의한 부식과 충해 방지에도 효과가 있다.

42 | 목재의 인공 건조법(열기 건조) 12, 07

목재의 인공 건조 방법 중 건조실에 목재를 쌓고 온도, 습도, 풍속 등을 인위적으로 조절하면서 건조하는 방법은?

① 천연 건조 ② 태양열 건조
③ 촉진 천연 건조 ④ 열기 건조

해설 천연 건조는 천연 건조장에서 목재를 쌓아 자연 대기 조건에 노출시켜 건조시키는 방법이고, 태양열 건조는 촉진 천연 건조의 일종이며, 촉진 천연 건조는 간단한 송풍 또는 가열 장치를 적용하여 건조시키는 방법으로 송풍 건조, 태양열 건조 및 기타(진동 건조, 원심 건조 등) 등이 있다.

43 | 목재의 수용성 방부제 07

목재의 방부제 중 수용성 방부제에 속하지 않는 것은?

① 크레오소트 오일
② 황산동 1% 용액
③ 염화아연 4% 용액
④ 불화소다 2% 용액

해설 목재의 방부제에는 유성 방부제(크레오소트, 콜타르, 아스팔트, 페인트 등)와 수용성 방부제(황산구리 용액, 염화아연 용액, 염화제이수은 용액, 플루오르화나트륨 용액 등) 및 유용성 방부제(펜타클로로페놀(PCP) 등이 있다.

44 | 목재의 수용성 방부제 05

다음 중 수용성 방부제는?

① 크레오소트유 ② 콜타르
③ 유성페인트 ④ 황산동 1% 용액

해설 목재의 방부제에는 유용성 방부제(크레오소트 오일, 콜타르, 아스팔트, 유성 페인트, 펜타클로로 페놀(PCP) 등)와 수용성 방부제(황산구리 용액, 염화아연 용액, 염화 제2수은 용액, 플루오르화나트륨 용액 등) 등이 있다.

45 | 목재의 방부제(크레오소트유) 16

다음 설명에 알맞은 목재 방부제는?

• 유성 방부제로 도장이 불가능하다.
• 독성은 적으나 자극적인 냄새가 있다.

① 크레오소트유 ② 황산동 1% 용액
③ 염화아연 4% 용액 ④ 펜타클로로페놀(PCP)

정답 38. ② 39. ① 40. ④ 41. ① 42. ④ 43. ① 44. ④ 45. ①

해설 목재의 방부제 중 PCP(펜타클로로페놀)는 무색이고, 방부력이 가장 우수하며, 그 위에 페인트를 칠할 수 있으나 크레오소트에 비하여 가격이 비싸며, 석유 등의 용제로 녹여서 사용하여야 하고, 황산동 1% 용액과 염화아연 4% 용액은 수용성 방부제이다.

46 | 목재의 방부제(펜타클로로페놀)
22, 18, 16, 09, 01

다음과 같은 특징을 갖는 목재 방부제는?

- 유용성 방부제
- 도장 가능하며 독성이 있음
- 처리재는 무색으로 성능 우수

① 크레오소트유　　② 콜타르
③ 염화아연 용액　　④ 펜타클로로페놀

해설 크레오소트유는 유성 방부제로 도장이 불가능하고, 독성은 적으나 자극적인 냄새가 있다. 또한, 악취가 나고, 흑갈색으로 외관이 불미하므로 눈에 보이지 않는 토대, 기둥, 도리 등에 이용되는 목재의 유성 방부제이고, 콜타르는 가열하여 칠하면 방부성은 좋으나, 목재를 흑갈색으로 만들고, 페인트 칠도 불가능하므로 보이지 않는 곳이나 가설재 등에 사용하며, 염화아연 용액은 살균 효과가 크나, 흡수성이 있으며, 목질부를 약화시키고, 전기 전도율이 증가되나 그 위에 페인트를 칠할 수 없다.

47 | 목재의 방부제(크레오소트유)
14, 06

악취가 나고, 흑갈색으로 외관이 불미하므로 눈에 보이지 않는 토대, 기둥, 도리 등에 이용되는 목재의 유성 방부제는?

① PCP　　② 페인트
③ 황산동 1% 용액　　④ 크레오소트 오일

해설 목재의 방부제 중 PCP(펜타클로로페놀)는 무색이고, 방부력이 가장 우수하며, 그 위에 페인트를 칠할 수 있으나 크레오소트에 비하여 가격이 비싸며, 석유 등의 용제로 녹여서 사용하여야 하고, 페인트는 방습과 방부 효과가 있으며, 황산동 1%용액은 방부성은 좋으나, 철재를 부식시킨다.

48 | 목재의 방부제
14, 07

목재의 방부제에 관한 설명으로 옳지 않은 것은?

① 크레오소트유는 유성 방부제로 방부력이 우수하다.
② PCP는 방부력이 약하고 페인트 칠이 불가능하다.
③ 황산동 1% 용액은 철재를 부식시키고 인체에 유해하다.
④ 콜타르는 목재가 흑갈색으로 착색되므로 사용 장소가 제한된다.

해설 목재의 방부제 중 PCP(펜타클로로페놀)는 무색이고, 방부력이 가장 우수하며, 그 위에 페인트를 칠할 수 있으나 크레오소트에 비하여 가격이 비싸며, 석유 등의 용제로 녹여서 사용하여야 하고, 페인트는 방습과 방부 효과가 있다.

49 | 방부제 처리법(가압 주입법)
08

목재의 방부 처리법 중 가압 주입법에 대한 설명으로 옳은 것은?

① 약제의 침투 깊이가 깊다.
② 약제의 침투 깊이가 불균일하다.
③ 흡수량이 적어 주입 효과가 작다.
④ 개방된 처리 장치 속에서 가압만을 통해 약제를 목재에 가압 주입하는 방법이다.

해설 방부제 처리법 중 가압 주입법은 원통 안에 방부제를 넣고 $7 \sim 31 kgf/cm^2$ 정도로 가압하여 주입하는 것으로 70℃의 크레오소트 오일액을 쓴다. 특히, 약제의 침투 깊이가 깊다.

50 | 목재
03

목재에 관한 사항 중 옳지 못한 것은?

① 추재는 일반적으로 춘재보다 단단하다.
② 열대 지방의 나무는 나이테가 불명확하다.
③ 활엽수라 하더라도 단풍나무, 버드나무, 나왕은 나이테가 확실하지 않다.
④ 나이테의 밀도는 목재의 비중과 강도에 관계가 없다.

해설 같은 나무의 종류일지라도 나이테 간격의 넓고, 좁음이나 횡단면 전체 면적 중 추재부(가을과 겨울에 성장한 세포막이 두껍고 얇은 층을 이루며 단단한 목질 부분)가 차지하는 비율에 따라 목재의 비중이나 강도가 달라지는데, 나이테의 간격이 좁을수록, 추재부가 차지하는 부분이 많을수록 비중과 강도는 크게 된다.

51 | 목재
06

다음 중 목재에 관한 설명으로 틀린 것은?

① 비내화적이므로 화재에 약하다.
② 흡수성이 크고 신축변형이 크다.
③ 열전도도가 낮아 여러 가지 보온재로 사용된다.
④ 섬유 포화점 이하에서는 함수율이 감소할수록 강도도 감소한다.

해설 목재의 성질 중 섬유 포화점 이하에서는 함수율이 낮을수록 강도는 증가하고, 섬유 포화 상태에서는 강도는 최소이고, 목재의 비중은 일반적으로 기건 비중을 기준으로 하며, 목재에 포함된 수분은 내구성과 가공성과 깊은 관계가 있다.

정답　46. ④　47. ④　48. ②　49. ①　50. ④　51. ④

52 | 목재 07

다음 중 목재에 관한 설명으로 옳지 않은 것은?

① 건조가 불충분한 것은 썩기 쉽다.
② 소리, 전기 등의 전도성이 크다.
③ 가공성이 좋다.
④ 단열성이 크다.

해설 목재의 장점은 가볍고, 감촉이 좋으며, 열전도율과 열팽창률이 적다. 특히, 산성 약품 및 염분에 강하고, 소리와 전기 등의 전도성이 낮다. 단점은 착화점이 낮아 내화성이 작고, 흡수성이 커서, 변형하기가 쉬우며, 습기가 많은 곳에서는 부식하기가 쉽다. 특히, 충해나 풍화에 의하여 내구성이 떨어진다.

53 | 목재 19, 14

목재에 관한 설명으로 옳지 않은 것은?

① 추재는 일반적으로 춘재보다 단단하다.
② 열대 지방의 나무는 나이테가 불명확하다.
③ 섬유 포화점 이상에서는 함수율의 증가에 따라 강도가 증대한다.
④ 목재의 압축 강도는 함수율 및 외력이 가해지는 방향 등에 따라 달라진다.

해설 목재의 성질 중 섬유 포화점 이상에서는 함수율에 관계없이 강도, 팽창 및 수축이 일정하다.

54 | 목재 04

다음은 목재에 대한 설명이다. 옳지 않은 것은?

① 목재의 진비중은 수종에 관계 없이 1.54 정도로 거의 같다.
② 섬유 포화점은 함수율 30% 정도이다.
③ 가구재의 함수율은 10% 이하로 하는 것이 바람직하다.
④ 목재는 휨재로 쓸 때 가장 유리하다.

해설 목재의 강도는 섬유 방향에 대하여 직각 방향의 강도가 1이라고 하면, 섬유 방향의 강도의 비는 압축 강도 5~10, 인장 강도 10~30, 휨강도 7~15 정도이므로 목재를 휨재로 사용하는 경우보다 인장재로 사용하는 것이 유리하다.

55 | 목재 24, 10, 06

다음의 목재에 대한 설명 중 옳지 않은 것은?

① 석재나 금속재에 비하여 가공이 용이하다.
② 섬유 포화점 이상의 함수상태에서는 함수율의 증감에도 불구하고 신축을 일으키지 않는다.
③ 열전도도가 아주 낮아 여러 가지 보온 재료로 사용된다.
④ 추재와 춘재는 비중이 같으므로 수축률 및 팽창률도 같다.

해설 춘재(봄과 여름의 성장 부분)와 추재(가을과 겨울의 성장 부분)는 비중, 형성 시기, 세포질 및 색깔 등이 다르고, 특히, 수축과 팽창률도 다르다.

56 | 목재 25, 23, 10

목재에 대한 설명으로 옳지 않은 것은?

① 가공성이 좋다.   ② 단열성이 작다.
③ 차음성이 있다.   ④ 마감면이 아름답다.

해설 목재의 장점은 가볍고, 감촉이 좋으며, 열전도율과 열팽창률이 적다(단열성이 크다). 특히, 산성 약품 및 염분에 강하고, 소리와 전기 등의 전도성이 낮다. 단점은 착화점이 낮아 내화성이 작고, 흡수성이 커서, 변형하기가 쉬우며, 습기가 많은 곳에서는 부식하기가 쉽다. 특히, 충해나 풍화에 의하여 내구성이 떨어진다.

57 | 목재의 성질 04

목재의 성질에 대한 설명으로 옳은 것은?

① 섬유포화점 이하에서는 함수율이 낮을수록 강도는 증가된다.
② 섬유포화 상태에서 강도가 최대이다.
③ 목재의 비중은 일반적으로 절건 비중을 의미한다.
④ 목재에 포함된 수분은 내구성, 가공성과는 관계가 없다.

해설 섬유 포화점 이하에서는 함수율이 낮을수록 강도는 증가하고, 섬유 포화 상태에서는 강도는 최소이고, 목재의 비중은 일반적으로 기건 비중을 기준으로 하며, 목재에 포함된 수분은 내구성과 가공성과 깊은 관계가 있다.

58 | 목재의 성질 07

목재의 성질에 대한 설명 중 옳은 것은?

① 건축용 구조재로는 활엽수가 주로 쓰이고, 침엽수는 치장재, 가구재로 주로 쓰인다.
② 섬유 포화점 이상에서는 함수율이 변하더라도 강도는 일정하다.
③ 비중이 작을수록 강도가 크다.
④ 목재의 강도나 탄성은 가력방향과 섬유방향에 상관없이 항상 일정하다.

해설 건축용 구조재로는 침엽수가 사용되고, 활엽수는 치장재, 가구재로 사용하며, 목재의 강도와 비중은 비례 관계가 성립되므로 비중이 클수록 강도가 크고, 비중이 작을수록 강도는 작으며, 목재의 강도와 탄성은 가력방향과 섬유방향과 밀접한 관계를 갖고 있다.

59 | 목재의 성질 | 09

목재의 성질에 대한 설명 중 옳지 않은 것은?

① 가볍고, 가공이 용이하다.
② 수종마다 독특한 무늬와 향기를 가진다.
③ 열전도율이 작다.
④ 흡수 및 흡습성이 작다.

해설 목재의 장점은 ①, ②, ③ 외에 가볍고, 감촉이 좋으며, 열전도율과 열팽창률이 작다. 특히, 산성 약품 및 염분에 강하다. 단점은 착화점이 낮아 내화성이 작고, 흡수성이 커서, 변형하기가 쉬우며, 습기가 많은 곳(흡수 및 흡습성이 크다)에서는 부식하기가 쉽다.

60 | 목재의 성질 | 09

다음 중 목재의 일반적인 성질에 관한 설명으로 옳은 것은?

① 목재의 기건 함수율은 계절, 장소, 기후와 상관없이 항상 동일하다.
② 섬유 포화점 이상의 함수 상태에서는 함수율의 증감에 거의 비례하여 신축을 일으킨다.
③ 열전도도가 낮아 여러 가지 보온 재료로 사용된다.
④ 섬유 포화점 이상의 함수 상태에서는 함수율의 증가에 따라 강도는 현저히 감소한다.

해설 목재의 기건 함수율은 대기 중의 습도와 균형인 상태로서 계절, 장소 및 기후에 따라 일정(동일)하지 않고, 섬유 포화점 이상에서는 신축과 강도의 변화가 거의 없다.

61 | 합판의 용어 | 14, 12, 08

목재 제품 중 목재를 얇은 판, 즉 단판으로 만들어 이들을 섬유 방향이 서로 직교되도록 홀수로 적층하면서 접착제로 접착시켜 만든 것은?

① 합판
② 섬유판
③ 파티클 보드
④ 목재 집성재

해설 섬유판은 조각낸 목재 톱밥, 대팻밥, 볏짚, 보릿짚, 펄프 찌꺼기, 종이 등이 식물성 재료를 원료로 하여 펄프로 만든 다음, 접착제, 방부제 등을 첨가하여 제판한 것이고, 파티클 보드는 목재 또는 식물질을 파쇄하여 충분히 건조시킨 후 합성수지와 같은 유기질의 접착제를 첨가하여 성형, 열압하여 만든 판이며, 목재 집성재는 제재 판재 또는 소각재 등의 부재를 서로 섬유 방향을 평행하게 하여 길이, 너비 및 두께 방향으로 접착제를 사용하여 집성, 접착시킨 제품이다.

62 | 합판(슬라이스트 베니어의 용어) | 07, 98

합판의 제법 중 상하 또는 수평으로 이동하는 너비가 넓은 대패날로 얇게 절단한 것으로서, 곧은 결 등의 아름다운 무늬를 이용할 수 있는 것은?

① 로터리 베니어(rotary veneer)
② 슬라이스트 베니어(sliced veneer)
③ 소드 베니어(sawed veneer)
④ 프린트 베니어(print veneer)

해설 로터리 베니어(rotary veneer)는 일정한 길이로 자른 원목의 양 마구리의 중심을 축으로 하여, 원목이 회전함에 따라 두루마리를 펴듯이 연속적으로 벗기는 방식의 베니어이고, 소드 베니어(sawed veneer)는 판재를 만드는 것과 같은 방법으로 얇게 톱으로 쪼갠 단판으로 만드는 베니어이며, 프린트 베니어(print veneer)는 프린트 합판의 단판이다.

63 | 합판의 제조 방법 | 12

보통 합판의 제조 방법에 따른 구분에 해당되지 않는 것은?

① 일반
② 내수
③ 난연
④ 무취

해설 합판의 종류에는 제조 방법에 따라 일반, 무취, 방충, 난연 합판 등이 있고, 접착 형식에 따라 내수, 준내수 및 비내수 합판 등이 있으며, 판면의 품질 및 겉모양에 따라 1급, 2급 및 3급으로 구별된다.

64 | 합판(프린트 합판의 용어) | 04

특수 합판 중 표면을 인쇄 가공한 합판은?

① 플로어링 보드
② 파키트리 패널
③ 도장 합판
④ 프린트 합판

해설 플로어링 보드는 참나무, 미송, 나왕, 아피톤과 같이 굳고 무늬결이 좋은 목재를 표면 가공, 제혀 쪽매 및 기타 필요한 가공을 하고, 마루 귀틀 위에 단독으로 시공하여도 마루널로서 필요한 강도를 가질 수 있는 목재 제품으로 바닥 판재이고, 파키트리 패널은 두께 15mm의 파키트리 보드를 네 매씩 조합하여 240×240mm의 각판으로 만들어 접착제나 파정으로 붙인 것이며, 도장 합판은 표면을 투명·불투명하게 도장 가공한 합판이다.

65 | 합판 13

목재 제품 중 합판에 관한 설명으로 옳지 않은 것은?

① 균일한 강도의 재료를 얻을 수 있다.
② 함수율 변화에 따른 팽창·수축의 방향성이 없다.
③ 단판을 섬유 방향이 서로 평행하도록 홀수로 적층하여 만든 것이다.
④ 뒤틀림이나 변형이 적은 비교적 큰 면적의 평면 재료를 얻을 수 있다.

해설 합판은 단판을 섬유 방향이 서로 직교되도록 홀수로 적층하여 만든 것이고, 섬유 방향이 평행하도록 홀수와 짝수에 관계없이 적층한 제품은 집성 목재이다.

66 | 합판 13

합판에 관한 설명으로 옳지 않은 것은?

① 단판의 매수는 짝수를 원칙으로 한다.
② 합판을 구성하는 단판을 베니어라고 한다.
③ 함수율 변화에 다른 팽창·수축의 방향성이 없다.
④ 뒤틀림이나 변형이 적은 비교적 큰 면적의 평면 재료를 얻을 수 있다.

해설 합판은 3장 이상의 얇은 판(단판)을 각각의 섬유 방향이 다른 각도(90°)로 교차되도록 홀수(3, 5, 7장 등)장을 겹쳐서 만든 목재 제품이다.

67 | 합판 03, 01

합판에 대한 설명으로 옳지 않은 것은?

① 단판의 매수는 짝수를 원칙으로 한다.
② 합판을 구성하는 단판을 베니어라고 한다.
③ 단판은 서로 직각되게 겹쳐 접착제로 붙인다.
④ 합판은 신축 변형이 적어 곡면 가공도 가능하다.

해설 합판은 3장 이상의 얇은 판(단판)을 각각의 섬유 방향이 다른 각도(90°)로 교차되도록 홀수(3, 5, 7장 등)장을 겹쳐서 만든 목재 제품이다.

68 | 합판 03

합판에 대한 설명 중 옳지 않은 것은?

① 합판 접착제는 보통 내수용 합판일 경우 페놀 수지를 사용하고 준내수용 합판은 요소 수지 접착제를 사용한다.
② 합판 제조법은 로터리, 슬라이스드, 소드 등이 있으며 소드 제조 방법이 가장 많은 합판을 만들 수 있다.
③ 합판은 보통 3매 이상의 단판을 홀수로 섬유 방향이 서로 직교하도록 겹쳐서 접착한다.
④ 합판은 할열에 강하고 방향에 따른 강도의 차가 적다.

해설 합판의 제조 방법이 로터리 베니어, 슬라이스드 베니어, 소드 베니어의 세 가지 방법이 있으며, 로터리 베니어는 생산 능률이 높으므로 합판 제조의 80~90%를 이 방식에 의존하고 있다.

69 | 합판 04

합판에 대한 설명으로 옳은 것은?

① 얇은 판을 매 장마다 각각의 섬유 방향이 직교되도록 겹쳐 붙여 만든 것이다.
② 함수율 변화에 의한 신축 변형이 크다.
③ 곡면 가공을 할 경우 균열이 발생한다.
④ 변형의 방향성이 크다.

해설 합판의 특성은 함수율 변화에 의한 신축 변형이 작고, 곡면 가공을 할 경우 균열이 발생하지 않으며, 변형의 방향성이 작다.

70 | 합판 24, 20②, 06, 05, 04, 03

다음 중 합판에 대한 설명으로 옳지 않은 것은?

① 단판(veneer)인 박판을 짝수로 섬유 방향이 평행하도록 접착제로 겹쳐 붙여 만든 것이다.
② 함수율 변화에 의한 신축 변형이 적다.
③ 곡면 가공을 하여도 균열이 생기지 않고 무늬도 일정하다.
④ 표면 가공법으로 흡음 효과를 낼 수가 있고 의장적 효과도 높일 수 있다.

해설 합판은 3장 이상의 얇은 판(단판)을 각각의 섬유 방향이 다른 각도(90°)로 교차되도록 홀수(3, 5, 7장 등)장을 겹쳐서 만든 목재 제품이다.

71 | 합판 10

합판에 대한 설명 중 옳지 않은 것은?

① 균일한 강도의 재료를 얻을 수 있다.
② 함수율 변화에 따른 팽창·수축의 방향성이 있다.
③ 뒤틀림이나 변형이 적은 비교적 큰 면적의 평면 재료를 얻을 수 있다.
④ 목재를 얇은 판, 즉 단판(veneer)으로 만들어 이들을 섬유방향이 서로 직교되도록 홀수로 적층하면서 접착시킨 판을 말한다.

해설 합판은 베니어(단판)를 서로 직교시켜 붙인 것으로, 잘 갈라지지 않으며 방향에 따른 강도의 차가 적고, 단판은 얇아서 건조가 빠르고 뒤틀림이 없고, 함수율 변화에 따른 방향성이 없으므로 팽창과 수축을 방지할 수 있다.

72 | 합판
11, 10

다음 중 합판에 대한 설명으로 옳지 않은 것은?
① 함수율 변화에 따른 팽창·수축의 방향성이 크다.
② 단판(veneer)을 섬유 방향이 서로 직교하도록 겹쳐 붙인 것이다.
③ 뒤틀림이나 변형이 적은 비교적 큰 면적의 평면 재료를 얻을 수 있다.
④ 합판을 구성하는 단판의 매수는 일반적으로 3겹, 5겹, 7겹 등 홀수 매수로 한다.

해설 합판은 베니어(단판)를 서로 직교시켜 붙인 것으로, 잘 갈라지지 않으며 방향에 따른 강도의 차가 적고, 단판은 얇아서 건조가 빠르고 뒤틀림이 없고, 함수율 변화에 따른 방향성이 없으므로 팽창과 수축을 방지할 수 있다.

73 | 합판의 특성
02

합판의 특성으로 옳지 않은 것은?
① 방향에 따른 강도의 차가 크다.
② 목재의 결점을 제거할 수 있다.
③ 아름다운 무늬가 좋은 판을 얻을 수 있다.
④ 곡면판을 만들 수 있다.

해설 합판은 베니어(단판)을 서로 직교시켜 붙인 것으로 잘 갈라지지 않으며, 방향에 따른 강도의 차가 적고, 단판은 얇아서 건조가 빠르고, 뒤틀림이 없으므로 팽창과 수축을 방지할 수 있다.

74 | 합판의 특성
04, 99

합판의 특성에 대한 설명 중 옳지 않은 것은?
① 판재에 비해 균질이다.
② 단판을 서로 직교시켜 붙인 것으로 방향에 따른 강도의 차가 적다.
③ 단판은 얇아서 건조가 빠르고 뒤틀림이 없으므로 팽창, 수축을 방지할 수 있다.
④ 너비가 큰 판을 얻을 수 있지만 곡면판으로 만들 수는 없다.

해설 합판은 베니어(단판)를 서로 직교시켜 붙인 것으로 잘 갈라지지 않으며 방향에 따른 강도의 차가 적고, 너비가 큰 판을 얻을 수 있으며, 쉽게 곡면판을 만들 수 있다.

75 | 합판의 특성
06

합판의 특성에 대한 설명으로 틀린 것은?
① 함수율 변화에 따른 팽창·수축의 방향성이 없다.
② 뒤틀림이나 변형이 적은 비교적 큰 면적의 평면 재료를 얻을 수 있다.
③ 얇은 판을 겹쳐서 만들므로 목재 고유의 아름다운 무늬를 얻을 수 없다.
④ 곡면 가공을 하여도 균열이 생기지 않는다.

해설 합판은 단판은 얇아서 건조가 빠르고 뒤틀림이 없으므로 팽창과 수축을 방지할 수 있고, 아름다운 무늬가 되도록 얇게 벗긴 단판을 합판의 양측 표면에 사용하면 값싸고 무늬가 좋은 판을 얻을 수 있다.

76 | 합판의 특성
06

합판의 특성에 대한 설명 중 옳지 않은 것은?
① 단판의 매수는 일반적으로 3겹, 5겹, 7겹 등 홀수 매수로 한다.
② 단판을 서로 직교시켜 붙인 것으로 방향에 따른 강도의 차가 적다.
③ 함수율 변화에 따른 팽창·수축의 방향성이 없다.
④ 너비가 큰 판을 얻을 수 있지만 곡면판으로 만들 수는 없다.

해설 합판은 베니어(단판)를 서로 직교시켜 붙인 것으로 잘 갈라지지 않으며 방향에 따른 강도의 차가 적고, 너비가 큰 판을 얻을 수 있으며, 쉽게 곡면판을 만들 수 있다.

77 | 합판의 특성
02

다음 중 합판의 특성을 설명한 내용 중 옳지 않은 것은?
① 단판을 서로 직교시켜서 붙인 것이므로 잘 갈라지지 않으나 방향에 따른 강도의 차가 많다.
② 단판은 얇아서 건조가 빠르고, 뒤틀림이 없으므로 팽창·수축을 방지할 수 있다.
③ 아름다운 무늬가 되도록 얇게 벗긴 단판을 합판 양 표면에 사용하면 무늬가 좋은 판을 얻을 수 있다.
④ 너비가 큰 판을 얻을 수 있고 쉽게 곡면판으로 만들 수가 있다.

정답 72.① 73.① 74.④ 75.③ 76.④ 77.①

해설 합판은 베니어(단판)를 서로 직교시켜 붙인 것으로 잘 갈라지지 않으며 방향에 따른 강도의 차가 적고, 판재에 비하여 균질이고 목재의 이용률을 높일 수 있다.

78 | MDF
24, 23, 22, 09

MDF에 대한 설명으로 틀린 것은?

① 톱밥을 압축 가공해서 목재가 가진 리그닌 단백질을 이용하여 목재 섬유를 고착시켜 만든 인조 목재판이다.
② 일반 고정 못으로 시공이 용이하며 한번 고정 철물을 사용한 곳도 쉽게 재시공할 수 있다.
③ 인테리어 공사시 합판 대용으로 시공이 용이하고 마감이 깔끔하다.
④ 습기에 약하며 무게가 많이 나간다.

해설 MDF는 나사못으로 고정이 가능하고, 한번 고정 철물을 사용한 곳은 재시공이 불가능한 단점이 있다.

79 | MDF
18, 16

중밀도 섬유판(MDF)에 관한 설명으로 옳지 않은 것은?

① 밀도가 균일하다.
② 측면의 가공성이 좋다.
③ 표면에 무늬 인쇄가 불가능하다.
④ 가구 제조용 판상 재료로 사용된다.

해설 섬유판은 조각낸 목재 톱밥, 대팻밥, 볏짚, 보릿짚, 펄프 찌꺼기, 종이 등이 식물성 재료를 원료로 하여 펄프로 만든 다음, 접착제, 방부제 등을 첨가하여 제판한 것으로서 중밀도 섬유판은 표면에 무늬 인쇄가 가능하다.

80 | 중밀도 섬유판의 용어
12

기호는 MDF이며, 밀도가 $0.35g/cm^3$ 이상 $0.85g/cm^3$ 미만인 섬유판은?

① 파티클 보드   ② 경질 섬유판
③ 연질 섬유판   ④ 중밀도 섬유판

해설 파티클 보드는 목재 또는 식물질을 파쇄하여 충분히 건조시킨 후 합성수지와 같은 유기질의 접착제를 첨가하여 성형, 열압하여 만든 판이고, 경질 섬유판은 밀도가 $0.85g/cm^3$ 이상인 판으로 방향성을 고려할 필요가 없고 마모성이 큰 섬유판이며, 연질 섬유판은 건축의 내장 및 보온을 목적으로 성형한 밀도 $0.35g/cm^3$ 미만인 판이다.

81 | 섬유판의 구분 기준 요소
12

연질 섬유판과 경질 섬유판을 구분하는 기준이 되는 것은?

① 밀도   ② 두께
③ 강도   ④ 접착제

해설 연질 섬유판의 밀도는 $0.4g/cm^3$이고, 중질 섬유판의 밀도는 $0.4g/cm^3$ 이상 $0.8g/cm^3$ 미만, 경질 섬유판의 밀도는 $0.8g/cm^3$ 이상이다. 즉, 섬유판의 구분은 밀도를 기준으로 한다.

82 | 파티클 보드의 용어
25, 23, 21, 15, 09②, 01

목재 또는 기타 식물질을 절삭 또는 파쇄하여 소편으로 하여 충분히 건조시킨 후, 합성수지 접착제와 같은 유기질 접착제를 첨가하여 열압 제판한 목재 제품은?

① 파티클 보드
② 합판
③ 파키트리 패널
④ 파키트리 보드

해설 합판은 3매 이상의 얇은 판을 1매마다 섬유 방향이 직교하도록 접착제로 겹쳐서 붙여 만든 판이고, 파키트리 패널은 파키트리 보드를 4매씩 조합하여 24cm각 판으로 접착제나 파정으로 붙이는 우수한 마루판재이며, 파키트리 보드는 견목재판을 길이가 너비의 3~5배 정도가 되게 한 판이다.

83 | 파티클 보드
08

파티클 보드에 대한 설명으로 옳은 것은?

① 제재 판재 또는 소각재 등의 부재를 서로 섬유 방향을 평행하게 하여 길이, 너비 및 두께 방향으로 접착제를 사용하여 집성, 접착시킨 것을 말한다.
② 목편, 목모, 목질 섬유 등과 시멘트를 혼합하여 성형한 보드이다.
③ 목재 및 기타 식물의 섬유질 소편에 합성수지 접착제를 도포하여 가열 압착 성형한 판상 제품이다.
④ 목재를 얇은 판으로 만들어 이들의 섬유 방향이 서로 직교되도록 홀수로 적층하면서 접착제로 접착시켜 합친 판을 말한다.

해설 ① 집성 목재, ② 목모 또는 목편 시멘트판, ④ 합판에 대한 설명이다.

정답 78.② 79.③ 80.④ 81.① 82.① 83.③

84 파티클 보드
24, 18, 16, 10

파티클(particle) 보드에 대한 설명으로 옳지 않은 것은?

① 합판에 비하여 면 내 강성은 떨어지나 휨강도는 우수하다.
② 폐재, 부산물 등 저가치재를 이용하여 넓은 면적의 판상제품을 만들 수 있다.
③ 목재 및 기타 식물의 섬유질 소편에 합성수지 접착제를 도포하여 가열 압착 성형한 판상제품이다.
④ 수분이나 고습도에 대하여 그다지 강하지 않기 때문에 이와 같은 조건하에서 사용하는 경우에는 방습 및 방수 처리가 필요하다.

해설 파티클 보드(목재 및 기타 식물의 섬유질 소편에 합성수지 접착제를 도포하여 가열 압착 성형한 판상 제품)는 합판에 비하여 면 내 강성은 우수하나, 휨강도는 떨어진다.

85 파티클 보드
15

파티클 보드에 관한 설명으로 옳지 않은 것은?

① 면내 강성이 우수하다.
② 음 및 열의 차단성이 우수하다.
③ 넓은 면적의 판상 제품을 만들 수 있다.
④ 수분이나 고습도에 대한 저항 성능이 우수하다.

해설 파티클 보드는 수분이나 고습도에 대하여 그다지 강하지 않기 때문에 이와 같은 조건에서 사용하는 경우, 방습 및 방수 처리가 필요하다.

86 파티클 보드의 특성
25, 02

파티클 보드의 특성에 대한 설명 중 틀린 것은?

① 강도에 방향성이 있고 큰 면적의 판을 만들 수 없다.
② 두께를 자유롭게 선택하여 만들 수 있다.
③ 균질한 판을 대량으로 생산할 수 있다.
④ 가공이 비교적 용이하고 못이나 나사못의 지보력이 크다.

해설 파티클 보드[식물 섬유를 주원료(가는 원목, 짧은 원목, 폐목, 톱밥, 볏짚, 대팻밥 등)로 하여, 접착제로 성형, 열압하여 제판한 비중이 0.4 이상의 판]는 강도에 방향성이 없고, 큰 면적의 판을 만들 수 있으며, 방충·방부성이 크며, 못이나 나사못의 지보력은 목재와 거의 같다.

87 실내 바닥 재료의 종류
25, 21, 14

다음 중 실내 바닥 마감 재료로 사용이 가장 곤란한 것은?

① 비닐 시트 ② 플로링 보드
③ 파키트리 보드 ④ 코펜하겐 리브

해설 코펜하겐 리브는 두께 5cm, 너비 10cm 정도로 만든 긴 판으로서 표면을 자유 곡면으로 깎아 수직 평행선이 되게 리브를 만든 것이며, 강당, 집회장, 극장 등의 음향 조절용 또는 일반 건물의 벽 수장재로 사용하며 음향 효과와 장식 효과가 있다.

88 강화마루의 용어
04

다음은 설명으로 맞는 것은?

목재 가루를 압축한 바탕재(HDF) 위에 고압력으로 강화시켜 여러 층의 표면판을 적층하여 접착시킨 복합재 마루로 일명 "라미네이트 마루"라고도 불린다.

① 온돌마루 ② 원목마루
③ 합판마루 ④ 강화마루

해설 온돌마루는 원목마루의 단점, 즉 온도변화에 대한 수축과 팽창, 뒤틀림을 최소화하면서 원목고유의 무늬와 질감을 느낄 수 있도록 개발된 제품이고, 원목마루는 활엽수(참나무, 자작나무, 단풍나무 등)를 사용하여 가공한 마루판이며, 합판마루는 합판을 이용한 마루판이다.

89 코펜하겐 리브의 용어
20, 13, 05, 02, 99, 98

목재의 가공품 중 강당, 집회장 등의 천장 또는 내벽에 붙여 음향 조절용으로 사용되는 것은?

① 플로어링 보드 ② 코펜하겐 리브
③ 파키트리 블록 ④ 플로어링 블록

해설 플로어링 보드는 단독으로 시공하여도 마루널로서 필요한 강도를 낼 수 있는 재료로 표면 가공, 제혀쪽매 및 기타 필요한 가공을 한 목재 제품이고, 파키트리 블록은 파키트리 보드(견목재판을 두께 9~15mm, 너비 600mm, 길이는 너비의 3~5배로 한 것으로 제혀쪽매로 하고, 표면은 상대패로 마감한 판재)를 3~5매씩 조합하여 각 판으로 만들어 뒷면에 파정으로 접합하고 방습처리 한 것이며, 플로어링 블록은 단층 조각 마루판으로 마구리면 및 양 표면을 대패질한 나무 판자의 각 조각을 금속 스테이플로 접착한 것이다.

90 코펜하겐 리브의 용어
08, 05, 04, 02, 01, 98

극장이나 강당, 집회장 등의 음향 조절용으로 쓰이거나 일반 건물의 벽수장재로 이용되는 목재 제품은?

① 플로어링 보드 ② 파키트리 패널
③ 코펜하겐 리브 ④ 펄라이트

해설 플로어링 보드는 단독으로 시공하여도 마루널로서 필요한 강도를 낼 수 있는 재료로 표면 가공, 제혀쪽매 및 기타 필요한 가공을 한 목재 제품이고, 파키트리 패널은 두께 15mm의 파키트리 보드(견목재판을 두께 9~15mm, 너비 600mm, 길이는 너비의 3~5배로 한 것으로 제혀쪽매로 하고, 표면은 상대패로 마감한 판재)를 4매씩 조합하여 각판으로 접착제나 파정으로 붙이는 우수한 마루판이며, 펄라이트는 진주암, 흑요석, 송지석 또는 이에 준하는 석질(유리질의 화산암)을 포함한 암석을 분쇄하여 소성, 팽창시켜 제조한 백색의 다공질 경석으로 성질 및 용도가 거의 동일하다.

91 | 코펜하겐 리브의 용어
22, 05, 03

목재의 가공품 중 강당, 집회장 등의 음향조절용으로 사용되며 보통 두께 3cm, 넓이 10cm 정도의 긴판에 표면을 리브로 가공한 것은?

① 코르크 보드(cork board)
② 코펜하겐 리브(Copenhagen rib)
③ 파키트리 블록(parquetry block)
④ 집성목재(glue-laminated timber)

해설 코르크 보드는 코르크 나무 껍질의 탄력성이 있는 부분을 원료로 하여 그 분말로 가열, 가압, 성형, 접착하여 널빤지로 만든 것이고, 파키트리 블록은 파키트리 보드를 3~5매씩 조합하여 각 판으로 만들어 뒷면에 파정으로 접합하고 방습처리 한 것이며, 집성 목재는 두께 15~50mm의 단판을 제재하여 섬유 방향을 거의 평행이 되게 여러 장 겹쳐서 접착한 것이다.

92 | 집성 목재의 용어
11

판재(板材) 및 소각재(小角材) 등을 같은 방향으로 서로 평행하게 접착시켜 만든 접착 가공 목재를 무엇이라 하는가?

① 조립재   ② 집성재
③ 내구재   ④ 구조재

해설 집성 목재(두께 15~50mm의 단판을 제재하여 섬유 방향을 거의 평행이 되게 여러 장 겹쳐서 접착한 것)는 목재의 강도를 인공적으로 자유롭게 조절할 수 있고, 응력에 따라 필요한 단면을 만들 수 있으며, 필요에 따라 아치와 같은 굽은 용재를 만들 수 있다. 또한, 길고 단면이 큰 부재를 간단히 만들 수 있다.

93 | 집성 목재
25, 08, 04, 03, 00, 98

집성 목재에 관한 설명 중 틀린 것은?

① 목재의 강도를 인공적으로 자유롭게 조절할 수 있다.
② 필요에 따라 아치와 같은 곡면재를 만들 수 있다.
③ 응력에 따라 필요한 단면을 만들기 어렵다.
④ 길고 단면이 큰 부재를 만들 수 있다.

해설 집성 목재(두께 15~50mm의 단판을 섬유 방향으로 거의 평행이 되게 여러 장 겹쳐서 접착한 것)는 응력에 따라 필요한 단면을 만들 수 있다. 이를 테면 보일 때에는 양끝으로 갈수록 보의 높이를 줄여 가면서 변단면재를 만들 수 있다.

94 | 집성 목재
14, 05

집성 목재에 관한 설명으로 옳지 않은 것은?

① 톱밥, 대패밥, 나무 부스러기를 이용하므로 경제적이다.
② 요구된 치수, 형태의 재료를 비교적 용이하게 제조할 수 있다.
③ 강도상 요구에 따라 단면과 치수를 변화시킨 구조 재료를 설계, 제작할 수 있다.
④ 제재품이 갖는 옹이, 할열 등의 결함을 제거, 분산시킬 수 있으므로 강도의 편차가 작다.

해설 집성 목재는 두께 15~50mm의 단판을 제재하여 섬유 방향을 거의 평행이 되게 여러 장 겹쳐서 접착한 목재 또는 소판이나 소각재의 부산물 등을 이용하여 접착, 접합에 의해 필요한 치수와 형상으로 만든 인공 목재이다. ①의 설명은 섬유판에 대한 설명이다.

95 | 집성 목재
24, 10, 09

집성 목재에 대한 설명으로 옳지 않은 것은?

① 요구된 치수, 형태의 재료를 비교적 용이하게 제조할 수 있다.
② 제재판재 또는 소각재 등의 부재를 섬유 방향이 직교하도록 접착제로 겹쳐 붙여 만든 것이다.
③ 옹이, 균열 등의 결함을 제거, 분산시킬 수 있으므로 강도의 편차가 적다.
④ 충분히 건조된 건조재를 사용하므로 비틀림, 변형 등을 피할 수 있다.

해설 ② 합판에 대한 설명이다.

96 | 집성 목재
23, 11, 04

집성 목재에 대한 설명으로 옳지 않은 것은?

① 아치와 같은 굽은 부재는 만들지 못한다.
② 응력에 따라 필요한 단면을 만들 수 있다.
③ 목재의 강도를 인공적으로 자유롭게 조절할 수 있다.
④ 보와 기둥에 사용할 수 있는 단면을 가진 것도 있다.

해설 집성 목재는 목재의 강도를 인공적으로 자유롭게 조절할 수 있고, 응력에 따라 필요한 단면을 만들 수 있으며, 필요에 따라 아치와 같은 굽은 용재를 만들 수 있는 것이다. 또한, 길고 단면이 큰 부재를 간단히 만들 수 있다.

97 | 집성 목재 07, 05

집성 목재에 대한 설명으로 옳은 것은?

① 소판이나 소각재의 부산물 등을 이용하여 접착, 접합에 의해 소요의 치수, 형상의 인공목재를 제조할 수 있다.
② 식물 섬유질을 주원료로 하여 이를 섬유화, 펄프화하여 성형, 성판한 것이다.
③ 코르크나무 표피를 원료로 하여 분말된 것을 판형으로 열압한 것이다.
④ 판을 섬유방향이 직교하도록 접착제로 붙여 만든 것이다.

해설 ② 섬유판, ③ 코르크, ④ 합판에 대한 설명이다.

98 | 집성 목재 02

목재 집성재에 대한 설명 중 잘못된 것은?

① 두께 15~50mm의 단판을 제재하여 섬유방향을 거의 평형이 되게 여러 장 접착한 것이다.
② 판을 붙이는 것은 3, 5, 7장 등과 같이 정확하게 홀수로 붙여야 한다.
③ 합판과 같이 얇은 판이 아니라 보나 기둥에 사용할 수 있는 단면을 가진다.
④ 아치와 같은 굽은 용재를 만들 수 있다.

해설 집성 목재는 두께 15~50mm의 단판을 제재하여 섬유방향을 거의 평행이 되게 여러 장 겹쳐서 접착한 것으로 합판의 차이점은 판의 섬유방향을 평행으로 붙인 것, 판이 홀수가 아니라도 된다는 점, 합판과 같은 얇은 판이 아니라, 보나 기둥에 사용할 수 있는 단면을 가진다는 점 등이다. ② 합판에 대한 설명이다.

99 | 집성 목재 22, 10, 06

집성 목재의 특징에 대한 설명 중 옳지 않은 것은?

① 곡면 부재를 만들 수 없다.
② 충분히 건조된 건조재를 사용하므로 비틀림, 변형 등이 생기지 않는다.
③ 작은 부재로 길고 큰 부재를 만들 수 있다.
④ 옹이, 할열 등의 결함을 제거, 분산시킬 수 있으므로 강도의 편차가 적다.

해설 집성 목재(두께 15~50mm의 단판을 제재하여 섬유 방향을 거의 평행이 되게 여러 장 겹쳐서 접착한 것)의 장점은 목재의 강도를 인공적으로 자유롭게 조절할 수 있고, 응력에 따라 필요한 단면을 만들 수 있으며, 필요에 따라 아치와 같은 굽은 용재를 만들 수 있다.

100 | 목재의 치수 07

목재의 치수에 관한 설명 중 옳지 않은 것은?

① 가구재의 치수는 보통 마무리 치수로 한다.
② 제재 치수란 제재된 목재의 실제 치수를 말한다.
③ 제재 치수는 창호재의 치수에 사용되며 마감 치수라고도 한다.
④ 마무리 치수란 제재목을 치수에 맞추어 깎고 다듬어 대패질로 마무리한 치수를 말한다.

해설 제재 치수(제재된 목재의 실제 치수로서 마무리 치수보다 약간 여유가 있는 치수)는 창호틀에 사용되는 치수이고, 마무리 치수(제재목을 치수에 맞추어 깎고 다듬어 대패질로 마무리한 치수)는 창호재에 사용되는 치수이다.

101 | 목재의 제품과 용도 09, 99

다음 중 목재 제품과 용도의 연결이 옳지 않은 것은?

① 집성 목재 : 목 구조의 기둥, 보, 아치 등의 구조재
② 플로링판 : 주택의 마루재
③ 코르크판 : 천장, 안벽의 흡음판
④ 코펜하겐 리브판 : 건축물의 외장재

해설 코펜하겐 리브는 두께 3cm, 너비 10cm 정도로 만든 긴 판으로 표면을 자유 곡면으로 깎아 수직 평행선이 되게 리브를 만든 것으로 면적이 넓은 강당, 극장 등의 안벽에 붙이면 음향 조절 효과도 있고, 장식 효과(내장재)도 있다.

102 | 목재 제품 13

목재 제품에 관한 설명으로 옳지 않은 것은?

① 파티클 보드는 합판에 비해 휨강도가 매우 우수하다.
② 합판은 함수율 변화에 따른 팽창·수축의 방향성이 없다.
③ 섬유판은 목재 또는 기타 식물을 섬유화하여 성형한 판상 제품이다.
④ 집성재는 부재를 서로 섬유 방향을 평행하게 하여 집성, 접착시킨 것이다.

정답 97.① 98.② 99.① 100.③ 101.④ 102.①

해설 파티클 보드는 합판에 비하여 면 내강성은 우수하나, 휨강도는 떨어진다.

② 석재

01 | 석재의 특징
25, 03, 99

다음 중 석재의 특성이 아닌 것은?
① 불연성이고 압축 강도가 크다.
② 내수성·내구성·내화학성이 풍부하고 내마모성이 크다.
③ 외관이 장중하고 치밀하고, 갈면 아름다운 광택이 난다.
④ 길고 큰 부재를 얻기 쉽다.

해설 석재는 인장 강도가 약하므로 길고 큰 부재인 보에 사용하기 힘들며, 길고 큰 부재를 구하기 힘들다.

02 | 석재의 특징
25*, 23, 04

일반적인 석재의 특징에 대한 설명 중 옳지 않은 것은?
① 장대재를 얻기 힘들고, 가구재로 부적당하다.
② 거의 모든 석재는 비중이 작아 가공성이 좋다.
③ 인장 강도가 압축 강도보다 작다.
④ 화열에 닿으면 화강암은 균열이 생기며 파괴된다.

해설 석재의 장점은 압축 강도가 크고, 불연성, 내구성, 내마멸성, 내수성이 있으며, 아름다운 외관과 생산량이 풍부하다. 또한, 석재의 단점은 비중이 커서 무겁고, 견고하여 가공이 힘들며, 길고 큰 부재를 얻기 힘들고, 압축 강도에 비하여 인장 강도가 매우 작다. 특히, 일부 석재는 고열에 매우 약하다.

03 | 석재(화성암의 종류)
09

다음 석재 중 화성암에 속하지 않는 것은?
① 대리석   ② 화강암
③ 안산암   ④ 부석

해설 화성암에는 심성암(화강암, 섬록암, 반려암 등), 화산암(안산암, 석영 및 조면암), 현무암 및 부석 등이 있고, 대리석은 수성암계의 변성암에 속한다.

04 | 석재(화성암의 종류)
24, 21, 10

석재의 종류에 있어서 화성암에 속하지 않는 것은?
① 화강암   ② 안산암
③ 현무암   ④ 석회암

해설 화성암에는 심성암(화강암, 섬록암, 반려암 등), 화산암(안산암, 석영 및 조면암), 현무암 및 부석 등이 있고, 석회암은 유기적 퇴적암에 속한다.

05 | 석재(변성암의 종류)
15

변성암에 속하지 않는 것은?
① 대리석   ② 석회석
③ 사문암   ④ 트래버틴

해설 변성암의 종류에는 수성암계의 대리석, 변성암계의 사문암과 트래버틴 등이 있고, 석회석은 수성암의 일종으로 화강암이나 동식물의 잔해 중에 포함되어 있는 석회분이 물에 녹아 침전되어 퇴적, 응고된 것으로 주성분은 탄산석회이다.

06 | 석재(변성암의 종류)
04

변성암 계열의 석재가 아닌 것은?
① 대리석   ② 트래버틴
③ 석면   ④ 부석

해설 변성암(화성암이나 수성암이 오랜 세월 동안 땅 속에서 지압과 지열을 받아 변질되어 결정화 된 것)에는 수성암계의 대리석, 변성암계의 사문암과 트래버틴 및 석면(사문암과 각섬암이 열과 압력을 받아 변질되어 섬유상으로 된 것) 등이 있다. 부석은 화성암에 속한다.

07 | 석재의 조직
02

석재의 조직에 대한 설명으로 옳지 않은 것은?
① 조암 광물 중 석영은 무색이고 견고하다.
② 안산암은 눈으로 볼 수 있는 현정질로 석재 표면이 구성되어 있다.
③ 암석 중에 갈라진 틈을 절리라 하며, 화성암에서 볼 수 있다.
④ 작게 쪼개어지기 쉬운 면이 있는데 이것을 석목이라 한다.

해설 화강암은 눈으로 볼 수 있는 현정질, 안산암은 눈으로 볼 수 없는 미정질, 현무암은 결정을 이루지 않는 유리질이다.

정답 01.④ 02.② 03.① 04.④ 05.② 06.④ 07.②

08 | 석재(절리의 용어)

암석 특유의 천연적으로 갈라진 금을 말하며, 모든 암석에 있으나 특히 화성암에서 심하게 나타나는 것은?

① 선상 조직   ② 절리
③ 결정질   ④ 입상 조직

해설 선상 조직은 용착부에 생기는 특이한 파단면의 조직 또는 아주 미세한 주상 결정이 서릿발 모양으로 나란히 있고, 그 사이에 현미경으로 볼 수 있는 비금속 불순물이나 기공이 있다. 이 조직을 나타내는 파단면을 선상 파단면이라고 하고, 결정질은 여러 개의 평면으로 쌓여서 형체를 이루고, 내부의 원자가 균질, 규칙적으로 배열되어 있는 성질이며, 입상 조직(현정질 조직)은 육안으로 석재의 파편을 보았을 때, 광물 입자들이 하나하나 구별되어 보이는 조직이다.

09 | 석재(호박돌의 용어)

개울에서 생긴 지름 20~30cm 정도의 둥글고 넓적한 돌로 기초 잡석 다짐이나 바닥 콘크리트 지정에 사용되는 것은?

① 판돌   ② 견칫돌
③ 호박돌   ④ 사괴석

해설 판돌은 넓고 얇은 판형으로 된 석재로 바닥 깔기 또는 붙임돌에 사용하고, 견치석은 네모 뿔 모양(피라미드형)으로 가공한 석재로서 석축에 사용하는 석재이며, 사괴석은 한식 구조의 벽체, 돌담(바람벽, 화방)을 쌓는 데 사용하는 석재로서 화강암이 사용된다.

10 | 석재의 내구성 비교

다음 중 석재의 내구성이 큰 것에서부터 순서대로 가장 알맞게 나열한 것은?

① 화강암 → 대리석 → 석회암 → 사암조립
② 화강암 → 석회암 → 대리석 → 사암조립
③ 대리석 → 석회암 → 화강암 → 사암조립
④ 화강암 → 사암조립 → 대리석 → 석회암

해설 석재의 압축 강도는 화강암(1,450~2,000kg/cm^2) → 대리석(1,000~1,800kg/cm^2) → 석회암(1,400kg/cm^2) → 사암조립(360kg/cm^2)의 순이다.

11 | 석재의 표면 가공 순서

석재의 표면 가공 순서로 옳은 것은?

① 혹두기 → 정다듬 → 도드락 다듬 → 잔다듬
② 혹두기 → 도드락 다듬 → 정다듬 → 잔다듬
③ 혹두기 → 잔다듬 → 정다듬 → 도드락 다듬
④ 혹두기 → 잔다듬 → 도드락 다듬 → 정다듬

해설 석재의 가공 순서는 혹두기 또는 메다듬(쇠메, 망치) → 정다듬(정) → 도드락 다듬(도드락 망치) → 잔다듬(양날 망치) → 물갈기(와이어 톱, 다이아몬드 톱, 글라인더 톱, 원반 톱, 플레이너, 글라인더 등)의 순이다.

12 | 석재의 가공(잔다듬의 공구)

석재 표면 가공 중 잔다듬에 주로 사용되는 공구는?

① 정   ② 쇠메
③ 날망치   ④ 도드락 망치

해설 석재의 가공 순서는 혹두기 또는 메다듬(쇠메, 망치) → 정다듬(정) → 도드락 다듬(도드락 망치) → 잔다듬(양날 망치) → 물갈기(와이어 톱, 다이아몬드 톱, 글라인더 톱, 원반 톱, 플레이너, 글라인더 등)의 순이다.

13 | 석재의 가공(가장 곱게 가공)

다음 중 석재를 가장 곱게 다듬질하는 방법은?

① 혹두기   ② 정다듬
③ 잔다듬   ④ 도드락다듬

해설 석재의 가공 순서는 혹두기 또는 메다듬(쇠메, 망치) → 정다듬(정) → 도드락 다듬(도드락 망치) → 잔다듬(양날 망치) → 물갈기(와이어 톱, 다이아몬드 톱, 글라인더 톱, 원반 톱, 플레이너, 글라인더 등)의 순이다.

14 | 석재의 가공(최종의 작업)

다음의 석재 가공 순서 중 가장 나중에 하는 것은?

① 혹두기   ② 정다듬
③ 잔다듬   ④ 물갈기

해설 석재의 가공 순서는 혹두기 또는 메다듬(쇠메, 망치) → 정다듬(정) → 도드락 다듬(도드락 망치) → 잔다듬(양날 망치) → 물갈기(와이어 톱, 다이아몬드 톱, 글라인더 톱, 원반 톱, 플레이너, 글라인더 등)의 순이다.

정답 08. ② 09. ③ 10. ① 11. ① 12. ③ 13. ③ 14. ④

15 | 석재(화강암의 용어)
23, 22, 09②, 06, 04

내화도가 낮아 고열을 받는 곳에는 적당하지 않지만, 견고하고 대형재의 생산이 가능하며 바탕색과 반점이 미려하여 구조재, 내·외장재로 많이 사용되는 것은?

① 화강암　　　　② 응회암
③ 부석　　　　　④ 점판암

해설 부석은 색깔은 회색, 담홍색이고 비중이 0.7~0.8 정도로서 석재 중에서 가장 가벼우므로 경량 콘크리트 골재로 사용하거나, 열전도율이 작고 내화성이 있어서 단열재나 피복재로 사용하고, 트래버틴은 변성암의 일종으로 석질이 불균일하고 다공질이며, 갈면 광택이 나서 주로 특수 실내 장식재로 사용되는 석재 또는 대리석의 일종으로 탄산석회를 포함한 물에서 침전, 생성된 것으로 실내 장식에 사용되는 석재이며, 대리석은 치밀, 견고하고 포함된 성분에 따라서 경도, 색채, 무늬 등이 매우 다양하다. 아름답고 갈면 광택이 나므로 장식용 석재 중에서는 가장 고급재로 쓰이나 열, 산 등에는 약하다.

16 | 석재(화강암의 용어)
25, 23, 10, 06

질이 단단하고 내구성 및 강도가 크고 외관이 수려하며, 절리의 거리가 비교적 커서 대재(大材)를 얻을 수 있으나, 함유 광물의 열팽창 계수가 다르므로 내화성이 약한 석재는?

① 현무암　　　　② 응회암
③ 부석　　　　　④ 화강암

해설 현무암은 화산암의 일종으로 안산암의 판석을 말하고, 분출암의 하나로 회장석분이 풍부한 사장석과 휘석을 주성분으로 하는 염기화산암으로 지구에서 가장 많이 분포되어 있는 석재이고, 응회암은 화산재, 화산 모래 등이 퇴적, 응고되거나, 물에 의하여 운반되어 암석 분쇄물과 혼합되어 침전된 암석이며, 부석은 마그마가 급속히 냉각될 때, 가스를 방출하면서 다공질의 유리질이 된 암석이다.

17 | 석재(화강암)
22, 20, 12

화강암에 관한 설명으로 옳지 않은 것은?

① 내화성이 크다.
② 내구성이 우수하다.
③ 구조재 및 내·외장재로 사용이 가능하다.
④ 절리의 거리가 비교적 커서 대재(大材)를 얻을 수 있다.

해설 화강암은 대표적인 화성암의 심성암으로 그 성분은 석영, 장석, 운모, 휘석, 각섬석 등으로 되어 있다. 석질이 견고하며 풍화와 마멸에 강하나, 내화도가 낮아서 고열을 받는 곳에는 적당하지 않다.

18 | 석재(압축 강도가 큰 것)
14

다음 중 압축 강도가 가장 큰 석재는?

① 사암　　　　　② 화강암
③ 응회암　　　　④ 사문암

해설 각 석재의 압축 강도를 보면, 사암은 360kg/cm², 화강암은 1,450~2,000kg/cm², 응회암은 90~370kg/cm², 사문암은 970kg/cm² 정도이다.

19 | 석재(내화성이 약한 것)
24, 14, 13, 11, 08

내화성이 가장 약한 석재는?

① 화강암　　　　② 안산암
③ 사암　　　　　④ 응회암

해설 석재의 내화도에 있어서 안산암, 응회암 및 사암은 1,000℃ 이하에서는 압축 강도의 저하가 극히 적고, 어느 정도까지는 오히려 상승하는 경향이 있으며 석회암과 대리석은 600℃~800℃의 온도에서 완전히 생석회로 변화되므로 내화성이 매우 작다. 특히, 화강암은 600℃ 정도에서 강도가 갑자기 떨어진다.

20 | 석재(안산암의 용어)
07

다음 중 강도, 경도가 크고 내화력이 우수하여 구조용 석재로 사용되지만, 조직 및 색조가 균일하지 않고 대재를 얻기 어려운 석재는?

① 대리석　　　　② 사문암
③ 트래버틴　　　④ 안산암

해설 대리석은 치밀, 견고하고 포함된 성분에 따라서 경도, 색채, 무늬 등이 매우 다양하며, 아름답고 갈면 광택이 나므로 장식용 석재 중에서는 가장 고급재로 쓰이나 열, 산 등에는 약하고, 사문암은 흑록색의 치밀한 화강석인 감람석 중에 포함되어 있는 철분이 변질되어 흑록색 바탕에 적갈색의 무늬를 가진 것으로, 물갈기를 하면 광택이 나므로 대리석의 대용으로 사용하며, 트래버틴은 변성암의 일종으로 석질이 불균일하고 다공질이며, 갈면 광택이 나서 주로 특수 실내 장식재로 사용되는 석재 또는 대리석의 일종으로 탄산석회를 포함한 물에서 침전, 생성된 것으로 실내 장식에 사용되는 석재이다.

정답 15. ① 16. ④ 17. ① 18. ② 19. ① 20. ④

21 석재(부석의 용어) 02

색깔이 회색 또는 담홍색이고, 비중은 0.7~0.8로서 석재 중 가장 가벼워 경량 콘크리트용 골재, 열전도율이 작고 내화성이어서 단열재나 내화피복재 등으로 쓰이는 석재는?

① 화강암 ② 부석
③ 트래버틴 ④ 대리석

해설 화강암은 질이 단단하고 내구성 및 강도가 크고 외관이 수려하며, 절리의 거리가 비교적 커서 대재(大材)를 얻을 수 있으나, 함유 광물의 열팽창 계수가 다르므로 내화도가 낮아 고열을 받는 곳에는 적당하지 않지만, 바탕색과 반점이 미려하여 구조재, 내·외장재로 많이 사용되는 석재이고, 트래버틴은 변성암의 일종으로 석질이 불균일하고 다공질이며, 갈면 광택이 나서 주로 특수 실내 장식재로 사용되는 석재 또는 대리석의 일종으로 탄산석회를 포함한 물에서 침전, 생성된 것으로 실내 장식에 사용되는 석재이며, 대리석은 치밀, 견고하고 포함된 성분에 따라서 경도, 색채, 무늬 등이 매우 다양하다. 아름답고 갈면 광택이 나므로 장식용 석재 중에서는 가장 고급재로 쓰이나 열, 산 등에는 약하다.

22 석재(점판암의 용어) 25, 18, 12

다음 설명에 알맞은 석재의 종류는?

- 청회색 또는 흑색으로 흡수율이 작고 대기 중에서 변색, 변질되지 않는다.
- 석질이 치밀하고 박판으로 채취할 수 있어 슬레이트로서 지붕 등에 사용된다.

① 응회암 ② 사문암
③ 점판암 ④ 대리석

해설 응회암은 대체로 다공질이고, 강도·내구성이 작아 구조재로 적합하지 않으나, 내화성이 있으며, 외관이 좋고 조각하기 쉬우므로 내화재, 장식재로 많이 이용되고, 사문암은 변성암계 변성암으로 감람석 중에 포함되어 있는 철분이 변질되어 흑록색의 바탕에 적갈색 무늬를 가진 것으로 물갈기를 하면 광택이 나므로 대리석 대용으로 사용되며, 대리석은 석질이 치밀하고 견고하며, 포함된 성분에 따라 경도, 색채, 무늬(반점) 등이 매우 다양하여 아름답고, 물갈기를 하면 광택이 나므로 실내 장식용 또는 조각용 석재로는 고급품이나, 내화성이 부족하고, 산·알칼리 등에는 매우 약하다.

23 석재(점판암의 용어) 07, 02

기와 대신 지붕재로 사용할 수 있는 것은?

① 안산암 ② 감람석
③ 점판암 ④ 트래버틴

해설 기와 대용품인 석재는 점판암(이판암이 오랜 세월 동안 지열, 지압 등으로 인하여 변질되어 층상으로 응고된 것으로 수성암의 일종으로 석질이 치밀하고 박판으로 채취할 수 있으므로 슬레이트로서 지붕, 외벽, 마루 등에 사용되는 석재)이다.

24 석재(점판암의 용어) 25, 23, 19, 16, 13, 11, 06②

수성암의 일종으로 석질이 치밀하고 박판으로 채취할 수 있으므로 슬레이트로서 지붕, 외벽, 마루 등에 사용되는 것은?

① 트래버틴 ② 화강암
③ 점판암 ④ 안산암

해설 트래버틴은 변성암의 일종으로 석질이 불균일하고 다공질이며, 갈면 광택이 나서 주로 특수 실내 장식재로 사용되는 석재 또는 대리석의 일종으로 탄산석회를 포함한 물에서 침전, 생성된 것으로 실내 장식에 사용되는 석재이다. 화강암은 석질이 견고(압축 강도 $1,500kg/cm^2$)하고 풍화 작용이나 마멸에 강하며, 바탕색과 반점이 아름다울 뿐만 아니라 석재의 자원도 풍부하므로 건축·토목의 구조재, 내·외장재로 많이 사용된다. 그러나 내화도가 낮아서 고열을 받는 곳에는 적당하지 않다. 안산암은 화성암의 화산암으로 가공이 용이하고 조각을 필요로 하는 곳에 적합하며, 내화성이 높은 장점이 있으나, 알칼리 골재 반응을 일으킬 수 있으므로 콘크리트용 골재로는 부적합하다.

25 석재(내화성이 높은 것) 16, 07

다음 중 내화성이 가장 높은 석재는?

① 대리석 ② 응회암
③ 사문암 ④ 화강암

해설 석재의 내화도를 보면, 대리석, 석회암은 600~800℃ 정도, 안산암, 응회암, 사암 및 화산암은 1,000℃ 정도, 화강암은 600℃ 정도이므로 화강암의 내화도가 가장 낮고, 응회암이 가장 높다.

26 석재(석회암의 용어) 11

다음과 같은 특징을 갖는 석재는?

- 주성분은 탄산석회로서 백색 또는 회백색이다.
- 수성암의 일종으로 시멘트의 원료로 이용된다.

① 응회암 ② 대리석
③ 석회암 ④ 사문암

정답 21. ② 22. ③ 23. ③ 24. ③ 25. ② 26. ③

해설 응회암은 화산재, 화산 모래 등이 퇴적, 응고되거나, 물에 의하여 운반되어 암석 분쇄물과 혼합되어 침전된 암석이고, 대리석은 석질이 치밀하고 견고하며, 포함된 성분에 따라 경도, 색채, 무늬(반점) 등이 매우 다양하여 아름답고, 물갈기를 하면 광택이 나므로 실내 장식용 또는 조각용 석재로는 고급품이나, 내화성이 부족하고, 산·알칼리 등에는 매우 약하다. 사문암은 흑록색의 치밀한 화강석인 감람석 중에 포함되어 있는 철분이 변질되어 흑록색 바탕에 적갈색의 무늬를 가진 것으로, 물갈기를 하면 광택이 나므로 대리석의 대용으로 사용한다.

27 | 석재(대리석의 용어) 15, 11

다음 ( ) 안에 알맞은 석재는?

> 대리석은 ( )이 변화되어 결정화한 것으로, 주성분은 탄산석회로 이 밖에 탄소질, 산화철, 휘석, 각섬석, 녹니석 등을 함유한다.

① 석회석　　② 감람석
③ 응회암　　④ 점판암

해설 대리석은 석회석이 변화되어 결정화한 것으로, 주성분은 탄산석회이다. 이 밖에 탄소질, 산화철, 휘석, 각섬석, 녹니석 등을 함유한다.

28 | 석재(대리석의 용어) 24, 16, 10, 08, 07, 06, 04

석회석이 변화되어 결정화한 것으로 풍화되기 쉬우므로 실외용으로 적합하지 않으나, 석질이 치밀하고 견고할 뿐 아니라 외관이 미려하여 실내 장식재 또는 조각재로 사용되는 석재는?

① 응회암　　② 대리석
③ 사문암　　④ 점판암

해설 응회암은 화산재, 화산 모래 등이 퇴적, 응고되거나 물에 의해 운반되어 암석 분쇄물과 혼합되어 침전된 석재로 강도와 내구성은 작으나 내화성이 있어 내화재 및 장식재로 사용되고, 사문암은 흑록색의 치밀한 화강석인 감람석 중에 포함되어 있는 철분이 변질되어 흑록색 바탕에 적갈색의 무늬를 가진 것으로, 물갈기를 하면 광택이 나므로 대리석의 대용으로 사용하며, 점판암은 점판암은 수성암의 일종으로 석질이 치밀하고 박판으로 채취할 수 있어 슬레이트, 기와 대신의 지붕 재료로 사용된다.

29 | 석재(대리석의 용어) 19, 12

석회암이 변화되어 결정화한 것으로 주성분은 탄산석회이며, 갈면 광택이 나는 석재는?

① 응회암　　② 화강암
③ 대리석　　④ 점판암

해설 응회암은 화산재, 화산 모래 등이 퇴적, 응고되거나 물에 의해 운반되어 암석 분쇄물과 혼합되어 침전된 석재로 강도와 내구성은 작으나 내화성이 있어 내화재 및 장식재로 사용되고, 화강암은 건축 토목용 구조재, 내·외장재로 사용되나, 내화성이 약해서 고열을 받는 곳에는 부적합하며, 질이 단단하고 내구성 및 강도가 크며 절리가 커서 대재를 얻을 수 있으나 가공이 매우 힘들다. 점판암은 수성암의 일종으로 석질이 치밀하고 박판으로 채취할 수 있어 슬레이트, 기와 대신의 지붕 재료로 사용된다.

30 | 석재(내화성이 약한 것) 24, 13, 05

다음의 석재 중 내화성이 가장 작은 것은?

① 사암　　② 안산암
③ 응회암　　④ 대리석

해설 석재의 내화도을 비교하면, 사암, 안산암 및 응회암의 내화도는 1,000℃ 정도이고, 대리석은 600~800℃ 정도이며, 화강암은 600℃ 정도이다.

31 | 대리석 12

대리석에 관한 설명으로 옳지 않은 것은?

① 석회암이 변화하여 결정화한 변성암의 일종이다.
② 내화성 및 내산성은 우수하나, 내알칼리성이 부족하다.
③ 색채와 반점이 아름다워 실내 장식재, 조각재로 사용된다.
④ 석회석이 변화되어 결정화한 것으로 주성분은 탄산석회이다.

해설 대리석은 석회암이 오랜 세월 동안 땅속에서 지열, 지압으로 인하여 변질되어 결정화된 것으로 주성분은 탄산석회($CaCO_3$)이다. 석질은 치밀하고 견고하며 경도, 색채, 무늬(반점) 등이 매우 다양하여 아름답고 물갈기를 하면 광택이 나므로 실내 장식용 또는 조각용 석재로는 고급품이나, 내화성이 부족하고 산·알칼리 등에는 매우 약하다.

32 | 대리석 18, 14, 07

대리석에 관한 설명으로 옳지 않은 것은?

① 산과 알칼리에 강하다.
② 석질이 치밀, 견고하고 색채, 무늬가 다양하다.
③ 석회석이 변화되어 결정화한 것으로 탄산석회가 주성분이다.
④ 강도는 매우 높지만 풍화되기 쉽기 때문에 실외용으로는 적합하지 않다.

해설 대리석은 석회암이 오랜 세월 동안 땅속에서 지열, 지압으로 인하여 변질되어 결정화된 것으로 주성분은 탄산석회($CaCO_3$)이다. 석질은 치밀하고 견고하며 경도, 색채, 무늬(반점) 등이 매우 다양하여 아름답고 물갈기를 하면 광택이 나므로 실내 장식용 또는 조각용 석재로는 고급품이나, 내화성이 부족하고 산·알칼리 등에는 매우 약하다.

33 | 대리석 04

대리석에 대한 설명으로 틀린 것은?

① 석회암이 변화하여 결정화한 변성암의 일종이다.
② 내화성이 크고 화학적으로 내산성은 좋지만 내알칼리성이 부족하다.
③ 주성분은 탄산석회이며 치밀, 견고하다.
④ 색채와 반점이 아름다워 실내장식재, 조각재로 사용된다.

해설 대리석은 석회암이 오랜 세월 동안 땅속에서 지열, 지압으로 인하여 변질되어 결정화된 것으로 주성분은 탄산석회($CaCO_3$)이다. 석질은 치밀하고 견고하며 경도, 색채, 무늬(반점) 등이 매우 다양하여 아름답고 물갈기를 하면 광택이 나므로 실내 장식용 또는 조각용 석재로는 고급품이나, 내화성이 부족하고 산·알칼리 등에는 매우 약하다.

34 | 대리석 04

대리석에 대한 설명 중 잘못된 것은?

① 석회암이 변화되어 결정화한 것으로 탄산석회가 주성분이다.
② 치밀, 견고하고 색체, 무늬가 다양하다.
③ 산과 염에 강하다.
④ 공업도시나 강우량이 많은 지방에서는 실외용으로 적합하지 않고 실내장식재로 알맞다.

해설 대리석은 석회암이 오랜 세월 동안 땅속에서 지열, 지압으로 인하여 변질되어 결정화된 것으로 주성분은 탄산석회($CaCO_3$)이다. 석질은 치밀하고 견고하며 경도, 색채, 무늬(반점) 등이 매우 다양하여 아름답고 물갈기를 하면 광택이 나므로 실내 장식용 또는 조각용 석재로는 고급품이나, 내화성이 부족하고 산·알칼리 등에는 매우 약하다.

35 | 대리석 08

대리석에 대한 설명으로 옳지 않은 것은?

① 사암이 오랜 세월 동안 땅 속에서 지열, 지압으로 변질된 것이다.
② 대리석의 주성분은 탄산칼슘이다.
③ 치밀하고 견고하며, 색채와 반점이 아름답다.
④ 장식용 석재로 많이 쓰이며 산과 염에 약하다.

해설 대리석은 석회암이 오랜 세월 동안 땅속에서 지열, 지압으로 인하여 변질되어 결정화된 것으로 주성분은 탄산석회($CaCO_3$)이다. 석질은 치밀하고 견고하며 경도, 색채, 무늬(반점) 등이 매우 다양하여 아름답고 물갈기를 하면 광택이 나므로 실내 장식용 또는 조각용 석재로는 고급품이나, 내화성이 부족하고 산·알칼리 등에는 매우 약하다.

36 | 대리석 09

대리석에 대한 설명으로 옳지 않은 것은?

① 석회석이 변화되어 결정화한 것으로 탄산석회가 주성분이다.
② 석질이 치밀, 견고하고 색채, 무늬가 다양하다.
③ 산과 알칼리에 강하다.
④ 강도는 매우 높지만 풍화되기 쉽기 때문에 실외용으로는 적합하지 않다.

해설 대리석은 석회암이 오랜 세월 동안 땅속에서 지열, 지압으로 인하여 변질되어 결정화된 것으로 주성분은 탄산석회($CaCO_3$)이다. 석질은 치밀하고 견고하며 경도, 색채, 무늬(반점) 등이 매우 다양하여 아름답고 물갈기를 하면 광택이 나므로 실내 장식용 또는 조각용 석재로는 고급품이나, 내화성이 부족하고 산·알칼리 등에는 매우 약하다.

37 | 석재(트래버틴의 용어) 22, 08, 07

다음의 설명에 알맞은 석재는?

> 대리석의 한 종류로 다공질이고, 석질이 균일하지 못하며 석판으로 만들어 물갈기를 하면 평활하고 광택이 나서 특수한 실내 장식재로 사용된다.

① 화강암　　　　② 사문암
③ 트래버틴　　　④ 안산암

해설 화강암은 질이 단단하고 내구성 및 강도가 크고 외관이 수려하며, 절리의 거리가 비교적 커서 대재(大材)를 얻을 수 있으나, 함유 광물의 열팽창 계수가 다르므로 내화도가 낮아 고열을 받는 곳에는 적당하지 않지만, 바탕색과 반점이 미려하여 구조재, 내·외장재로 많이 사용되는 석재이고, 사문암은 흑록색의 치밀한 화강석인 감람석 중에 포함되어 있는 철분이 변질되어 흑록색 바탕에 적갈색의 무늬를 가진 것으로, 물갈기를 하면 광택이 나므로 대리석의 대용으로 사용하며, 안산암은 화성암의 화산암으로 가공이 용이하고 조각을 필요로 하는 곳에 적합하며, 내화성이 높은 장점이 있으나, 알칼리 골재 반응을 일으킬 수 있으므로 콘크리트용 골재로는 부적합하다.

정답 33. ② 34. ③ 35. ① 36. ③ 37. ③

38 | 석재(트래버틴의 용어) | 22, 17, 14

대리석의 일종으로 다공질이며 갈면 광택이 나서 실내 장식재로 사용되는 것은?

① 사암
② 점판암
③ 응회암
④ 트래버틴

해설 트래버틴은 대리석의 한 종류로서 다공질이며, 탄산석회를 포함한 물에서 침전, 생성된 것으로, 석질이 균일하지 못하고, 암갈(황갈)색의 무늬가 있어, 특수한 실내 장식재로 이용된다.

39 | 석재(트래버틴의 용어) | 07

대리석의 일종으로 탄산석회를 포함한 물에서 침전, 생성된 것으로 실내 장식에 사용되는 것은?

① 트래버틴
② 석면
③ 응회암
④ 석회암

해설 트래버틴은 대리석의 한 종류로서 다공질이고, 석질이 균질하지 못하며, 암갈색의 무늬가 있다. 석판으로 만들어 물갈기를 하면 평활하고 광택이 나는 부분과 구멍과 골이 진 부분이 있어 특수한 실내 장식재로 이용된다.

40 | 석재(트래버틴의 용어) | 23, 13, 04, 00, 98

변성암의 일종으로 석질이 불균일하고 다공질이며, 주로 특수 실내 장식재로 사용되는 석재는?

① 현무암
② 화강암
③ 응회암
④ 트래버틴

해설 트래버틴은 변성암의 일종으로 석질이 불균일하고 다공질이며, 갈면 광택이 나서 주로 특수 실내 장식재로 사용되는 석재 또는 대리석의 일종으로 탄산석회를 포함한 물에서 침전, 생성된 것으로 실내 장식에 사용되는 석재이다.

41 | 활석 분말의 용도 | 02

활석 분말의 용도로 적당하지 않은 것은?

① 페인트의 혼화제
② 아스팔트 루핑의 표면 정활제
③ 유리 연마제
④ 방수제

해설 활석(마그네시아를 포함하여 여러 가지의 암석이 변질된 것으로서 대개 석회암이나 사문암 등의 암석에서 산출된다.)은 재질이 연하고, 비중은 2.6~2.8로서 담록, 담황색의 진주와 같은 광택이 있으며, 분말의 흡수성, 고착성, 활성, 내화성 및 작열 후에 경도가 증가하는 경우가 있다. 용도로는 페인트의 혼화제, 아스팔트 루핑 등의 표면 정활제, 유리의 연마제로 쓰인다.

42 | 석재 제품(암면의 용어) | 24②, 20, 10

다음 설명에 알맞은 무기질 단열 재료는?

> 암석으로부터 인공적으로 만들어진 내열성이 높은 광물섬유를 이용하여 만드는 제품으로, 단열성, 흡음성이 뛰어나다.

① 암면
② 세라믹 파이버
③ 펄라이트 판
④ 테라초

해설 암면은 암석(안산암, 사문암 등)으로부터 인공적(원료로 하여 이를 고열로 녹여 작은 구멍을 통하여 분출시킨 것을 고압 공기로 불어 날리면 솜모양)으로 만들어진 내열성이 높은 광물 섬유를 이용하여 만드는 제품으로, 또는 석회, 규산을 주성분으로서 현무암, 안산암, 사문암을 고열로 용융시켜 섬상으로 만들고, 이를 냉각시켜 섬유화한 것으로 흡음·단열·보온성 등이 우수한 불연재로서 열이나 음향의 차단재로 널리 쓰인다.

43 | 석재 제품(암면의 용어) | 02, 98

안산암, 사문암 등을 원료로 만든 것으로 흡음, 단열, 보온성 등이 우수한 불연 재료로서, 단열재나 흡음재로 널리 쓰이는 석재 제품은?

① 암면
② 펄라이트
③ 인조석
④ 질석

해설 펄라이트는 진주석, 흑요석 등을 분쇄하여 가루로 한 것을 가열, 팽창시키면 백색 또는 회백색의 경골재인 펄라이트가 된다. 제법, 용도 및 성질은 질석과 동일하다. 질석은 운모계와 사문암계의 광석이며, 800~1,000℃로 가열하면 부피가 5~6배로 팽창되어 비중이 0.2~0.4의 다공질 경석으로 단열, 보온, 흡음, 내화성이 우수하므로 질석 모르타르, 질석 플라스터로 만들어 바름벽 또는 뿜칠의 재료로 사용된다. 인조석은 대리석, 화강암 등의 아름다운 쇄석(종석)과 백색 시멘트, 안료 등을 혼합하여 물로 반죽한 다음 색조나 성질이 천연 석재와 비슷하게 만든 것을 인조석이라고 하며, 인조석의 원료는 종석(대리석, 화강암의 쇄석), 백색 시멘트, 강모래, 안료, 물 등이다.

44 | 석재 제품(암면의 용어) | 06

석회, 규산을 주성분으로서 현무암, 안산암, 사문암을 고열로 용융시켜 섬상으로 만들고, 이를 냉각시켜 섬유화한 것은?

① 암면
② 질석
③ 펄라이트
④ 트래버틴

정답 38.④ 39.① 40.④ 41.④ 42.① 43.① 44.①

해설 질석은 운모계와 사문암계의 광석이며, 800~1,000℃로 가열하면 부피가 5~6배로 팽창되어 비중이 0.2~0.4의 다공질 경석으로 단열, 보온, 흡음, 내화성이 우수하므로 질석 모르타르, 질석 플라스터로 만들어 바름벽 또는 뿜칠의 재료로 사용되고, 펄라이트는 진주석, 흑요석 등을 분쇄하여 가루로 한 것을 가열, 팽창시키면 백색 또는 회백색의 경골재인 펄라이트가 된다. 제법, 용도 및 성질은 질석과 동일하다. 트래버틴은 변성암의 일종으로 석질이 불균일하고 다공질이며, 갈면 광택이 나서 주로 특수 실내 장식재로 사용되는 석재 또는 대리석의 일종으로 탄산석회를 포함한 물에서 침전, 생성된 것으로 실내 장식에 사용되는 석재이다.

45 │ 석재 제품(암면) 06, 03

다음 중 암면에 대한 설명으로 틀린 것은?

① 안산암, 사문암 등을 원료로 한다.
② 원료를 고열로 용융시켜 세공으로 분출하는 과정을 거쳐 제작된다.
③ 경질이며 슬레이트나 시멘트판의 재료로 사용된다.
④ 보온, 흡음, 단열성이 우수하다.

해설 암면은 암석(안산암, 사문암 등)으로부터 인공적(원료로 하여 이를 고열로 녹여 작은 구멍을 통하여 분출시킨 것을 고압 공기로 불어 날리면 솜모양)으로 만들어진 내열성이 높은 광물 섬유를 이용하여 만드는 제품으로, 또는 석회, 규산을 주성분으로서 현무암, 안산암, 사문암을 고열로 용융시켜 선상으로 만들고, 이를 냉각시켜 섬유화한 것으로 흡음·단열·보온성 등이 우수한 불연재로서 열이나 음향의 차단재로 널리 쓰인다.
③ 석면에 대한 설명이다.

46 │ 석재 제품(인조석판의 용어) 12, 09

쇄석을 종석으로 하여 시멘트에 안료를 섞어 진동기로 다진 후 판상으로 성형한 것으로서 자연석과 유사하게 만든 수장재료는?

① 대리석판
② 인조석판
③ 석면 시멘트판
④ 목모 시멘트판

해설 대리석은 치밀, 견고하고 포함된 성분에 따라서 경도, 색채, 무늬 등이 매우 다양하다. 아름답고 갈면 광택이 나므로 장식용 석재 중에서는 가장 고급재로 쓰이나 열, 산 등에는 약하고, 석면 시멘트판은 포틀랜드 시멘트, 석면 및 기타 원료에 적당량의 물을 가하여 혼합한 다음 가압, 성형하여 수분을 제거한 후 양생한 판상의 제품이며, 목모 시멘트판은 나무 섬유인 목모와 시멘트를 주원료로 하여 만든 제품이다.

47 │ 석재 제품(테라초의 용어) 11

대리석의 쇄석을 종석으로 하여 시멘트를 사용, 콘크리트판의 한쪽 면에 부어 넣은 후 가공, 연마하여 대리석과 같이 미려한 광택을 갖도록 마감한 것은?

① 의석
② 테라초
③ 사문암
④ 테라코타

해설 의석(모조석, 캐스트 스톤)은 백색 시멘트에 종석과 안료를 혼합하여 천연석과 유사한 외관을 가진 인조석이고, 사문암은 흑녹색의 치밀한 화강석인 감람석 중에 포함되어 있는 철분이 변질되어 물갈기를 하면 광택이 나므로 대리석의 대용으로 사용하며, 테라코타는 석재 조각물 대신에 사용되는 장식용 점토 소성 제품으로 속을 비게 하여 가볍게 만들어 버팀벽, 주두, 패러핏 및 돌림띠 등에 사용한다.

48 │ 인조석 05

인조석에 대한 설명으로 옳지 않은 것은?

① 수지계 인조석은 균열이 적고 수밀성이 양호하고 방수성, 내마모성, 내산성 등의 장점이 있다.
② 테라초란 시멘트를 사용, 콘크리트판의 한쪽 면에 부어 놓은 후 가공, 연마한 것을 말한다.
③ 의석이란 종석을 대리석 이외의 암석으로 하여 테라초에 준하여 제작한 것을 말한다.
④ 진주석, 흑요석, 송지석 등을 분쇄하여 입상으로 된 것을 고열로 가열, 팽창시켜 만든다.

해설 펄라이트는 진주암, 흑요암, 송지석 또는 이에 준하는 석질(유리질 화산암)을 포함한 암석을 분쇄하여 소성, 팽창시켜 제조한 백색의 다공질 경석으로 성질과 용도는 질석과 같고, 인조석은 대리석, 화강암 등의 쇄석(종석)과 백색 시멘트, 안료 등을 혼합하여 물로 반죽해 다진 다음, 색조나 성질이 천연 석재와 비슷하게 만든 것을 말한다.

49 │ 석재의 용도 22, 13

각종 석재의 용도가 옳지 않은 것은?

① 응회암 : 구조재
② 점판암 : 지붕재
③ 대리석 : 실내 장식재
④ 트래버틴 : 실내 장식재

해설 응회암(화산재, 화산모래 등이 퇴적, 응고되거나 물에 의하여 운반되어 암석 분쇄물과 혼합되어 침전된 것)은 내화재, 장식재로 이용되고, 구조재로는 화강암이 사용된다.

50 | 석재를 보로 사용 금지 이유
02

석재를 보로 사용하지 않는 가장 큰 이유는?

① 비중이 크기 때문에
② 휨 강도가 약하므로
③ 내구성이 작기 때문에
④ 석리가 있기 때문에

해설 석재의 특성 중 휨 강도가 약한 단점이 있으므로 석재를 보로 사용한다는 것이 무리이다.

51 | 석재의 사용상 주의사항
11

석재의 사용상 주의점으로 옳지 않은 것은?

① 동일 건축물에는 동일 석재로 시공하도록 한다.
② 중량이 큰 것은 높은 곳에 사용하지 않도록 한다.
③ 재형(材形)에 예각부가 생기면 결손되기 쉽고 풍화 방지에 나쁘다.
④ 석재는 취약하므로 구조재는 직압력재로 사용하지 않도록 한다.

해설 석재는 압축 강도가 인장 강도보다 크므로(10~30배 정도), 구조용으로 사용하는 경우에는 압축력을 받는 부분에 사용한다.

52 | 석재의 사용상 주의사항
05

석재 사용상의 주의점에 관한 설명 중 옳지 않은 것은?

① 내화구조물은 내화 석재를 선택하여야 한다.
② 산출량을 조사하여 동일건축물에는 동일석재로 시공하도록 한다.
③ 외벽, 콘크리트 표면 첨부용 석재는 연석으로 해야 한다.
④ 석재는 취약하므로 구조재는 직압력재로만 사용해야 한다.

해설 압축 강도에 의한 석재의 분류에는 연석(압축 강도가 100kg/cm² 이하의 것으로서, 연질 사암, 응회암 등), 준경석(압축 강도가 100~500kg/cm² 이하의 것으로서, 경질 사암, 연질 안산암 등) 및 경석(압축 강도가 500kg/cm² 이상의 것으로서, 화강암, 대리석, 안산암 등) 등이 있고, 외벽, 콘크리트 표면의 첨부용 석재는 경석을 사용하여야 한다.

53 | 석재의 사용상 주의사항
23, 22, 10, 09, 07

다음 중 석재 사용상의 주의점에 대한 설명으로 옳지 않은 것은?

① 산출량을 조사하여 동일 건축물에는 동일 석재로 시공하도록 한다.
② 압축 강도가 인장 강도에 비해 작으므로 석재를 구조용으로 사용할 경우 압축력을 받는 부분은 피해야 한다.
③ 내화 구조물은 내화 석재를 선택해야 한다.
④ 외벽 특히 콘크리트 표면 첨부용 석재는 연석을 피해야 한다.

해설 석재는 압축 강도가 인장 강도보다(10~30배 정도) 크므로 석재를 구조용으로 사용하는 경우에는 압축력을 받는 부분에 사용한다.

54 | 각종 석재의 특성
09, 05

다음의 각 석재에 대한 설명 중 옳지 않은 것은?

① 화강암 - 내구성 및 강도가 크고 외관이 수려하며 절리의 거리가 비교적 커서 대재(大材)를 얻을 수 있다.
② 점판암 - 대기 중에서 변색, 변질하지 않으며 석질이 치밀하고 박판으로 채취가 가능하다.
③ 트래버틴 - 수성암의 일종으로 다공질이며 실내 장식에 사용된다.
④ 사암 - 단단한 것은 구조용재에 적합하나 대체로 외관이 좋지 못하며, 연약한 것은 실내 장식재로 사용된다.

해설 ③은 응회암에 대한 설명이고, 트래버틴은 변성암의 일종으로 석질이 불균일하고 다공질이며, 갈면 광택이 나서 주로 특수 실내 장식재로 사용되는 석재 또는 대리석의 일종으로 탄산석회를 포함한 물에서 침전, 생성된 것으로 실내 장식에 사용되는 석재이다.

55 | 각종 석재의 특성
05

다음 석재에 대한 설명 중 옳지 않은 것은?

① 화강암 : 견고하고 대형재가 생산되므로 구조재로 사용이 가능하다.
② 안산암 : 성분이 복잡하므로 성분에 따라 색과 석질이 다르다.
③ 대리석 : 주성분은 탄산석회로 실내장식재, 조각재로 사용된다.
④ 석회암 : 변성암의 일종으로 석질이 치밀하고 견고하여 건축용 석재로 많이 사용한다.

해설 석회암은 화강암이나 동·식물의 잔해 중에 포함되어 있는 석회분이 물에 녹아 침전되어 퇴적, 응고한 것으로 주성분은 탄산석회이며, 회백색이다. 석질은 치밀, 견고하나, 내산성과 내화성이 부족하므로 석재로 쓰기에는 부적합하며, 주로 석회나 시멘트의 원료로 사용한다.

정답 50. ② 51. ④ 52. ③ 53. ② 54. ③ 55. ④

56 | 석재의 특성 | 14

건축용 석재에 관한 설명으로 옳지 않은 것은?

① 압축 강도에 비해 인장 강도가 크다.
② 불연성이며 내수성, 내화학성이 우수하다.
③ 화강암은 화열에 닿으면 균열이 생기며 파괴된다.
④ 거의 모든 석재가 비중이 크고 가공성이 불량하다.

해설 건축용 석재는 일반적으로 압축 강도에 비해 인장 강도가 매우 작다. 즉, 인장 강도보다 압축 강도가 크다.

57 | 석재의 특성 | 04

다음 중 석재에 대한 설명으로 틀린 것은?

① 압축 강도는 인장 강도의 약 1/20~1/40 정도이다.
② 외관은 장중한 맛이 있고, 치밀한 것은 갈면 아름다운 광택이 난다.
③ 거의 모든 석재가 비중이 크고 가공성이 불량하다.
④ 화열에 닿으면 화강암은 균열이 생기며 파괴된다.

해설 석재의 압축 강도는 비중이 큰 것일수록 크며, 연석류와 같이 공극률이나 흡수율이 많은 것일수록 작다. 인장 강도는 극히 약하여, 압축 강도의 1/10~1/30에 불과하므로, 휨강도가 약하므로 석재를 보로 사용하는 것은 무리이다.

58 | 석재의 성질 | 14

석재의 성질에 관한 설명으로 옳지 않은 것은?

① 압축 강도에 비해 인장 강도가 크다.
② 석회분을 포함한 것은 내산성이 적다.
③ 사암과 응회암은 화강암에 비해 내화성이 우수하다.
④ 일반적으로 흡수율이 클수록 풍화나 동해를 받기 쉽다.

해설 석재의 특성 중 단점은 비중이 커서 무겁고, 견고하여 가공이 어려우며, 길고 큰 부재(장대재)를 얻기 힘들다. 압축 강도에 비하여 인장 강도가 매우 작으며(인장 강도는 압축 강도의 1/10~1/40), 일부 석재는 고열(열전도율이 작아 열응력이 생기기 쉽다)에 약하다.

59 | 석재 | 18, 10

석재에 대한 설명으로 옳지 않은 것은?

① 압축 강도가 크고 불연성이다.
② 가공이 용이하여 가구재로 적합하다.
③ 내구성, 내화학성, 내마모성이 우수하다.
④ 화강암은 화열에 닿으면 균열이 발생하여 파괴된다.

해설 석재는 가공이 어렵고, 구조재로서의 용도보다는 마감재로서 장엄한 외관을 요하는 관공서의 청사, 기념관, 종교 건물 등 외에도 내·외벽용으로 많이 사용되고 있다.

60 | 석재의 성질 | 24, 13

석재의 일반적 성질에 관한 설명으로 옳지 않은 것은?

① 불연성이며, 내화학성이 우수하다.
② 대체로 석재의 강도가 크면 경도도 크다.
③ 석재는 압축 강도에 비해 인장 강도가 특히 크다.
④ 일반적으로 흡수율이 클수록 풍화나 동해를 받기 쉽다.

해설 석재는 압축 강도에 비하여 인장 강도가 매우 작으며(인장 강도는 압축 강도의 1/10~1/40), 일부 석재는 고열(열전도율이 작아 열응력이 생기기 쉽다)에 약하다.

61 | 석재의 성질 | 12

석재의 일반적인 성질에 관한 설명으로 옳지 않은 것은?

① 강도가 크면 경도도 크다.
② 인장 및 휨강도는 압축 강도에 비해 매우 작다.
③ 화강암, 안산암 등의 화성암 종류가 내마모성이 크다.
④ 석회분을 포함하는 대리석, 사문암 등은 내산성이 크다.

해설 석회분을 포함한 대리석과 사문암은 산, 알칼리 등에 매우 약하다.

62 | 석재의 성질 | 14, 08

석재의 일반적인 성질에 관한 설명을 옳지 않은 것은?

① 길고 큰 부재를 얻기 쉽다.
② 불연성이고 압축 강도가 크다.
③ 내구성, 내화학성, 내마모성이 우수하다.
④ 외관이 장중하고 치밀하며, 갈면 아름다운 광택이 난다.

해설 석재의 특징은 내구, 내화성이 좋고, 불연성이며, 비중이 커서 무겁고, 견고하며 가공이 힘들며, 또한 길고 큰 부재를 얻기 힘들고, 압축 강도에 비하여 인장 강도가 매우 작으며, 일부 석재는 고열에 약하다.

정답 56.① 57.① 58.① 59.② 60.③ 61.④ 62.①

63 | 석재의 성질
11, 06

석재의 일반적인 특성에 관한 설명으로 옳지 않은 것은?

① 내화, 내구성이 좋다.
② 장대재를 얻기 어렵다.
③ 압축 강도가 크고 불연성이다.
④ 비중이 작고 가공이 용이하다.

해설 석재의 특징은 ①, ② 및 ③ 외에 비중이 커서 무겁고, 견고하며 가공이 힘들며, 또한 길고 큰 부재를 얻기 힘들고, 압축 강도에 비하여 인장 강도가 매우 작으며, 일부 석재는 고열에 약하다.

64 | 석재의 성질
06

석재의 일반적 성질에 대한 설명 중 옳지 않은 것은?

① 석재는 압축 강도에 비해 인장 강도가 특히 크다.
② 일반적으로 흡수율이 클수록 풍화나 동해를 받기 쉽다.
③ 열전도율이 작아 열응력이 생기기 쉽다.
④ 대체로 석재의 강도가 크면 경도도 크다.

해설 석재의 특성 중 단점은 비중이 커서 무겁고, 견고하여 가공이 어려우며, 길고 큰 부재(장대재)를 얻기 힘들다. 압축 강도에 비하여 인장 강도가 매우 작으며(인장 강도는 압축 강도의 1/10~1/40), 일부 석재는 고열(열전도율이 작아 열응력이 생기기 쉽다)에 약하다.

65 | 석재의 성질
11

석재의 일반적 성질에 대한 설명으로 옳지 않은 것은?

① 가공성이 좋지 않다.
② 불연성이고 내구성이 크다.
③ 인장 강도가 압축 강도보다 커서 가구재로 사용이 용이하다.
④ 외관이 장중하고 석질이 치밀한 것을 갈면 미려한 광택이 난다.

해설 석재의 특성은 ①, ② 및 ④ 등이고, 단점은 비중이 커서 무겁고, 견고하며 가공이 힘든 것이다. 또한, 길고 큰 부재를 얻기 힘들고, 압축 강도에 비하여 인장 강도가 매우 작으며, 일부 석재는 고열에 약하다.

66 | 석재의 성질
19, 15, 09, 07

석재의 일반적인 성질에 대한 설명 중 틀린 것은?

① 불연성이다.
② 압축 강도는 인장 강도에 비해 매우 작다.
③ 비중이 크고 가공성이 좋지 않다.
④ 내구성, 내화학성이 우수하다.

해설 석재의 특성 중 단점은 비중이 커서 무겁고, 견고하여 가공이 어려우며, 길고 큰 부재(장대재)를 얻기 힘들다. 압축 강도에 비하여 인장 강도가 매우 작으며(인장 강도는 압축 강도의 1/10~1/40), 일부 석재는 고열(열전도율이 작아 열응력이 생기기 쉽다)에 약하다.

③ 점토 재료

01 | 점토의 성질(비중)
13, 09, 04

점토의 비중에 관한 설명으로 옳은 것은?

① 보통은 2.5~2.6 정도이다.
② 알루미나분이 많을수록 작다.
③ 불순물이 많은 점토일수록 크다.
④ 고알루미나질 점토는 비중이 1.0 내외이다.

해설 점토의 비중은 알루미나분이 많을수록, 불순물이 작을수록 크고, 고알루미나질 점토의 비중은 3.0 내외이다.

02 | 점토의 성질
25*, 23, 14, 12, 10, 08, 06

점토에 관한 설명으로 옳지 않은 것은?

① 점토의 주성분은 실리카와 알루미나이다.
② 압축 강도는 인장 강도의 약 5배 정도이다.
③ 점토 입자가 미세할수록 가소성은 나빠진다.
④ 점토의 비중은 일반적으로 2.5~2.6 정도이다.

해설 점토의 성질은 양질의 점토일수록(알루미나가 많을수록) 가소성이 좋으며(점토는 입자의 크기가 작을수록 가소성이 좋고, 클수록 가소성이 나빠진다), 알칼리성일 때에는 가소성을 해친다. 성형할 점토를 반죽하여 일정 기간 채워 두는 것은 원료 점토 중에 함유된 유기물이 부패, 발효되면 산성화하여 가소성을 증대시키기 때문이다.

03 | 점토의 성질
20, 13, 10, 07

점토에 관한 설명으로 옳지 않은 것은?

① 압축 강도와 인장 강도는 같다.
② 알루미나가 많은 점토는 가소성이 좋다.
③ 양질의 점토는 습윤 상태에서 현저한 가소성을 나타낸다.
④ Fe_2O_3와 기타 부성분이 많은 것은 고급 제품의 원료로 부적당하다.

해설 점토의 강도 시험은 점토의 분말을 물에 개어 시멘트 시험체와 같이 만들고 110℃로 완전 건조시켜 시험하며, 일반적으로 인장 강도는 0.3~1MPa(3~10kg/cm^2)이고, 압축 강도는 인장 강도의 약 5배 정도이다.

04 | 점토의 성질
20, 18, 11, 10, 06

점토의 성질에 대한 설명 중 옳지 않은 것은?

① 주성분은 실리카와 알루미나이다.
② 인장 강도는 압축 강도의 약 5배이다.
③ 비중은 일반적으로 2.5~2.6 정도이다.
④ 양질의 점토는 습윤 상태에서 현저한 가소성을 나타낸다.

해설 점토의 인장 강도는 0.3~1MPa(3~10kg/cm^2) 정도이고, 점토의 압축 강도는 인장 강도의 5배 정도이다.

05 | 점토의 성질
13

점토의 일반적인 성질에 관한 설명으로 옳지 않은 것은?

① 압축 강도는 인장 강도의 약 5배 정도이다.
② 점토 입자가 미세할수록 가소성은 좋아진다.
③ 알루미나가 많은 점토는 가소성이 좋지 않다.
④ 색상은 철산화물 또는 석회 물질에 의해 나타난다.

해설 점토의 성질에 있어서 가소성은 양질의 점토일수록 좋고, 알루미나가 많은 점토일수록 좋으며, 알칼리성일 경우에는 가소성을 해친다.

06 | 점토의 성질
14, 11, 07

점토의 일반적인 성질에 관한 설명으로 옳은 것은?

① 비중은 일반적으로 3.5~3.6의 범위이다.
② 점토 입자가 클수록 가소성은 좋아진다.
③ 압축 강도는 인장 강도의 약 5배 정도이다.
④ 알루미나가 많은 점토는 가소성이 나쁘다.

해설 점토의 비중은 2.5~2.6 정도이고, 양질의 점토(알루미나가 많은 점토)일수록, 점토의 입자가 작을수록 가소성이 좋다.

07 | 점토의 성질
09

점토의 일반적인 성질에 대한 설명 중 옳지 않은 것은?

① 점토 입자가 미세할수록 가소성은 좋아진다.
② 압축 강도는 인장 강도의 약 5배이다.
③ 건조 수축은 점토의 조직과 관계가 있으며 가하는 수량과는 무관하다.
④ 색상은 철산화물 또는 석회 물질에 의해 나타난다.

해설 점토의 포수율(건조 점토 분말을 물로 개어 가장 가소성이 적당한 경우, 점토 입자가 물을 함유하는 능력)은 작은 것이 7~10%, 큰 것이 40~50% 정도이며, 포수율과 건조 수축률은 비례하여 증감한다.

08 | 점토의 성질
13, 11, 09, 04

점토의 일반적인 성질에 대한 설명 중 옳지 않은 것은?

① 양질의 점토는 습윤 상태에서 현저한 가소성을 나타낸다.
② 점토 제품의 색상은 철산화물 또는 석회물질에 의해 나타난다.
③ 점토의 비중은 불순 점토일수록 크고, 알루미나분이 많을수록 작다.
④ 일반적으로 점토의 압축 강도는 인장 강도의 약 5배 정도이다.

해설 점토의 비중은 불순 점토일수록 작고, 알루미나분이 많을수록 크다. 일반적인 점토의 비중은 2.5~2.6 정도인데, 고알루미나질 점토의 비중은 3.0 내외이다.

09 | 점토 제품의 흡수율 비교
14, 12, 09, 08

점토 제품의 흡수율이 큰 것부터 순서가 옳은 것은?

① 도기 > 토기 > 석기 > 자기
② 도기 > 토기 > 자기 > 석기
③ 토기 > 도기 > 석기 > 자기
④ 토기 > 석기 > 도기 > 자기

해설 흡수율이 작은 것부터 큰 것의 순으로 나열하면, 자기<석기<도기<토기이고, 소성 온도가 낮은 것부터 높은 것의 순으로 나열하면, 토기<도기<석기<자기의 순이다.

정답 03.① 04.② 05.③ 06.③ 07.③ 08.③ 09.③

10 | 점토 제품의 요구되는 성질

다음의 건축용 점토 제품에 요구되는 성질에 관한 설명 중 ( ) 안에 공통으로 알맞은 용어는?

한랭지에서 사용되는 제품은 동결 융해의 반복에 따른 강도의 저하를 막기 위해 ( )이/가 높아야 한다. 흡수율, 점토의 화학 조성, 입도 분포, 소성 온도 등이 ( )에 영향을 준다.

① 물리적 강도 ② 화학적 안정성
③ 수화 팽창 ④ 내동결성

해설 점토 제품의 요구되는 성질 중 내동결성은 한랭지에서 사용되는 제품은 동결 융해의 반복에 따른 강도의 저하를 막기 위하여 내동결성이 높아야 하고, 흡수율, 점토의 화학 조성, 입도 분포, 소성 온도 등이 내동결성에 영향을 준다.

11 | 점토 제품(토기의 용어)

점토 제품의 분류에서 흡수율이 가장 크고 기와, 벽돌, 토관의 원료가 되는 것은?

① 석기 ② 자기
③ 토기 ④ 도기

해설 점토 제품의 소성 온도와 흡수율

종류	저급 점토 (토기)	석암 점토 (석기)	도토 (도기)	자토 (자기)
소성 온도	790~1,000℃	1,160~1,350℃	1,100~1,230℃	1,230~1,460℃
흡수율	20% 이상	3~10%	10%	0~1%
제품	기와, 벽돌, 토관	마루 타일, 클링커 타일	타일, 테라코타 타일, 위생 도기	자기질 타일

12 | 점토 제품(자기의 용어)

다음 점토 제품 중 흡수성이 가장 작은 것은?

① 토기 ② 도기
③ 석기 ④ 자기

해설 점토 제품의 소성 온도와 흡수율을 보면, 저급 점토(토기)는 790~1,000℃, 20% 이상, 석암 점토(석기)는 1,160~1,350℃, 3~10% 정도, 도토(도기)는 1,100~1,230℃, 10% 정도, 자토(자기)는 1,230~1,460℃, 0~1% 정도이다.

13 | 점토 제품(자기의 용어)

다음 점토 제품 중 흡수성이 가장 작고 소성 온도가 가장 높은 것은?

① 토기 ② 도기
③ 자기 ④ 석기

해설 점토 제품의 소성 온도와 흡수율을 보면, 저급 점토(토기)는 790~1,000℃, 20% 이상, 석암 점토(석기)는 1,160~1,350℃, 3~10% 정도, 도토(도기)는 1,100~1,230℃, 10% 정도, 자토(자기)는 1,230~1,460℃, 0~1% 정도이다.

14 | 점토 제품(벽돌의 규격)

표준형 점토 벽돌의 크기로 알맞은 것은?

① 190×90×57mm ② 210×100×60mm
③ 190×90×60mm ④ 210×100×57mm

해설 벽돌의 마름질에서 토막은 길이 방향과 직각 방향으로 자른 것이고, 절은 길이 방향과 평행 방향으로 자른 것이며, 벽돌의 규격은 표준형(신형, 블록 혼용)은 190×90×57mm이고, 재래형은 210×100×60mm이다.

15 | 반토막 벽돌의 규격

벽돌 반토막의 크기로 옳은 것은? (단, 단위 : mm)

① 190×90×57 ② 190×45×57
③ 95×90×57 ④ 95×45×57

해설 벽돌의 마름질에서 토막은 길이 방향과 직각 방향으로 자른 것이고, 절은 길이 방향과 평행 방향으로 자른 것으로 반토막은 길이의 반이므로 표준형(신형, 블록 혼용)의 경우에는 95×100×60mm이다.

16 | 이오토막 벽돌의 규격

이오토막 벽돌의 치수를 옳게 나타낸 것은? (단, 표준형 벽돌이며 단위는 mm이다.)

① 142.5×90×57 ② 47.5×90×57
③ 190×45×57 ④ 95×45×57

해설 벽돌의 마름질에서 토막은 길이 방향과 직각 방향으로 자르는 것이고, 짧은 길이 방향과 평행 방향으로 자르는 것으로, 반절은 너비를 1/2로 자른 벽돌을 말한다. 그러므로 이오토막 벽돌의 크기는 재래형인 경우에는 (210×1/4)×100×60mm는 52.5×100×60mm이고, 신형(표준형, 블록 겸용)인 경우에는 (190×1/4)×90×57mm는 47.5×90×57mm이다.

17 | 1종 점토 벽돌의 품질
22, 09, 08, 06, 03

1종 점토 벽돌의 최소 압축 강도는? (KS 기준)

① $10.78N/mm^2$ ② $24.50N/mm^2$
③ $20.59N/mm^2$ ④ $28.78N/mm^2$

해설 점토 벽돌의 품질

품질	종류	
	1종	2종
흡수율(%)	10 이하	15 이하
압축 강도(N/mm^2, MPa)	24.50 이상	14.70 이상

18 | 점토 제품(경량 벽돌의 종류)
16

다음 중 경량 벽돌에 속하는 것은?

① 다공 벽돌 ② 내화 벽돌
③ 광재 벽돌 ④ 홍예 벽돌

해설 다공 벽돌(점토에 유기질 가루(분탄, 톱밥 등)를 혼합해서 성형, 소성한 벽돌)은 경량 벽돌로서 비중이 1.5 정도이고, 톱질과 못박기가 가능하며, 단열과 방음성이 있다. 특히, 강도가 약한 단점을 갖고 있다.

19 | 점토 제품(다공 벽돌의 용어)
14

다음 설명에 알맞은 벽돌의 종류는?

• 점토에 분탄, 톱밥 등을 혼합하여 성형한 후 소성한 것이다.
• 절단, 못치기 등의 가공이 가능하다.

① 다공 벽돌 ② 내화 벽돌
③ 광재 벽돌 ④ 점토 벽돌

해설 다공 벽돌(점토에 불에 탈 수 있는 유기질 가루(분탄, 톱밥 등)를 혼합해서 성형, 소성한 벽돌)은 경량 벽돌로서 비중이 1.5 정도이고, 톱질과 못박기가 가능하며, 단열과 방음성이 있다. 특히, 강도가 약한 단점을 갖고 있다.

20 | 점토 제품(다공 벽돌의 용어)
04, 02②

원료인 점토에 톱밥이나 분탄 등의 불에 탈 수 있는 가루를 혼합하고 성형, 소성하여 톱질과 못박기가 가능하고 단열 및 방음성이 있는 벽돌은?

① 다공질 벽돌 ② 경량 벽돌
③ 포도 벽돌 ④ 점토 벽돌

해설 경량 벽돌은 저급 점토, 목탄가루, 톱밥 등으로 혼합, 성형한 후 소성하여 만든 벽돌로서 구멍 벽돌과 다공질 벽돌 등이 있고, 포도 벽돌은 마멸이나 충격에 강하고, 흡수율이 작으며, 내화력이 강한 벽돌로 도로 포장용, 건축물 옥상 포장용 및 공장 바닥용에 사용하며, 점토 벽돌은 논, 밭에서 나오는 점토를 원료로 하여 등요, 터널 요 또는 호프만 요 등에서 만들어지는 벽돌이다.

21 | 점토 제품(다공 벽돌의 용어)
19②, 14, 11, 09, 07②

점토에 톱밥, 겨, 탄가루 등을 혼합, 소성한 것으로 가볍고, 절단, 못치기 등의 가공이 우수하나 강도가 약해 구조용으로 사용하는 벽돌은?

① 이형 벽돌 ② 내화 벽돌
③ 포도 벽돌 ④ 다공 벽돌

해설 이형 벽돌은 특수한 용도(창, 출입구 등)에 사용하는 벽돌이고, 내화 벽돌은 높은 온도를 요하는 장소에 쓰이는 벽돌로서 내화도(저급·중급·고급 내화 벽돌)와 화학적 성질(산성·염기성·중성 내화 벽돌)에 따라 구분하며, 형상의 치수는 230×114×65mm이다. 포도 벽돌은 마멸이나 충격에 강하고, 흡수율이 작으며, 내화력이 강한 벽돌로 도로 포장용, 건축물 옥상 포장용 및 공장 바닥용에 사용한다.

22 | 점토 제품(경량 벽돌의 재료)
07

경량 벽돌을 제작하는 데 필요한 재료가 아닌 것은?

① 저급 점토 ② 목탄가루
③ 시멘트 ④ 톱밥

해설 경량 벽돌은 저급 점토, 목탄 가루, 톱밥 등을 혼합하여 성형 소성하여 만든 보통 벽돌보다 가벼운 벽돌로, 벽돌의 무게를 감소시킬 목적으로 내부에 공극을 포함시켜 단열, 흡음, 방음, 보온 효과가 있으며, 가공이 용이하고 건축물의 자중을 줄일 목적으로 사용한다.

23 | 점토 제품(다공질 벽돌)
22, 12

경량 벽돌 중 다공 벽돌에 관한 설명으로 옳지 않은 것은?

① 방음, 흡음성이 좋다.
② 절단, 못치기 등의 가공이 우수하다.
③ 점토에 톱밥, 겨, 탄가루 등을 혼합, 소성한 것이다.
④ 가벼우면서 강도가 높아 구조용으로 사용이 용이하다.

해설 다공질 벽돌(원료인 점토에 톱밥, 분탄 등의 불에 탈 수 있는 유기질 가루(30~50%)를 혼합하여 성형 소성한 벽돌)은 비중이 1.5 정도이고, 절단(톱질)과 못박기의 가공성이 우수하며, 단열, 방음성 및 흡음성이 있으나, 강도가 약하므로 구조용으로의 사용은 불가능하다.

정답 17.③ 18.① 19.① 20.① 21.④ 22.③ 23.④

24 | 점토 제품(경량 벽돌)
22, 04

경량 벽돌에 대한 설명으로 옳지 않은 것은?

① 단열과 방음성이 우수한 특징이 있다.
② 도로 포장용, 건물 옥상 포장용에 주로 쓰인다.
③ 중공 벽돌은 살두께가 매우 얇고 벽돌 속이 비어 있는 구조로 되어 있다.
④ 다공 벽돌은 점토에 분탄, 톱밥 등을 혼합하여 소성한 것이다.

해설 경량 벽돌은 건물의 중량을 감소시킬 목적으로 사용하고, 포도 벽돌은 마멸이나 충격에 강하고, 흡수율이 작으며, 내화력이 강한 벽돌로 도로 포장용, 건축물 옥상 포장용 및 공장 바닥용에 사용한다.

25 | 점토 제품(내화 벽돌의 규격)
24, 12

표준형 내화 벽돌 중 보통형의 크기는? (단, 단위는 mm)

① 190×90×57
② 210×100×60
③ 210×104×60
④ 230×114×65

해설 내화 벽돌의 크기는 230×114×65mm이고, 기존형 벽돌은 210×100×60mm이며, 표준형(신형, 블록 혼용) 벽돌은 190×90×57mm이다.

26 | 제게르 콘의 용어
08

제게르 콘(Seger Cone)과 관계있는 벽돌은?

① 내화 벽돌
② 이형 벽돌
③ 포도 벽돌
④ 다공질 벽돌

해설 내화 벽돌의 내화도를 측정하는 기구인 제게르 콘(Seger Cone)을 사용하므로 내화 벽돌과 관계가 깊다.

27 | 점토 제품(점토 벽돌)
05

점토벽돌에 관한 설명으로 적합하지 않은 것은? (KS 규격)

① 1종 점토벽돌의 압축 강도는 20.59N/mm² 이상이다.
② 1종 점토벽돌의 흡수율은 25% 이하이다.
③ 표준형 점토벽돌의 치수는 190mm×90mm×57mm이다.
④ 겉모양이 균일하고 사용상 해로운 균열이나 결함 등이 없어야 한다.

해설 점토 벽돌의 흡수율과 압축 강도를 보면, 제1종 벽돌은 흡수율이 10% 이하, 압축 강도가 20.59N/mm² 이상, 제2종 벽돌은 흡수율이 13% 이하, 압축 강도가 15.69N/mm² 이상, 제3종 벽돌은 흡수율이 15% 이하, 압축 강도가 10.78N/mm² 이상이다.

28 | 점토 제품(특수 벽돌)
03

다음 중 특수 벽돌의 설명으로 틀린 것은?

① 다공질 벽돌 : 톱질과 못박기가 가능하지만, 단열 및 방음성이 나쁘며 강도도 약하다.
② 공동 벽돌 : 방온, 방음, 방습을 목적으로 속이 비게 성형한 후 소성한 것이다.
③ 포도 벽돌 : 건물 옥상 포장용, 도로 포장용 벽돌로 사용된다.
④ 이형 벽돌 : 창, 출입구, 천장 등 특수 구조부에 사용된다.

해설 다공질 벽돌(원료인 점토에 유기질 가루(톱밥, 분탄 등)을 혼합하여 성형, 소성한 것)의 비중은 1.5 정도로서 보통 벽돌의 2.0보다 작고, 톱질과 못박기가 가능하며, 단열과 방음성이 우수하나 강도는 약하다.

29 | 타일의 호칭명의 분류
11

타일의 호칭명에 의한 분류에 해당하지 않는 것은?

① 내장 타일
② 바닥 타일
③ 시유 타일
④ 모자이크 타일

해설 타일의 구분

호칭명	소지의 질	비고
내장 타일	자기질, 석기질, 도기질	• 도기질 타일은 흡수율이 커서 동해를 받을 수 있으므로 내장용에만 이용된다. • 클링커 타일은 비교적 두꺼운 바닥 타일로서, 시유 또는 무유의 석기질 타일이다.
외장 타일	자기질, 석기질	
바닥 타일	자기질, 석기질	
모자이크 타일	자기질	

30 | 타일의 호칭명의 분류
16

도자기질 타일을 다음과 같이 구분하는 기준이 되는 것은?

내장 타일, 외장 타일, 바닥 타일, 모자이크 타일

① 호칭명에 따라
② 소지의 질에 따라
③ 유약의 유무에 따라
④ 타일 성형법에 따라

해설 타일의 종류는 호칭명(내장, 외장, 바닥 및 모자이크 타일), 소지의 질(자기질, 석기질, 도기질), 유약의 유무(시유, 무유) 및 성형법(건식의 압축법, 습식의 압출법) 등으로 구분한다.

정답 24.② 25.④ 26.① 27.② 28.① 29.③ 30.①

31 | 내장 타일의 용어
자기질, 석기질, 도기질이 있으며 주로 건물의 내부에 사용하는 타일은?

① 내장 타일   ② 외장 타일
③ 바닥 타일   ④ 모자이크 타일

해설 타일의 재질

구분	내장 타일	외장 타일	바닥 타일	모자이크 타일
재질	자기질, 석기질, 도기질	자기질, 석기질		자기질

32 | 모자이크 타일의 소지질
모자이크 타일의 소지의 질로 알맞은 것은?

① 도기질   ② 토기질
③ 자기질   ④ 석기질

해설 소지의 질에 따른 타일의 분류에서 내장 타일은 자기질, 석기질, 도기질이고, 외장 타일과 바닥 타일은 자기질, 석기질이며, 모자이크 타일은 자기질이다.

33 | 점토 제품(유약의 유무)
타일의 종류를 유약의 유무에 따라 구분할 경우 이에 해당하는 것은?

① 내장 타일   ② 시유 타일
③ 자기질 타일   ④ 클링커 타일

해설 내장 타일은 호칭명에 따른 타일이고, 자기질 타일은 소지의 질에 따른 타일이며, 클링커 타일은 외부 바닥용 특수 타일이다.

34 | 타일의 소지 용어
타일의 주체를 이루는 부분으로, 시유 타일의 경우에는 표면의 유약을 제거한 부분을 의미하는 것은?

① 첨지   ② 소지
③ 지첨판   ④ 뒷붙임

해설 첨지는 모자이크 타일의 뒤쪽에 붙이는 실로 된 망사망이고, 지첨판은 타일의 줄눈에 맞추어 첨지를 고르게 붙이기 위한 판이며, 뒷붙임은 타일의 뒷면에 첨지를 붙인 것이다.

35 | 타일의 흡수율 3% 이하
다음 중 한국산업표준에 따라 흡수 시험을 하였을 경우 흡수율이 최대 3% 이하가 되어야 하는 것은?

① 토기질   ② 도기질
③ 석기질   ④ 자기질

해설 타일의 흡수율

타일의 소지질	자기질	석기질	도기질	클링커 타일
흡수율	3% 이하	5% 이하	18% 이하	8% 이하

36 | 점토 제품(타일의 흡수율)
다음의 점토 제품 중 흡수율 기준이 가장 낮은 것은?

① 자기질 타일   ② 석기질 타일
③ 도기질 타일   ④ 클링커 타일

해설 타일의 소지질에 따른 흡수율이 작은 것부터 큰 것의 순으로 나열하면, 자기질(3%) → 석기질(5%) → 클링커 타일(8%) → 도기질(18%)의 순이다.

37 | 점토 제품(타일 흡수율 규정)
타일의 흡수율 규정을 잘못 나타낸 것은?

① 자기질 : 10%   ② 도기질 : 18%
③ 석기질 : 5%   ④ 클링커 타일 : 8% 이하

해설 타일의 품질은 타일의 뒤틀림과 치수의 불규칙도, 흡수율, 내균열성, 내마멸성, 꺾임 강도, 내동해성, 내약품성 등이 규정되어 있는데, 대표적인 품질인 흡수율은 자기질 3%, 석기질 5%, 도기질 18% 및 클링터 타일 8% 이하로 규정하고 있다.

38 | 점토 제품(도기질 타일 용어)
흡수율이 커서 외장이나 바닥 타일로는 사용하지 않으며 실내 벽체에 사용하는 타일은?

① 도기질 타일   ② 석기질 타일
③ 자기질 타일   ④ 클링커 타일

해설 소지의 질에 따른 타일의 분류에서 내장 타일은 자기질, 석기질, 도기질(흡수율이 커서 외장이나 바닥 타일로는 사용하지 않으며 실내 벽체에 사용하는 타일)이고, 외장 타일과 바닥 타일은 자기질, 석기질이며, 모자이크 타일은 자기질이다.

39 | 점토 제품(타일) 06, 05

타일에 대한 설명 중 틀린 것은?

① 크기에 따라 내장 타일, 외장 타일, 바닥 타일로 분류할 수 있다.
② 모자이크 타일은 자기질 타일이다.
③ 보더 타일(boarder tile)은 특수형 타일로 가늘고 긴 모양이다.
④ 타일은 내구성이 크고 흡수율이 작으며 경량, 내화, 형상과 색조의 자유로움 등이 우수한 특성이 있다.

해설 타일은 호칭명에 따라 내장, 외장, 바닥 및 모자이크 타일로 구분되고, 소지에 따라 자기질, 석기질, 도기질 타일 등으로 구분되며, 유약의 유무에 따라 시유, 무유 타일 등이 있다.

40 | 점토 제품(테라코타의 용어) 06

건축물의 패러핏, 주두 등의 장식에 사용되는 공동(空洞)의 대형 점토 제품은?

① 모자이크 타일　② 토관
③ 테라코타　　　④ 솔라 스크린

해설 테라코타는 석재 조각물 대신에 사용되는 점토 제품으로, 속을 비게 하여 가볍게 만들고, 공동의 대형 점토 제품으로 난간벽, 버팀벽, 패러핏, 주두, 돌림띠, 창대 등에 사용하고, 특성은 일반 석재보다 가볍고, 압축 강도는 800~900kg/cm^{2}로서 화강암의 1/2 정도이며, 화강암보다 내화력이 강하고 대리석보다 풍화에 강하므로 외장에 적당하다.

41 | 점토 제품(테라코타의 용어) 21, 20, 17, 13

공동(空洞)의 대형 점토 제품으로 난간벽, 돌림띠, 창대 등에 사용되는 것은?

① 타일　　② 도관
③ 테라초　④ 테라코타

해설 타일은 벽, 바닥 등의 표면을 마감하는 박판의 점토 소성 제품이고, 도관은 양질의 점토에 유약을 발라 1,000℃ 이상의 구워 낸 관이며, 테라초는 인조석의 종석을 대리석의 쇄석으로 사용하여 대리석 계통의 색조가 나도록 표면을 물갈기한 것을 말하고, 원료로는 대리석의 쇄석, 백색 시멘트, 강모래, 안료, 물 등이다.

42 | 점토 제품(테라코타의 용어) 06

점토 제품 중 테라코타의 주된 용도는?

① 단열재　② 장식재
③ 구조재　④ 방수재

해설 테라코타는 석재 조각물 대신에 사용되는 점토 제품으로, 속을 비게 하여 가볍게 만들고, 공동의 대형 점토 제품으로 난간벽, 버팀벽, 패러핏, 주두, 돌림띠, 창대 등에 사용한다.

43 | 점토 제품(테라코타) 04

테라코타(terracotta)에 대한 설명 중 옳지 않은 것은?

① 석재 조각물 대신에 사용되는 장식용 점토 소성제품이다.
② 건축물의 난간, 주두, 돌림띠 등에 사용되는 경우가 많다.
③ 원료는 고급 점토에 도토를 혼합하여 사용한다.
④ 화강암보다 내화력이 약하고, 대리석보다 풍화에 약해 주로 내장재로 쓰인다.

해설 테라코타는 석재 조각물 대신에 사용되는 장식용 점토 제품으로, 속을 비게 하여 가볍게 만든 공동의 대형 점토 제품으로 화강암보다 내화력이 강하고 대리석보다 풍화에 강하므로 외장에 적당하다.

44 | 점토 제품(테라코타) 23, 10

테라코타Terra-cotta에 대한 설명으로 옳은 것은?

① 공동(共胴)의 대형 점토 제품을 말한다.
② 석재보다 무거우며 내화성, 내구성이 부족하다.
③ 원료 점토에 분탄, 톱밥 등을 혼합해서 소성한 것이다.
④ 구조용과 장식용이 있으며 주로 건물의 구조용에 쓰인다.

해설 테라코타는 석재 조각물 대신에 사용되는 장식용 점토 제품으로, 속을 비게 하여 가볍게 만든 공동의 대형 점토 제품으로 화강암보다 내화력이 강하고 대리석보다 풍화에 강하므로 외장에 적당하다. ③은 다공질 벽돌에 대한 설명이다.

45 | 점토 제품(테라코타) 11

테라코타에 대한 설명으로 옳지 않은 것은?

① 일반 석재보다 가볍다.
② 압축 강도는 화강암보다 크다.
③ 주로 장식용으로 사용된다.
④ 공동(空洞)의 대형 점토 제품이다.

정답 39. ① 40. ③ 41. ④ 42. ② 43. ④ 44. ① 45. ②

해설 테라코타는 석재 조각물 대신에 사용되는 장식용 점토 제품으로, 속을 비게 하여 가볍게 만든 공동의 대형 점토 제품으로 난간벽, 버팀벽, 패러핏, 주두, 돌림띠, 창대 등에 사용하고, 특성은 일반 석재보다 가볍고, 압축 강도는 800~900kg/cm² 로서 화강암의 1/2 정도이며, 화강암보다 내화력이 강하고 대리석보다 풍화에 강하므로 외장에 적당하다.

46 | 점토 제품(테라코타)
13

테라코타에 관한 설명으로 옳지 않은 것은?

① 색조나 모양을 임의로 만들 수 있다.
② 소성 제품이므로 변형이 생기기 쉽다.
③ 주로 장식용으로 사용되는 점토 제품이다.
④ 일반 석재보다 무겁기 때문에 부착이 어렵다.

해설 테라코타는 석재 조각물 대신에 사용되는 장식용 점토 제품, 속을 비게 하여 가볍게 만든 공동의 대형 점토 제품으로 특성은 일반 석재보다 가볍고, 압축 강도는 800~900kg/cm²로서 화강암의 1/2 정도이다.

47 | 점토 제품(테라코타)
14, 04

테라코타에 관한 설명으로 옳지 않은 것은?

① 일반 석재보다 가볍고 화강암보다 압축 강도가 크다.
② 거의 흡수성이 없으며 색조가 자유로운 장점이 있다.
③ 구조용과 장식용이 있으나, 주로 장식용으로 사용된다.
④ 재질은 도기, 건축용 벽돌과 유사하나, 1차 소성한 후 시유하여 재소성하는 점이 다르다.

해설 테라코타는 석재 조각물 대신에 사용되는 장식용 점토 제품, 속을 비게 하여 가볍게 만든 공동의 대형 점토 제품으로 특성은 일반 석재보다 가볍고, 압축 강도는 800~900kg/cm²로서 화강암의 1/2 정도이다.

48 | 점토 제품의 종류
13

다음 중 점토 제품이 아닌 것은?

① 테라코타   ② 내화 벽돌
③ 도기질 타일   ④ 코펜하겐 리브

해설 테라코타, 내화 벽돌 및 도기질 타일 등은 점토 제품이다. 코펜하겐 리브는 목재 제품으로 긴 판으로서 표면을 자유 곡면으로 깎아 수직 평행선이 되게 리브를 만든 것이며, 강당, 집회장, 극장 등의 음향 조절용 또는 일반 건물의 벽수장재로 사용하며 음향 효과와 장식 효과가 있다.

49 | 점토 제품의 종류
17, 11, 06, 04, 02, 98

다음 중 점토 제품이 아닌 것은?

① 자기질 타일   ② 테라코타
③ 내화 벽돌   ④ 테라초

해설 자기질 및 도기질 타일, 도관, 토관, 위생 도기, 테라코타는 점토 제품이고, 테라초와 트래버틴은 석재 제품, 코펜하겐 리브는 목재 제품이다.

50 | 점토 제품의 종류
05

다음 중 점토 제품이 아닌 것은?

① 테라코타   ② 토관
③ 위생도기   ④ 트래버틴

해설 테라코타, 토관 및 위생 도기 등은 점토 제품이나, 트래버틴은 대리석의 한 종류로서 다공질이며, 석질이 균일하지 못하고, 암갈색의 무늬가 있다. 석판으로 만들어 물갈기를 하면 평활하고 광택이 나는 부분과 구멍과 골이 진 부분이 있어 특수한 실내 장식재로 이용된다.

51 | 점토 제품과 용도
06

점토 제품의 사용 용도가 가장 바르게 연결된 것은?

① 토기 – 타일, 위생도기   ② 도기 – 기와, 자기질 타일
③ 석기 – 클링커 타일   ④ 자기 – 벽돌, 토관

해설 점토 제품의 종류에는 토기(기와, 벽돌, 토관 등), 도기(타일, 테라코타 타일, 위생도기 등), 석기(마루 타일, 클링커 타일 등) 및 자기(자기질 타일) 등이 있다.

❹ 시멘트 재료

01 | 시멘트의 주원료
11, 08

다음 중 포틀랜드 시멘트의 주원료에 해당하는 것은?

① 산화철   ② 실리카
③ 석회석   ④ 대리석

해설 포틀랜드 시멘트의 제조에는 원료 배합, 고온 소성, 분쇄의 세 공정이 있고, 원료로는 석회석과 점토(석회석 : 점토 = 4 : 1)를 사용하며, 시멘트의 응결 시간을 조정하기 위하여 석고를 시멘트 클링커의 2~3% 정도 사용한다.

정답 46.④ 47.① 48.④ 49.④ 50.④ 51.③ / 01.③

02 | 시멘트의 성분(규산이칼슘)
04, 01

시멘트의 조성 화합물에서 수화반응속도가 느리며, 재령 28일 이후의 강도를 지배하는 것은?

① 규산삼칼슘
② 규산이칼슘
③ 알루민산삼칼슘
④ 알루민산철사칼슘

해설 시멘트의 수화작용은 알루민산삼칼슘이 가장 빠르고, 알루민산철사칼슘, 규산삼칼슘, 규산이칼슘의 순으로 느리다. 따라서, 알루민산삼칼슘이 많은 것일수록 조기(약 1주일 이내) 강도의 발생이 크며, 다음에 규산삼칼슘은 1주일 이후 4~13주일의 강도, 규산이칼슘은 1개월 이후의 장기강도 발생의 주원인이 된다.

03 | 시멘트의 응결 시간
06

보통 포틀랜드 시멘트의 물리 성능 중 응결 시간의 기준으로 알맞은 것은?

① 초결 2시간 이상, 종결 20시간 이하
② 초결 1시간 이상, 종결 10시간 이하
③ 초결 1시간 이상, 종결 20시간 이하
④ 초결 2시간 이상, 종결 10시간 이하

해설 시멘트의 응결 시간은 가수한 후 1시간에 시작하여 10시간 후에 종결하나, 시결 시간은 작업을 할 수 있도록 여유를 가지기 위하여 1시간 이상이 되는 것이 좋으며, 종결은 10시간 이내가 됨이 좋다.

04 | 시멘트 풍화의 용어
19, 12, 11

시멘트가 습기를 흡수하여 경미한 수화반응을 일으켜 생성된 수산화칼슘과 공기 중의 탄산가스가 반응하여 탄산칼슘을 생성하는 작용을 의미하는 것은?

① 풍화
② 응결
③ 크리프
④ 중성화

해설 응결은 시멘트에 적당한 양의 물을 부어 넣어 뒤섞은 시멘트 풀이 천천히 점성이 늘어남에 따라 유동성이 점차 없어져서 차차 굳어지는 상태로 고체의 모양을 유지할 수 있는 상태이고, 크리프는 경화 콘크리트의 성질로 하중이 지속하여 재하될 경우 변형이 시간과 더불어 증대하는 현상이며, 중성화는 콘크리트가 시일이 경과함에 따라 공기 중의 탄산가스의 작용을 받아 수산화칼슘이 서서히 탄산칼슘으로 되면서 알칼리성을 잃어가는 현상이다.

05 | 콘크리트 응결이 늦어지는 이유
02

동일 시멘트를 사용할 때, 콘크리트의 응결이 가장 늦어지는 경우는?

① 기상 조건이 고온, 저습일 경우
② 시멘트의 슬럼프가 작을 경우
③ 물이나 골재에 염분이 함유된 경우
④ 물이나 골재에 당류, 부식토가 함유된 경우

해설 시멘트의 응결에 있어서 동일 시멘트를 사용한 경우에 있어서 물이나 골재에 당류, 부식토가 함유된 경우에는 콘크리트의 응결이 가장 늦어진다.

06 | 시멘트 페이스트의 정의
11

다음 중 시멘트 페이스트(cement paste)에 대한 설명으로 가장 알맞은 것은?

① 시멘트와 물을 혼합한 것이다.
② 시멘트와 물, 잔골재를 혼합한 것이다.
③ 시멘트와 물, 잔골재, 굵은골재를 혼합한 것이다.
④ 시멘트와 물, 잔골재, 굵은골재, 혼화 재료를 혼합한 것이다.

해설 ② 시멘트 모르타르(시멘트+잔골재+물), ③ 및 ④ 콘크리트(시멘트+잔골재+굵은골재+혼화재료)에 대한 설명이다.

07 | 시멘트 풍화의 영향 가스
12, 05

시멘트가 습기를 흡수하여 경미한 수화반응을 일으켜 생성된 수산화칼슘과 작용하여 시멘트의 풍화를 발생시키는 것은?

① 분진
② 아황산가스
③ 일산화탄소
④ 이산화탄소

해설 시멘트의 풍화는 시멘트가 수분을 흡수하여 수화 작용을 한 결과로 수산화칼슘과 공기 중의 이산화탄소가 작용하여 탄산칼슘($CaCO_3$)을 생성하는 작용이다.

08 | 시멘트의 분말도가 큰 시멘트
09

분말도가 큰 시멘트에 대한 설명으로 옳지 않은 것은?

① 지나치게 크면 풍화되기 쉽다.
② 건조 수축이 커져서 균열이 발생하기 쉽다.
③ 강도의 발현 속도가 빠르다.
④ 수화 작용이 느리므로 매스 콘크리트에 주로 사용한다.

해설 시멘트의 분말도(시멘트 입자의 굵고 가늚을 나타내는 것)가 높은 경우 일어나는 현상은 수화 작용이 빠르고, 초기 강도가 높으며, 발열량이 높아진다. 또한, 워커빌리티, 공기량, 수밀성, 내구성 등에 영향을 주고, 풍화되기 쉽다. 특히, 발열량이 높아지므로 수축 균열이 많이 생긴다.

09 시멘트의 분말도가 큰 시멘트
03

분말도가 큰 시멘트의 설명으로 틀린 것은?

① 건조 수축이 커져서 균열이 발생하기 쉽다.
② 물과의 혼합시에 접촉하는 표면적이 감소하므로 수화 작용이 늦고 초기의 강도 증진율이 낮다.
③ 블리딩(bleeding)이 적고 비중이 가벼워진다.
④ 지나치게 미세하면 풍화되기 쉽다.

해설 시멘트의 분말도(시멘트 입자의 굵고 가늚을 나타내는 것)가 높은 경우 일어나는 현상은 물과 혼합 시 접촉하는 표면적이 증가하므로 수화 작용이 빠르고 초기의 강도 증진율이 높다.

10 시멘트의 분말도(측정 방법)
24, 12

시멘트의 분말도 측정법에 해당하는 것은?

① 브레인법
② 슬럼프 테스트
③ 르 샤틀리에 시험법
④ 오토 클레이브 시험법

해설 시멘트의 분말도(시멘트 입자의 굵고 가늚을 나타내는 것)의 시험 방법에는 체분석법, 피크노메타법, 브레인법 등이 있고, 슬럼프 테스트는 시공 연도의 측정법, 르 샤틀리에 시험법은 시멘트의 비중 시험, 오토 클레이브 시험법은 시멘트의 안정성 시험에 사용된다.

11 시멘트의 분말도
20, 13

시멘트의 분말도에 관한 설명으로 옳지 않은 것은?

① 분말도가 클수록 응결이 느려진다.
② 분말도가 너무 크면 풍화하기 쉽다.
③ 단위 중량에 대한 표면적으로 표시된다.
④ 브레인법 또는 표준체법에 의해 측정할 수 있다.

해설 시멘트의 분말도(시멘트 입자의 굵고 가늚을 나타내는 것)가 클수록 물과 혼합 시 접촉하는 표면적이 증가하므로 수화 작용이 빠르고 초기의 강도 증진율이 높다.

12 시멘트의 분말도
20, 14, 07

시멘트의 분말도에 관한 설명으로 옳지 않은 것은?

① 시멘트의 분말도가 클수록 수화 반응이 촉진된다.
② 시멘트의 분말도가 클수록 강도의 발현 속도가 빠르다.
③ 시멘트의 분말도는 브레인법 또는 표준체법에 의해 측정한다.
④ 시멘트의 분말이 과도하게 미세하면 시멘트를 장기간 저장하더라도 풍화가 발생하지 않는다.

해설 시멘트의 분말도(시멘트 입자의 굵고 가늚을 나타내는 것)가 과도하게 미세한 것은 풍화되기 쉽고, 균열의 발생이 증가한다.

13 시멘트의 분말도
09

시멘트 분말도에 대한 설명 중 옳지 않은 것은?

① 분말도가 높을수록 풍화가 억제된다.
② 분말도가 높을수록 수화 작용이 빠르다.
③ 분말도가 높을수록 블리딩(bleeding)이 적다.
④ 분말도가 높을수록 강도 발현이 빠르다.

해설 시멘트의 분말도(시멘트 입자의 굵고 가늚을 나타내는 것)가 과도하게 미세한 것은 풍화되기 쉽고, 균열의 발생이 증가한다.

14 시멘트의 분말도
25, 04

시멘트의 분말도에 대한 설명 중 틀린 것은?

① 분말도의 시험은 체분석법, 피크노메타법, 브레인법 등이 있다.
② 분말이 미세할수록 수화작용이 빠르다.
③ 분말이 미세할수록 강도의 발현속도가 빠르다.
④ 분말이 과도하게 미세한 것은 풍화되기 어렵고 사용 후 균열이 발생하지 않는다.

해설 시멘트의 분말도(시멘트 입자의 굵고 가늚을 나타내는 것)가 과도하게 미세한 것은 풍화되기 쉽고, 균열의 발생이 증가한다.

15 시멘트의 분말도
10

시멘트의 분말도에 대한 설명 중 옳지 않은 것은?

① 분말도가 큰 시멘트일수록 수화 작용이 빠르다.
② 분말도가 큰 시멘트일수록 수화열이 높아진다.
③ 분말도가 큰 시멘트일수록 조기 강도가 크다.
④ 비표면적이 큰 시멘트일수록 분말도가 작다.

해설 시멘트의 분말도(시멘트 입자의 굵고 가늚을 나타내는 것)가 높은 것은 비표면적이 큰 시멘트이므로 분말도가 크고, 풍화되기 쉬우며, 균열의 발생이 증가한다.

정답 09. ② 10. ① 11. ① 12. ④ 13. ① 14. ④ 15. ④

16 | 시멘트 응결의 용어
22, 10

시멘트에 약간의 물을 첨가하여 혼합시키면 가소성 있는 페이스트가 얻어지나 시간이 지나면 유동성을 잃고 응고하는데 이 현상을 무엇이라 하는가?

① 소성 ② 중성화
③ 풍화 ④ 응결

해설 소성은 재료에 사용하는 외력이 어느 한도에 도달하면 외력의 증가 없이 변형만 증대되는 성질 또는 외력을 가했다가 제거해도 원래의 상태로 돌아가지 못하고 변형이 남는 성질이고, 중성화는 콘크리트가 시일이 경과함에 따라 공기 중의 탄산가스의 작용을 받아 수산화칼슘이 서서히 탄산칼슘으로 되면서 알칼리성을 잃어가는 현상이며, 풍화는 시멘트가 수분을 흡수하여 수화 작용을 한 결과로 수산화칼슘과 공기 중의 이산화탄소가 작용하여 탄산칼슘($CaCO_3$)을 생성하는 작용이다.

17 | 시멘트의 응결
19, 13

시멘트의 응결 시간에 관한 설명으로 옳은 것은?

① 온도가 높으면 응결 시간이 늦다.
② 수량이 많을수록 응결 시간이 빠르다.
③ 첨가된 석고량이 많으면 응결 시간이 빠르다.
④ 일반적으로 분말도가 높으면 응결 시간이 빠르다.

해설 시멘트의 응결에 있어서 온도가 높으면 응결 시간이 빠르고, 수량이 많을수록 응결 시간이 늦으며, 첨가된 석고량이 많으면 응결 시간이 늦어진다.

18 | 시멘트의 응결
03

시멘트의 응결에 관한 설명 중 옳은 것은?

① 석고의 혼합량에 따라 응결시간이 달라진다.
② 가루가 미세할수록 응결시간이 연장된다.
③ 혼합용 물의 양이 적을수록 응결시간이 길어진다.
④ 풍화된 시멘트를 사용하면 응결이 빨라진다.

해설 시멘트의 응결(시멘트에 적당한 양의 물을 부어 뒤섞은 시멘트 풀은 천천히 점성이 늘어남에 따라 유동성이 점차 없어져서 차차 굳어지는 상태로서 고체의 모양을 유지할 정도의 상태)은 가수량이 적을수록, 온도가 높을수록, 분말도가 높을수록(가루가 미세할수록), 알루민산삼칼슘이 많을수록 빨라진다. 특히, 풍화된 시멘트를 사용하면 응결이 늦어진다.

19 | 시멘트의 응결
16, 07

시멘트의 응결에 대한 설명 중 옳은 것은?

① 시멘트에 가하는 수량이 많으면 응결이 늦어진다.
② 신선한 시멘트로서 분말도가 미세한 것일수록 응결이 늦어진다.
③ 온도가 높을수록 응결이 늦어진다.
④ 석고는 시멘트의 응결촉진제로 사용된다.

해설 시멘트의 응결에 있어서 신선한 시멘트로서 분말도가 미세한 것은 응결이 빨라지고, 온도가 높을수록 응결이 빨라지며, 석고는 시멘트의 응결 지연제이다.

20 | 시멘트의 응결과 경화
02

시멘트의 응결 및 경화에 관한 설명 중 옳지 않은 것은?

① 혼합용 물이 많으면 응결, 경화가 빠르다.
② 온도와 습도가 높으면 응결 시간이 짧아진다.
③ 시멘트의 분말도가 높으면 응결, 경화 속도가 빨라진다.
④ 우리나라 보통 포틀랜드 시멘트의 응결 시작은 대략 4시간 전후, 끝은 6시간 전후이다.

해설 시멘트의 응결, 경화에 있어서 혼합수가 많으면 응결과 경화가 늦어지고, 온도, 습도 및 시멘트 분말도가 높으면 응결과 경화가 빨라진다.

21 | 시멘트 안정성의 용어
25, 24②, 21, 18, 16, 15, 13, 06

시멘트가 경화될 때 용적이 팽창되는 정도를 의미하는 용어는?

① 응결 ② 풍화
③ 중성화 ④ 안정성

해설 응결은 시멘트에 물을 가하여 잘 비벼서 방치해 둘 때 시간이 경과하면서 점성이 늘어남에 따라 유동성이 점차 없어져서 차차 굳어지는 상태이고, 풍화는 시멘트가 수분을 흡수하여 수화 작용을 한 결과로 수산화칼슘과 공기 중의 이산화탄소가 작용하여 탄산칼슘이 생기는 작용이며, 중성화는 콘크리트가 알칼리성(pH 12)이지만, 시일의 경과와 더불어 공기 중의 이산화탄소의 작용을 받아 수산화칼슘이 서서히 탄산칼슘으로 되며, 알칼리성을 잃어가는 현상이다.

정답 16. ④ 17. ④ 18. ① 19. ① 20. ① 21. ④

22 | 시멘트의 안정성 측정
23, 22, 21, 20, 16, 10, 08

시멘트의 안정성 측정에 사용되는 시험법은?

① 브레인법
② 표준체법
③ 슬럼프 테스트
④ 오토클레이브 팽창도 시험 방법

해설 시멘트의 안정성(시멘트가 응결, 경화하는 과정에서 불안정하게 되면 이상 팽창과 수축에 의한 갈라짐)시험은 오토클레이브를 이용한 팽창도 시험 방법 등이 사용되고, 브레인법과 표준체법은 시멘트 분말도 시험법이며, 슬럼프 테스트는 시공 연도의 측정법이다.

23 | 포틀랜드 시멘트의 종류
12②

한국산업표준(KS L 5201)에 따른 포틀랜드 시멘트의 종류에 해당되지 않는 것은?

① 백색 포틀랜드 시멘트 ② 조강 포틀랜드 시멘트
③ 저열 포틀랜드 시멘트 ④ 중용열 포틀랜드 시멘트

해설 KS L 5201에 의한 포틀랜드 시멘트의 종류에는 보통 포틀랜드, 조강 포틀랜드, 중용열 포틀랜드 및 저열 포틀랜드 시멘트 등이 있고, 백색 포틀랜드 시멘트는 KS L 5204에 규정된 시멘트이다.

24 | 시멘트
04

시멘트에 대한 설명 중 맞는 것은?

① 비표면적이 큰 시멘트일수록 강도 발현이 늦고, 수화열의 발생량이 적다.
② 보통 포틀랜드 시멘트의 비중은 3.05~3.15 정도이다.
③ 시멘트 분말도의 측정에는 오토클레이브 팽창도 시험법이 사용된다.
④ 풍화된 시멘트일수록 수화열의 발생량이 크다.

해설 비표면적이 큰 시멘트일수록 강도 발현이 빠르고, 수화열의 발생량이 많으며, 시멘트의 불만도 시험법에는 브레인의 공기 투과 장치를 사용하고, 오토클레이브 팽창도 시험법은 시멘트의 안정성의 시험법이다. 풍화된 시멘트일수록 수화열의 발생이 적다.

25 | 포틀랜드 시멘트(보통)
08

보통 포틀랜드 시멘트에 대한 설명으로 옳지 않은 것은?

① 시멘트의 비중을 일반적으로 3.15이다.
② 시멘트의 분말도는 단위 중량에 대한 표면적, 즉 비표면적에 의하여 표시한다.
③ 석고는 시멘트의 급속한 응결의 지연제로서 작용한다.
④ 풍화된 시멘트는 비중이 커진다.

해설 보통 포틀랜드 시멘트의 비중은 풍화된 시멘트일수록 비중이 작아지므로 최근에 제조된 시멘트의 비중이 가장 크다.

26 | 포틀랜드 시멘트(보통)
05

보통 포틀랜드 시멘트의 일반적인 성질에 대한 설명 중 옳지 않은 것은?

① 비중은 제조 직후의 값이 가장 크다.
② 시멘트의 응결은 첨가석고의 질과 양, 온도 및 분말도 등의 영향, 시멘트 풍화의 정도에 따라 다르다.
③ 분말이 미세할수록 수화작용이 늦고 강도도 낮다.
④ 분말도의 시험은 체분석법, 피크노메타법, 브레인법 등이 있다.

해설 시멘트의 분말도가 높으면 수화 작용이 촉진되므로 응결이 빠르고, 조기 강도가 높아지며, 시공시 잘 비벼지고, 잘 채워지는 등의 작업성이 우수하며, 시공 후에는 물을 잘 통과시키지 않는 성질이 있는 반면에 콘크리트가 응결할 때 초기 균열이 일어나기 쉽고, 풍화 작용이 일어나기 쉽다.

27 | 시멘트(조강)의 용어
25②, 23, 18, 17, 15, 13

보통 포틀랜드 시멘트보다 C_3S나 석고가 많고, 더욱이 분말도를 크게 하여 초기에 고강도를 발생하게 하는 시멘트는?

① 저열 포틀랜드 시멘트
② 조강 포틀랜드 시멘트
③ 백색 포틀랜드 시멘트
④ 중용열 포틀랜드 시멘트

해설 저열 포틀랜드 시멘트는 중용열 포틀랜드 시멘트보다 더 수화열이 적게한 시멘트이고, 초기 강도의 발현과 거푸집 탈형 시기가 늦으며, 백색 포틀랜드 시멘트는 포틀랜드 시멘트의 알루민산철삼칼슘을 극히 적게 한 것으로 소량의 안료를 첨가하면 좋아하는 색을 얻을 수 있으며 건축물 내외면의 마감, 각종 인조석 제조에 사용되는 시멘트이며, 중용열 포틀랜드 시멘트는 수화열을 적게 하기 위하여 원료 중에 규산삼칼슘과 알루민산삼칼슘을 가능한 한 적게 하고, 장기 강도를 크게 해주는 규산이칼슘을 많이 함유하여 수화 속도를 지연시켜 수화열을 작게 한 시멘트로, 건조 수축이 작으며 댐 공사 및 건축용 매스 콘크리트에 사용한다.

정답 22.④ 23.① 24.② 25.④ 26.③ 27.②

28 | 시멘트(조강)의 용어
23, 09, 03, 98

공사 기간을 단축시킬 수 있으며 수중 콘크리트 시공에 적합한 시멘트는?

① 보통 포틀랜드 시멘트 ② 중용열 포틀랜드 시멘트
③ 조강 포틀랜드 시멘트 ④ 백색 포틀랜드 시멘트

해설 보통 포틀랜드 시멘트는 시멘트 중에서 가장 많이 사용하고, 보편화 된 것으로 공정이 비교적 간단하고, 생산량이 많은 시멘트이고, 중용열 포틀랜드 시멘트는 수화 속도를 지연시켜 수화열을 작게 또는 시멘트의 발열량을 저감시킬 목적으로 제조한 시멘트로 건조 수축이 작으며 댐 공사 및 건축용 매스콘크리트에 사용되는 시멘트이며, 백색 포틀랜드 시멘트는 포틀랜드 시멘트의 알루민산철삼칼슘을 극히 적게 한 것으로 소량의 안료를 첨가하면 좋아하는 색을 얻을 수 있으며 건축물 내외면의 마감, 각종 인조석 제조에 사용되는 시멘트이다.

29 | 시멘트(조강)의 용어
20②, 14

단기 강도가 우수하므로 도로 및 수중 공사 등 긴급 공사나 공기 단축이 필요한 경우에 사용되는 시멘트는?

① 보통 포틀랜드 시멘트 ② 조강 포틀랜드 시멘트
③ 저열 포틀랜드 시멘트 ④ 중용열 포틀랜드 시멘트

해설 조강 포틀랜드 시멘트는 원료 중에 규산삼칼슘(C_3S)의 함유량이 많아 보통 포틀랜드 시멘트에 비하여 경화가 빠르고, 조기 강도(낮은 온도에서도 강도 발현이 크다)가 크므로 재령 7일이면 보통 포틀랜드 시멘트의 28일 정도의 강도를 나타낸다. 또한, 한중, 수중, 긴급 공사 등에 사용된다.

30 | 시멘트(중용열)의 용어
15

수화열이 낮아 댐과 같은 매스 콘크리트 구조물에 사용되는 시멘트는?

① 보통 포틀랜드 시멘트
② 조강 포틀랜드 시멘트
③ 중용열 포틀랜드 시멘트
④ 내황산염 포틀랜드 시멘트

해설 보통 포틀랜드 시멘트는 시멘트 중에서 가장 많이 사용하고, 보편화 된 것으로 공정이 비교적 간단하고, 생산량이 많은 시멘트이고, 조강 포틀랜드 시멘트는 보통 포틀랜드 시멘트보다 C_3S나 석고가 많고, 더욱이 분말도를 크게 하여 초기에 고강도를 발생하게 하는 시멘트로서 단기 강도가 우수하므로 도로 및 수중 공사 등 긴급 공사나 공기 단축이 필요한 경우에 사용되는 시멘트이며, 내황산염 포틀랜드 시멘트는 황산염에 대한 저항성이 크고, 화학적으로 안정하며, 강도 발현도 우수하고, 건조 수축도 보통 포틀랜드 시멘트보다 적다.

31 | 시멘트(중용열)의 용어
24, 14

시멘트의 발열량을 저감시킬 목적으로 제조한 시멘트로 매스 콘크리트용으로 사용되는 것은?

① 조강 포틀랜드 시멘트
② 백색 포틀랜드 시멘트
③ 초조강 포틀랜드 시멘트
④ 중용열 포틀랜드 시멘트

해설 중용열 포틀랜드 시멘트는 수화 속도를 지연시켜 수화열을 작게 또는 시멘트의 발열량을 저감시킬 목적으로 제조한 시멘트로 건조 수축이 작으며 댐 공사 및 건축용 매스콘크리트에 사용되는 시멘트이다.

32 | 시멘트(중용열)의 용어
22, 17, 16, 06②

수화 속도를 지연시켜 수화열을 작게 한 시멘트로, 건조 수축이 작으며 댐 공사 및 건축용 매스콘크리트에 사용되는 것은?

① 보통 포틀랜드 시멘트 ② 중용열 포틀랜드 시멘트
③ 백색 포틀랜드 시멘트 ④ 조강 포틀랜드 시멘트

해설 중용열 포틀랜드 시멘트는 수화 속도를 지연시켜 수화열을 작게 또는 시멘트의 발열량을 저감시킬 목적으로 제조한 시멘트로 건조 수축이 작으며 댐 공사 및 건축용 매스콘크리트에 사용되는 시멘트이다.

33 | 포틀랜드 시멘트(중용열)
03

중용열 포틀랜드 시멘트에서 잘못된 것은?

① 규산삼칼슘 함유량을 많게 한다.
② 수화열이 작고 단기강도가 보통 포틀랜드 시멘트보다 작다.
③ 내침식경과 내구성이 크다.
④ 수축률이 매우 작아 댐, 콘크리트 포장, 방사능 차폐용 콘크리트로 많이 사용된다.

해설 중용열 포틀랜드 시멘트는 수화열을 적게 하기 위하여 원료 중에 규산삼칼슘과 알루민산삼칼슘을 가능한 한 적게 하고, 장기 강도를 크게 해 주는 규산이칼슘이 많이 함유되어 있으므로 수화열이 작고, 단기 강도가 보통 포틀랜드 시멘트 보다 작으나, 내침식성과 내구성이 대단히 크고 수축률도 매우 작아서 댐은 물론 콘크리트 포장, 방사능 차폐용 콘크리트로 사용한다.

34 | 시멘트(백색)의 용어
07, 03

표면 마무리 및 착색 시멘트에 가장 적합한 시멘트는?

① 보통 포틀랜드 시멘트
② 중용열 포틀랜드 시멘트
③ 조강 포틀랜드 시멘트
④ 백색 포틀랜드 시멘트

해설 보통 포틀랜드 시멘트는 시멘트 중에서 가장 많이 사용하고, 보편화 된 것으로 공정이 비교적 간단하고, 생산량이 많은 시멘트이고, 중용열 포틀랜드 시멘트는 수화 속도를 지연시켜 수화열을 작게 또는 시멘트의 발열량을 저감시킬 목적으로 제조한 시멘트로 건조 수축이 작으며 댐 공사 및 건축용 매스콘크리트에 사용되는 시멘트이며, 조강 포틀랜드 시멘트는 보통 포틀랜드 시멘트보다 C_3S나 석고가 많고, 더욱이 분말도를 크게 하여 초기에 고강도를 발생하게 하는 시멘트로서 단기 강도가 우수하므로 도로 및 수중 공사 등 긴급 공사나 공기 단축이 필요한 경우에 사용되는 시멘트이다.

35 | 시멘트(백색)의 용어
24, 19, 11

포틀랜드 시멘트의 알루민산철3석회를 극히 적게 한 것으로 소량의 안료를 첨가하면 좋아하는 색을 얻을 수 있으며 건축물 내외면의 마감, 각종 인조석 제조에 사용되는 것은?

① 백색 포틀랜드 시멘트
② 저열 포틀랜드 시멘트
③ 내황산염 포틀랜드 시멘트
④ 조강 포틀랜드 시멘트

해설 백색 포틀랜드 시멘트는 철분이 거의 없는 백색 점토를 써서 시멘트에 포함되어 있는 산화철, 마그네시아의 함유량을 제한 한 시멘트로서, 보통 포틀랜드 시멘트와 품질은 거의 같고, 주로 건축물의 표면 마무리, 도장에 사용되며, 구조체의 축조에는 거의 사용하지 않는다.

36 | 혼합 시멘트의 종류
25, 23, 10, 05

다음 중 혼합 시멘트에 속하지 않는 것은?

① 고로 시멘트
② 실리카 시멘트
③ 플라이애시 시멘트
④ 알루미나 시멘트

해설 시멘트의 종류에는 포틀랜드 시멘트(보통 포틀랜드 시멘트, 중용열 포틀랜드 시멘트, 조강 포틀랜드 시멘트 및 백색 포틀랜드 시멘트 등), 혼합 시멘트(고로 슬래그 시멘트, 플라이애시 시멘트, 포졸란 시멘트 등) 및 특수 시멘트(알루미나 시멘트, AE 포틀랜드 시멘트, 초조강 포틀랜드 시멘트, 팽창 시멘트 등) 등이 있다.

37 | 혼합 시멘트의 종류
19, 14, 06

다음 중 혼합 시멘트에 속하지 않는 것은?

① 팽창 시멘트
② 고로 시멘트
③ 플라이 애시 시멘트
④ 포틀랜드 포졸란 시멘트

해설 고로 시멘트, 플라이 애시 시멘트 및 포졸란 포틀랜드 시멘트는 혼합 시멘트이고, 팽창 시멘트, 제트 시멘트 및 알루미나 시멘트는 특수 시멘트이다.

38 | 고로 슬래그 시멘트의 특징
06

다음 중 고로 슬래그 시멘트의 특징으로 틀린 것은?

① 수화 열량이 적다.
② 매스 콘크리트용으로 사용할 수 있다.
③ 초기 강도가 작다.
④ 해수 등에 대한 내식성이 없다.

해설 고로 슬래그 시멘트는 ①, ② 및 ③ 외에 해수에 대한 내식성이 크고, 건조에 의한 수축은 보통 시멘트보다 크다. 반면 수화할 때와 화학적 팽창에 이은 수축은 작으며, 비중이 작고, 장기 강도가 크며, 풍화가 쉽다. 특히, 블리딩이 적어진다.

39 | 혼합 시멘트(고로 슬래그)
04

고로 시멘트에 대한 설명으로 옳은 것은?

① 수화열량이 크다.
② 매스 콘크리트용으로 사용할 수 있다.
③ 경화 건조 수축이 없으며 풍화가 어렵다.
④ 단기 강도가 크고 장기 강도가 낮다.

해설 고로 슬래그 시멘트는 건조에 의한 수축은 일반 포틀랜드 시멘트보다 크나. 수화할 때 발열이 적고 수축이 적어서 종합적인 균열이 적으며, 바닷물에 대한 저항이 크다. 단기 강도가 작고, 장기 강도가 크며 풍화가 쉽다. 특히, 균열이 적으므로 매스 콘크리트용으로 적합하다.

40 | 혼합 시멘트(고로 슬래그)
06

다음 중 고로 시멘트에 대한 설명으로 옳은 것은?

① 모르타르나 콘크리트에 사용할 때 온도의 영향을 받지 않으며, 경화 건조수축은 없다.
② 수화 열량이 적어 매스콘크리트용으로 사용이 가능하다.
③ 초기 강도는 크나 장기 강도는 보통 포틀랜드 시멘트에 비해 매우 작다.
④ 해수 등에 대한 내식성이나 내열성이 거의 없다.

해설 고로 슬래그 시멘트는 건조에 의한 수축은 일반 포틀랜드 시멘트보다 크나, 수화할 때 발열이 적고 수축이 적어서 종합적인 균열이 적으며, 바닷물에 대한 저항이 크다. 단기 강도가 작고, 장기 강도가 크며 풍화가 쉽다. 특히, 균열이 적으므로 매스콘크리트용으로 적합하다.

41 | 혼합 시멘트(고로 슬래그) 08

고로 시멘트에 대한 설명으로 옳지 않은 것은?

① 포틀랜드 시멘트에 고로 슬래그 분말을 혼합하여 만든 것이다.
② 해수에 대한 내식성이 크다.
③ 초기 강도는 작으나 장기 강도는 크다.
④ 응결 시간이 빠르고 콘크리트 블리딩량이 많다.

해설 고로 슬래그 시멘트는 건조에 의한 수축은 일반 포틀랜드 시멘트보다 크나, 수화할 때 발열이 적고 수축이 적어서 종합적인 균열이 적으며, 바닷물에 대한 저항이 크다. 단기 강도가 작고, 장기 강도가 크며 풍화가 쉽다. 특히, 응결 시간이 약간 느리고 콘크리트 블리딩량이 적어진다.

42 | 혼합 시멘트(고로 슬래그) 09

고로 시멘트에 대한 설명 중 틀린 것은?

① 수화 열량이 작다.
② 매스 콘크리트용으로 사용할 수 없다.
③ 초기 강도가 작고, 장기 강도가 높다.
④ 경화 건조 수축이 적으며, 해수 등에 대한 내식성이 크다.

해설 고로슬래그 시멘트는 건조에 의한 수축은 일반 포틀랜드 시멘트보다 크다. 수화할 때 발열이 적고 수축이 적어서 종합적인 균열이 적으며, 바닷물에 대한 저항이 크다. 또한 단기 강도가 작고, 장기 강도가 크며 풍화가 쉽다. 특히, 균열이 적으므로 매스 콘크리트용으로 적합하다.

43 | 혼합 시멘트(고로 슬래그) 07

다음 중 고로 시멘트에 대한 설명으로 옳지 않은 것은?

① 포틀랜드 시멘트에 고로슬래그분말을 혼합하여 만든 것이다.
② 초기강도는 작으나 장기강도는 크다.
③ 수화열량이 적어 매스콘크리트용으로 사용할 수 있다.
④ 해수에 대한 내식성이나 내열성이 작다.

해설 고로슬래그 시멘트는 건조에 의한 수축은 일반 포틀랜드 시멘트보다 크나, 수화할 때 발열이 적고 수축이 적어서 종합적인 균열이 적으며, 바닷물에 대한 저항이 크다. 단기 강도가 작고, 장기 강도가 크며 풍화가 쉽다.

44 | 혼합 시멘트(플라이 애시) 02

하천, 해안, 해수 공사에 많이 사용되는 시멘트는?

① 보통 포틀랜드 시멘트
② 플라이 애시 시멘트
③ 중용열 포틀랜드 시멘트
④ 팽창 시멘트

해설 플라이애시 시멘트는 무게로 5~30%의 플라이 애시(미분탄을 연료로 하는 보일러의 연도에서 집진기로 채취한 미립자의 재를 말함.)를 클링커에 혼합한 다음 약간의 석고를 넣어 분쇄하여 만든 시멘트로 수화열이 적고, 조기 강도가 낮으나, 장기 강도는 커지며, 콘크리트의 워커빌리티가 좋고, 수밀성이 크며, 단위 수량을 감소시킬 수 있다. 특히, 하천, 해안, 해수 공사에 많이 사용되고, 매스 콘크리트(기초, 댐 등)에도 유리하다.

45 | 특수 시멘트(제트)의 용어 02

다음 중 빠른 강도를 발휘하는 시멘트는?

① 플라이 애시 시멘트   ② 팽창 시멘트
③ 조강 시멘트   ④ 제트 시멘트

해설 제트 시멘트는 초속경 시멘트로서 경화 시간을 임의로 바꿀 수 있는 시멘트이며, 강도의 발현이 빠르기(3시간 만에 7일의 강도를 발현)때문에 긴급 공사, 동절기 공사, 숏크리트, 그라우팅에 사용하고, 팽창 시멘트는 콘크리트의 큰 결점의 하나인 수축성을 개선하기 위하여 수화시 계획적으로 팽창성을 갖도록 한 시멘트이다.

46 | 특수 시멘트의 산화알루미늄 02

겨울철 콘크리트 시공에 적합한 콘크리트는?

① 산화알루미늄 시멘트
② 팽창 시멘트
③ 포틀랜드 포졸란 시멘트
④ 고로 슬래그 시멘트

해설 팽창 시멘트는 콘크리트의 큰 결점의 하나인 수축성을 개선하기 위하여 수화시 계획적으로 팽창성을 갖도록 한 시멘트이고, 포틀랜드 포졸란(실리카) 시멘트는 포틀랜드 시멘트의 클링커에 포졸란(천연산이나 인공실리카질 혼합재인 화산회, 규산질 백토, 소점토 등의 총칭)을 혼합하여 적당량의 석고를 가해 만든 시멘트로서 구조용 또는 미장모르타르용에 사용하며, 고로 슬래그 시멘트는 포틀랜드 시멘트의 클링커에 급냉한 고로슬래그를 적당량 혼합하고 다시 석고를 가하여 미분쇄한 시멘트로서 해수 공사에 사용한다.

정답 41.④ 42.② 43.④ 44.② 45.④ 46.①

47 | 특수 시멘트(알루미나)의 용어 | 10

보크사이트에 거의 같은 양의 석회석을 혼합하여 전기로 또는 회전로에서 용융·소성하여 급랭시켜 분쇄한 것으로 발열량이 크기 때문에 긴급을 요하는 공사나 한중 공사의 시공에 사용되는 시멘트는?

① 알루미나 시멘트 ② 팽창 시멘트
③ 조강 포틀랜드 시멘트 ④ 폴리머 시멘트

해설 팽창 시멘트는 콘크리트의 큰 결점의 하나인 수축성을 개선하기 위하여 수화시 계획적으로 팽창성을 갖도록 한 시멘트이고, 조강 포틀랜드 시멘트는 보통 포틀랜드 시멘트보다 C_3S나 석고가 많고, 더욱이 분말도를 크게 하여 초기에 고강도를 발생하게 하는 시멘트로서 단기 강도가 우수하므로 도로 및 수중 공사 등 긴급 공사나 공기 단축이 필요한 경우에 사용되는 시멘트이며, 폴리머 시멘트는 폴리머(중합체)를 혼합하여 만든 시멘트이다.

48 | 시멘트의 저장 | 18, 14

시멘트의 저장에 관한 설명으로 옳지 않은 것은?

① 포대 시멘트의 쌓아올리는 높이는 13포대 이하로 한다.
② 시멘트는 방습적인 구조로 된 사일로나 창고에 저장한다.
③ 저장 중에 약간이라도 굳은 시멘트는 공사에 사용하지 않는다.
④ 포대 시멘트를 목조 창고에 보관하는 경우, 바닥과 지면 사이에 최소 0.1m 이상의 거리를 유지하여야 한다.

해설 시멘트는 지상 30cm(0.3m) 이상 되는 마루 위에 적재해야 하는데, 그 창고는 방습 설비가 완전해야 하며, 검사에 편리하도록 적재해야 한다. 시멘트의 풍화를 방지하기 위하여 통풍을 막아야 한다.

49 | 시멘트의 저장 | 23, 22, 11, 99

콘크리트 공사에 사용되는 시멘트의 저장 방법에 대한 설명 중 옳지 않은 것은?

① 시멘트는 방습적인 구조로 된 사일로(silo) 또는 창고에 저장한다.
② 포대 시멘트는 지상 50cm 이상 되는 마루 위에 통풍이 잘 되도록 하여 보관한다.
③ 포대의 올려쌓기는 13포대 이하로 하고 장기간 저장할 때는 7포대 이상 올려 쌓지 말아야 한다.
④ 조금이라도 굳은 시멘트는 사용하지 않는 것을 원칙으로 하고 검사나 반출이 편리하도록 배치하여 저장한다.

해설 시멘트는 지상 30cm 이상 되는 마루 위에 적재해야 하는데 그 창고는 방습 설비가 완전해야 하고 검사에 편리하도록 적재해야 하며, 시멘트의 풍화를 방지하기 위하여 환기가 잘 되지 않도록 한다.

⑤ 콘크리트 재료

01 | 골재(천연 골재의 종류) | 25, 24, 13②, 11, 08

다음 중 천연 골재에 속하지 않는 것은?

① 깬 자갈 ② 강 자갈
③ 산 모래 ④ 바다 자갈

해설 천연 골재에는 강, 육지, 바다, 산의 자갈 및 모래, 인공 골재에는 깬(부순) 모래, 깬(부순) 자갈, 산업 부산물 이용 골재에는 고로 슬래그, 깬(부순) 모래, 깬(부순) 자갈 등이 있다.

02 | 골재(인공 골재의 종류) | 12, 10, 09

다음 중 인공 골재에 해당하지 않는 것은?

① 강자갈 ② 팽창 혈암
③ 펄라이트 ④ 부순 모래

해설 천연 골재에는 강, 육지, 바다, 산의 자갈 및 모래, 인공 골재에는 깬(부순) 모래, 깬(부순) 자갈, 산업 부산물 이용 골재에는 고로 슬래그, 깬(부순) 모래, 깬(부순) 자갈 등이 있다.

03 | 골재(인공 골재의 종류) | 24, 23, 18, 16

골재의 성인에 의한 분류 중 인공 골재에 속하는 것은?

① 강모래 ② 산모래
③ 중정석 ④ 부순 모래

해설 천연 골재에는 강, 육지, 바다, 산의 자갈 및 모래, 인공 골재에는 깬(부순) 모래, 깬(부순), 자갈, 산업 부산물 이용 골재에는 고로 슬래그, 깬(부순) 자갈 등이 있다.

04 | 골재(경량 골재의 종류) | 22, 14, 11

다음 중 경량 골재의 종류에 속하지 않는 것은?

① 중정석 ② 석탄재
③ 팽창 질석 ④ 팽창 슬래그

정답 47.① 48.④ 49.② / 01.① 02.① 03.④ 04.①

해설 비중에 따른 골재의 분류

골재의 분류	골재의 정의
보통 골재	전건 비중이 2.5~2.7 정도로서 강 모래, 강 자갈, 깬 자갈 등
경량 골재	전건 비중이 2.0 이하로서 천연의 화산재, 경석, 인공 질석, 펄라이트 등
중량 골재	전건 비중이 2.8 이상으로서 중정석, 철광석 등

05 | 골재의 유해물
11, 05

골재 중의 유해물에 속하지 않는 것은?

① 쇄석
② 후민산
③ 이분(泥分)
④ 염분

해설 콘크리트용 골재는 유해량 이상의 염분을 포함하지 말아야 하고, 진흙이나 유기불순물 등의 유해물(이분, 후민산 등)이 포함되지 않아야 한다. 특히, 운모가 다량으로 포함된 골재는 콘크리트의 강도를 떨어뜨리고, 풍화되기도 쉽다.

06 | 골재
03

콘크리트에 사용되는 골재로서 좋은 것은?

① 시멘트풀이 경화하였을 때 시멘트풀의 최대 강도보다 작아야 한다.
② 모양이 구형에 가까운 것으로, 표면이 매끄러운 것이 좋다.
③ 잔 것과 굵은 것이 골고루 혼합된 것이 좋다.
④ 골재는 모양이 편평하고 세장한 것이 좋다.

해설 콘크리트 골재의 품질은 ①, ② 및 ④ 이외에 골재의 강도는 단단하고, 강한 것으로 골재의 표면은 거칠고, 골재는 잔 것과 굵은 것이 골고루 혼합된 것이 좋다. 또한, 유해량 이상의 염분을 포함하지 말아야 하고, 유해물(진흙이나 유기 불순물 등)이 포함되어 있지 않아야 하며, 운모가 다량으로 함유된 골재는 콘크리트 강도를 떨어뜨리고, 풍화되기도 쉽다.

07 | 골재에 요구되는 성질
25, 23, 21, 19, 13, 04

콘크리트에 사용되는 골재에 요구되는 성질에 관한 설명으로 옳지 않은 것은?

① 골재의 크기는 동일하여야 한다.
② 골재에는 불순물이 포함되어 있지 않아야 한다.
③ 골재의 모양은 둥글고 구형에 가까운 것이 좋다.
④ 골재의 강도는 콘크리트 중의 경화 시멘트 페이스트의 강도 이상이어야 한다.

해설 콘크리트용 골재는 골재의 크기가 잔것과 굵은 것이 적당히 섞여 있어야 한다. 즉, 조세립이 적절하게 혼합(조립율이 좋아야 한다.)되어야 한다.

08 | 골재에 요구되는 성질
23, 20, 13, 08

콘크리트용 골재로서 요구되는 일반적인 성질로 알맞은 것은?

① 골재의 강도는 콘크리트 중의 경화 시멘트 페이스트의 강도보다 작아야 한다.
② 모양이 구형에 가까운 것으로, 표면이 매끄러운 것이 좋다.
③ 입도는 조립에서 세립까지 연속적으로 균등히 혼합되어 있어야 한다.
④ 골재는 모양이 편평하고 세장한 것이 좋다.

해설 콘크리트 골재의 품질은 골재의 강도는 시멘트풀이 경화하였을 때 시멘트풀의 최대 강도 이상이어야 하고, 모양은 구형에 가까운 것이 가장 좋으며, 표면이 매끄러운 것이나, 모양이 편평하거나 세장한 것은 좋지 않으며, 골재는 마멸에 견딜 수 있고, 화재에 견딜 수 있는 성질을 갖추어야 한다.

09 | 골재에 요구되는 성질
07

다음 중 콘크리트용 골재로서 요구되는 성질과 가장 관계가 먼 것은?

① 골재의 입형은 가능한 한 편평, 세장하지 않을 것
② 골재의 강도는 콘크리트 중의 경화 시멘트 페이스트의 강도보다 작을 것
③ 잔골재의 염분허용한도는 0.04%(NaCl) 이하일 것
④ 입도는 조립에서 세립까지 연속적으로 균등히 혼합되어 있을 것

해설 콘크리트 골재의 강도는 단단하고 강한 것으로 시멘트 풀이 경화하였을 때 시멘트 풀의 최대 강도 이상이어야 한다. 즉, 골재의 강도≥시멘트 풀의 강도이다.

10 | 골재에 요구되는 성질
08

콘크리트용 골재로서 요구되는 성질과 가장 거리가 먼 것은?

① 콘크리트 강도를 확보하는 강성을 지닐 것
② 콘크리트의 성질에 나쁜 영향을 끼치는 유해 물질을 포함하지 않을 것
③ 함수량이 많고 흡습성이 클 것
④ 내화성이 있을 것

정답 05. ① 06. ③ 07. ① 08. ③ 09. ② 10. ③

해설 건축 공사 표준 시방서에는 잔골재와 굵은 골재의 흡수율은 3.0% 이하로 규정하고 있고, 고로슬래그 잔골재는 3.5% 이하, 고로슬래그 굵은 골재는 4%(A급), 6%(B급) 이하로 규정하고 있다.

11 | 골재에 요구되는 성질
09

다음 중 콘크리트용 골재로서 요구되는 성질이 아닌 것은?

① 잔골재의 염분 허용 한도는 0.1% 이하일 것
② 골재의 입형은 가능한 한 편평, 세장하지 않을 것
③ 입도는 조립에서 세립까지 연속적으로 균등히 혼합되어 있을 것
④ 골재의 강도는 콘크리트 중의 경화 시멘트 페이스트의 강도 이상일 것

해설 콘크리트용 골재로서 염분의 허용 한도는 0.04% 이하이어야 하고, 유해물(진흙, 유기 불순물, 후민산, 이분 및 염분 등)이 포함되지 않아야 하며, 유기물과 강도와는 밀접한 관계가 있다.

12 | 골재에 요구되는 성질
10

콘크리트용 골재로서 요구되는 성질로 옳지 않은 것은?

① 콘크리트 강도를 확보하는 강성을 지닐 것
② 골재의 입형은 편평, 세장할 것
③ 입도는 조립에서 세립까지 연속적으로 균등히 혼합되어 있을 것
④ 잔골재는 유기불순물 시험에 합격한 것

해설 콘크리트 골재의 품질은 ①, ③ 및 ④ 외에 골재의 표면은 거칠고, 모양은 구형에 가까운 것이 가장 좋으며, 표면이 매끄러운 것이나, 모양이 편평하거나 세장한 것은 좋지 않다. 또한, 운모가 다량으로 함유된 골재는 콘크리트 강도를 떨어뜨리고, 풍화되기도 쉬우며, 골재는 마멸에 견딜 수 있고, 화재에 견딜 수 있는 성질을 갖추어야 한다.

13 | 골재에 요구되는 성질
11, 09, 06, 04

콘크리트용 골재에 요구되는 성질로 옳지 않은 것은?

① 유해량의 먼지, 흙, 유기불순물 등을 포함하지 않을 것
② 골재의 입형은 편평, 세장하고 표면은 거칠지 않을 것
③ 입도는 조립에서 세립까지 연속적으로 균등히 혼합되어 있을 것
④ 골재의 강도는 콘크리트 중의 경화시멘트 페이스트의 강도 이상일 것

해설 콘크리트용 골재의 입형은 편평하거나, 세장하지 않고, 표면이 거칠어 시멘트 페이스트와의 접착력을 증대시켜야 한다.

14 | 조립률 산정 시 체의 종류
16, 12

콘크리트용 골재의 조립률 산정에 사용되는 체에 속하지 않는 것은?

① 0.3mm   ② 5mm
③ 20mm   ④ 50mm

해설 조립률(골재의 입도를 수치적으로 나타내는 방법)측정 시 사용하는 체의 종류는 80mm, 40mm, 20mm, 10mm, 5mm, 2.5mm, 1.2mm, 0.6mm, 0.3mm, 0.15mm 등 10개의 체를 사용한다.

15 | 모래의 염분 한도
04

콘크리트에 사용하는 바다모래가 염분 함유 한도를 초과하는 경우 조치 방법으로 잘못된 것은?

① 피복두께를 증가시킨다.
② 방청제를 사용한다.
③ 아연도금철근을 사용한다.
④ 물시멘트비를 크게 한다.

해설 염분을 포함한 바다 모래는 철근 콘크리트 구조물의 철근 등 철분을 부식시킬 위험이 있고, 바다 모래의 염분 함유 한도는 0.04%로서, 그 이상을 초과하는 경우는 물·시멘트비를 작게 하거나, 방청제의 사용, 피복 두께의 증가, 아연 도금 철선의 사용, 수밀성이 높은 마감 등 녹이 슬지 않는 조치를 하여야 한다.

16 | 골재의 함수 상태
07, 04, 01

다음 그림은 골재의 함수 상태를 나타낸 것이다. 유효 흡수량은? (좌측 그림부터 절대 건조 상태, 기건 상태, 표면 건조 포수 상태, 습윤 상태를 나타냄)

① 가
② 나
③ 다
④ 라

해설 골재의 함수 상태

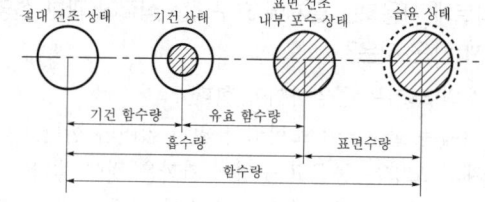

17 | 콘크리트의 재료
24, 03

다음 중 콘크리트 재료의 설명으로 틀린 것은?

① 콘크리트는 시멘트와 물 및 골재를 주원료로 한다.
② 시멘트와 모래를 혼합한 것을 시멘트 페이스트라 한다.
③ 시멘트, 잔골재, 물을 혼합한 것을 모르타르라 한다.
④ 굳지 않는 콘크리트 및 경화 콘크리트의 여러 성질은 각각 재료의 성질과 콘크리트의 배합조건에 지배된다.

해설 시멘트 풀(페이스트)이란 시멘트와 물을 혼합하여 끈끈한 풀과 같이 만든 것으로 콘크리트에서 골재와 골재(잔·굵은 골재)를 서로 잘 부착되도록 접착 역할을 하고, 시멘트 풀은 콘크리트 전체의 22~34%를 차지하는 것이 적당하다.

18 | 혼화 재료와 용도의 연결
24, 16, 06

콘크리트 혼화 재료와 용도의 연결이 옳지 않은 것은?

① 실리카흄 - 압축 강도 증대
② 플라이애시 - 수화열 증대
③ AE제 - 동결 융해 저항 성능 향상
④ 고로 슬래그 분말 - 알칼리 골재 반응 억제

해설 플라이애시는 미분탄을 연료로 하는 보일러의 연도에서 집진기로 채취한 미립자의 재료로서, 특징은 수화열이 작고, 조기 강도가 낮으며, 장기 강도는 커진다. 콘크리트의 워커빌리티가 좋고, 수밀성이 크며, 단위 수량을 감소시킬 수 있다.

19 | 혼화 재료
11

혼화 재료에 대한 설명 중 옳지 않은 것은?

① 혼화 재료는 혼화재와 혼화제로 구분된다.
② 포졸란은 해수 등에 대한 저항성, 수밀성 등을 개선한다.
③ AE제는 콘크리트 속에 미세 기포를 발생시켜 시공연도를 향상시키고 단위수량을 증가시킨다.
④ 플라이 애시는 콘크리트의 작업성을 개선하고 단위수량을 감소시킨다.

해설 혼화 재료 중 혼화제인 A.E제는 콘크리트 속에 미세 기포를 발생시켜 시공연도를 향상시키고, 단위수량을 감소시키는 특성이 있다.

20 | 혼화 재료 중 혼화재
07

다음의 콘크리트에 사용되는 혼화 재료 중 혼화재에 속하지 않는 것은?

① 플라이애시
② AE감수제
③ 실리카흄
④ 고로슬래그

해설 시멘트의 혼합 재료 중 혼화재는 포졸란, 플라이애시, 실리카흄, 고로슬래그 및 팽창재 등이 있고, 혼화제에는 AE제, 감수제 및 유동화제, 응결 경화시간 조절제, 방수제, 기포제, 발포제, 착색제 등이 있다.

21 | 혼화 재료 중 혼화재
25, 23②, 20②, 16, 10, 07

다음 중 혼화재에 해당하는 것은?

① 플라이애시
② AE제
③ 기포제
④ 방청제

해설 시멘트의 혼합 재료 중 혼화재는 포졸란(천연산이나 인공실리카질 혼합재인 화산회, 규산질백토, 소점토 등의 총칭), 플라이애시(미분탄연소보일러의 탄진과 혼합된 폐기연도가스를 집진기로 채취한 구형의 세분말로서 양질의 것은 화력발전소의 집진기에서 채취), 실리카흄, 고로슬래그 및 팽창재 등이 있고, 혼화제에는 AE제, 감수제 및 유동화제, 응결 경화 시간 조절제, 방수제, 기포제, 방청제, 발포제, 착색제 등이 있다.

22 | 혼화재 중 플라이 애시의 성능
10

혼화 재료인 플라이 애시(fly ash)의 성능에 대한 설명으로 옳지 않은 것은?

① 유동성 개선
② 단위 수량 감소
③ 재료 분리 증가
④ 장기 강도 증대

해설 플라이 애시는 워커빌리티를 좋게 하고, 초기 강도보다 장기 강도가 크며, 수화열에 의한 내부 온도 상승으로 인한 균열 발생을 억제한다. 또한, 단위 수량과 재료 분리를 감소하므로 매스 콘크리트에 사용한다.

23 | 혼화제 중 AE제의 성능
21, 16, 15, 14, 10

콘크리트 혼화제 중 작업 성능이나 동결 융해 저항 성능의 향상을 목적으로 사용하는 것은?

① AE제
② 증점제
③ 기포제
④ 유동화제

해설 증점제는 점성을 증대시키는 혼화제이고, 기포(발포)제는 콘크리트의 수축을 방지하기 위하여 극소량의 알루미늄 분말을 넣어 시멘트 풀에 기포가 생기게 하는 혼화제이며, 유동화제는 유동화 콘크리트 제조에 사용하는 혼화제이다.

24 | 혼화제(AE제의 용어)
17, 12, 10

콘크리트 내부에 미세한 독립된 기포를 발생시켜 콘크리트의 작업성 및 동결 융해 저항 성능을 향상시키기 위해 사용되는 화학혼화제는?

① AE제
② 기포제
③ 유동화제
④ 플라이 애시

해설 기포제는 콘크리트용 혼화제로서 콘크리트의 경량, 단열 및 내화성 등을 목적으로 사용하고, 유동화제는 동일한 물·시멘트 비로서 작업성이 뛰어난 콘크리트 제조를 목적으로 하는 혼화제로서 시멘트의 분산 효과를 향상시켜 콘크리트의 시공성을 높이는 혼화제이며, 플라이 애시는 콘크리트용 혼화재로서 수화열이 적고, 조기 강도는 낮으나 장기 강도는 커지며, 워커빌리티가 좋고 수밀성이 크며 단위 수량과 재료 분리를 감소시킬 수 있다.

25 | 혼화제(AE제의 사용 목적)
09

다음 중 AE제의 사용 목적과 가장 관계가 먼 것은?

① 블리딩을 감소시킨다.
② 강도를 증가시킨다.
③ 동결 융해 작용에 대하여 내구성을 지닌다.
④ 굳지 않은 콘크리트의 워커빌리티를 개선시킨다.

해설 AE제는 강도(인장, 압축, 전단 및 부착 강도)가 떨어지며(공기량 1%에 대하여 압축 강도는 약 4~6% 정도 떨어진다), 철근의 부착 강도도 떨어지고, 감소 비율은 압축 강도보다 크다. 또한, 마감 모르타르 및 타일 붙임용 모르타르의 부착력도 약간 떨어진다.

26 | 혼화제(AE제의 사용 효과)
14

다음 중 AE제의 사용으로 발생하는 사항과 관계가 깊은 것은?

① 강도를 감소시킨다.
② 블리딩을 증가시킨다.
③ 동결 융해 작용에 대하여 내구성이 없다.
④ 굳지 않는 콘크리트의 워커빌리티를 영향을 끼치지 않는다.

해설 AE제는 강도(인장, 압축, 전단 및 부착 강도)가 떨어지며(공기량 1%에 대하여 압축 강도는 약 4~6% 정도 떨어진다), 철근의 부착 강도도 떨어지고, 감소 비율은 압축 강도보다 크다. 또한, 마감 모르타르 및 타일 붙임용 모르타르의 부착력도 약간 떨어진다.

27 | 혼화제(AE제의 사용 효과)
03

AE제의 사용효과에 대한 설명으로 가장 옳지 않은 것은?

① 워커빌리티가 좋아진다.
② 단위 수량을 감소할 수 있다.
③ 압축 강도가 커진다.
④ 화학작용에 대한 저항성이 커진다.

해설 AE제는 발포성의 물질이 콘크리트에 들어가면 작은 공기포가 발생되는데, 그 기포가 함유되어 있는 용수량을 적게 하여도 워커빌리티는 좋아지나, 강도(인장, 압축, 전단 및 부착강도)가 감소하고, 흡수율이 커져서 수축량이 많아진다.

28 | 혼화제(AE제의 사용 효과)
14, 11

콘크리트 혼화제인 AE제의 사용 효과로 옳지 않은 것은?

① 워커빌리티가 개선된다.
② 동결 융해 저항 성능이 커진다.
③ 미세 기포에 의해 재료 분리가 많이 생긴다.
④ 플레인 콘크리트와 동일 물시멘트비인 경우 압축 강도가 저하된다.

해설 콘크리트의 혼화제인 AE제의 사용 효과는 독립된 작은 기포의 발생으로 콘크리트 속에 균일하게 분포시키기 위하여 사용하는 것으로 동결 융해 작용에 대하여 내구성을 가짐과 동시에 재료 분리 현상을 방지한다.

29 | 혼화제(AE제의 사용 효과)
09

콘크리트용 혼화제인 AE제의 사용 효과로 옳지 않은 것은?

① 블리딩(bleeding)이 감소한다.
② 시공연도가 좋아진다.
③ 동결 융해에 대한 저항성이 개선된다.
④ 플레인 콘크리트와 동일 물·시멘트 비인 경우 압축 강도를 증가시킨다.

해설 AE제는 강도(인장, 압축, 전단 및 부착 강도)가 떨어지며(공기량 1%에 대하여 압축 강도는 약 4~6% 정도 떨어진다), 철근의 부착 강도도 떨어지고, 감소 비율은 압축 강도보다 크다. 또한, 마감 모르타르 및 타일 붙임용 모르타르의 부착력도 약간 떨어진다.

정답 24. ① 25. ② 26. ① 27. ③ 28. ③ 29. ④

30 | 혼화제(AE제의 사용 효과)
24, 04

AE제를 콘크리트에 사용했을 때의 효과에 대한 설명으로 가장 옳지 못한 것은?

① 수밀성이 개량된다.
② 압축 강도가 증가된다.
③ 작업성이 좋게 된다.
④ 동결융해에 대한 저항성이 증대된다.

해설 AE제는 발포성의 물질이 콘크리트에 들어가면 작은 공기포가 발생되는데, 그 기포가 함유되어 있는 용수량을 적게 하여도 워커빌리티는 좋아진다. 강도(인장, 압축, 전단 및 부착강도)가 감소하고, 흡수율이 커져서 수축량이 많아진다.

31 | 혼화제(AE제의 사용 효과)
13, 08

콘크리트의 혼화제 중 AE제의 사용 효과에 관한 설명으로 옳지 않은 것은?

① 콘크리트의 작업성을 향상시킨다.
② 블리딩 등의 재료 분리를 감소시킨다.
③ 콘크리트의 동결 융해 저항 성능을 향상시킨다.
④ 플레인 콘크리트와 동일 물시멘트비인 경우 압축 강도를 증가시킨다.

해설 AE제는 플레인 콘크리트(무근 콘크리트)와 동일한 물시멘트비인 경우 압축 강도가 감소한다. 즉, 공기량을 1% 혼입할 때마다 압축 강도는 4~6% 정도 감소한다.

32 | 혼화제(AE제의 사용 효과)
07

다음 중 콘크리트 혼화재료인 AE제의 사용효과에 대한 설명으로 옳지 않은 것은?

① 콘크리트 내부에 미세한 독립된 기포를 발생시킨다.
② 플레인 콘크리트와 동일 물시멘트비의 경우 압축 강도가 증가한다.
③ 콘크리트의 작업성이 향상된다.
④ 동결융해 저항성능이 향상된다.

해설 AE제는 플레인 콘크리트(무근 콘크리트)와 동일한 물시멘트비인 경우 압축 강도가 감소한다. 즉, 공기량을 1% 혼입할 때마다 압축 강도는 4~6% 정도 감소한다.

33 | 고성능 AE 감수제의 사용
17, 14

콘크리트용 혼화제 중 고성능 AE 감수제의 사용 목적으로 옳지 않은 것은?

① 단위 수량 대폭 감소
② 유동화 콘크리트의 제조
③ 응결 시간이나 초기 수화의 촉진
④ 고강도 콘크리트의 슬럼프 로스 방지

해설 콘크리트의 혼화제 중 고성능 AE 감수제는 단위 수량의 감소, 유동화 콘크리트의 제조, 고강도 콘크리트의 슬럼프 로스 방지 등의 목적으로 사용하고, 응결 시간이나 초기 수화 촉진은 경화 촉진제를 사용하여야 한다.

34 | 혼화제(유동화제의 용어)
09

시멘트의 분산 효과를 향상시켜 콘크리트의 시공성을 높이는 혼화제는?

① 기포제   ② 방청제
③ 경화 촉진제   ④ 유동화제

해설 기포제는 콘크리트용 혼화제로서 콘크리트의 경량, 단열 및 내화성 등을 목적으로 사용하고, 방청제는 염화물에 의한 철근 부식을 방지하는 목적으로 사용하며, 경화촉진제는 시멘트의 수화작용을 촉진하여 조기에 강도(단기강도)를 낼 목적으로 사용하는 혼화제이다.

35 | 혼화제(플라이 애시의 용어)
25, 08

콘크리트 성질을 개선하거나 경제성 향상의 목적으로 사용되는 혼화제가 아닌 것은?

① AE제   ② 기포제
③ 유동화제   ④ 플라이 애시

해설 시멘트의 혼합 재료 중 혼화재는 포졸란(천연산이나 인공실리카질 혼합재인 화산회, 규산질백토, 소점토 등의 총칭), 플라이애시(미분탄연소보일러의 탄진과 혼합된 폐기연도가스를 집진기로 채취한 구형의 세분말로서 양질의 것은 화력발전소의 집진기에서 채취), 실리카흄, 고로슬래그 및 팽창재 등이 있고, 혼화제에는 AE제, 감수제 및 유동화제, 응결 경화 시간 조절제, 방수제, 기포제, 방청제, 발포제, 착색제 등이 있다.

정답 30.② 31.④ 32.② 33.③ 34.④ 35.④

36 | 혼화제(염화칼슘의 용어)
07, 04

다음 중 콘크리트의 응결 및 경화를 촉진시키는 혼화제로 사용되는 것은?

① 플라이애시   ② 염화칼슘
③ AE제   ④ 산화철

해설 경화촉진제[시멘트의 수화작용을 촉진하여 조기에 강도(단기 강도)를 낼 목적으로 사용하는 혼화제]의 종류에는 염화칼슘(철물을 부식시킴), 규산칼슘 등이 있고, 염화칼슘은 우수한 촉진제(응결과 경화)로서 응결, 강도 모두 뛰어난 촉진효과가 있기 때문에 저온에서도 상당한 강도 증진을 볼 수 있다.

37 | 혼화제(방청제의 용어)
24, 12

콘크리트의 혼화제 중 염화물의 작용에 의한 철근의 부식을 방지하기 위해 사용되는 것은?

① 지연제   ② 촉진제
③ 기포제   ④ 방청제

해설 지연제는 모르타르나 콘크리트의 응결을 지연시킬 목적으로 사용하는 혼화제이고, 촉진제는 모르타르나 콘크리트의 응결을 촉진시킬 목적으로 사용하는 혼화제이며, 기포제는 콘크리트의 경량, 단열, 내화성 등을 목적으로 사용하는 혼화제이다.

38 | 배합 설계 순서 중 최우선 사항
13, 08

콘크리트의 배합 설계 순서에서 가장 먼저 이루어져야 하는 사항은?

① 요구 성능의 설정   ② 재료의 설정
③ 배합 조건의 설정   ④ 시험 배합의 실시

해설 콘크리트 배합 순서는 설계 기준 강도(요구 성능의 설정) → 배합 강도(콘크리트 강도) → 물·시멘트비 결정 → 표준 배합표(골재의 크기 결정 → 슬럼프값 결정 → 배합비 결정) → 시험 비빔 → 계획 배합의 결정순이다.

39 | 생 콘크리트(워커빌리티)
23, 22, 10

굳지 않은 콘크리트의 성질을 표시하는 용어 중 컨시스턴시에 의한 부어넣기의 난이도 정도 및 재료 분리에 저항하는 정도를 나타내는 것은?

① 플라스티시티(plasticity)
② 피니셔빌리티(finishability)
③ 워커빌리티(workability)
④ 펌퍼빌리티(pumpability)

해설 굳지 않은 콘크리트의 성질 중 컨시스턴시(consistency)는 수량에 의해 변경되는 굳지 않은 콘크리트의 유동성, 플라스티시티(plasticity)는 용이하게 성형되며, 풀기가 있어 재료의 분리가 생기지 않는 성질 또는 거푸집 등의 현상에 순응하여 채우기 쉽고, 분리가 일어나지 않는 성질, 피니셔빌리티(finishability)는 콘크리트 표면을 끝막이할 때의 난이 정도 및 워커빌리티(workability)는 반죽 질기의 정도에 따라 부어 넣기 작업의 난이도 및 재료 분리에 저항하는 정도를 말한다.

40 | 생 콘크리트(워커빌리티)
14

굳지 않은 콘크리트의 성질을 표시하는 용어 중 워커빌리티에 관한 설명으로 옳은 것은?

① 단위 수량이 많으면 많을수록 워커빌리티는 좋아진다.
② 워커빌리티는 일반적으로 정량적인 수치로 표시된다.
③ 일반적으로 빈배합의 경우가 부배합의 경우보다 워커빌리티가 좋다.
④ 과도하게 비빔 시간이 길면 시멘트의 수화를 촉진시켜 워커빌리티가 나빠진다.

해설 굳지 않은 콘크리트의 성질인 워커빌리티는 단위 수량이 많으면 많을수록 나빠지고, 정성적인 수치로 표시되며, 일반적으로 부배합인 경우가 빈배합의 경우보다 좋다.

41 | 생 콘크리트(워커빌리티)
12

콘크리트의 워커빌리티에 관한 설명으로 옳지 않은 것은?

① 과도하게 비빔시간이 길면 워커빌리티가 나빠진다.
② AE제를 사용한 경우 볼베어링 작용에 의해 콘크리트의 워커빌리티가 좋아진다.
③ 깬자갈을 사용한 콘크리트가 강자갈을 사용한 콘크리트보다 워커빌리티가 좋다.
④ 단위 수량을 증가시키면 재료 분리가 생기기 쉽기 때문에 워커빌리티가 좋아진다고는 말할 수 없다.

해설 깬자갈을 사용한 콘크리트는 강자갈을 사용한 콘크리트보다 워커빌리티(시공연도)가 나쁘다.

42 | 시공연도의 영향 요소
15, 11

다음 중 콘크리트의 시공연도(Workability)에 영향을 주는 요소와 가장 거리가 먼 것은?

① 혼화 재료   ② 물의 염도
③ 단위 시멘트량   ④ 골재의 입도

정답 36. ② 37. ④ 38. ① 39. ③ 40. ④ 41. ③ 42. ②

해설 시공연도에 영향을 주는 것은 단위 수량, 단위 시멘트량, 시멘트의 성질, 골재의 성질, 모양(골재의 입도), 배합 비율, 혼화재료의 종류와 양 및 비비기 정도, 혼합 후의 시간, 온도 등이 있다.

43 | 워커빌리티의 측정 방법
24, 15

굳지 않은 콘크리트의 워커빌리티 측정 방법에 속하지 않는 것은?

① 비비 시험
② 슬럼프 시험
③ 비카트 시험
④ 다짐 계수 시험

해설 굳지 않은 콘크리트의 워커빌리티 측정 방법에는 KS에 규정된 슬럼프 시험, 비비 시험기에 의한 방법, 진동식 반죽질기 측정기에 의한 방법, 다짐도(다짐계수)에 의한 방법 등이 있고, 기타 방법으로는 플로 시험, 리몰딩 시험, 낙하 시험 및 구관입 시험 등이 있으며, 비카트 침에 의한 방법은 시멘트의 응결 시험법이다.

44 | 워커빌리티의 측정 방법
07

콘크리트의 작업성의 정도를 나타내는 워커빌리티의 측정 방법이 아닌 것은?

① 슬럼프(slump) 시험
② 다짐계수(compacting factor) 시험
③ 비비(vee-vee) 시험
④ 진동다짐(vibrator) 시험

해설 콘크리트 강도 시험법에는 슈미트 해머법, 초음파 속도법, 인장강도 시험(직접인장 시험, 할열 시험), 휨강도 시험(중앙점 하중법, 3등분점 하중법) 등이 있고, 재료분리 측정 시험에는 블리딩 시험 방법이 있으며, 공기량 측정 시험에는 단위용적 중량 방법, 공기실 압력법, 용적법 등이 있다.

45 | 굳지 않은 콘크리트의 성질
09, 06

굳지 않은 콘크리트에 요구되는 성질이 아닌 것은?

① 거푸집 구석구석까지 잘 채워질 수 있어야 한다.
② 다지기 및 마무리가 용이하여야 한다.
③ 거푸집에 부어 넣은 후 블리딩이 많이 발생하여야 한다.
④ 시공시 및 그 전후에 재료 분리가 적어야 한다.

해설 굳지 않은 콘크리트의 성질에는 컨시스턴시(consistency, 수량에 의해 변경되는 굳지 않은 콘크리트의 유동성), 플라스티시티(plasticity, 용이하게 성형되며, 풀기가 있어 재료의 분리가 생기지 않는 성질), 피니셔빌리티(finishability, 콘크리트 표면을 끝막이할 때의 난이 정도) 및 워커빌리티(workability, 반죽 질기의 정도에 따라 부어 넣기 작업의 난이도 및 재료 분리에 저항하는 정도) 등이 있다.

46 | 생 콘크리트(플라스티시티)
16

다음 설명에 알맞은 굳지 않은 콘크리트의 성질을 표시하는 용어는?

> 거푸집 등의 현상에 순응하여 채우기 쉽고, 분리가 일어나지 않는 성질을 말한다.

① 플라스티시티(plasticity)
② 펌퍼빌리티(pumpability)
③ 콘시스시(consistency)
④ 피니셔빌리티(finishability)

해설 펌퍼빌리티는 펌프의 이송성(펌프의 압송에 적합한 묽기)이고, 피시셔빌리티는 콘크리트 표면을 끝막이할 때의 난이 정도이고, 컨시스턴시(consistency)는 수량에 의해 변경되는 굳지 않은 콘크리트의 유동성이다.

47 | 생 콘크리트(컨시스턴시)
24, 12

굳지 않은 콘크리트의 성질을 표시하는 용어 중 주로 수량에 의해서 변화하는 유동성의 정도로 정의되는 것은?

① 컨시스턴시
② 펌퍼빌리티
③ 피니셔빌리티
④ 플라스티시티

해설 펌퍼빌리티는 펌프의 이송성(펌프의 압송에 적합한 묽기)이고, 피니셔빌리티는 콘크리트 표면을 끝막이할 때의 난이 정도이고, 플라스티시티는 용이하게 성형되며, 풀기가 있어 재료의 분리가 생기지 않는 성질이다.

48 | 컨시스턴시의 측정 방법
24, 19②, 16②, 15, 11②, 09, 08, 06

다음 중 굳지 않은 콘크리트의 컨시스턴시(Consistency)를 측정하는 방법으로 가장 알맞은 것은?

① 슬럼프 시험
② 블레인 시험
③ 체가름 시험
④ 오토클레이브 팽창도 시험

해설 슬럼프 시험은 콘크리트의 컨시스턴시(시공 연도)를 측정하는 시험법이고, 블레인 시험은 시멘트의 분말도 시험법이며, 체가름 시험은 골재의 입도 시험법이다. 또한, 오토클레이브 팽창도 시험은 시멘트의 안정성 시험법이다.

정답 43.③ 44.④ 45.③ 46.① 47.① 48.①

49 | 슬럼프 테스트
19, 13②, 07, 02, 01, 98

슬럼프 테스트에 관한 설명으로 가장 알맞은 것은?
① 콘크리트의 강도를 측정하는 시험이다.
② 콘크리트의 공기량을 측정하는 시험이다.
③ 콘크리트의 재료 분리를 측정하는 시험이다.
④ 콘크리트의 컨시스턴시를 측정하는 시험이다.

해설 슬럼프 시험의 목적은 콘크리트의 컨시스턴시(수량에 의해 변경되는 굳지 않은 콘크리트의 유동성 또는 컨시스턴시에 의한 부어넣기의 난이도 정도 및 재료 분리에 저항하는 정도)를 측정하는 시험법이고, 콘크리트의 강도시험법에는 슈미트 해머법, 초음파 속도법, 인장 강도 시험 및 휨강도 시험 등이 있으며, 콘크리트의 공기량 시험법에는 단위 용적 중량 방법, 공기실 압력법, 용적법 등이 있고, 콘크리트의 재료분리 시험법에는 블리딩 시험 방법 등이 있다.

50 | 콘크리트 강도의 결정 요소
11, 04

다음 중 콘크리트의 강도를 좌우하는 데 가장 큰 영향을 주는 것은?
① 물-시멘트비   ② 시멘트의 질
③ 골재의 입도   ④ 슬럼프 값

해설 콘크리트의 강도는 물·시멘트의 비 = $\frac{물의 중량}{시멘트의 중량} \times 100[\%]$ 에 의하여 결정되며, 콘크리트의 강도에 영향을 끼치는 요인은 재료(물, 시멘트, 골재)의 품질, 시공방법(비비기 방법, 부어넣기 방법), 모양 및 재령과 시험법 등이 있다.

51 | 설계 기준 강도의 용어
14

콘크리트는 타설된 후 일정 시간이 지나면 목표 강도에 도달하게 된다 이를 설계 기준 강도라 하는데, 대략 몇 주 정도 지나야 콘크리트 강도는 목표 강도에 도달하는가?
① 1주   ② 2주
③ 3주   ④ 4주

해설 콘크리트의 설계 기준 강도라 함은 콘크리트 타설 후 4주(28일) 압축 강도를 의미한다.

52 | 설계 기준 강도의 정의
10

다음 중 콘크리트의 설계 기준 강도를 의미하는 것은?
① 콘크리트 타설 후 7일 인장 강도
② 콘크리트 타설 후 7일 압축 강도
③ 콘크리트 타설 후 28일 인장 강도
④ 콘크리트 타설 후 28일 압축 강도

해설 콘크리트의 설계 기준 강도라 함은 콘크리트 타설 후 4주(28일) 압축 강도를 의미한다.

53 | 콘크리트의 최대 강도
15, 11, 05, 02, 01

콘크리트의 강도 중 일반적으로 가장 큰 것은?
① 휨강도   ② 인장 강도
③ 압축 강도 ④ 전단 강도

해설 콘크리트의 강도 중에서 압축 강도가 가장 크고, 그 밖의 강도(인장, 휨, 전단 강도 등)는 압축 강도의 1/10~1/5에 불과하므로 구조상 압축 강도가 이용될 뿐이며, 콘크리트의 강도란 압축 강도를 의미한다.

54 | 콘크리트 압축 강도의 용어
19, 16, 12

경화 콘크리트의 역학적 기능을 대표하는 것으로, 경화 콘크리트의 강도 중 일반적으로 가장 큰 것은?
① 휨강도   ② 압축 강도
③ 인장 강도 ④ 전단 강도

해설 철근 콘크리트 구조물의 구조 해석에 이용하는 강도로는 압축 강도(가장 큰 강도), 인장 강도, 휨강도, 전단 강도 및 부착 강도 등이 있으나, 경화 콘크리트의 역학적 기능을 대표하는 강도는 압축 강도이다.

55 | 콘크리트 크리프의 용어
22②, 21, 18, 15, 08

경화 콘크리트의 성질 중 하중이 지속하여 재하될 경우 변형이 시간과 더불어 증대하는 현상을 의미하는 용어는?
① 크리프   ② 블리딩
③ 레이턴스 ④ 건조 수축

해설 블리딩은 콘크리트를 타설한 후 골재들이 침하함에 따라 미세한 미립자가 떠오르는 현상이고, 레이턴스는 블리딩에 의해서 떠오른 미세한 미립자들이 콘크리트의 표면에 얇은 피막이 되어 침적하는 현상이며, 건조 수축은 콘크리트의 경화 후 수분이 증발하면서 콘크리트의 체적 감소로 수축이 발생하게 되는 현상이다.

정답 49. ④ 50. ① 51. ④ 52. ④ 53. ③ 54. ② 55. ①

56 | 콘크리트 크리프
19, 14, 12

콘크리트의 크리프에 관한 설명으로 옳지 않은 것은?

① 재하 초기에 증가가 현저하다.
② 작용 응력이 클수록 크리프가 크다.
③ 물·시멘트비가 클수록 크리프가 크다.
④ 시멘트 페이스트가 많을수록 크리프는 작다.

해설 콘크리트의 크리프(경화 콘크리트의 성질 중 하중이 지속하여 재하될 경우 변형이 시간과 더불어 증대하는 현상)가 증가하는 요인은 재하 초기의 경우, 물·시멘트비가 크고, 시멘트 페이스트가 많은 경우와 작용 하중이 크고, 콘크리트가 건조한 상태로 노출된 상태의 경우이며, 작용하는 하중의 크기, 물·시멘트비, 부재의 단면 치수 등과 관계가 깊다.

57 | 콘크리트 크리프
13, 12

콘크리트 크리프에 관한 설명으로 옳지 않은 것은?

① 작용 응력이 클수록 크리프는 크다.
② 물·시멘트비가 클수록 크리프는 크다.
③ 재하 재령이 빠를수록 크리프는 크다.
④ 시멘트 페이스트가 적을수록 크리프는 크다.

해설 콘크리트의 크리프(경화 콘크리트의 성질 중 하중이 지속하여 재하될 경우 변형이 시간과 더불어 증대하는 현상)가 증가하는 요인은 재하 초기의 경우, 물·시멘트비가 크고, 시멘트 페이스트가 많은 경우와 작용 하중이 크고, 콘크리트가 건조한 상태로 노출된 상태의 경우이다.

58 | 철근 콘크리트 내화성 강화
14

철근 콘크리트 구조의 내화성 강화 방법으로 옳지 않은 것은?

① 피복 두께를 얇게 한다.
② 내화성이 높은 골재를 사용한다.
③ 콘크리트 표면을 회반죽 등의 단열재로 보호한다.
④ 익스팬디드 메탈 등을 사용하여 피복 콘크리트가 박리되는 것을 방지한다.

해설 철근 콘크리트 구조의 내화성 강화 방법으로 피복 두께를 두껍게 한다.

59 | 콘크리트 수밀성의 증대
03

콘크리트 수밀성을 증가시키는 방법이 아닌 것은?

① 물·시멘트비를 55% 이하로 한다.
② 물 사용량을 증가한다.
③ 골재 입도의 배열과 혼합을 잘 한다.
④ 진동을 가하면서 잘 다져 균질한 콘크리트로 만든다.

해설 콘크리트의 수밀성을 증가시키려면, 물·시멘트비를 55% 이하로 하고, 시멘트 사용량을 증가시키며, 골재의 입도의 배열과 혼합을 잘 하여 진동을 가하면서 잘 다져 균질한 콘크리트로 만들 수 있다. 특히, 물의 사용량은 감소시킨다.

60 | 신축 이음 재료의 요구 성능
23, 12, 08, 07

다음 중 콘크리트 신축 이음(Expansion Joint) 재료에 요구되는 성능조건과 가장 관계가 먼 것은?

① 콘크리트에 잘 밀착하는 밀착성
② 콘크리트 이음 사이의 충분한 수밀성
③ 콘크리트의 수축에 순응할 수 있는 탄성
④ 콘크리트의 팽창에 저항할 수 있는 압축 강도

해설 콘크리트 신축 이음 재료의 요구 조건은 밀착성, 수밀성 및 탄성 등이다.

61 | 콘크리트 중성화의 용어
18, 16, 10

콘크리트가 시일이 경과함에 따라 공기 중의 탄산가스 작용을 받아 알칼리성을 잃어가는 현상은?

① 건조 수축   ② 동결 융해
③ 중성화   ④ 크리프

해설 건조 수축은 콘크리트의 경화 후 수분이 증발하면서 콘크리트의 체적 감소로 수축이 발생하게 되는 현상으로 시멘트 풀의 양이나 물·시멘트비 등의 영향이 비교적 적고, 사용하는 골재의 석질과 밀접한 관계가 있다. 즉, 석영질이 가장 크고, 화강암, 현무암, 석회암의 순으로 작아진다. 동결 융해는 콘크리트 중에 포함되어 있는 물이 동결되면 그 물의 압력때문에 콘크리트의 조직에 미세한 균열이 생겨 동결과 융해가 반복되면 그 손상이 점차 커지며, 크리프는 구조물에서 하중을 지속적으로 작용시켜 놓을 경우, 하중의 증가가 없어도 지속적인 하중에 의해 시간과 더불어 변형이 증대되는 현상이다.

62 | 줄눈(콜드 조인트의 용어)
23, 09, 06

응결하기 시작한 콘크리트에 새로운 콘크리트를 이어칠 경우 발생될 수 있는 시공 불량의 이음부는?

① 언더 컷   ② 치장 줄눈
③ 수축 줄눈   ④ 콜드 조인트

해설 언더 컷은 용접 부분에 있어서 모재가 오목하게 파인 것 또는 용접 상부(모재의 표면과 용접의 표면이 교차되는 점)에 따라 모재가 녹아 용착 금속이 채워지지 않고 홈으로 남게 되는 결함이고, 치장 줄눈은 벽이나 시멘트 블록의 벽면을 치장할 때 줄눈을 곱게 발라 마무리하는 것이며, 수축 줄눈은 콘크리트 슬래브 등이 수축할 때 여기에 생기는 불규칙적인 균열을 방지하기 위하여 만든 줄눈이다.

63 | 콘크리트 중성화의 억제 방법
22, 21, 13

콘크리트의 중성화를 억제하기 위한 방법으로 옳지 않은 것은?

① 혼합 시멘트를 사용한다.
② 물시멘트비를 작게 한다.
③ 단위 수량을 최소화한다.
④ 환경적으로 오염되지 않게 한다.

해설 콘크리트 중성화를 억제하기 위한 방법으로는 철근비를 낮추고, 물시멘트(단위 수량)의 비를 작게 하며, 피복 두께를 두껍게 한다. 또한, 혼화재(혼합 시멘트)의 사용을 억제하고, 환경적으로 오염되지 않게 한다.

64 | 콘크리트 중성화의 억제 방법
03

콘크리트의 중성화를 억제하는 방법으로 적당하지 않은 것은?

① 철근비를 높인다.
② 물시멘트비를 작게 한다.
③ 피복 두께를 두껍게 한다.
④ 혼화재 사용을 억제한다.

해설 콘크리트의 중성화를 억제하기 위한 방법은 물·시멘트 비를 작게 하고, 피복 두께를 두껍게 하며, 혼화재(혼합 시멘트)의 사용량을 적게 하고, 환경적으로도 오염되지 않게 한다.

65 | 블리딩의 용어
20, 15

콘크리트가 타설된 후 비교적 가벼운 물이나 미세한 물질 등이 상승하고, 무거운 골재나 시멘트는 침하하는 현상은?

① 쿨링
② 블리딩
③ 레이턴스
④ 콜드 조인트

해설 쿨링은 콘크리트 수화 시 발생하는 열에 의한 온도 균열 제어 방법의 일종이고, 레이턴스는 콘크리트 타설 후 블리딩(콘크리트 타설 후 골재들이 침하함에 따라 미세한 미립자들이 떠오르는 현상)에 의해서 부상한 미립물이 콘크리트 표면에 얇은 피막이 되어 침적된 것이며, 콜드 조인트는 1개의 P.C 부재 제작 시 편의상 분할하여 부어넣을 때의 이어붓기 이음새이다.

66 | 레이턴스의 용어
25, 23, 10, 07

콘크리트 타설 후 블리딩에 의해서 부상한 미립물은 콘크리트 표면에 얇은 피막이 되어 침적하는데, 이것을 무엇이라 하는가?

① 실리카
② 포졸란
③ 레이턴스
④ AE제

해설 포졸란은 화산회 등의 광물질(실리카질) 분말로 된 혼화재의 일종으로 그 자체는 수경성이 없으나, 콘크리트 중의 물에 용해되어 있는 수산화칼슘과 상온에서 서서히 화합하여 불용성의 화합물을 만들 수 있는 실리카질을 포함하고 있는 미분 상태의 재료로서 시멘트의 절약과 콘크리트의 성질을 개선하는 성질을 갖고 있고, AE제는 콘크리트 혼화제의 일종으로 기포를 함유하게 되어 용수량을 적게 하여도 워커빌리티가 좋아지나 강도가 감소하고, 흡수율이 커져서 수축량이 많아진다.

67 | 재료 분리의 감소 대책
09, 01, 99

콘크리트 작업 중 재료 분리를 줄이기 위한 방법으로 옳지 않은 것은?

① 잔골재율을 크게 한다.
② 물·시멘트비를 크게 한다.
③ AE제를 사용한다.
④ 플라스티시티(plasticity)를 증가시킨다.

해설 재료 분리의 방지법은 콘크리트의 플라스티시티를 증가, 잔골재율을 크게, 물·시멘트비를 작게, 세립분을 많게 하거나 AE제, 플라이 애시 등을 사용한다.

68 | 콘크리트의 온도에 의한 용적
02

콘크리트의 온도에 의한 용적 변화를 설명한 것 중 틀린 것은?

① 온도가 올라가면 팽창하고, 온도가 내려가면 수축한다.
② 온도에 의한 수축이 건조 수축과 동시에 일어나면 심한 균열을 유발한다.
③ 철근과 콘크리트가 상온에서 열팽창 계수가 크게 다른 것은 중요한 장점이다.
④ 온도에 의한 체적 변화는 골재의 암질에 지배되는 경우가 많다.

해설 철근 콘크리트 구조체가 형성될 수 있는 이유 중의 하나가 철근과 콘크리트의 선팽창 계수가 거의 같다는 점이다. 그러므로 철근과 콘크리트는 일체를 이룰 수 있다.

정답 63.① 64.① 65.② 66.③ 67.② 68.③

69 | AE 콘크리트의 특성
05

AE 콘크리트(Air Entrained concrete)의 특성으로 옳지 않은 것은?

① 화학작용과 동결융해에 저항성이 크다.
② 미세기포에 의해 재료분리가 많이 생긴다.
③ 공기량의 증가에 따라 압축 강도는 감소한다.
④ 표면이 평활하여 제치장 콘크리트에 적당하다.

해설 AE 콘크리트의 장점은 미세 기포의 조활 작용으로 시공 연도가 증대되고, 응집력이 있어 재료분리가 적으며, 사용 수량을 줄일 수 있어서 블리딩, 침하가 적고, 시공한 면이 평활하게 되며, 제물치장 콘크리트의 시공에 적합하다. 또한, 탄성을 가진 기포는 동결 융해 및 건습 등에 의한 용적 변화가 적으며, 방수성이 뚜렷하고, 화학 작용에 대한 저항성이 크다. 단점은 강도(압축, 인장, 전단 및 부착 강도)가 떨어진다.(공기량 1%에 대하여 압축 강도는 약 4~6% 정도 떨어진다.)

70 | 레디믹스트 콘크리트
14, 07

레디믹스트 콘크리트에 관한 설명으로 옳은 것은?

① 주문에 의해 공장 생산 또는 믹싱카로 제조하여 사용 현장에 공급하는 콘크리트이다.
② 기건 단위 용적 중량이 보통 콘크리트에 비하여 크고, 주로 방사선 차폐용에 사용되므로 차폐용 콘크리트라고도 한다.
③ 기건 단위 용적 중량이 2.0 이하의 것을 말하며, 주로 경량 골재를 사용하여 경량화하거나 기포를 혼입한 콘크리트이다.
④ 결합재로서 시멘트를 사용하지 않고 폴리에스테르 수지 등을 액상으로 하여 굵은 골재 및 분말상 충전제를 혼합하여 만든 것이다.

해설 ② 중량 콘크리트, ③ 경량 콘크리트, ④ 폴리머 콘크리트에 대한 설명이다.

71 | 레디믹스트 콘크리트
06, 04

레디믹스트 콘크리트에 대한 설명으로 틀린 것은?

① 현장이 협소하여 재료 보관 및 혼합 작업이 불편할 때 사용한다.
② 균질한 콘크리트를 만들 수 있다.
③ 슬럼프가 적더라도 단순히 물을 첨가하여 보정하는 것은 피하도록 한다.
④ 레디믹스트 콘크리트는 시공자가 직접 현장에서 재료를 혼합하여 제조한다.

해설 레디믹스트 콘크리트(ready mixed concrete)는 현장에 떨어져 있는 콘크리트 전문 제조 공장에 콘크리트를 배처 플랜트에 의해 생산하여 현장에 운반하여 사용하는 것으로 혼합 장소가 협소한 시가지의 공사에 적합하다. 이것은 그 비비기와 운반 방식에 따라 센트럴믹스트 콘크리트(central mixed concrete), 슈링크믹스트 콘크리트(shrink mixed concrete), 트랜싯믹스트 콘크리트(transit mixed concrete) 등으로 구분한다.

72 | 레디믹스트 콘크리트
11

레디믹스트 콘크리트에 대한 설명으로 옳지 않은 것은?

① 품질이 균일한 콘크리트를 얻을 수 있다.
② 협소한 장소에서도 대량의 콘크리트를 얻을 수 있다.
③ 슬럼프가 적더라도 단순히 물을 첨가하여 보정하는 것은 피하도록 한다.
④ 현장에서 배합, 설계된 콘크리트로 운반 중 재료 분리의 염려가 없다.

해설 레디믹스트 콘크리트는 제조 공장에서 주문자가 요구하는 품질의 콘크리트를 소정의 시간에 희망하는 수량을 특수한 운반 자동차를 이용하여 현장까지 배달·공급하는 콘크리트로서 운반 중에 재료 분리, 시간 경과 등으로 강도 저하의 우려가 많다.

73 | 프리팩트 콘크리트의 용어
10, 08, 06②, 03

미리 거푸집 속에 적당한 입도 배열을 가진 굵은 골재를 채워 넣은 후, 모르타르를 펌프로 압입하여 굵은 골재의 공극을 충전시켜 만드는 콘크리트는?

① 레진 콘크리트
② 폴리머 콘크리트
③ 프리팩트 콘크리트
④ 프리스트레스트 콘크리트

해설 레진(폴리머, 플라스틱) 콘크리트는 결합재로 폴리머를 사용한 콘크리트로서 경화제를 가한 액상 수지를 골재와 배합하여 제조한 것으로 부재 단면의 축소와 경량화가 가능하고, 프리스트레스트 콘크리트는 특수 선재(고강도의 강재나 피아노선)를 사용하여 재축 방향으로 콘크리트에 미리 압축력을 준 콘크리트이다.

정답 69. ② 70. ① 71. ④ 72. ④ 73. ③

74 | 프리스트래스트 콘크리트 용어
24, 23②, 09, 03, 01, 98

고강도의 강재나 피아노선을 사용하여 재축 방향으로 콘크리트에 미리 압축력을 준 콘크리트는?

① 섬유 보강 콘크리트 ② 프리팩트 콘크리트
③ 폴리머 콘크리트   ④ PS 콘크리트

해설 섬유 보강 콘크리트는 콘크리트의 인장강도와 균열에 대한 저항성을 높이고, 인성을 개선할 목적으로 콘크리트 중에 각종 섬유(강, 탄소, 유리, 비닐론 섬유)를 보강시켜 만든 콘크리트이고, 프리팩트(프리 플레이스) 콘크리트는 미리 거푸집 속에 적당한 입도 배열을 가진 굵은 골재를 채워 넣은 후, 모르타르를 펌프로 압입하여 굵은 골재의 공극을 충전시켜 만드는 콘크리트이며, 폴리머(레진, 플라스틱) 콘크리트는 결합재로 폴리머를 사용한 콘크리트로서 경화제를 가한 액상 수지를 골재와 배합하여 제조한 것으로 부재 단면의 축소와 경량화가 가능하다.

75 | 프리팩트 콘크리트 사용 철선
06, 02

다음 중 PS 콘크리트에 주로 쓰이는 철선은?

① PC 강선   ② 이형 철근
③ 강봉   ④ 경량 형강

해설 PS(Prestressed) 콘크리트는 특수 선재(고강도의 강재나 피아노선 등)를 사용하여 재축 방향으로 콘크리트에 미리 압축력을 준 콘크리트이다.

76 | 매스 콘크리트의 균열 대책
19, 13

매스 콘크리트의 균열 방지 및 감소 대책으로 옳지 않은 것은?

① 파이프 쿨링을 한다.
② 저발열성 시멘트를 사용한다.
③ 부재에 이음매를 설치하지 않는다.
④ 콘크리트의 온도 상승을 적게 한다.

해설 매스 콘크리트의 균열 방지와 감소 대책으로는 부재의 이음매를 설치하고, 파이프 쿨링(콘크리트 수화 시 발생하는 열에 의한 온도 균열 제어 방법의 일종)을 하며, 저발열성 시멘트를 사용한다. 또한, 콘크리트의 온도 상승을 적게 한다.

77 | 제물치장 콘크리트
21, 13

제물치장 콘크리트에 관한 설명으로 가장 알맞은 것은?

① 콘크리트 표면을 유성 페인트로 마감한 것이다.
② 콘크리트 표면을 모르타르로 마감한 것이다.
③ 콘크리트 표면을 시공한 그대로 마감한 것이다.
④ 콘크리트 표면을 수성 페인트로 마감한 것이다.

해설 제물치장 콘크리트는 콘크리트 표면을 시공한 그대로 마감한 것이다.

78 | 레진 콘크리트의 용어
09

결합재로 폴리머를 사용한 콘크리트로서 경화제를 가한 액상 수지를 골재와 배합하여 제조한 것은?

① 수밀 콘크리트   ② 프리팩트 콘크리트
③ 레진 콘크리트   ④ 서중 콘크리트

해설 수밀 콘크리트는 물의 침투나 지하 방수를 요할 때 사용하는 콘크리트로서 자체의 밀도가 높고 내구성, 방수성을 향상시킨 콘크리트이고, 프리팩트(프리플레이스트)콘크리트는 거푸집에 미리 자갈을 넣은 다음에 골재 사이에 모르타르를 압입, 주입하는 콘크리트이며, 서중 콘크리트는 하루 평균 기온이 25℃ 또는 하루 최고온도가 30℃를 넘는 시기에 혼합·운반·타설 및 양생을 하는 경우의 콘크리트이다.

79 | ALC 제품
23, 22, 20, 13, 10

ALC(Autoclaved Lightweight Concrete) 제품에 관한 설명으로 옳지 않은 것은?

① 중성화의 우려가 높다.
② 단열 성능이 우수하다.
③ 습기가 많은 곳에서의 사용은 곤란하다.
④ 압축 강도에 비해 휨강도, 인장 강도가 크다.

해설 경량 기포 콘크리트는 석회질 원료(생석회, 시멘트 등), 규산질 원료(규사, 규석, 플라이 애시 등)를 고온, 고압 하에서 양생하고 발포제로 알루미늄 분말 등을 혼합하여 제작한다. 특성으로는 경량, 단열, 불연, 내화, 흡음, 차음, 내구 및 시공성 등이 있으나, 중성화의 우려가 높고, 습기가 많은 곳에서 사용이 불가능하며, 휨강도나 인장 강도보다 압축 강도가 크다.

80 | 원심력 가공 제품
02

다음 콘크리트 제품 중 원심력 가공에 의해 생산되는 제품은?

① 철근 콘크리트 말뚝   ② 목모 시멘트판
③ 가압 시멘트판 기와   ④ 시멘트 블록

해설 원심력 가공 제품에는 철근 콘크리트관(흄관), 철근 콘크리트 말뚝, 철근 콘크리트 기둥 등이 있다.

정답 74.④ 75.① 76.③ 77.③ 78.③ 79.④ 80.①

81 | 콘크리트 블록의 기본 치수
08

속 빈 콘크리트 블록의 기본 블록 치수가 아닌 것은? (단위 : mm)

① 390×190×190
② 390×190×150
③ 390×190×130
④ 390×190×100

해설 블록의 형상 및 치수

형상	치수(mm)			허용차
	길이	높이	두께	길이, 높이 및 두께
기본 블록	390	190	190, 150, 120, 100	±2

82 | 창대 블록의 형태
21, 16

그림과 같은 블록의 명칭은?

① 반블록
② 창쌤 블록
③ 인방 블록
④ 창대 블록

해설 블록의 명칭

명칭	반블록	창쌤 블록	인방 블록
형태	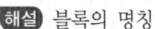		

83 | 시멘트 벽돌의 규격
07

표준형 시멘트 벽돌의 규격으로 옳은 것은?

① 180×80×47mm
② 185×85×52mm
③ 190×90×57mm
④ 210×100×60mm

해설 점토 및 시멘트 벽돌의 규격에 있어서 표준형(블록 혼용) 벽돌은 190×90×57mm이고, 재래형 벽돌은 210×100×60mm이다.

84 | 콘크리트 제품
02

다음 중 콘크리트 제품인 것은?

① 후형 슬레이트
② 석면 플렉시블 평판(asbestos cement flexible board)
③ 흄관(hume pipe)
④ 두리졸(durisol)

해설 시멘트 제품에는 시멘트 기와, 후형 슬레이트 등이 있고, 석면 시멘트 제품에는 석면 시멘트판류(골석면 슬레이트, 석면 시멘트 평판, 석면 플렉시블 평판 등) 등이 있으며, 목모 시멘트 제품에는 목모 시멘트판, 목편 시멘트판 등이 있다. 또한, 콘크리트 제품에는 철근 콘크리트관(흄관), 철근 콘크리트 말뚝, 철근 콘크리트 기둥 등이 있고, 두리졸은 목편 시멘트판의 상품명이다.

85 | 경량 콘크리트
11, 07

경화 콘크리트에 대한 설명 중 옳지 않은 것은?

① 콘크리트의 투수 원인은 대부분이 시공 불량에 의한다.
② 콘크리트의 인장 강도는 압축 강도의 약 1/10~1/13 정도이다.
③ 콘크리트의 중성화가 진행되면 콘크리트의 강도가 극히 낮아진다.
④ 알칼리 골재 반응은 주로 시멘트의 알칼리 성분과 골재를 구성하는 실리카 광물이 반응하여 콘크리트를 팽창시키는 반응이다.

해설 콘크리트의 중성화(콘크리트가 알칼리성을 잃어 수산화칼슘이 이산화탄소와 반응하여 탄산칼슘으로 변하여 알칼리성을 잃어가는 현상)는 콘크리트의 강도가 낮아지는 것이 아니라 철근의 부식으로 인하여 구조체 전체가 강도를 잃어가는 것이다.

86 | 경량 콘크리트의 성질
08

경화 콘크리트의 성질에 대한 설명으로 옳지 않은 것은?

① 내화, 내수적이다.
② 강재와의 접착이 잘 되고 방청력이 크다.
③ 인장 강도가 가장 크며 콘크리트의 역학적 기능을 대표한다.
④ 물·시멘트비는 경화한 콘크리트의 강도에 영향을 주는 요인이다.

해설 콘크리트는 압축 강도가 가장 강하므로 콘크리트의 강도라 함은 압축 강도를 의미한다.

87 | 콘크리트의 성질
23, 14

콘크리트의 성질에 관한 설명으로 옳지 않은 것은?

① 내화적이다.
② 인장 강도가 크다.
③ 균일 시공이 곤란하다.
④ 철근과의 접착성이 우수하다.

해설 콘크리트의 단점 중 콘크리트의 인장 강도는 콘크리트의 압축 강도의 1/9~1/13 정도이다.

88 | 콘크리트의 성질
25, 12, 10, 06

콘크리트의 일반적인 성질에 관한 설명으로 옳지 않은 것은?

① 내구성이 양호하다.
② 내화성이 양호하다.
③ 성형상 자유성이 높다.
④ 압축 강도에 비해 인장 강도가 크다.

해설 콘크리트는 인장 강도에 비해 압축 강도가 크고, 방청성, 내화성, 내구성, 내수성 및 수밀성이 있으며 철근 및 철골과 접착력이 우수하다.

89 | 콘크리트의 장점
04

콘크리트의 장점이 아닌 것은?

① 자유로운 형태를 만들 수 있다.
② 큰 부재가 가능하고 구조용재로 사용한다.
③ 응결시간보다 경화시간이 짧다.
④ 다른 재료와 혼합하여 결점을 보완하거나 개선할 수 있다.

해설 콘크리트의 응결(시멘트가 물과 화합하면 수화 작용을 일으켜 형태가 변화되나 시간이 경과되면 형태가 변화하지 않는 현상) 시간은 경화(응결된 시멘트의 고체가 시간이 지남에 따라 조직이 굳어져서 강도가 커지게 되는 상태)시간보다 짧다.

90 | 콘크리트의 특성
22, 04

콘크리트의 특성에 대한 설명 중 옳지 않은 것은?

① 강도의 발현에 많은 시간이 소요된다.
② 인장 강도가 작기 때문에 균열 발생이 용이하다.
③ 내화성, 내구성, 수밀성이 있다.
④ 완성 후의 배근 상태의 검사와 보수, 철거가 쉽다.

해설 콘크리트의 단점 중의 하나가 완성 후의 배근 상태의 검사와 보수 및 철거가 곤란하다는 점이다.

6 금속 재료

01 | 탄소량에 따른 물리적 성질
16

탄소강에서 탄소량이 증가함에 따라 일반적으로 감소하는 물리적 성질은?

① 비열
② 항장력
③ 전기 저항
④ 열전도도

해설 탄소강의 성질에 있어서 물리적 성질은 탄소량이 증가함에 따라서 비중, 열팽창 계수, 열전도율은 감소하고 비열, 전기 저항, 항장력은 증가한다. 화학적 성질은 탄소량이 증가함에 따라서 내식성, 인장 강도, 경도, 항복점 등은 증가하고 연신율, 충격치, 단면 수축률은 감소한다.

02 | 탄소량에 따른 물리적 성질
07, 02

탄소강에 함유된 탄소량의 증가에 따른 강의 성질 변화에 대한 설명 중 옳지 않은 것은?

① 비중의 감소
② 열팽창계수의 감소
③ 비열의 증가
④ 내식성의 감소

해설 탄소강의 성질에 있어서 물리적 성질은 탄소량이 증가함에 따라서 비중, 열팽창계수, 열전도율은 감소하고, 비열, 전기 저항, 항장력은 증가하며, 화학적 성질은 탄소량이 증가함에 따라서 내식성, 인장강도, 경도, 항복점 등은 증가하고 연신율, 충격치, 단면 수축률은 감소한다.

03 | 탄소량에 따른 물리적 성질
19, 14

탄소량에 따른 강의 특성에 관한 설명으로 옳지 않은 것은?

① 신도는 탄소량의 증가에 따라 감소한다.
② 일반적으로 탄소량이 적은 것은 경질이다.
③ 인장 강도는 탄소량 0.85% 정도에서 최대이다.
④ 경도는 탄소량 0.9%까지는 탄소량의 증가에 따라 커진다.

해설 탄소강의 성질에 있어서 물리적 성질은 탄소량이 증가함에 따라서 비중, 열팽창 계수, 열전도율은 감소하고 비열, 전기 저항, 항장력은 증가한다. 화학적 성질은 탄소량이 증가함에 따라서 내식성, 인장 강도, 경도, 항복점 등은 증가하고, 연신율, 충격치, 단면 수축률은 감소한다. 특히, 탄소량이 적은 것은 연질이다.

정답 88.④ 89.③ 90.④ / 01.④ 02.④ 03.②

04 | 탄소량에 따른 물리적 성질
09

탄소량에 따른 탄소강의 성질 변화에 대한 설명 중 옳지 않은 것은?

① 탄소량이 증가할수록 탄소강의 열전도도는 커진다.
② 탄소량이 증가할수록 탄소강의 열팽창 계수는 감소한다.
③ 탄소량이 증가할수록 탄소강의 비열은 커진다.
④ 탄소량이 증가할수록 탄소강의 전기 저항은 커진다.

해설 탄소강의 성질에 있어서 물리적 성질은 탄소량이 증가함에 따라서 비중, 열팽창 계수, 열전도율은 감소하고 비열, 전기 저항, 항장력은 증가하며, 화학적 성질은 탄소량이 증가함에 따라서 내식성, 인장 강도, 경도, 항복점 등은 증가하고 연신율, 충격치, 단면 수축률은 감소한다.

05 | 탄성 한도 지점
25, 20, 19, 08

다음의 강의 응력도-변형률 곡선에 탄성 한도 지점은?

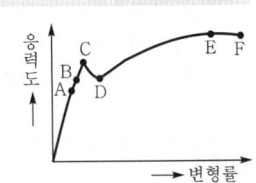

① B
② C
③ D
④ E

해설 그림을 설명하면 A점은 비례 한도, B점은 탄성 한도, C점은 상위 항복점, D점은 하위 항복점, E점은 최대 응력점(극한 강도, 최대 강도), F점은 파괴 강도점이다.

06 | 강재의 온도에 의한 영향
09

일반적으로 500℃에서 건축 구조용으로 쓰이는 강재의 인장 강도는 0℃일 때 인장 강도의 어느 정도인가?

① 1/2
② 1/5
③ 1/10
④ 1/20

해설 강재의 온도에 의한 영향에 있어서 0~250℃에서는 온도의 상승에 따라 강도가 증가하며, 250℃에서 최대가 된다. 또한, 500℃에서는 0℃ 강도의 1/2로 감소, 600℃에서는 0℃ 강도의 1/3로 감소, 900℃에서는 1/10로 감소한다.

07 | 열처리 방법의 종류
25, 24, 23②, 20, 19, 17, 13②, 12②, 11②, 08, 03

강의 열처리법에 속하지 않는 것은?

① 불림
② 풀림
③ 단조
④ 담금질

해설 열처리 방법

구분	불림 (소준)	풀림 (소순)	담금질 (소입)	뜨임 (소려)
가열 온도	800~1,000℃			200~600℃
냉각 장소	공기 중	노 속	찬물, 기름 중	공기 중
냉각 속도	서냉	서냉	급랭	서냉
특성	결정의 미세화, 변형 제거, 조직의 균일화	결정의 미세화와 연화	강도와 경도의 증가, 담금이 어렵고, 담금질 온도의 상승	변형 제거, 강인한 강을 제조

* 열처리 방법과 압출, 압연, 단조, 슬래그, 인발과는 무관하다.

08 | 열처리 방법(불림의 용어)
02

강을 800~1,000℃로 가열한 다음 공기 중에서 냉각시키는 방법은?

① 뜨임
② 풀림
③ 불림
④ 담금질

해설 열처리 방법 중 풀림(소순)은 800~1,000℃로 가열한 다음 노 속에서 서서히 냉각시키는 방법이고, 담금질(소입)은 800~1,000℃로 가열한 다음 찬물이나 기름 속에서 급히 냉각시키는 방법이며, 뜨임(소려)은 200~600℃로 가열한 다음 공기 중에서 서서히 냉각시키는 방법이다. 또한, 인발이란 단면적이 작은 제품인 선재로, 못이나 철사의 제조에 사용하는 강재의 가공 방법 중의 하나이다.

09 | 열처리 방법(불림의 용어)
25*, 23, 22, 09, 06

다음 중 강의 조직을 개선하고 결정을 미세화하기 위해 800~1,000℃로 가열하여 소정의 시간까지 유지한 후에 대기 중에서 냉각하는 열처리법은?

① 풀림
② 불림
③ 담금질
④ 뜨임질

해설 열처리 방법 중 풀림(소순)은 800~1,000℃로 가열한 다음 노 속에서 서서히 냉각시키는 방법이고, 담금질(소입)은 800~1,000℃로 가열한 다음 찬물이나 기름 속에서 급히 냉각시키는 방법이며, 뜨임(소려)은 200~600℃로 가열한 다음 공기 중에서 서서히 냉각시키는 방법이다.

10 | 열처리 방법(풀림의 용어) 07, 04

강의 열처리 방법 중 강을 연화하거나 내부응력을 제거할 목적으로 실시하는 것으로, 800~1000℃로 가열하여 소정의 시간까지 유지한 후에 로 내부에서 서서히 냉각하는 처리는?

① 불림 ② 풀림
③ 담금질 ④ 뜨임

해설 열처리 방법 중 불림은 강철의 결정 입자가 미세하게 되어 변형이 제거되고, 조직이 균일화된다. 담금질은 강도와 경도가 증가되고, 저탄소강은 담금이 어려우며, 담금질의 온도가 높아진다. 특히, 탄소 함유량이 클수록 담금질의 효과가 크다. 뜨임은 담금질을 한 강철은 너무 경도가 커서 내부 변형을 가져 오므로, 뜨임을 하여 강인한 강을 만들기 위해서 사용한다.

11 | 열처리 17, 13, 10, 07

강재의 열처리에 대한 설명 중 옳지 않은 것은?

① 풀림은 강을 연화하거나 내부응력을 제거할 목적으로 실시한다.
② 불림은 500~600℃로 가열하여 소정의 시간까지 유지한 후에 로 내부에서 서서히 냉각하는 처리를 말한다.
③ 담금질은 고온으로 가열하여 소정의 시간까지 유지한 후에 냉·온수 또는 기름에 담가 냉각하는 처리를 말한다.
④ 뜨임질은 경도를 감소시키고 내부응력을 제거하며 연성과 인성을 크게 하기 위해 실시한다.

해설 열처리 방법 중 불림은 800~1,000℃로 가열하여 소정의 시간까지 유지한 후에 공기 중에서 서서히 냉각하는 처리를 말한다.

12 | 구리를 포함않는 비철금속 15, 03, 98

다음 중 구리(Cu)를 포함하고 있지 않는 것은?

① 청동 ② 양은
③ 포금 ④ 함석판

해설 청동은 구리와 주석의 합금이고, 양은은 구리, 니켈, 아연의 합금이며, 포금은 구리, 주석, 납, 아연의 합금이다. 함석판은 얇은 강판의 표면에 아연 도금을 한 판이다.

13 | 비철금속(황동의 용어) 25, 16, 13

동과 아연의 합금으로 가공성, 내식성 등이 우수하며 계단 논슬립, 코너비드 등의 부속 철물로 사용되는 것은?

① 청동 ② 황동

③ 포금 ④ 주석

해설 청동은 장식 철물, 공예 재료 등에 사용하고, 포금은 구리, 주석, 납, 아연을 포함한 합금 금속이며, 주석은 금속 재료의 방식 피복 재료 등으로 사용한다.

14 | 비철금속(황동의 용어) 18, 11

다음과 같은 특징을 갖는 동합금은?

- 일명 놋쇠라고도 한다.
- 주로 동 70%와 아연 30%로 된 합금을 말한다.
- 논슬립, 줄눈대, 코너비드 등에 사용된다.

① 황동 ② 단동
③ 청동 ④ 포금

해설 청동은 구리와 주석(4~12%)의 합금으로 황동보다 내식성이 크고, 주조하기 쉬우며, 건축용 장식 철물, 미술 공예 재료로 사용된다. 포금은 구리+주석(10%)+납+아연의 합금으로 경도와 내식성이 크고, 주조품으로 사용된다.

15 | 비철금속(청동의 용어) 16, 15, 14

동과 주석을 주성분으로 한 합금으로서 내식성이 크고 주조성이 우수하며 건축 장식물 및 미술 공예 재료로 사용되는 것은?

① 청동 ② 양은
③ 황동 ④ 니켈

해설 양은(화이트 블론즈)은 구리, 니켈, 아연의 합금으로 색깔이 아름답고, 내산, 내알칼리성이 있으며, 마멸에 강하여 문장식, 전기 기구에 사용되며, 황동(놋쇠)은 구리에 아연을 10~45% 정도 가하여 만든 합금으로 색깔은 주로 아연의 양에 따라 좌우되고, 구리보다 단단하며, 주조가 잘 된다. 또한, 가공하기 쉽고, 내식성이 크며, 외관이 아름다워 창호 철물로 사용한다. 니켈은 전성과 연성이 좋고, 내식성이 커서 공기와 습기에 대하여 산화가 잘 되지 않으며, 주로 도금을 하여 장식용으로 쓰이고, 대부분 합금을 하여 사용한다.

16 | 비철금속(동) 24, 10

비철 금속 중 동에 관한 설명으로 옳지 않은 것은?

① 연성이고 가공성이 풍부하다.
② 비자성체이며 전기 전도율이 크다.
③ 내알칼리성이 크므로 시멘트 등에 접하는 곳에 사용하더라도 부식되지 않는다.
④ 건조한 공기 중에서는 산화하지 않으나, 습기가 있거나 탄산가스가 있으면 녹이 발생한다.

정답 10. ② 11. ② 12. ④ 13. ② 14. ① 15. ① 16. ③

해설 구리(동)는 원광석(휘동광, 황동광 등)을 용광로나 전로에서 거친 구리물(조동)로 만들고, 이것을 전기 분해하여 구리로 정련하며, 특성은 열이나 전기 전도율이 크고, 암모니아 등의 알칼리성 용액에는 침식이 잘되고, 진한 황산에는 잘 용해되며, 용도로는 지붕잇기, 홈통, 철사, 못, 철망 등의 제조에 사용된다.

17 | 비철금속(동)
24, 20, 18, 14, 11

비철금속 중 동(copper)에 관한 설명으로 옳지 않은 것은?

① 가공성이 풍부하다.
② 열과 전기의 양도체이다.
③ 건조한 공기 중에서는 산화하지 않는다.
④ 염수 및 해수에는 침식되지 않으나 맑은 물에는 빨리 침식된다.

해설 동(구리)은 건조한 공기에서는 산화하지 않고, 습기를 받으면 이산화탄소의 영향으로 부식되나, 부식이 내부까지 진행되지는 않는다. 특히, 암모니아 등의 알칼리성 용액에는 침식이 잘되고, 진한 황산 등에 잘 용해된다.

18 | 비철금속(알루미늄의 용어)
19, 10

다음 설명에 알맞은 비철금속은?

- 비중이 철의 1/3 정도로 경량이다.
- 열·전기 전도성이 크며 반사율이 높다.
- 내화성이 부족하다.

① 납   ② 아연
③ 니켈   ④ 알루미늄

해설 납은 비중이 11.4로 아주 크고 연질이며 전성·연성이 큰 금속으로 내식성이 우수하고, 주조 가공성 및 단조성이 풍부하며, 방사선의 투과도가 낮아 건축에서 방사선 차폐용 벽체에 이용되는 금속이고, 아연은 철사의 도금, 얇은 판에 도금하여 함석판을 만들어 지붕잇기 재료나 홈통, 선이나 못으로 사용하며, 니켈은 전성과 연성이 좋고, 내식성이 커서 공기와 습기에 대하여 산화가 잘 되지 않으며, 주로 도금을 하여 장식용으로 쓰이고, 대부분 합금을 하여 사용한다.

19 | 비철금속(알루미늄의 용어)
09, 07, 98

가볍고 가공이 쉬워 창틀, 문틀재로 사용되는 은색 경금속은?

① 아연   ② 니켈
③ 주석   ④ 알루미늄

해설 아연은 철사의 도금, 얇은 판에 도금하여 함석판을 만들어 지붕잇기 재료나 홈통, 선이나 못으로 사용하고, 니켈은 장식용이나 합금용으로 사용하며, 주석은 식료품이나 음료수용 금속 재료의 방식 피복 재료로 사용한다. 또한, 알루미늄은 비중이 철의 1/3 정도로 경량이고, 열·전기 전도성이 크며 반사율이 높으며, 내화성이 부족하다. 용도로는 지붕잇기, 실내 장식, 가구, 창호, 커튼의 레일 등에 사용한다.

20 | 비철금속(알루미늄)
23, 22, 12, 08

알루미늄에 관한 설명으로 옳지 않은 것은?

① 가공성이 양호하다.
② 열·전기 전도성이 크다.
③ 비중이 철의 1/3 정도로 경량이다.
④ 내화성이 좋아 별도의 내화 처리가 필요하지 않다.

해설 알루미늄은 산, 알칼리나 염에 약하므로 이질 금속 또는 콘크리트 등에 접하는 경우에는 방식 처리를 하여야 한다. 또한 온도가 상승함에 따라 인장 강도가 급히 감소하고, 600℃에서 거의 0이 되므로 내화성이 좋지 않아 별도의 내화 처리가 필요하다. 용도로는 지붕이기, 실내 장식, 가구, 창호(창틀, 문틀재) 및 커튼의 레일 등에 사용한다.

21 | 비철금속(알루미늄)
18, 14

알루미늄에 관한 설명으로 옳지 않은 것은?

① 콘크리트에 부식된다.
② 은백색의 반사율이 큰 금속이다.
③ 압연, 인발 등의 가공성이 나쁘다.
④ 맑은 물에 대해서는 내식성이 크나 해수에 침식되기 쉽다.

해설 알루미늄은 전성과 연성이 좋아서 판, 선 및 봉 등으로 가공이 가능하며, 압연과 인발에 의한 가공성이 우수하다.

22 | 비철금속(알루미늄)
03, 98

알루미늄을 설명한 사항 중 옳지 않은 것은?

① 전기나 열전도율이 크다.
② 가벼운 정도에 비하면 강도가 크다.
③ 공기 중 표면에 산화막이 생겨 내부를 보호한다.
④ 산, 알칼리에 강하다.

해설 알루미늄은 비중이 철의 1/3 정도로 경량이고, 열·전기 전도성이 크며 반사율이 높으며, 내화성이 부족하다. 또한, 알루미늄은 비중에 비하여 강도가 크며, 공기 중에서 표면에 산화막이 생겨 내부를 보호하나, 산이나 알칼리에 약하므로 콘크리트면에 접합시에는 방식 처리를 해야 한다. 용도로는 지붕잇기, 실내 장식, 가구, 창호, 커튼의 레일 등에 사용한다.

정답 17. ④ 18. ④ 19. ④ 20. ④ 21. ③ 22. ④

23 | 비철금속(알루미늄의 성질) | 06

다음 중 알루미늄의 일반적인 성질에 대한 설명으로 옳지 않은 것은?

① 열전도율이 높다.
② 가공하기가 힘들다.
③ 전성과 연성이 풍부하다.
④ 내화성이 부족하다.

해설 알루미늄은 비중이 철의 1/3 정도로 경량이고, 열·전기 전도성이 크며 반사율이 높으며, 내화성이 부족하다. 또한, 알루미늄은 비중에 비하여 강도가 크며, 공기 중에서 표면에 산화막이 생겨 내부를 보호하나, 산이나 알칼리에 약하므로 콘크리트면에 접합시에는 방식 처리를 해야 한다. 특히, 질이 연하여 가공하기가 쉽다.

24 | 비철금속(알루미늄의 성질) | 24, 16

알루미늄의 일반적인 성질에 관한 설명으로 옳지 않은 것은?

① 열반사율이 높다.
② 내화성이 부족하다.
③ 전성과 연성이 풍부하다.
④ 압연, 인발 등의 가공성이 나쁘다.

해설 알루미늄은 은백색의 금속으로 전기나 열전도율이 크고, 전성과 연성이 크며, 가공(압엽, 인발 등)하기 쉽고, 가벼운 정도에 비하여 강도가 크며, 공기 중에서 표면에 산화막이 생기면 내부를 보호하는 역할을 하므로 내식성이 크다.

25 | 비철금속(납의 용어) | 02, 99, 98

다음 금속 중에서 비중이 가장 크고 연하며, 주조 가공성 및 단조성이 풍부한 재료는?

① 주석
② 아연
③ 니켈
④ 납

해설 주석은 단독으로 사용하는 경우는 드물고, 철판에 도금을 하여 생철판으로 쓰이며, 음료수용 금속 재료의 방식 피복 재료로 쓰인다. 또 땜납은 주석과 납의 합금이다. 아연은 철강의 방식용 피복제로서 철사를 도금하거나, 얇은 강판에 아연을 도금하여 함석판으로 만들어 지붕잇기 재료나 홈통 등에 쓰이며, 또 단독으로는 얇은 판, 선, 못 등에 쓰인다. 니켈은 단독으로는 주로 도금을 하여 장식용으로 쓰일 뿐이며, 대부분은 합금용으로 쓰인다.

26 | 비철금속(납의 용어) | 07, 05

다음 중 밀도가 가장 크고 유연하며, 방사선의 투과도가 낮아 건축에서 방사선 차폐용 벽체에 이용되는 것은?

① 알루미늄
② 동
③ 주석
④ 납

해설 알루미늄의 용도는 지붕이기, 실내 장식, 가구, 창호, 커튼의 레일 등이고, 동(구리)의 용도는 지붕이기, 홈통, 철사, 못, 철망 등에 사용하며, 주석의 용도는 단독으로 사용하는 경우는 드물고, 구리의 합금으로 청동, 금속 재료의 방식 피복재로, 주석과의 합금으로 땜납 등에 사용한다.

27 | 비철금속(납의 용어) | 06

비중이 11.4로 아주 크고 연질이며 전성·연성이 큰 금속으로 내식성이 우수하고, 방사선의 투과도가 낮아 건축에서 방사선 차폐용 벽체에 이용되는 것은?

① 알루미늄
② 주석
③ 황동
④ 납

해설 알루미늄은 비중이 철의 1/3 정도로 경량이고, 열·전기 전도성이 크며 반사율이 높으며, 내화성이 부족하다. 산이나 알칼리에 약하므로 콘크리트면에 접합시에는 방식 처리를 해야 한다. 특히, 질이 연하여 가공하기가 쉽다. 주석은 전성과 연성이 풍부하고, 상온에서 얇은 판으로 만들 수 있으나, 내식성이 크고, 산소나 이산화탄소의 작용을 받지 않으며, 유기산에는 거의 침식되지 않는다. 공기 중이나 수중에서는 녹이 슬지 않으나, 알칼리에는 천천히 침식된다. 황동(놋쇠)는 구리에 아연 10~45%를 가하여 만든 합금으로 구리보다 단단하고, 주조가 잘 되며, 가공하기 쉽다. 또한, 내식성이 크고, 외관이 아름다워 창호 철물에 많이 쓰인다.

28 | 비철금속(납) | 23, 22, 17, 13

납(Pb)에 관한 설명으로 옳은 것은?

① 융점이 높다.
② 전·연성이 작다.
③ 비중이 크고 연질이다.
④ 방사선의 투과도가 높다.

해설 납은 비중이 11.4로 아주 크고 연질이며 전성·연성이 큰 금속으로 내식성이 우수하고, 주조 가공성 및 단조성이 풍부하며, 융점이 낮고, 방사선의 투과도가 낮아 건축에서 방사선 차폐용 벽체에 이용되는 금속이다.

정답 23.② 24.④ 25.④ 26.④ 27.④ 28.③

29 | 비철금속(아연)
24, 09

아연에 대한 설명 중 옳지 않은 것은?

① 공기 중에서 대부분 산화한다.
② 비철 금속으로 연성이 우수하다.
③ 철강의 방식용 피복재로 사용된다.
④ 황동은 구리와 아연을 주체로 한 합금이다.

해설 아연은 비교적 강도가 크고, 연성과 내식성이 양호하며, 공기 중에서 거의 산화하지 않으나, 습기나 이산화탄소가 있는 경우에는 표면에 탄산염이 생기는데, 이 얇은 막이 내부의 산화를 방지한다.

30 | 금속의 방식 방법
13

금속 재료의 방식 방법으로 옳지 않은 것은?

① 건조한 상태로 유지한다.
② 부분적인 녹은 즉시 제거한다.
③ 상이한 금속은 맞대어 사용한다.
④ 도료를 이용하여 수밀성 보호 피막 처리를 한다.

해설 금속의 방식법에는 다른 종류의 금속을 서로 잇대어 쓰지 않고, 가공 중에 생긴 변형은 풀림, 뜨임 등에 의해서 제거하여 균일한 재료를 사용하며, 표면은 깨끗하게 하고, 물기나 습기가 없도록 한다. 또한, 도료나 내식성이 큰 금속으로 표면에 피막을 만들어 보호한다.

31 | 금속의 방식 방법
16, 14, 12

금속의 방식 방법으로 옳지 않은 것은?

① 큰 변형을 준 것은 가능한 한 풀림하여 사용한다.
② 가능한 한 상이한 금속은 인접, 접촉시켜 사용한다.
③ 균질한 것을 선택하고 사용할 때 큰 변형을 주지 않는다.
④ 표면을 평활, 청결하게 사용하고 가능한 한 건조 상태로 유지한다.

해설 금속의 방식법에는 다른 종류의 금속을 서로 잇대어 쓰지 않고, 가공 중에 생긴 변형은 풀림, 뜨임 등에 의해서 제거하여 균일한 재료를 사용하며, 표면은 깨끗하게 하고, 물기나 습기가 없도록 한다. 또한, 도료나 내식성이 큰 금속으로 표면에 피막을 만들어 보호한다.

32 | 금속의 방식 방법
09, 07, 04

금속의 방식법에 대한 설명 중 옳지 않은 것은?

① 가능한 한 이중금속과 인접하거나 접촉하여 사용하도록 한다.
② 균질한 것을 사용하고 사용시 큰 변형을 주지 않는다.
③ 표면을 평활하고 깨끗하게 하며, 건조상태를 유지하도록 한다.
④ 부분적으로 녹이나면 즉시 제거하도록 한다.

해설 금속의 방식법에는 다른 종류의 금속을 서로 잇대어 쓰지 않고, 가공 중에 생긴 변형은 풀림, 뜨임 등에 의해서 제거하여 균일한 재료를 사용하며, 표면은 깨끗하게 하고, 물기나 습기가 없도록 한다.

33 | 금속의 부식 방지 대책
12

금속의 부식 방지 방법에 관한 설명으로 옳지 않은 것은?

① 다른 종류의 금속은 잇대어 사용하지 않는다.
② 표면을 깨끗하게 하고 물기나 습기가 없도록 한다.
③ 알루미늄의 경우, 모르타르나 콘크리트로 피복한다.
④ 균질한 것을 선택하고 사용할 때 큰 변형을 주지 않도록 한다.

해설 금속의 방식법에는 다른 종류의 금속을 서로 잇대어 쓰지 않고, 가공 중에 생긴 변형은 풀림, 뜨임 등에 의해서 제거하여 균일한 재료를 사용하며, 표면은 깨끗하게 하고, 물기나 습기가 없도록 한다. 또한, 모르타르나 콘크리트는 알칼리성이므로 알루미늄을 부식시킨다.

34 | 금속의 부식 방지 대책
23, 05

금속의 부식 방지대책에 대한 설명 중 옳지 않은 것은?

① 큰 변형을 준 것은 가능한 한 풀림하여 사용한다.
② 부분적으로 녹이 나면 즉시 제거한다.
③ 다른 종류의 금속을 서로 인접, 접촉시켜 사용한다.
④ 표면을 깨끗하게 하고 물기나 습기가 없게 한다.

해설 금속의 방식법에는 다른 종류의 금속을 서로 잇대어 쓰지 않고, 가공 중에 생긴 변형은 풀림, 뜨임 등에 의해서 제거하여 균일한 재료를 사용하며, 표면은 깨끗하게 하고, 물기나 습기가 없도록 한다.

정답 29. ① 30. ③ 31. ② 32. ① 33. ③ 34. ③

35. 금속의 부식 방지 대책 | 20, 06

금속의 부식 방지법에 대한 설명으로 틀린 것은?

① 상이한 금속은 인접, 접촉시켜 사용하지 않는다.
② 균질의 것을 선택하고 큰 변형은 주지 않도록 한다.
③ 표면은 평활하고 깨끗이 하며 건조 상태로 유지한다.
④ 부분적으로 녹이 생기면 제거하지 않고 전체적으로 녹이 발생하였을 때 재도장한다.

해설 금속의 방식법에는 부분적으로 녹이 생기면 즉시 제거하고 재도장하고, 가공 중에 생긴 변형은 풀림, 뜨임 등에 의해서 제거하여 균일한 재료를 사용한다.

36. 금속의 부식 방지 대책 | 10

금속의 부식을 방지하기 위한 방법으로 옳지 않은 것은?

① 여러 가지 금속을 서로 겹쳐서 사용한다.
② 큰 변형을 준 것은 가능한 한 풀림하여 사용한다.
③ 표면을 깨끗하게 하고 물기나 습기에 접하지 않도록 한다.
④ 도료나 내식성이 큰 금속으로 표면에 피막을 하여 보호한다.

해설 금속의 방식법에는 다른 종류의 금속을 서로 잇대어 쓰지 않고, 가공 중에 생긴 변형은 풀림, 뜨임 등에 의해서 제거하여 균일한 재료를 사용하며, 표면은 깨끗하게 하고, 물기나 습기가 없도록 한다. 도료나 내식성이 큰 금속으로 표면에 피막을 만들어 보호한다.

37. 금속의 부식과 방식 | 15, 09

금속의 부식과 방식에 대한 설명 중 옳은 것은?

① 다른 종류의 금속을 서로 잇대어 사용하는 경우 전기 작용에 의해 금속의 부식이 방지된다.
② 모르타르로 강재를 피복한 경우, 피복하지 않은 경우보다 부식의 우려가 크다.
③ 산성이 강한 흙 속에서는 대부분의 금속 재료는 부식된다.
④ 경수는 연수에 비하여 부식성이 크며, 오수에서 발생하는 이산화탄소, 메탄가스는 금속 부식을 완화시키는 완화제 역할을 한다.

해설 금속의 방식법에는 서로 다른 종류의 금속을 잇대어 사용하지 아니하고, 모르타르나 콘크리트로 피복을 하며, 연수는 경수에 비하여 부식성이 크다. 오수는 염화물, 황화염 등으로 부식 작용이 심해지고, 오수에서 발생하는 이산화탄소, 메탄가스 등은 금속을 부식시키는 촉진제 역할을 한다.

38. 금속의 부식 | 08

금속의 부식에 대한 설명 중 옳지 않은 것은?

① 경수는 연수에 비해 부식성이 크다.
② 오수에서 발생하는 이산화탄소, 메탄가스 등은 금속을 부식시키는 촉진제의 역할을 한다.
③ 산성이 강한 흙 속에서는 대부분의 금속 재료는 부식된다.
④ 금속의 이온화는 부식과 관계가 있다.

해설 금속의 부식 원인에는 대기에 의한 부식(공기 중에서 산화물, 탄산염, 그 밖의 화합물로 된 피막이 금속면에 생겨 부식을 진행한다), 물에 의한 부식(연수는 경수에 비하여 부식성이 크고, 오수는 더욱 심하다), 흙 속에서의 부식(산성이 강한 흙, 부식토 중에서 염화염과 질산염이 있는 경우, 황화물은 특히 심하다) 및 전기 작용에 의한 부식 등이 있다.

39. 금속 재료 | 22, 10, 06, 04

금속 재료에 대한 설명으로 옳지 않은 것은?

① 황동은 동과 주석을 주체로 한 합금이다.
② 납은 방사선의 투과도가 낮아 건축에서 방사선 차폐용으로 사용된다.
③ 주석은 주조성, 단조성이 양호하므로 각종 금속과 합금화가 용이하다.
④ 동은 전성과 연성이 크며 쉽게 성형할 수 있다.

해설 구리 합금의 종류에는 황동(놋쇠) = 구리+아연, 청동 = 구리+주석, 포금 = 구리+주석+납+아연, 두랄루민 = 알루미늄+구리+마그네슘+망간 등이 있다.

40. 철근 | 07

다음의 철근에 대한 설명 중 틀린 것은?

① 원형철근은 표면에 리브 또는 마디 등의 돌기가 없는 원형단면의 봉강이다.
② 이형철근은 표면에 리브 또는 마디 등의 돌기가 있는 봉강이다.
③ 원형철근은 지름을 공칭지름이라 하며, 표시는 D로 하고 mm단위로 치수를 기입한다.
④ 이형철근의 부착강도는 원형철근의 2배 정도이다.

해설 철근의 종류에는 원형철근과 이형철근이 있으며, 원형철근의 지름은 mm를 단위로 하고, 표시는 φ로 표기하며, 이형철근은 지름을 공칭지름으로 하고 표시는 D로 표기한다.

정답 35.④ 36.① 37.③ 38.① 39.① 40.③

41 | 금속 제품 03

금속 재료로 만들어진 제품이 아닌 것은?

① 듀벨(dubel)
② 익스팬드(expand) 형강
③ 라텍스(latex)
④ 클램프(clamp)

해설 듀벨(접합재(목재와 목재) 상호간의 변위를 막는 강한 이음을 얻는데 사용하는 긴결 철물), 익스팬드 형강(띠 강판에 자름금을 넣어 잡아당겨 확대하면서 냉간 가공한 금속 제품) 및 클램프(당겨 매는데 사용하는 철제 부품) 등은 금속 제품이고, 라텍스는 고무나무의 수피에서 분비되는 유상의 즙액이다.

42 | 금속 제품(목 구조의 보강 철물) 08

목 구조의 이음 및 맞춤 부분에 쓰이는 보강 철물이 아닌 것은?

① 안장쇠
② 감잡이쇠
③ 리벳
④ 듀벨

해설 안장쇠(안장 모양으로 한 부재에 걸쳐 놓고 다른 부재를 받게 하는 맞춤의 보강 철물), 감잡이쇠(ㄷ자형으로 구부려 만든 띠쇠로 두 부재를 감아 연결하는 목재 맞춤을 보강 철물) 및 듀벨(목재의 접합부에 끼워 볼트와 같이 사용하는 것으로, 주로 전단력에 작용시켜 접합 부재 상호간의 변위를 방지하고, 강성의 이음을 얻기 위한 목적으로 쓰이는 긴결 철물) 등은 목 구조의 이음과 맞춤에 사용하고, 리벳은 주로 철골재(조립, 판재, 형강재 등)를 영구적으로 체결하는 데 사용한다.

43 | 금속 제품(듀벨의 용어) 17, 12

다음 설명에 알맞은 접합 철물은?

> 목재 접합에서 전단 저항을 증가시키기 위해 두 부재 사이에 끼워 넣는 것으로 쳐 넣는 방식과 파 넣는 방식이 있다.

① 앵커
② 듀벨
③ 고장력 볼트
④ 익스팬션 볼트

해설 앵커는 커튼 월 또는 그 제품을 건축구조체에 고정하는 모든 장치이고, 고장력 볼트는 접합부에 높은 강성과 강도를 얻기 위해 사용하는 고인장강도의 볼트이고, 익스팬션(팽창)볼트는 콘크리트 벽돌 등의 면에 띠장, 문틀 등의 다른 부재를 고정하기 위하여 묻는 특수 볼트이다.

44 | 금속 제품(듀벨의 용어) 24, 12, 10, 05, 04, 02, 01, 99, 98

목재 이음부의 긴결 시 목재와 목재 사이에 끼워서 전단에 대한 저항을 목적으로 한 철물은?

① 감잡이쇠
② 클램프
③ 듀벨
④ 꺾쇠

해설 감잡이쇠는 ㄷ자형으로 구부려 만든 띠쇠로서 두 부재를 감아 연결하는 목재의 이음과 맞춤을 보강하는 철물이고, 클램프는 당겨 매는 데 사용하는 철제 부품이며, 꺾쇠는 목 구조의 접합 또는 보강용으로 사용하며, 각형, 원형 및 평형의 세 가지가 있다.

45 | 금속 제품(듀벨의 용어) 11

목재의 접합부에 끼워 볼트와 같이 사용하는 것으로, 주로 전단력에 작용시켜 접합 부재 상호간의 변위를 방지하고, 강성의 이음을 얻기 위한 목적으로 쓰이는 것은?

① 클램프
② 스터럽
③ 메탈 라스
④ 듀벨

해설 클램프는 당겨 매는 데 사용하는 철제 부품이고, 스터럽은 늑근을 의미하고, 철근 콘크리트 보에서 전단력에 저항하기 위한 철근이며, 메탈 라스는 얇은 강판에 많은 절목을 넣어 이를 옆으로 늘려서 그물처럼 만든 것으로, 천장, 내벽의 회반죽 바탕의 균열 방지제로 쓰인다.

46 | 금속 제품(인서트의 용어) 08, 02

콘크리트 슬래브에 묻어 천장 달대를 고정시키는 철물은?

① 드라이빗(drivit)
② 인서트(insert)
③ 스크루 앵커(screw anchor)
④ 볼트(bolt)

해설 드라이빗은 화약의 폭발력에 의해 콘크리트, 금속판 등에 쓰이는 특수 가공한 못, 리벳을 박기 위한 기구이고, 스크루 앵커는 삽입된 연질 금속 플러그에 나사못을 끼운 것이며, 볼트는 관통 부재를 죄어 주고, 전단력 등으로 내력을 전달하는 접합 철물이다.

47 | 금속 제품(메탈 라스의 용어) 08

얇은 철판에 많은 절목을 넣어 이를 옆으로 늘여서 만든 것으로 도벽 바탕에 쓰이는 금속 제품은?

① 메탈 실링
② 펀칭 메탈
③ 프린트 철판
④ 메탈 라스

해설 메탈 실링은 여러 가지 무늬가 박혀지거나, 펀칭된 것으로 박강판재의 천정재이고, 펀칭 메탈은 금속판에 여러 가지 무늬의 구멍을 펀칭한 것으로 주로 환기 구멍, 라디에이터 커버 등에 사용되며, 프린트 철판는 아연 철판에 인산염을 처리한 다음 그 위에 합성수지 도료를 뿜칠하여 도장한 것이다.

정답 41. ③ 42. ③ 43. ② 44. ③ 45. ④ 46. ② 47. ④

48 | 금속 제품(와이어 메시) | 16, 09

비교적 굵은 철선을 격자형으로 용접한 것으로 콘크리트 보강용으로 사용되는 금속 제품은?

① 펀칭 메탈(punching metal)
② 와이어 로프(wire rope)
③ 와이어 메시(wire mesh)
④ 메탈 폼(metal form)

해설 펀칭 메탈은 금속판에 여러 가지 무늬의 구멍을 펀칭한 것으로 주로 환기 구멍, 라디에이터 커버 등에 사용되고, 와이어 로프는 여러 줄의 철사를 꼬아 한 줄의 스트랜드로 만들고, 이를 다시 6줄의 스트랜드를 심선을 중심으로 꼬아 만든 로프이며, 메탈 폼은 강철, 금속재의 콘크리트용 거푸집으로서, 특히, 치장 콘크리트에 많이 사용된다.

49 | 금속 제품(와이어 라스) | 03

철선 또는 아연 도금 철선을 가공하여 그물처럼 만든 것으로 미장 바탕용에 사용되는 것은?

① 와이어 라스(wire lath)
② 메탈 폼(metal form)
③ 코너 비드(corner bead)
④ 인서트(insert)

해설 코너 비드는 미장 공사에 있어서 벽이나 기둥의 모서리 부분을 보호하기 위하여 사용하는 철물을 말하고, 인서트는 콘크리트 슬래브에 묻어 천장 달림재를 고정시키는 철물이며, 메탈 폼은 강철, 금속재의 콘크리트용 거푸집으로서, 특히, 치장 콘크리트에 많이 사용된다.

50 | 창호(알루미늄)의 특징 | 05, 03

알루미늄 창호의 특징으로서 맞지 않는 것은?

① 열팽창계수가 강의 약 2배 정도이다.
② 알칼리성에 강하다.
③ 공작이 자유롭게 기밀성이 좋다.
④ 비중이 철의 약 1/3로서 경량이다.

해설 알루미늄 창호의 장점은 스틸 섀시에 비해, 비중이 철의 1/3 정도이고, 녹슬지 않으며 내구 연한이 길다. 또한, 공작이 자유롭고 빗물막이와 기밀성이 유리하며, 여닫음이 경쾌한 특성을 갖고 있다. 그러나, 알칼리성에 약한 단점을 갖고 있다.

51 | 창호(알루미늄)의 특징 | 03, 99

알루미늄제 창호의 특성으로 틀린 것은?

① 기밀성 및 수밀성이 우수하다.
② 외관이 아름다우며 알칼리에 강하다.
③ 내식성이 우수하나 강성이 적다.
④ 압출 성형 제품으로 복잡한 단면 형상이 가능하다.

해설 알루미늄 창호는 기밀성과 수밀성이 우수하고, 경량이며, 외관이 아름다우나, 알칼리에 약하고, 강성이 약하며, 용융점이 낮아 방화적이지 못하다.

52 | 창호 철물(여닫이 창호 철물) | 24, 08

여닫이 창호에 사용되는 철물이 아닌 것은?

① 레일
② 도어 클로저
③ 도어 스톱
④ 경첩

해설 여닫이 창호에는 도어 클로저(도어 체크), 도어 스톱, 경첩 등이 사용되고, 레일은 미서기 창호에 사용한다.

53 | 창호 철물(여닫이 창호 철물) | 25, 23, 14

다음 중 여닫이용 창호 철물에 속하지 않는 것은?

① 도어 스톱
② 크레센트
③ 도어 클로저
④ 플로어 힌지

해설 크레센트는 초승달 모양으로 된 창호 철물로서 오르내리창의 윗막이대 윗면에 대어 다른 창의 밑막이에 걸리게 하는 걸쇠로서 오르내리창에 사용된다.

54 | 창호 철물과 창호의 연결 | 10, 07, 05

다음 중 창호 철물의 사용 용도가 잘못 연결된 것은?

① 여닫이문 - 경첩, 함자물쇠
② 오르내리창 - 크레센트
③ 미서기문 - 도어 체크
④ 자재문 - 플로어 힌지

해설 도어 체크는 여닫이문을 자동적으로 개폐할 수 있게 하는 철물로서 재료는 청동과 강철 등의 주조물이며, 스프링이나 피스톤의 장치로 개폐 속도를 조절한다. 또한 미서기문의 창호 철물에는 레일, 바퀴, 오목 손걸이 등을 사용한다.

정답 48.③ 49.① 50.② 51.② 52.① 53.② 54.③

55 | 창호 철물과 창호의 연결
05

창호 철물의 사용 용도가 잘못 연결된 것은?

① 여닫이문-경첩, 함자물쇠
② 오르내리창-크레센트
③ 접문-도어 행거
④ 미서기문-플로어 힌지

해설 플로어 힌지는 금속제 스프링과 완충유와의 조합 작용으로 열린 문이 자동으로 닫혀지게 하는 것으로 바닥에 설치되는 창호 철물이다.

56 | 금속 제품(창호 철물의 종류)
11

다음 중 창호 철물에 해당하지 않는 것은?

① 경첩
② 펀칭 메탈
③ 도어 클로저
④ 나이트 래치

해설 펀칭 메탈은 박강판의 제품으로 박강판에 여러 가지 무늬 모양으로 구멍을 뚫어 환기 구멍, 방열기 덮개 등에 사용하는 금속 제품이고, 경첩, 도어 클로저 및 나이트 래치는 창호 철물이다.

57 | 창호 철물과 창호의 연결
20, 12

창호 철물과 사용되는 창호의 연결이 옳지 않은 것은?

① 레일 – 미닫이문
② 크레센트 – 오르내리창
③ 플로어 힌지 – 여닫이문
④ 래버터리 힌지 – 쌍여닫이창

해설 래버터리 힌지는 스프링 힌지의 일종으로 공중용 변소, 전화실의 출입문에 사용되고, 저절로 닫히거나 15cm 정도 열려 있는 창호 철물이다. 쌍여닫이창에는 꽂이쇠, 래치, 걸쇠, 함자물쇠 및 손잡이 등이 사용된다.

58 | 창호 철물(플로어 힌지)
03, 98

창호의 철물 중 정첩으로 유지할 수 없는 무거운 자재 여닫이문에 쓰이는 철물은?

① 도어 행거
② 도어 스톱
③ 도어 체크
④ 플로어 힌지

해설 도어 클로저(도어 체크)는 여닫이문을 자동적으로 개폐할 수 있게 하는 철물로서 재료는 강철, 청동 등의 주조물이며, 스프링이나 피스톤의 장치로서 개폐 속도를 조절한다. 도어 행거는 접문 등 문의 상부에 달아매는 미닫이 창호용 철물로 달문의 이동 장치에 사용되는 창호 철물이며, 도어 스톱은 여닫이 문이나 장지를 고정하는 철물, 문받이 철물이다.

59 | 창호 철물(플로어 힌지)
22, 19, 14, 05

무거운 자재문에 사용하는 스프링 유압 밸브 장치로 문을 자동적으로 닫히게 하는 창호 철물은?

① 레일
② 도어 스톱
③ 플로어 힌지
④ 래버터리 힌지

해설 레일은 창호에 사용되는 철물이고, 도어 스톱은 여닫이문이나 장지를 고정하는 철물, 문받이 철물이며, 래버터리 힌지는 스프링 힌지의 일종으로 공중용 변소, 전화실의 출입문에 사용되고, 저절로 닫히거나 15cm 정도 열려 있는 창호 철물이다.

60 | 창호 철물(플로어 힌지)
13, 11, 06

금속제 용수철과 완충유와의 조합 작용으로 열린 문이 자동으로 닫혀지게 하는 것으로 바닥에 설치되며, 일반적으로 무거운 중량 창호에 사용되는 창호 철물은?

① 크레센트
② 도어 스톱
③ 도어 행거
④ 플로어 힌지

해설 크레센트는 오르내리창의 걸쇠로 사용되고, 도어 스톱(문받이 철물)은 여닫이 문이나 장지를 고정하는 철물 또는 문을 열어 제자리에 머물러 있게 하는 철물, 벽 하부에 대어 문짝이 벽에 부딪히지 않게 하여 갈고리로 걸어 제자리에 머무르게 하는 철물이며, 도어 행거는 접문 등 문의 상부에 달아매는 미닫이 창호용 철물로 달문의 이동 장치에 사용되는 창호 철물이다.

61 | 창호 철물(래버터리 힌지)
25, 23, 17, 10, 07, 05, 04, 03

일종의 스프링 힌지로 전화박스 문이나 공중화장실 문 등에 사용되며, 저절로 닫혀지지만 15cm 정도는 열려있게 하는 것은?

① 피벗 힌지
② 플로어 힌지
③ 래버터리 힌지
④ 도어 스톱

해설 피벗 힌지는 플로어 힌지를 쓸 때, 문의 위측의 돌대로 사용하는 철물 또는 경쾌한 개폐를 할 수 있는 도어용 돌쩌귀의 일종이고, 플로어 힌지는 금속제 용수철과 완충유와의 조합 작용으로 열린 문이 자동으로 닫혀지게 하는 것으로 바닥에 설치되며, 일반적으로 무거운 중량 창호에 사용되며, 도어 스톱(문받이 철물)은 여닫이 문이나 장지를 고정하는 철물 또는 문을 열어 제자리에 머물러 있게 하는 철물, 벽 하부에 대어 문짝이 벽에 부딪히지 않게 하여 갈고리로 걸어 제자리에 머무르게 하는 철물이다.

정답 55. ④ 56. ② 57. ④ 58. ④ 59. ③ 60. ④ 61. ③

62 | 금속 제품(코너 비드의 용어)
21, 14, 02

미장 공사에 사용하며 기둥이나 벽의 모서리 부분을 보호하고 정밀한 시공을 위해 사용하는 철물은?

① 폼 타이 ② 코너 비드
③ 메탈 라스 ④ 메탈 폼

해설 폼 타이는 거푸집이 벌어지지 않도록 조이기 철물이고, 메탈 라스는 금속제 라스의 총칭으로 얇은 강판에 절목을 넣어 늘려서 만든 것으로 미장 바탕에 사용하며, 메탈 폼은 강철, 금속재의 콘크리트용 거푸집으로서, 특히, 치장 콘크리트에 많이 사용된다.

63 | 금속 제품(코너 비드의 용어)
19, 15, 13, 07, 06

벽, 기둥 등의 모서리 부분에 미장 바름을 보호하기 위해 묻어 붙인 것으로 모서리쇠라고도 불리는 것은?

① 와이어라스 ② 조이너
③ 코너 비드 ④ 메탈라스

해설 와이어라스는 철선 또는 아연 도금 철선을 가공하여 그물처럼 만든 것으로 미장 바탕용에 사용되는 철물류이고, 조이너는 텍스, 보드, 금속판, 합성수지판 등의 줄눈에 대어 붙이는 것 또는 천장, 벽 등에 보드류를 붙이고 그 이음새를 감추고 덮어 고정하고 장식이 되도록 하는 좁은 졸대형 철물이며, 메탈라스는 얇은 철판에 많은 절목을 넣어 이를 옆으로 늘여서 만든 것으로 도벽 바탕에 쓰이는 금속 제품이다.

64 | 금속 제품(코너 비드)
05

코너 비드(corner bead)에 대한 설명으로 옳은 것은?

① 강철, 금속재의 콘크리트용 거푸집으로 특히 치장 콘크리트에 많이 쓰임
② 계단 모서리 끝 부분의 보강 및 미끄럼막이를 목적으로 대는 것
③ 콘크리트 타설 후 달대를 매달기 위해 사전에 매설시키는 부품
④ 벽, 기둥 등의 모서리를 보호하기 위하여 미장바름질을 할 때 붙이는 보호용 철물

해설 ① 메탈 폼, ② 논슬립(미끄럼막이), ③ 인서트에 대한 설명이다.

65 | 조이너
11, 06

조이너(joiner)에 대한 설명으로 옳은 것은?

① 금속재의 콘크리트용 거푸집으로서 치장 콘크리트에 사용된다.
② 계단의 디딤판 끝에 대어 오르내릴 때 미끄러지지 않도록 하는 철물이다.
③ 구조 부재 접합에서 2개의 부재 접합에 끼워 볼트와 같이 사용하여 전단에 견디도록 한다.
④ 천장, 벽 등에 보드류를 붙이고 그 이음새를 감추고 덮어 고정하고 장식이 되도록 하는 좁은 졸대형 철물이다.

해설 ① 메탈폼, ② 논슬립, ③ 듀벨에 대한 설명이다.

66 | 금속 제품
14, 11, 10, 04

다음의 금속제품에 대한 설명 중 옳지 않은 것은?

① 코너 비드-기둥 모서리 및 벽 모서리 면에 미장을 쉽게 하고, 모서리를 보호할 목적으로 설치한다.
② 조이너-천장·벽 등에 보드류를 붙이고, 그 이음새를 감추고 누르는데 사용된다.
③ 논슬립-계단에 쓰이며 미끄럼을 방지하기 위해서 사용된다.
④ 와이어 라스-금속제 거푸집의 일종이다.

해설 와이어 라스는 아연도금한 연강선을 마름모꼴의 그물모양으로 만든 것인데, 외벽의 모르타르 바름 바탕의 보강재로 주로 목조벽의 바탕에 붙이고 미장 공사를 한다.

7 유리 재료

01 | 자외선 차단 성분
03

유리가 자외선을 차단하는 것은 유리에 함유된 성분 중 어느 것 때문인가?

① 붕산(H_3BO_3)
② 산화제일철(FeO)
③ 산화제이철(Fe_2O_3)
④ 연단(Pb_3O_4)

해설 자외선을 차단하는 유리의 주성분은 산화제이철(Fe_2O_3)이므로 보통의 판유리는 자외선을 차단시키는 효과가 있다.

02 소다석회 유리의 용어
25, 24, 23, 20, 14, 13, 12②

다음과 같은 특징을 갖는 성분별 유리의 종류는?

- 용융되기 쉽다.
- 내산성이 높다.
- 건축 일반용 창호유리 등에 사용된다.

① 고규산 유리　　② 칼륨석회 유리
③ 소다석회 유리　④ 붕사석회 유리

해설 고규산(석영) 유리는 내열성, 내식성, 자외선 투과성이 크고, 전구, 살균등에 사용하며, 칼륨석회 유리(칼륨, 경질, 보헤미아 유리)는 용융하기 어렵고, 약품에 침식되지 않으며, 투명도가 높고, 고급 용품, 이화학용 기구, 공예품 등에 사용하며, 붕사석회 유리는 원료가 붕산, 붕사, 석회석 및 무수규산(석영)이고, 잘 용융되지 않으며, 내산, 내열성, 팽창률 및 전기 절연성이 크다. 유리섬유, 식기, 내열이화학용 기구 등에 사용한다.

03 소다석회 유리의 용어
21, 11, 98

성분에 따른 유리의 종류 중 건축 일반용 창호유리에 주로 사용되는 것은?

① 고규산 유리　　② 칼륨석회 유리
③ 소다석회 유리　④ 규산소다 유리

해설 고규산(석영) 유리는 전구, 살균용 또는 글라스울의 원료로 사용, 칼륨석회 유리는 고급용품, 이화학용 기구, 기타 장식품, 공예품 및 식기 등에 사용, 소다석회 유리는 건축일반 창유리, 기타 병류로 사용, 규산소다 유리는 물유리로서 방화도료, 내산도료 등으로 사용한다.

04 소다석회 유리의 용어
25, 23, 11②, 05

용융되기 쉬우며 건축 일반용 창호유리, 병유리 등에 사용되는 것은?

① 물유리　　　　② 고규산 유리
③ 칼륨석회 유리　④ 소다석회 유리

해설 물유리(규산소다 유리)는 방수, 보색제, 접착제 등에 사용하고, 규산이나 소다 등이 주성분이다. 고규산 유리는 전구, 살균, 글라스 울 원료 등의 용도로 사용하고, 칼륨석회 유리는 고급용품, 이화학용 기구, 기타 장식품, 공예품, 식기 등에 사용한다.

05 소다석회 유리
19, 16

소다석회 유리에 관한 설명으로 옳지 않은 것은?

① 풍화되기 쉽다.
② 내산성이 높다.
③ 용융되지 않는다.
④ 건축 일반용 창호유리 등으로 사용된다.

해설 소다석회 유리(소다, 보통, 크라운 유리 등)는 용융되기 쉽고, 풍화되기 쉬우며, 내산성이 높아, 건축 일반용 창호유리, 병유리 등에 사용되는 유리이다.

06 소다석회 유리
22, 15

소다석회 유리에 관한 설명으로 옳지 않은 것은?

① 용융하기 쉽다.
② 풍화되기 쉽다.
③ 산에는 강하나 알칼리에는 약하다.
④ 건축물의 창유리로는 사용할 수 없다.

해설 소다석회 유리(소다, 보통, 크라운 유리 등)는 용융과 풍화가 되기 쉬우며 건축 일반용 창호유리, 병유리 등에 사용한다.

07 소다석회 유리
19, 13

소다석회 유리의 일반적 성질에 관한 설명으로 옳지 않은 것은?

① 풍화되기 쉽다.
② 내산성이 높다.
③ 내알칼리성이 높다.
④ 건축 일반용 창호유리에 사용된다.

해설 소다석회 유리는 용융되기 쉽고, 풍화가 쉬우며, 내산성이 높고, 내알칼리성은 낮다. 또한, 건축 일반용 창호유리, 병유리 등에 사용하는 유리이다.

08 칼륨석회 유리의 용어
04

용융하기 어렵고 약품에 침식되지 않으며 일반적으로 투명도가 큰 것으로, 고급용품, 공예품, 장식품 등에 사용되는 유리는?

① 소다 유리　　　② 칼륨석회 유리
③ 고규산 유리　　④ 칼륨 납 유리

해설 소다석회 유리(소다, 보통, 크라운 유리 등)는 용융하기 쉽고, 산에는 강하나 알칼리에는 약하며, 풍화되기 쉽고, 비교적 팽창률이 크고 강도도 크며, 건축 일반 창 유리, 기타 병류에 사용한다. 고규산(석영) 유리는 내열성, 내식성, 자외선 투과성이 크고, 전구, 살균 등의 용도(글라스 울 원료)로 사용하며, 칼륨 납 유리(납, 프린트, 크리스털 유리)는 소다, 칼륨 유리보다 용융하기 쉽고, 산 및 열에 약하며 가공하기 쉽다. 비중이 크고, 광선 굴절률, 분산율이 크고, 고급 식기, 광학용 렌즈류, 모조 보석 및 진공관용에 사용한다.

정답 02. ③ 03. ③ 04. ④ 05. ③ 06. ④ 07. ③ 08. ②

09 | 칼륨 납 유리의 용어

유리의 성분별 분류 중 내산, 내열성이 낮고 비중이 크며 모조 보석이나 광학 렌즈로 사용되는 유리는?

① 소다석회 유리 ② 칼륨석회 유리
③ 칼륨 납 유리   ④ 석영 유리

해설 유리의 사용처

종류	고규산(석영)유리	칼리석회 유리	칼리 납 유리	소다석회 유리
		칼리, 경질, 보헤미아 유리	납, 플린트, 크리스털 유리	소다, 보통, 크라운 유리
용도	전구, 살균등용(글라스울 원료)	고급용품, 이화학 기구, 기타장식품 및 식기	고급 식기, 광학용 렌즈류, 모조 보석 및 진공관용	건축 일반 창유리, 기타 병류 등

10 | 유리의 성질

유리의 일반적 성질에 대한 설명으로 옳은 것은?

① 약한 산에는 침식되지 않지만 염산, 질산, 황산 등에는 서서히 침식된다.
② 일반적으로 상온에서는 연성이 크고, 경도가 작다.
③ 건축용 유리 제품의 비중은 3.5~3.6 정도이고 중금속을 포함한 것은 비중이 작다.
④ 유리는 전기 전도성이 크지만, 표면의 습도가 크면 클수록 전기 저항이 높아진다.

해설 유리는 일반적으로 상온에서 연성이 작고, 경도가 크며 비중은 2.2~6.3 정도이고, 중금속을 포함한 유리는 비중이 크다. 또한 전기 전도성이 작으나 표면에 습기가 많으면 전기 저항이 작아진다.

11 | 후판 유리의 용어

표면을 아주 평활하게 마감한 것으로 반사나 굴절이 적어 진열용 창에 많이 이용되는 유리는?

① 무늬 유리   ② 자외선 투과 유리
③ 후판 유리   ④ 서리 유리

해설 무늬 유리는 롤아웃법으로 생산되는 유리로서, 용융 유리를 밑면에 무늬가 새겨진 주형에 부어넣거나, 무늬가 새겨진 롤러 사이를 통과시켜 만든 유리로서 강도가 낮아지나, 광선을 산란시키고, 투시 방지 효과와 장식 효과가 크다. 자외선 투과 유리는 유리에 함유되어 있는 성분 가운데에서 산화제이철(Fe_2O_3)은 자외선을 차단하므로 환원제를 사용하여 산화제이철(Fe_2O_3)을 산화제일철(FeO)로 환원시키면 상당량의 자외선을 투과시킬 수 있는 산화제이철의 함유율을 극히 줄인 유리로 자외선 투과 유리라고 한다. 서리 유리는 투명 유리의 한 면을 혼합액(플루오르화수소와 플루오르화암모늄)을 칠하여 부식시키거나, 규사, 금강사 등을 압축 공기로 뿜으면 서리 유리가 된다. 서리 유리는 빛을 확산시키며 투시성이 적으므로 들여다보이는 것이 좋지 않은 장소와 채광용에 사용한다.

12 | 창유리의 강도

일반적으로 창유리의 강도는 어떤 강도를 의미하는가?

① 압축 강도   ② 휨 강도
③ 전단 강도   ④ 인장 강도

해설 창유리의 강도는 휨 강도를 의미하고, 같은 두께의 반투명 유리는 투명 유리의 80%, 망입 유리의 90% 정도이다.

13 | 강화판 유리의 용어

유리를 500~600℃로 가열한 다음 특수장치를 이용하여 균등하게 급냉시킨 것으로 강도는 보통 유리의 3~5배에 이르며 파괴시 모래처럼 잘게 부서져 유리 파편에 의한 부상이 적은 유리제품은?

① 유리 블록   ② 자외선 투과 유리
③ 복층 유리   ④ 강화판 유리

해설 유리 블록은 속이 빈 상자 모양의 유리 2개를 맞대어 저압 공기를 넣고 녹여 붙인 것으로 주로 칸막이벽을 쌓는 데 이용되어 실내가 들여다 보이지 않게 하면서 채광, 방음, 보온 효과도 크며, 장식 효과도 얻을 수 있다. 자외선 투과 유리는 유리에 함유되어 있는 성분 가운데에서 산화제이철은 자외선을 차단하는 주성분으로 보통 판유리는 자외선을 거의 투과시키지 못하므로 환원제를 사용하여 산화제이철을 산화제일철로 환원시키면 상당량의 자외선을 투과시킬 수 있다. 이와 같이 산화제이철의 함유량을 극히 줄인 유리이며, 복층 유리는 2장 또는 3장의 판유리를 일정한 간격으로 띄어 금속테로 기밀하여 테두리를 한 다음 유리 사이의 내부는 건조한 일반 공기층으로 한다. 방음, 단열 효과가 크고 결로 방지용으로도 우수하다.

14 | 강화판 유리

강화 유리에 관한 설명으로 옳지 않은 것은?

① 형틀 없는 문 등에 사용된다.
② 제품의 현장 가공 및 절단이 쉽다.
③ 파손 시 작은 알갱이가 되어 부상의 위험이 적다.
④ 유리를 가열 후 급랭하여 강도를 증가시킨 유리이다.

해설 강화판 유리는 유리를 열처리(500~600℃로 가열한 다음 특수 장치를 이용하여 균등하게 급격히 냉각시킨 유리)한 것으로 열처리를 한 후에는 현장에서 절단 등 가공을 할 수 없으므로 사전에 소요 치수대로 절단, 가공하여 열처리를 하여 생산되는 유리이다.

15 | 강화판 유리
11

강화 유리에 대한 설명 중 옳지 않은 것은?

① 안전 유리의 일종이다.
② 현장에서 가공 및 절단이 용이하다.
③ 파괴시 세립상으로 되어 부상을 입을 우려가 적다.
④ 보통 판유리와 광내 판유리를 열처리하여 강화시킨 것이다.

해설 강화판 유리는 유리를 열처리(500~600℃로 가열한 다음 특수 장치를 이용하여 균등하게 급격히 냉각시킨 유리)한 것으로 열처리를 한 후에는 현장에서 절단 등 가공을 할 수 없으므로 사전에 소요 치수대로 절단, 가공하여 열처리를 하여 생산되는 유리이다.

16 | 강화판 유리
04

강화판 유리에 대한 설명 중 잘못된 것은?

① 유리를 가열한 다음 급격히 냉각시킨 것이다.
② 보통 유리보다 강도가 크다.
③ 파괴되면 모래처럼 잘게 부서진다.
④ 열처리 후에는 절단 등의 가공이 쉬워진다.

해설 강화판 유리는 유리를 열처리(500~600℃로 가열한 다음 특수 장치를 이용하여 균등하게 급격히 냉각시킨 유리)한 것으로 열처리를 한 후에는 현장에서 절단 등 가공을 할 수 없으므로 사전에 소요 치수대로 절단, 가공하여 열처리를 하여 생산되는 유리이다.

17 | 강화판 유리
06

건축용 강화판 유리에 대한 설명으로 틀린 것은?

① 강도는 보통 유리의 3~5배 정도이다.
② 현장에서 가공 절단이 불가능하므로 열처리 전에 소요 치수대로 절단 가공해야 한다.
③ 파괴되어도 세립상으로 되기 때문에 부상을 입는 일이 적다.
④ 유리를 100~200℃로 가열 후, 특수 장치를 이용하여 균등하게 급격 냉각시켜 제작한다.

해설 강화판 유리는 유리를 열처리(500~600℃로 가열한 다음 특수 장치를 이용하여 균등하게 급격히 냉각시킨 유리)한 것으로 열처리를 한 후에는 현장에서 절단 등 가공을 할 수 없으므로 사전에 소요 치수대로 절단, 가공하여 열처리를 하여 생산되는 유리이다.

18 | 복층 유리의 용어
08, 06

다음과 같은 특징을 갖는 유리 제품은?

- 페어 글라스(pair glass)라고도 한다.
- 단열성, 차음성이 좋고 결로 방지용으로도 우수하다.

① 접합 유리 ② 복층 유리
③ 강화 유리 ④ 열선 흡수 유리

해설 접합 유리는 투명 판유리 2장 사이에 합성수지막(아세테이트, 부틸 셀룰로오스)을 넣어 접착시킨 유리이고, 강화판 유리는 유리를 열처리(500~600℃로 가열한 다음 특수 장치를 이용하여 균등하게 급격히 냉각시킨 유리)한 것이며, 열선흡수(단열) 유리는 철, 니켈, 크롬을 가하여 만든 유리로서 흔히 엷은 청색을 띠며, 열선을 흡수하므로 주로 서향의 창, 차량의 창에 이용되는 유리이다.

19 | 복층 유리의 용어
24②, 23, 20, 18, 10, 05, 04

다음 설명에 알맞은 유리 제품은?

- 2장 또는 3장의 유리를 일정한 간격을 두고 겹치게 하여 그 주변을 금속테로 감싸 붙여 내부의 공기를 빼고 청정한 완전건조 공기를 넣어 만든다.
- 단열·방서·방음 효과가 크고, 결로 방지용으로도 우수하다.

① 망입 유리 ② 접합 유리
③ 복층 유리 ④ 내열 유리

해설 망입 유리는 유리 내부에 금속망을 삽입하고 압착 성형한 판유리로서 금속 그물이 판유리 속에 들어 있어 잘 깨어지지 않으므로 도난 방지와 화재 방지 등의 목적으로 쓰이고, 접합 유리는 투명 판유리 2장 사이에 합성수지막(아세테이트, 부틸 셀룰로오스)을 넣어 접착시킨 유리이며, 내열 유리는 규산질을 다량 함유시킨 유리로서 열팽창계수가 적고 연화온도가 높아 내열성이 강한 유리이다.

20 | 복층 유리의 용어
20, 16

페어 글라스라고도 불리며 단열성, 차음성이 좋고 결로 방지에 효과적인 유리는?

① 강화 유리　　　　　② 복층 유리
③ 자외선 투과 유리　　④ 샌드 브라스트 유리

해설 강화판 유리는 유리를 500~600℃로 가열한 다음 특수장치를 이용하여 균등하게 급냉시킨 것으로 강도는 보통 유리의 3~5배에 이르며 파괴시 모래처럼 잘게 부서져 유리 파편에 의한 부상이 적은 유리이고, 자외선 투과 유리는 환원제를 사용하여 산화 제2철(자외선을 차단하는 주성분)을 산화 제1철로 환원시켜 산화 제2철을 극히 줄인 유리이며, 샌드 브라스트 유리는 유리면에 오려낸 모양판을 붙이고, 모래를 고압 증기로 뿜어 오려낸 부분을 마모시켜 유리면에 무늬모양을 만든 것이다.

21 | 복층 유리의 용어
11, 07, 02

다음 유리 중 결로 방지에 가장 효과적인 것은?

① 복층 유리　　② 강화 유리
③ 접합 유리　　④ 일반 유리

해설 복층 유리(이중 유리)는 2장 또는 3장의 판유리를 일정한 간격으로 띄어 금속테로 기밀하게 테두리를 한 다음, 유리 사이의 내부를 진공으로 하거나 특수 기체를 넣은 것으로서 단열성, 방서성, 방음 및 차음성이 좋고 결로 방지에 효과적인 유리이다.

22 | 복층 유리의 용어
10, 09, 02, 99

단열, 방서, 방음 효과가 크고 결로 방지용으로도 우수한 유리 제품은?

① 망입 유리　　② 강화 유리
③ 복층 유리　　④ 반사 유리

해설 복층 유리(이중 유리)는 2장 또는 3장의 판유리를 일정한 간격으로 띄어 금속테로 기밀하게 테두리를 한 다음, 유리 사이의 내부를 진공으로 하거나 특수 기체를 넣은 것으로서 단열성, 방서성, 방음 및 차음성이 좋고 결로 방지에 효과적인 유리이다.

23 | 복층 유리의 용어
22, 12, 09, 05, 04, 03, 02, 98

2장 또는 3장의 유리를 일정한 간격을 두고 둘레에는 틀을 끼워서 내부를 기밀로 만들고 여기에 건조 공기를 넣거나 진공 또는 특수 가스를 넣은 것으로 결로 방지, 방음 및 단열 효과가 있는 유리는?

① 스테인드 글라스　　② 강화판 유리
③ 복층 유리　　　　　④ 열선 흡수 유리

해설 스테인드 글라스는 색유리를 쓰거나, 색을 칠하여 무늬나 그림을 나타낸 판유리이고, 강화판 유리는 유리를 500~600℃로 가열한 다음 특수장치를 이용하여 균등하게 급냉시킨 것으로 강도는 보통 유리의 3~5배에 이르며 파괴시 모래처럼 잘게 부서져 유리 파편에 의한 부상이 적은 유리이며, 열선 흡수(단열)유리는 철, 니켈, 크롬을 가하여 만든 유리로서 흔히 엷은 청색을 띠며, 열선을 흡수하므로 주로 서향의 창, 차량의 창에 이용되는 유리이다.

24 | 복층 유리
07

다음 중 복층 유리에 대한 설명으로 옳은 것은?

① 자외선의 화학작용을 방지할 목적으로 식품이나 약품의 창고, 의류품의 진열창 등에 사용된다.
② 규산분이 많은 유리로서 성분은 석영유리에 가깝다.
③ 자외선의 투과율을 좋게 한 것으로 일광욕실 등에 사용된다.
④ 페어글라스라고도 불리우며 단열성, 차음성이 좋고 결로 방지에 효과적이다.

해설 ① 자외선 흡수 유리, ② 고규산(석영)유리, ③ 자외선투과 유리에 대한 설명이다.

25 | 복층 유리
08

복층 유리에 대한 설명으로 옳지 않은 것은?

① 현장에서 절단 가공을 할 수 없다.
② 판유리 사이의 내부에는 단열재를 삽입한다.
③ 방음, 단열 효과가 크다.
④ 결로 방지용으로 효과가 우수하다.

해설 복층 유리(이중 유리)는 2장 또는 3장의 판유리를 일정한 간격으로 띄어 금속테로 기밀하게 테두리를 한 다음, 유리 사이의 내부를 진공으로 하거나 특수 기체를 넣은 것으로서 단열성, 방서성, 방음 및 차음성이 좋고 결로 방지에 효과적인 유리이나, 현장 절단이 불가능하다.

26 | 복층 유리
09

복층 유리에 대한 설명으로 옳지 않은 것은?

① 단열성이 좋다.
② 방음성이 좋다.
③ 현장 절단이 용이하다.
④ 결로 방지용으로 우수하다.

정답 20.② 21.① 22.③ 23.③ 24.④ 25.② 26.③

해설 복층 유리(이중 유리)는 2장 또는 3장의 판유리를 일정한 간격으로 띄어 금속테로 기밀하게 테두리를 한 다음, 유리 사이의 내부를 진공으로 하거나 특수 기체를 넣은 것으로서 단열성, 방서성, 방음 및 차음성이 좋고 결로 방지에 효과적인 유리이나, 현장 절단이 불가능하다.

27 | 망입 유리의 용어
24, 13, 10, 07

유리 내부에 금속망을 삽입하고 압착 성형한 판유리로서 방화 및 방도용으로 사용되는 것은?

① 망입 유리   ② 접합 유리
③ 열선 흡수 유리 ④ 열선 반사 유리

해설 접합 유리는 투명 판유리 2장 사이에 합성수지막(아세테이트, 부틸 셀룰로오스)을 넣어 접착시킨 유리이고, 열선 흡수(단열) 유리는 철, 니켈, 크롬을 가하여 만들고, 열선을 흡수하므로 주로 서향의 창, 차량의 창 등에 사용하며, 열선 반사 유리는 에너지 절약효과를 목적으로 제작된 유리로서 가시광선의 반사율이 높은 유리이다.

28 | 착색 유리의 용어
07, 03

스테인드그라스라고도 하며 성당의 창, 상업건축의 장식용으로 쓰이는 유리는?

① 복층 유리   ② 망 유리
③ 접합 유리   ④ 착색 유리

해설 복층 유리(이중 유리)는 2장 또는 3장의 판유리를 일정한 간격으로 띄어 금속테로 기밀하게 테두리를 한 다음, 유리 사이의 내부를 진공으로 하거나 특수 기체를 넣은 것으로서 단열성, 방서성, 방음 및 차음성이 좋고 결로 방지에 효과적인 유리이나, 현장 절단이 불가능하고, 망입 유리는 유리 내부에 금속망을 삽입하고 압착 성형한 판유리로서 금속 그물이 판유리 속에 들어 있어 잘 깨어지지 않으므로 도난 방지와 화재 방지 등의 목적으로 쓰이며, 접합 유리(합유리)는 투명 유리판 2장 사이에 합성수지막을 넣어서 합성수지 접착제로 접합 시킨 것으로서, 깨어지더라도 파편으로 인한 위험을 방지할 수 있으며, 투광성은 보통 유리에 비하여 떨어지나, 차음성과 보온성이 좋은 것이다.

29 | 열선 흡수 유리의 용어
12, 09

단열유리라고도 하며 철, Ni, Cr 등이 들어 있는 유리로서, 서향 일광을 받는 창 등에 사용되는 것은?

① 내열 유리   ② 열선 흡수 유리
③ 열선 반사 유리 ④ 자외선 차단 유리

해설 내열 유리는 규산질을 다량 함유시킨 유리로서 열팽창계수가 적고 연화온도가 높아 내열성이 강한 유리이고, 열선 반사 유리는 유리 표면에 반사막을 입힌 판유리로서 열선 에너지의 단열효과가 매우 우수하고, 흡수에 의한 유리 온도의 상승도 적으므로 실내의 기온, 풍속에 별로 영향을 받지 않는다. 자외선 차단 유리는 자외선의 화학 작용을 방지할 목적으로 사용하는 유리로서 자외선 투과 유리와는 반대로 산화제이철을 10% 정도 함유시키고 금속 산화물(크롬, 망간 등)을 포함시킨 유리이다. 식품과 약품의 창고, 상점의 진열장 및 용접공의 보안경에 사용된다.

30 | 자외선 흡수 유리의 용어
16

자외선에 의한 화학 작용을 피해야 하는 의류, 약품, 식품 등을 취급하는 장소에 사용되는 유리 제품은?

① 열선 반사 유리   ② 자외선 흡수 유리
③ 자외선 투과 유리 ④ 저방사(Low-E) 유리

해설 열선 반사 유리는 유리 표면에 반사막을 입힌 판유리이므로 열선 에너지의 단열 효과가 매우 우수하고, 흡수에 의한 유리 온도의 상승도 적으므로 실내의 기온·풍속에 별로 영향을 받지 않는 유리이고, 자외선 투과 유리는 환원제를 사용하여 산화 제2철(자외선을 차단하는 주성분)을 산화 제1철로 환원시켜 산화 제2철을 극히 줄인 유리이며, 저방사 유리(Low Emissivity Glass)는 유리 표면에 금속 또는 금속 산화물을 얇게 코팅한 장파장인 열적외선의 반사율이 높은 유리를 말하고, 방사율이 낮을수록 장파장 적외선에 대한 반사율은 증가하고, 창호 면적이 큰 건물에서 단열을 통한 에너지 절약을 위해 권장되는 유리이다.

31 | 반사 유리의 용어
04

안에서는 밖을 볼 수 있고 밖의 시선은 차단되어 프라이버시가 보호되는 유리는?

① 유리 블록   ② 복층 유리
③ 망입 유리   ④ 반사 유리

해설 유리 블록은 속이 빈 상자 모양의 유리 2개를 맞대어 저압 공기를 넣고 녹여 붙인 것으로 주로 칸막이벽을 쌓는 데 이용되어 실내가 들여다 보이지 않게 하면서 채광, 방음, 보온 효과도 크며, 장식 효과도 얻을 수 있다. 복층 유리(이중 유리)는 2장 또는 3장의 판유리를 일정한 간격으로 띄어 금속테로 기밀하게 테두리를 한 다음, 유리 사이의 내부를 진공으로 하거나 특수 기체를 넣은 것으로서 단열성, 방서성, 방음 및 차음성이 좋고 결로 방지에 효과적인 유리이나, 현장 절단이 불가능하다. 망입 유리는 유리 내부에 금속망을 삽입하고 압착 성형한 판유리로서 금속 그물이 판유리 속에 들어 있어 잘 깨어지지 않으므로 도난 방지와 화재 방지 등의 목적으로 쓰인다.

정답 27.① 28.④ 29.② 30.② 31.④

32 | 로이 유리의 용어
18, 14

발코니 확장을 하는 공동 주택이나 창호 면적이 큰 건물에서 단열을 통한 에너지 절약을 위해 권장되는 유리의 종류는?

① 강화 유리 ② 접합 유리
③ 로이 유리 ④ 스팬드럴 유리

해설 강화판 유리는 유리를 500~600℃로 가열한 다음 특수장치를 이용하여 균등하게 급냉시킨 것으로 강도는 보통 유리의 3~5배에 이르며 파괴시 모래처럼 잘게 부서져 유리 파편에 의한 부상이 적은 유리이고, 접합 유리는 투명 판유리 2장 사이에 합성수지막(아세테이트, 부틸 셀룰로오스)을 넣어 접착시킨 유리이며, 스팬드럴 유리는 플로트 판유리의 한쪽 면에 세라믹 도료를 코팅한 후 고온에서 융착하여 반강화시킨 불투명한 색유리이다.

33 | 스팬드럴 유리의 용어
18, 14

플로트 판유리의 한쪽 면에 세라믹 도료를 코팅한 후 고온에서 융착하여 반강화시킨 불투명한 색유리는?

① 에칭 글라스 ② 스팬드럴 유리
③ 스테인드 글라스 ④ 저방사(Low-E) 유리

해설 에칭 글라스는 유리에 불화수소에 부식되는 성질을 이용하여 후판 유리면에 그림이나 무늬모양, 문자 등을 화학적으로 새긴 유리이고, 스테인드 글라스는 색유리를 쓰거나, 색을 칠하여 무늬나 그림을 나타낸 판유리이며, 저방사 유리(Low Emissivity Glass)는 유리 표면에 금속 또는 금속 산화물을 얇게 코팅한 장파장인 열적외선의 반사율이 높은 유리를 말하고, 방사율이 낮을수록 장파장 적외선에 대한 반사율은 증가하고, 창호 면적이 큰 건물에서 단열을 통한 에너지 절약을 위해 권장되는 유리이다.

34 | 유리 블록의 용어
15

다음의 유리 제품 중 부드럽고 균일한 확산광이 가능하며 확산에 의한 채광 효과를 얻을 수 있는 것은?

① 강화 유리 ② 유리 블록
③ 반사 유리 ④ 망입 유리

해설 강화 유리는 유리를 500~600℃ 정도로 가열한 다음, 특수 장치를 이용하여 균등하게 급격히 냉각시킨 유리이고, 반사 유리는 주위의 경관을 건축물에 투영시켜 벽화의 아름다움을 연출하고, 안에서는 밖을 볼 수 있으나, 밖의 시선은 차단되어 프라이버시를 확보할 수 있는 유리이며, 망입 유리는 용융 유리 사이에 금속 그물을 넣어 롤러로 압연하여 만든 판유리이다.

35 | 유리 블록
02

유리 블록에 관한 내용으로 옳지 않은 것은?

① 속이 빈 상자모양의 유리 2개를 맞대어 저압 공기를 넣고 녹여 붙인 것이다.
② 옆면은 모르타르가 잘 부착되도록 돌가루를 붙여 놓고, 양쪽 표면의 안쪽에는 무늬가 있는 경우가 많다.
③ 주로 칸막이 벽에 이용된다.
④ 방음, 보온 효과도 크며 장식 효과도 있으나 실내가 들여다보이는 단점이 있으나 채광을 할 수 있다.

해설 유리 블록은 속이 빈 상자모양의 유리 2개를 맞대어 저압 공기를 넣고, 녹여 붙인 것으로 주로 칸막이벽을 쌓는데 이용되어 실내가 들여다보이지 않게 하면서, 채광을 할 수 있으며, 방음, 보온 효과가 크고, 장식 효과도 얻을 수 있다.

36 | 유리 블록
07

다음의 유리 블록에 관한 설명 중 옳지 않은 것은?

① 채광이 가능하다.
② 열전도가 벽돌보다 낮다.
③ 보통 유리창보다 균일한 확산광을 얻을 수 있다.
④ 투명도가 높아 실내가 잘 들여다보이는 단점이 있다.

해설 유리 블록은 속이 빈 상자 모양의 유리 2개를 맞대어 저압 공기를 넣고 녹여 붙인 것으로 옆면은 모르타르가 잘 부착되도록 합성수지풀로 돌가루를 붙여 놓았으며, 양쪽 표면의 안쪽에는 오목볼록한 무늬가 들어 있는 경우가 많다. 주로 칸막이벽을 쌓는데 이용되어 실내가 들여다보이지 않게 하면서, 채광을 할 수 있으며, 방음, 보온 효과가 크고, 장식 효과도 얻을 수 있다.

37 | 프리즘 유리의 용어
02

지하실의 간접 채광 목적으로 이용되는 유리로 가장 적합한 것은?

① 유리 블록 ② 다공 유리
③ 글라스 울 ④ 프리즘 유리

해설 유리 블록은 속이 빈 상자 모양의 유리 2개를 맞대어 저압 공기를 넣고 녹여 붙인 것으로 칸막이벽을 쌓는데 이용되어 실내가 들여다보이지 않게 하면서, 채광을 할 수 있으며, 방음, 보온 효과가 크고, 장식 효과도 얻을 수 있다. 다공 유리는 보온, 방음재로 사용하는 다공질의 유리이며, 글라스 울은 용융된 유리를 압축 공기를 사용하여 가는 구멍을 통과시킨 다음 냉각시킨 것으로 환기 장치의 먼지 흡수용, 화학 공장의 산 여과용으로 사용한다.

정답 32. ③ 33. ② 34. ② 35. ④ 36. ④ 37. ④

38 | 프리즘 유리의 용어 | 07

투사광선의 방향을 변화시키거나 집중 또는 확산시킬 목적으로 만든 이형 유리제품으로 지하실 또는 지붕 등의 채광용으로 사용되는 것은?

① 복층 유리 ② 강화 유리
③ 망입 유리 ④ 프리즘 유리

해설 복층 유리(이중 유리)는 2장 또는 3장의 판유리를 일정한 간격으로 띄어 금속테로 기밀하게 테두리를 한 다음, 유리 사이의 내부를 진공으로 하거나 특수 기체를 넣은 것으로서 단열성, 방서성, 방음 및 차음성이 좋고 결로 방지에 효과적인 유리이나, 현장 절단이 불가능하다. 강화판 유리는 유리를 500~600℃로 가열한 다음 특수장치를 이용하여 균등하게 급냉시킨 것으로 강도는 보통 유리의 3~5배에 이르며 파괴시 모래처럼 잘게 부서져 유리 파편에 의한 부상이 적은 유리이고, 망입 유리는 유리 내부에 금속망을 삽입하고 압착 성형한 판유리로서 금속 그물이 판유리 속에 들어 있어 잘 깨어지지 않으므로 도난 방지와 화재 방지 등의 목적으로 쓰인다.

39 | 결정화 유리의 용어 | 02

유리를 재가열하여 미세한 결정들의 집합체로 변형시킨 것으로 부드러운 질감과 강도, 경도, 내후성이 우수하여 건축물의 내외벽 바닥 등의 마감재로 쓰이는 것은?

① 유리 블록 ② 폼 글래스
③ 유리 섬유 ④ 결정화 유리

해설 유리 블록은 속이 빈 상자모양의 유리 2개를 맞대어 저압 공기를 넣고, 녹여 붙인 것으로 주로 칸막이벽을 쌓는데 이용되어 실내가 들여다보이지 않게 하면서, 채광을 할 수 있으며, 방음, 보온 효과가 크고, 장식 효과도 얻을 수 있다. 폼 글래스는 가루로 만든 유리에 발포제를 넣어 가열하면, 미세한 기포가 생겨 다포질의 흑갈색의 유리판으로 광선의 투과가 안 되고, 방음, 보온성이 좋은 경량(비중이 0.15) 재료이나, 압축 강도는 10kg/cm² 정도 밖에 안 되며, 충격에 매우 약하다. 유리 섬유는 용융된 유리를 압축 공기를 사용하여 가는 구멍을 통과시킨 다음 냉각시킨 것으로 환기 장치의 먼지 흡수용, 화학 공장의 산 여과용으로 사용한다.

40 | 각종 유리 | 08

다음 유리에 대한 설명 가운데 틀린 것은?

① 망입 유리는 자동차의 창유리, 통유리문, 에스컬레이터의 옆판 등에 주로 사용된다.
② 복층 유리는 방음, 방서, 단열 효과가 크고 결로 방지용으로 우수하다.
③ 자외선 흡수 유리는 염색품의 색이 바래는 것을 방지하고 채광을 요구하는 진열장 등에 이용된다.
④ 단열 유리는 태양 광선 중의 장파 부분을 흡수한다.

해설 망입 유리는 용융 유리 사이에 금속의 그물을 넣어 롤러로 압연하여 만든 판유리로서, 도난 방지와 화재 방지 등의 목적으로 쓰이고, 자동차의 창유리, 통유리문, 에스컬레이터의 옆판 등에 주로 사용되는 유리는 강화판 유리이다.

41 | 각종 유리 | 06, 01

다음의 각종 유리에 대한 설명 중 옳지 않은 것은?

① 강화 유리는 현장에서 절단 또는 가공할 수 없다.
② 복층 유리는 방음, 단열 효과가 크고 결로 방지용으로 뛰어나다.
③ 자외선 흡수 유리는 온실이나 병원의 일광욕실 등에 주로 이용된다.
④ 망입 유리는 방화, 방도용으로 사용된다.

해설 자외선 흡수 유리는 자외선투과 유리와는 반대로 약 10%의 산화제이철을 함유하게 하고, 금속 산화물(크롬, 망간 등)을 포함시킨 유리로서 상점의 진열장(염색 제품의 퇴색 방지), 용접공의 보안경으로 사용하며, 온실이나 병원의 일광욕실에 사용하는 유리는 자외선 투과 유리이다.

42 | 각종 유리 | 03

유리의 종류를 설명한 것 중 틀린 것은?

① 보통 판유리는 표면이 제조된 그대로 평활한 면을 가진 것이다.
② 복층 유리는 단열·방서·방음 효과가 크고, 결로 방지용으로 우수하다.
③ 강화 유리는 강화 열처리 후에 절단·구멍 뚫기 등의 재가공이 가능하다.
④ 반사 유리는 특수 기체로 표면처리를 하여 일정 두께의 반사막을 입힌 것이다.

해설 강화판 유리(유리를 500~600℃로 가열한 다음 특수 장치를 이용하여 균등하게 급격히 냉각시킨 유리)은 열처리로 인하여 그 강도가 보통 유리의 3~4배이고, 충격 강도는 7~8배이고, 유리 파편에 의한 부상이 적어지며, 열처리를 한 후에는 절단 등 가공을 할 수 없다.

정답 38.④ 39.④ 40.① 41.③ 42.③

43 | 유리 제품
13, 06

유리 제품에 관한 설명으로 옳지 않은 것은?

① 복층 유리는 방음, 단열 효과가 크며 결로 방지용으로도 우수하다.
② 망입 유리는 유리 성분에 착색제를 넣어 색깔을 띠게 한 유리이다.
③ 열선 흡수 유리는 단열 유리라고도 하며 태양 광선 중의 장파 부분을 흡수한다.
④ 강화 유리는 열처리한 판유리로 강도가 크고 파괴 시작은 파편이 되어 분쇄된다.

해설 망입 유리는 용융 유리 사이에 금속 그물을 넣어 롤러로 압연하여 만든 판유리로서 도난 및 화재 방지 등에 사용되고, 유리 성분에 착색제를 넣어 색깔을 띠게 한 유리는 색유리이다.

⑧ 합성수지 재료

01 | 합성수지의 성질
13

합성수지의 일반적인 성질에 관한 설명으로 옳지 않은 것은?

① 전성, 연성이 크다.
② 가소성, 가공성이 크다.
③ 흡수성이 적고 투수성이 거의 없다.
④ 탄력성이 없어 구조 재료로 사용이 용이하다.

해설 합성수지는 탄력성이 없어, 탄성 계수가 강재의 1/20~1/30이므로 구조 재료로 사용이 불가능하다.

02 | 합성수지의 성질
14, 08

합성수지의 일반적인 성질에 관한 설명으로 옳지 않은 것은?

① 가소성, 가공성이 크다.
② 전성, 연성이 크고 광택이 있다.
③ 열에 강하여 고온에서 연화, 연질되지 않는다.
④ 내산, 내알칼리 등의 내화학성 및 전기 절연성이 우수한 것이 많다.

해설 합성수지는 내열·내화성이 작고, 비교적 저온에서 연화·연질되며, 연소할 때 연기가 많이 나고, 유독 가스가 발생한다.

03 | 합성수지의 성질
18, 10, 06

합성수지의 일반적인 성질에 대한 설명 중 틀린 것은?

① 가소성, 가공성이 크다.
② 내화, 내열성이 작고 비교적 저온에서 연화, 연질된다.
③ 흡수성이 크고 전성, 연성이 작다.
④ 내산, 내알칼리 등의 내화학성 및 전기절연성이 우수한 것이 많다.

해설 합성수지는 내열성, 내화성이 부족하여 150℃ 이상의 온도에 견디는 것이 드물고, 대부분이 불에 타며, 열에 닿으면 변질되기 쉽다. 특히, 합성수지는 흡수성이 적고, 전성과 연성이 크다.

04 | 합성수지의 원료
04

합성수지 재료는 어떤 물질에서 얻는가?

① 가죽 ② 유리
③ 고무 ④ 석유

해설 합성수지는 석탄, 석유, 천연가스 등의 원료를 인공적으로 합성시켜 만든 것으로 고분자 물질을 말한다.

05 | 열가소성 수지의 종류
24, 23, 06

다음 중 열가소성 수지는?

① 요소 수지
② 폴리우레탄 수지
③ 폴리에스테르 수지
④ 염화비닐 수지

해설 합성수지의 분류

열경화성 수지	페놀(베이클라이트)수지, 요소 수지, 멜라민 수지, 폴리에스테르 수지(알키드 수지, 불포화 폴리에스테르 수지), 실리콘 수지, 에폭시 수지, 폴리 우레탄 수지 등(실에 요구되는 풀은 페멜이다)
열가소성 수지	염화·초산비닐 수지, 폴리에틸렌 수지, 폴리프로필렌 수지, 폴리스티렌 수지, ABS 수지, 아크릴산 수지, 폴리아미드 수지, 메타아크릴산 수지, 초산비닐 수지, 폴리아미드 수지 등
섬유소계 수지	셀룰로이드, 아세트산 섬유소 수지

06 | 열가소성 수지의 종류
24, 22, 14②, 13, 12, 11, 08, 07, 05, 04

다음 중 열가소성 수지에 속하지 않는 것은?

① 염화비닐 수지 ② 아크릴 수지
③ 폴리에틸렌 수지 ④ 폴리에스테르 수지

해설 열가소성 수지의 종류에는 염화·초산비닐 수지, 폴리에틸렌 수지, 폴리프로필렌 수지, 폴리스티렌 수지, ABS 수지, 아크릴산 수지, 메타아크릴산 수지 등이 있고, 폴리에스테르 수지는 열경화성 수지에 속한다.

07 | 열경화성 수지의 종류
25*, 23, 18, 16, 10, 06, 04, 02

다음 중 열경화성 수지에 속하는 것은?

① 페놀 수지 ② 아크릴 수지
③ 폴리아미드 수지 ④ 염화비닐 수지

해설 열경화성 수지의 종류에는 페놀(베이클라이트) 수지, 요소 수지, 멜라민 수지, 폴리에스테르 수지(알키드 수지, 불포화 폴리에스테르 수지), 실리콘 수지, 에폭시 수지, 폴리우레탄 수지 등이 있고, 아크릴 수지, 폴리아미드 수지 및 염화비닐 수지 등은 열가소성 수지에 속한다.

08 | 열경화성 수지의 종류
09, 08

다음 중 열경화성 수지만으로 구성된 것은?

① 페놀 수지, 요소 수지, 멜라민 수지
② 염화비닐 수지, 폴리카보네이트 수지, 폴리에스테르 수지
③ 아세트산비닐 수지, 메타크릴 수지, 실리콘 수지
④ 폴리스티렌 수지, 폴리아미드 수지, 우레탄 수지

해설 열경화성 수지의 종류에는 페놀(베이클라이트) 수지, 요소 수지, 멜라민 수지, 폴리에스테르 수지(알키드 수지, 불포화 폴리에스테르 수지), 실리콘 수지, 에폭시 수지, 폴리우레탄 수지 등이 있고, 염화비닐 수지, 폴리카보네이트 수지, 아세트산비닐 수지, 메타크릴 수지, 폴리스티렌 수지, 폴리아미드 수지 등은 열가소성 수지에 속한다.

09 | 합성수지계 접착제의 종류
02

합성수지계 접착제가 아닌 것은?

① 요소 수지 ② 페놀 수지
③ 멜라민 수지 ④ 카세인 수지

해설 합성수지계 접착제의 종류에는 페놀, 요소, 멜라민, 폴리에스테르, 비닐, 실리콘, 에폭시 및 섬유소계 수지풀 등이 있고, 카세인은 지방질을 빼낸 우유를 자연 산화시키거나, 황산, 염산 등을 가해 카세인을 분리한 다음 다시 물로 씻어 55℃ 정도의 온도로 건조시킨 것으로 황색을 띠며, 내수성, 접착성이 합성수지계 접착제에는 못미치나 상당히 크다.

10 | 열경화성 수지의 종류
24, 23, 16, 12, 04, 02, 99

다음 합성수지 중 열경화성 수지에 해당하지 않는 것은?

① 페놀 수지 ② 요소 수지
③ 멜라민 수지 ④ 폴리에틸렌 수지

해설 합성수지의 분류 중 열경화성 수지에는 페놀(베이클라이트) 수지, 요소 수지, 멜라민 수지, 폴리에스테르 수지(알키드 수지, 불포화 폴리에스테르 수지), 실리콘 수지, 폴리우레탄 수지, 에폭시 수지 등이 있다. 폴리에틸렌 수지는 열가소성 수지이다.

11 | 성형 가공법(열가소성 수지)
03, 98

열가소성 수지의 성형 가공법에 속하는 것은?

① 압축 성형법 ② 사출 성형법
③ 이송 성형법 ④ 주조 성형법

해설 열경화성 수지의 성형 가공법은 압축 성형법, 이송 성형법, 주조 성형법, 적층 성형법 등이 있고, 열가소성 수지의 성형 가공법에는 사출 성형법, 압출 성형법, 취입 성형법, 인플레이션 성형법 등이 있다.

12 | 멜라민 수지의 용어
12

다음과 같은 특징을 갖는 합성수지는?

- 요소 수지와 유사한 성질을 갖고 있으나 성능이 보다 향상된 것이다.
- 무색 투명하고 착색이 자유롭다.
- 마감재, 가구재 등에 사용된다.

① 멜라민 수지 ② 아크릴 수지
③ 실리콘 수지 ④ 염화비닐 수지

해설 아크릴 수지는 아크릴산으로 합성한 에스테르의 중합에 의해서 만든 수지로서 투명성, 유연선, 내수성 및 내화학 약품성이 우수하고, 도료로 사용하며, 실리콘 수지는 내열성, 내한성이 우수한 수지로 $-60 \sim 260℃$의 범위에서는 안정하고 탄성을 가지며 내후성 및 내화학성 등이 아주 우수하기 때문에 접착제, 도료로서 주로 사용되는 수지이며, 염화비닐 수지는 비중 1.4, 휨 강도 $1,000 kg/cm^2$, 인장 강도 $600 kg/cm^2$, 사용 온도 $-10 \sim 60℃$로서 전기 절연성, 내약품성이 양호하다. 경질성이지만, 가소제의 혼합에 따라 유연한 고무 형태의 제품을 만들 수 있다.

13 | 폴리에스테르 수지의 용어
25, 23, 20, 14, 11, 09, 06

건축용으로 글래스 섬유로 강화된 평판 또는 판상 제품으로 주로 사용되는 열경화성 수지는?

① 페놀 수지 ② 실리콘 수지
③ 염화비닐 수지 ④ 폴리에스테르 수지

해설 페놀 수지는 페놀과 포르말린을 원료로 하여 산 또는 알칼리를 촉매로 하여 만들고, 매우 굳고, 전기 절연성이 우수하며, 내후성도 양호하다. 주로 전기 통신류에 사용하고, 실리콘 수지는 내열성, 내한성이 우수한 수지로 −60~260℃의 범위에서는 안정하고 탄성을 가지며 내후성 및 내화학성 등이 아주 우수하기 때문에 접착제, 도료로서 주로 사용되는 수지이며, 염화비닐 수지는 비중 1.4, 휨 강도 1,000kg/cm², 인장 강도 600kg/cm², 사용 온도 −10~60℃로서 전기 절연성, 내약품성이 양호하다. 경질성이지만, 가소제의 혼합에 따라 유연한 고무 형태의 제품을 만들 수 있다.

14 | 실리콘 수지의 용어
24, 15, 13, 11, 09, 06, 04, 03

내열성, 내한성이 우수한 수지로 −60~260℃의 범위에서는 안정하고 탄성을 가지며 내후성 및 내화학성 등이 아주 우수하기 때문에 접착제, 도료로서 주로 사용되는 수지는?

① 페놀 수지 ② 멜라민 수지
③ 실리콘 수지 ④ 염화비닐 수지

해설 페놀 수지는 페놀과 포르말린을 원료로 하여 산 또는 알칼리를 촉매로 하여 만들고, 매우 굳고, 전기 절연성이 우수하며, 내후성도 양호하다. 주로 전기 통신류에 사용하고, 멜라민 수지는 기계적 강도, 전기적 성질이 우수하여 카운터나 조리대 등을 만드는 데 사용되는 열경화성 수지로서 무색 투명하고 착색이 자유로우며, 마감재, 가구재 등에 사용된다. 염화비닐 수지는 비중 1.4, 휨 강도 1,000kg/cm², 인장 강도 600kg/cm², 사용 온도 −10~60℃로서 전기 절연성, 내약품성이 양호하다. 경질성이지만, 가소제의 혼합에 따라 유연한 고무 형태의 제품을 만들 수 있다.

15 | 에폭시 수지
05

에폭시(epoxy) 수지에 관한 설명으로 옳은 것은?

① 기본 수지는 점성이 아주 크므로 사용시에 희석제, 용제 등을 섞지 않는다.
② 금속, 석재, 도자기, 유리, 콘크리트, 플라스틱재 등의 접착에 사용한다.
③ 내화학성, 내약품성이 없다.
④ 내수성은 우수하나 경화가 아주 늦다.

해설 에폭시 수지는 접착성이 매우 우수(희석제, 용제를 사용)하고, 경화할 때 휘발물의 발생이 없으므로 용적의 감소가 극히 적으며, 금속, 유리, 플라스틱, 도자기, 목재, 고무 등에 우수한 접착성을 나타내고, 알루미늄과 같은 경금속의 접착에 가장 좋다. 내약품성, 내용제성이 뛰어나고, 산, 알칼리에 강하며, 자연 경화 또는 저온 소부시에는 경화 시간이 길어서 최고 강도를 나타내기에는 1주일 이상이 필요하다.

16 | 폴리스티렌 수지의 용도
11

폴리스티렌 수지의 일반적 용도로 알맞은 것은?

① 단열재 ② 대용 유리
③ 섬유 제품 ④ 방수 시트

해설 폴리스티렌(스티롤) 수지는 무색 투명하고 착색이 자유로우며 내화학성, 전기절연성, 가공성이 우수하여 발포제로서 보드상으로 성형하여 단열재로 많이 사용하고, TV, 냉장고 등의 보호를 위한 내부 상자용으로 사용한다.

17 | 아크릴 수지의 용어
23, 22, 13, 10

다음 설명에 알맞은 합성수지는?

• 평판 성형되어 글라스와 같이 이용되는 경우가 많다.
• 유기 글라스라고 불리운다.

① 요소 수지 ② 멜라민 수지
③ 아크릴 수지 ④ 염화비닐 수지

해설 요소 수지는 무색이어서 착색이 자유롭고, 내열성은 페놀보다 약간 떨어지나, 100℃ 이하에서 연속적으로 사용할 수 있다. 약산, 약알칼리에 견디고, 벤졸, 알코올, 여러 가지 유류에는 거의 침해받지 않으며, 전기적 성질은 페놀 수지보다 약간 떨어진다. 멜라민 수지는 멜라민과 포르말린을 반응시켜 만들며, 무색, 투명하여 착색이 자유롭고, 빨리 굳고 내수, 내약품성, 내용제성, 내열성(120~150℃), 기계적 강도, 전기적 성질 및 내노화성이 우수하다. 염화비닐 수지는 비중 1.4, 휨 강도 1,000kg/cm², 인장 강도 600kg/cm², 사용 온도 −10~60℃로서 전기 절연성, 내약품성이 양호하다. 경질성이지만, 가소제의 혼합에 따라 유연한 고무 형태의 제품을 만들 수 있다.

18 | 멜라민 수지의 용어
09

기계적 강도, 전기적 성질이 우수하여 카운터나 조리대 등을 만드는 데 사용되는 열경화성 수지는?

① 염화비닐 수지 ② 아크릴 수지
③ 멜라민 수지 ④ 폴리스티렌 수지

정답 13. ④ 14. ③ 15. ② 16. ① 17. ③ 18. ③

해설 멜라민 수지는 요소 수지와 같은 성질을 가지며, 그 성능이 보다 향상된 것이라고 할 수 있다. 무색 투명하여 착색이 자유로우며, 빨리 굳고, 내수, 내약품성, 내용제성이 뛰어난 것 외에도 내열성도 우수하다. 기계적 강도, 전기적 성질 및 내노화성도 우수하다.

19 | 메타크릴 수지의 용어
10, 09

투명도가 매우 높은 것으로 항공기의 방풍 유리에 사용되며 유기 유리라고도 불리는 합성수지는?

① 염화비닐 수지 ② 폴리에틸렌 수지
③ 메타크릴 수지 ④ 에폭시 수지

해설 염화비닐 수지는 비중 1.4, 휨 강도 1,000kg/cm², 인장 강도 600kg/cm², 사용 온도 -10~60℃로서 전기 절연성, 내약품성이 양호하다. 경질성이지만, 가소제의 혼합에 따라 유연한 고무 형태의 제품을 만들 수 있다. 폴리에틸렌 수지는 천연 가스 또는 석유 분해 가스에서 얻는 에틸렌을 지글러법으로 중합하여 만들고, 유백색의 불투명 수지로서 유연성이 크고, 취화 온도는 -60℃ 이하로 내충격도가 일반 플라스틱의 5배 정도, 내화학 약품성, 전기 절연성, 내수성 등이 양호하다. 방수와 방습에 사용한다. 에폭시 수지는 접착성이 매우 우수(희석제, 용제를 사용)하고, 경화할 때 휘발물의 발생이 없으므로 용적의 감소가 극히 적으며, 금속, 유리, 플라스틱, 도자기, 목재, 고무 등에 우수한 접착성을 나타내고, 알루미늄과 같은 경금속의 접착에 가장 좋다. 내약품성, 내용제성이 뛰어나고, 산, 알칼리에 강하며, 자연 경화 또는 저온 소부시에는 경화 시간이 길다.

20 | 폴리우레탄 수지의 용어
20, 15

도막 방수재, 실링재로 사용되는 열경화성 수지는?

① 아크릴 수지 ② 염화비닐 수지
③ 폴리스티렌 수지 ④ 폴리우레탄 수지

해설 아크릴 수지는 도료로 많이 사용하고, 염화비닐 수지는 성형품으로 필름, 시트, 판재 및 파이프 등으로 사용하며, 폴리스티렌 수지는 벽타일, 천장재, 블라인드, 도료, 전기용품 및 발포 제품인 스티로폼으로 사용한다.

21 | 폴리우레탄 폼
14, 08, 02

다음 발포 제품 중 현장 발포가 가능한 것은?

① 염화비닐 폼 ② 폴리에틸렌 폼
③ 페놀 폼 ④ 폴리우레탄 폼

해설 염화비닐 폼은 경질 폼(단열재, 패널 심재)과 연질 폼이 있고, 흡수성이 극히 적으며, 폴리에틸렌 폼은 주로 쿠션재로 사용하며, 페놀 폼은 입상의 페놀 수지를 금형에서 가열·발포하여 성형, 제조한 것으로 황갈색이고, 딱딱한 표피를 가지며, 속에는 연속·불연속의 기포가 섞여 있고 약간 부서지기 쉬운 결점이 있다. 그러나 다른 플라스틱 폼에 비하여 내열성(80℃까지)이 크다.

22 | 폴리카보네이트(렉산)의 용어
25*, 23②, 13, 08, 02

합성수지 재료 중 우수한 투명성, 내후성을 활용하여 톱 라이트, 온수 풀의 옥상, 아케이드 등에 유리의 대용품으로 사용되는 것은?

① 실리콘 수지 ② 폴리에틸렌 수지
③ 폴리스티렌 수지 ④ 폴리카보네이트

해설 렉산은 폴리카보네이트(열가소성 수지)의 상품명으로 잘 깨지고 변형되기 쉬운 아크릴의 대용재이자 일반 판유리의 보완재(풀장의 옥상, 아케이드, 톱 라이트 등)이며, 시원한 평면 연출, 자연스러운 곡면 시공, 다양한 열가공의 제품이다.

23 | 비닐 시트의 용어
04, 03, 98

우리나라에서 시판되고 있는 모노륨, 골드륨과 같은 합성수지 제품은 어디에 속하는가?

① 비닐 타일 ② 아스팔트 타일
③ 비닐 시트 ④ 레저

해설 비닐 시트는 모노륨, 골드륨 등이 있으며, 표층은 수지량이 많고 내마멸성이 좋은 비닐 시트층으로서, 강도와 바닥판의 접착성이 좋은 면포, 마포 등으로 되어 있고, 중간층은 석면과 같은 충전제를 많이 섞은 비닐판으로 되어 있다.

24 | 합성수지 제품
07

다음의 합성수지 제품에 대한 설명 중 틀린 것은?

① 폴리에스테르 강화판은 유리섬유를 폴리에스테르수지와 혼합하여 성형한 것이다.
② 멜라민 화장판은 경도가 크며 열이나 습도에 변화가 없으므로 지붕재로 사용된다.
③ 아크릴 평판은 휨강도가 크고 투명도가 좋다.
④ 염화비닐판은 색이나 투명도가 자유로우나 화재시 Cl_2 가스 발생이 크다.

해설 멜라민 화장 합판은 6mm 합판의 표면에 멜라민 수지를 먹인 착색 모양지, 뒷면에는 페놀수지를 먹인 크라프트지를 붙여서 열압한 것으로 고급품으로 천정재료로 사용하나, 지붕재로는 부적합하다. 특히, 지붕재로는 메타크릴 수지, FRP를 사용한다.

25 | 합성수지와 그 용도의 연결
12, 10, 07

합성수지와 그 용도의 연결이 가장 부적절한 것은?

① 멜라민 수지 – 접착제
② 염화비닐 수지 – PVC 파이프
③ 폴리우레탄 수지 – 도막 방수재
④ 폴리스티렌 수지 – 발수성 방수 도료

[해설] 폴리스티렌 수지는 벽타일, 천장재, 블라인드, 도료 및 전기 용품과 발포 제품으로 사용되고, 발수성 방수 도료로는 실리콘 수지를 사용한다.

26 | 플라스틱 재료의 성질
24, 15, 11

플라스틱 건설 재료의 일반적인 성질에 관한 설명으로 옳지 않은 것은?

① 일반적으로 전기 절연성이 우수하다.
② 강성이 크고 탄성 계수가 강재의 2배이므로 구조 재료로 적합하다.
③ 가공성이 우수하여 기구류, 판류, 파이프 등의 성형품 등에 많이 쓰인다.
④ 접착성이 크고 기밀성, 안정성이 큰 것이 많으므로 접착제, 실링제 등에 적합하다.

[해설] 플라스틱 건설 재료는 내열·내화성이 작고 비교적 저온에서 연화, 연질되고, 연소할 때 연기가 많이 나고, 유독가스 발생이 적지 않다. 또한, 강성이 작고, 탄성 계수가 강재의 1/20~1/30이므로 현재로서는 구조 재료로 적합하지 않다.

27 | 플라스틱 재료의 성질
15, 06

플라스틱 건설 재료의 일반적인 성질에 관한 설명으로 옳지 않은 것은?

① 전기 절연성이 상당히 양호하다.
② 내수성 및 내투습성은 폴리초산 비닐 등 일부를 제외하고는 극히 양호하다.
③ 상호간 계면 접착은 잘되나, 금속, 콘크리트, 목재, 유리 등 다른 재료에는 잘 부착되지 않는다.
④ 일반적으로 투명 또는 백색의 물질이므로 적합한 안료나 염료를 첨가함에 따라 다양한 채색이 가능하다.

[해설] 플라스틱 건설 재료는 상호간 계면 접착뿐만 아니라 타 재료(금속, 콘크리트, 목재, 유리 등)와의 접착성이 좋고, 적층 및 집성이 용이하다.

28 | 플라스틱 재료의 성질
22, 19, 13

플라스틱 재료의 일반적인 성질에 관한 설명으로 옳지 않은 것은?

① 내약품성이 우수하다.
② 착색이 자유롭고 가공성이 좋다.
③ 압축 강도가 인장 강도보다 매우 작다.
④ 내수성 및 내투습성은 일부를 제외하고 극히 양호하다.

[해설] 플라스틱 재료는 인장 강도가 압축 강도보다 매우 작기 때문에 이를 보강하기 위하여 플라스틱의 강화재로서 수지 속에 섬유를 넣어서 섬유강화 플라스틱을 만들어 사용한다.

29 | 플라스틱 재료의 성질
04

다음 중 플라스틱 재료에 대한 설명으로 옳지 않은 것은?

① 비중이 철이나 콘크리트보다 작다.
② 성형성, 가공성이 좋아 파이프, 시트, 기구류 등에 사용된다.
③ 일반적으로 투명 또는 백색이므로 안료나 염료에 의해 다양한 착색이 가능하다.
④ 내후성이 좋으며 열에 의한 체적변화가 거의 없다.

[해설] 플라스틱 재료는 내후성(자외선에 의한 열화현상을 일으키고, 일광이나 빗물에 노출되는 경우 변색되는 결점이 있다. 또한, 햇빛에 의하여 황색이나 갈색으로 변하고, 투명판은 투광률이 감소하며, 외기에 닿으면 표면이 거칠어지고, 강도 및 경도가 낮아지는 경우가 많다.)이 약한 단점이 있다.

30 | 합성수지
04

합성수지에 대한 설명으로 옳지 않은 것은?

① 가소성, 가공성이 크므로 기구류, 판류, 파이트 등의 성형품 등에 많이 쓰인다.
② 접착성이 크고 기밀성, 안전성이 큰 것이 많으므로 접착제. 실링제 등에 적합하다.
③ 마모가 적고 탄력성이 크므로 바닥 재료 등에 적합하다.
④ 강성이 크고 탄성 계수가 강재의 2배이므로 구조 재료로 적합하다.

[해설] 합성수지는 내열·내화성이 작고 비교적 저온에서 연화, 연질되고, 연소할 때 연기가 많이 나고, 유독가스 발생이 적지 않다. 또한, 강성이 작고, 탄성 계수가 강재의 1/20~1/30이므로 현재로서는 구조 재료로 적합하지 않다.

정답 25.④ 26.② 27.③ 28.③ 29.④ 30.④

31 | 플라스틱 재료
10, 07

플라스틱 재료에 대한 설명으로 옳지 않은 것은?

① 내수성, 내부식성이 우수하다.
② 형상이 자유롭고 대량 생산이 가능하다.
③ 전기 절연성과 내산, 내약품성이 우수하다.
④ 탄성 계수가 철에 비해 크며 변형이 작다.

해설 플라스틱 재료는 내열, 내화성이 적고 비교적 저온에서 연화, 연질되고, 연소할 때 연기가 많이 나고, 유독 가스를 발생하는 것이 적지 않다. 또한, 강성이 적고, 탄성계수가 강재의 1/20~1/30이므로 현재로서는 구조 재료로 적당하지 않다.

32 | 합성수지
02

합성수지를 설명한 것 중 옳지 않은 것은?

① 가공성이 용이하고 색채가 미려하다.
② 내마모성 및 표면 강도가 강하다.
③ 열팽창 계수가 온도의 변화에 따라 다르다.
④ 최근에는 건축물 외장재로도 많이 쓰인다.

해설 합성수지는 경도가 낮아서 잘 긁히며, 마멸되기 쉽다. 즉, 내마모성 및 표면 강도가 매우 약하다.

33 | 플라스틱 재료
25, 18, 16, 09

플라스틱 재료에 대한 설명으로 틀린 것은?

① 흡수성이 적고 투수성이 거의 없다.
② 전기 절연성이 우수하다.
③ 가공이 불리하고 공업화 재료로는 불합리하다.
④ 내열성, 내화성이 적다.

해설 플라스틱 재료는 흡수성이 적고, 투수성이 거의 없으며, 가공이 용이하고, 공업화 재료로는 합리적이나, 내열성, 내화성이 적고, 비교적 저온에서 연화, 연질된다.

34 | 합성수지
11, 06

합성수지에 관한 설명 중 옳지 않은 것은?

① 가공성이 크다.   ② 흡수성이 크다.
③ 전성, 연성이 크다. ④ 내열, 내화성이 작다.

해설 합성수지는 강인하고, 우수한 가공성과 가방성이 있으며, 내수성과 내투습성이 양호하여 방수 피막제로 사용되므로 흡수성이 매우 작다.

9 미장 재료

01 | 미장 재료의 특징
03

미장 재료의 특성으로 틀린 것은?

① 미장 재료란 건축물의 바닥, 내·외벽, 천장 등에 보호, 보온, 방습, 방음, 내화 등의 목적으로 적당한 두께로 발라 마무리하는 재료를 말한다.
② 미장 바름재는 미장 재료를 공장에서 배합하여 만든 것을 말한다.
③ 미장 재료는 넓은 면적을 이음매 없이 마무리 할 수 있다.
④ 물을 사용해서 시공하므로 공사 기간을 단축하기가 어렵다.

해설 미장 바름재란 미장 재료(원료)를 현장에서 배합하여 만든 것을 말한다.

02 | 기경성의 미장 재료
09, 07

다음의 미장 재료 중 기경성인 것은?

① 시멘트 모르타   ② 인조석 바름
③ 혼합석고 플라스터   ④ 회반죽

해설 미장 재료를 응결, 경화 방식에 의해 구분하면, 수경성(물과 화합하여 공기 중이나 수중에서 굳어지는 성질)의 재료에는 시멘트계(시멘트 모르타르, 인조석, 테라초 현장 바름 등)와 석고계 플라스터(혼합, 보드용, 크림용 석고, 킨즈 시멘트 등)가 있고, 기경성(충분한 물이 있더라도 공기 중에서만 경화하고, 수중에서는 굳어지지 않는 성질)의 재료에는 석회계 플라스터(회반죽, 회사벽, 돌로마이트 플라스터 등), 흙반죽과 섬유벽 등이 있다.

03 | 기경성의 미장 재료
13, 03, 98

기경성 미장 재료에 해당하지 않는 것은?

① 회반죽   ② 회사벽
③ 시멘트 모르타르   ④ 돌로마이트 플라스터

해설 미장 재료를 응결, 경화 방식에 의해 구분하면, 수경성의 재료에는 시멘트계(시멘트 모르타르, 인조석, 테라초 현장 바름 등)와 석고계 플라스터(혼합, 보드용, 크림용 석고, 킨즈 시멘트 등)가 있고, 기경성의 재료에는 석회계 플라스터(회반죽, 회사벽, 돌로마이트 플라스터 등), 흙반죽과 섬유벽 등이 있다.

정답 31. ④ 32. ② 33. ③ 34. ② / 01. ② 02. ④ 03. ③

04 | 수경성의 미장 재료
13, 10, 07

다음 중 수경성 미장 재료에 해당되는 것은?

① 회사벽
② 회반죽
③ 시멘트 모르타르
④ 돌로마이트 플라스터

해설 회사벽, 회반죽 및 돌로마이트 플라스터는 기경성의 미장 재료이고, 시멘트 모르타르는 수경성의 미장 재료이다.

05 | 경화 방식
09, 08, 06

다음 중에서 경화되는 방식이 다른 하나는?

① 시멘트 모르타르
② 돌로마이트 플라스터
③ 혼합 석고 플라스터
④ 순석고 플라스터

해설 미장 재료를 응결, 경화 방식에 의해 구분하면, 수경성(물과 화합하여 공기 중이나 수중에서 굳어지는 성질)의 재료에는 시멘트계(시멘트 모르타르, 인조석, 테라초 현장 바름 등)와 석고계 플라스터(혼합, 보드용, 크림용 석고, 킨즈 시멘트 등)가 있고, 기경성(충분한 물이 있더라도 공기 중에서만 경화하고, 수중에서는 굳어지지 않는 성질)에는 석회계 플라스터(회반죽, 회사벽, 돌로마이트 플라스터 등), 흙반죽과 섬유벽 등이 있다.

06 | 고결재의 정의
02

미장 재료의 종류 중 고결재에 대한 설명으로 옳은 것은?

① 그 자신이 물리적 또는 화학적 경화하여 미장 재료 바름의 주체가 되는 재료이다.
② 응결, 경화 시간을 조절하기 위하여 쓰이는 재료이다.
③ 균열을 적게 하기 위하여 쓰이는 재료이다.
④ 치장을 하기 위하여 혼합하는 재료이다.

해설 ② 결합재[고결재의 결점(수축 균열, 점성, 보수성의 부족 등)을 보완하고, 응결 경화 시간을 조절하기 위하여 쓰이는 재료)], ③과 ④ 골재(양을 늘리거나 또는 치장을 하기 위하여 혼합하는 것으로 그 자체는 직접 경화에 관여하지 않는 재료로서 균열의 감소를 위하여 결합재와 같은 역할을 한다.)에 대한 설명이다.

07 | 미장 바름의 주체
13, 11

미장 재료 중 자신이 물리적 또는 화학적으로 고체화하여 미장 바름의 주체가 되는 재료가 아닌 것은?

① 점토
② 석고
③ 소석회
④ 규산소다

해설 미장 재료 중 고결재(자신이 물리적, 화학적으로 고체화하여 미장 바름의 주체가 되는 것)는 시멘트, 석고, 돌로마이트, 소석회, 점토, 합성수지(풀) 및 마그네시아 등이 있고, 규산소다는 급결제이다.

08 | 결합재의 용어
07

시멘트, 플라스틱, 소석회, 벽토, 합성수지 등으로서, 잔골재, 흙, 섬유 등 다른 미장재료를 결합하여 경화시키는 재료는?

① 결합재
② 혼화제
③ 혼화재
④ 보강재

해설 고결재는 그 자신이 물리적 또는 화학적으로 경화하여 미장 바름의 주체가 되는 재료이다.

09 | 결합재의 종류
14②

미장 공사에서 사용되는 재료 중 결합재에 속하지 않는 것은?

① 시멘트
② 잔골재
③ 소석회
④ 합성수지

해설 미장 재료의 결합재는 고결재의 결점(수축 균열, 점성, 보수성의 부족 등)을 보완하고, 응결과 경화 시간을 조절하기 위하여 사용하는 재료로서 시멘트, 플라스터, 소석회, 벽토, 합성수지 등이 있으며, 잔골재, 흙, 섬유 등 다른 미장 재료를 결합하여 경화시키는 재료이다.

10 | 급결재의 종류
10

다음 미장용 혼화 재료 중 응결 시간을 단축시키기 위해 사용되는 급결제에 속하는 것은?

① 해초풀
② 규산 소다
③ 카본 블랙
④ 수염

해설 미장용 혼화 재료 중 해초풀과 수염은 결합재이고, 응결 시간을 단축시키기 위해서 사용하는 급결제는 염화칼슘, 규산소다 등이 있다.

11 | 건비빔의 용어
16, 15

혼합한 미장 재료에 아직 반죽용 물을 섞지 않은 상태를 의미하는 용어는?

① 초벌
② 재벌
③ 물비빔
④ 건비빔

정답 04.③ 05.② 06.① 07.④ 08.① 09.② 10.② 11.④

해설 초벌은 첫 번째로 칠이나 흙을 바르는 것 또는 그 층이고, 재벌은 두 번째로 칠이나 흙을 바르는 것 또는 그 층이며, 물비빔은 모르타르나 콘크리트 등에 물을 넣어 비비는 것이다.

12 | 회반죽의 용어
11

다음 설명에 알맞은 미장 재료는?

- 소석회에 모래, 해초풀, 여물 등을 혼합하여 바르는 미장 재료이다.
- 경화건조에 의한 수축이 크기 때문에 여물로서 균열을 분산, 경감시킨다.

① 회반죽 ② 킨즈 시멘트
③ 석고 플라스터 ④ 돌로마이트 플라스터

해설 킨즈 시멘트는 경(무수)석고를 말하는 것으로 응결과 경화가 소석고에 비해 늦기 때문에 명반, 붕사 등의 경화촉진제를 섞어서 만든 것이고, 석고 플라스터는 소석고, 경석고를 주원료로 한 미장재료로서 크림용, 혼합, 보드용 및 킨즈 시멘트 등이 있으며, 돌로마이트 플라스터는 돌로마이트(마그네시아 석회)에 모래와 여물을 섞어 반죽한 미장 재료로서 소석회보다 점성이 커서 풀이 필요 없고, 변색, 냄새, 곰팡이가 없는 특성이 있다.

13 | 회반죽의 용어
12, 11, 07

소석회에 모래, 해초풀, 여물 등을 혼합하여 바르는 미장 재료로서 목조 바탕, 콘크리트 블록 및 벽돌 바탕 등에 사용되는 것은?

① 회반죽 ② 석고 플라스터
③ 시멘트 모르타르 ④ 돌로마이트 플라스터

해설 석고 플라스터는 석고를 주원료로 하고 혼화재(돌로마이트 플라스터, 점토 등), 접착제(풀 등), 응결시간 조절제 등을 혼합한 플라스터이고, 시멘트 모르타르는 시멘트와 모래, 물을 섞어서 반죽한 미장 재료이며, 돌로마이트 플라스터는 돌로마이트(마그네시아 석회)에 모래, 여물을 섞어 반죽한 바름벽의 재료이다.

14 | 회반죽의 재료
12, 08, 01

미장 재료 중 회반죽의 재료에 해당되지 않는 것은?

① 풀 ② 종석
③ 여물 ④ 소석회

해설 회반죽은 소석회, 풀, 여물(균열 및 박리 방지), 모래(초벌, 재벌 바름에만 섞고, 정벌 바름에는 사용하지 않는다) 등을 혼합하여 바르는 미장 재료로서 주로 목조 바탕, 콘크리트 블록 및 벽돌 바탕에 사용한다. 종석은 인조석에 사용하는 대리석, 화강암 등의 아름다운 쇄석이다.

15 | 여물의 혼입 이유
18, 16, 06, 98

회반죽 바름에서 여물을 섞어 반죽하는 가장 주된 이유는?

① 내수성을 높이기 위하여
② 경화 속도를 빠르게 하기 위하여
③ 균열을 분산, 경감시키기 위하여
④ 경도를 높이기 위하여

해설 회반죽에 사용하는 여물은 삼여물, 짚여물, 기타 여물(종이 여물, 털여물, 종려털여물 등) 등이 있으며, 여물을 사용하면 균열을 미세하게 만들고, 박리 현상(벗겨져 나가는 것)을 방지하는 역할을 한다.

16 | 회반죽
25, 12

미장 재료 중 회반죽에 관한 설명으로 옳지 않은 것은?

① 기경성 미장 재료이다.
② 내수성이 높아 주로 실외에 사용된다.
③ 소석회에 모래, 해초풀, 여물 등을 혼합하여 바르는 미장 재료이다.
④ 경화 건조에 의한 수축률이 크기 때문에 여물로서 균열을 분산, 경감시킨다.

해설 회반죽은 소석회, 풀, 여물(균열 및 박리 방지), 모래(초벌, 재벌 바름에만 섞고, 정벌 바름에는 사용하지 않는다) 등을 혼합하여 바르는 미장 재료로서 건조, 경화할 때의 수축률이 크기 때문에 삼여물로 균열을 분산, 미세화하는 것이다. 풀은 내수성이 없기 때문에 주로 실내에 사용한다.

17 | 돌로마이트 플라스터
24, 22, 02

돌로마이트 플라스터에 관한 설명으로 틀린 것은?

① 돌로마이트 플라스터는 돌로마이트 석회, 모래, 여물, 혹은 시멘트를 혼합하여 만든 바름 재료이다.
② 돌로마이트 석회는 소석회보다 점성이 커서 풀이 필요 없다.
③ 마감 표면의 경도가 회반죽보다 작다.
④ 건조, 경화시 수축률이 크다.

해설 돌로마이트 플라스터[돌로마이트(마그네시아 석회)에 모래, 여물을 섞어 반죽한 바름벽의 재료]는 ①, ② 및 ④ 이외에 마감 표면의 경도가 회반죽보다 크고, 변색, 냄새, 곰팡이가 없으며, 물에 약하고, 경화가 느리다.

18 | 돌로마이트 플라스터
06

돌로마이트 플라스터에 대한 설명 중 옳지 않은 것은?

① 소석회에 비해 작업성이 좋다.
② 변색, 냄새, 곰팡이가 생기지 않는다.
③ 회반죽에 비하여 조기강도 및 최종강도가 크다.
④ 미장재료 중 건조수축이 가장 작아 수축 균열이 생기지 않는다.

해설 돌로마이트 플라스터는 소석회보다 점성이 커서 풀이 필요가 없고, 마감 표면의 경도가 회반죽보다 크며, 변색, 냄새, 곰팡이가 없다. 또한, 건조, 경화시에 수축률이 가장 커서 균열이 집중적으로 일어나고, 물에 약하며, 경화가 느리다.

19 | 돌로마이트 플라스터
24, 23, 20, 12

미장 재료 중 돌로마이트 플라스터에 관한 설명으로 옳지 않은 것은?

① 소석회에 비해 작업성이 좋다.
② 보수성이 크고 응결 시간이 길다.
③ 회반죽에 비하여 조기 강도 및 최종 강도가 크다.
④ 여물을 혼입할 경우 건조 수축이 발생하지 않는다.

해설 돌로마이트 플라스터는 소석회보다 점성이 커서 풀이 필요가 없고, 마감 표면의 경도가 회반죽보다 크며, 변색, 냄새, 곰팡이가 없다. 또한, 건조, 경화시에 수축률이 가장 커서 균열이 집중적으로 일어나고, 물에 약하며, 경화가 느리다.

20 | 돌로마이트 플라스터
22, 20, 14

미장 재료 중 돌로마이트 플라스터에 관한 설명으로 옳지 않은 것은?

① 기경성 미장 재료이다.
② 소석회에 비해 점성이 높다.
③ 석고 플라스터에 비해 응결 시간이 짧다.
④ 건조 수축이 커서 수축 균열이 발생하는 결점이 있다.

해설 돌로마이트 플라스터는 소석회보다 점성이 커서 풀이 필요가 없고, 마감 표면의 경도가 회반죽보다 크며, 변색, 냄새, 곰팡이가 없다. 또한, 건조, 경화시에 수축률이 가장 커서 균열이 집중적으로 일어나고, 물에 약하며, 경화가 느리므로 응결 시간이 길다.

21 | 돌로마이트 플라스터
13

미장 재료 중 돌로마이트 플라스터에 관한 설명으로 옳지 않은 것은?

① 소석회에 비해 점성이 높다.
② 응결 시간이 길어 바르기가 용이하다.
③ 건조 시 팽창되므로 균열 발생이 없다.
④ 대기 중의 이산화탄소와 화합하여 경화한다.

해설 돌로마이트 플라스터는 소석회보다 점성이 커서 풀이 필요가 없고, 마감 표면의 경도가 회반죽보다 크며, 변색, 냄새, 곰팡이가 없다. 또한, 건조, 경화시에 수축률이 가장 커서 균열이 집중적으로 일어나고, 물에 약하며, 경화가 느리다.

22 | 돌로마이트 플라스터
24, 10

미장 재료 중 돌로마이트 플라스터에 대한 설명으로 옳지 않은 것은?

① 소석회에 비해 점성이 높다.
② 응결 시간이 길어 바르기가 좋다.
③ 회반죽에 비하여 조기 강도 및 최종 강도가 크다.
④ 보수성이 작아 해초풀을 사용하여야 하기 때문에 변색, 곰팡이의 발생 우려가 있다.

해설 돌로마이트 플라스터는 소석회보다 점성이 커서 풀이 필요가 없고, 마감 표면의 경도가 회반죽보다 크며, 변색, 냄새, 곰팡이가 없다. 또한, 건조, 경화 시에 수축률이 가장 커서 균열이 집중적으로 일어나고, 물에 약하며, 경화가 느리다.

23 | 석고 플라스터
13, 09, 05

미장 재료 중 석고 플라스터에 관한 설명으로 옳지 않은 것은?

① 원칙적으로 해초 또는 풀즙을 사용하지 않는다.
② 경화·건조 시 치수 안정성이 뛰어나 균열이 없는 마감을 실현할 수 있다.
③ 석고 플라스터 중에서 가장 많이 사용하는 것은 크림용 석고 플라스터이다.
④ 경석고 플라스터는 고온소성의 무수석고를 특별한 화학 처리를 한 것으로 경화 후 아주 단단하다.

해설 혼합 석고 플라스터(소석고에 적절한 작업성을 주기 위하여 소석회, 돌로마이트 플라스터, 응결 지연제로 아교를 공장에서 미리 섞은 것)는 석고 플라스터 중 가장 많이 사용하는 것으로, 현장에서는 물, 필요한 경우에는 모래, 여물을 섞어 즉시 사용할 수 있다.

정답 18. ④ 19. ④ 20. ③ 21. ③ 22. ④ 23. ③

24 | 석고 플라스터

미장 재료 중 석고 플라스터에 관한 설명으로 옳지 않은 것은?
① 내화성이 우수하다.
② 수경성 미장 재료이다.
③ 경화, 건조 시 치수 안정성이 우수하다.
④ 경화 속도가 느리므로 급결제를 혼합하여 사용한다.

해설 석고 플라스터는 수경성의 재료로서 점성이 큰 재료이므로 여물이나 풀을 사용하지 않고, 응결이 빠르며(경화 속도가 빠르다), 화학적으로 경화하므로 내부까지 단단하고, 경화와 건조 시 치수 안전성이 우수하며, 결합수로 인하여 방화성도 크다.

25 | 석고 플라스터

미장 재료 중 석고 플라스터에 대한 설명으로 옳지 않은 것은?
① 내화성이 우수하다.
② 수경성 미장 재료이다.
③ 경화·건조 시 치수 안정성이 우수하다.
④ 일반적으로 킨즈 시멘트라고 불리는 순석고 플라스터가 주로 사용된다.

해설 경석고 플라스터(킨즈 시멘트)는 응결과 경화가 소석고에 비하여 극히 느리기 때문에 경화 촉진제(명반, 붕사 등)를 섞어서 만든 것이다.

26 | 석고 플라스터

석고 플라스터 미장 재료에 관한 설명으로 옳지 않은 것은?
① 내화성이 우수하다.
② 수경성 미장 재료이다.
③ 회반죽보다 건조 수축이 크다.
④ 원칙적으로 해초 또는 풀즙을 사용하지 않는다.

해설 석고 플라스터[석고를 주원료로 하고 혼화재(돌로마이트 플라스터, 점토 등), 접착제(풀 등), 응결시간 조절제 등을 혼합한 플라스터]는 경화와 건조 시 치수 안전성이 우수하므로 회반죽보다 건조 수축이 작다.

27 | 석고 플라스터

석고 플라스터에 관한 설명으로 틀린 것은?
① 공기 중의 탄산가스와 반응하여 경화하는 기경성 재료이다.
② 원칙적으로 해초 또는 풀즙을 사용하지 않는다.
③ 경화·건조시 치수 안정성이 뛰어나다.
④ 약산성이므로 유성페인트 마감을 할 수 있다.

해설 석고 플라스터[석고를 주원료로 하고 혼화재(돌로마이트 플라스터, 점토 등), 접착제(풀 등), 응결시간 조절제 등을 혼합한 플라스터]는 수경성(물과 화합하여 공기 중이나 수중에서 굳어지는 성질)의 재료이다.

28 | 석고 플라스터

석고 플라스터에 관한 설명으로 틀린 것은?
① 공기 중의 탄산가스와 반응하여 경화하는 기경성 재료이다.
② 원칙적으로 해초 또는 풀즙을 사용하지 않는다.
③ 경화·건조시 치수 안정성이 뛰어나다.
④ 내화성이 우수하다.

해설 석고 플라스터[석고를 주원료로 하고 혼화재(돌로마이트 플라스터, 점토 등), 접착제(풀 등), 응결시간 조절제 등을 혼합한 플라스터]는 수경성(물과 화합하여 공기 중이나 수중에서 굳어지는 성질)의 재료이다.

29 | 석고 플라스터

다음의 석고 플라스터에 대한 설명 중 옳지 않은 것은?
① 크림용 석고 플라스터는 소석고와 석회죽을 혼합한 플라스터이다.
② 혼합용 석고 플라스터는 석고 플라스터 중에서 가장 많이 사용되는 것이다.
③ 보드용 석고 플라스터는 킨즈 시멘트라고도 불리우며 주로 석고 보드 바탕의 초벌 바름에 사용된다.
④ 석고 플라스터의 우수한 성질은 경화·건조시 치수안정성과 뛰어난 내화성이다.

해설 보드용 석고 플라스터는 혼합 석고 플라스터보다 소석고의 함유량을 많이 하여 접착성 강도를 크게 한 제품으로서 주로 석고 보드 바탕의 초벌 바름용 재료이고, 재벌과 정벌은 혼합 석고 플라스터로 하여도 관계가 없다. 또한, 경석고 플라스터(킨즈 시멘트)는 응결과 경화가 소석고에 비하여 극히 늦기 때문에 경화 촉진제(명반, 붕사 등)를 섞어서 만든 것이다.

30 | 석고 플라스터

석고 플라스터에 대한 설명으로 틀린 것은?
① 약산성이므로 유성 페인트 마감을 할 수 있다.
② 소석고 플라스터는 경화와 건조가 느리다.
③ 경화·건조시 치수 안정성과 내화성이 뛰어나다.
④ 수화하여 굳어지므로 내부까지 거의 동일한 경도가 된다.

정답 24. ④ 25. ④ 26. ③ 27. ① 28. ① 29. ③ 30. ②

해설 석고의 일반적인 성질
　㉠ 미장 재료 중 점성이 크므로 풀을 사용하지 않고, 내수성이 크다.
　㉡ 응결과 경화가 빠르며, 수축, 균열이 거의 없으므로 여물을 사용하지 않는다.
　㉢ 약한 산성을 띠고 있으므로 철류와 접촉하면 부식시킨다.

31 | 경석고 플라스터의 용어 | 09

고온 소성의 무수 석고를 특별한 화학 처리를 한 것으로, 킨즈 시멘트라고도 불리는 것은?

① 경석고 플라스터
② 순석고 플라스터
③ 혼합 석고 플라스터
④ 보드용 석고 플라스터

해설 순석고(크림용 석고)플라스터는 순석고에 석회크림(석회죽) 또는 돌로마이트 석회를 혼합한 플라스터이고, 혼합석고 플라스터는 공장에서 혼합되어 나오므로 현장에서는 물, 모래만을 넣고 반죽하여 사용하는 플라스터이며, 보드용 석고 플라스터는 혼합 석고 플라스터보다 소석고의 함유량을 많이 하여 접착성 강도를 크게 한 제품으로서 주로 석고 보드 바탕의 초벌 바름용 재료이고, 재벌과 정벌은 혼합 석고 플라스터로 하여도 관계가 없다.

32 | 석고 보드 | 08

석고 보드(Gypsum Board)에 대한 설명 중 틀린 것은?

① 부식이 안되고 충해를 받지 않는다.
② 습기에 강하여 물을 사용하는 공간에 사용하면 좋다.
③ 벽과 천장 등의 마감재로 사용한다.
④ 시공이 용이하고 표면 가공이 다양하다.

해설 석고 보드(경량, 탄성을 주기 위해 톱밥, 펄라이트, 섬유 등을 섞어 물로 반죽하여 양면에 두꺼운 종이를 밀착시켜 만든 판재)는 단열성이 높고, 부식이 안되며, 충해를 받지 않는다. 또한 시공이 용이하고, 표면 가공이 가능하며, 방수성, 차음성, 내화성, 무수축성 및 방부성이 좋으나, 습기에 약하여 흡수가 되면 강도의 변화가 크다.

33 | 석고 보드 | 08

석고 보드에 대한 설명 중 틀린 것은?

① 단열성이 높다.
② 부식이 안되고 충해를 받지 않는다.
③ 시공이 용이하고 표면 가공이 다양하다.
④ 방수성, 방습성이 좋고 흡수가 되더라도 강도의 변화가 없다.

해설 석고 보드(경량, 탄성을 주기 위해 톱밥, 펄라이트, 섬유 등을 섞어 물로 반죽하여 양면에 두꺼운 종이를 밀착시켜 만든 판재)는 단열성이 높고, 부식이 안되며, 충해를 받지 않는다. 또한 시공이 용이하고, 표면 가공이 가능하며, 방수성, 차음성, 내화성, 무수축성 및 방부성이 좋으나, 습기에 약하여 흡수가 되면 강도의 변화가 크다.

34 | 미장 재료 | 03

미장 재료에 대한 기술 중 옳지 않은 것은?

① 석고 플라스터는 수경성이다.
② 회반죽은 수경성이다.
③ 돌로마이터 플라스터는 기경성이다.
④ 석회계 플라스터는 기경성이다.

해설 미장 재료를 응결, 경화 방식에 의해 구분하면, 수경성(물과 화합하여 공기 중이나 수중에서 굳어지는 성질)의 재료에는 시멘트계(시멘트 모르타르, 인조석, 테라초 현장 바름 등)와 석고계 플라스터(혼합, 보드용, 크림용 석고, 킨즈 시멘트 등)가 있고, 기경성(충분한 물이 있더라도 공기 중에서만 경화하고, 수중에서는 굳어지지 않는 성질)의 재료에는 석회계 플라스터(회반죽, 회사벽, 돌로마이트 플라스터 등), 흙반죽과 섬유벽 등이 있다.

35 | 미장 재료 | 25*, 23②, 16, 10

다음 미장 재료에 대한 설명 중 옳지 않은 것은?

① 석고 플라스터는 내화성이 우수하다.
② 돌로마이트 플라스터는 건조 수축이 크기 때문에 수축 균열이 발생한다.
③ 킨즈 시멘트는 고온 소성의 무수석고를 특별한 화학처리를 한 것으로 경화 후 아주 단단하다.
④ 회반죽은 소석고에 모래, 해초물, 여물 등을 혼합하여 바르는 미장 재료로서 건조 수축이 거의 없다.

해설 회반죽은 소석회, 풀, 여물, 모래(초벌, 재벌 바름에만 섞고, 정벌 바름에는 섞지 않는다) 등을 혼합하여 바르는 미장 재료로서, 건조, 경화할 때의 수축률이 크기 때문에 삼여물로 균열을 분산, 미세화하는 것으로 풀은 내수성이 없기 때문에 주로 실내에 사용한다.

정답 31.① 32.② 33.④ 34.② 35.④

36 | 미장 재료 04

다음 미장재료에 대한 설명 중 옳지 않은 것은?

① 돌로마이트 플라스터는 건조 경화시 수축에 의한 균열이 많다.
② 혼합석고 플라스터는 석고 플라스터 중에서 가장 많이 쓰인다.
③ 석고 보드의 주원료는 소석회이다.
④ 킨즈시멘트는 고온소성의 무수석고를 특별히 화학처리를 한 것으로 경화 후 아주 단단하다.

해설 석고 보드는 소석고를 주원료로 하여 양면에 내열성의 두꺼운 종이를 밀착시켜 대고 판으로 압축 경화시킨 것으로 내화성이 크고 경량이며, 신축성이 거의 없는 특성이 있다.

37 | 미장 벽돌의 정의 21, 15, 14, 12

다음은 한국산업표준(KS)에 따른 점토 벽돌 중 미장 벽돌에 관한 용어의 정의이다. ( ) 안에 알맞은 것은?

> 점토 등을 주원료로 하여 소성한 벽돌로서 유공형 벽돌은 하중 지지면의 유효 단면적이 전체 단면적의 ( ) 이상이 되도록 제작한 벽돌

① 30%   ② 40%
③ 50%   ④ 60%

해설 미장 벽돌이라 함은 점토 등을 주원료로 하여 소성한 벽돌로서 유공형 벽돌은 하중 지지면의 유효 단면적이 전체 단면적의 50% 이상이 되도록 제작한 벽돌이다.

⑩ 도장 재료

01 | 안료의 용어 22, 11

물·기름·기타 용제에 녹지 않는 착색 분말로서 도료를 착색하고 유색의 불투명한 도막을 만듦과 동시에 도막의 기계적 성질을 보강하는 도료의 구성 요소는?

① 용제   ② 안료
③ 희석제 ④ 유지

해설 용제는 수지, 유지 및 도료를 용해하여 적당한 도료 상태로 조정하는가 하면, 동식물성 기름을 화학적으로 처리하여 건조성, 내수성 등을 개량한 것이고, 희석제(신선제, 휘발성 용제)는 도료의 점도를 저하시킴과 동시에 증발 속도를 조절하는데 사용하는 것으로 신너 등이 있으며, 유지는 도장 후에 공기중의 산소와 화합하여 경화되고, 건조 후에는 견고한 도막의 일부가 되는 것이다.

02 | 전색제의 용어 24, 10, 01, 98

도료가 액체 상태로 있을 때 안료를 분산, 현탁시키고 있는 매질의 부분을 무엇이라 하는가?

① 급결제 ② 전색제
③ 용제   ④ 건조제

해설 용제는 수지, 유지 및 도료를 용해하여 적당한 도료 상태로 조정하는가 하면, 동식물성 기름을 화학적으로 처리하여 건조성, 내수성 등을 개량한 것이고, 건조제는 건성유의 건조를 촉진시키기 위하여 사용하는 것으로 금속 산화물(코발트, 납, 마그네시아 등), 붕산염, 아세트산염 등이 있다.

03 | 보일유의 용어 10

다음 설명에 알맞은 유성 도료의 종류는?

> • 아마인유 등의 건조성 지방유를 가열 연화시켜 건조제를 첨가한 것이다.
> • 단독으로 도료에 이용되는 경우는 거의 없으나, 유성 페인트의 비히클(vehicle)로서는 중요하다.

① 알루미늄 페인트 ② 유성 바니시
③ 보일유   ④ 유성 에나멜 페인트

해설 알루미늄 페인트는 알루미늄 분말과 스파 바니시를 따로 용기에 넣어 1개조로 한 제품이고, 유성 바니시는 유용성 수지를 건조성 기름에 가열, 용해한 다음 이것을 휘발성 용제로써 희석한 것이며, 유성 에나멜 페인트는 유성 바니시에 안료를 혼합하여 만든 유색불투명 도료이다.

04 | 용제의 용어 12

도료의 구성 요소 중 도막 주요소를 용해시키고 적당한 점도로 조절 또는 도장하기 쉽게 하기 위하여 사용되는 것은?

① 안료   ② 용제
③ 수지   ④ 전색제

해설 안료는 도료에 색채를 주고 도막을 불투명하게 하여 표면을 은폐하며 물, 알코올, 테레빈유 등의 용제에 녹지 않는 물질로 안료 자체로는 도막을 만들 수 없다. 수지는 도막을 형성하는 주체가 되고 용제나 유지에 용해되어 있지만 도장 후에는 도막의 일부가 되는 재료이며, 전색제는 도료가 액체 상태일 때 안료를 분산, 현탁시키고 있는 매질의 부분으로 도막을 형성시켜 주는 유지, 수지 및 섬유소 등이 있다.

05 | 유성 페인트의 성분
13

유성 페인트의 성분 구성으로 가장 알맞은 것은?

① 안료+물
② 합성수지+용제+안료
③ 수지+건성유+희석제
④ 안료+보일드유+희석제

해설 유성 페인트의 구성 성분은 안료, 보일드유(건조성 지방유(건성유)+건조제), 희석제 등으로 구성되고, 수성 페인트는 소석고, 안료, 아교 또는 카세인 및 물 등으로 구성되며, 합성수지+용제+안료은 합성수지 도료 중 용제형, 수지+건성유+희석제은 유성 바니시의 구성이다.

06 | 유성 페인트
02

유성 페인트의 특성으로 옳은 것은?

① 밀착성이 좋다.
② 내후성이 나쁘다.
③ 건조 속도가 빠르다.
④ 광택, 내화학성이 좋다.

해설 유성 페인트(안료, 보일드유(건조성 지방유(건성유)+건조제), 희석제 등으로 구성)는 밀착성과 내후성이 좋고, 건조 속도가 느리며, 광택, 내화학성이 좋지 않다.

07 | 유성 페인트
13, 11

유성 페인트에 대한 설명 중 옳지 않은 것은?

① 건조 시간이 가장 짧다.
② 내알칼리성이 약하다.
③ 붓바름 작업성 및 내후성이 우수하다.
④ 모르타르, 콘크리트 등에 정벌 바름하면 피막이 부서져 떨어진다.

해설 유성 페인트(안료, 보일드유(건조성 지방유(건성유)+건조제), 희석제 등으로 구성)는 밀착성과 내후성이 좋고, 건조 속도가 느리며, 광택, 내화학성이 좋지 않다.

08 | 유성 페인트
20, 10, 04

유성 페인트에 대한 설명 중 옳은 것은?

① 염화비닐 수지계, 멜라민 수지계, 아크릴 수지계 페인트가 있다.
② 내알칼리성은 우수하지만, 광택이 없고 마감면의 마모가 크다.
③ 저온 다습할 경우에도 건조 시간이 짧다.
④ 안료와 건조성 지방유를 주원료로 하는 것으로, 지방유가 건조하여 피막을 형성하게 된다.

해설 염화비닐 수지계, 멜라민 수지계, 아크릴 수지계 페인트는 수지성 페인트이고, 유성 페인트는 내알칼리성은 약하지만, 광택이 있고 마감면의 마모가 크다. 특히, 저온 다습할 경우에도 건조 시간이 길다.

09 | 유성 페인트
24, 22, 16, 09

다음 중 유성 페인트에 대한 설명으로 틀린 것은?

① 붓바름 작업성이 좋다.
② 내후성이 뛰어나다.
③ 건조 시간이 길다.
④ 내알칼리성이 뛰어나다.

해설 유성 페인트는 내알칼리성이 약하므로 플라스터, 콘크리트나 모르타르 면에 바르는 경우에는 초벌로 내알칼리성 도료(내알칼리성 합성수지와 용제 및 안료를 주원료)를 발라야 한다.

10 | 유성 페인트의 특징
16, 11

다음 중 유성 페인트의 특징으로 옳지 않은 것은?

① 주성분은 보일유와 안료이다.
② 광택을 좋게 하기 위하여 바니시를 가하기도 한다.
③ 수성 페인트에 비해 건조 시간이 오래 걸린다.
④ 콘크리트 면에 가장 적합한 도료이다.

해설 유성 페인트는 알칼리에 약하므로 콘크리트, 모르타르 및 플라스터면에는 별도의 처리없이 바를 수 없으므로 알칼리성의 면에 유성 페인트를 칠하려면 내알칼리성 도료를 발라야 하고, 콘크리트 면에 적합한 도료는 알칼리성에 강한 수성페인트, 합성수지 도료 등이 있다.

11 | 수성 페인트의 원료
08, 01

수성 페인트의 원료에 속하지 않는 것은?

① 소석고
② 안료
③ 지방유
④ 접착제

해설 수성 페인트는 소석고, 안료 및 접착제(아교 또는 카세인)를 혼합하여 물에 녹여 사용하는 도료로 광택이 없고 마감면의 마멸이 크므로 주로 내장 마감 등으로 쓰인다. 또한, 건조성 지방유(건성유)는 유성 페인트의 원료이다.

정답 05.④ 06.① 07.① 08.④ 09.④ 10.④ 11.③

12 | 콘크리트면의 도장 가능 도료
03

콘크리트면에 가장 적당한 도장 재료는?

① 수성 페인트　② 조합 페인트
③ 에나멜 페인트　④ 유성 페인트

해설 조합 페인트는 도장 전에 전 보일유를 가할 필요가 없고 일정의 용도를 목적으로 하여 만든 페인트 즉 도장에 직접 사용할 수 있는 페인트이고, 에나멜 페인트는 안료를 니스로 혼합한 유성 페인트의 일종이나, 보통 유성 페인트보다 도막이 두껍고, 광택이 좋으며 피막이 견고하며, 유성 페인트(안료, 보일드유(건조성 지방유(건성유)+건조제), 희석제 등으로 구성)는 밀착성과 내후성이 좋고, 건조 속도가 느리며, 광택, 내화학성이 좋지 않다.

13 | 수성 페인트
04

수성 페인트에 대한 설명이다. 잘못된 것은?

① 속건성이어서 작업의 단축이 가능하다.
② 내수·내후성이 좋아서 햇볕, 빗물에 강하다.
③ 알칼리에 약하기 때문에 콘크리트면에 사용할 수 없다.
④ 용제형 도료에 비해 냄새가 없어 안전하고 위생적이다.

해설 수성 페인트는 속건성이므로 작업을 단축시킬 수 있고, 내수·내후성이 좋아서 햇볕, 빗물에 강하며, 내알칼리성이므로 콘크리트면에 밀착이 우수하고, 공해 대책용 도료인 동시에 자원 절약형 도료이며, 용제형 도료에 비해 냄새가 없어 안전하고 위생적이며, 화재 폭발의 염려가 없다.

14 | 바니시의 용어
08

수지류 또는 섬유소를 건성유 또는 휘발성 용제로 용해한 도료는?

① 방청 도료　② 수성 페인트
③ 에나멜 페인트　④ 바니시

해설 바니시(수지류 또는 섬유소를 건성유 또는 휘발성 용제로 용해한 것의 총칭)의 종류에는 유성 바니시(유용성 수지를 건조성 기름에 가열, 용해한 다음 이것을 휘발성 용제로써 희석한 도료)와 휘발성 바니시(수지류를 휘발성 용제에 녹인 것으로 에틸 알코올을 사용하기 때문에 주정 도료) 등이 있다.

15 | 래커의 특성
09, 08, 99

래커의 특성에 관한 설명 중 틀린 것은?

① 건조가 매우 빠르다.
② 광택이 좋다.
③ 도막이 두껍고 부착력이 좋다.
④ 백화 현상이 일어날 수 있다.

해설 래커(Lacquer)는 합성수지 도료로서 가장 오래된 제품이고, 건조가 빠르고(10~20분), 내후성·내수성·내유성이 우수하며, 결점으로는 도막이 얇고 부착력이 약하다. 따라서, 특별한 초벌 공정이 필요하게 된다. 특히, 심한 속건성이어서 바르기 어려우므로 스프레이(spray, 분무)를 한다.

16 | 클리어 래커의 용어
25, 22, 12

다음 설명에 알맞은 도료는?

• 목재면의 투명도장에 사용된다.
• 외부에 사용하기에 적당하지 않으며 내부용으로 주로 사용된다.

① 수성 페인트　② 유성 페인트
③ 클리어 래커　④ 알루미늄 페인트

해설 수성 페인트는 소석고, 안료 및 접착제를 혼합한 것으로 내알칼리성이어서 콘크리트나 모르타르 면에 사용한다. 유성 페인트는 안료와 건조성 지방유를 주원료로 용제, 보조제 등을 섞어 제조하고, 내알칼리성이 약해 콘크리트나 모르타르 면에 사용이 불가능하며, 알루미늄 페인트는 외부 은색 페인트의 대표적인 제품이다.

17 | 목재면의 투명 도장 도료
18, 14, 04, 02

다음 중 목재면의 투명 도장에 사용되는 도료는?

① 수성 페인트　② 유성 페인트
③ 래커 에나멜　④ 클리어 래커

해설 클리어 래커(clear lacquer)는 목재면의 투명 도장에 사용되는 도료로서 오일 바니시에 비하여 도막은 얇으나 견고하고, 담색으로서 우아한 광택이 있다. 내수성·내후성이 약간 떨어져서 외부용으로 사용하기에 적합하지 않고, 일반적으로 내부용으로 쓰인다.

18 | 클리어 래커의 용어
08, 06

주로 목재면의 투명 도장에 쓰이는 것으로 내수성, 내후성은 약간 떨어지고, 내부용으로 사용되는 것은?

① 에나멜 페인트　② 에멀션 페인트
③ 클리어 래커　④ 멜라민 수지 도료

해설 클리어 래커(clear lacquer)는 목재면의 투명 도장에 사용되는 도료로서 오일 바니시에 비하여 도막은 얇으나 견고하고, 담색으로서 우아한 광택이 있다. 내수성·내후성이 약간 떨어져서 외부용으로 사용하기에 적합하지 않고, 일반적으로 내부용으로 쓰인다.

19 | 클리어 래커
21, 13

도장 공사에 사용되는 클리어 래커(clear lacquer)에 관한 설명으로 옳은 것은?

① 내수성이 없으며 내충격성이 작다.
② 바니시에 안료를 첨가한 래커이다.
③ 목재전용은 부착성이 크나 도막의 가소성이 떨어진다.
④ 주로 내부용으로 사용되며 외부용으로는 사용이 곤란하다.

해설 클리어 래커(합성수지를 휘발성 용제로 녹인 것)는 바니시에 안료를 첨가하지 않은 도료로서 내수성이 있고 내충격성이 강하며, 목재 전용 래커는 부착성이 좋고, 도막의 가소성이 특히 우수하다.

20 | 방청 도료의 종류
19, 14②

철강 표면 또는 금속 소지의 녹 방지를 목적으로 사용하는 방청 도료에 속하지 않는 것은?

① 래커
② 에칭 프라이머
③ 광명단 조합 페인트
④ 아연 분말 프라이머

해설 방청 도료(철재의 표면에 녹이 스는 것을 막고, 철재와의 부착성을 높이기 위해 사용하는 도료)의 종류에는 연단 도료(광명단), 함연 방청 도료, 방청 산화철 도료, 규산염 도료, 크롬산아연, 에칭 프라이머, 워시 프라이머 등이 있다.

21 | 규산염 도료의 용어
03

철재 표면에 녹을 막고 부착성을 높이기 위하여 도포하는 도료는?

① 래커
② 규산염 도료
③ 축광 도료
④ 헤머톤 피니시

해설 방청 도료(철재의 표면에 녹이 스는 것을 막고, 철재와의 부착성을 높이기 위해 사용하는 도료)의 종류에는 연단 도료(광명단), 함연 방청 도료, 방청 산화철 도료, 규산염 도료, 크롬산아연, 에칭 프라이머, 워시 프라이머 등이 있고, 또한, 래커는 휘발성 바니시이고, 축광 도료는 발광 도료이며, 헤머톤 피니시는 특수 도료이다.

22 | 내알칼리성의 도료
25*, 24, 15

다음 중 내알칼리성이 가장 우수한 도료는?

① 에폭시 도료
② 유성 페인트
③ 유성 바니시
④ 프탈산수지에나멜

해설 수지성 페인트(에폭시 도료)는 안료와 인공 수지류 및 휘발성 용제를 주원료로 한 것으로, 내산성, 내알칼리성이 있어 모르타르 콘크리트, 플라스터 면에 바를 수 있다.

23 | 내알칼리성의 도료
24, 23③, 22, 21, 16, 13, 12②, 10

다음 중 내알칼리성이 가장 우수한 도료는?

① 유성 페인트
② 유성 바니시
③ 알루미늄 페인트
④ 염화비닐 수지도료

해설 수지성 페인트(에폭시 도료)는 안료와 인공 수지류 및 휘발성 용제를 주원료로 한 것으로, 내산성, 내알칼리성이 있어 모르타르 콘크리트, 플라스터 면에 바를 수 있다. 유성 페인트, 유성 바니시 및 알루미늄 페인트 등은 알칼리성에 약한 도료이고, 염화비닐 수지도료는 알칼리성에 강한 도료이다.

24 | 콘크리트면의 도장 가능 도료
14

다음 중 콘크리트 바탕에 사용이 가장 용이한 도료는?

① 유성 바니시
② 유성 페인트
③ 래커 에나멜
④ 염화고무 도료

해설 수성 페인트와 수지성 페인트는 내알칼리성을 갖고 있으므로 콘크리트 바탕에 밀착이 우수하고, 사용이 용이한 도료이다.

25 | 각종 도료
09, 06

각종 도료의 일반적인 성질에 대한 설명 중 옳지 않은 것은?

① 합성수지 도료는 건조 시간이 빠르고 도막이 견고하다.
② 수성 페인트는 내수성이 없고 광택이 없는 것이 특징이다.
③ 에나멜 페인트는 도막이 견고하고 내후성과 내수성이 좋다.
④ 유성 페인트는 내후성과 내알칼리성이 뛰어나다.

해설 유성 페인트의 특성은 비교적 두꺼운 도막을 만드는 반면, 건조가 늦고, 일반적인 도막의 성질(내후성, 내약품성, 변색성 등)이 나쁘다. 특히, 유성 페인트는 내알칼리성이 약하므로 콘크리트나 모르타르 면에 바르는 경우에는 초벌로 내알칼리성 도료를 발라야 한다.

26 | 콘크리트면의 도장 불가 도료
15

다음 중 콘크리트 바탕에 적용이 가장 곤란한 도료는?

① 에폭시도료
② 유성바니시
③ 염화비닐도료
④ 염화고무도료

해설 유성 페인트와 유성바니시는 내알칼리성이 약하므로 콘크리트나 모르타르 면에 바르는 경우에는 초벌로 내알칼리성 도료를 발라야 한다.

27 | 각종 도료
07

다음의 도료에 대한 설명 중 틀린 것은?

① 유성페인트는 내알칼리성이 약하므로 콘크리트 바탕면에 사용하지 않는다.
② 유성바니시는 수지를 지방유와 가열융합하고, 건조제를 첨가한 다음 용제를 사용하여 희석한 것을 말한다.
③ 유성 에나멜페인트는 유성페인트에 비해 도막의 평활 정도, 광택, 경도 등이 좋지 않다.
④ 유성조합페인트는 붓바름 작업성 및 내후성이 우수하다.

해설 유성 에나멜 페인트(유성 바니시에 안료를 혼합하여 만든 유색불투명도료)는 보통 유성 페인트보다 건조 시간이 늦고(경화 건조 12시간), 도막은 탄성, 광택이 있으며, 평활하고 경도가 크다.

28 | 도막이 흘러내리는 현상
03

도장 결함 원인 중 수직면으로 도장하였을 경우 도장 직후 도막이 흘러내리는 현상이 발생하는 원인이 아닌 것은?

① 두껍게 도장 하였을 때
② 지나친 희석으로 점도가 낮았을 때
③ 저온으로 건조 시간이 길 때
④ 피도면이 다공질일 때

해설 수직면으로 도장을 한 경우 도장 직후에 도막이 흘러 내리는 현상은 두껍게 도장을 한 경우, 지나친 희석으로 점도가 낮아진 경우 및 저온으로 건조 시간이 긴 경우에 발생하나, 피도면이 다공질이면 도료가 잘 흡수되어 흘러내리는 현상이 발생하지 않는다.

⑪ 역청 재료

01 | 천연 아스팔트의 종류
04

다음 중 천연 아스팔트는?

① 스트레이트 아스팔트
② 레이크 아스팔트
③ 블로운 아스팔트
④ 아스팔트 콤파운드

해설 아스팔트의 종류에는 천연 아스팔트인 레이크 아스팔트(지구 표면의 낮은 곳에 괴어 반액체 또는 고체로 굳은 아스팔트), 로크 아스팔트(사암이나 석회암 또는 모래 등의 틈에 침투되어 있는 아스팔트) 및 아스팔타이트(많은 역청분을 포함한 아스팔트) 등이 있고, 석유계 아스팔트인 스트레이트 아스팔트(아스팔트의 성분을 될 수 있는 대로 분해, 변하지 않도록 만든 것), 블론 아스팔트(증류탑에 뜨거운 공기를 불어 넣어 만든 것) 및 아스팔트 콤파운드(동식물성의 유지와 광물질 미분 등을 블론 아스팔트에 혼입하여 만든 것) 등이 있다.

02 | 천연 아스팔트의 종류
24, 15, 12

아스팔트의 종류 중 천연 아스팔트에 해당되지 않는 것은?

① 아스팔타이트
② 로크 아스팔트
③ 레이크 아스팔트
④ 스트레이트 아스팔트

해설 아스팔트의 종류 중 천연 아스팔트에는 레이크 아스팔트, 로크 아스팔트 및 아스팔타이트 등이 있고, 석유계 아스팔트에는 스트레이트 아스팔트, 블론 아스팔트 및 아스팔트 컴파운드(용제 추출 아스팔트) 등이 있다.

03 | 천연 아스팔트의 종류
25, 23, 20, 19, 16, 15, 13②, 11, 10②, 08

천연 아스팔트에 속하지 않는 것은?

① 로크 아스팔트
② 아스팔타이트
③ 블론 아스팔트
④ 레이크 아스팔트

해설 아스팔트의 종류 중 천연 아스팔트에는 레이크 아스팔트, 로크 아스팔트 및 아스팔타이트 등이 있고, 석유계 아스팔트에는 스트레이트 아스팔트, 블론 아스팔트 및 아스팔트 컴파운드(용제 추출 아스팔트) 등이 있다.

04 | 석유 아스팔트의 종류
25, 23, 18, 17, 10, 08

다음 중 석유 아스팔트에 속하는 것은?

① 스트레이트 아스팔트
② 레이크 아스팔트
③ 록 아스팔트
④ 아스팔타이트

정답 26.② 27.③ 28.④ / 01.② 02.④ 03.③ 04.①

해설 아스팔트의 종류에는 천연 아스팔트(레이크 아스팔트, 록 아스팔트 및 아스팔타이트 등)와 석유계 아스팔트(스트레이트 아스팔트, 블론 아스팔트 및 아스팔트 컴파운드 등) 등이 있다.

05 | 스트레이트 아스팔트의 용어
03

아스팔트 펠트, 아스팔트 루핑의 바탕재에 침투시키기도 하고, 지하실 방수에 사용하기도 하는 것으로 아스팔트 성분을 될 수 있는 대로 분해, 변화하지 않도록 만든 것은?

① 블론 아스팔트
② 스트레이트 아스팔트
③ 아스팔트 컴파운드
④ 컷백 아스팔트

해설 블론 아스팔트는 증류탑에 뜨거운 공기를 불어 넣어 만든 것으로 점성이나 침투성은 작으나, 운동에 의한 변화가 적어서 열에 대한 안정성이 크며, 내후성도 크다. 용도로는 아스팔트 루핑의 표층, 아스팔트 콘크리트의 재료로 쓰인다. 아스팔트 컴파운드는 동식물의 유지와 광물질 미분 등을 블론 아스팔트에 혼입하여 만든 것으로 내열성, 점성, 내구성 등을 블론 아스팔트보다 좋게 한 것이며, 용도로는 방수 재료, 아스팔트 방수 공사에 쓰이며, 컷백아스팔트는 아스팔트를 가열하지 않고, 연화제를 사용하여 아스팔트를 묽게 하여 시공하는 아스팔트이다.

06 | 아스팔트 컴파운드의 용어
22, 16, 11, 09, 07

블론 아스팔트의 성능을 개량하기 위해 동·식물성 유지와 광물질 분말을 혼입한 것으로 일반 지붕 방수공사에 이용되는 것은?

① 스트레이트 아스팔트
② 아스팔트 프라이머
③ 아스팔트 펠트
④ 아스팔트 컴파운드

해설 스트레이트 아스팔트는 아스팔트의 성분을 될 수 있는 대로 분해, 변하지 않도록 만든 것이고, 점성, 신성, 침투성 등이 크나, 증발 성분이 많다. 또한, 온도에 의한 강도, 신성, 유연성의 변화가 크고, 용도로는 아스팔트 펠트, 아스팔트 루핑의 바탕재에 침투시키기도 하고, 지하실의 방수에 사용한다. 아스팔트 프라이머는 블로운 아스팔트를 용제에 녹인 것으로 아스팔트 방수층에 아스팔트의 부착이 잘 되도록 사용(방수층 1층)하며, 콘크리트, 모르타르 바탕에 아스팔트 방수층 또는 아스팔트 타일 붙이기 시공을 할 때의 초벌용 재료이다. 아스팔트 펠트는 목면·마사·양모·폐지 등을 원료로 만든 원지에 스트레이트 아스팔트를 침투시켜 롤러로 입착하여 만든 것으로 아스팔트 방수 중간층재로 이용되는 아스팔트 제품이다.

07 | 침입도의 용어
09

아스팔트의 경도를 표시하는 것으로 규정된 조건에서 규정된 침이 시료 중에 진입된 길이를 환산하여 나타낸 것은?

① 신율
② 침입도
③ 연화점
④ 인화점

해설 신율은 시료의 양단을 잡아당겨 시료가 끊어질 때까지의 늘어난 길이이고, 연화점은 아스팔트나 유리와 같이 고체에서 액체로 변하는 경계가 불분명한 것으로 아스팔트가 일정한 점성에 도달했을 때의 온도이며, 인화점은 아스팔트를 가열하여 불을 가까이 하는 순간 불이 붙을 때의 온도이다.

08 | 침입도의 용어
13

아스팔트의 양부 판별에 중요한 아스팔트의 경도를 나타내는 것은?

① 신도
② 감온성
③ 침입도
④ 유동성

해설 아스팔트의 양부를 판별하는 요소에는 연화점, 침입도(아스팔트의 경도를 나타냄), 침입도 지수, 증발량, 인화점, 사염화탄소 가용분, 취화점, 흘러내린 길이 및 가열 안정성 등이 있다.

09 | 신도의 용어
12

아스팔트의 연성을 나타내는 수치로서 온도의 변화와 함께 변화하는 것은?

① 신도
② 인화점
③ 침입도
④ 연화점

해설 인화점은 아스팔트를 가열하여 불을 가까이 하는 순간 불이 붙을 때의 온도이고, 침입도는 아스팔트의 견고성 정도를 침의 관입저항으로 평가하는 방법으로 일반적으로 온도의 상승에 따라 증가되고 스트레이트 아스팔트가 블론 아스팔트보다 변화의 정도가 현저하며, 연화점은 아스팔트나 유리와 같이 고체에서 액체로 변하는 경계가 불분명한 것으로 아스팔트가 일정한 점성에 도달했을 때의 온도이다.

10 | 아스팔트 펠트의 용어
07, 05

목면, 마사, 양모, 폐지 등을 원료로 하여 만든 원지를 증기로 건조하여 이것에 스트레이트 아스팔트를 침투시켜 압착하여 만든 것은?

① 아스팔트 싱글
② 아스팔트 유제
③ 아스팔트 펠트
④ 콜타르

정답 05.② 06.④ 07.② 08.③ 09.① 10.③

해설 아스팔트 싱글은 아스팔트 루핑(아스팔트 펠트의 양면에 블론 아스팔트를 피복하고 활석, 운모, 석회석, 규조토 등의 가루를 뿌려 붙인 것)을 사각형, 육각형으로 잘라 주택 등의 경사 지붕에 사용하는 것을 말하고, 아스팔트 유제는 아스팔트를 미립자로 하여 수중 또는 수용액 중에 분산시킨 것으로 간단한 방수 공사에 사용하며, 콜타르는 석탄의 고온 건류(석탄 건류) 시 부산물로 얻어지는 흑갈색의 점토의 방부, 방수, 방식용의 유상 액체(도료)이다.

11 | 아스팔트 펠트의 용어
16, 09, 04

목면·마사·양모·폐지 등을 원료로 만든 원지에 스트레이트 아스팔트를 침투시켜 롤러로 입착하여 만든 것으로 아스팔트 방수 중간층재로 이용되는 아스팔트 제품은?

① 아스팔트 루핑
② 블론 아스팔트
③ 아스팔트 싱글
④ 아스팔트 펠트

해설 아스팔트 루핑은 아스팔트 펠트의 양면에 블론 아스팔트를 피복하고 활석, 운모, 석회석, 규조토 등의 가루를 뿌려 붙인 것이고, 블론 아스팔트는 증류탑에 뜨거운 공기를 불어 넣어 만든 것으로 점성이나 침투성은 작으나, 운동에 의한 변화가 적어서 열에 대한 안정성이 크며, 내후성도 크다. 아스팔트 루핑의 표층, 아스팔트 콘크리트의 재료로 쓰인다. 아스팔트 싱글은 아스팔트 루핑(아스팔트 펠트의 양면에 블론 아스팔트를 피복하고 활석, 운모, 석회석, 규조토 등의 가루를 뿌려 붙인 것)을 사각형, 육각형으로 잘라 주택 등의 경사 지붕에 사용하는 것이다.

12 | 아스팔트 루핑의 용어
14②, 12, 08, 02, 98

아스팔트 제품 중 펠트의 양면에 블론 아스팔트를 피복하고 활석 분말 등을 부착하여 만든 제품은?

① 아스팔트 루핑
② 아스팔트 타일
③ 아스팔트 프라이머
④ 아스팔트 컴파운드

해설 아스팔트 타일은 아스팔트에 석면·탄산칼슘·안료를 가하고 가열 혼련하여 시트상으로 압연한 것으로서 내수·내습성이 우수한 바닥 재료 또는 아스팔트와 쿠마론 인덴 수지, 염화비닐 수지에 석면, 돌가루 등을 혼합한 다음, 높은 열과 높은 압력으로 녹여 얇은 판으로 만든 것을 알맞은 크기로 자른 것이고, 아스팔트 프라이머는 블로운 아스팔트를 용제에 녹인 것으로 아스팔트 방수층에 아스팔트의 부착이 잘 되도록 사용(방수층 1층)하며, 콘크리트, 모르타르 바탕에 아스팔트 방수층 또는 아스팔트 타일 붙이기 시공을 할 때의 초벌용 재료이다. 아스팔트 컴파운드는 동식물의 유지와 광물질 미분 등을 블론 아스팔트에 혼입하여 만든 것으로 내열성, 점성, 내구성

등을 블론 아스팔트보다 좋게 한 것이며, 용도로는 방수 재료, 아스팔트 방수 공사에 쓰인다.

13 | 아스팔트 싱글의 용어
24, 20, 14, 11

아스팔트 루핑을 절단하여 만든 것으로 지붕 재료로 주로 사용되는 아스팔트 제품은?

① 아스팔트 펠트
② 아스팔트 유제
③ 아스팔트 타일
④ 아스팔트 싱글

해설 아스팔트 펠트는 유기질 섬유(목면·마사·양모·폐지 등)를 원료로 만든 원지에 스트레이트 아스팔트를 침투시켜 롤러로 입착하여 만든 것으로 아스팔트 방수 중간층재로 이용되고, 아스팔트 유제는 스트레이트 아스팔트를 가열하여 액상으로 만들고 별도로 물에 유화제인 지방산비누, 교질점토, 로드유, 가성석회와 안정제를 용해시킨 다음 양자를 혼합하고 잘 저어서 만든 것이며, 아스팔트 타일은 아스팔트에 석면·탄산칼슘·안료를 가하고 가열 혼련하여 시트상으로 압연한 것으로서 내수·내습성이 우수한 바닥 재료 또는 아스팔트와 쿠마론 인덴 수지, 염화비닐 수지에 석면, 돌가루 등을 혼합한 다음, 높은 열과 높은 압력으로 녹여 얇은 판으로 만든 것을 알맞은 크기로 자른 것이다.

14 | 아스팔트 싱글의 용어
02

최근 주택의 지붕재에 많이 사용하며 심재로 목재의 섬유질이나 유리 섬유를 사용하는 것은?

① 아스팔트 펠트
② 아스팔트 싱글
③ 아스팔트 타일
④ 아스팔트 루핑

해설 아스팔트 펠트는 유기질 섬유(목면·마사·양모·폐지 등)를 원료로 만든 원지에 스트레이트 아스팔트를 침투시켜 롤러로 입착하여 만든 것으로 아스팔트 방수 중간층재로 이용되고, 아스팔트 타일은 아스팔트에 석면·탄산칼슘·안료를 가하고 가열 혼련하여 시트상으로 압연한 것으로서 내수·내습성이 우수한 바닥 재료 또는 아스팔트와 쿠마론 인덴 수지, 염화비닐 수지에 석면, 돌가루 등을 혼합한 다음, 높은 열과 높은 압력으로 녹여 얇은 판으로 만든 것을 알맞은 크기로 자른 것이며, 아스팔트 루핑은 아스팔트 펠트의 양면에 블론 아스팔트를 피복하고 활석, 운모, 석회석, 규조토 등의 가루를 뿌려 붙인 것이다.

정답 11. ④ 12. ① 13. ④ 14. ②

15 | 아스팔트 싱글의 용어
23, 11, 08

모래 붙임 루핑에 유사한 제품을 지붕 재료로 사용하기 좋은 형으로 만든 것으로 기와나 슬레이트 대용으로 사용되는 것은?

① 아스팔트 펠트 ② 개량 아스팔트 방수 시트
③ 아스팔트 블록 ④ 아스팔트 싱글

해설 아스팔트 펠트는 유기질 섬유(목면·마사·양모·폐지 등)를 원료로 만든 원지에 스트레이트 아스팔트를 침투시켜 롤러로 입착하여 만든 것으로 아스팔트 방수 중간층재로 이용되고, 개량 아스팔트 시트는 개량재(비결정질의 폴리프로필렌 또는 SBS)를 사용한 아스팔트를 이용하여 만든 시트이며, 아스팔트 블록은 아스팔트에 쇄석, 모래, 광석부 등을 가열, 혼합가압하여 벽돌 모양으로 성형 가공한 제품으로 흡수율이 적고, 내마모성이 크며, 탄성이 있어 소음방지가 되고, 방수성이 있다.

16 | 아스팔트 타일의 용어
12

아스팔트에 석면·탄산칼슘·안료를 가하고 가열 혼련하여 시트상으로 압연한 것으로서 내수·내습성이 우수한 바닥 재료는?

① 아스팔트 타일 ② 아스팔트 블록
③ 아스팔트 루핑 ④ 아스팔트 펠트

해설 아스팔트 블록은 아스팔트에 쇄석, 모래, 광석부 등을 가열, 혼합가압하여 벽돌 모양으로 성형 가공한 제품으로 흡수율이 적고, 내마모성이 크며, 탄성이 있어 소음방지가 되고, 방수성이 있다. 아스팔트 루핑은 아스팔트 펠트의 양면에 블론 아스팔트를 피복하고 활석, 운모, 석회석, 규조토 등의 가루를 뿌려 붙인 것이며, 아스팔트 펠트는 유기질 섬유(목면·마사·양모·폐지 등)를 원료로 만든 원지에 스트레이트 아스팔트를 침투시켜 롤러로 입착하여 만든 것으로 아스팔트 방수 중간층재로 이용된다.

17 | 아스팔트 타일의 용어
03, 99

아스팔트와 쿠마론 인덴 수지, 염화비닐 수지에 석면, 돌가루 등을 혼합한 다음, 높은 열과 높은 압력으로 녹여 얇은 판으로 만든 것을 알맞은 크기로 자른 것을 무엇이라 하는가?

① 아스팔트 타일 ② 아스팔트 블록
③ 아스팔트 루핑 ④ 아스팔트 시트

해설 아스팔트 블록은 아스팔트에 쇄석, 모래, 광석부 등을 가열, 혼합가압하여 벽돌 모양으로 성형 가공한 제품으로 흡수율이 적고, 내마모성이 크며, 탄성이 있어 소음방지가 되고, 방수성이 있다. 아스팔트 루핑은 아스팔트 펠트의 양면에 블론 아스팔트를 피복하고 활석, 운모, 석회석, 규조토 등의 가루를 뿌려 붙인 것이며, 아스팔트 시트는 차체의 방진제로 사용하고 있는 열용착형 아스팔트 시트이다.

18 | 아스팔트 방수층 1층
21, 14

아스팔트 방수 공사에서 방수층 1층에 사용되는 것은?

① 아스팔트 펠트 ② 스트레치 루핑
③ 아스팔트 루핑 ④ 아스팔트 프라이머

해설 아스팔트 프라이머(asphalt primer)는 블로운 아스팔트를 용제에 녹인 것으로 아스팔트 방수층에 아스팔트의 부착이 잘 되도록 사용(방수층 1층)하며, 콘크리트, 모르타르 바닥에 아스팔트 방수층 또는 아스팔트 타일 붙이기 시공을 할 때의 초벌용 재료이다.

19 | 아스팔트 프라이머의 용어
24, 23, 22, 12

아스팔트를 휘발성 용제로 녹인 흑갈색 액체로 아스팔트 방수의 바탕 처리재로 사용되는 것은?

① 아스팔트 펠트
② 아스팔트 프라이머
③ 아스팔트 콤파운드
④ 스트레이트 아스팔트

해설 아스팔트 펠트는 유기질 섬유(목면·마사·양모·폐지 등)를 원료로 만든 원지에 스트레이트 아스팔트를 침투시켜 롤러로 입착하여 만든 것으로 아스팔트 방수 중간층재로 이용되고, 아스팔트 루핑은 아스팔트 펠트의 양면에 블론 아스팔트를 피복하고 활석, 운모, 석회석, 규조토 등의 가루를 뿌려 붙인 것이며, 아스팔트 컴파운드는 동식물의 유지와 광물질 미분 등을 블론 아스팔트에 혼입하여 만든 것으로 내열성, 점성, 내구성 등을 블론 아스팔트보다 좋게 한 것이며, 용도로는 방수 재료, 아스팔트 방수 공사에 쓰인다. 스트레이트 아스팔트는 아스팔트의 성분을 될 수 있는 대로 분해, 변하지 않도록 만든 것이고, 점성, 신성, 침투성 등이 크나, 증발 성분이 많다. 또한, 온도에 의한 강도, 신성, 유연성의 변화가 크고, 용도로는 아스팔트 펠트, 아스팔트 루핑의 바탕재에 침투시키기도 하고, 지하실의 방수에 사용한다.

20 | 아스팔트 프라이머의 용어
25, 24, 13, 06

블로운 아스팔트를 용제에 녹인 것으로 아스팔트 방수의 바탕 처리재로 사용되는 방수 재료는?

① 아스팔트 펠트 ② 아스팔트 루핑
③ 아스팔트 컴파운드 ④ 아스팔트 프라이머

정답 15. ④ 16. ① 17. ① 18. ④ 19. ② 20. ④

해설 아스팔트 펠트는 유기질 섬유(목면·마사·양모·폐지 등)를 원료로 만든 원지에 스트레이트 아스팔트를 침투시켜 롤러로 입착하여 만든 것으로 아스팔트 방수 중간층재로 이용되고, 아스팔트 루핑은 아스팔트 펠트의 양면에 블론 아스팔트를 피복하고 활석, 운모, 석회석, 규조토 등의 가루를 뿌려 붙인 것이며, 아스팔트 컴파운드는 동식물의 유지와 광물질 미분 등을 블론 아스팔트에 혼입하여 만든 것으로 내열성, 점성, 내구성 등을 블론 아스팔트보다 좋게 한 것이며, 용도로는 방수 재료, 아스팔트 방수 공사에 쓰인다.

21 | 아스팔트 프라이머의 용어 | 02

콘크리트, 모르타르 바탕에 아스팔트 방수층 또는 아스팔트 타일 붙이기 시공을 할 때의 초벌용 재료는?

① 아스팔트 프라이머 ② 블론 아스팔트
③ 스트레이트 아스팔트 ④ 아스팔트 펠트

해설 블론 아스팔트는 증류탑에 뜨거운 공기를 불어 넣어 만든 것으로 점성이나 침투성은 작으나, 운동에 의한 변화가 적어서 열에 대한 안정성이 크며, 내후성도 크다. 용도로는 아스팔트 루핑의 표층, 아스팔트 콘크리트의 재료로 쓰인다. 스트레이트 아스팔트는 아스팔트의 성분을 될 수 있는 대로 분해, 변하지 않도록 만든 것이고, 점성, 신성, 침투성 등이 크나, 증발성분이 많다. 또한, 온도에 의한 강도, 신성, 유연성의 변화가 크고, 용도로는 아스팔트 펠트, 아스팔트 루핑의 바탕재에 침투시키기도 하고, 지하실의 방수에 사용한다. 아스팔트 펠트는 목면·마사·양모·폐지 등을 원료로 만든 원지에 스트레이트 아스팔트를 침투시켜 롤러로 입착하여 만든 것으로 아스팔트 방수 중간층재로 이용되는 아스팔트 제품이다.

22 | 아스팔트 프라이머의 용어 | 10

블론 아스팔트를 용제에 녹인 것으로 액상을 하고 있으며 아스팔트 방수의 바탕처리재로 이용되는 것은?

① 아스팔트 펠트 ② 아스팔트 루핑
③ 아스팔트 프라이머 ④ 아스팔트 콤파운드

해설 아스팔트 프라이머(asphalt primer)는 블로운 아스팔트를 용제에 녹인 것으로 아스팔트 방수층에 아스팔트의 부착이 잘 되도록 사용(방수층 1층)하며, 콘크리트, 모르타르 바탕에 아스팔트 방수층 또는 아스팔트 타일 붙이기 시공을 할 때의 초벌용 재료이다.

23 | 아스팔트 제품(방수 재료) | 07

다음 아스팔트 제품 가운데 방수 재료로 사용하기 곤란한 것은?

① 아스팔트 펠트 ② 아스팔트 루핑

③ 아스팔트 타일 ④ 아스팔트 싱글

해설 아스팔트 타일은 아스팔트에 석면·탄산칼슘·안료를 가하고 가열 혼련하여 시트상으로 압연한 것으로서 내수·내습성이 우수한 바닥 재료 또는 아스팔트와 쿠마론 인덴 수지, 염화비닐 수지에 석면, 돌가루 등을 혼합한 다음, 높은 열과 높은 압력으로 녹여 얇은 판으로 만든 것을 알맞은 크기로 자른 것이으로 방수 재료로는 사용이 부적합하다.

24 | 아스팔트 방수 | 02

아스팔트 방수에 대한 설명으로 옳은 것은?

① 보호층이 필요없다.
② 결함 보수를 위한 발견이 쉽다.
③ 시공이 용이하고 쉽다.
④ 온도에 의한 변화가 크다.

해설 아스팔트 방수는 보호층이 반드시 필요하고, 결함의 발견이 힘들며, 시공이 번잡하나, 온도(외기에 대한 영향)의 변화가 크다.

25 | 멤브레인 방수층의 종류 | 09

건축 공사 표준 시방서에서 정하고 있는 멤브레인 방수층이 아닌 것은?

① 합성 고분자계 시트 방수층
② 도막 방수층
③ 아스팔트 방수층
④ 침투성 방수재

해설 멤브레인 방수층(얇은 피막상의 방수층으로 전면을 덮은 방수)의 종류에는 합성 고분자계 시트 방수층, 도막 방수층 및 아스팔트 방수층 등이 있고, 침투성 방수제와는 무관하다.

12 기타 재료

01 | 접착제의 요구 성능 | 18, 16, 12, 04

건축용 접착제로서 요구되는 성능으로 옳지 않은 것은?

① 진동, 충격의 반복에 잘 견딜 것
② 충분한 접착성과 유동성을 가질 것
③ 내수성, 내한성, 내열성, 내산성이 있을 것
④ 고화(固化)시 체적 수축 등의 변형이 있을 것

해설 접착제의 요구 성능은 고화시 체적 수축 등의 내부 변형이 없어야 하고, 취급이 용이하여야 한다.

02 | 카세인 아교의 용어
08

우유로부터 젖산법, 산응고법 등에 의해 응고 단백질을 만든 건조 분말로 내수성 및 접착력이 양호한 동물질 접착제는?

① 비닐 수지 접착제
② 카세인 아교
③ 페놀 수지 접착제
④ 알부민 아교

해설 카세인 접착제(지방질을 뺀 우유를 자연 산화시키거나, 황산·염산 등을 가하여 카세인을 분리한 다음 물로 씻어 55℃ 정도의 온도로 건조시킨 것)은 알코올, 물, 에테르에는 녹지 않고, 알칼리에는 잘 녹으며 산, 젖산을 사용하면 양질이 되고, 황산은 응결 시간을 단축시킨다. 목재, 리놀륨의 접착 및 수성 페인트의 원료로 사용한다.

03 | 합성수지 접착제의 종류
22, 13, 08, 02

다음 중 합성수지계 접착제에 해당되지 않는 것은?

① 에폭시 접착제
② 카세인 접착제
③ 비닐 수지 접착제
④ 멜라민 수지 접착제

해설 합성수지계 접착제에는 요소, 멜라민, 페놀, 레졸, 에폭시, 폴리우레탄, 푸란, 규소, 아세트산비닐 수지 접착제와 니트릴고무, 네오프렌 접착제 등이 있으며, 카세인 접착제는 아교, 알부민과 함께 동물성 단백질계 접착제이다.

04 | 페놀수지 접착제
11

페놀수지 접착제에 대한 설명으로 옳지 않은 것은?

① 내수성이 우수하다.
② 내열성이 우수하다.
③ 열경화성 수지계 접착제이다.
④ 주로 유리나 금속 접착에 사용되며 목재 제품에는 사용이 곤란하다.

해설 페놀수지 접착제는 접착력, 내열·내수성이 우수하여 합판, 목재 제품 등에 사용되나, 유리나 금속의 접착에는 적합하지 못하다.

05 | 멜라민 수지 접착제의 용어
03

순백색 또는 투명한 흰색으로 내수성이 크며 열에 대하여 안정성이 있지만, 금속, 고무, 유리의 접합용으로는 부적당한 접착제는?

① 페놀 수지 접착제
② 에폭시 수지 접착제
③ 멜라민 수지 접착제
④ 아크릴 수지 접착제

해설 페놀 수지 접착제는 페놀과 포르말린의 반응에 의하여 얻어지는 다갈색의 액상, 분상, 필름 상의 수지로서 가장 오래된 합성수지 접착제이고, 목재의 접착제로서 접착력, 내열성, 내수성이 우수하나 유리나 금속의 접착에는 적당하지 못하다. 에폭시 수지 접착제는 급경성으로 기본 점성이 크며 내알칼리성 등의 내화학성이나 접착력이 크고, 내수성, 내약품성, 전기 절연성이 모두 우수한 만능형 접착제로, 금속, 석재, 플라스틱, 도자기, 유리, 콘크리트, 목재, 고무 등의 접합 및 알루미늄과 같은 경금속의 접착에 가장 좋은 접착제이다.

06 | 에폭시 수지 접착제의 용어
14, 11, 02

접착성이 우수하여 금속, 우리, 플라스틱, 도자기, 목재, 고무 등에 쓰이고 특히 알루미늄과 같은 경금속의 접착에 가장 좋은 것은?

① 에폭시 수지
② 요소 수지
③ 폴리에스테르 수지
④ 멜라민 수지

해설 요소 수지 접착제는 접착할 때 경화제로서 염화암모늄 10% 수용액을 수지에 대하여 10~20%(무게비)를 가하여 상온에서 경화하며, 가장 가격이 싸고, 접착력이 우수하며, 상혼에서 경화되어 합판, 집성목재, 파티클 보드, 가구 등에 사용하고, 멜라민 수지 접착제는 순백색 또는 투명한 흰색으로 내수성이 크며 열에 대하여 안정성이 있지만, 금속, 고무, 유리의 접합용으로는 부적당한 접착제이다.

07 | 에폭시 수지 접착제의 용어
24, 23, 14, 04

급경성으로 내알칼리성 등의 내화학성이나 접착력이 크고 또한 내수성이 우수하며 금속, 석재. 도자기, 글라스, 콘크리트, 플라스틱재 등의 접착에 사용되는 접착제는?

① 요소 수지 접착제
② 페놀 수지 접착제
③ 멜라민 수지 접착제
④ 에폭시 수지 접착제

해설 에폭시 수지 접착제는 급경성으로 기본 점성이 크며 내알칼리성 등의 내화학성이나 접착력이 크고, 내수성, 내약품성, 전기 절연성이 모두 우수한 만능형 접착제로, 금속, 석재, 플라스틱, 도자기, 유리, 콘크리트, 목재, 고무 등의 접합 및 알루미늄과 같은 경금속의 접착에 가장 좋은 접착제이다.

정답 02.② 03.② 04.④ 05.③ 06.① 07.④

08 | 에폭시 수지 접착제의 용어
24, 22, 21, 20②, 19, 16②, 14, 12, 10②, 08②, 07

기본 점성이 크며 내수성, 내약품성, 전기 절연성이 모두 우수한 만능형 접착제로, 금속, 플라스틱, 도자기, 유리, 콘크리트 등의 접합에 사용되는 것은?

① 에폭시 수지 접착제
② 요소 수지 접착제
③ 페놀 수지 접착제
④ 멜라민 수지 접착제

해설 요소 수지 접착제는 접착할 때 경화제로서 염화암모늄 10% 수용액을 수지에 대하여 10~20%(무게)를 가하면 상온에서 경화된다. 합성수지 접착제 중에서는 가장 값이 싸고, 접착력이 우수하며 또 상온에서 경화되어 합판, 집성 목재, 파티클 보드, 가구 등에 널리 쓰인다. 페놀 수지 접착제는 페놀과 포르말린의 반응에 의하여 얻어지는 다갈색의 액상, 분상, 필름 상의 수지로서 가장 오래된 합성수지 접착제이다. 목재의 접착제로서 접착력, 내열성, 내수성이 우수하나 유리나 금속의 접착에는 적당하지 못하다. 멜라민 수지 접착제는 순백색 또는 투명한 흰색으로 내수성이 크며 열에 대하여 안정성이 있지만, 금속, 고무, 유리의 접합용으로는 부적당한 접착제이다.

정답 08. ①

PART 4

건축 일반

CRAFTSMAN INTERIOR ARCHITECTURE

CHAPTER 1 실내 건축 제도
CHAPTER 2 일반 구조

CHAPTER 01 실내 건축 제도

출제 키워드

1-1. 건축 제도용구 및 재료

1 건축 제도 시 유의사항 등

(1) 건축 제도 시 유의사항

건축 제도에 있어서 유의하여야 할 사항은 정확, 명료, 신속 등의 세 가지이다.

(2) 제도 용구

① 연필 : 제도에서 사용하는 연필은 일반적으로 무르기로부터 굳기의 순서대로 나열하면, B, HB, F, H, 2H 등이 많이 쓰이고, 도면의 성질, 축척, 종이의 질에 따라 알맞은 것을 사용한다.

② T자
  ㉮ T자는 수평선을 그리거나 삼각자와 함께 사용하여 수직선, 사선을 그릴 때 사용한다.
  ㉯ 선을 그을 때에는 T자의 머리를 제도판의 가장자리에 밀착시켜 움직이지 않도록 하며, 수평선은 왼쪽에서 오른쪽으로 선을 긋는다.
  ㉰ 연필은 T자의 날에 꼭 닿아야 하며, 선을 긋는 방향으로 약간 기울여 일정한 힘을 가하여 일정한 속도로 긋는다.

③ 삼각자 : 삼각자는 45°의 등변 삼각형, 60°와 30°로 이루어진 직각 삼각형의 2개의 삼각자로 구성되고, 삼각자는 T자와 같이 사용하여 수직선과 사선을 그을 때 사용하며, T자와 삼각자를 이용해서 나타낼 수 있는 각도는 30°, 45°, 60°, 75°, 90°, 105°, 150° 등이고, 삼각자의 1조를 이용하면 15°, 30°, 45°, 60°, 75°(=45°+30°), 105°(=60°+45°), 150°이다. 특히, 삼각자는 눈금이 없는 것을 사용(고른 선을 긋기 위하여, 길이를 잴 때는 스케일을 사용)하여야 한다. 자유 삼각자는 하나의 자로 각도를 조절하여 지붕의 물매 등을 그릴 때 사용한다.

■ 연필
무르기로부터 굳기의 순서대로 나열하면, B, HB, F, H, 2H 등

■ T자
T자는 수평선을 그리거나 삼각자와 함께 사용하여 수직선, 사선을 그릴 때 사용

■ 삼각자
• 45°의 등변 삼각형, 60°와 30°로 이루어진 직각 삼각형의 2개의 삼각자로 구성
• 삼각자는 눈금이 없는 것을 사용
• 자유 삼각자는 하나의 자로 각도를 조절하여 지붕의 물매 등을 그릴 때 사용

■ T자와 삼각자를 이용해서 나타낼 수 있는 각도
15°, 30°, 45°, 60°, 75°(=45°+30°), 105°(=60°+45°), 150° 등

④ 축척자(스케일) : 대상 물체의 모양을 도면으로 표현 시 크기를 비율에 맞춰 줄이거나 늘이기 위해 사용하는 제도 용구로서, 재료는 대나무, 합성수지가 사용되며, 1/100, 1/200, 1/300, 1/400, 1/500 및 1/600 축척의 눈금이 있고, 길이는 100mm, 150mm, 300mm의 세 종류가 있다. 스케일은 실물의 크기를 줄이거나(축척), 늘릴 때(배척) 및 그대로 옮길 때(실척)에 사용한다.

⑤ 컴퍼스 : 컴퍼스는 원 또는 원호를 그릴 때 사용하는 것으로, 빔 컴퍼스는 반지름이 70~130mm(이음대를 사용하여 최대 200mm)인 원을 그릴 때 사용하며, 중간 컴퍼스는 반지름이 50~70mm인 원을 그릴 때 사용한다. 또한, 스프링 컴퍼스는 반지름이 50mm인 원을 그릴 때 사용한다.

⑥ 디바이더(분할기) : 디바이더(분할기)는 직선이나 원주를 등분할 때, 치수를 옮기거나, 치수를 자 또는 삼각자의 눈금으로 잰 후 제도지에 같은 길이로 분할할 때 사용한다.

⑦ 자유 곡선자 : 자유 곡선자는 임의의 모양을 구부려 사용할 수 있으며, 비교적 큰 곡선(곡선이 구부러진 정도가 급하지 않은 곡선)을 그릴 때 사용한다.

⑧ 운형자 : 운형자는 컴퍼스로 그리기 어려운 원호나 원호 이외의 곡선을 그릴 때 사용하는 것으로 운형자를 이용하여 곡선을 그릴 때에는 곡선상에 합치되는 점이 최소 4개이다.

⑨ 지우개 : 지우개가 갖추어야 할 조건은 지운 후 지우개 색이 남지 않고, 부드러워야 하며, 지운 부스러기가 적고, 지우개의 경도가 작아야 한다. 또한, 종이면을 거칠게 상처내지 않아야 한다.

2 제도판, 용지 및 표제란 등

(1) 제도판

① 제도판의 경사도(기울기) : 건축 제도시 제도판의 경사도(기울기)는 약 10~15° 정도로 하는 것이 가장 이상적이다.

② 제도판의 규격

(단위 : mm)

종류	특대판	대판	중판	소판
규격	1,200×900	1,080×750	900×600	600×450

■ 출제 키워드

■ 축척자(스케일)
• 대상 물체의 모양을 도면으로 표현 시 크기를 비율에 맞춰 줄이거나 늘이기 위해 사용
• 1/100, 1/200, 1/300, 1/400, 1/500 및 1/600 축척의 눈금
• 실물의 크기를 줄이거나(축척), 늘릴 때(배척) 및 그대로 옮길 때(실척) 사용

■ 컴퍼스
• 빔 컴퍼스는 반지름이 70~130mm인 원을 그릴 때 사용
• 스프링 컴퍼스는 반지름이 50mm인 원을 그릴 때 사용

■ 디바이더(분할기)
직선이나 원주를 등분할 때, 치수를 옮기거나, 치수를 자 또는 삼각자의 눈금으로 잰 후 제도지에 같은 길이로 분할할 때 사용

■ 자유 곡선자
비교적 큰 곡선을 그릴 때 사용

■ 운형자
컴퍼스로 그리기 어려운 원호나 원호 이외의 곡선을 그릴 때 사용

■ 지우개
지우개의 경도가 작아야 할 것

■ 제도판의 경사도
약 10~15° 정도

출제 키워드

■ 제도 용지의 크기
• 제도 용지 A0의 크기 : 세로×가로
  =841mm×1,189mm
• 면적 : 약 1m² 정도
• 길이의 비 : 1 : $\sqrt{2}$ 정도

(2) 제도 용지

① 제도 용지의 크기 및 여백

(단위 : mm)

제도지의 치수		A0	A1	A2	A3	A4	A5	A6
$a \times b$		841×1,189	594×841	420×594	297×420	210×297	148×210	105×148
c(최소)								
d (최소)	철하지 않을 때	10			5			
	철할 때	25						
제도지 절단		전지	2절	4절	8절	16절	32절	64절

* a : 도면의 가로 길이
  b : 도면의 세로 길이
  c : 테두리선과 도면의 우측, 상부 및 하부 외곽과의 거리
  d : 테두리선과 도면의 좌측 외곽과의 거리

② 제도 용지의 크기

$$An = A0 \times \left(\frac{1}{2}\right)^n$$

여기서, n : 제도 용지의 치수

㉮ 제도 용지의 표기가 짝수인 경우 : 제도 용지의 크기를 산정하는 경우에는 A0 용지의 몇분의 일인가를 확인하고 면적은 길이의 제곱이므로 길이의 몇분의 일인가를 확인한다. 그리고, A0 용지의 크기 841mm×1,189mm에서 1mm를 감한 후 길이를 나눈다.

예를 들면, A4의 크기는 $An = A0 \times \left(\frac{1}{2}\right)^n$에서 $n=4$이므로 A0의 1/16, 즉 길이의 1/4이다.

그러므로 (841-1)/4=210mm, (1,189-1)/4=297mm이다.

㉯ 제도 용지의 표기가 홀수인 경우 : A3의 경우 A0의 1/8이므로 1/2×1/4에서 작은 변의 1/2, 큰 변의 1/4이다.

③ 제도 용지 A0의 크기는 세로×가로=841mm×1,189mm이고, 면적은 약 1m² 정도이며, 길이의 비는 1 : $\sqrt{2}$ 정도이다.

④ 건축 도면의 복사도는 보관, 정리 또는 취급상 접을 필요가 있는 경우에는 A4(210×297)를 기준으로 한다.

⑤ 제도 용지의 종류

㉮ 원도 용지 : 중요한 보존용 도면을 작성할 때 쓰이는 것으로 보통 켄트지로서 면이 경질이고, 지우개로 지워도 내구력이 강하여 스케치나 일반 기초 표현 재료로 사용이 가능하며, 포스터 컬러와 수채 물감이 잘 흡수된다.

㉯ 투사 용지 : 트레이싱 페이퍼, 트레이싱 클로스, 트레이싱 필름 및 미농지 등이 있다.

■ 제도 용지 A4(210×297)
건축 도면의 복사도는 보관, 정리 또는 취급상 접을 필요가 있는 제도 용지의 규격

■ 원도 용지
켄트지

■ 투사 용지
트레이싱 페이퍼, 트레이싱 클로스, 트레이싱 필름 및 미농지 등

㉠ 트레이싱 페이퍼 : 실시 도면을 작성할 때에 사용되는 원도지로, 연필을 이용하여 그린다. 투명성이 있고 경질이며, 습기에 약하나, 청사진 작업이 가능하고, 오랫동안 보존할 수 있으며, 수정이 용이한 종이로 건축 제도에 많이 쓰인다. 특수한 것으로는 트레팔지나 투시 박스 및 모눈이 인쇄된 트레이싱 페이퍼 등이 있다.
㉡ 트레이싱 클로스, 트레이싱 필름 : 하나의 원도에서 많은 양의 복사를 한다든지, 원도를 장기간 보관할 때 쓰이나 가격이 고가이다.
㉢ 채색 용지 : MO지, 백아지
㉣ 방안지 : 종이에 일정한 크기의 격자형 무늬가 인쇄되어 계획 도면을 작성하거나 평면을 계획할 때 사용이 가능한 용지이다.

(3) 표제란

도면에는 반드시 표제란을 설정하여야 하고, 위치는 일반적으로 도면의 오른쪽 아랫부분(우측 하단)에 배치한다. 표제란의 기입 내용에는 기관 정보, 도면 번호, 프로젝트 정보, 공사의 명칭, 축척, 설계 책임자의 성명, 도면 작성 날짜, 도면 분류 번호 등을 기입한다.

(4) 제도 시 주의사항

① 도면 작도 시 보조선을 연하게 긋고 글씨를 작성한다.
② 제도 시 조명은 좌측 상단에 두어 선긋기 시 그림자가 생기지 않도록 하여야 한다.
③ 제도 시에는 아무리 짧은 선이라고 하더라도 자를 이용하여 긋도록 하여야 한다.
④ 연필에 의한 묘사 방법은 폭넓은 명암을 나타내기 쉽고, 간단하게 수정할 수 있으며, 연필의 종류가 다양하여 효과적으로 사용하는 것이 가능하다.

출제 키워드

■ 트레이싱 페이퍼
- 실시 도면을 작성할 때에 사용되는 원도지로, 연필을 이용
- 투명성이 있고 경질이며, 습기에 약하나, 청사진 작업이 가능
- 오랫동안 보존 가능
- 수정이 용이한 종이로 건축 제도에 많이 사용

■ 방안지
- 종이에 일정한 크기의 격자형 무늬가 인쇄
- 계획 도면을 작성하거나 평면을 계획할 때 사용이 가능한 용지

■ 표제란
- 도면에는 반드시 표제란을 설정
- 위치는 일반적으로 도면의 오른쪽 아랫부분(우측 하단)에 배치
- 표제란의 기입 내용에는 기관 정보, 도면 번호, 프로젝트 정보 등

■ 제도 시 주의사항
- 보조선을 연하게 긋고 글씨를 작성함
- 제도 시 조명은 좌측 상단
- 아무리 짧은 선이라고 하더라도 자를 이용

■ 연필에 의한 묘사
- 폭넓은 명암
- 간단하게 수정 가능
- 연필의 종류가 다양하여 효과적으로 사용 가능

1-1. 건축 제도용구 및 재료
과년도 출제문제

01 | T자 이용 긋는 선
23, 20, 15, 12, 08

T자를 사용하여 그을 수 있는 선은?

① 포물선 ② 수평선
③ 사선   ④ 곡선

해설 T자는 수평선을 그을 때 사용하고, 사선은 T자와 삼각자를 사용하여 그으며, 포물선과 곡선은 운형자나 자유 곡선자를 사용한다.

02 | 삼각자 1조의 각도
21, 16

삼각자 1조로 만들 수 없는 각도는?

① 15°   ② 25°
③ 105° ④ 150°

해설 삼각자의 1조를 이용하면, 15°, 30°, 45°, 60°, 75°(=45°+30°), 105°(=60°+45°), 150°를 그을 수 있다.

03 | 삼각자 1조의 이루는 각도
24, 22, 14, 05

45°와 60° 삼각자의 2개 1조로 그을 수 있는 빗금의 각도가 아닌 것은?

① 30°   ② 50°
③ 75°   ④ 105°

해설 삼각자의 1조를 이용하면, 15°, 30°, 45°, 60°, 75°(=45°+30°), 105°(=60°+45°), 150°를 그을 수 있다.

04 | 삼각자
08

건축 제도에 사용되는 삼각자에 대한 설명으로 옳지 않은 것은?

① 일반적으로 45°의 등변 삼각형과 30°, 60°의 직각 삼각형 두 가지가 한 쌍으로 이루어져 있다.
② 재질은 플라스틱 제품이 많이 사용된다.
③ 제도에서는 눈금이 있는 자를 주로 이용한다.
④ 크기에 따라 몇 가지 종류로 구분한다.

해설 삼각자에는 눈금이 없어야 하며, 삼각자의 용도는 오직 선긋기에 사용되어야 한다. 또한, 길이를 재는 데는 스케일을 사용하여야 한다.

05 | 삼각자
25, 14

건축 제도에 사용되는 삼각자에 대한 설명으로 옳지 않은 것은?

① 일반적으로 45°의 등변 삼각형과 30°, 60°의 직각삼각형 두 가지가 한 쌍으로 이루어져 있다.
② 재질은 플라스틱 제품이 많이 사용된다.
③ 모든 변에 눈금이 기재되어 있어야 한다.
④ 삼각자의 조합에 따라 여러 가지 각도를 표현할 수 있다.

해설 건축 제도에 있어서 길이를 재는 데는 스케일을 사용하여야 하므로 삼각자에는 눈금이 필요하지 않다.

06 | 축척자의 용도
20, 13

대상 물체의 모양을 도면으로 표현 시 크기를 비율에 맞춰 줄이거나 늘이기 위해 사용하는 제도 용구는?

① T자   ② 축척자
③ 자유곡선자 ④ 운형자

해설 축척자(스케일)는 대상 물체의 모양을 도면으로 표현할 때, 크기를 비율에 맞추어 줄이거나, 늘이기 위해 사용하는 제도 용구이다.

07 | 삼각 스케일의 축척의 종류
20, 15, 09, 04, 98

일반적인 삼각 스케일에 표시되어 있지 않은 축척은?

① 1/100 ② 1/300
③ 1/500 ④ 1/700

해설 삼각 스케일은 1/100, 1/200, 1/300, 1/400, 1/500 및 1/600 축척의 눈금이 있고, 길이는 100, 150, 300mm의 세 종류가 있으며, 실물의 크기를 줄이거나 늘릴 때 사용한다.

정답 01. ② 02. ② 03. ② 04. ③ 05. ③ 06. ② 07. ④

08 | 삼각 스케일의 용도
23, 14, 12

제도에 사용되는 삼각 스케일의 용도로 적합한 것은?

① 원이나 호를 그릴 때 주로 쓰인다.
② 축척을 사용할 때 주로 쓰인다.
③ 제도판 옆면에 대고 수평선을 그릴 때 주로 쓰인다.
④ 원호 이외의 곡선을 그을 때 주로 쓰인다.

해설 삼각 스케일은 실물의 크기를 줄이거나(축척), 늘릴 때(배척) 및 그대로 옮길 때(실척)에 사용하고, ① 컴퍼스, ③ T자, ④ 운형자를 사용한다.

09 | 큰 원을 그릴 수 있는 컴퍼스
20, 02, 98

가장 큰 원을 그릴 수 있는 컴퍼스는?

① 스프링 컴퍼스
② 드롭 컴퍼스
③ 빔 컴퍼스
④ 중형 컴퍼스

해설 스프링 컴퍼스는 보통 반지름 10mm 이하의 작은 원이나 원호를 그릴 때 사용하고, 빔 컴퍼스는 지름이 큰 원을 그리거나 긴 선분을 옮길 때 사용한다.

10 | 스프링 컴퍼스의 용도
14②, 08, 06

일반적으로 반지름 50mm 이하의 작은 원을 그리는 데 사용되는 제도 용구는?

① 빔 컴퍼스
② 스프링 컴퍼스
③ 디바이더
④ 자유 삼각자

해설 빔 컴퍼스는 반지름이 70~130mm(이음대를 사용하여 최대 200mm)인 원을 그릴 때 사용하고, 중간 컴퍼스는 반지름이 50~70mm인 원을 그릴 때 사용한다. 또한, 스프링 컴퍼스는 반지름이 50mm인 원을 그릴 때 사용하며, 디바이더는 직선이나 원주를 등분할 때 사용한다. 또한, 자유 삼각자는 하나의 자로 각도를 조절하여 지붕의 물매 등을 그릴 때 사용한다.

11 | 디바이더의 용도
18, 14, 09, 08

건축 제도 용구 중 디바이더의 용도로 옳은 것은?

① 원호를 용지에 직접 그릴 때 사용한다.
② 직선이나 원주를 등분할 때 사용한다.
③ 각도를 조절하여 지붕 물매를 그릴 때 사용한다.
④ 투시도 작도 시 긴 선을 그릴 때 사용한다.

해설 디바이더의 용도는 치수를 옮기거나 직선이나 원주를 등분할 때 사용하고, ① 컴퍼스, ③ 자유 삼각자를 사용한다.

12 | 디바이더의 용도
23, 22, 19, 15, 13, 10, 98

제도 용구 중 치수를 옮기거나 선과 원주를 같은 길이로 나눌 때 사용하는 것은?

① 컴퍼스
② 디바이더
③ 삼각 스케일
④ 운형자

해설 컴퍼스는 원이나 원호를 그릴 때 사용하고, 삼각 스케일은 길이를 재거나 줄이는 데 사용하며, 운형자는 컴퍼스로 그리기 어려운 원호나 곡선을 그릴 때 사용한다.

13 | 디바이더의 용도
17, 16, 12, 09

치수를 자 또는 삼각자의 눈금으로 잰 후 제도지에 같은 길이로 분할할 때 사용되는 제도 용구는?

① 디바이더
② 운형자
③ 컴퍼스
④ T자

해설 운형자는 컴퍼스로 그리기 어려운 원호나 곡선을 그릴 때 사용하고, 컴퍼스는 원이나 원호를 그릴 때 사용하며, T자는 수평선을 그을 때 사용하고, 삼각자와 함께 사용하여 수직선, 사선을 긋는 데 사용한다.

14 | 연필의 경연 비교
25*, 23②, 21, 17, 16, 13, 08, 05, 03

제도 연필의 경도에서 무르기로부터 굳기의 순서대로 옳게 나열한 것은?

① HB-B-F-H-2H
② B-HB-F-H-2H
③ B-F-HB-H-2H
④ HB-F-B-H-2H

해설 제도에서 사용하는 연필은 일반적으로 무르기로부터 굳기의 순서대로 나열하면, B, HB, F, H, 2H 등이 많이 쓰이고, 도면의 성질, 축척, 종이의 질에 따라 알맞은 것을 사용한다.

15 | 운형자의 용도
13

제도 용구 중 운형자는 무엇을 그리는 데 사용하는가?

① 수직선
② 수평선
③ 곡선
④ 해칭선

해설 수평선은 T자(I자), 수직선과 해칭선은 삼각자를 이용하여 그리고, 운형자는 컴퍼스로 그리기 어려운 원호나 곡선을 그릴 때 사용한다.

16 | 운형자의 용어 | 23, 22, 20, 07

다음 제도용구 중 컴퍼스로 그리기 어려운 원호나 곡선을 그릴 때 사용하는 것은?

① 디바이더　　② 운형자
③ T자　　④ 스케일

해설 디바이더(분할기)는 치수를 도면 위에 잡거나, 도면 위의 길이를 재어 다른 곳에 옮길 때 또는 직선이나 원주를 등분할 때 사용하고, T자는 수평선 또는 삼각자와 함께 수직선 및 사선을 긋는데 사용하며, 스케일은 길이를 재거나, 확대 및 축소를 한다.

17 | 운형자의 용어 | 24, 14, 13, 12, 09, 07, 01, 99

다음 중 원호 이외의 곡선을 그릴 때 사용하는 제도 용구는?

① 디바이더　　② 운형자
③ 스케일　　④ 지우개판

해설 운형자는 컴퍼스로 그리기 어려운 원호나 곡선을 그릴 때 사용하는 제도 용구로 운형자를 이용하여 곡선을 그릴 때에는 곡선상에 합치되는 점이 최소 4개이다.

18 | 운형자의 형태 | 25*, 23, 15

다음 그림과 같은 제도 용구의 명칭으로 옳은 것은?

① 자유 곡선자　　② 운형자
③ 템플릿　　④ 디바이더

해설 운형자의 모양

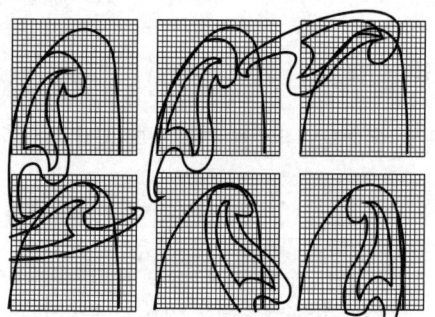

19 | 자유 곡선자의 용어 | 06

곡선의 구부러진 정도가 급하지 않은 큰 곡선을 그리는 데 쓰이는 제도용구는?

① T자　　② 자유 곡선자
③ 디바이더　　④ 자유 삼각자

해설 자유 곡선자는 임의의 모양으로 구부려 사용할 수 있고, 비교적 큰 곡선을 그을 때 사용하며, 납과 셀룰로오스 또는 합성 고무봉을 조합해서 만든 것이다.

20 | 지우개가 갖추어야 할 조건 | 25, 24, 18, 12

제도용 지우개가 갖추어야 할 조건이 아닌 것은?

① 지운 후 지우개 색이 남지 않을 것
② 부드러울 것
③ 지운 부스러기가 적고 지우개의 경도가 클 것
④ 종이면을 거칠게 상처내지 않을 것

해설 제도용 지우개는 지운 부스러기가 적고, 지우개의 경도가 작아야 한다.

21 | 제도 용구의 종류 | 16, 10, 07

다음 중 건축 제도 용구가 아닌 것은?

① 홀더　　② 원형 템플릿
③ 데오돌라이트　　④ 컴퍼스

해설 데오돌라이트는 기준 방위각이 주어지면 방위각을 측정해서 도착 방위각을 구하는 측량에 사용하는 기구의 일종이다.

22 | 제도 용구 | 20, 07

건축 제도 용구에 관한 설명으로 옳지 않은 것은?

① 일반적으로 삼각자는 45°의 등변삼각형과 60°의 직각삼각형 2가지가 1쌍이다.
② 운형자는 원호를 그릴 때 사용한다.
③ 스케일자는 1/100, 1/200, 1/300, 1/400, 1/500, 1/600의 축척이 매겨져 있다.
④ 제도 샤프는 0.3mm, 0.5mm, 0.7mm, 0.9mm 등을 사용한다.

해설 운형자는 컴퍼스로 그리기 어려운 원호나 곡선을 그릴 때 사용하는 것으로, 운형자를 이용하여 곡선을 그릴 때에는 곡선상에 합치되는 점이 최소 4개이다.

정답 16. ② 17. ② 18. ② 19. ② 20. ③ 21. ③ 22. ②

23 | 제도 용구 | 06

다음의 각종 제도 용구에 대한 설명 중 옳지 않은 것은?

① T자의 길이는 60, 90, 120, 150cm 등이 있다.
② 자유 곡선자는 원호 이외의 곡선을 자유 자재로 그릴 때 사용한다.
③ 곧은자는 투시도 작도 시의 긴 선을 그릴 때 사용한다.
④ 운형자는 지붕의 물매나 30°, 45° 이외의 각을 그리는 데 사용한다.

해설 운형자는 컴퍼스로 그리기 어려운 원호나 곡선을 그릴 때 사용하는 것으로 목제와 셀룰로이드제가 있고, 운형자를 이용하여 곡선을 그릴 때에는 곡선상에 합치되는 점이 최소 4개이다. 자유 삼각자는 지붕의 물매나 30°, 45° 이외의 각을 그리는 데 사용한다.

24 | 제도 용구 | 11

제도 용구에 대한 설명으로 옳은 것은?

① T자는 사선을 그을 때만 사용한다.
② 축척자는 실제의 모양을 도면으로 작성할 때 크기를 줄이거나 늘이기 위해 사용한다.
③ 제도판은 경사 없이 지면에 평행하게 설치하여야 한다.
④ 운형자를 이용하면 각종 기호를 쉽게 그릴 수 있다.

해설 ①에서 T자는 수평선을 그을 때만 사용하고, ③에서 제도판은 10~15° 정도의 경사를 가지며, ④에서 운형자는 컴퍼스로 그리기 어려운 원호나 곡선을 그릴 때 사용한다.

25 | 제도 용구 | 23, 13

제도 용구에 대한 설명으로 옳은 것은?

① 자유 곡선자 – 투시도 작도 시 긴 선이나 직각선을 그릴 때 많이 사용된다.
② 삼각자 – 75°, 35°자를 주로 사용하며, 재질은 플라스틱 제품이 많이 사용된다.
③ 자유 삼각자 – 하나의 자로 각도를 조절하여 지붕의 물매 등을 그릴 때 사용한다.
④ 운형자 – 원호로 된 곡선을 자유자재로 그릴 때 사용하며, 고무 제품이 많이 사용된다.

해설 ①은 T자나 삼각자에 대한 설명이고, ②의 삼각자는 30°, 45° 및 60°의 자를 주로 사용하며, ④는 자유 곡선자에 대한 설명이다.

26 | 제도 용구 | 25, 07

다음의 제도 용구에 대한 설명 중 옳지 않은 것은?

① 스프링 컴퍼스 : 일반적으로 반지름 50mm 이하의 작은 원을 그리는 데 사용된다.
② 운형자 : 원호 이외의 곡선을 그릴 때 사용한다.
③ 자유 각도자 : 각도를 자유롭게 조절할 수 있다.
④ 삼각자 : 45°와 90°, 60°와 30°로 2개가 한 조로 구성되며 눈금이 있는 것을 사용하여야 한다.

해설 삼각자는 45°의 등변 삼각형, 60°와 30°로 이루어진 직각 삼각형의 2개의 삼각자로 구성되고, 이 삼각자에는 눈금이 없어야 하며, 삼각자의 용도는 오직 선긋기에 사용되어야 한다. 또한, 길이를 재는 데는 스케일을 사용하여야 하므로 삼각자에는 눈금이 필요하지 않다.

27 | 제도 용구와 용도의 연결 | 23, 15

제도 용구와 용도의 연결이 틀린 것은?

① 컴퍼스 – 원이나 호를 그릴 때 사용
② 디바이더 – 선을 일정 간격으로 나눌 때 사용
③ 삼각 스케일 – 길이를 재거나 직선을 일정한 비율로 줄여 나타낼 때 사용
④ 운형자 – 긴 사선을 그릴 때 사용

해설 긴 사선을 그릴 때에는 삼각자를 사용하고, 운형자는 여러 가지의 곡선을 그릴 때 사용한다.

28 | 도면 작도 시 주의사항 | 15, 11

도면을 작도할 때의 유의사항 중 옳지 않은 것은?

① 선의 굵기가 구별되는지 확인한다.
② 선의 용도를 정확하게 알 수 있도록 작도한다.
③ 문자의 크기를 명확하게 한다.
④ 보조선을 진하게 긋고 글씨를 쓴다.

해설 도면 작도 시 보조선을 연하게 긋고 글씨를 쓴다.

29 | 도면 작도 시 주의사항

다음 중 제도할 때의 설명으로 틀린 것은?

① 수평선은 왼쪽에서 오른쪽으로 긋는다.
② 삼각자끼리 맞댈 경우 틈이 생기지 않고 면이 곧고 홈이 없어야 한다.
③ 선긋기는 시작부터 끝까지 굵기가 일정하게 한다.
④ 조명은 우측 상단이 좋다.

해설 제도 시 조명은 좌측 상단에 두어 선긋기 시 그림자가 생기지 않도록 하여야 한다.

30 | 제도

다음 중 제도에 관련된 내용으로 옳지 않은 것은?

① 빔 컴퍼스(beam compass)는 큰 원을 그릴 때 사용된다.
② 짧은 선은 프리 핸드(free hand)로 하는 것이 좋다.
③ 제도 용구는 사용 후 정비를 철저히 해야 한다.
④ 조명의 위치는 좌측 상방향이 좋다.

해설 제도 시에는 아무리 짧은 선이라고 하더라도 자를 이용하여 긋도록 하여야 한다.

31 | 한국산업규격의 분류

KS의 부문별 분류 기호이다. 토목 건축의 기호는?

① KS A ② KS C
③ KS F ④ KS M

해설 한국산업규격의 분류 기호

부문	기본	기계	전기	금속	광산	토건	일용품	식료품	섬유	요업	화학	의료	항공
기호	A	B	C	D	E	F	G	H	K	L	M	P	W

32 | 연필의 프리핸드

연필 프리핸드에 대한 설명으로 옳은 것은?

① 번지거나 더러워지는 단점이 있다.
② 연필은 폭넓게 명암을 나타내기 어렵다.
③ 간단히 수정할 수 없기에 사용상 불편이 많다.
④ 연필의 종류가 적어서 효과적으로 사용하는 것이 불가능하다.

해설 연필에 의한 묘사 방법은 폭 넓은 명암을 나타내기 쉽고, 간단하게 수정할 수 있으며, 연필의 종류가 다양하여 효과적으로 사용하는 것이 가능하다.

33 | 제도 용지(A0의 1/4)

제도 용지 A0의 1/4에 해당하는 크기는?

① A2 ② A3
③ A4 ④ A6

해설 A열 제도지의 크기는 다음과 같다.

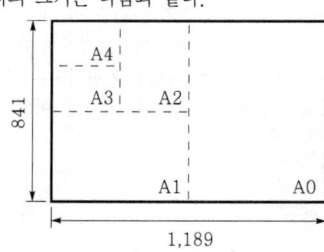

$An = A0 \times \left(\dfrac{1}{2}\right)^n$ 이다. 그러므로, A2의 용지는 $n=2$이므로,

$A2 = A0 \times \left(\dfrac{1}{2}\right)^2 = A0$의 1/4이다.

그림에서 A2의 크기는 $841 \div 2 = 420$mm, $1,189 \div 2 = 594$mm 이다.

여기서, 소수점 이하는 무조건 삭제한다.

34 | 제도 용지의 규격(A1용지)

다음의 제도 용지 크기 중에서 A1에 해당되는 치수로 옳은 것은? (단위 : mm)

① 841×1,189 ② 594×841
③ 420×594   ④ 297×420

해설 $An = A0 \times \left(\dfrac{1}{2}\right)^n$ 이다. 그러므로, A1의 용지는 $n=1$이므로,

$A1 = A0 \times \left(\dfrac{1}{2}\right)^1 = A0$의 1/2이다.

그러므로, A1의 크기는 841mm, $1,189 \div 2 = 594$mm이다.
여기서, 소수점 이하는 무조건 삭제한다.

35 | 제도 용지의 규격(A2용지)

A2제도 용지의 크기는? (단위 : mm)

① 210×297 ② 297×420
③ 420×594 ④ 594×841

정답 29.④ 30.② 31.③ 32.① 33.① 34.② 35.③

[해설] $An = A0 \times \left(\dfrac{1}{2}\right)^n$이다. 그러므로, A2의 용지는 $n=2$이므로, A2 $= A0 \times \left(\dfrac{1}{2}\right)^2 =$ A0의 1/4이다. 그러므로, A2의 크기는 $841 \div 2 = 420$mm, $1,189 \div 2 = 594$mm이다.
여기서, 소수점 이하는 무조건 삭제한다.

36 | 제도 용지의 규격(A3용지)
06, 03, 98

다음 중 A3 제도 용지의 규격으로 옳은 것은?(단위 : mm)

① 841×1,189 ② 594×941
③ 420×594   ④ 297×420

[해설] $An = A0 \times \left(\dfrac{1}{2}\right)^n$이다. 그러므로, A3의 용지는 $n=3$이므로, A3 $= A0 \times \left(\dfrac{1}{2}\right)^3 =$ A0의 1/4이다. 그러므로 A3의 크기는 $841 \div 2 = 420$mm, $1,189 \div 4 = 297$mm이다.
여기서, 소수점 이하는 무조건 삭제한다.

37 | 제도 용지의 규격 비교
21, 14

건축 제도 통칙에 정의된 제도 용지의 크기 중 틀린 것은? (단, 단위는 mm)

① A0 : 1189×1680   ② A2 : 420×594
③ A4 : 210×297   ④ A6 : 105×148

[해설] A0 용지의 크기는 841mm×1,189mm이므로 면적은 약 1m² 정도이며, 세로(단변)와 가로(장변)의 비는 약 $1 : \sqrt{2}$ 정도이다.

38 | 제도 용지의 규격 비교
16

제도치의 치수 중 옳지 않은 것은? (단, 보기항의 치수는 mm임)

① A0 - 841×1,189   ② A1 - 594×841
③ A2 - 420×594   ④ A3 - 210×297

[해설] A3의 규격은 420mm×297mm, A4의 규격은 210mm×297mm의 크기이다.

39 | 제도 용지의 가로와 세로의 비
24, 17, 06, 05, 03, 01

제도 용지의 세로(단변)와 가로(장변)의 길이 비율은?

① $1 : \sqrt{2}$ ② $2 : \sqrt{3}$
③ $1 : \sqrt{3}$ ④ $2 : \sqrt{2}$

[해설] A0 용지의 크기는 841mm×1,189mm이므로 면적은 약 1m² 정도이며, 세로(단변)와 가로(장변)의 비는 약 $1 : \sqrt{2}$ 정도이다.

40 | 도면의 크기
21, 20, 19, 16

KS F 1501에 따른 도면의 크기에 대한 설명으로 옳은 것은?

① 접은 도면의 크기는 B4의 크기를 원칙으로 한다.
② 제도지를 묶기 위한 여백은 35mm로 하는 것이 기본이다.
③ 도면은 그 길이 방향을 좌우 방향으로 놓은 것을 정위치로 한다.
④ 제도 용지의 크기는 KS M ISO 216의 B열의 B0~B6에 따른다.

[해설] KS F 1501의 규정에 의하여 접은 도면의 크기는 A4를 기준으로 하고, 제도지를 묶기 위한 여백은 25mm로 하며, 제도 용지의 크기에 있어, B열의 치수는 주로 서식이나 양식 등의 도서 용지 크기로 사용하기 때문에 B열의 치수는 제시하지 않는 것으로 하였다.

41 | 도면의 크기
10

도면의 크기에 관한 설명 중 옳지 않은 것은?

① A0의 크기는 841mm×1,189mm이다.
② 제도 용지의 크기는 A 다음에 오는 번호가 커짐에 따라 작아진다.
③ 도면은 그 길이 방향을 좌우 방향으로 놓은 위치를 정위치로 한다.
④ A1 크기 도면의 여백은 최소 5mm 이상 두어야 한다.

[해설] 제도 용지의 크기 및 여백 (단위 : mm)

제도지의 치수		A0	A1	A2	A3	A4	A5	A6
$a \times b$		841× 1,189	594× 841	420× 594	297× 420	210× 297	148× 210	105× 148
c(최소)								
d (최소)	철하지 않는 경우	10			5			
	철하는 경우	25						

여기서, c : 도면의 상, 하 및 우측의 여백
d : 도면의 좌측 여백

정답 36.④ 37.① 38.④ 39.① 40.③ 41.④

42 | 도면의 접는 규격
24, 22, 21, 16, 15, 04, 03

도면을 접는 크기의 표준으로 옳은 것은? (단, 단위는 mm임.)
① 841×1,189
② 420×294
③ 210×297
④ 105×148

해설 건축 도면의 복사도는 보관, 정리 또는 취급상 접을 필요가 있는 경우에는 A4(210mm×297mm)를 기준으로 한다.

43 | 제도 용지의 여백
24, 06

도면의 테두리를 만들 때 여백은 최소 얼마나 두어야 하는가? (단, A1 제도 용지, 묶지 않을 경우)
① 5mm
② 10mm
③ 15mm
④ 20mm

해설 철하지 않는 경우에는 도면의 상, 하 및 좌, 우측의 여백은 A0~A2용지의 경우 10mm이고, A3~A6의 경우 5mm이며, 철하는 경우에는 도면의 좌측 여백은 25mm 이상이다.

44 | 제도 용지 중 투사용지
24, 07

제도 용지 중 투사(透寫)용지가 아닌 것은?
① 켄트지
② 미농지
③ 트레이싱 페이퍼
④ 트레이싱 클로오드

해설 제도 용지의 종류에는 원도용지(중요한 보존용 도면을 작성할 때 사용, 켄트지), 투사용지(트레이싱 페이퍼, 트레이싱 클로스, 트레이싱 필름 등) 및 채색 용지(MO지, 백아지 등) 등이 있다.

45 | 트레이싱지의 용어
22, 17, 13

아래 설명에 가장 적합한 종이의 종류는?

실시 도면을 작성할 때에 사용되는 원도지로, 연필을 이용하여 그린다. 투명성이 있고 경질이며, 청사진 작업이 가능하고, 오랫동안 보존할 수 있으며, 수정이 용이한 종이로 건축 제도에 많이 쓰인다.

① 켄트지
② 방안지
③ 트레팔지
④ 트레이싱지

해설 켄트지는 중요한 보존용 도면을 작성할 때 사용하는 제도 용지이고, 트레팔지는 특수한 트레싱지의 일종이며, 방안지는 종이에 일정한 크기의 격자형 무늬가 인쇄되어 계획 도면을 작성하거나 평면을 계획할 때 사용이 가능한 용지이다.

46 | 트레이싱지
23, 20, 19, 15, 12

트레이싱지에 대한 설명 중 옳은 것은?
① 불투명한 제도 용지이다.
② 연질이어서 쉽게 찢어진다.
③ 습기에 약하다.
④ 오래 보관되어야 할 도면의 제도에 쓰인다.

해설 트레이싱지는 투명한 제도 용지이고, 경질이어서 쉽게 찢어지지 않으나 습기에 약하며, 오래 보관되어야 할 도면의 제도는 원도용지, 즉 켄트지를 사용한다.

47 | 방안지의 용어
14, 11, 10, 06

종이에 일정한 크기의 격자형 무늬가 인쇄되어 있어서, 계획 도면을 작성하거나 평면을 계획할 때 사용하기가 편리한 제도지는?
① 켄트지
② 방안지
③ 트레이싱지
④ 트레팔지

해설 켄트지는 면이 경질이고, 지우개로 지워도 내구력이 강하여 스케치나 일반 기초 표현 재료로 사용이 가능하며, 포스터컬러와 수채물감이 잘 흡수된다. 트레이싱지는 반투명 황산지로서 청사진에 의한 복제를 필요로 할 경우나 파스텔 렌더링을 할 때 앞뒷면의 명암을 조절할 수 있다. 특수한 것으로는 트레팔지나 투시 박스 및 모눈이 인쇄된 트레싱페이퍼 등이 있다. 트레팔지는 특수한 트레이싱지의 일종이다.

48 | 도면의 크기와 표제란
24, 23, 20, 19, 05, 98

도면의 크기와 표제란에 관한 설명 중 틀린 것은?
① 제도 용지의 크기는 번호가 커짐에 따라 작아진다.
② A0의 넓이는 약 $1m^2$이다.
③ 큰 도면을 접을 때는 A4의 크기로 접는 것이 원칙이다.
④ 표제란은 도면 왼쪽 위 모서리에 표시하는 것이 원칙이다.

해설 표제란의 위치는 도면의 오른쪽 아래 모서리에 적당한 크기의 표제란을 설치하고, 기입 내용은 도면 번호, 공사명칭, 축척, 책임자의 서명, 설계자의 서명, 도면 작성 연월일을 기록한다.

49 | 표제란의 기입 사항
24, 19, 14, 11

도면의 표제란에 기입할 사항과 가장 거리가 먼 것은?
① 기관 정보
② 프로젝트 정보
③ 도면 번호
④ 도면 크기

해설 표제란의 위치는 도면의 오른쪽 아랫 부분에 배치하고, 표제란의 기입 내용에는 기관 정보, 도면 번호, 프로젝트 정보, 공사의 명칭, 축척, 설계 책임자의 성명, 도면 작성 날짜, 도면 분류 번호 등을 기입한다.

50 | 표제란의 위치
23, 02

설계 도면에서는 표제란을 설정하여야 하는데 표제란의 위치로 알맞은 곳은?
① 우측 하단면
② 우측 상단면
③ 좌측면
④ 우측면

해설 제도시 도면의 표제란의 위치는 도면의 우측(오른쪽) 하단에 위치함을 원칙으로 한다.

51 | 제도판의 크기
02

제도판의 크기는 특대, 대, 중, 소판으로 분류한다. 다음 그림에서 크기가 잘못된 것은?

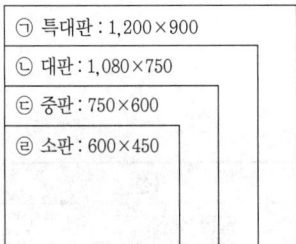

① ㉠
② ㉡
③ ㉢
④ ㉣

해설 제도판의 크기 (단위 : mm)

종류	특대판	대판	중판	소판
크기	1,200×900	1,080×750	900×600	600×450

52 | 제도판의 경사도
02

건축 제도 시 제도판의 경사도(기울기)로 옳은 것은?
① 5~9°
② 10~15°
③ 16~19°
④ 20~25°

해설 건축 제도 시 제도판의 경사도는 약 10~15° 정도로 하는 것이 가장 이상적이다.

1-2. 각종 제도 규약

1 도면의 글자와 숫자

① 글자 쓰기에서 글자는 명확하게 하고, 문장은 왼쪽에서부터 가로쓰기를 원칙으로 한다.(다만, 가로쓰기가 곤란할 때에는 세로쓰기도 무방)
② 글자체는 고딕체로 하고, 수직 또는 15°경사로 쓰는 것을 원칙으로 한다.
③ 글자의 크기는 높이로 표시하고, 20, 16, 12.5, 10, 8, 6.3, 5, 4, 3.2, 2.5 및 2mm의 11종류로서 네 자리 이상의 숫자는 세 자리마다 자릿점을 찍든지, 간격을 두어 표시한다.
④ 글자의 크기는 각 도면(축척과 도면의 크기)의 상황에 맞추어 알아보기 쉬운 크기로 한다.
⑤ 화살표의 크기는 선의 굵기와 조화를 이루도록 하고, 도면에 표기된 기호는 치수 앞에 쓰며, 반지름은 R, 지름은 ϕ로 표기한다.

2 선의 종류, 용도 및 유의사항

(1) 선의 종류와 용도

종류	실선		허선		
	전선	가는선	파선	일점 쇄선	이점 쇄선
용도	단면선, 외형선, 파단선	치수선, 치수 보조선, 인출선, 지시선, 해칭선	물체의 보이지 않는 부분	중심선 (중심축, 대칭축)	절단선, 경계선, 기준선	물체가 있는 가상 부분(상상선, 가상선), 일점 쇄선과 구분
굵기 (mm)	굵은선 0.3~0.8	가는선 (0.2 이하)	중간선 (전선 1/2)	가는선	중간선	중간선 (전선 1/2)

① 중심선 : 물체의 중심축과 대칭축을 표시하는 데 사용한다.
② 해칭선 : 가는 선을 같은 간격으로 밀접하게 그은 선으로 단면의 표시에 사용한다.
③ 절단선 : 절단하여 보이려는 위치를 표시하는 선이다.
④ 가상선 : 물체가 있는 것으로 가상되는 부분을 표시하거나, 일점 쇄선과 구분할 때 사용하는 선)은 이점 쇄선을 사용한다.
⑤ 지시선 : 지시선은 직선 사용을 원칙으로 하고, 지시 대상이 선인 경우 지적 부분은 화살표를 사용하며, 지시 대상이 면인 경우 지적 부분은 채워진 원을 사용한다. 특히, 지시선은 다른 제도선과 혼동되지 않도록 가늘고 명료하게 그린다.
⑥ 파단선 : 긴 기둥을 도중에서 자를 때 사용하며, 굵은 선으로 그린다.

⑦ 일점 쇄선이라 함은 선과 선사이를 잇는 것은 선이 아니고 점이다. 일점 쇄선의 가는 선은 중심선(중심축, 대칭축), 일점 쇄선의 중간선은 절단선, 경계선, 기준선 등에 사용된다.

(2) 선긋기의 유의사항

① 축척과 도면의 크기에 따라서 선의 굵기를 다르게하고, 가는선이라도 선의 농도를 높게 조정한다.
② 선과 선이 각을 이루어 만나는 곳은 정확하게 작도가 되도록 한다.
③ 선의 굵기를 조절하기 위해 중복하여 여러 번 긋지 않도록 한다.
④ 파선이나 점선은 선의 길이와 간격이 일정해야 하고, 용도에 따라 선의 굵기를 구분한다.
⑤ 굵은선의 굵기는 0.8mm 정도면 적당하다.
⑥ 시작부터 끝까지 일정한 힘을 주어 일정한 힘과 속도로 긋는다.
⑦ 일점 쇄선 및 이점 쇄선의 연결(선과 선 사이)은 점으로 한다.
⑧ 제도 시 선을 긋는 경우 수평선은 좌측에서 우측으로, 수직선은 아래에서 위로(삼각자의 왼쪽 옆면을 이용), 위에서 아래로(삼각자의 오른쪽 옆면을 이용), 사선은 좌측 하단에서 우측 상단, 좌측 상단에서 우측 하단으로 긋는다.

3 도면의 척도와 치수

(1) 도면 척도(축척)의 종류와 길이 산정법

① 척도의 종류 : 건축 제도 통칙에서 사용하는 척도의 종류에는 $\frac{2}{1}, \frac{5}{1}, \frac{1}{1}, \frac{1}{2}, \frac{1}{3}, \frac{1}{4}, \frac{1}{5}, \frac{1}{10}, \frac{1}{20}, \frac{1}{25}, \frac{1}{30}, \frac{1}{40}, \frac{1}{50}, \frac{1}{100}, \frac{1}{200}, \frac{1}{250}\left(\frac{1}{300}\right), \frac{1}{500}, \frac{1}{600}, \frac{1}{1,000}, \frac{1}{1,200}, \frac{1}{2,000}, \frac{1}{2,500}\left(\frac{1}{3,000}\right), \frac{1}{5,000}, \frac{1}{6,000}$ 등의 24종이 있다.

㉮ 배척 : 실물보다 큰 축척(예 2/1, 3/1 등)
㉯ 실척 : 실물과 같은 축척(예 1/1)
㉰ 축척 : 실물보다 작은 축척(예 1/2, 1/3 등)

② 척도에 의한 길이 산정법 : 축척이란 실제의 길이에 비례하여 도면에 표기하는 길이로서, 즉 축척=도면상의 길이/실제의 길이이므로 도면상의 길이=실제 길이×축척이다.
③ 척도의 표기 : 한 도면에 있어서 서로 다른 척도를 사용한 경우에는 도면마다 척도를 표기하여야 하고, 그림(도면)의 형태가 치수에 비례하지 않을 때는 NS(No Scale)로 표시한다.

출제 키워드

■ 일점 쇄선
• 선과 선사이를 잇는 것은 선이 아니고 점
• 일점 쇄선의 가는선은 중심선
• 일점 쇄선의 중간선은 절단선, 경계선, 기준선 등에 사용

■ 선긋기의 유의사항
• 축척과 도면의 크기에 따라서 선의 굵기를 다르게
• 선의 농도를 높게 조정
• 중복하여 여러 번 긋지 않도록
• 일정한 힘과 속도로

■ 수직선 긋기 방법
• 아래에서 위로(삼각자의 왼쪽 옆면을 이용)
• 위에서 아래로(삼각자의 오른쪽 옆면을 이용)

■ 도면의 척도
• 배척 : 실물보다 큰 축척(예 2/1, 3/1 등)
• 실척 : 실물과 같은 축척(예 1/1)
• 축척 : 실물보다 작은 축척(예 1/2, 1/3 등)

■ 척도에 의한 길이 산정법
• 축척=도면상의 길이/실제의 길이
• 도면상의 길이=실제 길이×축척

■ 척도의 표기
• 한 도면에 있어서 서로 다른 척도를 사용한 경우에는 도면마다 척도를 표기
• 그림(도면)의 형태가 치수에 비례하지 않을 때는 NS로 표시

출제 키워드

- **치수의 단위**
  - 단위는 mm
  - 단위는 기입하지 않음

- **치수 기입 시 주의사항**
  - 도면의 아래로부터 위로 기입
  - 왼쪽에서 오른쪽으로 읽을 수 있도록 치수선 위의 가운데(중앙)에 기입
  - 좁은 부분은 인출선을 쓰거나 치수선의 왼쪽, 오른쪽 또는 위아래에 치수를 기입
  - 정사각형 기호 □는 치수 숫자 앞(왼쪽)에 표기
  - 화살 또는 점을 같은 도면에서 혼용 금지
  - 치수선과 치수선의 간격은 8~10mm 정도

(2) 치수의 단위

제도 통칙에 있어서 치수의 단위는 mm로 하고, 단위는 기입하지 않으며, 치수의 뒷부분에는 기입하지 않는다.

(3) 치수 기입 시 주의사항

① 중복을 피하고, 계산하지 않고도 알 수 있도록 기입하며, 치수선에 평행하게 기입한다.
② 도면의 아래로부터 위로, 또는 왼쪽에서 오른쪽으로 읽을 수 있도록 치수선 위의 가운데(중앙)에 기입하고, 외형선에 직접 넣을 수도 있으며, 특별히 명시하지 않는 한 마무리 치수로 표시한다.
③ 전체의 치수는 각 부분 치수의 바깥쪽에 기입하고, 좁은 부분은 인출선을 쓰거나 치수선의 왼쪽, 오른쪽 또는 위아래에 치수를 기입한다.
④ 그림이 작을 때에는 별도로 상세도를 그려서 치수를 기입한다.
⑤ 원호는 원호를 따라 표기하고, 현의 길이는 직선으로 표기하며, 지름의 기호 ϕ, 반지름의 기호 R, 정사각형 기호 □는 치수 숫자 앞(왼쪽)에 표기한다. 특히, 치수의 단위는 mm를 기준으로 한다.
⑥ 치수선의 양끝 표시 방법은 화살 또는 점을 같은 도면에서 혼용하지 않는 것이 좋다.
⑦ 치수선은 그림에 방해가 되지 않는 적당한 위치에 긋고, 치수선과 치수선의 간격은 8~10mm 정도로 한다. 치수 보조선은 치수선에 직각이 되도록 긋되, 2~3mm 정도 떨어져 긋기 시작하고, 치수 보조선의 끝은 치수선 너머로 약 3mm 정도 더 나오도록 하는 것이 좋다.
⑧ 지붕 물매의 표기시 지면의 물매나 바닥의 배수 물매가 작을 때에는 분자를 1로 한 분수로 표시하고, 지붕처럼 비교적 물매가 클 때에는 분모를 10으로 한 분수로 표시한다(예 4/10, 1/200).

4 도면 표시 기호

명칭	길이	높이	폭(너비)	면적	두께	직경	반지름	용적	간격	이형철근	원형철근
표시 기호	L	H	W	A	THK	D, ϕ	R	V	@	D	ϕ

* 지름이 13mm인 이형 철근을 250mm 간격으로 배근할 때 그 표현 방법은 지름이 13mm인 이형 철근의 표기는 D13, @250은 간격 250mm를 의미하므로 D13 @250으로 표기한다.

출제 키워드

- **D13 @250의 의미**
  - 지름이 13mm인 이형 철근을 250mm 간격으로 배근할 때 그 표현 방법
  - 지름이 13mm인 이형 철근의 표기는 D13, @250은 간격 250mm를 의미

5 재료 구조 표시(단면용) 기호

표시 사항 구분	원칙	준용	비고
지반			경사면
잡석다짐			
자갈 모래	a 자갈 b 모래	자갈, 모래 섞기	타재와 혼용될 우려가 있을 때에는 반드시 재료명을 기입한다.
석재			
인조석 (모조석)			
콘크리트	a b c		a는 강자갈, b는 깬자갈, c는 철근 배근일 때
벽돌			
블록			

축척 정도별 구분 표시 사항	축척 $\frac{1}{100}$ 또는 $\frac{1}{200}$일 때	축척 $\frac{1}{20}$ 또는 $\frac{1}{50}$일 때
벽 일반		
철골 철근 콘크리트 기둥 및 철근 콘크리트 벽		
철근 콘크리트 기둥 및 장막벽	←재료표시	←재료표시
철골 기둥 및 장막벽		

> 출제 키워드

축척 정도별 구분 표시 사항		축척 $\frac{1}{100}$ 또는 $\frac{1}{200}$ 일 때	축척 $\frac{1}{20}$ 또는 $\frac{1}{50}$ 일 때	
블록벽			축척 $\frac{1}{20}$ 축척 $\frac{1}{50}$	
벽돌벽				
목조벽	양쪽 심벽 / 안심벽 밖평벽 / 안팎 평벽		반쪽 기둥 / 통재 기둥 축척 $\frac{1}{20}$	
목재	치장재		단면 / 직사각형 단면	
	구조재		합판	유심재, 거심재를 구별할 때 / 유심재 / 거심재
철재				준용란은 축척이 실척에 가까울 때 쓰인다.
차단재 (보온, 흡음, 방수, 기타)		재료명 기입		
얇은재 (유리)		a		a는 실척에 가까울 때 사용한다.
망사		a		
기타		윤곽을 그리고 재료명을 기입한다.	재료명	실척에 가까울수록 윤곽 또는 실형을 그리고 재료명을 기입한다.

6 창호 평면 표시 기호 Ⅰ

 출제 키워드

명칭	평면	입면	명칭	평면	입면
출입구 일반			미서기문		
회전문			미닫이문		
쌍여닫이문			셔터		
접이문			빈지문		
여닫이문			방화벽과 쌍여닫이문		
주름문 (재질 및 양식 기입)			격자창		
빈지문			쌍여닫이창		
자재문			망사창		
망사문			여닫이창		

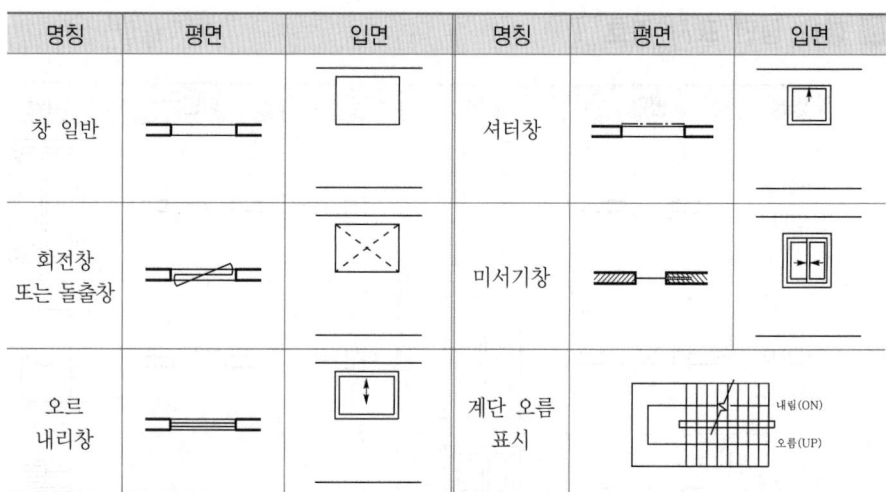

7 창호 표시 기호 Ⅱ

울거미 재료	창	문	비고
목재	1 / WW	2 / WD	창·문 번호 / 재료 기호 / 창·문·셔터별 기호
철재	3 / SW	4 / SD	
알루미늄재	5 / ALW	6 / ALD	창·문 번호는 같은 규격일 경우에는 모두 같은 번호로 기입한다.
플라스틱	7 / PW	8 / PD	• 창 : W • 문 : D • 셔터 : S
스테인리스강	5 / SsW	6 / SsD	

1-2. 각종 제도 규약
과년도 출제문제

01 | 문자의 크기 기준
02

설계도면에 사용되는 문자의 크기를 나타내는 기준은?
① 길이 ② 폭
③ 높이 ④ 굵기

해설 글자의 크기는 글자의 높이를 기준으로 하며 20, 16, 12.5, 10, 8, 6.3, 5, 4, 3.2, 2.5 및 2mm의 11종류를 표준으로 한다.

02 | 도면의 글자
19, 14, 09, 08, 04, 03

건축 도면에 쓰이는 글자에 관한 설명 중 옳지 않은 것은?
① 글자의 크기는 각 도면의 상황에 맞추어 알아보기 쉬운 크기로 한다.
② 문장은 왼쪽부터 세로쓰기를 원칙으로 한다.
③ 글자체는 수직 또는 15도 경사의 고딕체로 쓰는 것을 원칙으로 한다.
④ 숫자는 아라비아 숫자를 원칙으로 한다.

해설 도면의 글자 쓰기에 있어서 문장은 왼쪽에서부터 가로쓰기를 원칙으로 하고, 네 자리 이상의 숫자는 세 자리마다 자릿점을 찍거나 간격을 두어 표시한다. 다만, 네 자리 미만의 수는 이에 따르지 않아도 좋다.

03 | 도면의 글자
24, 06

건축 제도에 사용하는 글자에 대한 설명 중 옳지 않은 것은?
① 글자는 명백히 쓴다.
② 문장은 왼쪽부터 가로쓰기를 원칙으로 한다.
③ 글자의 크기는 각 도면의 상황에 맞추어 알아보기 쉬운 크기로 한다.
④ 글자체는 수직 또는 30°경사의 고딕체로 쓰는 것을 원칙으로 한다.

해설 도면의 글자는 명확하게 쓰고, 건축 도면에서 문장은 왼쪽에서부터 오른쪽으로 가로쓰기를 원칙으로 하며, 글자체는 고딕체로 하며, 수직 또는 15° 경사로 쓰는 것을 원칙으로 한다.

04 | 도면의 글자
24, 03

도면의 글자에 대한 설명 중 틀린 것은?
① 글자는 명백히 쓴다.
② 문장은 오른쪽에서부터 가로쓰기를 원칙으로 한다.
③ 글자체는 수직 또는 15° 경사로 쓰는 것을 원칙으로 한다.
④ 숫자는 아라비아 숫자를 원칙으로 한다.

해설 도면의 글자쓰기에 있어서 글자는 명확하게 쓰고, 문장은 왼쪽에서부터 가로 쓰기를 원칙으로 하며, 글자체는 수직 또는 15° 경사로 쓰는 것을 원칙으로 한다. 또한, 네 자리 이상의 숫자는 세 자리마다 자릿점을 찍거나 간격을 두어 표시한다. 다만, 네 자리 미만의 수는 이에 따르지 않아도 좋다.

05 | 선(가장 굵은 선)
25③, 23②, 20, 18, 15, 11

다음 중 선의 굵기가 가장 굵어야 하는 것은?
① 절단선 ② 지시선
③ 외형선 ④ 경계선

해설 선의 종류와 용도

종류	실선		허선		
	전선	가는선	파선	일점 쇄선	이점 쇄선
용도	단면선, 외형선, 파단선	치수선, 치수보조선, 인출선, 지시선, 해칭선	물체의 보이지 않는 부분	중심선 (중심축, 대칭축)	절단선, 경계선, 기준선	물체가 있는 가상 부분(가상선), 일점 쇄선과 구분
굵기 (mm)	굵은선 0.3~0.8	가는선 (0.2 이하)	중간선 (전선 1/2)	가는선	중간선	중간선 (전선 1/2)

정답 01. ③ 02. ② 03. ④ 04. ② 05. ③

06 | 선(굵은 실선의 용도)
16

건축 제도에서 사용하는 선의 종류 중 굵은 실선의 용도로 옳은 것은?

① 보이지 않는 부분 표시
② 단면의 윤곽 표시
③ 중심선, 절단선, 기준선 표시
④ 상상선 또는 1점 쇄선과 구별할 필요가 있을 때

해설 ① 파선으로 표기하고, ③ 1점 쇄선의 중간선으로 표기하며, ④ 2점 쇄선으로 표기한다.

07 | 선(가는선의 용도)
22, 09

다음 선의 종류 중 인출선, 치수 보조선 등으로 사용되는 것은?

① 실선   ② 파선
③ 1점 쇄선   ④ 2점 쇄선

해설 실선의 가는선(0.2mm 이하)은 치수선, 치수 보조선, 인출선, 지시선, 해칭선 등으로 사용한다.

08 | 선(파선의 용도)
24, 17, 09, 04, 98

선의 종류 중 대상물의 보이지 않는 부분을 나타내는 선은?

① 굵은 실선   ② 가는 실선
③ 파선   ④ 1점 쇄선

해설 굵은 실선은 단면선, 외형선 및 파단선 등에 사용되고, 가는 실선은 치수선, 치수 보조선, 인출선, 지시선, 해칭선 등에 사용되며, 일점 쇄선의 가는선은 중심선(중심축, 대칭축), 일점 쇄선의 중간선은 절단선, 경계선, 기준선 등에 사용된다.

09 | 선(일점 쇄선의 용도)
21, 19, 08

1점 쇄선으로 표기할 수 없는 것은?

① 중심선   ② 치수선
③ 경계선   ④ 기준선

해설 일점 쇄선은 가는선으로 중심선(중심축, 대칭축), 일점 쇄선은 중간선으로 절단선, 경계선, 기준선 등에 사용된다.

10 | 선(일점 쇄선의 용도)
24, 23, 22②, 21, 15, 14③, 11, 10, 09②, 08, 06②, 98

건축 설계 도면에서 중심선, 절단선, 경계선 및 기준선 등으로 사용되는 선은?

① 실선   ② 일점 쇄선
③ 이점 쇄선   ④ 파선

해설 굵은 실선은 단면선, 외형선 및 파단선 등에 사용되고, 가는 실선은 치수선, 치수 보조선, 인출선, 지시선, 해칭선 등에 사용되며, 이점 쇄선은 중간선으로 물체가 있는 가상 부분(가산선), 일점 쇄선과 구분하는 경우에 사용하며, 파선의 중간선은 물체가 보이지 않는 부분에 사용한다.

11 | 선(이점 쇄선의 용도)
24, 10, 04

선의 종류 중 이점 쇄선의 용도는?

① 외형선   ② 인출선
③ 치수선   ④ 상상선

해설 외형선은 실선의 전선, 인출선과 치수선은 실선의 가는선을 사용한다.

12 | 선(이점 쇄선의 용도)
17, 15, 13, 11

물체가 있는 것으로 가상되는 부분을 표현할 때 사용되는 선은?

① 가는 실선   ② 파선
③ 일점 쇄선   ④ 이점 쇄선

해설 실선의 가는선은 치수선, 치수 보조선, 인출선, 지시선 및 해칭선에 사용되고, 파선은 중간선으로 물체의 보이지 않는 부분에 사용하며, 일점 쇄선의 가는선은 중심선(중심축, 대칭축), 일점 쇄선의 중간선은 절단선, 경계선, 기준선 등에 사용된다.

13 | 선(이점 쇄선의 용도)
12

선의 종류 중 상상선에 사용되는 선은?

① 굵은선   ② 가는선
③ 일점 쇄선   ④ 이점 쇄선

해설 굵은 실선은 단면선, 외형선 및 파단선 등에 사용되고, 가는 실선은 치수선, 치수 보조선, 인출선, 지시선, 해칭선 등에 사용되며, 일점 쇄선의 가는선은 중심선(중심축, 대칭축), 일점 쇄선의 중간선은 절단선, 경계선, 기준선 등에 사용된다.

정답 06. ② 07. ① 08. ③ 09. ② 10. ② 11. ④ 12. ④ 13. ④

14 | 선(일점 및 이점 쇄선의 용도)

도면 작도 시 선의 종류가 나머지 셋과 다른 것은?

① 절단선 ② 경계선
③ 기준선 ④ 가상선

해설 일점 쇄선의 가는선은 중심선(중심축, 대칭축), 일점 쇄선의 중간선은 절단선, 경계선, 기준선 등에 사용되고, 이점 쇄선은 물체가 있는 가상 부분(가상선), 일점 쇄선과 구분에 사용한다.

15 | 선의 종류와 용도

건축 제도에서 사용하는 선에 관한 설명 중 틀린 것은?

① 이점 쇄선은 물체의 절단한 위치를 표시하거나 경계선으로 사용한다.
② 가는 실선은 치수선, 치수 보조선, 격자선 등을 표시할 때 사용한다.
③ 일점 쇄선은 중심선, 참고선 등을 표시할 때 사용한다.
④ 굵은 실선은 단면의 윤곽 표시에 사용한다.

해설 이점 쇄선은 물체가 있는 가상 부분(가상선), 일점 쇄선과 구분하는 경우에 사용하며, 물체의 절단한 위치를 표시하거나 경계선은 일점 쇄선에 대한 설명이다.

16 | 선의 종류와 용도

제도 시 사용되는 선에 대한 설명 중 옳지 않은 것은?

① 일점 쇄선은 중심선, 절단선, 기준선 등에 쓰인다.
② 파선은 보이지 않는 부분의 모양을 표시하는 선이다.
③ 실선은 치수선, 치수보조선, 인출선 등에 쓰인다.
④ 점선은 파선과 구별선이고 이점 쇄선은 실선과 구별선이다.

해설 점선은 파선과 구별할 구별선이고 이점 쇄선은 일점 쇄선과 구별선이다.

17 | 선의 종류와 용도

아래 보기에서 선에 대한 설명으로 옳은 것을 모두 고르면?

A. 실선은 단면 또는 중심선 등에 사용된다.
B. 파선 또는 점선은 보이지 않는 부분이나 절단면보다 양면 또는 윗면에 있는 부분의 표시에 사용된다.
C. 일점 쇄선은 절단선, 경계선 등에 사용한다.

① A ② B
③ B, C ④ A, B, C

해설 굵은 실선은 전선으로 단면선, 외형선, 파단선 등에 사용하고, 가는 실선의 가는선으로 치수선, 치수보조선, 인출선, 지시선 및 해칭선 등에 사용하며, 일점 쇄선의 가는선은 중심선(중심축, 대칭축), 일점 쇄선의 중간선은 절단선, 경계선, 기준선 등에 사용된다.

18 | 선의 종류와 용도

선의 용도에 대한 설명으로 맞지 않는 것은?

① 파단선은 긴 기둥을 도중에서 자를 때 사용하며, 굵은 선으로 그린다.
② 단면선은 단면의 윤곽을 나타내는 선으로서, 굵은 선으로 그린다.
③ 가상선은 움직이는 물체의 위치를 나타내며, 일점 쇄선으로 그린다.
④ 입면선은 물체의 외관을 나타내며, 가는 선으로 그린다.

해설 가상선(물체가 있는 것으로 가상되는 부분을 표시하거나, 일점 쇄선과 구분할 때 사용하는 선)은 이점 쇄선을 사용한다.

19 | 선의 종류와 용도

선의 종류에 따른 용도로 옳지 않은 것은?

① 실선 : 물체의 보이는 부분을 나타내는데 사용
② 파선 : 물체의 보이지 않는 부분의 모양을 표시하는데 사용
③ 1점 쇄선 : 물체의 절단한 위치를 표시하거나, 경계선으로 사용
④ 2점 쇄선 : 물체의 중심축, 대칭축을 표시하는데 사용

해설 이점 쇄선은 물체가 있는 가상 부분(가상선), 일점 쇄선과 구분하는 경우에 사용하고, 일점 쇄선의 가는선은 중심선(중심축, 대칭축), 일점 쇄선의 중간선은 절단선, 경계선, 기준선 등에 사용된다.

20 | 선의 종류와 용도의 연결

다음 중 선의 표시가 옳지 않은 것은?

① 숨은선 - 실선 ② 중심선 - 일점 쇄선
③ 치수선 - 가는 실선 ④ 상상선 - 이점 쇄선

해설 숨은선은 파선으로 표기하고, 굵은 실선은 전선으로 단면선, 외형선, 파단선, 가는 실선은 가는선으로 치수선, 치수 보조선, 인출선, 지시선, 해칭선 등에 사용한다.

정답 14.④ 15.① 16.④ 17.③ 18.③ 19.④ 20.①

21 | 선긋기
23, 20②, 12, 07

건축 제도 시 선긋기에 관한 설명 중 옳지 않은 것은?

① 수평선은 왼쪽에서 오른쪽으로 긋는다.
② 시작부터 끝까지 굵기가 일정하게 한다.
③ 연필은 진행되는 방향으로 약간 기울여서 그린다.
④ 삼각자의 왼쪽 옆면을 이용하여 수직선을 그을 때는 위쪽에서 아래 방향으로 긋는다.

해설 제도 시 선을 긋는 경우 수평선은 좌측에서 우측으로, 수직선은 아래에서 위로(삼각자의 왼쪽 옆면을 이용), 위에서 아래로(삼각자의 오른쪽 옆면을 이용), 사선은 좌측 하단에서 우측 상단, 좌측 상단에서 우측 하단으로 긋는다.

22 | 선긋기
18, 16, 13, 07

건축 제도 시 선긋기에 관한 설명으로 옳지 않은 것은?

① 선긋기를 할 때에는 시작부터 끝까지 일정한 힘과 일정한 연필의 각도를 유지하도록 한다.
② T자와 삼각자를 이용한다.
③ 삼각자의 왼쪽 옆면 이용 시에는 아래에서 위로 선을 긋는다.
④ 삼각자의 오른쪽 옆면 이용 시에는 아래에서 위로 선을 긋는다.

해설 건축 제도 시 선긋기에서 삼각자의 오른쪽 옆면을 이용하는 경우, 위에서 아래로 긋는다.

23 | 선긋기
08

건축 제도에서 선긋기에 대한 설명 중 잘못된 것은?

① 일점 쇄선의 점부분은 점이 아닌 선으로 긋는다.
② 일정한 힘과 속도로 선긋기를 완성한다.
③ 일점 쇄선과 파선은 간격이 일정하게 한다.
④ 연필은 진행되는 방향으로 약간 기울여서 그린다.

해설 일점 쇄선이라 함은 선과 선 사이를 잇는 것이 선이 아니고 점이다. 일점 쇄선의 가는선은 중심선(중심축, 대칭축), 일점 쇄선의 중간선은 절단선, 경계선, 기준선 등에 사용된다.

24 | 선긋기
24, 22, 17, 14②, 10, 06

건축 제도 시 선긋기에 대한 설명 중 옳지 않은 것은?

① 용도에 따라 선의 굵기를 구분하여 사용한다.
② 시작부터 끝까지 일정한 힘을 주어 일정한 속도로 긋는다.
③ 축척과 도면의 크기에 상관없이 선의 굵기는 동일하게 한다.
④ 한 번 그은 선은 중복해서 긋지 않도록 한다.

해설 선긋기 시 용도, 축척과 도면의 크기에 따라 선의 굵기를 다르게 하고, 시작부터 끝까지 일정한 힘을 주어 일정한 속도로 긋는다.

25 | 선긋기
23, 22, 11

제도 시 선을 긋는 방법에 대한 설명 중 옳지 않은 것은?

① 수직선은 위에서 아래로 긋는다.
② 필기구는 선을 긋는 방향으로 약간 기울인다.
③ T자는 몸체와 머리가 직각이 되어 흔들리지 않도록 제도판에 밀착시켜 사용한다.
④ 일정한 힘을 가하여 일정한 속도로 긋는다.

해설 제도 시 선을 긋는 경우 수평선은 좌측에서 우측으로, 수직선은 아래에서 위로(삼각자의 왼쪽 옆면을 이용), 위에서 아래로(삼각자의 오른쪽 옆면을 이용), 사선은 좌측 하단에서 우측 상단, 좌측 상단에서 우측 하단으로 긋는다.

26 | 선긋기 시 주의사항
24②, 10

다음 중 선그리기 내용으로 옳지 않은 것은?

① 용도에 따라 선의 굵기를 구분한다.
② 하나의 선을 그을 때 속도와 힘을 다르게 하여 긋는다.
③ 하나의 선을 그을 때 중복하여 긋지 않는다.
④ 연필은 진행되는 방향으로 약간 기울여서 그린다.

해설 제도 시 선긋기에 있어서 하나의 선을 그을 때는 속도와 힘을 일정하게 하여야 한다.

27 | 선긋기 시 주의사항
09, 06, 03

도면에 선을 그을 때의 유의사항 중 옳지 않은 것은?

① 일정한 힘을 가하여 일정한 속도로 긋는다.
② 필기구는 선을 긋는 방향으로 약간 기울인다.
③ 일점 쇄선과 파선은 간격이 일정하게 한다.
④ 제도용 삼각자는 정확성을 위해 눈금이 있는 것을 사용한다.

해설 제도용 삼각자는 선의 요철이 없도록 하기 위하여 눈금을 없애고, 길이를 재는 경우에는 삼각 스케일을 사용한다.

정답 21. ④ 22. ④ 23. ① 24. ③ 25. ① 26. ② 27. ④

28 선긋기 시 주의사항
21, 13, 09, 04, 98

다음 중 선긋기의 유의사항으로 옳은 것은?
① 모든 종류의 선은 일목요연하게 같은 굵기로 긋는다.
② 축척과 도면의 크기에 따라서 선의 굵기를 다르게 한다.
③ 한번 그은 선은 중복해서 여러 번 긋는다.
④ 가는선일수록 선의 농도를 낮게 조정한다.

해설 모든 종류의 선은 축척에 따라 굵기를 달리하며, 한번 그은 선은 중복해서 여러 번 긋지 않으며, 가는선이라도 선의 농도를 높게 조정한다.

29 치수의 단위
14, 10, 09, 04, 01

건축 도면에 치수의 단위가 없을 때는 어떤 단위로 간주하는가?
① km
② m
③ cm
④ mm

해설 제도 통칙에 있어서 치수의 단위는 mm로 하며, 치수의 뒷부분에는 기입하지 않는다.

30 도면의 치수
15, 13

건축 도면의 치수에 대한 설명으로 틀린 것은?
① 치수는 특별히 명시하지 않는 한 마무리 치수로 표시한다.
② 치수 기입은 치수선 중앙 윗부분에 기입하는 것이 원칙이다.
③ 치수선의 양 끝 표시는 화살 또는 점으로 표시할 수 있으며, 같은 도면에서 2종을 혼용할 수 있다.
④ 협소한 간격이 연속될 때에는 인출선을 사용하여 치수를 쓴다.

해설 치수선의 양끝의 표시는 화살표 또는 점으로 나타낼 수 있으나, 동일한 도면에서 이 2가지를 혼용할 수 없다.

31 축척(제도 통칙의 규정)
25, 24, 23②, 18, 16②, 14, 12, 09

건축 제도 통칙(KS F 1501)에 제시되지 않은 축척은?
① 1/5
② 1/15
③ 1/20
④ 1/25

해설 건축 제도 통칙(KS F 1501)에 제시되는 축척은 23종으로 1/2, 1/3, 1/4, 1/5, 1/10, 1/20, 1/25, 1/30, 1/40, 1/50, 1/100, 1/200, 1/250, 1/300, 1/500, 1/600, 1/1,000, 1/1,200, 1/2,000, 1/2,500, 1/3,000, 1/5,000, 1/6,000 등이 있다.

32 축척
25, 23, 12, 08, 01

건축에서 사용되는 척도에 대한 설명으로 옳지 않은 것은?
① 도면에는 척도를 기입하여야 한다.
② 그림(도면)의 형태가 치수에 비례하지 않을 때는 NS(NO Scale)로 표시한다.
③ 사진 및 복사에 의해 축소 또는 확대되는 도면에는 그 척도에 따라 자의 눈금 일부를 기입한다.
④ 한 도면에 서로 다른 척도를 사용하였을 경우 척도를 표시하지 않는다.

해설 척도란 실물에 대한 도면의 크기로서 1장의 도면에 서로 다른 척도로 도면이 그려지는 경우에는 각 도면마다 척도를 표기하여야 한다.

33 축척의 연결
05

다음 중 도면에 일반적으로 사용되는 축척의 연결이 가장 옳지 않은 것은?
① 배치도 : 1/100~1/500 정도
② 평면도 : 1/50~1/200 정도
③ 입면도 : 1/50~1/200 정도
④ 단면도 : 1/300~1/500 정도

해설 도면의 축척

종류	배치도	평면도	입면도	단면도
축척	1/100~1/500	1/50~1/200		

34 축척의 종류
03

다음 척도 중 축척에 해당하는 것은?
① 2/1
② 5/1
③ 1/1
④ 1/2

해설 척도의 종류에는 배척(실물보다 큰 축척으로 예로는 2/1, 3/1, 5/1), 실척(실물과 같은 축척으로 예로는 1/1) 및 축척(실물보다 작은 축척으로 예로는 1/2, 1/3) 등이 있다.

35 척도의 종류
25, 18, 10, 06, 04

척도에 관한 설명으로 옳은 것은?
① 축척은 실물보다 크게 그리는 척도이다.
② 실척은 실물보다 작게 그리는 척도이다.
③ 배척은 실물과 같게 그리는 척도이다.
④ NS(No Scale)는 비례척이 아닌 것을 뜻한다.

정답 28.② 29.④ 30.③ 31.② 32.④ 33.④ 34.④ 35.④

해설 척도의 종류에는 배척(실물보다 큰 축척으로 예로는 2/1, 3/1), 실척(실물과 같은 축척으로 예로는 1/1) 및 축척(실물보다 작은 축척으로 예로는 1/2, 1/3) 등이 있다.

36 | 축척
22, 09

다음 중 척도에 대한 설명으로 옳은 것은?
① 척도는 배척, 실척, 축척 3종류가 있다.
② 배척은 실물과 같은 크기로 그리는 것이다.
③ 축척은 일정한 비율로 확대하는 것이다.
④ 축척은 1/1, 1/15, 1/100, 1/250, 1/350이 주로 사용된다.

해설 척도의 종류에는 배척(실물보다 큰 축척으로 예로는 2/1, 3/1), 실척(실물과 같은 축척으로 예로는 1/1) 및 축척(실물보다 작은 축척으로 예로는 1/2, 1/3) 등이 있다.

37 | 도면의 표시 기호
12, 08

건축 제도에서 □ 기호는 어느 곳에 사용되는가?
① 치수 숫자 앞에 사용한다.
② 치수 숫자 뒤에 사용한다.
③ 치수 숫자 중간에 사용한다.
④ 치수 숫자 어느 곳에 사용해도 관계없다.

해설 건축 제도 기호에서 □는 정사각형을 의미하고, 치수 숫자 앞에 사용한다. 즉 기호를 표시한 뒤에 치수 숫자를 기입한다.

38 | 제도 통칙
24, 19, 15

건축 제도 통칙에서 규정하고 있는 치수에 대한 설명 중 옳은 것을 모두 고르면?

A. 치수는 특별히 명시하지 않는 한, 마무리 치수로 표시한다.
B. 치수 기입은 치수선 중앙 아랫부분에 기입하는 것이 원칙이다.
C. 치수 기입은 치수선에 평행하게 도면의 오른쪽에서 왼쪽으로, 위로부터 아래로 읽을 수 있도록 기입한다.
D. 치수의 단위는 센티미터(cm)를 원칙으로 하고 단위 기호는 쓰지 않는다.

① A
② A, B
③ A, C
④ A, D

해설 치수의 기입은 중앙의 윗 부분에 기입하는 것이 원칙이고, 치수선에 평행하게 왼쪽에서 오른쪽으로, 아래에서 위로 읽을 수 있도록 기입하며, 치수의 단위는 mm를 원칙으로 하고, 단위 기호는 쓰지 않는다.

39 | 치수 기입 시 주의사항
21, 20, 16②, 12②, 11②, 09②, 07, 06

다음 중 건축 제도의 치수 기입에 관한 설명으로 옳지 않은 것은?
① 협소한 간격이 연속될 때에는 인출선을 사용하여 치수를 쓴다.
② 치수는 특별히 명시하지 않는 한 마무리 치수로 표시한다.
③ 치수 기입은 치수선에 평행하게 도면의 왼쪽에서 오른쪽으로, 아래로부터 위로 읽을 수 있도록 기입한다.
④ 치수 기입은 항상 치수선 중앙 아랫부분에 기입하는 것이 원칙이다.

해설 치수는 중복을 피하고, 계산하지 않고도 알 수 있도록 기입하며, 치수선에 평행하게 기입한다. 또한, 도면의 아래에서 위로, 또는 왼쪽에서 오른쪽으로 읽을 수 있도록 치수선 위의 중앙부에 치수를 기입하고, 외형선에 직접 넣을 수도 있으며, 원칙적으로 마무리 치수를 기입한다.

40 | 치수 기입 시 주의사항
14

건축 제도 시 치수 기입법에 대한 설명으로 틀린 것은?
① 치수 기입은 치수선에 평행하고 치수선의 중앙 부분에 쓴다.
② 치수는 원칙적으로 그림 밖으로 인출하여 쓴다.
③ 치수의 단위는 mm를 원칙으로 하고 단위 기호도 같이 기입하여야 한다.
④ 숫자나 치수선은 다른 치수선 또는 외형선 등과 마주치지 않도록 한다.

해설 건축 제도 시 치수 기입 방법에 있어서 치수의 단위는 mm를 원칙으로 하고, 단위는 기입하지 않는다.

41 | 치수 기입 시 주의사항
24, 13, 08

건축 제도의 치수 기입에 대한 설명 중 옳지 않은 것은?
① 인출선은 사용하지 않는다.
② 치수선 중앙 윗부분에 기입하는 것이 원칙이다.
③ 치수는 특별히 명시하지 않는 한 마무리 치수로 표시한다.
④ 치수 기입은 치수선에 평행하게 도면의 왼쪽에서 오른쪽으로, 아래에서 위로 읽을 수 있도록 기입한다.

해설 치수 기입 시 치수선이 좁은 경우에는 인출선을 사용하거나, 치수선의 왼쪽, 오른쪽, 위, 아래에 기입한다.

정답 36.① 37.① 38.① 39.④ 40.③ 41.①

42 | 치수 기입 시 주의사항
24, 19, 13, 11

건축 도면 제도 시 치수 기입법에 대한 설명 중 옳지 않은 것은?

① 전체 치수는 바깥쪽에, 부분 치수는 안쪽에 기입한다.
② 치수는 치수선의 중앙에 기입한다.
③ 치수는 cm 단위를 원칙으로 한다.
④ 마무리 치수로 기입한다.

[해설] 건축 도면의 치수 단위는 mm 단위를 원칙으로 한다.

43 | 치수 기입 시 주의사항
07

치수 기입에 대한 설명으로 알맞은 것은?

① 치수는 치수선의 한쪽에 치우쳐 기입한다.
② 치수의 단위는 cm로 하며, 반드시 단위를 기입한다.
③ 치수선의 간격이 협소할 때에는 인출선을 사용하여 치수를 기입한다.
④ 치수 기입은 치수선에 평행하게 도면의 오른쪽에서 왼쪽으로 읽을 수 있도록 기입한다.

[해설] 치수는 치수선의 중앙 윗부분에 기입하고, 치수의 단위는 mm이며, 단위를 기입하지 않는다. 또한, 치수기입은 치수선에 평행하게 도면의 왼쪽에서 오른쪽으로 읽을 수 있게 기입한다.

44 | 치수 기입 시 주의사항
22, 17, 03, 98

치수 기입에 관한 설명 중 틀린 것은?

① 치수는 특별히 명시하지 않는 한 마무리 치수로 표시한다.
② 치수 기입은 치수선 중앙 윗부분에 기입하는 것이 원칙이다.
③ 도면에 기입하는 치수의 단위는 cm를 원칙으로 한다.
④ 협소한 간격이 연속될 때에는 인출선을 사용하여 치수를 쓴다.

[해설] 도면에 기입하는 치수의 단위는 mm를 원칙으로 한다.

45 | 치수 기입 시 주의사항
06

치수 표기에 관한 설명 중 옳지 않은 것은?

① 보는 사람의 입장에서 명확한 치수를 기입한다.
② 필요한 치수의 기재가 누락되는 일이 없도록 한다.
③ 치수는 특별히 명시하지 않는 한 마무리 치수로 표시한다.
④ 치수는 치수선을 중단하고 선의 중앙에 기입하여서는 안된다.

[해설] 치수는 중복을 피하고, 계산하지 않고도 알 수 있도록 기입하며, 치수선에 평행하게 기입한다. 또한, 도면의 아래에서 위로, 또는 왼쪽에서 오른쪽으로 읽을 수 있도록 치수선 위의 중앙에 기입하고, 외형선에 직접 넣을 수도 있으며, 원칙적으로 마무리 치수를 기입한다.

46 | 치수 기입 시 주의사항
10, 08

다음의 도면에서 치수 기입 방법이 틀린 것은?

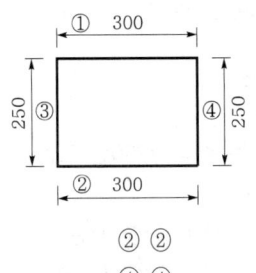

① ①
② ②
③ ③
④ ④

[해설] 치수는 중복을 피하고, 계산하지 않고도 알 수 있도록 기입하며, 치수선에 평행하게 기입한다. 또한, 도면의 아래에서 위로, 또는 왼쪽에서 오른쪽으로 읽을 수 있도록 치수선 위의 중앙에 기입하고, 외형선에 직접 넣을 수도 있으며, 원칙적으로 마무리 치수를 기입한다.

47 | 치수 기입 시 주의사항
23, 08

도면의 치수 기입 방법으로 옳지 않은 것은?

① 치수의 기입은 원칙적으로 치수선에 따라 도면에 평행하게 쓴다.
② 치수는 도면의 아래로부터 위로, 또는 왼쪽에서 오른쪽으로 읽을 수 있도록 한다.
③ 치수는 치수선 아랫부분에 기입하거나, 치수선을 중단하고 선의 중앙에 기입하기도 한다.
④ 치수를 기입할 여백이 없을 때에는 인출선을 그어 수평선을 긋고 그 위에 치수를 기입한다.

[해설] 치수는 중복을 피하고, 계산하지 않고도 알 수 있도록 기입하며, 치수선에 평행하게 기입한다. 또한, 도면의 아래에서 위로, 또는 왼쪽에서 오른쪽으로 읽을 수 있도록 치수선 위의 중앙에 기입하고, 외형선에 직접 넣을 수도 있으며, 원칙적으로 마무리 치수를 기입한다.

48. 치수선의 표시 방법

치수선을 표시하는 방법 중 옳지 않은 것은?

① 치수는 필요한 것은 충분하게 기입하고 중복을 피한다.
② 치수는 도면의 우측에서 좌측으로, 위에서 아래로 읽을 수 있도록 한다.
③ 치수는 가능한 한 치수선의 윗부분에 기입한다.
④ 도면에 기입하는 치수는 mm이며 단위는 생략한다.

해설 치수는 도면의 아래에서 위로, 또는 왼쪽에서 오른쪽으로 읽을 수 있도록 치수선 위의 중앙에 기입하고, 외형선에 직접 넣을 수도 있으며, 원칙적으로 마무리 치수를 기입한다.

49. 도면상의 길이

실제 16m의 거리는 축척 1/200인 도면에서 얼마의 길이로 표현할 수 있는가?

① 20mm ② 40mm
③ 80mm ④ 100mm

해설 도면의 길이 = 실제 길이 × 축척 = 16,000 × 1/200 = 80mm

50. 도면상의 길이

어떤 물건의 실제 길이가 4m이다. 축척이 1/200일 때 도면에 나타나는 길이로 옳은 것은?

① 4mm ② 20mm
③ 40mm ④ 80mm

해설 도면의 길이 = 실제 길이 × 축척 = 4,000mm × 1/200 = 20mm

51. 축척의 사용

도면을 축척 1/250로 그릴 때, 삼각 스케일의 어느 축척으로 사용하면 가장 편리한가?

① $\dfrac{1}{100}$ ② $\dfrac{1}{200}$
③ $\dfrac{1}{400}$ ④ $\dfrac{1}{500}$

해설 도면의 축척이 1/250인 경우에는 이것의 배수인 1/500을 2배를 하면 사용이 가능하다. 즉, $\dfrac{1}{250} = \dfrac{1}{500} \times 2$이다.

52. 치수 기입 시 주의사항

치수 표기에 관한 설명 중 옳지 않은 것은?

① 협소한 간격이 연속될 때에는 인출선을 사용한다.
② 필요한 치수의 기재가 누락되는 일이 없도록 한다.
③ 치수는 특별히 명시하지 않는 한 마무리 치수로 표시한다.
④ 치수는 치수선을 중단하고 선의 중앙에 기입하여서는 안 된다.

해설 치수는 중복을 피하고, 계산하지 않고도 알 수 있도록 기입하며, 치수선에 평행하게 기입한다. 또한, 도면의 아래에서 위로, 또는 왼쪽에서 오른쪽으로 읽을 수 있도록 치수선 위의 중앙에 기입하고, 외형선에 직접 넣을 수도 있으며, 원칙적으로 마무리 치수를 기입한다.

53. 도면의 표시 기호

도면 표시 기호 중 틀린 것은?

① 길이 : L ② 높이 : H
③ 두께 : THK ④ 면적 : S

해설 도면의 표시 기호

명칭	길이	높이	폭	면적	두께	직경	반지름	용적
표시 기호	L	H	W	A	THK	D	R	V

54. 도면의 표시 기호(간격)

도면 표시 기호 중 동일한 간격으로 철근을 배치할 때 사용하는 기호는?

① @ ② □
③ THK ④ R

해설 ② 사각형, ③ 두께, ④ 반지름을 의미한다.

55. 도면의 표시 기호(두께)

도면 표시 기호 중 두께를 표시하는 기호는?

① THK ② A
③ V ④ H

해설 도면의 표시 기호

명칭	길이	높이	폭(너비)	면적	두께	직경	반지름	용적
표시 기호	L	H	W	A	THK	D	R	V

정답 48. ② 49. ③ 50. ② 51. ④ 52. ④ 53. ④ 54. ① 55. ①

56 | 도면의 표시 기호(면적, 너비)
11, 09

도면 표시 기호 중 면적과 너비의 표시가 옳게 짝지어진 것은?

① A – W ② V – H
③ A – L ④ THK – W

해설 도면의 표시 기호

명칭	길이	높이	폭(너비)	면적	두께	직경	반지름	용적
표시기호	L	H	W	A	THK	D	R	V

57 | 도면의 표시 기호(지름)
14

제도 표시 기호 중 지름을 나타내는 기호는?

① φ ② R
③ T ④ S

해설 도면 표시 기호

명칭	길이	높이	폭(너비)	면적	두께	직경	반지름	용적
표시기호	L	H	W	A	THK	D	R	V

58 | 도면의 표시 기호(반지름)
22②, 17, 14, 07, 05, 02

도면 표시 기호 중 반지름을 나타내는 기호는?

① φ ② D
③ THK ④ R

해설 도면의 표시 기호

명칭	길이	높이	폭(너비)	면적	두께	직경	반지름	용적
표시기호	L	H	W	A	THK	D	R	V

59 | 도면의 표시 기호의 연결
07

도면 표시 기호 중 원형철근과 이형철근의 지름표시가 바르게 짝지어진 것은? (단, 원형철근 – 이형철근)

① φ – D ② A – π
③ β – A ④ Ω – D

해설 원형 철근의 표시 기호는 φ이고, 이형 철근의 표시 기호는 D이다.

60 | 도면의 표시 기호의 연결
25, 18, 17, 14, 10, 07

도면에 쓰이는 기호와 그 표시 사항의 연결이 틀린 것은?

① THK – 두께 ② L – 길이
③ R – 반지름 ④ V – 너비

해설 도면의 표시 기호

명칭	길이	높이	폭	면적	두께	직경	반지름	용적
표시기호	L	H	W	A	THK	D	R	V

61 | 단면 표시 기호(목재의 구조재)
12, 06, 04

재료 표시 기호에서 목재의 구조재 표시 기호는?

해설 ①은 목재의 구조재이고, ③은 벽돌 또는 목재의 치장재이며, ④는 블록을 의미한다.

62 | 단면 표시 기호(목재의 치장재)
15, 04, 01, 98

그림과 같은 재료 구조 표시 기호는?

① 목재(치장재) ② 석재
③ 인조석 ④ 지반

해설 재료 구조 표시 기호

명칭	표시 기호
목재의 치장재	
석재	
인조석	
지반	

63 단면 표시 기호(모조석) 06, 02

다음 그림의 재료 구조 표시는 어느 것을 나타내는가?

① 석재 ② 모조석
③ 벽돌 ④ 목재

해설 그림의 표시 기호는 모조석을 나타낸다.

명칭	표시 기호
석재	
벽돌	
자갈	

64 단면 표시 기호의 연결 24, 07

재료에 따른 단면용 표시 기호가 옳게 표기된 것은?

번호	표시 사항 구분	표시 기호
A	석재	
B	인조석	
C	잡석다짐	
D	지반	

① A ② B
③ C ④ D

해설 B는 무근 콘크리트, C는 목재 중 치장재, D는 목재 중 구조재를 나타낸다.

65 평면 표시 기호(셔터 달린창) 18, 16, 13, 08, 05

다음의 평면 표시 기호가 나타내는 것은?

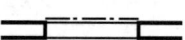

① 셔터 달린창 ② 오르내리창
③ 주름문 ④ 미들창

해설 창의 표시 기호

명칭	표시 기호	명칭	표시 기호
셔터 달린창		주름문	
오르내리창		미들창	

66 평면 표시 기호(오르내리창) 03, 02

다음의 기호가 나타내는 것은?

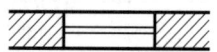

① 미닫이창 ② 오르내리창
③ 망사창 ④ 셔터창

해설 창의 표시 기호

명칭	표시 기호	명칭	표시 기호
미서기창		망사창	
오르내리창		셔터창	

67 평면 표시 기호(붙박이창) 21, 16, 13

그림과 같은 평면 표시 기호는?

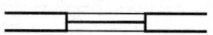

① 접이문 ② 망사문
③ 미서기창 ④ 붙박이창

해설 창호 표시 기호

명칭	접이문	망사문	미서기창
표시 기호			

68 평면 표시 기호(미서기문) 14

다음 그림의 표시 기호는?

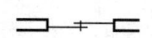

① 미서기문 ② 두짝창
③ 접이문 ④ 회전창

해설 창호 표시 기호

명칭	접이문	회전창
표시 기호		

정답 63.② 64.① 65.① 66.② 67.④ 68.①

69 | 평면 표시 기호(쌍미닫이문) | 13

아래 표시 기호의 명칭은 무엇인가?

① 붙박이문   ② 쌍미닫이문
③ 쌍여닫이문   ④ 두짝 미서기문

해설 문제의 창호 표시 기호에서 벽 속으로 들어가는 문은 미닫이 문으로 2짝이므로 쌍미닫이문이다.

70 | 평면 표시 기호(외여닫이문) | 07

다음 그림은 무엇을 표시하는 것인가?

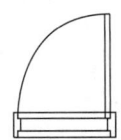

① 외여닫이문   ② 미닫이문
③ 미닫이창   ④ 미서기문

해설 창호 표시 기호

명칭	미닫이문	미닫이창	미서기문
표시 기호			

* 문제의 창호 표시 기호는 외여닫이문을 의미한다.

71 | 평면 표시 기호(쌍여닫이문) | 04

다음의 평면표시기호 중 쌍여닫이문의 표시기호는?

① 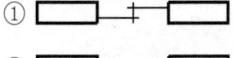 ②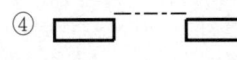
③  ④

해설 ① 미서기문, ② 접이문, ④ 셔터를 의미한다.

72 | 평면 표시 기호(자재여닫이문) | 11, 04, 01

다음 평면 표시 기호는 무엇을 의미하는가?

① 자재여닫이문   ② 쌍여닫이문
③ 회전문   ④ 외여닫이문

해설 평면 표시 기호

명칭	쌍여닫이문	회전문	외여닫이문
표시 기호			

73 | 평면 표시 기호(접이문) | 24, 22, 15, 12

건축 제도에서 다음 평면 표시 기호가 의미하는 것은?

① 미닫이문   ② 주름문
③ 접이문   ④ 연속문

해설 미닫이문은 상·하틀에 홈을 만들어 창호를 끼워서 벽 옆이나 벽 속으로 밀어 넣은 형식의 문이고, 주름문은 주름이 잡히며 열리는 살문이다.

74 | 평면 표시 기호(회전문) | 22②, 18, 17, 14, 11

다음 그림은 무엇을 표시하는 평면 표시 기호인가?

① 쌍여닫이문   ② 쌍미닫이문
③ 회전문   ④ 접이문

해설 평면 표시 기호

명칭	쌍여닫이문	접이문	쌍미닫이문
표시 기호			

75 | 창호의 표시 방법 | 19, 16, 13, 04

다음 창호 표시 기호의 뜻으로 옳은 것은?

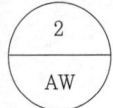

① 알루미늄 합금창 2번   ② 알루미늄 합금창 2개
③ 알루미늄 2중창   ④ 알루미늄문 2짝

해설 창호 표시 기호의 의미는 2는 2번이고, AW(Alumium Window)는 알루미늄 합금창이므로 알루미늄 합금창 2번이다.

76 | 창호의 표시 방법 | 23, 13

다음 기호가 나타내는 것은?

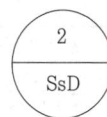

① 강철 문, 창호 번호 2번
② 스테인리스 문, 창호 번호 2번
③ 스테인리스 창, 창호 모듈 호칭 치수 20×20
④ 강철 창, 창호 모듈 호칭 치수 20×20

해설 원의 상단의 2는 창호 번호 2번이고, 원의 하단의 SsD는 스테인리스 문을 의미한다. 즉, 스테인리스 문, 창호 번호 2번이다.

77 | 창호의 표시 방법 | 04

다음 중 목재창의 표시 방법은?

① 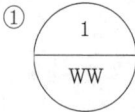   ②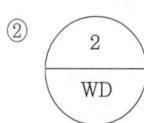

③ 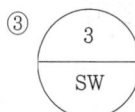   ④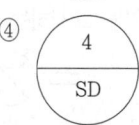

해설 창호 표시 기호 중 ① 1번의 목재창, ② 2번의 목재문, ③ 3번의 강재창, ④ 4번의 강제문을 의미한다.

78 | 창호의 표시 방법 | 06, 02, 98

강철제문을 나타내는 표시 기호로 적합한 것은?

① 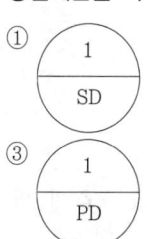   ②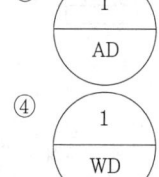

③ (1 / PD)   ④ (1 / WD)

해설 창호 표시 기호 중 ① 1번의 강제문, ② 1번의 알루미늄문, ③ 1번의 플라스틱문, ④ 1번의 목재문을 의미한다.

1-3. 건축물의 묘사와 표현

1 투시도의 종류, 특성 및 도법 등

(1) 투시도의 일반사항
① 투시도는 실내를 입체적으로 실제와 같이 눈에 비치도록 그린 그림으로서, 대상 물체가 관찰자의 시선으로부터 60° 이내면 자연스럽게 그려지고, 관찰자와 공간과의 거리가 멀면 자연스럽게 보인다.
② 1소점 투시도에는 실내 공간의 3면과 천장, 바닥이 그려지고, 같은 공간이라도 관찰자의 위치, 눈높이, 시선의 각도에 따라 다르게 표현된다.

(2) 투시도의 종류
① 투시도의 형식은 물체와 화면의 관계 및 소점의 수에 따라 세 가지로 분류할 수 있다.
　㉮ 1소점(평형) 투시도 : 화면에 그리려는 물체가 화면에 대하여 평행 또는 수직이 되게 놓여지는 경우로 소점이 1개가 된다. 실내 투시도 또는 기념 건축물과 같은 정적인 건물의 표현에 효과적이다. 또한, 1소점 투시도에는 실내 공간의 3면(전체는 1면, 일부는 2면)과 천장, 바닥의 일부가 그려진다.
　㉯ 2소점 투시도 : 2개의 수평선이 화면과 각을 가지도록 물체를 돌려 놓은 경우로, 소점이 2개가 생기고 수직선은 투시도에서 그대로 수직으로 표현되는 가장 널리 사용되는 방법이다.
　㉰ 3소점 투시도 : 물체가 돌려져 있고 화면에 대하여 기울어져 있는 경우로, 화면과 평행한 선이 없으므로 소점은 3개가 된다. 아주 높은 위치나 낮은 위치에서 물체의 모양을 표현할 때 쓰이나, 건축에서는 제도법이 복잡하여 자주 사용되지 않는다.
　㉱ 유각 투시도 : 인접한 두 면 가운데 밑면은 기면에 평행하고, 다른 면은 화면과 경사를 가진 경우의 투시도로서 가장 많이 사용하며, 특히, 실내 투시도보다 실외 투시도에 적합하고, 소점이 2개이며, 각도는 30°, 60°를 이루는 투시도이다.
② 투시도의 표현에 의한 분류
　㉮ 평행 투시도 : 물체가 화면에 대해서 평행하며, 지반면에 대해서 수직으로 놓여 있는 경우의 투시도 또는 물체가 기선에 대해서 평행과 수직의 조건으로 놓여 있는 경우의 투시도로서 실내 투시도 또는 기념 건축물과 같은 정적인 건축물에 주로 사용하고, 1소점 투시도에 이용된다.
　㉯ 유각 투시도 : 물체가 화면에 대해서 일정한 각도를 가지며, 지반면에 대해서 수직으로 놓여 있는 경우의 투시도이다. 일반적으로 평면도는 기선에 대하여 30° 또는 60°로 취하는 것이 일반적이다.

■ 출제 키워드

■ 투시도
• 실내를 입체적으로 실제와 같이 눈에 비치도록 그린 그림
• 대상 물체가 관찰자의 시선으로부터 60° 이내면 자연스럽게 그려짐
• 관찰자와 공간과의 거리가 멀면 자연스럽게 보임

■ 1소점 투시도
실내 공간의 3면(전체는 1면, 일부는 2면)과 천장, 바닥의 일부가 그려짐

■ 평행 투시도
• 실내 투시도 또는 기념 건축물과 같은 정적인 건축물에 주로 사용
• 벽, 바닥, 반자 주위를 완성(질감을 표현)

@ 경사 투시도 : 물체가 화면에 대해서 일정한 각도를 가지며, 지반면에 대해서도 일정한 각도를 가지고 있는 경우의 투시도이다.

③ 실내 투시도의 작도 순서

㉮ 화면에 평행이 되게 평면도를 놓고, 한쪽 밑에 평면도보다 낮게 입면도를 놓으며, 화면 아래에 정점을 잡는다. 또한, 수평선의 입면의 중간에 적당한 높이에 맞추어 긋는다(서 있는 위치와 눈높이를 결정한다).

㉯ 소점을 구한다.

㉰ 건축물의 각 점을 구한다.

㉱ 건축물의 내부에 있는 가구, 창문, 문을 상세히 표현한다(입면 상태의 가구를 결정).

㉲ 벽, 바닥, 반자 주위를 완성한다(질감을 표현한다).

④ 설계된 건축물의 내용을 다른 사람에게 효과적으로 전달하기 위해서는 건물의 주변 상황 및 환경을 건물과 함께 표현해 주는 것이 좋고, 배경을 표현하면, 나타내고자 하는 건축물 공간의 용도와 스케일감 및 주변의 대지 성격을 나타낼 수 있어 건물을 이해하는 데 도움이 된다.

⑤ 사람을 8등분하여 비례를 보면 다음과 같다.

신체 부위	머리	목	팔	몸통	다리	팔꿈치	무릎
비례	1	1/2	3.0	3.5	4.0	팔의 1/2	지표면에서 2.5

2 투시도 작도 용어

(1) 투시도의 용어

① 시점(E.P ; Eye Point) : 사람이 서서 보는 위치

② 수평면(H.P ; Horizontal Plane) : 눈의 높이와 수평한 면

③ 화면(P.P ; Picture Plane) : 물체와 시점 가운데 위치하며 수평면에서 직립 평면

④ 수평선(H.L ; Horizontal Line) : 수평면과 화면의 교차선

⑤ 기선(G.L ; Ground Line) : 지평면과 화면의 교차선

⑥ 정점(S.P ; Station Point) : 사람이 서 있는 곳

⑦ 소점(V.P ; Vanishing Point) : 좌측 소점, 우측 소점 및 중심 소점 등으로 투시도에서 직선을 무한한 먼 거리로 연장하였을 때 그 무한 거리 위의 점과 시점을 연결하는 시선과의 교점

⑧ 바닥선(F.L ; Floor Line) : 바닥면

■ 배경 표현의 의미
건축물 공간의 용도와 스케일감 및 주변의 대지 성격을 표현

■ 투시도 용어
• 수평면(H.P ; Horizontal Plane) : 눈의 높이와 수평한 면
• 수평선(H.L ; Horizontal Line) : 수평면과 화면의 교차선
• 기선(G.L ; Ground Line) : 지평면과 화면의 교차선
• 정점(S.P ; Station Point) : 사람이 서 있는 곳
• 바닥선(F.L ; Floor Line) : 바닥면

(2) 소점의 설정

소점의 설정은 눈높이와 같은 선(수평선)상에 위치한다.

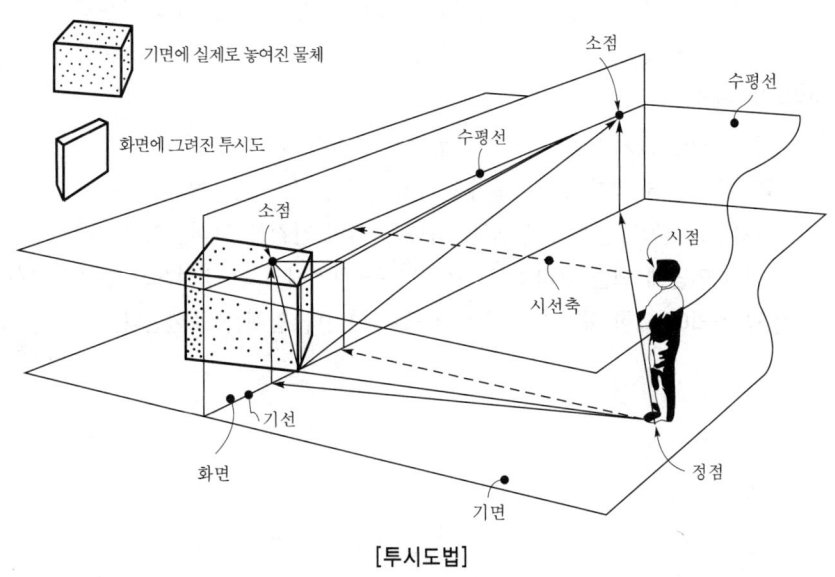

[투시도법]

3 투상도의 종류와 도면의 묘사 등

(1) 투상도의 종류

① **정투상법** : 정투상법에는 제1각법과 제3각법이 있으며, 건축 제도 통칙에서는 제3각법 (눈 – 투상면 – 체의 순)을 원칙으로 한다.

　㉮ 제1각법 : 눈 – 물체 – 투상면의 순으로 투상면의 앞쪽에 물체를 놓게 되므로 우측면도는 정면의 왼쪽에, 좌측면도는 정면도의 오른쪽에, 저면도는 정면도의 위에 그리며, 평면도는 밑에 그린다.

　㉯ 제3각법 : 눈 – 투상면 – 물체의 순으로 투상면의 뒤쪽에 물체를 놓게 되므로 정면도를 기준으로 하여 그 좌우상하에서 본 모양을 본 쪽에서 그리는 것이므로 투상도 상호 관계 및 위치를 보기가 쉽다.

② **특수 투상도**

　㉮ 등각 투상도 : 등각 투상도의 정의는 입방체를 정투상하는 경우에 평화면에 수직으로 놓으면 그 투상도에서는 두 면밖에 안 나타나고, 평화면에 경사지게 놓고 투상하면 3면이 투상되어, 비로소 입체감이 생기게 된다. 이와 같은 입체적인 입방체의 투영도를 직접 그릴 수 있는 도법 중의 하나가 등각 투상법으로 등각도에서는 인접 두 축 사이의 각이 120°이므로, 한 축이 수직일 때에는 나머지 두 축은 수평선과 30°가 되어 T자와 30° 삼각자를 이용하면 쉽게 등각 투상도를 그릴 수 있다.

■ 출제 키워드

■ 소점의 설정
눈높이와 같은 선(수평선)상에 위치

■ 정투상법
• 제1각법, 제3각법
• 건축 제도 통칙에서는 제3각법을 원칙

㉯ 이등각 투상도 : 3개의 축선 가운데 2개의 수평선과 등각을 이루고 하나의 축선이 수평선과 수직이 되게 그린 것
　　　㉰ 부등각 투상도 : 수평선과 2개의 축선이 이루는 각을 서로 다르게 그린 것

(2) 도면의 묘사

① 단선에 의한 묘사 : 선의 종류나 굵기에 따라서 묘사가 가능하다.
② 여러 가지 선에 의한 묘사 : 선의 간격에 변화를 주어 면과 입체를 한정시키는 방법으로 평면은 같은 간격의 선으로, 곡면은 선의 간격을 달리하여 묘사한다.
③ 단선과 명암에 의한 묘사 : 선으로 공간을 한정시키고, 명암으로 음영을 넣는다.
④ 명암 처리에 의한 묘사 : 명암의 농도로 면이나 입체를 표현한다.

■ 여러 가지 선에 의한 묘사
선의 간격에 변화를 주어 면과 입체를 한정시키는 방법

1-3. 건축물의 묘사와 표현
과년도 출제문제

01 | 투시도의 용어
18, 16

실내를 입체적으로 실제와 같이 눈에 비치도록 그린 그림을 무엇이라 하는가?

① 평면도   ② 투시도
③ 단면도   ④ 전개도

해설 평면도는 건축물을 각 층마다 창틀 위(바닥면상 1.2~1.5m 정도)에서 수평으로 자른 수평 투상도이고, 단면도는 건축물을 수직으로 잘라 그 단면을 나타낸 도면이며, 전개도는 각 실 내부의 의장을 명시하기 위해 작성하는 도면으로 실내의 입면을 그린 다음 벽면의 형상, 치수, 마감 등을 표시한 도면이다.

02 | 투시도법(평행)의 형태
23, 07

건축물을 표현하는 투시도법 중 그림과 같은 투시도법은 어느 것인가?

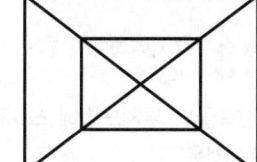

① 평행 투시도법
② 유각 투시도법
③ 사각 투시도법
④ 3소점 투시도법

해설 유각 투시도는 물체가 화면에 대해서 일정한 각도를 가지며, 지반면에 대해서 수직으로 놓여 있는 경우의 투시도이다. 일반적으로 평면도는 기선에 대하여 30° 또는 60°로 취하는 것이 일반적이고, 경사 투시도는 물체가 화면에 대해서 일정한 각도를 가지며, 지반면에 대해서도 일정한 각도를 가지고 있는 경우의 투시도이며, 3소점 투시도는 물체가 돌려져 있고 화면에 대하여 기울어져 있는 경우로, 화면과 평행한 선이 없으므로 소점은 3개가 된다. 아주 높은 위치나 낮은 위치에서 물체의 모양을 표현할 때 쓰이나, 건축에서는 제도법이 복잡하여 자주 사용되지 않는다.

03 | 투시도(1소점)의 용어
22, 20, 14, 12, 08, 05, 02, 01

실내 투시도 또는 기념 건축물과 같은 정적인 건축물의 표현에 가장 효과적인 투시도는?

① 1소점 투시도   ② 2소점 투시도
③ 3소점 투시도   ④ 전개도

해설 2소점 투시도는 2개의 수평선이 화면과 각을 가지도록 물체를 돌려 놓은 경우로, 소점이 2개가 생기는 투시도이고, 3소점 투시도는 물체가 돌려져 있고 화면에 대하여 기울어져 있는 경우로, 화면과 평행한 선이 없으므로 소점은 3개가 되는 투시도이며, 전개도는 각 실 내부의 의장을 명시하기 위해 작성하는 도면으로 실내의 입면을 그린 다음 벽면의 형상, 치수, 마감 등을 표시한 도면이다.

04 | 투시도(2소점)의 용어
13, 09, 07

투시도법의 종류 중 평행 투시도법이라고도 불리우며, 일반적으로 실내 투시도 작성 시 사용되는 것은?

① 1소점 투시도법   ② 2소점 투시도법
③ 3소점 투시도법   ④ 유각 투시도법

해설 2소점 투시도는 2개의 수평선이 화면과 각을 가지도록 물체를 돌려 놓은 경우로, 소점이 2개가 생기는 투시도이고, 3소점 투시도는 물체가 돌려져 있고 화면에 대하여 기울어져 있는 경우로, 화면과 평행한 선이 없으므로 소점은 3개가 되는 투시도이며, 유각 투시도는 인접한 두 면 가운데 밑면은 기면에 평행하고, 다른 면은 화면과 경사를 가진 경우의 투시도로서 가장 많이 사용한다.

05 | 투시도(1소점, 최종 작업)
16, 13, 11, 09, 03

다음 중 실내 건축 투시도 그리기에서 가장 마지막으로 하여야 할 작업은?

① 서있는 위치 결정
② 눈높이 결정
③ 입면 상태의 가구 설정
④ 질감의 표현

해설 실내 투시도의 작도 순서는 ㉠ 서있는 위치와 눈높이를 결정한다 → ㉡ 소점을 구한다 → ㉢ 건축물의 각 점을 구한다 → ㉣ 입면 상태의 가구를 결정한다 → ㉤ 질감을 표현한다의 순이다.

정답 01. ② 02. ① 03. ① 04. ① 05. ④

06 | 배경 표현의 목적
19, 14, 12, 08, 06

건축 설계 도면에서 배경을 표현하는 목적과 가장 관계가 먼 것은?

① 건축물의 스케일감을 나타내기 위해서
② 건축물의 용도를 나타내기 위해서
③ 주변 대지의 성격을 표시하기 위해서
④ 건축물 내부 평면상의 동선을 나타내기 위해서

해설 설계된 건축물의 내용을 다른 사람에게 효과적으로 전달하기 위해서는 건물의 주변 상황 및 환경을 건물과 함께 표현해 주는 것이 좋고, 배경을 표현하면, 나타내고자 하는 건축물 공간의 용도와 스케일감 및 주변의 대지 성격을 나타낼 수 있어 건물을 이해하는 데 도움이 된다.

07 | 배경 표현의 방법
14

투시도를 그릴 때 건축물의 크기를 느끼기 위해 사람, 차, 수목, 가구 등을 표현한다. 이에 대한 설명으로 틀린 것은?

① 차를 투시도에 그릴 때는 도로와 주차 공간을 함께 나타내는 것이 좋다.
② 수목이 지나치게 강조되면 본 건물이 위축될 염려가 있으므로 주의한다.
③ 계획 단계부터 실내 공간에 사용할 가구의 종류, 크기, 모양 등을 예측하여야 한다.
④ 사람을 표현할 때는 사람을 8등분하여 나누어 볼 때 머리는 1.5 정도의 비율로 표현하는 것이 알맞다.

해설 사람을 8등분하여 비례를 보면 다음과 같다.

신체 부위	머리	목	팔	몸통	다리	팔꿈치	무릎
비례	1	1/2	3.0	3.5	4.0	팔의 1/2	지표면에서 2.5

08 | 인체의 8등분
16

사람을 그리려면 각 부분의 비례 관계를 알아야 한다. 사람을 8등분으로 나누어 보았을 때 비례 관계가 가장 적절하게 표현된 것은?

번호	신체 부위	비례
A	머리	1
B	목	1
C	다리	3.5
D	몸통	2.5

① A ② B ③ C ④ D

해설 사람을 8등분하여 비례를 보면 다음과 같다.

신체 부위	머리	목	팔	몸통	다리	팔꿈치	무릎
비례	1	1/2	3.0	3.5	4.0	팔의 1/2	지표면에서 2.5

09 | 투시도 작도 시 용어
06, 02

실내 투시도 작도 시의 용어 설명으로 옳은 것은?

① G.L : 수평선
② H.L : 소점
③ E.L : 바닥선
④ S.P : 관찰자의 위치

해설 기면(Ground Plane : G.P)은 사람이 서있는 면, 화면(Picture Plane : P.P)은 물체와 시점 사이에 기면과 수직한 평면, 수평면(Horizontal Plane : H.P)은 눈높이에 수평한 면, 기선(Ground Line : G.L)은 기면과 화면의 교차선, 수평선(Horizontal Line : H.L)은 수평면과 화면의 교차선, 정점(Station Point : S.P)은 사람이 서있는 곳, 시점(Eye Point : E.P)은 보는 사람의 눈의 위치, 시선축(Axis of Vision : A.V)은 시점에서 화면에 수직하게 통하는 투사선, 소점(Vanishing point : V.P)은 좌측 소점, 우측 소점 또는 중심 소점이다.

10 | 투시도 작도 시 용어
10, 06

건축물의 투시도법에 쓰이는 용어에 대한 설명 중 옳지 않은 것은?

① 화면(Picture Plane, P.P)은 물체와 시점 사이에 기면과 수직한 직립 평면이다.
② 수평면(Horizontal Plane, H.P)은 눈의 높이에 수평한 면이다.
③ 수평선(Horizontal Line, H.L)은 기면과 화면의 교차선이다.
④ 시점(Eye Point, E.P)은 보는 사람의 눈 위치이다.

해설 투시도의 용어 중 수평선(H.L ; Horizontal Line)은 수평면과 화면의 교차선이고, 기선(G.L ; Ground Line)은 기면(지평면)과 화면의 교차선이다.

11 | 투시도 작도의 현상
15, 12

투시도 작도에 관한 설명으로 옳지 못한 것은?

① 화면보다 앞에 있는 물체는 축소되어 나타난다.
② 화면에 접해있는 부분만이 실제의 크기가 된다.
③ 물체와 시점 사이에 기선과 수직한 평면을 화면(P.P)이라 한다.
④ 화면에 평행하지 않은 평행선들은 소점(V.P)으로 모인다.

해설 화면보다 앞에 있는 물건은 확대되어 보이고, 화면보다 뒤에 있는 물건은 축소되어 보인다.

12 | 투시도 작도 시 소점의 위치
10, 04

투시도 작도에서 소점이 항상 위치하는 곳은?

① 화면선 ② 수평선
③ 기선   ④ 시선

해설 소점(투시도법에서 직선을 무한한 먼거리로 연장하였을 때, 그 무한 거리 위의 점과 시점을 연결하는 시선과의 교점 또는 평행한 물체의 선을 연장하였을 때 만나는 한 점)의 위치는 수평선(눈의 높이와 같은 선상에 위치)이다.

13 | 투시도 작도 시 소점의 위치
07, 02, 01, 98

실내 투시도에 있어서 소점(消点)의 위치를 바르게 설명한 것은?

① 눈의 높이보다 아래쪽에 위치한다.
② 눈의 높이보다 위쪽에 위치한다.
③ 눈의 높이와 같은 선상에 위치한다.
④ G.L 선상에 위치한다.

해설 소점(투시도법에서 직선을 무한한 먼거리로 연장하였을 때, 그 무한 거리 위의 점과 시점을 연결하는 시선과의 교점 또는 평행한 물체의 선을 연장하였을 때 만나는 한 점)의 위치는 수평선(눈의 높이와 같은 선상에 위치)이다.

14 | 투시도 작도 시 용어(수평면)
21, 14, 12

투시도 작도에서 수평면과 화면이 교차되는 선은?

① 화면선 ② 수평선
③ 기선   ④ 시선

해설 수평선(H.L ; Horizontal Line)은 수평면(눈의 높이와 수평한 면)과 화면(물체와 시점 사이에 기면과 수직한 직립 평면)의 교차선이고, 기선(G.L ; Ground Line)은 지평면과 화면의 교차선이며, 시선축은 시점에서 화면에 수직하게 통하는 투사선이다.

15 | 투시도
09, 04, 03

투시도에 대한 다음 설명 중 옳은 것은?

① 대상 물체가 관찰자의 시선으로부터 90° 이내이면 자연스럽게 그려진다.
② 관찰자와 공간과의 거리가 가까우면 자연스럽게 보인다.
③ 같은 공간이라도 관찰자의 위치, 눈높이, 시선의 각도에 따라 다르게 표현된다.
④ 1소점 투시도에는 실내 공간의 2면과 바닥, 천장만이 그려진다.

해설 대상 물체가 관찰자의 시선으로부터 60° 이내면 자연스럽게 그려지고, 관찰자와 공간과의 거리가 멀면 자연스럽게 보이며, 1소점 투시도에는 실내 공간의 3면과 천장, 바닥이 그려진다.

16 | 여러 선에 의한 묘사의 용어
02

선의 간격에 변화를 주어 면과 입체를 한정시키는 방법인 것은?

① 단선에 의한 묘사
② 여러 선에 의한 묘사
③ 단선과 명암에 의한 묘사
④ 명암 처리만으로 묘사

해설 단선에 의한 묘사는 선의 종류나 굵기에 따라서 묘사가 가능하고, 단선과 명암에 의한 묘사는 선으로 공간을 한정시키고, 명암으로 음영을 넣으며, 명암 처리에 의한 묘사는 명암의 농도를 면이나 입체를 표현하는 방법이다.

17 | 투상법(정투상법의 종류)
07

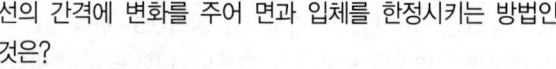

정투상법에 속하는 것은?

① 제3각법
② 등각 투상법
③ 부등각 투상법
④ 1소점 투시도법

해설 투상도는 일반 투상도인 정투상도(제1각법, 제3각법)와 특수 투상도인 등각, 부등각, 이등각 및 경사 투상법 등이 있다.

18 투상법(투상면의 명칭)

아래 그림은 3각법으로 그린 투상도이다. 투상면의 명칭에 대한 설명으로 옳은 것은?

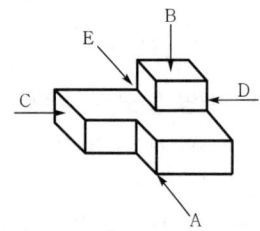

① A방향의 투상면은 배면도이다.
② B방향의 투상면은 평면도이다.
③ C방향의 투상면은 우측면도이다.
④ D방향의 투상면은 좌측면도이다.

해설 투상법에 의한 투상도의 명칭은 A는 정면도, B는 평면도, C는 좌측면도, D는 우측면도, E는 배면도이다.

19 건축 제도

건축 제도에 대한 다음 설명 중 옳지 않은 것은?
① 투상법은 제1각법으로 작도함을 원칙으로 한다.
② 투상면의 명칭에는 정면도, 평면도, 배면도 등이 있다.
③ 척도의 종류는 실척, 축척, 배척으로 구별한다.
④ 단면의 윤곽은 굵은 실선으로 표현한다.

해설 건축 제도에서 사용하는 투상법은 제3각법(눈 → 화면 → 물체)으로 작도함을 원칙으로 하고, 기계 제도에서 사용하는 투상법은 제1각법(눈 → 물체 → 화면)으로 작도한다.

20 도면이 갖추어야 할 요건

설계도면이 갖추어야 할 요건에 대한 설명 중 옳지 않은 것은?
① 객관적으로 이해되어야 한다.
② 일정한 규칙과 도법에 따라야 한다.
③ 정확하고 명료하게 합리적으로 표현되어야 한다.
④ 모든 도면의 축척은 하나로 통일되어야 한다.

해설 설계도면 작도 시 일정한 규칙과 규범을 따라야 하고, 객관적으로 이행되어야 하며, 모든 도면의 축척은 달리할 수 있다.

21 도면(배치도의 표시 사항)

건축 도면 중 배치도에 명시되어야 하는 것은?
① 대지 내 건물의 위치와 방위
② 기둥, 벽, 창문 등의 위치
③ 건물의 높이
④ 승강기의 위치

해설 배치도는 건축물 1층 평면도를 기준으로, 축척 1/200~1/600로 하고, 표시할 내용은 대지의 모양, 고저, 치수, 건축물의 평면, 위치 및 방위, 대지 경계선까지의 거리, 대지에 접한 도로의 위치와 너비, 출입구의 위치, 문, 담장, 주차장의 위치, 정화조의 위치, 조경 계획 등이다.

22 도면(배치도의 표시 사항)

건축 설계도의 배치도에 나타낼 사항이 아닌 것은?
① 축척   ② 방위
③ 경계선   ④ 지붕물매

해설 배치도의 표시할 내용은 대지의 모양, 고저, 치수, 건축물의 평면, 위치 및 방위, 대지 경계선까지의 거리, 대지에 접한 도로의 위치와 너비, 출입구의 위치, 문, 담장, 주차장의 위치, 정화조의 위치, 조경 계획 등이다. 또한, 지붕물매는 단면도에 표기된다.

23 도면(배치도의 표시 사항)

배치도 표현에 관한 설명 중 틀린 것은?
① 1층 평면도를 기준으로 그린다.
② 축척은 대부분 1/200~1/600의 범위에서 그린다.
③ 각 실과의 연관 관계를 표시한다.
④ 대지에 접한 도로의 위치와 너비, 출입구의 위치 등을 표시한다.

해설 배치도의 표시할 내용은 대지의 모양, 고저, 치수, 건축물의 평면, 위치 및 방위, 대지 경계선까지의 거리, 대지에 접한 도로의 위치와 너비, 출입구의 위치, 문, 담장, 주차장의 위치, 정화조의 위치, 조경 계획 등이다. 또한, 각 실과의 연관 관계를 나타내는 도면은 동선도이다.

24 도면(배치도의 표시 사항)

배치도 표현에 관한 설명 중 옳지 않은 것은?
① 도로와 대지와의 고저차, 등고선 등을 기입한다.
② 축척은 1/100~1/600 정도로 한다.
③ 각 실과의 연관 관계를 표시한다.
④ 정화조, 맨홀, 배수구 등 설비의 위치나 크기를 그린다.

정답 18. ② 19. ① 20. ④ 21. ① 22. ④ 23. ③ 24. ③

해설 동선도는 사람이나 차 또는 화물 등이 움직이는 흐름을 도식화하여 기능도, 조직도를 바탕으로 관찰하고 동선 이론의 본질에 따라 각 실의 연관 관계를 표시하는 도면이다.

25 | 도면(평면도의 용어)
15, 11, 08, 01, 98

건축물을 각 층마다 창틀 위에서 수평으로 자른 수평 투상도로서 실의 배치 및 크기를 나타내는 도면은?

① 입면도 ② 평면도
③ 단면도 ④ 전개도

해설 입면도는 건축물의 외관을 나타낸 직립 투상도로서 동, 서, 남, 북측 입면도 등이 있고, 단면도는 건축물을 수직으로 잘라 그 단면을 나타낸 도면이며, 전개도는 각 실 내부의 의장을 명시하기 위해 작성하는 도면이다.

26 | 도면(평면도의 절단 위치)
19, 13, 12, 03

평면도는 보통 바닥면으로부터 몇 m 높이에서 절단한 수평 투상도를 말하는 것인가?

① 0.5m ② 1.2m
③ 2.0m ④ 2.2m

해설 평면도는 건축물을 각 층마다 창틀 위(바닥면에서는 1.2~1.5m 상단)에서 수평으로 자른 수평 투상도로서 처마 높이, 가구 높이 및 천장 높이와는 무관하다.

27 | 도면(평면도의 절단 위치)
04

평면도를 그릴 때 절단 높이를 바닥판에서 1.2~1.5m 정도로 가정한다. 그 이유에 대한 설명으로 가장 옳지 않은 것은?

① 벽체의 두께를 잘 나타낼 수 있다.
② 각종 개구부의 위치나 형태를 잘 나타낼 수 있다.
③ 건물의 외부가 잘 표현될 수 있다.
④ 인간의 생활 공간 중에서 실생활과 가장 관련이 높다.

해설 평면도를 작도하는 경우 절단 높이를 바닥판에서 1.2~1.5m 정도로 하는 이유는 벽체의 두께를 표시할 수 있고, 각종 개구부의 위치나 형태를 나타낼 수 있으며, 실생활과 가장 깊은 관계를 갖기 때문이다.

28 | 도면(평면도의 표시 사항)
24, 02, 99

다음 중 평면도에 나타나지 않는 것은?

① 처마 높이
② 실의 면적
③ 개구부의 위치나 크기
④ 창문과 출입구의 구별

해설 평면도는 건축물을 각층마다 창틀 위(바닥면에서는 1.5m 상단)에서 수평으로 자른 수평 투상도로서 실의 배치 및 크기(면적)를 나타내는 도면으로 개구부의 위치나 크기, 창문과 출입구의 구별 등을 표시하고, 처마 높이는 단면도에 나타낸다.

29 | 도면(평면도의 표시 사항)
14

평면도에 표시해야 할 사항만으로 짝지어진 것은?

A. 반자 높이   B. 건물의 높이
C. 실의 배치와 크기 D. 인접 경계선과의 거리
E. 창문과 출입구의 구별 F. 개구부의 위치와 크기

① A, C   ② B, C, D
③ C, E, F   ④ A, B, C, D, E

해설 평면도는 건축물을 각층마다 창틀 위(바닥면에서는 1.5m 상단)에서 수평으로 자른 수평 투상도로서 실의 배치 및 크기(면적)를 나타내는 도면으로 개구부의 위치나 크기, 창문과 출입구의 구별 등을 표시하고, 반자 높이와 건물의 높이는 단면도, 인접 대지 경계선과의 거리는 배치도에 나타낸다.

30 | 도면(평면도의 표시 사항)
19, 13, 10, 98

주택의 평면도에 표시되어야 할 사항이 아닌 것은?

① 가구의 높이   ② 기준선
③ 벽, 기둥, 창호 ④ 실의 배치와 넓이

해설 평면도는 건축물을 각 층마다 창틀 위(바닥면에서는 1.5m 상단)에서 수평으로 자른 수평 투상도로서 처마 높이, 가구 높이 및 천장 높이와는 무관하다.

31 | 배치도, 평면도의 작도방향
22, 20, 05

평면도와 배치도의 도면 작도방향에 대한 설명 중 옳은 것은?

① 동쪽을 위로하여 작도함을 원칙으로 한다.
② 서쪽을 위로하여 작도함을 원칙으로 한다.
③ 남쪽을 위로하여 작도함을 원칙으로 한다.
④ 북쪽을 위로하여 작도함을 원칙으로 한다.

해설 설계 도면 중 평면도와 배치도의 도면 작도 시 방향으로는 위쪽을 북쪽으로 하여 작도함을 원칙으로 한다.

32 | 도면(입면도의 표시 사항) 23, 13, 10, 07, 04

건축 도면 중 입면도에 표시되는 내용과 가장 관계가 먼 것은?

① 대지 형상　　② 마감 재료명
③ 주요 구조부의 높이　　④ 창문의 모양

해설 입면도는 건축물의 외관을 나타낸 직립 투상도로서, 표시하여야 할 사항은 마감 재료명, 지붕의 경사와 물매, 처마의 나옴, 외부 마무리, 주요 구조부의 높이 및 창호의 모양 등이고, 대지의 형상은 배치도에 표시한다.

33 | 도면(입면도의 표시 사항) 16

건축 도면 중 입면도에 표기해야 할 사항으로 적합한 것은?

① 창호의 형상　　② 실의 배치와 넓이
③ 기초판 두께와 너비　　④ 건축물과 기초와의 관계

해설 입면도는 건축물의 외관을 나타낸 직립 투상도이고, 실의 배치와 넓이는 평면도에, 기초판 두께와 너비 및 건축물과 기초와의 관계는 단면도에 표시한다.

34 | 도면(입면도의 표시 사항) 14, 09

건축물의 입면도를 작도할 때 표시하지 않는 것은?

① 방위 표시　　② 건물의 전체 높이
③ 벽 및 기타 마감 재료　　④ 처마 높이

해설 입면도의 표시 내용에는 주요부의 높이(건축물 전체 높이, 처마 높이 등), 지붕의 경사와 물매, 처마의 나옴, 외부 마무리(벽 및 기타 마감 재료) 등을 나타내고, 방위 표시는 평면도에 나타낸다.

35 | 도면(입면도의 표시 사항) 16

내부 입면도 작도에 관한 설명으로 옳지 않은 것은?

① 집기와 가구의 높이를 정확하게 표시한다.
② 벽면의 마감 재료를 표현한다.
③ 몰딩이 있으면 정확하게 작도한다.
④ 기둥과 창호의 위치가 가장 중요한 표현 요소이므로 진하게 표시한다.

해설 전개도는 각 실 내부의 의장을 명시하기 위해 작성하는 도면으로 실내의 입면을 그린 다음 벽면의 형상, 치수, 마감 등을 표시하고, 축척은 1/50 정도로 한다.
④ 평면도에 표시하는 사항이다.

36 | 도면(단면도의 표시 사항) 25, 14

단면도에 대한 설명으로 옳은 것은?

① 건축물을 수평으로 절단하였을 때의 수평 투상도이다.
② 건축물의 외형을 각 면에 대해 직각으로 투사한 도면이다.
③ 건축물을 수직으로 절단하여 수평 방향에서 본 도면이다.
④ 실의 넓이, 기초판의 크기, 벽체의 하부 구조를 표현한 도면이다.

해설 ① 평면도, ② 입면도, ④ 평면도에 대한 설명이다.

37 | 도면(단면도의 표시 사항) 04

다음 중 단면도에 표기되지 않는 것은?

① 기초　　② 창호 철물
③ 바닥　　④ 처마

해설 단면도 제도 시 필요한 사항은 기초, 지반, 바닥, 처마, 층 등의 높이와 지붕의 물매, 처마의 내민 길이 등을 나타내며, 단면 상세도는 건축물의 구조상 중요한 부분을 수직으로 자른 것으로 각 부의 높이, 부재의 크기, 접합 및 마감 등을 상세하게 그린다. 또한, 창호 철물은 창호도에 표시한다.

38 | 도면(단면도의 표시 사항) 14, 06

단면도에 표기하여야 할 사항에 해당되지 않는 것은?

① 처마 높이　　② 창대 높이
③ 지붕 물매　　④ 도로 길이

해설 단면도는 건축물을 수직으로 잘라 그 단면을 나타낸 것으로 기초, 지반, 바닥, 처마 높이, 층높이, 창대 높이, 천장 높이 등의 높이와 지붕의 물매, 처마의 내민 길이 등을 표시하고, 단면 상세도는 건축물의 구조상 중요한 부분을 수직으로 자른 것으로 각 부의 높이, 부재의 크기, 접합 및 마감 등을 상세하게 그린다. 특히, 창호 철물, 도로 높이 및 건축 면적과는 무관하다.

39 | 도면(단면도의 표시 사항) 10

단면도에 표기할 사항이 아닌 것은?

① 건물의 높이, 층 높이, 처마 높이
② 지붕의 물매
③ 지반에서 1층 바닥까지의 높이
④ 건축 면적

정답 32.① 33.① 34.① 35.④ 36.③ 37.② 38.④ 39.④

해설 단면도 제도 시 필요한 사항은 기초, 지반, 바닥, 처마 높이, 층높이, 창대 높이, 천장 높이 등의 높이와 지붕의 물매, 처마의 내민 길이 등을 표시하고, 단면 상세도는 건축물의 구조상 중요한 부분을 수직으로 자른 것으로 각 부의 높이, 부재의 크기, 접합 및 마감 등을 상세하게 그린다.

40 | 도면(물매, 경사로의 표시)
25*, 23②, 22, 07

경사 지붕, 바닥, 경사로의 경사 표시 방법으로 가장 적당한 것은?

① 경사 2/5
② 경사 3/100
③ 경사 1/8
④ 경사 0.5

해설 물매의 표시 방법에는 지면(경사로)과 바닥 배수의 물매와 같이 물매가 작은 경우에는 분자를 1로 한 분수로 표시하고, 지붕의 물매과 같이 비교적 물매가 큰 경우에는 분모를 10으로 한 분수로 표시한다.

41 | 도면(물매, 경사로의 표시)
14, 11

도면 표시에서 경사에 대한 설명으로 옳지 않은 것은?

① 밑변에 대한 높이의 비로 표시하고, 분자를 1로 한 분수로 표시한다.
② 지붕은 10을 분모로 하여 표시할 수 있다.
③ 바닥 경사는 10을 분자로 하여 표시할 수 있다.
④ 경사는 각도로 표시하여도 좋다.

해설 물매의 표시 방법에는 지면(경사로)과 바닥 배수의 물매와 같이 물매가 작은 경우에는 분자를 1로 한 분수로 표시하고, 지붕의 물매과 같이 비교적 물매가 큰 경우에는 분모를 10으로 한 분수로 표시한다.

42 | 도면(물매, 경사로의 표시)
02

바닥, 경사로 경사 표시 방법으로 가장 적당한 것은?

① 밑변에 대한 높이의 비로 표시하고 분모를 10으로 한 분수로 표시
② 밑변에 대한 높이의 비로 표시하고 분자를 10으로 한 분수로 표시
③ 밑변에 대한 높이의 비로 표시하고 분자를 1로 한 분수로 표시
④ 밑변에 대한 높이의 비로 표시하고 분모를 1로 한 분수로 표시

해설 물매의 표시 방법에는 지면(경사로)과 바닥 배수의 물매와 같이 물매가 작은 경우에는 분자를 1로 한 분수로 표시하고, 지붕의 물매과 같이 비교적 물매가 큰 경우에는 분모를 10으로 한 분수로 표시한다.

43 | 도면(철근 배근의 표시 방법)
23, 20, 17, 13

지름이 13mm인 이형 철근을 250mm 간격으로 배근할 때 그 표현으로 옳은 것은?

① D13 - 250@
② 250 @D13
③ @250 - D13
④ D13 @250

해설 지름이 13mm인 이형 철근의 표기는 D13, @250은 간격 250mm를 의미하므로 D13 @250으로 표기한다.

1-4. 건축 설계 도면

1 설계 도면의 종류와 표현

(1) 설계 도면

① 설계 도면은 정확, 명료, 신속의 세 가지에 특히 유의하여야 하고, 명료하게 작도하기 위해 선과 문자를 똑똑하고 깨끗하게 그리며, 조화를 이루어야 한다.
② 설계 도면 작도 시 일정한 규칙과 도법을 따라야 하고, 객관적으로 이해되어야 한다. 특히, 모든 도면의 축척은 달리할 수 있다.
③ 도면은 그 길이 방향을 좌우 방향으로 놓은 위치를 정위치로 하고, 도면에는 척도를 기입하여야 하며, 평면도, 배치도 등은 북쪽을 위로 하여 작도함을 원칙으로 한다. 또한, 도면을 접을 경우 접은 도면의 크기는 A4의 크기를 원칙으로 한다.

(2) 계획 설계도

설계 도면의 종류 중에서 가장 먼저 이루어지는 도면으로 구상도, 조직도, 동선도, 면적 도표 등이 있고, 이를 바탕으로 실시 설계도(일반도, 구조도 및 설비도)가 이루어지며 그 후에 시공도가 작성된다.

① **구상도** : 구상한 계획을 자유롭게 표현하기 위하여 모눈종이, 스케치에 프리핸드로 그리게 되며, 대개 1/200~1/500의 축척으로 표현되는 기초적인 도면이다.
② **조직도** : 평면 계획의 기초 단계에서 각 실의 크기나 형태로 들어가기 전에 동·식물의 각 기관이 상호 관계에 있는 것과 같이 용도나 내용의 관련성을 정리하여 조직화한다.
③ **동선도** : 사람이나 차 또는 화물 등이 움직이는 흐름을 도식화하여 기능도, 조직도를 바탕으로 관찰하고 동선 이론의 본질에 따르도록 하며, 각 실과의 연관 관계를 나타내는 도면이다.
④ **면적도표** : 전체 면적 중에 각 소요실의 비율이나 공동 부분(복도, 계단 등)의 비율(건폐율)을 산출한다.

(3) 실시 설계도

설계 도면의 종류 중 실시 설계도에는 일반도(배치도, 평면도, 입면도, 단면도, 전개도, 창호도, 현치도, 투시도 등), 구조도(기초 평면도, 바닥틀 평면도, 지붕틀 평면도, 골조도, 배근도, 기초·기둥·보·바닥판 일람표, 각부 상세도 등) 및 설비도(전기, 위생, 냉·난방, 환기, 승강기, 소화 설비도 등)로 나뉜다.

① **배치도** : 대지 안에 건물이나 부대 시설의 배치를 나타낸 도면으로 건축물 1층 평면도를 기준으로, 축척 1/200~1/600로 하고, 표시할 내용은 대지의 모양, 고저(등고선),

---

출제 키워드

■ 설계 도면
• 모든 도면의 축척은 달리할 수 있음
• 평면도, 배치도 등은 북쪽을 위로 하여 작도함을 원칙

■ 동선도
각 실과의 연관 관계를 나타내는 도면

■ 배치도
• 축척 1/200~1/600
• 표시할 내용은 축척, 건축물의 위치, 평면, 방위, 대지 경계선까지의 거리 등

치수, 축척, 건축물의 위치, 평면, 방위, 대지 경계선까지의 거리, 대지에 접한 도로의 위치와 너비, 출입구의 위치, 문, 담장, 주차장의 위치, 정화조의 위치, 조경 계획 등이다.

② **평면도** : 건축물을 각 층마다 창틀 위(지상 1.2~1.5m 정도)에서 수평으로 자른 수평 투상도로서 실의 배치 및 크기를 나타내는 도면이다. 여기서, 바닥판에서 1.2~1.5m 정도에서 자르는 이유는 벽체의 두께와 각종 개구부의 위치나 형태를 잘 나타낼 수 있고, 인간의 생활 공간 중에서 실생활과 가장 관련이 높기 때문이다. 특히, 평면도와 관계없는 사항은 처마 높이, 천장의 높이, 가구의 높이 등이고, 위쪽을 북쪽으로 하여 작도하며, 기둥과 창호의 위치가 가장 중요한 표현 요소이므로 진하게 표시한다.

③ **입면도** : 건축물의 외관을 나타낸 직립 투상도로서 창, 출입구, 처마, 발코니 등의 외관 전체를 표시한 도면이고, 동, 서, 남, 북측 입면도 또는 정면도, 측면도, 배면도 등으로 나타낸다. 입면도에 표시하여야 할 사항은 마감 재료명, 방위 표시, 건축물의 전체 높이, 처마 높이, 지붕의 경사와 물매, 처마의 나옴, 외부 마무리, 주요 구조부의 높이 및 창문의 모양(형상) 등이고, 대지의 형상은 무관하다. 축척은 평면도와 같게 한다.

④ **단면도** : 건축물을 수직으로 절단하여 수평 방향에서 본 도면 또는 건축물을 수직으로 잘라 그 단면을 나타낸 것으로 기초, 지반(지반에서 1층 바닥까지의 높이), 바닥, 높이(처마 높이, 층높이, 창대 높이, 천장 높이 등)와 지붕의 물매, 처마의 내민 길이 등을 표시하고, 단면 상세도는 건축물의 구조상 중요한 부분을 수직으로 자른 것으로 각 부의 높이, 부재의 크기, 접합 및 마감 등을 상세하게 그린다. 특히, 창호 철물, 도로 높이와는 무관하다.

⑤ **전개도** : 각 실 내부의 의장을 명시하기 위해 작성하는 도면, 각 실내의 입면을 그려 벽면의 형상, 치수, 끝마감 등을 나타내는 도면 또는 각 실의 내부 의장을 나타내기 위한 도면으로 실의 입면을 그려 벽면의 마감 재료와 치수, 형상 등을 나타내는 도면 또한, 천장면 내지 벽면 등의 절단된 부분은 그 실내측의 마무리면만을 그리면 되지만 절단면에 출입구나 창 등이 있는 경우에는 그 단면을 그려야 한다. 특히, 축척은 1/50 정도로 한다.

⑥ **기초 평면도** : 기초 구조의 제도 순서는 다음과 같고, 기초 평면도에 표시하여야 할 사항은 기초의 종류, 앵커 볼트의 위치, 마루 밑 환기구 위치 및 형상 등이고, 기와 치수와 잇기 방법은 단면 상세도에 표기할 사항이다.

　㉮ 기초 크기에 알맞게 축척을 정한다. → ㉯ 테두리선을 긋고, 도면의 위치를 정한다. → ㉰ 지반선과 기초벽의 중심선을 일점 쇄선으로 그린다. → ㉱ 지정과 기초판 각 부분의 두께와 너비를 정한다. → ㉲ 단면선과 입면선을 구분하여 그린다. → ㉳ 재료의 단면 표시를 한다. → ㉴ 치수선, 치수 보조선 및 인출선을 가는선으로 긋는다. → ㉵ 치수와 재료명을 기입한다. → ㉶ 표제란을 작성하고, 표시 사항의 누락 여부를 확인한다.

출제 키워드

■ **평면도**
- 건축물을 각 층마다 창틀 위(지상 1.2~1.5m 정도)에서 수평으로 자른 수평 투상도로서 실의 배치 및 크기를 나타내는 도면
- 위쪽을 북쪽으로 하여 작도
- 기둥과 창호의 위치가 가장 중요한 표현 요소이므로 진하게 표시

■ **바닥판에서 1.2~1.5m 정도에서 자르는 이유**
- 벽체의 두께와 각종 개구부의 위치나 형태를 잘 나타낼 수 있음
- 인간의 생활 공간 중에서 실생활과 가장 관련이 높기 때문

■ **평면도와 관계없는 사항**
- 처마 높이, 천장의 높이, 가구의 높이 등

■ **입면도의 표시 사항**
- 마감 재료명, 방위 표시, 건축물의 전체 높이, 처마 높이, 지붕의 경사와 물매, 처마의 나옴, 외부 마무리, 주요 구조부의 높이 및 창문의 모양(형상) 등
- 대지의 형상은 무관

■ **단면도**
- 건축물을 수직으로 절단하여 수평 방향에서 본 도면
- 기초, 바닥, 높이와 지붕의 물매, 처마의 내민 길이 등을 표시

■ **전개도**
- 각 실 내부의 의장을 명시하기 위해 작성하는 도면, 각 실내의 입면을 그려 벽면의 형상, 치수, 끝마감 등을 나타내는 도면
- 각 실의 내부 의장을 나타내기 위한 도면으로 실의 입면을 그려 벽면의 마감 재료와 치수, 형상 등을 나타내는 도면
- 축척은 1/50 정도

■ **기초 평면도 표기 사항**
기초의 종류, 앵커 볼트의 위치, 마루 밑 환기구 위치 및 형상 등

출제 키워드

■ 창호도
• 창호의 개폐 방법, 재료, 마감, 창호 철물, 유리 등을 나타내는 도면
• 축척은 1/50~1/100, 위치는 평면도에 직접 표기
• 창문은 W, 문은 D로 표기

■ 지붕 평면도
절단하지 않고 단순히 건물을 위에서 내려다 본 도면

⑦ **창호도** : 건축물에 사용되는 창호의 개폐 방법, 재료, 마감, 창호 철물, 유리 등을 나타내는 도면으로, 축척은 1/50~1/100, 위치는 평면도에 직접 표기, 창문은 W, 문은 D로 표기한다.

⑧ **천장 평면도** : 천장의 의장이나 마무리를 나타내기 위해 작성하고, 천장의 위쪽에서 천장의 실내면을 투시하여 수평 투상면에 투영시킨 도면으로, 천장 마무리 종류, 환기구, 보수구, 매립 조명구 등을 나타낸다.

⑨ **지붕 평면도** : 절단하지 않고 단순히 건물을 위에서 내려다 본 도면이다.

(4) 도면의 분류

① **조립도** : 기계류의 조립 상태를 나타내고, 각 부품의 조립 관계의 위치나 관련 치수가 표시되어 있는 도면이다.

② **배관도** : 관의 배치나 배관에 필요한 사항이 표시된 도면으로 배관 표시 기호를 사용해서 도시하는 도면이다.

③ **상세도(분해도)** : 기계, 설비 등의 내용을 상세하게 표시한 도면으로 건축, 선박 등의 도면에서 복잡한 일부를 들어서 축척을 바꾼 뒤 크게 그려서 그 내용을 명시하는 데 사용된다. 즉, 필요한 부분을 가장 상세하게 나타낸 도면이다.

④ **공정도** : 공정 분석표를 기초로 하여 제품이 이동하는 경로를 공장의 평면도(기계 배치도) 위에 기입한 도면이다.

2 도면의 분류와 축척 등

(1) 도면의 축척

종류	배치도	평면도	입면도	단면도
축척	1/100~1/500		1/50~1/200	

(2) 설계도면의 종류

계획 설계도		구상도, 조직도, 동선도, 면적 도표 등
		기본 설계도, 계획도, 스케치도
실시 설계도	일반도	배치도, 평면도, 입면도, 단면(상세)도, 전개도, 창호도, 현치도, 투시도 등
	구조도	기초 평면도, 바닥틀 평면도, 지붕틀 평면도, 골조도 기초, 기둥, 보, 바닥판, 일람표, 배근도, 각부 상세 등
	설비도	전기, 위생, 냉·난방, 환기, 승강기, 소화 설비도 등
시공도		시공 상세도, 시공 계획도, 시방서 등

■ 계획 설계도
기능도, 조직도, 동선도 및 구상도 등

① **계획 설계도** : 건축주와 교섭용으로 사용되는 도면으로 기능도, 조직도, 동선도 및 구상도 등이 있다.

㉮ 기능도 : 건축물의 기능에 대해서 도식화해 봄으로써 보다 능률적인 설계를 할 수 있도록 하는 도면이다.
㉯ 조직도 : 평면 계획 초기 단계에서 각 실의 크기나 형태로 들어가기 전에 동·식물의 각 기관이 상호 관계에 있는 것과 같이 용도나 내용의 관련성을 정리하여 조직화한다.
㉰ 동선도 : 사람이나 차, 또는 화물 등의 흐름을 도식화하여, 기능도, 조직도를 바탕으로 관찰하고, 동선 이론의 원칙에 따르도록 한다.
㉱ 구상도 : 설계에 대한 최초의 발상으로 모눈종이나 스케치북에 프리핸드로 그리게 되고, 가장 기초적인 도면으로 배치도와 평면도는 동일한 도면에 동시에 표현되며, 필요에 따라 입면도나 건축물의 내·외부의 투시도가 포함되기도 한다.
② 실시 설계도 : 기본 설계도를 기준으로 만들어지고 건축물의 시공에 필요한 여러 가지 도면으로 설계자에 의하여 작성된다. 시공자에게 공사를 발주하기 위한 도면으로서 일반도, 구조도, 설비도로 나뉜다.
③ 기본 설계도 : 설계자가 건물의 기본 구상을 연구하기 위한 도면 또는 건물의 기능이나 규모 및 표현을 결정하기 위한 도면이다.

(3) 도면의 분류

① 용도에 따른 분류 : 계획 설계도(약 설계도)와 기본 설계도, 본설계도, 시방서, 공사비 내역서(설계 견적서), 허가 신청용 도서 및 시공도 등이 있다.
② 내용에 따른 분류 : 배치도, 평면도, 입면도, 단면도, 기준 상세도, 단면 상세도(필요한 부분을 가장 상세하게 나타내는 도면), 창호표 및 창호 상세도, 구조도, 전개도, 설비도, 마감표, 투시도 및 설계 설명서 등이 있다.

3 설계 도서 등

(1) 설계 도서

① 시방서 : 설계자의 의도를 시공자에게 전달할 목적으로 설계 도서에 기재할 수 없는 사항을 기재하는 문서 또는 설계도에 나타내기 어려운 시공 내용을 문장으로 표현한 문서이다.
② 견적서 : 공사 가격을 미리 적산하여 산출한 계산서로서 공사비의 검토, 계약, 발주 및 지불 등에 기초가 되는 것으로서 설계 도서의 하나이다.
③ 설명서 : 사용자에게 구조, 성능, 기능 및 사용법을 설명한 도면이다.

■ 출제 키워드

■ 동선도
사람이나 차, 또는 화물 등의 흐름을 도식화한 도면

■ 실시 설계도
• 기본 설계도를 기준으로 만들어지고 건축물의 시공에 필요한 여러 가지 도면
• 일반도, 구조도, 설비도로 분류

■ 단면 상세도
필요한 부분을 가장 상세하게 나타내는 도면

■ 시방서
설계도에 나타내기 어려운 시공 내용을 문장으로 표현한 문서

출제 키워드

■ 물매의 표시 방법
- 물매가 작은 경우에는 분자를 1로 한 분수로 표시
- 물매가 큰 경우에는 분모를 10으로 한 분수로 표시

■ 벽돌 벽체의 작도 순서
벽체 중심선 → 각 벽두께 → 창문틀 너비 → 각 세부 완성의 순

(2) 물매의 표시 방법

① 지면(경사로)과 바닥 배수의 물매와 같이 물매가 작은 경우에는 분자를 1로 한 분수로 표시한다.
② 지붕의 물매와 같이 비교적 물매가 큰 경우에는 분모를 10으로 한 분수로 표시한다.

(3) 벽돌 벽체의 작도 순서

벽돌 벽체의 평면도 작도 순서는 벽체 중심선 → 각 벽두께 → 창문틀 너비 → 각 세부 완성의 순으로 작도한다.

1-4. 건축 설계 도면
과년도 출제문제

01 | 전개도의 용어
13, 10, 09, 03, 01, 99

각 실내의 입면을 그려 벽면의 형상, 치수, 끝마감 등을 나타내는 도면은?

① 평면도 ② 투시도
③ 단면도 ④ 전개도

해설 평면도는 건축물의 각 층마다 창틀 위에서 수평으로 자른 수평 투상도로서, 실의 배치 및 크기를 나타내는 도면이고, 투시도는 건물과 눈 사이에 투명한 화면(직립 투상면)을 놓고 여기에 나타나는 상을 그린(투사선을 투상한) 도면이며, 단면도는 건축물을 수직으로 잘라 그 단면을 나타낸 도면이다.

02 | 전개도의 용어
23, 14, 04

각 실의 내부 의장을 나타내기 위한 도면으로 실의 입면을 그려 벽면의 마감 재료와 치수, 형상 등을 나타내는 도면은?

① 평면도 ② 창호도
③ 단면도 ④ 전개도

해설 평면도는 건축물의 각 층마다 창틀 위에서 수평으로 자른 수평 투상도로서, 실의 배치 및 크기를 나타내는 도면이고, 창호도는 건축물에 사용되는 창호의 개폐 방법, 재료, 마감, 창호 철물, 유리 등을 나타낸 도면이며, 단면도는 건축물을 수직으로 잘라 그 단면을 나타낸 도면이다.

03 | 전개도의 용어
13, 08

건축 도면 중 전개도에 대한 정의로 옳은 것은?

① 부대 시설의 배치를 나타낸 도면
② 각 실 내부의 의장을 명시하기 위해 작성하는 도면
③ 지반, 바닥, 처마 등의 높이를 나타낸 도면
④ 실의 배치 및 크기를 나타낸 도면

해설 ① 배치도, ② 전개도(각 실의 내부 의장을 나타내기 위한 도면으로 실의 입면을 그려 벽면의 마감 재료와 치수, 형상 등을 나타내는 도면), ③ 단면도, ④ 평면도에 대한 설명이다.

04 | 전개도
16, 13, 05

건축 설계 도면에서 전개도에 관한 설명 중 옳지 않은 것은?

① 각 실 내부의 의장을 명시하기 위해 작성하는 도면이다.
② 각 실에 대하여 벽체 및 문의 모양을 그려야 한다.
③ 축척은 1/200 정도로 한다.
④ 벽면의 마감 재료 및 치수를 기입하고 창호의 종류와 치수를 기입한다.

해설 전개도(각 실 내부의 의장을 명시하기 위해 작성하는 도면으로, 실내의 입면을 그린 다음 벽면의 형상, 치수, 마감 등을 표시한 도면)의 축척은 1/50 정도로 한다.

05 | 창호도
16, 07

건축 설계 도면에서 창호도에 관한 설명 중 틀린 것은?

① 축척은 보통 1/50~1/100로 한다.
② 창호의 위치는 평면도에 직접 표시하거나 약식 평면도에 표시한다.
③ 창호 기호에서 W는 창, D는 문을 의미한다.
④ 창호 재질의 종류와 모양, 크기 등은 기입할 필요가 없다.

해설 창호도(건축물에 사용되는 창호의 개폐 방법, 재질의 종류와 모양, 크기, 마감, 창호 철물, 유리 등을 나타낸 도면)의 축척은 1/50~1/100, 위치는 평면도에 직접 표기, 창문은 W, 문은 D로 표기한다.

06 | 창호도의 표시 사항
04

다음 중 창호도에 표기되는 내용이 아닌 것은?

① 개폐방법 ② 기초
③ 재료   ④ 마감

해설 창호도(건축물에 사용되는 창호의 개폐 방법, 재질의 종류와 모양, 크기, 마감, 창호 철물, 유리 등을 나타낸 도면)의 축척은 1/50~1/100, 위치는 평면도에 직접 표기, 창문은 W, 문은 D로 표기한다.

정답 01.④ 02.④ 03.② 04.③ 05.④ 06.②

07 | 기초 도면의 최우선 작업
09, 07

다음 중 기초 도면 작성 시 가장 먼저 해야 할 사항은?

① 테두리선을 긋는다.
② 지반선과 벽체 중심선을 긋는다.
③ 재료의 단면 표시를 한다.
④ 기초 크기에 알맞게 축척을 정한다.

해설 기초 구조의 제도 순서는 ㉠ 기초 크기에 알맞게 축척을 정한다. → ㉡ 테두리선을 긋고, 도면의 위치를 정한다. → ㉢ 지반선과 기초벽의 중심선을 일점 쇄선으로 그린다. → ㉣ 지정과 기초판 각 부분의 두께와 너비를 정한다. → ㉤ 단면선과 입면선을 구분하여 그린다. → ㉥ 재료의 단면 표시를 한다. → ㉦ 치수선, 치수 보조선 및 인출선을 가는선으로 긋는다. → ㉧ 치수와 재료명을 기입한다. → ㉨ 표제란을 작성하고, 표시 사항의 누락 여부를 확인한다.

08 | 기초 평면도의 표시 사항
12, 04

기초 평면도에 표기하는 사항이 아닌 것은?

① 기초의 종류
② 앵커 볼트의 위치
③ 마루 밑 환기구의 위치 및 형상
④ 기와의 치수 및 잇기 방법

해설 기초 평면도에 표기하여야 할 사항은 기초의 종류, 앵커 볼트의 위치, 마루 밑 환기구의 위치 및 형상 등이고, 기와 치수와 잇기 방법은 단면 상세도에 표기할 사항이다.

09 | 단면도(벽돌 벽체의 작도)
07, 03

벽돌 벽체의 작도 순서로 가장 올바른 것은?

① 벽체 중심선-각 벽두께-창문틀 너비-각 세부 완성
② 벽체 중심선-창문틀 너비-각 벽두께-각 세부 완성
③ 창문틀 너비-벽체 중심선-각 벽두께-각 세부 완성
④ 창문틀 너비-각 벽두께-벽체 중심선-각 세부 완성

해설 벽돌 벽체의 평면도 작도 순서는 벽체 중심선 → 각 벽두께 → 창문틀 너비 → 각 세부 완성의 순으로 작도한다.

10 | 건축 설계 도면
24, 06

다음의 건축 도면에 대한 설명 중 옳지 않은 것은?

① 도면은 그 길이 방향을 좌우 방향으로 놓은 위치를 정위치로 한다.
② 도면에는 척도를 기입하여야 한다.
③ 평면도, 배치도 등은 남쪽을 위로하여 작도함을 원칙으로 한다.
④ 도면을 접을 경우 접은 도면의 크기는 A4의 크기를 원칙으로 한다.

해설 건축 도면은 ①, ② 및 ④ 외에 도면(평면도 및 배치도)의 윗쪽을 북쪽으로 함을 원칙으로 한다.

11 | 건축 설계 도면
23, 15, 09

다음 각 도면에 관한 설명으로 틀린 것은?

① 평면도에서는 실의 배치와 넓이, 개구부의 위치나 크기 등을 표시한다.
② 천장 평면도는 절단하지 않고 단순히 건물을 위에서 내려다 본 도면이다.
③ 단면도는 건물을 수직으로 절단한 후 그 앞면을 제거하고 건물을 수평 방향으로 본 도면이다.
④ 입면도는 건물의 외형을 각 면에 대하여 직각으로 투사한 도면이다.

해설 천장 평면도는 천장의 의장이나 마무리를 나타내기 위해 작성하고, 천장의 위쪽에서 천장의 실내면을 투시하여 수평 투상면에 투영시킨 도면으로, 천장 마무리 종류, 환기구, 보수구, 매립 조명구 등을 나타낸다.
② 지붕 평면도에 대한 설명이다.

12 | 건축 설계 도면
20, 09, 07

각종 도면에 대한 설명 중 옳지 않은 것은?

① 배치도는 전체를 파악하는 중요한 도면으로 대지 안의 건물의 위치 등을 표현한다.
② 전개도는 건물 내부의 입면을 정면에서 바라보고 그리는 내부 입면도이다.
③ 평면도는 건축물을 건축물의 바닥면으로부터 2m 이상의 높이에서 수평으로 절단하여 그린 것이다.
④ 단면도는 건축물을 수직으로 절단하여 수평 방향에서 바라보고 그린 것이다.

해설 평면도는 건축물의 각 층마다 창틀 위(바닥으로부터 1.5m의 높이)에서 수평으로 자른 수평투상도로서 실의 배치 및 크기를 나타내는 도면이다.

13 | 건축 설계 도면
22, 21, 13, 08

다음의 각종 설계 도면에 대한 설명 중 옳지 않은 것은?

① 계획 설계도에는 구상도, 조직도, 동선도 등이 있다.
② 기초 평면도의 축척은 평면도와 같게 한다.
③ 단면도는 건축물을 각 층마다 창틀 위에서 수평으로 자른 수평 투상도로서, 실의 배치 및 크기를 나타낸다.
④ 전개도는 건물 내부의 입면을 정면에서 바라보고 그리는 내부 입면도이다.

해설 단면도는 건축물을 수직으로 잘라 그 단면을 나타낸 도면이고, 평면도는 건축물의 각 층마다 창틀 위에서 수평으로 자른 수평 투상도로서, 실의 배치 및 크기를 나타내는 도면이다.

14 | 계획 설계도의 종류
15, 99, 98

건축 설계도 중 계획 설계도에 해당되지 않는 것은?

① 구상도   ② 조직도
③ 동선도   ④ 배치도

해설 계획 설계도는 설계 도면의 종류 중 가장 먼저 이루어지는 도면으로, 구상도, 조직도, 동선도 및 면적 도표 등이 있고, 배치도는 실시 설계도의 일반도에 속한다.

15 | 계획 설계도의 종류
14, 11, 07, 03

설계 도면의 종류 중 계획 설계도에 포함되지 않는 것은?

① 전개도   ② 조직도
③ 동선도   ④ 구상도

해설 계획 설계도는 설계 도면의 종류 중에서 가장 먼저 이루어지는 도면으로 구상도, 조직도, 동선도, 면적 도표 등이 있고, 이를 바탕으로 실시 설계도(일반도, 구조도 및 설비도)가 이루어지며 그 후에 시공도가 작성된다. 전개도는 실시 설계도의 일반도에 속한다.

16 | 계획 설계도(동선도)
15, 11, 07

건축물의 설계 도면 중 사람이나 차, 물건 등이 움직이는 흐름을 도식화한 도면은?

① 구상도   ② 조직도
③ 평면도   ④ 동선도

해설 구상도는 구상한 계획을 자유롭게 표현하기 위하여 프리핸드로 그리는 도면이고, 조직도는 평면 계획의 기초 단계에서 각 실의 크기와 형태로 들어가기 전에 동·식물의 각 기관이 상호 관계가 있는 것과 같이 용도와 내용의 관련성을 정리하여 조직한 도면이며, 평면도는 건축물의 각 층마다 창틀 위에서 수평으로 자른 수평 투상도로서 실의 배치와 크기를 나타내는 도면이다.

17 | 계획 설계도(동선도)
02

사람, 화물 등이 움직이는 흐름을 도식화한 도면은?

① 기능도   ② 조직도
③ 동선도   ④ 구상도

해설 기능도는 건축물의 기능에 대해서 도식화해 봄으로써 보다 능률적인 설계를 할 수 있도록 하는 도면이고, 조직도는 평면 계획 초기 단계에서 각 실의 크기나 형태로 들어가기 전에 동·식물의 각 기관이 상호 관계에 있는 것과 같이 용도나 내용의 관련성을 정리하여 조직화한 도면이며, 구상도는 설계에 대한 최초의 발상으로 모눈종이나 스케치북에 프리핸드로 그리게 되고, 가장 기초적인 도면으로 배치도와 평면도는 동일한 도면에 동시에 표현되며, 필요에 따라 입면도나 건축물의 내·외부의 투시도가 포함되기도 한다.

18 | 실시 설계도
02

도면의 종류 중 실시 설계도를 설명한 것은?

① 기본 설계도를 기준으로 만들어지고 건축물의 시공에 필요한 여러 가지 도면
② 설계자가 건물의 기본 구상을 연구하기 위한 도면
③ 건축주와의 교섭용으로 사용되는 도면
④ 건물의 기능이나 규모 및 표현을 결정하기 위한 도면

해설 실시 설계도(본설계도)는 기본 설계도를 기반으로 설계자에 의하여 작성되고, 시공자에게 공사를 발주하기 위한 도면으로서 일반도, 구조도, 설비도로 나누고 여기에 별도로 공사 시방서와 공사비 내역서를 첨부한다.
②, ④ 기본 설계도, ③ 계획 설계도에 대한 설명이다.

19 | 실시 설계도의 종류
12

설계 도면의 종류 중 실시 설계도에 해당되는 것은?

① 구상도   ② 조직도
③ 전개도   ④ 동선도

해설 ① 구상도는 계획 설계도, ② 조직도는 계획 설계도, ③ 전개도는 실시 설계도의 일반도, ④ 동선도는 계획 설계도에 속한다.

정답 13. ③ 14. ④ 15. ① 16. ④ 17. ③ 18. ① 19. ③

20 실시 설계도 중 일반도의 종류 | 14

설계 도면 중 일반도에 속하지 않는 것은?
① 평면도 ② 전기 설비도
③ 배치도 ④ 단면 상세도

해설 설계 도면 중 일반도에는 배치도, 평면도, 입면도, 단면(상세)도, 전개도, 창호도, 현치도 및 투시도 등이 있고, 전기 설비도는 설비도에 속한다.

21 실시 설계도 중 일반도의 종류 | 16②

실시 설계도에서 일반도에 해당하지 않는 것은?
① 기초 평면도 ② 전개도
③ 부분 상세도 ④ 배치도

해설 실시 설계도에는 일반도(배치도, 평면도, 입면도, 단면(상세)도, 전개도, 창호도, 현치도, 투시도 등), 구조도(기초·바닥틀·지붕틀 평면도, 골조도, 기초·기둥·보·바닥판 일람표, 배근도, 각부 상세도 등)및 설비도(전기, 위생, 냉·난방, 환기, 승강기, 소화 설비도 등) 등이 있다. 또한, 기초 평면도는 구조도에 속한다.

22 실시 설계도의 종류 | 15

실시 설계 도면에 포함되지 않는 도면은?
① 배치도 ② 동선도
③ 단면도 ④ 창호도

해설 실시 설계도(본 설계도)에는 일반도(배치도, 평면도, 입면도, 단면(상세)도, 전개도, 창호도, 현치도, 투시도 등), 구조도(기초·바닥틀·지붕틀 평면도, 골조도, 기초·기둥·보·바닥판 일람표, 배근도, 각부 상세도 등) 및 설비도(전기, 위생, 냉·난방, 환기, 승강기, 소화 설비도 등) 등이 있다. 또한, 기초 평면도는 구조도에 속한다.

23 설계 도면의 용도에 따른 분류 | 02

도면의 종류 중 용도에 따른 도면이 아닌 것은?
① 계획 설계도 ② 기본 설계도
③ 시방서 ④ 배치도

해설 도면의 종류 중 용도에 따른 분류에는 계획 설계도(약 설계도)와 기본 설계도, 본(실시)설계도, 시방서, 공사비 내역서(설계 견적서), 허가 신청용 도서 및 시공도 등이 있고, 내용에 따른 분류에는 배치도, 평면도, 입면도, 단면도, 기준 상세도, 단면 상세도, 창호표 및 창호 상세도, 구조도, 전개도, 설비도, 마감표, 투시도 및 설계 설명서 등이 있다.

24 시방서의 용어 | 19, 14, 08

설계도에 나타내기 어려운 시공 내용을 문장으로 표현한 것은?
① 시방서 ② 견적서
③ 설명서 ④ 계획서

해설 견적서는 공사 가격을 미리 적산하여 산출한 계산서로서 공사비의 검토, 계약, 발주 및 지불 등에 기초가 되는 것으로서 설계도서의 하나이고, 설명서는 사용자에게 구조, 성능, 기능 및 사용법을 설명한 도면이다.

25 상세도의 용어 | 03

도면의 분류에서 내용에 따른 분류이다. 필요한 부분을 가장 상세하게 나타낸 도면은?
① 조립도 ② 배관도
③ 상세도 ④ 공정도

해설 도면의 종류 중 용도에 따른 분류에는 계획 설계도(약 설계도)와 기본 설계도, 본(실시)설계도, 시방서, 공사비 내역서(설계 견적서), 허가 신청용 도서 및 시공도 등이 있고, 내용에 따른 분류에는 배치도, 평면도, 입면도, 단면도, 기준 상세도, 단면 상세도, 창호표 및 창호 상세도, 구조도, 전개도, 설비도, 마감표, 투시도 및 설계 설명서 등이 있다.

정답 20.② 21.① 22.② 23.④ 24.① 25.③

CHAPTER 02 일반 구조

2-1. 건축 구조의 일반사항

2-1-1. 건축 구조의 일반사항

1 건축의 3대 요소 등

(1) 건축의 3대 요소

건축의 3대 요소는 구조(튼튼함), 기능(사용의 편리성) 및 미(아름다움)이고, 건축 시공이란 건축의 3요소(구조, 기능, 미)를 갖춘 건축물을 최저의 공비로 최단 시간 내에 구현시키는 것이다.

(2) 건축구조법의 선정 요소

건축구조법의 선정에는 입지 조건, 건축 규모, 사용 가능한 재료 및 요구 성능 등이 필요하고, 색채 계획과는 무관하다.

(3) 건축 구조의 기본 조건

건축 구조의 기본 조건에는 안전성(건물 안에는 항상 사람이 생활한다는 생각을 두고 아름답고 기능적으로 만드는 것), 경제성(최소의 공사비로 만족할 수 있는 공간을 만드는 것) 및 내구성(안전과 역학적 및 물리적 성능이 잘 유지되도록 만드는 것) 등이 있고, 유동성과는 무관하다.

(4) 건축 구조의 변천 과정

건축 구조는 동굴 주거 시대 → 움집 주거 시대 → 지상 주거 시대의 순으로 변화하였다.

■ 출제 키워드

■ 건축의 3대 요소
구조(튼튼함), 기능(사용의 편리성) 및 미(아름다움) 등

■ 건축구조법의 선정 요소
입지 조건, 건축 규모, 사용 가능한 재료 및 요구 성능 등

■ 건축 구조의 기본 조건
안전성, 경제성 및 내구성 등이 있고, 유동성과는 무관

■ 건축 구조의 변천 과정
동굴 주거 시대 → 움집 주거 시대 → 지상 주거 시대의 순

2 건축물의 주요 구성 요소 등

(1) 건축물의 주요 구성 요소

각종 하중에 대해 강도와 강성을 가져야 하고, 내구성을 갖추어야 하며, 차단성을 확보(단열, 방수, 차음 등)하여야 한다. 즉, 안전성, 내구성 및 경제성 등이 있고, 건축물을 구성하는 구조재에는 기초, 기둥, 보, 바닥 및 벽 등이 있고, 비구조재에는 천장, 수장 등과 같은 마감재 부분이 있다.

① 기초 : 건물 지하부의 구조부로서 건물의 무게(상부 구조물의 하중)를 지반에 전달하는 부재이며, 건축물을 안정되게 지탱하는 최하부의 구조체이다.

② 기둥 : 기둥은 보나 도리, 바닥판 및 지붕과 같은 가로재(수평재)의 하중을 받아 기초 또는 토대에 전달하는 세로재(수직재)로서 벽체의 골격을 이루는 부재이다.

③ 바닥 : 건축물의 상부와 하부를 구획하는 수평 구조체로 자체의 하중과 적재된 하중을 받아 보나 기둥, 벽에 전달하며 보와 기둥에 전달하는 역할 , 또는 천장과 더불어 공간을 구성하는 수평적 요소로서 생활을 지탱하며 사람과 물건을 지지하는 역할을 한다.

④ 보 : 건축물 또는 구조물의 형틀 부분을 구성하는 수평 부재로 작은보, 큰보 등이 있다.

⑤ 벽체 : 건축물의 평면을 구획하는 부재로서 내부와 외부를 구획하는 외벽과 건축물의 내부를 구획하는 칸막이벽으로 구분된다.

⑥ 지붕 : 건축물의 최상부를 막아 비나 눈이 건축물 내부로 흘러들지 못하게 하고, 실내 공기를 보호하는 부분으로 그 모양과 기울기가 다양하다.

⑦ 계단 : 바닥의 일부로서, 높이가 서로 다른 바닥을 연결하는 통로의 구실을 한다.

⑧ 천장 : 구조체에 해당하지 않는 부분으로 지붕 밑 또는 위층의 바닥 밑을 가리어 열차단, 소음 방지와 장식적·보온적으로 꾸민 부분으로 회반죽 천장, 널천장, 종이 천장, 금속판 천장, 각종 보드 천장 등이 있다.

⑨ 수장 : 건축물의 마무리가 되는 일이 많으므로 마감으로 기와이기, 구들, 미장과 같이 건축물의 뼈대에 덧붙여 꾸미는 부분이다.

(2) 건축물의 주요 구조부(기둥, 보, 바닥, 벽, 지붕 및 주계단 등)에 요구되는 성질

① 재질이 균일하고 강도, 내화, 내구성, 차단 성능(단열, 방수, 차음 등)이 큰 것이어야 한다.

② 가볍고 큰 재료 얻기와 가공이 용이하여야 한다.

3 건축 구조의 분류

구분		종류
구조 재료에 의한 분류		목 구조, 벽돌 구조, 블록 구조, 돌 구조, 철골 구조(강구조), 철근 콘크리트 구조, 철골 철근 콘크리트 구조 등
구성 방식 (형식)에 의한 분류	가구식 구조	목(나무)구조, 철골 구조
	조적식 구조	벽돌 구조, 블록 구조, 돌 구조
	일체식 구조	철근 콘크리트 구조, 철골 철근 콘크리트 구조
시공 과정 (공법)에 의한 분류	습식 구조	조적식 구조(벽돌, 블록, 돌 구조), 일체식 구조(철근 콘크리트조, 철골 철근 콘크리트조)
	건식 구조	목조(나무 구조), 철골 구조
	조립식 구조	

(1) 구성 방식에 의한 분류

① **가구식 구조** : 비교적 가늘고 긴 재료(목재, 철재 등)를 조립하여 뼈대를 만드는 구조 또는 구조체인 기둥과 보를 부재의 접합에 의해서 축조하는 방법으로서 목 구조(가볍고 가공성이 좋은 장점이 있으나 강도가 작고 내구력이 약해 부패, 화재 위험 등이 높은 구조), 철골 구조 등이 있으며, 안정한 구조체(가새를 이용)로 하기 위하여 삼각형으로 짜 맞춘다. 특히, 철골(강)구조는 재료의 강도가 크고 연성이 좋아 고층이나 스팬이 큰 대규모 건축물에 적합한 건축 구조, 건물 전체의 무게가 비교적 가벼우면서 강도가 커 고층이나 간사이가 큰 대규모 건축물에 적합한 구조 또는 구조상 주요한 골조 부분에 여러 단면 모양으로 된 형강, 강관, 강판 등의 강재를 조립하여 구성한 구조로서 내진(지진에 가장 강한 구조), 내구적이나 내화적이지 못한 구조이다.

② **조적식 구조** : 비교적 작은 하나하나의 재료(벽돌, 블록, 돌 등)를 접합재(석회, 시멘트)를 사용하여 쌓아올려 건축물을 구성한 구조, 즉 줄눈이 만들어지는 구조로서 벽돌 구조, 블록 구조 및 돌 구조 등으로 내구적, 방화적이지만, 습식구조로서 횡력(지진과 바람 등) 및 진동에 약하고, 균열이 생기기 쉬운 구조이다.

③ **일체식 구조** : 철근 콘크리트 구조와 철골 철근 콘크리트 구조 등으로 철근 콘크리트 구조는 현장에서 거푸집을 짜서 전 구조체를 일체로 만든 것이다. 콘크리트 속에 강재(철근)를 배치한 구조로서 내구성, 내화성, 내진성(지진에 가장 강한 구조) 및 거주성이 우수하나, 자중이 무겁고 시공 과정이 복잡하여 공사 기간이 긴 단점이 있다. 특히, 가장 강력하고 균일한 강도를 낼 수 있는 합리적인 구조체이다. 철근 콘크리트 구조의 특성은 다음과 같다.

㉮ 내구성, 내화성, 내진성이 우수하고 거주성이 뛰어나지만 자중이 무겁고 시공 과정이 복잡하며, 공사 기간이 긴 단점이 있는 구조이다.

㉯ 내구, 내화, 내진적이며 설계가 자유롭고 공사 기간이 길며 자중이 큰 구조이다. 횡력과 진동에 강한 구조이다.

■ 가구식 구조
- 구조체인 기둥과 보를 부재의 접합에 의해서 축조하는 방법
- 목구조, 철골 구조 등

■ 철골 구조
- 재료의 강도가 크고 연성이 좋아 고층이나 스팬이 큰 대규모 건축물에 적합한 건축 구조
- 건물 전체의 무게가 비교적 가벼우면서 강도가 커 고층이나 간사이가 큰 대규모 건축물에 적합
- 구조상 주요한 골조 부분에 여러 단면 모양으로 된 형강, 강관, 강판 등의 강재를 조립하여 구성한 구조
- 내진(지진에 가장 강한 구조), 내구적이나 내화적이지 못한 구조

■ 조적식 구조
- 내구적, 방화적
- 습식구조로서 횡력(지진과 바람 등) 및 진동에 약함
- 균열이 생기기 쉬운 구조

■ 일체식 구조
- 내진성(지진에 가장 강한 구조)이 우수
- 가장 강력하고 균일한 강도를 낼 수 있는 합리적인 구조체

■ 철근 콘크리트 구조의 특성
- 내구성, 내화성, 내진성이 우수
- 거주성이 뛰어나지만 자중이 무겁고 시공 과정이 복잡
- 공사 기간이 긴 단점
- 설계가 자유롭고 자중이 큰 구조
- 횡력과 진동에 강한 구조

출제 키워드

■ 습식 구조
• 조적식 구조, 일체식 구조 등
• 긴 공사 기간

■ 건식 구조
• 각종 기성재를 짜 맞추어 뼈대를 만들고, 물은 거의 쓰지 않는 구조
• 목조와 철골(강)구조

■ 조립식 구조
• 건축물의 구조 부재를 공장에서 생산 가공 또는 부분 조립한 후 현장에서 짜맞추는 공정
• 대량 생산, 공사 기간 단축, 가격이 저렴 등
• 각 부품들의 일체화가 곤란하므로 접합부의 강성이 낮음
• 변화있는 다양한 외형을 구성하는 데 부적합

■ 독립 기초
1개의 기둥을 하나의 기초판이 지지하게 한 기초

(2) 공법(시공 과정)에 의한 분류

① 습식 구조 : 물을 많이 사용하는 공정이 포함된 건축 구조의 방식으로 조적식 구조(벽돌, 블록, 돌 구조), 일체식 구조(철근 콘크리트조, 철골 철근 콘크리트조)가 이에 속하고, 특성으로는 자유로운 형태를 얻을 수 있고, 긴밀한 구조체를 얻을 수 있는 장점이 있으나, 공사 기간이 길며, 겨울 공사는 곤란한 단점이 있다.

② 건식 구조 : 부재를 미리 만들어 각종 기성재를 짜 맞추어 뼈대를 만들고, 물은 거의 쓰지 않는 구조로서, 시공이 간단하고, 용이하며, 공사 기간을 단축하여 공사비를 절약할 수 있다. 이 구조 공법은 구조재의 대량 생산 등을 고려한 것으로 목조와 철골(강)구조가 이에 속한다.

③ 조립식 구조(프리패브리케이션) : 건축물의 구조 부재를 공장에서 생산 가공 또는 부분 조립한 후 현장에서 짜맞추는 공정으로 대량 생산, 공사 기간 단축(현장 작업의 최소화) 등을 도모한 구조법으로 시공이 용이하고, 가격이 저렴(공사비의 감소)하며, 기후의 영향을 받지 않으므로 연중 공사가 가능하다. 또한, 단점으로는 초기에 시설비가 많이 들고, 각 부재의 다원화가 힘들며, 강한 수평력(지진, 풍력 등)에 대하여 취약하므로 보강이 필요하다. 특히, 각 부품들의 일체화가 곤란하므로 접합부의 강성이 낮고, 변화있는 다양한 외형을 구성하는데 부적합하다.

4 조립식 구조의 특성 등

조립식 구조(프리브리케이션)는 건축의 생산성 향상을 위한 방법으로 사용하고, 비능률적인 현장 작업에 쓸 각종 부재들을 되도록 공장에서 미리 만들어 현장에 반입, 조립함으로써 대량 생산의 효과를 얻을 수 있다.

① 장점 : 공장 생산에 의한 대량 생산이 가능하고, 공사 기간을 단축할 수 있으며, 시공이 용이하고, 가격이 저렴하다. 특히, 기후의 영향(현장 작업이 간편하므로 나쁜 기후 조건을 극복)을 받지 않으므로 연중 공사가 가능하다.

② 단점 : 초기에 시설비가 많이 들고, 각 부재의 다원화가 힘들며, 강한 수평력(지진, 풍력 등)에 취약하므로 보강이 필요하다. 특히, 각 부품들의 일체화가 곤란한 점과 변화 있고 다양한 외형을 구성하는 데 적합하지 못하다.

2-1-2. 목 구조

1 기초의 종류, 말뚝의 배치 등

(1) 기초의 종류

① 독립 기초 : 1개의 기둥을 하나의 기초판이 지지하게 한 기초로 기초판의 모양은 정사각형 또는 직사각형으로 하며, 넓이는 지내력이나 말뚝의 지지력 등을 고려하여 적당한 크기로 설계한다.

② 복합 기초 : 대지 경계선 부근에서 독립 기초로 할 여유가 없을 때에 안팎의 기둥(2개 이상의 기둥)을 하나의 기초판으로 지지하게 된다.
③ 온통 기초 : 지반이 연약하거나 기둥에 작용하는 하중이 매우 커서 기초판의 넓이가 아주 넓어야 할 때, 건축물의 지하실 바닥 전체를 받치는 기초이다. 이와 같이 바닥 슬래브 전체가 기초판의 구실을 하는 경우에는 매트 푸팅이라고도 한다.
④ 줄기초(연속 기초) : 건축물 주위의 벽체나 일렬의 기둥 및 기초를 연속하여 받치는 기초로서, 기초판과 기초벽을 일체로 하여 단면 모양이 거꾸로 T자 모양으로 되어 있고, 조적조의 내력벽 기초 또는 철근 콘크리트조 연결 기초로 사용된다.

(2) 말뚝의 배치 및 간격

종류	나무	기성 콘크리트 말뚝	현장 타설(제자리) 콘크리트	강재
간격	말뚝 직경의 2.5배 이상		말뚝 직경의 2배 이상(폐단 강관 말뚝 : 2.5배)	
	60cm 이상	75cm 이상	(직경+1m) 이상	75cm 이상

즉, 말뚝 중심간의 최소 간격은 말뚝 끝마구리 직경의 2.5배 이상으로 하되, 나무 말뚝은 60cm 이상, 기성 콘크리트 말뚝 75cm 이상, 현장타설(제자리) 콘크리트 말뚝은 말뚝 직경의 2배 이상 또는 (직경+1m) 이상, 강재 말뚝은 말뚝 직경의 2배 이상(폐단강관 말뚝은 2.5배 이상) 또는 75cm 이상이다. 특히, 말뚝과 기초판 끝과의 거리는 말뚝 끝마구리 직경의 1.25배 이상으로 한다.

(3) 부동 침하의 원인

부동 침하의 원인은 연약층, 경사 지반, 이질 지층, 낭떠러지, 일부 증축, 지하수위 변경, 지하 구멍, 메운땅 흙막이, 이질 지정 및 일부 지정 등이다.

(4) 연약 지반에 대한 대책

① 상부 구조와의 관계 : 경량화하고, 평균 길이를 짧게 하며, 강성을 높인다. 이웃 건물과의 거리를 멀게 하고, 건물의 중량을 분배한다.
② 기초 구조와의 관계 : 굳은 층(경질 지반)에 지지시키고, 마찰 말뚝을 사용하며, 지하실을 설치할 것

출제 키워드

■ 복합 기초
기둥(2개 이상의 기둥)을 하나의 기초판으로 지지

■ 온통 기초
지반이 연약하거나, 기초판의 넓이가 아주 넓어야 할 때

■ 줄(연속)기초
• 건축물 주위의 벽체나 일렬의 기둥 및 기초를 연속하여 받치는 기초
• 조적조의 내력벽 기초 또는 철근 콘크리트조 연결 기초로 사용

■ 부동 침하의 원인
연약층, 경사 지반, 이질 지층, 낭떠러지, 일부 증축, 지하수위 변경, 지하 구멍, 메운땅 흙막이, 이질 지정 및 일부 지정 등

■ 연약 지반에 대한 대책
평균 길이를 짧게, 이웃 건물과의 거리를 멀게

(5) 지반의 허용 응력도

(단위 : kN/m²)

지반		장기 응력에 대한 허용 지내력도	단기 응력에 대한 허용 지내력도
경암반	화강암, 석록암, 편마암, 안산암 등의 화성암 및 굳은 역암 등의 암반	4,000	장기 응력에 대한 허용 응력도 값의 1.5배로 한다.
연암반	판암, 편암 등의 수성암의 암반	2,000	
	혈암, 토단반 등의 암반	1,000	
자갈		300	
자갈과 모래와의 혼합물		200	
자갈 섞인 점토 또는 롬토(모래+점토)		150	
모래 또는 점토		100	

2 목 구조의 특성

(1) 목 구조의 특성

가볍고 가공성이 좋으며, 시공이 용이하고 공사 기간이 짧다. 또한, 강도가 작고 화재 위험이 높으며, 내구성(내구력)이 약한 단점이 있다.

(2) 목재의 특성

목재는 비중에 비해 강도가 크고, 함수율에 따른 변형(팽창과 수축 등)이 생기며, 내화성이 부족하다. 또한, 큰 부재를 얻을 수 없고, 열전도율이 작으며, 연소하기 쉽다.

3 기둥 및 지붕틀의 종류와 양식

(1) 기둥과 기둥의 형식

기둥은 상부에서 내려오는 힘을 받아 토대에 전달하는 수직재로서 밑층에서 위층까지 한 개의 부재로 된 통재 기둥과 각 층마다 따로따로 되어 있는 평기둥이 있고, 평기둥 사이에 배치하는 샛기둥과 마루 구조에 사용하는 동자 기둥이 있다.

① **통재 기둥** : 2개 층(중층 건물의 상·하층)을 통하여 하나의 부재(단일재)가 상·하층 기둥이 되는 것으로 수평력에 견디게 하는 기둥으로 그 길이는 5~7m가 된다. 이 기둥은 중간이나 모서리 부분에 사용하며, 수평력에 견디는 것이 목적이므로 가로재와의 접합부는 너무 많이 따지 않고 철물로 보강한다.

② **평기둥** : 평기둥은 각 층별로 배치하는 기둥으로서 토대와 층도리, 층도리와 층도리, 층도리와 깔도리 또는 처마도리 등의 가로재로 구분된다.

③ 샛기둥 : 목 구조에서 본기둥 사이에 벽을 이루는 것으로서, 가새의 옆휨을 막는데 유효한 기둥이다.
④ 본기둥 : 샛기둥·수장 기둥 등이 아닌 뼈대가 되는 기둥으로 주요 구조체가 되는 기둥으로 모서리 부분, 집중 하중이 작용하는 위치 및 칸막이벽과의 교차 부분에 설치하는 기둥이다.
⑤ 고주 : 일반 기둥보다 높게 하여 동자 기둥을 겸하고, 중도리 또는 종보를 받거나 옆에 들보가 끼거나 소슬 지붕의 처마도리를 받는 기둥 또는 평주보다 높은 기둥으로 내진주로 사용되는 기둥을 말한다.
⑥ 누주 : 다락 기둥이라고도 하며, 2층 기둥을 말하는 경우도 있고, 1층으로서 높은 마루를 놓는 기둥을 말한다.
⑦ 공포 : 처마 끝의 하중(무게)을 받치기 위하여 기둥머리 같은 데에 짜 맞추어 댄 나무쪽들 또는 지붕의 무게를 기둥에 전달하도록 구조된 짜임으로 주심포식과 다포식으로 나뉜다.
⑧ 부연 : 처마 서까래 끝 위에 덧얹은 짧은 서까래로 보통 각재로 한다.
⑨ 너새 : 박공 옆에 직각으로 대는 암키와 또는 지붕의 합각 머리 양쪽으로 마루가 되도록 덮은 것이다.
⑩ 서까래 : 처마도리와 중도리 및 마룻대 위에 지붕 물매의 방향으로 걸쳐대고 산자나 지붕널을 받는 경사 부재이다.
⑪ 스팬 : 기둥과 기둥 사이의 간격이다.

(2) 지붕틀의 구분

① 절충식 지붕틀 : 처마도리 또는 직접 기둥 위에 보를 걸쳐대고, 그 위에 대공을 세워 서까래를 받치는 중도리를 댄 것으로서 역학적으로는 좋지 않은 구조이며 처마도리는 있으나, 깔도리는 없다. 또한, 절충식 지붕틀에서 지붕 하중이 크고 간사이가 넓을 때에 그 중간에 기둥을 세우고 그 위의 지붕보에 직각으로 대는 부재는 베게보이다.
② 왕대공 지붕틀 : 왕대공을 쓰고, 빗대공과 달대공으로 짜서 만든 양식 지붕틀로서 처마도리와 깔도리(기둥과 같은 크기나 춤이 다소 높은 것을 사용하고, 처마도리는 평보 위에 깔도리와 같은 방향으로 걸쳐대며, 평보와는 걸침턱 맞춤으로 한다)의 연결은 평보의 바로 옆에 볼트를 꽂고, 기둥도 한꺼번에 연결하고자 할 때에는 주걱 볼트를 사용한다.

출제 키워드

■ 샛기둥
- 목구조에서 본기둥 사이에 벽을 이루는 것
- 가새의 옆휨을 막는데 유효한 기둥

■ 본기둥
모서리 부분, 집중 하중이 작용하는 위치 및 칸막이벽과의 교차 부분에 설치하는 기둥

■ 공포
처마 끝의 하중(무게)을 받치기 위해 설치

■ 스팬
기둥과 기둥 사이의 간격

4 목조 벽체의 구성 등

(1) 토대

토대는 목 구조에서 벽체의 제일 아랫부분에 쓰이는 수평재로서 기초에 하중을 전달하는 역할을 하는 부재로서 토대의 크기는 기둥과 같게 하거나 다소 크게 하며, 보통 단층집에서는 105mm각 정도의 것을 사용하고, 2층일 때에는 120mm각 정도의 것을 사용하는 것이 좋으며, 귀잡이 토대는 90mm×45mm 이상의 것을 사용한다.

(2) 가새

가새는 횡력에 잘 견디기 위한 구조물로서, 경사는 45°에 가까운 것이 좋고, 압축력 또는 인장력에 대한 보강재이며, 주요 건물의 경우 한 방향으로만 만들지 않고, X자형으로 만들어 압축과 인장을 겸하도록 하는 부재, 목조 벽체를 수평력에 견디게 하고 안정한 구조로 하기 위해 사용되는 부재 또는 목조 벽체에서 외력에 의하여 뼈대가 변형되지 않도록 대각선 방향으로 배치하는 빗재로서, 가새와 샛기둥의 접합부에서는 가새를 따내서는 안 된다.

(3) 버팀대

가로재와 세로재가 맞추어지는 안귀에 빗대는 보강재로서, 목 구조에 보와 접합부분(기둥)의 변형을 적게 하고, 절점을 강으로 만들어서 기둥과 보를 일종의 라멘으로 함으로써 횡력에 저항하도록 한 것이다.
① 버팀대의 사용 목적 : 기둥의 굴곡을 막고, 기둥에 하중을 집중시키며, 보의 단면을 작게 하고, 보가 옆으로 흔들리지 않게 하기 위하여 사용한다.
② 버팀대의 사용 장소 : 벽이 없는 곳, 가새를 댈 수 없는 곳 및 기둥과 가로재가 만나는 곳 등이다.

(4) 귀잡이보

직교하는 깔도리에 45° 각 대각선상으로 건낸 보강보 및 평보의 좌우에서 45° 각 대각선상으로 깔도리에 걸친 보 또는 목 구조에서 보, 도리 등의 가로재가 서로 수평 방향으로 만나는 귀부분을 안정한 삼각형 구조로 만드는 부재로, 가새로 보강하기 어려운 곳에 사용되는 부재이다.

(5) 인방

기둥과 기둥에 가로 대어 창문틀의 상·하벽을 받고 하중은 기둥에 전달하며 창문틀을 끼워 댈 때 뼈대가 되는 부재이다.

(6) 깔도리

외벽의 위에 건너 대어 서까래를 받는 도리 또는 기둥의 맨 위에서 기둥의 머리를 연결하고 지붕틀은 받는 가로재이다.

(7) 부재의 구분

건축물의 부재 중 수평 부재에는 깔도리, 층도리, 처마도리, 보, 인방, 토대 등이 있고, 수직 부재에는 대공, 기둥(샛기둥, 본기둥, 통재 기둥 등) 등이 있다.

(8) 중요 부재

목 구조의 중요 부재를 상부에서 하부로 나열하면, 처마도리 → 평보 → 깔도리 → 기둥 → 토대의 순이다.

5 마루 구조, 판벽 및 기타 부재 등

(1) 마루 구조

① 일층 마루

㉮ 납작 마루 : 일층 마루로서 콘크리트 슬래브 위에 바로 멍에를 걸거나 장선((45mm×45mm의 각재를 45~50cm 간격으로 배치))을 대어 짠 마루틀로 사무실, 판매장과 같이 출입이 편리하게 마루의 높이를 낮출 때 쓰는 마루로서 간단한 창고, 공장, 기타 임시적 건물, 사무실, 상점의 판매장 등과 같이 마루를 낮게 놓을 때 사용한다. 또한, 건축물의 최하층에 있는 거실의 바닥이 목조인 경우에는 방습과 위생을 고려하여 그 바닥 높이를 지표면으로부터 45cm(450mm) 이상으로 하여야 한다. 다만, 지표면을 콘크리트 바닥으로 설치하는 등 방습을 위한 조치를 한 경우에는 그러하지 아니하다(건축물의 피난·방화에 관한 규칙 제18조).

㉯ 동바리 마루 : 마루 밑에는 동바리 돌을 놓고, 그 위에 동바리를 세운 후 동바리 위에 멍에를 걸고 그 위에 직각 방향으로 장선을 걸쳐 마루널을 깐 것으로 동바리 마루 구조는 동바리돌 → 동바리 → 멍에 → 장선 → 마룻널의 순으로 동바리돌 위에 수직으로 설치한다.

② 이층 마루

종류	홑마루	보마루	짠마루
정의	보를 사용하지 않고, 층도리와 간막이 도리에 직접 장선을 약 50cm 사이로 걸쳐대고, 그 위에 널을 깐 마루이다.	보를 걸어 장선을 받게 하고 그 위에 마루널을 깐 마루이다.	큰 보 위에 작은 보를 걸고, 그 위에 장선을 대고 마루널을 깐 마루로서 스팬이 클 때 사용한다.
구성	도리(층, 칸막이)+장선+마룻널	보+장선+마룻널	큰 보+작은 보+장선+마룻널
간사이	매우 작은 경우(2.5m 이하)	2.5m 이상 6.4m 이하	6.4m 이상

* 홑마루, 보마루 및 짠마루는 2층 마루 구조이다.

출제 키워드

■ 수평 부재
깔도리, 층도리, 처마도리, 보, 인방, 토대 등

■ 수직 부재
대공, 기둥(샛기둥, 본기둥, 통재 기둥 등) 등

■ 목 구조의 중요 부재를 상부에서 하부로 나열
처마도리 → 평보 → 깔도리 → 기둥 → 토대의 순

■ 납작 마루
• 일층 마루
• 콘크리트 슬래브 위에 바로 멍에를 걸거나 장선을 대어 짠 마루틀
• 출입이 편리하게 마루의 높이를 낮출 때 쓰는 마루
• 간단한 창고, 공장, 기타 임시적 건물 등
• 건축물의 최하층에 있는 거실의 바닥이 목조인 경우에는 방습과 위생을 고려하여 그 바닥 높이를 지표면으로부터 45cm(450mm) 이상

■ 동바리 마루 구조
동바리돌 → 동바리 → 멍에 → 장선 → 마룻널의 순

(2) 목조 벽체

① **영국식 비늘판벽** : 널 두께 위를 10mm, 밑을 20mm 정도로 비켜서 윗널 밑은 반턱 쪽매로 하여 밑널과 15mm 깊이 정도 겹쳐 물리게 하고 기둥 또는 샛기둥에 못으로 박아 댄다.

② **턱솔 비늘판벽** : 널을 바깥면에 경사지게 붙이지 않고, 너비 200mm, 두께 20mm 이상되는 널의 위·아래·옆을 반턱으로 하여 기둥 및 샛기둥에 가로 쪽매로 하여 붙이며, 줄눈 너비 6~18mm 정도의 오목 줄눈이 생기게 하여 모서리 부분은 연귀맞춤으로 한다.

③ **누름대 비늘판벽** : 두께 9~18mm, 너비 180~240mm의 널을 위·아래 15mm 이상 겹쳐대고, 이 위에 30mm각 정도의 누름대를 기둥, 샛기둥 맞이에 세워 댄 것이다.

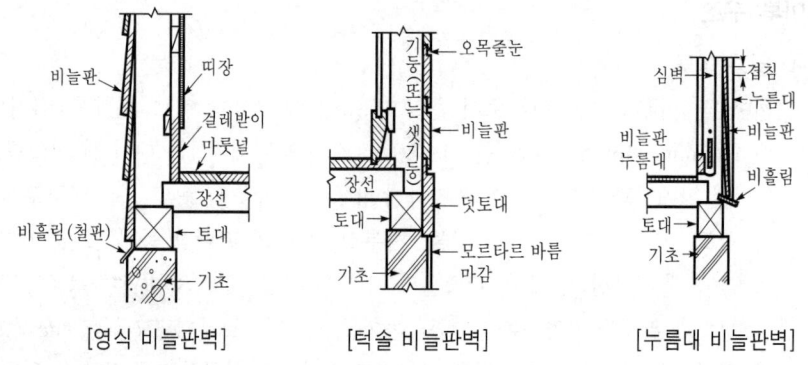

[영식 비늘판벽]   [턱솔 비늘판벽]   [누름대 비늘판벽]

(3) 판벽 붙임 방법

① **평판 붙임** : 기둥과 샛기둥에 500mm 간격으로 가로 댄 띠장을 바탕으로 하여 판벽 널을 걸레받이와 두겁대에 홈을 파 넣고 못 박아 댄다.

② **양판 붙임** : 걸레받이와 두겁대 사이에 틀을 짜 대고 그 사이에 넓은 널을 끼운 것으로 그 널을 양판이라고 한다.

(4) 징두리 판벽

실 내부의 벽 하부에서 높이 1~1.5m 정도의 높이로 설치하여 벽의 밑부분을 보호하고 장식을 겸하여 널을 댄 벽이고, 높이가 1.5m 이상의 것을 높은 판벽이라고 한다. 또한, 징두리(바닥에서 벽체의 1/3 높이 부분) 판벽의 부재에는 비늘판, 띠장, 걸레받이 및 두겁대 등이 있다.

① 걸레받이(실내 바닥에 접한 밑부분의 벽면 보호와 장식을 위해 높이 100~200mm 정도, 벽면에서 10~20mm 정도 나오거나 들어가게 댄 것)의 크기는 두께 24mm, 너비 240mm 정도로 한다.

② 밑의 마룻널에 가는 홈을 파넣고, 윗면은 가는 홈을 파서 판벽 널을 끼우거나 턱솔을 파서 회반죽에 물려지도록 한다.

■ 징두리 판벽
• 실 내부의 벽 하부에서 높이 1~1.5m 정도의 높이로 설치
• 벽의 밑부분을 보호하고 장식을 겸하여 널을 댄 벽
• 징두리는 바닥에서 벽체의 1/3 높이 부분

■ 걸레받이
• 실내 바닥에 접한 밑부분의 벽면 보호와 장식을 위해 높이 100~200mm 정도, 벽면에서 10~20mm 정도 나오거나 들어가게 댄 것
• 크기는 두께 24mm, 너비 240mm 정도

③ 이음은 기둥·샛기둥과 같이 나무가 닿는 부분에서 턱솔이음으로 숨은 못치기로 하고, 모서리는 연귀맞춤으로 한다.

(5) 벽체의 구성 부재

벽체의 구성 부재는 수직 부재(기둥과 샛기둥), 수평 부재(토대, 보, 층도리, 깔도리, 처마도리 등)와 빗방향의 부재(버팀대, 가새, 귀잡이 등)로 구성되고, 주각은 기둥의 응력을 기초에 전달하는 작용을 하는 부분이다.

(6) 기타 부재

① 걸레받이 : 벽의 하단(굽도리), 바닥과 접하는 곳에 가로댄 부재로서 벽면의 보호와 실내의 장식 또는 실내 바닥에 접한 밑부분의 벽면 보호와 장식을 위해 높이 100~200mm 정도, 벽면에서 10~20mm 정도 나오거나 들어가게 댄 부재로서, 목재, 석재, 타일, 고무 및 금속판을 사용한다.
② 반자돌림대 : 반자의 가장자리 벽과 천장과의 접속부에 둘러 댄 테이다.
③ 반자대 : 반자널 또는 미장바름 바탕으로 천장에 수평으로 건너지르는 부재이다.
④ 문선 : 문의 양쪽에 세워 문짝을 끼워 달게 된 기둥과 벽끝을 아물리고 장식으로 문틀 주위에 둘러대는 테두리 또는 문골과 벽체와의 접합면에서 벽체의 마무리를 좋게 하기 위해 대는 부재이다.
⑤ 풍소란 : 바람을 막기 위하여 창호의 갓둘레에 덧대는 선 또는 창호의 마중대의 틀을 막아 여미게 하는 소란을 말한다.
⑥ 선대 : 세워대는 문의 울거미 또는 창문짝의 좌우 또는 중간에 세워댄 뼈대를 말한다.

6 목재의 접합과 쪽매

(1) 목재의 접합

① 쪽매 : 널판재의 면적을 넓히기 위해 두 부재를 나란히 옆으로 대는 것 또는 좁은 폭의 널을 옆으로 붙여 그 폭을 넓게 하는 것으로 마룻널이나 양판문의 양판 제작에 사용한다.
② 산지 : 장부, 촉 등의 옆으로 꿰뚫어 박는 가늘고 긴 촉으로 장부를 원 부재에 만들지 않고 따로 끼워, 맞춤을 더욱 튼튼히 하는 데 사용한다.
③ 맞춤 : 두 부재가 직각 또는 경사로 물려 짜이는 것 또는 그 자리이고, 길이 방향에 직각이나 일정한 각도를 가지도록 경사지게 붙여대는 것이다.
④ 이음 : 두 부재가 재의 길이 방향으로 길게 접하는 것 또는 그 자리이고, 2개 이상의 목재를 길이 방향으로 붙여 1개의 부재로 만드는 것이다.
 ㉮ 맞댄 이음 : 2개의 이음재를 서로간에 맞대어 잇는 방법으로 잇기가 어려우므로 덧판을 대고 못이나 볼트 죔을 한 이음이다.

■ 출제 키워드

■ 쪽매
널판재의 면적을 넓히기 위해 두 부재를 나란히 옆으로 대는 것

■ 맞춤
길이 방향에 직각이나 일정한 각도를 가지도록 경사지게 붙여대는 것

■ 이음
2개 이상의 목재를 길이 방향으로 붙여 1개의 부재로 만드는 것

■ 맞댄 이음
2개의 이음재를 서로간에 맞대어 잇는 방법

㉮ 주먹장 이음 : 한 개의 끝을 주먹 모양으로 만들어 딴 재에 파들어가게 한 것이다.
⑤ 연귀 : 두 부재의 끝 맞춤에 있어서 나무 마구리가 보이지 않게 귀를 45°로 접어서 맞추는 것으로, 모서리나 구석 등에 사용한다.
⑥ 촉 : 목재의 접합면에 사각 구멍을 파고 한편에 작은 나무 토막을 반 정도 박아 넣고 포개어 접합재의 이동을 방지하는 나무 보강재(산지, 쐐기, 촉 등)이다.

(2) 쪽매의 종류

① 빗쪽매 : 널의 옆을 빗깎아 쪽매하는 것으로 지붕널깔기에 사용한다.
② 오늬쪽매 : 널의 옆을 화살의 오늬 모양으로 한 쪽매로서 널의 옆을 중간이 뾰족하게 ㅅ자형의 경사면으로 대패질하고 다른 부재에 그와 맞먹는 홈을 파서 물리게 까는 방법이다.
③ 제혀쪽매 : 널의 한 옆에 제물로 혀를 만들고, 딴 옆에 홈을 파서 끼우는 쪽매로서 가장 이상적인 쪽매 방법으로, 보행시 진동에 의해 못이 솟아오르는 일이 없다.
④ 반턱쪽매 : 널의 옆을 두께의 반만큼 턱지게 깎아서 서로 반턱이 겹치게 물리는 널깔기 방법이다.

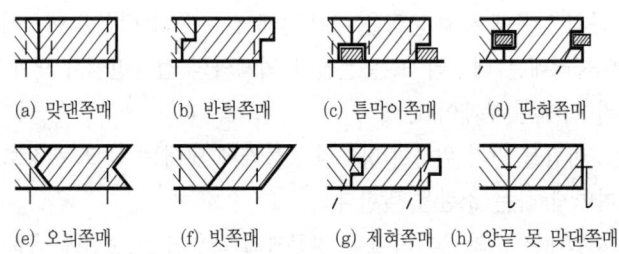

[마룻널 쪽매의 종류]

7 이음과 맞춤의 정의와 유의사항

(1) 이음과 맞춤의 정의

이음은 재를 길이 방향으로 접합하는 것을 말하고, 맞춤은 재가 서로 직각으로 접합하는 것을 말한다. 또한, 목공사에 있어서 못은 섬유 방향에 대하여 엇갈림으로 박으며, 못의 길이는 널 두께의 2.5~3.0배 정도로 한다.

(2) 이음과 맞춤 시 유의사항

① 나무를 가급적 적게 깎아내어 부재가 약하게 되지 않도록 한다.
② 될 수 있는 대로 응력이 작은 곳에서 접합하도록 한다. 특히, 휨모멘트를 많이 받는 곳에는 접합하지 않도록 한다.
③ 복잡한 형태를 피하고 되도록 간단한 방법을 쓴다.

④ 접합되는 부재의 접촉면 및 따낸 면은 잘 다듬어서 틈이 생기지 않고, 응력이 고르게 작용하도록 한다.
⑤ 이음 및 맞춤의 단면은 응력의 방향에 직각이 되게 하여야 한다.
⑥ 국부적으로 큰 응력이 작용하지 않도록 적당한 철물을 써서 충분히 보강한다.

8 반자의 구조와 구성 부재 및 종류

(1) 반자의 구조와 구성 부재

반자는 지붕 밑 또는 위층 바닥 밑을 가리어 장식적, 방온적으로 꾸민 구조 부분으로 반자틀의 구성은 반자돌림대, 반자틀받이, 달대 및 달대받이로 짜 만든다. 반자틀받이는 약 90cm 간격으로 대고 달대로 매달며, 달대는 반자틀에 외주먹장 맞춤으로 하고, 위는 달대받이 층보·평보·장선 옆에 직접 못을 박아댄다. 또한, 눈의 착시 현상으로 인하여 수평으로 만든 반자는 중앙 부분이 처져 보이는 현상을 방지하기 위하여 미리 중앙 부분을 방 너비의 1/200 정도를 올라가도록 하면 눈의 착시 현상에 의한 처짐을 방지할 수 있다.

① **반자틀받이** : 반자대를 대기 위하여 천장 부분에 먼저 건너 지르는 부재
② **반자틀** : 천장에 널이나 합판 등을 붙이거나, 미장바름 바탕으로 졸대를 대기 위하여 꾸미는 틀
③ **반자돌림대** : 벽의 상단에서 벽과 반자의 연결을 아울림 하기 위하여 대는 가로재 또는 반자의 가장자리 벽과 천장과의 접속부에 둘러댄 테두리 부분이다.

(2) 반자의 종류

천장 구조체인 반자의 2가지(달반자, 제물 반자) 중의 하나로서 주로 나무 구조 또는 철골 구조에 쓰인다. 상층 바닥틀 또는 지붕틀에 달아맨 반자를 달반자라고 하고, 제물 반자는 바닥판 밑을 제물 또는 직접 바르는 반자로 철근 콘크리트 건축 또는 순 한식 고미반자 등이 있다.

① **바름 반자** : 반자틀에 졸대를 못박아 대고, 그 위에 수염을 약 $30cm^2$에 하나씩 박아 늘리고 회반죽 또는 플라스터를 바른다. 반자돌림을 크게 할 때에는 쇠시리 모양으로 형판을 기둥, 샛기둥과 반자틀에 약 40mm 간격으로 대고 졸대를 박아 바탕을 꾸민다. 회반죽이 떨어지기 쉬우므로 특히, 진동이 심한 곳이나 빗물을 받기 쉬운 곳은 메탈 라스를 치고 바르면 안전하다.

② **우물 반자** : 반자틀은 격자 모양으로 하고, 서로 +자로 만나는 곳은 연귀 턱맞춤으로 하며, 이음은 턱솔 또는 주먹장으로 한다. 달대는 그 윗면에서 주먹장 맞춤 또는 나사 못 등을 박고 철사로 달아매거나 나무 달대로 하고, 널은 틀 위에 덮어 대거나, 틀에 턱솔을 파서 끼우게 한다.

출제 키워드

■ **반자틀의 구성**
반자돌림대, 반자틀받이, 달대 및 달대받이로 구성

■ **수평으로 만든 반자**
눈의 착시 현상의 처짐 방지를 위해 방 너비의 1/200 정도를 올라가도록 함

■ **반자 돌림대**
벽의 상단에서 벽과 반자의 연결을 아울림 하기 위하여 대는 가로재

③ 구성 반자 : 응접실, 다방 등의 반자를 장식 겸 음향 효과가 있게 층단으로 또는 주위 벽에서 띄어 구성하고 전기 조명 장치도 간접 조명으로 반자에 은폐하는 방식을 사용한다.

④ 널반자 : 반자틀을 짜고 그 밑에 널을 쳐올려 못 박아 붙여대는 반자로서 널은 반턱, 빗턱 등의 쪽매로 하고, 널이음은 반자틀심에 일정하게 엇갈리도록 하여 끝은 반자돌림 위에 걸쳐댄다.

⑤ 살대 반자 : 두께 6~9mm 정도의 넓은 널, 또는 합판 등을 대며, 그 밑에 살대(살대는 면을 접고 반자돌림에 통맞춤으로 한다)를 댄다.

9 지붕틀의 구성, 특성 및 지붕 평면 등

(1) 왕대공 지붕틀의 구성 및 특성 등

왕대공 지붕틀과 절충식 지붕틀을 비교하면, 왕대공(양식) 지붕틀이 매우 역학적인 구조물이다.

① 왕대공 지붕틀

구성 부재	구성 방법	특성
왕대공, ㅅ자보, 평보, 빗대공, 달대공, 귀잡이보, 보잡이, 대공가새, 버팀대, 중도리, 마룻대, 서까래, 지붕널 등	3각형의 구조로 짜맞추어 댄 지붕틀에 지붕의 힘을 받아 깔도리를 통하여, 기둥이나 벽체에 전달시킨 것으로 지붕보는 축방향력을 받게 된다.	• 간사이의 대소에 따라 부재 춤의 변화가 별로 없고, 튼튼한 지붕의 뼈대를 만들 수 있다. • 칸막이벽이 적고 간사이가 큰 건축물에 이용된다. • 양식 지붕틀의 종류에는 왕대공, 쌍대공, 외쪽, 톱날, 꺾임 지붕틀 등이 있으나, 왕대공 지붕틀이 가장 많이 사용된다.

② 왕대공 지붕틀의 부재 응력

부재	ㅅ자보	평보	왕대공, 달대공	빗대공
응력	압축 응력, 중도리에 의한 휨모멘트	인장 응력, 천장 하중에 의한 휨모멘트	인장 응력	압축 응력

③ 왕대공 지붕틀의 부재 크기

(단위 : mm)

부재	왕대공	평보	중도리	ㅅ자보	달대공	마룻대	처마도리	빗대공
크기	105×100	180×150	90×90	100×200	100×50	105×120	100×120	100×90

④ 왕대공 지붕틀의 맞춤

부재명	평보와 ㅅ자보	토대와 기둥
맞춤 방법	안장 맞춤	짧은 장부 맞춤

⑤ 왕대공 지붕틀의 종류

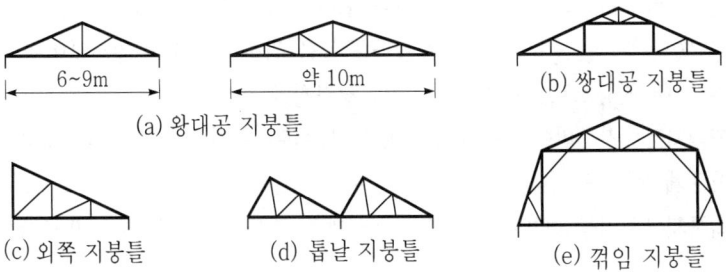

[양식 지붕틀의 종류]

(2) 절충식 지붕틀

구성 부재	구성 방법	특성
지붕보, 베게보, 동자 기둥, 대공, 지붕꿸대, 종보, 중도리, 마루대, 서까래, 지붕널	지붕보에 동자기둥, 대공 등을 세워 서까래를 받치는 중도리를 걸쳐 댄 것으로 지붕보는 휨 응력을 받는다.	• 간사이가 크면 휨 작용이 커져서 단면이 큰 부재를 필요로 한다. • 강도가 크고, 가격이 염가인 통나무로 만드는 것이 좋다. • 간사이가 커지면, 양식 지붕틀로 하는 것이 강도도 있고, 경제적이다.

① 절충식 지붕틀은 지붕보를 약 1.8~2m 간격으로 벽체 위에 걸쳐 대고, 동자 기둥(대공)을 약 90cm 간격으로 세운 다음 중도리를 그 위에 걸쳐 대며, 지붕이 큰 경우에는 종보를 설치한다.
② 절충식 지붕틀의 규모가 크고, 동자기둥과 대공이 상당히 높은 경우에 종보를 설치한다.
③ 동자 기둥 : 절충식 지붕틀에서 보 위에 세워 중도리, 마룻대를 받는 부재이다.
④ 베게보 : 절충식 지붕틀에서 지붕 하중이 크고, 간 사이가 넓을 때 중간에 기둥을 세우고 그 위 지붕보에 직각으로 걸쳐대는 부재이다.
⑤ 서까래 : 절충식 지붕틀에서 처마도리, 중도리, 마룻대 위에 지붕 물매의 방향으로 걸쳐 대는 부재이다.
⑥ 지붕 꿸대 : 절충식 지붕틀에서 동자기둥을 서로 연결하기 위하여 수평 또는 빗 방향으로 대는 부재이다.

(3) 지붕의 평면 모양 및 형태

① 박공(맛배)지붕 : 건축물의 모서리에 추녀가 없고 용마루까지 벽이 삼각형으로 되어 올라간 지붕 또는 지붕의 흐름면이 박공에서 멈추게 된 지붕을 말한다.
② 합각지붕 : 지붕 위까지 박공이 달리게 된 지붕 또는 끝은 모임 지붕처럼 하고 용마루의 부분에 삼각형의 벽을 만든 지붕, 즉 모임 지붕 일부에 박공 지붕을 같이 한 것으로, 화려하고 격식이 높으며 대규모 건물에 적합한 한식 지붕 구조이다.
③ 모임지붕 : 건축물의 모서리에서 오는 추녀마루가 용마루까지 경사지어 올라가 모이게 된 지붕 또는 추녀마루가 용마루에 모여 합친 지붕을 말한다.

④ 방형지붕 : 삿갓 형태의 지붕을 말한다.
⑤ 솟을지붕 : 지붕의 일부가 높이 솟아 오른 지붕 또는 중앙간의 지붕이 높고 좌우간의 지붕이 낮게 된 지붕으로서, 채광과 통풍을 위하여 지붕의 일부분이 더 높게 솟아오른 작은 지붕으로, 특히 공장 등의 경사창에 쓰인다.
⑥ 꺾임지붕 : 지붕면이 도중에서 꺾여 두 물매로 된 지붕 또는 박공지붕의 물매 상하가 다르게 된 지붕이다.
⑦ 외쪽지붕 : 지붕 전체가 한쪽으로만 물매진 지붕으로 지붕 모양별 종류의 하나이다.

[지붕의 평면도 및 형태]

(4) 지붕의 물매 산정 방법

$$지붕틀의\ 높이 = \frac{1}{2} \times 간사이 \times 지붕의\ 물매$$

(5) 지붕의 금속판 잇기

지붕의 금속판 잇기에는 평판 잇기, 기와 가락 잇기, 마름모 잇기 및 골판 잇기 등이 있으며, 쪽매 잇기는 마루널 잇기에 사용한다.

(6) 홈통의 종류

① 선 홈통 : 처마 홈통에 모인 빗물을 지상으로 유도하는 홈통으로서 원형 또는 각형으로 만든 수직관을 홈통걸이 철물로써 약 1.2m 간격으로 벽 또는 기둥에 고정시킨 홈통이다.
② 처마 홈통 : 처마끝의 빗물처리를 위해 수평으로 댄 홈통이다.

10 접합부의 보강 철물

① 안장쇠 : 띠쇠를 구부려서 안장형으로 만든 것으로 큰 보와 작은 보의 맞춤에 사용하고, T자형의 부분을 조이는 데 사용한다.
② 띠쇠 : 띠모양으로 된 이음 철물이며, 좁고 긴 철판을 적당한 길이로 잘라 양쪽에 볼트, 가시못 구멍을 뚫은 철물로서 두 부재의 이음새, 맞춤새에 대어 두 부재가 벌어지

지 않도록 보강하는 철물을 말한다. 왕대공과 ㅅ자보의 맞춤 또는 도리(처마도리, 깔도리 등) 등의 직각 부분에 사용한다.
③ 듀벨: 볼트와 함께 사용하는데 듀벨은 전단력에, 볼트는 인장력에 작용시켜 접합재 상호간의 변위를 막는 강한 이음을 얻는 데 사용하는 접합 철물이고, 목재 접합부에서 볼트의 파고들기를 막기 위해 사용하는 보강철물이며, 전단 보강으로 목재 상호 간의 변위를 방지한다.
④ 앵커 볼트: 토대·기둥·보·도리 또는 기계류 등을 기초나 돌·콘크리트 구조체에 정착시킬 때 쓰이는 본박이 철물 또는 조적 구조에서 지붕을 왕대공 지붕틀로 할 때 벽체와 지붕틀을 고정하는 철물이다.
⑤ ㄱ자쇠: 목 구조에서 가로재와 세로재가 직교하는 모서리 부분에 직각이 변하지 않도록 보강하는 철물이다.
⑥ 감잡이쇠: 지붕보와 왕대공, 토대와 기둥을 조이기 위하여 사용하는 보강 철물로서 ㄷ자형으로 구부려 만든 보강철물이다.

11 창호의 종류와 특성 등

(1) 창호의 종류

① 플러시문: 울거미를 짜고 중간살을 25~30cm 이내의 간격으로 배치한 다음 양면에 합판을 접착하여 표면에 살대와 짜임을 나타내지 않는 문으로서, 현대 건축에 있어서 내·외부의 창호로 많이 쓰인다. 특징은 뒤틀림 등의 변형이 적고 경쾌한 감을 주며, 충분히 건조한 목재를 사용하여야 한다.
② 널문: 수직으로 댄 널의 뒤쪽에 띠장을 댄 문, 문의 울거미를 짜고 널을 붙인 문 또는 가로 띠장에 널을 붙여 댄 것으로 문짝의 일그러짐을 막기 위하여 가새를 대고 문의 울거미를 짜기도 한다.
③ 양판문: 울거미를 짜고 중간에 양판(넓은 한 장 널이나 베니어 합판으로 하여 울거미에 4방홈을 파 끼우고, 양판 및 울거미, 면접기, 쇠시리를 하거나 또는 선으로 장식한다)을 끼워 넣은 양식 목재문으로 가장 널리 사용되고 있으며, 문 울거미는 선대, 중간 선대, 윗막이, 밑막이, 중간막이 또는 띠장, 살 등으로 구성된다.
  ㉮ 울거미재의 두께는 3~5cm로 하고 너비는 윗막이, 선대 같은 크기로 90~120mm 정도, 자물쇠가 붙은 중간막이대는 윗막이대의 약 1.5배, 밑막이는 1.5~2.5배 정도로 한다.
  ㉯ 맞춤은 윗막이대와 밑막이대는 두 쌍 장부, 중간막이대는 쌍장부로 하여 꿰뚫어 넣고 벌림쐐기 치기로 한다.
④ 합판문: 문의 울거미를 짜고 울거미 안에 합판 또는 얇은 널을 끼워 댄 문으로, 이때 중간살 하나는 빗장으로 쓰이게 하고, 또 그 한면에 종이를 바른 것은 널도듬문이라고 한다.

출제 키워드

■ 듀벨
• 목재 접합부에서 볼트의 파고들기를 막기 위해 사용하는 보강철물
• 전단 보강으로 목재 상호 간의 변위를 방지

■ 앵커 볼트
조적 구조에서 지붕을 왕대공 지붕틀로 할 때 벽체와 지붕틀을 고정하는 철물

■ ㄱ자쇠
목 구조에서 가로재와 세로재가 직교하는 모서리 부분에 직각이 변하지 않도록 보강하는 철물

■ 감잡이쇠
ㄷ자형으로 구부려 만든 보강철물

■ 플러시문
울거미를 짜고 중간살을 배치한 다음 양면에 합판을 접착하여 표면에 살대와 짜임을 나타내지 않는 문

■ 여닫이 창호
• 경첩 등을 축으로 개폐되는 창호
• 열고 닫을 때 실내의 유효 면적을 감소시키는 단점

■ 아코디언 도어(접이문, 접문)
두 방을 한 방으로 크게 할 때나 칸막이 겸용으로 사용하는 문

■ 미닫이 창호
창의 옆벽에 밀어 넣어 열고 닫을 때 실내의 유효 면적을 감소시키지 않는 창호

⑤ 미서기 창호
  ㉮ 윗틀과 밑틀에 두 줄로 홈을 파서 문 한 짝을 다른 한 짝 옆에 밀어 붙이게 한 창호이다.
  ㉯ 미닫이 창호(미닫이로 된 창으로 홈대에 끼워 벽 옆에 밀어 넣게 된 창)와 거의 같은 구조이며, 우리나라 전통 건축에서 많이 볼 수 있는 창호로 칸막이 기능을 가지고 있는 창호이다.
  ㉰ 목재의 미서기창에 있어서 홈대의 홈의 너비는 창문의 두께에 따라서 다르나, 보통은 20mm 정도를 사용하며, 홈의 깊이는 윗홈대는 15mm, 밑홈대는 3mm 정도로 한다.
  ㉱ 풍소란(바람을 막기 위하여 창호의 갓둘레에 덧대는 선, 문짝선 등 또는 창호의 마중대의 틀을 막아 여미게 하는 소란)은 미서기문에 사용한다.

⑥ 여닫이 창호 : 경첩 등을 축으로 개폐되는 창호를 말하며, 열고 닫을 때 실내의 유효 면적을 감소시키는 단점이 있는 창호로서 개구부가 모두 열릴 수 있고 문을 여닫을 때 힘이 덜 들기 때문에 노인실이나 환자의 방에 사용하는 것이 좋다.

⑦ 자재 창호 : 주택보다는 대형 건물의 현관문으로 많이 사용되어 많은 사람들이 출입하기에 편리한 문으로 안팎 자재로 열고 닫게 된 여닫이문의 일종이다.

⑧ 오르내리창 : 창에 추를 달아 문틀의 상부에 댄 도르래에 걸어 내려 창이 상하로 오르내릴 수 있는 창이다.

⑨ 붙박이창 : 틀에 바로 유리를 고정시킨 창 또는 열리지 않게 고정된 창 또는 창의 일부로서 주로 광선을 받기 위하여 설치한 창(채광창)으로 환기가 불가능한 창호이다. 즉, 환기를 목적으로 하지 않고, 채광을 목적으로 사용하는 창이다.

⑩ 아코디언 도어(접이문, 접문) : 포개어 겹쳐 접게 된 문 또는 몇 개의 문짝을 서로 정첩으로 연결 또는 문 위틀에 설치한 레일에 특수한 도르래(달바퀴)가 달린 철물로 달아 접어서 열고 펴서 닫는 식의 문으로 문꼴이 큰 경우 또는 두 방을 한 방으로 크게 할 때나 칸막이 겸용으로 사용하는 문이다.

⑪ 비늘살문(갤러리문) : 울거미를 짜고 넓은 살을 45°, 간격을 3cm 정도로 떼어 빗대어 채광이 되며 통풍이 잘 되는 문이다.

⑫ 미닫이 창호 : 창의 옆벽에 밀어 넣어 열고 닫을 때 실내의 유효 면적을 감소시키지 않는 창호이다.

(2) 창호의 일반사항

① 창호 중 창은 주로 일광, 공기의 출입이나 조망에 사용되고, 문은 사람이나 물건의 출입에 사용하는 것으로 치장재에 속한다. 즉, 구조재가 아니다.
② 창호의 역할은 공간과 다른 공간을 서로 연결하고, 통풍과 채광을 주목적으로 하며, 전망과 프라이버시를 확보한다.

③ 창문틀의 구성 : 창문틀은 창이나 문을 다는 뼈대의 총칭으로 건축물에 고정시켜 창이나 문을 다는 틀이다. 선틀(창문틀의 좌우에 수직으로 세워진 틀), 상하막이(위틀, 밑틀)로 구성되며, 위에 고창이 있는 경우에는 중간 막이대를 가로 건너지른다. 또한, 밑틀(밑막이), 위틀(윗막이) 및 중간틀은 수평 방향의 부재이고, 선대는 수직 방향의 부재이다.

■ 출제 키워드

■ 선틀
창문틀의 좌우에 수직으로 세워진 틀

(3) 창호 주변의 부재들

① 문선 : 문의 양쪽에 세워 문짝을 끼워 달게 된 기둥 또는 벽 끝을 아물리고 장식으로 문틀 주위에 둘러대는 테두리 또는 문꼴을 보기 좋게 만드는 동시에 주위벽의 마무리를 잘하기 위하여 둘러대는 누름대이다.
② 풍소란 : 바람을 막기 위하여 창호의 갓둘레에 덧대는 선 또는 창호의 마중대의 틀을 막아 여미게 하는 소란을 말한다.
③ 멀리온 : 창틀 또는 문틀로 둘러싸인 공간을 다시 세로로 세분하는 중간 선틀 또는 창 면적이 클 때에는 스틸 바만으로는 약한 경우와 여닫을 때 진동으로 인하여 유리가 파손될 우려가 있으므로 이것을 보강하고 외관을 꾸미기 위하여 강판을 중공형으로 접어 가로나 세로로 댄 것을 말한다.
④ 창틀 : 창짝을 다는 벽둘레의 뼈대로서 웃틀, 선틀, 밑틀, 창선반 등으로 구성된다.
⑤ 마중대 : 미닫이, 미서기 등이 서로 맞닿는 선대를 말하고, 미서기 또는 오르내리창이 서로 여며지는 선대를 여밈대라고 한다.
⑥ 가새 : 수평력에 견디게 하고, 수직·수평재의 각도 변형을 방지하여, 안정된 구조로 하기 위한 목적으로 쓰이는 경사재이다.
⑦ 인방 : 기둥과 기둥에 가로 대어 창문틀의 상·하벽을 받고 하중을 기둥에 전달하며, 창문틀을 끼워 댈 때 뼈대가 되는 것을 말한다.
⑧ 인방돌 : 창문 위로 가로 길게 건너대는 돌이다.
⑨ 창대돌 : 창 밑, 바닥에 댄 돌로서 빗물을 처리하고 장식적으로 쓰이며, 윗면, 밑면, 옆면에는 물끊기, 물흘림 물매, 물돌림 등을 두어 빗물의 침입을 막고, 물 흘림이 잘 되게 한다. 창 너비가 크면 2개 이상을 이어 쓰기도 하나, 외관상, 방수상 통재를 사용하는 것이 좋다.
⑩ 쌤돌 : 창문 옆에 대는 돌로서, 돌 구조와 벽돌 구조에 많이 사용하며, 면접기와 쇠시리를 하고, 쌓기는 일반 벽체에 따라 촉과 연결 철물로 긴결한다.
⑪ 돌림띠 : 벽, 천장, 처마 부분에 수평띠 모양으로 돌려 붙인 채양 또는 물끊기 등의 장식용 돌출부로서 각 층 벽의 중앙에 있는 것을 허리 돌림띠, 상부에 있는 것을 처마 돌림띠라고 한다.

출제 키워드

(4) 창호 철물

① 도어 클로저 : 여닫이문을 자동으로 개폐할 수 있게 하는 철물로서 재료는 강철, 청동 등의 주조물이며, 스프링이나 피스톤의 장치로서 개폐 속도를 조절한다.

② 경첩(정첩) : 문틀에 여닫이 창호를 달 때 한쪽은 문틀에, 다른 한쪽은 문짝에 고정하고 여닫는 지도리(축)가 되는 철물이다.

③ 레일 : 창호(미닫이, 미서기 등)에 쓰이는 철물로서 창호의 틀에 수평을 이루고 있다.

④ 함자물쇠 : 자물쇠를 작은 상자에 장치한 것으로 출입문 등 문의 울거미 표면에 붙여 대는 자물쇠이다.

⑤ 크레센트 : 초승달 모양으로 된 것으로 오르내리창의 윗막이대 윗면에 대어 다른 창의 밑막이에 걸리게 하는 걸쇠이다. 즉, 오르내리창의 잠금 장치이다.

⑥ 래버터리 힌지 : 스프링 힌지의 일종으로 공중용 변소, 전화실 출입문 등에 사용한다. 저절로 닫히나 15cm 정도는 열려 있어 표시기가 없어도 비어 있는 것을 알 수 있고, 사용시 내부에서 꼭 닫아 잠그게 되어 있다.

⑦ 도어 체크(도어 클로저) : 문과 문틀에 장치하여 문을 열면 저절로 닫히는 장치가 되어 있는 창호 철물로 여닫이문에 사용한다.

⑧ 도어 스톱 : 여닫이문이나 장치를 고정하는 철물로서 문을 열어 제자리에 머물러 있게 한다.

⑨ 문버팀쇠 : 문짝을 열어 놓은 위치에 고정하거나 또는 벽 기타의 문 닫는 곳을 보호하기 위하여 벽 또는 바닥에 설치하는 것이다.

⑩ 피벗 힌지 : 플로어 힌지를 사용할 때 문의 위측의 돌대로 사용하는 철물을 말하며, 주로 양여닫이 문에 사용한다.

■ 도어 체크(도어 클로저)
문과 문틀에 장치하여 문을 열면 저절로 닫히는 장치

12 계단의 종류와 구조, 일반사항

(1) 계단의 종류

계단의 종류에는 모양에 따라 곧은 계단, 꺾은 계단 및 돎 계단 등이 있고, 사용하는 재료에 따라 목조 계단(틀계단, 옆판 계단, 따낸 옆판 계단 등), 철근 콘크리트조 계단, 철골조 계단 및 석조 계단 등이 있다.

(2) 계단의 구조

① 틀계단 : 주택에 주로 사용되는 계단으로 옆판에 디딤판을 통째로 넣고 2~4단 걸름으로 장부 꿰뚫어 넣고 쐐기치기로 한다. 뒤에는 경사진 대로 챌판겸 계단 뒤 반자로 널판을 댄다. 디딤판은 두께 25~35mm, 너비 150~250mm 정도로 하고, 옆판은 두께 35~45mm로 한다.

② 정식 계단 : 정식 계단은 옆판 계단과 따낸 옆판 계단으로 대별되는데 이의 구성은 디딤판·챌판·옆판·멍에·엄지 기둥·난간 두겁·난간 동자 등으로 하고, 계단 너비가 1.2m 이상일 때에는 계단 멍에를 설치한다.

㉮ 디딤판 : 두께 30~40mm로 우그러짐을 막기 위하여 뒤에 30mm×60mm각재를 약 60cm 간격으로 거멀 띠장을 대고, 옆판을 통파넣고 밑에서 쐐기를 치는데 쐐기에는 못을 박아 빠짐을 방지한다. 디딤판의 앞쪽에는 미끄럼막이를 대고 디딤판의 상면에는 리놀륨, 아스타일 등을 붙이기도 한다.

㉯ 챌판 : 널 두께는 15~25mm 정도로 하고, 상·하는 디딤판에 홈파넣기를 하거나 위는 홈파넣기, 밑은 디딤판에 옆대고 못박기로 한다. 특히 옆판에는 통넣고 쐐기치기로 한다. 또한, 계단의 디딤판 밑에 새로 막아낸 널로 장식용으로 사용한다.

㉰ 옆판 : 옆판의 두께는 50~100mm 정도, 디딤판 및 챌판을 끼울 세로 홈 깊이 30mm 정도 파넣고 윗면에는 난간 동자의 장부 구멍파기를 한다. 옆판의 밑끝은 멍에에, 위쪽은 계단받이 보에 걸치고 주걱 볼트죔, 엄지 기둥에 주먹장부 넣기로 한다. 따낸 옆판은 챌판, 디딤판을 파 넣지 않고 계단의 디딤판마다 위를 따낸 옆판 위에 얹은 것이다. 이때 난간 동자는 디딤판을 꿰뚫어 옆판에 고정하게 된다. 옆판 내보임 면에서 디딤판은 마구리를 내밀고, 챌판은 옆판과 연귀맞춤으로 한다.

㉱ 계단 멍에 : 계단의 폭이 1.2m 이상이 되면 디딤판의 처짐, 보행 진동 등을 막기 위하여 계단의 경사에 따라 중앙에 걸쳐 대는 보강재이다. 양끝은 계단받이 보 또는 바닥 보에 장부 맞춤하고 볼트죔으로 한다.

㉲ 엄지 기둥 : 계단의 난간 끝에 있는 치장 기둥으로 난간보다는 약간 튼튼한 기둥을 말하고, 의장에 따라 조각 등을 하여 치장을 할 수 있으며, 맨 끝은 멍에, 계단받이 보에 맞춤 또는 장부 등으로 긴결한다.

㉳ 난간 : 난간은 난간 두겁(난간 두겁대, 손스침, 난간의 윗머리에 가로 대는 가로재 또는 손스침이 좋고 먼지가 앉지 않는 모양으로 쇠시리를 하여 엄지 기둥에 통넣어 장부 꽂고 산지치기, 아교질, 지옥장부꽂기 또는 단순히 통넣고 숨은 보강 철물을 대고 나사 못조임으로 한다)과 난간 동자(난간의 윗머리에 가로 대는 가로재 또는 손스침이 좋고 먼지가 앉지 않는 모양으로 쇠시리를 하여 엄지 기둥에 통넣어 장부 꽂고 산지치기, 아교질, 지옥장부꽂기 또는 단순히 통넣고 숨은 보강 철물을 대고 나사 못조임으로 한다)로 구성된다. 난간 두겁은 손스침이 좋고 먼지가 앉지 않는 모양으로 엄지 기둥에 통넣고 장부맞춤 또는 지옥 장부 아교붙임으로 한다. 난자 동자는 목조 계단에서 목재, 철봉, 금속제 파이프 등이 사용된다. 목재의 경우에는 상·하는 다같이 두겁대, 옆판에 통넣고, 장부 맞춤, 숨은 못박기로 한다.

■ 난간 두겁
난간 두겁대, 손스침, 난간의 윗머리에 가로 대는 가로재

(3) 계단의 일반사항

① 계단에 대치되는 경사로의 규정은 건축물의 피난·방화구조 등의 기준에 관한 규칙 제15조 제5항에 있으며, 경사로의 경사도는 1/8 이하이다.

■ 계단에 대치되는 경사로
경사로의 경사도는 1/8 이하

출제 키워드

■ 계단의 규정
높이가 3m를 넘는 계단에는 높이 3m 이내마다 너비 1.2m 이상의 계단참을 설치

■ 주걱 볼트
기둥과 보의 긴결에 사용하는 보강 철물

■ 벽돌 구조의 특성
• 습식 구조
• 내화·내구적인 구조체
• 횡력(풍압력, 지진력, 기타 횡력 등)에 약한 구조체
• 고층 건축물에는 적당하지 않음

■ 영국식 쌓기
• 통줄눈이 생기지 않으며 내력벽을 만들 때에 많이 이용
• 벽의 모서리 부분에 반절, 이오토막 벽돌을 사용
• 가장 튼튼한 쌓기법
• 통줄눈이 생기지 않게 하려면 반절을 사용

■ 네덜란드(화란)식 쌓기
한 면의 모서리 또는 끝에 칠오토막을 써서 길이 쌓기의 켜를 한 다음에 마구리 쌓기를 하여 마무리

---

② 높이가 3m를 넘는 계단에는 높이 3m 이내마다 너비 1.2m 이상의 계단참을 설치하여야 한다.

③ 보강 철물

부재명	ㅅ자보와 중도리	깔도리와 처마도리	ㅅ자보와 평보	빗대공과 왕대공	달대공과 평보	대공밑잡이와 왕대공
보강 철물	엇꺾쇠	주걱 볼트	볼트	꺾쇠	볼트	볼트

㉮ 주걱 볼트는 볼트의 머리가 주걱 모양으로 되고 다른 끝은 넓적한 띠쇠로 된 볼트로서 기둥과 보의 긴결에 사용하는 보강 철물을 말한다.

㉯ 두 부재를 간단하게 접합시키기 위하여 보통꺾쇠, 엇꺾쇠, 주걱꺾쇠 등을 사용하고, 특히, 목조 왕대공 트러스에서 ㅅ자보에 중도리를 맞출 때에는 엇꺾쇠를 사용한다.

2-1-3. 조적 구조

1 벽돌 구조의 특성

습식 구조인 조적식 구조(벽돌, 블록 및 돌 구조)는 건축물의 벽체나 기초를 벽돌, 블록, 돌 등의 조적재와 모르타르로 쌓아 만든 구조로 특성은 다음과 같다.

① 내화·내구적인 구조체이고, 구조 및 시공이 간편하다.
② 방한·방서적이고, 공사 기간이 짧다.
③ 횡력(풍압력, 지진력, 기타 횡력 등)에 약한 구조체이므로 고층 건축물에는 적당하지 않다.
④ 균열이 생기기 쉽다.

2 벽돌 쌓기 방식과 줄눈의 종류

(1) 벽돌 쌓기 방식

① 영국식 쌓기 : 서로 다른 아래·위켜(입면상으로 한 켜는 마구리 쌓기, 다음 한 켜는 길이 쌓기로 번갈아)로 쌓고, 통줄눈이 생기지 않으며 내력벽을 만들 때에 많이 이용되는 벽돌 쌓기법이다. 특히, 벽의 모서리 부분에 반절, 이오토막 벽돌을 사용하며, 가장 튼튼한 쌓기법으로 통줄눈이 생기지 않게 하려면 반절을 사용하여야 한다. 가장 많이 사용되는 방식이다.

② 네덜란드(화란)식 쌓기 : 한 면의 모서리 또는 끝에 칠오토막을 써서 길이 쌓기의 켜를 한 다음에 마구리 쌓기를 하여 마무리하고, 다른 면은 영국식 쌓기로 하는 방식(입면 상으로 한 켜는 마구리 쌓기, 다음 한 켜는 길이 쌓기로 번갈아)으로 영국식 쌓기 못지 않게 튼튼하다.

③ 프랑스(플레밍)식 쌓기 : 입면상으로 매켜에서 길이 쌓기와 마구리 쌓기가 번갈아 나오도록 되어 있는 방식으로 칠오토막과 이오토막을 사용하고, 통줄눈이 많이 생겨 구조적으로 약하나 외관이 아름다워 구조부보다는 장식적인 곳(벽돌담 등)에 사용된다. 토막 벽돌(이오 토막, 칠오 토막 등)을 많이 사용하므로 남은 토막이 많이 생겨 비경제적이다.
④ 미국식 쌓기 : 표면에는 치장 벽돌로 5켜 정도는 길이 쌓기로, 뒷면은 영국식 쌓기로 하고, 다음 한 켜는 마구리 쌓기하여 뒷벽돌에 물려서 쌓는 방법이다.

출제 키워드

■ 플레밍(프랑스)식 쌓기
• 입면상으로 매켜에서 길이 쌓기와 마구리 쌓기가 번갈아 나오도록 되어 있는 방식
• 통줄눈이 많이 생겨 구조적으로 약하나 외관이 아름다워 구조부보다는 장식적인 곳에 사용
• 남은 토막이 많이 생겨 비경제적

(2) 벽돌쌓기의 비교

구분	영국식	화란(네덜란드)식	플레밍(프랑스)식	미국식
A켜	마구리 또는 길이		길이와 마구리	표면 치장벽돌 5켜, 뒷면은 영국식
B켜	길이 또는 마구리			
사용 벽돌	반절, 이오토막	칠오토막	반토막	
통줄눈	안 생김		생김	생기지 않음
특성	가장 튼튼하여 내력벽에 사용	주로 사용	외관상 아름다움	내력벽에 사용

(3) 기타 쌓기

쌓기 종류	쌓는 방법	역할
세워 쌓기(길이 세워 쌓기)	벽돌 벽면을 수직으로 세워 쌓는다.	내력벽이며 의장적인 효과
옆세워 쌓기(마구리 세워 쌓기)	벽돌 벽면을 수직으로 세워 쌓는다.	내력벽이며 의장적인 효과
엇모 쌓기	45° 각도로 모서리가 면에 나오도록 쌓고, 담이나 처마 부분에 사용	벽면에 변화감을 주며, 음영 효과를 낼 수 있다.
영롱 쌓기	벽돌면에 구멍을 내어 쌓는다.	장막벽이며, 장식적인 효과
무늬 쌓기	벽돌면에 무늬를 넣어 쌓는다.	줄눈에 효과를 주기 위한 변화, 의장적 효과
모서리 및 교차부 쌓기	서로 맞닿는 부분에 쌓는다.	내력벽

① 들여 쌓기 : 벽 모서리, 교차부 또는 공사 관계로 그 일부를 나중 쌓기로 할 때, 나중 쌓은 벽돌을 먼저 쌓은 벽에 물려 쌓을 수 있게 벽돌을 한 단 걸음 또는 단단으로 후퇴시켜 들여 놓아 벽돌을 쌓는 일이다.
② 공간 쌓기 : 벽돌 쌓기에서 바깥벽의 방습, 방열, 방한, 방서 등을 위하여 벽돌벽을 이중으로 하고, 중간에 공간을 두어 쌓는 방식으로 주로 외벽에 사용된다.
③ 벽돌벽 내쌓기 : 마루 및 방화벽을 설치하고자 할 때, 지붕의 돌출된 처마 부분을 가리기 위해, 장선 받이와 보받이를 만들기 위해 사용하는 벽돌 쌓기 방식으로 벽돌을 벽면에서 부분적으로 내밀어 쌓는 방식으로 1단씩 내쌓을 때에는 B/8 정도, 2단씩 내쌓을 때에는 B/4 정도 내어 쌓으며, 내미는 최대 한도는 2.0B이다.

■ 공간 쌓기
바깥벽의 방습, 방열, 방한, 방서 등을 위하여 벽돌벽을 이중으로 하고, 중간에 공간을 두어 쌓는 방식

■ 벽돌벽 내쌓기
• 마루 및 방화벽을 설치
• 지붕의 돌출된 처마 부분을 가리기 위해, 장선 받이와 보받이를 만들기 위해 사용

출제 키워드

■ 벽돌 쌓기 시 주의사항
하루 쌓은 높이는 1.2m(18켜)를 표준으로 하고, 최대 1.5m(22켜) 이내

■ 막힌 줄눈
• 세로 줄눈의 아래 · 위가 막힌 줄눈
• 내력벽일 경우에는 응력의 분산을 위하여 사용하는 줄눈
• 벽돌이 받는 하중이 균등하게 전달되게 하기 위하여 엇갈리게 쌓은 벽돌의 줄눈

■ 통줄눈
• 세로 줄눈의 아래 · 위가 통한 줄눈
• 하중의 집중 현상이 일어나 균열이 발생

④ **기초 쌓기**: 조적조 기초에서 기초판 위에 조적재를 벽두께보다 넓혀 내쌓고 위로 올라갈수록 좁게 쌓아 벽두께와 같거나 약간 크게 쌓는 일이다.

⑤ **벽돌 쌓기 시 주의사항**: 벽돌은 쌓기 전에 물을 충분히 축여서 사용하여야 하고, 특별한 경우를 제외하고는 막힌 줄눈으로 쌓는 것을 원칙으로 하며, 하루 쌓은 높이는 1.2m(18켜)를 표준으로 하고, 최대 1.5m(22켜) 이내로 한다.

(4) 줄눈의 종류

줄눈의 종류에는 가로 줄눈과 세로 줄눈(통줄눈과 막힌 줄눈)이 있다.

① **막힌 줄눈**: 세로 줄눈의 아래 · 위가 막힌 줄눈을 막힌 줄눈이라고 하며 내력벽일 경우에는 응력의 분산을 위하여 사용하는 줄눈이다. 즉, 벽돌이 받는 하중이 균등하게 전달되게 하기 위하여 엇갈리게 쌓은 벽돌의 줄눈이다.

② **통줄눈**: 세로 줄눈의 아래 · 위가 통한 줄눈을 통줄눈이라고 하며 하중의 집중 현상이 일어나 균열이 발생하고 지반에 습기가 차기 쉬우나, 외관상 보기가 좋으므로 큰 강도를 필요로 하지 않는 구조나 플레밍식 쌓기에 사용된다. 그러나 내력벽일 경우에는 응력의 분산을 위하여 막힌 줄눈을 사용한다.

③ **치장줄눈**
㉮ 민줄눈: 조적조에서 벽면과 같은 면이 되게 한 모르타르 줄눈이다.
㉯ 평줄눈: 모르타르가 아직 굳기 전에 표면에 가까운 부분을 흙손으로 줄눈파기를 하여 만든 줄눈으로 음영의 효과는 있으나 방수성은 다른 줄눈보다 떨어진다.
㉰ 맞댄 줄눈: 벽돌이나 시멘트 블록이 서로 맞대어 틈서리가 거의 없게 된 줄눈이다.

3 벽돌의 품질, 규격 및 벽돌벽의 두께

(1) 점토 벽돌의 품질

벽돌의 품질은 압축 강도와 흡수율에 따라서 1, 2, 3종으로 구분하므로 벽돌의 시험에는 흡수율 및 압축 시험을 한다.

품질	종류		
	1종	2종	3종
흡수율(%)	10 이하	13 이하	15 이하
압축 강도(N/mm^2)	24.50	20.59	10.78

(2) 벽돌벽의 두께

(단위 : mm)

종류 \ 두께	0.5B	1.0B	1.5B	2.0B	2.5B	계산식(n : 벽두께)
장려형(신형)	90	190	290	390	490	$90+(\{(n-0.5)/0.5\}\times 100)$
재래형(구형)	100	210	320	430	540	$100\times(\{(n-0.5)/0.5\}\times 110)$

* 공간벽의 두께 = 벽돌벽의 두께 - 10mm + 공간의 두께

(3) 벽돌의 마름질

벽돌의 마름질 중 절은 길이와 평행 방향으로 자른 벽돌이고, 토막은 길이와 직각 방향으로 자른 벽돌이므로 반절은 길이와 평행 방향으로 너비 방향으로 반을 자른 벽돌이고, 이오 토막은 길이 방향과 직각 방향으로 1/4(25%)를 자른 벽돌이며, 반반절은 길이와 평행 방향으로 길이 방향 및 너비 방향의 반을 자른 벽돌이다. 또한, 칠오 토막은 길이 방향과 직각 방향으로 3/4(75%)를 자른 벽돌이다.

4 조적조의 규정 등

① 내력벽으로서 토압을 받을 부분의 높이가 2.5m 이하일 경우에는 벽돌 조적조의 내력벽으로 할 수 있다. 이때 높이가 1.2m 이상일 때에는 그 내력벽의 두께는 그 직상층의 벽두께에 100mm를 가산한 두께 이상으로 하여야 한다.

② 벽돌조 벽체는 두께와 높이에 있어 높거나 긴 벽일수록 두께를 두껍게 하며, 최상층의 내력벽의 높이는 4m를 넘지 않도록 한다. 벽의 길이가 너무 길어지면 휨과 변형 등에 대해서 약하므로 최대 길이 10m 이하로 하며, 벽의 길이가 10m를 초과하는 경우에는 중간에 붙임기둥 또는 부축벽을 설치한다.

③ 조적조에 있어서 개구부 상호간 또는 개구부와 대린벽 중심과의 수평 거리는 벽두께의 2배 이상으로 하여야 한다.

④ 내력벽으로 둘러싸인 부분의 바닥 면적은 80m² 이하로 하여야 하고, 60m²를 넘는 경우에는 내력벽의 두께는 다음 표에 의한 두께 이상으로 한다.

(단위 : cm 이상)

층별 \ 층수	1층	2층	3층
1층	19	29	39
2층		19	29
3층			19

출제 키워드

■ 개구부
• 개구부 바로 위에 있는 문골과의 수직 거리는 60cm 이상
• 개구부의 너비가 1.8m 이상 되는 개구부의 상부에는 철근 콘크리트 구조의 윗인방을 설치

⑤ 개구부 바로 위에 있는 문골과의 수직 거리는 60cm 이상으로 하고, 각 벽의 개구부 폭의 합계는 그 벽길이의 1/2 이하로 하며, 개구부의 너비가 1.8m 이상 되는 개구부의 상부에는 철근 콘크리트 구조의 윗인방을 설치하고, 양쪽 벽에 물리는 부분은 길이 20cm 이상으로 한다.

⑥ 조적식 구조에서 각 층의 벽이 편재해 있을 때에는 편심 거리가 커져서 수평 하중에 의한 전단 작용과 휨 작용을 동시에 크게 받게 되어 벽체에 균열이 발생하므로 각 층의 벽은 편심 하중이 작용되지 않도록 하여야 한다.

⑦ 조적식 구조인 내력벽의 두께는 그 건축물의 층수, 높이 및 벽의 길이에 따라서 달라지며, 조적재가 벽돌인 경우에는 벽 높이의 1/20 이상, 블록조인 경우에는 벽높이의 1/16 이상으로 하여야 한다.

⑧ 조적식 구조인 내력벽을 이중벽으로 하는 경우에는 당해 이중벽 중 하나의 내력벽에 대하여 적용한다. 다만, 건물의 최상층(1층인 건축물의 경우 1층을 말한다)에 위치하고 그 높이가 3m를 넘지 아니하는 이중벽인 내력벽으로서 그 각 벽 상호간의 가로·세로 각각 40cm 이내의 간격으로 보강한 내력벽에 있어서는 그 각 벽의 두께와 합계를 당해 내력벽의 두께로 본다.

⑨ 건축물의 각 층 내력벽의 위에는 춤이 벽두께의 1.5배인 철골 구조 또는 철근 콘크리트 구조의 테두리보(벽돌 벽체를 일체로 하고 튼튼하게 보강하기 위해 설치하는 것)를 설치해야 한다. 그러나 다음의 경우에는 나무 구조의 테두리보로 대체할 수 있다.
  ㉮ 철근 콘크리트 바닥을 슬래브로 하는 경우
  ㉯ 1층 건물로서 벽두께가 높이의 1/16 이상이 되거나, 벽의 길이가 5m 이하인 경우

■ 테두리보
벽돌 벽체를 일체로 하고 튼튼하게 보강하기 위해 설치

⑩ 칸막이벽의 규정
  ㉮ 조적식 구조인 칸막이벽(내력벽이 아닌 기타의 벽을 포함)의 두께는 9cm 이상으로 하여야 한다. 다만, 건설교통부 장관이 안전상 지장이 없다고 인정하여 정하는 경우에는 예외로 한다.
  ㉯ 조적식 구조인 칸막이 벽의 바로 위층에 조적식 구조인 칸막이 벽이나 주요 구조물을 설치하는 경우에는 당해 칸막이 벽의 두께는 19cm 이상으로 하여야 한다. 다만, 테두리보를 설치하는 경우에는 예외로 한다.

■ 벽돌벽 홈파기
• 그 층 높이의 3/4 이상 연속되는 홈을 세로로 팔 때에는 그 홈의 깊이는 벽두께의 1/3 이하
• 가로는 그 길이를 3m 이하로 하며, 그 깊이는 벽두께의 1/3 이하

⑪ 벽돌벽 홈파기
  ㉮ 그 층 높이의 3/4 이상 연속되는 홈을 세로로 팔 때에는 그 홈의 깊이는 벽두께의 1/3 이하로 한다.
  ㉯ 가로는 그 길이를 3m 이하로 하며, 그 깊이는 벽두께의 1/3 이하로 한다.

⑫ 조적조 벽체 등

■ 내력벽
건축물의 모든 하중을 벽체가 받는 벽체

  ㉮ 내력벽 : 건축물의 모든 하중(벽, 지붕, 바닥 등의 수직 하중과 풍력, 지진 등의 수평 하중)을 벽체가 받는 벽체 또는 벽돌 벽체를 일체로 하고 튼튼하게 보강하기 위해 설치하는 벽체로 지붕이나 상부는 콘크리트 구조로 된 것과 나무 구조로 된 것으로 구분할 수 있다.

㉯ 대린벽 : 서로 이웃하여 맞붙은 2개의 다른 벽(부축벽이 있는 경우 그 높이가 부축벽이 접합되는 벽 높이의 1/3 이상인 때에는 그 부축벽으로 나누어지는 양측의 벽을 포함) 또는 서로 직각으로 교차되는 벽을 말한다.

㉰ 부축벽 : 길고 높은 벽돌 벽체를 보강하기 위하여 벽돌벽에 붙여 일체가 되게 영식 쌓기와 프랑스식 쌓기로 쌓은 벽으로 밑에서 위로 갈수록 단면의 크기가 작아진다.

㉱ 비내력벽(칸막이벽) : 구조체의 하중은 조적벽이 아닌 다른 구조의 방식이고, 조적벽체는 자체의 무게만 지지하는 벽으로, 단지 칸막이와 내·외장의 의장의 의미를 띄는 것을 말한다.

㉲ 징두리 판벽 : 실 내부의 벽 하부를 보호하고, 장식을 겸하며, 높이 1~1.2m 정도로 널을 댄 것으로 높이는 사람의 눈높이 이하로 하는 것이 시각적으로 유리하고, 징두리는 바닥에서 벽의(아랫부분) 1/3 높이(약 1m 내외)의 부분을 말한다.

㉳ 인방보 : 조적 구조에서 창문 위를 가로질러 상부에서 오는 하중을 좌·우벽으로 전달하는 부재로서, 벽 단부에서 최소 20cm 이상 걸쳐야 하고, 개구부의 너비가 크거나 상부의 하중이 클 때, 석재는 휨모멘트에 약하기 때문 인방돌의 뒷면에 강재로 보강을 하여야 한다.

5 벽돌벽의 균열 원인 등

(1) 설계상의 결함

설계상의 결함에는 기초의 부동 침하, 건축물의 평면·입면의 불균형 및 벽의 불합리 배치, 불균형 또는 큰 집중 하중, 횡력 및 충격, 벽돌벽의 길이, 높이, 두께와 벽돌 벽체의 강도, 개구부 크기의 불합리 및 불균형 배치 등이 있다.

(2) 시공상의 결함

시공상의 결함에는 벽돌벽의 부분적 시공 결함, 장막벽의 상부, 이질재와의 결합부, 벽돌 및 모르타르의 강도 부족과 신축성, 모르타르 바름의 들뜨기 등이 있다.

(3) 백화 현상

① 정의 : 백화 현상은 벽에 침투한 빗물에 의해서 모르타르의 석회분이 공기 중의 탄산가스(CO_2)와 결합하여 벽돌이나 조적 벽면을 하얗게 오염시키는 현상이다.
② 방지 대책 : 파라핀 도료를 발라 염류가 나오는 것을 막거나, 양질의 벽돌을 사용하거나, 빗물이 스며들지 않게 한다.

출제 키워드

■ 대린벽
서로 직각으로 교차되는 벽

■ 인방보
• 창문 위를 가로질러 상부에서 오는 하중을 좌·우벽으로 전달하는 부재
• 벽 단부에서 최소 20cm 이상 걸쳐야 함
• 휨모멘트에 약하기 때문 인방돌의 뒷면에 강재로 보강

■ 벽돌벽의 균열 원인 중 설계상의 결함
기초의 부동 침하, 벽돌벽의 길이, 높이, 두께와 벽돌 벽체의 강도, 개구부 크기의 불합리 및 불균형 배치 등

■ 벽돌벽의 균열 원인 중 시공상의 결함
벽돌 및 모르타르의 강도 부족

■ 백화 현상
벽에 침투한 빗물에 의해서 모르타르의 석회분이 공기 중의 탄산가스(CO_2)와 결합하여 벽돌이나 조적 벽면을 하얗게 오염시키는 현상

■ 백화 현상의 방지 대책
• 파라핀 도료를 발라 염류가 나오는 것을 방지
• 양질의 벽돌을 사용
• 빗물이 스며들지 않게 함

6 아치

(1) 아치의 정의

개구부 상부에 반원 모양의 곡선을 축조하며 그 위에 벽을 쌓는 구조로서 상부에서 오는 하중을 아치의 축선을 따라 양쪽의 기둥에 직압력이 작용하도록 한 구조 또는 개구부 상부 하중을 지지하기 위하여 조적재(벽돌, 돌, 블록 등)를 곡선으로 쌓아서 압축력만 작용하도록 한 구조이므로 하부에 인장력이 생기지 않도록 한 구조이다.

(2) 아치의 종류

① 층두리 아치 : 아치가 넓을 때에는 반장별로 층을 지어 겹쳐 쌓은 아치이다.
② 거친 아치 : 아치 틀기에 있어 보통 벽돌을 사용하여 줄눈을 쐐기 모양으로 한 아치이다.
③ 막만든 아치 : 보통 벽돌을 쐐기 모양으로 다듬어 쓰는 아치이다.
④ 본아치 : 아치 벽돌을 주문 제작하여 만든 아치이다.

7 블록 구조의 형식 등

(1) 블록 구조의 특징

① 단열, 방음 효과가 크나, 균열이 발생한다.
② 타 구조에 비해 공사비가 비교적 저렴한 편이다.
③ 콘크리트 구조에 비해 자중이 가볍다.
④ 횡력과 진동에 약하고, 공기가 짧으며, 방화성이 있다.

(2) 블록 구조의 형식

① 조적식 블록조 : 블록을 단순히 모르타르를 사용하여 쌓은 것으로, 상부에서 오는 힘을 직접 받아 기초에 전달하는 것이며, 1·2층의 건축물에 사용한다. 특성으로는 공사비가 비교적 싸고, 공기가 짧으며, 방화성이 있다. 또한, 막힌 줄눈을 사용한다.
② 블록 장막벽 : 주체 구조체(철근 콘크리트나 철골 등)에 블록을 쌓아 벽을 만들거나 단순히 칸을 막는 정도로 쌓아 상부의 힘을 직접 받지 않는 벽으로 철골(강)구조 및 라멘 구조체의 장막(비내력)벽에 많이 쓰인다.
③ 보강 블록조 : 수직·수평 하중에 안전하게 견딜 수 있도록 블록의 빈 공간에 철근을 배근하고 콘크리트(모르타르)를 부어 넣어 보강된 이상적인 구조로서 비교적 규모가 큰 건축물, 즉 4~5층 정도의 대형 건물에도 이용할 수 있다. 특히, 통줄눈을 사용한다.
④ 거푸집 블록조 : 살 두께가 얇고 속이 없는 ㄱ자형·ㄷ자형·T자형·ㅁ자형 등의 블록을 콘크리트의 거푸집으로 쓰고, 그 안에 철근을 배근하여 콘크리트를 부어 넣어 벽체를 만든 것으로 3층까지 할 수 있지만, 2층 정도가 적당하다.

(3) 보강 블록조의 벽량

보강 블록조 내력벽의 벽량(내력벽 길이의 총합계를 그 층의 건물 면적으로 나눈 값, 즉 단위 면적에 대한 그 면적 내에 있는 내력벽의 비)은 보통 15cm/m² 이상으로 하고, 내력벽의 양이 증가할수록 횡력에 대항하는 힘이 커지므로 큰 건물일수록 벽량을 증가시킬 필요가 있다. 또한, 내력벽 두께를 표준벽보다 크게 하면 내력벽 두께/표준벽 두께의 비율로 벽의 길이를 증가시킬 수 있으나, 벽길이의 한도는 3cm/m² 이상을 감해서는 안 된다. 즉, 내력벽은 그 길이 방향으로 외력에 견디므로 벽 두께를 두껍게 하는 것보다 벽의 길이를 길게 하여 내력벽의 양을 증가시키는 것이 좋다. 벽량 산출식은 다음과 같다.

$$\text{벽량} = \frac{\text{내력벽의 전체 길이(cm)}}{\text{그 층의 바닥 면적(m}^2\text{)}}$$

> **출제 키워드**
>
> ■ 보강 블록조의 벽량
> • 내력벽 길이의 총합계를 그 층의 건물 면적으로 나눈 값
> • 단위 면적에 대한 그 면적 내에 있는 내력벽의 비
> • 내력벽의 양이 증가할수록 횡력에 대항하는 힘이 커지므로 큰 건물일수록 벽량을 증가시킬 필요가 있음

(4) 보강 블록조의 테두리보

테두리보의 설치 이유는 다음과 같다.
① 일체식 벽체로 만들기 위하여
② 횡력에 대한 수직 균열을 방지하기 위하여
③ 세로 철근의 끝을 정착하기 위하여
④ 집중 하중을 받는 블록을 보강 및 분산된 벽체를 일체로 하여 하중을 균등히 분포시키기 위하여

> ■ 테두리보의 설치 이유
> • 세로 철근의 끝을 정착하기 위함
> • 하중을 균등히 분포시키기 위함

(5) 블록벽의 보강 방법

① 가는 것을 많이 넣는 것이 굵은 것을 적게 넣는 것보다 유리하다.
② 철근의 정착 이음은 기초나 테두리보에 둔다.
③ 세로근은 기초에서 보까지 하나의 철근으로 하는 것이 좋다.
④ 철근이 배근된 곳은 피복이 충분히 될 수 있도록 모르타르를 채우고, 보강근의 이음 길이는 지름의 25배 이상으로 한다.

> ■ 블록벽의 보강 방법
> 가는 것을 많이 넣는 것이 굵은 것을 적게 넣는 것보다 유리

(6) 블록 벽면 표면 방수법

① 치장 줄눈을 방수적으로 철저히 시공하거나, 처마, 차양 등을 길게 내밀어 빗물이 덜 채이게 하고, 흘러내리지 않게 하며, 표면 수밀재 붙임이나 표면 방수 처리를 한다.
② 창문틀, 갓둘레, 기타 이질재와의 접합부는 특히 수밀하게 하고, 차양 위에서 새어 들어 오는 빗물막이에 유의하여야 한다. 따라서 블록을 쌓는 차양 등은 높이 차를 두거나, 콘크리트로 일단 높게 하고 물흘림 경사를 많이 두는 것이 좋다.
③ 기초, 바닥판 위의 블록에는 배수 홈통 파이프를 짧게 잘라 대어 배수가 되게 한다.
④ 블록과 목부의 접합부 등에는 코킹제를 채워 틈서리가 생기지 않게 한다.

8 블록의 품질, 종류 및 명칭

(1) 블록의 치수

형상	치수(mm)		
	길이	높이	두께
기본 블록	390	190	190, 150, 100
이형 블록	길이, 높이 및 두께의 최소 치수를 90mm 이상으로 한다.		

(2) 블록의 품질

종류	기건 비중	전단 면적에 대한 압축 강도(MPa)	흡수율(%)	투수성(cm)
A종	1.7 미만	4		8 이하 (방수 블록에만 한함)
B종	1.9 미만	6	30 이하	
C종		8	20 이하	

(3) 블록의 종류

① 창쌤 블록 : 창문틀 옆에 사용되는 블록이다.
② 창대 블록 : 창틀 밑에 쌓는 물흘림이 달린 특수 블록이다.
③ 인방 블록 : 창문 위에 쌓아 철근을 배근하고 콘크리트를 그 속에 다져 넣어 인방보를 만들 수 있게 된 보강한 U자형 블록이다.
④ 양마구리 블록 : 벽 모서리용 콘크리트의 일종이다.

■ 창쌤 블록
창문틀 옆에 사용되는 블록

9 석구조의 특성 등

(1) 석구조의 특성

① 장점 : 불연성으로 압축에 강하고, 내구성, 불연성이 있고, 마멸, 풍화에 대하여 내성이 우수하며, 양질의 석재가 풍부할 뿐만 아니라 외관이 장중, 미려하고 방한, 방서적이다.
② 단점 : 장대석을 얻기가 곤란하여 가구재로는 부적당하며, 돌의 가공이 어렵다. 불에 노출되면 균열이 생기고 푸석푸석 파열되며, 휨강도가 떨어진다(석재를 보로 사용하지 못하는 이유). 공사 기간이 길고, 시공이 까다로우며, 비교적 고가이다. 또한, 구조체의 무게가 무겁다.

■ 석구조의 단점
불에 노출되면 균열이 생기고 푸석푸석 파열

(2) 석구조의 부재와 형상

① 문지방돌 : 문지방은 문턱이 되는 밑틀과 출입구 또는 창문 바닥의 목재 또는 석재의 인방을 말하고, 문지방돌은 출입문 밑에 문지방으로 댄 돌을 말한다.

② **인방돌** : 인방(기둥과 기둥에 가로 대어 창문틀의 상·하 벽을 받고, 하중을 기둥에 전달하며 창문틀을 끼워 댈 때 뼈대가 되는 것)돌이란 개구부(창문 등) 위에 가로로 길게 건너 대는 돌을 말한다.

③ **창대돌** : 창 밑, 바닥에 댄 돌로서 빗물을 처리하고 장식적으로 쓰인다. 또는 윗면, 밑면, 옆면에 물끊기, 물돌림 등을 두어 빗물의 침입을 막고 물흘림이 잘 되게 하며, 창 너비가 크면 2개 이상 이어쓰기도 하지만 방수상, 외관상 통재로 사용하는 것이 좋다.

④ **쌤돌** : 창문틀 옆에 세워대는 돌, 벽 단면에 대는 돌 또는 벽돌벽의 중간 중간에 설치한 돌로서 돌 구조와 벽돌 구조에 사용하며, 면접기나 쇠시리를 하고, 쌓기는 일반 벽체에 따라 촉과 긴결 철물로 긴결한다.

⑤ **석재의 형상**
  ㉮ 견치돌 : 한 변이 300mm 정도인 네모뿔형의 돌로서 석축에 사용되는 석재 또는 단변 길이가 30cm되는 정방형에 가까운 네모뿔형 돌로서 간단한 석축이나 돌쌓기에 쓰이는 석재이다.
  ㉯ 잡석 : 200mm 정도의 막생긴 돌로서, 지정이나 잡석 다짐에 사용하는 석재이다.
  ㉰ 각석(장대돌, 장석) : 단면이 각형으로 길게 된 석재이다.
  ㉱ 판돌 : 두께에 비하여 넓이가 큰 석재이다.

■ 견치돌
한 변이 300mm 정도인 네모뿔형의 돌로서 석축에 사용되는 석재

(3) 석재의 가공 순서

① **혹두기(메다듬)** : 쇠메, 망치를 사용하여 석재 가공시 마름돌 거친 면의 돌출부를 보기 좋게 다듬는 것이다.
② **정다듬** : 정, 혹두기의 면을 정으로 곱게 쪼아, 표면에 미세하고 조밀한 흔적을 내어 평탄하고 거친 면으로 만드는 것
③ **도드락다듬** : 도드락 망치, 거친 정다듬한 면을 도드락 망치로 더욱 평탄하게 다듬는 것
④ **잔다듬** : 정다듬 및 도드락 다듬한 면을 양날 망치로 평행 방향으로 정밀하고 곱게 쪼아 표면을 더욱 평탄하게 만드는 것으로 가장 곱게 다듬질하는 단계이다.
⑤ **물갈기** : 와이어 톱, 다이아몬드 톱, 글라인더 톱, 원반 톱, 플레이너, 글라인더로 잔다듬한 면에 금강사를 뿌려 철판, 숫돌 등으로 물을 뿌려 간 다음, 산화주석을 헝겊에 묻혀서 잘 문지르면 광택을 낸다.
⑥ **석재의 가공 순서** : 혹두기(쇠메, 망치) → 정다듬(정) → 도드락다듬(도드락 망치) → 잔다듬(양날 망치) → 물갈기(와이어 톱, 다이아몬드 톱, 글라인더 톱, 원반 톱, 플레이너, 글라인더 등)의 순이다.

■ 석재의 가공 순서
혹두기 → 정다듬 → 도드락다듬 → 잔다듬 → 물갈기의 순

(4) 석재 쌓기법

① **층지어 쌓기** : 둘 서너 켜마다 수평 줄눈을 일직선으로 통하게 쌓는 방식으로 허튼층 쌓기로 한다.
② **허튼층 쌓기(막쌓기)** : 줄눈이 규칙적으로 되지 않게 쌓는 방식이다.

③ 바른층 쌓기 : 돌쌓기의 1켜의 높이는 모두 동일한 것을 쓰고 수평줄눈이 일직선으로 통하게 쌓는 돌쌓기 방식이다.

2-1-4. 철근 콘크리트 구조

1 철근 콘크리트 구조의 일반사항 등

(1) 철근 콘크리트의 특성

① 목 구조에 비해 횡력이 강하다.
② 공사 기간이 길고, 동기 공사시 기후에 영향을 많이 받는다.
③ 내화, 내구, 내진적이나, 균열이 발생하고, 자중이 크다.
④ 철골 구조보다 장스팬이 불가능하다.
⑤ 설계가 자유롭고, 고층 건물이 가능하다.
⑥ 공사 시 동절기 기후의 영향을 크게 받는다.
⑦ 콘크리트는 열전도율이 높고, 내화성이 매우 크다.
⑧ 철골조보다 유지, 관리 비용이 저렴하다.

(2) 철근 콘크리트가 일체식으로 가능한 이유

① 콘크리트와 철근이 강력히 부착되면 철근의 좌굴이 방지되고, 콘크리트의 압축 강도와 부착 강도는 비례한다.
② 콘크리트와 철근의 선팽창 계수가 거의 같고, 콘크리트는 알칼리성이므로 철근의 부식을 방지한다(철근의 선팽창 계수는 1.2×10^{-5}이고, 콘크리트의 선팽창 계수는 $(1.0 \sim 1.3) \times 10^{-5}$이다).
③ 콘크리트는 내구성과 내화성이 있어 철근을 피복 보호한다.
④ 콘크리트는 압축력에 강하므로 압축력에 견디고, 철근은 인장력과 휨에 강하므로 인장력과 휨에 견딘다.

2 철근 콘크리트구조의 보

(1) 철근 콘크리트 보의 배근

철근 콘크리트 보는 단면 계수를 증가시켜 휨모멘트에 저항하기 위하여 단면을 정방형(정사각형)보다 장방형(직사각형)의 형태로 하는 것이 좋다.
① 주근
㉮ 철근 콘크리트 보의 배근에서 주근은 D13 또는 $\phi 12$ 이상의 철근을 쓰고, 배근 단수는 특별한 경우를 제외하고는 2단 이하로 한다.

④ 주근 간격은 2.5cm 이상, 최대 자갈 직경의 1.25배 이상, 공칭 철근 지름의 1.5배 이상으로 하나, 강도 설계법에서는 보의 주근의 간격은 배근된 철근 표면의 최단 거리를 말하고, 2.5cm 이상, 주근 직경의 1.0배 이상, 굵은 골재의 최대직경의 4/3배 이상으로 한다.
④ 철근 콘크리트 보에 있어서 주근은 인장력과 휨응력에 견뎌야 하므로 주근의 이음 위치는 인장력과 휨응력이 가장 작게 작용하는 곳에서 이음을 하는 것이 유리하다.
④ 철근 콘크리트 건물에 가장 많이 쓰이는 철근의 규격은 D10~D25이다.

② 늑근
㉮ 철근 콘크리트 보에 있어서 늑근은 전단력에 대해서 콘크리트가 어느 정도는 견디나, 그 이상의 전단력은 늑근을 배근하여 사장력으로 인한 보의 빗방향의 균열을 방지하도록 하는 것이다. 늑근의 간격은 보의 전길이에 대하여 같은 간격으로 배치하나, 보의 전단력은 일반적으로 양단에 갈수록 커지므로, 양단부에서는 늑근의 간격을 좁히고, 중앙부로 갈수록 늑근의 간격을 넓혀 배근한다.
㉯ 보의 춤이 높은 경우(600mm 이상)에는 늑근잡이로, 직경 9mm 이상의 보조근을 넣고, 늑근은 직경 6mm 이상의 철근을 사용하며, 그 간격은 전단 보강 철근이 필요하지 않은 경우에는 (3/4)×보의 춤 이하 또는 450mm 이하로 한다.
㉰ 스터럽과 띠철근의 가공에 있어서 대표적인 철근의 구부림 각도는 90°, 135° 등으로 한다.
㉱ 철근 콘크리트 보의 휨 강도를 증가시키는 방법은 보의 춤(depth)을 증가시킨다.

(2) 철근 콘크리트 보의 춤

(단, l : 간사이)

종류	철근 콘크리트보	철골보		
		트러스보	라멘보	형강보
보의 춤	$l/10 \sim l/12$	$l/10 \sim l/12$	$l/15 \sim l/16$	$l/15 \sim l/30$

3 철근 콘크리트 기둥

(1) 기둥 철근 배근 시 유의사항

① 기둥 주근(축방향 철근)은 D13(ϕ12) 이상의 철근을 장방형 기둥에서는 4개 이상, 원형 기둥에서는 6개 이상을 사용하나, 강도 설계법에서는 장방형 및 원형 기둥에서는 4개 이상, 나선철근의 기둥에서는 6개 이상을 사용한다. 콘크리트의 단면적에 대한 주근의 총단면적의 비율은 기둥 단면의 최소 너비와 각 층마다의 기둥의 유효 높이의 비가 5 이하인 경우에는 0.4% 이상, 10을 초과하는 경우에는 0.8% 이상으로 한다.

출제 키워드

■ 늑근
• 전단력에 대해서 콘크리트가 어느 정도는 견디나, 그 이상의 전단력은 늑근을 배근하여 사장력으로 인한 보의 빗방향의 균열을 방지하도록 하는 것
• 보의 전단력은 일반적으로 양단에 갈수록 커지므로, 양단부에서는 늑근의 간격을 좁히고, 중앙부로 갈수록 늑근의 간격을 넓혀 배근

■ 보의 휨강도 증대법
보의 춤(depth)을 증가시킴

■ 기둥 철근 배근 시 유의사항
• 장방형 기둥에서는 4개 이상, 원형 기둥에서는 6개 이상을 사용
• 기둥 단면의 최소 너비와 각 층마다의 기둥의 유효 높이의 비가 5 이하인 경우에는 0.4% 이상, 10을 초과하는 경우에는 0.8% 이상

출제 키워드

■ 기둥의 주근 간격
• 기둥의 주근의 간격은 40mm이상, 주근 직경의 1.5배 이상, 굵은 골재의 최대직경의 4/3배 이상

■ 띠철근(대근)
• 띠철근의 직경은 6mm 이상의 철근을 사용
• 간격은 주근 직경의 16배 이하, 띠철근 직경의 48배 이하, 기둥의 최소 치수 이하 중의 최소값으로 함

■ 띠철근의 역할
• 전단력에 대한 보강
• 주근의 위치를 고정
• 압축력에 의한 주근의 좌굴을 방지
• 콘크리트가 수평으로 터져나가는 것을 방지 또는 구속 등

■ 기둥의 단면
• 기둥의 최소 단면의 치수는 20cm (200mm) 이상
• 최소 단면적은 600cm^2 (60,000mm^2) 이상

② 기둥 주근의 간격은 배근된 철근 표면의 최단거리를 말하고, 기둥의 주근의 간격은 40mm이상, 주근 직경의 1.5배 이상, 굵은 골재의 최대직경의 4/3배 이상으로 한다.

③ 띠철근의 직경은 6mm 이상의 철근을 사용하고, 그 간격은 주근 직경의 16배 이하, 띠철근 직경의 48배 이하, 기둥의 최소 치수 이하 중의 최소값으로 한다.(단, 띠철근은 기둥 상·하단으로부터 기둥의 최대 너비에 해당하는 부분에서는 앞에서 설명한 값의 1/2로 한다.) 또한, 띠철근(대근)의 역할은 전단력에 대한 보강, 주근의 위치를 고정, 압축력에 의한 주근의 좌굴을 방지함과 동시에 콘크리트가 수평으로 터져나가는 것을 방지 또는 구속 등이다.

④ 기둥 철근의 이음 위치는 기둥 유효 높이의 2/3에 두고, 각 철근의 이음 위치는 분산시키며, 보통 바닥판 위 1m 위치에 두는 것이 좋고, 한 자리에서 반이상 잇지 않는다.

⑤ 기둥의 최소 단면의 치수는 20cm(200mm)이상이고 최소 단면적은 600cm^2(60,000mm^2) 이상이며, 기둥 간사이의 1/15 이상으로 한다. 또한, 기둥의 간격은 4~8m이다.

⑥ 기둥의 대근에는 띠철근(장방형의 기둥에 있어서 주근 주위를 둘러 감은 철근)과 나선 철근(원형 기둥에 있어서 주근 주위를 나선형으로 둘러 감은 철근)이 있다.

⑦ 극한 강도 설계법의 압축 부재

㉮ 철근 콘크리트의 압축 부재에 있어서 단면의 최소 치수는 200mm 이상이고, 단면적은 600cm^2(60,000mm^2) 이상이며, 나선 철근의 압축 부재 단면의 심부 직경은 200mm 이상이다.

㉯ 철근 콘크리트 압축 부재에서 직사각형의 띠철근 내부의 축방향 주철근의 개수는 4개 이상이고, 삼각형 띠철근 내부의 철근의 경우 3개 이상, 나선 철근으로 둘러싸인 철근의 경우 6개 이상으로 하여야 한다.

(2) 철근 콘크리트 기둥의 배치

철근 콘크리트 기둥의 배치에 있어 평면상으로는 같은 간격으로, 단면상으로는 위층의 기둥 바로 밑에 아래층의 기둥이 오도록 규칙적으로 배치하고, 규칙적으로 직사각형의 상태로 배치될 때 4개의 기둥으로 만들어지는 바닥 면적은 20~40m^{2}의 범위로 하는 것이 좋으며, 가장 적당한 것은 30m^2 내외(기둥 하나가 지지하는 바닥 면적은 30m^{2}를 기준)이다. 그러므로 기둥과 기둥을 잇는 큰 보의 길이는 5~7m 정도로 하는데 간사이가 이보다 더 클 때에는 철골조나 철골 철근 콘크리트조로 하는 것이 좋다.

4 바닥판의 정의, 두께, 배근 등

(1) 슬래브(바닥판)의 두께

철근 콘크리트 바닥판의 두께는 8cm(경량 콘크리트 10cm) 이상 또는 다음 표에 의한 값으로 하여야 한다.

지지조건	주변의 고정된 경우	캔틸러버의 경우
변장비(λ) $\leq$ 2의 경우 2방향으로 배근한 콘크리트 바닥 슬래브	$\dfrac{l_n}{36+9\beta}$	
변장비 (λ) > 2의 경우 1방향으로 배근한 콘크리트 바닥 슬래브	$\dfrac{l}{28}$	$\dfrac{l}{10}$

여기서, β : 슬래브의 단변에 대한 장변의 순경간비
l_n : 2방향 슬래브의 장변 방향의 순경간
l : 1방향 슬래브 단변의 보 중심간 거리

(2) 슬래브의 주근 간격

① 주근(슬래브의 단변 방향의 인장 철근)은 20cm 이하, 직경 9mm 미만의 용접철망을 사용하는 경우에는 15cm 이하로 하고, 슬래브 배근에 있어서 주근은 휨모멘트에 견딜 수 있도록 단면 2차 모멘트를 크게 하기 위하여 단변 방향의 하부 주근은 배력근의 바깥쪽에 배근하여야 한다.

② 부근(배력근, 슬래브의 장변 방향의 인장 철근으로 주근의 안쪽에 배근)은 30cm 이하, 바닥판 두께의 3배 이하, 직경 9mm 미만의 용접 철망을 사용하는 경우에는 20cm 이하로 한다.

③ 슬래브의 장변 및 단변의 굽힘 철근의 위치는 단변 방향의 순 간사이의 1/4인 점에 위치한다.

④ 슬래브 배근시 주근과 배력근 모두 D10(ϕ9) 이상의 철근을 사용하거나 6mm 이상의 용접철망을 사용한다.

■주근의 배근
휨모멘트에 견딜 수 있도록 단면 2차 모멘트를 크게 하기 위하여 단변 방향의 하부 주근은 배력근의 바깥쪽에 배근

(3) 1방향 슬래브의 두께

1방향 슬래브의 두께는 다음 표에 따라야 하며, 최소 100mm 이상으로 하여야 한다.

구분	최소 두께			
	단순 지지	1단 연속	양단 연속	캔틸레버
1방향 슬래브	$l/20$	$l/24$	$l/28$	$l/10$

* 1방향 바닥판에 있어서 장변 방향의 배력근이 필요하지 않은 경우라고 하더라도 단변 방향의 균열을 방지하고, 하중을 바닥판 전체에 균등하게 분포시키기 위하여 장변 방향으로도 콘크리트 전단면적에 대하여 최소 0.2% 이상의 철근을 배근하여야 한다. 특히, 1방향 슬래브에 작용하는 모든 하중은 단변 방향으로만 작용한다.

■1방향 슬래브의 두께
최소 100mm 이상

(4) 주근의 배근 상태

철근 콘크리트 2방향 슬래브의 배근에 있어서 철근을 많이 배근하여야 하는 곳부터 나열하면, 단변 방향의 단부 → 단변 방향의 중앙부 → 장변 방향의 단부 → 장변 방향의 중앙부의 순이다.

출제 키워드

■ 무량판 구조(플랫 슬래브)
- 고층건물의 구조 형식에서 층고를 최소로 할 수 있고 외부보를 제외하고는 내부에는 보가 없이 바닥판을 두껍게 해서 보의 역할을 겸하도록 한 구조
- 하중을 직접 기둥에 전달하는 슬래브, 보를 없애고 바닥판을 두껍게 해서 보의 역할을 겸하도록 한 구조로, 기둥이 바닥 슬래브를 지지해 주상 복합이나 지하 주차장에 주로 사용되는 구조
- 층고를 최소화 할 수 있으나 바닥판이 두꺼워서 고정 하중이 커지며, 뼈대의 강성을 기대하기가 어려운 구조

■ 플랫 슬래브의 특성
- 층높이를 낮게 할 수 있는 장점
- 고정 하중(자중)이 증대
- 뼈대의 강성이 약함

■ 격자(와플) 슬래브
장선 바닥판의 장선을 직교하여 구성한 우물 반자 형태로 된 2방향 장선 바닥 구조

■ 조절 줄눈
지반 등 안정된 위치에 있는 바닥판이 수축에 의하여 표면에 균열이 생기는 것을 방지하기 위한 줄눈

(5) 바닥판의 종류

① 무량판 구조(플랫 슬래브)
  ㉮ 고층건물의 구조 형식에서 층고를 최소로 할 수 있고 외부보를 제외하고는 내부에는 보가 없이 바닥판을 두껍게 해서 보의 역할을 겸하도록 한 구조로서, 하중을 직접 기둥에 전달하는 슬래브, 보를 없애고 바닥판을 두껍게 해서 보의 역할을 겸하도록 한 구조로, 기둥이 바닥 슬래브를 지지해 주상 복합이나 지하 주차장에 주로 사용되는 구조 또는 층고를 최소화 할 수 있으나 바닥판이 두꺼워서 고정 하중이 커지며, 뼈대의 강성을 기대하기가 어려운 구조이다.
  ㉯ 기둥의 단면 치수는 한 변의 길이 D(원형 기둥에 있어서는 직경)를 그 방향의 기둥 중심 사이 거리의 1/20 이상, 300mm 이상, 층높이의 1/15 이상 중 최대값으로 하고, 바닥판의 두께는 150mm 이상으로 한다. 단, 지붕 바닥판은 이 제한에 따르지 않아도 좋으나, 일반 바닥판은 최소 두께 이하로 해서는 안 된다.
  ㉰ 배근의 방법에는 2방식, 3방식, 4방식, 원형식이 있으며, 이 중에서 2방식 또는 4방식이 많이 쓰인다. 바닥판의 형태는 바닥판, 받침판, 기둥머리, 기둥으로 만들어졌다.
  ㉱ 플랫 슬래브의 특성 : 구조가 간단하고 공사비가 저렴하며, 실내의 이용률이 높고, 층높이를 낮게 할 수 있는 장점이 있으나, 주두의 철근이 여러 겹이고, 바닥판이 두꺼우므로 고정 하중(자중)이 증대하며, 뼈대의 강성이 약하고, 고층 건축물에는 부적당하다.

② 격자(와플) 슬래브 : 장선 바닥판의 장선을 직교하여 구성한 우물 반자 형태로 된 2방향 장선 바닥 구조로 작은 돔형의 거푸집이 사용되고, 이 모양이 와플(튀긴 과자의 일종)과 같다고 하여 붙인 이름으로 보통 바닥판의 구조보다 기둥 간사이를 더 크게 할 수 있다.

③ 플랫 플레이트 슬래브 : 자간이 작고, 하중이 별로 크지 않은 경우에 사용하며, 보나 지판이 없이 기둥으로만 하중을 전달하는 2방향으로 배근된 슬래브를 말한다.

④ 장선 슬래브 : 등 간격으로 분할된 장선과 바닥판이 일체로 된 구조로서 그 양단은 보 또는 벽체에 지지된다. 바닥판은 장선과 장선에 지지되고, 그 두께는 상당히 얇게 할 수 있다.

(6) 줄눈의 종류

① 조절 줄눈(control joint) : 지반 등 안정된 위치에 있는 바닥판이 수축에 의하여 표면에 균열이 생기는 것을 방지하기 위한 줄눈 또는 바닥, 벽 등에 설치하여 일정한 곳에서만 균열이 일어나도록 유도하는 줄눈이다.

② 시공 줄눈(construction joint) : 콘크리트 부어넣기 작업을 일시 중지해야 할 경우에 만드는 줄눈으로 후에 타설하는 콘크리트와의 일체화를 위해 미리 계획된 줄눈이다.

③ 콜드 조인트(cold joint) : 시공 과정 중 휴식 시간 등으로 응결하기 시작한 콘크리트에 새로운 콘크리트를 이어 부어넣을 때의 이어붓기 이음새 또는 먼저 부어넣은 콘크리트가 완전히 굳고 다음 부분을 부어넣는 줄눈이다.
④ 신축 줄눈(expansion joint, 응력 해제 줄눈) : 온도 변화에 의한 부재(모르타르, 콘크리트 등)의 신축에 의하여 균열·파괴를 방지하기 위하여 일정한 간격으로 줄눈 이음을 하는 것으로 부동 침하, 콘크리트의 수축, 온도 변화에 의한 균열을 방지하기 위한 줄눈이다. 또한, 콘크리트의 신축 이음새는 온도 변화에 따라 콘크리트의 신축이 가능하여야 하므로 줄눈의 외부면을 철제나 알루미늄 등으로 덮어 주는 것은 좋으나, 양쪽을 고정하는 것은 신축이 자유롭지 못하므로 고정시키지 않아야 한다.

■ 신축 줄눈
• 부동 침하, 콘크리트의 수축, 온도 변화에 의한 균열을 방지
• 콘크리트의 신축 이음새는 온도 변화에 따라 콘크리트의 신축이 가능
• 양쪽을 고정하는 것은 신축이 자유롭지 못하므로 고정시키지 않아야 함

5 철근 콘크리트 벽

(1) 철근 콘크리트 내력벽(내진벽)

① 철근 콘크리트의 벽체의 내진벽(내력벽)은 기둥과 보로 둘러싸인 벽으로 수평 하중(지진력, 바람 등)에 대해서 안전하도록 설계하고, 내력벽의 두께는 15cm 이상으로 하며, 내력벽의 두께가 25cm 이상인 경우에는 복근으로 배근하여야 한다.
② 사용 철근은 $\phi 9$ 또는 D10 이상을 사용하여야 하고, 배근의 간격은 45cm 이하로 하여야 하며, 부득이 내력벽에 개구부를 설치하는 경우 문골 모서리 부분에 빗방향으로 배근하는 보강근은 D13 이상의 철근을 2개 이상 사용한다.

■ 15cm 이상
철근 콘크리트의 벽체의 내진벽(내력벽)의 두께

(2) 내진벽의 최소 두께

① 벽체의 최소 두께는 수직 또는 수평 지지점 간의 거리 중 작은 값의 1/25 이상이어야 하고, 또한 100mm 이상이어야 한다.
② 지하실 외벽 및 기초 벽체의 두께는 200mm 이상으로 하여야 한다.

(3) 내진벽의 배치

내진벽은 수평력에 대하여 가장 유효하게 작용하고, 그 부담력이 고르게 되도록 다음과 같은 사항을 고려하여 배치한다.
① 내진벽의 평면상 교점이 2개 이상이면 안정되지만, 교점이 없거나 하나인 경우에는 불안정하게 된다.
② 내진벽은 상·하층 모두 같은 위치에 오도록 배치한다.

6 콘크리트의 이음 위치

보·바닥판의 이음은 그 간사이의 중앙부에 수직으로 하며, 캔틸레버로 내민보나 바닥판은 이어붓지 않는다(중앙부는 전단력이 작고, 압축 응력은 수직한 이음면에 직각으로 작용).

출제 키워드

- 강재 거푸집
  재사용이 가능하므로 경제적

- 거푸집 측압의 결정 요소
  콘크리트의 치기(타설) 속도, 거푸집의 강성, 온도 및 콘크리트 부어넣은 높이 등

- 철근과 콘크리트의 부착력
  - 콘크리트의 압축 강도가 작을수록 부착 강도도 작아짐
  - 부착력을 증가시키기 위하여 같은 단면적이면 직경이 큰 철근을 조금 사용하는 것보다 작은 철근을 여러 개 사용하는 것이 더 유리

7 강제 거푸집과 측압의 영향

(1) 강재 거푸집의 특성

① 콘크리트 표면이 매끄럽고, 강도가 강하며, 변형이 없다.
② 거푸집의 정밀도가 높고, 장비가 불필요하며, 재사용이 가능하므로 경제적이다.
③ 해체와 조립으로 인력 소모가 많고, 거푸집의 접합 부위가 많아 시멘트 페이스트의 누출이 많다.
④ 이음 부위의 면처리 비용이 많이 든다. 즉, 콘크리트의 오염이 심하다.

(2) 거푸집 측압의 결정 요소

거푸집 측압의 결정 요소는 컨시스턴시(슬럼프가 클수록 측압이 크다), 콘크리트의 치기(타설) 속도(치기 속도가 빠를수록 측압이 크다), 콘크리트의 비중 및 무게(콘크리트 비중이 클수록 측압이 크다), 수평 부재의 면적(기둥의 넓이가 넓을수록 측압이 크다), 거푸집의 강성, 온도 및 콘크리트 부어넣은 높이(높이가 높을수록 측압이 크다) 등이다.

(3) 기초, 보 옆, 기둥 및 벽 거푸집의 존치 기간

구분	조강	보통, 고로(1종), 포졸란(A종), 플라이 애시(1종)	고로(2종), 포졸란(B급), 플라이 애시(2종)
20℃ 이상	2일	3일	4일
10℃ 이상 20℃ 미만	3일	4일	6일

8 철근과 콘크리트의 부착력

(1) 철근과 콘크리트의 부착 강도

① 철근과 콘크리트의 부착 강도는 콘크리트의 강도, 철근의 표면적, 피복 두께, 철근의 단면 모양과 표면 상태(마디와 리브), 철근의 주장 및 압축 강도에 따라 변화하며, 콘크리트의 압축 강도와 부착 강도는 비례한다. 즉, 콘크리트의 압축 강도가 작을수록 부착 강도도 작아진다.
② u(철근 콘크리트의 부착 응력)= u_c(철근의 허용 부착 응력도)$\Sigma 0$(철근의 주장)L(정착 길이)이다. 그러므로, 철근 콘크리트 부재를 설계할 때 부착력을 증가시키기 위하여 인장 철근의 주장을 증가시키려면, 같은 단면적이면 직경이 큰 철근을 조금 사용하는 것보다 작은 철근을 여러 개 사용하는 것이 더 유리하다. 즉, 철근과 콘크리트의 부착 강도는 철근의 주장과 정착 길이에 비례한다.
③ 철근의 부착력은 철근의 주장에 비례하므로, 철근 콘크리트 보에 있어서 콘크리트 단면을 바꾸지 아니하고, 부착력을 증가시키는 방법은 주장을 증가시키는 것이다.

(2) 철근의 갈구리

철근의 정착에 있어서 갈구리는 상당한 정착 능력이 있으므로 직선부가 부착력에 무력하게 되더라도 최후의 뽑힘 저항에 대항하는 것이다. 다만, 기둥 또는 굴뚝 이외에 있어서 이형 철근을 사용하는 경우에는 그 끝부분을 구부리지 않을 수 있다.

(3) 철근의 정착 길이

인장 철근의 정착 길이는 최상층과 중간층을 다음과 같이 산정한다.

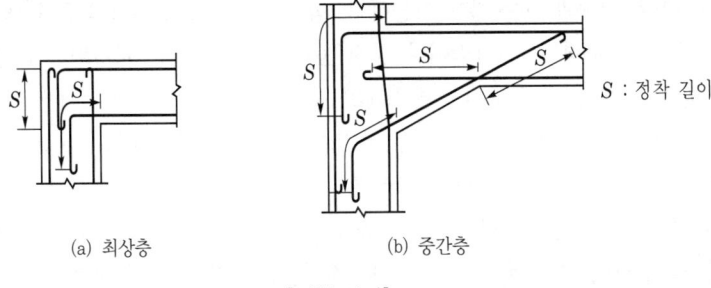

(a) 최상층 (b) 중간층

[정착 길이]

(4) 정착 및 이음

① 철근의 이음 길이와 정착 길이는 콘크리트의 강도, 철근의 굵기와 종류 및 갈구리의 유무에 따라 다르다.

② 보나 기둥 등의 중요 부재의 이음 위치는 응력이 작은 부분에 두어야 하며, 원칙적으로 D35를 초과하는 철근은 겹침 이음을 하지 않는다. 다만, 서로 다른 크기의 철근을 압축부에서 겹침 이음을 하는 경우, D41, D51 철근은 D35 이하의 철근과 겹침 이음이 허용되고, 기초에서 압축력만을 받는 D41, D51인 주철근은 다우얼 철근(D35 이하)을 지지되는 철근 속에 묻혀야 한다.

③ 철근의 정착 길이는 철근의 부착력을 확보하기 위한 것으로 콘크리트 강도(클수록 짧아짐)와 철근의 항복 강도(클수록 길어짐), 철근의 지름(클수록 길어짐) 및 철근의 표면 상태 등에 따라 달라진다.

④ l_{db}(기본 정착 길이) $= \dfrac{0.25 d_b(\text{철근의 직경}) f_y (\text{철근의 항복강도})}{\lambda \sqrt{f_{ck}} (\text{설계 기준 강도})}$ 이다.

그러므로 정착 길이는 철근의 직경, 철근의 항복 강도에 비례하여 길어지고, 설계 기준 강도의 제곱근에 반비례한다. 즉, 철근의 직경과 항복 강도가 클수록 정착 길이는 길어지고, 설계 기준 강도가 클수록 정착 길이는 짧아진다.

⑤ **철근의 정착 위치**: 철근의 정착 위치는 기둥의 주근은 기초에, 바닥판의 철근은 보 또는 벽체에, 벽철근은 기둥, 보, 기초 또는 바닥판에, 보의 주근은 기둥에, 작은 보의 주근은 큰 보에, 또 직교하는 끝부분의 보 밑에 기둥이 없는 경우에는 보 상호간에, 지중보의 주근은 기초 또는 기둥에 정착한다.

■ 출제 키워드

■ 철근의 이음
원칙적으로 D35를 초과하는 철근은 겹침 이음을 하지 않음

■ 정착 길이의 결정 요소
철근의 항복 강도(클수록 길어짐)

■ 철근의 정착 위치
바닥판의 철근은 보 또는 벽체

9 건축 구조법

① **플랫 슬래브 구조** : 보가 없고 슬래브만으로 된 바닥을 기둥으로 받치는 철근 콘크리트 슬래브 구조이다.

② **라멘 구조** : 기둥, 보, 바닥 슬래브 등이 강접합으로 이루어져 하중에 저항하는 구조, 수직 부재인 기둥과 수평 부재인 보, 슬래브 등의 뼈대를 강접합하여 하중에 대하여 일체로 저항하도록 하는 구조 또는 구조 부재의 절점, 즉 결합부가 강절점으로 되어 있는 골조로서 인장재, 압축재 및 휨재가 모두 결합된 형식으로 된 구조이다. 특히, 강접합된 기둥과 보는 함께 이동하고, 함께 회전하므로 수직 하중에 대해서 뿐만 아니라 같은 수평 하중(바람이나 지진 등)에 대해서도 큰 저항력을 가진다.

③ **헌치** : 철근 콘크리트보에서 장스팬일 경우, 양끝단의 휨모멘트와 전단 응력의 증가에 대한 보강 차원에서 설치하는 것 또는 철근 콘크리트 구조에서 스팬이 긴 경우에 보의 단부에 발생하는 휨모멘트와 전단력에 대한 보강으로 보 단부의 춤을 크게 한 것 또는 보, 슬래브의 단부의 단면을 중앙부의 단면보다 크게 한 부분으로 폭과 높이를 크게 하여 그 부분의 휨모멘트나 전단력을 견디게 하기 위한 부분 또는 헌치의 폭은 안목 길이의 1/10~1/12 정도이며, 헌치의 춤은 헌치 폭의 1/3 정도이다.

④ **벽식 구조** : 기둥이나 들보를 뼈대로 하여 만들어진 건축물에 대하여 기둥이나 들보가 없이 벽과 마루로써 건물을 조립하는 건축 구조이다.

⑤ **셸구조** : 입체적으로 휘어진 면구조이며, 이상적인 경우에는 부재에 면내 응력과 전단 응력만이 생기고 휘어지지 않는 구조이다.

10 특수 콘크리트의 특성

(1) 레디믹스트 콘크리트(ready mixed concrete)

현장에 떨어져 있는 콘크리트 전문 제조 공장에서 콘크리트를 배처 플랜트에 의해 생산하여 현장으로 운반해서 사용하는 것으로 혼합 장소가 협소한 시가지의 공사에 적합하다. 이것은 그 비비기와 운반 방식에 따라 센트럴믹스트 콘크리트(central mixed concrete), 슈링크믹스트 콘크리트(shrink mixed concrete), 트랜싯믹스트 콘크리트(transit mixed concrete) 등으로 구분한다.

① 레디믹스트 콘크리트의 사용 이유
  ㉮ 현장에서 균질한 골재를 입수하기가 어렵기 때문이다.
  ㉯ 시가지에서 현장 비빔을 행할 장소가 적어졌기 때문이다.
  ㉰ 콘크리트의 배합 관리와 현장 관리가 용이하기 때문이다.
  ㉱ 운반차보다 낮은 공사 또는 긴급을 요하는 공사에 사용한다.

② 레디믹스트 콘크리트의 특성
  ㉮ 레디믹스트 콘크리트를 사용할 때에는 될 수 있는 대로 현장에서 가깝고 부리기 쉬운 곳을 택해야 하며, 임시 저장할 수 있는 받음 시설을 준비해야 한다.

㉯ 공정에 따라 예정 일시에 어김없이 반입될 것을 확보해야 한다.
㉰ 천후, 기타 예정 시일의 변경, 운반차의 지연 등에 대하여 미리 생산자와 협의해 둔다.
㉱ 규정된 허용값 이상의 슬럼프 값일 때에는 곧 시정시키거나 현장에서 다시 비벼서 사용한다.
㉲ 받음 설비인 호퍼의 용량은 적어도 운반차 1대의 용적 이상으로 하고, 운반 능력과 부어넣기 능률을 고려하여 정한다.
㉳ 콘크리트의 혼합이 충분하므로 현장 비빔보다 품질이 고르고, 균일하다.

(2) 프리스트레스트 콘크리트

고강도의 강재나 피아노선과 같은 특수 선재를 사용하여 콘크리트에 미리 압축력을 주어 형성하는 콘크리트, 인장재에 대한 저항력이 작은 콘크리트에 미리 긴장재에 의한 압축력을 가하여 만든 구조 또는 교량과 같은 장스팬에서 무거운 하중을 부담할 수 있는 부재를 만들기 위하여 도입된 구조로서 특징은 다음과 같다.

① 긴 스팬의 가구재를 프리캐스트의 블록으로 만들 수 있다.
② 특수 선재(고강도 피아노선, 강재 등)를 사용하여 재축 방향으로 미리 압축력을 주어 작용하는 인장력에 견디도록 한 구조로서 시공이 매우 불편하다.
③ 대규모 건축물(슬래브나 말뚝, 교량의 보 등)에 사용한다.
④ 화재의 위험도가 높고, 진동이 발생하는 단점이 있다.
⑤ 프리스트레스트 콘크리트는 부재의 단면을 작게 할 수 있으나, 진동이 발생하는 단점이 있다.

11 부재의 응력 등

(1) 부재의 응력

① 인장 응력 : 축방향력의 하나로서 부재를 양 끝단에서 잡아당길 때 재축 방향으로 발생하는 주요 응력, 물체의 내부에 생기는 응력 가운데 잡아당기는 작용을 하는 힘으로 철근 콘크리트보에서 인장력은 보의 주근이 저항한다.
② 압축 응력 : 축방향력의 하나로서 부재의 끝에 작용하는 외력이 서로 미는 것처럼 가해질 때 부재의 내부에 생기는 힘을 말한다. 또한, 압축력은 콘크리트가 저항한다.
③ 전단 응력 : 부재를 직각으로 자를 때 생기는 응력, 부재의 임의의 단면을 따라 작용하여 부재가 서로 밀려 잘리도록 작용하는 힘을 말하며, 부재의 어느 단면에서 한쪽으로 작용하는 외력의 총계의 접선 방향의 성분은 그 단면에 대하여 엇갈리게 하는 전단 작용을 나타내므로 이 힘을 그 단면에서의 전단력이라고 한다. 또한, 전단력은 보의 늑근과 기둥의 대근이 저항한다.

출제 키워드

■ 프리스트레스트 콘크리트
• 고강도의 강재나 피아노선과 같은 특수 선재를 사용하여 콘크리트에 미리 압축력을 주어 형성하는 콘크리트, 인장재에 대한 저항력이 작은 콘크리트에 미리 긴장재에 의한 압축력을 가하여 만든 구조
• 교량과 같은 장스팬에서 무거운 하중을 부담할 수 있는 부재를 만들기 위하여 도입된 구조

■ 프리스트레스트 콘크리트의 특징
• 긴 스팬의 가구재를 프리캐스트의 블록으로 제작 가능
• 시공이 매우 불편
• 대규모 건축물에 사용
• 화재의 위험도가 높고, 진동이 발생

■ 인장 응력
부재를 양 끝단에서 잡아당길 때 재축 방향으로 발생하는 주요 응력

■ 전단 응력
부재를 직각으로 자를 때 생기는 응력

④ 휨응력 : 부재가 휘어질 때 단면상에 생기는 수직 응력, 외력을 받아 부재가 구부러질 때, 그 부재의 어느 점에서 약간 떨어진 평행한 두 단면을 생각하고, 사각형이 부채꼴로 되려고 하는 두 단면에 작용하는 1조의 모멘트를 말하며, 부재의 아래쪽이 늘어나고 위쪽이 오므라드는 작용을 하는 모멘트를 정(正)으로 하고, 철근 콘크리트보에서는 주근이 휨모멘트에 저항한다.

(2) 하중의 종류

수평 방향으로 작용하는 하중은 풍하중이고, 고정 하중, 활하중 및 적설 하중은 수직 하중이다.

(3) 지점의 종류

① 이동 지점 : 지지대에 평행으로 이동이 가능하고 회전이 자유로운 상태이며 수직 반력만 발생하는 지점이다.
② 회전 지점 : 지지하고 있는 면에 평행한 방향과 수직인 방향으로의 이동이 방지되어 있으므로 이들 두 방향에 대한 반력, 수직·수평 반력이 생기는 지점이다.
③ 고정 지점 : 상·하, 좌·우 및 회전 등의 모든 움직임이 방지되어 있으므로 수직, 수평 및 모멘트 반력이 생기는 지점이다.

12 철근 콘크리트의 일반사항

① 철근 콘크리트 구조에 있어서 철근은 인장력과 압축력에, 콘크리트는 압축력에 견디도록 계획한다.
② 철근 콘크리트 구조에 있어서 잔골재와 굵은 골재의 공극률은 30~40% 정도이다.
③ 무근 콘크리트라고 하더라도 염분을 포함한 바닷물은 콘크리트에 좋지 않은 영향을 주므로 바닷물은 사용하지 않도록 한다.
④ 콘크리트의 신축 이음새는 온도 변화에 따라 신축이 가능하여야 하므로 줄눈의 외부면을 철제나 알루미늄 등으로 덮어 주는 것은 좋으나, 양쪽을 고정하는 것은 신축이 자유롭지 못해 균열을 가져올 수 있으므로 고정시키지 않아야 한다.
⑤ 철근 콘크리트 구조에 있어서 굵은 철근을 조금 사용하는 것보다 가는 철근을 많이 사용하는 것이 유리하다. 즉, 미세한 균열을 가져오게 하고 부착 강도를 높여주는 효과가 있다.
⑥ 철근 콘크리트 구조에서 원형 철근 대신 이형 철근을 사용하는 이유는 이형 철근의 마디와 리브로 인하여 표면적이 증대되므로 부착 응력이 증대되기 때문이다.
⑦ 콘크리트의 강도는 물·시멘트비에 의해서 결정되고, 콘크리트의 강도에 영향을 끼치는 요인은 재료(물, 시멘트, 골재)의 품질, 시공방법(비비기 방법, 부어넣기 방법), 보양 및 재령과 시험법 등이 있다.

⑧ 콘크리트의 방수제 중 콘크리트 중의 공간을 안정하게 채워주는 것은 소석회, 암석의 분말, 규조토, 규산 백토, 염화암모늄과 철분의 혼합물 등이고, 발수성인 것은 명반, 수지, 비누 등이 있으며, 시멘트의 가수분해에 의해 생기는 수산화칼슘의 유출을 방지하는 것은 염화칼슘, 금속비누, 지방산과 석회의 화합물, 규산소다 등을 주성분으로 하는 방수제 등이 있다.
⑨ 콘크리트의 강도 시험법에는 슈미트 해머법, 초음파 속도법, 인장 강도 시험(직접 인장 시험, 할열 시험 등), 휨강도 시험(중앙점 하중법, 3등분점 하중법) 등이 있다.
⑩ 고정하중, 활하중 및 적설하중은 수직 방향의 하중이고, 풍하중은 수평 방향의 하중이다.
⑪ 건축물의 부재 중 수평 부재에는 깔도리, 처마도리, 보, 인방, 토대 등이 있고, 수직 부재에는 기둥 등이 있다.
⑫ 철골 철근 콘크리트 구조는 S.R.C(Steel encased Reinforced Concrete)이고, 철근 콘크리트 구조는 R.C(Reinforced Concrete)이며, 철골 구조는 Steel Structure, Steel Construction이다. 또한 절판 구조는 Folded Plate Structure이다.

2-1-5. 철골 구조

1889년 프랑스 파리에 만든 에펠탑의 건축 구조는 철골 구조(하중을 전달하는 주요 부재인 보나 기둥 등을 강재로 이용하여 만든 구조)이다.

1 철골 구조의 장·단점

① 장점 : 철근 콘크리트 구조에 비해 중량이 가볍고, 공사 기간이 짧으며, 장스팬 구조가 가능하다. 내진·내풍적이고, 해체 및 수리가 용이하며, 고층 및 대규모 건축물에 적합하다.
② 단점 : 내화성(화재, 열)이 약하고, 고온에서는 강도가 저하되기 때문에 내화·내구성에 특별한 주의가 필요하다. 특히, 본질적으로 조립식 구조이므로 접합에 유의하여야 하고, 고가이다.

2 철골의 표시 및 접합법

(1) 철골의 표시법

① H $-$ H$\times$B$\times t_1 \times t_2$: 높이$\times$너비(폭)$\times$웨브의 두께$\times$플랜지의 두께
② L $-$ H$\times$B$\times t$: 높이$\times$너비(폭)$\times$플랜지

(2) 철골의 접합법

① **리벳 접합**: 강재에 구멍을 뚫고 800℃ 정도로 가열한 리벳을 박은 다음, 압축 공기에 의하여 타격하는 리베터로 머리를 만든다. 리벳 접합은 시공의 좋고 나쁨이 강도에 미치는 영향이 크고, 신뢰도가 높다. 그러나 시공시 소음이 크고, 중노동으로 작업 능률이 낮으며, 접합부의 모양에 따라서는 시공이 불가능한 곳이 있고, 숙련공이 부족하여 주요 구조체의 접합 방법으로 최근 거의 사용되지 않는 방법이다.

㉮ 리벳 직경에 따른 리벳 구멍 직경

리벳의 직경	20mm 미만	20mm 이상	비고
리벳 구멍 직경	$(d+1)$mm 이하	$(d+1.5)$mm 이하	d : 리벳 직경

* 위의 표에 의해서 30mm 리벳은 30+1.5=31.5mm이다.

㉯ 리벳의 피치 : 리벳 배치시의 표준 피치는 리벳 직경의 3~4배이고, 최소 피치는 리벳 직경의 2.5배 이상이어야 한다.

㉰ 리벳의 접합 두께(그립, grip) : 철골 구조에 있어서 리벳 지름에 비하여 판의 총 두께가 너무 두꺼우면 리벳 구멍을 완전히 채우기가 어렵기 때문에 리벳 또는 볼트로 접합하는 판의 총 두께(그립(grip))는 리벳 지름의 5배 이하로 하고, 그 이상이 될 때에는 리벳의 내력을 저감한다.

㉱ 리벳에 관한 용어
 ㉠ 게이지 라인 : 재축 방향의 리벳 중심선
 ㉡ 게이지 : 각 게이지 라인 간의 거리 또는 게이지 라인과 재면과의 거리
 ㉢ 피치 : 게이지 라인상의 리벳 간격
 ㉣ 클리어런스 : 리벳과 수직재 면과의 거리
 ㉤ 부재 중심선 : 구조체의 역학상의 중심선
 ㉥ 그립 : 리벳으로 접합하는 부재의 총 두께

② **고력 볼트 접합** : 소음이 나지 않고 해체하기 쉬우며 마찰 저항에 의한 접합법 또는 너트를 강하게 죄어 볼트에 강한 인장력이 생기게 하여 그 인장력의 반력으로 접합된 판 사이에 강한 압력이 작용하여 이에 의한 접합재 간의 마찰저항(부재 간의 마찰력)에 의하여 힘을 전달하는 비교적 새로운 접합법으로 시공할 때 소음이 없고, 조립 및 해체(작업)가 쉬우며, 노력이 절약되고 공기가 단축되므로 근래에 현장 접합(작업)에서 널리 이용되고 있다. 조이는 순서는 중앙부에서 단부로 하고, 현장 시공 설비가 간단하다.

③ **용접 접합** : 모재인 강재의 접합부를 고온으로 녹이고, 다시 모재와 모재 사이에 용착 금속을 녹여 넣어 접합부를 일체로 만드는 접합 방법이고, 철골 구조에서 단면 결손이 적고 소음이 발생하지 않으며 구조물 자체의 경량화가 가능한 접합 방법 으로 강재의 재질에 대한 영향이 크고, 용접부의 결함을 육안으로 관찰할 수 없으며, 용접공의 숙련에 따라 품질의 의존도가 높다. 또한, 덧판이나 접합 형강 등이 필요 없어 경량이 되며, 구조가 간단하여 자유스러운 접합 형식을 선택할 수 있고, 접합부의

출제 키워드

■ 리벳 접합
주요 구조체의 접합 방법으로 최근 거의 사용되지 않는 방법

■ 리벳의 피치
최소 피치는 리벳 직경의 2.5배 이상

■ 고력 볼트 접합
• 소음이 나지 않고 해체하기 쉬우며 마찰 저항에 의한 접합법
• 너트를 강하게 죄어 볼트에 강한 인장력이 생기게 하여 그 인장력의 반력으로 접합된 판 사이에 강한 압력이 작용하여 이에 의한 접합재 간의 마찰저항(부재 간의 마찰력)에 의하여 힘을 전달
• 조이는 순서는 중앙부에서 단부로 하고, 현장 시공 설비가 간단

■ 용접 접합
• 단면 결손이 적고 소음이 발생하지 않으며 구조물 자체의 경량화가 가능한 접합 방법
• 강재의 재질에 대한 영향이 크고, 용접부의 결함을 육안으로 관찰할 수 없음
• 용접공의 숙련에 따라 품질의 의존도가 높음

연속성과 강성을 얻을 수 있으며, 소음이 발생하지 않는다. 그러나, 재료의 선정에 주의하여야 하고, 시공할 때 결함이 생기기 쉬우며, 용접 열에 의하여 변형이나 응력이 발생하는 결점이 있다.

 ㉮ 용접의 종류
  ㉠ 모살 용접 : 거의 직각을 이루는 두 면의 구석을 용접하는 형식이다.
  ㉡ 맞댄 용접 : 용접하고자 하는 2개의 모재를 한쪽 또는 양쪽 면을 절단, 개선하여 용접하는 방법으로 모재와 같은 허용 응력도를 가진 용접 방법이다.
  ㉢ 플러그 용접 : 겹친 2매의 판재에 한쪽에만 구멍을 뚫고, 그 구멍에 살붙임하여 용접하는 방법이다.
  ㉣ 슬롯 용접 : 겹친 2매의 판 한쪽에 가늘고 긴 홈을 파고, 그 속에다 살올림 용접을 하는 용접이다.

 ㉯ 용접의 결함
  ㉠ 언더컷(under cut) : 용접 상부(모재 표면과 용접 표면과의 교차되는 점)에 따라 모재가 녹아 용착 금속이 채워지지 않고 홈이 남게 되는 부분의 용접 결함이다.
  ㉡ 오버랩(over lap) : 용착 금속이 끝부분에서 모재와 융합하지 않고 덮여진 부분이 있는 용접 결함이다.
  ㉢ 피트 : 공기 구멍(블로홀 : 용접 부분 표면에 생기는 작은 구멍)이 발생함으로써 용접부의 표면에 작은 구멍이 생기는 용접 결함이다.
  ㉣ 크랙(crack) : 용접 후 냉각시 발생하는 균열 현상이다.
  ㉤ 블로홀(공기 구멍) : 용접 부분 안에 생기는 기포이다.

 ㉰ 용접 결함과 관계가 없는 것은 클리어런스(철골 공사에 있어 리벳과 수직재 면과의 거리), 피치(리벳, 볼트 및 고력 볼트 상호간의 중심 간격) 및 침투 탐상(비파괴 시험 방법) 등이 있다.

④ 핀(교절, 힌지) 접합 : 아치의 지점이나 트러스의 단부, 주각 또는 인장재의 접합부에 사용되고, 회전 절점(수직, 수평의 이동은 불가능하나, 회전이 가능한 절점)으로 구성된다.

(3) 철골 공사의 가공 순서

철골 공사의 가공 작업 순서는 원척도 → 본뜨기 → 금긋기 → 절단 → 구멍 뚫기 → 가조립의 순이다.

3 철골보의 일반사항

(1) 판 보(플레이트 보)

① 개요
 ㉮ L형강과 강판 또는 강판만을 조립하여 I형 모양으로 만든 보 또는 웨브(H형강, 챈널, 판보 등의 중앙 복부(플랜지 사이의 넓은 부분))에 철판을 쓰고 상하부에

출제 키워드

■ 맞댄 용접
용접하고자 하는 2개의 모재를 한쪽 또는 양쪽 면을 절단, 개선하여 용접하는 방법으로 모재와 같은 허용 응력도를 가진 용접 방법

■ 언더컷
용접 상부에 따라 모재가 녹아 용착 금속이 채워지지 않고 홈이 남게 되는 부분의 용접 결함

■ 오버랩
용착 금속이 끝부분에서 모재와 융합하지 않고 덮여진 부분이 있는 용접 결함

■ 피트
공기 구멍(블로홀 : 용접 부분 표면에 생기는 작은 구멍)이 발생함으로써 용접부의 표면에 작은 구멍이 생기는 용접 결함

■ 용접 결함과 관계가 없는 것
클리어런스, 피치 및 침투 탐상 등

■ 핀 접합
• 아치의 지점이나 트러스의 단부, 주각 또는 인장재의 접합부에 사용
• 회전 절점으로 구성

■ 철골 공사의 가공 순서
원척도 → 본뜨기 → 금긋기 → 절단 → 구멍 뚫기 → 가조립의 순

■ 판 보
L형강과 강판 또는 강판만을 조립하여 I형 모양으로 만든 보

> **출제 키워드**
>
> ■ 판보의 구성 부재
> 플랜지 플레이트, 커버 플레이트, 웨브 플레이트, 스티프너 및 필러 등
>
> ■ 커버 플레이트
> • 커버 플레이트의 길이는 보의 휨모멘트에 의하여 결정
> • 커버 플레이트 수는 4장 이하
>
> ■ 스티프너
> 웨브의 두께가 춤에 비해 얇을 때, 웨브 플레이트의 좌굴을 방지하기 위하여 설치

플랜지(I형강, ㄷ형강, 철근 콘크리트 T형보 등의 상하의 날개처럼 생긴 부분) 철판을 용접하거나 ㄱ형강을 리벳 접합한 보이다.

㉯ 플랜지 부분은 휨모멘트에, 웨브 부분은 전단력에 저항하도록 설계되어 있다. 하중이 큰 곳에 있어서는 단일 형강보다 경제적이고, 트러스보에 비하여 충격, 진동, 하중의 증대에 따른 영향도 적으며, 제작하기 쉽고, 유지・보수・보강하기도 간단하므로, 가장 많이 사용된다.

㉰ 철골 구조의 판 보(플레이트 보)의 춤은 간사이의 1/15~1/16 정도로 한다.

② **구성재** : 판 보(플레이트 보)의 구성재에는 플랜지 플레이트, 커버 플레이트, 웨브 플레이트, 스티프너 및 필러 등이 있다.

㉮ 플랜지 플레이트 : 보의 춤은 일정하게 하고, 휨내력(단면 2차 모멘트를 증가시킴)을 증가시키기 위하여 플랜지의 단면을 휨모멘트의 크기에 따라 변화시킨다. 플랜지 플레이트의 내민 길이는 리벳 접합인 경우 리벳의 두 개분 정도이며, 용접 접합인 경우에는 플랜지 플레이트 너비의 1/2 이상이 필요하다. 또한, 플랜지 플레이트의 두께는 플랜지 L형강의 두께와 같게 하거나 또는 그 이하로 하고, 플랜지 플레이트의 매수는 리벳 접합인 경우 보통 3매, 최고 4매로 하며, 2매 이상의 플랜지 플레이트를 사용하는 경우에는 같은 두께의 것을 사용하고, 용접할 때에는 플레이트를 겹쳐 쓰는 것보다 두꺼운 판을 이어나가는 경우가 많으며, 이 경우 판두께의 차이가 6mm 이상이 되는 경우에는 1/5 이하의 물매가 되도록 깎는다.

㉯ 커버 플레이트 : 길이는 보의 휨모멘트에 의하여 결정되고, 커버 플레이트는 구조 계산상 필요한 길이보다 여장(餘長)을 갖도록 설계하며, 커버 플레이트 수는 4장 이하로 하고, 커버 플레이트의 전단면적은 플랜지 전단면적의 60% 이하로 한다. 또한, 커버 플레이트는 플랜지의 단면을 크게 하여 주며, 힘에 대한 내력의 부족을 보충하기 위하여 설치한다.

㉰ 웨브 플레이트 : 전단력의 계산에 따라 그 두께가 정해지나, 6mm 이상이 필요하고, 계산에 의하여 두께가 얇아도 되는 경우에는 시공, 운반상의 손상이나 저장중에 녹이 스는 것 등을 염려하여 8mm 이상으로 하는 것이 좋다. 웨브 플레이트의 두께가 너무 얇으면 웨브의 좌굴을 막기 위하여 스티프너가 많이 필요하게 되므로 플랜지와 웨브를 연결하는 플랜지의 옆 리벳의 간격이 좁아져서 비경제적이다.

㉱ 스티프너 : 웨브의 두께가 춤에 비해 얇을 때, 웨브 플레이트의 좌굴을 방지하기 위하여 설치하는 부재로서 집중 하중의 크기에 따라 결정된다.

㉠ 하중점 스티프너 : 기둥 밑, 보를 지지하는 곳, 보의 끝부분에 설치하는 스티프너를 말하며, 플랜지에 직접 집중 하중을 받는 곳에서 하중은 플랜지에서 웨브에 전달되어, 웨브 플레이트의 좌굴에 저항할 뿐 아니라, 플랜지의 보강을 위하여 플랜지 ㄱ자 형강과 같은 두께의 필러를 대고 스티프너를 ㄱ자 형강의 안면에 밀착시킨다. 보통 4개의 L형강, 평강을 사용해서 만드나, 하중이 작은 경우에는 2개의 형강을 사용하기도 한다.

ⓒ 중간 스티프너 : 웨브의 좌굴을 막기 위한 것으로 대개 ㄱ자 형강을 사용하며, 웨브 플레이트의 두께가 옆 리벳의 중심선간 거리의 1/80보다 작은 경우에 사용한다. 중간 스티프너의 설치 방법은 하중점 스티프너와 같이 필러를 끼워대는 경우와 보의 춤이 1m 이상일 때에는 스티프너를 구부려서 대는 두 가지가 사용된다.

ⓒ 수평 스티프너 : 재축에 나란하게 설치하는 것으로 거의 사용을 하지 않는다.

(2) 형강 보

주로 I형강과 H형강을 사용하고, 단면의 크기가 부족한 경우에는 거싯 플레이트(철골 구조의 절점에 있어 부재의 접합에 덧대는 연결용 보강 철물)를 사용하기도 하고, L형강이나 ㄷ형강은 개구부의 인방이나 도리와 같이 중요하지 않은 부재에 사용한다. 또한, H자 형강 보의 플랜지 부분에 커버 플레이트를 사용하는 가장 주된 목적은 철골 구조에서 커버 플레이트를 설치하여 단면 계수를 증대시키므로 휨내력의 부족을 보충한다. 특히, 철골보의 종류에서 형강의 단면을 그대로 이용하므로 부재의 가공 절차가 간단하고 기둥과 접합도 단순하며, 다른 철골 구조보다 재료가 절약되어 경제적인 보이다.

(3) 래티스 보

상하 플랜지에 ㄱ형강을 쓰고 웨브재로 형강을 45°, 60°(래티스 보) 등의 일정한 각도로 접합한 보를 말하며, 웨브 판의 두께는 6~12mm, 너비는 60~120mm 정도이고, 리벳은 직경 16~19mm를 2~3개로 플랜지에 접합한다. 웨브재에 평강을 사용하는 보로 철근 콘크리트로 피복하기도 하나 창고나 공장 등은 노출시켜서 사용하기도 하는 보로서 주로 지붕 트러스의 작은보, 부지붕틀로 사용한다.

(4) 격자 보

상하 플랜지에 ㄱ자 형강을 대고 플랜지에 웨브재를 직각(90°)으로 접합한 보를 말하며, 철골 철근 콘크리트 구조물에 주로 쓰이고, 콘크리트로 피복되지 아니하고 단독으로 사용되는 경우는 거의 없다.

(5) 트러스 보

플레이트 보의 웨브에 빗재 및 수직재를 사용하고, 거싯 플레이트로 플랜지 부분과 조립한 보로서, 플랜지 부분의 부재를 현재라고 한다. 트러스 보에 작용하는 휨모멘트는 현재가 부담하고, 전단력은 웨브재의 축방향으로 작용하므로 트러스보를 구성하는 부재는 모두 인장재나 압축재로 설계된다. 특히, 간사이가 15m를 넘거나(간사이가 큰 구조물), 보의 춤이 1m 이상 되는 보를 판 보로 하기에는 비경제적일 때 사용하는 것으로 래티스 보에 접합판(gusset plate)을 대서 접합한 조립보이다.

■ 출제 키워드

■ 래티스 보
상하 플랜지에 ㄱ형강을 쓰고 웨브재로 형강을 45°, 60°(래티스 보) 등의 일정한 각도로 접합한 보

■ 격자 보
상하 플랜지에 ㄱ자 형강을 대고 플랜지에 웨브재를 직각(90°)으로 접합한 보

■ 트러스 보
• 래티스 보에 접합판을 대서 접합한 보
• 간사이가 15m를 넘거나(간사이가 큰 구조물), 보의 춤이 1m 이상 되는 보에 사용

출제 키워드

■ 허니콤 보
H형강의 웨브를 절단하여 6각형 구멍이 줄지어 생기도록 용접하여 춤을 높인 보

(6) 허니콤 보

H형강의 웨브를 절단하여 6각형 구멍이 줄지어 생기도록 용접하여 춤을 높인 것으로 고층 건축물에 널리 쓰이는 보이다.

(7) 철골 보의 춤

종류	철근 콘크리트 보, 철골 트러스 보	철근 라멘 보	철골 형강 보
보의 춤	간사이의 1/10~1/12	1/15~1/16	1/15~1/30

4 철골 구조의 주각부 등

(1) 철골 구조의 주각부

철골 구조의 주각부는 기둥이 받는 내력을 기초에 전달하는 부분으로 윙 플레이트(힘의 분산을 위함), 베이스 플레이트(힘을 기초에 전달함), 기초와의 접합을 위한 리브 플레이트, 클립 앵글, 사이드 앵글 및 앵커 볼트를 사용한다. 특히, 기둥의 부재에서 좌굴, 즉 단면에 비하여 길이가 긴 장주에서 중심축 하중을 받는데도 부재의 불균일성에 기인하여 하중이 집중되는 부분에 편심 모멘트가 발생함에 따라 압축 응력이 허용 강도에 도달하기 전에 휘어져 버리는 현상을 주의하여야 한다.

■ 철골 구조의 주각부 구성 부재
윙 플레이트, 베이스 플레이트, 리브 플레이트, 클립 앵글, 사이드 앵글 및 앵커 볼트 등

① 베이스 플레이트 : 콘크리트의 압축력에 저항력은 강재보다 작으므로, 기둥의 힘을 전달하려면 그 접촉부가 넓어야 하는데 이때 사용하는 강재를 말하며, 베이스 플레이트의 두께는 보통 15mm 정도가 많이 쓰이나, 30mm까지도 사용된다.

   ㉮ 외력이 작은 경우 : 기둥을 클립 앵글로 베이스 플레이트에 붙여 대고, 앵커 볼트로 기초에 연결시킨다.

   ㉯ 외력이 큰 경우 : 윙 플레이트를 대서 힘을 분산시키고, 사이드 앵글로 베이스 플레이트에 붙여 댄다.

② 앵커 볼트 : 굵기는 보통 16~32mm의 것이 많이 사용되며, 인장력이 작은 경우에는 기초 콘크리트에서 빠지지 않도록 끝을 구부린 것을 사용한다. 묻어 두는 길이는 볼트 직경의 40배 정도가 필요하다.

■ 주각 부분과 관계가 없는 것
커버 플레이트, 웨브 플레이트, 스티프너, 거싯 플레이트, 래티스 및 데크 플레이트 등

③ 주각 부분과 관계가 없는 것은 커버 플레이트, 웨브 플레이트, 스티프너, 거싯 플레이트, 래티스 및 데크 플레이트 등이다.

(2) 철골조의 기둥

① 철골조 기둥은 구조 형식이나 하중 상태에 따라 다르고, 압축력이 생기는 부재이나 휨모멘트와 전단력도 생길 수 있으며, 라멘 구조의 기둥에는 수평 하중(지진력, 풍압 등)을 받아 큰 휨모멘트가 생긴다. 따라서, 기둥 단면에도 하중의 크기에 따라 보와 같은 형식의 단일재와 조립재 등이 사용된다.

② 간사이가 크고, 옆면의 기둥 간격이 좁은 건축물(공장, 체육관 등)에서는 I형 기둥이 유리하고, 기둥이 가로, 세로로 등 간격인 사무소 건축물에서는 상자 기둥이나 십자 기둥이 유리하다.
③ 철골조의 기둥의 이음은 플랜지 이음과 웨브 이음을 사용하고, 응력이 작은 곳에서 하며, 이음 부분이 같은 곳에 모이지 않도록 하여야 한다. 특히, 기둥에 있어서는 바닥 위 1m 정도의 위치에서 이음을 하는 것이 편리하다.
④ 철골 구조에서 형강 기둥(H형강, I형강, 각형 강관, 원형 강관 및 조립 기둥 등)은 단일재를 사용하고, 플레이트 기둥, 트러스 기둥, 대판(조립)기둥 및 래티스 기둥은 복합재를 사용한다.

▪ **출제 키워드**

▪ 단일재 사용
형강 기둥(H형강, I형강, 각형 강관, 원형 강관 및 조립 기둥 등)에서 사용

5 철골 구조의 일반사항 등

(1) 래티스 보와 트러스 보의 구분
① 래티스 보 : 상하 플랜지에 ㄱ자 형강을 대고 플랜지에 웨브재를 45°, 60° 및 90°로 접합한 보
② 트러스 보 : 래티스 보에 접합판을 대서 접합한 보

(2) 철골 구조의 분류

구분	종류
재료상 분류	보통 형강 구조, 경량 철골 구조, 강관 구조, 케이블 구조 등
구조 형식상 분류	라멘 구조, 가새 골조 구조, 튜브 구조, 입체 구조, 트러스 구조 등

(3) 철골 구조의 현상
① 좌굴 : 단면에 비하여 길이가 긴 장주에서 중심축 하중을 받는데도 부재의 불균일성에 기인하여 하중이 집중되는 부분에 편심 모멘트가 발생함에 따라 압축 응력이 허용 강도에 도달하기 전에 휘어져 버리는 현상이다.
② 처짐 : 부재가 하중을 받아 연직 방향으로 이동한 거리이다.
③ 인장 : 부재의 축방향으로 인장력을 작용시켜 축방향으로 늘어나는 현상이다.
④ 전단 : 단면 방향과 평행 방향 또는 축방향의 수직 방향으로 작용하는 힘의 절단이다.

(4) 기타 구조와 철골 구조
① 철골 철근 콘크리트 구조는 철골구조와 철근 콘크리트 구조의 조합으로 두 구조의 장점을 포함하고 있는 구조로서 내화 구조이므로 철골 구조와 비교하여 화재시 고열을 받아도 강도를 발휘한다.
② 철근 콘크리트 구조는 철골 구조보다 내화성이 매우 뛰어난 특성이 있다.

▪ 좌굴
단면에 비하여 길이가 긴 장주에서 중심축 하중을 받는데도 부재의 불균일성에 기인하여 하중이 집중되는 부분에 편심 모멘트가 발생함에 따라 압축 응력이 허용 강도에 도달하기 전에 휘어져 버리는 현상

▪ 철골 철근 콘크리트 구조
• 철골구조와 철근 콘크리트 구조의 조합
• 내화 구조로 철골 구조보다 화재시 고열을 받아도 강도를 발휘
• 철근 콘크리트 구조는 철골 구조보다 내화성이 매우 우수

③ 경량 형강의 특성은 가볍고 운반이 용이하며, 두께에 비해 단면의 치수가 크기 때문에 단면 2차 모멘트가 커서 큰 힘을 받을 수 있다. 특히, 접합 방법의 선택이 비교적 자유롭다.
④ 경량 철골 구조의 단점 중 하나는 두께나 너비가 춤에 비해 얇아서 비틀림이나 국부 좌굴이 발생한다.
⑤ 스틸 하우스 : 스틸 하우스는 결로 현상이 발생하고, 차음성이 매우 좋지 않은 단점이 있으나, 공사 기간이 짧고, 경제적이며, 내부 변경이 용이하고, 공간 활용이 효율적이다. 또한, 폐자재의 재활용이 가능하여 환경오염이 작다.

2-1-6. 기타 구조

1 구조의 구분

구조물을 평면 구조와 입체 구조로 구분하며, 평면 구조에는 골조(라멘)구조, 아치 구조 및 벽식 구조 등이 있고, 입체 구조에는 절판 구조, 셸 구조, 돔 구조, 입체 트러스 구조, 현수 구조 및 막 구조 등이 있다.

2 기타 구조의 특성 등

① 셸구조 : 곡면판이 지니는 역학적 특성을 응용한 구조로서, 외력이 주로 판의 면내력으로 전달되기 때문에 경량이고 내력이 큰 구조물을 구성할 수 있는 구조 또는 외력이 작용하면 곡면판 안에 축방향력이 생겨 저항할 수 있는 역학적 성질을 이용한 구조로서 휘어진 얇은 판을 이용한 구조이다. 휨과 견고성이 셸을 구성하는 특색인 것이나, 이러한 재료의 휨 면과 견고함의 두 성질 외에도 셸구조가 성립하기 위한 제한 조건은, 건축 기술상 셸은 건축할 수 있는 형태를 가져야 하고, 건축 현장에서 용이하게 만들어지는 것이어야 하며, 역학적인 면에서 재하 방법이 지지 능력과 어긋나지 않아야 하는 것이다. 특히, 지지점에서는 힘의 집중을 피할 수 없으므로, 힘을 모아서 지지점에 무리 없이 전달되도록 셸 모양을 고려하여야 한다. 셸구조는 공장이나 체육관 등에 사용된다.
② 막구조 : 구조체 자체의 무게가 적어 넓은 공간의 지붕 등에 쓰이는 것 또는 흔히 텐트나 천막 같이 자체로서는 전혀 하중을 지지할 수 없는 막을 잡아당겨 인장력을 주면 막 자체에 강성이 생겨 구조체로서 힘을 받을 수 있도록 한 구조로서 상암동 및 제주도 월드컵 경기장에 사용된 구조이다.
③ 튜브 구조 : 초고층 구조 시스템의 하나로 관과 같이 하중에 저항하는 수직 부재가 대부분 건물의 바깥쪽에 배치되어 있어 횡력에 효율적으로 저항하도록 계획된 구조 시스템이다.

④ 강관 구조 : 뼈대에 강관을 사용한 구조로 중공 단면의 강관은 보통 형강에 비하여 휨, 압축, 전단, 비틀림 등에 대하여 역학적으로 유리하고, 단면에 방향성이 없으므로 뼈대의 입체 구성을 하는 데 적합하며, 콘크리트 타설시 별도의 거푸집이 불필요한 구조로서 공장, 체육관 및 전시장 등에 사용하며, 강관의 가공과 접합이 용이하게 되어 건축물에도 점차로 많이 사용되고 있다. 특히, 밀폐된 중공 단면의 내부는 부식의 우려가 적다.

⑤ 스페이스 프레임 : 2차원의 트러스를 평면 또는 곡면의 2방향으로 확장시킨 것 또는 트러스를 종횡으로 배치하여 입체적으로 구성한 구조로서 형강이나 강관을 사용하여 넓은 공간을 구성하는 데 이용되는 구조이다.

⑥ 트러스 구조 : 강재나 목재를 삼각형을 기본으로 짜서 하중을 지지하는 것으로 절점을 중심으로 자유롭게 회전하며 부재는 축방향력(인장력과 압축력)만 받도록 한 구조이며, 특히, 기둥이 없어도 넓은 공간을 얻을 수 있다.

⑦ 무량판 구조 : 기둥에 의해서 직접 지지되는 콘크리트 슬래브 또는 와플 슬래브로 구성되므로 바닥 골조가 필요 없는 구조로서 층고를 최소화할 수 있어 경제적이며, 지지 하중이 불규칙적일 경우에 적합하다.

⑧ 프리캐스트 콘크리트 : 공장에서 고정 시설을 가지고 철근 콘크리트를 재료로 소요 부재(기둥, 보, 바닥판 등)를 철제 거푸집에 의하여 제작하고, 고온 다습한 증기 보양실에서 단기 보양하여 기성 제품화한 것으로 공장 생산된 제품을 공사장으로 운반하여 조립 구조로 시공할 수 있다.

⑨ 현수 구조 : 와이어 로프(wire rope) 또는 PS 와이어 등을 사용하여 주로 인장재가 힘을 받도록 설계된 철골 구조 또는 중간에 기둥을 두지 않고, 직사각형의 면적에 지붕을 씌우는 형식으로 교량 시스템을 이용한 것이다.

⑩ 입체 격자 구조 : 집회실이나 전람실처럼 거의 사각형에 가까운 공간에서는 몇 개의 상이한 크기의 직선제로 수직 트러스의 격자 위에 지붕면을 지지시키는 입체 격자 구조가 주로 쓰인다. 특성은 시각적인 효과, 경제성, 용이한 접합, 모듈 시공 등의 많은 장점이 있으며, 입체 구조는 보통의 철골 구조와 비교하여 트러스의 높이를 50% 정도로 낮출 수 있고, 강재의 양을 25% 가량 절약할 수 있다. 또한, 동일한 부재를 반복하여 조립하므로 작업이 쉽고, 지진이나 풍력과 같은 수평 하중에 대한 저항력이 크다.

⑪ 돔구조 : 반구형으로 된 지붕으로 주요 골조가 트러스 구조로 되어 있고, 압축링과 인장링으로 구성되며, 수직, 수평 방향으로 힘의 평형을 이루고 있다.

⑫ 절판 구조 : 자중도 지지할 수 없는 얇은 판을 접으면 큰 강성을 발휘한다는 점에서 쉽게 이해할 수 있는 구조이다. 예로서, 데크 플레이트를 들 수 있다.

⑬ 입체트러스 구조 : 모든 방향으로 이동이 구속되어 평면 트러스보다 큰 하중을 지지할 수 있다. 최소 유닛은 삼각형 또는 사각형이며, 체육관이나 공연장 같이 넓은 대형 공간의 지붕 구조물로 사용한다.

출제 키워드

■ 강관 구조
- 보통 형강에 비하여 휨, 압축, 전단, 비틀림 등에 대하여 역학적으로 유리
- 단면에 방향성이 없으므로 뼈대의 입체 구성을 하는 데 적합
- 콘크리트 타설시 별도의 거푸집이 불필요한 구조
- 공장, 체육관 및 전시장 등에 사용
- 밀폐된 중공 단면의 내부는 부식의 우려가 적음

■ 스페이스 프레임
- 트러스를 종횡으로 배치하여 입체적으로 구성한 구조로서 형강이나 강관을 사용하여 넓은 공간을 구성하는 데 이용되는 구조

■ 트러스 구조
- 목재나 목재를 삼각형을 기본으로 짜서 하중을 지지하는 것으로 절점을 중심으로 자유롭게 회전하며 부재는 축방향력만 받도록 한 구조
- 기둥이 없어도 넓은 공간을 얻을 수 있음

■ 현수 구조
- 와이어 로프 또는 PS 와이어 등을 사용
- 인장재가 힘을 받도록 설계된 철골 구조

출제 키워드

- 패널 구조
  - 조립 구조의 일종
  - 기둥, 보 등의 골조를 구성하고 바닥, 벽, 천장, 지붕 등을 일정한 형태와 치수로 만든 판으로 구성하는 구조

- 벽식 구조
  벽체나 바닥판을 평면적인 구조체만으로 구성한 구조

⑭ **전단 코어 구조** : 선형 내력벽 구조는 기능과 용도가 고정된 아파트와 같은 건축물에 적합하나, 이동 칸막이벽에 의해서 재분할될 수 있을 정도로 넓은 오픈 스페이스를 요하는 상업용 건축물의 설계에서는 최대한의 유동성을 필요로 한다.

⑮ **강성 골조 구조** : 강성 골조는 일반적으로 수평의 보와 수직의 기둥이 동일면상에 강접합된 장방형 격자로 구성된다. 이 골조는 건물의 내부 벽이 있는 면에, 또는 건물 외벽면상에 배치한다.

⑯ **입체 구조** : 입체적으로 외력, 하중을 지지하고 평행되는 구조이다.

⑰ **패널 구조** : 조립 구조의 일종으로 기둥, 보 등의 골조를 구성하고 바닥, 벽, 천장, 지붕 등을 일정한 형태와 치수로 만든 판으로 구성하는 구조법이다.

⑱ **벽식 구조** : 벽체나 바닥판을 평면적인 구조체만으로 구성한 구조이다.

CHAPTER 02

2-1. 건축 구조의 일반사항

과년도 출제문제

① 건축 구조의 일반사항

01 | 건축의 3대 요소 | 07

건축의 3대 요소가 아닌 것은?
① 미(아름다움) ② 구조(튼튼함)
③ 환경(쾌적한 생활) ④ 기능(사용의 편리함)

해설 건축의 3대 요소에는 구조(튼튼함), 기능(사용의 편리성) 및 미(아름다움) 등이고, 건축 시공이란 건축의 3요소(구조, 기능, 미)를 갖춘 건축물을 최저의 공비로 최단 시간 내에 구현시키는 것이다.

02 | 구조의 기본 조건 | 12, 08

다음 중 건축 구조의 기본 조건과 가장 거리가 먼 것은?
① 유동성 ② 안전성
③ 경제성 ④ 내구성

해설 건축 구조의 기본 조건에는 안전성, 경제성 및 내구성 등이 있다.

03 | 주요 구조부의 조건 | 04

다음 중 건축물의 주요 구조부의 조건과 가장 관계가 먼 것은?
① 각종 하중에 대해 강도와 강성을 가져야 한다.
② 지역의 인구밀도를 고려하여야 한다.
③ 내구성을 갖추어야 한다.
④ 단열, 방수, 차음 등 차단성을 확보하여야 한다.

해설 건축물의 주요 구조부(기둥, 보, 바닥, 벽, 지붕틀 및 주계단 등)의 조건과 지역의 인구 밀도와는 무관한 사항이다.

04 | 주요 구조부의 조건 | 13

건축물의 주요 구조부가 갖추어야 할 기본 조건으로 가장 거리가 먼 것은?

① 안전성 ② 내구성
③ 경제성 ④ 기능성

해설 건축 구조의 기본 조건 또는 건축물의 주요 구조부가 갖추어야 할 기본적인 조건에는 안전성, 내구성 및 경제성 등이 있다.

05 | 구조법의 선정 조건 | 07②, 06

다음 중 건축구조법의 선정 조건과 가장 관계가 먼 것은?
① 입지 조건 ② 요구 성능
③ 사용 가능한 재료 ④ 건물의 색채

해설 건축구조법의 선정에는 안전성, 내구성 및 경제성 등이 있고, 입지 조건, 건축 규모, 사용 가능한 재료 및 요구 성능 등이 필요하고, 색채 계획과는 무관하다.

06 | 구조의 기본 조건(내구성) | 14, 11

건물 구조의 기본 조건 중 내구성과 관련이 있는 것은?
① 최소의 공사비로 만족할 수 있는 공간을 만드는 것
② 건물 자체의 아름다움뿐만 아니라 주위의 배경과도 조화를 이루게 만드는 것
③ 안전과 역학적 및 물리적 성능이 잘 유지되도록 만드는 것
④ 건물 안에는 항상 사람이 생활한다는 생각을 두고 아름답고 기능적으로 만드는 것

해설 건축 구조의 기본 조건에는 거주성(물리적 성질, 즉 방수, 단열, 방음, 채광, 통풍 등을 확보한다), 내구성, 경제성, 안전성 및 미 등이 있다. ① 경제성, ② 미, ③ 내구성, ④ 안전성에 대한 설명이다.

07 | 건축물 구조의 용어 | 14

건축물을 구성하는 요소 중 튼튼하고 합리적인 짜임새와 가장 관계 깊은 것은?
① 건축물의 기능 ② 건축물의 구조
③ 건축물의 미 ④ 건축물의 용도

정답 01.③ 02.① 03.② 04.④ 05.④ 06.③ 07.②

해설 건축의 3대 요소에는 구조(튼튼함), 기능(사용의 편리성) 및 미(아름다움) 등이고, 건축 시공이란 건축의 3요소 (구조, 기능, 미)를 갖춘 건축물을 최저의 공비로 최단 시간 내에 구현시키는 것이다.

08 | 건축 구조의 변천 과정
13

건축 구조의 변천 과정이 옳게 나열된 것은?

① 동굴 주거 시대 → 움집 주거 시대 → 지상 주거 시대
② 지상 주거 시대 → 움집 주거 시대 → 동굴 주거 시대
③ 움집 주거 시대 → 동굴 주거 시대 → 지상 주거 시대
④ 움집 주거 시대 → 지상 주거 시대 → 동굴 주거 시대

해설 건축 구조의 변천 과정은 동굴 주거 시대 → 움집 주거 시대 → 지상 주거 시대의 순으로 변화하였다.

09 | 구조재의 종류
10, 06

건물의 구성 부분 중 구조재에 해당되지 않는 것은?

① 기둥　　　　　② 내력벽
③ 천장　　　　　④ 기초

해설 기둥, 내력벽 및 기초는 구조재에 속하고, 천장은 치장재에 속한다.

10 | 건축물의 구성(기초의 용어)
12, 06, 01, 99

건물 지하부의 구조부로서 건물의 무게를 지반에 전달하여 안전하게 지탱시키는 구조 부분은?

① 기초　　　　　② 기둥
③ 지붕　　　　　④ 벽체

해설 기둥은 보나 도리, 바닥판 및 지붕과 같은 가로재(수평재)의 하중을 받아 기초 또는 토대에 전달하는 세로재(수직재)로서 벽체의 골격을 이루는 부재이고, 지붕은 건축물의 최상부를 막아 비나 눈이 건축물 내부로 흘러들지 못하게 하고, 실내 공기를 보호하는 부분으로 그 모양과 기울기가 다양하며, 벽체는 건축물의 평면을 구획하는 부재로서 내부와 외부를 구획하는 외벽과 건축물의 내부를 구획하는 칸막이벽으로 구분된다.

11 | 건축물의 구성(기둥의 용어)
24, 23, 05, 02

건축물의 구성 요소이다. 이들 중 보나 도리, 바닥판과 같은 가로재의 하중을 받아 기초에 전달하는 부분은?

① 기둥　　　　　② 바닥
③ 지붕　　　　　④ 수장재

해설 바닥은 천장과 더불어 공간을 구성하는 수평적 요소로서 생활을 지탱하며 사람과 물건을 지지하는 기본적 요소 또는 건축물의 상부와 하부를 구획하는 수평 구조체로, 자체의 하중과 적재된 하중을 받아 보, 벽이나 기둥에 전달하는 역할을 하는 부재이고, 지붕은 건축물의 최상부를 막아 비나 눈이 건축물의 내부로 흘러들지 못하게 하고, 실내 공기를 보호하는 부분으로 그 모양과 기울기가 다양하며, 수장재는 치장이 되는 부분에 사용하는 재료이다.

12 | 건축물의 구성(수평 구조체)
02, 98

건축물의 상부와 하부를 구획하는 수평 구조체는?

① 벽체　　　　　② 바닥
③ 지붕　　　　　④ 기둥

해설 벽체는 건축물의 평면을 구획하는 부재로서, 내부와 외부를 구획하는 외벽과 건축물의 내부를 구획하는 내벽이 있고, 또한 상부 구조물의 하중을 지탱하는 내력벽과 하중을 지탱하지 않고 칸막이 역할만을 하는 비내력벽으로 나누기도 한다. 지붕은 건축물의 최상부를 막아 비나 눈이 건축물의 내부로 흘러들지 못하게 하고, 실내 공기를 보호하는 부분으로 그 모양과 기울기가 다양하다. 기둥은 보나 도리, 바닥판과 같은 가로재의 하중을 받아 기초에 전달하는 세로재이다.

13 | 건축물의 구성(바닥의 용어)
20, 04

천장과 더불어 공간을 구성하는 수평적 요소로서 생활을 지탱하며 사람과 물건을 지지하는 기본적 요소는?

① 지붕　　　　　② 바닥
③ 보　　　　　　④ 기둥

해설 지붕은 건축물의 최상부를 막아 비나 눈이 건축물의 내부로 흘러들지 못하게 하고, 실내 공기를 보호하는 부분으로 그 모양과 기울기가 다양하다. 보는 건물 또는 구조물의 형틀 부분을 구성하는 수평부재로 작은보, 큰보가 있으며, 재축에 직각 방향으로 하중을 받는 부재의 총칭이다. 기둥은 보나 도리, 바닥판과 같은 가로재의 하중을 받아 기초에 전달하는 세로재이다.

14 | 건축물의 구성(바닥의 용어)
06

건축물의 구성 요소 중 건물의 수평체로서 그 위에 실리는 하중을 받아 이것을 기둥 또는 벽에 전달하는 것은?

① 벽　　　　　　② 바닥
③ 기초　　　　　④ 계단

해설 벽체는 건축물의 평면을 구획하는 부재로서 내부와 외부를 구획하는 외벽과 건축물의 내부를 구획하는 칸막이벽으로 구분되고, 기초는 건물 지하부의 구조부로서 건물의 무게를 지반에 전달하여 안전하게 지탱시키는 구조 부분이며, 계단은 바닥의 일부로서, 높이가 서로 다른 바닥을 연결하는 통로의 구실을 한다.

15 | 건축물의 구성(바닥의 용어)
24②, 08

건축물의 주요 구성 요소 중 건축물의 상부와 하부를 구획하는 수평 구조체로, 자체의 하중과 적재된 하중을 받아 보나 기둥에 전달하는 역할을 하는 것은?

① 기초 ② 바닥
③ 계단 ④ 수장

해설 기초는 상부 구조물의 하중을 지반에 전달하는 부재로서 건축물을 안정되게 지탱하는 최하부의 구조체이고, 계단은 바닥의 일부로서, 높이가 서로 다른 바닥을 연결하는 통로의 구실을 하며, 수장은 건축물의 뼈대에 덧붙여 꾸미는 부분으로 마감을 뜻한다.

16 | 건축물의 구성 요소
07

다음 건축물의 구성 요소에 대한 설명 중 틀린 것은?

① 기초는 건물의 최하부에 놓여져 건물의 무게를 안전하게 지반에 전달하는 구조부이다.
② 기둥은 수직재의 하중을 받아 기초에 전달하는 수평재이다.
③ 바닥은 인간이 생활하고 작업하기 위해 또는 물품 저장의 목적으로 건물 내부를 구획한 수평재이다.
④ 천장은 실의 상부를 덮은 구조 부분으로 평면, 경사면, 곡면 등이 있고 온도 조절 역할을 하는 동시에 장식적인 효과도 지닌다.

해설 기둥은 건축물의 구성 요소들 중 보나 도리, 바닥판과 같은 가로(수평)재의 하중을 받아 기초에 전달하는 세로(수직)재이고, 수직재의 하중을 받아 기초에 전달하는 수평재는 토대이다.

17 | 건축
13

건축에 대한 일반적인 내용으로 옳지 않은 것은?

① 건축은 구조, 기능, 미를 적절히 조화시켜 필요로 하는 공간을 만드는 것이다.
② 건축 구조의 변천은 동굴 주거 – 움집 주거 – 지상 주거 순으로 발달하였다.
③ 건물을 구성하는 구조재에는 기둥, 벽, 바닥, 천장 등이 있다.
④ 건축물은 거주성, 내구성, 경제성, 안전성, 친환경성 등의 조건을 갖추어야 한다.

해설 건축물을 구성하는 구조재에는 기초, 기둥, 보, 바닥 및 벽 등이 있고, 비구조재에는 천장, 수장 등과 같은 마감재 부분이 있다.

18 | 건축 구조의 분류(목 구조)
16

가볍고 가공성이 좋은 장점이 있으나 강도가 작고 내구력이 약해 부패, 화재 위험 등이 높은 구조는?

① 목 구조 ② 블록 구조
③ 철골 구조 ④ 철골 철근 콘크리트 구조

해설 블록 구조는 속이 빈 콘크리트 블록 등을 모르타르를 이용하여 내력벽을 구성하는 구조로 경제적이고, 가벼운 벽체를 구성할 수 있으나, 지진이나 바람과 같은 횡력에 약한 구조이고, 철골 구조는 구조상 주요한 골조 부분에 형강, 강판, 강관 등에 강재를 조립하여 구성한 구조로서 고층 건물이나 공장과 같은 넓고 긴 스팬을 필요로 하는 건축에 이용되는 구조이며, 철골 철근 콘크리트 구조는 철골과 철근 콘크리트를 혼합한 일체식 구조로서 내화성은 좋으나, 자중이 무겁고, 고층이 될수록 기둥이 굵어지고, 유효 면적이 작아지는 결점이 있다.

19 | 건축 구조의 분류
24, 09, 05, 01, 98

구조 재료에 의한 건축 구조의 분류에 속하지 않는 것은?

① 목 구조 ② 벽돌 구조
③ 강 구조 ④ 가구식 구조

해설 건축 구조의 분류 중 주체 재료에 의한 분류에는 목 구조, 벽돌 구조, 블록 구조, 돌 구조, 철골(강)구조, 철근 콘크리트 구조, 철골 철근 콘크리트 구조 등 속하고, 가구식 구조는 구성 형식에 의한 분류에 속한다.

20 | 철근 콘크리트 구조의 용어
02

다음 구조 중 가장 강력하고 균일한 강도를 낼 수 있는 합리적인 구조체는?

① 벽돌 구조 ② 목 구조
③ 철근 콘크리트 구조 ④ 블록 구조

해설 일체식 구조는 현장에서 거푸집을 짜서 전 구조체를 일체식으로 콘크리트를 부어 넣어 만든 것으로서 특히 철근 콘크리트 속에 강재를 배치한 철근 콘크리트와 철골 철근 콘크리트는 가장 강력하고 균일한 강도를 낼 수 있는 구조이다.

21 | 건축 구조의 분류(지진) 09

다음 중 지진에 가장 강한 구조물은?

① 목 구조
② 블록 구조
③ 철근 콘크리트 구조
④ 돌 구조

해설 횡력(풍압력, 지진력 등)에 약한 구조는 조적식 구조(벽돌조, 블록조, 석조)이고, 횡력에 강한 구조는 가구식 구조(목조, 철골조)와 일체식 구조(철근 콘크리트조, 철골 철근 콘크리트조)이다.

22 | 철근 콘크리트 구조의 용어 08, 06, 05, 04

내구성, 내화성, 내진성이 우수하고 거주성이 뛰어나지만 자중이 무겁고 시공 과정이 복잡하며, 공사 기간이 긴 단점이 있는 구조는?

① 철근 콘크리트 구조
② 강구조
③ 석구조
④ 블록 구조

해설 강(철골)구조는 내구성과 내진성은 있으나 내화성이 부족하고, 석(돌)구조와 블록 구조는 내구성과 내화성은 강하나, 내진성 부족하다.

23 | 철근 콘크리트 구조의 용어 14

다음에서 설명하고 있는 건축 구조의 종류는?

> 내구, 내화, 내진적이며 설계가 자유롭고 공사 기간이 길며 자중이 큰 구조이다. 횡력과 진동에 강하다.

① 돌 구조
② 목 구조
③ 철골 구조
④ 철근 콘크리트 구조

해설 철근 콘크리트 구조는 내구성, 내화성, 내진성이 우수하고 거주성이 뛰어나지만 자중이 무겁고 시공 과정이 복잡하며, 공사 기간이 긴 단점이 있는 구조 또는 설계가 자유롭고 공사 기간이 길며, 자중이 큰 구조이다. 특히, 횡력과 진동에 강한 구조이다. 또한, 돌 구조는 횡력과 진동에 약하고, 목 구조는 내화적이지 못하며, 철골 구조는 내화성이 부족하다.

24 | 건축 구조의 분류(주체 재료) 25, 07

건축 구조의 주체 재료에 의한 분류에 속하는 것은?

① 조적식 구조
② 가구식 구조
③ 철골 구조
④ 일체식 구조

해설 건축 구조의 분류 중 주체 재료에 의한 분류에는 목 구조, 벽돌 구조, 블록 구조, 돌 구조, 철골(강)구조, 철근 콘크리트 구조, 철골 철근 콘크리트 구조 등 속하고, 가구식, 일체식 및 조적식 구조는 구성 형식에 의한 분류에 속한다.

25 | 건축 구조의 분류(철골 구조) 25, 11, 09

재료의 강도가 크고 연성이 좋아 고층이나 스팬이 큰 대규모 건축물에 적합한 건축 구조는?

① 철골 구조
② 목 구조
③ 돌 구조
④ 조적식 구조

해설 목 구조는 건축물의 주요 구조부를 목재로 구성하고, 철물 등으로 접합 보강하는 구조로서 가볍고 가공이 용이하나, 큰 부재를 얻기 어렵고 강도가 작아 내구력이 부족하여 소규모 건물에 이용되는 구조이고, 돌 구조는 주요 구조부를 석재를 사용하여 구성한 구조로 내구적이나 횡력에 약하여 기념 건축물에 적합한 구조이며, 조적식 구조는 조적재의 하나하나를 석회, 시멘트 등의 접착제를 사용하여 쌓아올리는 구조이다.

26 | 건축 구조의 분류 06, 01, 98

다음 중 내진, 내풍적이나 내화적이지 못한 구조는?

① 벽돌 구조
② 돌 구조
③ 철골 구조
④ 철근 콘크리트 구조

해설 벽돌 구조와 돌 구조는 내화적이나 내풍·내진적이지 못하고, 철골 구조는 내진·내풍적이나 내화적이지 못하며, 철근 콘크리트 구조는 내진·내풍 및 내화적이다.

27 | 건축 구조의 분류(철골 구조) 07

구조상 주요한 골조 부분에 형강, 강관, 강판 등의 강재를 조립하여 구성한 구조로서, 강구조라고도 불리우는 것은?

① 철골 구조
② 철근 콘크리트 구조
③ 블록 구조
④ 벽돌 구조

해설 블록 구조(블록을 쌓아 만든 구조)와 벽돌 구조(벽돌을 쌓아 만든 구조)는 조적식 구조의 일종이고, 철근 콘크리트 구조는 철근을 배근한 다음 거푸집을 짜서 콘크리트를 부어 일체식으로 구성한 구조이다.

28 | 건축 구조의 분류(철골 구조) 07, 98

건물 전체의 무게가 비교적 가볍고 강도가 커 고층이나 스팬이 큰 대규모 건축물에 적합한 건축 구조는?

① 철골 구조
② 목 구조
③ 석 구조
④ 철근 콘크리트 구조

정답 21.③ 22.① 23.④ 24.③ 25.① 26.③ 27.① 28.①

해설 목 구조는 건축물의 주요 구조부를 목재로 구성하고, 철물 등으로 접합 보강하는 구조이고, 석구조는 주요 구조부를 석재를 사용하여 구성한 구조로 내구적이나 횡력에 약하며, 기념적인 건축물에 사용하며, 철근 콘크리트 구조는 철근을 배근한 다음 거푸집을 짜서 콘크리트를 부어 일체식으로 구성한 구조이다.

29 | 건축 구조의 분류(구성 양식)
25, 23, 16, 14, 10, 08, 07, 06, 04, 00

건축 구조의 구성 방식에 의한 분류에 해당되지 않는 것은?

① 가구식 구조   ② 건식 구조
③ 내력벽식 구조   ④ 일체식 구조

해설 건축 구조의 분류

구분	종류
구성 형식	가구식 구조, 조적식 구조, 일체식 구조 등
주체 재료	목 구조, 벽돌 구조, 돌 구조, 철근 콘크리트 구조, 철골 구조 및 철골 철근 콘크리트 구조 등
공법	건식 구조, 습식 구조, 조립식 구조 등

30 | 건축 구조의 가구식 구조
04

다음 중 구조체인 기둥과 보를 부재의 접합에 의해서 축조하는 방법으로 목 구조, 철골구조 등이 해당되는 구조는?

① 가구식 구조   ② 조적식 구조
③ 아치 구조   ④ 일체식 구조

해설 구성 형식에 의한 분류에는 가구식 구조[비교적 가늘고 긴 재료(목재, 철재 등)를 조립하여 뼈대를 만드는 구조]로서, 목 구조, 철골 구조 등이 있고, 조적식 구조[비교적 작은 하나 하나의 재료(벽돌, 돌, 시멘트 블록 등)를 접착제를 사용하여 쌓아 올려 건축물을 구성한 구조]로서, 벽돌 구조, 돌 구조, 블록 구조 등이 있으며, 일체식 구조(현장에서 거푸집을 짜서 전 구조체가 일체가 되게 콘크리트를 부어 만든 구조)로서 철근 콘크리트 구조, 철골 철근 콘크리트 구조 등이 있다.

31 | 건축 구조의 가구식 구조
22, 13, 09, 07

다음 중 가구식 구조에 대한 설명으로 옳은 것은?

① 기둥 위에 보를 겹쳐 올려놓은 목 구조 등을 말한다.
② 벽체가 직접 수직 및 수평 하중을 받도록 설계한 구조 방식이다.
③ 전 구조체가 일체가 되도록 한 구조를 말한다.
④ 지붕 및 바닥 등의 슬래브를 케이블로 매단 구조를 말한다.

해설 ② 내진벽 구조, ③ 일체식 구조, ④ 케이블 구조에 대한 설명이고, 가구식 구조는 비교적 가늘고 긴 재료(목재, 철재 등)를 조립하여 뼈대를 만드는 구조로서, 목 구조, 철골 구조 등이 있다.

32 | 건축 구조의 가구식 구조
25, 23, 22, 18, 10②, 03②, 02, 01, 99, 98

다음 중 가구식 구조는?

① 나무 구조   ② 벽돌 구조
③ 철근 콘크리트 구조   ④ 돌 구조

해설 가구식 구조는 비교적 가늘고 긴 부재(목재, 철재 등)를 조립하여 형성한 것으로 철골조, 목조가 이에 속하고, 삼각형으로 짜 맞추면 안정된 구조(목조, 철골조에 가새가 이용)가 되는 구조이고, ②, ④는 조적식 구조, ③은 일체식 구조이다.

33 | 건축 구조의 가구식 구조
24, 13, 07

건축 구조를 구성 방식에 따라 분류할 때 가구식 구조에 해당하는 것으로 짝지어진 것은?

① 벽돌 구조 - 돌 구조
② 목 구조 - 철골 구조
③ 블록 구조 - 벽돌 구조
④ 철근 콘크리트 구조 - 철골 철근 콘크리트 구조

해설 ① 벽돌 구조와 돌 구조는 조적식 구조이고, ② 목 구조와 철골 구조는 가구식 구조이며, ③ 블록 구조와 벽돌 구조는 조적식 구조이다. ④ 철근 콘크리트 구조와 철골 철근 콘크리트 구조는 일체식 구조이다.

34 | 건축 구조의 가구식 구조
09, 07

구성 방식에 따른 건축 구조의 분류에서 일반적으로 가구식 구조에 속하는 것은?

① 철골 구조, 철근 콘크리트 구조
② 벽돌 구조, 석 구조
③ 목 구조, 블록 구조
④ 철골 구조, 목 구조

해설 가구식 구조는 비교적 가늘고 긴 부재(목재, 철재 등)를 조립하여 형성한 것으로 철골조, 목조가 이에 속하고, 삼각형으로 짜 맞추면 안정된 구조(목조, 철골조에 가새가 이용)가 되는 구조이다.

정답 29.② 30.① 31.① 32.① 33.② 34.④

35 | 건축 구조의 조적식 구조
24, 14, 09, 08, 07, 05, 03, 02 ②

균열이 발생되기 쉬우며 횡력과 진동에 가장 약한 구조는?

① 목 구조
② 조적 구조
③ 철근 콘크리트 구조
④ 철골 구조

해설 조적식 구조(작은 하나하나의 재료를 쌓아올려 건축물을 구성한 구조, 즉 줄눈이 만들어지는 구조로서 벽돌 구조, 블록 구조 및 돌 구조 등)는 내구적, 방화적이지만 횡력(지진과 바람 등)이나 진동에 약하고, 균열이 생기기 쉬운 구조이다.

36 | 건축 구조의 조적식 구조
11

건축 구조의 분류 중 구성 방식에 의한 분류에서 조적식 구조끼리 짝지어진 것은?

① 블록 구조 – 철골 구조
② 철골 구조 – 벽돌 구조
③ 목 구조 – 돌 구조
④ 벽돌 구조 – 돌 구조

해설 ① 블록 구조는 조적식, 철골 구조는 가구식, ② 철골 구조는 가구식, 벽돌 구조는 조적식, ③ 목 구조는 가구식, 돌 구조는 조적식, ④ 벽돌 구조와 돌 구조는 조적식 구조이다.

37 | 건축 구조의 분류(구성 양식)
16

다음 중 양식이 같은 것끼리 짝지어지지 않은 것은?

① 목 구조와 철골 구조
② 벽돌 구조와 블록 구조
③ 철근 콘크리트 구조와 돌 구조
④ 프리패브와 조립식 철근 콘크리트 구조

해설 ① 목 구조와 철골구조는 가구식 구조이고, ② 벽돌 구조와 블록 구조는 조적식 구조이며, ④ 프리패브와 조립식 철근 콘크리트 구조는 조립식 구조이다. 또한, 철근 콘크리트 구조는 일체식 구조이고, 돌 구조는 조적식 구조이다.

38 | 건축 구조의 벽돌 구조의 용어
12, 07

다음 중 습식 구조로서 지진이나 바람과 같은 횡력에 약하고 균열이 생기기 쉬운 구조는?

① 목 구조
② 철근 콘크리트 구조
③ 벽돌 구조
④ 철골 구조

해설 목 구조와 철골 구조는 건식 구조이고, 철근 콘크리트 구조는 습식 구조로 횡력에 강한 구조이며, 벽돌 구조는 습식 구조로서 횡력(지진, 바람 등)에 약하고, 균열이 생기기 쉽다.

39 | 건축 구조의 분류(일체식 구조)
15

건축 구조의 분류에서 일체식 구조로만 구성된 것은?

① 돌 구조, 목 구조
② 철근 콘크리트 구조, 철골 철근 콘크리트 구조
③ 목 구조, 철골 구조
④ 철골 구조, 벽돌 구조

해설 돌 구조는 조적식 구조, 목 구조는 가구식 구조, 철골 구조는 가구식 구조, 벽돌 구조는 조적식 구조이고, 철근 콘크리트 구조와 철골 철근 콘크리트 구조는 일체식 구조이다.

40 | 건축 구조의 분류(건식 구조)
21, 08

건식 구조에 속하는 것은?

① 나무 구조
② 블록 구조
③ 벽돌 구조
④ 철근 콘크리트 구조

해설 건식 구조(각종 기성재를 짜 맞추어 뼈대를 만들고, 물은 거의 사용하지 않는 구조 또는 현장에서 물을 거의 쓰지 않으며 규격화된 기성재를 짜맞추어 구성하는 구조)는 시공이 간단하고, 공사 기간을 단축하여 공사비를 절약할 수 있다. 이 구조 공법은 구조재의 대량 생산 등을 고려한 것으로 목 구조와 철골 구조가 이에 속한다.

41 | 건축 구조의 분류(건식 구조)
10, 08, 03

건축 구조에서의 시공 과정에 의한 분류 중 하나로 현장에서 물을 거의 쓰지 않으며 규격화된 기성재를 짜맞추어 구성하는 구조는?

① 습식 구조
② 건식 구조
③ 조립 구조
④ 일체식 구조

해설 습식 구조는 물을 사용하는 공정을 가진 구조 공법으로서, 현재 이 구조를 많이 사용하며, 조적 구조(벽돌조, 블록조, 석조)와 철근 콘크리트 구조가 이에 속하고, 조립식 구조는 건축의 생산성을 향상시키기 위한 방법으로 비능률적인 현장 작업에 쓸 각종 부재들을 되도록이면 공장에서 미리 만들어 현장에 반입, 조립함으로써 대량 생산의 효과를 얻을 수 있는 구조이며, 일체식 구조는 전 구조체를 일체로 만든 것으로서 철근 콘크리트조, 철골 철근 콘크리트조가 이에 속한다.

정답 35. ② 36. ④ 37. ③ 38. ③ 39. ② 40. ① 41. ②

42 | 건축 구조의 분류(습식 구조) 02

습식 구조에 관한 설명으로 옳지 않은 것은?

① 자유로운 형태를 얻을 수 있다.
② 공사 기간이 짧다.
③ 겨울 공사는 곤란하다.
④ 긴밀한 구조체를 얻을 수 있다.

해설 습식 구조(벽돌 구조, 돌 구조, 블록 구조, 철근 콘크리트 구조와 같이 물을 사용하는 공정을 가진 구조)를 많이 사용하나, 공사 기간이 긴 단점이 있다. 또한, 건식 구조(나무 구조, 철골 구조로 뼈대를 만들어 규격화 한 각종 기성재를 짜서 맞추는 방법으로, 물은 거의 사용하지 않는 구조)는 시공이 간단하고, 공사 기간을 단축하며, 공사비를 절약하고, 구조재의 대량 생산이 가능하다.

43 | 건축 구조의 분류(습식 구조) 08, 04, 01

다음 구조 중 습식 구조에 해당하지 않는 것은?

① 철근 콘크리트 구조 ② 돌 구조
③ 목 구조 ④ 블록 구조

해설 습식 구조는 벽돌 구조, 돌 구조, 블록 구조, 철근 콘크리트 구조와 같이 물을 사용하는 공정을 가진 구조를 말하며, 목 구조는 건식 구조에 속한다.

44 | 건축 구조의 분류(습식 구조) 12

다음 중 습식 구조에 속하지 않는 구조는?

① 벽돌 구조
② 콘크리트 충전강관 구조
③ 철근 콘크리트 구조
④ 철골 구조

해설 습식 구조는 시공 과정상 물을 많이 사용하는 공정을 가진 구조로서 조적식 구조(벽돌, 블록 및 돌 구조 등), 일체식 구조(철근 콘크리트 구조, 철골 철근 콘크리트 구조 등)이고, 철골 구조는 가구식 구조로 건식 구조이다.

45 | 건축 구조의 분류(습식 구조) 22, 18, 13

시공 과정에 따른 분류에서 습식 구조끼리 짝지어진 것은?

① 목 구조 - 돌 구조
② 돌 구조 - 철골 구조
③ 벽돌 구조 - 블록 구조
④ 철골 구조 - 철근 콘크리트 구조

해설 습식 구조는 물을 많이 사용하는 공정이 포함된 건축 구조의 방식으로 조적식 구조(벽돌, 블록, 돌 구조), 일체식 구조(철근 콘크리트 구조, 철골철근 콘크리트 구조) 등이 있다.

46 | 건축 구조의 분류(구성 양식) 04

건축 구조의 분류에 따른 기술 중 옳지 않은 것은?

① 가구식 구조는 각 부재의 배치와 연결 방법에 따라 강도가 좌우된다.
② 조적식 구조는 벽돌 구조, 블록 구조, 돌 구조 등이 있으며, 비교적 내구적이며 횡력에 강하다.
③ 일체식 구조는 각 부분이 일체화되어 비교적 균일한 강도를 낼 수 있는 합리적인 구조이다.
④ 구조 재료에 의한 분류는 구조체를 형성하는 재료에 따라 나눈 것이다.

해설 조적식 구조는 개개의 재(벽돌, 돌, 블록)를 접착제(석회, 시멘트)를 써서 형성한 것으로 돌 구조, 블록 구조, 벽돌 구조가 이에 속하고, 비교적 내구적이나, 횡력(지진력, 풍압력 등)에 매우 약한 단점이 있다.

47 | 각종 건축 구조의 비교 25, 15, 09

각 건축 구조의 특성에 대한 설명으로 틀린 것은?

① 벽돌 구조는 횡력 및 지진에 강하다.
② 철근 콘크리트 구조는 철골 구조에 비해 내화성이 우수하다.
③ 철골 구조의 공사는 철근 콘크리트 구조 공사에 비해 동절기 기후에 영향을 덜 받는다.
④ 목 구조는 소규모 건축에 많이 쓰이며 화재에 취약하다.

해설 조적식 구조의 일종인 벽돌 구조는 횡력(지진력, 풍압력 등)에 매우 약한 단점이 있다.

48 | 각종 건축 구조의 비교 05

다음 각 구조에 대한 설명 중 틀린 것은?

① 철근 콘크리트 구조는 대부분 습식구조이다.
② 목 구조는 대부분 건식구조이다.
③ 철골 구조는 가구식 구조이다.
④ 조적 구조는 일체식 구조이다.

해설 조적식 구조에는 돌 구조 및 블록 구조 등이 있고, 일체식 구조에는 철근 콘크리트 구조, 철골 철근 콘크리트 구조 등이 있다.

정답 42. ② 43. ③ 44. ④ 45. ③ 46. ② 47. ① 48. ④

49 | 각종 건축 구조의 비교 | 06

다음의 각종 건축 구조에 관한 설명 중 옳지 않은 것은?

① 가구식 구조는 내화적이며, 고층에 적합하다.
② 조적식 구조는 벽돌 등과 같은 조적재인 단일 부재와 접착제를 사용하여 쌓아올려 만든 구조이다.
③ 일체식 구조는 건물의 구조체를 연속적이고 일체가 되게 축조하는 것이다.
④ 습식 구조는 현장에서 물을 사용하는 공정을 가진 구조이다.

해설 가구식 구조는 비교적 가늘고 긴 부재(목재, 철재 등)를 조립하여 형성한 것으로 철골조, 목조가 이에 속하며 내화성이 부족하고, 철골조는 고층에 적합하나, 목조는 고층에 부적합하다.

50 | 각종 건축 구조의 비교 | 04

다음 건축물의 각 구조에 대한 설명 중 틀린 것은?

① 철골구조는 고층건물이나 스팬이 큰 건물에 사용된다.
② 철근 콘크리트구조는 내구·내화·내진성이 뛰어나다.
③ 나무구조는 시공이 용이하나 방화적이지 못하다.
④ 조적구조는 내구·내화적이며 횡력에 강한 내진 구조이다.

해설 조적식 구조는 개개의 재(벽돌, 돌, 블록)를 접착제(석회, 시멘트)를 써서 형성한 것으로 돌 구조, 블록 구조, 벽돌 구조가 이에 속하고, 비교적 내구적이나, 횡력(지진력, 풍압력 등)에 매우 약한 단점이 있다.

51 | 각종 건축 구조의 비교 | 10, 08

다음의 각종 구조에 대한 설명 중 옳지 않은 것은?

① 목 구조는 시공이 용이하며, 공사 기간이 짧다.
② 벽돌 구조는 횡력에는 강하나 대규모 건물에는 부적합하다.
③ 철근 콘크리트 구조는 내구, 내화, 내진적이다.
④ 철골 구조는 고층이나 간사이가 큰 대규모 건축물에 적합하다.

해설 벽돌 구조는 조적식 구조의 일종으로 벽돌을 단순히 모르타르로 접착하여 쌓아올려 벽체를 구성한 구조로 소규모의 건축물에 적합하나, 대형 건축물에는 부적합하며, 횡력(지진력, 풍압력 등)에 매우 약하다.

52 | 각종 건축 구조의 비교 | 18, 10, 06

건축 구조의 특성으로 옳지 않은 것은?

① 목 구조는 시공이 용이하며 외관이 미려, 경쾌하나 내구성이 부족하다.
② 블록 구조는 외관이 장중하고, 횡력에 강하나 내화성이 부족하다.
③ 철근 콘크리트 구조는 내진, 내화, 내구성이 우수하나 중량이 무겁고 공기가 길다.
④ 철골 구조는 고층 건축에 적합하나 내화성이 부족하고 공사비가 고가이다.

해설 블록 구조는 조적식 구조의 일종으로 블록을 단순히 모르타르로 접착하여 쌓아올려 벽체를 구성한 구조로 소규모의 건축물에 적합하나, 대형 건축물에는 부적합하며, 횡력(지진력, 풍압력 등)에 매우 약하다. 또한, 외관이 장중한 구조는 돌 구조이다.

53 | 건축 구조의 분류(구성 양식) | 05

다음 중 옳게 짝지어진 것은?

① 가구식 구조 – 돌 구조
② 조적식 구조 – 철골 구조
③ 일체식 구조 – 벽돌 구조
④ 습식 구조 – 철근 콘크리트 구조

해설 가구식 구조에는 목 구조, 철골 구조 등이 있고, 조적식 구조에는 벽돌 구조, 돌 구조, 블록 구조 등이 있으며, 일체식 구조에는 철근 콘크리트 구조, 철골 철근 콘크리트 구조 등이 있다. 또한, 습식 구조는 시공 과정상 물을 많이 사용하는 공정을 가진 구조로서 조적식 구조(벽돌, 블록 및 돌 구조 등), 일체식 구조(철근 콘크리트 구조, 철골 철근 콘크리트 구조 등)가 있다.

54 | 각 건축물과 구조 형식 | 12

건축물과 그 구조 형식이 옳게 연결된 것은?

① 상암동 월드컵 경기장 – 셸 구조
② 시드니 오페라 하우스 – 막 구조
③ 금문교 – 현수 구조
④ 노트르담 성당 – 돔 구조

해설 상암동 월드컵 경기장은 막 구조이고, 시드니 오페라 하우스는 셸 구조이며, 노트르담 사원은 돔 목조 트러스 구조이다.

정답 49. ① 50. ④ 51. ② 52. ② 53. ④ 54. ③

55 | 조립식 구조의 용어
09

건축물의 구조 부재를 공장에서 생산 가공 또는 부분 조립한 후 현장에서 짜맞추는 공정으로 대량 생산, 공사 기간 단축 등을 도모한 구조법은?

① 벽돌 구조
② 조립식 구조
③ 돌 구조
④ 시멘트 블록 구조

해설 조립식 구조(프리패브리케이션)는 건축의 생산성 향상을 위한 방법으로서 사용하고, 비능률적인 현장 작업에 쓸 각종 부재들을 되도록이면 공장에서 미리 만들어 현장에 반입, 조립함으로써 공사 기간의 단축과 대량 생산의 효과를 얻을 수 있는 반면에 각 부품들의 일체화가 곤란하고, 변화있는 다양한 외형을 구성하는데 부적합하다.

56 | 조립식 건축
10, 07

다음 중 조립식 건축에 관한 설명으로 옳지 않은 것은?

① 공장 생산이 가능하여 대량 생산을 할 수 있다.
② 기계화 시공으로 단기 완성이 가능하다.
③ 기후의 영향을 덜 받는다.
④ 각 부품과의 접합부가 일체가 되므로 접합부 강성이 높다.

해설 조립식 구조(프리패브리케이션)는 건축의 생산성 향상을 위한 방법으로서 사용하고, 비능률적인 현장 작업에 쓸 각종 부재들을 되도록이면 공장에서 미리 만들어 현장에 반입, 조립함으로써 공사 기간의 단축과 대량 생산의 효과를 얻을 수 있는 반면에 각 부품들의 일체화가 곤란하므로 접합부의 강성이 낮고, 변화있는 다양한 외형을 구성하는데 부적합하다.

57 | 조립식 구조
07, 02

조립식 구조에 대한 설명으로 옳지 않은 것은?

① 건축의 생산성을 향상시키기 위한 방안으로 조립식 건축이 성행되었다.
② 규격화된 각종 건축 부재를 공장에서 대량 생산할 수 있다.
③ 기계화 시공으로 단기 완성이 가능하다.
④ 각 부재의 접합부를 일체화하기 쉽다.

해설 조립식 구조(프리패브리케이션)는 공장에서 미리 만들어 현장에 반입, 조립함으로써 공사 기간의 단축과 대량 생산의 효과를 얻을 수 있는 반면에 각 부품들의 일체화가 곤란하므로 접합부의 강성이 낮고, 변화있는 다양한 외형을 구성하는데 부적합하다.

58 | 조립식 구조
08

조립식 구조에 대한 설명 중 틀린 것은?

① 대량 생산이 가능하다.
② 공사 기간을 단축할 수 있다.
③ 변화있고 다양한 외형을 구성하는데 적합하다.
④ 현장 작업이 간편하므로 나쁜 기후 조건을 극복할 수 있다.

해설 조립식 구조(프리패브리케이션)는 건축의 생산성 향상을 위한 방법으로서 사용하고, 비능률적인 현장 작업에 쓸 각종 부재들을 되도록이면 공장에서 미리 만들어 현장에 반입, 조립함으로써 공사 기간의 단축과 대량 생산의 효과를 얻을 수 있는 반면에 각 부품들의 일체화가 곤란하므로 접합부의 강성이 낮고, 변화있는 다양한 외형을 구성하는데 부적합하다.

59 | 조립식 구조
25, 23, 10, 08, 07

다음 중 조립식 구조에 대한 설명으로 옳지 않은 것은?

① 현장 작업이 극대화됨으로써 공사 기일이 증가한다.
② 공사에서 대량 생산이 가능하다.
③ 획일적이어서 다양성의 문제가 제기된다.
④ 대부분의 작업을 공업력에 의존하므로 노동력을 절감할 수 있다.

해설 조립식 구조(프리패브리케이션)는 건축의 생산성 향상을 위한 방법으로서 사용하고, 비능률적인 현장 작업에 쓸 각종 부재들을 되도록이면 공장에서 미리 만들어 현장에 반입, 조립함으로써 공사 기간의 단축(현장 작업의 최소화)과 대량 생산의 효과를 얻을 수 있는 반면에 각 부품들의 일체화가 곤란하므로 접합부의 강성이 낮고, 변화있는 다양한 외형을 구성하는데 부적합하다.

60 | 조립식 구조의 특성
23, 11

조립식 구조의 특성으로 틀린 것은?

① 각 부품과의 접합부가 일체화되기가 어렵다.
② 정밀도가 낮은 단점이 있다.
③ 공장 생산이 가능하다.
④ 기계화 시공으로 단기 완성이 가능하다.

해설 조립식 구조(프리패브리케이션)는 공장에서 미리 만들어 현장에 반입, 조립함으로써 공사 기간의 단축(현장 작업의 최소화)과 대량 생산의 효과를 얻을 수 있는 반면에 각 부품들의 일체화가 곤란하므로 접합부의 강성이 낮고, 변화있는 다양한 외형을 구성하는데 부적합하다.

정답 55.② 56.④ 57.④ 58.③ 59.① 60.②

61 | 조립식 구조의 특성
20, 13

조립식 구조의 특성과 가장 거리가 먼 것은?

① 공기가 단축된다.
② 공사비가 증가된다.
③ 품질 향상과 감독 관리가 용이하다.
④ 대량 생산이 가능하다.

해설 조립식 구조(프리패브리케이션)는 대량 생산이 가능하고, 공기가 단축되며, 품질 향상과 감독 관리가 용이하다. 특히, 공사비가 감소되는 장점이 있다.

62 | 조립식 구조의 특성
25, 10, 07

조립식(pre-fabrication) 구조의 특징이 아닌 것은?

① 생산성을 향상시킬 수 있다.
② 현장에서의 작업량이 극대화된다.
③ 대량 생산이 가능하다.
④ 공기 단축이 가능하다.

해설 조립식 구조(프리패브리케이션)는 공장에서 미리 만들어 현장에 반입, 조립함으로써 공사 기간의 단축(현장 작업의 최소화)과 대량 생산의 효과를 얻을 수 있는 반면에 각 부품들의 일체화가 곤란하므로 접합부의 강성이 낮고, 변화있는 다양한 외형을 구성하는데 부적합하다.

❷ 목 구조

01 | 지반의 허용 지내력도
10

지반의 허용 지내력도가 작은 것에서 큰 순으로 옳게 나열된 것은?

㉠ 연암반(판암·편암 등의 수성암의 암반)
㉡ 모래
㉢ 모래 섞인 점토
㉣ 자갈

① ㉡-㉠-㉢-㉣
② ㉢-㉡-㉠-㉣
③ ㉡-㉢-㉣-㉠
④ ㉢-㉡-㉣-㉠

해설 각 항의 지내력도를 보면, ㉠ 2,000kN/m², ㉡ 100kN/m², ㉢ 150kN/m², ㉣ 300kN/m² 정도이다. 그러므로, 작은 것에서 큰 것으로 나열하면, ㉡ 모래→㉢ 모래 섞인 점토→㉣ 자갈→㉠ 연암반의 순이다.

02 | 지반의 허용 지내력도
07

다음 중 허용 지내력도가 가장 작은 지반은?

① 점토
② 모래+점토
③ 자갈+모래
④ 자갈

해설 지반의 허용응력도를 보면, ① 점토 : 100kN/m², ② 롬토(모래+점토) : 150kN/m², ③ 자갈+모래 : 200kN/m², ④ 자갈 : 300kN/m² 등이다.

03 | 부동 침하의 원인
07

다음 중 기초의 부동 침하 원인과 가장 관계가 먼 것은?

① 지하수위가 변경되었을 때
② 이질 지정을 하였을 때
③ 기초의 배근량이 부족하였을 때
④ 일부 증축하였을 때

해설 부동 침하의 원인은 연약층, 경사지반, 이질 지층, 낭떠러지, 증축, 지하수위 변경, 지하구멍, 메운땅 흙막이, 이질 지정 및 일부 지정 등이다.

04 | 부동 침하의 방지 대책
11, 07

다음 중 연약 지반에서 부동 침하를 방지하는 대책과 가장 관계가 먼 것은?

① 건물 상부 구조를 경량화한다.
② 상부 구조의 길이를 길게 한다.
③ 이웃 건물과의 거리를 멀게 한다.
④ 지하실을 강성체로 설치한다.

해설 연약 지반에 대한 대책에는 상부 구조와의 관계(건축물의 경량화, 평균 길이를 짧게 할 것, 강성을 높게 할 것, 이웃 건축물과 거리를 멀게 할 것, 건축물의 중량을 분배할 것 등)와 기초 구조와의 관계[굳은 층(경질층)에 지지시킬 것, 마찰 말뚝을 사용할 것 및 지하실을 설치할 것 등]가 있다.

05 | 부동 침하의 방지 대책
04

연약 지반에서의 부동 침하 방지책으로 옳지 않은 것은?

① 건물을 경량화 한다.
② 건물의 중량을 평균화한다.
③ 지하실을 강성체로 설치한다.
④ 이웃 건물과의 거리를 가깝게 한다.

정답 61. ② 62. ② / 01. ③ 02. ① 03. ③ 04. ② 05. ④

해설 연약 지반에 대한 대책에는 상부 구조와의 관계(건축물의 경량화, 평균 길이를 짧게 할 것, 강성을 높게 할 것, 이웃 건축물과 거리를 멀게 할 것, 건축물의 중량을 분배할 것 등)와 기초 구조와의 관계[굳은 층(경질층)에 지지시킬 것, 마찰 말뚝을 사용할 것 및 지하실을 설치할 것 등]가 있다.

06 | 벽돌조 내벽력의 기초
07

일반적으로 벽돌조 내벽력의 기초로 적당한 것은?

① 연속 기초 ② 독립 기초
③ 복합 기초 ④ 온통 기초

해설 독립 기초는 1개의 기둥을 하나의 기초판이 지지하게 한 기초이고, 복합 기초는 안팎의 기둥(2개 이상의 기둥)을 하나의 기초판으로 지지하게 하는 기초이며, 온통 기초는 건축물의 지하실 바닥 전체를 기초로 만든 것으로 지반이 연약하거나 기초판의 넓이가 아주 넓어야 할 때 사용되는 기초이다.

07 | 줄(연속) 기초의 용어
23, 14

기초판의 형식에 의한 분류 중 벽 또는 일렬의 기둥을 받치는 기초는?

① 줄기초 ② 독립 기초
③ 온통 기초 ④ 복합 기초

해설 기초판 형식에 의한 분류에는 독립 기초, 줄기초(연속 기초, 건축물 주위의 벽체나 일렬의 기둥 및 기초를 연속하여 받치는 기초), 복합 기초 및 온통 기초 등이 있다.

08 | 각종 기초
03

기초의 설명 중 옳은 것은?

① 독립 기초 : 건물 하부 전체에 걸쳐 받치는 기초
② 복합 기초 : 단일 기둥을 받치는 기초
③ 연속 기초 : 벽 또는 일렬의 기둥을 받치는 기초
④ 온통 기초 : 2개 이상의 기둥을 한 개의 기초판으로 받치는 기초

해설 독립 기초는 한 개의 기둥을 한 개의 기초판으로 지지하게 하는 기초이고, 온통 기초는 지반이 연약하거나 기둥에 작용하는 하중이 매우 커서 기초판의 넓이가 아주 넓어야 할 때, 건축물의 지하실 바닥 전체를 기초로 만든 기초이며, 복합 기초는 대지 경계선의 부근에서 독립 기초로 할 여유가 없을 경우에 안팎의 기둥을 하나의 기초판으로 지지하게 하는 기초이다.

09 | 온통 기초의 용어
03, 01

지반이 연약하거나 기초판의 넓이가 아주 넓어야 할 때 사용되는 기초는?

① 독립 기초 ② 줄 기초
③ 온통 기초 ④ 복합 기초

해설 독립 기초는 1개의 기둥을 하나의 기초판이 지지하게 한 기초이고, 줄(연속) 기초는 조적조의 벽 기초 또는 철근 콘크리트조 연결 기초로 사용되는 것으로 조적조의 내력벽에 사용되며, 복합 기초는 안팎의 기둥(2개 이상의 기둥)을 하나의 기초판으로 지지하게 하는 기초이다.

10 | 줄(연속) 기초의 용어
12, 06, 04

연속기초라고도 하며 조적조의 벽 기초 또는 철근 콘크리트조 연결 기초로 사용되는 것은?

① 독립 기초 ② 복합 기초
③ 온통 기초 ④ 줄 기초

해설 독립 기초는 1개의 기둥을 하나의 기초판이 지지하게 한 기초이고, 복합 기초는 안팎의 기둥(2개 이상의 기둥)을 하나의 기초판으로 지지하게 하는 기초이며, 온통 기초는 건축물의 지하실 바닥 전체를 기초로 만든 것으로 지반이 연약하거나 기초판의 넓이가 아주 넓어야 할 때 사용되는 기초이다.

11 | 나무(목) 구조
04

다음 나무 구조에 대한 설명 중 옳지 않은 것은?

① 목재를 접합하여 건물의 뼈대를 구성하는 구조이다.
② 저층의 주택과 같이 비교적 소규모 건축물에 적합하다.
③ 목재는 가볍고 가공성이 좋으며 친화감이 있다.
④ 목재는 열전도율이 커서 연소하기 쉽다.

해설 목재는 열전도율과 열팽창률이 작은 장점이 있는 반면에 착화점이 낮아 내화성이 부족한 단점을 갖고 있다.

12 | 나무(목) 구조
07

나무 구조에 대한 설명 중 옳지 않은 것은?

① 강도가 작고 큰 부재를 얻기 어렵다.
② 공사 기간이 짧다.
③ 외관이 아름답다.
④ 내구력이 강하다.

정답 06. ① 07. ① 08. ③ 09. ③ 10. ④ 11. ④ 12. ④

해설 목 구조의 장점은 가볍고, 가공성이 좋으며, 시공이 용이하고, 공사 기간이 짧으며, 외관이 아름답다. 단점으로는 큰 부재를 얻기 어렵고, 강도가 작으며, 내구력이 약하다. 또한, 부패, 화재의 위험이 높다.

13 | 나무(목) 구조
05

목 구조에 대한 설명 중 옳지 않은 것은?

① 건물의 무게가 가볍고, 가공이 비교적 용이하다.
② 불에 잘 타서 내화성이 부족하다.
③ 함수율에 따른 변형이 거의 없다.
④ 나무 고유의 색깔과 무늬가 있어 아름답다.

해설 목재의 단점 중의 하나가 함수율이 적고, 많음에 따라 팽창과 수축이 큰 단점이 있다.

14 | 나무(목) 구조
07

다음의 목 구조에 대한 설명 중 옳지 않은 것은?

① 벽체 상부에는 벽체의 일체화를 위하여 테두리보를 설치한다.
② 통재 기둥은 2층 이상의 기둥 전체를 하나의 단일재로 사용하는 기둥이다.
③ 꿸대는 기둥과 기둥 사이를 가로질러 벽을 보강하는 부재이다.
④ 토대는 기초 위에 가로놓아 상부에서 오는 하중을 기초에 전달하며, 기둥 밑을 고정하고 벽을 치는 뼈대가 되는 것이다.

해설 목 구조 벽체의 상부에 벽체의 일체화를 위해서는 도리(처마도리, 깔도리)를 설치하고, 테두리보를 설치하는 구조는 조적식 구조이다.

15 | 나무(목) 구조
11

목 구조에 대한 설명으로 옳지 않은 것은?

① 부재에 흠이 있는 부분은 가급적 압축력이 작용하는 곳에 두는 것이 유리하다.
② 목재의 이음 및 맞춤은 응력이 적은 곳에서 접합한다.
③ 큰 압축력이 작용하는 부재에는 맞댄 이음이 적합하다.
④ 토대는 크기가 기둥과 같거나 다소 작은 것을 사용한다.

해설 토대의 크기는 기둥과 같게 하거나 다소 크게 하며, 보통 단층 집에서는 105mm각 정도의 것을 사용하고, 2층일 때에는 120mm 각 정도의 것을 사용하는 것이 좋으며, 귀잡이 토대는 90mm×45mm 이상의 것을 사용한다.

16 | 나무(목) 구조
08, 06

목 구조에 대한 설명으로 옳지 않은 것은?

① 가볍고 가공성이 좋다.
② 큰 부재를 얻기 쉬우며 내구성이 좋다.
③ 시공이 용이하며 공사 기간이 짧다.
④ 강도가 작고 화재 위험이 높다.

해설 목 구조의 특성은 ①, ③ 및 ④ 외에 큰 부재를 얻기 힘들고, 충해나 부식으로 인하여 내구성이 약한 단점이 있다.

17 | 나무(목) 구조
08

목 구조에 대한 설명 중 옳지 않은 것은?

① 비교적 소규모 건축물에 적합하다.
② 연소하기 쉽다.
③ 목재는 비중에 비해 강도가 작다.
④ 친화감이 있고 미려하다.

해설 목재는 비중에 비해 강도가 큰 것이 장점이다.

18 | 나무(목) 구조
11, 07

목 구조에 대한 설명 중 옳지 않은 것은?

① 비중에 비해 강도가 크다.
② 함수율에 따른 변형이 거의 없으며 내화성이 크다.
③ 나무 고유의 색깔과 무늬가 있어 아름답다.
④ 건물의 무게가 가볍고, 가공이 비교적 용이하다.

해설 목 구조의 장점은 비중에 비해 강도가 크고, 열전도율이 작으며, 건물의 무게가 가볍고, 가공이 비교적 용이한 것이다. 또한 나무의 종류가 다양하고, 나무 고유의 색깔과 무늬가 있어 아름답다. 단점으로는 불에 잘 타서 내화성이 부족하고, 함수율의 변화에 따른 변형(팽창과 수축 등)이 크며, 부패와 충해가 생기기 쉽다.

19 | 나무(목) 구조
22, 12, 11, 08

다음 중 목 구조에 대한 설명으로 옳지 않은 것은?

① 건물의 무게가 가볍고, 가공이 비교적 용이하다.
② 내화성이 좋다.
③ 함수율에 따른 변형이 크다.
④ 나무 고유의 색깔과 무늬가 있어 아름답다.

정답 13. ③ 14. ① 15. ④ 16. ② 17. ③ 18. ② 19. ②

해설 목 구조의 장점은 가볍고, 가공성이 우수하며 시공이 용이하고, 공사 기간이 짧으며 외관이 아름다운 반면에 단점으로는 큰 부재를 얻기 힘들고 강도가 작으며 내구력이 약하다. 특히 부패, 화재 위험이 높은 단점이 있다.

20 나무(목) 구조
13

목 구조에 대한 설명 중 옳지 않은 것은?

① 자재의 수급 및 시공이 간편하다.
② 저층의 주택과 같이 비교적 소규모 건축물에 적합하다.
③ 목재는 가볍고 가공성이 좋으며 친화감이 있다.
④ 목재는 열전도율이 커서 연소하기 쉽다.

해설 목재는 열전도율이 작아서 단열 효과가 크나, 연소하기 쉬운 단점이 있다.

21 나무(목) 구조
08

목 구조에 관한 다음 설명 중 틀린 것은?

① 토대의 크기는 기둥과 같거나 다소 작으며 지반에서 높이는 것이 방수상 좋다.
② 층도리는 위층과 아래층의 중간에 쓰는 가로재로 샛기둥 받이나 보받이 역할을 한다.
③ 깔도리는 기둥 맨 위 처마 부분에 수평으로 설치되며 기둥 머리를 고정하여 지붕틀을 받아 기둥에 전달한다.
④ 가새는 기둥이나 보의 중간에 가새의 끝을 대지말고 기둥이나 보에 대칭되게 한다.

해설 토대는 기둥을 고정하는 벽체의 최하부 수평 부재로 상부 하중을 분산시켜 기초에 전달하는 역할을 하고, 토대의 크기는 기둥과 같거나 다소 큰 것을 사용하여야 한다.

22 나무(목) 구조의 단점
13

다음 중 목 구조의 단점으로 옳은 것은?

① 큰 부재를 얻기 어렵다.
② 공기가 길다.
③ 비강도가 작다.
④ 시공이 어렵고, 시공 시 기후의 영향을 많이 받는다.

해설 목 구조의 단점으로 큰 부재를 얻기 힘든 반면, 장점으로는 비중에 비해 강도가 크고, 공사 기간이 짧으며, 시공이 쉽고, 시공 시 기후의 영향을 받지 않는다.

23 나무(목) 구조의 장점
14

목 구조의 장점에 해당하는 것은?

① 열전도율이 낮다.
② 내화성이 뛰어나다.
③ 함수율에 따른 변형이 적다.
④ 장스팬 건축물을 시공하기에 용이하다.

해설 목재는 열전도율이 낮으므로 보온재나 보냉재 등으로 사용하고, 내화성이 부족하며, 함수율에 따른 변형(팽창과 수축 등)이 크고, 장스팬 건축물을 시공하기에 난이하다.

24 나무(목) 구조의 장점
09

다음 중 목 구조의 장점으로 옳은 것은?

① 큰 부재를 얻기 쉽다.
② 가공성이 좋다.
③ 강도가 크다.
④ 부패에 대한 위험성이 없다.

해설 목 구조는 열전도율이 작아 내열, 보온성이 강한 특성을 갖고 있으며, 큰 부재를 얻기 어렵고, 비중에 비해 강도가 크며, 함수율에 따른 변형이 크다. 또한, 목재의 색채 및 무늬가 있어 아름답다. 특히, 목 구조는 내화성, 부식성이 매우 부족하다.

25 나무(목) 구조의 장점
10

목 구조의 장점을 기술한 내용 중 옳지 않은 것은?

① 비중에 비해 강도가 크다.
② 색채 및 무늬가 있어 외관이 미려하다.
③ 건물의 무게가 가볍다.
④ 함수율에 따른 변형이 적기 때문에 자유자재로 가공이 가능하다.

해설 목 구조는 열전도율이 작아 내열, 보온성이 강한 특성을 갖고 있으며, 비중에 비해 강도가 크며, 함수율에 따른 변형(팽창과 수축 등)이 크다. 또한 목재의 색채 및 무늬가 있어 아름답다.

26 나무(목) 구조의 특징
03

나무 구조의 특징이 아닌 것은?

① 열 전도율이 크다.
② 비중에 비해 강도가 크다.
③ 색채 및 무늬가 있어 미려하다.
④ 함수율에 따른 변형이 크다.

정답 20.④ 21.① 22.① 23.① 24.② 25.④ 26.①

해설 목 구조는 열전도율이 작아 내열, 보온성이 강한 특성을 갖고 있으며, 비중에 비해 강도가 크며, 함수율에 따른 변형이 크다. 또한, 목재의 색채 및 무늬가 있어 아름답다.

27 | 나무(목) 구조의 특징
12

다음 중 목 구조의 특징으로 옳지 않은 것은?

① 가볍고 가공성이 우수하다.
② 시공이 용이하며 공사기간이 짧다.
③ 외관이 아름답지만, 화재 위험이 높다.
④ 강도는 작지만, 큰 부재를 얻기 용이하다.

해설 목 구조는 비중에 비해 강도가 크고, 큰 부재를 얻기가 어렵다.

28 | 스팬의 용어
22, 13, 09

다음 중 기둥과 기둥 사이의 간격을 나타내는 용어는?

① 좌굴　　　　　② 스팬
③ 면내력　　　　④ 접합부

해설 좌굴은 압축력을 받는 세장한 기둥 부재가 하중의 증가 시 내력이 급격히 떨어지게 되는 현상 또는 수직 부재가 축방향으로 외력을 받았을 때 그 외력이 증가하면 부재의 어느 위치에서 갑자기 휘어버리는 현상이고, 면내력은 판에 작용하는 내력이며, 접합부는 두 개 이상의 부재가 만나는 곳이다.

29 | 기둥(통재 기둥의 용어)
24, 18, 16, 15, 12②, 10, 09, 06, 01

목 구조에서 2층 이상의 기둥 전체를 하나의 단일재로 사용하는 기둥으로 상하를 일체화시켜 수평력에 견디게 하는 기둥은?

① 통재 기둥　　　② 평기둥
③ 샛기둥　　　　④ 동자 기둥

해설 평기둥은 각 층별로 배치하는 기둥으로서 토대와 층도리, 층도리와 층도리, 층도리와 깔도리 또는 처마도리 등의 가로재로 구분되는 기둥이고, 샛기둥은 본기둥 사이에 세워 벽체를 이루는 기둥으로 상부의 하중을 받지 않고 가새의 휨을 방지하며 크기는 본기둥의 1/3~1/2 정도로 하는 기둥이며, 동자기둥은 지붕틀에서 대들보 위에 세우되 중도리와 종보를 받는 짧은 기둥이다.

30 | 기둥(통재 기둥의 용어)
03

목 구조에서 중층 건물의 상·하층 기둥이 하나의 부재로 되어 있는 것의 명칭은?

① 평기둥　　　　② 고주
③ 누주　　　　　④ 통재 기둥

해설 평기둥은 각 층별로 배치하는 기둥으로서 토대와 층도리, 층도리와 층도리, 층도리와 깔도리 또는 처마도리 등의 가로재로 구분되고, 고주는 일반 기둥보다 높게 하여 동자 기둥을 겸하고, 중도리 또는 종보를 받거나 옆에 들보가 끼거나 소슬 지붕의 처마도리를 받는 기둥 또는 평주보다 높은 기둥으로 내진주로 사용되는 기둥을 말하며, 누주(다락 기둥)는 2층 기둥을 말하는 경우도 있고, 1층으로서 높은 마루를 놓는 기둥을 말한다.

31 | 기둥(샛기둥의 용어)
24, 15, 12

목 구조에서 본기둥 사이에 벽을 이루는 것으로서, 가새의 옆휨을 막는데 유효한 기둥은?

① 평기둥　　　　② 샛기둥
③ 동자 기둥　　　④ 통재 기둥

해설 평기둥은 각 층별로 배치하는 기둥이고, 동자 기둥은 지붕틀에서 대들보 위에 세우되, 중도리와 종보를 받는 짧은 기둥이며, 통재 기둥은 2개 층(중층 건물의 상·하층)을 통하여 하나의 부재(단일재)가 상·하층의 기둥이 되는 것이다.

32 | 토대의 용어
11

목 구조에서 벽체의 제일 아랫부분에 쓰이는 수평재로서 기초에 하중을 전달하는 역할을 하는 부재의 명칭은?

① 기둥　　　　　② 인방보
③ 토대　　　　　④ 가새

해설 기둥은 지붕, 바닥 등의 상부의 하중을 받아서 토대 및 기초에 전달하고 벽체의 골격을 이루는 수직 부재이고, 인방보는 조적 구조에서 창문 위를 가로질러 상부에서 오는 하중을 좌·우 벽으로 전달하는 보이며, 가새는 횡력에 잘 견디기 위한 구조물로서 경사는 45°에 가까운 것이 좋고, 압축력 또는 인장력에 대한 보강재이며, 주요 건물의 경우 한 방향으로만 만들지 않고, X자형으로 만들어 압축과 인장을 겸하도록 한다.

33 | 기둥(본기둥의 사용 위치)
05

본기둥의 사용 위치로 옳지 않은 것은?

① 모서리 부분
② 깔도리와 처마도리 사이
③ 집중하중이 오는 위치
④ 간막이벽과의 교차부

해설 본기둥은 샛기둥·수장 기둥 등이 아닌 뼈대가 되는 기둥으로 주요 구조체가 되는 기둥이며 모서리 부분, 집중 하중이 작용하는 위치 및 간막이벽과의 교차 부분에 설치하는 기둥이다. 또한, 깔도리와 처마도리 사이에는 평보를 배치한다.

34 | 공포의 용어
19, 13, 08

주심포식과 다포식으로 나뉘어지며 목 구조 건축물에서 처마 끝의 하중을 받치기 위해 설치하는 것은?

① 공포 ② 부연
③ 너새 ④ 서까래

해설 부연은 처마 서까래 끝 위에 덧얹은 짧은 서까래이고, 너새는 박공 옆에 직각으로 대는 암키와 또는 지붕의 합각 머리 양쪽으로 마루가 되도록 덮은 것이며, 서까래는 처마도리, 중도리 및 마룻대 위에 지붕 물매 방향으로 걸쳐대고 산자나 지붕널을 받는 경사 부재이다.

35 | 가새의 용어
14

다음 보기에서 설명하는 부재명은?

- 횡력에 잘 견디기 위한 구조물이다.
- 경사는 45°에 가까운 것이 좋다.
- 압축력 또는 인장력에 대한 보강재이다.
- 주요 건물의 경우 한 방향으로만 만들지 않고, X자형으로 만들어 압축과 인장을 겸하도록 한다.

① 층도리 ② 샛기둥
③ 가새   ④ 꿸대

해설 층도리는 윗 층 마루바닥이 되는 부분에 건 도리 또는 2층 목조 건축물에서 상층과의 중간부분에 있는 가로재로서 기둥을 연결시키고 보받이 및 샛기둥받이의 역할을 하는 상층 기둥의 토대 역할을 하는 도리이고, 샛기둥은 본기둥과 본기둥 사이에 벽체의 바탕으로 배치한 작은 기둥으로 가새의 휨 방지나 졸대 등 벽재의 바탕으로 배치하는 기둥이며, 꿸대는 기둥, 동자 등을 꿰뚫어 찌른 보강재 또는 심벽의 뼈대로 기둥과 기둥 사이에 가로 꿰뚫어 넣어 위를 엮어 대어 힘살이 되는 것이다.

36 | 가새의 용어
17, 06

목조 벽체를 수평력에 견디게 하고 안정한 구조로 하기 위해 사용되는 부재는?

① 인방 ② 기둥
③ 가새 ④ 토대

해설 인방은 기둥과 기둥에 가로대어 창문틀의 상·하벽을 받고 하중을 기둥에 전달하며, 창문을 끼워댈 때 뼈대가 되는 것이고, 기둥은 지붕, 바닥 등의 상부 하중을 받아서 토대 및 기초에 전달하는 부재로 벽체의 골격을 이루는 뼈대이며, 토대는 목조 건축물의 기초 위해 가로 대어 기둥을 고정하는 벽체의 최하부 수평부재로 상부 하중을 분산시켜 기초에 전달하는 역할을 한다.

37 | 가새의 용어
25, 04, 99

목조 벽체에서 외력에 의하여 뼈대가 변형되지 않도록 대각선 방향으로 배치하는 빗재는?

① 처마도리 ② 가새
③ 층보   ④ 샛기둥

해설 처마도리는 깔도리(외벽의 위에 건너 대어 서까래를 받는 도리 또는 기둥의 맨 위에서 기둥의 머리를 연결하고 지붕틀은 받는 가로재)의 위에 지붕틀을 걸치고 지붕틀의 평보 위에 깔도리와 같은 방향으로 걸친 가로재로서 양식 지붕틀 구조에 많이 사용하고, 층보는 각 층 마루를 받는 보 또는 2층 바닥보를 말하며, 샛기둥은 본기둥과 본기둥 사이에 벽체의 바탕으로 배치한 작은 기둥으로 가새의 휨 방지나 졸대 등 벽재의 바탕으로 배치한다.

38 | 가새의 경사 각도
14

목제 벽체에서 횡력에 저항하여 설치하는 가새의 경사 각도는 몇 도가 가장 이상적인가?

① 15° ② 25°
③ 35° ④ 45°

해설 가새는 횡력에 잘 견디기 위한 구조물로서 경사는 45°에 가까운 것이 좋고, 압축력 또는 인장력에 대한 보강재이며, 주요 건물의 경우 한 방향으로만 만들지 않고, X자형으로 만들어 압축과 인장을 겸하도록 한다.

39 | 가새
04

가새에 관한 설명으로 옳지 않은 것은?

① 목조 벽체를 수평력에 견디게 하고 안정한 구조로 하기 위한 것이다.
② 가새의 경사는 45°에 가까울수록 유리하다.
③ 가새와 샛기둥의 접합부에서는 가새를 적당히 따내어 결합력을 높이도록 한다.
④ 압축력을 부담하는 가새는 이에 접하는 기둥 단면적의 1/3 이상의 단면적을 갖는 목재를 사용한다.

정답 34.① 35.③ 36.③ 37.② 38.④ 39.③

해설 가새와 샛기둥의 접합부에서는 가새를 따내지 않고, 샛기둥을 따내야 가새의 강도를 유지할 수 있다. 즉, 가새는 어떠한 경우라도 단면의 결손이 없어야 한다.

40 | 가새
05

나무 구조에서 가새에 대한 설명 중 적합하지 않은 것은?

① 목조벽체를 수평력에 견디게 하고 안정한 구조로 하기 위한 것이다.
② 네모 구조를 세모 구조로 만들어 준다.
③ 버팀대보다는 강력하고 또 간단히 그 목적을 이룰 수 있다.
④ 가새의 경사는 90°에 가까울수록 유리하다.

해설 가새는 수평력에 견디게 하고, 안정한 구조로 하기 위한 목적으로 쓰이며, 버팀대보다 강하다. 또한, 가새의 경사는 45°에 가까울수록 유리하다.

41 | 가새
20, 17, 13, 07

목 구조의 가새에 대한 설명으로 옳은 것은?

① 가새의 경사는 60°에 가깝게 하는 것이 좋다.
② 주요 건물인 경우에도 한 방향 가새로만 만들어야 한다.
③ 목조 벽체를 수평력에 견디며 안정한 구조로 하기 위해 사용한다.
④ 가새에는 인장 응력만이 발생한다.

해설 목 구조에서 가새의 경사는 45°에 가까운 것이 가장 유리하고, 주요 건물의 경우에는 양방향(인장 및 압축 가새)가새로 만들어야 하며, 가새에는 압축과 인장 응력이 작용한다.

42 | 인방의 용어
25*, 23②, 06

목 구조에서 기둥과 기둥에 가로대어 창문틀의 상하벽을 받고 하중은 기둥에 전달하며 창문틀을 끼워 대는 뼈대가 되는 것은?

① 가새   ② 버팀대
③ 인방   ④ 토대

해설 가새는 수평력에 견디게 하고 수직·수평재의 각도 변형을 방지하여, 안정된 구조로 하기 위한 목적으로 쓰이는 경사재로서 버팀대보다 강하며, 가새의 경사는 45°로 하고, 버팀대는 흙막이 띠장(방축대)을 버티는 부재 또는 가로재와 세로재가 맞추어지는 안귀에 빗대는 보강재로 기둥의 굴곡 방지, 기둥에 하중 집중, 보의 단면 최소화, 보의 흔들림 방지 등의 목적이 있으며, 토대는 목조 건축물의 기초 위에 가로대어 기둥을 고정하는 벽체의 최하부에 설치하는 수평부재로서 상부 하중을 분산시켜 기초에 전달하는 역할을 한다.

43 | 인방
03

목 구조의 인방에 대한 설명으로 맞는 것은?

① 위·아래층 중간에 쓰는 가로재(횡가재 : 橫架材)로 기둥을 연결한다.
② 기둥과 기둥에 가로대어 창문틀의 상하벽을 받친다.
③ 기둥 머리를 고정하며 지붕틀을 받아 기둥에 전달한다.
④ 마루바닥이 되는 곳에 기둥과 기둥 사이 또는 그 옆에 댄다.

해설 ① 층도리, ② 인방, ③ 깔도리를 의미한다.

44 | 귀잡이보의 용어
25*, 23, 07

목 구조에서 보, 도리 등의 가로재가 서로 수평 방향으로 만나는 귀부분을 안정한 삼각형 구조로 만드는 것으로, 가새로 보강하기 어려운 곳에 사용되는 부재는?

① 꿸대   ② 귀잡이보
③ 깔도리   ④ 버팀대

해설 꿸대는 기둥, 동자 등을 꿰뚫어 찌른 보강재 또는 심벽의 뼈대로 기둥과 기둥 사이에 가로 꿰뚫어 넣어 위를 엮어 대어 힘살이 되는 것이고, 깔도리는 기둥 또는 벽 위에 걸어 지붕보를 받는 도리이며, 버팀대는 가로재와 세로재가 맞추어지는 안귀에 빗대는 보강재로서, 목 구조에 보와 접합부분(기둥)의 변형을 적게 하고, 절점을 강으로 만들어서 기둥과 보를 일종의 라멘으로 함으로써 횡력에 저항하도록 한 것이다.

45 | 나무(목) 구조의 각 구성 부재
22, 09

목 구조의 각 구성 부재에 대한 설명으로 옳지 않은 것은?

① 토대는 상부의 하중을 기초에 전달하는 역할을 한다.
② 평기둥은 2층 이상의 기둥 전체를 하나의 단일재로 사용하는 기둥이다.
③ 층도리는 2층 이상의 건물에서 바닥층을 제외한 각 층을 만드는 가로 부재이다.
④ 샛기둥의 크기는 본 기둥의 1/2 또는 1/3로 한다.

해설 평기둥은 1개 층에만 사용하는 기둥 즉, 층도리를 기준으로 아래, 위가 별개로 된 기둥이고, 통재 기둥은 위층과 아래층을 통한 1개의 기둥으로 건축물의 모서리, 중간 부분에 주로 배치한다.

정답 40. ④ 41. ③ 42. ③ 43. ② 44. ② 45. ②

46 | 나무(목) 구조의 각 구성 부재 | 10

목 구조의 각 부재에 대한 설명으로 옳지 않은 것은?

① 층도리 : 기둥을 연결하는 한편 샛기둥받이나 보받이의 역할을 한다.
② 깔도리 : 기둥 하단 처마 부분에 수평으로 걸어 기둥의 휨을 방지하는 부재이다.
③ 처마도리 : 지붕틀의 평보 위에 깔도리와 같은 방향으로 걸쳐댄다.
④ 꿸대 : 기둥과 기둥 사이를 가로 꿰뚫어 넣어 연결하는 수평 구조재이다.

해설 깔도리는 외벽의 위에 건너 대어 서까래를 받는 도리 또는 기둥의 맨 위에서 기둥의 머리를 연결하고 지붕틀을 받는 가로재이다.

47 | 마루(납작 마루의 용어) | 07, 03

일층마루의 일종으로 간단한 창고, 공장, 기타 임시적 건물 등의 마루를 낮게 놓을 때에 사용하는 것은?

① 납작 마루
② 홑마루
③ 짠마루
④ 보마루

해설 일층 마루의 종류에는 납작 마루(동바리를 세우지 않고 바닥에 직접 멍에와 장선을 걸고 마루널을 깔거나, 콘크리트 바닥에 장선만 깔고 마루널을 까는 마루로서 간단한 창고, 공장, 사무실, 판매장, 기타 임시적 건물 등의 마루를 낮게 놓을 때에 사용하는 마루)와 동바리 마루(마루 밑에는 동바리 돌을 놓고, 그 위에 동바리를 세운 후 동바리 위에 멍에를 걸고 그 위에 직각 방향으로 장선을 걸쳐 마루널을 깐 것) 등이 있고, 홑마루, 보마루 및 짠마루 등은 2층 마루에 속한다.

48 | 마루(납작 마루의 용어) | 23, 02

콘크리트 슬래브 위에 바로 멍에를 걸거나 장선을 대어 짠 마루틀로 사무실, 판매장과 같이 출입이 편리하게 마루의 높이를 낮출 때 쓰는 마루는?

① 납작 마루
② 홑마루
③ 짠마루
④ 겹마루

해설 납작 마루는 동바리를 세우지 않고 바닥에 직접 멍에와 장선을 걸고 마루널을 깔거나, 콘크리트 바닥에 장선만 깔고 마루널을 까는 마루로서 간단한 창고, 공장, 사무실, 판매장, 기타 임시적 건물 등의 마루를 낮게 놓을 때에 사용하는 마루이고, 홑마루, 보마루 및 짠마루는 2층 마루 구조이다.

49 | 마루(납작 마루) | 06, 03

납작 마루에 대한 설명으로 맞는 것은?

① 콘크리트 슬래브 위에 바로 멍에를 걸거나 장선을 대어 마루틀을 짠다.
② 층도리 또는 기둥 위에 층보를 걸고 그 위에 장선을 걸친 다음 마룻널을 깐다.
③ 호박돌 위에 동바리를 세운 다음 멍에를 걸고 장선을 걸치고 마룻널을 깐다.
④ 큰보 위에 작은보를 걸고 그 위에 장선을 대고 마룻널을 깐다.

해설 ② 2층 마루의 보마루, ③ 동바리 마루, ④ 2층 마루의 짠마루를 의미한다.

50 | 납작 마루의 장선 간격 | 11

납작 마루를 놓을 때 적당한 장선의 간격은?

① 10~15cm
② 25~35cm
③ 45~50cm
④ 60~90cm

해설 납작 마루는 동바리를 세우지 않고 바닥에 직접 멍에와 장선(45mm×45mm의 각재를 45~50cm 간격으로 배치)을 걸고 마루널을 깔거나, 콘크리트 바닥에 장선만 깔고 마루널을 까는 마루로서 간단한 창고, 공장, 사무실, 판매장, 기타 임시적 건물 등의 마루를 낮게 놓을 때에 사용하는 마루이다.

51 | 동바리 마루의 구성 부재 | 20, 12

다음 중 동바리 마루를 구성하는 부분이 아닌 것은?

① 동바리
② 장선
③ 멍에
④ 걸레받이

해설 동바리 마루 구조는 동바리돌 → 동바리 → 멍에 → 장선 → 마룻널의 순으로 동바리돌 위에 수직으로 설치한다.

52 | 목조 바닥의 지반면과의 거리 | 04, 99, 98

주택, 학교 등에서 나무 구조의 1층 마루는 위생상 상당히 높게 할 필요가 있는데, 보통 지반 위로부터 최소 몇 cm 이상 높게 설치하는가?

① 30cm
② 45cm
③ 60cm
④ 75cm

정답 46.② 47.① 48.① 49.① 50.③ 51.④ 52.②

해설 건축물의 최하층에 있는 거실의 바닥이 목조인 경우에는 그 바닥 높이를 지표면으로부터 45cm 이상으로 하여야 한다. 다만, 지표면을 콘크리트 바닥으로 설치하는 등 방습을 위한 조치를 한 경우에는 예외로 한다. 이 규정은 건축물의 피난·방화 구조 등의 기준에 관한 규칙 제18조에 있다.

53 | 목조 바닥의 지반면과의 거리
03

동바리 마루틀은 방습과 위생을 고려하여 마루의 윗면이 지면에서 얼마 이상 되는 높이에 오게 마루틀을 구성하는가?

① 250mm
② 300mm
③ 450mm
④ 600mm

해설 건축물의 최하층에 있는 거실의 바닥이 목조인 경우에는 그 바닥 높이를 지표면으로부터 45cm 이상으로 하여야 한다. 다만, 지표면을 콘크리트 바닥으로 설치하는 등 방습을 위한 조치를 한 경우에는 예외로 한다. 이 규정은 건축물의 피난·방화 구조 등의 기준에 관한 규칙 제18조에 있다.

54 | 동바리 마루의 구성 부재
14

목조 건축에서 1층 마루인 동바리 마루에 사용되는 것이 아닌 것은?

① 동바리돌
② 멍에
③ 층보
④ 장선

해설 동바리 마루(마루 밑에는 동바리 돌을 놓고, 그 위에 동바리를 세운 후 동바리 위에 멍에를 걸고 그 위에 직각 방향으로 장선을 걸쳐 마루널을 깐 것)의 구조는 동바리 돌 → 동바리 → 멍에 → 장선 → 마룻널의 순으로 동바리 돌 위에 수직으로 설치한다. 층보는 2층 마루 구조에 사용되는 부재이다.

55 | 동바리 마루의 구성 부재
12, 04

동바리 마루에서 마룻널 바로 밑에 위치한 부재 명칭은?

① 장선
② 동바리
③ 멍에
④ 기둥밑잡이

해설 동바리 마루(마루 밑에는 동바리 돌을 놓고, 그 위에 동바리를 세운 후 동바리 위에 멍에를 걸고 그 위에 직각 방향으로 장선을 걸쳐 마루널을 깐 것)의 구조는 동바리 돌 → 동바리 → 멍에 → 장선 → 마룻널의 순으로 동바리 돌 위에 수직으로 설치한다.

56 | 마루(2층 마루의 종류)
12, 08, 06

목 구조의 2층 마루에 속하지 않는 것은?

① 홑마루
② 보마루
③ 동바리 마루
④ 짠마루

해설 2층 마루의 종류

구분	홑(장선)마루	보마루	짠마루
간사이	2.5m 이하	2.5m 이상 6.4m 이하	6.4m 이상
구성	보를 쓰지 않고 층도리와 칸막이 도리에 직접 장선을 약 50cm 사이로 걸쳐 대고, 그 위에 널을 깐 것	보를 걸어 장선을 받게 하고, 그 위에 마루널을 깐 것	큰 보 위에 작은 보를 걸고, 그 위에 장선을 대고 마루널을 깐 것

57 | 2층 마루 중 홑마루틀의 용어
15, 09

2층 마루틀 중 보를 쓰지 않고 장선을 사용하여 마루널을 깐 것은?

① 홑마루틀
② 보마루틀
③ 짠마루틀
④ 납작마루틀

해설 홑마루(보를 쓰지 않고 장선을 사용하여 마루널을 깐 것), 보마루(보를 걸어 장선을 받게 하고, 그 위에 마루널을 깐 것) 및 짠마루(큰 보 위에 작은 보를 걸고, 그 위에 장선을 대고 마루널을 깐 것) 등은 2층 마루에 속하고, 납작 마루와 동바리 마루는 1층 마루에 속한다.

58 | 벽체(징두리의 용어)
03

바닥에서 벽체의 약 1/3 높이 부분의 명칭은?

① 걸레받이
② 고막이
③ 징두리
④ 토대

해설 걸레받이는 벽의 하단(굽도리), 바닥과 접하는 곳에 가로로 댄 부재로서 벽의 보호와 실내의 장식이 되며, 보통은 벽보다 두드러지나, 들여 밀기도 한다. 고막이는 온돌 구조에 있어서 밑인방 또는 토대의 밑의 벽을 고막이라고 하고, 벽돌, 돌 등을 모르타르 또는 진흙으로 쌓는다. 또는 수장 공사에 있어서 바깥쪽 아랫도리 땅바닥 닿는 부분은 벽면보다 1~3cm 정도 나오게 하는 것이 보통이고, 때에 따라서는 들여밀기도 한다. 토대는 목조 건축물의 기초 위에 가로 대어 기둥을 고정하는 벽체의 최하부의 수평 부재로서, 상부 하중을 분산시켜 기초에 전달하는 역할을 하는 부재이다.

정답 53. ③ 54. ③ 55. ① 56. ③ 57. ① 58. ③

59 | 벽체(징두리 판벽의 용어) | 24, 09, 02

실 내부의 벽 하부를 보호하기 위하여 높이 1~1.5m 정도로 널을 댄 벽을 무엇이라 하는가?

① 코펜하겐 리브
② 걸레받이
③ 커튼월
④ 징두리 판벽

해설 코펜하겐 리브는 플로어링판과 같은 두꺼운 판에다 표면을 자유 곡면으로 파내어 수직 평행선이 되게 리브를 만든 목재 제품이고, 걸레받이는 벽의 하단(굽도리)과 바닥이 접하는 곳에 벽면의 보호와 실내 장식을 겸하여 설치하는 것으로서 보통 벽보다 튀어나오게 설치하며, 바름벽은 미장 재료를 발라서 만든 벽으로서 모르타르, 회반죽, 흙벽 등이 있다.

60 | 벽체(걸레받이의 용어) | 03

실내 바닥에 접한 밑부분의 벽면 보호와 장식을 위해 높이 100~200mm 정도, 벽면에서 10~20mm 정도 나오거나 들어가게 댄 것을 무엇이라 하는가?

① 판벽
② 반자돌림
③ 바닥돌림
④ 걸레받이

해설 징두리 판벽은 실 내부의 하부를 보호하고 장식을 겸하여 높이 1~1.5m(벽 높이의 1/3) 정도로 널을 댄 벽을 징두리 판벽이라고 하며, 높이가 1.5m 이상의 것을 높은 판벽이라고 하며, 반자 돌림은 반자와 벽의 교차 부분에 대는 널이다.

61 | 접합(쪽매의 용어) | 24, 23, 13②, 11, 07, 06②

목재의 접합에서 널판재의 면적을 넓히기 위해 두 부재를 나란히 옆으로 대는 것을 무엇이라 하는가?

① 쪽매
② 장부
③ 맞춤
④ 연귀

해설 맞춤은 두 부재가 직각 또는 경사로 물려 짜이는 것 또는 그 자리이고, 장부는 부재의 끝을 가늘게 만들어 딴 부재의 구멍에 끼는 촉이며, 연귀는 두 부재의 끝 맞춤에 있어서 나무 마구리가 보이지 않게 귀를 45°로 접어서 맞추는 맞춤법이다.

62 | 접합(쪽매 중 딴혀 쪽매) | 24, 11, 05, 01, 00

쪽매의 종류에서 딴혀 쪽매의 그림에 해당하는 것은?

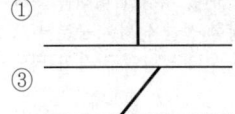

해설 ① 맞댄 쪽매, ③ 빗쪽매, ④ 제혀 쪽매이다.

63 | 쪽매 중 제혀 쪽매의 용어 | 24, 06

다음 중 가장 이상적인 쪽매 형태로 못으로 보행시 진동에도 못이 솟아오르지 않는 특성이 있는 것은?

① 빗쪽매
② 오늬 쪽매
③ 제혀 쪽매
④ 반턱 쪽매

해설 빗쪽매는 널의 옆을 빗깎아 쪽매하는 것으로 지붕널깔기에 사용하고, 오늬 쪽매는 널의 옆을 화살의 오늬 모양으로 한 쪽매로서 널의 옆을 중간이 뾰족하게 ㅅ자형의 경사면으로 대패질하고 다른 부재에 그와 맞먹는 홈을 파서 물리게 까는 방법이며, 반턱 쪽매는 널의 옆을 두께의 반만큼 턱지게 깎아서 서로 반턱이 겹치게 물리는 널깔기 방법이다.

64 | 접합(쪽매의 형태) | 06

다음 중 목 구조에서 쪽매의 연결이 틀린 것은?

① 반턱 쪽매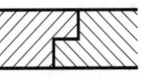

② 빗쪽매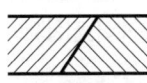

③ 제혀 쪽매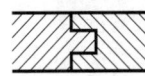

④ 틈막이대 쪽매

해설 마루널 쪽매의 종류

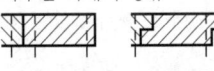 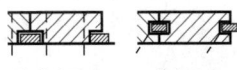
맞댄쪽매　반턱쪽매　틈막이쪽매　딴혀쪽매

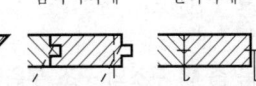
오늬쪽매　빗쪽매　제혀쪽매　양끝 못 맞댄쪽매

65 | 접합(이음의 용어) | 12

목재 접합 중 2개 이상의 목재를 길이 방향으로 붙여 1개의 부재로 만드는 것은?

① 이음
② 쪽매
③ 맞춤
④ 장부

해설 쪽매는 널재의 면적을 넓히기 위해 두 부재를 나란히 옆으로 대는 것이고, 맞춤은 길이 방향에 직각이나 일정한 각도를 가지도록 경사지게 붙이는 것이며, 장부는 재의 끝을 가늘게 만들어 다른 재의 구멍에 끼는 촉이다.

66 | 접합(맞춤의 용어) 10

목재 접합 방법 중 길이 방향에 직각이나 일정한 각도를 가지도록 경사지게 붙여대는 것은?

① 이음　　　　② 맞춤
③ 쪽매　　　　④ 산지

해설 이음은 두 부재를 길이 방향으로 길게 접하는 것 또는 그 자리를 말하고, 쪽매는 좁은 폭의 널을 옆으로 붙여 그 폭을 넓게 한 것으로, 마룻널이나 양판문의 양판 제작에 사용하며, 산지는 장부, 촉 등의 옆으로 꿰뚫어 박는 가늘고 긴 촉으로서 장부를 원 부재에 만들지 않고 따로 끼워 맞춤을 더욱 튼튼히 하는 데 사용한다.

67 | 보강재(촉의 용어) 14

목재의 접합면에 사각 구멍을 파고 한편에 작은 나무 토막을 반 정도 박아 넣고 포개어 접합재의 이동을 방지하는 나무 보강재는?

① 쐐기　　　　② 촉
③ 나사못　　　④ 가시못

해설 쐐기는 한 쪽은 얇고, 다른 끝은 두껍게 하여 좁은 틈서리에 박아 빠지지 않는 나무쪽으로 장부를 원부재에 만들지 않고, 따로 끼워대어 맞춤을 튼튼하게 하는데 사용하고, 나사못은 못의 몸이 나사(길이의 2/3 정도)로 되어 틀어박게 된 못이며, 가시못은 몸체에 가시가 돋혀 있어 잘 빠지지 않는 못이다.

68 | 접합(부재와 이음 방법) 21, 12

다음 중 목 구조의 구조 부위와 이음 방식이 잘못 짝지어진 것은?

① 서까래 이음 – 빗이음
② 걸레받이 – 턱솔이음
③ 난간두겁대 – 은장이음
④ 기둥의 이음 – 엇걸이 산지 이음

해설 엇걸이 이음은 중요부 가로재의 내이음으로 휨이 작용하는 곳(토대, 보, 도리, 기둥 등)에 쓰이고, 엇걸이 산지 이음의 큰 산지 대신에 볼트를 사용하여 더 튼튼한 이음을 만들 수 있다.

69 | 접합(부재와 이음 방법) 09

다음 중 목재의 이음 종류에 대한 설명으로 옳지 않은 것은?

① 맞댄 이음 – 한 재의 끝을 주먹 모양으로 만들어 딴 재에 파들어가게 한 것
② 겹친 이음 – 2개의 부재를 단순 겹쳐대고 큰못, 볼트 등으로 보강한 것
③ 덧판 이음 – 두 재의 이음새의 양옆에 덧판을 대고 못질 또는 볼트 조임한 것
④ 엇걸이 이음 – 이음 위치에 산지 등을 박아 더욱 튼튼하게 한 것

해설 맞댄 이음은 2개의 이음재를 서로간에 맞대어 잇는 방법으로 잇기가 어려우므로 덧판을 대고 못이나 볼트 죔을 하고, 한 개의 끝을 주먹 모양으로 만들어 딴 재에 파들어가게 한 것은 주먹장 이음이다.

70 | 접합(이음과 맞춤) 05

목재의 접합에서 이음과 맞춤에 대한 설명 중 옳지 않은 것은?

① 이음·맞춤의 위치는 응력이 큰 곳으로 택할 것.
② 이음·맞춤의 단면은 응력의 방향에 직각으로 할 것.
③ 맞춤면은 정확히 가공하여 빈틈이 생기지 않도록 할 것.
④ 재는 될 수 있는 한 적게 깎아내어 약하게 되지 않게 할 것.

해설 이음과 맞춤 시 주의하여야 할 사항은 ②, ③ 및 ④ 이외에 복잡한 형태를 피하고 되도록 간단한 방법을 쓰고, 되도록 응력이 적게 생기는 곳에서 접합하도록 하며, 접합되는 부재의 접촉면 및 따낸 면은 잘 다듬어서 응력이 고르게 작용하도록 한다.

71 | 이음과 맞춤 시 주의사항 10

목재의 이음과 맞춤 시 유의사항으로 옳지 않은 것은?

① 이음, 맞춤의 끝 부분에 작용하는 응력이 균등하게 전달되도록 한다.
② 이음, 맞춤은 그 응력이 작은 곳에서 한다.
③ 맞춤면은 정확히 가공하여 빈틈이 없도록 한다.
④ 이음, 맞춤의 단면은 응력 방향에 평행이 되도록 한다.

해설 이음과 맞춤 시 주의하여야 할 사항은 나무를 되도록 적게 깎아내어 부재가 약하게 되지 않도록 하며, 복잡한 형태를 피하고 되도록 간단한 방법을 쓰며, 적당한 철물을 써서 충분히 보강한다. 특히, 이음, 맞춤의 단면은 응력 방향에 직각이 되도록 한다.

정답 66.② 67.② 68.④ 69.① 70.① 71.④

72 | 보강재의 종류
10

다음 중 나무 보강재가 아닌 것은?

① 꺾쇠 ② 산지
③ 쐐기 ④ 촉

해설 ②, ③ 및 ④는 나무 보강재이고, 꺾쇠는 목재의 보강 철물이다.

73 | 이음과 맞춤 시 주의사항
03, 99, 98

목재의 이음과 맞춤의 유의사항 중 틀린 것은?

① 부재는 가능한 한 많이 깎아내어 불필요한 부분을 적게 한다.
② 접합부의 이음, 맞춤은 응력이 적은 곳에서 한다.
③ 접합부의 단면은 응력 방향에 직각이 되도록 한다.
④ 큰 응력을 받는 부분은 철물 등으로 보강한다.

해설 이음과 맞춤 시 주의하여야 할 사항은 ②, ③ 및 ④ 이외에 나무를 되도록 적게 깎아내어 부재가 약하게 되지 않도록 하며, 복잡한 형태를 피하고 되도록 간단한 방법을 쓴다. 또한, 접합되는 부재의 접촉면 및 따낸 면은 잘 다듬어서 응력이 고르게 작용하도록 한다.

74 | 이음과 맞춤 시 주의사항
09, 07

목재의 이음과 맞춤을 할 때에 주의해야 할 사항으로 옳지 않은 것은?

① 이음과 맞춤의 위치는 응력이 큰 곳으로 하여야 한다.
② 공작이 간단하고 튼튼한 접합을 선택하여야 한다.
③ 맞춤면은 정확히 가공하여 서로 밀착되어 빈틈이 없게 한다.
④ 이음·맞춤의 단면은 응력의 방향에 직각으로 한다.

해설 이음과 맞춤 시 주의하여야 할 사항은 되도록 응력이 적게 생기는 곳에서 접합하도록 한다. 특히, 휨모멘트를 많이 받는 곳에는 접합하지 않도록 하고, 접합되는 부재의 접촉면 및 따낸 면은 잘 다듬어서 응력이 고르게 작용하도록 한다.

75 | 이음과 맞춤 시 주의사항
09

목재의 접합에서 이음과 맞춤에서의 주의할 점으로 옳지 않은 것은?

① 접합은 응력이 작은 곳에서 할 것
② 이음·맞춤의 단면은 응력의 방향에 직각되게 할 것
③ 이음·맞춤의 끝부분은 작용하는 응력이 균등히 전달되도록 할 것
④ 재는 최대한 많이 깎아내어 맞춤면에 여유를 둘 것

해설 이음과 맞춤 시 주의하여야 할 사항은 나무를 되도록 적게 깎아내어 부재가 약하게 되지 않도록 하고 복잡한 형태를 피하며, 되도록 간단한 방법을 쓴다.

76 | 부재(반자틀의 구성 부재)
12, 07, 04

반자틀의 구성과 관계 없는 것은?

① 징두리 ② 달대
③ 달대받이 ④ 반자돌림대

해설 반자틀은 달대받이, 달대, 반자틀받이, 반자틀 및 반자돌림대로 구성되고, 징두리는 실 내부의 하부를 보호하고 장식을 겸하여 높이 1~1.5m(벽 높이의 1/3) 정도 부분이다.

77 | 부재(반자돌림대의 용어)
24, 08

벽의 상단에서 벽과 반자의 연결을 아울림 하기 위하여 대는 가로재는?

① 걸레받이 ② 반자틀받이
③ 반자틀 ④ 반자돌림대

해설 걸레받이는 벽면의 보호와 실내의 장식을 목적으로 벽의 하단(굽도리), 바닥과 접하는 곳에 가로댄 부재이고, 반자틀받이는 반자대를 대기 위하여 천정 부분에 먼저 건너 지르는 부재이며, 반자틀은 천정에 널이나 합판 등을 붙이거나, 미장바름 바탕으로 졸대를 대기 위하여 꾸미는 틀이다.

78 | 부재(수평 반자의 착시 현상)
04

수평으로 만든 반자는 시각적으로 처져 보이므로 방 너비의 어느 정도로 중간이 올라가도록 하는가?

① 방 너비의 1/100 정도
② 방 너비의 1/150 정도
③ 방 너비의 1/200 정도
④ 방 너비의 1/250 정도

해설 눈의 착시 현상으로 인하여 수평으로 만든 반자는 중앙 부분이 처져 보이는 현상을 방지하기 위하여 미리 중앙 부분을 방 너비의 1/200 정도를 올라가도록 하면 눈의 착시 현상에 의한 처짐을 방지할 수 있다.

79 | 부재(수평 부재)
13

목 구조에서 사용되는 수평 부재가 아닌 것은?

① 층도리 ② 처마도리
③ 토대   ④ 대공

해설 층도리(2층 목조 건축물에서 상층과의 중간부분에 있는 가로재로서 기둥을 연결시키고 보받이 및 샛기둥받이의 역할을 하는 상층 기둥의 토대 역할을 하는 도리), 처마도리(깔도리 위에 지붕틀을 걸치고 지붕틀의 평보 위에 깔도리와 같은 방향으로 걸친 가로재) 및 토대(목 구조에서 벽체의 제일 아랫부분에 쓰이는 수평재로서 기초에 하중을 전달하는 역할을 하는 부재) 등은 수평 부재이고, 대공은 마룻대를 받는 짧은 대공으로 서양 왕대공 지붕틀에서의 왕대공과 같은 수직 부재이다.

80 | 왕대공 ㅅ자보의 용어
17, 06

목조 왕대공 지붕틀에서 압축력과 휨모멘트를 동시에 받는 부재는?

① 왕대공 ② ㅅ자보
③ 달대공 ④ 평보

해설 왕대공 지붕틀의 부재 응력

부재	ㅅ자보	평보	왕대공, 달대공	빗대공
응력	압축 응력, 중도리에 의한 휨 모멘트	인장 응력, 천장 하중에 의한 휨 모멘트	인장 응력	압축 응력

81 | 왕대공의 압축력 부재
09

목조 왕대공 지붕틀에서 압축력을 받는 부재는?

① 달대공 ② 왕대공
③ 평보   ④ 빗대공

해설 왕대공 지붕틀의 부재의 응력을 보면 ㅅ자보는 압축 응력과 중도리에 의한 휨모멘트, 평보는 인장 응력과 천장 하중에 의한 휨모멘트, 왕대공 및 달대공(수직 부재)은 인장 응력, 빗대공은 압축 응력을 받는 부재이다.

82 | 절충식 동자기둥의 용어
11

절충식 지붕틀에서 보 위에 세워 중도리, 마룻대를 받는 부재의 명칭은?

① 동자기둥 ② 지붕꿸대
③ 지붕널   ④ 서까래

해설 지붕꿸대는 지붕 동자기둥을 연결하는 꿸대로서 동자기둥, 대공을 서로 연결하기 위하여 꿸대를 수평, 빗방향 또는 가새를 대고, 동자기둥 대공을 꿰뚫어 넣거나 옆에 대고 못질한 꿸대이고, 지붕널은 지붕면이나 서까래 위에 덮는 널이며, 서까래는 처마도리와 중도리 및 마룻대 위에 지붕물매의 방향으로 걸쳐대고 산자나 지붕널을 받는 경사 부재이다.

83 | 절충식 베개보의 용어
24, 14, 11, 01

절충식 지붕틀에서 지붕 하중이 크고, 간 사이가 넓을 때 중간에 기둥을 세우고 그 위 지붕보에 직각으로 걸쳐대는 부재의 명칭은?

① 베게보 ② 서까래
③ 추녀   ④ 우미량

해설 서까래는 처마도리, 중도리 및 마룻대 위에 지붕 물매의 방향으로 걸쳐대고 산자나 지붕널을 받는 경사 부재이고, 추녀는 모임 지붕의 귀에 대각선 방향으로 거는 경사 부재이며, 우미량은 도리와 보에 걸쳐 동자기둥을 받는 보 또는 처마도리와 동자기둥에 걸쳐 그 일단을 중도리로 쓰는 보이다.

84 | 절충식 서까래의 용어
23, 20, 11

절충식 지붕틀에서 처마도리, 중도리, 마룻대 위에 지붕 물매의 방향으로 걸쳐 대는 부재의 명칭은?

① 베개보 ② 서까래
③ 추녀   ④ 우미량

해설 베개보는 절충식 지붕틀에서 지붕 하중이 크고, 간 사이가 넓을 때 중간에 기둥을 세우고 그 위 지붕보에 직각으로 걸쳐대는 부재 또는 지붕보의 중간을 직각으로 가로 받치는 보이고, 추녀는 모임 지붕의 귀에 대각선 방향으로 거는 경사 부재이며, 우미량은 도리와 보에 걸쳐 동자기둥을 받는 보 또는 처마도리와 동자기둥에 걸쳐 그 일단을 중도리로 쓰는 보이다.

85 | 부재(목 구조의 중요 부재)
10

목조 건물의 중요 부재를 건물 하부에서부터 차례로 기술한 것은?

① 기둥 → 깔도리 → 평보 → 처마도리
② 깔도리 → 기둥 → 처마도리 → 평보
③ 평보 → 기둥 → 처마도리 → 깔도리
④ 처마도리 → 깔도리 → 평보 → 기둥

해설 목 구조의 중요 부재를 상부에서 하부로 나열하면, 처마도리 → 평보 → 깔도리 → 기둥 → 토대의 순이다.

정답 79.④ 80.② 81.④ 82.① 83.① 84.② 85.①

86 | 연결 철물(앵커 볼트 사용처) 04

조적 구조에서 지붕을 왕대공 지붕틀로 할 때 벽체와 지붕틀을 고정하는 것은?

① 안장쇠 ② 띠쇠
③ 듀벨   ④ 앵커 볼트

해설 안장쇠는 띠쇠를 구부려서 안장형으로 만든 것으로 큰 보와 작은 보의 맞춤에 사용하고, T자형의 부분을 조이는데 사용하고, 띠쇠는 띠모양으로 된 이음 철물이며, 좁고 긴 철판을 적당한 길이로 잘라 양쪽에 볼트, 가시못 구멍을 뚫은 철물로서 두 부재의 이음새, 맞춤새에 대어 두 부재가 벌어지지 않도록 보강하는 철물을 말한다. 왕대공과 ㅅ자보의 맞춤에 사용하며, 듀벨은 볼트와 함께 사용하는데 듀벨은 전단력에, 볼트는 인장력에 작용시켜 접합재 상호간의 변위를 막는 강한 이음을 얻는 데 사용한다. 큰 간사이의 구조, 포갬보 등에 쓰이고 파넣기식과 압입식이 있다.

87 | 지붕(금속판 잇기 방법) 16, 11, 09, 01

다음 중 지붕 공사에서 금속판을 잇는 방법이 아닌 것은?

① 평판 잇기   ② 기와 가락 잇기
③ 마름모 잇기 ④ 쪽매 잇기

해설 지붕의 금속판 잇기 방법에는 평판 잇기(一자 이음, 마름모 이음), 기와 가락 잇기 및 골판 잇기 등의 방법이 있고, 쪽매 잇기는 마루널 잇기의 방법이다.

88 | 지붕(박공 지붕의 평면도) 16, 08, 02

다음 지붕 평면도에서 박공 지붕은?

① ②
③ ④

해설 ① 평지붕, ③ 방형 지붕, ④ 모임 지붕이다.

89 | 지붕(각종 지붕의 평면도) 04

지붕의 평면과 지붕 명칭의 연결 중 옳지 않은 것은?

① : 외쪽 지붕   ② : 박공 지붕
③ : 모임 지붕   ④ : 합각 지붕

해설 합각 지붕의 평면은 이고, ④번의 지붕은 꺾임 지붕이다.

90 | 지붕(합각 지붕의 평면도) 21, 12, 07, 04

그림과 같은 지붕 평면을 구성하는 지붕의 명칭은?

① 합각 지붕   ② 모임 지붕
③ 박공 지붕   ④ 꺾임 지붕

해설 지붕의 모양

종류	합각 지붕	모임 지붕	박공 지붕	꺾임 지붕
평면				

91 | 지붕(각종 지붕의 형태) 03

다음의 지붕에 대한 설명으로 맞는 것은?

① 박공 지붕 – 모임 지붕 물매의 상하가 다르게 된 지붕이다.
② 솟을 지붕 – 양쪽 방향으로 경사진 지붕으로 맞배 지붕이라고도 한다.
③ 맨사드 지붕 – 지붕의 일부분을 높게 하여 채광, 통풍을 위해 만든 작은 지붕이다.
④ 합각 지붕 – 모임 지붕 일부에 박공 지붕을 같이 한 지붕이다.

해설 박공(맞배)지붕은 건축물의 모서리에 추녀가 없고, 용마루까지 벽이 감각형으로 되어 올라간 지붕이고, ①항의 설명은 망사르드 지붕이며, 솟을 지붕은 지붕의 일부가 높이 솟아 오른 지붕 또는 중앙간 지붕이 높고 좌우간 지붕이 낮게 된 지붕으로서 채광과 통풍을 위하여 지붕의 일부분이 더 높게 솟아 오른 작은 지붕으로 공장 등에 많이 사용하며, 합각 지붕은 지붕 위에 까지 박공이 달리게 된 지붕 또는 끝은 모임 지붕처럼 되고, 용마루의 부분에 삼각형의 벽을 만든 지붕이다.

92 | 지붕(지붕틀의 높이) 04, 99

간사이가 6m인 지붕틀에서 4cm 물매라면 지붕틀의 높이는?

① 24cm   ② 60cm
③ 120cm ④ 240cm

정답 86. ④ 87. ④ 88. ② 89. ④ 90. ② 91. ④ 92. ③

해설 지붕틀의 높이=$\frac{1}{2}$×간사이×지붕의 물매이다. 그런데 지붕의 물매가 4cm=4/10이고, 간사이가 6m=600cm이다.
∴ 지붕틀의 높이=$\frac{1}{2}$×간사이×지붕의 물매=$\frac{1}{2}$×600×$\frac{4}{10}$
=120cm

93 | 홈통(선 홈통의 용어)
18, 09

처마 홈통에 모인 빗물을 지상으로 유도하는 홈통으로서 원형 또는 각형으로 만든 수직관을 홈통걸이 철물로써 약 1.2m 간격으로 벽 또는 기둥에 고정시킨 것은?

① 깔때기 홈통 ② 선 홈통
③ 지붕골 홈통 ④ 흘러내림 홈통

해설 처마 홈통은 처마끝의 빗물처리를 위해 수평으로 댄 홈통이고, 선 홈통은 처마 홈통에 모인 빗물을 지상으로 유도하는 홈통으로서 수직관을 벽 또는 기둥에 약 1.2m 간격으로 고정한다.

94 | 연결 철물의 종류
10, 98

목재 이음의 보강 철물로 적합하지 않은 것은?

① 못 ② 나사못
③ 리벳 ④ 볼트

해설 목재의 이음에 사용하는 보강 철물에는 못, 나사못 및 볼트등이 있고, 리벳은 철골 구조의 형강을 접합할 때 사용한다.

95 | 연결 철물(ㄱ자쇠의 용어)
08

목 구조에서 가로재와 세로재가 직교하는 모서리 부분에 직각이 변하지 않도록 보강하는 철물은?

① 감잡이쇠 ② ㄱ자쇠
③ 띠쇠 ④ 안장쇠

해설 접합부의 보강 철물

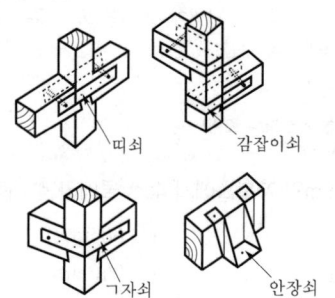

96 | 연결 철물(듀벨의 용어)
13

목 구조에 사용하는 철물 중 보기와 같은 기능을 하는 것은?

목재 접합부에서 볼트의 파고들기를 막기 위해 사용하는 보강철물이며, 전단 보강으로 목재 상호 간의 변위를 방지한다.

① 꺽쇠 ② 주걱볼트
③ 안장쇠 ④ 듀벨

해설 꺽쇠는 강봉 토막의 양 끝을 뾰족하게 하고, ㄷ자형으로 구부려 2부재를 이을 때 사용하는 철물이고, 주걱 볼트는 목 구조에서 깔도리와 처마도리를 고정시켜 주는 철물이며, 안장쇠는 안장 모양으로 만든 철물로서 큰 보에 걸쳐 작은 보를 받게 하거나, 귀보와 귀잡이보 등을 접합하는 데 사용한다.

97 | 연결 철물
11

목 구조에 사용되는 연결 철물에 대한 설명으로 옳지 않은 것은?

① 띠쇠는 I 자형으로 된 철판에 못, 볼트 구멍이 뚫린 것이다.
② 감잡이쇠는 평보를 대공에 달아맬 때 연결시키는 보강 철물이다.
③ ㄱ자쇠는 가로재와 세로재가 직교하는 모서리 부분에 직각이 맞도록 보강하는 철물이다.
④ 안장쇠는 큰 보를 따낸 후 작은 보를 걸쳐 받게 하는 철물이다.

해설 안장쇠는 안장 모양으로 만든 철물로서 큰 보에 걸쳐 작은 보를 받게 하거나, 귀보와 귀잡이보 등을 접합하는 데 사용한다.

98 | 연결 철물
16

목 구조에 사용되는 연결 철물에 관한 설명으로 옳은 것은?

① 띠쇠는 ㄷ자형으로 된 철판에 못, 볼트 구멍이 뚫린 것이다.
② 감잡이쇠는 평보를 ㅅ자보에 달아맬 때 연결시키는 보강 철물이다.
③ ㄱ자쇠는 가로재와 세로재가 직교하는 모서리 부분에 직각이 맞도록 보강하는 철물이다.
④ 인장쇠는 큰 보를 따낸 후 작은 보를 걸쳐 받게 하는 철물이다.

정답 93.② 94.③ 95.② 96.④ 97.④ 98.③

해설 띠쇠는 일자형으로 된 철판에 못, 볼트, 구멍이 뚫린 것이고, 감잡이쇠는 평보를 왕대공에 달아맬 때 연결시키는 보강 철물이며, 안장쇠는 큰 보에 걸쳐 작은 보를 받게 하는 철물이다.

99 | 연결 철물
23, 20, 16, 11, 05

목 구조에 사용되는 철물에 대한 설명으로 옳지 않은 것은?

① 듀벨은 볼트와 같이 사용하여 접합재 상호간의 변위를 방지하는 강한 이음을 얻는 데 사용된다.
② 꺾쇠는 몸통이 정방형, 원형, 평판형인 것을 각각 각꺾쇠, 원형꺾쇠, 평꺾쇠라 한다.
③ 감잡이쇠는 강봉 토막의 양 끝을 뾰족하게 하고 ㄴ자형으로 구부린 것으로 두 부재의 접합에 사용된다.
④ 안장쇠는 안장 모양으로 한 부재에 걸쳐놓고 다른 부재를 받게 하는 이음, 맞춤의 보강 철물이다.

해설 감잡이쇠는 지붕보와 왕대공, 토대와 기둥에 사용하는 보강 철물로서 ㄷ자형으로 구부려 만든 띠쇠이다.

100 | 연결 철물의 사용처
20, 14

목 구조에 사용되는 철물의 용도에 대한 설명으로 옳지 않은 것은?

① 감잡이쇠 : 왕대공과 평보의 연결
② 주걱 볼트 : 큰보와 작은보의 맞춤
③ 띠쇠 : 왕대공과 ㅅ자보의 맞춤
④ ㄱ자쇠 : 모서리 기둥과 층도리의 맞춤

해설 큰보와 작은보의 맞춤에는 안장 맞춤과 볼트를 사용하고, 주걱 볼트는 보와 기둥 또는 보와 도리를 고정하는 철물이다.

101 | 연결 철물의 사용처
02

목 구조의 보강 철물의 설명으로 틀린 것은?

① 듀벨 : 전단력을 받는 곳에 사용
② 띠쇠 : 일자형으로 된 철판에 가시못 또는 볼트 구멍을 뚫은 것
③ 감잡이쇠 : 도리 등의 직각 부분
④ 안장쇠 : 큰보와 작은보를 연결할 때 사용

해설 감잡이쇠는 지붕보와 왕대공, 토대와 기둥을 조이기 위하여 사용하는 보강 철물을 말하고, 도리 등의 직각 부분에는 띠쇠를 사용한다.

102 | 창호(여닫이 창호의 용어)
10, 08, 06

경첩 등을 축으로 개폐되는 창호를 말하며, 열고 닫을 때 실내의 유효 면적을 감소시키는 단점이 있는 창호는?

① 미닫이 창호
② 미서기 창호
③ 여닫이 창호
④ 붙박이 창호

해설 미닫이 창호는 문이 열리면 문이 벽쪽으로 가서 겹치므로 개구부가 완전히 열리게 되며, 문이 벽속으로 들어가므로 보이지 않게 되어 외관상 좋고, 미서기 창호는 여닫는 데 여분의 공간을 필요로 하지 않으므로 공간이 좁을 때 사용하면 편리하나, 문짝이 세워지는 부분은 열리지 않는다. 붙박이 창호는 틀에 바로 유리를 고정시킨 창호 또는 열리지 않게 고정한 창 또는 창의 일부로서 주로 채광을 위해 설치한 창호이다.

103 | 창호(미닫이 창호의 용어)
16, 12, 11

창의 옆벽에 밀어 넣어, 열고 닫을 때 실내의 유효 면적을 감소시키지 않는 창호는?

① 미닫이 창호
② 회전 창호
③ 여닫이 창호
④ 붙박이 창호

해설 회전 창호는 은행·호텔 등의 출입구에 통풍·기류를 방지하고 출입 인원을 조절할 목적으로 쓰이며 원통형을 기준으로 3~4개의 문으로 구성된 창호이고, 여닫이 창호(여닫이 창과 문)는 창이 두 짝으로 된 쌍여닫이와 한 짝으로 된 외여닫이가 있으며, 개구부 전체가 열리기 때문에 환기에는 이로우나, 개구부가 열리는 공간 만큼의 여유 공간이 필요하므로 실내 유효 면적이 감소하는 단점이 있으며, 붙박이 창호는 틀에 바로 유리를 고정시킨 창호 또는 열리지 않게 고정한 창 또는 창의 일부로서 주로 채광을 위해 설치한 창호이다.

104 | 창호(접이문의 용어)
11, 04

두 방을 한 방으로 크게 할 때나 칸막이 겸용으로 사용하는 문은?

① 접이문
② 널문
③ 양판문
④ 자재문

해설 널문은 수직으로 댄 널의 뒤쪽에 띠장을 댄 문 또는 울거미를 짜고 널을 붙인 문이고, 양판문은 문울거미(선대, 윗막이, 밑막이, 중간막이, 중간 선대 등)를 짜고 그 정간에 양판(넓은 판)을 끼워 넣은 문이며, 자재문은 문의 개폐 방향이 앞뒤로 모두 개폐가 가능한 여닫이문의 하나로, 많은 사람이 출입하는 데 편리하여 대형 현관문에 사용한다.

105 | 창호(플러시문의 용어) 12

목재문 중에서 울거미를 짜고 합판으로 양면을 덮은 문은?

① 널문 ② 플러시문
③ 비늘살문 ④ 시스템 도어

해설 널문은 울거미를 짜고 널은 그 한면에 숨은 못박기를 하여 설치하거나 문의 울거미 한 면에 턱을 만들어 개탕으로 붙여 대는 문이고, 비늘살문은 울거미를 짜고 울거미 및 상하 살대 중에 얇고 넓은 살을 일정한 간격(3cm 정도)으로 비늘판을 서로 빗댄 문으로 차양과 통풍을 기할 수 있는 문이다. 시스템 도어는 일반적인 새시에 비해 단열성, 방음성, 기밀성, 내풍압성, 수밀성 등을 향상시킴과 동시에 다양한 개폐 방식이 가능한 도어이다.

106 | 창호(홈대) 13

나무 구조에서 홈대에 대한 설명으로 옳은 것은?

① 기둥 맨 위 처마 부분에 수평으로 거는 가로재를 말한다.
② 기둥과 기둥 사이에 가로로 꿰뚫어 넣는 수평재를 말한다.
③ 한식 또는 절충식 구조에서 인방 자체가 수장을 겸하는 창문틀을 말한다.
④ 토대에서 수평 변형을 방지하기 위하여 쓰이는 부재를 말한다.

해설 ① 처마도리, ② 인방, ④ 귀잡이 토대를 의미한다.

107 | 창호(선틀의 용어) 24, 12, 04

창문틀의 좌우에 수직으로 세워댄 틀은?

① 밑틀 ② 윗틀
③ 선틀 ④ 중간틀

해설 밑틀은 창문틀의 맨 아래에 가로대는 틀의 부재이고, 윗틀은 문틀의 세로선틀 위에 가로 대는 울거미이며, 중간틀은 창문이 위, 아래로 있을 때 그 중간에 가로대는 창호틀의 한 부재이다.

108 | 창호 철물(도어 체크의 용어) 22, 09

문과 문틀에 장치하여 열려진 여닫이문이 저절로 닫아지게 하는 창호 철물은?

① 도어 후크 ② 도어 홀더
③ 도어 체크 ④ 도어 스톱

해설 도어 후크는 도어 스톱과 한 철물에 붙어있어 놋쇠나 포금제 돌출부 끝에 달아 문 손잡이가 벽에 닿는 것을 방지하고 갈고리로 문이 닫히지 않게 걸어 두게 되어 있고, 도어 홀더는 여닫이 창호를 열어서 고정시켜 놓는 철물이며, 도어 체크(도어 클로저)는 여닫이 문을 자동적으로 개폐할 수 있게 하는 철물로서 재료는 강철, 청동 등의 주조물이며, 스프링이나 피스톤 장치로서 개폐 속도를 조절한다.

109 | 창호와 창호 철물 24, 12, 08, 04, 01

다음 중 창호와 창호 철물에 관한 설명으로 옳지 않은 것은?

① 철제 뼈대에 천을 붙이고 상부는 홈대형의 행거 레일에 달바퀴로 매달아 접어 여닫게 만든 문을 아코디언 도어라 한다.
② 일반적으로 환기를 목적으로 하고 채광을 필요로 하지 않은 경우에 붙박이창을 사용한다.
③ 오르내리창에는 크레센트를 사용한다.
④ 여닫음 조정기 중 열려진 문을 받아 벽을 보호하고 문을 고정하는 것을 도어 스톱이라 한다.

해설 붙박이창은 일반적으로 채광만을 목적으로 하는 창이고, 환기와 채광을 목적으로 하는 창은 여닫이창, 미서기창 등이다.

110 | 계단(경사로의 경사도) 04, 99, 98

계단에 대치되는 경사로의 경사도는 얼마가 적당한가?

① 1/8 ② 1/7
③ 1/6 ④ 1/5

해설 계단에 대치되는 경사로의 규정은 건축물의 피난·방화구조 등의 기준에 관한 규칙 제15조 제5항에 있으며, 경사로의 경사도는 1/8 이하이다.

111 | 계단(계단참의 설치) 10, 06

높이가 3m를 넘는 계단에서 계단참은 계단 높이 몇 m 이내마다 설치하여야 하는가?

① 1m ② 2m
③ 3m ④ 5m

해설 건축법의 피난 및 방화에 관한 규칙에 규정되어 있다. 즉, 높이가 3m를 넘는 계단에는 높이 3m 이내마다 너비 1.2m 이상의 계단참을 설치하여야 한다.

정답 105. ② 106. ③ 107. ③ 108. ③ 109. ② 110. ① 111. ③

112 | 계단(난간두겁의 용어)
04

난간의 웃머리에 가로대는 가로재로 손스침이라고도 불리우는 것은?

① 난간동자　　② 난간두겁
③ 챌판　　　　④ 엄지기둥

해설 난간 동자는 계단의 옆 난간에 세워 댄 낮은(짧은) 기둥으로 난간 동자는 상하 통넣고 장부 맞춤 1~2개 걸름으로 긴 장부, 산지 치기 또는 숨은 못치기로 한다. 챌판은 여닫이 문의 밑막이 면에 붙여서 문짝이 발에 채이어 상하는 것을 보호하는 판 또는 계단의 디딤판 밑에 새로 막아낸 널로 장식용으로 사용한다. 엄지기둥은 계단의 난간 끝에 있는 치장 기둥으로 난간보다는 약간 튼튼한 기둥을 말하고, 의장에 따라 조각 등을 하여 치장을 할 수 있으며, 맨 끝은 멍에, 계단받이보에 맞춤 또는 장부 등으로 간결한다.

❸ 조적 구조

01 | 벽돌 구조
03

벽돌 구조에 대한 설명 중 잘못된 것은?

① 내력벽의 두께는 벽 높이의 1/20 이상으로 하는 것이 좋다.
② 내력벽으로 둘러싸인 부분의 바닥 면적은 80m²를 넘을 수 없다.
③ 각 층의 대린벽으로 구획된 벽에서는 문골의 너비의 합계는 그 벽길이의 1/2 이하로 한다.
④ 개구부와 개구부 사이의 최소 수직거리는 90cm 이상으로 한다.

해설 각 층의 대린벽으로 구획된 벽에서 개구부 너비의 합계는 그 벽길이의 1/2 이하로 하고, 개구부 바로 위에 있는 개구부와의 수직거리는 60cm 이상으로 한다.

02 | 벽돌 구조
06

벽돌 구조에 대한 설명 중 옳지 않은 것은?

① 내구, 내화적이다.
② 방한, 방서에 유리하다.
③ 구조 및 시공이 용이하다.
④ 지진, 바람 등의 횡력에 강하다.

해설 조적 구조(벽돌 구조, 블록 구조 및 돌 구조)는 건축물의 벽체나 기초를 벽돌, 블록, 돌 등의 조적재와 모르타르로 쌓아 만든 것으로 내화, 내구적인 구조체이나 풍압력, 지진력, 기타 횡력에 약한 구조체이므로 고층 건축물에는 적당하지 않다.

03 | 벽돌 구조의 단점
11

벽돌 구조의 가장 큰 단점에 해당하는 것은?

① 비내구적이다.
② 횡력에 약하다.
③ 방화에 약하다.
④ 공사 기간이 비교적 길다.

해설 조적 구조(벽돌 구조, 블록 구조 및 돌 구조)의 가장 큰 단점은 횡력(지진력, 풍압력 등)에 약한 점이다.

04 | 벽돌 구조의 특징
25, 22, 06

벽돌 구조의 특징에 대한 설명 중 옳지 않은 것은?

① 내화, 내구적이다.
② 풍압력 및 수평력에 강하다.
③ 공사 기간이 짧다.
④ 균열이 생기기 쉽다.

해설 조적 구조(벽돌 구조, 블록 구조 및 돌 구조)는 건축물의 벽체나 기초를 벽돌, 블록, 돌 등의 조적재와 모르타르로 쌓아 만든 것으로 내화, 내구적인 구조체이나 횡력(지진력, 풍압력 등)에 약하므로 고층 건축물에는 적당하지 않다.

05 | 조적식 구조
03

조적식 구조에 관한 설명 중 틀린 것은?

① 조적재를 모르타르로 쌓아서 벽체를 축조하는 구조이다.
② 개개의 재료와 교착제의 강도가 전체 강도를 좌우한다.
③ 철사, 철망 등을 써서 보강하면 더욱 튼튼하다.
④ 철골조, PC 구조, 목조 등이 있다.

해설 조적식 구조에는 벽돌 구조, 돌 구조, 블록 구조 등이 있고, 철골조와 목조는 가구식 구조이다.

정답 112. ② / 01. ④ 02. ④ 03. ② 04. ② 05. ④

06 | 벽돌 구조의 장점
18, 16

다음 중 벽돌 구조의 장점에 해당하는 것은?
① 내화·내구적이다.
② 횡력에 강하다.
③ 고층 건축물에 적합한 구조이다.
④ 실내 면적이 타 구조에 비해 매우 크다.

해설 벽돌 구조는 점토 벽돌, 시멘트 벽돌 등을 모르타르로 접착하여 내력벽을 구성하는 구조로 줄눈이 만들어지고, 벽면을 모르타르나 그 밖의 방법으로 미장하여 마무리하기도 하며, 횡력(지진력, 풍압력 등)에 약하고, 균열이 생기기 쉽다.

07 | 조적식 구조
06

다음 중 조적식 구조에 대한 설명으로 틀린 것은?
① 벽돌, 블록, 돌 등과 같은 조적재인 단일 부재와 접착제를 사용하여 쌓아올려 만든 구조이다.
② 재료 개개의 강도와 접착제의 강도가 전체 구조의 강도를 좌우한다.
③ 가장 강력하고 균일한 강도를 낼 수 있는 구조이다.
④ 철사, 철망, 철근 등으로 보강이 가능하다.

해설 조적식 구조는 개개의 재(벽돌, 블록, 돌 등)를 접착제(석회, 시멘트)를 사용하여 형성한 것으로, 횡력(지진력, 풍압력 등)에 약하므로 내진성이 부족하다.

08 | 조적식 구조의 특징
13, 11

조적식 구조의 특징으로 옳지 않은 것은?
① 각 재료의 강도와 모르타르의 접착력에 의해 구조물의 강도가 결정된다.
② 습식 구조이므로 공사 기간이 길지만, 시공이 난이하다.
③ 주로 저층 건물에 광범위하게 사용되고 있다.
④ 벽의 두께를 얇게 할 수 없고, 창호를 크게 할 수 없다.

해설 습식 구조이나, 공사 기간이 짧고, 시공이 용이한 장점이 있다.

09 | 조적식 구조의 특징
10

조적식 구조의 특징으로 볼 수 없는 것은?
① 건식 구조이다.
② 내구, 내화, 방서적이다.
③ 지진, 바람 등과 같은 횡력에 약하다.
④ 고층 건물에 적용하기 어렵다.

해설 조적식 구조는 물을 사용한 모르타르로 조적재를 접합하는 구조로서, 물을 사용하므로 습식 구조이고, 건식 구조(뼈대를 만들어 규격화한 각종 기성재를 짜 맞추는 방법으로 물을 거의 사용하지 않은 구조)의 종류에는 목 구조, 철골구조가 있다.

10 | 벽돌 쌓기(영식 쌓기의 용어)
23, 22, 18, 16, 14, 12, 06, 04, 98

벽돌 쌓기법 중 벽의 모서리나 끝에 반절이나 이오토막을 사용하는 것으로 가장 튼튼한 쌓기법은?
① 미국식 쌓기
② 프랑스식 쌓기
③ 영식 쌓기
④ 네덜란드식 쌓기

해설 벽돌 쌓기법

구분	영식	화란(네덜란드)식	플레밍(프랑스)식	미국식
A켜	마구리 또는 길이	길이와 마구리		표면 치장 벽돌 5켜 뒷면은 영식
B켜	길이 또는 마구리			
사용 벽돌	반절, 이오토막	칠오토막	반토막	
통줄눈	안생김	생김		생기지 않음
특성	가장 튼튼함	주로 사용함	외관상 아름답다.	내력벽에 사용

11 | 벽돌 쌓기(영식 쌓기의 용어)
07, 06, 03

벽돌쌓기법 중 처음 한 켜는 마구리쌓기, 다음 한 켜는 길이쌓기를 교대로 쌓는 것으로, 통줄눈이 생기지 않으며 가장 튼튼한 쌓기법으로 내력벽을 만들 때 많이 이용되는 것은?
① 화란식 쌓기
② 불식쌓기
③ 영식쌓기
④ 미식쌓기

해설 네덜란드(화란)식 쌓기는 한 면의 모서리 또는 끝에 칠오토막을 써서 길이 쌓기의 켜를 한 다음에 마구리 쌓기를 하여 마무리한 방식이고, 플레밍식 쌓기는 입면상으로 매 켜에서 길이쌓기와 마구리 쌓기가 번갈아 나오도록 되어 있는 방식이며, 미국식 쌓기는 표면에는 치장벽돌로 5켜 정도는 길이 쌓기로, 뒷면은 영국식 쌓기로 하고, 다음 한 켜는 마구리 쌓기하여 뒷벽돌에 물려서 쌓는 방법이다.

정답 06.① 07.③ 08.② 09.① 10.③ 11.③

12 | 벽돌 쌓기(영식 쌓기)
14, 11

벽돌 쌓기 방법 중 영국식 쌓기에 대한 설명으로 옳은 것은?

① 내력벽을 만들 때 많이 이용한다.
② 공간 쌓기에 주로 이용한다.
③ 외관이 아름답다.
④ 통줄눈이 생긴다.

해설 영국식 쌓기는 서로 다른 아래, 위켜(한 켜는 마구리 쌓기, 다른 한 켜는 길이 쌓기)로 쌓고, 모서리 부분에 반절, 이오토막을 사용하며, 통줄눈이 생기지 않고, 내력벽을 만들 때 사용하는 벽돌 쌓기법이다.

13 | 벽돌 쌓기(네덜란드식 쌓기 용어)
24, 12, 08, 05, 04

한 켜는 길이 쌓기로 하고 다음은 마구리 쌓기로 하며 모서리 또는 끝에서 칠오토막을 사용하는 벽돌 쌓기법은?

① 영국식 쌓기   ② 미국식 쌓기
③ 엇모 쌓기   ④ 네덜란드식 쌓기

해설 영국식 쌓기는 처음 한 켜는 마구리 쌓기, 다음 한 켜는 길이 쌓기를 교대로 쌓은 것으로 통줄눈이 생기지 않으며, 가장 튼튼한 쌓기법으로 내력벽을 만들 때 사용한다. 미국식 쌓기는 5~6켜까지는 길이 쌓기를 하고, 다음 켜는 마구리 쌓기를 하는 방식으로 구조적으로 약해 치장용 벽돌 쌓기법이나 공간 쌓기에 이용한다. 엇모 쌓기는 담이나 처마 부분에 내쌓기를 할 때 45°각도로 모서리가 면에 나오도록 쌓는 방식이다.

14 | 벽돌 쌓기(프랑스식 쌓기)
13

벽돌 쌓기에서 프랑스식 쌓기에 대한 설명으로 옳지 않은 것은?

① 외관이 아름답다.
② 부분적으로 통줄눈이 생긴다.
③ 남는 토막이 적게 생겨 경제적이다.
④ 힘을 많이 받지 않는 벽돌담 등에 사용된다.

해설 벽돌 쌓기에서 프랑스(플레밍)식 쌓기는 토막 벽돌(이오 토막, 칠오 토막 등)을 많이 사용하므로 남은 토막이 많이 생겨 비경제적이다.

15 | 벽돌 쌓기(프랑스식 쌓기 용어)
21, 14, 06, 00

벽돌쌓기에서 같은 켜에서 길이와 마구리가 교대로 나타나도록 쌓기 때문에 외관은 아름답지만 통줄눈이 되는 곳이 생기므로, 구조부보다는 장식적인 곳에서 사용되는 것은?

① 프랑스식 쌓기   ② 영국식 쌓기
③ 네덜란드식 쌓기   ④ 미국식 쌓기

해설 영국식 쌓기는 처음 한 켜는 마구리 쌓기, 다음 한 켜는 길이 쌓기를 교대로 쌓은 것으로 통줄눈이 생기지 않으며, 가장 튼튼한 쌓기법으로 내력벽을 만들 때 사용하고, 네덜란드(화란)식 쌓기는 한 켜는 길이 쌓기로 하고 다음은 마구리 쌓기로 하며 모서리 또는 끝에서 칠오토막을 사용하는 벽돌 쌓기법이며, 미국식 쌓기는 5~6켜까지는 길이 쌓기를 하고, 다음 켜는 마구리 쌓기를 하는 방식으로 구조적으로 약해 치장용 벽돌 쌓기법이나 공간 쌓기에 이용한다.

16 | 벽돌 쌓기(영롱 쌓기의 용어)
19, 17, 15, 03

벽돌 쌓기 중 벽돌면에 구멍을 내어 쌓는 방식으로 장막벽이며 장식적인 효과가 우수한 쌓기 방식은?

① 엇모 쌓기   ② 영롱 쌓기
③ 영식 쌓기   ④ 무늬 쌓기

해설 엇모 쌓기는 45° 각도로 모서리가 면에 나오도록 쌓고, 담이나 처마 부분에 사용하며, 영식 쌓기는 한 켜는 마구리 쌓기, 다른 한 켜는 길이 쌓기로 하고, 반절이나 이오토막을 사용하여 통줄눈이 생기지 않도록 쌓는 방식이며, 무늬 쌓기는 벽돌면에 무늬를 넣어 쌓는 방식이다.

17 | 벽돌 쌓기(엇모 쌓기의 용어)
12, 05

벽돌쌓기 중 담 또는 처마 부분에서 내쌓기를 할 때에 벽돌을 45° 각도로 모서리가 면에 돌출되도록 쌓는 방식은?

① 영롱 쌓기   ② 무늬 쌓기
③ 세워 쌓기   ④ 엇모 쌓기

해설 영롱 쌓기는 벽돌면에 구멍을 내어 쌓는 방식이고, 무늬 쌓기는 벽돌면에 무늬를 넣어 쌓는 방식이며, 세워 쌓기는 벽돌 벽면을 수직으로 세워 쌓는 방식이다.

18 | 벽돌 쌓기(공간 쌓기의 용어)
25, 06

벽돌벽 쌓기에서 바깥벽의 방습·방열·방한·방서 등을 위하여 벽돌벽을 이중으로 하고 중간을 띄어 쌓는 법은?

① 공간 쌓기   ② 내 쌓기
③ 들여 쌓기   ④ 띄어 쌓기

해설 공간 조적벽은 보통 벽돌벽의 바깥쪽은 빗물에 젖어 습기가 차기 쉬우므로 이를 방지하기 위하여 공간벽을 쌓는데, 벽돌벽을 이중으로 쌓아 공간을 두는 형식으로 방습, 방한, 방열, 방서 등의 장점이 있다.

정답 12. ① 13. ④ 14. ③ 15. ① 16. ② 17. ④ 18. ①

19 | 줄눈(평줄눈의 형태)

벽돌 벽면의 치장줄눈 중 평줄눈은 어느 것인가?

① 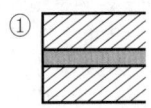 ②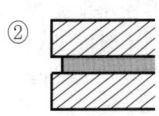

③ 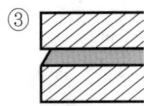 ④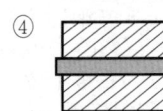

[해설] ① 민줄눈, ③ 빗줄눈, ④ 내민줄눈이다.

20 | 줄눈(민줄눈의 형태)

다음 치장 줄눈의 이름은?

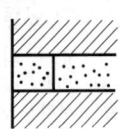

① 민줄눈 ② 평줄눈
③ 오늬줄눈 ④ 맞댄줄눈

[해설] 줄눈의 종류 중 민줄눈은 조적조에서 벽면과 같은 면이 되게 한 모르타르 줄눈이고, 평줄눈은 모르타르가 아직 굳기 전에 표면에 가까운 부분을 흙손으로 줄눈파기를 하여 만든 줄눈으로 음영의 효과는 있으나 방수성은 다른 줄눈보다 떨어진다. 맞댄줄눈은 벽돌이나 시멘트 블록이 서로 맞대어 틈서리가 거의 없게 된 줄눈이다.

21 | 줄눈(막힌 줄눈의 용어)

벽돌이 받는 하중이 균등하게 전달되게 하기 위하여 엇갈리게 쌓은 벽돌의 줄눈 명칭은?

① 치장 줄눈 ② 민 줄눈
③ 막힌 줄눈 ④ 세로 줄눈

[해설] 줄눈의 종류 중 치장 줄눈은 벽돌벽면을 제물치장으로 할 때에는 모르타르로 바르는 줄눈으로 벽돌쌓기가 끝난 후 벽돌면에서 10mm 정도 깊이로 줄눈 파기를 하고 적당한 시기에 1 : 1 모르타르로 바르고, 민줄눈은 벽면과 같은 면이 되게한 모르타르 줄눈이며, 세로 줄눈은 세로 방향의 줄눈이다.

22 | 줄눈(막힌 줄눈의 사용 이유)

벽돌 쌓기에서 막힌 줄눈을 사용하는 가장 중요한 이유는?

① 외관의 아름다움 ② 시공의 용이성
③ 응력의 분산 ④ 재료의 경제성

[해설] 막힌 줄눈(세로 줄눈의 아래·위가 막힌 줄눈)은 내력벽일 경우에는 응력의 분산을 위하여 사용하는 줄눈이다.

23 | 줄눈

벽돌쌓기에 있어 줄눈에 관한 설명 중 옳지 않은 것은?

① 벽돌과 벽돌 사이의 모르타르 부분을 줄눈이라 한다.
② 수평을 가로줄눈, 수직을 세로줄눈이라 한다.
③ 세로줄눈의 위아래가 막힌 것을 막힌줄눈이라 한다.
④ 통줄눈은 위에서 오는 하중을 균등하게 밑으로 전달시킬 수 있어 좋다.

[해설] 줄눈의 종류에는 막힌 줄눈(줄눈의 상하가 막힌 것으로 상부에서 오는 하중을 균등하게 분포시켜 하부로 전달하는 줄눈)과 통줄눈(상하가 뚫린 줄눈으로 상부에서 오는 하중을 집중하중으로 전달하는 줄눈) 등이 있다.

24 | 벽돌 쌓기법

벽돌 쌓기법에 대한 설명 중 옳지 않은 것은?

① 영식 쌓기는 처음 한 켜는 마구리 쌓기, 다음 한 켜는 길이 쌓기를 교대로 쌓는 것으로 통줄눈이 생기지 않는다.
② 네덜란드식 쌓기는 영국식과 같으나 모서리 끝에 칠오토막을 사용하지 않고 이오토막을 사용한다.
③ 프랑스식 쌓기는 부분적으로 통줄눈이 생기므로 구조벽체로는 부적합하다.
④ 영롱 쌓기는 벽돌벽 등에 장식적으로 구멍을 내어 쌓는 것이다.

[해설] 벽돌 쌓기에 있어서 네덜란드(화란)식 쌓기는 영식 쌓기와 같으나 모서리에 칠오토막(영식 쌓기는 반절이나 이오토막)을 사용하고 쌓기법이 간단하므로 주로 사용하는 방식이다.

25 | 벽돌 쌓기(하루 쌓기 최대 높이)

조적조 주택을 건축하려 한다. 하루 벽돌을 쌓을 수 있는 최대 높이는?

① 0.8m ② 1m
③ 1.2m ④ 1.5m

[해설] 벽돌 쌓기 시 주의사항은 벽돌은 쌓기 전에 물을 충분히 축여서 사용하여야 하고, 특별한 경우를 제외하고는 막힌 줄눈으로 쌓는 것을 원칙으로 하며, 하루 쌓은 높이는 1.2m(18켜)를 표준으로 하고, 최대 1.5m(22켜) 이내로 한다.

정답 19.② 20.① 21.③ 22.③ 23.④ 24.② 25.④

26 | 벽돌 쌓기
23, 08, 07

벽돌 쌓기에 대한 설명으로 옳지 않은 것은?

① 벽돌벽 등에 장식적으로 구멍을 내어 쌓는 것을 영롱 쌓기라 한다.
② 벽돌 쌓기법 중 영식 쌓기법은 가장 튼튼한 쌓기법이다.
③ 하루 쌓기의 높이는 1.8m를 표준으로 한다.
④ 가로 및 세로 줄눈의 너비는 10mm를 표준으로 한다.

해설 벽돌 쌓기에 있어서 벽돌 나누기를 하고, 벽돌의 흙과 먼지를 제거하고 충분히 물을 축이고, 하루의 쌓기 높이는 1.2m(18켜 정도)를 표준으로 하고, 최대 1.5m(22켜 정도) 이내로 한다.

27 | 벽돌 쌓기(내쌓기 목적)
22, 11

벽돌벽체의 내쌓기 목적 중 옳지 않은 것은?

① 지붕의 돌출된 처마 부분을 가리기 위해
② 벽체에 마루를 설치하기 위해
③ 장선받이, 보받이를 만들기 위해
④ 내력벽으로서 집중하중을 받기 위해

해설 벽돌벽 내쌓기는 마루 및 방화벽을 설치하고자 할 때, 지붕의 돌출된 처마 부분을 가리기 위해, 장선 받이와 보받이를 만들기 위해 사용하는 벽돌 쌓기 방식으로 벽돌을 벽면에서 부분적으로 내밀어 쌓는 방식으로 1단씩 내쌓을 때에는 B/8 정도, 2단씩 내쌓을 때에는 B/4 정도 내어 쌓으며, 내미는 최대 한도는 2.0B이다.

28 | 벽돌벽 두께(1.5B, 단열재)
09, 03, 01

다음 중 1.5B 공간 쌓기 벽돌벽 두께로 옳은 것은? (단, 표준형 벽돌 사용, 단열재의 두께는 50mm임)

① 330mm
② 320mm
③ 310mm
④ 290mm

해설 벽돌의 두께

(단위 : mm)

종류\두께	0.5B	1.0B	1.5B	2.0B	2.5B	계산식(n : 벽두께)
장려형(신형)	90	190	290	390	490	$90 + [\{(n-0.5)/0.5\} \times 100]$
재래형(구형)	100	210	320	430	540	$100 \times [\{(n-0.5)/0.5\} \times 110]$

∴ 1.5B 공간 쌓기 벽돌벽 두께 = 1.0B + 50 + 0.5B
= 190 + 50 + 90 = 330mm

29 | 벽돌벽 두께(1.5B)
22, 17, 16, 13

벽돌 구조에서 1.5B 벽체의 두께는 몇 mm인가?

① 90mm
② 190mm
③ 290mm
④ 390mm

해설 1.5B의 벽 두께 = $90 + [\{(0.5)/0.5\} \times 100]$에서 1.5B(공간 쌓기가 아닌 경우)이고, 1.5B = 1.0B + 10mm + 0.5B = 190 + 10 + 90 = 290mm이다.

30 | 벽돌벽 두께(2.0B)
12, 05, 04

다음 중 벽돌 2.0B 쌓기의 두께는? (공간쌓기 아님)

① 90mm
② 190mm
③ 290mm
④ 390mm

해설 2.0B의 벽 두께 = $90 + [\{(n-0.5)/0.5\} \times 100]$에서 n = 2.0B이므로 $90 + [\{(2.0-0.5)/0.5\} \times 100]$ = 390mm 또는 2.0B = 1.0B + 10 + 1.0B = 190 + 10 + 190 = 390mm이다.

31 | 벽돌의 마름질(이오토막)
15

이오토막으로 마름질한 벽돌의 크기로 옳은 것은?

① 온장의 1/4
② 온장의 1/3
③ 온장의 1/2
④ 온장의 3/4

해설 벽돌의 마름질 중 절은 길이와 평행 방향으로 자른 벽돌이고, 토막은 길이와 직각 방향으로 자른 벽돌이므로 반절은 길이와 평행 방향으로 너비 방향으로 반을 자른 벽돌이고, 이오 토막은 길이 방향과 직각 방향으로 1/4(25%)을 자른 벽돌이며, 반반절은 길이와 평행 방향으로 길이 방향 및 너비 방향의 반을 자른 벽돌이다. 또한, 칠오 토막은 길이 방향과 직각 방향으로 3/4(75%)을 자른 벽돌이다.

32 | 벽돌의 마름질(칠오토막)
22, 15, 13, 09

기본 벽돌에서 칠오토막의 크기로 옳은 것은?

① 벽돌 한 장 길이의 1/2 토막
② 벽돌 한 장 길이의 직각 1/2 반절
③ 벽돌 한 장 길이의 3/4 토막
④ 벽돌 한 장 길이의 1/4 토막

해설 벽돌의 마름질 중 이오 토막은 길이 방향과 직각 방향으로 1/4(25%)을 자른 벽돌이고, 칠오 토막은 길이 방향과 직각 방향으로 3/4(75%)을 자른 벽돌이다.

정답 26. ③ 27. ④ 28. ① 29. ③ 30. ④ 31. ① 32. ③

33 | 벽돌의 치수의 합계 | 10, 07

표준형 점토 벽돌의 길이, 너비, 두께의 치수 합은?

① 137mm ② 237mm
③ 337mm ④ 437mm

해설 벽돌의 마름질에서 토막은 길이 방향과 직각 방향으로 자른 것이고, 절은 길이 방향과 평행 방향으로 자른 것으로 표준형은 190mm×90mm×57mm이고, 재래형의 경우에는 105mm×100mm×60mm이므로 이를 합하면, 190+90+57=337mm

34 | 벽돌(특수 벽돌의 종류) | 05, 02

벽돌의 종류 중 특수 벽돌에 속하지 않는 것은?

① 붉은 벽돌 ② 경량 벽돌
③ 이형 벽돌 ④ 내화 벽돌

해설 벽돌의 종류에는 점토 벽돌과 특수 벽돌(이형 벽돌, 다공질 벽돌, 포도 벽돌, 규회 벽돌 및 내화 벽돌 등)이 있다.

35 | 벽돌(다공 벽돌의 용어) | 11

내부에 무수한 작은 구멍이 생기도록 만든 벽돌로서 절단·못치기 등의 가공이 유리한 벽돌은?

① 보통 벽돌 ② 다공 벽돌
③ 내화 벽돌 ④ 이형 벽돌

해설 보통(붉은) 벽돌은 진흙을 빚어 소성한 적갈색의 벽돌이고, 내화 벽돌은 높은 온도를 요하는 장소(용광로, 유리 및 시멘트 소성 가마, 굴뚝 등)에 사용하는 벽돌로서 내화도(저급, 중급, 고급 내화 벽돌)와 화학적 성질(산성, 염기성, 중성 내화 벽돌)에 따라 구분하며, 치수는 230mm×114mm×65mm이며, 이형 벽돌은 특수 구조부(창, 출입구, 천장 등)에 사용하는 것으로 보통 벽돌을 절단한 것도 이형 벽돌의 일종이다.

36 | 벽돌(포도용 벽돌의 용어) | 15, 12

도로 포장용 벽돌로서 주로 인도에 많이 쓰이는 것은?

① 이형 벽돌 ② 포도용 벽돌
③ 오지 벽돌 ④ 내화 벽돌

해설 이형 벽돌은 창, 출입구, 천장 등의 특수 구조부에 사용하고, 오지 벽돌은 치장 벽돌로 사용하며, 내화 벽돌은 굴뚝, 페치카의 내부, 보통 및 고열 가마에 사용한다.

37 | 벽돌의 품질 | 07, 06, 04

점토 벽돌 품질 시험의 주된 대상은?

① 흡수율 및 전단 강도
② 흡수율 및 압축 강도
③ 흡수율 및 휨강도
④ 흡수율 및 인장 강도

해설 벽돌은 압축 강도와 흡수율에 따라서 1, 2, 3종으로 구분한다. 그러므로 벽돌의 시험에는 흡수 및 압축 시험을 한다.

38 | 벽돌 벽체 | 04

벽돌 구조의 벽체에 관한 설명 중 옳은 것은?

① 개구부의 상하간 수직 거리는 30cm 이상으로 한다.
② 개구부가 1.8m 이상의 폭일 경우, 상부에 철근 콘크리트 인방보를 설치한다.
③ 벽돌벽에 배관과 배선을 위해 홈을 설치할 경우, 가로 홈은 그 길이를 4m 이하로 하고, 깊이는 벽두께의 1/5 이하로 한다.
④ 개구부 상호간 또는 개구부와 대린벽 중심과의 수평 거리는 벽두께의 1.5배 이상으로 한다.

해설 개구부 상하간의 수직거리는 60cm 이상으로 하고, 벽돌벽에 배관과 배선을 위해 홈을 설치할 경우, 가로 홈은 그 길이를 3m 이하로 하고, 깊이는 벽두께의 1/3 이하로 하며, 개구부 상호간 또는 개구부와 대린벽 중심과의 수평 거리는 벽두께의 2배 이상으로 한다.

39 | 벽돌 벽체 | 06

벽돌 구조의 벽체에 대한 설명으로 옳은 것은?

① 내력벽의 길이는 8m를 초과할 수 없다.
② 개구부 위와 그 바로 위의 개부구과의 수직 거리는 60cm 이상으로 한다.
③ 너비 120cm를 넘는 개구부의 상부에는 반드시 철근 콘크리트 인방보를 설치하여야 한다.
④ 내력벽으로 둘러싸인 부분의 바닥 면적은 60m^{2}를 넘을 수 없다.

해설 내력벽의 길이는 10m를 초과할 수 없고, 너비가 180cm를 넘는 개구부의 상부에는 반드시 철근 콘크리트 인방보를 설치하여야 하며, 내력벽으로 둘러 싸인 부분의 바닥 면적은 80m^2 이하로 하여야 한다.(단, 60m^{2}를 넘는 경우에는 벽두께를 달리 적용한다.)

정답 33. ③ 34. ① 35. ② 36. ② 37. ② 38. ② 39. ②

40 | 벽돌(내력벽의 용어)
09, 06

벽, 지붕, 바닥 등의 수직 하중과 풍력, 지진 등의 수평 하중을 받는 중요 벽체는?

① 장막벽　　② 비내력벽
③ 내력벽　　④ 칸막이벽

해설 조적조에 있어서 내력벽은 벽체 자체의 하중과 외력(수직 및 수평 하중)을 지지하는 벽이고, 비내력벽(장막벽, 칸막이벽)은 벽체 자체의 하중만을 지지하는 벽체이다.

41 | 내력벽으로 둘러싸인 면적
24, 21, 06

다음 중 벽돌 구조에서 내력벽으로 둘러싸인 부분의 최대 바닥 면적은?

① 50m²　　② 70m²
③ 80m²　　④ 100m²

해설 조적조의 벽은 높거나 긴 벽일수록 두께를 두껍게 하며, 최상층의 내력벽의 높이는 4m를 넘지 않도록 하고, 벽의 길이가 너무 길어지면, 휨과 변형 등에 대해서 약하므로 최대 길이는 10m 이하로 하며, 벽의 길이가 10m를 초과하는 경우에는 중간에 붙임 기둥 또는 부축벽을 설치한다. 또한, 조적조의 내력벽으로 둘러싸인 부분의 바닥 면적은 80m² 이하로 하고, 60m²를 넘는 경우에는 그 내력벽의 두께는 달리 정한다.

42 | 테두리보의 용어
03

벽돌 벽체를 일체로 하고 튼튼하게 보강하기 위해 설치하는 것은?

① 내력벽　　② 보강벽
③ 비내력벽　　④ 테두리보

해설 내력벽은 건물의 모든 하중을 벽체가 받는 것으로, 지붕이나 상부는 콘크리트 슬래브로 된 것과 나무 구조된 것으로 구분할 수 있고, 비내력벽(장막벽)은 구조체의 하중은 벽돌 구체가 아닌 다른 구조 방식이고, 벽돌 벽체는 자체의 무게만 지지하는 벽으로서 단지 칸막이와 외·내부의 의미를 띠는 구조체를 말하며, 나무 구조나 블록 구조 등으로 한다. 부축벽은 길고 높은 벽체를 보강하기 위하여 벽돌벽에 붙여 일체가 되게 영식 쌓기와 프랑스식 쌓기로 쌓은 벽으로 밑에서 위로 갈수록 단면의 크기가 작아진다.

43 | 벽돌 조적조
04

벽돌 조적조에 대한 설명 중 틀린 것은?

① 벽돌쌓기는 막힌 줄눈 쌓기로 한다.
② 벽돌벽 등에 장식적으로 구멍을 내어 쌓는 것을 엇모쌓기라 한다.
③ 벽의 중간에 공간을 두고 안팎으로 쌓는 조적벽을 공간벽 또는 중공벽이라 한다.
④ 벽돌벽체의 강도는 벽두께, 높이, 길이에 영향을 받는다.

해설 영롱쌓기는 벽돌면에 구멍을 내어 쌓는 방식으로 방막벽이며, 장식적인 효과가 있고, 엇모쌓기는 45° 각도로 모서리가 면에 나오도록 쌓는 방식으로 벽면에 변화감을 주고, 음영 효과를 낼 수 있는 방식이다.

44 | 벽체의 홈
23, 09, 06

벽돌벽에 배관·배선, 기타용으로 그 층높이의 3/4 이상 연속되는 세로홈을 팔 때, 그 홈의 깊이는 벽두께의 최대 얼마 이하로 하는가?

① 1/2　　② 1/3
③ 1/4　　④ 1/5

해설 조적식 구조인 벽에 홈파기(벽돌벽에 배선·배관을 위하여 벽체에 홈을 팔 때)를 하는 경우, 그 층의 높이의 3/4 이상 연속되는 홈을 세로로 설치하는 경우에는 그 홈의 깊이는 벽두께의 1/3 이하로 하고, 가로홈을 설치하는 경우에는 벽의 두께의 1/3 이하로 하되, 그 길이를 3m 이하로 하여야 한다.

45 | 붙임기둥과 부축벽의 간격
03, 02, 99

벽돌조 건축물의 내력벽 길이가 얼마를 초과할 때 중간에 붙임기둥이나 부축벽을 만들어 보강하는가?

① 5m　　② 10m
③ 15m　　④ 20m

해설 벽돌조 벽은 높거나 긴 벽일수록 두께를 두껍게 하며, 최상층의 내력벽의 높이는 4m를 넘지 않도록 하고, 벽의 길이가 너무 길어지면, 휨과 변형 등에 대해서 약하므로 최대 길이 10m 이하로 하며, 벽의 길이가 10m를 초과하는 경우에는 중간에 붙임기둥 또는 부축벽을 설치한다.

46 | 벽체(개구부의 웃인방)
02

벽돌조에서 개구부의 너비가 몇 m가 넘는 경우에 철근 콘크리트 구조의 웃인방을 설치하여야 하는가?

① 1.2　　② 1.4
③ 1.6　　④ 1.8

해설 개구부의 너비가 1.8m 이상되는 개구부의 상부에는 철근 콘크리트 구조의 웃인방을 설치하고, 양쪽벽에 물리는 부분의 길이는 20cm 이상으로 한다.

정답　40. ③　41. ③　42. ④　43. ②　44. ②　45. ②　46. ④

47 | 벽량의 정의 | 14

벽돌조에서 벽량이란 바닥 면적과 벽의 무엇에 대한 비를 말하는가?

① 벽의 전체 면적
② 개구부를 제외한 면적
③ 내력벽의 길이
④ 벽의 두께

해설 보강 콘크리트 블록조의 내력벽의 벽량(각 방향의 내력벽 길이의 총 합계를 그 층의 내력벽으로 둘러싸인 바닥 면적으로 나눈 값)

$$벽량 = \frac{내력벽의\ 전체\ 길이(cm)}{그\ 층의\ 바닥\ 면적(m^2)} = 15cm/m^2\ 이상$$

48 | 내력벽으로 둘러쌓인 면적 | 08, 07②, 04

보강 블록조에서 내력벽으로 둘러쌓인 부분의 바닥 면적은 최대 얼마를 넘지 않도록 하여야 하는가?

① 60m²
② 70m²
③ 80m²
④ 90m²

해설 조적조의 내력벽으로 둘러싸인 부분의 바닥 면적은 80m² 이하로 하고, 60m²를 넘는 경우에는 그 내력벽의 두께는 달리 정한다.

49 | 보강블록조의 보강철근 배근 | 13

보강블록조 벽체의 보강철근과 배근과 관련된 내용으로 옳지 않은 것은?

① 철근의 정착이음은 기초보나 테두리보에 만든다.
② 철근이 배근된 곳은 피복이 충분하도록 콘크리트로 채운다.
③ 보강철근은 내력벽의 끝부분·문꼴 갓둘레에는 반드시 배치되어야 한다.
④ 철근은 가는 것을 많이 넣는 것보다 굵은 것을 조금 넣는 것이 좋다.

해설 보강블록조 벽체의 보강철근 배근에서 부착력을 증대시키기 위하여 철근의 표면적을 증대시키기 위한 방법으로 철근은 가는 것을 많이 사용하는 것이 굵은 것을 조금 사용하는 것보다 좋다.

50 | 벽체(대린벽의 용어) | 11, 08, 02

서로 직각으로 교차되는 벽을 무엇이라 하는가?

① 내력벽
② 대린벽
③ 부축벽
④ 칸막이벽

해설 내력벽은 건축물의 모든 하중을 벽체가 받는 것으로 지붕이나 상부는 콘크리트 구조로 된 것과 나무 구조로 된 것으로 구분할 수 있고, 부축벽은 길고 높은 벽돌 벽체를 보강하기 위하여 벽돌벽에 붙여 일체가 되게 영식 쌓기와 프랑스식 쌓기로 쌓은 벽으로 밑에서 위로 갈수록 단면의 크기가 작아진다. 칸막이벽은 구조체의 하중은 조적벽이 아닌 다른 구조의 방식이고, 조적벽체는 자체의 무게만 지지하는 벽으로, 단지 칸막이와 내·외장의 의장의 의미를 띠는 것을 말한다.

51 | 벽체(인방보의 용어) | 22, 11

조적 구조에서 창문 위를 가로질러 상부에서 오는 하중을 좌·우 벽으로 전달하는 부재는?

① 테두리보
② 인방보
③ 지중보
④ 평보

해설 테두리보는 조적조 벽체를 보강하여 지붕, 처마, 중도리 부분에 둘러댄 철근 콘크리트조의 보로서 벽 위를 일체적으로 연결시켜 갈라짐을 방지하고 수직 하중을 받도록 하기 위하여 벽체의 맨 위에 설치한 철근 콘크리트조의 보를 말하고, 지중보는 기초의 부동 침하 또는 기둥의 이동 방지를 목적으로 지중(땅속)의 기초와 기초를 연결한 보이며, 평보는 지붕틀의 최하부에 있어 주로 인장력을 받는 가로재로서 깔도리에 걸침으로, 처마도리는 평보에 걸침턱으로 물리고 평보 옆 한편 또는 좌우편에서 깔도리와 처마도리를 볼트로 조인다.

52 | 내력벽의 길이와 둘러싸인 면적 | 03

조적조에서 내력벽의 길이와 내력벽으로 둘러싸인 부분의 면적은 각각 얼마를 초과할 수 없는가?

① 10m, 60m²
② 10m, 80m²
③ 12m, 60m²
④ 12m, 80m²

해설 조적조 벽의 길이가 너무 길어지면, 휨과 변형 등에 대해서 약하므로 최대 길이는 10m 이하로 하며, 벽의 길이가 10m를 초과하는 경우에는 중간에 붙임 기둥 또는 부축벽을 설치한다. 또한, 조적조의 내력벽으로 둘러싸인 부분의 바닥 면적은 80m² 이하로 하고, 60m²를 넘는 경우에는 그 내력벽의 두께는 달리 정한다.

53 | 벽량의 정의 | 25, 08

조적조의 벽량에 대한 설명으로 적당하지 못한 것은?

① 내력벽 길이의 총 합계를 그 층의 건물 면적으로 나눈 값을 말한다.
② 단위 면적에 대한 그 면적 내에 있는 벽길이의 비를 나타낸다.
③ 내력벽의 양이 적을수록 횡력에 대항하는 힘이 커진다.
④ 큰 건물일수록 벽량을 증가할 필요가 있다.

정답 47.③ 48.③ 49.④ 50.② 51.② 52.② 53.③

해설 조적조의 벽량에 있어서 내력벽의 양이 많을수록 횡력에 대한 저항이 커지고, 내력벽의 양이 적을수록 횡력에 대한 저항이 작아진다.

54 | 벽돌벽의 균열 원인
04, 98

벽돌벽의 균열 원인 중 계획 및 설계상의 결함이 아닌 것은?

① 기초의 부동 침하
② 개구부 크기의 불균형 및 불합리한 배치
③ 벽체 길이, 높이에 따른 두께의 부족
④ 벽돌 및 모르타르의 강도 부족

해설 벽돌벽의 균열 원인 중 계획 설계상의 미비점에는 기초의 부동 침하, 벽체의 길이, 두께 및 개구부 크기의 불합리, 불균형 배치 등이 있고, 시공상의 결함에는 벽돌 및 모르타르의 강도 부족(모르타르의 강도가 벽돌의 강도보다 약한 경우에 균열이 발생), 재료의 신축성, 이질재와의 접합부, 통줄눈 시공, 콘크리트 보 밑 모르타르 다져넣기 부족, 세로줄눈의 모르타르 채움 부족 등이 있다.

55 | 아치 구조의 용어
07, 06

개구부 상부의 하중을 지지하기 위하여 돌이나 벽돌을 곡선형으로 쌓아올린 구조는?

① 벽식 구조
② 골조 구조
③ 아치 구조
④ 트러스 구조

해설 벽식 구조는 보와 기둥 대신에 슬래브와 벽이 일체가 되도록 구성한 구조로서 아파트에 많이 쓰이는 구조이고, 골조 구조는 공간을 구성하기 위한 가장 간단한 형태로서 기둥 위에 보를 얹어 놓은 기둥-보 시스템으로 강접된 기둥과 보는 함께 이동하고 회전하므로 수직 하중뿐만 아니라 수평 하중(바람, 지진 등)에 대해서도 큰 저항력을 갖는 구조이며, 트러스 구조는 직선 부재가 서로 한 점에서 만나고 그 형태가 삼각형인 구조로서 부재는 축력(압축과 인장)을 지지하므로 매우 효율적인 구조 시스템이다.

56 | 아치 구조(본아치의 용어)
12, 06

벽돌 구조의 아치(arch) 중 특별히 주문 제작한 아치 벽돌을 사용해서 만든 것은?

① 본아치
② 층두리아치
③ 거친아치
④ 막만든아치

해설 층두리아치는 아치가 넓을 때 반장별로 층을 지어 겹쳐 쌓는 아치이고, 거친아치는 보통 벽돌을 사용하여 줄눈을 쐐기 모양으로 한 아치이며, 막만든아치는 보통 벽돌을 아치 벽돌의 형태로 다듬어 사용하는 아치이다.

57 | 아치 구조
06, 05

벽돌 구조의 아치에 대한 설명으로 적당하지 않은 것은?

① 아치는 수직 압력을 분산하여 부재의 하부에 인장력이 생기지 않도록 한 구조이다.
② 창문의 너비가 1m 정도일 때 평 아치로 할 수 있다.
③ 문꼴 너비가 1.8m 이상으로 집중하중이 생길 때에는 인방보로 보강한다.
④ 본 아치는 보통 벽돌을 사용하여 줄눈을 쐐기 모양으로 만든 것이다.

해설 보통 벽돌을 사용하여 줄눈을 쐐기 모양을 만든 것을 거친아치라고 하고, 본아치는 아치 벽돌을 주문 제작하여 사용한 아치를 말한다. 또한, 보통 벽돌을 쐐기 모양으로 다듬어 사용한 아치는 막만든 아치이다.

58 | 백화 현상의 용어
17, 07

다음 보기가 설명하는 것은?

> 벽에 침투한 빗물에 의해서 모르타르의 석회분이 공기 중의 탄산가스(CO_2)와 결합하여 벽돌이나 조적 벽면을 하얗게 오염시키는 현상

① 블리딩 현상
② 백화 현상
③ 사운딩 현상
④ 히빙 현상

해설 블리딩 현상은 아직 굳지 않은 모르타르나 콘크리트에 있어서 윗면에 물이 스며 나오는 현상으로 블리딩이 많으면 콘크리트가 다공질이 되고, 강도, 수밀성, 내구성 및 부착력이 감소한다. 사운딩 현상은 로드에 붙인 저항체를 지하에 넣고 관입, 회전, 빼올리기 등의 저항으로부터 토층의 형상을 탐사하는 현상이며, 히빙 현상은 흙막이 바깥쪽에 있는 흙의 중량과 지표 재하중의 중량에 못견뎌 저면의 흙이 붕괴되고 흙막이 바깥쪽 흙이 안으로 밀려 볼록하게 되는 현상이다.

59 | 백화 현상의 방지 대책
11

벽돌 구조의 백화 현상 방지법으로 옳지 않은 것은?

① 파라핀 도료를 발라 염류가 나오는 것을 막는다.
② 양질의 벽돌을 사용한다.
③ 빗물이 스며들지 않게 한다.
④ 하루 쌓기 높이 이상 시공하여 공기를 단축한다.

정답 54. ④ 55. ③ 56. ① 57. ④ 58. ② 59. ④

해설 백화 현상은 모르타르에 물이 침투하면 모르타르 속에 들어 있는 석회를 용해시켜서 수산화석회를 생성하는데 수산화석회가 벽의 외부로 표출되어 공기 중의 탄산가스와 반응하여 석회석으로 변하여 벽면을 오염시키는 현상으로 방지법에는 ①, ② 및 ③ 등이 있다.

60 | 블록조(보강 블록조의 용어)
06

블록 구조 중 블록의 빈 공간에 철근과 모르타르를 채워 넣은 튼튼한 구조이며, 블록 구조로 지어지는 비교적 규모가 큰 건물에 이용되는 것은?

① 보강 블록조
② 조적식 블록조
③ 장막벽 블록조
④ 거푸집 블록조

해설 블록 구조의 형식 중 조적식 블록조는 블록을 단순히 모르타르를 사용하여 쌓은 것으로, 상부에서 오는 힘을 직접 받아 기초에 전달하는 것이며, 1·2층의 건축물에 사용하고, 블록 장막벽(장막벽 블록조)은 철근 콘크리트나 철골 등의 주체 구조체에 블록을 쌓아 벽을 만들거나 단순히 칸을 막는 정도로 쌓아 상부의 힘을 직접 받지 않는 벽을 말하며, 라멘 구조체의 벽에 많이 쓰이며, 거푸집 블록조는 살 두께가 얇고 속이 없는 ㄱ자형·ㄷ자형·T자형·ㅁ자형 등의 블록을 콘크리트의 거푸집으로 쓰고, 그 안에 철근을 배근하여 콘크리트를 부어 넣어 벽체를 만든 것으로 3층까지 할 수 있지만, 2층 정도가 적당하다.

61 | 보강 블록조의 보강 철근과 배근
11, 07

블록조 벽체의 보강 철근 배근 요령으로 옳지 않은 것은?

① 철근의 정착 이음은 기초보나 테두리보에 만든다.
② 철근이 배근된 곳은 피복이 충분하도록 모르타르로 채운다.
③ 세로근은 기초에서 보까지 하나의 철근으로 하는 것이 좋다.
④ 철근은 가는 것을 많이 넣는 것보다 굵은 것을 조금 넣는 것이 좋다.

해설 블록 및 철근 콘크리트 구조체에서 철근 배근시 부착력을 증대(철근의 표면적 증대)시키기 위하여 굵은 철근을 조금 배근하는 것보다 가는 철근을 많이 배근하는 것이 좋다.

62 | 블록조(장막벽 블록조의 용어)
02

철골 구조와 같은 강 구조체에 적당한 블록조는?

① 보강 블록조
② 조적식 블록조
③ 장막벽 블록조
④ 거푸집 블록조

해설 블록 장막벽(장막벽 블록조)는 철근 콘크리트나 철골 등의 주체 구조체에 블록을 쌓아 벽을 만들거나 단순히 칸을 막는 정도로 쌓아 상부의 힘을 직접 받지 않는 벽을 말하며, 라멘 구조체의 벽 또는 강구조체의 벽에 많이 쓰인다.

63 | 블록 구조
16

블록 구조에 대한 설명으로 옳지 않은 것은?

① 단열, 방음 효과가 크다.
② 타 구조에 비해 공사비가 비교적 저렴한 편이다.
③ 콘크리트 구조에 비해 자중이 가볍다.
④ 균열이 발생하지 않는다.

해설 블록 구조는 조적 구조의 일종으로 균열이 발생하는 단점이 있다.

64 | 블록조(조적식 블록조)
07

블록 구조의 종류 중 조적식 블록구조에 대한 설명으로 옳지 않은 것은?

① 공사비가 비교적 싸다.
② 횡력과 진동에 강하다.
③ 공기가 짧다.
④ 방화성이 있다.

해설 조적식 블록조(블록을 단순히 모르타르를 사용하여 쌓는 방식)는 상부에서 오는 하중을 직접 받아 기초에 전달하는 것이며, 1, 2층 건축물에 사용한다. 또한 조적식 구조는 횡력(지진력, 풍압력 등)과 진동에 약하다.

65 | 테두리보의 설치 목적
13, 08

보강 블록 구조에서 테두리보를 설치하는 목적과 가장 관계가 먼 것은?

① 하중을 직접 받는 블록을 보강한다.
② 분산된 내력벽을 일체로 연결하여 하중을 균등히 분포시킨다.
③ 횡력에 대한 벽면의 직각 방향의 이동으로 인해 발생하는 수직 균열을 막는다.
④ 가로 철근의 끝을 정착시킨다.

해설 테두리보의 설치 이유에는 일체식 벽체로 만들기 위함, 횡력에 대한 수직 균열의 방지, 세로 철근의 끝을 정착, 집중 하중을 받는 블록을 보강 및 분산된 벽체를 일체로 하여 하중을 균등히 분포시키기 위함이다.

66 | 테두리보의 설치 목적 | 04

블록조에서 테두리보의 설치 이유가 아닌 것은?

① 수직균열을 막기 위하여
② 벽체 한 부분에 하중을 집중시키기 위하여
③ 세로철근의 끝을 정착시키기 위하여
④ 분산된 벽체를 일체로 연결하기 위하여

해설 테두리보의 설치 이유에는 일체식 벽체로 만들기 위함, 횡력에 대한 수직 균열의 방지, 세로 철근의 끝을 정착, 집중 하중을 받는 블록을 보강 및 분산된 벽체를 일체로 하여 하중을 균등히 분포시키기 위함이다.

67 | 블록 구조 | 05

블록 구조에 대한 설명 중 옳지 않은 것은?

① 조적식 블록조에서 세로줄눈은 특별한 경우를 제외하고 통줄눈으로 한다.
② 블록 구조는 지진과 같은 수평력에 약하지만, 보강 철근을 사용하면 수평력에 견딜 수 있는 힘이 증가한다.
③ 블록은 중공부의 경사에 의한 살 두께가 두꺼운 쪽을 위로 가게 쌓는다.
④ 장막벽 블록조는 뼈대를 철근 콘크리트 구조나 철골구조로 하고 칸막이벽으로서 블록을 쌓는 방식이다.

해설 조적식 블록조(단순히 모르타르를 사용하여 쌓는 방식)는 상부에서 오는 하중을 직접 받아 기초에 전달하는 것으로 철근을 배근하지 않으므로 줄눈을 막힌 줄눈을 사용하고, 보강 블록조는 철근 배근을 위하여 통줄눈을 사용하여야 한다.

68 | 블록 구조의 습기와 빗물의 침투 | 03

블록 구조의 건축물에 습기가 차고 빗물이 스며드는 원인이 아닌 것은?

① 제작되어 시판되는 블록 자체의 방수성 결여에 의한 침투
② 벽체에 외부로 돌출된 연결 철물, 볼트 등의 철물에 의한 침투
③ 건조 및 습윤 모양이 불량한 블록의 건축 수축에 의한 균열
④ 블록과 나무의 접착부 등의 틈에 실리콘 코킹제를 가득 채웠을 경우

해설 블록의 벽면 방수법에는 블록과 목부의 접합부 등에는 코킹제를 채워 틈서리가 생기지 않게 하여야 하므로 틈에 실리콘 코킹제를 가득 채웠을 경우에는 벽면의 방수법으로 적합하다.

69 | 블록 구조 | 03

블록조에 관한 사항들이다. 바르지 못한 것은?

① 보강 블록조의 내력벽 두께는 15cm 이상으로 한다.
② 보강 블록조의 내력벽 벽량은 15cm/m² 이상으로 한다.
③ 테두리보는 블록벽체를 일체식 벽면으로 만들기 위하여 설치된다.
④ 조적식 블록조는 통줄눈 쌓기가 원칙이다.

해설 보강 블록조(블록의 빈 공간에 철근과 모르타르를 채워 넣은 튼튼한 구조)는 통줄눈 쌓기가 원칙이나 조적식 블록조는 막힌 줄눈 쌓기를 원칙으로 한다.

70 | 블록 쌓기의 원칙 | 12

블록 쌓기의 원칙으로 옳지 않은 것은?

① 블록은 살 두께가 두꺼운 쪽이 위로 향하게 한다.
② 인방보는 좌우 지지벽에 20cm 이상 물리게 한다.
③ 블록의 하루 쌓기의 높이는 1.2~1.5m로 한다.
④ 통줄눈을 원칙으로 한다.

해설 보강 블록조는 통줄눈 쌓기가 원칙이나 조적식 블록조는 막힌 줄눈 쌓기를 원칙으로 한다.

71 | 인방보의 걸침 길이 | 20, 16, 12

블록조에서 창문의 인방보는 벽단부에 최소 얼마 이상 걸쳐야 하는가?

① 5cm
② 10cm
③ 15cm
④ 20cm

해설 조적조(벽돌조, 블록조 및 돌 구조 등)에서 창문의 인방보는 벽 단부에서 최소 20cm 이상 걸쳐야 한다.

72 | 블록의 기본 치수 | 13

속빈 콘크리트 기본 블록의 두께 치수가 아닌 것은?

① 220mm
② 190mm
③ 150mm
④ 100mm

해설 속빈 콘크리트 블록의 치수는 길이×높이×두께=390mm×190mm×(100mm, 150mm, 190mm) 등이 있다.

73 | 블록(A종 블록의 압축 강도)
22, 16, 09

속빈 콘크리트 블록에서 A종 블록의 압축 강도는 최소 얼마 이상인가?

① 4MPa ② 6MPa
③ 8MPa ④ 10MPa

해설

종류	기건 비중	전단면적에 대한 압축 강도(MPa)	흡수율(%)	투수성(cm)
A종	1.7 미만	4		8 이하 (방수 블록에만 한함)
B종	1.9 미만	6	30 이하	
C종		8	20 이하	

74 | 블록(이형 블록의 형태)
03

다음 이형 블록의 명칭은?

① 반블록
② 한마구리 평블록
③ 창대 블록
④ 인방 블록

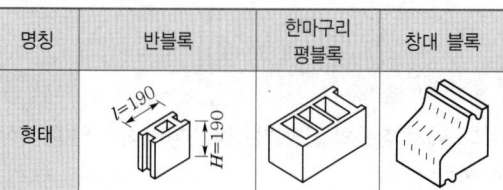

해설 각종 블록의 명칭

명칭	반블록	한마구리 평블록	창대 블록
형태	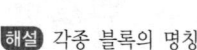		

75 | 블록(창쌤 블록의 용어)
10

다음 중 창문틀 옆에 사용되는 블록은?

① 창쌤 블록   ② 창대 블록
③ 인방 블록   ④ 양마구리 블록

해설 창대 블록은 창틀 밑에 쌓는 물흘림이 달린 특수 블록이고, 인방 블록은 창문 위에 쌓아 철근을 배근하고 콘크리트를 그 속에 다져 넣어 인방보를 만들 수 있게 된 보강한 U자형 블록이며, 양마구리 블록은 벽 모서리용 콘크리트의 일종이다.

76 | 인방돌 뒷부분 강재의 보강
25, 21, 18, 10

개구부의 너비가 크거나 상부의 하중이 클 때에 인방돌의 뒷면에 강재로 보강을 하는 이유는?

① 석재는 휨모멘트에 약하므로
② 석재는 전단력에 약하므로
③ 석재는 압축력에 약하므로
④ 석재는 수직력에 약하므로

해설 개구부의 너비가 크거나 상부의 하중이 클 때에는 인방돌의 뒷면에 강재로 보강하여 휨모멘트에 견디게 하여야 한다.

77 | 견치돌의 정의
11, 09

다음 중 견치돌을 옳게 설명한 것은?

① 지름 200mm 정도로 깨어 낸 막생긴 돌로서 지정, 잡석 다짐 등에 사용된다.
② 구들장으로 사용되며, 구들 아랫목에 놓는 것을 함실장이라 한다.
③ 한 변이 300mm 정도인 네모뿔형의 돌로서 석축에 사용된다.
④ 두께에 비하여 넓이가 큰 돌을 말하며 길이 1,000mm 정도가 주로 쓰인다.

해설 ① 잡석, ② 함실장은 구들 아랫목에 놓는 판돌, ④ 판돌에 대한 설명이고, 견치석은 면이 300mm 정도의 사각뿔형의 돌로서 면에서 뿔까지의 길이를 뒷굄길이라고 한다.

78 | 석재(견치돌의 용어)
12②, 10, 09

단변 길이가 30cm되는 정방형에 가까운 네모뿔형 돌로서 간단한 석축이나 돌쌓기에 쓰이는 석재는?

① 견치돌   ② 잡석
③ 각석   ④ 판돌

해설 잡석은 200mm 정도의 막생긴 돌로서, 지정이나 잡석 다짐에 사용하는 석재이고, 각석(장대돌, 장석)은 단면이 각형으로 길게 된 석재이며, 판돌은 두께에 비하여 넓이가 큰 석재이다.

79 | 돌쌓기(바른층 쌓기의 용어)
17, 08

돌쌓기의 1켜의 높이는 모두 동일한 것을 쓰고 수평줄눈이 일직선으로 통하게 쌓는 돌쌓기 방식은?

① 층지어 쌓기   ② 허튼층 쌓기
③ 바른층 쌓기   ④ 허튼 쌓기

해설 층지어 쌓기는 둘 서너 켜마다 수평 줄눈을 일직선으로 통하게 쌓는 방식으로 허튼층 쌓기로 하고, 허튼층 쌓기(막쌓기)는 줄눈이 규칙적으로 되지 않게 쌓는 방식이며, 바른층 쌓기는 수평 줄눈이 일직선으로 통하게 쌓는 방식으로 1켜의 높이는 모두 동일한 것을 사용한다.

정답 73.① 74.④ 75.① 76.① 77.③ 78.① 79.③

80 | 석재의 표면 가공 순서
10, 09

다음 중 석재 표면의 마무리 순서로 옳은 것은?

① 정다듬 – 메다듬 – 잔다듬 – 도드락 다듬 – 물갈기
② 메다듬 – 정다듬 – 도드락 다듬 – 잔다듬 – 물갈기
③ 잔다듬 – 메다듬 – 도드락 다듬 – 물갈기 – 정다듬
④ 정다듬 – 잔다듬 – 메다듬 – 도드락 다듬 – 물갈기

해설 석재의 가공 순서는 메다듬(쇠메) – 정다듬(정) – 도드락 다듬(도드락 망치) – 잔다듬(양날 망치) – 물갈기(와이어 톱, 다이아몬드 톱, 그라인더 톱, 원반 톱, 플레이너, 그라인더 등)의 순이다.

81 | 석재의 표면 가공(쇠메)
12

다음 중 석재 가공시 마름돌 거친 면의 돌출부를 보기 좋게 다듬을 때 사용하는 공구는?

① 도드락 망치 ② 날망치
③ 쇠메 ④ 정

해설 석재의 가공 순서는 메다듬(혹두기, 석재 가공시 마름돌 거친 면의 돌출부를 보기 좋게 다듬는 것. 쇠메) – 정다듬(정) – 도드락 다듬(도드락 망치) – 잔다듬(양날 망치) – 물갈기(와이어 톱, 다이아몬드 톱, 그라인더 톱, 원반 톱, 플레이너, 그라인더 등)의 순이다.

82 | 석재의 표면 가공(날망치)
11, 10, 08

다음 중 석재 가공 시 잔다듬에 사용되는 공구는?

① 도드락망치 ② 날망치
③ 쇠메 ④ 정

해설 석재의 가공 순서는 메다듬(쇠메) – 정다듬(정) – 도드락 다듬(도드락 망치) – 잔다듬(양날 망치) – 물갈기(와이어 톱, 다이아몬드 톱, 그라인더 톱, 원반 톱, 플레이너, 그라인더 등)의 순이다.

83 | 석구조
06, 03

다음 중 석구조에 대한 설명으로 옳지 않은 것은?

① 내구성이 좋다. ② 내화적이다.
③ 구조체가 가볍다. ④ 외관이 장중하다.

해설 석(돌)구조는 돌을 쌓아 올려 만든 조적식 구조의 일종으로 자체의 무게가 무거울 뿐만 아니라 수평력에 대하여 약하고, 벽 두께가 두꺼워 실내의 유효 면적이 작아지며, 외관이 장중하고 미려하다.

④ 철근 콘크리트 구조

01 | 철근 콘크리트 구조
03

철근 콘크리트 구조에서 잘못된 것은?

① 이형 철근의 지름이나 단면적은 그 이형 철근과 같은 단위 중량의 원형 철근을 가상한 지름이나 단면적으로 표시한다.
② 철근은 가는 철근을 많이 쓰는 것보다 굵은 철근을 적게 쓰는 것이 좋다.
③ 철근은 원형 철근보다 이형 철근이 훨씬 유리하며 마디와 리브가 높은 것일수록 부착이 잘 된다.
④ 지름이 16mm인 경우, 원형 철근은 Ø16, 이형 철근은 D16으로 표시한다.

해설 철근 콘크리트 구조에 있어서 굵은 철근을 조금 사용하는 것보다는 가는 철근을 많이 사용하는 것이 유리하다. 즉, 미세한 균열을 가져오게 함과 어울러 부착 강도를 높여주는 효과를 가져온다.

02 | 철근 콘크리트 구조
04, 02, 98

철근 콘크리트 구조에 대한 설명으로 옳은 것은?

① 철근은 압축력을, 콘크리트는 인장력을 부담한다.
② 자체중량이 작고, 시공기일이 짧다는 장점이 있다.
③ 이형철근이 원형철근보다 일반적으로 부착응력이 우수하다.
④ 무근 콘크리트의 경우에는 바닷물이 오히려 강도상 효과적이다.

해설 철근 콘크리트에 있어서 철근은 인장력에 견디고, 콘크리트는 압축력에 견디는 이상적인 구조이고, 자체중량이 크고, 시공기일이 길다는 장점이 있으며, 무근 콘크리트라고 하더라도 사용하는 물은 맑은 물을 사용하여야 한다.

03 | 철근 콘크리트 구조
23, 07

철근 콘크리트 구조에 대한 설명으로 옳지 않은 것은?

① 콘크리트는 알칼리성이므로 철근이 녹스는 것을 방지한다.
② 철근과 콘크리트의 선팽창계수는 거의 같다.
③ 콘크리트는 인장력에 강하고 철근은 압축력에 강하다.
④ 콘크리트와 철근의 강한 부착력은 철근의 좌굴을 방지한다.

정답 80. ② 81. ③ 82. ② 83. ③ / 01. ② 02. ③ 03. ③

해설 철근 콘크리트 구조체가 성립될 수 있는 원인에 대한 나열로서 ①, ② 및 ④는 옳은 내용이다. ③ 콘크리트는 압축력에, 철근은 인장력에 강한 특성을 가지고 있다.

04 | 철근 콘크리트 구조 | 08

철근 콘크리트 구조에 대한 설명으로 옳지 않은 것은?

① 콘크리트는 철근이 녹스는 것을 방지한다.
② 콘크리트와 철근이 강력히 부착되면 철근의 좌굴이 방지된다.
③ 콘크리트와 철근은 선팽창 계수가 거의 같다.
④ 압축 강도가 큰 콘크리트일수록 철근과의 부착력은 작아진다.

해설 철근과 콘크리트의 부착 강도는 피복 두께, 철근의 단면 모양과 표면 상태, 철근의 주장 및 압축 강도에 따라 변화하며, 콘크리트의 압축 강도와 부착 강도는 비례한다. 즉, 콘크리트의 압축 강도가 작으면 부착 강도도 작아진다.

05 | 철근 콘크리트 구조 | 14

철근 콘크리트 구조에 대한 설명 중 옳은 것은?

① 타 구조에 비해 자중이 가볍다.
② 타 구조에 비해 시공 기간이 짧다.
③ 콘크리트 자체의 인장력이 매우 크다.
④ 철근과 콘크리트는 선팽창 계수가 거의 같다.

해설 철근 콘크리트 구조는 자중이 무겁고, 시공 기간이 길며, 콘크리트 자체의 압축력이 매우 크다.

06 | 철근 콘크리트 구조 | 12, 07

철근 콘크리트 구조에 관한 설명 중 옳지 않은 것은?

① 각 구조부를 일체로 구성한 구조이다.
② 자중이 무겁고 기후의 영향을 많이 받는다.
③ 내구·내화성이 뛰어나다.
④ 철근과 콘크리트 간 선팽창 계수가 크게 다른 점을 이용한 구조이다.

해설 철근 콘크리트 구조체의 원리는 콘크리트는 철근의 부식을 방지하고, 철근과 콘크리트는 강력히 부착되면 철근의 좌굴이 방지되며, 압축력에도 유효하다. 또한, 철근과 콘크리트의 선팽창 계수가 거의 같고, 콘크리트는 내구 및 내화성이 있어 철근을 피복, 보호한 구조체는 내구·내화적이다.

07 | 부재(보) | 22, 10

철근 콘크리트 구조의 보에 대한 설명 중 옳지 않은 것은?

① 보에 하중이 실리면 휨모멘트와 전단력이 생긴다.
② 단순보의 중앙부에서는 통상적으로 보의 하단부가 인장측이 된다.
③ 주근은 보에 작용하는 압축력을 받기 위해 배치하는 경우가 많다.
④ 보 양단부의 단면을 경사지게 하여 중앙부보다 크게 하는데 이 부분을 헌치라 한다.

해설 철근 콘크리트 구조에서 철근을 배근하는 이유는 콘크리트의 부족한 인장력을 보강하기 위함이다.

08 | 철근 콘크리트 구조의 원리 | 14

철근 콘크리트 구조의 원리에 대한 설명으로 틀린 것은?

① 콘크리트는 압축력에 취약하므로 철근을 배근하여 철근이 압축력에 저항하도록 한다.
② 콘크리트와 철근은 완전히 부착되어 일체로 거동하도록 한다.
③ 콘크리트는 알칼리성이므로 철근을 부식시키지 않는다.
④ 콘크리트와 철근의 선팽창 계수가 거의 같다.

해설 철근 콘크리트 구조의 원리에 있어서, 콘크리트는 인장력에 취약하므로 인장력을 보강하기 위하여 철근을 배근하여 철근이 인장력에 저항하도록 한 구조이다.

09 | 철근 콘크리트 구조의 장점 | 11

철근 콘크리트 구조의 장점이 아닌 것은?

① 내화성과 내구성이 크다.
② 목 구조에 비해 횡력이 강하다.
③ 설계가 비교적 자유롭다.
④ 공사 기간이 짧고 기후의 영향을 받지 않는다.

해설 철근 콘크리트 구조는 습식 구조(물을 사용하는 구조)로서 콘크리트의 양생을 위해 충분한 기간이 필요하므로 공사 기간이 길고, 현장 작업을 많이 하므로 기후의 영향을 받는다.

정답 04. ④ 05. ④ 06. ④ 07. ③ 08. ① 09. ④

10 | 철근 콘크리트 구조의 장점 | 13

철근 콘크리트 구조의 장점이 아닌 것은?

① 내화, 내구, 내진적이다.
② 철골 구조보다 장스팬이 가능하다.
③ 설계가 자유롭다.
④ 고층 건물이 가능하다.

해설 철근 콘크리트 구조는 철골 구조와 비교하여 장스팬은 불가능하다.

11 | 철근 콘크리트 구조의 특징 | 10

철근 콘크리트 구조의 특성으로 옳지 않은 것은?

① 내화성이 크다.
② 공사 시 동절기 기후의 영향을 크게 받는다.
③ 균열이 발생하지 않는다.
④ 설계가 비교적 자유롭다.

해설 콘크리트의 장점은 압축 강도가 크고, 내화적, 내수적, 내구적이며, 강재와의 접착이 잘된다. 또한 방청력이 우수하나, 무게가 크고, 인장 강도가 작으며, 경화할 때 수축에 의한 균열이 발생하고, 보수 및 제거가 힘든 단점이 있다.

12 | 철근 콘크리트 구조의 특징 | 09

다음 중 철근 콘크리트 구조의 특징으로 옳지 않은 것은?

① 콘크리트는 열전도율이 높아 내화성이 작다.
② 내구성이 크지만 다른 구조에 비해 자중이 크다.
③ 동기 공사시 기후에 영향을 많이 받는다.
④ 설계가 비교적 자유롭고 철골조보다 유지, 관리 비용이 저렴하다.

해설 철근 콘크리트는 열전도율이 높으나, 내화성이 매우 크다.

13 | 철근 콘크리트 구조의 역할 | 06

철근 콘크리트조에서 철근에 대한 콘크리트의 역할이 아닌 것은?

① 콘크리트는 알칼리성이기 때문에 철근이 녹슬지 않는다.
② 콘크리트와 철근이 강력히 부착되면 철근의 좌굴이 방지된다.
③ 화재시 철근을 열로부터 보호한다.
④ 철근의 인장력을 크게 증가시킨다.

해설 철근 콘크리트 구조체가 일체를 이룰 수 있는 이유는 서로의 선팽창계수가 거의 같고, 콘크리트는 알칼리성이므로 철근을 녹슬게 하지 않으며, 철근은 인장력에, 콘크리트는 압축력에 강하다. 특히, 콘크리트는 철근의 좌굴을 방지하여 압축력을 증대시키는 장점이 있다.

14 | 철근(이음) | 24, 23, 08, 06

철근 이음에 대한 설명으로 옳지 않은 것은?

① 응력이 큰 곳은 피하고 한 곳에 집중하지 않도록 한다.
② 겹침 이음, 용접 이음, 기계적 이음 등이 있다.
③ D35를 초과하는 철근은 겹침 이음으로 하여야 한다.
④ 인장력을 받는 이형 철근의 겹침 이음 길이는 300mm 이상이어야 한다.

해설 D35를 초과하는 철근은 겹침 이음을 하여서는 안된다. 다만, 서로 다른 크기의 철근을 압축부에서 겹침 이음을 하는 경우, D41, D51 철근은 D35 이하의 철근과 겹침 이음이 허용되고, 기초에서 압축력만을 받는 D41, D51인 주철근은 다발 철근(D35 이하)이 지지하는 철근 속에 묻혀야 한다.

15 | 철근(정착 길이) | 07

철근의 정착 길이에 관한 설명 중 틀린 것은?

① 콘크리트의 강도가 클수록 짧게 한다.
② 철근의 지름이 클수록 길게 한다.
③ 철근의 항복강도가 클수록 짧게 한다.
④ 철근의 종류에 따라 정착 길이는 달라진다.

해설 철근의 정착 길이는 철근의 부착력을 확보하기 위한 것으로 콘크리트 강도(클수록 짧아짐)와 철근의 항복강도(클수록 길어짐), 철근의 지름(클수록 길어짐) 및 철근의 표면 상태에 따라 달라진다.

16 | 철근(정착 위치) | 10

철근의 정착 위치에 대한 설명으로 옳지 않은 것은?

① 바닥의 철근은 기둥에 정착시킨다.
② 기둥의 주근은 기초에 정착시킨다.
③ 벽의 철근은 기둥, 보 또는 바닥판에 정착시킨다.
④ 보의 주근은 기둥에 정착시킨다.

해설 철근의 정착 위치는 기둥의 주근은 기초에, 바닥판의 철근은 보 또는 벽체에, 벽철근은 기둥, 보, 기초 또는 바닥판에, 보의 주근은 기둥에, 작은 보의 주근은 큰 보에, 또 직교하는 끝부분의 보 밑에 기둥이 없는 경우에는 보 상호간에, 지중보의 주근은 기초 또는 기둥에 정착한다.

정답 10. ② 11. ③ 12. ① 13. ④ 14. ③ 15. ③ 16. ①

17 | 철근(이형 철근의 사용 목적) | 13

철근 콘크리트 구조에서 원형 철근 대신 이형 철근을 사용하는 주된 목적은?

① 압축 응력 증대
② 부착 응력 증대
③ 전단 응력 증대
④ 인장 응력 증대

해설 철근 콘크리트 구조에서 원형 철근 대신 이형 철근을 사용하는 이유는 이형 철근의 마디와 리브로 인하여 표면적이 증대되므로 부착 응력이 증대되기 때문이다.

18 | 철근 콘크리트(보의 주근 간격) | 02

철근 콘크리트 구조에서 주근 간격으로 옳은 것은?

① 최대 자갈 지름의 1.25배, 25mm 이상, 주근 지름의 1.5배 이상
② 최대 자갈 지름의 1.25배, 20mm 이상, 주근 지름의 1.5배 이상
③ 최대 자갈 지름의 1.5배, 25mm 이상, 주근 지름의 1.25배 이상
④ 최대 자갈 지름의 1.5배, 20mm 이상, 주근 지름의 1.25배 이상

해설 철근의 간격은 철근 콘크리트 구조의 굵은 골재가 철근가 철근 사이를 통과하여 빈틈없이 다져져서 균일한 콘크리트가 되도록 주근의 간격을 철근 직경의 1.5배 이상, 굵은 골재의 최대 직경의 4/3배 이상, 2.5cm(25mm) 이상이다. (단, 철근의 간격은 배근된 철근의 표면과 콘크리트 표면의 최댄 거리를 말한다.)

19 | 물·시멘트비의 영향 | 02

물·시멘트비와 가장 관계가 깊은 것은?

① 분말도
② 중량
③ 하중
④ 강도

해설 콘크리트의 강도는 물·시멘트비에 의해서 결정되고, 콘크리트의 강도에 영향을 끼치는 요인은 재료(물, 시멘트, 골재)의 품질, 시공방법(비비기 방법, 부어넣기 방법), 보양 및 재령과 시험법 등이 있다.

20 | 물·시멘트비의 영향 | 18, 12

다음 중 물-시멘트비와 가장 관계가 깊은 것은?

① 시멘트 분말도
② 콘크리트 중량
③ 골재의 입도
④ 콘크리트 강도

해설 콘크리트의 강도는 물-시멘트비에 의하여 결정되며, 그 외에도 콘크리트의 강도에 영향을 끼치는 요인은 재료(물, 시멘트, 골재)의 품질, 시공 방법(비비기 방법, 부어넣기 방법), 모양 및 재령과 시험법 등이 있다.

21 | 철근 콘크리트의 비파괴 시험 | 17, 13

철근 콘크리트 강도 측정을 위한 비파괴 시험에 해당하는 것은?

① 슈미트 해머법
② 언더컷
③ 라멜라 테어링
④ 슬럼프 검사

해설 콘크리트의 강도 시험법에는 슈미트 해머법, 초음파 속도법, 인장 강도 시험(직접 인장 시험, 할열 시험 등), 휨강도 시험(중앙점 하중법, 3등분점 하중법) 등이 있고, 언더컷은 용접의 결함이며, 슬럼프 검사는 콘크리트 시공 연도 측정 시험법이다. 또한, 라멜라 테어링은 용접 금속의 수축을 수반하는 국부적인 변형이 주원인으로 압연 강판의 층(라미네이션) 사이에 균열이 생기는 현상이다.

22 | 혼화제(염화칼슘의 용어) | 02

방수제로서 콘크리트 중의 공간을 안정하게 채우는 재료로 적당하지 않은 것은?

① 규산 백토
② 염화칼슘
③ 소석회
④ 규조토

해설 콘크리트 중의 공간을 안정하게 채워주는 것은 소석회, 암석의 분말, 규조토, 규산 백토, 염화암모늄과 철분의 혼합물 등이고, 발수성인 것은 명반, 수지, 비누 등이 있으며, 시멘트의 가수분해에 의해 생기는 수산화칼슘의 유출을 방지하는 것은 염화칼슘, 금속비누, 지방산과 석회의 화합물, 규산소다 등을 주성분으로 하는 방수제 등이 있다.

23 | 부재(기초) | 09

철근 콘크리트 기초에 대한 설명으로 옳은 것은?

① 연속 기초-2개 이상의 기둥에서 내려오는 하중을 하나의 기초판이 받도록 설계된 기초
② 독립 기초-인접한 기둥들의 기초판과 기초보가 연결된 형태
③ 복합 기초-기둥 하나로부터 전달되는 힘을 기초 하나가 지지하는 형태
④ 온통 기초-하중을 건물의 지하실 바닥판 전체가 지지하는 형태

해설 줄 기초(연속 기초)는 건축물의 주위나 벽체 및 기초를 연속하여 만든 것으로 기초판과 기초벽을 일체로 하여 단면 모양이 거꾸로 T자 모양으로 되어 있고, 독립 기초는 1개의 기둥을 하나의 기초판이 지지하게 한 것으로 기초판의 모양은 정사각형 또는 직사각형으로 하며, 넓이는 지내력이나 말뚝의 지지력 등을 고려하여 적당한 크기로 설계한다. 복합 기초는 대지 경계선 부근에서 독립 기초로 할 여유가 없을 때에 안팎의 기둥을 하나의 기초판으로 지지하게 된다.

24 | 보(늑근의 용어)
13, 09, 05, 02, 01, 98

철근 콘크리트보에서 전단력을 보강하기 위해 보의 주근 주위에 둘러 배치한 철근은?

① 나선 철근 ② 띠철근
③ 배력근   ④ 늑근

해설 나선 철근은 철근 콘크리트 기둥의 축방향 철근을 나선형으로 둘러싼 철근이고, 띠철근은 콘크리트의 가로 방향의 변형을 방지하여 압축 응력을 증가시키는 역할을 하는 철근이며, 배력근은 철근 콘크리트조의 슬래브 등에 있어 응력을 분포시킬 목적으로 정철근 또는 부철근과 직각 또는 직각에 가깝게 배근한 보조 철근이다.

25 | 보(늑근의 간격)
02, 99

철근 콘크리트 보에서 늑근 간격이 가장 좁은 곳은?

① 보의 중앙부   ② 보의 1/4 부분
③ 보의 양단부   ④ 보의 3/4 부분

해설 늑근(전단력에 저항하는 철근)의 간격은 보의 전길이에 대하여 같은 간격으로 배치하나 보의 전단력은 일반적으로 양단부에 갈수록 커지므로, 양단부에서는 간격을 좁히는 것이 보통이다.

26 | 보(늑근 설치 이유)
16, 10, 08, 07, 06, 04

철근 콘크리트보에 늑근을 사용하는 이유로 가장 적절한 것은?

① 보의 좌굴을 방지하기 위해서
② 보의 휨저항을 증가시키기 위해서
③ 보의 전단 저항력을 증가시키기 위해서
④ 철근과 콘크리트의 부착력을 증가시키기 위해서

해설 늑근은 전단력에 대해서 콘크리트가 어느 정도 견디나 그 이상의 전단력은 늑근을 배근하여 견디도록 하여야 한다.

27 | 보(휨 강도 증대 방법)
23, 14

철근 콘크리트 보의 휨 강도를 증가시키는 방법으로 가장 적당한 것은?

① 보의 춤(depth)을 증가시킨다.
② 원형 철근을 사용한다.
③ 중앙 상부에 철근 배근량을 증가시킨다.
④ 피복 두께를 얇게 하여 부착력을 증가시킨다.

해설 철근 콘크리트 보의 휨 강도를 증가시키는 방법에는 단면 2차 모멘트를 증대시켜야 하므로 보의 너비와 춤을 증대시킨다.

28 | 보(주근)
03

철근 콘크리트보의 주근에 대한 기술 중 옳지 않은 것은?

① 주근은 D13 이상의 철근을 사용한다.
② 주근의 배치는 보통 2단 이하로 한다.
③ 주근의 간격은 2.0cm 이상, 자갈 지름의 1.5배 이상이어야 한다.
④ 주근의 이음 위치는 큰 인장력이 생기는 곳을 피한다.

해설 보의 주근의 간격은 배근된 철근 표면의 최단 거리를 말하고, 2.5cm 이상, 주근 직경의 1.0배 이상, 굵은 골재의 최대직경의 4/3배 이상으로 하고, 기둥의 주근의 간격은 40mm 이상, 주근 직경의 1.5배 이상, 굵은 골재의 최대직경의 4/3배 이상으로 한다.

29 | 보
04

철근 콘크리트조의 보에 대한 설명 중 옳지 않은 것은?

① 일반적으로 정사각형보다 가장 널리 쓰인다.
② 단순보인 경우 하중이 아래로 작용하면, 휨모멘트에 의해 보의 중앙부에서는 아래쪽에 인장력이 생긴다.
③ 구조 내력상 중요한 보는 복근보로 하는 것이 좋다.
④ 정도를 넘는 전단력에 대해서는 늑근을 배치하여 보강한다.

해설 철근 콘크리트보의 단면 형태는 주로 장방형의 형태가 가장 널리 사용된다.

30 | 보(유효춤)
03, 02, 00

철근 콘크리트보의 유효춤은 기둥 간격의 얼마로 하는가?

① 1/2~1/4   ② 1/5~1/8
③ 1/10~1/15 ④ 1/16~1/19

정답 24. ④ 25. ③ 26. ③ 27. ① 28. ③ 29. ① 30. ③

해설 철근 콘크리트보의 춤은 간사이(스팬, 기둥 간격)의 1/10~1/15 정도이고, 철골 트러스보의 춤은 간사이의 1/10~1/15 정도이며, 철근 라멘보의 춤은 간사이의 1/15~1/16 정도이다. 철골 형강보의 춤은 간사이의 1/15~1/30 정도이다.

31 | 띠기둥의 주근 최소 개수
11, 08

철근 콘크리트 압축부재의 축방향 주철근의 개수는 최소 몇 개 이상으로 하여야 하는가? (단, 사각형이나 원형 띠철근으로 둘러싸인 경우)

① 3개 ② 4개
③ 6개 ④ 8개

해설 압축 부재의 축방향 주철근의 최소 개수는 사각형이나 원형 띠철근으로 둘러싸인 경우에는 4개, 삼각형 띠철근으로 둘러싸인 경우에는 3개, 나선 철근으로 둘러싸인 경우에는 6개 이상으로 하여야 한다.

32 | 나선기둥의 주근 최소 개수
15

철근 콘크리트 구조에서 나선 철근으로 둘러싸인 원형 단면 기둥 주근의 최소 개수는?

① 3개 ② 4개
③ 6개 ④ 8개

해설 철근 콘크리트 압축 부재에서 직사각형의 띠철근 내부의 축방향 주철근의 개수는 4개 이상, 삼각형 띠철근 내부의 철근의 경우 3개 이상, 나선 철근으로 둘러싸인 철근의 경우 6개 이상으로 한다.

33 | 보(철근비)
02

철근 콘크리트 구조에서 콘크리트 단면적에 대한 주근 총 단면적의 비율은 기둥 단면의 최소 너비와 각 층마다의 기둥의 유효 높이의 비가 10을 초과할 때에는 몇 % 이상으로 하여야 하는가?

① 0.2% ② 0.4%
③ 0.6% ④ 0.8%

해설 기둥 철근 배근 시 유의사항 중 콘크리트의 단면적에 대한 주근의 총 단면적의 비율은 기둥 단면의 최소 너비와 각 층마다의 기둥의 유효 높이의 비가 5 이하인 경우에는 0.4% 이상, 10을 초과하는 경우에는 0.8% 이상으로 한다.

34 | 기둥(최소 단면 치수)
03

철근 콘크리트 기둥의 최소 단면 치수는 몇 cm 이상으로 해야 하는가?

① 15cm ② 20cm
③ 25cm ④ 30cm

해설 기둥의 최소 단면의 치수는 200mm(20cm) 이상이고, 최소 단면적은 60,000mm² 이상이며, 기둥의 간격은 4~8m이다.

35 | 최소 단면 치수와 단면적
07, 06, 02

철근 콘크리트 기둥의 최소 단면 치수와 최소 단면적은?

① 100mm, 30,000mm² ② 200mm, 60,000mm²
③ 300mm, 90,000mm² ④ 400mm, 120,000mm²

해설 기둥의 최소 단면의 치수는 200mm(20cm) 이상이고, 최소 단면적은 60,000mm² 이상이며, 기둥의 간격은 4~8m이다.

36 | 기둥(압축 부재)
06

철근 콘크리트 압축 부재에 대한 설명으로 틀린 것은?

① 띠철근 압축 부재 단면의 최소 치수는 200mm이다.
② 압축 부재의 축방향 주철근의 최소 개수는 직사각형 띠철근 내부의 철근의 경우 4개이다.
③ 띠철근 압축 부재의 단면적은 60,000mm² 이상이어야 한다.
④ 띠철근이나 나선 철근은 D16 이하의 철근을 사용하여서는 안 된다.

해설 철근 콘크리트 압축 부재에 있어서 띠철근이나 나선 철근은 6mm 이상의 철근을 사용하여야 한다.

37 | 기둥
05

철근 콘크리트 기둥에 대한 설명으로 잘못된 것은?

① 원형이나 다각형 기둥의 주근은 최소 6개 이상
② 사각형 기둥의 주근은 최소 4개 이상
③ 기둥의 최소 단면 치수는 25cm 이상
④ 기둥의 최소 단면적은 600cm² 이상

해설 철근 콘크리트의 주근은 D13(ϕ12) 이상의 것을 장방형의 기둥에서는 4개 이상, 원형기둥에서는 6개 이상을 사용하고, 기둥의 최소 단면의 치수는 200mm(20cm) 이상이고, 최소 단면적은 60,000mm² 이상이며, 기둥의 간격은 4~8m이다.

정답 31. ② 32. ③ 33. ④ 34. ② 35. ② 36. ④ 37. ③

38 | 기둥(띠철근 용어)
12

철근 콘크리트 구조 기둥에서 주근의 좌굴과 콘크리트가 수평으로 터져나가는 것을 구속하는 철근은?

① 주근
② 띠철근
③ 온도철근
④ 배력근

해설 주근은 철근 콘크리트 구조의 보, 기둥, 슬래브 등에 있어서 주요한 힘을 받는 철근이고, 온도철근은 온도 변화에 따른 콘크리트의 수축으로 인하여 생긴 균열을 최소화하기 위해 PC 부재의 전면에 걸쳐 넣은 철근이다. 배력근은 철근 콘크리트 구조의 슬래브 등에 있어 주근의 위치를 확보, 응력의 분포, 건조 수축과 온도 변화에 의한 콘크리트 균열을 방지할 목적으로 정철근, 부철근과 직각 또는 직각에 가깝게 배치하는 보조 철근이다.

39 | 기둥(띠철근 간격)
22, 09, 06, 02

다음 중 기둥의 띠철근 수직 간격 기준으로 옳은 것은?

① 철선 지름의 25배 이하
② 띠철근 지름의 16배 이하
③ 축방향 철근 지름의 36배 이하
④ 기둥 단면의 최소 치수 이하

해설 띠철근의 직경은 6mm 이상의 것을 사용하고 그 간격은 주근 직경의 16배 이하, 띠철근 직경의 48배 이하, 기둥의 최소 치수 이하 중의 최소값으로 한다. 단, 띠철근은 기둥 상·하단으로부터 기둥의 최대 너비에 해당하는 부분에서는 앞에서 설명한 값의 1/2로 한다.

40 | 슬래브(2방향 슬래브의 정의)
25*, 24, 23, 19, 18, 17, 16, 04

철근 콘크리트조에서 단변(l_x)과 장변(l_y)의 길이의 비 $\left(\dfrac{l_y}{l_x}\right)$가 얼마 이하일 때 2방향 슬래브(slab)라 하는가?

① 1
② 2
③ 3
④ 4

해설 1방향 슬래브라 함은
변장비(λ) = $\dfrac{l_y(\text{장변 방향의 순 간사이})}{l_x(\text{단변 방향의 순 간사이})}$ > 2 이고,

2방향 슬래브라 함은 변장비(λ) = $\dfrac{l_y(\text{장변 방향의 순 간사이})}{l_x(\text{단변 방향의 순 간사이})}$ ≤ 2 이다.

41 | 슬래브(플랫 슬래브의 용어)
23, 20, 13, 08

건물의 외부보를 제외하고는 내부에는 보 없이 바닥판만으로 구성하고 그 하중은 직접 기둥에 전달하는 슬래브의 종류는?

① 2방향 슬래브
② 장방형 슬래브
③ 플랫 슬래브
④ 장선 슬래브

해설 격자(워플) 슬래브는 장선 바닥판의 장선을 직교하여 구성한 우물 반자 형태로 된 2방향 장선 바닥 구조로 작은 돔형의 거푸집이 사용되는 슬래브이고, 플랫 플레이트 슬래브는 자간이 작고, 하중이 별로 크지 않은 경우에 사용하며, 보나 지판이 없이 기둥으로만 하중을 전달하는 2방향으로 배근된 슬래브를 말하며, 장선 슬래브는 등 간격으로 분할된 장선과 바닥판이 일체로 된 구조로서 그 양단은 보 또는 벽체에 지지된다. 바닥판은 장선과 장선에 지지되고, 그 두께는 상당히 얇게 할 수 있다.

42 | 슬래브(플랫 슬래브의 용어)
24, 12

보를 없애고 바닥판을 두껍게 해서 보의 역할을 겸하도록 한 구조로, 기둥이 바닥 슬래브를 지지해 주상 복합이나 지하 주차장에 주로 사용되는 구조는?

① 플랫 슬래브 구조
② 절판 구조
③ 벽식 구조
④ 셸구조

해설 절판 구조는 자중을 지지할 수 없는 얇은 판을 접으면 큰 강성을 발휘한다는 점을 이용한 구조로 데크 플레이트 등이 있고, 벽식 구조는 벽체나 바닥판을 평면인 구조체만으로 구성한 구조물이며, 셸구조는 곡률을 가진 얇은 판으로써 주변을 충분히 지지시키면, 면에 분포되는 하중을 인장, 압축과 같은 면 내력으로 전달시키는 구조이다.

43 | 슬래브(플랫 슬래브의 용어)
24, 20, 16, 09, 02

다음 중 층고를 최소화 할 수 있으나 바닥판이 두꺼워서 고정 하중이 커지며, 뼈대의 강성을 기대하기가 어려운 구조는?

① 튜브 구조
② 전단벽 구조
③ 박판 구조
④ 무량판 구조

해설 튜브 구조는 건물의 외곽 기둥을 밀실하게 배치하고 일체화하여 초고층 건축물을 계획하는 구조 또는 초고층 구조의 건물에서 사용하는 구조 시스템의 하나로, 관과 같이 하중에 저항하는 수직 부재가 대부분 건물의 바깥쪽에 배치되어 있어 횡력에 효율적으로 저항하도록 계획된 구조이고, 전단벽 구조는 수평 하중에 저항하도록 설계된 벽의 구조이며, 박판 구조는 얇은 강판을 이용한 구조이다.

44 슬래브(플랫 슬래브의 용어)

고층건물의 구조 형식에서 층고를 최소로 할 수 있고 외부 보를 제외하고 내부에는 보 없이 바닥판만으로 구성되는 구조는?

① 내력벽 구조
② 전단 코어 구조
③ 강성 골조 구조
④ 무량판 구조

해설 내력벽 구조는 중력 하중과 횡하중을 저항하기 위하여 공간 구획에 사용하는 내력벽을 사용하는 구조이고, 전단 코어 구조는 선형 내력벽 구조에 비해 넓은 오픈 스페이스를 요하는 상업용 건축물에서는 최대한 유동성을 필요로 하므로 건축물의 크기와 기능에 따라 수직 교통 시스템과 에너지 공급 시스템(열에너지, 계단, 화장실, 기계실 등)을 집중시켜 한 개 또는 여러 개의 코어를 형성화하는 구조이며, 강성 골조 구조는 휨모멘트에 견딜 수 있게 접합된 기둥과 보로 구성되고 횡방향에 대한 강성도는 기둥과 보의 휨강성도와 접합부 패널존의 전단 강성도에 의해 결정되며, 평면 구성이 자유롭고 평면 내의 기둥을 제외하고는 공간상의 장벽이 없는 구조이다.

45 슬래브(플랫 슬래브(무량판))

플랫 슬래브(Flat Slab) 구조에 관한 설명 중 틀린 것은?

① 내부에는 보가 없이 바닥판을 기둥이 직접 지지하는 슬래브를 말한다.
② 실내 공간의 이용도가 좋다.
③ 층높이를 낮게 할 수 있다.
④ 고정 하중이 적고 뼈대 강성이 우수하다.

해설 플랫 슬래브는 건축물의 외부보를 제외하고, 내부에는 보가 없이 바닥판을 두껍게 하여 보의 역할을 겸하도록 한 슬래브로서 바닥이 두꺼우므로 고정 하중이 증대하며, 뼈대의 강성이 약한 단점이 있다.

46 슬래브(플랫 슬래브(무량판))

철근 콘크리트구조에서 플랫 슬래브(flat slab)의 특징이 아닌 것은?

① 실내 이용률이 높다.
② 구조가 간단하다.
③ 자중이 가볍고 층높이를 낮게 할 수 없다.
④ 뼈대의 강성에 난점이 있다.

해설 플랫 슬래브는 실내의 공간을 크게 하기 위하여 실내에 돌출된 보를 없애고, 바닥판이 직접 기둥을 받게 한 구조를 말하며, 단점으로는 철근량의 증가로 인하여 고정하중이 증대되고, 접합부의 강성에 난제가 있다. 특히, 층높이를 최대한 낮게 할 수 있다.

47 슬래브(플랫 슬래브의 형태)

다음 그림과 같이 보가 없는 슬래브의 명칭은?

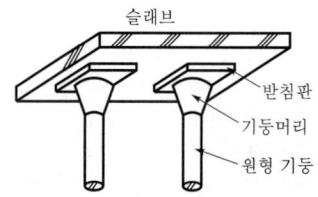

① 1방향 슬래브
② 와플 슬래브
③ 장선 슬래브
④ 플랫 슬래브

해설 1방향 슬래브는 단변에 대한 장변의 비가 2 이상인 바닥판이고, 와플 슬래브는 하중을 감소하기 위하여 함지를 엎어 놓은 듯한 거푸집을 이용하여 공동을 형성하여 두 방향의 장선 슬래브의 장선을 직교시켜 구성한 우물 반자 형태로 된 2방향 바닥판이며, 장선 슬래브는 같은 간격으로 분할된 장선과 바닥판이 일체로 된 구조의 바닥판이다.

48 슬래브(와플 슬래브의 용어)

장선 슬래브의 장선을 직교시켜 구성한 우물 반자 형태로 된 2방향 장선 슬래브 구조는?

① 1방향 슬래브
② 데크 플레이트
③ 플랫 슬래브
④ 와플 슬래브

해설 1방향 슬래브는 단변 방향의 순간사이에 대한 장변 방향의 순간사이의 비가 2를 초과하는 경우의 슬래브이고, 데크 플레이트는 얇은 강판을 골 모양을 내어 만든 재료로서 지붕잇기, 벽널 및 콘크리트 바닥과 거푸집의 대용으로 사용하며, 플랫 슬래브는 건축물의 외부를 제외하고, 내부에는 보가 없이 바닥판을 두껍게 하여 보의 역할을 겸하도록 한 슬래브이다.

49 슬래브(가장 하단의 철근)

슬래브 배근에서 가장 하단에 위치하는 철근은?

① 장변 단부 하부 배력근
② 단변 하부 주근
③ 장변 중앙 하부 배력근
④ 장변 중앙 굽힘 철근

해설 슬래브 배근에 있어서 가장 큰 힘을 받아주는 철근은 단변 방향의 철근으로 휨모멘트의 저항을 크게 하기 위하여 가장 하단 및 상단에 배치하여야 한다.

50 | 슬래브(슬래브 구조의 철근)
13

다음 철근 중 슬래브 구조와 가장 거리가 먼 것은?

① 주근 ② 배력근
③ 수축 온도 철근 ④ 나선 철근

해설 슬래브 구조에는 주근, 배력근(부근) 및 수축 온도 철근(장변 방향의 철근이 필요하지 않은 경우라도 전단면적에 대하여 0.2% 이상 배근하는 철근) 등으로 구성되고, 나선 철근은 원형 기둥에 사용되는 철근이다.

51 | 슬래브(1방향 슬래브의 두께)
22, 16, 12, 09, 08

철근 콘크리트 구조의 1방향 슬래브의 최소 두께는 얼마 이상인가?

① 80mm ② 100mm
③ 150mm ④ 200mm

해설 1방향 슬래브의 두께는 다음 표에 따라야 하며, 최소 100mm 이상으로 하여야 한다.

구분	최소 두께			
	단순 지지	1단 연속	양단 연속	캔틸레버
1방향 슬래브	$l/20$	$l/24$	$l/28$	$l/10$

52 | 슬래브
11

철근 콘크리트 슬래브에 대한 설명 중 옳지 않은 것은?

① 2방향 슬래브는 장변과 단변의 길이의 비가 2 이하인 슬래브이다.
② 1방향 슬래브는 장변 방향으로만 하중이 전달되는 것으로 본다.
③ 철근 콘크리트 슬래브에서 단변 방향의 인장 철근을 주근이라 한다.
④ 철근 콘크리트 슬래브에 장변 방향의 인장 철근을 배력근이라 한다.

해설 변장비, 즉 $\dfrac{\text{장변 방향의 순 간사이}}{\text{단변 방향의 순 간사이}} > 2$인 1방향 바닥판은 단변 방향으로만 하중이 전달되나, 장변 방향에도 배력근(부근, 온도수축철근)을 배근하여야 한다.

53 | 벽체(내력벽의 두께)
10

구조부재인 콘크리트 내력벽의 두께는 최소 얼마 이상으로 해야 하는가?

① 150mm 이상 ② 200mm 이상
③ 250mm 이상 ④ 300mm 이상

해설 콘크리트의 전단벽이나 내력벽은 균열을 고려하여 두께를 두껍게 하며, 일반적으로 150mm 이상, 지하 1층은 200mm 이상으로 한다.

54 | 기초 설계 시 고려할 사항
13

굴뚝과 같은 독립 구조물의 기초를 설계할 때 고려해야 할 하중으로 거리가 먼 것은?

① 지진 하중 ② 고정 하중
③ 적설 하중 ④ 풍하중

해설 굴뚝과 같은 독립 구조물의 기초를 설계할 때 고려해야 할 하중은 지진 하중, 고정 하중 및 풍하중 등이고, 적설 하중은 무관하다.

55 | 줄눈(조절 줄눈의 용어)
24, 02

지반 위의 콘크리트 바닥판의 수축 균열 방지를 위하여 설치하는 줄눈은?

① 신축 줄눈 ② 시공 줄눈
③ 조절 줄눈 ④ 부착 줄눈

해설 시공 줄눈(Construction joint)은 콘크리트 부어넣기 작업을 일시 중지해야 할 경우에 만드는 줄눈이고, 콜드 조인트(Cold joint)은 1개의 PC 부재 제작시 편의상 분할하여 부어넣을 때의 이어붓기 이음색 또는 먼주 부어넣은 콘크리트가 완전히 굳고 다음 부분을 부어넣는 이음새를 말하며, 신축 줄눈(Expansion joint)은 온도 변화에 의한 부재(모르타르, 콘크리트 등)의 신축에 의하여 균열·파괴를 방지하기 위하여 일정한 간격으로 줄눈 이음을 하는 것이다.

56 | 줄눈(신축 이음이 필요한 이유)
25*, 23, 10

철근 콘크리트 구조에서 신축 이음이 필요한 이유가 아닌 것은?

① 부동 침하 ② 결로 방지
③ 콘크리트의 수축 ④ 온도 변화

해설 콘크리트의 신축 이음새는 온도 변화에 따라 콘크리트의 신축이 가능하여야 하므로 줄눈의 외부면을 철재나 알루미늄 등으로 덮어 주는 것은 좋으나, 양쪽을 고정하는 것은 신축이 자유롭지 못하므로 고정시키지 않아야 한다.

정답 50.④ 51.② 52.② 53.① 54.③ 55.③ 56.②

57 | 줄눈(콘크리트의 이음새) | 02

철근 콘크리트 구조에서 이음새에 대한 설명으로 적합하지 못한 것은?

① 신축 이음새가 필요한 이유는 온도 변화 때문이다.
② 기존 건물과 증축 건물의 접합부에 신축 줄눈을 설치한다.
③ 부동 침하, 적재 하중의 변화 등으로 콘크리트에 생기는 균열을 방지하기 위하여 설치한다.
④ 줄눈의 외부면은 철제, 알루미늄제 등으로 양쪽 구조체에 고정시킨다.

해설 콘크리트의 신축 이음새는 온도 변화에 따라 콘크리트의 신축이 가능하여야 하므로 줄눈의 외부면을 철제나 알루미늄 등으로 덮어 주는 것은 좋으나, 양쪽을 고정하는 것은 신축이 자유롭지 못하므로 고정시키지 않아야 한다.

58 | 거푸집(강재 거푸집) | 10, 08

콘크리트 구조에 사용되는 강재 거푸집에 대한 설명으로 옳지 않은 것은?

① 콘크리트 표면이 매끄럽다.
② 재사용이 불가능하다.
③ 변형이 적다.
④ 녹물에 의한 오염이 발생할 수 있다.

해설 강재 거푸집의 특성은 ①, ③ 및 ④ 외에 거푸집의 정밀도가 높고, 장비가 불필요하며, 재사용이 가능하므로 경제적이나, 해체와 조립으로 인력 소모가 많고, 거푸집의 접합 부위가 많아 시멘트 페이스트의 누출이 많으며, 이음 부위의 면처리 비용이 많이 든다.

59 | 철근과 콘크리트의 부착력 | 19, 16, 05

철근 콘크리트조에서 철근과 콘크리트의 부착에 영향을 주는 요인에 대한 설명 중 틀린 것은?

① 철근의 표면상태 – 이형철근의 부착강도는 원형철근보다 크다.
② 콘크리트의 강도 – 부착강도는 콘크리트의 압축 강도나 인장강도가 작을수록 커진다.
③ 피복두께 – 부착강도를 제대로 발휘시키기 위해서는 충분한 피복두께가 필요하다.
④ 다짐 – 콘크리트의 다짐이 불충분하면 부착 강도가 저하된다.

해설 부착강도는 철근의 표면상태(이형철근이 부착강도보다 부착력이 강하다), 콘크리트의 강도(부착강도는 콘크리트의 압축 강도나 인장강도가 클수록 커진다), 피복두께(충분한 피복두께는 부착강도를 제대로 발휘할 수 있다) 및 다짐(콘크리트의 다짐이 충분하면 콘크리트와 철근의 부착강도가 증가한다) 등에 따라 변한다.

60 | 거푸집의 존치 기간 | 11, 09

평균 기온이 10℃ 이상, 20℃ 미만일 때 기둥 및 벽에 보통 포틀랜드 시멘트를 사용한 콘크리트를 타설시 거푸집 최소 존치 기간은?

① 2일 ② 4일
③ 6일 ④ 8일

해설 기초, 보 옆, 기둥 및 벽 거푸집의 존치 기간

구분	조강	보통, 고로(1종), 포졸란(A종), 플라이 애시(1종)	고로(2종), 포졸란(B급), 플라이 애시(2종)
20℃ 이상	2일	3일	4일
10℃ 이상 20℃ 미만	3일	4일	6일

61 | 거푸집 측압의 결정 요소 | 12, 08

콘크리트 타설에서 거푸집의 측압을 결정짓는 요소가 아닌 것은?

① 타설 속도 ② 거푸집 강성
③ 기온 ④ 압축 강도

해설 거푸집 측압의 결정 요소에는 컨시스턴시(슬럼프), 콘크리트의 치기(타설)속도, 콘크리트의 비중 및 무게, 수평 부재의 면적, 기온, 거푸집의 강성 및 콘크리트를 부어넣은 높이 등이다.

62 | 철근과 콘크리트의 부착력 | 06

철근 콘크리트 구조에서 철근과 콘크리트의 부착력에 대한 설명 중 옳지 않은 것은?

① 콘크리트의 부착력은 철근의 주장에 비례한다.
② 철근의 표면 상태와 단면 모양에 따라 부착력이 좌우된다.
③ 철근에 대한 콘크리트의 피복 두께가 얇으면 얇을수록 부착력이 감소된다.
④ 압축 강도가 큰 콘크리트일수록 부착력은 작아진다.

해설 철근과 콘크리트의 부착력은 철근의 주장, 표면 상태, 단면의 모양, 피복 두께에 따라 달라지며, 압축 강도가 큰 콘크리트일수록 부착력은 증대한다.

정답 57.④ 58.② 59.② 60.② 61.④ 62.④

63 | 구조(라멘 구조) / 08

철근 콘크리트 구조 형식 중 라멘 구조에 대한 설명으로 옳은 것은?

① 다른 형식의 구조보다 층고를 줄일 수 있어 주상 복합 건물이나 지하 주차장 등에 주로 사용한다.
② 기둥, 보, 바닥 슬래브 등이 강접합으로 이루어져 하중에 저항하는 구조이다.
③ 보를 없애고 바닥판을 두껍게 해서 보의 역할을 겸하도록 한 구조이다.
④ 보와 기둥 대신 슬래브와 벽이 일체가 되도록 구성한 구조이다.

[해설] ① 및 ③ 플랫 슬래브(무량판 구조)에 대한 설명이고, ④ 내력벽식 구조이다.

64 | 구조(라멘 구조) / 22, 04

철근 콘크리트 구조의 형식에서 라멘(Rahmen) 구조에 대한 설명으로 옳은 것은?

① 보를 설치하지 않고 실내공간을 넓게 한다.
② 기둥과 보를 서로 연결하여 하중을 부담시킨다.
③ 판상의 벽체와 바닥 슬래브를 일체적으로 구성한다.
④ 곡면 바닥판을 이용하여 간사이가 큰 구조를 형성한다.

[해설] ① 플랫 슬래브의 구조, ③ 터널 구조, ④ 셸 구조이다.

65 | 보(헌치의 용어) / 23, 08

철근 콘크리트보에서 장스팬일 경우, 양끝단의 휨모멘트와 전단 응력의 증가에 대한 보강 차원에서 설치하는 것은?

① 스플릿티   ② 다이아프램
③ 긴결철물   ④ 헌치

[해설] 스플릿티는 철골 구조에서 기둥과 보의 접합부에 사용되는 형강이고, 다이아프램은 강구조에서 중공 단면재나 접합 부분의 강성을 높이고, 응력을 원활하게 전달시키기 위해 단면의 중간에 설치하는 강판이다. 긴결철물은 서로 관계있는 부재를 긴결하며 이동, 변형 등을 방지하는 철물이다.

66 | 레디믹스트 콘크리트의 용어 / 14, 10

공장에서 생산하여 트럭이나 혼합기로 현장에 공급하는 콘크리트를 의미하는 것은?

① 경량 콘크리트   ② 한중 콘크리트
③ 레디믹스트 콘크리트   ④ 서중 콘크리트

[해설] 경량 콘크리트는 중량을 경감할 목적으로 경량골재를 사용하고 시멘트에는 발포제를 넣어 비중을 감소시키고 유공질화한 콘크리트이고, 한중 콘크리트는 동기의 냉한기 중에 시공하는 콘크리트로서 콘크리트를 부어 넣은 후 4주까지의 예상 평균 기온이 약 영하 3℃ 이하일 때에 시공하는 콘크리트이며, 서중 콘크리트는 가장 더운 여름에 작업하는 콘크리트이다.

67 | 보(헌치의 용어) / 20, 14, 09

철근 콘크리트 구조에서 스팬이 긴 경우에 보의 단부에 발생하는 휨모멘트와 전단력에 대한 보강으로 보 단부의 춤을 크게 한 것을 무엇이라 하는가?

① 드롭 패널   ② 플랫 슬래브
③ 헌치   ④ 주두

[해설] 드롭 패널은 플랫 슬래브 구조에서 기둥 머리 둘레의 바닥을 특히 두껍게 한 부분이고, 플랫 슬래브는 건물의 외부보를 제외하고는 내부에는 보 없이 바닥판만으로 구성하고 그 하중은 직접 기둥에 전달하는 슬래브, 보를 없애고 바닥판을 두껍게 해서 보의 역할을 겸하도록 한 구조로, 기둥이 바닥 슬래브를 지지해 주상 복합이나 지하 주차장에 주로 사용되는 구조, 고층건물의 구조 형식에서 층고를 최소로 할 수 있고 층고를 최소화 할 수 있으나 바닥판이 두꺼워서 고정 하중이 커지며, 뼈대의 강성을 기대하기가 어려운 구조이며, 주두(캐피탈)는 기둥 머리를 장식하고, 공포 부재를 받는 됫박처럼 네모지게 만든 부재이다.

68 | 프리스트레스트 콘크리트 / 09

고강도의 강재나 피아노선과 같은 특수 선재를 사용하여 콘크리트에 미리 압축력을 주어 형성하는 콘크리트는?

① 프리스트레스트 콘크리트
② 진공 콘크리트
③ 프리팩트 콘크리트
④ 더모콘

[해설] 진공 콘크리트는 부어 넣은 콘크리트의 표면에 진공매트를 덮고 과잉 수분을 제거함과 동시에 다져서 품질을 향상시킨 콘크리트이고, 프리팩트(프리 플레이스) 콘크리트는 거푸집에 자갈을 넣은 다음 골재 사이에 모르타르를 압입해서 콘크리트를 형성해 가는 콘크리트이며, 더모콘은 골재(모래, 자갈)를 사용하지 않고 시멘트, 풀, 발포제를 혼합하여 만든 일종의 경량 콘크리트이다.

정답 63. ② 64. ② 65. ④ 66. ③ 67. ③ 68. ①

69 | 프리스트레스트 콘크리트
20, 16

인장재에 대한 저항력이 작은 콘크리트에 미리 긴장재에 의한 압축력을 가하여 만든 구조는?

① PEB 구조
② 판조립식 구조
③ 철골 철근 콘크리트 구조
④ 프리스트레스트 콘크리트 구조

해설 PEB(Pre-engineered Metal Building Systems) 구조는 철제로 골격을 세우고 외벽을 샌드위치 패널로 붙이는 구조이고, 판조립식 구조는 판을 접합하여 건축물을 축조하는 구조이며, 철골 철근 콘크리트 구조는 철근 콘크리트와 철골을 혼합한 일체식 구조로 철근 콘크리트와 철골 구조의 중간적은 구조법이다.

70 | 프리스트레스트 콘크리트
10

교량과 같은 장스팬에서 무거운 하중을 부담할 수 있는 부재를 만들기 위하여 도입된 구조는?

① 가구 조립식 구조
② 판 조립식 구조
③ 상자 조립식 구조
④ 프리스트레스트 콘크리트 구조

해설 가구 조립식 구조는 하중이 보를 통해 기둥으로 다시 지반으로 전달되는 구조의 조립식이고, 판 조립식 구조는 패널 부품에 구성 요소를 포함시켜 응력을 받을 수 있도록 한 조립식이며, 상자 조립식 구조는 공장에서 생산된 상자형의 주거 유닛을 현장에서 연결하거나 쌓아서 1, 2층 건물의 주택을 구축하는 조립식이다.

71 | P.S 콘크리트 구조
02

프리스트레스트 콘크리트 구조에 관한 설명 중 틀린 것은?

① 간사이가 비교적 짧다.
② 부재 단면의 크기를 작게 할 수 있다.
③ 구조물이 비교적 가볍고 강하며 복원성이 우수하다.
④ 강도와 내구성이 큰 구조물을 만들 수 있다.

해설 프리스트레스트 콘크리트의 장점은 상용 하중하의 콘크리트에 전혀 균열이 발생하지 않게 할 수 있으며, 극한 탄성이 높고 가소성이 크며, 단면을 작게할 수 있고 자중이 적게 된다. 또한, 강 및 콘크리트량이 적게 들고 긴 스팬의 가구재를 프리캐스트의 블록으로 만들 수 있다. 단점은 제작하는 데 인력이 많이 들고 숙련이 필요하며, 콘크리트는 극히 양질의 것을 사용하여야 한다. 프리스트레스를 가하는 장치나 작업비가 많이 든다.

72 | P.S 콘크리트 구조
08

프리스트레스트 콘크리트 구조에 대한 설명으로 틀린 것은?

① 고강도 재료를 사용하므로 시공이 간편하다.
② 긴 스팬 구조가 용이하므로 넓은 공간을 설계할 수 있다.
③ 부재 단면의 크기를 작게 할 수 있으나 진동하기 쉽다.
④ 균열이 적은 구조물을 얻을 수 있다.

해설 프리스트레스트 콘크리트는 특수 선재(고강도 피아노선, 강재 등)를 사용하여 재축 방향으로 미리 압축력을 주어 작용하는 인장력에 견디도록 한 구조로서 시공이 매우 불편하다.

73 | P.S 콘크리트 구조
10, 05

프리스트레스트 콘크리트 구조에 대한 설명 중 옳지 않은 것은?

① 부재 단면의 크기를 작게 할 수 있으나 진동하기 쉽다.
② 프리텐션 방식과 포스트텐션 방식이 있다.
③ 프리스트레스트 콘크리트에 쓰이는 고강도 강재를 PS 강재라 한다.
④ 소규모 건물에 적합한 구조이다.

해설 프리스트레스트 콘크리트는 고강도의 강재나 피아노선과 같은 특수 선재를 사용하여 재축 방향으로 콘크리트에 미리 압축력을 준 콘크리트로서 대규모 건축물(슬래브나 말뚝, 교량의 보 등)에 사용한다.

74 | P.S 콘크리트의 장점
24, 09

프리스트레스트 콘크리트 구조의 장점이 아닌 것은?

① 내구성이 크다.
② 장스팬 구조가 가능하다.
③ 구조물의 복원성이 우수하다.
④ 화재시 위험도가 낮다.

해설 프리스트레스트 콘크리트의 단점으로는 제작하는 데 인력이 많이 들고 숙련이 필요하며, 콘크리트는 극히 양질의 것을 사용하여야 한다. 부재의 단면을 작게 할 수 있으나, 화재의 위험도가 높고, 진동이 발생하는 단점이 있다.

75 | P.S 콘크리트의 특징
25, 18, 17, 16, 10

프리스트레스트 콘크리트 구조의 특징으로 옳지 않은 것은?

① 스팬을 길게 할 수 있어서 넓은 공간을 설계할 수 있다.
② 부재 단면의 크기를 작게 할 수 있고 진동이 없다.
③ 공기를 단축하고 시공 과정을 기계화할 수 있다.
④ 고강도 재료를 사용하므로 강도와 내구성이 크다.

해설 프리스트레스트 콘크리트는 부재의 단면을 작게 할 수 있으나, 진동이 발생하는 단점이 있다.

76 | P.S 콘크리트의 특징
22, 12

다음 중 프리스트레스트 콘크리트의 구조의 특징에 대한 설명 중 옳지 않은 것은?

① 간 사이를 길게 할 수 있어 넓은 공간의 설계에 적합하다.
② 부재 단면의 크기를 크게 할 수 있어 진동 발생이 없다.
③ 공기 단축이 가능하다.
④ 강도와 내구성이 큰 구조물 시공이 가능하다.

해설 프리스트레스트 콘크리트는 부재의 단면을 작게 할 수 있으나, 진동이 발생하는 단점이 있다.

77 | 부재의 응력(전단 응력)
04, 98

부재 응력 중 부재를 직각으로 자를 때 생기는 응력은?

① 인장 응력
② 압축 응력
③ 전단 응력
④ 휨모멘트

해설 인장 응력은 방향력의 하나로서 물체의 내부에 생기는 응력 가운데 잡아당기는 작용을 하는 힘으로 철근 콘크리트보에서 인장력은 보의 주근이 저항하고, 압축 응력은 방향력의 하나로서 부재의 끝에 작용하는 외력이 서로 미는 것처럼 가해질 때, 부재의 내부에 생기는 힘을 말한다. 또한, 압축력은 콘크리트가 저항한다. 휨모멘트는 외력을 받아 부재가 구부러질 때, 그 부재의 어느 점에서 약간 떨어진 평행한 두 단면을 생각하고, 사각형이 부재꼴로 되려고 하는 두 단면에 작용하는 1조의 모멘트를 말한다.

78 | 부재의 응력
24, 09, 02

부재의 응력에 관한 설명으로 옳은 것은?

① 인장 응력은 부재를 누를 때에 생기는 응력이다.
② 전단 응력은 부재를 잡아당길 때에 생기는 응력이다.
③ 압축 응력은 부재를 직각으로 자를 때 생기는 응력이다.
④ 휨 응력은 부재가 휘어질 때 단면상에 생기는 수직 응력이다.

해설 인장(압축)응력은 축방향력의 하나로서 물체의 내부에 생기는 응력 가운데 잡아당기는(서로 미는) 작용을 하는 힘의 응력이고, 전단 응력은 부재의 임의의 단면을 따라 작용하여 부재가 서로 밀려 잘리도록 작용하는 힘의 응력이다.

79 | 부재의 응력(인장 응력 용어)
20, 19, 16, 03

부재를 양 끝단에서 잡아당길 때 재축 방향으로 발생하는 주요 응력은?

① 인장 응력
② 압축 응력
③ 전단 응력
④ 휨 모멘트

해설 압축 응력은 축방향력의 하나로서 부재의 끝에 작용하는 힘이 서로 미는 것처럼 가해질 때 부재의 내부에 생기는 힘이고, 전단 응력은 부재의 임의의 단면을 따라 작용하여 부재가 서로 밀려 잘리도록 작용하는 힘이며, 휨 모멘트는 부재가 외력을 받아 구부러질 때 작용하는 힘이다.

80 | 부재의 응력(부착력)
15, 11

이형 철근의 마디, 리브와 관련이 있는 힘의 종류는?

① 인장력
② 압축력
③ 전단력
④ 부착력

해설 이형 철근은 원형 철근에 비해 마디와 리브를 두어 표면적을 증대시키므로 부착력을 증대(원형 철근의 2배)시키기 위한 철근이다.

81 | 이형 철근과 원형 철근의 비교
21, 20, 14, 08, 02

일반적으로 이형 철근이 원형 철근보다 우수한 것은?

① 인장 강도
② 압축 강도
③ 전단 강도
④ 부착 강도

해설 이형 철근은 원형 철근에 비해 마디와 리브를 두어 표면적을 증대시키므로 부착력을 증대(원형 철근의 2배)시키기 위한 철근이다.

82 | 철근(철근 및 배근)
22, 20, 12

철근 콘크리트조의 철근 및 배근에 대한 설명으로 옳지 않은 것은?

① 이형 철근은 원형 철근보다 부착 강도가 크다.
② 콘크리트의 강도가 클수록 부착 강도가 크다.
③ 철근의 이음은 휨모멘트가 크게 작용하는 부분에서 한다.
④ 연직 하중에 대한 단순보의 주근은 보의 하단인 인장측에 배근한다.

해설 철근 콘크리트 구조에서 철근의 이음은 큰 인장력이 생기는 곳을 피하고, 경미한 인장력 또는 압축력이 작용하는 곳에 이음 위치를 두는 것이 원칙이다.

정답 76. ② 77. ③ 78. ④ 79. ① 80. ④ 81. ④ 82. ③

83 | 하중(수평 하중의 종류)
24, 12, 10, 08, 06, 03

다음 중 주로 수평 방향으로 작용하는 하중은?

① 고정하중 ② 활하중
③ 풍하중 ④ 적설하중

해설 고정하중, 활하중 및 적설하중은 수직 방향의 하중이고, 풍하중은 수평 방향의 하중이다.

84 | 부재(수평 부재)
08

다음 부재 중에서 수평 부재가 아닌 것은?

① 보 ② 깔도리
③ 기둥 ④ 처마도리

해설 건축물의 부재 중 수평 부재에는 깔도리, 처마도리, 보, 인방, 토대 등이 있고, 수직 부재에는 기둥 등이 있다.

85 | SRC조의 의미
12

대형 건축물에 널리 쓰이는 SRC조가 의미하는 것은?

① 철골 철근 콘크리트 구조
② 철근 콘크리트 구조
③ 철골 구조
④ 절판 구조

해설 철골 철근 콘크리트 구조는 S.R.C(Steel encased Reinforced Concrete)이고, 철근 콘크리트 구조는 R.C(Reinforced Concrete)이며, 철골 구조는 Steel Structure, Steel Construction이다. 또한 절판 구조는 Folded Plate Structure이다.

❺ 철골 구조

01 | 형강의 표기 방법
11, 10

H형강의 치수 표기법 중 H-150×75×5×7에서 7은 무엇을 나타낸 것인가?

① 플랜지 두께 ② 웨브 두께
③ 플랜지 너비 ④ H형강의 개수

해설 H형강의 표기 방법은 $A(춤) \times B(너비) \times t_1(웨브 두께) \times t_2(플랜지 두께)$이므로, H-150(춤)×75(너비)×5(웨브의 두께)×7(플랜지 두께)이다.

02 | 철골의 가공 작업 순서
15

철골 공사의 가공 작업 순서로 옳은 것은?

① 원척도-본뜨기-금긋기-절단-구멍 뚫기-가조립
② 원척도-금긋기-본뜨기-구멍 뚫기-절단-가조립
③ 원척도-절단-금긋기-본뜨기-구멍 뚫기-가조립
④ 원척도-구멍 뚫기-금긋기-절단-본뜨기-가조립

해설 철골 공사의 가공 작업 순서는 원척도 → 본뜨기 → 금긋기 → 절단 → 구멍 뚫기 → 가조립의 순이다.

03 | 철골 구조
07, 04

철골 구조에 대한 설명 중 틀린 것은?

① 기둥의 중간 이음은 없도록 하는 것이 좋고, 할 수 없이 둘 때는 응력이 최소로 되는 곳에서 잇는다.
② 현재는 트러스 상하에 배치되어 그 하나는 인장을, 다른 하나는 압축을 받는 재의 총칭이다.
③ 래티스보에 접합판을 대서 접합한 보를 판보라고 한다.
④ 철골조의 이음위치에 리벳과 용접을 병용했을 때 전응력은 용접에 부담시킨다.

해설 래티스보는 상하 플랜지에 ㄱ자 형강을 대고 플랜지에 웨브재를 45°, 60°로 접합한 보를 말하며, 주로 지붕 트러스의 작은보, 부지붕틀로 사용한다.

04 | 철골 구조
20, 16, 11, 09, 07

철골 구조에 대한 설명 중 옳지 않은 것은?

① 철골 구조는 하중을 전달하는 주요 부재인 보나 기둥 등을 강재를 이용하여 만든 구조이다.
② 철골 구조를 재료상 라멘 구조, 가새 골조 구조, 튜브 구조, 트러스 구조 등으로 분류할 수 있다.
③ 철골 구조는 일반적으로 부재를 접합하여 뼈대를 구성하는 가구식 구조이다.
④ 내화 피복을 필요로 한다.

해설 철골 구조의 재료상 분류에는 보통 형강 구조, 경량 철골 구조, 강판 구조, 케이블 구조 등이 있고, 구조상 분류에는 라멘 구조, 가새 골조 구조, 튜브 구조, 트러스 구조 등이 있다.

정답 83. ③ 84. ③ 85. ① / 01. ① 02. ① 03. ③ 04. ②

05 | 철골 구조
04

철골 구조에 대한 설명 중 틀린 것은?

① 철골구조는 재료에 의해 보통형강구조, 경량철골구조, 강관구조, 케이블 구조 등으로 나눌 수 있다.
② 고층건물에 적합하고 스팬을 길게 할 수 있다.
③ 내화력이 약하고 녹슬 염려가 있어, 피복에 주의를 기울여야 한다.
④ 본질적으로 조립구조이므로 접합에 유의할 필요가 없다.

해설 철골 구조는 목 구조와 같이 가구식 구조(접합점을 용접하는 경우에는 일체식 구조로 간주함)이므로 접합에 유의하여야 하고, 용도로는 큰 간사이의 구조물(정거장, 대공장, 체육관 등)과 높은 탑(무전탑, 송전탑 등)에 쓰인다.

06 | 철골 구조
07

철골 구조에 대한 설명 중 틀린 것은?

① 내진, 내풍적이다.
② 해체, 수리가 용이하다.
③ 넓은 스팬이 가능하다.
④ 내화성이 우수하다.

해설 철골 구조는 열에 약하고, 고온에서는 강도가 저하되기 때문에 내화, 내구성에 특별한 주의가 필요하다.

07 | 철골 구조의 장점
23, 10, 08

다음 중 철골 구조의 장점이 아닌 것은?

① 철근 콘크리트 구조에 비해 중량이 가볍다.
② 철근 콘크리트 구조 공사보다 계절의 영향을 덜 받는다.
③ 장스팬 구조가 가능하다.
④ 화재에 강하다.

해설 철골 구조는 열에 약하고, 고온에서는 강도가 저하되기 때문에 내화, 내구성에 특별한 주의가 필요하다.

08 | 철골 구조의 특성
25, 23, 04

철골 구조의 특성 중 틀린 것은?

① 철근 콘크리트 구조물에 비하여 중량이 적다.
② 고층 건축 또는 대규모 건축에 적당하다.
③ 고열에 강하고, 다른 구조체보다 저가이다.
④ 내화, 내구성에 특별한 주의가 필요하다.

해설 철골 구조는 열에 약하고, 고온에서는 강도가 저하되기 때문에 내화, 내구성에 특별한 주의가 필요하다.

09 | 철골 구조의 특성
21, 14

철골 구조의 특징에 대한 설명으로 옳지 않은 것은?

① 내화적이다.
② 내진적이다.
③ 장스팬이 가능하다.
④ 해체, 수리가 용이하다.

해설 철골 구조는 열에 약하고, 고온에서는 강도가 저하되기 때문에 내화, 내구성에 특별한 주의가 필요하다.

10 | 지점의 종류(이동단의 용어)
13, 10, 07

건축 구조물에서 지점의 종류 중 지지대에 평행으로 이동이 가능하고 회전이 자유로운 상태이며 수직 반력만 발생하는 것은?

① 회전단
② 고정단
③ 이동단
④ 자유단

해설 회전단(핀접합)은 수직, 수평 방향의 힘에 저항할 수 있으나, 회전력에는 저항할 수 없는 접합이고, 고정단은 수직, 수평 방향의 힘 그리고 휨모멘트에 대해 모두 저항할 수 있는 접합이며, 자유단은 반력이 생기지 않고, 어떠한 방향으로도 이동이 가능한 접합이다.

11 | 접합(리벳의 피치)
05

리벳 치기에 있어서 피치(pitch)는 최소 얼마 이상으로 하는가?

① 리벳 지름의 1.25배
② 리벳 지름의 2.0배
③ 리벳 지름의 2.5배
④ 리벳 지름의 3.0배

해설 리벳 배치시의 표준 피치는 리벳 직경의 3~4배이고, 최소한 2.5배 이상이어야 한다.

12 | 접합(리벳의 구멍)
05

리벳의 직경이 30mm일 때 리벳 구멍의 직경은?

① 31.0mm
② 31.5mm
③ 32.0mm
④ 32.5mm

해설 리벳 직경에 따른 리벳 구멍 직경

리벳의 직경	20mm 미만	20mm 이상	비고
리벳 구멍 직경	$(d+1)$mm 이하	$(d+1.5)$mm 이하	d : 리벳 직경

위의 표에 의해서 30mm 리벳은 30+1.5=31.5mm이다.

13 | 접합(사용하지 않는 방법)
16

철골 구조에서 주요 구조체의 접합 방법으로 최근 거의 사용되지 않는 방법은?

① 고력 볼트 접합
② 리벳 접합
③ 용접
④ 고력 볼트와 맞댄 용접의 병용

해설 리벳 접합은 시공의 좋고 나쁨이 강도에 미치는 영향이 크고, 신뢰도가 높다. 그러나 시공 시 소음이 크고, 중노동으로 작업 능률이 낮으며, 접합부의 모양에 따라서는 시공이 불가능한 곳이 있고, 숙련공이 부족하여 현재로서는 거의 사용하지 않는다.

14 | 접합(핀 접합의 용어)
11, 08, 06, 03

철골 구조의 접합 방법 중 아치의 지점이나 트러스의 단부, 주각 또는 인장재의 접합부에 사용되며, 회전 자유의 절점으로 구성되는 것은?

① 강 접합
② 핀 접합
③ 용접 접합
④ 고력볼트 접합

해설 강(용접) 접합은 설계와 재료 및 시공에 유의하면 가장 신뢰도가 높은 접합 방법으로 수직, 수평 및 회전 방향의 이동이 불가능하도록 한 접합법이고, 고력볼트 접합은 접합재 간의 마찰 접합(부재 간의 마찰력)과 인장 접합, 지압 접합에 의하여 힘을 전달하는 비교적 새로운 접합법이다.

15 | 접합(고력 볼트의 접합 방식)
15, 10

고력 볼트 접합에서 힘을 전달하는 대표적인 접합 방식은?

① 인장 접합
② 마찰 접합
③ 압축 접합
④ 용접 접합

해설 고력 볼트 접합은 접합재 간의 너트를 강하게 죄어 볼트에 인장력이 생기게 하고 접합된 판 사이에 강한 압력이 작용하여 이에 의한 접합재간의 마찰 저항에 의하여 힘을 전달하는 접합 방식으로 마찰 접합(부재 간의 마찰력)과 인장 접합, 지압 접합에 의하여 힘을 전달하며, 소음이 없고, 조립 및 해체(작업)가 쉬우며, 근래에 현장 접합(작업)에서 널리 이용되고 있다.

16 | 접합(고력 볼트 접합의 용어)
02

강재 접합법 중 소음이 나지 않고 해체하기 쉬우며 마찰 저항에 의한 접합법은?

① 리벳 접합
② 고력 볼트 접합
③ 용접 접합
④ 핀 접합

해설 리벳 접합은 강재에 구멍을 뚫고 800℃ 정도로 가열한 리벳을 박은 다음, 압축 공기에 의하여 타격하는 리베터로 머리를 만드는 접합법이고, 용접 접합은 모재인 강재의 접합부를 고온으로 녹이고, 다시 모재와 모재 사이에 용착 금속을 녹여 넣어 접합부를 일체로 만드는 접합 방법이며, 핀 접합은 아치의 지점이나 트러스의 단부, 주각 또는 인장재의 접합부에 사용되며, 회전 자유의 절점으로 구성되는 접합법이다.

17 | 접합(고력 볼트 접합의 용어)
21, 13, 07

철골 구조 접합 방법 중 부재 간의 마찰력에 의하여 응력을 전달하는 접합 방법은?

① 듀벨 접합
② 핀 접합
③ 고력 볼트 접합
④ 용접

해설 듀벨 접합은 은 볼트와 함께 사용하는데 듀벨은 전단력에, 볼트는 인장력에 작용시켜 접합재 상호간의 변위를 막는 강한 이음을 얻는 데 사용하는 접합법이고, 핀 접합은 교절(핀)로 부재를 연결하는 것이고 연결된 곳에서 부재가 이동하지 못하는 접합법으로 휨모멘트는 전달하지 않고, 전단력과 축방향력만을 전하도록 하는 접합법이며 아치의 지점이나 트러스의 단부, 주각 또는 인장재의 접합부에 사용되고, 회전 자유의 절점으로 구성되는 접합법이며, 용접은 설계와 재료 및 시공에 유의하면 가장 신뢰도가 높은 접합 방법이다.

18 | 접합(고력 볼트 접합의 용어)
12

철골 구조의 접합 방법 중 접합된 판 사이에 강한 압력이 작용하여 이에 의한 접합재 간의 마찰저항에 의하여 힘을 전달하는 접합 방식은?

① 강접합
② 핀접합
③ 용접접합
④ 고력 볼트 접합

해설 용접(강접합)은 설계와 재료 및 시공에 유의하면 가장 신뢰도가 높은 접합 방법으로 철골 구조에서 단면 결손이 적고 소음이 발생하지 않으며 구조물 자체의 경량화가 가능한 접합 방법이고, 핀(교절)접합은 교절(핀)로 부재를 연결하는 것이고 연결된 곳에서 부재가 이동하지 못하는 접합법으로 휨모멘트는 전달하지 않고, 전단력과 축방향력만을 전하도록 하는 접합법으로 아치의 지점이나 트러스의 단부, 주각 또는 인장재의 접합부에 사용되고, 회전 자유의 절점으로 구성되는 접합법이다.

정답 13. ② 14. ② 15. ② 16. ② 17. ③ 18. ④

19 | 접합(고력 볼트 접합의 용어)
24, 09, 04, 02

너트를 강하게 죄어 볼트에 인장력이 생기게 하고 접합된 판 사이에 강한 압력이 작용하여 이에 의한 접합재간의 마찰 저항에 의하여 힘을 전달하는 접합 방식은?

① 납 접합
② 고력 볼트 접합
③ 핀 접합
④ 용접 접합

해설 고력 볼트 접합은 접합재 간의 너트를 강하게 죄어 볼트에 인장력이 생기게 하고 접합된 판 사이에 강한 압력이 작용하여 이에 의한 접합재간의 마찰 저항에 의하여 힘을 전달하는 접합 방식으로 마찰 접합(부재 간의 마찰력)과 인장 접합, 지압 접합에 의하여 힘을 전달하며, 소음이 없고, 조립 및 해체(작업)가 쉬우며, 근래에 현장 접합(작업)에서 널리 이용되고 있다.

20 | 접합(고력 볼트의 접합)
13

고력 볼트 접합에 대한 설명으로 옳지 않은 것은?

① 피로 강도가 높다.
② 볼트는 고탄소강, 합금강으로 만든다.
③ 조임 순서는 단부에서 중앙으로 한다.
④ 임팩트랜치 및 토크렌치로 조인다.

해설 고력 볼트 접합(접합재 간의 너트를 강하게 죄어 볼트에 인장력이 생기게 하고 접합된 판 사이에 강한 압력이 작용하여 이에 의한 접합재간의 마찰 저항에 의하여 힘을 전달하는 접합 방식)은 마찰 접합(부재 간의 마찰력)과 인장 접합, 지압 접합에 의하여 힘을 전달하며, 소음이 없고, 조립 및 해체(작업)가 쉬우며, 근래에 현장 접합(작업)에서 널리 이용되고 있다. 특히, 고력 볼트의 접합에 있어서 조임 순서는 중앙부에서 단부로 한다.

21 | 접합(고력 볼트의 접합 특성)
23, 16, 12

철골 구조에서 사용되는 고력 볼트 접합의 특성으로 옳지 않은 것은?

① 현장 시공 설비가 복잡하다.
② 접합부의 강성이 크다.
③ 피로 강도가 크다.
④ 노동력 절약과 공기 단축 효과가 있다.

해설 고력 볼트 접합은 마찰 접합(부재 간의 마찰력)과 인장 접합, 지압 접합에 의하여 힘을 전달하며, 소음이 없고, 조립 및 해체(작업)가 쉬우며, 근래에 현장 접합(작업)에서 널리 이용되고 있다. 특히, 현장 시공 설비가 단순(간단)하고, 고력 볼트의 접합에 있어서 조임 순서는 중앙부에서 단부로 한다.

22 | 접합(용접의 용어)
12, 10

철골 구조에서 단면 결손이 적고 소음이 발생하지 않으며 구조물 자체의 경량화가 가능한 접합 방법은?

① 용접
② RPC 접합
③ 볼트 접합
④ 고력볼트 접합

해설 볼트 접합은 접합재를 볼트로 사용하는 접합법이고, RPC 접합은 라멘 구조의 주요 구조부인 기둥 및 보를 철골철근 콘크리트 또는 철근 콘크리트로 PC 부재화하여 현장에서 조립, 접합하는 공법이며, 고력 볼트 접합은 접합재 간의 너트를 강하게 죄어 볼트에 인장력이 생기게 하고 접합된 판 사이에 강한 압력이 작용하여 이에 의한 접합재간의 마찰 저항에 의하여 힘을 전달하는 접합 방식이다.

23 | 접합(용접의 용어)
13

철골의 접합 방법 중 다른 접합보다 단면 결손이 거의 없는 접합 방식은?

① 용접
② 리벳 접합
③ 일반 볼트 접합
④ 고력 볼트 접합

해설 용접(강접합)은 설계와 재료 및 시공에 유의하면 가장 신뢰도가 높은 접합 방법으로 철골 구조에서 단면 결손이 적고 소음이 발생하지 않으며 구조물 자체의 경량화가 가능한 접합 방법이고, 리벳 접합은 단면의 결손이 없으나, 일반 볼트 접합은 단면 결손이 발생한다.

24 | 접합(용접)
11

철골 구조의 용접 접합에 대한 설명으로 옳은 것은?

① 검사가 어렵고 비용과 시간이 많이 소요된다.
② 강재의 재질에 대한 영향이 적다.
③ 용접부 내부의 결함을 육안으로 관찰할 수 있다.
④ 용접공의 기능에 따른 품질 의존도가 낮다.

해설 용접 접합이란 모재인 강재의 접합부를 고온으로 녹이고, 다시 모재와 모재 사이에 용착 금속을 녹여 넣어 접합부를 일체로 만드는 접합 방법으로 강재의 재질에 대한 영향이 크고, 용접부의 결함을 육안으로 관찰할 수 없으며, 용접공의 숙련에 따라 품질의 의존도가 높다.

정답 19. ② 20. ③ 21. ① 22. ① 23. ① 24. ①

25 | 접합(용접) 13

철골 구조의 용접 접합에 대한 설명으로 옳은 것은?

① 철골의 용접은 주로 금속 아크 용접이 많이 쓰인다.
② 강재의 재질에 대한 영향이 적다.
③ 용접부 내부의 결함을 육안으로 관찰할 수 있다.
④ 용접공의 기능에 따른 품질 의존도가 적다.

해설 용접 접합이란 모재인 강재의 접합부를 고온으로 녹이고, 다시 모재와 모재 사이에 용착 금속을 녹여 넣어 접합부를 일체로 만드는 접합 방법으로 강재의 재질에 대한 영향이 크고, 용접부의 결함을 육안으로 관찰할 수 없으며, 용접공의 숙련에 따라 품질 의존도가 높다.

26 | 용접(모살 용접의 용어) 19, 14, 08

접합하려는 2개의 부재를 한쪽 또는 양쪽면을 절단, 개선하여 용접하는 방법으로 모재와 같은 허용 응력도를 가진 용접의 종류는?

① 모살 용접   ② 맞댐 용접
③ 플러그 용접   ④ 슬롯 용접

해설 모살 용접은 거의 직각을 이루는 두 면의 구석을 용접하는 형식이고, 플러그 용접은 겹친 2매의 판재에 한쪽에만 구멍을 뚫고, 그 구멍에 살붙임하여 용접하는 방법이며, 슬롯 용접은 겹친 2매의 판 한쪽에 가늘고 긴 홈을 파고, 그 속에다 살올림 용접을 하는 용접이다.

27 | 용접(결함의 종류) 25, 11, 08

다음 중 불완전 용접에 속하지 않는 것은?

① 언더컷(under cut)   ② 오버랩(over lap)
③ 피트(pit)   ④ 피치(pitch)

해설 언더컷(under cut, 용접 상부에 따라 모재가 녹아 용착 금속이 채워지지 않고 홈으로 남게 된 부분), 오버랩(over lap, 용착 금속이 끝부분에서 모재와 융합하지 않고 덮여진 부분이 있는 용접 결함) 및 피트(pit, 용접 부분 표면에 생기는 작은 구멍) 등은 용접 결함이고, 피치는 리벳, 볼트 및 고력 볼트 상호간의 중심 간격으로 불완전한 용접과는 무관하다.

28 | 용접(결함의 종류) 18, 10, 08

다음 중 용접 결함에 해당되지 않는 것은?

① 언더 컷(under cut)   ② 오버랩(overlap)
③ 크랙(crack)   ④ 클리어런스(clearance)

해설 언더컷(under cut, 용접 상부에 따라 모재가 녹아 용착 금속이 채워지지 않고 홈으로 남게 된 부분), 오버랩(over lap, 용착 금속이 끝부분에서 모재와 융합하지 않고 덮여진 부분이 있는 용접 결함) 및 크랙(crack, 용접 후 냉각시 발생하는 균열 현상) 등은 용접 결함이고, 클리어런스란 철골 공사에 있어 리벳과 수직재 면과의 거리를 의미한다.

29 | 용접(결함의 종류) 14

철골 용접 시 발생하는 결함의 종류가 아닌 것은?

① 블로 홀   ② 언더 컷
③ 오버 랩   ④ 침투 탐상

해설 용접 결함의 종류에는 블로 홀(공기 구멍), 언더 컷, 오버 랩, 선상 조직, 슬래그 혼입, 외관 불량 등이 있고, 침투 탐상은 비파괴 시험 방법이다.

30 | 용접(결함 중 오버랩의 용어) 15, 11

용착 금속이 끝부분에서 모재와 융합하지 않고 덮여진 부분이 있는 용접 결함을 무엇이라 하는가?

① 언더컷(under cut)
② 오버랩(overlap)
③ 크랙(crack)
④ 클리어런스(clearance)

해설 언더컷(under cut, 용접 상부에 따라 모재가 녹아 용착 금속이 채워지지 않고 홈으로 남게 된 부분), 크랙(crack, 용접 후 냉각시 발생하는 균열 현상) 등은 용접 결함이고, 클리어런스란 철골 공사에 있어 리벳과 수직재 면과의 거리를 의미한다.

31 | 용접(결함 중 언더컷의 용어) 24③, 17, 15, 13

철골 공사 용접 결함 중에서 용접 상부에 따라 모재가 녹아 용착 금속이 채워지지 않고 홈으로 남게 된 부분을 무엇이라고 하는가?

① 블로우홀   ② 언더컷
③ 오버랩   ④ 피트

해설 블로홀(공기 구멍)은 용접 부분 안에 생기는 기포이고, 오버랩은 용착 금속이 끝부분에서 모재와 융합하지 않고 덮여진 부분이 있는 용접 결함이며, 피트는 공기 구멍이 발생함으로써 용접 부분 표면에 생기는 작은 구멍이다.

정답 25. ① 26. ② 27. ④ 28. ④ 29. ④ 30. ② 31. ②

32 | 용접(결함 중 언더컷)
09

철골 용접시 발생하는 용접 결함 중 언더 컷에 대한 설명으로 적합한 것은?

① 용접 부분 안에 생기는 기포
② 용착 금속이 모재에 완전히 붙지 않고 겹쳐 있는 것
③ 용착 금속이 홈에 차지 않고 홈 가장자리가 남아 있는 것
④ 용접 부분 표면에 생기는 작은 구멍

해설 ① 블로 홀, ② 오버 랩, ④ 피트에 대한 설명이다.

33 | 용접(결함 중 피트)
07

불완전 용접의 종류 중 용접 부분 표면에 생기는 작은 구멍으로 블로홀이 표면에 부상하여 생기는 것은?

① 오버랩(overlap)   ② 피트(pit)
③ 언더컷(undercut)   ④ 피시아이(fish eye)

해설 오버랩은 용착 금속이 끝부분에서 모재와 융합하지 않고 덮여진 부분이 있는 용접 결함이고, 언더컷은 용접 상부(모재 표면과 용접 표면과의 교차되는 점)에 따라 녹아 용착 금속이 채워지지 않고 홈이 남게 되는 부분의 결함이며, 피시아이는 수소의 영향으로 용착 금속의 단면에 생기는 은색의 원점으로 수소가 방출되면 회복되는 용접 결함이다.

34 | 용접(비파괴 검사 방법)
24, 14

강구조의 용접 부위에 대한 비파괴 검사 방법이 아닌 것은?

① 방사선 투과법
② 초음파 탐상법
③ 자기 탐상법
④ 슈미트 해머법

해설 강구조 용접 부위에 대한 비파괴 검사 방법에는 방사선 투과법, 초음파 탐상법, 자기 분말 탐상법, 침투 탐상법 등이 있고, 슈미트 해머법은 콘크리트의 강도 시험법이다.

35 | 보(플레이트보의 용어)
09, 02, 98

철골 구조보에서 L형강과 강판을 접합하여 I형 모양으로 조립한 보는?

① 형강보   ② 플레이트보
③ 허니콤보   ④ 상자형보

해설 형강보는 주로 I형강과 H형강을 사용하고, 단면의 크기가 부족한 경우에는 거싯 플레이트를 사용하기도 하고, L형강이나 ㄷ형강은 개구부의 인방이나 도리와 같이 중요하지 않은 부재에 사용하는 보이고, 허니콤보는 H형강의 웨브를 절단하여 웨브에 육각형의 구멍이 생기도록 하여 다시 용접한 보이며, 상자형보는 웨브판을 두 개 사용하여 상자 모양으로 만든 보로서 비틀림을 받는 부분에 사용하면 유리하다.

36 | 보(플레이트보의 부재)
11, 07

다음 중 철골 구조에서 플레이트 보에 사용하는 부재가 아닌 것은?

① 커버 플레이트   ② 웨브 플레이트
③ 스티프너   ④ 베이스 플레이트

해설 철골보 중에서 플레이트보(판보)는 L형강과 강판을 접합하여 I형 모양으로 조립하여 만든 보로 커버플레이트, 웨브플레이트, 필러 및 스티프너 등으로 구성되고, 베이스 플레이트는 기둥에 작용하는 힘을 기초에 전달하는 강재로서 기둥의 주각부에 설치하는 강재이다.

37 | 보(스티프너의 사용 이유)
18, 13, 09, 07

철골 구조에서 스티프너를 사용하는 가장 중요한 목적은?

① 보의 휨내력 보강
② 웨브 플레이트의 좌굴 방지
③ 보의 처짐 보강
④ 플랜지 앵글의 단면 보강

해설 스티프너는 웨브의 두께가 춤에 비해 얇을 때, 웨브 플레이트의 좌굴을 방지하기 위하여 설치하는 부재로서 집중 하중의 크기에 따라 결정된다.

38 | 보(스티프너의 용어)
23, 19, 10, 06, 05②, 03, 01

웨브 플레이트의 좌굴을 방지하기 위하여 설치하는 것은?

① 앵커 볼트   ② 베이스 플레이트
③ 스티프너   ④ 플랜지

해설 앵커 볼트는 토대, 기둥, 보, 도리 또는 기계류 등을 기초나 돌, 콘크리트 구조체에 정착시킬 때 사용하는 본박이 철물이고, 베이스 플레이트는 기둥에 작용하는 힘을 기초에 전달하는 강재로서 기둥의 주각부에 설치하는 강재이며, 플랜지는 I형강, ㄷ형강 및 철근 콘크리트 T형보 등의 상하의 날개처럼 내민 부분이다.

정답 32. ③ 33. ② 34. ④ 35. ② 36. ④ 37. ② 38. ③

39 | 보(스티프너의 용어)
22, 21, 12, 11, 10, 06

철골 구조의 판보에서 웨브의 두께가 춤에 비해서 얇을 때, 웨브의 국부 좌굴을 방지하기 위해서 사용되는 것은?

① 스티프너 ② 커버 플레이트
③ 거싯 플레이트 ④ 베이스 플레이트

해설 커버 플레이트는 판보(플레이트보)의 휨 응력을 보강하기 위하여 설치하는 부재이고, 거싯 플레이트는 철골 구조의 절점에 있어 부재의 접합에 덧대는 연결용 보강 철물이며, 베이스 플레이트는 기둥에 작용하는 힘을 기초에 전달하는 강재이다.

40 | 보(커버 플레이트의 매수)
06, 04

철골 구조의 판보에서 커버 플레이트의 장 수는 최대 몇 장 이하로 하는가?

① 1장 ② 2장
③ 3장 ④ 4장

해설 커버 플레이트의 길이는 보의 휨모멘트에 의하여 결정되고, 커버 플레이트는 구조 계산상 필요한 길이보다 여장(餘長)을 갖도록 설계하며, 커버 플레이트 수는 4장 이하로 하고, 커버 플레이트의 전단면적은 플랜지 전단면적의 60% 이하로 한다.

41 | 보(래티스보의 용어)
11, 06

철골 조립보 중 상하 플랜지에 ㄱ형강을 쓰고 웨브재로 형강을 45°, 60° 또는 90° 등의 일정한 각도로 접합한 것은?

① 허니콤보 ② 플레이트보
③ 래티스보 ④ 비렌딜 거더

해설 허니콤보는 H형강의 웨브를 절단하여 웨브에 육각형의 구멍이 생기도록 하여 다시 용접합 보이고, 플레이트보(판보)는 L형강과 강판을 접합하여 I형 모양으로 조립하여 만든 보로 커버플레이트, 웨브플레이트, 필러 및 스티프너 등으로 구성되며, 비렌딜 거더는 사재가 없는 트러스 보이다.

42 | 트러스 구조의 용어
24, 23, 20, 16, 09

강재나 목재를 삼각형을 기본으로 짜서 하중을 지지하는 것으로 절점을 중심으로 자유롭게 회전하며 부재는 인장력과 압축력만 받도록 한 구조는?

① 트러스 구조 ② 내력벽 구조
③ 라멘 구조 ④ 아치 구조

해설 내력벽 구조는 수직 및 수평 하중을 내력벽으로 지지하는 구조 또는 벽체나 바닥판을 평면적인 구조체만으로 구성한 구조물로서 보나 기둥이 없이 판으로 바닥 슬래브와 벽으로 연결된 강한 구조이고, 라멘 구조는 기둥과 보, 슬래브 등의 뼈대를 강접합하여 하중에 대하여 일체로 저항하도록 하는 구조이며, 아치 구조는 상부에서 오는 수직 하중이 아치의 축선에 따라 좌우로 나누어져 밑으로 압축력만을 전달하게 한 구조이다.

43 | 보(트러스보의 용어)
04

래티스보에 접합판(gusset plate)을 대서 접합한 보는?

① 허니콤보 ② 격자보
③ 플레이트보 ④ 트러스보

해설 허니콤보는 H형강의 웨브를 절단하여 웨브에 육각형의 구멍이 생기도록 하여 다시 용접합 보이고, 격자보는 상하 플랜지에 ㄱ자 형강을 대고 플랜지에 웨브재를 직각(90°)으로 접합한 보를 말하며, 콘크리트로 피복되지 아니하고 단독으로 사용되는 경우는 거의 없으며, 플레이트보(판보)는 L형강과 강판을 접합하여 I형 모양으로 조립하여 만든 보로 커버플레이트, 웨브플레이트, 필러 및 스티프너 등으로 구성된다.

44 | 보(허니콤보의 용어)
22, 09, 01

H형강의 웨브를 절단하여 6각형 구멍이 줄지어 생기도록 용접하여 춤을 높인 것은?

① 허니콤보 ② 플레이트보
③ 트러스보 ④ 래티스보

해설 플레이트보(판보)는 L형강과 강판을 접합하여 I형 모양으로 조립하여 만든 보로 커버플레이트, 웨브플레이트, 필러 및 스티프너 등으로 구성되고, 트러스보는 플레이트보의 웨브에 빗재 및 수직재를 사용하고, 거싯플레이트로 플랜지 부분과 조립한 보이며, 래티스보는 상하 플랜지에 ㄱ자 형강을 대고 플랜지에 웨브재를 45°, 60°로 접합한 보를 말하며, 주로 지붕 트러스의 작은 보, 부지붕틀로 사용한다.

45 | 보와 기둥, 주각의 부재
20, 13

철골 구조에 사용되는 부재 중 사용되는 위치가 다른 하나는?

① 베이스 플레이트(base plate)
② 리브 플레이트(rib plate)
③ 거싯 플레이트(gusset plate)
④ 윙 플레이트(wing plate)

정답 39. ① 40. ④ 41. ③ 42. ① 43. ④ 44. ① 45. ③

해설 철골 구조의 주각부는 기둥이 받는 내력을 기초에 전달하는 부분으로 윙 플레이트(힘의 분산을 위함), 베이스 플레이트(힘을 기초에 전달함), 기초와의 접합을 위한 리브 플레이트, 클립 앵글, 사이드 앵글 및 앵커 볼트를 사용하고, 거싯 플레이트는 철골 구조의 절점에 있어 부재의 접합에 덧대는 연결 보강용 강판의 총칭이다.

46 | 보(철골보)
10

철골보에 대한 설명 중 옳지 않은 것은?
① 형강보는 주로 I형강과 H형강이 사용된다.
② 허니콤보는 H형강의 웨브를 절단하여 6각형의 구멍이 생기도록 하여 다시 용접한 것이다.
③ 커버 플레이트의 크기는 전단력에 따라 결정된다.
④ 웨브 플레이트의 좌굴을 방지하기 위하여 스티프너를 설치한다.

해설 철골 구조의 보에 있어서 커버 플레이트의 길이는 보의 휨모멘트에 의하여 결정되고, 커버 플레이트는 구조 계산상 필요한 길이보다 여장(餘長)을 갖도록 설계하며, 커버 플레이트 수는 4장 이하로 하고, 커버 플레이트의 전단면적은 플랜지 전단면적의 60% 이하로 한다.

47 | 보(트러스보)
20, 16

철골 구조 트러스보에 관한 설명으로 옳지 않은 것은?
① 플레이트보의 웨브재로서 빗재, 수직재를 사용한다.
② 비교적 간사이가 작은 구조물에 사용된다.
③ 휨 모멘트는 현재가 부담한다.
④ 전단력은 웨브재의 축방향력으로 작용하므로 부재는 모두 인장재 또는 압축재로 설계한다.

해설 철골 트러스보(플레이트보 웨브의 사재와 수직재를 거싯플레이트로 플랜지 부분과 조립한 보)는 모든 하중을 압축력와 인장력으로 작용하고, 비교적 간사이가 큰 구조물(간사이가 15m 이상)에 사용되는 보이다.

48 | 보(철골보)
12, 08

다음 중 철골 구조의 보에 대한 설명으로 옳지 않은 것은?
① 플레이트 보에서 웨브의 국부 좌굴을 방지하기 위해 거싯 플레이트를 사용한다.
② 휨 강도를 높이기 위해 커버 플레이트를 사용한다.
③ 하이브리드 거더는 다른 성질의 재질을 혼성하여 만든 일종의 조립보이다.
④ 플랜지는 H형강, 플레이트 보 또는 래티스 보 등에서 보의 단면의 상하에 날개처럼 내민 부분을 말한다.

해설 플레이트 보에서 웨브의 좌굴을 방지하기 위해 스티프너를 설치하고, 거싯 플레이트는 철골 구조의 절점에 있어 부재의 접합에 덧대는 연결용 보강 철물의 총칭이다.

49 | 에펠탑의 건축 구조
16, 13

1889년 프랑스 파리에 만든 에펠탑의 건축 구조는?
① 벽돌 구조
② 블록 구조
③ 철골 구조
④ 철근 콘크리트 구조

해설 1889년 프랑스 파리에 만든 에펠탑의 건축 구조는 철골 구조(하중을 전달하는 주요 부재인 보나 기둥 등을 강재로 이용하여 만든 구조)이다.

50 | 기둥(좌굴 현상)
24, 12, 08

강구조 기둥에서 발생하는 다음과 같은 현상을 무엇이라 하는가?

> 단면에 비하여 길이가 긴 장주에서 중심축 하중을 받는데도 부재의 불균일성에 기인하여 하중이 집중되는 부분에 편심 모멘트가 발생함에 따라 압축 응력이 허용 강도에 도달하기 전에 휘어져 버리는 현상

① 처짐
② 좌굴
③ 인장
④ 전단

해설 처짐은 부재가 하중을 받아 연직 방향으로 이동한 거리이고, 인장은 부재의 축방향으로 인장력을 작용시켜 축방향으로 늘어나는 현상이며, 전단은 단면 방향과 평행 방향 또는 축방향의 수직 방향으로 작용하는 힘의 절단이다.

51 | 기둥(단일재 기둥)
16, 10

철골 구조에서 단일재를 사용한 기둥은?
① 형강 기둥
② 플레이트 기둥
③ 트러스 기둥
④ 래티스 기둥

해설 철골 구조에서 형강 기둥(H형강, I형강, 각형 강관, 원형 강관 및 조립 기둥 등)은 단일재를 사용하고, 플레이트 기둥, 트러스 기둥, 대판(조립)기둥 및 래티스 기둥은 복합재를 사용한다.

정답 46.③ 47.② 48.① 49.③ 50.② 51.①

52 | 기초(주각부의 구성 부재) 14, 13

철골 구조에서 주각부에 사용하는 부재는?

① 커버 플레이트
② 웨브 플레이트
③ 스티프너
④ 베이스 플레이트

해설 철골 구조의 주각부는 기둥이 받는 내력을 기초에 전달하는 부분으로 윙 플레이트(힘의 분산을 위함), 베이스 플레이트(힘을 기초에 전달함), 기초와의 접합을 위한 리브 플레이트, 클립 앵글, 사이드 앵글 및 앵커 볼트를 사용한다. 웨브 플레이트, 커버 플레이트, 스티프너 등은 판보에 사용하는 부재이다.

53 | 기초(주각부의 구성 부재) 04

철골 기둥의 주각의 구성재가 아닌 것은?

① 윙 플레이트
② 베이스 플레이트
③ 클립 앵글
④ 스티프너

해설 철골 구조의 주각부는 기둥이 받는 내력을 기초에 전달하는 부분으로 윙 플레이트(힘의 분산을 위함), 베이스 플레이트(힘을 기초에 전달함), 기초와의 접합을 위한 리브 플레이트, 클립 앵글, 사이드 앵글 및 앵커 볼트를 사용하고, 스티프너는 웨브의 두께가 춤에 비해 얇을 때, 웨브 플레이트의 좌굴을 방지하기 위하여 설치하는 부재로서 집중 하중의 크기에 따라 결정된다.

54 | 기초(주각부의 구성 부재) 19, 16, 11, 08

철골조의 주각을 이루는 부재가 아닌 것은?

① 베이스 플레이트(base plate)
② 리브 플레이트(rib plate)
③ 거싯 플레이트(gusset plate)
④ 윙 플레이트(wing plate)

해설 철골 구조의 주각부는 기둥이 받는 내력을 기초에 전달하는 부분으로 윙 플레이트(힘의 분산을 위함), 베이스 플레이트(힘을 기초에 전달함), 기초와의 접합을 위한 리브 플레이트, 클립 앵글, 사이드 앵글 및 앵커 볼트를 사용하고, 거싯 플레이트는 철골 구조의 절점에 있어 부재의 접합에 덧대는 연결 보강용 강판의 총칭이다.

55 | 기초(주각부의 구성 부재) 16, 08

철골 구조의 주각부에 사용되는 부재가 아닌 것은?

① 래티스(lattice)
② 베이스 플레이트(base plate)
③ 사이드 앵글(side angle)
④ 윙 플레이트(wing plate)

해설 철골 구조의 주각부는 기둥이 받는 내력을 기초에 전달하는 부분으로 윙 플레이트(힘의 분산을 위함), 베이스 플레이트(힘을 기초에 전달함), 기초와의 접합을 위한 리브 플레이트, 클립 앵글, 사이드 앵글 및 앵커 볼트를 사용하고, 래티스는 윗가지나 장대, 막대기 등을 교차시킴으로서 그물 모양을 이루고 있는 금속이나 목재이다.

56 | 기초(주각부의 구성 부재) 13

철골 구조의 주각부와 관계가 먼 것은?

① 베이스 플레이트
② 윙 플레이트
③ 데크 플레이트
④ 사이드 앵글

해설 철골 구조의 주각부는 기둥이 받는 내력을 기초에 전달하는 부분으로 윙 플레이트(힘의 분산을 위함), 베이스 플레이트(힘을 기초에 전달함), 기초와의 접합을 위한 리브 플레이트, 클립 앵글, 사이드 앵글 및 앵커 볼트를 사용하고, 데크 플레이트는 얇은 강판을 골모양을 내어 만든 재료로서 지붕 잇기, 벽널 및 콘크리트 바닥과 거푸집 대용으로 사용한다.

57 | 기초(주각부의 구성 부재) 03

철골조 주각부와 가장 관계가 먼 것은?

① 윙 플레이트
② 베이스 플레이트
③ 앵커 볼트
④ 거싯 플레이트

해설 철골 구조의 주각부는 기둥이 받는 내력을 기초에 전달하는 부분으로 윙 플레이트(힘의 분산을 위함), 베이스 플레이트(힘을 기초에 전달함), 기초와의 접합을 위한 리브 플레이트, 클립 앵글, 사이드 앵글 및 앵커 볼트를 사용하고, 거싯 플레이트는 철골 구조의 절점에 있어 부재의 접합에 덧대는 연결 보강용 강판의 총칭이다.

58 | 철골 철근 콘크리트 구조 22, 12, 11, 10

철골 철근 콘크리트 구조에 대한 설명 중 옳지 않은 것은?

① 작은 단면으로 큰 힘을 발휘할 수 있다.
② 화재시 고열을 받으면 철골 구조와 비교하여 강도 감소가 크다.
③ 내진성이 우수한 구조이다.
④ 초고층 구조물 하층부의 복합 구조로 많이 쓰인다.

해설 철골 철근 콘크리트 구조는 철골 구조와 철근 콘크리트 구조의 조합으로 두 구조의 장점을 포함하고 있는 구조로서 내화구조이므로 철골 구조와 비교하여 화재시 고열을 받아도 강도를 발휘한다.

정답 52.④ 53.④ 54.③ 55.① 56.③ 57.④ 58.②

59 | 철골 및 철근 콘크리트 구조
13, 09

철골 구조와 비교한 철근 콘크리트 구조의 단점이 아닌 것은?

① 내화성이 떨어진다.
② 구조물 완성 후 내부 결함의 유무를 검사하기 어렵다.
③ 중량이 크다.
④ 균열이 쉽게 발생한다.

해설 철근 콘크리트 구조는 철골 구조보다 내화성이 매우 뛰어난 특성이 있다.

60 | 경량 형강의 특성
11

경량 형강의 특성으로 옳지 않은 것은?

① 가공이 용이하다.
② 볼트, 리벳, 용접 등의 다양한 방법을 적용할 수 있다.
③ 주요 구조부는 대칭되게 조립해야 한다.
④ 두께에 비해 단면 치수가 작아 단면 2차 모멘트가 작은 편이다.

해설 경량 형강의 특성은 가볍고 운반이 용이하며, 두께에 비해 단면의 치수가 크기 때문에 단면 2차 모멘트가 커서 큰 힘을 받을 수 있다. 특히, 접합 방법의 선택이 비교적 자유롭다.

61 | 경량 철골 구조
14

경량 철골 구조에 대한 설명으로 틀린 것은?

① 주로 판 두께 6mm 이하의 경량 형강을 주요 구조 부분에 사용한 구조이다.
② 가벼워서 운반이 용이하다.
③ 용접을 하는 경우 판 두께가 얇아서 구멍이 뚫리는 경우를 주의할 필요가 있다.
④ 두께가 너비나 춤에 비해 얇아도 비틀림이나, 국부 좌굴 등이 생기지 않는다.

해설 경량 철골 구조의 단점 중 하나는 두께나 너비가 춤에 비해 얇아서 비틀림이나 국부 좌굴이 발생한다.

62 | 스틸 하우스
14

스틸 하우스에 대한 설명으로 옳지 않은 것은?

① 공사 기간이 짧고 경제적이다.
② 결로 현상이 생기지 않으며 차음에 좋다.
③ 내부 변경이 용이하고 공간 활용이 효율적이다.
④ 폐자재의 재활용이 가능하여 환경오염이 작다.

해설 스틸 하우스는 결로 현상이 발생하고, 차음성이 매우 좋지 않은 단점이 있으나, 공사 기간이 짧고, 경제적이며, 내부 변경이 용이하고, 공간 활용이 효율적이다. 또한, 폐자재의 재활용이 가능하여 환경오염이 작다.

6 기타 구조

01 | 평면 구조와 입체 구조의 종류
10

힘의 전달 측면에서 구조물을 평면 구조와 입체 구조로 분류할 수 있다. 다음 중 그 구조 형식이 나머지와 다른 것은?

① 절판 구조(fold plate structure)
② 셸 구조(shell structure)
③ 현수 구조(suspension structure)
④ 라멘 구조(rahmen structure)

해설 구조물을 평면 구조와 입체 구조로 구분하며, 평면 구조에는 골조(라멘)구조, 아치 구조 및 벽식 구조 등이 있고, 입체 구조에는 절판 구조, 셸 구조, 돔 구조, 입체 트러스 구조, 현수 구조 및 막 구조 등이 있다.

02 | 셸 구조의 용어
21, 12, 09, 08, 06, 04②

곡면판이 지니는 역학적 특성을 응용한 구조로서 외력은 주로 판의 면내력으로 전달되기 때문에 경량이고 내력이 큰 구조물을 구성할 수 있는 구조는?

① 패널 구조
② 커튼월 구조
③ 셸 구조
④ 블록 구조

해설 패널 구조는 조립 구조의 일종으로 기둥, 보 등의 골조를 구성하고 바닥, 벽, 천장, 지붕 등을 일정한 형태와 치수로 만든 판으로 구성하는 구조법이고, 커튼월 구조는 건축물의 외장재로서 벽을 미리 공장에서 제작한 다음 현장에서 판을 부착하여 외벽을 형성하는 구조이며, 블록 구조는 조적조의 일종으로 블록을 사용하여 모르타르로 쌓아올리는 구조이다.

03 | 셸 구조
14, 06

셸(Shell) 구조에 대한 설명으로 옳지 않은 것은?

① 큰 공간을 덮는 지붕에 사용되고 있다.
② 가볍고 강성이 우수한 구조 시스템이다.
③ 상암동 월드컵 경기장이 대표적인 셸(Shell) 구조물이다.
④ 면에 분포되는 하중을 인장과 압축과 같은 면 내력으로 전달시키는 역학적 특성을 가지고 있다.

해설 셸 구조는 휘어진 얇은 판을 이용한 구조로서 휨과 견고성이 셸을 구성하는 특색인 구조이고, 제주도(서귀포), 상암동 및 인천 월드컵 경기장의 지붕 구조는 막 구조이다.

04 | 셸 구조의 설립 조건 | 08

셸 구조가 성립하기 위한 제한 조건으로 틀린 것은?

① 건축 기술상 셸은 건축할 수 있는 형태를 가져야 한다.
② 공장, 건축 현장에서 용이하게 만들어지는 것이어야 한다.
③ 역학적인 면에서 재하 방법이 지지 능력과 어긋나지 않아야 한다.
④ 지지점에서는 힘의 집중이 발생하지 않으므로 셸의 모양을 결정할 때 지지점과의 관계를 고려하지 않는다.

해설 셸 구조는 지지점에서는 힘의 집중을 피할 수 없으므로(힘의 집중이 발생하므로), 힘을 모아서 지지점에 무리 없이 전달되도록 셸 모양을 고려하여야 한다.

05 | 막 구조의 용어 | 09

구조체 자체의 무게가 적어 넓은 공간의 지붕 등에 쓰이는 것으로, 상암 월드컵 경기장, 제주 월드컵 경기장에서 볼 수 있는 구조는?

① 절판 구조
② 막 구조
③ 셸 구조
④ 현수 구조

해설 절판 구조는 자중도 지지할 수 없는 얇은 판을 접으면 큰 강성을 발휘한다는 점에서 쉽게 이해할 수 있는 구조이다. 예로서, 데크플레이트를 들 수 있고, 셸 구조는 휘어진 얇은 판을 이용한 구조로서 휨과 견고성이 셸을 구성하는 특색인 구조이고, 현수 구조는 와이어 로트 또는 PS와이어 등을 사용하여 주로 인장재가 힘을 받도록 설계된 구조이다.

06 | 튜브 구조의 용어 | 13, 07

다음 중 초고층 건물의 구조로 가장 적합한 것은?

① 현수 구조
② 절판 구조
③ 입체트러스 구조
④ 튜브 구조

해설 현수 구조는 와이어 로트 또는 PS와이어 등을 사용하여 주로 인장재가 힘을 받도록 설계된 구조이고, 절판 구조는 자중도 지지할 수 없는 얇은 판을 접으면 큰 강성을 발휘한다는 점에서 쉽게 이해할 수 있는 구조이다. 예로서, 데크플레이트를 들 수 있다. 입체트러스 구조는 모든 방향으로 이동이 구속되어 평면 트러스보다 큰 하중을 지지할 수 있고, 최소 유닛은 삼각형 또는 사각형이고, 체육관이나 공연장 같이 넓은 대형 공간의 지붕 구조물로 사용한다.

07 | 강관 구조의 용어 | 11

단면에 방향성이 없으며 콘크리트 타설시 별도의 거푸집이 불필요한 구조는?

① 경량 철골 구조
② 강관 구조
③ PS 콘크리트 구조
④ 철골 철근 콘크리트 구조

해설 콘크리트 충전 강관 구조는 단면이 원형 또는 각형이 주로 사용되고, 에너지 흡수 능력이 뛰어나 초고층 건축물에 적용이 가능하며, 일종의 합성 구조이다. 또한, 휨, 전단, 비틀림 등에 대하여 역학적으로 유리하며, 특히 단면에 방향성이 없으므로 뼈대의 입체 구성을 하는 데 적합하고 공장, 체육관, 전시장 등의 건축물에 많이 사용되는 구조로서 별도의 거푸집을 사용하지 않는 특성이 있다.

08 | 강관 구조의 용어 | 24, 19, 13, 01, 99

휨, 전단, 비틀림 등에 대하여 역학적으로 유리하며, 특히 단면에 방향성이 없으므로 뼈대의 입체 구성을 하는 데 적합하고 공장, 체육관, 전시장 등의 건축물에 많이 사용되는 구조는?

① 경량 철골 구조
② 강관 구조
③ 막구조
④ 조립식 구조

해설 경량 철골 구조는 경량 형강(판 두께가 6mm 이하)을 주요 구조부에 사용한 구조이고, 막구조는 재료 자체로서는 도저히 힘을 받을 수 없는 막을 잡아당겨 인장력을 주어 막 자체가 강성이 생긴 구조이며, 조립식 구조는 공장에서 부재를 생산하여 현장에서 부재를 조립하는 방식의 구조이다.

09 | 강관 구조 | 12

강관 구조에 대한 설명 중 옳지 않은 것은?

① 강관은 형강과는 달리 단면이 폐쇄되어 있다.
② 방향에 관계없이 같은 내력을 발휘할 수 있다.
③ 콘크리트 타설 시 거푸집이 불필요하다.
④ 밀폐된 중공 단면의 내부는 부식의 우려가 많다.

해설 강관 구조(휨, 전단, 비틀림 등에 대하여 역학적으로 유리하며, 특히 단면에 방향성이 없으므로 뼈대의 입체 구성을 하는 데 적합하고 공장, 체육관, 전시장 등의 건축물에 많이 사용되는 구조)의 강관은 원형의 얇은 단면으로 방향성이 없어 단면의 성질이 변하지 않으므로 구조적으로 유리하며 휨강도가 크다. 또한, 재료적으로는 내부의 부식 우려가 없으며, 표면의 부식 우려도 일반 형강에 비해 적다.

정답 04. ④ 05. ② 06. ④ 07. ② 08. ② 09. ④

10 | 콘크리트 충전 강관 구조

콘크리트 충전 강관 구조(CFT)에 대한 설명으로 옳지 않은 것은?

① 기둥 시공시 별도의 특수 거푸집이 필요하다.
② 원형 또는 각형 강관이 주로 사용된다.
③ 일종의 합성 구조이다.
④ 에너지 흡수 능력이 뛰어나 초고층 구조물에 적용이 가능하다.

해설 콘크리트 충전 강관 구조는 단면이 원형 또는 각형이 주로 사용되고, 에너지 흡수 능력이 뛰어나 초고층 건축물에 적용이 가능하며, 일종의 합성 구조이다. 별도의 거푸집을 사용하지 않는 특성이 있다.

11 | 트러스 구조의 용어

다음 구조 중 기둥이 없는 가장 넓은 공간을 얻을 수 있는 구조는?

① 내력벽식 구조   ② 가구식 구조
③ 철골 구조   ④ 트러스 구조

해설 트러스 구조는 단순 구형보에 수직 하중이 생기면 인장력과 압축력의 주응력선이 생기는데, 이러한 주응력선에 따라 부재를 배치함으로써 각 부재가 인장력 및 압축력을 받을 수 있도록 제작하여 전체가 하나의 커다란 보의 역할을 할 수 있도록 한 구조이며, 특히, 기둥이 없어도 가장 넓은 공간을 얻을 수 있다.

12 | 스페이스 프레임의 용어

트러스를 종횡으로 배치하여 입체적으로 구성한 구조로서 형강이나 강관을 사용하여 넓은 공간을 구성하는 데 이용되는 것은?

① 막구조   ② 스페이스 프레임
③ 절판 구조   ④ 돔구조

해설 막 구조는 흔히 텐트나 천막 같이 자체로서는 전혀 하중을 지지할 수 없는 막을 잡아당겨 인장력을 주면 막 자체에 강성이 생겨 구조체로서 힘을 받을 수 있도록 한 구조이고, 절판 구조는 자중도 지지할 수 없는 얇은 판을 접으면 큰 강성을 발휘한다는 점에서 쉽게 이해할 수 있는 구조이다. 예로서, 데크 플레이트를 들 수 있으며, 돔구조는 반구형으로 된 지붕으로 주요 골조가 트러스 구조로 되어 있고, 압축링과 인장링으로 구성되며, 수직·수평 방향으로 힘의 평형을 이루고 있다.

13 | 트러스의 명칭

그림과 같은 트러스의 명칭은?

① 워렌(Warren) 트러스
② 비렌딜(Vierendeel) 트러스
③ 하우(Howe) 트러스
④ 핑크(Pink) 트러스

해설 하우 트러스는 트러스의 사재 응력이 압축 응력을 받고, 수직재 응력은 인장 응력을 받도록 한 트러스로서 왕대공 트러스도 하우 트러스에 속한다.

14 | 패널 구조의 용어

조립 구조의 일종으로 기둥, 보 등의 골조를 구성하고 바닥, 벽, 천장, 지붕 등을 일정한 형태와 치수로 만든 판으로 구성하는 구조법은?

① 셸 구조
② 프리스트레스트 콘크리트 구조
③ 커튼월 구조
④ 패널 구조

해설 셸 구조는 곡률을 가진 얇은 판으로써 주변을 충분히 지지시키면, 면에 분포되는 하중을 인장과 압축, 같은 면 내력으로 전달시키는 특성을 갖고 있는 구조이고, 프리스트레스트 콘크리트 구조는 미리 인장력을 주어 압축력을 작용시키므로서 구조물의 인장력에 대항하는 구조이며, 커튼월 구조는 건축물의 외장재로서 벽을 미리 공장에서 제작한 다음 현장에서 판을 부착하여 외벽을 형성하는 구조이다.

15 | 현수 구조의 용어

와이어 로프(wire rope) 또는 PS 와이어 등을 사용하여 주로 인장재가 힘을 받도록 설계된 철골 구조는?

① 경량 철골 구조
② 현수 구조
③ 철골 철근 콘크리트 구조
④ 강관 구조

해설 경량 철골 구조는 경량 형강을 주요 구조부에 사용한 구조이고, 철골 철근 콘크리트 구조는 강관 구조는 휨, 전단, 비틀림 등에 대하여 역학적으로 유리하며, 특히 단면에 방향성이 없으므로 뼈대의 입체 구성을 하는 데 적합하고 공장, 체육관, 전시장 등의 건축물에 많이 사용되는 구조이다.

부록 I 최근 CBT 복원문제

CRAFTSMAN INTERIOR ARCHITECTURE

※ 2016년 이후 CBT 복원문제로 본문에 수록되어 있지 않은 새로운 유형의 문제입니다.

01 실내 디자인

1 실내 디자인 요소

01 실내 디자인을 계획하는 과정에서 기본적으로 파악되어야 할 내부적 조건에 해당되는 것은? [22]

① 설비적 조건
② 입지적 조건
③ 경제적 조건
④ 건축적 조건

해설 실내 디자인을 계획하는 과정에서 기본적으로 파악되어야 할 내부적 조건에는 경제적 조건(공사비 예산), 공간 계획의 목적, 고객의 요구 사항, 사용인원 및 개성 등이 있다.

02 다음 중 수직선이 주는 조형 효과로 옳은 것은? [21]

① 활동적, 불안감
② 자유 분방
③ 엄숙, 단정, 상승
④ 가장 동적, 발전적임

해설 선의 느낌

구분	느낌
수평선	평화, 정지, 안정, 침착
수직선	엄숙, 단정, 고결, 상승, 희망, 확신, 긴장, 권위
사선	활동적, 불안감
기하 곡선	이지적
자유 곡선	자유분방
호선(원)	충실감
호선(타원)	유연함
포물선	스피드감
쌍곡선	균형감
와선	가장 동적, 발전적

03 실내 디자인의 요소 중 리듬감을 주기 위한 방법으로 관계가 없는 것은? [17]

① 반복
② 방사
③ 조화
④ 점층

해설 리듬은 일반적으로 규칙적인 요소(농도, 명암 등)들의 반복으로 디자인에 시각적인 질서 있는(통제된) 운동감의 디자인 구성 원리 또는 음악적 감각이 조형화된 것으로서 청각의 원리가 시각적으로 표현된 것이라 할 수 있는 디자인 원리로서 리듬의 종류에는 반복, 점층(점이, 점진, 계조), 변이, 억양, 방사 및 대비 등이 있다.

04 디자인의 구성 원리의 하나로, 하모니라고도 하고, 동일한 분야에서 상호 다른 성격을 아름답도록 자연스럽게 결합하여 상호 간에 공감을 가져오는 효과는? [20]

① 리듬
② 변화
③ 균형
④ 조화

해설 리듬은 일반적으로 규칙적인 요소들의 반복으로 디자인에 시각적인 질서를 부여하는 통제된 운동 감각을 말하고, 농도, 명암 등이 규칙적으로 반복 배열되었을 때의 느낌이며, 음악적 감각이 조형화된 것으로서 청각의 원리가 시각적으로 표현된 것이라 할 수 있다. 변화는 우리에게 생명력을 주고 흥미를 유발시키는 효과가 있으나, 전체적인 계획을 고려하지 않은 채 변화를 강조하다 보면 오히려 어수선하고 부담스럽게 느껴진다. 균형(밸런스)은 인간의 주의력에 의해 감지되는 시각적 무게의 평형 상태를 의미하고, 실내 공간에 침착함과 평형감을 주기 위해 일반적으로 사용된다.

정답 01. ③ 02. ③ 03. ③ 04. ④

05 다음에서 설명하는 디자인의 원리로 옳은 것은? [18]

> 시각적으로 초점이나 흥미의 중심이 되는 것을 의미하며, 실내 디자인에서 충분한 필요성과 한정된 목적을 가질 때에 적용하는 원리, 평범하고 단순한 실내에 초점이나 흥미를 부여하려고 하는 경우 가장 적합한 디자인 원리이다.

① 강조
② 조화
③ 대칭
④ 통일

해설 강조란 시각적으로 초점이나 흥미의 중심이 되는 것을 의미하며, 실내 디자인에서 충분한 필요성과 한정된 목적을 가질 때에 적용하는 원리, 평범하고 단순한 실내에 흥미를 부여하려고 하는 경우 가장 적합한 디자인 원리 또는 실내 공간을 디자인할 때 주제를 부여하는 경우의 디자인 원리로서, 실내에서의 시각적인 관심의 초점이자 흥미의 중심이고, 통일과 질서감을 부여한다. 예를 들면, 벽난로나 응접세트 등이 포함된다.

06 다음은 디자인의 원리 중 균형에 대한 설명이다. 옳지 않은 것은? [21]

① 색의 중량감은 색의 속성 중 명도에 의해 좌우되나, 채도의 영향을 받지 않는다.
② 큰 것은 작은 것보다 무겁게 느껴진다.
③ 부드럽고 단순한 것은 복잡하고 거친 것보다 가볍게 느껴진다.
④ 기하학적인 형태는 불규칙적인 형태보다 무겁게 느껴진다.

해설 균형은 부분과 부분 및 부분과 전체 사이에 시각적인 힘의 균형이 잡히면 쾌적한 형태 감정, 실내 공간에 침착함과 평형감을 주기 위해 일반적으로 사용되는 디자인 원리 또는 인간의 주의력에 의해 감지되는 시각적 무게의 평형 상태를 의미한다. 중량감은 ①, ② 및 ③ 이외에 기하학적인 형태는 불규칙적인 형태보다 가볍게 느껴지고, 사선은 수직, 수평선보다 가볍게 느껴진다.

07 다음 디자인의 용어 중 저속하거나 품질이 좋지 않다는 의미로 옳은 것은? [23, 21]

① 데지그나레(designare)
② 키치(kitsch)
③ 미니멀(minimal)
④ 퓨전(fusion)

해설 ① 데지그나레(designare) : 디자인의 어원으로 좁은 의미는 단순한 조형 활동을 말하고, 넓은 의미는 도안, 장식, 설계에서부터 계획된 것을 실현시키는 과정을 의미한다.
③ 미니멀(minimal) : 디자인을 진행함에 있어서 요소들을 최소화하여 단순하게 디자인하는 것을 의미한다.
④ 퓨전(fusion) : 새로운 디자인을 창조하기 위하여 종전의 문화와 조화를 이루지 못하는듯한 다른 문화를 결합하여 새롭게 창조하는 디자인을 의미한다.

08 다음에서 설명하는 것으로 옳은 것은? [22]

> ⊙ 쉐이드(shade)라고도 불리는 것이다.
> ⓒ 천을 감아올려 높이 조절이 가능하며 칸막이나 스크린의 효과를 만들 수 있다.

① 롤 블라인드
② 베니션 블라인드
③ 버티컬 블라인드
④ 로만 블라인드

해설 ② 베니션 블라인드 : 수평 블라인드로서, 각도 및 승강 조절이 가능하나 먼지가 쌓이면 제거하기 어려운 단점이 있다.
③ 버티컬 블라인드 : 수직 블라인드로서, 날개를 세로로 하여 180° 회전하는 홀더 체인으로 연결되어 있으며 좌우 개폐가 가능하고 천장 높이가 높은 은행 영업장이나 대형 창에 많이 쓰인다.
④ 로만 블라인드 : 천의 내부에 설치된 풀코드나 체인에 의해 당겨져 아래가 접혀 올라가므로 풍성한 느낌과 우아한 실내 분위기를 만든다.

09 수평 블라인드로서 안정감을 줄 수 있고, 각도 조절, 승강 조절이 가능하나, 개 사이에 먼지가 쌓이면 제거하기가 힘든 단점이 있는 것은? [25, 24]

① 로만 블라인드
② 버티컬 블라인드
③ 롤 블라인드
④ 베니션 블라인드

해설 로만 블라인드는 천의 내부에 설치된 풀코드나 체인에 의해 당겨져 아래가 접히면서 올라가는 블라인드이고, 버티컬 블라인드는 날개를 세로로 하여 180° 회전하는 홀더 체인으로 연결되어 있으며, 좌우 개폐가 가능한 블라인드이며, 롤 블라인드는 단순하고 깔끔한 느낌을 주며 창 이외에 칸막이 스크린으로도 효과적으로 사용할 수 있는 것으로 쉐이드(shade)라고도 불리는 것이다.

10 건축물의 구성 요소 중 선형의 수직 요소로 크기, 형상을 가지고 있으며 구조적 요소 또는 강조적, 상징적 요소로 사용되는 것은? [24]

① 기둥
② 벽
③ 바닥
④ 개구부

해설 벽은 실내 공간의 구성 요소 중 외부로부터의 방어와 프라이버시를 확보하고 공간의 형태와 크기를 결정하며 공간과 공간을 구분하는 수직적 요소이고, 바닥은 건축 구조물에서 생활의 장소를 직접 지탱하고 추위와 습기를 차단하며 중력에 대한 지지의 역할을 하는 곳, 천장과 함께 실내 공간을 구성하는 수평적 요소로서 생활을 지탱하는 역할을 하는 곳, 다른 요소들에 비해 시대의 양식에 의한 변화가 거의 없는 곳이다. 바닥은 가구를 배치하는 기준이 되고, 공간의 크기를 정하며, 실내 공간을 형성하는 기능을 한다. 개구부는 개구부(창, 문 등)가 없다면 건축물의 내·외부는 완전히 차단되므로 폐쇄된 벽의 일부를 뚫어 건축물의 내·외부를 소통할 수 있게 만든 것이 개구부이다.

11 다음에서 설명하는 조명 연출 기법으로 옳은 것은? [24]

> 조명 기법의 하나로 수직면과 평행한 광선을 벽에 비추어 주면 재질감을 강조시키며, 질감이 거칠수록 질감의 음영 효과는 더욱 효과적이다.

① 월워싱 기법
② 스파클 기법
③ 글레이징 기법
④ 실루엣 기법

해설 ① 월워싱 기법은 비대칭 배광 방식의 조명 기구를 사용하여 수직 벽면에 빛으로 쓸어 내려주는 듯한 균일한 조도의 빛을 비추는 기법이다.
② 스파클 기법은 광원을 순간적으로 켰다껐다하여 반짝거림을 이용하는 기법으로 눈이 쉽게 피로하고 불쾌감을 줄 수 있는 기법이다.
④ 실루엣 기법은 물체의 형태만을 강조하는 기법으로 공간의 친근감과 시각적 분위기를 주며 개개인의 내향적 행동을 유도하는 기법이다.

12 공간의 영역을 완전 차단하지 않고 폐쇄적으로 공간을 분할하는 상징적 분할에 사용되는 것은? [17]

① 바닥의 높이차 ② 이동벽
③ 고정벽 ④ 커튼

해설 ㉠ 상징(암시)적 분할 : 공간을 완전히 차단하지 않고 낮은 가구, 식물, 조각, 기둥, 벽난로, 바닥면의 레벨차, 천장의 높이차 등을 이용하여 공간의 영역을 상징적으로 분할하는 방법으로 벽의 최대 높이는 60cm 정도이다.
㉡ 차단(물리)적 분할 : 물리적(유리창과 같이 차단), 시각적으로 공간의 폐쇄성을 갖는 분할로 차단막(고정벽, 이동벽, 블라인드, 커튼 등)을 구성하는 재료, 형태 및 높이에 따라 영향을 받는다.

13 돌출창 또는 벽 밖으로 돌출된 형식의 창으로 자그마한 공간을 형성할 수 있는 형식의 창으로 옳은 것은? [24, 19]

① 윈도 월 ② 베이 윈도
③ 픽처 윈도 ④ 고정창

해설 고정창의 종류에는 픽처 윈도(바닥으로부터 천장까지를 모두 창으로 구성한 형식의 창문), 윈도 월(개방감을 강조하기 위하여 벽면 전체를 모두 창으로 처리한 형식의 창문) 및 베이 윈도(돌출창, 벽 밖으로 돌출된 형식의 창) 등이 있다.

14 다음 중 건물계 가구에 포함되지 않는 것은? [25, 18]

① 붙박이장 ② 벽장
③ 의자 ④ 서랍장

정답 10. ① 11. ③ 12. ① 13. ② 14. ③

해설 가구의 분류 중 인체공학적 입장에 따른 분류
  ㉠ 인체지지용(휴식용) 가구는 사람의 몸을 받쳐 주어 피로 회복의 기능을 가진 가구로서 안락의자(휴식용 의자), 소파, 스툴 및 침대 등이 있다.
  ㉡ 작업용(준인체계) 가구는 작업의 능률을 올릴 수 있도록 계획된 가구로 작업대, 책상(테이블), 작업용 의자 및 싱크대 등이 있다.
  ㉢ 수납용(건물계, 셸터계) 가구는 물건을 저장하기 위한 기능을 가진 것으로 선반, 서랍장, 붙박이장(벽장, 옷장) 등이 있다.

15 다음 중 소파의 안락성을 위해 솜, 스펀지 등을 두툼하게 채워 넣은 소파를 의미하는 것은? [20]
① 세티
② 라운지 체어
③ 카우치
④ 체스터 필드

해설 세티는 동일한 두 개의 의자를 나란히 합해 2인이 앉을 수 있도록 한 의자이다. 라운지 체어는 가장 편안하게 앉을 수 있는 휴식용 안락의자로 팔걸이, 발걸이 및 머리 받침대 등이 있다. 카우치는 고대 로마시대 음식물을 먹거나 잠을 자기 위해 사용했던 긴 의자로 몸을 기댈 수 있도록 좌판의 한쪽 끝이 올라간 형태를 가진 것이다.

16 다음에서 설명하는 고가구의 명칭으로 옳은 것은? [22]

> 방 한 켠이나 양 옆에 놓아 연적이나 도자기 같은 장식품을 올려놓는 데 사용하며, 사방으로 뚫려 있어 장식하는 데 유용하다. 보통 3층이나 4층으로 나누어 맨 아래층에는 문을 달고 막아 물건을 수납하도록 되어 있다. 장식이 적고 간소하면서도 짜임새 있고 각 층의 비례가 아름다워 많이 사용되고 있다.

① 문갑
② 사방탁자
③ 반닫이
④ 농

해설 ① 문갑 : 문서나 문구를 넣어 두는 가구
  ③ 반닫이 : 전면 위쪽 반만 열어젖힐 수 있는 문을 단, 옷 따위를 넣어 두는 궤(상자)이다.
  ④ 농 : 우리나라의 전통 가구 중 장과 더불어 가장 일반적으로 쓰이던 수납용 가구로 몸통이 2층 또는 3층으로 분리되어 상자 형태로 포개 놓아 사용된 것을 의미한다.

17 실내의 색채 계획에 대한 설명 중 옳지 않은 것은? [20]
① 천장색의 경우 반사율이 높으면서 눈이 부시지 않는 무광택의 재료로 시공하여야 한다.
② 벽의 아랫부분의 굽도리는 벽의 윗부분보다 더 어둡게 해 주어야 한다.
③ 바닥의 경우 반사율이 낮은 색이 좋고, 너무 어둡거나 너무 밝은 것은 좋지 않다.
④ 천장의 색은 무게감과 안정감을 주기 위해 명도가 낮은 색을 사용한다.

해설 실내의 색채 계획에 있어서 천장(위)에서부터 바닥(아래)로 향하여 명도를 낮추어야 안정감이 생기고, 천장이 높은 실내나 큰 실내 공간은 연한 난색으로 배색하며, 문의 양쪽 기둥이나 창문틀은 벽의 색과 맞도록 고려해야 한다.

18 우리나라 한국산업표준(KS)으로 채택된 표색계로 옳은 것은? [22]
① 오스트발트 표색계
② 헤링의 표색계
③ 먼셀의 표색계
④ CIE 표색계

해설 먼셀 표색계는 우리나라의 한국산업표준으로 채택된 표색계로서 표색계의 원리는 물체 표면의 색지각을 색상, 명도, 채도와 같은 색의 3속성에 따라 3차원 공간의 한 점에 대응시켜 세 방향으로 배열하되, 배열하는 방법은 지각적으로 고른 감도가 되도록 측도를 정한 것이다.

19 다음에서 설명하는 현상으로 옳은 것은? [24, 17]

> 색감에 대한 시감도가 명소시에서 암소시 상태로 옮겨질 때 물채색의 밝기가 어떻게 변하는지를 살펴보면, 빨강 계통의 색은 어둡게 보이게 되고, 파랑 계통의 색은 반대로 시감도가 높아져서 밝게 보이는 현상이다.

① 푸르킨예 현상
② 연상 작용
③ 동화 작용
④ 잔상 현상

정답 15. ④ 16. ② 17. ④ 18. ③ 19. ①

해설 연상 작용은 색을 지각할 때 과거의 경험이나 심리작용에 의한 활동이나 상태와 관련지어 보이는 작용(예를 들면, 빨간색은 피, 정열, 흥분 등)이다. 동화작용은 인접한 주위의 색과 가깝게 느껴지거나 비슷해 보이는 현상이다. 잔상 현상은 어떤 자극을 주어 색각이 생긴 뒤에 자극을 제거하면 제거한 후에도 그 흥분이 남아서 원래의 자극과 같은 성질 또는 반대되는 성질의 감각 경험을 일으키는 현상이다.

2 | 실내 계획

01 조선 건축의 주택에 있어서 주인이 기거하고 남자 손님을 접대하며, 독서와 응접을 할 수 있는 곳으로 사용된 공간은? [20]

① 안채
② 사랑채
③ 행랑채
④ 바깥채

해설 지방별로 차이는 있으나 주택은 주부를 중심으로 가족의 생활이 이루어지는 안채와 안마당을 배치하고, 주인이 기거하며 독서와 응접을 할 수 있는 사랑채와 사랑 마당을 외부와 가까운 곳에 면하게 하고, 하인들의 거처나 창고, 마구간, 대문으로 이루어진 행랑채와 바깥마당 등을 둠으로써 크게 세 부분의 공간을 서로 연관지어 배치하였다.

02 다음 중 주택 현관의 위치를 결정하는 데 가장 큰 영향을 끼치는 것은? [22]

① 현관의 크기
② 대지의 방위
③ 대지의 크기
④ 도로와의 관계

해설 주택의 현관 위치는 주택의 평면, 대지의 모양 및 도로와의 관계에 의하여 결정된다.

03 다음에서 설명하는 부엌의 작업대 배치 방법으로 옳은 것은? [19]

양쪽 벽면에 작업대가 마주보도록 배치한 것으로, 부엌의 폭이 길이에 비해 넓은 부엌의 형태에 적당한 형식으로, 작업 동선은 줄일 수 있지만 몸을 앞뒤로 바꾸는 데 불편하다. 여유 공간에 식탁을 배치하여 식당 겸 부엌으로 사용하는 경우에 적합한 형식이다.

① ㄴ(ㄱ)자형
② 병렬형
③ ㄷ자형
④ 일렬형

해설 부엌의 설비 배열 형식
㉠ 일렬형 : 동선과 배치가 간단하지만, 설비 기구가 많은 경우에는 작업 동선이 길어진다. 소규모 주택에 적합한 형식으로 동선의 혼란이 없고, 한 눈에 작업 내용을 알아볼 수 있는 이점이 있다. 작업대 전체 길이가 2,700mm 이상을 넘지 않도록 한다.
㉡ ㄱ(ㄴ)자형 : 두 벽면을 이용하여 작업대를 배치한 형태로 한쪽 면에 싱크대를, 다른 면에는 가스레인지를 설치하면 능률적이다. 작업대를 설치하지 않은 남은 공간을 식사나 세탁 등의 용도로 사용할 수 있다.
㉢ ㄷ자형 : 동선의 길이를 가장 짧게 할 수 있고, 부엌 내의 벽면을 이용하여 작업대를 배치한 형태로 매우 효율적인 형태가 된다. 다른 동선과 완전 분리가 가능하며, ㄷ자형의 사이를 1,000~1,500mm 정도 확보하는 것이 좋다.

04 다음 설명에 알맞은 주택 부엌의 유형은? [22]

• 작업대 길이가 2m 정도인 소형 주방가구가 배치된 간이 부엌의 형식이다.
• 사무실이나 독신자 아파트에 주로 설치한다.

① 키친 네트(kitchenette)
② 오픈 키친(open kitchen)
③ 리빙 키친(living kitchen)
④ 다이닝 키친(dining kitchen)

해설 다이닝 키친은 부엌의 일부에다 간단하게 식사실을 꾸민 형식이고, 리빙 키친(living kitchen, LDK형)은 거실, 식당, 부엌의 기능을 한 곳에서 수행할 수 있도록 계획한 형식으로 소규모의 주택이나 아파트에 많이 이용되며, 키친 네트는 작업대 길이가 2m 이내의 소형 주방 가구가 배치된 주방 형식이다.

정답 01. ② 02. ④ 03. ② 04. ①

05 다음에서 설명하는 부엌 설비의 배열 방식은? [23]

> ㉠ 몸의 방향을 바꿀 필요가 없고, 좁은 면적의 이용에 효과적이므로 소규모 주택에 주로 사용되는 방식이다.
> ㉡ 작업의 흐름이 좌우로 되어 있으므로 동선이 길어지는 단점이 있다.

① 직선(일자)형 ② 병렬형
③ L(ㄴ)자형 ④ U(ㄷ)자형

해설 부엌 설비의 배열 형식

배열형식	장점	단점	비고
I자형 (직선형)	몸의 방향을 바꿀 필요가 없고, 좁은 면적 이용에 효과적이므로 소규모 부엌에 주로 이용되는 형식	동선이 길어진다.(작업의 흐름이 좌우로 되어 있다.)	
병렬형	다른 공간과의 연결이 편하고, 동선이 짧다. 부엌의 폭이 길이에 비해 넓은 형태에 적합하다.	몸을 돌려가며 작업을 해야 한다.	길고 좁은 부엌에 적당하다.
L자형	배치에 여유가 있고, 동선이 짧다.	각이 진 부분에 유의해야 한다.	벽이 길면 부엌의 간결한 효과가 파괴
U(ㄷ)자형	작업면이 넓고, 작업 효율이 가장 좋다. 인접한 세 벽면에 작업대를 붙여 배치한 형태로서, 비교적 규모가 큰 공간에 적합하다.	다른 공간과의 연결이 한 면에 국한되므로 위치 결정이 힘들다.	

06 거실의 일부에 식탁을 꾸민 형태로 옳은 것은? [19]

① LD형 ② DK형
③ LDK형 ④ D형

해설 식사실의 형태
㉠ 다이닝 키친 : 부엌의 일부에다 간단하게 식사실을 꾸민 형식이다.
㉡ 다이닝 알코브(dining alcove) : 거실의 일부에다 식탁을 꾸미는 것으로, 소형일 경우에는 의자 테이블을 만들어 벽쪽에 붙이고 접는 것으로 한다.
㉢ 리빙 키친(living kitchen, LDK형) : 거실, 식당, 부엌의 기능을 한 곳에서 수행할 수 있도록 계획한 형식으로 공간을 효율적으로 활용할 수 있어서 소규모의 주택이나 아파트에 많이 이용된다.

㉣ 다이닝 테라스(dining terrace) 또는 다이닝 포치(dining porch) : 여름철 좋은 날씨에 테라스나 포치에서 식사하는 것이다.
여기서, L은 거실(Living room), D는 식당(Dinning room), K는 부엌(Kitchen)을 의미한다.

07 식당과 부엌을 한 공간에 구성하거나, 부엌의 일부에 식탁을 설치하는 형식으로 옳은 것은? [17]

① 다이닝 테라스
② 다이닝 알코브
③ 다이닝 키친
④ 리빙다이닝 키친

해설 다이닝 키친은 부엌의 일부에다 간단하게 식사실을 꾸민 형식이다.

08 부엌 설계의 합리적인 크기를 결정하기 위한 내용 중 거리가 가장 먼 것은? [25, 23③]

① 주택의 연면적, 가족 수 및 평균 작업인 수
② 후드의 설치에 의한 공간
③ 작업대의 면적
④ 주부의 동작에 필요한 공간

해설 부엌 설계의 합리적인 크기를 결정 요소에는 ①, ③, ④ 이외에 수납 공간(식기, 식품, 조리용 기구 등), 경제 수준, 연료의 종류 및 공급 방법 등이 있다.

09 주택의 욕실에 대한 설명 중 옳지 않은 것은? [24]

① 욕실은 입욕, 용변, 세면 등의 기능에 탈의, 세탁, 휴식 등의 기능을 포함하기도 한다.
② 욕실의 문은 반드시 안쪽으로 열리도록 하여야 한다.
③ 욕실의 크기는 욕실의 기능과 위생 기구의 종류 및 배치 형태 등에 따라 결정된다.
④ 욕실의 실내 장식은 마감 재료와 각종 위생 기구가 서로 색의 조화를 이루도록 한다.

해설 욕실의 문은 안쪽으로 열리도록 하는 것이 원칙이나, 공간이 좁은 경우에는 밖으로 열리도록 계획하여도 된다.

정답 05. ① 06. ① 07. ③ 08. ② 09. ②

10 다음과 같은 특성을 갖는 아파트의 평면 형식에 의한 분류에 속하는 것은? [17]

> ㉠ 출입이 편하고, 주거 단위의 프라이버시 확보가 용이하다.
> ㉡ 건물의 양면에 개구부를 설치로 채광·통풍이 좋다.
> ㉢ 단위 주호수에 대한 엘리베이터 수가 많으므로 비경제적이다.

① 집중형 ② 편복도형
③ 중복도형 ④ 계단실형

해설 위의 내용은 계단실(홀)형의 특성이다.

11 다음에서 설명하는 것으로 옳은 것은? [17]

> 경사지를 적절하게 이용할 수 있고, 상부층으로 갈수록 약간씩 뒤로 후퇴하며 각 호마다 전용의 정원을 갖는 주택 형식으로 아래층의 옥상의 일부를 위층의 테라스로 사용하는 주택이다.

① 테라스 하우스 ② 타운 하우스
③ 로우 하우스 ④ 중정형 주택

해설 타운 하우스는 토지의 효율적 이용 및 건설비, 유지 관리비의 절약을 잘 고려한 연립 주택의 형태로서, 단독 주택의 장점을 최대로 활용하고 있다. 로우 하우스는 경계벽을 공유한 2동 이상의 단위 주거 형태로서 출입은 직접 주거에 출입하며, 저층 주거로 층수는 3층 이하이다. 중정형 주택(courtyard house)은 단위 주거나 한 층을 점유하는 주거 형식으로, 중정을 향하여 ㅁ자형으로 둘러싸여 있는 주택이다.

12 백화점 매장의 진열장 배치에 있어서 가장 우선적으로 고려하여야 할 사항으로 옳은 것은? [22]

① 동선의 흐름
② 진열장의 치수
③ 조명의 밝기
④ 천장의 높이

해설 백화점 매장의 진열장 배치에 있어서 가장 우선적으로 고려하여야 할 사항은 동선의 흐름(고객의 동선, 종업원의 동선 및 상품의 동선 등)이다.

13 다음 중 VMD(Visual Merchandising)의 업무 영역에 속하지 않는 것은? [24, 22]

① VP
② PP
③ CP
④ IP

해설 VMD(Visual MerchanDising)는 상점 내부의 레이아웃(평면 배치), 실내 계획(인테리어) 등을 계획하여 방문 고객들에게 상품을 보다 매력적으로 보이게 하는 매장 만들기를 목표로 하는 것으로 가장 큰 업무는 다음과 같다.
㉠ VP(Visual Presentation) : 브랜드의 컨셉, 이미지, 시즌이나 추천 상품을 시각적으로 표현하면서 상점 전체의 분위기를 만들어가는 일로서 통로 부분의 레이아웃이 매우 중요하다.
㉡ PP(Point Presentation) : 브랜드가 취급하는 상품 중에서도 추천 상품이나 특히, 판매하고 싶은 상품을 주문해 그 매력을 최대한 끌어내는 스타일링이나 코디네이션을 만드는 것으로 특히, 마네킹이 주요 요인이다.
㉢ IP(Item Presentation) : 각각의 상품을 분류·처리하는 것으로 보다 보기 편하게, 보다 매력적이게, 보다 손에 잡히기 쉽게 등의 상품 레이아웃을 표현해 가는 것이다.

14 다음 중 상점에 있어 쇼윈도의 평면 형식의 종류에 속하지 않는 것은? [24, 23, 22, 18, 17]

① 돌출형
② 만입형
③ 다층형
④ 홀형

해설 쇼윈도의 평면 형식에 의한 분류에는 평형(점두의 외면에 출입구를 낸 가장 일반적인 방법), 돌출형(점내의 일부를 돌출 시킨 형태), 만입형(점두의 일부를 상점 안으로 후퇴시킨 형태) 및 홀(섬)형(점두가 쇼윈도로 둘러져 홀로 된 형식) 등이 있고, 쇼윈도의 단면 형식에 의한 분류에는 단층형(건물 1층의 전면에 진열창을 설치한 형태), 다층형(2층 또는 그 이상의 층을 연속되게 취급한 형태), 오픈스페이스형(1층 이상의 상층부를 개방시킨 형태) 등이 있다.

정답 10. ④ 11. ① 12. ① 13. ③ 14. ③

15 상점 내의 진열 케이스의 배치 계획에 있어서 가장 먼저 고려하여야 할 사항은? [24]

① 조명의 조도 ② 상품의 진열
③ 고객의 동선 ④ 진열장의 수

해설 상점 내 진열 케이스의 배치 계획에 있어서 고객 및 종업원의 동선을 원활하게 하는 것이 가장 중요하다. 즉, 고객의 동선은 원활하면서도 길게 해야 하고, 종업원의 동선은 적은 인원으로 능률적으로 관리할 수 있도록 계획해야 한다.

16 다음 쇼윈도 형식 중 폐쇄형에 적합한 상점은? [24]

① 서점 ② 귀금속점
③ 과일점 ④ 철물점

해설 점두형식의 종류와 특성
㉠ 폐쇄형
  ㉮ 폐쇄형은 출입구를 제외하고, 전면을 폐쇄하여 통행인에게 상점의 내부가 보이지 않게 한 형식이다.
  ㉯ 고객이 상점 안에 비교적 오래 지체하거나 고객의 출입이 적은 상점에 적합하다.
  ㉰ 폐쇄형을 이용하는 상점에는 음식점, 이·미용원, 귀금속상, 카메라점 등이 있다.
㉡ 개방형
  ㉮ 개방형은 점두 전체가 출입구 같은 것으로 가장 많이 사용되고 있는 형식으로 일반 상점이나 시장 또는 일상용품을 취급하는 상점의 형식이다.
  ㉯ 고객이 많은 상점, 고객이 상점 안에 지체하는 시간이 적은 상점에 적합하다.
  ㉰ 개방형을 이용하는 상점에는 서점, 지물포, 미곡상, 과일점, 철물점 등이 있다.
㉢ 쇼윈도형(중간형 또는 혼합형)은 개방형과 폐쇄형을 겸한 형식으로 가장 많이 사용하는 형식으로 평형, 돌출(내민)형, 만입형, 홀형 및 2층형이 있다.

17 매장 계획 시 충동적인 구매가 많은 것을 진열하고, 소형이면서 선택이 비교적 오래 걸리지 않고, 손쉽게 구매할 수 있는 상품인 액세서리, 핸드백, 구두 등의 잡화를 두는 백화점의 층별 구성은? [23]

① 지하층 ② 1층
③ 중층 ④ 상층

해설 ① 지하층 : 목적성이 강한 층으로 고객의 만족도가 높은 상품군인 식품부를 둔다.
③ 중층 : 화제성과 시대성이 높고 비교적 선택의 시간이 걸리며 매출면에서 최대 판매가 되는 상품군인 의류, 새로운 감각의 생활용품을 둔다.
④ 상층 : 고객을 머물게 하는 목적성이 강한 고객의 관심도가 많은 상품군인 카메라, 문구, 완구, 운동구, 식기, 도기 등 생활 잡화와 가구, 가정용품, 가전제품 등을 둔다.

18 다음 중 상점의 쇼윈도 평면 형식에 속하지 않는 것은? [22]

① 평형 ② 만입형
③ 돌출형 ④ 집중형

해설 쇼윈도의 평면 형식에 의한 분류에는 평형(점두의 외면에 출입구를 낸 가장 일반적인 방법), 돌출형(점내의 일부를 돌출 시킨 형태), 만입형(점두의 일부를 상점 안으로 후퇴시킨 형태) 및 홀(섬)형(점두가 쇼윈도로 둘러져 홀로 된 형식) 등이 있고, 쇼윈도의 단면 형식에 의한 분류에는 단층형(건물 1층의 전면에 진열창을 설치한 형태), 다층형(2층 또는 그 이상의 층을 연속되게 취급한 형태), 오픈스페이스형(1층 이상의 상층부를 개방시킨 형태) 등이 있다.

19 상점의 진열 케이스를 배치할 때 가장 우선적으로 고려하여야 할 사항으로 옳은 것은? [22]

① 고객의 동선
② 마감재의 종류
③ 진열 케이스의 개수
④ 실내의 색채 계획

해설 상업 공간 계획 시 가장 우선적으로 고려하여야 할 사항은 고객의 동선과 종업원의 동선으로 고객의 동선은 길게 하여 판매를 촉진하고, 종업원의 동선은 짧게 하여 소수의 인원으로 매장을 능률적으로 관리할 수 있도록 계획한다.

20 다음 상품의 판매 형식 중 대면 판매 형식의 적용이 가장 적합한 상품은? [23, 18]

① 서적 ② 귀금속
③ 침구 ④ 운동용구점

정답 15. ③ 16. ② 17. ② 18. ④ 19. ① 20. ②

해설 대면 판매(고객과 종업원이 진열장을 가운데 두고 상담하는 형식)의 상품은 시계, 귀금속, 안경, 카메라, 의약품, 화장품, 제과, 수예품 상점에 쓰이고, 측면 판매(진열 상품을 같은 방향으로 보며 판매하는 형식)의 상품은 양장, 양복, 침구, 전기 기구, 서적, 운동 용구점에 쓰인다.

21 다음에서 설명하는 상점의 진열 및 판매대의 배치 유형으로 옳은 것은? [24, 19]

> 중앙에 케이스, 대 등에 의한 직선 또는 곡선에 의한 부분을 설치하고 이 안에 레지스터, 포장대 등을 놓는 스타일의 상점으로 상점의 넓이에 따라 이 형태를 2개 이상으로 할 수 있다. 특히, 크기와 형태에 관계없이 자유롭게 디자인이 가능한 형식이다. 이 형식의 중앙의 대면 판매 부분에는 소형 상품과 소형 고액 상품을 놓고 벽면에는 대형 상품 등을 진열한다. 예로는 수예점, 민예품점 등을 들 수 있다.

① 굴절 배열형　② 환상 배열형
③ 복합 배열형　④ 직렬 배열형

해설 상점의 진열 및 판매대의 배치 방법
㉠ 굴절 배열형 : 진열 케이스 배치와 고객의 동선이 굴절 또는 곡선으로 구성된 스타일의 상점으로 대면 판매와 측면 판매의 조합에 의해서 이루어지며, 백화점 평면 배치에는 부적합하다. 예로는 양품점, 모자점, 안경점, 문방구점 등이 있다.
㉡ 직렬 배열형 : 진열 케이스, 진열대, 진열장 등 입구에서 내부 방향으로 향하여 직선적인 형태로 배치된 형식으로 통로가 직선이며 고객의 흐름도 빠르다. 상품의 전달 및 고객의 동선상 흐름이 가장 빠른 형식으로 협소한 매장에 적합한 상점 진열장의 배치 유형으로 부문별의 상품 진열이 용이하고 대량 판매 형식도 가능하다. 예로는 침구점, 실용 의복점, 가정 전기점, 식기점, 서점 등이 있다.
㉢ 환상 배열형 : 중앙에 케이스, 대 등에 의한 직선 또는 곡선에 의한 환상 부분을 설치하고 이 안에 레지스터, 포장대 등을 놓는 스타일의 상점으로 상점의 넓이에 따라 이 환상형을 2개 이상으로 할 수 있다. 이 경우 중앙의 환상의 대면 판매 부분에는 소형 상품과 소형 고액 상품을 놓고 벽면에는 대형 상품 등을 진열한다. 예로는 수예점, 민예품점 등을 들 수 있다.
㉣ 복합형 : ㉠, ㉡, ㉢의 각 형을 적절히 조합시킨 스타일로 후반부는 대면 판매 또는 카운터 접객 부분이 된다. 예로는 부인복점, 피혁제품점, 서점 등이 있다.

22 사무소 건축에서 오피스 랜드스케이핑(office landscaping)에 대한 설명으로 옳지 않은 것은? [22]

① 공간을 절약할 수 있다.
② 커뮤니케이션의 융통성이 있다.
③ 일정한 기하학적 패턴에서 탈피할 수 있다.
④ 실내에 고정된 칸막이가 있어 독립성이 우수하다.

해설 실내에 고정된 칸막이가 없어 독립성이 좋지 않다.

23 그리스 시대의 오더 형식 중 로마인이 계승한 오더 형식이 아닌 것은? [19]

① 도리아식　② 터스칸식
③ 이오니아식　④ 코린트식

해설 그리스 시대의 오더 양식에는 도리아식, 이오니아식 및 코린트식 등이 있고, 로마 시대에는 그리스 시대의 오더 양식(도리아식, 이오니아식 및 코린트식) 외에 터스칸식, 콤포지트식 등이 사용되었다.

24 건축법규상 초고층 건축물의 정의로 옳은 것은? [20, 17]

① 층수가 50층 이상이거나 높이가 200m 이상인 건축물이다.
② 층수가 50층 이상이거나 높이가 120m 이상인 건축물이다.
③ 층수가 30층 이상이거나 높이가 120m 이상인 건축물이다.
④ 층수가 30층 이상이거나 높이가 200m 이상인 건축물이다.

해설 "고층건축물"이란 층수가 30층 이상이거나 높이가 120m 이상인 건축물을 말하고, "초고층 건축물"이란 층수가 50층 이상이거나 높이가 200m 이상인 건축물을 말하며, "준초고층 건축물"이란 고층건축물 중 초고층 건축물이 아닌 것을 말한다.

25 다음 중 주요구조부에 속하지 않은 것은? [24]

① 내력벽　② 바닥
③ 지붕틀　④ 차양

정답 21. ② 22. ④ 23. ② 24. ① 25. ④

해설 "주요구조부"란 내력벽, 기둥, 바닥, 보, 지붕틀 및 주계단을 말한다. 다만, 사이 기둥, 최하층 바닥, 작은 보, 차양, 옥외 계단, 그 밖에 이와 유사한 것으로 건축물의 구조상 중요하지 아니한 부분은 제외한다.

26 에스컬레이터의 1,200형의 공칭 수송능력으로 옳은 것은? [17]

① 4,000명/h ② 5,000명/h
③ 6,000명/h ④ 8,000명/h

해설 에스컬레이터의 수송능력은 에스컬레이터의 너비에 따라 다음과 같이 결정된다.

너비	1,200mm	900mm	800mm	600mm
수송인원	8,000명/h	6,000명/h	5,000명/h	4,000명/h
비고	대인 2인	대인 1인, 어린이 1인이 병렬		대인 1인

27 다음에서 설명하는 소방 설비는? [17]

건축물의 외벽, 창, 지붕 등에 설치하여 인접 건물에 화재가 발생하였을 때 수막을 형성함으로써 화재의 연소를 방지하는 설비이다.

① 옥내소화전 설비
② 드렌처 설비
③ 옥외소화전 설비
④ 스프링클러 설비

해설 ① 옥내소화전 설비 : 소화전에 호스와 노즐을 접속하여 건물 각 층의 소정 위치에 설치하고, 급수 설비로부터 배관에 의하여 압력수를 노즐로 공급하며, 사람의 수동 동작으로 불을 추적해 가면서 소화하는 것이다.
③ 옥외소화전 설비 : 건물 또는 옥외 화재를 소화하기 위하여 옥외에 설치하는 고정식 소화 설비이다.
④ 스프링클러 설비 : 일정한 소화 설비 기준에 따라 방화 대상물의 상부 또는 천장면에 배수관을 설치하고, 그 끝에 폐쇄형 또는 개방형의 살수 기구 (head)를 소정 간격으로 설치하여 급수원에 연결시켜 두었다가 화재가 발생하였을 때, 수동 또는 자동으로 물이 헤드로부터 분사되어 소화되는 고정식 종합 소화 설비이다.

28 다음 액화석유가스에 대한 설명 중 옳지 않은 것은? [17]

① 공업용으로 사용이 가능하고, 프로판 가스라고도 한다.
② 일산화탄소를 함유하지 않기 때문에 생가스에 의한 중독의 위험성은 없다.
③ LPG의 비중은 공기의 비중보다 크므로 공기보다 가볍다.
④ LNG와 달리 LPG는 용기에 넣어 이동시킬 수 있다.

해설 LPG(LP Gas : 액화석유가스)는 석유의 탄화수소가스 중 용이하게 액화하기 쉬운 탄화수소가스의 혼합물로 구성되어 있고, 순수한 LPG는 무색무취이고, 압력을 가하면 쉽게 액화하는 탄화수소류이다. 특히, LPG의 비중은 공기의 비중보다 크므로 공기보다 무겁다.

정답 26. ④ 27. ② 28. ③

02 실내 환경

01 주관적 온열 요소의 하나로 인체의 활동 상태의 단위로 옳은 것은? [24, 18]

① clo   ② MRT
③ m/s   ④ met

해설 clo는 의류의 열절연성(단열성)을 나타내는 단위로서 온도 21℃, 상대습도 50%에 있어서 기류속도가 5cm/s 이하인 실내에서 인체 표면에서의 방열량이 1met(50kcal/m^{2}h)의 대사와 평행되는 착의 상태를 기준으로 하고, m/s 속도의 단위이며, MRT는 평균 방사온도를 의미한다.

02 기온 21.2℃, 상대습도 50%, 풍속 0.1m/s의 실내에서 착석, 휴식 상태의 쾌적 유지를 위한 의복의 열저항을 나타내는 단위는? [23]

① met   ② MRT
③ clo   ④ PMV

해설 met는 인체 대사(기초 및 근육대사)의 단위로서 1met=58.2W/m^2(=50kcal/m^{2}h)이고, MRT는 평균복사온도(벽체 표면 온도의 평균값)이며, PMV는 인체의 예상 평균 온열감을 나타낸다.

03 외기에 노출된 경우의 추운 정도를 나타내고, 겨울철 연료의 소모량을 예측할 수 있는 지표로 사용되는 것은? [21]

① 체감 온도   ② 작용 온도
③ 등가 온도   ④ 흑구 온도

해설 유효(감각, 효과, 체감)온도는 온도, 습도, 기류의 3가지 요소의 조합에 의해 체감을 표시하는 척도이다. 작용 온도는 윈슬로에 의해 제안된 것으로 기온, 기류, 주위벽의 복사열의 영향을 조합시킨 온도이다. (습도의 영향을 제외함) 등가 온도는 더프콘에 의해 창안된 것으로 기온, 평균복사온도(MRT), 풍속을 조합한 지표이다. 흑구 온도는 기온, 기류, 평균복사온도(MRT)를 종합한 지표이다.

04 다음 중 도시, 교외 또는 건축물이 위치한 곳의 기후를 의미하는 것은? [21]

① 도시 기후   ② 이상 기후
③ 국지 기후   ④ 대륙성 기후

해설 도시 기후는 도시에 사람이 모여들어 많은 연료를 사용해서 인공 열이나 대기오염물질을 대기 중에 방출함으로서 발생하는 기후이다. 이상 기후는 기온이나 강수량 등이 정상적인 상태를 벗어난 기후를 말한다. 대륙성 기후는 대륙 지표의 영향을 강하게 받는 기후이다. 맑은 날이 많고, 강수량이 적으며 건조한 기후를 나타낸다. 기온의 일교차 및 연교차가 심한 것이 특징이다.

05 다음 열의 대류에 대한 설명으로 옳은 것은? [17]

① 어떤 물체에 발생하는 열에너지가 전달 매개체가 없이 직접 다른 물체에 도달하는 현상이다.
② 공기나 기체 등의 유체가 내부의 온도차에 의해 열이 순환되는 현상이다.
③ 고체 내부의 고온부에서 저온부로 열을 전하는 현상이다.
④ 고체 양쪽의 유체 온도가 다를 때, 고체를 통하여 유체에서 다른 쪽 유체로 열이 전해지는 현상이다.

해설 ① 복사, ③ 전도, ④ 관류에 대한 설명이다.

06 다음 중 자외선의 작용으로 옳지 않은 것은? [21]

① 사진 화학 작용   ② 광효과
③ 살균 작용   ④ 생육 작용

정답 01. ④ 02. ③ 03. ① 04. ③ 05. ② 06. ②

해설 태양광선은 적외선(열선, 열적 효과가 크다), 가시광선(눈으로 느낄 수 있는 광효과) 및 자외선(사진 화학 반응, 생물에 대한 생육 작용, 살균 작용을 하므로 일명 화학선)으로 구분한다. 그 중 일부인 2,900~3,200 Å의 범위의 자외선을 건강선(도르노선)이라고 하며, 인간의 건강과 깊은 관계가 있다.

07 탄소 원자 하나에 산소 원자 둘이 결합한 화합물로서, 기체 상태일 때는 무색, 무취, 무미로 지구의 대기에도 존재하며, 화산 가스에도 포함되어 있다. 유기물의 연소, 사람의 호흡, 미생물의 발효 등으로 만들어지며, 실내 공기의 오염도 측정 시에 기준이 되는 것은? [24]

① 이산화탄소 ② 질소
③ 일산화탄소 ④ 아황산가스

해설 실내 공기의 오염도는 이산화탄소의 양을 기준으로 하고, 이산화탄소 자체의 유해 한도가 아니며, 공기의 물리적, 화학적 성상이 이산화탄소의 증가에 비례해서 악화된다고 가정했을 때, 오염의 지표로서 허용량을 의미한다.

08 환기 방식에 있어서 급기와 배기에 송풍기와 배풍기를 사용하고, 환기량이 일정하며, 가장 우수한 환기 방식은? [19]

① 제1종 환기 ② 제2종 환기
③ 제3종 환기 ④ 제4종 환기

해설 환기 방식

방식		명칭	급기	배기	환기량	실내외 압력차	용도
기계 환기		제1종 환기 (병용식)	송풍기	배풍기	일정	임의 (정, 부)	모든 경우에 사용하고, 환기 효과가 가장 큰 방식
		제2종 환기 (압입식)	송풍기	배기구	일정	정(+)	제3종 환기의 경우에만 제외, 반도체 공장과 무균실(병원의 수술실), 오염 공기 침입 방지
		제3종 환기 (흡출식)	급기구	배풍기	일정	부(-)	기계실, 주차장, 취기나 유독가스 및 냄새의 발생이 있는 실(주방, 화장실, 욕실, 가스 미터실, 전용 정압실)
자연 환기		제4종 환기 (흡출식)	급기구	배기구	부정	부(-)	

09 환기방법 중 열기나 유해물질이 실내에 널리 산재되어 있거나 이동되는 경우에 사용하며 희석환기라고도 불리는 것은? [23②]

① 집중환기
② 전체환기
③ 국소환기
④ 자연환기

해설 국소환기는 부분적으로 오염 물질을 발생하는 장소(열, 유해가스, 분진 등)에 있어서 전체적으로 확산하는 것을 방지하기 위하여 발생하는 장소에 대해서 배기하는 것이며, 자연환기는 중력환기법(실내 공기와 건물 주변 외기와의 온도차에 의한 공기의 비중량 차에 의해서 환기)와 풍력환기법(건물에 풍압이 작용할 때, 창의 틈새나 환기구 등의 개구부가 있으면 풍압이 높은 쪽에서 낮은 쪽으로 공기가 흘러 환기)이 있다.

10 음의 세기 레벨이나 음압 레벨을 측정할 때 사용하는 단위로서 음의 물리적인 양을 나타낼 때 사용하는 것으로 옳은 것은? [20]

① sone ② dB
③ phon ④ W/m²

해설 음의 단위

구분	음의 세기	음의 세기 레벨	음압	음압 레벨	음의 크기	음의 크기 레벨
단위	W/m^2	dB	N/m^2	dB	sone	phon

11 흡음이란 음파가 재료에 부딪히면 입사음의 에너지 일부가 여러 가지 흡음재료에 의해 다른 에너지로 변화되고 흡수되는 것을 말하는 데 다음 재료 중 흡음률이 가장 높은 재료로 옳은 것은 어느 것인가? [20]

① 합판
② 텍스
③ 콘크리트면 또는 회반죽면
④ 목재 유리창

해설 흡음률이 낮은 것부터 높은 것의 순으로 나열하면, ③ 콘크리트면 또는 회반죽면 → ④ 목재 유리창 → ① 합판 → ② 텍스의 순이다.

정답 07. ① 08. ① 09. ② 10. ② 11. ②

12 다음은 극장의 단면도를 나타낸 것으로 흡음의 정도가 가장 낮은 곳은? [23, 21]

① A
② B
③ C
④ D

해설 극장의 내부 벽면의 처리

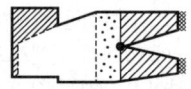 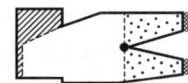

☐ 반사체   ▨ 중간 정도의 흡음재
⋮ 약한 정도의 흡음재   ▩ 고도의 흡음재

극장의 반사재 및 흡음재의 배치에 있어서 A(무대) 부분은 반사재, B, C 부분은 중간 정도의 흡음재, D, E 부분은 고도의 흡음재를 사용한다.

13 다음 중 건축물의 단열조치에 대한 설명이다. 옳지 않은 것은? [19]

① 지반으로부터 바닥 높이를 낮게 한다.
② 단열재료 중 열전도율이 높은 재료를 사용한다.
③ 벽체의 단열 공법 중 외단열 공법을 사용한다.
④ 창호를 2중 창호로 한다.

해설 열전도율(고체 내부의 고온부에서 저온부로 열을 전하는 현상으로 보통 두께 1m의 두 물체 표면에 단위 온도차를 줄 때, 단위 시간에 전해지는 열량)이 낮은 단열재를 사용하여야 단열 성능을 높일 수 있다.

14 조명단위에 대한 조합 중 틀린 것은? [21]

① 광속 : lumen
② 조도 : lux
③ 휘도 : sb
④ 광도 : cd/m^2

해설 휘도의 단위는 sb(stilb), nt(nit) 등도 사용하나, 주로 cd/m^2로 통일하고, 광도의 단위는 cd(candela)를 사용한다.

15 다음 그림과 같은 조명 방식으로 옳은 것은? [21]

① 반간접 조명
② 직접 조명
③ 간접 조명
④ 전반 확산 조명

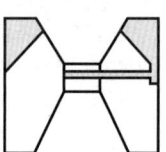

해설 조명 기구의 배광 분류

광속	직접 조명	간접 조명	전반 확산 조명, 직접·간접 조명	반간접 조명	간접 조명
상향	0~10%	10~40%	40~60%	60~90%	90~100%
하향	100~90%	90~60%	60~40%	40~10%	10~0%

16 다음 그림과 같은 조명 방식으로 옳은 것은? [23③]

① 직접 조명
② 간접 조명
③ 전반확산 조명
④ 반직접 조명

해설 조명의 방식에는 직접 조명, 반직접 조명, 전반 확산 조명, 반간접 조명, 간접 조명 등 다섯 가지가 있다.

명칭	빛의 방향	상향 광속 (%)	하향 광속 (%)	장점	단점
직접 조명		0~10	90~100	• 조명률이 좋다. 먼지에 의한 감광이 적다. • 벽, 천장의 반사율의 영향이 적다. • 자외선 조명을 할 수 있다. • 설비비가 일반적으로 싸다.	• 글로브를 사용하지 않을 경우는 추한 조명이 되기 쉽다. • 기구의 선택을 잘못하면 눈부심을 준다. • 소요 전력이 크다.
반직접 조명		10~40	60~90		
전반 확산 조명		40~60	40~60	• 시계에 어둠, 밝음의 차이가 적다. • 기구, 전구의 손상이 적고, 유지 배선이 쉽다.	
반간접 조명		60~90	10~40	• 직접 조명과 간접 조명의 중간	

명칭	빛의 방향	상향 광속 (%)	하향 광속 (%)	장점	단점
간접 조명		90~100	0~10	• 조도가 가장 균일하다. • 음영이 가장 적다. • 연직인 물건에 대한 조도가 가장 높다.	• 조명률이 가장 낮다. 즉, 조명 효율이 나쁘다. • 먼지에 의한 감광이 많으며, 천장면 마무리의 양부에 크게 영향을 준다. • 음기한 감을 주기 쉽다. • 물건에 입체감을 주지 않는다.

17 설치 위치에 따른 창의 종류에 속하지 않는 것은? [24]

① 천창 ② 측창
③ 고창 ④ 고정창

해설 창의 설치 위치에 따른 분류
㉠ 천창 : 지붕면에 있는 수평 또는 수평에 가까운 창
㉡ 측창 : 벽면에 수직으로 설치된 일반적인 창
㉢ 고창 : 천장 가까이에 있는 벽에 위치한 창문
고정창은 창의 개폐에 의한 분류에 속한다.

18 창의 종류 중 천창에 대한 설명으로 옳지 않은 것은? [24]

① 건축 계획의 자유도가 증가한다.
② 벽면 이용을 개구부에 상관없이 다양하게 활용할 수 있다.
③ 차열, 전망, 통풍에 유리하고 개방감이 크다.
④ 밀집된 건물에 둘러싸여 있어도 일정량의 채광이 가능하다.

해설 천창(지붕면에 있는 수평 또는 수평에 가까운 창) 채광은 편측 채광의 문제점인 방구석의 저조명도, 조명도 분포의 불균형, 방구석 주광선 방향의 저각도 등은 해소되나, 시선 방향의 시야가 차단되므로 폐쇄된 분위기가 되기 쉽고, 평면 계획과 시공, 관리가 어려우며 빗물이 새기 쉽다. 장점으로는 인접 건물에 대한 프라이버시 침해가 적고, 채광에 유리하며, 채광량이 많아지고 조명도가 균일하게 된다.

03 실내 건축 재료

01 다음 중 현대 건축 재료의 요구 조건에 속하지 않는 것은? [21]
① 고성능화
② 생산성
③ 공업화
④ 고밀도화

해설 현대 건축 재료의 세 가지 요구 조건은 고성능화(건축물의 종류가 다양화, 대형화, 고층화되고, 건축물의 요구 성능이 고도화됨), 생산성(에너지 절약화와 능률화), 공업화(건설 작업의 기계화, 합리화)이다.

02 다음 화학 조성에 의한 분류 중 무기 재료에 속하지 않는 것은? [21, 18]
① 석재
② 알루미늄
③ 아스팔트
④ 콘크리트

해설 건축 재료의 화학 조성에 의한 분류

구분	무기 재료		유기 재료	
	비금속	금속	천연 재료	합성수지
종류	석재, 흙, 콘크리트, 도자기	철재, 구리, 알루미늄	목재, 대나무, 아스팔트, 섬유판	플라스틱재, 도장재, 실링재, 접착재

03 재료를 분류할 경우, 화학조성에 따른 무기 재료에 속하지 않는 것은? [21]
① 흙
② 목재
③ 알루미늄
④ 철재

해설 건축 재료의 화학 조성에 의한 분류 중 무기 재료에는 비철금속(석재, 흙, 콘크리트, 도자기 등)과 철금속(철재, 구리, 알루미늄 등) 등이 있고, 유기 재료에는 천연재료(목재, 대나무, 아스팔트, 섬유판 등)와 합성수지(플라스틱재, 도장재, 실링재, 접착제 등) 등이 있다.

04 유리와 같이 어떤 힘에 대한 작은 변형으로도 파괴되는 재료의 성질을 나타내는 용어는? [21]
① 연성
② 전성
③ 취성
④ 탄성

해설 연성은 어떤 재료에 인장력을 가하였을 때, 파괴되기 전에 큰 늘음 상태를 나타내는 성질을 말하고, 전성은 어떤 재료를 망치로 치거나 롤러로 누르면 얇게 퍼지는 성질을 말한다. 탄성은 물체가 외력을 받으면 변형과 응력이 생기는데, 변형이 적은 경우에는 외력을 없애면 변형이 생겼다가 없어지며, 본래의 모양으로 되돌아가서 응력이 없어지는 성질이다.

05 재료에 사용하는 외력이 어느 한도에 도달하면 외력의 증가 없이 변형만 증대되는 성질 또는 외력을 가했다 제거해도 원래의 상태로 돌아가지 못하고 변형이 남는 성질로 옳은 것은? [24]
① 소성
② 인성
③ 점성
④ 탄성

해설 ② 인성 : 압연강, 고무와 같은 재료는 파괴에 이르기까지 고강도의 응력에 견딜 수 있고 동시에 큰 변형을 나타내는 성질 또는 재료가 외력을 받아 파괴될 때까지의 에너지 흡수 능력이 큰 성질로서 큰 외력을 받아 변형을 나타내면서도 파괴되지 않고 견딜 수 있는 성질
③ 점성 : 유체 내에 상대 속도로 인하여 마찰 저항(전단 응력)이 일어나는 성질 또는 엿 또는 아라비아 고무와 같이 유동적이려 할 때 각 부에 서로 저항이 생기는 성질 또는 유체가 유동하고 있을 때, 유체의 내부 흐름을 저지하려고 하는 내부 마찰 저항이 발생하는 성질이다.
④ 탄성 : 재료에 외력이 작용하면 순간적으로 변형이 생기나 외력을 제거하면 순간적으로 원래의 형태(모양·크기)로 회복되는 성질이다. 탄성계수는 부재의 재축 방향의 응력도와 세로 변형도와의 비로서, 응력과 변형이 비례하는 후크의 법칙에 있어서의 비례 상수이다.

정답 01. ④ 02. ③ 03. ② 04. ③ 05. ①

06 건축 재료의 성질에 관한 용어로서 어떤 재료에 외력을 가했을 때 작은 변형만 나타나도 곧 파괴되는 성질을 나타내는 것은? [22]

① 전성　　② 취성
③ 탄성　　④ 연성

해설 전성은 어떤 재료를 망치로 치거나 롤러로 누르면 얇게 펴지는 성질을 말한다. 탄성은 재료에 외력이 작용하면 변형이 생기며, 이 외력을 제거하면 재료가 원래의 모양, 크기로 되돌아가는 성질이다. 연성은 어떤 재료에 인장력을 가하였을 때, 파괴되기 전에 큰 늘음 상태를 나타내는 성질을 말한다.

07 건축 재료의 역학적 성능이 특히 요구되는 건축 재료로 옳은 것은? [23③]

① 마감 재료
② 불연 재료
③ 구조 재료
④ 차단 재료

해설 구조 재료의 요구 성능은 역학적 성능(강도, 강성, 내피로성 등), 물리적 성능(비수축성 등), 내구적 성능(동해, 변질, 부패 등), 화학적 성능(녹, 부식, 중성화 등) 및 방화·내화 성능(불연성, 내열성 등) 등이고, 차단 재료의 요구 성능은 물리적 성능(열, 음, 광, 수분의 차단), 방화·내화 성능(비발연성, 비유독 가스 등) 등이며, 내화 재료의 요구 성능은 역학적 성능(고온 강도와 변형), 물리적 성능(고융점 등), 화학적 성능(화학적 안정) 및 방화·내화 성능(불연성 등) 등이다.

08 다음에서 설명하는 현상으로 옳은 것은? [20]

재료에 반복응력이 작용할 때 반복 횟수가 증가함에 따라 재료의 강도가 저하하는 현상으로 콘크리트 구조물의 경우에는 구조물에 미치는 진동에 의한 외력이 주된 요인이 된다.

① 피로 파괴
② 취성 파괴
③ 연성 파괴
④ 전성 파괴

해설 취성 파괴는 취성(유리와 같이 재료가 외력을 받았을 때 극히 작은 변형을 수반하고 파괴되는 성질 또는 작은 변형이 생기더라도 파괴되는 성질)에 의한 파괴이다. 연성 파괴는 연성(어떤 재료에 인장력을 가하였을 때, 파괴되기 전에 큰 늘음 상태를 나타내는 성질)에 의한 파괴이다. 전성 파괴는 전성(압력이나 타격에 의해 재료가 파괴됨이 없이 판상으로 되는 성질 또는 어떤 재료를 망치로 치거나 롤러로 누르면 얇게 펴지는 성질)에 의한 파괴이다.

09 벽재료의 요구 조건에 대한 설명으로 옳지 않은 것은? [23]

① 외관이 좋아야 한다.
② 차음성, 내화성, 내구성이 큰 것이어야 한다.
③ 시공이 용이한 것이어야 한다.
④ 열전도율과 열관류율이 큰 것이어야 한다.

해설 건축 재료에 요구되는 성질

재료		재료에 요구되는 성질
구조재료		1. 재질이 균일하고 강도, 내화 및 내구성이 큰 것이어야 한다. 2. 가볍고 큰 재료를 얻을 수 있고 가공이 용이한 것이어야 한다.
마무리재료	지붕 재료	1. 재료가 가볍고, 방수·방습·내화·내수성이 큰 것이어야 한다. 2. 열전도율이 작고, 외관이 좋은 것이어야 한다.
	벽, 천장 재료	1. 열전도율이 작고, 차음성·내화성·내구성이 큰 것이어야 한다. 2. 외관이 좋고, 시공이 용이한 것이어야 한다.
	바닥, 마무리 재료	1. 탄력성이 있고, 마멸이나 미끄럼이 작으며, 청소하기가 용이한 것이어야 한다. 2. 외관이 좋고, 내수습성·내열성·내약품성·내화·내구성이 큰 것이어야 한다.
	창호, 수장 재료	1. 외관이 좋고, 내화·내구성이 큰 것이어야 한다. 2. 변형이 작고, 가공이 용이한 것이어야 한다.

10 물의 밀도가 1g/cm³이고 어느 물체의 밀도가 1kg/m³라 하면 이 물체의 비중은 얼마인가? [17]

① 1　　② 0.1
③ 0.01　　④ 0.001

해설 비중이란 어떤 물체의 중량과 그것과 동일한 체적의 4℃, 1기압에 있어서의 순수한 물의 중량의 비를 말하고, 밀도는 단위 체적당의 질량을 말한다.

즉, 비중 = $\dfrac{물체의 밀도}{4℃ 물의 밀도}$

= $\dfrac{물체의 무게}{물체와 같은 부피의 4℃ 물의 무게}$ 이다.

그런데, 물의 밀도는 1g/cm³이고, 어느 물체의 밀도는 1kg/m³=1,000g/1,000,000cm³=1g/1,000cm³이므로 비중 = $\dfrac{1g/1,000cm^3}{1g/cm^3}$ = 0.001이다.

11 다음은 목재에 대한 설명이다. 틀린 것은? [21]

① 섬유방향과 평행하게 하중을 가할 경우, 압축 강도가 인장 강도보다 크다.
② 섬유포화점 이상의 함수 상태에서는 함수율이 변하더라도 목재의 강도는 일정하다.
③ 섬유포화점 이하에서는 함수율이 감소할수록 강도는 증대한다.
④ 일반적으로 심재는 변재보다 강도가 크다.

해설 목재의 강도를 큰 것부터 작은 순서로 나열하면 섬유 방향과 평행 방향의 인장 강도-섬유 방향과 평행 방향의 압축 강도-섬유 방향과 직각 방향의 인장 강도-섬유 방향과 직각 방향의 압축 강도 순이고, 또한 인장 강도-휨강도-압축 강도-전단 강도의 순이다. 즉, 일반적으로 심재는 변재보다 강도가 크다.

12 다음과 같은 조건을 갖는 경우 목재의 인장강도로 옳은 것은? [17]

㉠ 목재의 단면 : 10cm×10cm
㉡ 인장력 : 400kN에서 파괴됨

① 4MPa ② 40MPa
③ 400MPa ④ 4,000MPa

해설 σ(인장응력도) = $\dfrac{인장력}{단면적}$

= $\dfrac{400,000N}{100mm \times 100mm}$

= $40N/mm^2$ = 40MPa

13 다음 중 목재의 천연 건조법에 속하는 것은? [17]

① 열기 건조 ② 침수 건조
③ 진공 건조 ④ 증기 건조

해설 침수 건조(수침법)는 천연 건조법의 일종으로 원목을 2주간 이상 물에 담그는 것으로 계속 흐르는 물이 좋으며, 바닷물보다 민물인 담수가 좋다. 목재의 전체를 수중에 잠기게 하거나 상하를 돌려서 고르게 침수시키지 않으면 부식할 우려가 있다. 또한, 열기 건조, 진공 건조 및 증기 건조는 인공 건조법에 속한다.

14 다음에서 설명하는 목재의 건조법으로 옳은 것은? [22, 19]

> 목재의 인공 건조법 중 원통형의 탱크 속에 목재를 넣고 밀폐하여 고온, 저압 상태 하에서 수분을 빼내는 방법으로 고온을 가할 필요는 없으나, 시설비가 많이 들어 특수한 경우에 사용되는 방법이다.

① 열기법 ② 진공법
③ 훈연법 ④ 증기법

해설 목재의 인공 건조법 중 열기법은 건조실 내의 증기를 가열하거나, 가열 공기를 넣어 건조시키는 방법 또는 건조실에 목재를 쌓고 온도, 습도, 풍속 등을 인위적으로 조절하면서 건조하는 방법이다. 훈연법은 짚이나 톱밥 등을 태운 연기를 건조실에 도입하여 건조시키는 방법이다. 증기법은 건조실을 증기로 가열하여 건조시키는 방법이다.

15 다음 합판에 대한 설명 중 옳지 않은 것은? [23, 19]

① 합판은 판재에 비하여 균질이고, 목재의 이용률을 높일 수 있다.
② 베니어는 얇아서 건조가 빠르고 뒤틀림이 없으므로 함수율 변화에 따른 팽창과 수축을 방지할 수 있다.
③ 일반적으로 합판은 2, 4, 6장 등 짝수로 접착해서 만든다.
④ 베니어를 서로 직교시켜서 붙인 것으로 잘 갈라지지 않으며, 방향에 따른 강도의 차가 작다.

해설 합판은 단판(베니어)에 접착제를 칠한 다음 여러 겹(3, 5, 7, 9장 등 홀수겹)으로 겹쳐서 접착제의 종류에 따라 상온 가압 또는 열압(10~18kg/cm²의 압력과 150~160℃로 열을 가한 후 24시간 죔쇠로 조인다)하여 접착시킨다. 2, 4, 6장 등 짝수겹은 집성목재 제작에 사용된다.

16 석재의 조직 중 표면을 구성하고 있는 것은? [17]
① 석리   ② 절리
③ 석목   ④ 층리

해설 ① 석리 : 석재 표면의 구성 조직으로 말하고, 석재의 외관과 성질에 관계가 깊다. 현정질(화강암과 같이 눈으로 볼 수 있는 것), 미정질(안산암과 같이 볼 수 없는 것) 및 유리질(현무암과 같이 결정을 이루지 않은 것) 등이 있다.
② 절리 : 암석 중에서 갈라진 틈을 말하고, 암석은 절리(암장이 냉각할 때의 수축으로 인하여 자연적으로 생긴 것)에 따라 채석을 한다.
③ 석목 : 절리 이외에 작게 쪼개지기 쉬운 면, 즉 암석학적으로 광물의 집합상태를 말하는 것으로 화강암의 경우에는 장석 성분의 결을 따라 일정한 방향으로 갈라진 것이 된다.
④ 층리 : 점판암과 수성암 같이 퇴적 시 지표면에 생긴 층상을 말한다.

17 다음에서 설명하는 석재로 옳은 것은? [17]

┌─────────────────────────────────┐
│ ㉠ 석회암이 오랜 세월 동안 땅 속에서 지열, 지압 │
│   으로 인하여 변질되어 결정화된 것으로, 주성분   │
│   은 탄산석회(CaCO₃)이다.   │
│ ㉡ 석질은 치밀하고 견고하며 포함된 성분에 따라   │
│   경도, 색채, 무늬 등이 매우 다양하여 아름답고,   │
│   물갈기를 하면 광택이 나므로 실내 장식용 또는   │
│   조각용 석재로는 고급품이나 산·알칼리 등에   │
│   는 매우 약하다.   │
└─────────────────────────────────┘

① 안산암   ② 응회암
③ 대리석   ④ 석회암

해설 ① 안산암 : 화성암 중 화산암에 속하는 것으로, 석질은 화강암과 같은 것으로 종류가 다양하고 가공이 용이하며, 조각을 필요로 하는 곳에 적합하다. 또한, 표면은 갈아도 광택이 나지 않으므로 거친 돌 또는 잔다듬한 정도로 사용하며 내화성이 높다.

휘석, 안산암 계통 등은 콘크리트용 골재로 사용하는 경우 알칼리 골재 반응을 일으키는 경우가 있으므로 주의하여야 한다.
② 응회암 : 화산재, 화산 모래 등이 퇴적·응고되거나 물에 의하여 운반되어 암석 분쇄물과 혼합되어 침전된 것으로 대체로 다공질이다. 강도, 내구성이 작아 구조재로 적합하지 않으나, 내화성이 있으며 외관이 좋고 조각하기 쉬우므로 내화재, 장식재로 많이 이용된다.
④ 석회암 : 석회암은 화강암이나 동·식물의 잔해 중에 포함되어 있는 석회분이 물에 녹아 침전되어 응고된 것으로, 주성분은 탄산석회(CaCO₃)로서 백색이다. 석질은 치밀·견고하나, 내산성, 내화성이 부족하므로 석재로 사용하기에는 부적합하며, 주로 석회나 시멘트의 원료로 사용한다.

18 다음에서 설명하는 석재의 명칭으로 옳은 것은? [21]

┌─────────────────────────────────┐
│ 질이 단단하고 내구성 및 강도가 크고 외관이 수려 │
│ 하며 절리가 비교적 커서 대재를 얻을 수 있으나,   │
│ 함유 광물의 열팽창 계수가 상이하므로 내화도가   │
│ 낮아 고열을 받는 곳에는 적당하지 않지만, 대형재 │
│ 의 생산이 가능하며 바탕색과 반점이 미려하여 구   │
│ 조재, 내·외장재로 많이 사용되고, 세밀한 조각이 │
│ 필요한 곳에는 가공이 불편하여 적당하지 않다.   │
└─────────────────────────────────┘

① 점판암   ② 안산암
③ 응회암   ④ 화강암

해설 화강암은 문제의 내용뿐만 아니라 대표적인 화성암의 심성암으로 그 성분은 석영, 장석, 운모, 휘석, 각섬석 등이고, 석질이 견고(압축 강도 1,500kg/cm² 정도)하고, 풍화 작용이나 마멸에 강하며, 바탕색과 반점이 아름다울 뿐만 아니라 석재의 자원도 풍부하므로 건축 토목의 구조재, 내·외장재로 많이 사용한다.

19 다음에서 설명하는 석재의 명칭으로 옳은 것은? [17]

┌─────────────────────────────────┐
│ 운모계와 사문암계의 광석이며, 800~1,000℃로 가 │
│ 열하면 부피가 5~6배로 팽창되어 비중이 0.2~0.4인 │
│ 다공질 경석이다. 단열, 보온, 흡음, 내화성이 우수하 │
│ 므로 질석 모르타르, 질석 플라스터로 만들어 바름벽 │
│ 또는 뿜칠의 재료로 사용된다.   │
└─────────────────────────────────┘

① 질석   ② 암면
③ 펄라이트   ④ 활석

정답 16. ① 17. ③ 18. ④ 19. ①

해설 ② 암면 : 암석으로부터 인공적으로 만들어진 내열성이 높은 광물섬유를 이용하여 만드는 제품으로, 단열성, 흡음성이 뛰어나다. 또는 석회, 규산을 주성분으로 안산암, 사문암, 현무암을 원료로 하여 이를 고열로 녹여 작은 구멍을 통하여 분출시킨 것을 고압 공기로 불어 날리면 솜모양이 되는 것으로 흡음·단열·보온성 등이 우수한 불연재로서 열이나 음향의 차단재 즉, 단열재나 흡음재로 널리 쓰인다.
③ 펄라이트 : 진주석, 흑요석, 송지석 또는 이에 준하는 석질(유리질 화산암)을 포함한 암석을 분쇄하여 소성, 팽창시켜 제조한 백색의 다공질 경석 등을 분쇄하여 가루로 한 것을 가열, 팽창시킨 백색 또는 회백색의 경량 골재로서 제법, 용도 및 성질은 질석과 동일하다.
④ 활석 : 활석은 마그네시아를 포함하여 여러 가지의 암석이 변질된 것으로서 대개 석회암이나 사문암 등의 암석에서 산출되며, 재질이 연하고, 비중은 2.6~2.8로서 담록, 담황색의 진주와 같은 광택이 있다. 분말의 흡수성, 고착성, 활성, 내화성 및 작열 후에 경도가 증가하는 경우가 있다. 용도로는 페인트의 혼화제, 아스팔트 루핑 등의 표면 정활제, 유리의 연마제로 쓰인다.

20 석재 중 한 변이 300mm 정도인 네모뿔형의 돌로서 석축에 사용되는 석재로서 옳은 것은? [18]
① 잡석　② 각석
③ 견치돌　④ 판돌

해설 잡석은 200mm 정도의 막 생긴 돌로서, 지정이나 잡석 다짐에 사용하는 석재이다. 각석(장대돌, 장석)은 단면이 각형으로 길게 된 석재이다. 판돌은 두께에 비하여 넓이가 큰 석재이다.

21 일반적으로 석재의 강도 중 가장 큰 강도로 옳은 것은? [20]
① 압축 강도　② 인장 강도
③ 휨강도　④ 전단 강도

해설 석재의 특성 중 단점은 비중이 커서 무겁고, 견고하여 가공이 어려우며, 길고 큰 부재(장대재)를 얻기 힘들다. 압축 강도에 비하여 인장강도가 매우 작으며(인장 강도는 압축 강도의 1/10~1/40), 일부 석재는 고열(열전도율이 작아 열응력이 생기기 쉽다)에 약하다.

22 다음 석재의 사용상 주의사항에 대한 내용 중 옳은 것을 모두 고른 것은? [21, 18]

> ㉠ 중량이 큰 것은 높은 곳에 사용하지 않도록 한다.
> ㉡ 외벽, 특히 콘크리트 표면 첨부용 석재는 연석을 피해야 한다.
> ㉢ 압축 강도가 인장 강도에 비해 작으므로 석재를 구조용으로 사용할 경우 압축력을 받는 부분은 피해야 한다.
> ㉣ 재형(材形)에 예각부가 생기면 결손되기 쉽고 풍화 방지에 나쁘다.

① ㉠, ㉡, ㉢, ㉣
② ㉠, ㉡, ㉢
③ ㉠, ㉡, ㉣
④ ㉠, ㉢, ㉣

해설 석재는 압축 강도가 인장 강도에 비해 크므로 석재를 구조용으로 사용할 경우 인장력을 받는 부분은 피해야 한다. 즉, 압축재로 사용하여야 한다.

23 사문암이나 각섬암이 열과 압력을 받아 변질되어 섬유상으로 된 변성암으로 열전도율이 작고, 내알칼리성이 우수한 재료는? [20]
① 암면
② 석면
③ 세라믹 파이버
④ 질석

해설 암면은 암석(안산암, 사문암 등)으로부터 인공적(원료로 하여 이를 고열로 녹여 작은 구멍을 통하여 분출시킨 것을 고압 공기로 불어 날리면 솜모양)으로 만들어진 내열성이 높은 광물섬유를 이용하여 만드는 제품이다. 세라믹 파이버는 실리카-알루미늄계 섬유로서 1,000℃ 이상의 고온에서 사용할 수 있고, 단열성, 유연성, 전기 절연성, 화학 안정성이 우수한 섬유이다. 질석은 운모계와 사문암계의 광석이며, 800~1,000℃로 가열하면 부피가 5~6배로 팽창되어 비중이 0.2~0.4의 다공질 경석으로 단열, 보온, 흡음, 내화성이 우수하므로 질석 모르타르, 질석 플라스터로 만들어 바름벽 또는 뿜칠의 재료로 사용된다.

정답 20. ③　21. ①　22. ③　23. ②

24 다음에서 설명하는 것으로 옳은 것은? [21]

> 점토, 규산염, 산화 금속 등의 조합을 소성 온도로 설정하고, 이등변 삼각뿔을 고온 측정 대상의 소성로 내에 여러 종을 세워 놓고, 가열 온도에 따라 추의 머리가 닿는 것을 구별하여 600~1,200℃의 고온을 측정하는 방법이다.

① 전위차 고온계
② 복사 고온계
③ 저항 온도 지시계
④ 제게르 추

해설 소성 온도를 측정하는 데에는 제게르 추, 복사 고온계, 광고온계, 열전쌍 고온계, 전위차 고온계, 저항 온도 지시계, 광스펙타르 분석 방법 등이 사용된다.

25 다음에서 설명하는 현상으로 옳은 것은? [24]

> 벽에 침투한 빗물에 의해서 모르타르의 석회분이 공기 중의 탄산가스(CO_2)와 결합하여 벽돌이나 조적 벽면을 하얗게 오염시키는 현상이다.

① 블리딩 현상   ② 백화 현상
③ 사운딩 현상   ④ 히빙 현상

해설 블리딩 현상은 아직 굳지 않은 모르타르나 콘크리트에 있어서 윗면에 물이 스며 나오는 현상으로 블리딩이 많으면 콘크리트가 다공질이 되고, 강도, 수밀성, 내구성 및 부착력이 감소한다. 사운딩 현상은 로드에 붙인 저항체를 지하에 넣고 관입, 회전, 빼올리기 등의 저항으로부터 토층의 형상을 탐사하는 현상이며, 히빙 현상은 흙막이 바깥에 있는 흙의 중량과 지표 재하중의 중량에 못견뎌 저면의 흙이 붕괴되고 흙막이 바깥의 흙이 안으로 밀려 볼록하게 되는 현상이다.

26 다음은 미장 벽돌에 대한 설명이다. ( ) 안에 알맞은 것은? [24]

> 점토 등을 주원료로 하여 소성한 벽돌로서, 유공형 벽돌은 하중 지지면의 유효 단면적이 전체 단면적의 ( )% 이상이 되도록 제작한 벽돌을 말한다.

① 20%   ② 30%
③ 40%   ④ 50%

해설 미장 벽돌은 점토 등을 주원료로 하여 소성한 벽돌로서, 유공형 벽돌은 하중 지지면의 유효 단면적이 전체 단면적의 50% 이상이 되도록 제작한 벽돌을 말한다.

27 잔골재와 굵은 골재의 체가름 시험에 사용되는 체의 호칭치수로 옳지 않은 것은? [18]

① 60mm   ② 40mm
③ 20mm   ④ 5mm

해설 체가름 시험은 모래와 자갈을 눈이 좁은 것부터 차례로 띄워서 겹쳐 놓은 체진동기로 충분히 거른 다음, 각 체에 걸린 모래, 자갈의 무게를 측정하여 전체의 양에 대한 비율을 계산하는 시험으로 골재의 입도를 나타낸다. 조립률(골재의 입도를 정수로 표시하는 방법)은 체가름 시험시에 10개의 체(0.15mm, 0.3mm, 0.6mm, 1.2mm, 2.5mm, 5mm, 10mm, 20mm, 40mm, 80mm)에 남아 있는 누계 무게 백분율의 합계를 100으로 나눈 값이다.

28 골재의 체가름 시험에서 조립률이 크다는 것의 의미로 옳은 것은? [24]

① 골재의 입자가 고르다.
② 골재의 입도가 알맞다.
③ 골재의 비중이 크다.
④ 골재의 입도가 크다.

해설 조립률이란 골재의 입도(크고 작은 골재의 혼합된 정도)를 표시하는 계수로서, 조립률은 입경이 클수록 크고, 잔골재(모래)의 조립률은 2.3~3.1 정도, 굵은 골재(자갈)의 조립률은 6~8 정도이다. 즉, 조립률= $\dfrac{\text{각 체에 남은 양의 누계}(\%)\text{의 합계}}{100}$ 이다.

29 굳지 않은 콘크리트 성질 중 수량이 많고 적음에 따라 반죽이 되고 진 정도로서 변형 또는 유동에 대한 저항성의 정도를 나타내는 반죽 질기의 지표로 옳은 것은? [20]

① 블리딩
② 레이턴스
③ 건조수축
④ 슬럼프

정답 24. ④ 25. ② 26. ④ 27. ① 28. ④ 29. ④

[해설] 블리딩은 콘크리트를 타설한 후 골재들이 침하함에 따라 미세한 미립자가 떠오르는 현상이고, 레이턴스는 블리딩에 의해서 떠오른 미세한 미립자들이 콘크리트의 표면에 얇은 피막이 되어 침적하는 현상이며, 건조수축은 콘크리트의 경화 후 수분이 증발하면서 콘크리트의 체적 감소로 수축이 발생하게 되는 현상이다.

30 다음 굳지 않은 콘크리트의 성질 중 거푸집 등의 현상에 순응하여 채우기 쉽고, 분리가 일어나지 않는 성질 또는 용이하게 성형되며, 풀기가 있어 재료의 분리가 생기지 않는 성질로 옳은 것은? [20]

① 컨시스턴시(consistency)
② 플라스티시티(plasticity)
③ 피니셔빌리티(finishability)
④ 워커빌리티(workability)

[해설] 굳지 않은 콘크리트의 성질
굳지 않은 콘크리트의 성질에는 컨시스턴시, 플라스티시티, 피니셔빌리티 및 워커빌리티 등이 있고, 요구되는 성질은 거푸집 구석구석까지 잘 채워질 수 있어야 하고, 다지기 및 마무리가 용이하여야 하며, 시공시 및 그 전후에 재료 분리가 적어야 한다.
  ㉠ 컨시스턴시(consistency) : 수량에 의해 변경되는 굳지 않은 콘크리트의 유동성만을 말하고, 단위 수량이 많으면 작업은 용이하나, 재료 분리 현상이 일어난다. 특히, 슬럼프 시험에 의한 시공연도의 양부를 판정하는 기준이 된다.
  ㉡ 플라스티시티(plasticity) : 거푸집 등의 현상에 순응하여 채우기 쉽고, 분리가 일어나지 않는 성질 또는 용이하게 성형되며, 풀기가 있어 재료의 분리가 생기지 않는 성질이다.
  ㉢ 피니셔빌리티(finishability) : 콘크리트 표면을 끝막이할 때의 난이 정도로 굵은 골재의 최대 치수, 잔골재율, 골재의 입도, 반죽 질기 등에 따라 달라진다.
  ㉣ 워커빌리티(workability) : 컨시스턴시(반죽 질기의 정도)에 따라 부어 넣기 작업의 난이도 및 재료 분리에 저항하는 정도이다.

31 30kg의 골재가 잔골재가 되기 위한 조건은 5mm체에 몇 kg을 통과하여야 하는가? [17]

① 25.5kg 미만
② 25.5kg 초과
③ 25.5kg 이하
④ 25.5kg 이상

[해설] 잔골재는 5mm체에 85% 이상 통과하는 골재이므로 30kg×0.85=25.5kg 이상이다.

32 황동에 대한 설명 중 옳지 않은 것은? [24]

① 구리보다 단단하며, 주조가 잘 된다.
② 가공하기 쉽고, 내식성이 크다.
③ 구리와 주석의 합금이다.
④ 외관이 아름다워 창호 철물로 사용한다.

[해설] 황동은 구리에 아연을 10~45% 정도 가하여 만든 합금(구리 : 아연=7 : 3)으로 색깔은 주로 아연의 양에 따라 좌우되고, 구리보다 단단하며, 주조가 잘 된다. 또한, 가공하기 쉽고, 내식성이 크며, 계단 논슬립, 줄눈대, 코너비드 등의 부속 철물, 외관이 아름다워 창호 철물로 사용한다.
구리와 주석의 합금은 청동이다.

33 강재의 온도에 의한 영향에 대한 설명으로 옳지 않은 것은? [17]

① 0℃부터 온도의 상승에 따라 강도가 증가하여 250℃에서 최대가 된다.
② 250℃ 이상이 되면 강도는 급격히 감소한다.
③ 500℃에서는 0℃ 강도의 1/2로 감소하고, 600℃에서는 0℃ 강도의 1/9로 감소한다.
④ 1,000℃에서는 0℃ 강도의 1/10로 감소한다.

[해설] 강재의 온도에 의한 영향

온도	0~250℃	250℃	500℃	600℃	900℃ 이상
영향	강도 증가	최대 강도	0℃ 강도의 1/2	0℃ 강도의 1/3	0℃ 강도의 1/10

34 다음 목공사에 있어서 긴결 철물로 옳은 것은? [19]

① 쐐기
② 꺾쇠
③ 산지
④ 촉

해설 쐐기, 산지 및 촉은 목재 보강재이고, 목재의 긴결 철물에는 안장쇠, 띠쇠, 꺽쇠, ㄱ자쇠, 감잡이쇠 등이 있다.

35 다음 중 금속의 방식법으로 옳지 않은 것은? [21]

① 큰 변형을 준 것은 가능한 한 풀림하여 사용한다.
② 표면을 평활, 청결하게 사용하고 가능한 한 건조 상태로 유지한다.
③ 부분적으로 녹이 나면 추후에 다른 부분과 함께 제거한다.
④ 다른 종류의 금속은 잇대어 사용하지 않는다.

해설 금속의 방식법
㉠ 다른 종류의 금속을 서로 잇대어 사용하지 않는다.
㉡ 균질한 재료를 사용하고, 가공 중에 생긴 변형은 풀림, 뜨임 등에 의해 제거한다.
㉢ 표면은 깨끗하게 하고, 물기나 습기가 없도록 하며, 부분적으로 녹이 생기면 즉시 제거 및 재도장을 하도록 한다.
㉣ 도료나 내식성이 큰 금속으로 표면에 피막을 하여 보호한다.
㉤ 도료(방청 도료), 아스팔트, 콜타르 등을 칠하거나, 내식·내구성이 있는 금속으로 도금한다. 또한 자기질의 법랑을 올리거나, 금속 표면을 화학적으로 방식 처리한다.
㉥ 알루미늄은 알루마이트, 철재에는 사삼산화철과 같은 치밀한 산화 피막을 표면에 형성하게 하거나, 모르타르나 콘크리트로 강재를 피복한다.

36 다음에서 설명하는 것으로 옳은 것은? [20]

창틀 또는 문틀로 둘러싸인 공간을 다시 세로로 세분하는 중간 선틀 또는 창 면적이 클 때에는 스틸바만으로는 약한 경우와 여닫을 때 진동으로 인하여 유리가 파손될 우려가 있으므로 이것을 보강하고 외관을 꾸미기 위하여 강판을 중공형으로 접어 가로나 세로로 댄 것을 말한다.

① 문선 ② 멀리온
③ 풍소란 ④ 마중대

해설 문선은 문의 양쪽에 세워 문짝을 끼워 달게 된 기둥 또는 벽 끝을 아물리고 장식으로 문틀 주위에 둘러대는 테두리 또는 문꼴을 보기 좋게 만드는 동시에 주위벽의 마무리를 잘하기 위하여 둘러대는 누름대이다. 풍소란은 바람을 막기 위하여 창호의 갓둘레에 덧대는 선 또는 창호의 마중대의 틀을 막아 여미게 하는 소란을 말한다. 마중대는 미닫이, 미서기 등이 서로 맞닿는 선대를 말하고, 미서기 또는 오르내리창이 서로 여며지는 선대를 여밈대라고 한다.

37 다음에서 설명하는 유리는? [17]

유리를 500~600℃로 가열한 다음 특수 장치를 이용하여 균등하게 급격히 냉각시킨 유리이다. 이와 같은 열처리로 인하여 그 강도가 보통 유리의 3~5배에 이르며, 특히 충격 강도는 보통 유리의 7~8배나 된다.

① 복층 유리 ② 배강도 유리
③ 강화판 유리 ④ 접합 유리

해설 ① 복층 유리(페어 글라스, 이중 유리) : 2장 또는 3장의 판유리를 일정한 간격으로 띄어 금속테로 기밀하게 테두리를 한 다음, 유리 사이의 내부를 진공으로 하거나 특수 기체를 넣은 유리이다.
② 배강도 유리 : 판유리를 열처리하여 유리 표면에 적절한 크기의 압력 응력층을 만들어 파괴 강도를 증대시키고, 파손되었을 때 재료인 판유리와 유사하게 깨지도록 한 것이다.
④ 접합 유리 : 투명 판유리 2장 사이에 아세테이트, 부틸셀룰로오스 등 합성수지막을 넣어 합성수지 접착제로 접착시킨 유리로서, 깨어지더라도 유리 파편이 합성수지막에 붙어 있게 하여 파편으로 인한 위험을 방지하도록 한 것이다.

38 강화판 유리에 대한 설명으로 틀린 것은? [21]

① 열처리를 한 다음 현장에서 치수에 따라 절단, 가공을 하여야 한다.
② 보통 유리의 3~5배의 강도를 가지고, 충격 강도의 경우에는 보통 유리의 7~8배 정도가 된다.
③ 유리 파편에 의한 부상이 다른 유리에 비하여 적다.
④ 유리를 500~600℃로 가열한 다음 특수 장치를 이용하여 냉각 공기로 급랭한 것이다.

정답 35. ③ 36. ② 37. ③ 38. ①

해설 강화판 유리는 열처리로 인하여 그 강도가 보통 유리의 3~5배에 이르며, 특히 충격 강도는 보통 유리의 7~8배나 된다. 열처리를 한 후에는 현장에서 절단 등 가공을 할 수 없으므로 사전에 소요 치수대로 절단, 가공하여 열처리를 하여 생산되는 유리이다.

39 유성 페인트에 관한 설명 중 옳은 것은? [19]
① 용제를 늘리면 건조가 빠르고 귀얄질이 잘 되나, 옥외 도장 시 내구력이 증대된다.
② 건조성 지방유를 늘리면 광택과 내구력은 증대되나, 건조가 늦어진다.
③ 저온 다습한 기후에서도 건조 시간이 짧다.
④ 내알칼리성이 우수하고, 광택 및 내화학성이 좋다.

해설 ① 용제를 늘리면 건조가 빠르고 귀얄질이 잘 되나, 옥외 도장 시 내구력이 떨어진다.
③ 저온 다습한 기후에서는 건조 시간이 길다.
④ 내알칼리성이 열악하고, 광택 및 내화학성이 좋지 않다.

40 래커에 대한 설명 중 옳지 않은 것은? [20]
① 건조가 매우 느리다.
② 기름 바니시와 랙 도막의 취약성을 제거한 우수한 합성수지 도료이다.
③ 내후성, 내수성, 내유성이 우수하다.
④ 특별한 초벌 공정이 반드시 필요하다.

해설 래커(Lacquer)는 합성수지 도료로서 가장 오래된 제품이고, 건조가 빠르고(10~20분), 내후성·내수성·내유성이 우수하며, 결점으로는 도막이 얇고 부착력이 약하다. 따라서, 특별한 초벌 공정이 필요하게 된다. 특히, 심한 속건성이어서 바르기 어려우므로 스프레이(spray, 분무)를 한다.

41 다음 중 열경화성 수지에 속하는 것은? [20]
① 폴리아미드 수지
② 폴리스티렌 수지
③ 초산비닐 수지
④ 폴리우레탄 수지

해설 합성수지의 분류

열경화성 수지	페놀(베이클라이트) 수지, 요소 수지, 멜라민 수지, 폴리에스테르 수지(알키드 수지, 불포화 폴리에스테르 수지), 실리콘 수지, 에폭시 수지, 폴리우레탄 수지 등
열가소성 수지	염화·초산비닐 수지, 폴리에틸렌 수지, 폴리프로필렌 수지, 폴리스티렌 수지, ABS 수지, 아크릴산 수지, 폴리아미드 수지, 메타아크릴산 수지, 초산비닐 수지, 폴리아미드 수지 등
섬유소계 수지	셀룰로이드, 아세트산 섬유소 수지

42 다음 합성수지 중 열경화성 수지에 속하지 않는 것은? [18]
① 페놀 수지 ② 요소 수지
③ 폴리에스테르 수지 ④ 아크릴 수지

해설 합성수지의 분류
합성수지를 분류하면, 열경화성 수지(고형체로 된 후에 열을 가해도 연화되지 않는 수지)와 열가소성 수지(고형상의 것에 열을 가하면, 연화 또는 용융되어 가소성과 점성이 생기고 이를 냉각하면 다시 고형상으로 되는 수지)이다. 페놀 수지, 요소 수지 및 폴리에스테르 수지는 열경화성 수지에 속하고, 아크릴 수지는 열가소성 수지에 속한다.

43 다음 중 열가소성 수지에 속하는 것은? [21]
① 실리콘 수지 ② 에폭시 수지
③ 폴리우레탄 수지 ④ 폴리에틸렌 수지

해설 실리콘 수지, 에폭시 수지 및 폴리우레탄 수지는 열경화성 수지에 속하고, 폴리에틸렌 수지는 열가소성 수지에 속한다.

44 무색 투명하고, 착색이 자유로우며, 내화학 약품성, 전기 절연성, 가공성 등이 우수하여 사용 범위가 넓다. 벽타일, 천장재, 블라인드, 도료 및 전기 용품과 저온 단열재로 널리 사용되는 수지는? [24]
① 페놀 수지 ② 멜라민 수지
③ 폴리스티렌 수지 ④ 염화비닐 수지

해설 페놀 수지는 수지 자체가 취약하므로 성형품, 적층품의 경우에는 충전제를 첨가하고, 내열성이 양호한 편이나 200℃ 이상에서 그대로 두면 탄화, 분해되어 사용할 수 없게 된다. 멜라민 수지는 무색 투명하고 착색이 자유로우며, 빨리 굳고, 내수, 내약품성, 내용제성이 뛰어난 것 외에 내열성도 우수하다. 기계적 강도, 전기적 성질 및 내노화성도 우수하다. 염화비닐 수지는 전기 절연성, 내약품성이 양호하고, 경질성이나 가소체의 혼합에 따라 유연한 고무 제품을 제조할 수 있다.

45 다음 미장 재료 중 기경성 재료에 속하는 것은 어느 것인가? [19]

① 혼합 석고플라스터
② 시멘트 모르타르
③ 인조석
④ 회반죽

해설 미장 재료 중 기경성 재료에는 석회계 플라스터(회반죽, 회사벽, 돌로마이트 플라스터)와 흙반죽, 진흙, 섬유벽 등이 있고, 수경성 재료에는 시멘트계(시멘트 모르타르, 인조석, 테라조 현장 바름 등)와 석고계 플라스터(혼합 석고플라스터, 보드용 석고플라스터, 크림용 석고플라스터, 킨즈 시멘트 등)가 있다.

46 미장 재료 중 회반죽은 다음 중 어느 성분과 공기 중에서 작용하여 경화하는가? [20]

① 이산화탄소   ② 질소
③ 산소   ④ 아황산가스

해설 회반죽은 기경성으로 충분한 물이 있더라도 공기 중의 이산화탄소와 결합하여야만 경화하고, 수중에서는 굳어지지 않는다.

47 혼합한 미장 재료에 아직 반죽용 물을 섞지 않은 상태를 의미하는 것은? [24]

① 물비빔   ② 고름질
③ 건비빔   ④ 눈먹임

해설 ① 물비빔 : 건비빔된 미장 재료에 물을 부어 바를 수 있도록 반죽된 상태
② 고름질 : 바름 두께 또는 마감 두께가 두꺼울 때 혹은 요철이 심할 때 적정한 바름 두께 또는 마감 두께가 될 수 있도록 초벌 바름 위에 발라 붙여주는 것 또는 그 바름층
④ 눈먹임 : 인조석 갈기 또는 테라조 현장갈기의 갈아내기 공정에 있어서 작업면의 종석이 빠져나간 구멍 부분 및 기포를 메우기 위해 그 배합에서 종석을 제외하고 반죽한 것을 작업면에 발라 밀어 넣어 채우는 것

48 다음에서 설명하는 도료의 원료로 옳은 것은? [23, 17]

착색과 도막의 두께 또는 도막을 강인하게 하는 것 또는 물·기름·기타 용제에 녹지 않는 착색 분말로서 도료를 착색하고 유색의 불투명한 도막을 만듦과 동시에 도막의 기계적 성질을 보강하는 도료의 구성 요소로서, 도막에 두께를 더해 주나, 자체로써는 도막을 만들 수 있는 성질은 없으며, 철재의 방청용이나 발광용으로 쓰이고 있다.

① 전색제   ② 안료
③ 용제   ④ 보조제

해설 ① 전색제 : 도막을 형성시켜 주는 유지, 수지 및 섬유소 등으로 도료가 액체 상태로 있을 때 안료를 분산, 현탁시키고 있는 매질의 부분이다.
③ 용제 : 도료의 구성 요소 중 도막 주요소를 용해시키고 적당한 점도로 조절 또는 도장하기 쉽게 하기 위하여 사용되는 것, 유동성과 전성을 주어 작업성을 편리하게 하는 것 또는 수지, 유지 및 도료를 용해하여 적당한 도료 상태로 조정하는 것
④ 보조제 : 가소제, 건조제, 희석제 및 흐름 방지제 등이 있다.

49 다음 중 유성 페인트에 대한 설명으로 옳지 않은 것은? [21]

① 내후성과 붓바름 작업성이 우수하다.
② 알칼리에는 강하므로 콘크리트, 모르타르, 플라스터면에는 별도의 처리 없이 바를 수 있다.
③ 용제를 늘리면 건조가 빠르고 귀얄질이 잘 되며, 옥외 도장 시 내구력이 증대된다.
④ 유성 페인트의 종류에는 직접 사용할 수 있는 상태의 된비빔 페인트와 사용 시에 건조제 및 희석제를 혼합하여 조제하는 조합 페인트가 있다.

정답 45.④ 46.① 47.③ 48.② 49.①

해설 ②의 알칼리에는 매우 약하므로 콘크리트, 모르타르, 플라스터면에는 별도의 처리 없이 바를 수 없다. ③의 용제를 늘리면 건조가 빠르고 귀얄질이 잘 되나, 옥외 도장 시 내구력이 감소된다. ④의 유성 페인트의 종류에는 직접 사용할 수 있는 상태의 조합 페인트와 사용 시에 건조제 및 희석제를 혼합하여 조제하는 된비빔 페인트가 있다.

50 유지 및 수지 등의 충전제를 혼합하여 만든 것으로 창유리를 끼우거나 도장 바탕을 고르는 데 사용하는 것은? [22]

① 형광 도료   ② 에나멜 페인트
③ 퍼티   ④ 래커

해설 퍼티는 유지 및 수지와 충전제(탄산칼슘, 연백, 티탄백 등) 등을 혼합하여 만든 것으로서 창유리를 끼우는 데와 도장 바탕을 고르는 데 사용된다. 경화성 퍼티(사용한 다음 1~6주일 사이에 피막이 형성되고, 그 후 점차 굳어져 경화 후 균열이 생기기 쉽다.)와 비경화성 퍼티(오랫동안 유연성은 있으나, 흘러내리는 결점이 있고, 종류로는 백퍼티, 적퍼티, 불포화 폴리에스테르 퍼티 등) 등이 있다.

51 다음 중 회반죽에 대한 설명으로 옳지 않은 것은? [21]

① 회반죽은 물과 화학반응을 일으켜 경화하는 수경성의 미장 재료이다.
② 풀, 여물, 모래, 소석회 등을 혼합하여 바르는 미장 재료이다.
③ 모래는 초벌, 재벌에만 섞고, 정벌바름에는 사용하지 않는다.
④ 건조, 경화할 때의 수축률이 크기 때문에 삼여물로 균열을 분산, 미세화하는 것이다.

해설 회반죽은 기경성의 재료로 소석회, 풀, 여물(균열 및 박리 방지), 모래(초벌, 재벌바름에만 섞고, 정벌바름에는 사용하지 않는다.) 등을 혼합하여 바르는 미장 재료로서 건조, 경화할 때의 수축률이 크기 때문에 삼여물로 균열을 분산, 미세화하는 것이다.

52 다음 중 멤브레인 방수법에 속하지 않는 것은? [20]

① 시멘트모르타르 방수
② 합성 고분자계시트 방수
③ 아스팔트 방수
④ 도막 방수

해설 멤브레인 방수법(얇은 피막상의 방수층으로 전면을 덮은 방수)의 종류에는 합성 고분자계시트 방수, 도막 방수 및 아스팔트 방수 등이 있고, 시멘트모르타르 방수는 시멘트액체 방수법에 속한다.

53 단열 재료의 조건으로 옳지 않은 것은? [23④]

① 열전도율이 적어야 한다.
② 단열 효과가 우수하여야 한다.
③ 수증기의 통과가 쉬워야 한다.
④ 방습성, 방수성, 방화성 및 내열성이 있어야 한다.

해설 단연 재료의 조건에는 ①, ② 및 ④ 이외에 수증기의 통과가 되지 않아야 하고, 유독 가스 및 연기가 발생하기 않을 것. 변형 또는 변질이 없어야 한다.

54 단열재의 조건으로 옳지 않은 것은? [24]

① 열전도율이 적고, 단열 효과가 우수하여야 한다.
② 변질 또는 변형이 적어야 한다.
③ 유독 가스와 연기가 발생하지 않아야 한다.
④ 흡수율이 높아야 하고, 방화성, 내열성을 가져야 한다.

해설 단열재의 조건
㉠ 열전도율이 적고, 단열 효과가 우수하여야 한다.
㉡ 변질 또는 변형이 적어야 한다.
㉢ 유독 가스와 연기가 발생하지 않아야 한다.
㉣ 방화성, 방수성, 방습성(흡수율이 낮다) 및 내열성을 가져야 한다.

정답 50. ③ 51. ① 52. ① 53. ③ 54. ④

04 건축 일반

1 | 건축 제도

01 다음은 제도용구의 용도에 대한 설명이다. 옳지 않은 것은? [19]

① 컴퍼스 : 원 또는 원호를 그릴 때 사용하는 제도용구이다.
② 운형자 : 수직 및 수평선을 그을 때 사용하는 제도용구이다.
③ 삼각 스케일 : 대상 물체의 모양을 도면으로 표현 시 크기를 비율에 맞춰 줄이거나 늘이기 위해 사용하는 제도용구이다.
④ 자유 삼각자 : 하나의 자로 각도를 조절하여 지붕의 물매 등을 그릴 때 사용한다.

해설 운형자는 컴퍼스로 그리기 어려운 원호나 원호 이외의 곡선을 그릴 때 사용하는 것으로 운형자를 이용하여 곡선을 그릴 때에는 곡선상에 합치되는 점이 최소 4개이다.

02 다음 중 제도용구에 대한 설명으로 옳은 것은? [21]

① 삼각자는 45°의 등변 삼각형, 60°와 30°로 이루어진 직각 삼각형의 2개의 삼각자로 구성되고, 삼각자를 사용하여 수직선과 사선을 그을 때 사용한다.
② 자유 곡선자는 임의의 모양으로 구부려 사용할 수 있으며, 비교적 큰 곡선을 그릴 때 사용한다
③ 운형자는 직선이나 원주를 등분할 때, 치수를 옮기거나, 치수를 자 또는 삼각자의 눈금으로 잰 후 제도지에 같은 길이로 분할할 때 사용한다.
④ 디바이더는 컴퍼스로 그리기 어려운 원호나 원호 이외의 곡선을 그릴 때 사용하는 것으로 운형자를 이용하여 곡선을 그릴 때에는 곡선상에 합치되는 점이 최소 4개이다.

해설 삼각자는 45°의 등변 삼각형, 60°와 30°로 이루어진 직각 삼각형의 2개의 삼각자로 구성되고, 삼각자는 T자와 같이 사용하여 수직선과 사선을 그을 때 사용하며, T자와 삼각자를 이용해서 나타낼 수 있는 각도는 30°, 45°, 60°, 75°, 90°, 105°, 150° 등이다. ③은 디바이더(분할기), ④는 운형자에 대한 설명이다.

03 다음 제도용구에 대한 설명 중 옳은 것은? [25, 18]

① 디바이더(분할기)는 직선이나 원주를 등분할 때, 치수를 옮기거나, 치수를 자 또는 삼각자의 눈금으로 잰 후 제도지에 같은 길이로 분할할 때 사용한다.
② 운형자는 임의의 모양으로 구부려 사용할 수 있으며, 비교적 큰 곡선(곡선이 구부러진 정도가 급하지 않은 곡선)을 그릴 때 사용한다.
③ 자유 곡선자는 컴퍼스로 그리기 어려운 원호나 원호 이외의 곡선을 그릴 때 사용하는 제도용구이다.
④ T자는 수직선을 그리거나 삼각자와 함께 사용하여 수직선, 사선을 그릴 때 사용한다.

해설 ② 자유 곡선자, ③ 운형자이며, T자는 수평선을 그리거나 삼각자와 함께 사용하여 수직선, 사선을 그릴 때 사용한다.

04 제도용구 중 T자를 사용하여 그을 수 있는 선은? [24]

① 수직선 ② 사선
③ 수평선 ④ 와선

정답 01. ② 02. ② 03. ① 04. ③

해설 T자
㉠ T자는 수평선을 그리거나 삼각자와 함께 사용하여 수직선, 사선을 그릴 때 사용한다.
㉡ 선을 그을 때에는 T자의 머리를 제도판의 가장자리에 밀착시켜 움직이지 않도록 하며, 수평선은 왼쪽에서 오른쪽으로 선을 긋는다.
㉢ 연필은 T자의 날에 꼭 닿아야 하며, 선을 긋는 방향으로 약간 기울여 일정한 힘을 가하여 일정한 속도로 긋는다.

05 다음 중 스케일에 표기되어 있지 않은 축적은? [24]
① 1/200 ② 1/400
③ 1/600 ④ 1/800

해설 축척자(스케일)은 대상 물체의 모양을 도면으로 표현 시 크기를 비율에 맞춰 줄이거나 늘이기 위해 사용하는 제도용구로서, 재료는 대나무, 합성수지가 사용되며, 1/100, 1/200, 1/300, 1/400, 1/500 및 1/600 축척의 눈금이 있고, 길이는 100mm, 150mm, 300mm의 세 종류가 있다. 스케일은 실물의 크기를 줄이거나(축척), 늘릴 때(배척) 및 그대로 옮길 때(실척)에 사용한다.

06 다음 중 가장 단단한 연필은? [24]
① 3B ② 3H
③ HB ④ F

해설 제도에서 사용하는 연필은 일반적으로 무르기로부터 굳기의 순서대로 나열하면, B, HB, F, H, 2H 등이 많이 쓰이고, B의 숫자가 클수록 무르며, H의 숫자가 클수록 단단하다. 또한, 도면의 성질, 축척, 종이의 질에 따라 알맞은 것을 사용한다.

07 다음 중 제도용구에 속하지 않는 것은? [18]
① 운형자 ② 자유 곡선자
③ T자 ④ 스캐너

해설 제도용구의 종류에는 연필, T자, 삼각자(자유 삼각자), 운형자, 삼각 스케일, 지우재판, 자유 곡선자, 컴퍼스, 디바이더, 지우개 등이 있다. 스캐너는 화상 입력장치의 하나로 필름이나 사진, 문서, 도면 등을 광학적으로 주사하고 반사광이나 투과광의 강도를 계측, AD변환하여 디지털 화상으로서 입력하는 장치이다.

08 KS F 1501에 규정된 척도로서 건축 제도에 사용되는 척도가 아닌 것은? [20]
① 1/4 ② 1/40
③ 1/400 ④ 1/5,000

해설 건축 제도 통칙(KS F 1501)에 제시되는 축척은 23종으로 1/2, 1/3, 1/4, 1/5, 1/10, 1/20, 1/25, 1/30, 1/40, 1/50, 1/100, 1/200, 1/250, 1/300, 1/500, 1/600, 1/1,000, 1/1,200, 1/2,000, 1/2,500, 1/3,000, 1/5,000, 1/6,000 등이 있다.

09 다음 그림에서 c의 치수로 옳은 것은? (단, 용지는 A0이고, 철하지 않는 경우이다.) [24]

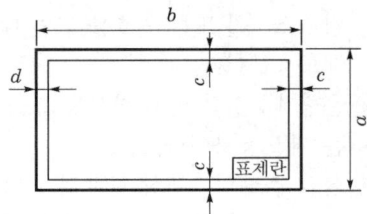

① 5mm ② 10mm
③ 15mm ④ 20mm

해설 제도 용지의 크기 및 여백
(단위 : mm)

제도지의 치수		A0	A1	A2	A3	A4	A5	A6
$a \times b$		841×1,189	594×841	420×594	297×420	210×297	148×210	105×148
c(최소)		\multicolumn{7}{c|}{}						
d (최소)	철하지 않는 경우	10			5			
	철하는 경우	25						

여기서, c : 도면의 상, 하 및 우측의 여백
d : 도면의 좌측 여백

10 A4용지의 크기로 옳은 것은? [24]
① 841×1,189 ② 420×294
③ 210×297 ④ 105×148

해설 건축 도면의 복사도는 보관, 정리 또는 취급상 접을 필요가 있는 경우에는 A4(210mm×297mm)를 기준으로 한다.

정답 05. ④ 06. ② 07. ④ 08. ③ 09. ② 10. ③

11 도면에서 가장 굵은선으로 단면선, 외형선 등에 사용되는 선은? [23④]

① 실선
② 파선
③ 일점 쇄선
④ 이점 쇄선

해설 선의 종류와 용도

종류	실선		허선		
	전선	가는선	파선	일점 쇄선	이점 쇄선
용도	단면선, 외형선, 파단선	치수선, 치수 보조선, 인출선, 지시선, 해칭선	물체의 보이지 않는 부분	중심선 (중심축, 대칭축)	절단선, 경계선, 기준선	물체가 있는 가상 부분 (가상선), 일점 쇄선과 구분
굵기 (mm)	굵은선 0.3 ~0.8	가는선 (0.2 이하)	중간선 (전선 1/2)	가는선	중간선	중간선 (전선 1/2)

12 2점 쇄선의 용도로 옳은 것은? [24, 23②]

① 단면의 윤곽 표시에 사용된다.
② 보이는 부분의 윤곽 표시에 사용된다.
③ 중심선, 절단선, 기준선 등의 표시에 사용된다.
④ 물체가 있는 가상 부분 또는 1점 쇄선과 구별할 필요가 있을 때 사용된다.

해설 ① 굵은 실선, ② 파선, ③ 일점 쇄선의 용도이다.

13 이점 쇄선에 대한 설명이다. 옳지 않은 것은? [21]

① 이점 쇄선은 가상선으로 사용된다.
② 일점 쇄선과 구분하여야 하는 경우에 사용된다.
③ 절단선, 경계선 및 중심선의 용도로 사용된다.
④ 허선의 일종이다.

해설 선의 종류와 용도 등

종류		용도	굵기(mm)
실선	전선	단면선, 외형선, 파단선	굵은선 0.3~0.8
	가는선	치수선, 치수 보조선, 인출선, 지시선, 해칭선	가는선 (0.2 이하)
허선	파선	물체의 보이지 않는 부분	중간선 (전선 1/2)
	일점 쇄선	중심선(중심축, 대칭축)	가는선
		절단선, 경계선, 기준선	중간선
	이점 쇄선	물체가 있는 가상부분(가상선), 일점 쇄선과 구분	중간선 (전선 1/2)

14 다음에서 설명하는 선의 종류로 옳은 것은? [24]

> 물체의 보이는 부분을 나타내는 선으로서 단면선과 외형선으로 구분하기도 한다.

① 일점 쇄선   ② 파선
③ 이점 쇄선   ④ 실선

해설 ① 일점 쇄선 : 가는 선은 물체의 중심축, 대칭축을 표시할 때 사용한다.
② 파선 : 물체의 보이지 않는 부분의 모양을 표시하는데 사용하고, 파선과 구별할 필요가 있는 경우에는 점선으로 한다.
③ 이점 쇄선 : 물체가 있는 것으로 가상되는 부분을 표시하거나 일점 쇄선과 구별할 필요가 있는 경우에 사용한다.

15 다음 중 지시선에 대한 설명으로 옳지 않은 것은? [21]

① 지시 대상이 면인 경우 지적 부분은 채워진 원을 사용한다.
② 지시선은 다른 제도선과 혼동되지 않도록 가늘고 명료하게 그린다.
③ 한 도면 안에서의 지시선의 지적 부분은 화살표와 점을 혼용하여 사용할 수 있다.
④ 직선 사용을 원칙으로 하고, 두 개 이상의 지시선을 사용하는 경우에는 평행하게 긋는다.

정답 11. ① 12. ④ 13. ③ 14. ④ 15. ③

해설 지시선은 직선 사용을 원칙으로 하고, 지시 대상이 선인 경우 지적 부분은 화살표와 점을 사용할 수 있으나, 한 도면에서 화살표와 점을 혼용하여 사용할 수 없다. 지시 대상이 면인 경우 지적 부분은 채워진 원을 사용한다. 특히, 지시선은 다른 제도선과 혼동되지 않도록 가늘고 명료하게 그린다.

16 제도의 글자 쓰기에 대한 설명으로 옳지 않은 것은? [17]

① 글자는 명백히 쓰고, 숫자는 로마자를 원칙으로 한다.
② 문장은 왼쪽에서부터 가로쓰기를 원칙으로 한다.
③ 글자체는 수직 또는 15° 경사의 고딕체로 쓰는 것을 원칙으로 한다.
④ 글자의 크기는 각 도면의 상황에 맞추어 알아보기 쉬운 크기로 한다.

해설 글자 쓰기에서 글자는 명확하게 하고, 문장은 왼쪽에서부터 가로쓰기를 원칙으로 하며(다만, 가로쓰기가 곤란할 때에는 세로쓰기도 무방), 글자체는 고딕체로 하며, 수직 또는 15° 경사로 쓰는 것을 원칙으로 한다. 특히, 숫자는 아라비아 숫자를 원칙으로 한다.

17 건축 제도에 사용하는 글자에 대한 설명 중 옳지 않은 것은? [24]

① 숫자는 아라비아 숫자를 원칙으로 한다.
② 문장은 세로쓰기를 원칙으로 하고, 부득이한 경우에는 가로 쓰기도 가능하다.
③ 글자의 크기는 각 도면의 상황에 맞추어 알아보기 쉬운 크기로 한다.
④ 글자체는 수직 또는 15° 경사의 고딕체로 쓰는 것을 원칙으로 한다.

해설 건축 도면에서 문장은 왼쪽에서부터 오른쪽으로 가로쓰기를 원칙으로 한다.

18 다음에서 설명하는 창으로 옳은 것은? [21]

창의 형태나 크기의 제약이 없어 디자인이 자유로운 창이다.

① 미서기창 ② 오르내리창
③ 고정창 ④ 여닫이창

해설 미서기창은 우리 주변에서 흔히 볼 수 있는 창으로서 고정식창과 혼합하여 사용하기도 한다. 오르내리창은 미서기창과 같은 방식이나 이를 수직으로 설치한 것으로 창의 폭보다 길이가 더 길고, 고전 양식의 건축물이나 기차의 창에서 흔히 볼 수 있다.
여닫이창은 열리는 범위를 조절할 수 있고, 안으로나 밖으로 열리는데 특히 안으로 열릴 때는 열릴 수 있는 면적이 필요하므로 가구배치 시 이를 고려하여야 하며, 창의 측면에 경첩을 달아 여닫게 되어 있는 창으로 개구부가 모두 열릴 수 있고, 문을 여닫을 때 힘이 덜 들기 때문에 노인실이나 환자실의 방에 사용하는 것이 좋으나, 창의 개폐를 위한 여분의 공간이 필요하므로 개구부가 클수록 많은 공간이 요구된다.

19 투상법 중 우리나라에서 사용하는 투상법으로 옳은 것은? [17]

① 제1각법
② 제2각법
③ 제3각법
④ 제4각법

해설 정투상법에는 제1각법과 제3각법이 있으며, 건축 제도 통칙에서는 제3각법(눈 – 투상면 – 물체의 순)을 원칙으로 한다.
㉠ 제1각법 : 눈 – 물체 – 투상면의 순으로 투상면의 앞쪽에 물체를 놓게 되므로 우측면도는 정면의 왼쪽에, 좌측면도는 정면도의 오른쪽에, 저면도는 정면도의 위에 그리며, 평면도는 밑에 그린다.
㉡ 제3각법 : 눈 – 투상면 – 물체의 순으로 투상면의 뒤쪽에 물체를 놓게 되므로 정면도를 기준으로 하여 그 좌우상하에서 본 모양을 본 쪽에서 그리는 것이므로 투상도 상호 관계 및 위치를 보기가 쉽다.

20 다음의 단면 재료 표시 기호 중 옳지 않은 것은? [24]

① 구조재
② 보조구조재
③ 치장재
④ 지반

정답 16. ① 17. ② 18. ③ 19. ③ 20. ③

[해설] ③은 벽돌을 의미하고, 치장재는 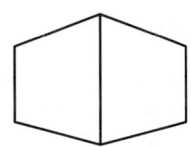 이다.

21 재료 구조 표시 기호(단면용으로 준용) 중 다음 그림이 의미하는 것은? [24]

① 얇은 재
② 차단재
③ 집성목재
④ 합판

[해설] 문제의 표기 방법은 합판을 의미하며, 원칙으로 사용하는 것이 아니라 준용한다.

22 다음 창호의 평면표시기호 중 접이문으로 옳은 것은? [21]

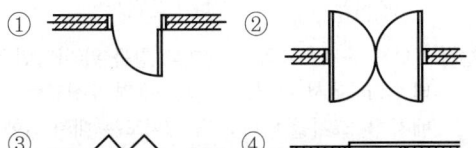

[해설] ① 외여닫이문, ② 자재문, ③ 접이문, ④ 미닫이문의 표시기호이다.

23 다음 그림이 의미하는 것으로 옳지 않은 것은? [22]

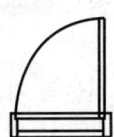

① 바닥의 차이가 없다.
② 출입문이 열리는 방향을 알 수 있다.
③ 여닫이 문 중 외여닫이에 속한다.
④ 문이 열리는 공간을 필요로 한다.

[해설] 문제의 기호는 바닥차이가 있음과 없음을 알 수 없다. 바닥차가 있는 경우는 ⊐ ㅗ ㄷ 이고, 문틀이 있는 경우는 ⊐ ㅏ ㄷ 이다.

24 다음 그림과 같이 표현되는 투시도로 옳은 것은? [20]

① 1소점 투시도
② 2소점 투시도
③ 3소점 투시도
④ 4소점 투시도

[해설] 투시도의 형식은 물체와 화면의 관계 및 소점의 수에 따라 세 가지로 분류할 수 있다.
㉠ 1소점(평행) 투시도 : 화면에 그리려는 물체가 화면에 대하여 평행 또는 수직이 되게 놓여지는 경우로 소점이 1개가 된다. 실내 투시도 또는 기념 건축물과 같은 정적인 건물의 표현에 효과적이다. 또한, 1소점 투시도에는 실내 공간의 3면(전체는 1면, 일부는 2면)과 천장, 바닥의 일부가 그려진다.
㉡ 2소점 투시도 : 2개의 수평선이 화면과 각을 가지도록 물체를 돌려 놓은 경우로, 소점이 2개가 생기고 수직선은 투시도에서 그대로 수직으로 표현되는 가장 널리 사용되는 방법이다.
㉢ 3소점 투시도 : 물체가 돌려져 있고 화면에 대하여 기울어져 있는 경우로, 화면과 평행한 선이 없으므로 소점은 3개가 된다. 아주 높은 위치나 낮은 위치에서 물체의 모양을 표현할 때 쓰이나, 건축에서는 제도법이 복잡하여 자주 사용되지 않는다.
㉣ 유각 투시도 : 인접한 두 면 가운데 밑면은 기면에 평행하고, 다른 면은 화면과 경사를 가진 경우의 투시도로서 가장 많이 사용하며, 특히, 실내 투시도보다 실외 투시도에 적합하고, 소점이 2개이며, 각도는 30°, 60°를 이루는 투시도이다.

25 수평면 아래에 있는 면이고, 기준이 되는 평화면으로 화면에 수직인 면은? [24]

① 기면
② 화면
③ 수평선
④ 기선

[해설] ② 화면(P.P ; Picture Plane) : 물체와 시점 가운데 위치하며 수평면에서 직립 평면이다.
③ 수평선(H.L ; Horizontal Line) : 수평면과 화면의 교차선이다.
④ 기선(G.L ; Ground Line) : 지평면과 화면의 교차선이다.

[정답] 21. ④ 22. ③ 23. ① 24. ② 25. ①

26 주택에서 일반적으로 사용되는 지붕의 형식이 아닌 것은? [17]
① 박공 지붕
② 합각 지붕
③ 모임 지붕
④ 톱날 지붕

해설 톱날 지붕은 외쪽 지붕(지붕 전체가 한 쪽으로만 물매진 지붕)이 연속하여 톱날 모양으로 된 지붕으로 주택에는 일반적으로 사용하지 않는 지붕이고, 주로 방직 공장에서 사용한다.

27 실내건축 설계도면 작성 시 가장 먼저 작성되는 도면으로 옳은 것은? [25, 18]
① 천장도 ② 평면도
③ 전개도 ④ 단면도

해설 실내건축 설계도면 작성 시 가장 먼저 작성되는 도면은 평면도로서 평면도를 기준으로 전개도, 단면도, 천장도 등이 작도된다.

28 건축 도면 중 평면도에 관한 설명으로 옳은 것은? [24]
① 계획 설계도에 해당된다.
② 축척은 일반적으로 1/50~1/100 정도로 한다.
③ 건축물의 외관을 나타낸 직립 투상도이다.
④ 천장 높이, 지붕 물매, 처마 길이 등이 표현된다.

해설 평면도는 건축물의 창틀 위(바닥에서 약 1.2~1.5m 내외)에서 수평으로 자른 수평 투상도면으로 실의 배치 및 크기, 개구부의 위치 및 크기, 창문과 출입구 등을 나타낸 도면이다. 계획 설계도에는 구상도, 조직도, 동선도 및 면적 도표 등이 있고, ③은 입면도에 대한 설명이며, 천장 높이, 지붕 물매, 처마 길이 등은 단면도에 표시된다.

29 다음과 같이 정의되는 도면은? [20]

> 건물벽 직각 방향에서 건물의 겉모습을 표현한 도면이다.

① 평면도 ② 배치도
③ 입면도 ④ 단면도

해설 ① 평면도 : 건축물을 각 층마다 창틀 위(지상 1.2~1.5m 정도)에서 수평으로 자른 수평 투상도로서 실의 배치 및 크기를 나타내는 도면이다.
② 배치도 : 대지 안에 건물이나 부대 시설의 배치를 나타낸 도면으로 건축물 1층 평면도를 기준으로, 축척 1/200~1/600로 한다.
④ 단면도 : 건축물을 수직으로 절단하여 수평 방향에서 본 도면 또는 건축물을 수직으로 잘라 그 단면을 나타낸 것으로 기초, 지반(지반에서 1층 바닥까지의 높이), 바닥, 높이(처마 높이, 층높이, 창대 높이, 천장 높이 등)와 지붕의 물매, 처마의 내민 길이 등을 표시한다.

30 건물의 주요 부분을 수직 절단한 것을 상상하여 그린 것으로서 건물의 높이, 지붕 구조 등을 알 수 있는 도면은? [25, 23②]
① 단면도 ② 평면도
③ 배치도 ④ 입면도

해설 평면도는 건축물의 각 층마다 창틀 위(바닥면으로부터 1.2m)에서 수평으로 자른 수평 투상도로서 실의 배치 및 크기를 나타낸다. 배치도는 대지 안에서 건축물이나 부대 시설의 배치를 나타낸 도면으로서 위치, 간격, 축척, 방위 및 경계선을 나타낸다. 입면도는 건축물의 외관을 나타낸 직립 투상도로서 남쪽, 동쪽, 서쪽 및 북쪽 입면도 또는 정면도, 배면도, 측면도(좌우) 등으로 나뉜다.

31 다음 설명 중 실시 설계도에 대한 내용으로 옳은 것은? [21]
① 설계자가 건물의 기본 구상을 연구하기 위한 도면 또는 건물의 기능이나 규모 및 표현을 결정하기 위한 도면이다.
② 기본 설계도를 기준으로 만들어지고 건축물의 시공에 필요한 여러 가지 도면으로 설계자에 의하여 작성된다.
③ 건축주와 교섭용으로 사용되는 도면으로 기능도, 조직도, 동선도 및 구상도 등이 있다.
④ 실시 설계도를 바탕으로 실제로 시공이 가능하도록 상세하게 도시한 도면으로 시공 상세도, 시공 계획도, 시방서 등이 있다.

정답 26.④ 27.② 28.② 29.③ 30.① 31.②

해설 ① 기본 설계도, ③ 계획 설계도, ④ 시공도에 대한 설명이다.

32 건축물을 각 층마다 창틀 위 또는 바닥에서 1.0~1.5m 정도의 높이에서 수평으로 자른 수평 투상도로서 건축도면의 기본적인 도면이고, 실의 배치 및 크기, 창호의 위치와 개방 방법을 나타내는 도면은? [22]
① 입면도
② 평면도
③ 단면도
④ 전개도

해설 입면도는 건축물의 외관을 나타낸 직립 투상도로서 동, 서, 남, 북측 입면도 등이 있고, 단면도는 건축물을 수직으로 잘라 그 단면을 나타낸 도면이며, 전개도는 각 실 내부의 의장을 명시하기 위해 작성하는 도면이다.

33 다음 ( ) 안에 알맞은 것은? [24, 23③]

> 평면도와 배치도 등의 설계 도면의 위 방향의 방위는 ( )으로 한다.

① 동
② 서
③ 남
④ 북

해설 일반적으로 평면도와 배치도 등의 설계 도면의 위 방향의 방위는 북쪽으로 한다.

34 다음 도면의 배치 방법으로 옳은 것은? [23]
① 단면도의 배치는 위쪽과 아래쪽을 동일하게 작도한다.
② 입면도의 배치는 건축물의 위쪽과 아래쪽을 바꾸어 작도한다.
③ 평면도의 배치는 위쪽을 남쪽으로 작도한다.
④ 배치도의 배치는 위쪽을 남쪽으로 하여 작도한다.

해설 입면도의 배치는 위쪽과 아래쪽을 동일하게 작도하고, 평면도와 배치도의 배치는 위쪽을 북쪽으로 한다.

2 | 일반 구조

01 다음 벽의 기능에 대한 설명 중 옳지 않은 것은 어느 것인가? [18]
① 구조적으로 보면 바닥과 천장과는 무관하게 독립적이다.
② 건축물의 내·외부의 연결을 위해서 벽에는 문과 창이 있어야 한다.
③ 외부로부터의 방어와 프라이버시를 확보하고 공간의 형태와 크기를 결정한다.
④ 공간과 공간을 구분하는 수직적 요소이다.

해설 벽은 외부로부터의 방어와 프라이버시를 확보하고 공간의 형태와 크기를 결정하며 공간과 공간을 구분하는 수직적 요소 또는 바닥과 천장을 이어 주는 수직적인 지지 역할과 건축물의 외부와 내부를 구획(공간과 공간을 구분)하는 역할을 하므로 건축물의 내·외부의 연결을 위해서 벽에는 문과 창이 있어야 한다.

02 벽체의 기능에 대한 설명 중 틀린 것은? [20]
① 공간을 에워싸는 수평적 요소로 수직 방향을 차단하여 공간을 형성한다.
② 인간의 동선, 공기의 움직임, 소리, 열의 이동을 차단하고, 장식적 배경이 된다.
③ 시각적으로는 공간과 공간을 분리하고, 구조적으로는 수평 부재인 바닥과 천정을 지지한다.
④ 벽체의 종류에는 내력벽과 비내력벽으로 구분한다.

해설 벽체는 공간을 에워싸는 수직적 요소로 수평 방향을 차단하여 공간을 형성한다.

03 다음 중 구조체에 의한 분류에 속하지 않는 것은? [25, 23]
① 목 구조
② 건식 구조
③ 벽돌 구조
④ 철근 콘크리트 구조

해설 건축 구조의 분류 중 주체재료(구조체, 구조재료)에 의한 분류에는 목 구조, 벽돌 구조, 블록 구조, 돌 구조, 철골(강) 구조, 철근 콘크리트 구조, 철골 철근 콘크리트 구조 등이 속하고, 건식 구조는 시공 방법에 의한 분류에 속한다.

정답 32. ② 33. ④ 34. ① / 01. ① 02. ① 03. ②

04 건축 구성 양식에 의한 분류 중 철근 콘크리트 구조에 해당되는 것은? [24]

① 가구식 구조
② 조적식 구조
③ 일체식 구조
④ 조립식 구조

해설 ① 가구식 구조 : 비교적 가늘고 긴 재료(목재, 철재 등)를 조립하여 뼈대를 만드는 구조로서 목 구조와 철골(강) 구조 등이 있다.
② 조적식 구조 : 비교적 작은 하나하나의 재료(벽돌, 블록, 돌 등)를 접합재(석회, 시멘트)를 사용하여 쌓아올려 건축물을 구성한 구조, 즉 줄눈이 만들어지는 구조로서 벽돌 구조, 블록 구조 및 돌 구조 등이 있다.
④ 조립식 구조(프리패브리케이션) : 건축물의 구조 부재를 공장에서 생산 가공 또는 부분 조립한 후 현장에서 짜맞추는 구조이다.

05 다음과 같은 특성을 갖는 구조 형식으로 옳은 것은? [23]

㉠ 건물의 무게가 가볍고, 시공이 용이하다.
㉡ 가공 속도가 빠르고 보수가 용이하다.
㉢ 음을 흡수하여 반사, 투과하는 성질이 있다.
㉣ 부패와 충해가 생기기 쉽다.
㉤ 부재의 길이를 얻기 힘들다
㉥ 고층 건축이나 규모가 큰 건축에는 곤란하다.

① 철골 구조
② 철근 콘크리트 구조
③ 목 구조
④ 벽돌 구조

해설 구조 재료(구조체, 주체 재료)에 의한 분류
㉠ 철골 구조
  ㉮ 철골 구조는 여러 가지 단면의 형강과 강판, 강관 등의 강재를 용접이나 리벳 또는 볼트를 이용하여 조립하는 구조 방식이다.
  ㉯ 공사 기간이 짧아 주로 스팬이 큰 대형 건물이나 고층 건물에 이용된다.
  ㉰ 내화성이 낮고 두께가 얇아 좌굴(buckling, 압축력을 받는 긴 부재가 하중이 작용하는 방향으로 줄어들지 않고, 가로 방향으로 휘는 현상) 변형되기 쉬우며 녹슬기 쉬운 단점이 있다.

㉡ 철근 콘크리트 구조
  ㉮ 철근 콘크리트 구조는 철근을 조립한 다음 그 주변을 거푸집(거푸집에 콘크리트를 부어 넣는 작업에서 콘크리트가 굳을 때까지 일정한 형상과 치수로 유지시켜주는 형틀로, 작업 후 일정 기간이 지나면 제거한다.)으로 둘러싸고, 거푸집에 콘크리트를 부어 기둥과 보, 바닥 등을 하나의 몸체로 만드는 구조 방식이다.
  ㉯ 내구성, 내화성, 내진성이 우수하여 대규모 건물에 적합하다.

㉢ 벽돌 구조
  ㉮ 벽돌 구조는 진흙을 빚어 구운 점토 벽돌이나 시멘트와 모래를 혼합하여 만든 시멘트 벽돌 등을 모르타르로 접착하여 쌓아 내력벽(건축물에서 구조물의 하중을 견디어 내기 위하여 만든 벽으로, 하중을 지탱하여 기초로 전달한다.)을 구축하는 구조 방식이다.
  ㉯ 벽돌의 재료는 점토, 시멘트 등으로 불에 강하며 내구성이 뛰어나지만, 바람이나 지진과 같은 수평 하중에 약하고 균열이 발생하기 쉬우므로 고층 건물에는 부적합하다.

06 다음은 목 구조의 특성에 대한 설명이다. 부적합한 것은? [21]

① 가공이 용이하고, 가볍다.
② 비중이 작으나, 강도가 우수하다.
③ 건식 구조이므로 공사 기간이 매우 짧다.
④ 고층 건축 및 대규모 건축에 유리하다.

해설 목 구조의 특성은 가볍고 가공성이 좋으며, 시공이 용이하고 공사 기간이 짧다. 또한, 강도가 작고 화재 위험이 높으며, 내구성(내구력)이 약한 단점이 있다.
④ 철골 구조의 특성이다.

07 나무 구조에 있어서 주요 구조부의 상부로부터 하부의 순으로 나열한 것은? [23, 20]

① 서까래 → 중도리 → 처마도리 → 깔도리 → 평보 → 기둥
② 서까래 → 중도리 → 평보 → 처마도리 → 기둥 → 깔도리
③ 서까래 → 중도리 → 처마도리 → 평보 → 깔도리 → 기둥
④ 서까래 → 중도리 → 평보 → 처마도리 → 깔도리 → 기둥

정답 04.③ 05.③ 06.④ 07.③

[해설] 나무 구조에 있어 주요 구조부를 상부로부터 하부로 나열하면, 서까래 → 중도리 → 처마도리 → 평보 → 깔도리 → 기둥 → 토대 → 기초의 순이다.

08 목재의 접합에서 널판재 등을 나란히 옆으로 대어 바닥 등을 넓게 하는 방법은? [20]

① 이음   ② 맞춤
③ 쪽매   ④ 보강

[해설] 목재의 접합 방법에는 크게 이음, 맞춤, 쪽매 등이 있다.
① 이음 : 부재를 길이 방향으로 잇는 경우에 이음자리 또는 잇는 방법을 말한다.
② 맞춤 : 하나의 부재를 직각 또는 경사지어 맞추는 자리 또는 맞추는 방법을 말한다.
③ 쪽매 : 나무를 옆으로 넓게 대는 것을 말한다.

09 다음에서 설명하는 맞춤의 종류로 옳은 것은? [21]

> 목재가 직교되거나, 경사로 교차되는 부재의 마구리가 보이지 않게 서로 45° 또는 맞닿는 경사각의 반으로 비스듬이 잘라 대는 맞춤이다.

① 통 맞춤
② 걸침턱 맞춤
③ 연귀 맞춤
④ 안장 맞춤

[해설] 통 맞춤은 한 부재의 마구리 또는 옆면이 통째로 다른 부재의 홈 또는 턱을 딴 자리에 물리는 맞춤이다. 걸침턱 맞춤은 직교하는 부재의 아래 부분에 턱을 파고, 위 부재의 홈에 끼이게 맞춘 맞춤을 말한다. 안장 맞춤은 비스듬히 잘라 중간을 따서 두 갈래로 된 것의 양옆을 경사지게 딴 자리에 끼워 넣는 맞춤이다.

10 목재 접합 시에 쓰이는 금속 보강재 중에서 큰 보를 따내지 않고 작은 보를 걸쳐 받게 하는 철물은? [23②]

① 감잡이쇠
② 띠쇠
③ 안장쇠
④ 꺾쇠

[해설] 감잡이쇠(ㄷ자형으로 구부려 만든 띠쇠)는 평보와 왕대공, 토대와 기둥을 조이는 데 사용하는 보강 철물을 말한다. 띠쇠는 좁고 긴 철판을 적당한 길이로 잘라 양쪽에 볼트, 가시못 구멍을 뚫은 철물로서 두 부재의 이음새, 맞춤새에 대어 두 부재가 벌어지지 않도록 하는 철물이다. 꺾쇠는 강봉 토막의 양 끝을 뾰족하게 하고, ㄷ자형으로 구부려 2부재를 이을 때 사용하는 철물이다.

11 큰 보 위에 작은 보를 걸고, 그 위에 장선을 대고 마루널을 깐 마루로서 스팬이 클 때 사용하는 이층 마루로 옳은 것은? [17]

① 짠마루   ② 보마루
③ 홀마루   ④ 동바리 마루

[해설] 일층 마루와 이층 마루
㉠ 일층 마루
  ㉮ 납작 마루 : 일층 마루로서 콘크리트 슬래브 위에 바로 멍에를 걸거나 장선(45mm×45mm의 각재를 45~50cm 간격으로 배치)을 대어 짠 마루틀로 사무실, 판매장과 같이 출입이 편리하게 마루의 높이를 낮출 때 쓰는 마루로서 간단한 창고, 공장, 기타 임시적 건물, 사무실, 상점의 판매장 등과 같이 마루를 낮게 놓을 때 사용한다.
  ㉯ 동바리 마루 : 마루 밑에는 동바리 돌을 놓고, 그 위에 동바리를 세운 후 동바리 위에 멍에를 걸고 그 위에 직각 방향으로 장선을 걸쳐 마루널을 깐 것으로 동바리 마루 구조는 동바리돌 → 동바리 → 멍에 → 장선 → 마루널의 순으로 동바리돌 위에 수직으로 설치한다.
㉡ 이층 마루

마루의 종류	홀마루	보마루	짠마루
정의	보를 사용하지 않고, 층도리와 간막이 도리에 직접 장선을 약 50cm 사이로 걸쳐대고, 그 위에 널을 깐 마루이다.	보를 걸어 장선을 받게 하고 그 위에 마루널을 깐 마루이다.	큰 보 위에 작은 보를 걸고, 그 위에 장선을 대고 마루널을 깐 마루로서 스팬이 클 때 사용한다.
마루의 구성	도리(층, 칸막이)+장선+마룻널	보+장선+마룻널	큰 보+작은 보+장선+마룻널
간사이	매우 작은 경우 (2.5m 이하)	2.5m 이상 6.4m 이하	6.4m 이상

정답 08. ③ 09. ③ 10. ③ 11. ①

12 창 면적이 클 때에는 스틸 바만으로는 약한 경우와 여닫을 때 진동으로 인하여 유리가 파손될 우려가 있으므로 이것을 보강하고 외관을 꾸미기 위하여 강판을 중공형으로 접어 가로나 세로로 댄 것으로 옳은 것은? [22]

① 문선
② 풍소란
③ 멀리온
④ 마중대

해설 ① 문선 : 문의 양쪽에 세워 문짝을 끼워 달게 된 기둥 또는 벽 끝을 아물리고 장식으로 문틀 주위에 둘러대는 테두리 또는 문꼴을 보기 좋게 만드는 동시에 주위벽의 마무리를 잘하기 위하여 둘러대는 누름대이다.
② 풍소란 : 바람을 막기 위하여 창호의 갓둘레에 덧대는 선 또는 창호의 마중대의 틀을 막아 여미게 하는 소란을 말한다.
④ 마중대 : 미닫이, 미서기 등이 서로 맞닿는 선대를 말하고, 미서기 또는 오르내리창이 서로 여며지는 선대를 여밈대라고 한다.

13 주택보다는 대형 건물에 많이 사용하는 문으로서 개구부가 완전히 열리지 않아 실내를 냉·난방하였을 때 에너지 손실이 적은 장점이 있는 문은? [23④]

① 여닫이문
② 미서기문
③ 회전문
④ 플러시문

해설 미서기문은 여닫는 데 여분의 공간을 필요로 하지 않으므로 공간이 좁을 때 사용하면 편리하나, 문짝이 세워지는 부분은 열리지 않는 문이다. 여닫이문은 개구부가 모두 열릴 수 있고, 문을 여닫을 때 힘이 덜들기 때문에 노인방이나 환자방에 사용하는 것이 좋으나, 문의 개폐를 위한 여분의 공간이 필요하므로 개구부가 클수록 많은 공간이 필요하다. 플러시문은 울거미를 짜고 중간에 살을 25cm 이내 간격으로 배치하여 양면에 합판을 교착하여 만든 문이다.

14 다음에서 설명하는 기초의 명칭으로 옳은 것은 어느 것인가? [21, 18]

> 지반이 연약하거나 기둥에 작용하는 하중이 매우 커서 기초판의 넓이가 아주 넓어야 할 때, 건축물의 지하실 바닥 전체를 받치는 기초이다. 이와 같이 바닥 슬래브 전체가 기초판의 구실을 하는 경우에는 매트 푸팅이라고도 한다.

① 독립 기초
② 복합 기초
③ 연속 기초
④ 온통 기초

해설 ① 독립 기초 : 1개의 기둥을 하나의 기초판이 지지하게 한 기초로 기초판의 모양은 정사각형 또는 직사각형으로 하며, 넓이는 지내력이나 말뚝의 지지력 등을 고려하여 적당한 크기로 설계한다.
② 복합 기초 : 대지 경계선 부근에서 독립 기초로 할 여유가 없을 때에 안팎의 기둥(2개 이상의 기둥)을 하나의 기초판으로 지지하게 된다.
③ 연속 기초(줄기초) : 건축물 주위의 벽체나 일렬의 기둥 및 기초를 연속하여 받치는 기초로서, 기초판과 기초벽을 일체로 하여 단면 모양이 거꾸로 T자 모양으로 되어 있고, 조적조의 내력벽 기초 또는 철근 콘크리트조 연결 기초로 사용된다.

15 기초에 대한 설명 중 옳은 것은? [24]

① 온통 기초 : 건물 하부 전체에 걸쳐 받치는 기초
② 복합 기초 : 단일 기둥을 받치는 기초
③ 연속 기초 : 벽 또는 일렬의 기둥을 받치는 기초
④ 독립 기초 : 2개 이상의 기둥을 한 개의 기초판으로 받치는 기초

해설 복합 기초는 대지 경계선의 부근에서 독립 기초로 할 여유가 없을 경우에 안팎의 기둥을 하나의 기초판으로 지지하게 하는 기초이고, 줄(연속) 기초는 조적조의 벽 기초 또는 철근 콘크리트조 연결 기초로 사용되는 것으로 조적조의 내력벽에 사용되며, 독립 기초는 한 개의 기둥을 한 개의 기초판으로 지지하게 하는 기초이다.

정답 12. ③ 13. ③ 14. ④ 15. ①

16 다음에서 설명하는 벽돌 쌓기 방법으로 옳은 것은? [21]

> 입면상으로 매 켜에서 길이 쌓기와 마구리 쌓기가 번갈아 나오도록 되어 있는 방식으로 칠오토막과 이오토막을 사용하고, 통줄눈이 많이 생겨 구조적으로 약하나 외관이 아름다워 구조부보다는 장식적인 곳(벽돌담 등)에 사용된다. 이오토막, 칠오토막 등의 토막 벽돌을 많이 사용하므로 남은 토막이 많이 생겨 비경제적이다.

① 영식 쌓기
② 네덜란드식 쌓기
③ 미식 쌓기
④ 프랑스식 쌓기

해설 벽돌 쌓기의 비교

구분	영국식	화란 (네덜란드)식	플레밍(불)식	미국식
A켜	마구리 또는 길이	길이와 마구리		표면 치장 벽돌 5켜, 뒷면은 영국식
B켜	길이 또는 마구리			
사용 벽돌	반절, 이오토막	칠오토막	반토막	
통줄눈	안 생김		생김	생기지 않음
특성	가장 튼튼하여 내력벽에 사용한다.	주로 사용	외관상 아름답다.	내력벽에 사용

17 벽돌벽 내쌓기에 있어서 벽돌을 2켜씩 내쌓기를 할 경우 내쌓은 부분의 길이는? [17]

① $\dfrac{B}{2}$　　② $\dfrac{B}{3}$
③ $\dfrac{B}{4}$　　④ $\dfrac{B}{8}$

해설 벽돌벽 내쌓기에 있어서 마루 및 방화벽을 설치하고자 할 때, 지붕의 돌출된 처마 부분을 가리기 위해, 장선 받이와 보받이를 만들기 위해 사용하는 벽돌 쌓기 방식으로 벽돌을 벽면에서 부분적으로 내밀어 쌓는 방식으로 1단씩 내쌓을 때에는 B/8 정도, 2단씩 내쌓을 때에는 B/4 정도 내어 쌓으며, 내미는 최대 한도는 2.0B이다.

18 대린벽으로 구획된 벽돌조 내력벽의 벽 길이가 7m일 때 개구부의 폭의 합계는 최대 얼마 이하로 하는가? [22]

① 3m　　② 3.5m
③ 4m　　④ 4.5m

해설 벽돌조에 있어서 각 층의 대린벽으로 구획된 벽에서 개구부 너비의 합계는 그 벽 길이의 1/2 이하로 하고, 개구부 바로 위에 있는 개구부와의 수직 거리는 60cm 이상으로 하여야 하므로, 7×1/2=3.5m 이상이다.

19 표준형 벽돌의 길이+너비+높이의 값으로 옳은 것은? [20]

① 337mm　　② 350mm
③ 348mm　　④ 290mm

해설 표준형 벽돌의 규격은 길이×너비×높이=190mm×90mm×57mm이므로 표준형 벽돌의 길이+너비+높이=190+90+57=337mm이다.

20 보강 블록구조에 있어서 내력벽의 벽량으로 옳은 것은? [17]

① $10cm/m^2$　　② $15cm/m^2$
③ $20cm/m^2$　　④ $25cm/m^2$

해설 보강 블록조 내력벽의 벽량(내력벽 길이의 총합계를 그 층의 건물 면적으로 나눈 값, 즉 단위 면적에 대한 그 면적 내에 있는 내력벽의 비)은 보통 $15cm/m^2$ 이상으로 하고, 내력벽의 양이 증가할수록 횡력에 대항하는 힘이 커지므로 큰 건물일수록 벽량을 증가시킬 필요가 있다.

21 창의 하부에 건너 댄 돌로 빗물을 처리하고 장식적으로 사용되는 것으로, 윗면・밑면에 물끊기・물돌림 등을 두어 빗물의 침입을 막고, 물흘림이 잘 되게 하는 것은? [25, 23②]

① 인방돌
② 창대돌
③ 쌤돌
④ 돌림띠

정답 16. ④　17. ③　18. ②　19. ①　20. ②　21. ②

[해설] 인방(기둥과 기둥에 가로 대어 창문틀의 상·하 벽을 받고, 하중은 기둥에 전달하며 창문틀을 끼워 댈 때 뼈대가 되는 것)돌은 창문 위에 가로로 길게 건너대는 돌을 말한다. 쌤돌은 창문 옆에 대는 돌로서 돌구조와 벽돌 구조에 사용하며, 면접기나 쇠시리를 하고, 쌓기는 일반 벽체에 따라 촉과 긴결 철물로 긴결한다. 돌림띠는 벽, 천장, 처마 부분에 수평띠 모양으로 돌려 붙인 차양 또는 물끊기 등의 장식용 돌출부로서 허리 돌림띠(벽면에서 내밈이 작으므로 구조는 간단)와 처마 돌림띠(벽면에서 내밈이 크므로 돌 구조의 경우 벽돌벽에 깊이 물리고 내밈 길이는 돌림 길이보다 작게 하던지 거멀쇠 등으로 뒤에 튼튼히 걸어야 한다)가 있다.

22 다음 벽돌 쌓기에 대한 설명 중 옳지 않은 것은 어느 것인가? [19]

① 하루 벽돌 쌓기의 높이는 표준은 1.2m 이내, 최대 1.5m 정도로 한다.
② 벽돌 쌓기의 시멘트 모르타르 줄눈의 두께는 10mm를 기준으로 한다.
③ 엇모 쌓기는 45° 각도로 모서리가 면에 나오도록 쌓고, 담이나 처마 부분에 사용한다.
④ 벽돌벽의 가로홈을 설치하는 경우에는 그 홈의 깊이는 벽의 두께의 1/2 이하로 하되, 길이는 4m 이하로 하여야 한다.

[해설] 조적식 구조인 벽에 그 층의 높이의 3/4 이상인 연속한 세로홈을 설치하는 경우에는 그 홈의 깊이는 벽의 두께의 1/3 이하로 하고, 가로홈을 설치하는 경우에는 그 홈의 깊이는 벽의 두께의 1/3 이하로 하되, 길이는 3m 이하로 하여야 한다.

23 다음 중 벽돌공사에 대한 설명으로 옳지 않은 것은 어느 것인가? [20]

① 치장줄눈의 줄눈파기 깊이는 6mm 정도로 한다.
② 쌓기용 모르타르의 강도는 벽돌 강도와 동등하거나 그 이상으로 한다.
③ 하루에 쌓는 높이는 1.5~1.8m를 표준으로 한다.
④ 모르타르에 사용되는 모래는 제염된 것을 사용한다.

[해설] 벽돌공사에 있어서, 하루에 쌓는 높이는 1.2m를 표준으로 하고, 최대 1.5m 정도로 한다.

24 다음은 조적조에서 벽의 홈에 대한 설명이다. ( ) 안에 공통으로 알맞은 것은? [20]

> 조적식 구조인 벽에 홈파기(벽돌벽에 배선·배관을 위하여 벽체에 홈을 팔 때)를 하는 경우, 그 층의 높이의 3/4 이상 연속되는 홈을 세로로 설치하는 경우에는 그 홈의 깊이는 벽두께의 ( ) 이하로 하고, 가로홈을 설치하는 경우에는 벽의 두께의 ( ) 이하로 하되, 그 길이를 3m 이하로 하여야 한다.

① 1/3　　② 1/4
③ 1/5　　④ 1/6

[해설] 조적식 구조인 벽에 홈파기(벽돌벽에 배선·배관을 위하여 벽체에 홈을 팔 때)를 하는 경우, 그 층의 높이의 3/4 이상 연속되는 홈을 세로로 설치하는 경우에는 그 홈의 깊이는 벽두께의 1/3 이하로 하고, 가로홈을 설치하는 경우에는 벽의 두께의 1/3 이하로 하되, 그 길이를 3m 이하로 하여야 한다.

25 철근 콘크리트 구조의 원리에 대한 설명으로 옳지 않은 것은? [21]

① 콘크리트와 철근이 강력히 부착되면 철근의 좌굴이 방지된다.
② 콘크리트는 압축력에 강하므로 부재의 압축력을 부담한다.
③ 콘크리트와 철근의 선팽창계수는 약 10배의 차이가 있어 응력의 흐름이 원활하다.
④ 콘크리트는 내구성과 내화성이 있어 철근을 피복, 보호한다.

[해설] 철근 콘크리트의 구조 원리에 있어서 콘크리트와 철근의 선팽창계수는 거의 동일하므로 일체화(부착력이 강함)되는 특성이 있다.

26 창틀 밑에 쌓아 블록으로 물흘림, 물끊기 등이 설치된 특수 블록은? [24]

① 창대 블록
② 창쌤 블록
③ 인방 블록
④ 양마구리 블록

정답　22. ④　23. ③　24. ①　25. ③　26. ①

해설 ② 창쌤 블록 : 창문틀 옆에 사용되는 블록이다.
③ 인방 블록 : 창문 위에 쌓아 철근을 배근하고 콘크리트를 그 속에 다져 넣어 인방보를 만들 수 있게 보강한 U자형 블록이다.
④ 양마구리 블록 : 벽 모서리용 콘크리트의 일종이다.

27 다음 중 철근 콘크리트보에 있어서 늑근의 설치 목적으로 옳은 것은? [21]

① 전단력에 대한 보강
② 압축력에 대한 보강
③ 인장력에 대한 보강
④ 휨모멘트에 대한 보강

해설 철근 콘크리트보에 있어서 늑근은 전단력에 대해서 콘크리트가 어느 정도는 견딘다. 그 이상의 전단력은 늑근을 배근하여 사장력으로 인한 보의 빗방향의 균열을 방지하도록 하는 것이다. 늑근의 간격은 보의 전 길이에 대하여 같은 간격으로 배치하나, 보의 전단력은 일반적으로 양단에 갈수록 커지므로, 양단부에서는 늑근의 간격을 좁히고, 중앙부로 갈수록 늑근의 간격을 넓혀 배근한다.

28 등분포하중을 받는 단순보에 있어서 주근의 위치로 옳은 것은? [23③]

① 상부
② 중앙부
③ 하부
④ 힘의 흐름에 따라 어느 곳이든 무관하다.

해설 등분포하중을 받는 단순보의 휨모멘트도(BMD)는 오른쪽 그림과 같고, 철근의 배근은 휨모멘트에 배근하므로 주근은 단순보의 하부에 배근한다.

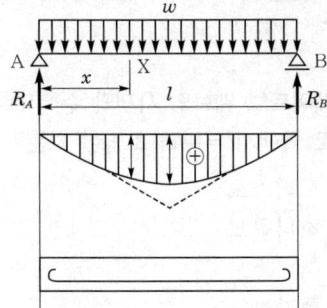

29 다음과 같은 조건을 갖는 철근 콘크리트보의 총 중량으로 옳은 것은? [17]

㉠ 보 단면의 너비 : 50cm
㉡ 보 단면의 춤 : 60cm
㉢ 보의 길이 : 6m
㉣ 보의 개수 : 10개
㉤ 철근 콘크리트보의 단위중량 : 2.4t/m³

① 41.2t ② 43.2t
③ 53.2t ④ 55.2t

해설 철근 콘크리트보의 총 중량
= 보의 단위중량 × 보의 너비 × 보의 춤 × 보의 길이 × 보의 개수
= 2.4 × 0.5 × 0.6 × 6 × 10 = 43.2t

30 프리캐스트 콘크리트 부재의 공장 작업 과정을 옳게 나열한 것은? [23, 22, 20]

㉠ 프리캐스트 부재의 설계
㉡ 운송
㉢ 거푸집 조립
㉣ 철근의 배근 및 콘크리트 부어넣기
㉤ 보양

① ㉠ → ㉢ → ㉣ → ㉤ → ㉡
② ㉡ → ㉣ → ㉢ → ㉠ → ㉤
③ ㉠ → ㉣ → ㉢ → ㉡ → ㉤
④ ㉡ → ㉢ → ㉠ → ㉣ → ㉤

해설 프리캐스트 콘크리트는 공장에서 고정 시설을 가지고 철근 콘크리트를 재료로 소요 부재(기둥, 보, 바닥판 등)를 철제 거푸집에 의하여 제작하고 고온 다습한 보양실에서 단기 보양하여 기성 제품화한 것으로 공장 생산된 제품을 공사장으로 운반하여 조립 구조로 시공할 수 있다. 즉, 프리캐스트 부재의 설계 → 거푸집 조립 → 철근의 배근 및 콘크리트 부어넣기 → 보양 → 운송의 순이다.

31 강도설계법에서 흙에 접하는 기둥의 최소 피복 두께 기준으로 옳은 것은? (단, 현장치기 콘크리트로서 D25인 철근임) [20]

① 20mm ② 30mm
③ 40mm ④ 50mm

정답 27.① 28.③ 29.② 30.① 31.④

해설 현장치기 콘크리트의 피복두께
(단위 : mm)

구분	수중에서 치는 콘크리트	흙에 접하여 콘크리트를 친 후 영구히 흙에 묻혀 있는 콘크리트	흙에 접하거나 옥외 공기에 직접 노출되는 콘크리트		옥외의 공기나 흙에 접하지 않는 콘크리트			
			D19 이상	D16 이하, 16mm 이하 철선	슬래브, 벽체, 장선구조		보, 기둥	셸, 절판 부재
					D35 초과	D35 이하		
피복 두께	100	75	50	40	40	20	40	20

* 보, 기둥에 있어서 40MPa 이상인 경우에는 규정된 값에서 10mm 저감시킬 수 있다.

32 철골 구조에 대한 설명 중 옳지 않은 것은? [20]

① 긴 스팬의 구조물이나 고층 구조물에 적합하다.
② 강재는 다른 구조 재료에 비하여 균일도가 높다.
③ 재료가 불에 타지 않기 때문에 내화력이 크다.
④ 단면에 비하여 부재 길이가 비교적 길고 두께가 얇아 좌굴하기 쉽다.

해설 철골 구조(강구조)는 불에 타지 않는 불연성의 재료이지만, 내화성(내화력)은 부족하다.

33 다음 중 철골 구조의 구조 형식상 분류에 속하지 않는 것은? [23④]

① 트러스 구조
② 입체 구조
③ 라멘 구조
④ 강관 구조

해설 철골 구조의 분류

재료상 분류	보통 형강 구조, 경량 철골 구조, 강관 구조, 케이블 구조
구조 형식상 분류	라멘 구조, 가새 골조 구조, 튜브 구조, 트러스 구조, 평면 구조(골조 구조, 아치 구조, 벽식 구조 등) 및 입체 구조(절판 구조, 셸 구조와 돔 구조, 입체 트러스 구조, 현수 구조, 막 구조 등) 등

34 다음은 철골 철근 콘크리트 구조에 대한 설명이다. 옳지 않은 것은? [20]

① 철골 구조와 철근 콘크리트 구조의 조합이다.
② 내화 구조로 철골 구조보다 화재시 고열을 받아도 강도를 발휘한다.
③ 단위 응력이 크므로 단면 크기를 축소할 수 있다.
④ 철골 철근 콘크리트 구조는 복합 구조이다.

해설 철골 철근 콘크리트 구조는 합성 구조(이질 재료가 일체화되어 각 재료의 단점을 상호 보완하여 하중에 대하여 효율적으로 저항하도록 한 구조)이고, 복합 구조는 이질 재료를 혼용하나, 동일한 부재에 두 종류의 재료를 혼용하지 않고, 각기 다른 부재에 재료의 특성을 반영하여 다른 재료를 사용하는 구법으로 압축에 강한 콘크리트는 기둥에, 휨과 전단에 강한 형강은 보 부재로 사용한 구조이다.

35 다음 중 철골 철근 콘크리트 구조에 대한 설명으로 옳지 않은 것은? [18]

① 대규모 건축물에 적합하고, 초고층 건축물의 하층부의 복합구조로 주로 사용된다.
② 화재 시 철골 구조와 비교하여 강도의 감소가 매우 크다.
③ 내구성, 내화성 및 내진성이 매우 우수하고, 작은 단면으로 큰 하중을 견딜 수 있다.
④ 시공이 복잡하고, 공사 기간이 길며, 공사비가 비싼 단점이 있다.

해설 철골 구조는 고열에 대단히 약하므로 내화 피복을 하여 사용하여야 하나, 철골 철근 콘크리트 구조는 콘크리트로 피복이 되어 있어 화재 시 철골 구조와 비교하여 강도의 감소가 작다.

36 플레이트보 웨브의 사재와 수직재를 거싯플레이트로 플랜지 부분과 조립한 보는? [23④]

① 트러스보
② 허니콤보
③ 래티스보
④ 형강보

해설 허니콤보는 H형강의 웨브를 절단하여 웨브에 육각형의 구멍이 생기도록 하여 다시 용접한 보이고, 래티스보는 상·하 플랜지에 ㄱ자 형강을 대고, 플랜지에 웨브재를 직각으로 접합한 보이다. 형강보는 주로 I형강과 H형강을 사용하고, 단면의 크기가 부족한 경우에는 거짓 플레이트를 사용하기도 하고, L형강이나 ㄷ형강은 개구부의 인방이나 도리와 같이 중요하지 않은 부재에 사용하는 보이다.

37 다음에서 설명하는 구조는? [17]

> ㉠ 와이어 로프(wire rope) 또는 PS 와이어 등을 사용하여 주로 인장재가 힘을 받도록 설계된 철골 구조이다.
> ㉡ 중간에 기둥을 두지 않고, 직사각형의 면적에 지붕을 씌우는 형식으로 교량 시스템을 이용한 것이다.

① 현수 구조　② 막 구조
③ 튜브 구조　④ 절판 구조

해설 ② 막 구조 : 구조체 자체의 무게가 적어 넓은 공간의 지붕 등에 쓰이는 것 또는 흔히 텐트나 천막 같이 자체로서는 전혀 하중을 지지할 수 없는 막을 잡아당겨 인장력을 주면 막 자체에 강성이 생겨 구조체로서 힘을 받을 수 있도록 한 구조로서 상암동 및 제주도 월드컵 경기장에 사용된 구조이다.
③ 튜브 구조 : 초고층 구조 시스템의 하나로 관과 같이 하중에 저항하는 수직 부재가 대부분 건물의 바깥쪽에 배치되어 있어 횡력에 효율적으로 저항하도록 계획된 구조 시스템이다.
④ 절판 구조 : 자중도 지지할 수 없는 얇은 판을 접으면 큰 강성을 발휘한다는 점에서 쉽게 이해할 수 있는 구조이다. 예로서, 데크 플레이트를 들 수 있다.

38 보나 기둥이 없이 벽체나 바닥판을 평면적인 구조체만으로 구성한 구조시스템으로 옳은 것은? [21]

① 무량판 구조
② 벽식 구조
③ 쉘 구조
④ 라멘 구조

해설 ① 무량판 구조 : 고층건물의 구조 형식에서 층고를 최소로 할 수 있고 외부보를 제외하고는 내부에는 보가 없이 바닥판을 두껍게 해서 보의 역할을 겸하도록 한 구조로서, 하중을 직접 기둥에 전달하는 슬래브, 보를 없애고 바닥판을 두껍게 해서 보의 역할을 겸하도록 한 구조로, 기둥이 바닥 슬래브를 지지해 주상 복합이나 지하 주차장에 주로 사용되는 구조이다.
③ 쉘 구조 : 곡면판이 지니는 역학적 특성을 응용한 구조로서, 외력이 주로 판의 면내력으로 전달되기 때문에 경량이고 내력이 큰 구조물을 구성할 수 있는 구조 또는 외력이 작용하면 곡면판 안에 축방향력이 생겨 저항할 수 있는 역학적 성질을 이용한 구조로서 휘어진 얇은 판을 이용한 구조이다.
④ 라멘 구조 : 기둥, 보, 바닥 슬래브 등이 강접합으로 이루어져 하중에 저항하는 구조, 수직 부재인 기둥과 수평 부재인 보, 슬래브 등의 뼈대를 강접합하여 하중에 대하여 일체로 저항하도록 하는 구조 또는 구조 부재의 절점, 즉 결합부가 강절점으로 되어 있는 골조로서 인장재, 압축재 및 휨재가 모두 결합된 형식으로 된 구조이다.

39 다음은 스페이스프레임 구조에 대한 설명이다. 옳지 않은 것은? [21]

① 선형 부재로 만든 트러스를 삼각형, 사각형으로 가로, 세로 두 방향으로 접합하여 평면이나 곡면판을 만드는 구조이다.
② 간사이를 크게 할 수 있고, 지진이나 수평 외력에 대한 저항성이 크다.
③ 뼈대의 패턴으로는 삼각형과 사각형만을 사용한다.
④ 구조물에 미치는 하중이 입체적으로 분포되어 평면형 트러스에 비해 큰 하중을 지지할 수 없다.

해설 스페이스프레임 구조는 선형 부재로 만든 트러스를 삼각형, 사각형으로 가로, 세로 두 방향으로 접합하여 평면이나 곡면판을 만드는 구조로서, 구조물에 미치는 하중이 입체적으로 분포되어 평면형 트러스에 비해 큰 하중을 지지할 수 있다.

40 다음 그림과 같은 구조로 옳은 것은? [19]

① 돔 구조   ② 무량판 구조
③ 막 구조   ④ 셸 구조

해설 ① 돔 구조 : 반구형으로 된 지붕으로 주요 골조가 트러스 구조로 되어 있고, 압축링과 인장링으로 구성되며, 수직, 수평 방향으로 힘의 평형을 이루고 있다.
② 무량판 구조 : 기둥에 의해서 직접 지지되는 콘크리트 슬래브 또는 와플 슬래브로 구성되므로 바닥 골조가 필요 없는 구조로서 층고를 최소화할 수 있어 경제적이며, 지지 하중이 불규칙적일 경우에 적합하다.
④ 셸 구조 : 곡면판이 지니는 역학적 특성을 응용한 구조로서, 외력이 주로 판의 면내력으로 전달되기 때문에 경량이고 내력이 큰 구조물을 구성할 수 있는 구조 또는 외력이 작용하면 곡면판 안에 축방향력이 생겨 저항할 수 있는 역학적 성질을 이용한 구조로서 휘어진 얇은 판을 이용한 구조이다.

41 다음은 각 구조의 특성을 설명한 것이다. 옳지 않은 것은? [19]

① 스페이스프레임 구조는 2차원의 트러스를 평면 또는 곡면의 2방향으로 확장시킨 것이다.
② CFT는 프리캐스트 콘크리트의 접합부의 응력을 향상시키기 위한 공법이다.
③ 고력볼트는 너트를 강하게 죄어 볼트에 강한 인장력이 생기게 하여 그 인장력의 반력에 의한 접합재 간의 마찰저항(부재 간의 마찰력)에 의하여 힘을 전달하는 접합법이다.
④ 강성 골조는 일반적으로 수평의 보와 수직의 기둥이 동일면상에 강접합된 장방형 격자로 구성된다.

해설 CFT(Concrete Filled steel Tube 구조. 즉, 강관튜브에 콘크리트를 채워 굳힌 구조)는 PC(Precast)와는 무관하다.

정답 40. ③ 41. ②

부록 Ⅱ 최신 기출문제

CRAFTSMAN INTERIOR ARCHITECTURE

- **01** 2025년 1월 21일 시행 제1회 CBT 기출복원문제
- **02** 2025년 4월 7일 시행 제2회 CBT 기출복원문제
- **03** 2025년 7월 1일 시행 제3회 CBT 기출복원문제

제1회 CBT 기출복원문제

2025년 1월 21일 시행

01 다음 설명에 알맞은 디자인 원리는?
[25, 23, 22, 14]

- 변화와 함께 모든 조형에 대한 미의 근원이 된다.
- 디자인 대상의 전체에 미적 질서를 주는 기본 원리로 모든 형식의 출발점이다.

① 반복   ② 통일
③ 강조   ④ 대비

해설 디자인의 원리 중 통일은 변화와 함께 조형에 대한 미의 근원이 되고, 디자인 대상의 전체에 미적 질서를 주는 기본 원리로서 모든 형식의 출발점이다.

02 실내 공간의 구성 요소 중 바닥에 관한 설명으로 옳지 않은 것은? [25, 24, 12]

① 촉각적으로 만족할 수 있는 조건을 요구한다.
② 수평적 요소로서 생활을 지탱하는 기본적 요소이다.
③ 단차를 통한 공간 분할은 바닥면이 좁을 때 주로 사용된다.
④ 벽이나 천장은 시대와 양식에 의한 변화가 현저한 데 비해 바닥은 매우 고정적이다.

해설 바닥의 구성에 있어서 단차를 두지 않는 것이 바람직하나, 부득이 바닥의 단차를 두는 경우에는 바닥 면적이 넓을 때 사용한다.

03 실내 공간을 실제 크기보다 넓게 보이게 하는 방법으로 가장 알맞은 것은? [25, 24, 23, 16, 08]

① 창이나 문 등의 개구부를 크게 하여 시선이 연결되도록 한다.
② 큰 가구를 공간 중앙에 배치한다.
③ 질감이 거칠고 무늬가 큰 마감 재료를 사용한다.
④ 크기가 큰 가구를 사용하고 벽이나 바닥 면에 빈 공간을 남겨 두지 않는다.

해설 실내 공간의 확대는 주어진 단일 공간을 물리적, 시각적으로 넓게 하는 일체를 말하고, 거울 부착, 적절한 가구의 선택과 배치 및 색채를 이용하기도 하는 방법으로 창이나 문을 크게 하여 시선이 연결되도록 하고, 크기가 작은 가구를 사용하며 질감이 고운 것을 사용한다. 특히, 가구는 벽에 붙여서 배치한다.

04 개구부(창과 문)의 역할에 대한 설명 중 옳지 않은 것은? [25, 11, 09]

① 창은 조망을 가능하게 한다.
② 창은 통풍과 채광을 가능하게 한다.
③ 문은 공간과 다른 공간을 연결시킨다.
④ 창은 가구, 조명 등 실내에 놓여지는 설치물에 대한 배경이 된다.

해설 창은 출입이 목적이 아니라 전망, 환기 및 채광만을 목적으로 하는 것이고, 실내를 구성하는 가구나 그림, 장식물 등이 놓여지는 배경이 되기도 하는 것은 벽이다.

05 할로겐 램프에 관한 설명으로 옳지 않은 것은?
[25, 23, 22, 20, 18, 14]

① 휘도가 낮다.
② 백열 전구에 비해 수명이 길다.
③ 연색성이 좋고 설치가 용이하다.
④ 흑화가 거의 일어나지 않고 광속이나 색 온도의 저하가 극히 적다.

정답 01.② 02.③ 03.① 04.④ 05.①

해설 할로겐 램프는 휘도가 높고, 백열 전구에 비해 수명이 길며, 연색성이 좋고, 설치가 용이하다. 특히, 흑화가 거의 일어나지 않고, 광속이나 색 온도의 저하가 극히 작다.

06 고대 로마 시대 음식물을 먹거나 잠을 자기 위해 사용했던 긴 의자로 몸을 기댈 수 있도록 좌판의 한쪽 끝이 올라간 형태를 가진 것은?
[25, 22, 20, 16②, 14, 08]

① 세티
② 카우치
③ 체스터필드
④ 라운지 체어

해설 세티는 동일한 두 개의 의자를 나란히 합해 2인이 앉을 수 있도록 한 의자이고, 체스터필드는 소파의 안락성을 위해 솜, 스펀지 등을 두툼하게 채워 넣은 소파이며, 라운지 체어는 가장 편안하게 앉을 수 있는 휴식용 안락 의자로 팔걸이, 발걸이 및 머리 받침대 등이 있다.

07 다음의 주거 공간 중 개인의 공간에 속하는 것은?
[25, 22, 16, 14, 12, 11, 09, 08]

① 거실
② 식사실
③ 응접실
④ 서재

해설 거실, 응접실 및 식사실은 공동 공간에 속하고, 서재는 개인 공간에 속한다.

08 다음 중 부엌의 작업 순서에 따른 작업대의 배치 순서로 가장 알맞은 것은?
[25, 23②, 22②, 15, 14, 13②, 12, 10, 07②, 06, 04, 99, 98]

① 준비대 → 조리대 → 가열대 → 개수대 → 배선대
② 준비대 → 개수대 → 조리대 → 가열대 → 배선대
③ 준비대 → 개수대 → 배선대 → 가열대 → 조리대
④ 준비대 → 배선대 → 개수대 → 가열대 → 조리대

해설 부엌은 쾌적하고 능률적으로 작업할 수 있는 것은 물론, 위생적인 측면에 유의하여야 한다. 부엌의 조리 과정을 보면 ㉠ 재료의 반입, 준비 및 세척(준비대-개수대), ㉡ 조리(조리대), ㉢ 가열(가열대), ㉣ 음식 차림, 배선(배선대), ㉤ 식사의 순서이고, 설거지를 하는 경우에는 ㉡ 조리 및 ㉢ 가열을 제외하고는 반대로 한다. 그러므로 싱크대의 배열은 준비대-개수대-조리대-가열대-배선대의 순이다.

09 인간이 생활하는 공간에서 개인이나 집단이 타인과의 상호 작용을 선택적으로 통제하거나 조절하고 자신의 정보를 어느 정도 전달할 것인지를 결정하는 권리를 무엇이라고 하는가?
[25, 22, 11]

① 독창성
② 합목적성
③ 클라이언트
④ 프라이버시

해설 독창성은 새로운 가치를 추구하는 것으로 디자이너의 창의적인 감각에 의하여 새롭게 탄생하는 창조성이고, 합목적성은 어떤 물건의 존재가 일정한 목적에 부합되는 것으로 실용성 또는 기능성 등이며, 클라이언트는 전문적인 서비스를 요청하는 의뢰인으로 건축 분야에서는 설계를 의뢰하는 사람을 의미한다.

10 상점 계획에서 파사드 구성에 요구되는 소비자 구매심리 5단계에 속하지 않는 것은?
[25, 24, 22, 21, 16, 14, 11, 10, 09]

① 기억(Memory)
② 욕망(Desire)
③ 주의(Attention)
④ 유인(Attraction)

해설 상업 공간의 5가지 광고 요소(AIDMA)에는 주의(Attention), 흥미(Interest), 욕망(Desire), 기억(Memory) 및 행동(Action) 등이고, 권유, 유인 및 금전과는 무관하다.

11 쇼윈도 전면의 눈부심 방지 방법으로 옳지 않은 것은?
[25, 24, 22, 21, 16, 09]

① 쇼윈도 내부를 도로면보다 약간 어둡게 한다.
② 가로수를 쇼윈도 앞에 심어 도로 건너편 건물의 반사를 막는다.
③ 유리를 경사지게 처리하거나 곡면 유리를 사용한다.
④ 차양을 쇼윈도에 설치하여 햇빛을 차단한다.

정답 06.② 07.④ 08.② 09.④ 10.④ 11.①

해설 진열창의 눈부심(현휘) 현상을 방지하기 위하여 쇼윈도의 내부를 밝게 하고, 외부를 어둡게 하는 것이 바람직하다. 즉, 고객의 위치를 어둡게 하고, 상품의 위치를 밝게 한다.

12 열에 관한 설명으로 옳지 않은 것은? [25, 11]
① 열은 온도가 낮은 곳에서 높은 곳으로 이동한다.
② 열이 이동하는 형식에는 복사, 대류, 전도가 있다.
③ 대류는 유체의 흐름에 의해서 열이 이동되는 것을 총칭한다.
④ 벽과 같은 고체를 통하여 유체(공기)에서 유체(공기)로 열이 전해지는 현상을 열관류라고 한다.

해설 열의 이동은 복사(어떤 물체에 발생하는 열 에너지가 전달 매개체가 없이 직접 다른 물체에 도달하는 현상), 대류(따뜻해진 공기가 팽창하여 비중이 가볍게 되어 위쪽으로 올라가고, 차가운 공기는 아래로 내려오는 현상) 및 전도(고체의 내부에서 고온부로부터 저온부에 열을 전하는 현상)의 방법에 의해 이루어진다. 또한, 열관류는 고체 양쪽의 유체 온도가 다를 때, 고온 쪽에서 저온 쪽으로 열이 통과하는 현상으로 열전달 → 열전도 → 열전달 과정을 거치는 매우 복잡한 열의 이동이다.

13 실내·외의 온도차에 의한 공기의 밀도차가 원동력이 되는 환기 방법은?
[25③, 23, 22, 20, 16②, 15, 14]
① 기계 환기
② 인공 환기
③ 풍력 환기
④ 중력 환기

해설 자연 환기의 방법에는 풍력 환기(통풍과 풍압 작용으로 환기)와 중력 환기(실내·외의 온도차에 의한 환기) 등으로 주택, 아파트, 학교 등과 같은 곳에 사용하고, 방법으로는 온도차, 바람, 환기통 및 후드에 의한 환기법 등이 있다.

14 주광률(Daylight factor)을 나타내는 식은?
[25, 09]
① 주광률=(실내 조도/전천공 조도)×100%
② 주광률=(입사 광속/발산 광속)
③ 주광률=(발산 광속/단위 투영 광속)×100%
④ 주광률=(휘도/광도)

해설 주광률은 전천공 조도에 대한 실내(주광)조도의 비로서 %로 나타내고, 조도의 절대치를 취급하면 실외의 조도가 변하기 쉽다는 점에서 좋은 효과를 얻기 어려우므로 실내의 조도와 실외의 조도를 대비시켜 조도의 절대치를 취급한 것이다.

15 다음 장소 중 잔향 시간이 가장 짧아야 할 곳은?
[25, 11, 08, 06]
① 콘서트홀
② 카톨릭성당
③ 오페라하우스
④ TV 스튜디오

해설 잔향 시간이란 음의 발생이 중지된 후 소리가 실내에 남은 현상으로 잔향 시간이 길면 음이 명료하지 않고, 잔향 시간이 없으면 음량이 적어서 음을 듣기 어렵게 되며, 실의 부피와 벽면의 흡음력에 따라 결정되고, 실의 용적에 비례하며 흡음력에 반비례한다. 즉, 잔향 시간이 긴 것부터 짧은 것의 순으로 나열하면, 교회 음악 → 음악 평균 → 학교 강당 → 실내악 → 영화관 → 극장, 강연의 순이다.

16 건축 재료의 역학적 성질에 대한 설명 중 옳은 것은? [25, 11]
① 작은 변형에도 쉽게 파괴되는 성질을 인성이라 한다.
② 압력이나 타격에 의해서 파괴됨이 없이 판 모양으로 펴지는 성질을 전성이라 한다.
③ 구조물이나 부재에 외력이 작용할 때 변형이나 파괴되지 않으려는 성질을 연성이라 한다.
④ 외력을 받아서 변형이 생길 때 그 외력을 제거하여도 원래의 상태로 되돌아가지 않는 성질을 강성이라 한다.

정답 12.① 13.④ 14.① 15.④ 16.②

해설 ① 취성, ③ 강성, ④ 소성에 대한 설명이다. 인성은 재료가 외력을 받아 파괴될 때까지의 에너지 흡수 능력이 큰 성질로 변형을 나타내면서도 파괴되지 않고 견디는 성질이며, 연성은 파괴되기 전에 큰 늘음 상태이다. 또한, 강성은 구조물이나 부재에 외력이 작용할 때 변형이나 파괴되지 않으려는 성질이다.

17 건축 재료를 사용 목적에 따라 분류할 때 차단 재료로 볼 수 없는 것은? [25, 18, 16, 09]

① 아스팔트 ② 콘크리트
③ 실링재 ④ 글라스울

해설 건축 재료의 사용 목적에 의한 분류에서 차단 재료는 방수, 방습, 차음, 단열 등을 목적으로 하는 재료로서 아스팔트, 실링재, 페어글라스 및 글라스울 등이 있다.

18 다음 설명에 알맞은 목재의 결점은? [25, 10]

> 줄기나 가지 등이 목부에 파묻힌 대소 가지의 기부(基部)이며, 목재의 피할 수 없는 결점 중의 하나이다.

① 이상재(異常材)
② 수지낭
③ 옹이
④ 컴프레션 페일러

해설 옹이는 수목이 성장하는 도중에 줄기에서 가지가 생기게 되면, 나뭇가지와 줄기가 붙은 곳에 줄기의 세포와 가지의 세포가 교차되어 생기는 목재의 결점으로 종류에는 산 옹이, 죽은 옹이, 썩은 옹이 및 옹이 구멍 등이 있다.

19 파티클 보드의 특성에 대한 설명 중 틀린 것은? [25, 02]

① 강도에 방향성이 있고 큰 면적의 판을 만들 수 없다.
② 두께를 자유롭게 선택하여 만들 수 있다.
③ 균질한 판을 대량으로 생산할 수 있다.
④ 가공이 비교적 용이하고 못이나 나사못의 지보력이 크다.

해설 파티클 보드[식물 섬유를 주원료(가는 원목, 짧은 원목, 폐목, 톱밥, 볏짚, 대팻밥 등)로 하여, 접착제로 성형, 열압하여 제판한 비중이 0.4 이상의 판]는 강도에 방향성이 없고, 큰 면적의 판을 만들 수 있으며, 방충·방부성이 크며, 못이나 나사못의 지보력은 목재와 거의 같다.

20 다음 중 실내 바닥 마감 재료로 사용이 가장 곤란한 것은? [25, 21, 14]

① 비닐 시트
② 플로링 보드
③ 파키트리 보드
④ 코펜하겐 리브

해설 코펜하겐 리브는 두께 5cm, 너비 10cm 정도로 만든 긴 판으로서 표면을 자유 곡면으로 깎아 수직 평행선이 되게 리브를 만든 것이며, 강당, 집회장, 극장 등의 음향 조절용 또는 일반 건물의 벽 수장재로 사용하며 음향 효과와 장식 효과가 있다.

21 일반적인 석재의 특징에 대한 설명 중 옳지 않은 것은? [25, 23, 04]

① 장대재를 얻기 힘들고, 가구재로 부적당하다.
② 거의 모든 석재는 비중이 작아 가공성이 좋다.
③ 인장 강도가 압축 강도보다 작다.
④ 화열에 닿으면 화강암은 균열이 생기며 파괴된다.

해설 석재의 장점은 압축 강도가 크고, 불연성, 내구성, 내마멸성, 내수성이 있으며, 아름다운 외관과 생산량이 풍부하다. 또한, 석재의 단점은 비중이 커서 무겁고, 견고하여 가공이 힘들며, 길고 큰 부재를 얻기 힘들고, 압축 강도에 비하여 인장 강도가 매우 작다. 특히, 일부 석재는 고열에 매우 약하다.

22 수성암의 일종으로 석질이 치밀하고 박판으로 채취할 수 있으므로 슬레이트로서 지붕, 외벽, 마루 등에 사용되는 것은?
[25, 23, 19, 16, 13, 11, 06②]

① 트래버틴 ② 화강암
③ 점판암 ④ 안산암

정답 17. ② 18. ③ 19. ① 20. ④ 21. ② 22. ③

해설 트래버틴은 변성암의 일종으로 석질이 불균일하고 다공질이며, 갈면 광택이 나서 주로 특수 실내 장식재로 사용되는 석재 또는 대리석의 일종으로 탄산석회를 포함한 물에서 침전, 생성된 것으로 실내 장식에 사용되는 석재이다. 화강암은 석질이 견고(압축강도 1,500kg/cm^2)하고 풍화 작용이나 마멸에 강하며, 바탕색과 반점이 아름다울 뿐만 아니라 석재의 자원도 풍부하므로 건축·토목의 구조재, 내·외장재로 많이 사용된다. 그러나 내화도가 낮아서 고열을 받는 곳에는 적당하지 않다. 안산암은 화성암의 화산암으로 가공이 용이하고 조각을 필요로 하는 곳에 적합하며, 내화성이 높은 장점이 있으나, 알칼리 골재 반응을 일으킬 수 있으므로 콘크리트용 골재로는 부적합하다.

23 점토에 관한 설명으로 옳지 않은 것은?

[25②, 23, 14, 12, 10, 08, 06]

① 점토의 주성분은 실리카와 알루미나이다.
② 압축 강도는 인장 강도의 약 5배 정도이다.
③ 점토 입자가 미세할수록 가소성은 나빠진다.
④ 점토의 비중은 일반적으로 2.5~2.6 정도이다.

해설 점토의 성질은 양질의 점토일수록(알루미나가 많을수록) 가소성이 좋으며(점토는 입자의 크기가 작을수록 가소성이 좋고, 클수록 가소성이 나빠진다), 알칼리성일 때에는 가소성을 해친다. 성형할 점토를 반죽하여 일정 기간 채워 두는 것은 원료 점토 중에 함유된 유기물이 부패, 발효되면 산성화하여 가소성을 증대시키기 때문이다.

24 시멘트의 분말도에 대한 설명 중 틀린 것은?

[25, 04]

① 분말도의 시험은 체분석법, 피크노메타법, 브레인법 등이 있다.
② 분말이 미세할수록 수화작용이 빠르다.
③ 분말이 미세할수록 강도의 발현속도가 빠르다.
④ 분말이 과도하게 미세한 것은 풍화되기 어렵고 사용 후 균열이 발생하지 않는다.

해설 시멘트의 분말도(시멘트 입자의 굵고 가늚을 나타내는 것)가 과도하게 미세한 것은 풍화되기 쉽고, 균열의 발생이 증가한다.

25 시멘트가 경화될 때 용적이 팽창되는 정도를 의미하는 용어는?

[25, 24②, 21, 18, 16, 15, 13, 06]

① 응결   ② 풍화
③ 중성화   ④ 안정성

해설 응결은 시멘트에 물을 가하여 잘 비벼서 방치해 둘 때 시간이 경과하면서 점성이 늘어남에 따라 유동성이 점차 없어져서 차차 굳어지는 상태이고, 풍화는 시멘트가 수분을 흡수하여 수화 작용을 한 결과로 수산화칼슘과 공기 중의 이산화탄소가 작용하여 탄산칼슘이 생기는 작용이며, 중성화는 콘크리트가 알칼리성(pH 12)이지만, 시일의 경과와 더불어 공기 중의 이산화탄소의 작용을 받아 수산화칼슘이 서서히 탄산칼슘으로 되며, 알칼리성을 잃어가는 현상이다.

26 보통 포틀랜드 시멘트보다 C$_3$S나 석고가 많고, 더욱이 분말도를 크게 하여 초기에 고강도를 발생하게 하는 시멘트는?

[25②, 23, 18, 17, 15, 13]

① 저열 포틀랜드 시멘트
② 조강 포틀랜드 시멘트
③ 백색 포틀랜드 시멘트
④ 중용열 포틀랜드 시멘트

해설 저열 포틀랜드 시멘트는 중용열 포틀랜드 시멘트보다 수화열을 적게 한 시멘트이고, 초기 강도의 발현과 거푸집 탈형 시기가 늦으며, 백색 포틀랜드 시멘트는 포틀랜드 시멘트의 알루민산철3석회를 극히 적게 한 것으로 소량의 안료를 첨가하면 좋아하는 색을 얻을 수 있으며 건축물 내외면의 마감, 각종 인조석 제조에 사용되는 시멘트이며, 중용열 포틀랜드 시멘트는 수화열을 적게 하기 위하여 원료 중에 규산삼칼슘과 알루민산삼칼슘을 가능한 한 적게 하고, 장기 강도를 크게 해주는 규산이칼슘을 많이 함유하여 수화 속도를 지연시켜 수화열을 작게 한 시멘트로, 건조수축이 작으며 댐 공사 및 건축용 매스 콘크리트에 사용한다.

정답 23. ③ 24. ④ 25. ④ 26. ②

27 콘크리트 성질을 개선하거나 경제성 향상의 목적으로 사용되는 혼화제가 아닌 것은? [25, 08]

① AE제
② 기포제
③ 유동화제
④ 플라이애시

해설 시멘트의 혼합 재료 중 혼화재는 포졸란(천연산이나 인공실리카질 혼합재인 화산회, 규산질백토, 소점토 등의 총칭), 플라이애시(미분탄소보일러의 탄진과 혼합된 폐기연도가스를 집진기로 채취한 구형의 세분말로서 양질의 것은 화력발전소의 집진기에서 채취), 실리카흄, 고로슬래그 및 팽창재 등이 있고, 혼화제에는 AE제, 감수제 및 유동화제, 응결 경화 시간 조절제, 방수제, 기포제, 방청제, 발포제, 착색제 등이 있다.

28 다음의 강의 응력도-변형률 곡선에 탄성 한도 지점은? [25, 20, 19, 08]

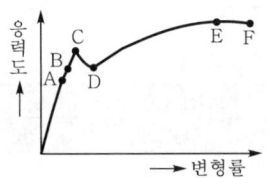

① B
② C
③ D
④ E

해설 그림을 설명하면 A점은 비례 한도, B점은 탄성 한도, C점은 상위 항복점, D점은 하위 항복점, E점은 최대 응력점(극한 강도, 최대 강도), F점은 파괴 강도점이다.

29 동과 아연의 합금으로 가공성, 내식성 등이 우수하며 계단 논슬립, 코너비드 등의 부속 철물로 사용되는 것은? [25, 16, 13]

① 청동
② 황동
③ 포금
④ 주석

해설 청동은 장식 철물, 공예 재료 등에 사용하고, 포금은 구리, 주석, 납, 아연을 포함한 합금 금속이며, 주석은 금속 재료의 방식 피복 재료 등으로 사용한다.

30 다음과 같은 특징을 갖는 성분별 유리의 종류는? [25, 24, 23, 20, 14, 13, 12②]

- 용융되기 쉽다.
- 내산성이 높다.
- 건축 일반용 창호유리 등에 사용된다.

① 고규산 유리
② 칼륨석회 유리
③ 소다석회 유리
④ 붕사석회 유리

해설 고규산(석영) 유리는 내열성, 내식성, 자외선 투과성이 크고, 전구, 살균등에 사용하고, 칼륨석회 유리(칼륨, 경질, 보헤미아 유리)는 용융하기 어렵고, 약품에 침식되지 않으며, 투명도가 높고, 고급 용품, 이화학용 기구, 공예품 등에 사용하고, 붕사석회 유리는 원료는 붕산, 붕사, 석회석 및 무수규산(석영)이고, 잘 용융되지 않고, 내산, 내열성, 팽창률 및 전기절연성이 크다. 유리섬유, 식기, 내열이화학용 기구 등에 사용한다.

31 다음 중 열경화성 수지에 속하는 것은? [25②, 23, 18, 16, 10, 06, 04, 02]

① 페놀 수지
② 아크릴 수지
③ 폴리아미드 수지
④ 염화비닐 수지

해설 열경화성 수지의 종류에는 페놀(베이클라이트) 수지, 요소 수지, 멜라민 수지, 폴리에스테르 수지(알키드 수지, 불포화 폴리에스테르 수지), 실리콘 수지, 에폭시 수지, 폴리우레탄 수지 등이 있고, 아크릴 수지, 폴리아미드 수지 및 염화비닐 수지 등은 열가소성 수지에 속한다.

32 플라스틱 재료에 대한 설명으로 틀린 것은? [25, 18, 16, 09]

① 흡수성이 적고 투수성이 거의 없다.
② 전기 절연성이 우수하다.
③ 가공이 불리하고 공업화 재료로는 불합리하다.
④ 내열성, 내화성이 적다.

해설 플라스틱 재료는 흡수성이 적고, 투수성이 거의 없으며, 가공이 용이하고, 공업화 재료로는 합리적이나, 내열성, 내화성이 적고, 비교적 저온에서 연화, 연질된다.

정답 27.④ 28.① 29.② 30.③ 31.① 32.③

33 미장 재료 중 회반죽에 관한 설명으로 옳지 않은 것은? [25, 12]

① 기경성 미장 재료이다.
② 내수성이 높아 주로 실외에 사용된다.
③ 소석회에 모래, 해초풀, 여물 등을 혼합하여 바르는 미장 재료이다.
④ 경화 건조에 의한 수축률이 크기 때문에 여물로서 균열을 분산, 경감시킨다.

해설 회반죽은 소석회, 풀, 여물(균열 및 박리 방지), 모래(초벌, 재벌 바름에만 섞고, 정벌 바름에는 사용하지 않는다) 등을 혼합하여 바르는 미장 재료로서 건조, 경화할 때의 수축률이 크기 때문에 삼여물로 균열을 분산, 미세화하는 것이다. 풀은 내수성이 없기 때문에 주로 실내에 사용한다.

34 다음 설명에 알맞은 도료는? [25, 22, 12]

- 목재면의 투명도장에 사용된다.
- 외부에 사용하기에 적당하지 않으며 내부용으로 주로 사용된다.

① 수성 페인트   ② 유성 페인트
③ 클리어 래커   ④ 알루미늄 페인트

해설 수성 페인트는 소석고, 안료 및 접착제를 혼합한 것으로 내알칼리성이어서 콘크리트나 모르타르 면에 사용한다. 유성 페인트는 안료와 건조성 지방유를 주원료로 용제, 보조제 등을 섞어 제조하고, 내알칼리성이 약해 콘크리트나 모르타르 면에 사용이 불가능하며, 알루미늄 페인트는 외부 은색 페인트의 대표적인 제품이다.

35 블로운 아스팔트를 용제에 녹인 것으로 아스팔트 방수의 바탕 처리재로 사용되는 방수 재료는? [25, 24, 13, 06]

① 아스팔트 펠트
② 아스팔트 루핑
③ 아스팔트 컴파운드
④ 아스팔트 프라이머

해설 아스팔트 펠트는 유기질 섬유(목면·마사·양모·폐지 등)를 원료로 만든 원지에 스트레이트 아스팔트를 침투시켜 롤러로 압착하여 만든 것으로 아스팔트 방수 중간층재로 이용되고, 아스팔트 루핑은 아스팔트 펠트의 양면에 블론 아스팔트를 피복하고 활석, 운모, 석회석, 규조토 등의 가루를 뿌려 붙인 것이며, 아스팔트 컴파운드는 동식물의 유지와 광물질 미분 등을 블론 아스팔트에 혼입하여 만든 것으로 내열성, 점성, 내구성 등을 블론 아스팔트보다 좋게 한 것이며, 용도로는 방수 재료, 아스팔트 방수 공사에 쓰인다.

36 제도용 지우개가 갖추어야 할 조건이 아닌 것은? [25, 24, 18, 12]

① 지운 후 지우개 색이 남지 않을 것
② 부드러울 것
③ 지운 부스러기가 적고 지우개의 경도가 클 것
④ 종이면을 거칠게 상처내지 않을 것

해설 제도용 지우개는 지운 부스러기가 적고, 지우개의 경도가 작아야 한다.

37 다음 중 선의 굵기가 가장 굵어야 하는 것은? [25③, 23②, 20, 18, 15, 11]

① 절단선   ② 지시선
③ 외형선   ④ 경계선

해설 선의 종류와 용도

종류	실선		허선		
	전선	가는선	파선	일점 쇄선	이점 쇄선
용도	단면선, 외형선, 파단선	치수선, 치수보조선, 인출선, 지시선, 해칭선	물체의 보이지 않는 부분	중심선(중심축, 대칭축)	절단선, 경계선, 기준선	물체가 있는 가상 부분(가상선), 일점 쇄선과 구분
굵기 (mm)	굵은선 0.3~0.8	가는선 (0.2 이하)	중간선 (전선 1/2)	가는선	중간선	중간선 (전선 1/2)

38 선의 종류에 따른 용도로 옳지 않은 것은? [25, 23, 22, 20, 18, 10, 07]

① 실선 : 물체의 보이는 부분을 나타내는데 사용
② 파선 : 물체의 보이지 않는 부분의 모양을 표시하는데 사용
③ 1점 쇄선 : 물체의 절단한 위치를 표시하거나, 경계선으로 사용
④ 2점 쇄선 : 물체의 중심축, 대칭축을 표시하는데 사용

정답 33. ② 34. ③ 35. ④ 36. ③ 37. ③ 38. ④

해설 이점 쇄선은 물체가 있는 가상 부분(가상선), 일점 쇄선과 구분하는 경우에 사용하고, 일점 쇄선의 가는 선은 중심선(중심축, 대칭축), 일점 쇄선의 중간선은 절단선, 경계선, 기준선 등에 사용된다.

39 건축 제도 통칙(KS F 1501)에 제시되지 않은 축척은? [25, 24, 23②, 18, 16②, 14, 12, 09]

① 1/5   ② 1/15
③ 1/20   ④ 1/25

해설 건축 제도 통칙(KS F 1501)에 제시되는 축척은 23종으로 1/2, 1/3, 1/4, 1/5, 1/10, 1/20, 1/25, 1/30, 1/40, 1/50, 1/100, 1/200, 1/250, 1/300, 1/500, 1/600, 1/1,000, 1/1,200, 1/2,000, 1/2,500, 1/3,000, 1/5,000, 1/6,000 등이 있다.

40 치수선을 표시하는 방법 중 옳지 않은 것은? [25, 14]

① 치수는 필요한 것은 충분하게 기입하고 중복을 피한다.
② 치수는 도면의 우측에서 좌측으로, 위에서 아래로 읽을 수 있도록 한다.
③ 치수는 가능한 한 치수선의 윗부분에 기입한다.
④ 도면에 기입하는 치수는 mm이며 단위는 생략한다.

해설 치수는 도면의 아래에서 위로, 또는 왼쪽에서 오른쪽으로 읽을 수 있도록 치수선 위의 중앙에 기입하고, 외형선에 직접 넣을 수도 있으며, 원칙적으로 마무리 치수를 기입한다.

41 도면에 쓰이는 기호와 그 표시 사항의 연결이 틀린 것은? [25, 18, 17, 14, 10, 07]

① THK - 두께   ② L - 길이
③ R - 반지름   ④ V - 너비

해설 도면의 표시 기호

명칭	길이	높이	폭	면적	두께	직경	반지름	용적
표시 기호	L	H	W	A	THK	D	R	V

42 각 건축 구조의 특성에 대한 설명으로 틀린 것은? [25, 15, 09]

① 벽돌 구조는 횡력 및 지진에 강하다.
② 철근 콘크리트 구조는 철골 구조에 비해 내화성이 우수하다.
③ 철골 구조의 공사는 철근 콘크리트 구조 공사에 비해 동절기 기후에 영향을 덜 받는다.
④ 목 구조는 소규모 건축에 많이 쓰이며 화재에 취약하다.

해설 조적식 구조의 일종인 벽돌 구조는 횡력(지진력, 풍압력 등)에 매우 약한 단점이 있다.

43 목조 벽체에서 외력에 의하여 뼈대가 변형되지 않도록 대각선 방향으로 배치하는 빗재는? [25, 04, 99]

① 처마도리   ② 가새
③ 층보   ④ 샛기둥

해설 처마도리는 깔도리(외벽의 위에 건너 대어 서까래를 받는 도리 또는 기둥의 맨 위에서 기둥의 머리를 연결하고 지붕틀은 받는 가로재)의 위에 지붕을 걸치고 지붕틀의 평보 위에 깔도리와 같은 방향으로 걸친 가로재로서 양식 지붕틀 구조에 많이 사용하고, 층보는 각 층 마루를 받는 보 또는 2층 바닥보를 말하며, 샛기둥은 본기둥과 본기둥 사이에 벽체의 바탕으로 배치한 작은 기둥으로 가새의 휨 방지나 졸대 등 벽재의 바탕으로 배치한다.

44 벽돌 구조의 특징에 대한 설명 중 옳지 않은 것은? [25, 22, 06]

① 내화, 내구적이다.
② 풍압력 및 수평력에 강하다.
③ 공사 기간이 짧다.
④ 균열이 생기기 쉽다.

해설 조적 구조(벽돌 구조, 블록 구조 및 돌 구조)는 건축물의 벽체나 기초를 벽돌, 블록, 돌 등의 조적재와 모르타르로 쌓아 만든 것으로 내화, 내구적인 구조체이나 횡력(지진력, 풍압력 등)에 약하므로 고층 건축물에는 적당하지 않다.

정답 39. ② 40. ② 41. ④ 42. ① 43. ② 44. ②

45 벽돌벽 쌓기에서 바깥벽의 방습·방열·방한·방서 등을 위하여 벽돌벽을 이중으로 하고 중간을 띄어 쌓는 법은? [25, 06]
① 공간 쌓기   ② 내 쌓기
③ 들여 쌓기   ④ 띄어 쌓기

해설 공간 조적벽은 벽돌벽의 외벽이 빗물에 젖어 습기가 차는 것을 방지하기 위하여 공간벽을 쌓는 것으로 벽돌벽을 이중으로 쌓아 공간을 두는 구조이다. 방습, 방한, 방열, 방서 등의 장점이 있다.

46 조적조의 벽량에 대한 설명으로 적당하지 못한 것은? [25, 08]
① 내력벽 길이의 총 합계를 그 층의 건물 면적으로 나눈값을 말한다.
② 단위 면적에 대한 그 면적 내에 있는 벽길이의 비를 나타낸다.
③ 내력벽의 양이 적을수록 횡력에 대항하는 힘이 커진다.
④ 큰 건물일수록 벽량을 증가할 필요가 있다.

해설 조적조의 벽량에 있어서 내력벽의 양이 많을수록 횡력에 대한 저항이 커지고, 내력벽의 양이 적을수록 횡력에 대한 저항이 작아진다.

47 개구부의 너비가 크거나 상부의 하중이 클 때에 인방돌의 뒷면에 강재로 보강을 하는 이유는? [25, 21, 18, 10]
① 석재는 휨모멘트에 약하므로
② 석재는 전단력에 약하므로
③ 석재는 압축력에 약하므로
④ 석재는 수직력에 약하므로

해설 개구부의 너비가 크거나 상부의 하중이 클 때에는 인방돌의 뒷면에 강재로 보강하여 휨모멘트에 견디게 하여야 한다.

48 프리스트레스트 콘크리트 구조의 특징으로 옳지 않은 것은? [25, 18, 17, 16, 10]
① 스팬을 길게 할 수 있어서 넓은 공간을 설계할 수 있다.
② 부재 단면의 크기를 작게 할 수 있고 진동이 없다.
③ 공기를 단축하고 시공 과정을 기계화할 수 있다.
④ 고강도 재료를 사용하므로 강도와 내구성이 크다.

해설 프리스트레스트 콘크리트는 부재의 단면을 작게 할 수 있으나, 진동이 발생하는 단점이 있다.

49 다음 중 불완전 용접에 속하지 않는 것은? [25, 11, 08]
① 언더컷(under cut)
② 오버랩(over lap)
③ 피트(pit)
④ 피치(pitch)

해설 언더컷(under cut, 용접 상부에 따라 모재가 녹아 용착 금속이 채워지지 않고 홈으로 남게 된 부분), 오버랩(over lap, 용착 금속이 끝부분에서 모재와 융합하지 않고 덮어진 부분이 있는 용접 결함) 및 피트(pit, 용접 부분 표면에 생기는 작은 구멍) 등은 용접 결함이고, 피치는 리벳, 볼트 및 고력 볼트 상호간의 중심 간격으로 불완전한 용접과는 무관하다.

50 실내의 색채 계획에 대한 설명 중 옳지 않은 것은? [25, 20]
① 천장색의 경우 반사율이 높으면서 눈이 부시지 않는 무광택의 재료로 시공하여야 한다.
② 벽의 아랫부분의 굽도리는 벽의 윗부분보다 더 어둡게 해 주어야 한다.
③ 바닥의 경우 반사율이 낮은 색이 좋고, 너무 어둡거나 너무 밝은 것은 좋지 않다.
④ 천장의 색은 무게감과 안정감을 주기 위해 명도가 낮은 색을 사용한다.

해설 실내의 색채 계획에 있어서 천장(위)에서부터 바닥(아래)으로 향하여 명도를 낮추어야 안정감이 생기고, 천장이 높은 실내나 큰 실내 공간은 연한 난색으로 배색하며, 문의 양쪽 기둥이나 창문틀은 벽의 색과 맞도록 고려해야 한다.

정답 45. ① 46. ③ 47. ① 48. ② 49. ④ 50. ④

51 다음 중 상점의 쇼윈도 평면 형식에 속하지 않는 것은? [25, 22]

① 평형　　　　② 만입형
③ 돌출형　　　④ 집중형

해설 쇼윈도의 평면 형식에 의한 분류에는 평형(점두의 외면에 출입구를 낸 가장 일반적인 방법), 돌출형(점내의 일부를 돌출 시킨 형태), 만입형(점두의 일부를 상점 안으로 후퇴시킨 형태) 및 홀(섬)형(점두가 쇼윈도로 둘러져 홀로 된 형식) 등이 있고, 쇼윈도의 단면 형식에 의한 분류에는 단층형(건물 1층의 전면에 진열창을 설치한 형태), 다층형(2층 또는 그 이상의 층을 연속되게 취급한 형태), 오픈스페이스형(1층 이상의 상층부를 개방시킨 형태) 등이 있다.

52 다음 중 제도용구에 속하지 않는 것은? [25, 18]

① 운형자　　　② 자유 곡선자
③ T자　　　　④ 스캐너

해설 제도용구의 종류에는 연필, T자, 삼각자(자유 삼각자), 운형자, 삼각 스케일, 지우개판, 자유 곡선자, 컴퍼스, 디바이더, 지우개 등이 있다. 스캐너는 화상 입력장치의 하나로 필름이나 사진, 문서, 도면 등을 광학적으로 주사하고 반사광이나 투과광의 강도를 계측, AD변환하여 디지털 화상으로서 입력하는 장치이다.

53 수평 블라인드로서 안정감을 줄 수 있고, 각도 조절, 승강 조절이 가능하나, 각 날개 사이에 먼지가 쌓이면 제거하기가 힘든 단점이 있는 것은? [25, 24]

① 로만 블라인드　　② 버티컬 블라인드
③ 롤 블라인드　　　④ 베네시안 블라인드

해설 로만 블라인드는 천의 내부에 설치된 풀코드나 체인에 의해 당겨져 아래가 접히면서 올라가는 블라인드이고, 버티컬 블라인드는 날개를 세로로 하여 180° 회전하는 홀더 체인으로 연결되어 있으며, 좌우 개폐가 가능한 블라인드이며, 롤 블라인드는 단순하고 깔끔한 느낌을 주며 창 이외에 칸막이 스크린으로도 효과적으로 사용할 수 있는 것으로 쉐이드(shade)라고도 불리는 것이다.

54 건축물을 각 층마다 창틀 위 또는 바닥에서 1.0~1.5m 정도의 높이에서 수평으로 자른 수평 투상도로서 건축도면의 기본적인 도면이고, 실의 배치 및 크기, 창호의 위치와 개방 방법을 나타내는 도면은? [25, 22]

① 입면도　　　② 평면도
③ 단면도　　　④ 전개도

해설 입면도는 건축물의 외관을 나타낸 직립 투상도로서 동, 서, 남, 북측 입면도 등이 있고, 단면도는 건축물을 수직으로 잘라 그 단면을 나타낸 도면이며, 전개도는 각 실 내부의 의장을 명시하기 위해 작성하는 도면이다.

55 주택 식사실의 종류 중 부엌의 일부분에 식사실을 두는 형태로, 부엌과 식사실을 유기적으로 연결시켜 노동력을 절감하기 위한 형태는? [25]

① 리빙 키친　　② 리빙 다이닝
③ 다이닝 키친　④ 다이닝 포치

해설 식사실의 형태에는 리빙 키친(living kitchen)은 거실, 식사실, 부엌을 겸용한 것이고, 다이닝 알코브(dining alcove, 리빙 다이닝)는 거실의 일부에다 식탁을 꾸미는 것인데, 보통 6~9m² 정도의 크기로 하고, 소형일 경우에는 의자 테이블을 만들어 벽쪽에 붙이고 접는 것으로 한다. 다이닝 테라스(dining terrace) 또는 다이닝 포치(dining porch)는 여름철 날씨에 테라스나 포치에서 식사하는 것이다.

56 다음 중 기초에 대한 설명으로 옳은 것은? [25]

① 복합 기초는 벽 또는 일련의 기둥으로부터의 응력을 일정한 폭, 길이 방향으로 연속된 띠모양으로 하여 지반 또는 지정에 전달하도록 하는 기초이다.
② 독립 기초는 연속 기초의 단점을 보완하기 위한 기초로서 두 개 이상의 기둥을 한 개의 기초에 연속하여 지지하도록 한 기초이다.
③ 연속(줄) 기초는 1개의 기초가 1개의 기둥을 지지하는 기초로서 기둥마다 구덩이를 판 후에 그 곳에 기초를 만드는 것이다.
④ 온통 기초는 건물의 하부(바닥 슬래브) 전체 또는 지하실 전체를 하나의 기초판으로 구성한 기초이다.

해설 ① 줄(연속) 기초, ② 복합 기초, ③ 독립 기초에 대한 설명이다.

57 건축물의 에너지 절약 계획에 있어서 외벽 부위의 단열시공 방법은? [2.5]
① 외단열   ② 내단열
③ 중단열   ④ 양측 단열

해설 ① 외단열 : 단열재의 위치가 실외측에 면한 단열로 연속 난방의 장소에 적합한 방식이다.
② 내단열 : 단열재의 위치가 실내측에 면한 단열로 간헐 난방의 장소에 적합한 방식이다.
③ 중단열 : 단열재의 위치가 벽체의 중앙부분에 설치한 단열 방식이다.

58 상품을 판매하는 매장을 계획하는 경우, 동선을 길게 유도할수록 효율이 높은 동선은? [2.5]
① 판매 종업원의 동선
② 상품의 반출입 동선
③ 고객의 동선
④ 관리 동선

해설 고객의 동선은 가능한 한 길게 하여 구매 의욕을 높이며, 한편으로는 편안한 마음으로 상품을 선택할 수 있어야 한다. 특히 상층으로 올라간다는 느낌을 갖지 않도록 하여야 하고, 행동의 흐름이 막힘이 없도록 입체적으로 하며, 통로의 폭은 90cm 정도로 하는 것이 바람직하다.

59 벽체의 상부에 설치하고, 전망의 효과는 없으나, 채광과 프라이버시 확보가 쉽고, 중세의 성당 건축물에서 흔히 사용되던 창의 종류는? [2.5]
① 측창   ② 고창
③ 정측창 ④ 천창

해설 ① 측창 : 건축물의 측면(벽체)에 설치된 창으로 편측창(벽체의 한 측면에 설치), 양측창(벽체의 양측면에 설치), 고창 등이 있다.
③ 정측창 : 창의 아랫 부분이 눈높이보다 높고, 창의 윗부분이 천장면과 동일하거나 아래에 위치한 수직창으로 채광상 균일한 조도를 유지하기 위하여 미술관, 박물관, 공장 등에 설치되는 창이다.
④ 천창 : 건축물의 천장면이나 지중에 설치된 창이다.

60 평면 투상에 대한 설명 중 옳지 않은 것은? [2.5]
① 평면 도형이 한 화면에 평행할 때 평행한 화면의 투상도는 실형과 같고, 수직인 화면의 투상도는 직선이다.
② 평면 도형이 두 화면에 수직인 때의 투상도는 직선이 된다.
③ 평면 도형이 한 화면에 수직이고, 다른 화면에 기울어진 때에는 수직인 화면에 대해서는 기선에 경사진 직선이 되고, 기선과 이루는 각은 실제의 각보다 작아지며, 기울어진 화면에 대해서는 실물보다 큰 변형으로 된다.
④ 평면 도형이 두 화면에 기울어져 있을 때에는 투상도는 모두 실물보다 작은 변형이 된다.

해설 평면 도형이 한 화면에 수직이고, 다른 화면에 기울어진 때에는 수직인 화면에 대해서는 기선에 경사진 직선이 되고, 기선과 이루는 각은 실제의 각을 나타내며, 기울어진 화면에 대해서는 실물보다 작은 변형으로 된다. ① 그림 (a), ② 그림 (b), ③ 그림 (c), ④ 그림 (d)를 참고

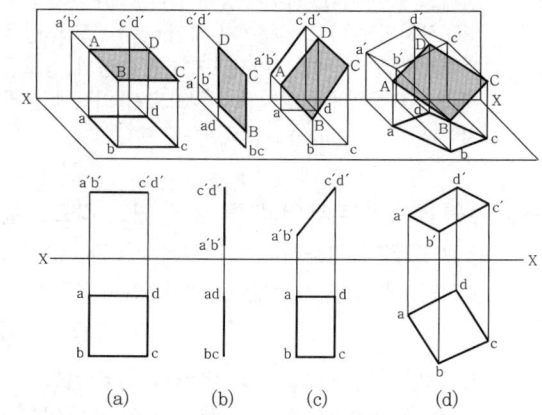

제2회 CBT 기출복원문제

2025년 4월 7일 시행

01 약동감, 생동감 넘치는 에너지와 운동감, 속도감을 주나 너무 많으면 불안정한 느낌을 주는 선의 종류는? [25, 17, 15, 13]
① 사선 ② 곡선
③ 수직선 ④ 수평선

해설 곡선은 규모, 반복의 정도, 방향 등에 따라 조금씩 다르기는 하지만 일반적으로 직선에 비해서 부드럽고 우아한 느낌을 주며 시선을 집중시키는 효과가 있고, 수직선은 심리적으로 존엄성, 엄숙함(기념비적인 스케일에서 느낌), 위엄, 절대, 단정, 신앙, 희망, 긴장, 상승의 기념비적인 건물, 종교감 등의 느낌이고, 수평선은 정적인 느낌(평화, 평등, 침착, 고요 등)을 주고, 평화롭고 정지된 모습으로 안정감을 느끼게 한다.

02 황금비례의 비율로 올바른 것은?
[25, 24, 14③, 12, 11, 10, 08②, 07②, 06, 04, 01, 98]
① 1 : 1.414 ② 1 : 1.532
③ 1 : 1.618 ④ 1 : 1.632

해설 황금비는 어떤 길이를 둘로 나누어 작은 부분 : 큰 부분 = 큰 부분 : 전체의 비 = 1 : 1.618의 비를 갖도록 한 비례를 말하며, 고대 그리스에서 널리 보급되어 사용되었고, 균제가 가장 잘 이루어진 비례이다. 황금비는 파르테논 신전과 밀로의 비너스 등에 사용되었다.

03 다음 설명에 알맞은 실내 기본 요소는?
[25, 12]

- 시각적 흐름이 최종적으로 멈추는 곳으로 지각의 느낌에 영향을 미친다.
- 다른 실내 기본 요소보다도 조형적으로 가장 자유롭다.

① 벽 ② 천장
③ 바닥 ④ 개구부

해설 천장은 시각적 흐름이 최종적으로 멈추는 곳으로 지각의 느낌에 영향을 미치고, 다른 실내 기본 요소보다도 조형적으로 가장 자유롭고, 중요한 요소이며, 공간을 형성하는 수평적 요소로서 그 형태에 따라 실내 공간의 음향에 가장 큰 영향을 미치는 것이다. 또한, 실내 기본 요소 중 내부 공간의 어느 요소보다 조형적으로 자유로운 곳이다.

04 커튼의 유형 중 창문 전체를 커튼으로 처리하지 않고 반 정도만 친 형태를 갖는 것은?
[25, 24, 14, 13, 09]
① 새시 커튼 ② 글라스 커튼
③ 드로 커튼 ④ 드레이퍼리 커튼

해설 글라스 커튼은 유리 바로 앞에 치는 커튼으로 일반적으로 투명하고 막과 같은 직물을 사용하며, 실내로 들어오는 빛을 부드럽게 하며 약간의 프라이버시를 제공하고, 드로 커튼은 줄을 잡아당김으로써 레일에 걸린 커튼을 열고 닫을 수 있도록 고안된 커튼으로 글라스 커튼과 드레이퍼리 커튼의 사이에 사용되는 커튼을 말하며, 드레이퍼리 커튼은 창문에 느슨하게 걸려 있는 중량감 있는 커튼을 의미한다.

05 방풍 및 열 손실을 최소로 줄여주는 반면 동선의 흐름을 원활히 해주는 출입문의 형태는?
[25, 20, 10]
① 접이문 ② 회전문
③ 미닫이문 ④ 여닫이문

해설 접이문은 문을 몇 쪽으로 나누어 병풍과 같이 접어가며 열 수 있는 형식으로, 개구부가 클 경우에 이용하는 문의 형식이고, 미닫이문은 문이 열리면 문이 벽 쪽으로 가서 겹치므로 개구부가 완전히 열리게 되며, 문이 벽 속으로 들어가므로 보이지 않게 되어 외관상 좋고, 여닫이문은 가장 일반적인 형태로서 문틀에 경첩을 사용하거나 상하 모서리에 플로어 힌지를 사용하여 문짝의 회전을 통하여 개폐가 가능한 문이고, 문의 개폐를 위한 여분의 공간이 필요하다.

정답 01.① 02.③ 03.② 04.① 05.②

06 동일한 두 개의 의자를 나란히 합해 2인이 앉을 수 있도록 한 의자는? [25, 23, 20, 16, 14, 10, 07]

① 세티
② 스툴
③ 카우치
④ 체스터 필드

해설 체스터 필드는 소파의 안락성을 위해 솜, 스펀지 등을 두툼하게 채워 넣은 소파이고, 카우치는 고대 로마 시대 음식물을 먹거나 잠을 자기 위해 사용했던 긴 의자로 몸을 기댈 수 있도록 좌판의 한쪽 끝이 올라간 형태를 가진 것이며, 스툴은 등받이와 팔걸이가 없는 형태의 보조의자로서 가벼운 작업이나 잠시 걸터앉아 휴식을 취하는 데 사용된다.

07 주거 공간을 주행동에 따라 개인 공간, 작업 공간, 사회적 공간 등으로 구분할 경우, 다음 중 개인 공간에 속하지 않는 것은? [25, 13, 08②]

① 서재   ② 부엌
③ 침실   ④ 자녀방

해설 주택에서의 소요실

공동 공간	개인 공간	그 밖의 공간			
		가사 노동	생리 위생	수납	교통
거실, 식당, 응접실	부부침실, 노인방, 어린이방, 서재	부엌, 세탁실, 가사실, 다용도실	세면실, 욕실, 변소	창고, 반침	문간, 홀, 복도, 계단

08 부엌 가구의 배치 유형 중 좁은 면적 이용에 효과적이므로 소규모 부엌에 주로 이용되는 형식은? [25, 15, 10, 09]

① 일자형   ② L자형
③ U자형   ④ 병렬형

해설 L자형은 두 벽면을 이용하여 작업대를 배치한 형태로 한쪽 면에 싱크대를, 다른 면에는 가스레인지를 설치하면 능률적이며, 작업대를 설치하지 않은 남은 공간을 식사나 세탁 등의 용도로 사용할 수 있다. 병렬형은 부엌의 폭이 길이에 비해 넓은 형태에 적합하고, 작업 동선은 줄일 수 있지만 몸을 앞뒤로 바꾸는 데 불편하다. U(ㄷ)자형은 인접한 세 벽면에 작업대를 붙여 배치한 형태로서 비교적 규모가 큰 공간(작업면이 넓으며)에 적합하고, 작업 효율이 가장 좋은 배치이다.

09 다음 설명에 알맞은 상점의 진열 및 판매대 배치 유형은? [25, 23, 15, 08]

- 판매대가 입구에서 내부 방향으로 향하여 직선적인 형태로 배치되는 형식이다.
- 통로가 직선적이어서 고객의 흐름이 빠르다.

① 굴절 배치형
② 직렬 배치형
③ 환상 배치형
④ 복합 배치형

해설 굴절 배치형은 안경점, 양품점, 문방구점 등에 적당한 진열의 배치 방식이고, 환상 배치형은 중앙에 케이스, 대 등에 의한 직선 또는 곡선에 의한 환상 부분을 설치하고 이 안에 레지스터, 포장대 등을 놓는 스타일의 상점으로, 상점의 넓이에 따라 이 환상형을 2개 이상으로 할 수 있다. 이 경우 중앙의 환상의 대면 판매 부분에는 소형 상품과 소형 고액 상품을 놓고 벽면에는 대형 상품 등을 진열한다. 예로는 수예점, 민예품점 등을 들 수 있다. 복합 배치형은 직렬, 환상 및 굴정배열형을 적절히 조합시킨 스타일로 후반부는 대면 판매 또는 카운터 접객 부분이 된다. 예로는 부인복점, 피혁 제품점, 서점 등이 있다.

10 상점의 동선 계획에 대한 설명으로 옳지 않은 것은? [25, 11]

① 고객 동선은 가능한 한 짧게 한다.
② 종업원 동선은 가능한 한 짧게 한다.
③ 종업원 동선과 고객 동선은 교차되지 않도록 한다.
④ 고객 동선은 상품으로의 자연스러운 접근이 가능하도록 한다.

해설 상점의 동선 계획 중 고객의 동선은 가능한 한 길게 하여 구매 의욕을 높이며, 한편으로는 편안한 마음으로 상품을 선택할 수 있도록 한다. 특히 상층으로 올라간다는 느낌을 갖지 않도록 하여야 한다.

정답 06.① 07.② 08.① 09.② 10.①

11 상점의 판매 형태에 대한 설명 중 옳지 않은 것은? [25, 17, 09]

① 대면 판매는 종업원의 정위치를 정하기가 용이하다.
② 대면 판매를 하는 상품은 일반적으로 시계, 귀금속, 안경 등 소형 고가품이다.
③ 측면 판매는 고객의 충동적 구매를 유도하는 경우가 많다.
④ 측면 판매는 상품에 대한 설명이나 포장 작업 등이 용이하다.

해설 상점의 판매 형식

구분	대면 판매	측면 판매
정의	고객과 종업원이 진열장을 가운데 두고 상담하는 형식	진열 상품을 같은 방향으로 보며 판매하는 형식
장점	상품의 설명이 편하고, 판매원의 위치 설정이 편하며, 포장과 계산이 편리하다.	상품이 손에 잡히므로 충동적인 구매와 선택이 용이하고, 진열 면적이 커지며, 상품에 친근감이 있다.
단점	판매원의 통로로 인하여 진열 면적이 감소하고, 진열장이 많아지면 상점의 분위기가 딱딱하다.	판매원의 위치 정하기가 힘들고, 불안정하며, 상품의 설명이나 포장이 불편하다.
용도	시계, 귀금속, 안경, 카메라, 의약품, 화장품, 제과, 수예품	양장, 양복, 침구, 전기 기구, 서적, 운동용구 등

12 마르셀 브로이어가 디자인한 것으로 강철 파이프를 휘어 기본 골조를 만들고 가죽을 접합하여 만든 의자는? [25, 20, 18, 13②]

① 바실리 의자   ② 파이미오 의자
③ 레드 블루 의자 ④ 바르셀로나 의자

해설 파이미오 의자는 북유럽의 모더니즘을 개척한 알바 알토가 조국 핀란드의 자연 환경으로부터 많은 영향을 받아 금속이 아닌 나무를 현대적인 구조로 변형한 새로운 모던 가구 중의 하나이고, 레드 블루 의자는 네덜란드의 리트벨트가 규격화한 판재를 이용하여 적, 청, 황의 원색으로 디자인한 의자이며, 바르셀로나 의자는 1926년 미스 반데 로에가 금속 파이프를 이용한 강관의 캔틸레버형 의자로서 바르셀로나에서 개최한 국제 박람회에 독일관 설계 시 사용한 의자이다.

13 다음 설명과 가장 관계가 깊은 건축가는? [25, 18, 14, 10]

- 모듈러(modulor)
- 생활에 적합한 건축을 위해 인체와 관련된 모듈의 사용에 있어 단순한 길이의 배수보다 황금 비례를 이용함이 타당하다고 주장

① 르 코르뷔지에
② 발터 그라피우스
③ 미스 반 데어 로에
④ 프랭크 로이드 라이트

해설 모듈이란 건축 재료 등의 공업 제품을 경제적으로 양산하기 위하여 건축물의 설계나 조립 시에 적용하는 기준이 되는 치수와 단위를 말하며, 르 코르뷔지에가 인체 척도를 근거로 비례를 주장하였다.

14 벽체에서의 결로 발생 형태에 따른 결로 방지 대책으로 옳지 않은 것은? [25, 23, 20, 12]

① 표면 결로: 실내 표면 온도를 높인다.
② 표면 결로: 실내 수증기의 발생량을 억제한다.
③ 내부 결로: 벽체 내부로 수증기 침입을 억제한다.
④ 내부 결로: 벽체 내부 온도가 노점 온도 이하가 되도록 한다.

해설 내부 결로(벽체는 습기를 계속 흡수하여 벽체 내부가 젖게 되어 구조체 내에서 수증기가 응결하는 현상)현상의 방지 대책은 건물 내부의 표면 온도를 올리고 실내 기온을 노점 이상으로 유지시켜야 한다.

15 실내·외의 온도차에 의한 공기의 밀도차가 원동력이 되는 환기 방법은?
[25②, 23, 22, 20, 16②, 15, 14]

① 기계 환기   ② 인공 환기
③ 풍력 환기   ④ 중력 환기

해설 자연 환기의 방법에는 풍력 환기(통풍과 풍압 작용으로 환기)와 중력 환기(실내·외의 온도차에 의한 환기) 등이 있고, 주택, 아파트, 학교 등과 같은 곳에 사용하며, 방법으로는 온도차, 바람, 환기통 및 후드에 의한 환기법 등이 있다.

16 건축적 채광 방식 중 측광에 관한 설명으로 옳지 않은 것은? [25, 13]

① 개폐 등의 조작이 용이하다.
② 구조·시공이 용이하며 비막이에 유리하다.
③ 근린의 상황에 의한 채광 방해의 우려가 있다.
④ 편측 채광은 양측 채광에 비해 조도 분포가 균일하다.

해설 편측 채광(한 면에서만 채광하는 방식)은 조도 분포가 불균일하고, 그림자가 생겨서 채광 등에 방해를 받는다.

17 세기와 높이가 일정한 음으로, 확성기나 마이크로폰의 성능 시험 등에 음원으로 사용되는 것은? [25, 23, 20, 19, 13]

① 소음   ② 진음
③ 간헐음 ④ 잔향음

해설 소음은 귀에 거슬리는 듣기 싫은 모든 음이고, 간헐음은 간헐적 소음이 비교적 지속 시간이 짧고 강도가 강한 소음이며, 잔향음은 음원이 동작을 멈추어 직접음을 들을 수 없게 된 뒤에도 주위 물체에 반사되어 계속 존재하는 음이다.

18 다음 설명에 알맞은 재료의 역학적 성질은?
[25②, 23③, 20, 19, 18, 17, 16, 15, 13, 12, 11②, 04, 01]

> 재료에 외력이 작용하면 순간적으로 변형이 생기나 외력을 제거하면 순간적으로 원래의 형태(모양·크기)로 회복되는 성질을 말한다.

① 소성 ② 점성
③ 탄성 ④ 인성

해설 소성은 재료에 사용하는 외력이 어느 한도에 도달하면 외력의 증가 없이 변형만 증대되는 성질 또는 외력을 가했다가 제거해도 원래의 상태로 돌아가지 못하고 변형이 남는 성질이고, 점성은 유체 내의 상대 속도로 인하여 마찰 저항이 일어나는 성질 또는 유체가 유동하고 있을 때 유체 내부의 흐름을 저지하려고 하는 내부 마찰 저항이 발생하는 성질이며, 인성은 압연강, 고무와 같은 재료는 파괴에 이르기까지 고강도의 응력에 견딜 수 있고 동시에 큰 변형을 나타내는 성질이다.

19 건축 재료를 화학 조성에 의해 분류할 경우, 무기 재료에 속하지 않는 것은? [25, 22, 13, 10]

① 석재   ② 도자기
③ 알루미늄 ④ 아스팔트

해설 건축 재료의 화학 조성에 의한 분류 중 무기 재료에는 비금속(석재, 흙, 콘크리트, 도자기 등)과 금속(철재, 구리, 알루미늄 등)이 있고, 아스팔트는 유기 재료의 천연 재료이다.

20 목재의 부패에 관한 설명 중 옳지 않은 것은? [25, 23, 11]

① 부패 발생시 목재의 내구성이 감소한다.
② 목재 함수율이 15%일 때 부패균 번식이 가장 왕성하다.
③ 생재가 부패균의 작용에 의해 변재부가 청색으로 변하는 것을 청부(靑腐)라고 한다.
④ 부패 초기에는 단순히 변색되는 정도이지만 진행되어감에 따라 재질이 현저히 저하된다.

해설 목재의 부패 조건으로서 적당한 온도(부패균은 25~35℃ 사이에서 가장 활동이 왕성하고, 4℃ 이하에서는 발육할 수 없으며, 부패균은 55℃ 이상에서 30분 이상이면 거의 사멸), 수분(습도는 90% 이상으로 목재의 함수율이 30~60%일 때 균의 발육에 적당), 양분, 공기(완전히 수중에 잠긴 목재는 공기가 없으므로 부패되지 않는다)는 부패균에게는 필수적인 조건으로 그 중 하나만 결여되더라도 번식을 할 수 없다.

21 목재 또는 기타 식물질을 절삭 또는 파쇄하여 소편으로 하여 충분히 건조시킨 후, 합성수지 접착제와 같은 유기질 접착제를 첨가하여 열압 제판한 목재 제품은? [25, 23, 21, 15, 09②, 01]

① 파티클 보드   ② 합판
③ 파키트리 패널 ④ 파키트리 보드

해설 합판은 3매 이상의 얇은 판을 1매마다 섬유 방향이 직교하도록 접착제로 겹쳐서 붙여 만든 판이고, 파키트리 패널은 파키트리 보드를 4매씩 조합하여 24cm 각 판으로 접착제나 파정으로 붙이는 우수한 마루판재이며, 파키트리 보드는 견목재판을 길이가 너비의 3~5배 정도가 되게 한 판이다.

정답 16. ④ 17. ② 18. ③ 19. ④ 20. ② 21. ①

22 석재의 표면 가공 순서로 옳은 것은?
[25, 24②, 23, 18, 17, 16②, 14, 13, 12, 09, 08, 07, 06, 04, 03, 01, 99, 98]

① 혹두기 → 정다듬 → 도드락 다듬 → 잔다듬
② 혹두기 → 도드락 다듬 → 정다듬 → 잔다듬
③ 혹두기 → 잔다듬 → 정다듬 → 도드락 다듬
④ 혹두기 → 잔다듬 → 도드락 다듬 → 정다듬

해설 석재의 가공 순서는 혹두기 또는 메다듬(쇠메, 망치) → 정다듬(정) → 도드락 다듬(도드락 망치) → 잔다듬(양날 망치) → 물갈기(와이어 톱, 다이아몬드 톱, 글라인더 톱, 원반 톱, 플레이너, 글라인더 등)의 순이다.

23 다음 설명에 알맞은 석재의 종류는?
[25, 18, 12]

- 청회색 또는 흑색으로 흡수율이 작고 대기 중에서 변색, 변질되지 않는다.
- 석질이 치밀하고 박판으로 채취할 수 있어 슬레이트로서 지붕 등에 사용된다.

① 응회암   ② 사문암
③ 점판암   ④ 대리석

해설 응회암은 대체로 다공질이고, 강도·내구성이 작아 구조재로 적합하지 않으나, 내화성이 있으며, 외관이 좋고 조각하기 쉬우므로 내화재, 장식재로 많이 이용되고, 사문암은 변성암계 변성암으로 감람석 중에 포함되어 있는 철분이 변질되어 흑록색의 바탕에 적갈색 무늬를 가진 것으로 물갈기를 하면 광택이 나므로 대리석 대용으로 사용되며, 대리석은 석질이 치밀하고 견고하며, 포함된 성분에 따라 경도, 색채, 무늬(반점) 등이 매우 다양하여 아름답고, 물갈기를 하면 광택이 나므로 실내 장식용 또는 조각용 석재로는 고급품이나, 내화성이 부족하고, 산·알칼리 등에는 매우 약하다.

24 모자이크 타일의 소지의 질로 알맞은 것은?
[25, 23, 16]

① 도기질   ② 토기질
③ 자기질   ④ 석기질

해설 소지의 질에 따른 타일의 분류에서 내장 타일은 자기질, 석기질, 도기질이고, 외장 타일과 바닥 타일은 자기질, 석기질이며, 모자이크 타일은 자기질이다.

25 보통 포틀랜드 시멘트보다 C_3S나 석고가 많고, 더욱이 분말도를 크게 하여 초기에 고강도를 발생하게 하는 시멘트는?
[25②, 23, 18, 17, 15, 13]

① 저열 포틀랜드 시멘트
② 조강 포틀랜드 시멘트
③ 백색 포틀랜드 시멘트
④ 중용열 포틀랜드 시멘트

해설 저열 포틀랜드 시멘트는 중용열 포틀랜드 시멘트보다 더 수화열이 적게한 시멘트이고, 초기 강도의 발현과 거푸집 탈형 시기가 늦으며, 백색 포틀랜드 시멘트는 포틀랜드 시멘트의 알루민산철3석회를 극히 적게 한 것으로 소량의 안료를 첨가하면 좋아하는 색을 얻을 수 있으며 건축물 내외면의 마감, 각종 인조석 제조에 사용되는 시멘트이며, 중용열 포틀랜드 시멘트는 수화열을 적게 하기 위하여 원료 중에 규산삼칼슘과 알루민산삼칼슘을 가능한 한 적게 하고, 장기 강도를 크게 해주는 규산이칼슘을 많이 함유하여 수화 속도를 지연시켜 수화열을 작게 한 시멘트로, 건조 수축이 작으며 댐 공사 및 건축용 매스 콘크리트에 사용한다.

26 콘크리트에 사용되는 골재에 요구되는 성질에 관한 설명으로 옳지 않은 것은?
[25, 23, 21, 19, 13, 04]

① 골재의 크기는 동일하여야 한다.
② 골재에는 불순물이 포함되어 있지 않아야 한다.
③ 골재의 모양은 둥글고 구형에 가까운 것이 좋다.
④ 골재의 강도는 콘크리트 중의 경화 시멘트 페이스트의 강도 이상이어야 한다.

해설 콘크리트용 골재는 골재의 크기가 잔 것과 굵은 것이 적당히 섞여 있어야 한다. 즉, 조세립이 적절하게 혼합(조립율이 좋아야 함)되어야 한다.

27 다음 중 혼화재에 해당하는 것은?
[25, 23②, 20②, 16, 10, 07]

① 플라이애시   ② AE제
③ 기포제   ④ 방청제

정답 22.① 23.③ 24.③ 25.② 26.① 27.①

해설 시멘트의 혼합 재료 중 혼화재는 포졸란(천연산이나 인공실리카질 혼합재인 화산회, 규산질백토, 소점토 등의 총칭), 플라이애시(미분탄연소보일러의 탄진과 혼합된 폐기연도가스를 집진기로 채취한 구형의 세분말로서 양질의 것은 화력발전소의 집진기에서 채취), 실리카흄, 고로슬래그 및 팽창재 등이 있고, 혼화제에는 AE제, 감수제 및 유동화제, 응결 경화 시간 조절제, 방수제, 기포제, 방청제, 발포제, 착색제 등이 있다.

28 콘크리트의 일반적인 성질에 관한 설명으로 옳지 않은 것은? [25, 12, 10, 06]
① 내구성이 양호하다.
② 내화성이 양호하다.
③ 성형상 자유성이 높다.
④ 압축 강도에 비해 인장 강도가 크다.

해설 콘크리트는 인장 강도에 비해 압축 강도가 크고, 방청성, 내화성, 내구성, 내수성 및 수밀성이 있으며 철근 및 철골과 접착력이 우수하다.

29 강의 열처리법에 속하지 않는 것은?
[25, 24, 23②, 20, 19, 17, 13②, 12②, 11②, 08, 03]
① 불림 ② 풀림
③ 단조 ④ 담금질

해설 열처리 방법

구분	불림(소준)	풀림(소순)	담금질(소입)	뜨임(소려)
가열 온도	800~1,000℃			200~600℃
냉각 장소	공기 중	노 속	찬물, 기름 중	공기 중
냉각 속도	서냉	서냉	급랭	서냉
특성	결정의 미세화, 변형 제거, 조직의 균일화	결정의 미세화와 연화	강도와 경도의 증가, 담금이 어렵고, 담금질 온도의 상승	변형 제거, 강인한 강을 제조

* 열처리 방법과 압출, 압연, 단조, 슬래그, 인발과는 무관하다.

30 일종의 스프링 힌지로 전화박스 문이나 공중화장실 문 등에 사용되며, 저절로 닫혀지지만 15cm 정도는 열려 있게 하는 것은?
[25, 23, 17, 10, 07, 05, 04, 03]
① 피벗 힌지 ② 플로어 힌지
③ 래버터리 힌지 ④ 도어 스톱

해설 피벗 힌지는 플로어 힌지를 쓸 때, 문의 위촉에 돌대로 사용하는 철물 또는 경쾌한 개폐를 할 수 있는 도어용 돌쩌귀의 일종이고, 플로어 힌지는 금속제 용수철과 완충유와의 조합 작용으로 열린 문이 자동으로 닫혀지게 하는 것으로 바닥에 설치되며, 일반적으로 무거운 중량 창호에 사용되며, 도어 스톱(문받이 철물)은 여닫이 문이나 장지를 고정하는 철물 또는 문을 열어 제자리에 머물러 있게 하는 철물, 벽 하부에 대어 문짝이 벽에 부딪히지 않게 하여 갈고리로 걸어 제자리에 머무르게 하는 철물이다.

31 일반적으로 창유리의 강도는 어떤 강도를 의미하는가? [25, 23, 17, 10]
① 압축 강도 ② 휨 강도
③ 전단 강도 ④ 인장 강도

해설 창유리의 강도는 휨 강도를 의미하고, 같은 두께의 반투명 유리는 투명 유리의 80%, 망입 유리는 90% 정도이다.

32 건축용으로 글래스 섬유로 강화된 평판 또는 판상 제품으로 주로 사용되는 열경화성 수지는?
[25, 23, 20, 14, 11, 09, 06]
① 페놀 수지 ② 실리콘 수지
③ 염화비닐 수지 ④ 폴리에스테르 수지

해설 페놀 수지는 페놀과 포르말린을 원료로 하여 산 또는 알칼리를 촉매로 하여 만들고, 매우 굳고, 전기 절연성이 우수하며, 내후성도 양호하다. 주로 전기 통신류에 사용하고, 실리콘 수지는 내열성, 내한성이 우수한 수지로 $-60~260℃$의 범위에서는 안정하고 탄성을 가지며 내후성 및 내화학성 등이 아주 우수하기 때문에 접착제, 도료로서 주로 사용되는 수지이며, 염화비닐 수지는 비중 1.4, 휨 강도 $1,000kg/cm^2$, 인장 강도 $600kg/cm^2$, 사용 온도 $-10~60℃$로서 전기 절연성, 내약품성이 양호하다. 경질성이지만, 가소제의 혼합에 따라 유연한 고무 형태의 제품을 만들 수 있다.

33 합성수지 재료 중 우수한 투명성, 내후성을 활용하여 톱 라이트, 온수 풀의 옥상, 아케이드 등에 유리의 대용품으로 사용되는 것은?
[25②, 23②, 13, 08, 02]

① 실리콘 수지
② 폴리에틸렌 수지
③ 폴리스티렌 수지
④ 폴리카보네이트

해설 렉산은 폴리카보네이트(열가소성 수지)의 상품명으로 잘 깨지고 변형되기 쉬운 아크릴의 대용재이자 일반 판유리의 보완재(풀장의 옥상, 아케이드, 톱 라이트 등)이며, 시원한 평면 연출, 자연스러운 곡면 시공, 다양한 열가공의 제품이다.

34 다음 미장 재료에 대한 설명 중 옳지 않은 것은?
[25②, 23②, 16, 10]

① 석고 플라스터는 내화성이 우수하다.
② 돌로마이트 플라스터는 건조 수축이 크기 때문에 수축 균열이 발생한다.
③ 킨즈 시멘트는 고온 소성의 무수석고를 특별한 화학처리를 한 것으로 경화 후 아주 단단하다.
④ 회반죽은 소석고에 모래, 해초물, 여물 등을 혼합하여 바르는 미장 재료로서 건조 수축이 거의 없다.

해설 회반죽은 소석회, 풀, 여물, 모래(초벌, 재벌 바름에만 섞고, 정벌 바름에는 섞지 않는다) 등을 혼합하여 바르는 미장 재료로서, 건조, 경화할 때의 수축률이 크기 때문에 삼여물로 균열을 분산, 미세화하는 것으로 풀은 내수성이 없기 때문에 주로 실내에 사용한다.

35 다음 중 내알칼리성이 가장 우수한 도료는?
[25, 24, 23③, 22, 21, 16, 13, 12②, 10]

① 유성 페인트
② 유성 바니시
③ 알루미늄 페인트
④ 염화비닐 수지도료

해설 수지성 페인트(에폭시 도료)는 안료와 인공 수지류 및 휘발성 용제를 주원료로 한 것으로, 내산성, 내알칼리성이 있어 모르타르나 콘크리트, 플라스터 면에 바를 수 있다. 유성 페인트, 유성 바니시 및 알루미늄 페인트 등은 알칼리성에 약한 도료이고, 염화비닐 수지도료는 알칼리성에 강한 도료이다.

36 다음 중 석유 아스팔트에 속하는 것은?
[25, 23, 18, 17, 10, 08]

① 스트레이트 아스팔트
② 레이크 아스팔트
③ 록 아스팔트
④ 아스팔타이트

해설 아스팔트의 종류에는 천연 아스팔트(레이크 아스팔트, 록 아스팔트 및 아스팔타이트 등)와 석유계 아스팔트(스트레이트 아스팔트, 블론 아스팔트 및 아스팔트 컴파운드 등) 등이 있다.

37 제도 연필의 경도에서 무르기로부터 굳기의 순서대로 옳게 나열한 것은?
[25②, 23②, 21, 17, 16, 13, 08, 05, 03]

① HB-B-F-H-2H
② B-HB-F-H-2H
③ B-F-HB-H-2H
④ HB-F-B-H-2H

해설 제도에서 사용하는 연필은 일반적으로 무르기로부터 굳기의 순서대로 나열하면, B, HB, F, H, 2H 등이 많이 쓰이고, 도면의 성질, 축척, 종이의 질에 따라 알맞은 것을 사용한다.

38 다음 그림과 같은 제도 용구의 명칭으로 옳은 것은?
[25②, 23, 15]

① 자유 곡선자
② 운형자
③ 템플릿
④ 디바이더

해설 운형자의 모양

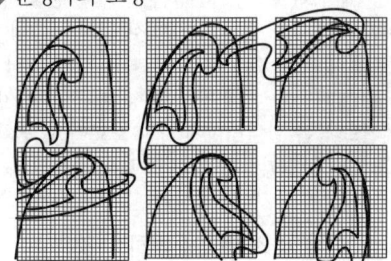

39 다음의 제도 용구에 대한 설명 중 옳지 않은 것은? [25, 07]

① 스프링 컴퍼스 : 일반적으로 반지름 50mm 이하의 작은 원을 그리는 데 사용된다.
② 운형자 : 원호 이외의 곡선을 그릴 때 사용한다.
③ 자유 각도자 : 각도를 자유롭게 조절할 수 있다.
④ 삼각자 : 45°와 90°, 60°와 30°로 2개가 한 조로 구성되며 눈금이 있는 것을 사용하여야 한다.

해설 삼각자는 45°의 등변 삼각형, 60°와 30°로 이루어진 직각 삼각형의 2개의 삼각자로 구성되고, 이 삼각자에는 눈금이 없어야 하며, 삼각자의 용도는 오직 선긋기에 사용되어야 한다. 또한, 길이를 재는 데는 스케일을 사용하여야 하므로 삼각자에는 눈금이 필요하지 않다.

40 다음 중 선의 굵기가 가장 굵어야 하는 것은? [25③, 23②, 20, 18, 15, 11]

① 절단선   ② 지시선
③ 외형선   ④ 경계선

해설 선의 종류와 용도

종류	실선		허선		
	전선	가는선	파선	일점 쇄선	이점 쇄선
용도	단면선, 외형선, 파단선	치수선, 치수 보조선, 인출선, 지시선, 해칭선	물체의 보이지 않는 부분	중심선 (중심축, 대칭축)	절단선, 경계선, 기준선	물체가 있는 가상 부분 (가상선), 일점 쇄선과 구분
굵기 (mm)	굵은선 0.3~0.8	가는선 (0.2 이하)	중간선 (전선 1/2)	가는선	중간선	중간선 (전선 1/2)

41 척도에 관한 설명으로 옳은 것은? [25, 18, 10, 06, 04]

① 축척은 실물보다 크게 그리는 척도이다.
② 실척은 실물보다 작게 그리는 척도이다.
③ 배척은 실물과 같게 그리는 척도이다.
④ NS(No Scale)는 비례척이 아닌 것을 뜻한다.

해설 척도의 종류에는 배척(실물보다 큰 축척으로 예로는 2/1, 3/1), 실척(실물과 같은 축척으로 예로는 1/1) 및 축척(실물보다 작은 축척으로 예로는 1/2, 1/3) 등이 있다.

42 도면 표시 기호 중 두께를 표시하는 기호는? [25②, 23, 15, 12, 06, 04]

① THK   ② A
③ V   ④ H

해설 도면의 표시 기호

명칭	길이	높이	폭(너비)	면적	두께	직경	반지름	용적
표시 기호	L	H	W	A	THK	D	R	V

43 경사 지붕, 바닥, 경사로의 경사 표시 방법으로 가장 적당한 것은? [25②, 23②, 22, 07]

① 경사 2/5   ② 경사 3/100
③ 경사 1/8   ④ 경사 0.5

해설 물매의 표시 방법에는 지면(경사로)과 바닥 배수의 물매와 같이 물매가 작은 경우에는 분자를 1로 한 분수로 표시하고, 지붕의 물매와 같이 비교적 물매가 큰 경우에는 분모를 10으로 한 분수로 표시한다.

44 건축 구조의 주체 재료에 의한 분류에 속하는 것은? [25, 07]

① 조적식 구조   ② 가구식 구조
③ 철골 구조   ④ 일체식 구조

해설 건축 구조의 분류 중 주체 재료에 의한 분류에는 목구조, 벽돌 구조, 블록 구조, 돌 구조, 철골(강)구조, 철근 콘크리트 구조, 철골 철근 콘크리트 구조 등 속하고, 가구식, 일체식 및 조적식 구조는 구성 형식에 의한 분류에 속한다.

정답 39. ④ 40. ③ 41. ④ 42. ① 43. ③ 44. ③

45 건축 구조의 구성 방식에 의한 분류에 해당되지 않는 것은?
[25, 23, 16, 14, 10, 08, 07, 06, 04, 00]
① 가구식 구조 ② 건식 구조
③ 내력벽식 구조 ④ 일체식 구조

해설 건축 구조의 분류

구분	종류
구성 형식	가구식 구조, 조적식 구조, 일체식 구조 등
주체 재료	목 구조, 벽돌 구조, 돌 구조, 철근 콘크리트 구조, 철골 구조 및 철골 철근 콘크리트 구조 등
공법	건식 구조, 습식 구조, 조립식 구조 등

46 조립식(pre-fabrication) 구조의 특징이 아닌 것은? [25, 10, 07]
① 생산성을 향상시킬 수 있다.
② 현장에서의 작업량이 극대화된다.
③ 대량 생산이 가능하다.
④ 공기 단축이 가능하다.

해설 조립식 구조(프리패브리케이션)는 공장에서 미리 만들어 현장에 반입, 조립함으로써 공사 기간의 단축(현장 작업의 최소화)과 대량 생산의 효과를 얻을 수 있는 반면에 각 부품들의 일체화가 곤란하므로 접합부의 강성이 낮고, 변화있는 다양한 외형을 구성하는 데 부적합하다.

47 목 구조에서 기둥과 기둥에 가로대어 창문틀의 상하벽을 받고 하중은 기둥에 전달하며 창문틀을 끼워 대는 뼈대가 되는 것은?
[25②, 23②, 06]
① 가새 ② 버팀대
③ 인방 ④ 토대

해설 가새는 수평력에 견디게 하고 수직·수평재의 각도 변형을 방지하여, 안정된 구조로 하기 위한 목적으로 쓰이는 경사재로서 버팀대보다 강하며, 가새의 경사는 45°로 하고, 버팀대는 흙막이 띠장(방축대)을 버티는 부재 또는 가로재와 세로재가 맞추어지는 안귀에 빗대는 보강재로 기둥의 굴곡 방지, 기둥에 하중 집중, 보의 단면 최소화, 보의 흔들림 방지 등의 목적이 있으며, 토대는 목조 건축물의 기초 위에 가로대어 기둥을 고정하는 벽체의 최하부에 설치하는 수평부재로서 상부 하중을 분산시켜 기초에 전달하는 역할을 한다.

48 목 구조에서 보, 도리 등의 가로재가 서로 수평 방향으로 만나는 귀부분을 안정한 삼각형 구조로 만드는 것으로, 가새로 보강하기 어려운 곳에 사용되는 부재는? [25②, 23, 07]
① 꿸대 ② 귀잡이보
③ 깔도리 ④ 버팀대

해설 꿸대는 기둥, 동자 등을 꿰뚫어 찌른 보강재 또는 심벽의 뼈대로 기둥과 기둥 사이에 가로 꿰뚫어 넣어 위를 엮어 대어 힘살이 되는 것이고, 깔도리는 기둥 또는 벽 위에 걸어 지붕보를 받는 도리이며, 버팀대는 가로재와 세로재가 맞추어지는 안귀에 빗대는 보강재로서, 목 구조에 보와 접합부분(기둥)의 변형을 적게 하고, 절점을 강으로 만들어서 기둥과 보를 일종의 라멘으로 함으로써 횡력에 저항하도록 한 것이다.

49 철근 콘크리트조에서 단변(l_x)과 장변(l_y)의 길이의 비 $\left(\dfrac{l_y}{l_x}\right)$가 얼마 이하일 때 2방향 슬래브(slab)라 하는가? [25②, 23, 19, 18, 17, 16, 04]
① 1 ② 2
③ 3 ④ 4

해설 1방향 슬래브라 함은
변장비(λ) = $\dfrac{l_y (\text{장변 방향의 순 간사이})}{l_x (\text{단변 방향의 순 간사이})}$ > 2이고,
2방향 슬래브라 함은
변장비(λ) = $\dfrac{l_y (\text{장변 방향의 순 간사이})}{l_x (\text{단변 방향의 순 간사이})}$ ≤ 2이다.

50 철근 콘크리트 구조에서 신축 이음이 필요한 이유가 아닌 것은? [25②, 23, 10]
① 부동 침하
② 결로 방지
③ 콘크리트의 수축
④ 온도 변화

정답 45.② 46.② 47.③ 48.② 49.② 50.②

해설 콘크리트의 신축 이음새는 온도 변화에 따라 콘크리트의 신축이 가능하여야 하므로 줄눈의 외부면을 철제나 알루미늄 등으로 덮어 주는 것은 좋으나, 양쪽을 고정하는 것은 신축이 자유롭지 못하므로 고정시키지 않아야 한다.

51 슬래브 배근에서 가장 하단에 위치하는 철근은?
[25②, 23, 12, 11]

① 장변 단부 하부 배력근
② 단변 하부 주근
③ 장변 중앙 하부 배력근
④ 장변 중앙 굽힘 철근

해설 슬래브 배근에 있어서 가장 큰 힘을 받아주는 철근은 단변 방향의 철근으로 휨모멘트의 저항을 크게 하기 위하여 가장 하단 및 상단에 배치하여야 한다.

52 철골 구조의 특성 중 틀린 것은? [25, 23, 04]
① 철근 콘크리트 구조물에 비하여 중량이 적다.
② 고층 건축 또는 대규모 건축에 적당하다.
③ 고열에 강하고, 다른 구조체보다 저가이다.
④ 내화, 내구성에 특별한 주의가 필요하다.

해설 철골 구조는 열에 약하고, 고온에서는 강도가 저하되기 때문에 내화, 내구성에 특별한 주의가 필요하다.

53 건물의 주요 부분을 수직 절단한 것을 상상하여 그린 것으로서 건물의 높이, 지붕 구조 등을 알 수 있는 도면은? [25, 23②]

① 단면도   ② 평면도
③ 배치도   ④ 입면도

해설 평면도는 건축물의 각 층마다 창틀 위(바닥면으로부터 1.2m)에서 수평으로 자른 수평 투상도로서 실의 배치 및 크기를 나타낸다. 배치도는 대지 안에서 건축물이나 부대 시설의 배치를 나타낸 도면으로서 위치, 간격, 축척, 방위 및 경계선을 나타낸다. 입면도는 건축물의 외관을 나타낸 직립 투상도로서 남쪽, 동쪽, 서쪽 및 북쪽 입면도 또는 정면도, 배면도, 측면도(좌우) 등으로 나뉜다.

54 창의 하부에 건너 댄 돌로 빗물을 처리하고 장식적으로 사용되는 것으로, 윗면·밑면에 물끊기·물돌림 등을 두어 빗물의 침입을 막고, 물흘림이 잘 되게 하는 것은? [25②, 23②]

① 인방돌   ② 창대돌
③ 쌤돌   ④ 돌림띠

해설 인방(기둥과 기둥에 가로 대어 창문틀의 상·하 벽을 받고, 하중은 기둥에 전달하며 창문틀을 끼워 댈 때 뼈대가 되는 것)돌은 창문 위에 가로로 길게 건너 대는 돌을 말한다. 쌤돌은 창문 옆에 대는 돌로서 돌 구조와 벽돌 구조에 사용하며, 면접기나 쇠시리를 하고, 쌓기는 일반 벽체에 따라 촉과 긴결 철물로 긴결한다. 돌림띠는 벽, 천장, 처마 부분에 수평띠 모양으로 돌려 붙인 차양 또는 물끊기 등의 장식용 돌 출부로서 허리 돌림띠(벽면에서 내밈이 작으므로 구조는 간단)와 처마 돌림띠(벽면에서 내밈이 크므로 돌 구조의 경우 벽돌벽에 깊이 물리고 내밈 길이는 돌림 길이보다 작게 하던지 거멀쇠 등으로 뒤에 튼튼히 걸어야 한다)가 있다.

55 실내를 수평 방향으로 구획할 때 구획의 효과가 가장 큰 것은? [25]

① 색채를 다르게 구획한다.
② 패턴(문양)에 변화를 주어 구획한다.
③ 재료를 다르게 하여 구획한다.
④ 평면의 높이를 다르게 구획한다.

해설 실내를 수평 방향으로 구획하는 방법에는 높이 차, 색채, 문양 및 재료를 다르게 하는 방법 등이 있으나, 구획의 효과가 가장 큰 것은 바닥의 높이 차를 두는 방법이다.

56 한 부재에 걸쳐 놓고 다른 부재를 받게 하는 맞춤의 보강 철물로 큰 보에 걸쳐 작은 보를 받게 하거나, 귓보와 귀잡이보 등을 접합하는 데 사용하는 철물은? [25]

① 안장쇠   ② 감잡이쇠
③ 듀벨   ④ 인서트

해설 ② 감잡이쇠 : ㄷ자형으로 구부려 만든 띠쇠로 두 부재를 감아 연결하는 목재 맞춤을 보강하는 철물이다. 평보를 대공에 달아맬 때 또는 평보와 ㅅ자보의 밑에 기둥과 들보를 걸쳐 대고 못을 박을 때 및 대문 장부에 감아 박을 때 사용하는 철물이다.
③ 듀벨 : 볼트와 함께 사용하는데 듀벨은 전단력에, 볼트는 인장력에 작용시켜 접합재(목재와 목재 사이에 끼워서 전단에 대한 저항 작용을 목적으로 한 철물) 상호간의 변위를 막는 강한 이음을 얻는 데 사용하는 긴결 철물로 큰 간사이의 구조, 포갬보 등에 사용하며, 파넣기식과 압입식이 있다.
④ 인서트 : 콘크리트 타설 후 달대를 매달기 위하여 사전에 매설시키는 부품이다.

57 다음 중 단열재에 속하지 않는 것은? [25]
① 유리 섬유   ② 암면
③ 펄라이트   ④ 석고 플라스터

해설 단열재의 종류에는 무기질 단열재(유리섬유, 포유리, 석면, 암면, 광재면, 펄라이트, 질석, 다공성 점토질, 규조토, 알루미늄박 등), 화학합성물 단열재(발포 폴리우레탄, 발포 폴리스티렌, 발포 염화비닐 등), 동식물질 단열재(목질 단열재, 코르크, 발포 고무 등) 등이 있다.

58 다음 중 단열재료에 대한 설명으로 옳지 않은 것은? [25, 07]
① 열전도율이 높을수록 단열 성능이 좋다.
② 일반적으로 다공질의 재료가 많다.
③ 단열재료의 대부분은 흡음성이 뛰어나므로 흡음재료로서도 이용된다.
④ 섬유질 단열재는 겉보기 비중이 클수록 단열성이 좋다.

해설 단열 재료는 열전도율이 높을수록(열을 잘 전달함) 단열 성능은 떨어지고, 열전도율이 낮을수록 단열 성능이 높아진다.

59 다음과 같은 특성을 갖는 형태는? [25]

> 날카로운 각도에서 둔한 각도에 이르기 까지 다양하여 여기에 상응하는 다양한 감정의 반응을 불러일으킨다. 안정된 느낌, 부동의 느낌, 냉대감 등을 느낄 수 있다.

① 원형   ② 삼각형
③ 사각형   ④ 타원형

해설 ① 원형 : 단순하고 원만한 느낌을 준다.
③ 사각형 : 단정한 느낌, 정방형(엄격한 느낌, 딱딱함 등), 마름모형(안정감과 경쾌함 등)
④ 타원형 : 온화하고 부드러운 여성적인 느낌을 준다.

60 건축 도면에 쓰이는 글자에 대한 설명 중 옳은 것은? [25]
① 숫자는 로마 숫자를 원칙으로 한다.
② 글자체는 수직 또는 15° 경사의 명조체로 한다.
③ 4자리의 수는 3자리에 휴지부를 찍거나, 간격을 두는 것을 원칙으로 한다.
④ 문장은 왼쪽에서부터 가로쓰기를 원칙으로 하며, 가로쓰기가 곤란한 경우라도 반드시 가로쓰기로 하여야 한다.

해설 ① 숫자는 아라비아 숫자를 원칙으로 한다.
② 글자체는 수직 또는 15° 경사의 고딕체로 한다.
④ 문장은 왼쪽에서부터 가로쓰기를 원칙으로 하며, 가로쓰기가 곤란한 경우에는 세로쓰기도 가능하다.

정답 57.④ 58.① 59.② 60.③

제3회 CBT 기출복원문제

2025년 7월 1일 시행

01 실내 디자인이나 시각 디자인, 환경 디자인 등에서 그 디자인의 적응 상황 등을 연구하여 색채를 선정하는 과정을 무엇이라 하는가?
[25, 21, 10, 04, 02]

① 색채 관리
② 색채 계획
③ 색채 조합
④ 색채 조절

해설 색채 관리는 색채의 종합적인 활용의 결과로서 회사는 물론, 소비자가 충분히 만족할 수 있는 적합한 색을 제품에 활용할 수 있도록 하는 중요한 기술의 일종이고, 색채 조화는 같은 성질이나 흡사한 성질의 색이 잘 어울려서 심리적으로 쾌감을 느낄 수 있는 배색을 색채의 조화라고 하며, 색채 조절(기능 배색)은 색을 단순히 개인적인 기호에 의해서 사용하는 것이 아니라, 색 자체가 가지고 있는 여러 가지 성질을 이용하여 인간의 생활이나 작업의 분위기, 또는 환경을 쾌적하고 능률적인 것으로 만들기 위하여 색이 가지고 있는 기능이 발휘되도록 하는 것을 말한다.

02 다음 중 수직선이 주는 조형 효과와 가장 거리가 먼 것은?
[25, 11, 10]

① 상승감
② 약동감
③ 존엄성
④ 엄숙함

해설 수직선은 심리적으로 존엄성, 엄숙함(기념비적인 스케일에서 느낌), 위엄, 절대, 단정, 신앙, 희망, 긴장, 상승의 기념비적인 건물, 종교감 등의 느낌으로 공간을 실제보다 더 높아 보이게 하며, 공식적이고 위엄있는 분위기, 실내 공간에서 심리적인 엄숙함이나 긴장감, 상승감과 확신감의 효과를 내거나 수평적인 패턴의 지루함을 제거 내지 약화시키는데 사용 및 지각적으로는 구조적 높이감을 준다. 약동감, 생동감 넘치는 에너지와 운동감, 속도감은 사선의 느낌이다.

03 실내 디자인의 원리 중 황금분할과 관계되는 것은?
[25, 21, 07]

① 통일성
② 강조
③ 비례
④ 리듬

해설 통일은 건축물에서 공통되는 요소에 의해 전체를 일관되게 보이게 하거나, 이질의 각 구성 요소들이 전체로서 동일한 이미지를 갖게 하는 것으로, 변화와 함께 모든 조형에 대한 미의 근원이 되고, 디자인 대상의 전체에 미적 질서를 주는 기본 원리로 모든 형식의 출발점이며, 디자인 요소의 반복이나 유사성, 동질성에서 얻어지는 효과로서 건축물에서 같은 크기의 창이 연속되는 것의 형태 구성이고, 강조는 시각적으로 초점이나 흥미의 중심이 되는 것을 의미하며, 실내 디자인에서 충분한 필요성과 한정된 목적을 가질 때에 적용하는 것 또는 실내 공간을 디자인 할 때 주제를 부여한다면 가장 바람직한 요소로서 평범하고 단순한 실내에 흥미를 부여하며, 리듬은 일반적으로 규칙적인 요소들의 반복으로 디자인에 시각적인 질서를 부여하는 통제된 운동 감각을 말하고, 농도, 명암 등이 규칙적으로 반복 배열되었을 때의 느낌이며, 음악적 감각이 조형화된 것으로서 청각의 원리가 시각적으로 표현된 것이라 할 수 있다. 또한, 음악적 감각이 조형화된 것으로서 청각의 원리가 시각적으로 표현된 것이다.

04 천장과 함께 실내 공간을 구성하는 수평적 요소로서 생활을 지탱하는 역할을 하는 것은?
[25, 21, 13]

① 벽
② 바닥
③ 기둥
④ 개구부

해설 벽은 실내 공간의 구성 요소 중 외부로부터의 방어와 프라이버시를 확보하고 공간의 형태와 크기를 결정하며 공간과 공간을 구분하는 수직적 요소이고, 기둥은 건축물의 구성 요소로서 보나 도리, 바닥판과 같

정답 01. ② 02. ② 03. ③ 04. ②

은 가로재의 하중을 받아 기초에 전달하는 것 또는 선형의 수직 요소로 크기, 형상을 가지고 있으며 구조적 요소 또는 강조적, 상징적 요소로 사용되는 것이며, 개구부는 창, 문 등이 없다면 건축물의 내·외부는 완전히 차단되므로 폐쇄된 벽의 일부를 뚫어 건축물의 내·외부를 소통할 수 있게 만든 것이다.

05 문의 위치를 결정할 때 고려해야 할 사항으로 거리가 먼 것은? [25, 16, 09, 07, 05, 02]

① 출입 동선
② 가구를 배치할 공간
③ 통행을 위한 공간
④ 재료 및 문의 종류

해설 문의 위치를 결정할 때에는 출입 동선, 문이 열릴 때 필요한 여유 공간, 통행을 위한 공간 및 가구를 배치할 공간 등을 고려하여야 한다.

06 다음 설명에 알맞은 창의 종류는? [25, 23, 18, 15, 14, 12]

• 크기와 형태에 제약 없이 자유로이 디자인할 수 있다.
• 창을 통한 환기가 불가능하다.

① 고정창   ② 미닫이창
③ 여닫이창 ④ 오르내리창

해설 미닫이창은 상하의 틀에 홈을 만들어 창호를 끼워서 벽 옆이나 벽 속으로 밀어 넣는 형식의 창호이고, 여닫이창은 열리는 범위를 조절할 수 있고, 안으로나 밖으로 열리는데 특히 안으로 열릴 때는 열릴 수 있는 면적이 필요(열리는 공간만큼 여유 공간이 필요)하므로 가구배치 시 이를 고려하여야 하며, 오르내리창은 미서기창과 같은 방식이나 이를 수직으로 설치한 것으로 창의 폭보다 길이가 더 길고, 고전 양식의 건축물이나 기차의 창에서 흔히 볼 수 있다.

07 스툴의 일종으로 더 편안한 휴식을 위해 발을 올려놓는데도 사용되는 것은?
[25, 21, 19, 17, 15, 12]

① 세티   ② 오토만
③ 카우치   ④ 이지체어

해설 세티는 동일한 두 개의 의자를 나란히 합해 2인이 앉을 수 있도록 한 의자이고, 카우치는 고대 로마 시대 음식물을 먹거나 잠을 자기 위해 사용했던 긴 의자로 몸을 기댈 수 있도록 좌판의 한쪽 끝이 올라간 형태를 가진 것이며, 이지체어는 단순하고 크기가 작은 의자이다.

08 다음 설명에 알맞은 공간의 조직 형식은?
[25, 21, 18, 14]

하나의 형이나 공간이 지배적이고 이를 둘러싼 주위의 형이나 공간이 종속적으로 배열된 경우로 보통 지배적인 형태는 종속적인 형태보다 크기가 크며 단순하다.

① 직선식
② 방사식
③ 군생식
④ 중앙 집중식

해설 공간의 조직 형식 중 중앙 집중식은 하나의 형이나 공간이 지배적이고, 이를 둘러싼 주위의 형이나 공간이 종속적으로 배열된 경우로 보통 지배적인 형태는 종속적인 형태보다 크기가 크며, 단순하다.

09 다음의 주거 공간 중 개인의 공간에 속하는 것은?
[25②, 22, 16, 14, 12, 11, 09, 08]

① 거실   ② 식사실
③ 응접실   ④ 서재

해설 거실, 응접실 및 식사실은 공동 공간에 속하고, 서재는 개인 공간에 속한다.

10 주택 부엌의 작업 삼각형(work triangle)의 구성에 속하지 않는 것은? [25, 24, 21, 14]

① 냉장고   ② 배선대
③ 개수대   ④ 가열대

해설 부엌에서의 작업 삼각형, 즉 싱크(개수)대, 조리(가열)대 및 냉장고는 세 변의 길이의 합이 짧을수록 효과적이며, 3.6~6.6m를 구성하는 것이 좋고, 개수대와 조리대, 냉장고 사이의 변이 가장 짧은 것이 좋다.

정답 05. ④ 06. ① 07. ② 08. ④ 09. ④ 10. ②

11 상업 공간의 정면이나 숍 프론트(shop front)의 설계 계획으로 옳지 않은 것은? [25, 12, 01]

① 대중성이 있어야 한다.
② 취급 상품을 인지할 수 있어야 한다.
③ 간판이 주변 미관과 조화되도록 해야 한다.
④ 영업 종료 후 환경에 대한 고려는 필요 없다.

해설 상업 공간의 정면이나 숍 프론트의 설계 계획에는 ①, ② 및 ③ 외에 보행인의 발을 멈추게 하는 효과, 점 내로 유도하는 효과 및 경제적인 사항을 고려하여야 한다.

12 상점의 동선 계획에 대한 설명으로 옳지 않은 것은? [25②, 11]

① 고객 동선은 가능한 한 짧게 한다.
② 종업원 동선은 가능한 한 짧게 한다.
③ 종업원 동선과 고객 동선은 교차되지 않도록 한다.
④ 고객 동선은 상품으로의 자연스러운 접근이 가능하도록 한다.

해설 상점의 동선 계획 중 고객의 동선은 가능한 한 길게 하여 구매 의욕을 높이며, 한편으로는 편안한 마음으로 상품을 선택할 수 있도록 한다. 특히 상층으로 올라간다는 느낌을 갖지 않도록 하여야 한다.

13 쇼핑센터 내의 주요 보행 동선으로 고객을 각 상점으로 고르게 유도하는 동시에, 휴식처로서의 기능도 가지고 있는 것은? [25, 21, 19, 17, 16]

① 핵상점   ② 전문점
③ 몰(mall)   ④ 코트(court)

해설 상점은 쇼핑센터의 고객을 끌어들이는 기능을 갖고 있으며, 일반적으로 백화점, 종합 슈퍼가 이에 해당되는 것이고, 전문점은 단일 종류의 상품을 전문적으로 취급하는 상점과 음식점 등의 서비스점으로 구성되고, 쇼핑센터의 특색에 따라 구성과 배치되는 것이며, 코트는 몰의 군데군데 고객이 머물 수 있는 공간을 마련한 곳으로 분수, 전화박스, 벤치 등이 마련되어 고객의 휴식처가 되는 동시에 안내를 제공하고, 쇼핑센터의 연출장이기도 하다.

14 다음 중 결로의 발생 원인과 가장 거리가 먼 것은? [25, 22, 13]

① 환기 부족   ② 실내의 불결
③ 시공의 불량   ④ 실내·외의 온도차

해설 결로의 원인은 실내·외의 온도차, 실내 수증기의 과다 발생, 생활 습관에 의한 환기 부족, 구조체의 열적 특성, 시공 불량(건물 외피의 단열상태 불량) 및 시공 직후의 미건조 상태에서의 결로 등이다.

15 공기가 포화 상태(습도 100%)가 될 때의 온도를 그 공기의 무엇이라 하는가? [25, 22, 15]

① 절대 온도   ② 습구 온도
③ 건구 온도   ④ 노점 온도

해설 절대 온도는 열역학적으로 최저 온도를 0℃로 하여 측정한 온도이고, 습구 온도는 보통 온도계를 물에 적신 가제로 둘러싼 것이며, 건구 온도는 보통 온도계로 측정한 공기의 온도이다.

16 실내·외의 온도차에 의한 공기의 밀도차가 원동력이 되는 환기 방법은?
[25③, 23, 22, 20, 16②, 15, 14]

① 기계 환기   ② 인공 환기
③ 풍력 환기   ④ 중력 환기

해설 자연 환기의 방법에는 풍력 환기(통풍과 풍압 작용으로 환기)와 중력 환기(실내·외의 온도차에 의한 환기)가 있고, 주택, 아파트, 학교 등과 같은 곳에 사용하며, 방법으로는 온도차, 바람, 환기통 및 후드에 의한 환기법 등이 있다.

17 건축적 채광 방식 중 측광에 관한 설명으로 옳지 않은 것은? [25, 13]

① 개폐 등의 조작이 용이하다.
② 구조·시공이 용이하며 비막이에 유리하다.
③ 근린의 상황에 의한 채광 방해의 우려가 있다.
④ 편측 채광은 양측 채광에 비해 조도 분포가 균일하다.

해설 편측 채광(한 면에서만 채광하는 방식)은 조도 분포가 불균일하고, 그림자가 생겨서 채광 등에 방해를 받는다.

정답 11.④ 12.① 13.③ 14.② 15.④ 16.④ 17.④

18 다음 설명에 알맞은 건축화 조명의 종류는?
[25, 23②, 21, 20, 13]

- 벽면 전체 또는 일부분을 광원화하는 방식이다.
- 광원을 넓은 벽면에 매입함으로서 비스타(vista)적인 효과를 낼 수 있으며 시선의 배경으로 작용할 수 있다.

① 코브 조명 ② 광창 조명
③ 광천장 조명 ④ 코니스 조명

해설 코브 조명(cove lighting)은 천장, 벽의 구조체에 의해 광원의 빛이 천장 또는 벽면으로 가려지게 하여 반사광으로 간접 조명하는 건축화 조명 방식이고, 광천장 조명은 천정의 전체 또는 일부에 광원을 설치하고 확산용 스크린(창호지, 스테인드 글라스 등)으로 마감하는 방식 또는 천장 전면을 낮은 휘도로 빛나게 하는 조명 방식이며, 코니스 조명은 벽의 상부에 길게 설치된 반사 상자 안에 광원을 설치, 모든 빛이 하부로 향하도록 하는 조명 방식이다.

19 음의 감각적인 크기를 표현하는 데 사용되는 것은?
[25, 22, 09]

① lm ② lux
③ phon ④ %

해설 음의 세기는 데시벨과 폰을 사용하고 lm은 휘도의 단위, lux은 조도의 단위, %는 습도의 단위이다.

20 다음 설명에 알맞은 재료의 역학적 성질은?
[25②, 23③, 20, 19, 18, 17, 16, 15, 13, 12, 11②, 04, 01]

재료에 외력이 작용하면 순간적으로 변형이 생기나 외력을 제거하면 순간적으로 원래의 형태(모양·크기)로 회복되는 성질을 말한다.

① 소성 ② 점성
③ 탄성 ④ 인성

해설 소성은 재료에 사용하는 외력이 어느 한도에 도달하면 외력의 증가 없이 변형만 증대되는 성질 또는 외력을 가했다가 제거해도 원래의 상태로 돌아가지 못하고 변형이 남는 성질이고, 점성은 유체 내의 상대 속도로 인하여 마찰 저항이 일어나는 성질 또는 유체가 유동하고 있을 때 유체 내부의 흐름을 저지하려고 하는 내부 마찰 저항이 발생하는 성질이며, 인성은 압연강, 고무와 같은 재료는 파괴에 이르기까지 고강도의 응력에 견딜 수 있고 동시에 큰 변형을 나타내는 성질이다.

21 건축 재료의 사용 목적에 따른 분류에 속하지 않는 것은? [25, 20, 16, 15, 13, 07]

① 구조 재료 ② 마감 재료
③ 유기 재료 ④ 차단 재료

해설 건축 재료를 사용 목적에 따라 분류하면, 구조 재료(기둥, 보, 벽체 등에 사용하는 것으로 목재, 석재 및 콘크리트 등), 마감 재료(장식 등을 목적으로 하는 것으로 유리, 금속판 및 보드류 등), 차단 재료(방수, 방습, 차음, 단열 등을 목적으로 하는 것으로 아스팔트, 실링재, 페어글라스, 글라스울 등) 및 방화·내화 재료(화재의 연소 방지 및 내화성을 향상시키기 위한 것으로 방화문, 석면시멘트판 및 암면 등)를 들 수 있다. 유기 재료는 화학 조성에 의한 분류이다.

22 목재에 대한 설명으로 옳지 않은 것은?
[25, 23, 10]

① 가공성이 좋다. ② 단열성이 작다.
③ 차음성이 있다. ④ 마감면이 아름답다.

해설 목재의 장점은 가볍고, 감촉이 좋으며, 열전도율과 열팽창률이 적다(단열성이 크다). 특히, 산성 약품 및 염분에 강하고, 소리와 전기 등의 전도성이 낮다. 단점은 착화점이 낮아 내화성이 작고, 흡수성이 커서, 변형하기가 쉬우며, 습기가 많은 곳에서는 부식하기가 쉽다. 특히, 충해나 풍화에 의하여 내구성이 떨어진다.

23 집성 목재에 관한 설명 중 틀린 것은?
[25, 08, 04, 03, 00, 98]

① 목재의 강도를 인공적으로 자유롭게 조절할 수 있다.
② 필요에 따라 아치와 같은 곡면재를 만들 수 있다.
③ 응력에 따라 필요한 단면을 만들기 어렵다.
④ 길고 단면이 큰 부재를 만들 수 있다.

정답 18. ② 19. ③ 20. ③ 21. ③ 22. ② 23. ③

해설 집성 목재(두께 15~50mm의 단판을 섬유 방향으로 거의 평행이 되게 여러 장 겹쳐서 접착한 것)는 응력에 따라 필요한 단면을 만들 수 있다. 이를 테면 단순한 보일 때는 양끝으로 갈수록 보의 높이를 줄여 가면서 쌓아 변단면재를 만들 수 있다.

24 일반적인 석재의 특징에 대한 설명 중 옳지 않은 것은? [25, 23, 04]

① 장대재를 얻기 힘들고, 가구재로 부적당하다.
② 거의 모든 석재는 비중이 작아 가공성이 좋다.
③ 인장 강도가 압축 강도보다 작다.
④ 화열에 닿으면 화강암은 균열이 생기며 파괴된다.

해설 석재의 장점은 압축 강도가 크고, 불연성, 내구성, 내마멸성, 내수성이 있으며, 아름다운 외관과 생산량이 풍부하다. 또한, 석재의 단점은 비중이 커서 무겁고, 견고하여 가공이 힘들며, 길고 큰 부재를 얻기 힘들고, 압축 강도에 비하여 인장 강도가 매우 작다. 특히, 일부 석재는 고열에 매우 약하다.

25 질이 단단하고 내구성 및 강도가 크고 외관이 수려하며, 절리의 거리가 비교적 커서 대재(大材)를 얻을 수 있으나, 함유 광물의 열팽창 계수가 다르므로 내화성이 약한 석재는? [25, 23, 10, 06]

① 현무암
② 응회암
③ 부석
④ 화강암

해설 현무암은 화산암의 일종으로 안산암의 판석을 말하고, 분출암의 하나로 회장석분이 풍부한 사장석과 휘석을 주성분으로 하는 염기화산암으로 지구에서 가장 많이 분포되어 있는 석재이고, 응회암은 화산재, 화산 모래 등이 퇴적, 응고되거나, 물에 의하여 운반되어 암석 분쇄물과 혼합되어 침전된 암석이며, 부석은 마그마가 급속히 냉각될 때, 가스를 방출하면서 다공질의 유리질이 된 암석이다.

26 점토에 관한 설명으로 옳지 않은 것은? [25②, 23, 14, 12, 10, 08, 06]

① 점토의 주성분은 실리카와 알루미나이다.
② 압축 강도는 인장 강도의 약 5배 정도이다.
③ 점토 입자가 미세할수록 가소성은 나빠진다.
④ 점토의 비중은 일반적으로 2.5~2.6 정도이다.

해설 점토의 성질은 양질의 점토일수록(알루미나가 많을수록) 가소성이 좋으며(점토는 입자의 크기가 작을수록 가소성이 좋고, 클수록 가소성이 나빠진다), 알칼리성일 때에는 가소성을 해친다. 성형할 점토를 반죽하여 일정 기간 채워 두는 것은 원료 점토 중에 함유된 유기물이 부패, 발효되면 산성화하여 가소성을 증대시키기 때문이다.

27 다음 중 혼합 시멘트에 속하지 않는 것은? [25, 23, 10, 05]

① 고로 시멘트
② 실리카 시멘트
③ 플라이애시 시멘트
④ 알루미나 시멘트

해설 시멘트의 종류에는 포틀랜드 시멘트(보통 포틀랜드 시멘트, 중용열 포틀랜드 시멘트, 조강 포틀랜드 시멘트 및 백색 포틀랜드 시멘트 등), 혼합 시멘트(고로 슬래그 시멘트, 플라이애시 시멘트, 포졸란 시멘트 등) 및 특수 시멘트(알루미나 시멘트, AE 포틀랜드 시멘트, 초조강 포틀랜드 시멘트, 팽창 시멘트 등) 등이 있다.

28 다음 중 천연 골재에 속하지 않는 것은? [25, 13②, 11, 08]

① 깬 자갈
② 강 자갈
③ 산 모래
④ 바다 자갈

해설 천연 골재에는 강, 육지, 바다, 산의 자갈 및 모래, 인공 골재에는 깬(부순) 모래, 깬(부순) 자갈, 산업 부산물 이용 골재에는 고로 슬래그, 깬(부순) 모래, 깬(부순) 자갈 등이 있다.

정답 24.② 25.④ 26.③ 27.④ 28.①

29 콘크리트 타설 후 블리딩에 의해서 부상한 미립물은 콘크리트 표면에 얇은 피막이 되어 침적하는데, 이것을 무엇이라 하는가?
[25, 23, 10, 07]

① 실리카   ② 포졸란
③ 레이턴스 ④ AE제

해설 포졸란은 화산회 등의 광물질(실리카질) 분말로 된 혼화재의 일종으로 그 자체는 수경성이 없으나, 콘크리트 중의 물에 용해되어 있는 수산화칼슘과 상온에서 서서히 화합하여 불용성의 화합물을 만들 수 있는 실리카질을 포함하고 있는 미분 상태의 재료로서 시멘트의 절약과 콘크리트의 성질을 개선하는 성질을 갖고 있고, AE제는 콘크리트 혼화제의 일종으로 기포를 함유하게 되어 용수량을 적게 하여도 워커빌리티가 좋아지나 강도가 감소하고, 흡수율이 커져서 수축량이 많아진다.

30 다음 중 강의 조직을 개선하고 결정을 미세화하기 위해 800~1,000℃로 가열하여 소정의 시간까지 유지한 후에 대기 중에서 냉각하는 열처리법은? [25②, 23, 22, 09, 06]

① 풀림   ② 불림
③ 담금질 ④ 뜨임질

해설 열처리 방법 중 풀림(소순)은 800~1,000℃로 가열한 다음 노 속에서 서서히 냉각시키는 방법이고, 담금질(소입)은 800~1,000℃로 가열한 다음 찬물이나 기름 속에서 급히 냉각시키는 방법이며, 뜨임(소려)은 200~600℃로 가열한 다음 공기 중에서 서서히 냉각시키는 방법이다.

31 다음 중 여닫이용 창호 철물에 속하지 않는 것은? [25, 23, 14]

① 도어 스톱
② 크레센트
③ 도어 클로저
④ 플로어 힌지

해설 크레센트는 초승달 모양으로 된 창호 철물로서 오르내리창의 윗막이대 윗면에 대어 다른 창의 밑막이에 걸리게 하는 걸쇠로서 오르내리창에 사용된다.

32 용융되기 쉬우며 건축 일반용 창호유리, 병유리 등에 사용되는 것은? [25, 23, 11②, 05]

① 물유리
② 고규산 유리
③ 칼륨석회 유리
④ 소다석회 유리

해설 물유리(규산소다 유리)는 방수, 보색제, 접착제 등에 사용하고, 규산이나 소다 등이 주성분이다. 고규산 유리는 전구, 살균, 글라스울 원료 등의 용도로 사용하고, 칼륨석회 유리는 고급용품, 이화학용 기구, 기타 장식품, 공예품, 식기 등에 사용한다.

33 다음 중 열경화성 수지에 속하는 것은?
[25②, 23, 18, 16, 10, 06, 04, 02]

① 페놀 수지
② 아크릴 수지
③ 폴리아미드 수지
④ 염화비닐 수지

해설 열경화성 수지의 종류에는 페놀(베이클라이트) 수지, 요소 수지, 멜라민 수지, 폴리에스테르 수지(알키드 수지, 불포화 폴리에스테르 수지), 실리콘 수지, 에폭시 수지, 폴리우레탄 수지 등이 있고, 아크릴 수지, 폴리아미드 수지 및 염화비닐 수지 등은 열가소성 수지에 속한다.

34 합성수지 재료 중 우수한 투명성, 내후성을 활용하여 톱 라이트, 온수 풀의 옥상, 아케이드 등에 유리의 대용품으로 사용되는 것은?
[25②, 23②, 13, 08, 02]

① 실리콘 수지
② 폴리에틸렌 수지
③ 폴리스티렌 수지
④ 폴리카보네이트

해설 렉산은 폴리카보네이트(열가소성 수지)의 상품명으로 잘 깨지고 변형되기 쉬운 아크릴의 대용재이자 일반 판유리의 보완재(풀장의 옥상, 아케이드, 톱 라이트 등)이며, 시원한 평면 연출, 자연스러운 곡면 시공, 다양한 열가공의 제품이다.

정답 29.③ 30.② 31.② 32.④ 33.① 34.④

35 다음 미장 재료에 대한 설명 중 옳지 않은 것은?
[25②, 23②, 16, 10]

① 석고 플라스터는 내화성이 우수하다.
② 돌로마이트 플라스터는 건조 수축이 크기 때문에 수축 균열이 발생한다.
③ 킨즈 시멘트는 고온 소성의 무수석고를 특별한 화학처리를 한 것으로 경화 후 아주 단단하다.
④ 회반죽은 소석고에 모래, 해초물, 여물 등을 혼합하여 바르는 미장 재료로서 건조 수축이 거의 없다.

해설 회반죽은 소석회, 풀, 여물, 모래(초벌, 재벌 바름에만 섞고, 정벌 바름에는 섞지 않는다) 등을 혼합하여 바르는 미장 재료로서, 건조, 경화할 때의 수축률이 크기 때문에 삼여물로 균열을 분산, 미세화하는 것으로 풀은 내수성이 없기 때문에 주로 실내에 사용한다.

36 다음 중 내알칼리성이 가장 우수한 도료는?
[25, 24, 15]

① 에폭시 도료   ② 유성 페인트
③ 유성 바니시   ④ 프탈산수지에나멜

해설 수지성 페인트(에폭시 도료)는 안료와 인공 수지류 및 휘발성 용제를 주원료로 한 것으로, 내산성, 내알칼리성이 있어 모르타르나 콘크리트, 플라스터 면에 바를 수 있다.

37 천연 아스팔트에 속하지 않는 것은?
[25, 23, 20, 19, 16, 15, 13②, 11, 10②, 08]

① 로크 아스팔트   ② 아스팔타이트
③ 블론 아스팔트   ④ 레이크 아스팔트

해설 아스팔트의 종류 중 천연 아스팔트에는 레이크 아스팔트, 로크 아스팔트 및 아스팔타이트 등이 있고, 석유계 아스팔트에는 스트레이트 아스팔트, 블론 아스팔트 및 아스팔트 컴파운드(용제 추출 아스팔트) 등이 있다.

38 건축 제도에 사용되는 삼각자에 대한 설명으로 옳지 않은 것은? [25, 14]

① 일반적으로 45°의 등변 삼각형과 30°, 60°의 직각삼각형 두 가지가 한 쌍으로 이루어져 있다.
② 재질은 플라스틱 제품이 많이 사용된다.
③ 모든 변에 눈금이 기재되어 있어야 한다.
④ 삼각자의 조합에 따라 여러 가지 각도를 표현할 수 있다.

해설 건축 제도에 있어서 길이를 재는 데는 스케일을 사용하여야 하므로 삼각자에는 눈금이 필요하지 않다.

39 제도 연필의 경도에서 무르기로부터 굳기의 순서대로 옳게 나열한 것은?
[25②, 23②, 21, 17, 16, 13, 08, 05, 03]

① HB-B-F-H-2H
② B-HB-F-H-2H
③ B-F-HB-H-2H
④ HB-F-B-H-2H

해설 제도에서 사용하는 연필은 일반적으로 무르기로부터 굳기의 순서대로 나열하면, B, HB, F, H, 2H 등이 많이 쓰이고, 도면의 성질, 축척, 종이의 질에 따라 알맞은 것을 사용한다.

40 다음 그림과 같은 제도 용구의 명칭으로 옳은 것은? [25②, 23, 15]

① 자유 곡선자
② 운형자
③ 템플릿
④ 디바이더

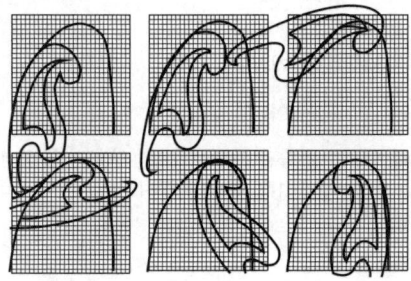

해설 운형자의 모양

41 다음 중 선의 굵기가 가장 굵어야 하는 것은?
[25③, 23②, 20, 18, 15, 11]

① 절단선　② 지시선
③ 외형선　④ 경계선

해설 선의 종류와 용도

종류	실선		허선		
	전선	가는선	파선	일점 쇄선	이점 쇄선
용도	단면선, 외형선, 파단선	치수선, 치수 보조선, 인출선, 지시선, 해칭선	물체의 보이지 않는 부분	중심선 (중심축, 대칭축)	절단선, 경계선, 기준선	물체가 있는 가상 부분(가상선), 일점 쇄선과 구분
굵기 (mm)	굵은선 0.3~0.8	가는선 (0.2 이하)	중간선 (전선 1/2)	가는선	중간선	중간선 (전선 1/2)

42 건축에서 사용되는 척도에 대한 설명으로 옳지 않은 것은? [25, 23, 12, 08, 01]

① 도면에는 척도를 기입하여야 한다.
② 그림(도면)의 형태가 치수에 비례하지 않을 때는 NS(NO Scale)로 표시한다.
③ 사진 및 복사에 의해 축소 또는 확대되는 도면에는 그 척도에 따라 자의 눈금 일부를 기입한다.
④ 한 도면에 서로 다른 척도를 사용하였을 경우 척도를 표시하지 않는다.

해설 척도란 실물에 대한 도면의 크기로서 1장의 도면에 서로 다른 척도로 도면이 그려지는 경우에는 각 도면마다 척도를 표기하여야 한다.

43 도면 표시 기호 중 두께를 표시하는 기호는?
[25②, 23, 15, 12, 06, 04]

① THK　② A
③ V　④ H

해설 도면의 표시 기호

명칭	길이	높이	폭	면적	두께	직경	반지름	용적
표시 기호	L	H	W	A	THK	D	R	V

44 단면도에 대한 설명으로 옳은 것은? [25, 14]

① 건축물을 수평으로 절단하였을 때의 수평 투상도이다.
② 건축물의 외형을 각 면에 대해 직각으로 투사한 도면이다.
③ 건축물을 수직으로 절단하여 수평 방향에서 본 도면이다.
④ 실의 넓이, 기초판의 크기, 벽체의 하부 구조를 표현한 도면이다.

해설 ① 평면도, ② 입면도, ④ 평면도에 대한 설명이다.

45 경사 지붕, 바닥, 경사로의 경사 표시 방법으로 가장 적당한 것은? [25②, 23②, 22, 07]

① 경사 2/5
② 경사 3/100
③ 경사 1/8
④ 경사 0.5

해설 물매의 표시 방법에는 지면(경사로)과 바닥 배수의 물매와 같이 물매가 작은 경우에는 분자를 1로 한 분수로 표시하고, 지붕의 물매와 같이 비교적 물매가 큰 경우에는 분모를 10으로 한 분수로 표시한다.

46 재료의 강도가 크고 연성이 좋아 고층이나 스팬이 큰 대규모 건축물에 적합한 건축 구조는?
[25, 11, 09]

① 철골 구조
② 목 구조
③ 돌 구조
④ 조적식 구조

해설 목 구조는 건축물의 주요 구조부를 목재로 구성하고, 철물 등으로 접합 보강하는 구조로서 가볍고 가공이 용이하나, 큰 부재를 얻기 어렵고 강도가 작아 내구력이 부족하여 소규모 건물에 이용되는 구조이고, 돌 구조는 주요 구조부를 석재를 사용하여 구성한 구조로 내구적이나 횡력에 약하여 기념 건축물에 적합한 구조이며, 조적식 구조는 조적재의 하나하나를 석회, 시멘트 등의 접착제를 사용하여 쌓아올리는 구조이다.

정답 41. ③ 42. ④ 43. ① 44. ③ 45. ③ 46. ①

47 다음 중 가구식 구조는?
[25, 23, 22, 18, 10②, 03②, 02, 01, 99, 98]

① 나무 구조
② 벽돌 구조
③ 철근 콘크리트 구조
④ 돌 구조

해설 가구식 구조는 비교적 가늘고 긴 부재(목재, 철재 등)를 조립하여 형성한 것으로 철골조, 목조가 이에 속하고, 삼각형으로 짜 맞추면 안정된 구조(목조, 철골조에 가새가 이용)가 되는 구조이고, ②, ④ 조적식 구조, ③ 일체식 구조이다.

48 다음 중 조립식 구조에 대한 설명으로 옳지 않은 것은? [25, 23, 10, 08, 07]

① 현장 작업이 극대화됨으로써 공사 기일이 증가한다.
② 공사에서 대량 생산이 가능하다.
③ 획일적이어서 다양성의 문제가 제기된다.
④ 대부분의 작업을 공업력에 의존하므로 노동력을 절감할 수 있다.

해설 조립식 구조(프리패브리케이션)는 건축의 생산성 향상을 위한 방법으로서 사용하고, 비능률적인 현장 작업에 쓸 각종 부재들을 되도록이면 공장에서 미리 만들어 현장에 반입, 조립함으로써 공사 기간의 단축(현장 작업의 최소화)과 대량 생산의 효과를 얻을 수 있는 반면에 각 부품들의 일체화가 곤란하므로 접합부의 강성이 낮고, 변화있는 다양한 외형을 구성하는 데 부적합하다.

49 목 구조에서 기둥과 기둥에 가로대어 창문틀의 상하벽을 받고 하중은 기둥에 전달하며 창문틀을 끼워 대는 뼈대가 되는 것은?
[25②, 23②, 06]

① 가새   ② 버팀대
③ 인방   ④ 토대

해설 가새는 수평력에 견디게 하고 수직·수평재의 각도 변형을 방지하여, 안정된 구조로 하기 위한 목적으로 쓰이는 경사재로서 버팀대보다 강하며, 가새의 경사는 45°로 하고, 버팀대는 흙막이 띠장(방축대)을 버티는 부재 또는 가로재와 세로재가 맞추어지는 안귀에 빗대는 보강재로 기둥의 굴곡 방지, 기둥에 하중 집중, 보의 단면 최소화, 보의 흔들림 방지 등의 목적이 있으며, 토대는 목조 건축물의 기초 위에 가로대어 기둥을 고정하는 벽체의 최하부에 설치하는 수평부재로서 상부 하중을 분산시켜 기초에 전달하는 역할을 한다.

50 목 구조에서 보, 도리 등의 가로재가 서로 수평 방향으로 만나는 귀부분을 안정한 삼각형 구조로 만드는 것으로, 가새로 보강하기 어려운 곳에 사용되는 부재는? [25②, 23, 07]

① 꿸대   ② 귀잡이보
③ 깔도리   ④ 버팀대

해설 꿸대는 기둥, 동자 등을 꿰뚫어 찌른 보강재 또는 심벽의 뼈대로 기둥과 기둥 사이에 가로 꿰뚫어 넣어 위를 엮어 대어 힘살이 되는 것이고, 깔도리는 기둥 또는 벽 위에 걸어 지붕보를 받는 도리이며, 버팀대는 가로재와 세로재가 맞추어지는 안귀에 빗대는 보강재로서, 목 구조에 보와 접합부분(기둥)의 변형을 적게 하고, 절점을 강으로 만들어서 기둥과 보를 일종의 라멘으로 함으로써 횡력에 저항하도록 한 것이다.

51 철근 콘크리트조에서 단변(l_x)과 장변(l_y)의 길이의 비 $\left(\dfrac{l_y}{l_x}\right)$가 얼마 이하일 때 2방향 슬래브(slab)라 하는가? [25②, 24, 23, 19, 18, 17, 16, 04]

① 1   ② 2
③ 3   ④ 4

해설 1방향 슬래브라 함은
변장비$(\lambda) = \dfrac{l_y (\text{장변 방향의 순 간사이})}{l_x (\text{단변 방향의 순 간사이})} > 2$이고,
2방향 슬래브라 함은
변장비$(\lambda) = \dfrac{l_y (\text{장변 방향의 순 간사이})}{l_x (\text{단변 방향의 순 간사이})} \leq 2$이다.

52 슬래브 배근에서 가장 하단에 위치하는 철근은?
[25②, 23, 12, 11]

① 장변 단부 하부 배력근
② 단변 하부 주근
③ 장변 중앙 하부 배력근
④ 장변 중앙 굽힘 철근

[해설] 슬래브 배근에 있어서 가장 큰 힘을 받아주는 철근은 단변 방향의 철근으로 휨모멘트의 저항을 크게 하기 위하여 가장 하단 및 상단에 배치하여야 한다.

53 철근 콘크리트 구조에서 신축 이음이 필요한 이유가 아닌 것은? [25②, 23, 10]

① 부동 침하
② 결로 방지
③ 콘크리트의 수축
④ 온도 변화

[해설] 콘크리트의 신축 이음새는 온도 변화에 따라 콘크리트의 신축이 가능하여야 하므로 줄눈의 외부면을 철제나 알루미늄 등으로 덮어 주는 것은 좋으나, 양쪽을 고정하는 것은 신축이 자유롭지 못하므로 고정시키지 않아야 한다.

54 다음 중 구조체에 의한 분류에 속하지 않은 것은? [25, 23]

① 목 구조
② 건식 구조
③ 벽돌 구조
④ 철근 콘크리트 구조

[해설] 건축 구조의 분류 중 주체재료(구조체, 구조재료)에 의한 분류에는 목 구조, 벽돌 구조, 블록 구조, 돌 구조, 철골(강) 구조, 철근 콘크리트 구조, 철골 철근 콘크리트 구조 등이 속하고, 건식 구조는 시공 방법에 의한 분류에 속한다.

55 창의 하부에 건너 댄 돌로 빗물을 처리하고 장식적으로 사용되는 것으로, 윗면·밑면에 물끊기·물돌림 등을 두어 빗물의 침입을 막고, 물흘림이 잘 되게 하는 것은? [25②, 23②]

① 인방돌
② 창대돌
③ 쌤돌
④ 돌림띠

[해설] 인방(기둥과 기둥에 가로 대어 창문틀의 상·하 벽을 받고, 하중은 기둥에 전달하며 창문틀을 끼워 댈 때 뼈대가 되는 것)돌은 창문 위에 가로로 길게 건너대는 돌을 말한다. 쌤돌은 창문 옆에 대는 돌로서 돌 구조와 벽돌 구조에 사용하며, 면접기나 쇠시리를 하고, 쌓기는 일반 벽체에 따라 촉과 긴결 철물로 긴결한다. 돌림띠는 벽, 천장, 처마 부분에 수평띠 모양으로 돌려 붙인 차양 또는 물끊기 등의 장식용 돌출부로서 허리 돌림띠(벽면에서 내밈이 작으므로 구조는 간단)와 처마 돌림띠(벽면에서 내밈이 크므로 돌 구조의 경우 벽돌벽에 깊이 물리고 내밈 길이는 돌림 길이보다 작게 하던지 거멀쇠 등으로 뒤에 튼튼히 걸어야 한다)가 있다.

56 한 부재에 걸쳐 놓고 다른 부재를 받게 하는 맞춤의 보강 철물로 큰 보에 걸쳐 작은 보를 받게 하거나, 귓보와 귀잡이보 등을 접합하는 데 사용하는 철물은? [25]

① 안장쇠
② 감잡이쇠
③ 듀벨
④ 인서트

[해설] ② 감잡이쇠 : ㄷ자형으로 구부려 만든 띠쇠로 두 부재를 감아 연결하는 목재 맞춤을 보강하는 철물이다. 평보를 대공에 달아맬 때 또는 평보와 ㅅ자보의 밑에 기둥과 들보를 걸쳐 대고 못을 박을 때 및 대문 장부에 감아 박을 때 사용하는 철물이다.
③ 듀벨 : 볼트와 함께 사용하는데 듀벨은 전단력에, 볼트는 인장력에 작용시켜 접합재(목재와 목재 사이에 끼워서 전단에 대한 저항 작용을 목적으로 한 철물) 상호간의 변위를 막는 강한 이음을 얻는 데 사용하는 긴결 철물로 큰 간사이의 구조, 포갬보 등에 사용하며, 파넣기식과 압입식이 있다.
④ 인서트 : 콘크리트 타설 후 달대를 매달기 위하여 사전에 매설시키는 부품이다.

57 건축 도면에 쓰이는 글자에 대한 설명 중 옳은 것은? [25]

① 글자는 궁서체를 원칙으로 한다.
② 글자체는 수직 또는 45° 경사의 명조체로 한다.
③ 4자리의 수는 3자리에 휴지부를 찍거나, 간격을 두는 것을 원칙으로 한다.
④ 문장은 왼쪽에서부터 가로쓰기를 원칙으로 하며, 가로쓰기가 곤란한 경우라도 반드시 가로쓰기로 하여야 한다.

[해설] ① 숫자는 고딕체를 원칙으로 한다.
② 글자체는 수직 또는 15° 경사의 고딕체로 한다.
④ 문장은 왼쪽에서부터 가로쓰기를 원칙으로 하며, 가로쓰기가 곤란한 경우에는 세로쓰기도 가능하다.

58 역학적 성능을 요구하는 재료로 옳은 것은? [2.5]

① 지붕 재료 ② 마감 재료
③ 차단 재료 ④ 구조 재료

해설 건축 재료의 요구 성능

구분	역학적 성능	물리적 성능	내구 성능	화학적 성능	방화·내화 성능	감각적 성능	생산 성능
구조 재료	강도, 강성, 내피로성	비수축성	동해 변질 부패	녹 부식 중성화	불연성 내열성		
마감 재료		열·음·광 투과, 반사			비발연성 비유독 가스	색채, 촉감	가공성 시공성
차단 재료		열·음·광·수분의 차단					
내화 재료	고온 강도 고온 변형		고융점	화학적 안정	불연성		

59 공간 치수에 관한 사항으로 부적당한 것은? [2.5]

① 복도의 치수는 통행자의 수와 보행 속도에 영향을 미친다.
② 출입구의 경우에는 주로 문턱의 높이가 출입 행위를 규제한다.
③ 치수 계획은 생활과 공간의 상호 관계를 고려한 적정 치수로 한다.
④ 환기량이나 향을 결정할 때에는 용적으로 바꾸어 생각하는 것이 좋다.

해설 출입구의 경우 출입 행위를 규제하는 것은 출입문이고, 공간으로의 접근을 억제하기도 하며, 접근을 가능하게 하기도 한다. 즉, 출입문의 개폐에 따라 출입 행위를 규제한다.

60 신축 줄눈재의 성능에 대한 설명 중 옳지 않은 것은?

① 콘크리트와 이질적이고, 접착이 잘 되지 않을 것
② 내후성, 내구성, 수밀성, 기밀성 등이 우수할 것
③ 온도 변화에 따른 콘크리트의 팽창, 수축에 견디고, 박리, 균열 등이 발생하지 않을 것
④ 고온 때에 콘크리트의 팽창, 수축에 따른 이음 폭이 좁아서 이음 밖으로 표출하지 않을 것

해설 신축 줄눈재의 성능은 ②, ③, ④ 이외에 주입 시공이 용이하고, 콘크리트와 동질적이고, 잘 부착될 것 등이 있다.

실내건축기능사 필기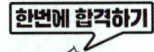

2020. 6. 25. 초 판 1쇄 발행
2026. 1. 7. 개정증보 5판 1쇄 발행

지은이 | 정하정, 정효재
펴낸이 | 이종춘
펴낸곳 | BM ㈜도서출판 성안당

주소 | 04032 서울시 마포구 양화로 127 첨단빌딩 3층(출판기획 R&D 센터)
     | 10881 경기도 파주시 문발로 112 파주 출판 문화도시(제작 및 물류)
전화 | 02) 3142-0036
     | 031) 950-6300
팩스 | 031) 955-0510
등록 | 1973. 2. 1. 제406-2005-000046호
출판사 홈페이지 | www.cyber.co.kr
ISBN | 978-89-315-1372-1 (13540)
정가 | 35,000원

이 책을 만든 사람들
기획 | 최옥현
진행 | 김원갑
교정·교열 | 김원갑
전산편집 | 이지연
표지 디자인 | 박원석
홍보 | 김계향, 임진성, 김주승, 최정민, 이해솜
국제부 | 이선민, 조혜란
마케팅 | 구본철, 차정욱, 오영일, 나진호, 강호묵
마케팅 지원 | 장상범
제작 | 김유석

이 책의 어느 부분도 저작권자나 BM ㈜도서출판 성안당 발행인의 승인 문서 없이 일부 또는 전부를 사진 복사나 디스크 복사 및 기타 정보 재생 시스템을 비롯하여 현재 알려지거나 향후 발명될 어떤 전기적, 기계적 또는 다른 수단을 통해 복사하거나 재생하거나 이용할 수 없음.

※ 잘못된 책은 바꾸어 드립니다.